我国食用菌研究的发展趋势要向深加工发展，改进保鲜、贮存技术。

———余永年

We should continue to strengthen the work of incorporating the new technological application with scientific innovation in the medicinal mushroom industry and/or business.

—— S. T. Chang

李 玉　张劲松

（由左至右）

国家出版基金项目
NATIONAL PUBLICATION FOUNDATION
中国菌物资源与利用

中国食用菌加工

李 玉　张劲松　主编
Li Yu　Zhang Jingsong

Process
of Edible
Mushroom
in China

中原农民出版社
CENTRAL CHINA FARMERS' PUBLISHING HOUSE
·郑州·
ZHENGZHOU

图书在版编目 (CIP) 数据

中国食用菌加工 / 李玉 , 张劲松主编 . —郑州 : 中原农民出版社 , 2019.12
（中国菌物资源与利用）
ISBN 978-7-5542-2218-8

Ⅰ . ①中… Ⅱ . ①李… ②张… Ⅲ . ①食用菌 – 蔬菜
加工 – 中国 Ⅳ . ① S646.09

中国版本图书馆 CIP 数据核字 (2019) 第 294048 号

中国食用菌加工

出 版 人　刘宏伟
编　审　汪大凯

策　划　段敬杰
责任编辑　周　军　张付旭　肖攀锋　苏国栋　段敬杰
责任校对　彤　冰　王艳红　尹春霞　张晓冰
装帧设计　薛　莲

出版发行　中原农民出版社
　　　　　地址　河南省郑州市郑东新区祥盛街 27 号
　　　　　电话　0371-65788651
策划编辑联系方式　QQ：895838186　手机：13937196613
编辑部投稿信箱　895838186@qq.com　djj65388962@163.com

承印单位　河南省邮电印刷厂
开　　本　890 mm×1 240 mm　　1/16
印　　张　48
字　　数　1 378 千字
版　　次　2020 年 12 月第 1 版
印　　次　2020 年 12 月第 1 次印刷

书　　号　ISBN 978-7-5542-2218-8
定　　价　900.00 元

"中国菌物资源与利用"编委会

主　编　李　玉

秘书长　康源春

编　委（按姓氏笔画排序）

马海乐	王大为	王振河	包海鹰	邢晓科	孙晓波
杜爱玲	李泰辉	杨祝良	汪大凯	张玉亭	张劲松
张艳荣	林衍铨	图力古尔	周昌艳	段敬杰	康源春
康冀川	蔡为明	谭　琦	戴玉成		

本书作者

主　编　李　玉　张劲松

本书编委（按姓氏笔画排列）

马海乐	王大为	王安建	牛佳佳	田潇瑜	史德芳	白竣文
冯　涛	朱　萍	庄海宁	刘艳芳	刘海燕	刘婷婷	闫景坤
李　玉	李　露	李才明	杨　焱	杨　德	何文森	张　灿
张沙沙	张劲松	张艳荣	邵　毅	林　灏	易卫东	罗晓莉
周昌艳	赵天瑞	徐　斌	高　虹	高观世	郭　钦	郭永红
曹　森	崔海英	董　娇	程　薇	谢春琴	路风银	樊　建
樊红秀	薛淑静					

描　图

周　华　刘夏滢

中文摘要

　　这是我国第一部系统介绍食用菌加工技术的著作，篇幅计五篇十章。

　　第一篇绪论，介绍了食用菌产业及加工领域现状，食用菌加工产品质量标准及加工设备现状；第二篇食用菌加工厂设计及加工设备，首先对食用菌加工厂设计的原则与建设内容进行了详细描述，而后就食用菌加工中必备的16套典型设备及生产线的结构、工作原理、特点及应用进行了系统介绍；第三篇食用菌保鲜贮运和加工，阐述了食用菌保鲜与贮运，食用菌初级加工、精深加工的原理与技术；第四篇食用菌加工产品的质量安全控制与评价，介绍了食用菌产品品质与安全检测方法和食用菌功能食品的评价方法；第五篇物联网技术的应用，主要介绍了物联网技术及其在食用菌保鲜与贮运上的应用。

　　本书的出版，期望能对我国食用菌产业的结构升级和提高其产品附加值起到积极的促进作用，也期望本书能为推动我国食用菌加工业转型升级，为我国由食用菌生产大国走向强国贡献微薄之力。

　　本书可供从事食用菌产品加工行业的科研、教学、生产及技术、推广部门的专家学者及行业从业人员借鉴与参考。

Brief Introduction

This book is the first one that systematically introduces the *processing technology of edible mushroom in China* with five parts and ten chapters.

The first part is the introduction, which introduces the current situation of edible mushroom industry and processing field, the quality standard of edible mushroom processing products and processing equipment. The second part is about the design and processing equipment of the edible mushroom processing factory. Firstly, the design rules and construction content of the edible mushroom processing factory are described in detail. Then, the structure, principle, characteristics and application of 16 sets of typical equipment and production line necessary for the edible mushroom processing are systematically introduced. The third part is about the preservation, storage, transportation and processing of edible mushroom. The principle and technology of preservation, storage and transportation, primary and deep processing of edible mushroom products were elaborated. The fourth part is about the quality and safety control and evaluation of edible mushroom processing products. It introduces the quality and safety detection methods of edible mushroom products and the evaluation methods of functional food of edible mushroom. The fifth part is about the application of Internet of Things technology, mainly introduces the Internet of things technology and its application in the preservation, storage and transportation of edible mushroom.

The publication of this book is expected to play a positive role in promoting the structural upgrading of China's edible mushroom industry and improving the added value of its products. It is also expected that this book will contribute to the transformation and upgrading of China's edible mushroom processing industry and to China's progress from a big producer to a powerful manufacturer of edible mushroom.

This book can be used for reference by experts and scholars who are engaged in the research, teaching, production and technology promotion departments of processing industry of edible mushroom.

序 I

生物物种是生物基因的载体。基因本身在生物物种的个体之外是没有生存价值的。生存于多样性生态系统中的含有基因多样性的物种多样性是生物多样性的核心。没有物种多样性便没有基因多样性。因此，生物物种多样性是人类可持续发展所依赖的最重要的可再生自然资源宝库。

菌物是地球生物圈中物种多样性最丰富的生物类群之一。所谓菌物是指所有的真核菌类生物，包括真菌界的真菌(Fungi)，管毛生物界的类真菌 (cromistan fungal analogues) 如卵菌等，以及原生动物界的类真菌 (protozoan fungal analogues) 如黏菌等。人类关于菌物物种多样性的知识还非常贫乏。据专家对菌物中真菌种数的保守估计，地球生物圈中至少有 250 万种以上。然而，已被人类所认识和命名的真菌只有 10 万种左右；尚有 96% 的真菌有待人类去发现、认识、命名、描述、研究和开发利用。此外，菌物和其他微生物一样，既能进行大规模工厂化生产，又能通过高科技发展为现代化大产业，是人类可持续发展所依赖的最为丰富的可再生自然资源。

由著名菌物学家李玉院士主编的四卷集"中国菌物资源与利用"包括《中国大型菌物资源图鉴》、《中国食用菌生产》、《中国菌物药》和《中国食用菌加工》，是我国迄今最全面的菌物资源与利用方面的巨著。

《中国大型菌物资源图鉴》所展示的 1 800 多种大型菌物，均为著者原创成果，其中记载了大量新发表的种类，反映了大型菌物研究的最新成果。该卷的特色在于文字简明扼要，图片精美，实用性强，是辨识菌物物种资源的重要参考工具。

《中国食用菌生产》系统地介绍了作为我国农业生产中第五大作物——食用菌的生产技术，包括生产过程中的成功范例和经验。

《中国菌物药》在上篇的总论中介绍了菌物药的定义、起源、发展、本草学考证，传统药性与配伍理论、化学成分、药理作用，鉴定与生产及民族菌物药；在下篇的专论中介绍了子座类、菌核类、发酵类以及其他类菌物药。

《中国食用菌加工》介绍了菌物加工的现状及前瞻，保鲜、储运、设施、设备、初级加工、精细加工、加工质量检测及加工范例等。

我国古代药王孙思邈将人类的健康状态分为上、中、下三个层次，即上为未病（健康），中为欲病（亚健康），下为已病（患者）。对于医疗系统也分为上、中、下三个层次，即治未病者为上医，治欲病者为中医，治已病者为下医。在防病重于治病的理论体系中早已展示出中医药学的博大精深。

现代科学已经证明并将继续证明，食用菌对保持人类健康的上游状态具有重要意义。因此，在大力发展食用菌产业时，与医疗卫生系统合作，实施产学研相结合，继续广泛深入地进行食用菌的研究、开发与利用，使人类保持上游未病状态的健康人数越来越多，下游患病的人数越来越少，无疑是利在当代、功在千秋的伟大事业。"中国菌物资源与利用"四卷集的问世，将为产学研相结合进行食用菌研究、开发与利用提供指导和借鉴，为菌物事业的发展和创新提供基础。

中国科学院　院士
中国菌物学会　名誉理事长
中国科学院中国孢子植物志编辑委员会　主编
中国科学院微生物研究所真菌学国家重点实验室　研究员

序 II

当我接到邀请写这个序的时候，我认为是一个很大的挑战。因为多年来，我疏于用中文写信件及论文。在犹豫不决的时候，偶然想到纳米比亚前总统萨姆·努乔马博士（Dr. Sam Nujoma) 曾讲过"我常常喜欢接受挑战，因为在挑战中才有机会学习到新的东西"（I always take challenges as opportunities to learn new things）。写这个序的时候，我真的遇到很多困难与挑战，尤其是在电脑上用拼音写中文。同时我也因有这次挑战的机会学到很多新的东西。

蕈菌（食用菌）生物学（mushroom biology）是真菌学(mycology) 的一门新的学科分支。它专门探讨蕈菌的形态、机能、遗传、演化、发育、利用及其与环境间的基本关系等问题。蕈菌生物学不同于蕈菌科学（mushroom biology differs from mushroom science）。蕈菌科学是蕈菌生物学的一个分支，它主要涉及蕈菌的栽培及生产原理与实践。蕈菌生物技术（mushroom biotechnology）是蕈菌科学的一部分，它主要涉及由发酵或提取的蕈菌产品。这些问题的本质变化虽然不大，但是研究的方法却随着自然科学的发展而日新月异。因此，蕈菌生物学的教材内容与研究课题及其方法亦应经常有所增加或删除或改进。"中国菌物资源与利用"是依科技研发为基础编著而成的，它反映了我国蕈菌（大型真菌）生物学研发的最新成果。许多人低估了中国食用菌的科学、技术、创新（STC）政策与成果。统计表明，中国投资蕈菌的研究及开发利用方面的实力非常可观，这将带动食用菌基础研究及产业开发的持续走强。

编著者在前言中已将有关食用菌（蕈菌——大型真菌）的定义明确说明。有关大型真菌的国际会议及文献大都用 Edible mushrooms（食用蕈菌）或 Medicinal mushrooms（药用蕈菌），很少用 Edible fungi（食用真菌 或食用菌）或 Medicinal fungi（药用真菌或药用菌）。

最近估计，地球上真菌生物约有 300 万种（Hawksworth D L, 2012. Biodivers Conserv 21:2425-2433; Wasser S P, 2014. J. Biomed. Sci. 37: 345-356），被定名的真菌种在 2012 年约有 10 万种，但真菌的新种还在不断地被发现，过去 10 年来约有 60% 的真菌新品种是在热带地区发现的。目前估计蕈菌（Chang S T & P G Miles,1992. The Mycologist 6: 64-65）在地球上有 15 万~16 万种，但已知的蕈菌种类约为 16 000 种，仅占所估计蕈菌种类的 10%。其中大约有 2 000 种是安全可食的，其内包括 700 多种具有药用价值的蕈菌。蕈菌的生物多样性是一门综合性的生物科学，它对未来蕈菌资源的调查、鉴定及利用十分重要。生物多样性所面临的许多问题是高度复杂的。如，遗传学和分类学相互作用形成保护政策，并从多个层面探索和开发新的食、药用蕈菌资源。因此，对纯正的野生物种采取种质资源保护和进行遗传改良，至关重要。

现代科技在人类文明中的角色正日益扩张，尽管如此，当今人类的福祉还是面临着三大挑战：地区性食物短缺，人类健康质量下降，以及生态环境日趋恶化。这些问题会随着世界人口的持续增长而愈加严重。我们迫切需要掌握公平有效的全球性的知识和技术来解决或减轻这三大挑战，特别是人类健康损害的发生，不仅仅局限于贫困的国家或社会的贫困阶层。事实上，那些在发展中国家和发达国家，生活在高学历和富裕的家庭的人们也有很多健康问题，如高血压、心脏病、糖尿病和癌症等所谓的"富裕病"。这些健康问题的发生，导致了不良的经济后果，提高了消费者和纳税人的生活成本，并使劳动能力减弱，成为生产力下降的主要因素。

不管是个人还是国家都不能忽视这个问题。余从事蕈菌教学及研究已有 50 多年，曾获机会应邀至五大洲讲解有关蕈菌生物学及其科研规范和开发利用的知识。深信蕈菌能对人类面临的三大挑战做出贡献。蕈菌不仅能将含有大量纤维素及木质素的生物废弃物转化成食物，而且能生产出对人类健康意义重大的医疗、保健产品。蕈菌栽培的一个最显著的特点是，如果经营得当，不但可以减轻生态环境的恶化甚至可能实现对环境的零污染。而且，蕈菌产业基础的形成和发展可以提供新的就业机会。此外，栽培、发展食用菌与药用菌可以积极创造经济增长，这对个人和地区及国家的经济发展都具有积极的影响力。因此，蕈菌的研究与开发，未来将会继续扩大。因蕈菌生产（蕈菌本身）、蕈菌产品（蕈菌衍生产品）和废物利用（保护环境）对人类面临的三大挑战都会做出贡献，所以对蕈菌的资源与利用进行可持续的研究与发展，可以成为一种"非绿色的革命"（因为食用菌不含叶绿素，是一种非绿色生物）。

　　总结：主编李玉教授从构思、实施到完成这套书付出了艰辛的劳动。本套书的编著者都是极富蕈菌教学及研究经验的学者。这是一套全面、完整、系统地介绍我国蕈菌资源分类及生产加工等原理与技术的高文典册，是一套难得可贵的蕈菌学著作。

張樹庭

香港中文大学生物系　荣休讲座教授
二〇一五年一月十日于澳洲坎京

序 III

　　《中国大型菌物资源图鉴》出版之后，相继有《中国食用菌生产》《中国菌物药》陆续问世。作为"中国菌物资源与利用"这一套著作的收官之作——《中国食用菌加工》终于杀青，即将和读者见面。批阅数载，增删多次，终有所成，个中滋味只有身处其中方可尝尽！

　　从食用菌加工学的角度对食用菌产业进行深入探讨，在当今大大小小的食用菌著作中却不多见。在当初规划这一大部头著作时，是想从资源进而栽培到药用，最终通过深加工来形成对全产业链的较为完整系统的阐述。我一直认为：食用菌产业发展到今天，以超高速的发展状态跃入我国农业产业的前列，如何保持其快速、健康、持久的发展，唯一出路是将资源、原料变为产品，形成品牌，而无论是初加工、粗加工，还是深加工、精加工，加工之路皆是食用菌产业更上一层楼的不二之选！

　　人类最原始的"未有火化，食草木之实，鸟兽之肉，饮其血，茹其毛，未有麻丝，衣其羽皮"（《礼记集解》）的时代和动物世界中的生吞活剥没有差别。所以追溯食品的加工是不是应该从用火开始？《周易注•系辞下传》中记载："包牺氏没，神农氏作，斫木为耜，揉木为耒，耒耨之利，以教天下……神农氏没，黄帝、尧、舜氏作。"包牺即伏羲氏，是中华民族的人文始祖，为三皇之首，早于炎、黄二帝。相传他开始结绳为网，进入渔猎经济生活，取来天火教会人们用火烤制食品，人们又称他为"庖牺"，也就是第一个用火烤熟肉的人。大地湾文化遗址和仰韶文化遗址均有用火的痕迹。黄帝又从水煮上升到蒸制。"黄帝时有釜甑，饮食之首始备"，"黄帝始蒸谷为饭，烹谷为粥"。《淮南子》中就称黄帝为灶神。

　　中华民族的人文始祖伏羲氏结束了茹毛饮血的原始状态，开启了食品加工时代的大门！在中华文明史中还有一个燧人氏的传说，他最早开始钻木取火，被后世奉为"火祖""燧皇"，伏羲是其后人。西方的传说是普罗米修斯盗取火种带给人间，但其远不如燧人氏抑或伏羲、黄帝那样被尊为中华人文始祖，他受到了残酷的惩罚，被锁在了悬崖上，除了遭受风吹日晒还要忍受凶恶的鹫鹰啄食他的肝脏。英雄的遭遇是不同的，但带给人间的火种是相同的。可见"火"对人类来说，无论东方还是西方都毫无二致。加工炮制发端于"火"！中国汉字涉及食物烹饪加工的就有66个之多，至今日常生活中常用的亦不少于30个，而其中多是火字旁抑或四点火。可见火之重要！之后黄帝把汽化热成功地在食物加工中应用，才延续至今成为五花八门、形形色色的加工方式！火的使用结束了生食时代。先民们为了食物不致过早酸败腐烂，延长保存时间（保鲜时间），延长货架期，从农耕时代的早期，就普遍采用了晾晒、烘焙等干制方式，乃至冷冻保藏、罐头保藏、盐渍、醋渍、糖渍等，现在也常常是食用菌加工的传统方法。正如李渔在《闲情偶寄》中说的："世人制菜之法，可称百怪千奇。自新鲜以至于腌糟酱腊，无一不曲尽奇能，务求至美。"随着工业化时代的到来，一些借助于机器实现的贮运、保藏、加工技术越来越普遍，并进一步向电气化、自动化、智能化的更高层次上发展。像干燥方法中的真空冷冻干燥；保藏中的气调保鲜、真空贮藏；防腐处理的辐照灭菌技术，以及利用不同加工方式制成各种形态的半成品或成品，并且推向市场，置于餐桌。随着时代的进步和科技的发展，食用菌有效成分的提取及加工工艺不断推陈出新，食用菌加工呈现多元化、个性化的发展态势，已初步形成干鲜品、深加工食品、医药保健品、美容化妆品等多个特色产业，涉及农业、林业、畜牧业、生物产业、食品工业（罐头加工）、制药等多个领域。在食品加工方面食用菌也已开始进入中央厨房，作为备选用料，更多的即食食品、休闲食品，更加清洁、便捷、绿色、健康的融通东西方文化内涵的菌类食品，一定会越来越丰富多彩。"食不厌精，脍不厌细"的儒家文化定会焕发出全新的、现代的、青春的光芒。种种的加工方式最终结果都是将各种食物推上餐桌，所以从田头（广义）→加工→餐桌的全过程无不浸透着这一民族、这一地区、这一国度的丰厚文化。

加工方式的不同在注入各民族文化后就会沿着不同路径，向着不同的方向发展。光着膀子、汗流浃背地吃地摊、撸肉串有它的豪爽粗犷；身着洋装、正襟危坐，举刀叉吃红鹿肉排有它的矜持高雅。无论是大块吃肉、大碗喝酒还是小酌品评、细口慢呷，都是在享用着祖先教会子民们用火炮制出林林总总各种美食的同一个结果！

最近有人一直在抨击中餐，拿中餐和西餐及日料相比，贬其粗鄙。其实英国的炸鱼薯条（Fish and Chips）略撒椒盐后用报纸一卷带走（take away），与我们地摊煎饼果子拿着边走边吃有什么本质的区别吗？我在英国时参加过一次谢菲尔德市市长的招待晚宴，除了金碧辉煌的大厅，"大妈级"的侍者之外，各式菜肴已印象不深，至今难忘的只剩下拇指肚大小的马铃薯和甘蓝清水煮后蘸酱料吃的那点记忆！因此多少年后在与一位老领导闲聊，他不无调侃地说，你说你在英国某市长的招待晚宴上吃的甘蓝和马铃薯都是不够个的玩意儿。我说那可不是一般的礼遇！大个马铃薯、甘蓝在超市里论麻袋卖，老百姓真的吃不着这么小的玩意儿！如果同样和《红楼梦》里那繁缛加工后的各种筵席菜品相比也自见高下！上面说的似多烹饪，似乎和加工有距离，但是加工的结果离不开烹饪，离不开餐桌，加工的终极目标是让人赏心悦目，清洁卫生，自然生态，吃出健康、吃出风味、吃出文化。说到底，加工的过程尽管从各自的文化走出了不同的结果，但是不去评品结果，只就加工工艺、加工过程、加工设备而言，趋于标准化、规范化，走和谐生态的创新之路才是永恒不变的主题！无论是原料的精选，强调无抗生素、无污染、有机绿色；加工方式上免洗免淘、非油炸；炮制上引入先进的双螺杆挤压，二氧化碳超低温临界萃取等等；还是品评上用电子鼻、电子舌等不一而足……都离不开各自民族舌尖上的评价！这个硬核标准不会因"众口难调"而失效！

这本书，包括五篇十章的内容，有十几个教学、科研单位的40多位专家、学者参加撰写，20多位博士和硕士研究生参与了辅助性的工作。由于队伍庞大，参与者的学术背景、学养程度、文字功底、表述技巧肯定不会一致，所以就更难于达到一气呵成之势。记得我的一位授业恩师生前屡屡教导我，不可组织多人做编著或译著这类事情！回想30年前和姚一建教授组织翻译《菌物学概论》一书时已尝尽个中苦头，一言难尽！这次却又没能吃一堑长一智，不知悔改而重蹈覆辙！从撰稿到杀青，交出版社审校，就已苦不堪言，但每每回想起那位授业恩师在不熟谙德语的情况下，坐在公园的长凳上硬是掰着字典翻译并译成出版一部巨著时，我已不只是油然而生的敬意，而是喷薄而出的一股力量！让我不能稍有懈怠，给我不断进取的力量，更有从他身上感受到的传、帮、带的责任和义务！苦已苦矣，但是通过大家共同努力完成的这本著作能让更多年轻人在其中得到锻炼和成长，为中国的这个学科、这份产业、这支队伍的建设和发展略尽绵薄之力，足矣！

至此，这一整套书算是齐、清、定，送呈中原农民出版社了。作为对菌物学科、菌物产业的贡献，出版社足可功垂竹帛！在当今学界"学术速成"、功利化色彩浓厚的评价体系中，文章、著作不以其真正质量进行评价，而是以出版社的级别、杂志的影响来论功行赏，甚至一些假冒伪劣之作都可以成为头顶光环上的一抹灿烂的耀眼光芒；心浮气躁、追名逐利以至于抄袭剽窃，甚至明火执仗、巧取豪夺的病学之态，已与国家倡导的真正意义上的科学精神渐行渐远，而中原农民出版社却如一股清流彰显了自身的与众不同！"问渠那得清如许，为有源头活水来！"感谢社长、总编，各位审稿、编辑、校对人员的坚持，坚信，坚守，坚定！我历经过数次审书、校书，出版书的全过程，让人不敢恭维的事真没少见，但是今天在他们身上我看到了希望！尽管在这块净土上，不一定能收获许多人所期望的东西，但是我愿意从内心深处的敬意开始，全力支持他们打造这片为农民兄弟服务的田野；打造中国菌物学的出版高地！在与强劲病学之态学风的战斗中，真的需要"莫遣只轮归海窟，仍留一箭射天山"的精神，前仆后继，共同塑造美好的明天！

全部书稿送呈出版社后，曲终人散，却无丝毫的悲凉。一种无比的轻松油然而生，沛然莫之能御。在这无比的轻松中却多了几分企盼，一个新的生命即将诞生！但又是一个新征程的开始，只有在此时才会更深刻地理解，为什么不是"昨日黄花"，而是"明日黄花"。"明日黄花蝶也愁"，不断前进又不断归"零"！年轻的科学家们：希望你们能栽种下后天、大后天……的"黄花"，让我们的菌物科学之花在中国这片肥田沃土上永远盛开，美丽绽放！

期盼中的有感而发，权作序。

中国工程院　院士
国际药用菌学会　主席
吉林农业大学　原校长

《中国食用菌加工》是国家出版基金资助出版项目"中国菌物资源与利用"的第三卷，是我国第一部系统介绍食用菌加工技术的著作，篇幅计五篇十章，内容绝大多数为写作团队的原创内容，是中国食用菌加工领域的一部集大成之作，倾注了全体作者满腔的热情和大量辛勤的汗水。该卷编撰内容涉及食用菌加工的全产业链，编写时力求内容全面丰富，能涵盖食用菌加工全产业链的知识，涉及的具体技术，力求能反映当代的最新进展。该书的编撰目标是成为食用菌加工领域的重要参考书，因此写作团队格外注重本书的科学性、系统性、时效性和实用性，力求为读者奉献一本可放在床前、案头随时翻阅的、有用的书籍。

本书以食用菌加工生产流程为顺序，涉及食用菌加工技术、设备、厂房设计、质量安全控制与评价和加工物联网技术等方面，多数的内容都涉及多学科的交叉和融合。本书由李玉院士和张劲松研究员总体设计和主编，参编人员来自上海市农业科学院食用菌研究所、吉林农业大学、中华全国供销合作总社昆明食用菌研究所、江苏大学、上海市农业科学院农产品质量标准与检测技术研究所、湖北省农业科学院农产品加工与核农技术研究所、上海应用技术大学香料香精技术与工程学院、昆明理工大学、中国科学院大学、江南大学、江苏农业职业技术学院、河南省农业科学院农副产品加工研究中心等国内 10 多个科研教学机构的相关领域的 43 名专家教授。另外，协助本书编写组查阅文献资料、绘制设计图稿、实地调研、核对稿件等的博士和硕士研究生有 20 余人。

目前，中国已经是世界上最大的食用菌生产国和消费国，2018 年，我国食用菌总产量已经达到 3 842.04 万 t，产值 2 937.37 亿元。在近 40 年的发展过程中，我国食用菌生产已经从一家一户的传统农法栽培方式向集约化、工厂化的高效生产方式转变。现在我国食用菌工厂化栽培企业有 500 多家，每日的生产总量达 7 000 ~ 8 000 t，工厂化栽培方式生产的食用菌总量已经占我国食用菌总产量的 8% 以上。随着我国食用菌产业产能的快速增长，食用菌鲜品过剩，价格下跌非常严重的问题已经严重影响到产业的健康发展。因此大家都在问，以鲜销为主的食用菌产业扩张模式还能走多远。随着国家供给侧改革的不断推进，我国的食用菌产业必须认真思考如何转型升级，生产出市场所需的产品。李玉院士指出食用菌产业是"农业产业结构调整的新选择，大健康产业的新抓手，精准扶贫的新路径，'一带一路'的新机遇"。在国家大力推行大健康产业的大背景下，食用菌产业必须从传统的鲜销模式向加工和深加工模式转型，尤其要转向与大健康产业相关的加工领域。

目前，我国蔬菜的生产与加工比例在 10% 左右，国外在 60% 左右。我国农产品总体加工比例与发达国家相比有很大的差距，这导致我国传统农业与国外相比，附加值低，产业发展水平低。目前我国食用菌的加工比例不超过 5%，但也因此食用菌加工业产业的发展前景广阔，大有可为。现在，我国食用菌的加工产品是干制品和一些初级加工产品，如菇酱、脆片等，附加值高的精深加工产品的量还是非常少的，如保健食品、化妆品和药品等，占食用菌总产量的很少一部分。在国家供给侧改革的要求下，我国食用菌产业的转型升级，就不单单是利用初级加工技术，如传统的干燥技术，解决了食用菌鲜销市场的产量过剩的问题，因为这种加工方式对提高食用菌产业的附加值有限，所以如何选择新的加工技术，去开发市场所需的深加工产品，是食用菌产业转型升级必须认真思考的方向性问题。这就需要我们借鉴大食品加工行业的新理念、新技术和新方法，去引导我国食用菌加工产业的技术进步和迭代发展，利用后发优势，快速地、整体地提高我国食用菌产业的加工技术水平，为我国食用菌产业提质增效打下基础，使我国由食用菌的生产大国向食用菌的生产和加工技术强国转变。

纵观现在我国食用菌的相关书籍，林林总总不下几百种，但与食用菌加工技术和产品相关的书籍却非常匮乏，难以支撑我国食用菌加工业蓬勃发展的需求。因此我们整合了我国食用菌的高等院校研究机构的相关专家和学者，针对食用菌加工产业发展的需求，系统地编写了食用菌保鲜、贮运和加工技术，食用菌加工装备工厂设计，产品质量控制，安全评价，物联网技术的应用等食用菌加工全产业链相关内容。希望本书的出版，可以为我国食用菌加工业提供基础的知识和技术支撑，为我国食用菌产业转型提供知识保障。期望本书确实能够成为食用菌加工技术行业的重要参考书，能为广大的科研工作者、教师、企业的研发人员提供丰富有用的科学知识，为我国食用菌产业的可持续发展贡献微薄之力。虽然我们抱着精益求精的态度认真撰写、修改、校稿，目标是做到零差错，但是在本书中，可能会或多或少存在不完善的地方，在此恳请大家，如有发现请及时反馈给我们，以便我们在再版时能进一步提高本书的质量。

本书能得以顺利地完成，除了要感谢参编单位的各位专家不辞辛苦的贡献，感谢庄海宁博士为学者间的沟通交流提供的细致的服务工作外，特别要感谢中原农民出版社上到社长、总编，下到各位审稿、编辑、校对人员为本书的设计、撰写和出版投入的精力和支持，希望本书的质量能对得起大家的付出，成为大家可以时常念叨的一件事儿。

凡例

1. 全书构成概况

本书由名人名言、主编照片、二封、版权、编委会（丛书＋本书）、中文摘要、外文摘要、魏江春院士序、张树庭院士序、李玉院士序、前言、凡例、目录、正文、参考文献等部分构成。

2. 内容设置

《中国食用菌加工》全书内容涉及食用菌加工技术概论、设备、厂房设计、质量安全控制与评价和物联网技术等加工全产业链，篇幅计五篇十章：第一篇绪论；第二篇食用菌加工厂设计及加工设备；第三篇食用菌保鲜贮运和加工；第四篇食用菌加工产品的质量安全控制与评价；第五篇物联网技术的应用。

本书的绪论内容比较多，篇幅比较长，目的是想为读者提供食用菌加工产业链的全貌，即使不进一步阅读具体内容，对我国食用菌加工也有个较为全面的了解。

本书的撰写目标之一是写一本可以给科研工作者，包括大学的本科和研究生都可以使用的参考书，因此在介绍相关技术之前，都增加了技术原理一节，以便读者在了解相关技术的同时，可以知其然，还知其所以然。

本书有两个章节涉及食用菌的加工技术，分为初级加工和精深加工。因为在产业上至今也未对初级加工和精深加工下明确的定义，达成一致的共识，所以作者根据农业农村部对农产品初加工和精深加工的分类的概念"农产品初加工是指对农产品的一次性的不涉及对农产品内在成分改变的加工，农产品的精深加工是指对农产品二次以上的加工"和自己的理解，对不同的技术进行了划分。如食用菌主食食品，本书放在了精深加工一章，这也许和部分行业大师认识不一，敬请谅解。

为了增加本书的实用性，在很多节后面专门设立了加工技术实例，目的是方便从事食用菌加工技术的人员，在第一次开展相关加工技术研究时，能有个模板按图索骥，顺利掌握此加工技术的基本操作，为进一步开展工作奠定基础。但是，因提供的实例的各种加工参数可能不是最优的，请读者们注意和理解。

3. 部分格式与内容的说明

本书编写采用平铺直叙的写作方式，体例采用篇、章、节、一、（一）、1、（1）、1）的编排体例。力求文风朴素、科学、实用、严谨、通俗，使读者一目了然。

本书一律采用国家规范的简化字，度量单位的使用按照国家出版物相关规定，结合我国汉语习惯，如长度单位用 km、m、cm、mm、nm 等表示；质量单位用 kg、g、mg 等表示。

为了国内外读者阅读方便，在正文中表示时间概念的"年""月"用汉字表述。表示时间单位的"天"采用"d"，"小时"采用"h"，"分"采用"min"，"秒"采用"s"。

本书参考文献为方便读者延伸阅读，放在每篇或章正文之后，按照先中文后英文的顺序排列。

本书插入的图片，编号采用章、图序号的编排方式，如第一章内的第五张图片，图下图题图序号为"图 1-5"；在正文中对应出现时，为"（图 1-5）"或"如图 1-5 所示"。

本书插入的表格编号采用章、表序号的编排方式，如第一章内的第五张表格，表序号为"表 1-5"，表序号与表题文字之间空一字格，在正文中对应出现时，表示为"见表 1-5"或"如表 1-5"。

CONTENTS

第三篇　食用菌保鲜贮运和加工

PART Ⅲ　STORAGE TRANSPORTATION AND PROCESSING OF EDIBLE MUSHROOM

第四篇　食用菌加工产品的质量安全控制与评价
PART IV　QUALITY SAFETY CONTROL AND EVALUATION OF EDIBLE MUSHROOM PROCESSING PRODUCTS

第五篇　物联网技术的应用
PART V　APPLICATION OF INTERNET OF THINGS TECHNOLOGY

中国食用菌加工

PROCESS
OF EDIBLE
MUSHROOM
IN CHINA

Part I
INTRODUCTION

第一篇
绪论

中国食用菌加工

PROCESS
OF EDIBLE
MUSHROOM
IN CHINA

第一章　食用菌产业及加工领域现状

食用菌产业属劳动密集型产业。我国食用菌以木腐菌生产为主，未来将向草腐菌生产方向发展。食用菌加工特别是高附加值的精深加工为食用菌生产打开了广阔的发展空间。食用菌加工技术和设备的快速发展，如干制技术、盐渍技术、罐藏技术、超高压加工技术、电子束技术、酶工程技术、超临界萃取技术、膜分离技术、真空处理、微波技术等，是食用菌产业的重要支撑。了解知识前沿，掌握发展动态，熟悉技术进步，是食用菌产业研究和参与者的必经之路。

第一节
食用菌产业状况

一、食用菌产业在农业生产中的作用

食用菌产业是因食用菌被广泛利用而形成的完全不同于传统种植业的新型微生物产业。中国的食用菌产业从无到有、从小到大，已成为我国农村经济的重要组成部分，并在农村脱贫致富及精准扶贫中发挥着积极的作用，还在推动乡村振兴的实践中发挥着越来越重要的作用。

（一）将农业废弃物转化为优质蛋白的作用

我国每年产生各类农作物秸秆、畜禽粪便等副产物约 10 亿 t，对其处理不当会带来环境污染等诸多问题，应用合理则会转化为可再利用的宝贵的农业生物资源。目前，对这些资源的利用率仅有

30%，农作物秸秆焚烧，畜禽粪便未加处理直接排放到环境中，对生态平衡和社会生活都产生了不良影响。真菌作为微生物中的一类，在自然界中担任着分解者的角色，与绿色植物和人类、动物一起参与并完成了自然界中的物质和能量的传递和循环。食用菌作为真菌中的重要成员，在以农林种植业和养殖业为主的农业体系中起到了对秸秆等农业副产物降解、有机物还原的平衡作用，是循环农业中不可缺少的重要组成部分。

食用菌生产以稻麦秸秆、棉籽壳、玉米芯、木屑、畜禽粪便等为主要原料，对其含的纤维素、木质素进行降解，可将动植物的副产物转化为可被人类利用的菌体蛋白和菌糠。菌糠可开发为动物的饲料，通过动物体可转化为食用的肉类蛋白，实现物能转化和多重经济转化。如果把农林、畜禽废弃物的20%用作食用菌生产原料，以50%的生物转化率计算，每年可产出食用菌子实体约1亿t，这样的转化既可为人类提供优质食物资源，又可大大减轻废弃物排放造成的环境污染等问题。食用菌收获后剩余的培养基质中富含植物生长所需的有机物质，可直接作为有机肥料，实现资源的循环利用，在获得经济效益的同时，达到农业生态的平衡。食用菌在林业、种植业和养殖业组成的大农业生态体系中扮演着"还原者"的重要角色，同时是农业循环经济中实现原料和能量循环的中间纽带。

近几十年来，菇农创造性地应用代料栽培技术，探索出了能够适应多种食用菌的栽培原料，适应多种气候环境和各类食用菌的栽培模式。目前已经大量使用的食用菌栽培原料有木屑、麦秆、稻草、棉籽壳、玉米秆、玉米芯、花生壳、豆荚、豆皮、甜菜渣、甘蔗渣、果渣、废棉等，几乎所有的农业废弃物都被菇农成功地运用于食用菌的栽培。广泛栽培的食用菌品种有香菇、平菇、双孢蘑菇、木耳、金针菇、草菇、灵芝、杏鲍菇、蟹味菇、白灵菇、灰树花、榆黄蘑、滑菇、秀珍菇、鸡腿菇、银耳、猴头菇、猪肚菇等。如香菇在全国各地的菇农手中已成功地形成了"上海模式""庆元模式""古田模式""泌阳模式""寿宁模式"等。

（二）对农业可持续发展的作用

我国每年会生产出超5亿t的农作物秸秆。农作物秸秆是一个营养与能量的宝库，目前我国对农作物秸秆的利用不充分、不科学，容易造成环境污染。食用菌能分泌多种酶，对农作物秸秆中的纤维素、半纤维素、木质素等有较强的分解能力。通过食用菌生产，可将农业生产的有机废弃物资源化，化害为利，变废为宝。农作物秸秆先作为培养食用菌的原料，然后以菌糠作为制种的原料和饲养畜禽的饲料，再以畜禽的排泄物作为生产沼气的原料，最后以沼气的沼渣作为肥料还田，这一循环丰富和延长了农业生态系统的循环链，实现了农业生态系统内物质的良性循环，提高了系统的生产量并使农业生产成为无废物生产。以食用菌产业为纽带的农业生产系统包括生产者、消费者、分解者，这个系统内资源充分利用，减少甚至消除环境污染，这无疑是确保我国农业生态可持续发展的最佳战略之一。

（三）对精准扶贫和乡村振兴的作用

食用菌产业是一项投资少，成本低，周期短，见效快，效益高、市场广阔的产业。在我国，食用菌产业的平均产投比是（3～5）：1，远远高于一般的粮食作物。食用菌生产有"不与人争粮、不与粮争地、不与地争肥、不与农争时、不与其他产业争资源"的特点，农民可以根据当地的农业生产特点灵活安排食用菌的生产，可以充分利用农闲时的劳动力和其他资源，是一个特别适合老少边穷地区脱贫的产业。在我国开展的精准扶贫和脱贫攻坚战中，对全国592个贫困县产业扶贫情况的调研发现，其中有420个县开展了食用菌产业扶贫的工作，占贫困县总数的71%。

食用菌产业属劳动密集型产业，可以大量吸收农村富余劳动力，为我国农村大量剩余劳动力的转移提供了机会。食用菌生产对劳动者的素质要求不高，就连老人、妇女经过一定培训或在技术人员指导下都能完成从种到收的生产过程。目前全国从事食用菌产业的人数已达2 500多万。在一些食用菌的主产县，从事食用菌生产的人员占农业从业人口的50%以上，如湖北省宜昌、远安、新洲、曾都、广水等地直接从事食用菌生产的人数已占总人口的70%～80%，食用菌产业已成为当地农业生产的支柱产业。另外，由于食用菌生产与经营相比其他的农业产业有着较大的利润空间，也吸引了大量的社会资本参与，激发大学生到农村进行创业并带领村民共同致富。因此食用菌生产是乡村振兴的好项目。

（四）对新型农业膳食结构调整的作用

食用菌不仅是一种味道鲜美的食品，还是国际社会公认的具有保健功能的绿色食品。

食用菌营养价值主要体现在：一是其蛋白质含量高，且必需氨基酸种类齐全、组成合理、易被人体吸收利用。鲜食用菌的蛋白质平均含量为3.83%，高于牛奶中3.1%的平均蛋白质含量。干食用菌中蛋白质的平均含量为19%～35%，高于大米7.3%、小麦12.7%、玉米9.4%。二是食用菌中脂肪含量低，经常食用可很好地预防高血脂等疾病。三是食用菌中膳食纤维含量高，是一种低热量的健康食物。四是食用菌中富含磷、铁等多种人体所需的矿物质元素以及多种维生素。

食用菌因具有抗癌、降血糖、清除体内自由基、防治血管硬化和提高免疫等多种功能，而日益受到人们的关注。目前国内已有灵芝多糖、香菇多糖、猪苓多糖、冬虫夏草多糖、猴头菇多糖等生产。千百年来被我国人民视为"仙草"的灵芝，对心脑血管病有显著疗效，对癌症也有一定预防和治疗作用；猴头菇被开发研制成"猴菇菌片"，用于肠胃病的治疗早已家喻户晓；黑木耳、银耳的补血养颜、扶正固本功效也早已广为人知……

正是基于对食用菌营养价值和保健价值的重要认识，联合国粮农组织提出21世纪最合理的膳食结构为"一荤一素一菇"，食用菌产业已经成为调节人们膳食结构的重要新型产业。

二、食用菌产业涉及的领域和相关技术

食用菌产业包括从事食用菌产品的开发、生产、流通，是菌物农业和菌物医药等菌物产业发展的重要部分，也是生物产业的重要组成部分。食用菌产业属于生物技术领域，产品以子实体、菌粉、菌物药及其精深加工产品为主。涉及的生物技术领域包括生物种质资源调查与评价、目标产品筛选与设计、菌物药的制备技术、产品安全及功效评价体系等多项前沿技术。食用菌产业发展涉及种质资源与新品种选育、栽培技术与产业示范、营养活性成分与毒理学研究、功效药物成分发现与药物设计、制备与临床研究等。

1.自主研发的技术　包括食用菌资源调查与利用评价、栽培料创新与无害化技术、营养活性成分分离提取与高效生产技术、创新产品研制与生产工艺、产品安全技术评价体系、病虫害与防治技术集成、产业区域规划与应对国际技术壁垒措施等。

2.联合开发的技术　包括食用菌营养生长及品质控制、产业发展模型与技术需求、栽培生产模式与产业化技术集成、品种常规鉴定与快速鉴定技术、半人工栽培技术与产业化、高产优质抗逆品种的选育与产业化、菌种培养保藏与复壮技术等。

3.创新的技术　包括食用菌高产优质品种的引进与产业化、人工智能仿生系统与节能技术、标准化生产与加工设备的研制、生长模型与栽培环境控制系统、全程可追溯与监控技术体系、产品质量标准与检测技术体系、辅料筛选与规范化技术、种质资源数据库与开发利用技术等。

三、食用菌产业的发展概况

从生产结构来看，我国食用菌品种众多，不仅包括香菇、平菇、双孢蘑菇、金针菇、草菇、黑木耳、毛木耳等大宗品种，而且还有银耳、滑菇、猴头菇、鸡腿菇、白灵菇、杏鲍菇、茶树菇、小平菇、姬菇、秀珍菇、灰树花、竹荪、姬松茸、凤尾

菇、银丝草菇、皱环球盖菇、长根菇、真姬菇等珍稀品种，此外，还发展了以灵芝、天麻、冬虫夏草、茯苓等为代表的药用菌产业和以松茸、牛肝菌、块菌、羊肚菌等为代表的野生食用菌。在众多的品种中，又以平菇、香菇、双孢蘑菇、毛木耳、黑木耳、金针菇、姬菇、草菇、鸡腿菇、银耳、滑菇、茶树菇等为主，其产量均位居前列。

从全国食用菌产量分布情况看，2017年总产量在100万t以上的有：河南省（519.1万t）、福建省（408.71万t）、山东省（392.99万t）、黑龙江省（324.35万t）、河北省（291.89万t）、吉林省（230.12万t）、江苏省（220.15万t）、四川省（205.56万t）、陕西省（121.42万t）、江西省（121.18万t）、湖北省（115.8万t）、辽宁省（107.70万t）。从全国食用菌产值分布情况看，2017年年产值超过100亿元的有河南、山东、河北、黑龙江、福建、吉林、江苏、江西、四川和湖北10个省。超过50亿元的有云南、陕西、辽宁、广西、广东、湖南、浙江和贵州等8个省（区）。按品种统计，产量前7位的品种依次是：香菇、黑木耳、平菇、双孢蘑菇、金针菇、毛木耳、杏鲍菇。排在前7位的品种总产量占全国食用菌总产量的84.86%，是我国食用菌产品的主要品种。香菇是产量最大的品种，产量比2016年增长了9.82%，其中河南省280.5万t，占全国香菇产量的28.43%。2017年产量在20万～90万t的食用菌品种是茶树菇、银耳、真姬菇、秀珍菇、草菇、滑菇6个品种。

我国食用菌以木腐菌生产为主，草腐菌所占比重较小，平菇、香菇、木耳、金针菇、银耳、姬菇、茶树菇、滑菇等都属于木腐菌。这些木腐菌的生长必须依靠木质植物尤其是木质植物中的阔叶林树种。因此，未来要在保护森林资源的前提下发展木腐菌。

根据2017年度全国食用菌协会对27个省、自治区、直辖市（不含西藏、宁夏、青海、海南和港澳台）统计调查，2017年全国食用菌总产量

3 712万t，比2016年的产量增长了3.21%，占到全球总产量70%以上。2017年产值为2 721.92亿元，比2016年2 741.78亿元下降0.72%。

从总的情况看，2017年食用菌产业继续保持产量增长和结构调整两大趋势，区域调整、产业升级和提质增效步伐明显加快。在国家精准扶贫、鼓励农产品出口等相关政策的刺激下，食用菌产业发展一马当先，西部、东北和华北部分地区增长幅度较大。受各地政策引导以及市场和成本因素影响，"南菇北移，东菇西进"正进入新阶段，东南部地区加快了产业结构和布局调整，突出精深加工和品牌特色。

近年来，我国食用菌工厂栽培产业发展迅速，工厂化企业数量及产能、生产技术水平、生产设备性能都有了极大提高，实现了食用菌的机械化、自动化、规模化和周年生产。2012年我国食用菌工厂生产企业共有788家，随后逐年递减，据中国食用菌商务网调查统计，2017年已减少至529家。企业减少主要有以下几个方面原因：因经营不善、资金链断裂而倒闭；因环保指标不达标、生产品种转型而停产整改；将原有工厂化周年生产改建转型为香菇、黑木耳等季节性生产。另外，我国食用菌工厂化企业已经基本形成大型生产企业为主导，中小型企业并存的格局。根据中国食用菌商务网的调查发现，当前国内单品种日产量达100 t以上的食用菌工厂有上海雪国高榕生物技术有限公司、江苏品品鲜生物科技有限公司、上海丰科生物科技股份有限公司、江苏华绿生物科技股份有限公司、武汉如意食用菌生物高科技有限公司。自2013年我国食用菌工厂化企业数量达到顶峰，此后企业数量虽然一年比一年少，但是产能反而增加，这主要是因为各地政府、行业同仁和投资者在工厂化发展过程中的自我适时调整。近年来，中国食用菌工厂化生产能力不断提升，技术水平不断提高，日产量从2010年的1 712.8 t上升到2016年的7 504.3 t，增产338%。2017年全国食用菌工厂化企业生产食用菌的日产能达到7 322.5 t，比2016

年下降了 2.4%。其中金针菇日产量 3 280 t，杏鲍菇日产量 2 750 t，双孢蘑菇日产量 435 t，蟹味菇和白玉菇日产量 318 t，海鲜菇日产量 268 t。近年来，这些食用菌的日产能均呈现大幅度增长的态势。2017 年 529 家食用菌生产企业中，杏鲍菇生产企业为 189 家，金针菇为 142 家，海鲜菇为 54 家，双孢蘑菇为 47 家，秀珍菇为 34 家，真姬菇为 33 家。其中杏鲍菇、金针菇企业数量总和占全部企业数量的 62%，一直是工厂化生产的主力军。

我国食用菌工厂化生产分布具有明显的地域性，全国总产量增速平缓，多数省市区保持平稳发展，部分省区增长较快。2016 年，福建、贵州、内蒙古、江西、云南、陕西、山西、辽宁分别增长了 59.6%、25.08%、17.16%、14.61%、10.09%、10.05%、8.41%、7.21%。我国东部地区仍处于食用菌工厂化行业主导地位，但随着国家对西部地区开发的重视及中西部地区经济的不断发展，工厂化布局将逐步由华东沿海向西部地区扩散延伸，陕西、甘肃、新疆等西部地区食用菌工厂化生产具有较大发展空间。

随着城镇化进程的加快、农业现代化的推进，食用菌工厂化生产品种向多菌类方向延伸，工厂化产品朝差异化、多样化方向发展，木腐菌、草腐菌并行，食用菌多品种工厂化生产格局逐步形成。食用菌工厂作为现代化农业、精准化农业企业，要健康发展，产品要有市场竞争力，就必须严格实施管理标准化、操作标准化、产品标准化，建立和完善产品企业标准，进行自主管理，保障产品质量。

四、我国食用菌生产的市场现状和发展趋势

我国食用菌传统栽培的大宗品种需求稳定增长，新增种类的市场空间也在不断增大，未来食用菌产品的品种结构将更加符合市场需求。未来在适应发展循环经济、建设节约型社会的政策导向下，草腐菌增长将超过木腐菌，特别是甘肃、宁夏、内蒙古等秸秆资源丰富，同时具有独特冷资源的区域，双孢蘑菇成为当地反季节规模栽培的首选食用菌。由于区域经济发展的不平衡，市场需求不同，食用菌工厂化与农业生产方式并存，大、中、小不同规模的工厂化生产共存，农业生产方式中园艺设施分散栽培、园艺设施集约规模栽培、庭院经济型等不同生产方式共存，食用菌产业在市场建设和市场秩序不断完善的过程中将不断提高适应市场的能力。境外企业、资本以不同方式进入国内市场，正影响着中国巨大的食用菌消费市场。近年，我国台湾投资者设立了上海福茂食用菌有限公司、广东中山和兴养菌厂有限公司，香港投资者设立了上海超大食用菌有限公司等。日本食用菌领先企业日本国株式会社雪国舞茸在中国境内设立了两家合资企业，即长春雪国高榕生物技术有限公司、上海雪国高榕生物技术有限公司。统计数据显示，进出口方面，中国食用菌进出口贸易以出口为主，进口量较小。2017 年，全国共出口各类食（药）用菌产品 63.08 万 t（干鲜混计），货值 38.4 亿美元，出口数量和金额比上年分别增长 13.09% 和 19.38%。近五年的年均复合增长率分别为 4% 和 7%。在现有的食用菌海关商品代码中，干香菇、干木耳、小白蘑菇罐头及其他食用菌罐头出口总额超过 1 亿美元，位列所有商品代码的前五位。香菇出口金额最高，达到 19.94 亿美元，占所有商品代码出口总额的一半以上。香菇、木耳、银耳、松茸、牛肝菌和双孢蘑菇仍是我国最主要的出口创汇品种。

食用菌主要作为蔬菜食用，由于工厂化生产食用菌的产量激增，造成供大于求，导致产品价格有所下降，销售瓶颈日益凸显。随着食用菌营养和保健功能研究的不断深入和普及，以食用菌为主要原料的各类强化食品、保健品、调味品、辅助疗品、药品日益受到消费市场的青睐，销量逐年增加。以食用菌为原料加工成的即时食品、休闲食品、即时调味料、汤包、汤料市场逐渐扩大。以食用菌为原料的各类食品和药品的加工及生产销售有效地延长了食用菌产业链。

第二节
食用菌加工技术现状

新鲜食用菌子实体含水量高，组织脆嫩，表面无保护结构，易在物流过程中出现后熟、病原菌侵染和机械损伤等。采收后如果不及时加工，其风味及质地会很快下降，甚至腐烂而丧失食用价值。所以，食用菌采后通过现代加工技术处理以适应市场需求和提高经济效益，是行业发展的迫切需要。

一、我国食用菌加工产业现状

我国食用菌加工的研究，在国际食用菌产业中占有重要地位，但与国外相比，加工技术的科技含量和相关产品的附加值还不高。初级加工多采用传统的干制、腌渍及罐藏加工工艺，生产相应的低附加值产品。深加工多以食用菌提取中间体的形式出现，新技术在深加工的产品中应用较少，这也限制了整个食用菌深加工产业的快速发展。一般来说，获得"药准字号"的食用菌深加工产品可使附加值提高 50 倍以上，获得"食健字号"的深加工产品可使附加值提高 25 倍以上，而营养补充剂或获"食字号"的深加工产品可使附加值提高 2～10 倍，因此食用菌经深加工可使产品附加值大幅提升。总之，食用菌加工特别是高附加值的深加工产业发展已经成为促进我国食用菌产业健康发展的关键。

二、食用菌加工技术研究及应用

（一）食用菌初加工技术

目前，我国食用菌初加工技术主要有以下几种：

1. 保鲜贮藏 采摘后的新鲜食用菌在常温下容易腐烂变质，为了调节和丰富食用菌市场的供应，满足消费需求，保鲜贮运环节非常重要。目前常用的食用菌保鲜技术有低温冷藏法、气调贮藏法、辐射保鲜法以及化学处理法。另外，随着可食薄膜或涂层材料在食品包装领域的应用，以可食用胶体等材料制成的复合保鲜涂膜法也在食用菌的保鲜贮运中有所应用，这种方法具有减少环境污染、延长鲜菇保藏时间以及保持鲜品色泽度好等优点。

2. 干制加工法 食用菌干制就是通过加工使其含水量减少到 13% 以下，可溶性物质浓度提高到微生物难以利用的程度，尽量保存食用菌原有营养成分及风味的工艺过程。干制是一种被广泛应用的加工贮藏方法，优点是干制设备可繁可简，生产技术容易掌握，可就地取材，当地加工；干制品耐贮藏，不易腐败变质；对某些食用菌（如香菇），经过干制可增加风味；可调节食用菌生产的淡旺季，有利于解决周年供应问题等。

3. 腌渍加工法 有盐渍、糖渍等多种方法。当鲜菇销售不完或价格偏低，需要长期保存待售时，盐渍处理是最简单有效的办法。将食用菌放入高浓度的食盐溶液中，因食盐产生的高渗透压使得食用菌体所携带的微生物处于生理干燥休眠状态，这些微生物虽然未被杀死，但也不能活动，可保证食用菌久藏不腐。

4. 罐藏加工法 食品罐藏就是将食品密封在容器中，将容器内部绝大部分微生物杀灭掉，同时在防止外界微生物入侵的条件下，借以获得在室温下长期贮存的保藏方法。罐藏加工法多用于金针菇、双孢蘑菇、草菇、银耳、猴头菇等。

（二）食用菌深加工技术

食用菌深加工主要可以分为四类：利用食用菌的风味开发出的调味品和酱菜类产品，包括调料、味精、汤料、蘑菇酱等；以膨化技术为主制成的食用菌脆片等系列休闲食品；利用食用菌独特的营养和保健作用开发出的保健饮料和功能性食品；以多糖类、三萜类等功效成分为主开发的药品。相关产品的加工技术如下：

1. 膨化技术 主要有传统的油炸膨化、挤压膨化和烘焙膨化等，通过膨化使食用菌组织结构蓬松、口感酥脆香美，并具有营养成分损失少、食用方便等特点，深受消费者喜爱。为了进一步改善膨化食品的口味和保持食用菌原有的营养成分，新型的膨化技术也逐渐发展应用起来，如微波膨化、真空低温膨化技术以及低温高压气流膨化技术等。

2. 饮料加工技术　食用菌饮料是指采用食用菌子实体、菌丝体及其培养液浸提、发酵或直接加工得到的一类产品，其兼具食用菌的营养价值、风味，可以起到提高人体免疫力、抗肿瘤、降血糖等作用。目前食用菌饮料加工主要有以下几种方法。

（1）食用菌配制饮料　配制饮料主要是利用食用菌子实体或发酵菌丝体粉碎、浸提、调配而成的。

（2）食用菌一次发酵型饮料　主要是利用液体或固体培养基发酵法得到食用菌菌丝体，过滤发酵液或提取菌丝体的有效成分经调配添加其他成分（如甜味剂、酸味剂、稳定剂等）得到的产品。目前在国内已有产品如猴头露、香菇保健饮料，羊肚菌发酵饮料等。

（3）食用菌多次发酵饮料　主要是以食用菌的子实体或菌丝体为营养物质，加入酵母菌或醋酸菌、乳酸菌等活菌体进行发酵，生产保健酒、保健醋和调味饮料等。

3. 食用菌有效成分的提取纯化制备技术

（1）预处理技术　食用菌原料进行提取前，通常要进行一定程度的预处理以利于之后的提取和加工，使提取溶剂更加充分地与物料接触，有效成分更易溶解于溶剂中。预处理技术重点是改变原料的粒度，如传统的粉碎和切片技术，以及现代的超微和纳米粉碎加工技术。

1）超微粉碎　又称超细粉碎，通过振动磨、胶体磨、流能磨等粉碎方式达到超细粉碎效果，加工粒度可达到300目，在食品和中药加工行业中已开始应用。这一技术的优点在于能够提高食用菌原料的细胞破壁效果，既有利于细胞内的较大分子量有效成分释放和溶出，也能够将真菌细胞胞壁上附着的多糖、几丁质打碎，降低分子量，改善溶解性。同时由于加工过程控制在低温下进行，有利于保留不耐高温的生物活性物质。研究表明，超微粉碎后的灵芝、茯苓多糖提取获得率较普通粉碎方式能提高3~4倍，柳松菇多糖的提取获得率能提高5倍以上。这一技术也被用于灵芝孢子粉的破壁加工中，将孢子壁破坏后，有利于其中的多糖和三萜类有效物质的释放，破壁率可达95%以上。

2）纳米粉碎　加工粒度能达到纳米级别，这一技术目前在中药加工行业中已开始使用。研究表明中药纳米化后，其中的有效成分溶出率更高，例如银杏、三七、黄芪、当归等经纳米粉碎，使用较小剂量即可达到大剂量普通粉的药效。这一技术也可应用于食用菌加工中，以改善食用菌中有效物质的释放、提取和吸收，同时纳米化的食用菌有效成分也便于下游产品的类型设计多样化。

（2）提取技术　食用菌中的有效成分种类很多，具有不同的物理和化学性质；既有包含于组织细胞内的，也有分布于细胞外壁等部位的；有的容易释放，有的则较难被提取出来。因此要将这些成分尽可能多地提取出来，需要选择适宜的提取溶剂和高效、经济的提取设备。

1）传统的提取方法　根据目标提取物的不同可分为乙醇浸提、热水提取以及酸碱提取等。近些年，超声波、微波辅助提取也逐渐应用于食用菌有效成分的提取中。此种提取可以通过物理方式使食用菌原料的细胞壁和细胞膜破裂，胞内有效物质释放，同时可以使胞壁多糖和几丁质分散开来便于提取。由于这一提取方式不需要加热，可以降低有效成分中热敏性物质发生变性的可能，通过超声波形成的空化效应，加速溶剂中物质的均匀分布，更有利于提取效率的提高。

2）复合酶法辅助提取　该技术是近些年用于提取的新技术。采用纤维素酶、果胶酶、蛋白酶等复合酶，按一定比例加入酶制剂，选择适宜的酶反应条件，首先将真菌细胞壁部分分解，使细胞壁上的多糖和蛋白更易被溶解和提取，之后可再结合其他提取方式将细胞中的有效成分释放出来。该方法多作为辅助技术与其他提取方法一同使用，达到增加提取获得率和减少提取时间的效果。

3）闪式提取　该技术是一种在适当溶剂中，利用闪式提取器的高速机械剪切力和超速动态分子渗透作用，迅速将原料粉碎成细微颗粒，破坏细胞组织，并在局部负渗透压作用下使细胞内部的有效成分迅速扩散的快速提取技术。其优点是提取时间短、节能、操作简便。该方法目前在中药加工行业中已有使用，多用于提取萜类、酚类、黄酮类和皂苷类等小分子活性物质，也可用于多糖类的提取。

4）超临界萃取　该技术是利用气体在临界温度和临界压力条件下以流体形式存在的特点而开发的一种提取技术。由于二氧化碳具有无毒、价廉、临界温度低的特点，常作为萃取溶剂。超临界二氧化碳萃取技术主要适用于原料中小分子有效成分如黄酮、萜类、色素、多酚、油脂等的萃取，与传统的萃取技术相比，具有萃取获得率高、无溶剂残留、设备操作方便、适用于热敏物质提取等优点。

（3）纯化技术　将食用菌中的有效成分提取出来后的粗提物中，往往含有多种成分和大量杂质，有效成分的含量相对较低，会影响其功能活性的体现。因此对粗提物需要通过分级、萃取等方式进一步精制纯化，将粗提物中不同类型的有效成分分离并使其有效成分含量显著提高，以达到后期产品加工的要求。

1）乙醇分级沉淀法　该法是传统工艺中对大分子多糖等成分常采用的精制纯化方法。在不同的乙醇浓度条件下，多糖等成分的溶解度与分子量呈一定相关性，即乙醇浓度越低，沉淀出的多糖分子量越大，因此可以使用不同的乙醇浓度来对多糖类有效成分进行分级处理，以得到不同的组分，达到初步分离的目的。

2）膜分离法　该法是使用具有统一孔径的膜，通过外加一定压力使提取液中的小分子物质透过膜，从而将提取物分成大分子和小分子两部分。膜按孔直径大小分为不同规格，孔径 1～2 nm 的膜称为纳滤膜，孔径 2～100 nm 的称为超滤膜，孔径 0.1～10 μm 的称为微滤膜。根据滤芯材质，可分为卷式膜、中空纤维膜和管式膜等。多个不同截留分子量的滤膜联用可以将一批食用菌提取物在短时间内按分子量大小分离成多个组分。膜过滤技术在常温或低温下进行，可防止热敏性物质被破坏。另外，由于滤膜可快速透过水分子，因此还是一种高效节能的浓缩技术。对于已知分子量的物质，可以选择滤膜将这一组分分离出来，达到纯化的目的。由于不同物质的分子大小和形状存在差异，目标分离物的分子量和滤膜的标称分子量并不能匹配，需要根据实际效果来选择相应规格的滤膜来进行分离操作。

3）大孔树脂吸附技术　大孔树脂是一类以吸附为特点，具有浓缩、分离作用的高分子聚合物。该技术利用大孔树脂吸附提取液中的有效成分，再经溶剂洗脱、回收而除掉杂质的一种纯化精制方法。根据目标产物的不同，提取物中杂质的不同，可选择不同类型的树脂进行纯化。现在该技术已用于食用菌提取物中的色素、黄酮、三萜、核苷等小分子的富集和分离。

4）高速逆流色谱技术　近年来发展起来的一种新型液—液分配色谱技术。该技术选择两相不同极性的溶剂，通过高速的公转、自转产生的二维力场，使其中一相作为固定相，一相作为流动相，根据样品在两相中分配系数的不同实现目标物质的分离。具有分离功能强、速度快、制备量大的优势，既可用于分析检测，也可用于批量制备，在黄酮、生物碱、多酚等中药有效物质的提取中都有应用。

（4）干燥技术　食用菌有效成分提取液通常以浓度较高的浓溶液或浸膏状态存在，不利于长期保存，需要经过干燥处理制成干粉，以利于后期产品的加工。由于提取液黏稠度高，吸湿性强，使用常规的烘箱干燥需很长时间，效率很低，因此生产中常采用一些高效干燥技术，如喷雾干燥、连续真空干燥等。

1）喷雾干燥 通过雾化器将溶液分散成细小雾滴，雾滴具有很大的表面积，在干燥塔中热气流产生的高温环境中瞬时干燥成粉末状。该技术具有瞬时干燥、过程简单、干燥产物溶解性好的特点，目前已被广泛应用于乳制品、洗涤剂、脱水食品的生产。雾滴的大小及其均匀程度对产品质量尤其是热敏性物质的干燥影响很大，因此这一技术的关键部件是雾化器。目前常用的雾化器有气流式、压力式、旋转式等。将这一技术应用于食用菌有效成分的干燥，能够大大缩短干燥时间，提高生产效率和产品质量。但由于食用菌有效成分精制提取物具有吸湿性和黏稠性，干燥过程中极易黏附于设备内壁而无法进入收集罐，导致收率大大降低；粘壁严重时会影响内壁的清洗和整个生产周期，喷雾干燥后得到的粉末往往也会因吸潮而影响长期保存。解决这一问题的办法：一是需要选择加入一定比例的辅料对物料的性状进行调整。常用的辅料有环状糊精、微晶纤维素、预胶化淀粉、微粉硅胶或脂质体等。二是通过控制料液浓度、温度和进料速度等条件来改善雾化颗粒效果。三是使用一定比例的赋形剂混合喷雾干燥粉末制粒，将有效成分包裹起来，可以有效改善吸潮性。

2）真空干燥技术 通过在容器内形成低压环境，从而导致水的沸点下降，使物料中水分扩散速度加快，从而达到较低温度下快速干燥的目的。而低压环境下，对流方式传递外来热量非常困难，因此往往要采用红外线、辐射、微波等方式来进行加热，因此也被分为红外真空干燥和微波真空干燥。该技术目前已用于食用菌有效提取物如灵芝、香菇多糖的干燥。由于食用菌精制后的料液较黏稠，浓度低时干燥过程中易出现起泡、喷溅的现象；浓度高时水分不易扩散，干燥效率会降低。因此近年来还出现了带式连续真空干燥技术，通过喷雾方式将料液附着在传送带表面，然后通过不同温度梯度实现批量物料的干燥，其作业时间约为普通真空干燥的1/5，而且能连续操作，值得在大规模工厂化生产中使用推广。

三、食用菌加工技术发展趋势及展望

食用菌作为新一代功能食品日渐受到产业界和科技界的关注，其主要特点符合世界卫生组织有关机能因子型保健食品的最高定位，因此进一步对食用菌进行深加工，开发食用菌中的有效活性成分，提高食用菌的附加值已经成为国内外市场竞争的焦点。而食用菌深加工未来的发展应该是以功能食品和即食食品的研究开发为主要方向，将现代化的精细加工技术应用于产品加工，提升食用菌精深加工技术水平，同时以食用菌功能成分研究为基础，发挥食用菌的健康功效，开发系列功能性产品，满足市场需求。

第三节
食用菌产品加工现状

一、食用菌产品加工的概念、作用及分类

利用物理学、化学和生物学方法，将各种菌类的培养物及子实体的干品、鲜品加工成食品、药品和其他农用产品的过程，统称为食用菌的加工。

食用菌产品加工的作用：扩大资源利用范围，提高经济效益；增加花色品种，改善人们的食物结构；缓和产销矛盾。

根据加工的目的不同，食用菌产品加工的种类可分为食用性加工、药用性加工和贮藏性加工。

根据加工产品的特点，食用菌产品加工的种类可分为初级加工产品和精深加工产品。以香菇为例，香菇产品加工的分类如图1-1所示。其中，一

级加工处理和二级加工处理所得到的产品主要属于初级加工产品，三级加工处理所得到的产品则主要属于精深加工产品。

二、食用菌产品的基本加工技术及其产品特点

食用菌的基本加工技术主要有干制技术、盐渍技术、罐藏技术及其他加工技术。

（一）食用菌干制技术

食用菌的干制也称烘干、干燥、脱水等，它是在自然条件或人工控制条件下，促使新鲜食用菌子实体中水分蒸发的工艺过程。经过干制的食用菌称为干品。干制设备要求不高，技术不复杂，易掌握。干制品耐贮藏，不易腐败变质。有的食用菌（如香菇）经干制后可增加风味，改善色泽，提高商品价值。

食用菌产品的干制方法有自然干制、人工干制和冷冻干燥等方法。

依靠太阳晒干或热风干燥的方法称为自然干制，即将鲜菇、鲜耳薄薄地摊在苇席或竹帘上，放在太阳下暴晒至干。利用烘房或烘干机等设备使菇体干燥的方法称为人工干制，即烘烤前先在阳光下暴晒数小时，然后放入经过预热的烘房，当温度达60~65 ℃时，再将温度降到50~55 ℃，继续烘烤2~3 h。

但上述两种干制过程会引起营养成分及品质的变化，菇体中一些生理活性物质以及一些维生素类物质（维生素C）往往不耐高温，在烘干过程中易受破坏，菇体中的可溶性糖在较高的烘干温度下容易焦化而损失，并且使菇体颜色变黑。食品保鲜贮藏方法中冷冻干燥（简称冻干）保鲜技术则克

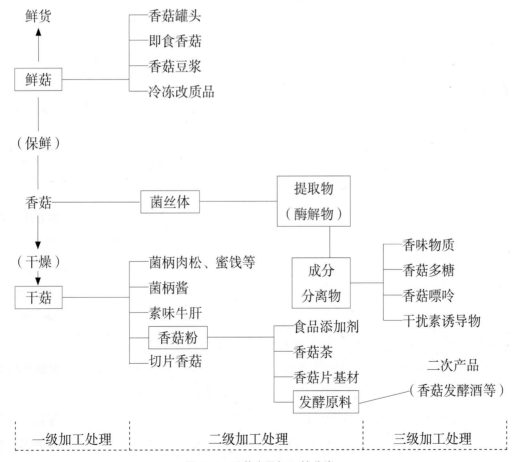

图1-1　香菇产品加工的分类

服了这些缺点，成为国际上公认的优质食品干燥方法。如双孢蘑菇的冷冻干燥工艺是将双孢蘑菇放在密闭容器中，在-20 ℃下冷冻，然后在真空条件下缓缓升温，经10～12 h，因升华作用而使双孢蘑菇脱水干燥。与通常的晒干、烘干、蒸干、喷雾干燥及真空干燥相比，食品真空冷冻干燥有以下优点：食品中的挥发性物质和热敏性的营养成分损失很小，可以最大限度地保持食品原有的香气、色泽、营养和味道；固体骨架，可保持食品原有的形状；脱水彻底，食品中大部分水分已除去，便于长途运输；复水迅速，食用方便，其品质接近新鲜品；氧化损失小，避开氧气影响，易氧化的营养成分得到了保护；微生物活动和酶活性得到明显抑制，故保存期长，在常温下可以存放3～5年。

（二）食用菌盐渍技术

一是选菇。供盐渍的食用菌应适时采收，清除杂质，剔除病、虫危害及霉烂个体，剪去基部老化部分。二是漂洗。菇体采收后，用清水反复冲洗，或用10％的盐水浸泡10 min。三是漂烫。在不锈钢锅内加入10％的盐水（水菇比为3：2），烧至沸腾后维持5～10 min，以剖开菇体没有白心、内外均呈淡黄色为宜。四是冷却。将漂烫后的菌体立即放入流动的冷水中至菇心冷透。五是分级盐渍。把充分冷却的菇体浸入25％的盐水中，撒一层食盐放一层菇，经过1～2 d，补充食盐，盐水维持在22波美度。六是调酸。装桶用的盐水要调酸：99份饱和盐水加1份调酸剂（调酸剂配方为55％的偏磷酸钠、40％的柠檬酸、5％的明矾）。七是装桶、检验。菇体盐渍7 d后，把已盐渍好的菇体捞出，沥去水分，称重装桶，再加满饱和食盐水，加盖封严，5 d后检验盐渍效果。

（三）食用菌罐藏加工技术

一是原料菇处理。选择符合制罐头等级标准的原料菇并及时加工处理；将菇体置于质量浓度为0.3 g/L的焦亚硫酸钠溶液中浸2～3 min，再倒入质量浓度为1 g/L的焦亚硫酸钠溶液中漂白，然后用清水洗净。二是漂烫。将菇体放入已烧开的2％

食盐水中煮熟但不烂，防止酶引起的化学变化；排除菇体组织内滞留的气体，使组织收缩、软化，减少脆性，便于切片和装罐，也可减少对罐的腐蚀。三是冷却。将煮过的原料迅速放入流水中冷却。采用滚筒式分级机或机械振荡式分级机进行分级。四是装罐。空罐使用前用80 ℃热水消毒，用手工或罐机装罐。因为成罐后内容物重量会减少，一般装罐时应增加规定量的10％～15％。五是注液。注入汤液可增加风味，排出空气，有利于在灭菌、冷却时加快热的传递速度（汤液一般为2.5％的食盐，0.05％的柠檬酸，0.1％的维生素C，0.1％的谷氨酸钠。汤液配好后加热至85 ℃再注入瓶中）。六是排气封罐。排气有两种方法：一种是原料装罐注液后不封盖，通过加热排气后封盖；另一种是在真空室内抽气后，再封盖。七是灭菌。其目的是使罐头内容物不受微生物的破坏，一般采用高压蒸汽灭菌。采用高温短时间灭菌对保持产品的质量有好处。食用菌罐头灭菌温度为113～121 ℃，灭菌时间为15～60 min。八是冷却及检验。灭菌后的罐头应立即放入冷水中迅速冷却，以免色泽、风味和组织结构遭受大的破坏。玻璃罐冷却时，水温要逐步降低，以免玻璃罐破裂。冷却为35～40 ℃时，则可取出罐头擦干；抽样检验，打印标识并包装贮藏。

（四）食用菌超高压加工技术

超高压技术是食品加工的尖端技术之一，是对以热力加工为主导的传统加工方式的重大变革，不仅有利于保持食物的营养和风味，而且能耗低，代表了食品非热加工的发展方向。利用超高压等非热加工技术开发食用菌加工新技术新产品已被纳入新的研究中。周存山等人进行了超高压处理对鸡腿菇杀菌效果的研究，建立了压力、温度和时间等为参数的超高压杀菌数学模型；殷坤才等人研制了一种食用菌菌汤产品，具有营养、美味、鲜香、保健、食用便捷等优点，为保证其鲜香成分和营养成分不流失，尝试采用超高压进行杀菌处理，建立了一组优化技术参数。

超高压技术在食用菌产品杀菌、钝化内源性酶类、保持营养成分与品质、多糖与多肽等功能成分提取以及孢子破壁等方面的应用，显示出广阔的前景。

三、食用菌加工产品的现状

（一）食用菌初级加工产品的现状

1.国外食用菌初级加工产品的现状　食用菌在许多焙烤食品中是功能性材料。研究人员也尝试使用食用菌来生产对人类身体健康有益的功能性面包。Okamura-Matsui 等人将食用菌与小麦粉混合，进行焙烤，判定食用菌在面包的功能特性方面的效果。之后再加入 10%的灰树花、真姬菇或滑菇，一方面可以减少面包的比容，另一方面，可以通过为面包酵母供应碳水化合物，促进面团发酵而提高面包的醒发体积。再例如，有研究者用香菇（或平菇）柄来替代 2%～7%的小麦粉，结果 5%的香菇柄面包在没有面包特定体积的干扰下，表现出具有较高的纤维含量。但消费者对这种面包的接受性比对常规的小麦粉面包低。在许多情况下，食用菌以粉末的形式加入面包里。有研究表明，在面包制作中各种形式的食用菌均可作为有益成分，如香菇和杏鲍菇粉末分别被用来生产松饼和饼干。

尽管由于产品质量不同，食用菌的最适宜添加量取决于焙烤食品以及所用食用菌的种类。但是，添加食用菌是一种生产健康小麦粉焙烤食品的很有市场前景的方法。

食用菌还作为功能性材料被加入猪肉馅饼中。香菇粉加入猪肉馅饼中可以增加其质感和多汁性以及其功能性。

双孢蘑菇的菌丝体曾作为一种素肉食品。素肉食品一般具备纤维状组织结构，如大豆蛋白，曾被用作素肉的原材料。然而由于其质构较差、有异味，这些产品不具备消费者可接受的感官特性。与此相反，双孢蘑菇菌丝体素肉食品在感官评价中比由大豆蛋白制成的素肉得分要高很多。

另外食用菌的粉末制品作为一种增味剂，已用于拌汤料和调味料。双孢蘑菇的货架期很短，但制成蘑菇乳清汤粉后储存 8 个月仍有很高的感官评分。Park 等人用海带、平菇和香菇来生产天然的调味料，由于它们含有的核苷酸使得这种调味料味道极其鲜美。用平菇制成的调味品感官评价得分比用香菇调制的要高。这些结果表明蕈类可以作为天然香辛料的成分。Yoo 等指出，取自香菇的天然调味料具有抗氧化性，香菇展示出可以作为新的功能性产品原料的可能性。香菇还成功的取代双孢蘑菇用作褐色酱油的调味成分。松口蘑被用来生产苹果风味的涂抹酱并表现出可以接受的感官评分。含有松口蘑的苹果涂抹酱在贮存 60 d 以后仍可保持很好的质量特性。

食用菌可制成提取物或粉状加入液体产品中以提高它们的性能。灵芝含有多种生物活性物质，由于它独特的保健作用，常被用于传统的中医药中。灵芝提取物加入啤酒中，可增加其生物功能，作为一种酿造原料可用来生产一种提高功能性和感官可接受度的新型啤酒。将灵芝粉添加到传统的韩国米酒浆中可产生一种新产品，如当灵芝粉末的加入量为 0.1%时，韩国米酒 Yakju 有最高的感官评分和降压特性。

国外食用菌初级加工产品的现状见表 1-1。

2.国内食用菌初级加工产品的现状

（1）干制品　通过一定的加工方法使食用菌的水分含量控制在 10%～13%，一般香菇、黑木耳、金针菇、草菇、灵芝、竹荪及银耳等食用菌的加工主要以干制为主。干燥后的产品用塑料袋密封，保存在干燥、低温、避光的环境中，可长期保存。传统的干制方法有自然风干和加热烘干两类，自然风干操作简单、设备低廉，但通常有脱水效率低、产品收缩严重、颜色加深等缺陷。热风—真空联合干燥、冷冻干燥、真空冷冻干燥等，虽然设备较昂贵，但能更好的保持食用菌产品的风味与形态，是食用菌干制技术的研究热点，已有将真空冷冻干燥技术应用于香菇、金针菇、双孢蘑菇的相关

表 1-1 国外食用菌初级加工产品的现状

应用领域		食用菌种类	用途特征
焙烤食品	面包	香菇	增加面包体积
		杏鲍菇	增加可接受性、口感、风味和质地
		灵芝	功能性面包（保健）
		灰树花	加速酵母发酵，产生酒精
		香菇	保健
		香菇几丁质	减少水分流失，保健
		姬松茸 牛樟芝 猴头菇 桑黄	增强鲜味，感官接受度高
		银耳	保健
		凤尾菇(牡蛎蘑菇)	增加蛋白质含量和营养价值
	曲奇	杏鲍菇	保健
	松饼	香菇	保健
猪肉饼		香菇多糖	增加质感和多汁性 功能性成分
		银耳	增加持油性和感官品质
素肉		双孢蘑菇	纹理质构性强
酱汁	苹果沙拉酱	松茸	增味剂，保健
	布朗沙司	香菇	增味剂
粉状产品	调味品	香菇	增味剂，增加功能性
汤类	调味品	平菇和香菇	增味剂
		双孢蘑菇	增味剂
饮料	啤酒	灵芝	增强生物活性
	韩国米酒	灵芝	增强生物活性

工艺研究。但并不是所有食用菌都适合干制加工，如双孢蘑菇干制后鲜味与风味均不及鲜菇好，平菇、猴头菇一般以鲜食为好，而金针菇应先在锅内蒸 10 min 再干制。陈珠凉、林永禄发明了一种冷冻半干香菇，不仅具有鲜香菇的口感嫩滑、组织细嫩的特点，还具有干香菇的浓溢香气，而且能够长时间保存。冷冻半干香菇更适宜于老人食用。

（2）盐渍品 几乎所有的食用菌都可以盐渍加工，但目前盐渍出口的种类主要是双孢蘑菇、平菇、鸡腿菇和草菇等。

（3）罐藏品　食品罐藏就是将食品密封在容器中，将容器内部绝大部分微生物杀灭，同时防止外界微生物入侵，借以获得在室温下长期贮存的方法。所有食用菌都可加工成罐头，但加工最多的是金针菇、双孢蘑菇、草菇、银耳、猴头菇等。

（4）菇丝（松）　以常见的香菇松为例，香菇松是以口感较差的香菇柄为原料制成的。由于与肉松产品形式及制作工艺相仿，可与牛肉或猪肉一起制作牛肉味香菇松或香菇柄猪肉松等，能降低普通肉松的成本并改善其风味，同时提高了香菇柄的商品价值。

（5）果脯、蜜饯　食用菌果脯和蜜饯的加工程序相仿，主要差别在于果脯的糖渍时间相对较长，且糖渍后需将糖液沥干，60～65 ℃烘干至菇体透明、不粘手，而蜜饯则在糖渍后经过烘烤或晾晒再浸入糖液中蘸湿，捞起后再进行一次烘晒，使其表面形成一层透明薄膜，即上糖衣。常见的有平菇脯、杏鲍菇脯等。这类产品软硬适中，香甜可口，具香菇风味。

（6）其他即食类休闲食品　小包装即食性的休闲类食品是食用菌初级加工的流行趋势，除果脯、蜜饯之外还有油炸品、膨化品、碳烤品等。真空油炸技术在真空及低温条件下对原料进行加工，广泛应用于各种果蔬脆片中，如用于草菇、香菇脆片。李超等人采用微波膨化的方法制作紫薯白灵菇脆片，产品外观平整、颜色均匀、微孔大小适度、一致，香味浓郁且口感酥脆，克服了直接利用紫薯制作脆片原料利用率低以及不能够直接利用白灵菇制作脆片等缺点。路源等人采用传统碳烤技术制作香菇烤片，产品味道鲜美，色泽明亮。黄晓德等人将香菇多糖提取后的残渣制成即食型香菇蔬菜纸，该产品保留了原料的风味和营养成分，既可配菜又可作为休闲食品，并且便于运输和贮藏。吕嘉栌等人以金针菇子实体或深层培养所获得的菌丝体为原料，以普通果冻加工工艺为基础，将金针菇与果冻有机结合，所制得的产品不仅色、香、味、形俱佳，而且营养丰富、健康性强、成本低廉、方便食

用，是一种新型营养性果冻，消费市场广阔。陈婉珠等人将适量大豆分离蛋白及香菇加入以冰冻鲜鸡小胸肉为主原料的香肠制品中，制成高营养蛋白香菇肠，不仅保持了香肠固有的肉香味，还降低了生产成本，增加了产品花色，而且提高了产品的营养吸收性。刘月英等人以竹荪浆或竹荪汁为主要原料，辅以奶粉、蔗糖、稳定剂及一定比例的咖啡，研制出竹荪咖啡冰淇淋，不仅改善了冰淇淋的风味，同时也提高了冰淇淋的营养价值。

（7）米面食品

1）面条　在普通挂面中加入菇粉（汁）可制成菇味挂面，如香菇挂面、平菇挂面、金针菇挂面等。缪其满发明了一种鸡腿菇保健面，其原料组分的重量参考配比为：面粉20～30、荞麦粉20～30、燕麦粉10～15、鸡腿菇干品粉10～15、怀山药粉10～15、混合蔬菜汁10～15（以新鲜桑葚计重）、中草药4～6。先对中草药粉碎，然后用水浸提，得到浸提液，再按比例与水、浸提液、混合蔬菜汁混合得到混合液，再与其他粉状物质混合，按常规法制成面条。这种保健面条具有降血糖的功效，且营养全面、口感好，可以作为高血糖患者的主食长期食用。

2）糕点　邸瑞芳将金针菇粉与面粉等原料一起发酵、成型烘烤制作成金针菇面包，是金针菇方便食品的一种新型食品。还有茯苓糕、灵芝酥糖、香菇保健蛋糕、食用菌面包和平菇软糖等。

3）谷物杂粮　王新风等人以大麦为起始原料进行杏鲍菇的固体培养，再将固体培养物加工成速溶即食营养麦片，辅料为奶粉、糖及不同的食品添加剂，用以改善麦片的品质。所得产品具有保健食品和方便食品的双重优点，且原料丰富、成本低廉、消费市场广阔。周希华等人以玉米为载体接种金针菇进行固、液两相发酵，将发酵物按适宜比例与糯米、莲子、薏米、桂圆肉、花生等混合进行试验，研制出集菌、粮、果为一体营养价值较高的金针菇八宝粥，对于提高智力、增强记忆力以及防治心血管等疾病具有较高的食疗价值。何占松以荞麦

为培养基主要原料培养鸡腿菇，制成鸡腿菇荞麦冲调粉，不但营养丰富且含有预防糖尿病的有效成分，是糖尿病患者可选的健康食品。

（8）饮料乳品类　汪建国等人在黄酒发酵过程中加入香菇提取液和酒精，采用共酵法酿制出一种富含营养的低度糯米黄酒。白青云以鲜香菇和鲜莲藕为主要原料，以凝固型乳酸菌饮料加工工艺为基础，研制香菇莲藕乳酸菌饮料，并通过正交试验确定香菇莲藕复合果蔬汁原辅料的最佳配比和最佳发酵条件。杨胜敖研究了以金针菇、核桃仁为原料生产植物蛋白饮料的生产工艺，通过试验确定了乳化稳定剂的种类与用量，得到了风味良好、稳定性高的金针菇核桃乳饮料。杨国伟以鸡腿菇和红树莓为原料，研究具有鸡腿菇和红树莓双重营养的复合饮料。刘亚琼等人以杏鲍菇子实体、鲜牛乳为主要原料，由杏鲍菇浆和牛奶按比例混合，并加入适量白砂糖、增稠剂、甜味剂，经均质、杀菌、冷却后添加混合乳酸菌发酵剂，于 42 ℃发酵 3 h，4～6 ℃冷藏后熟制而成凝固型杏鲍菇酸奶。

（9）调味品　食用菌调味品主要包括酱油、醋、汤料、菇酱等。杨晓虹等人以金针菇、大豆为原料，在米曲霉和一些调味料的作用下，研制开发出发酵型风味金针菇酱油，产品稠度适中、咸淡适口，味道鲜美醇厚，用于调味、佐餐均可。韦孟蛾将新鲜秀珍菇、秀珍菇次菇及秀珍菇下脚料与虾米、胡椒、食盐、香菜混合，经汽蒸、低温烘干，再经 200 目筛粉碎制成一种秀珍菇粉，可作火锅底料、面食品添加剂代替味精、淀粉调配料，也可调适量的植物油冲开水做汤或直接做汤，食用方便、营养丰富、口感极佳。

食用菌酱类通常是以各类食用菌子实体及下脚料为原料，利用酱类制作技术，根据不同消费者的口味需求，配以各种调味料和新鲜调料如葱、姜、蒜等加工而成。具有酱类和食用菌的双重营养和风味，且因食用菌种类不同风味各异，有些产品还具有食用菌的独特保健功效，是居家旅游之佳品。根据产品的风味及形态可分为豆酱、辣酱、芝麻酱、面酱、果味酱等，其中辣酱广受欢迎。翟众贵等人充分利用香菇加工过程中产生的大量下脚料，以干香菇柄为主要原料，添加黄豆酱、辣椒、白砂糖等辅料加工研制香辣香菇酱，制得的产品菇香浓郁，鲜香微辣。吴洪军等人以平菇为主要原料，经泡椒泡制而成的泡椒平菇软罐头产品，方便携带和食用，成品具有泡椒与平菇浓郁的混合风味。曹军胜对由平菇、菠萝汁制备果味饮料后的平菇残渣进行综合利用，制成不同风味的菇酱，既变废为宝，又提高了食用菌的经济利用价值。

国内食用菌初级加工产品的现状见表 1-2。

（二）食用菌精深加工产品的现状

1. 国外食用菌精深加工产品的现状　食用菌除直接食用还可以加工成各类不同的加工食品。香菇的柄由于蛋白质含量高，可以在酒精发酵过程中作为氮源替代物。其他的一些食用菌也已经用于不同方式的发酵制品中。灵芝是一种药用真菌，被用于豆奶发酵，经过灵芝发酵过的豆奶表现出了较好的接受度和保健特性。此外食用菌也可替代酿酒酵母用于葡萄酒和啤酒的发酵，如金针菇和平菇。

食用菌的酶已经用于加工新的食品。日本清酒是一种传统的酒精饮料。传统的日本清酒制作经过两个步骤：一是糖化和淀粉酶的发酵，二是乙醇脱氢酶作用。Okamura-Matsui 等人研究的清酒在生产时仅使用蕈类，将蕈类接种在大米和水中来生产清酒。另一个使用食用菌酶的例子是利用裂褶菌的乳酸脱氢酶和凝乳活性来生产奶酪食品。

由于食用菌提取物有多种生物功能，因此在生产食品时也被用作添加剂。金针菇提取物具有预防由多酚氧化酶和酪氨酸酶引起褐变的潜力，可以作为天然的食品添加剂。Bao 等人发现多种食用菌中含有麦角硫因，如金针菇、香菇、白黄侧耳（俗称姬菇）和杏鲍菇在鱼肉加工中可以作为颜色稳定剂。

国外食用菌精深加工产品的现状见表 1-3。

2. 国内食用菌精深加工产品的现状

（1）功能性食品开发　对食用菌中有效成分

表 1-2 国内食用菌初级加工产品的现状

产品类型	食用菌品种	加工方法或原料
干制品	香菇	真空冷冻干燥
	金针菇	真空冷冻干燥
	双孢蘑菇	真空冷冻干燥
	香菇	冷冻半干
盐渍品	杏鲍菇	—
	双孢蘑菇	—
	滑菇	—
罐藏品	茶树菇	软罐头
	白灵菇	软罐头
	金针菇、杏鲍菇	复合罐头
菇丝（松）	香菇	菌柄
果脯	平菇	—
	杏鲍菇	—
蜜饯	香菇	菌柄
脆片	草菇	真空油炸
	香菇	真空油炸
	白灵菇	结合紫薯微波膨化
	香菇	炭烤
鸡腿菇保健面	鸡腿菇	子实体粉
香菇蔬菜纸	香菇	香菇多糖提取残渣
金针菇果冻	金针菇	子实体或菌丝体
高营养蛋白香菇肠	香菇	子实体菇粉
牛肉味香菇松	香菇	菌柄
香菇柄猪肉松	香菇	菌柄
竹荪咖啡冰淇淋	竹荪	子实体汁
香菇糯米黄酒	香菇	水提液
香菇莲藕乳酸菌饮料	香菇	子实体汁
金针菇核桃乳饮料	金针菇	子实体汁

绪论

产品类型	食用菌品种	加工方法或原料
鸡腿菇红树莓汁复合饮料	鸡腿菇	子实体汁
猴头菇饮料	猴头菇	浸提液
金针菇面包	金针菇	子实体菇粉
香菇饼干	香菇	子实体菇粉
杏鲍菇速溶即食营养保健麦片	杏鲍菇	大麦培养的杏鲍菇子实体
养生八宝粥	金针菇	菌丝体
鸡腿菇荞麦冲调粉	鸡腿菇	荞麦培养的鸡腿菇子实体
凝固型杏鲍菇酸奶	杏鲍菇	子实体
沙棘猴头菇养胃米	猴头菇	提取液
真姬菇酱油	真姬菇	水提液
香辣香菇酱	香菇	菌柄
泡椒平菇软罐头	平菇	子实体
风味平菇酱	平菇	果味饮料残渣

表 1-3 国外食用菌精深加工产品的现状

应用领域	产品形式	食用菌种类	用途特征
发酵食品	酒精饮料	香菇	氮源
	清酒	松茸	酒精脱氢酶淀粉酶活性
	葡萄酒	姬松茸 金针菇 平菇	替代酿酒酵母
	啤酒	松茸 金针菇	替代酿酒酵母
	干酪食品	裂褶菌	乳酸脱氢酶 凝乳活性
	豆奶	灵芝	用于豆奶发酵
添加剂	复合饮料	巴楚蘑菇多糖	多糖的保健功能
	苹果汁	金针菇	抑制苹果汁的褐变
	加工的鱼肉	金针菇 香菇 白黄侧耳 杏鲍菇	处理鱼的颜色稳定剂

进行提取和利用，制成食用菌功能性食品已成为企业的兴奋点，具有十分显著的经济效益和社会效益。

有关食用菌功能性食品的开发现状见表1-4。

（2）保健食品开发　现代医学研究证明，食用菌富含的菇类多糖成分能够抑制癌细胞生长繁殖，提升人体自身免疫能力，具有抗肿瘤、降低胆固醇、清除人体自由基等多种保健作用。从食用菌中提取有效成分作为药品或辅助药品原料，目前应用最多的是多糖类，如香菇多糖、灵芝多糖、猴头菇多糖等。

庄海宁等人发现从猴头菇、香菇等食用菌中提取的大分子β-葡聚糖可以通过包被谷物淀粉颗粒及增加淀粉凝胶体系的黏度值起到显著降低谷物淀粉消化速率的作用，具有开发慢消化食品的潜质。该研究团队以大分子食用菌β-葡聚糖提取物为原料开发焙烤食品，可以使产品具有可控的低预测血糖生成指数值并保持理想的食用品质。

张妍等人以双孢蘑菇多糖提取物为原料，采用湿法制粒压片法制备多糖分散片。田敬华将猴头菇干品煮沸，提取滤液经真空浓缩后进行喷雾干燥，将所得干粉使用透明胶囊包装，制成一种猴头菇精粉保健胶囊，成品装入避光容器内，-40～40 ℃可贮存2～3年。李海平提供了一种利用滑菇提取多糖后的剩余残渣制备不溶性膳食纤维的方法：残渣水洗干燥，粉碎过筛加水溶胀，用胰蛋白酶或中性蛋白酶与菠萝蛋白酶复合法除蛋白，水洗去蛋白，漂白，除残余过氧化氢，酸处理除盐，水洗残渣，干燥粉碎过筛，得到滑菇不溶性膳食纤维。陈君琛针对生产盐渍大球盖菇的废弃漂烫液，采用减压控温旋转技术，同步浓缩、灭菌，开发了菇漂烫液精粉、胶囊和片剂的加工工艺技术，并建立了产品技术规程和企业标准，拓展了大球盖菇增值加工利用新途径。杨宗渠等人以金针菇为原料，采用浸煮法提取金针菇多糖，以金针菇多糖为功能因子，运用挤压膨化技术研制具有营养保健功能的

表1-4　有关食用菌功能性食品的开发现状

项目名称	项目主持人或完成人	第一主持或完成单位	研究起止时间	备注
食用菌功能因子产业化关键技术的研究与应用	张劲松，等	国家食用菌工程技术研究中心	2011.1～2015.12	国家"十二五"科技支撑计划课题。申请单位及主要参与单位：上海市农业科学院、北京大学基础医学院、国家新药筛选中心、江苏安惠生物科技有限公司、福建仙芝楼生物科技有限公司
食用菌深加工技术开发	—	大连工业大学	2012至今	生产出冻干舞茸、黑木耳多糖（胶囊）、木耳冲饮、榛蘑冲饮等系列产品
黑木耳系列休闲、方便食品加工技术的研究	吴洪军，等	黑龙江省林副特产研究所	2010.7～2012.12	黑木耳微粉强化营养粥休闲方便食品
香菇与平菇的酶解特性研究及食用菌产品制备	侯温甫，等	武汉工业学院	2008.1～2011.12	开发了饮料与面条两类产品

项目名称	项目主持人或完成人	第一主持或完成单位	研究起止时间	备注
食用菌功能成分提取分离与高效利用技术研究	赵伯涛，等	中华全国供销合作总社南京野生植物综合利用研究院	2008.1～2010.12	本研究项目为国家"十一五"科技支撑计划课题"食用菌功能成分提取分离及高效利用技术研究"（2008BAD1B06）
真姬菇功能食品的研制及功效评价	张俊刚，等	河北省疾病预防控制中心	2006.10～2008.07	增强免疫力和缓解体力疲劳
莎克来复合多糖胶囊	—	浙江大学	2006至今	从香菇、灵芝、灰树花等食用菌中提取的多糖
复合食用菌功能饮料主剂及产品（菇朵朵）的工业化开发	阮美娟，等	天津科技大学	2005.08～2006.12	以茶树菇为原料
秀珍菇、茶树菇等食用菌功能性营养成分研究及富硒秀珍菇菌粉的开发	沈恒胜，等	福建省农业科学院作物研究所	2003.9～2006.12	—

高蛋白膨化食品。目前市场上热销的胃乐新胶囊、颗粒和冲剂的主要成分就是猴头菇。茯苓也能在一定程度上缓解胃部疾病，深受广大胃病患者青睐的葵花胃康灵其中成分之一就是茯苓。

自1996年3月15日《保健食品管理办法》实施以来，至2015年我国批准注册的保健食品中含食用菌成分的达1 900余个，约占批准注册的功能类保健食品的18%。

在已获批准的食用菌保健食品中，按照功能划分，居前5位的是有助于增强免疫力、有助于缓解运动疲劳、有助于降低酒精性肝损伤危害、有助于改善睡眠以及有助于降低血脂。其他功能包括辅助降血糖、有助于提高缺氧耐受力、有助于改善胃肠功能、抗氧化、有助于改善记忆、有助于增加骨密度、有助于促进面部皮肤健康等。

目前我国食用菌保健食品居前5位的剂型分别是胶囊、口服液、散剂、颗粒和片剂，最主要的是胶囊，占总批准量的57%；普通食品剂型所占比例仅为9%，涉及食品类型的仅包括茶、酒、醋、饮料和粥等。

食用菌含有多种功效成分，如多糖类、核苷类、多肽氨基酸类、矿物质、维生素、三萜类和脂肪类等。获得批准的保健食品中，排名前5位功效/标志性成分为多糖、皂苷、三萜、腺苷和黄酮，其他功效成分包括氨基酸、维生素、甘露醇、蛋白质、虫草酸、虫草素等。食用菌保健食品按功能/标志性成分分布情况如图1-2所示。

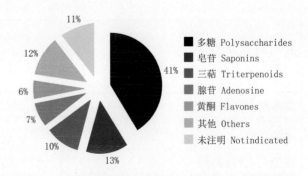

图1-2 食用菌保健食品按功效/标志性成分分布情况

在获准的食用菌保健食品中，与灵芝有关的保健食品占总数的68%，虫草约占15%，茯苓约占10%，其他种类包括香菇、猴头菇、姬松茸、松茸等。食用菌保健食品按原料种类划分的分布情况如图1-3所示。

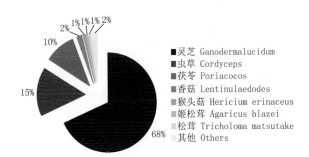

图1-3　食用菌保健食品按原料种类划分的分布情况

目前食用菌保健食品原料来源有子实体、菌丝体、菌核、孢子粉等，其中子实体所占比例为40%，孢子粉所占比例为35%。

食用菌保健食品主要原料来源如图1-4所示。

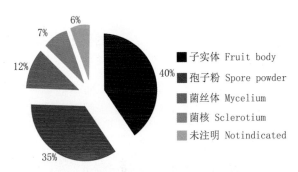

图1-4　食用菌保健食品主要原料来源

（3）化妆品开发　食用菌的护肤美容作用在《千金要方》《御药院方》等古代医籍中已有记载，现代医学利用食用菌特殊的抗氧化、延缓衰老成分，开发出了各种类型的美容制品（包括内服和外用），如灵芝茶、灵芝抗皱奶、银耳珍珠霜、茯苓润肤霜。刘守勉等人利用热水浸提法从金针菇中提取多糖，结果表明在一定时间内金针菇多糖的保湿性能较好，1%的金针菇多糖保湿效果优于5%的甘油，因此可利用金针菇多糖作为开发化妆品的原料。

（4）食品新原料开发　张刚以大型真菌长裙竹荪为原料，采用生物处理与提取技术制取的一种天然防腐剂，安全性高，抑菌效果好，可广泛应用于各类食用菌终端产品与其他食品行业。

食用菌深加工产品见表1-5。

四、食用菌加工产品的未来趋势与展望

进一步对食用菌进行深加工，开发食用菌中的有效活性成分，提高食用菌的附加值已经成为国内外市场竞争的焦点。目前食用菌即食产品市场种类单一、知名品牌较少，市场空间巨大。

食用菌精深加工的方向总结如下：

1. 功能食品和保健品　食用菌深加工未来的发展应该是以食用菌功能食品和即食食品的研究开发为主要方向。加强食用菌的生物化学研究，各种功能因子药理作用的深度开发，特别是研究在人体内的代谢和分子药理学效应是科研人员今后的研究方向。食用菌保健品未来开发不应集中在单一化合物的分离与研究，而应考虑食用菌提取物的总体功效，然后再探知某种成分在整体作用中的角色。

2. 菌菇副产物的利用　菌柄、下脚料、异形菇等副产物如果不很好利用，不仅浪费资源，而且污染环境。据研究，在菌丝体深层发酵培养过程中，被释放到培养基质中的多糖等成分具有不同生物活性。随着人们对质量控制必要性认识的增强，这些从菌丝或发酵液中获取的提取物开始受到越来越多的关注。为此，研发资源化综合利用这些副产物的精深加工技术，开发高附加值的食用菌加工产品是今后发展的重点领域。

3. 高新技术的应用　近年来，国内外食用菌加工技术与设备越来越先进，各种高新技术越来越多地应用于食用菌加工业。电子束技术、生物技术、酶工程技术以及超高压处理、超临界萃取、膜分离、超微粉碎、微胶囊、真空处理、挤压膨化、微波技术等高新技术在食用菌加工和新产品研发中得到广泛应用，既安全又环保，具有超越传统食品工业技术的巨大优势。

表 1-5　食用菌深加工产品

产品类型	产品名称	食用菌	原料来源	特性
药用、保健品	双孢蘑菇多糖分散片	双孢蘑菇	多糖提取物	保健
	猴头菇精粉保健胶囊	猴头菇	子实体	保健
	滑菇不溶性膳食纤维	滑菇	多糖提取残渣	保健
	大球盖菇漂烫液精粉、胶囊和片剂	大球盖菇	盐渍大球盖菇的废弃漂烫液	保健
	金针菇多糖膨化营养食品	金针菇	粗多糖提取物	保健
化妆品	金针菇保湿霜	金针菇	金针菇多糖	化妆品
食品新资源类	天然生物防腐剂	长裙竹荪	长裙竹荪提取物	抑菌

4.质量标准体系的建立与完善　从现行标准的数量、内容、水平、时效性和涉及范围来看，远远不能满足我国食用菌出口的需要，且相关的食用菌标准体系有待完善，比如农药残留限量指标，国际食品法典有 2 572 项标准，欧盟有 22 289 项，美国有 8 669 项。因此，健全和完善我国质量标准体系与法规体系将是我国食用菌加工产品逐步走向世界的前提条件和重要保证。

第二章 食用菌加工产品质量标准及加工设备现状

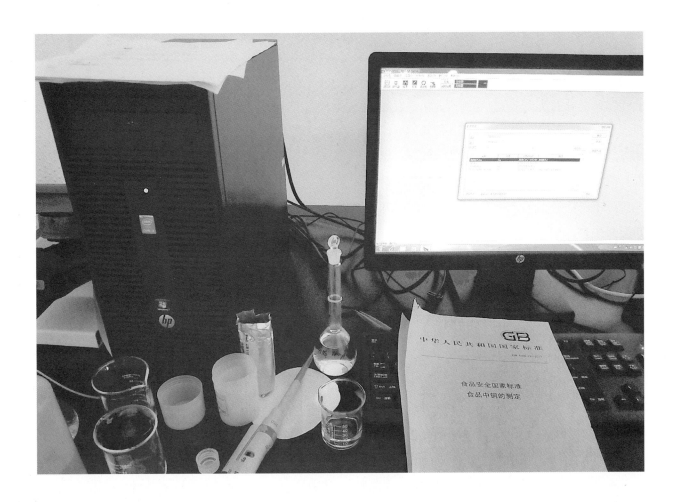

　　我国食用菌标准主要有国家标准、行业标准、地方标准、团体标准和企业标准。标准决定质量，谁制定标准，谁就拥有话语权；谁掌握标准，谁就占据制高点。因此，了解标准、用好标准，食用菌加工产业才能健康发展。设备是加工的手段，食用菌加工设备正向新型、高效、节能、环保方向发展。技术、设备和标准都是为了保障食用菌产品安全，如从源头上把住农药残留、重金属污染，在加工中控制添加剂、放射性污染，在贮运中防止霉变……

第一节
食用菌加工产品质量标准现状

一、概述

（一）食用菌质量标准的概念

　　食用菌标准作为指导食用菌生产、评定食用菌产品质量、规范食用菌产品市场、保护消费者利益的重要技术依据和技术保障，受到广泛重视。

　　食用菌质量标准是对食用菌加工产品的结构、规格、质量、检验方法等所做的统一的技术规定。我国食用菌标准种类较多，分类细致，主要由国家标准、行业标准、地方标准、团体标准和企业标准组成。产品质量标准包括基础标准、产品标准、方法标准等，是保证产品质量、保护消费者合法权利的重要内容，也是判断产品是否合格的重要依据。

我国食用菌加工技术相对落后，生产管理未能全面实现标准化，产品大多没有进行质量认定，缺乏有效的质量保证体系，致使产品质量不稳定，在国际市场竞争中处于弱势。分析其原因，主要是食用菌标准的更新、建立工作与产业快速发展相比进展较慢。存在标准体系不完善，覆盖面窄，采标率差，与技术创新、产业需求脱节等问题，导致产品质量安全问题突出，难以突破"技术壁垒"，参与国际市场竞争，标准化成为制约产业转型升级的重要瓶颈。

（二）质量标准与质量安全的关系

党的十八大以来，习近平总书记对标准化工作作出一系列指示，"标准决定质量，有什么样的标准就有什么样的质量，只有高标准才有高质量。谁制定标准，谁就拥有话语权；谁掌握标准，谁就占据制高点"。食用菌质量标准是支持食用菌产品质量安全的重要基础，应当发挥标准对质量提升的引领作用。食用菌标准化是保证食用菌食品安全、维护消费者健康、提高产品质量的重要手段。因此，食用菌质量标准在产业进程中发挥着至关重要的作用。

二、我国食用菌质量标准分析

（一）我国食用菌标准化历程

我国食用菌标准化工作起步较晚，1986年中国食用菌领域制定了第一个国家标准GB/T 6192—1986《黑木耳》，该标准是由原商业部组织全国黑木耳标准制定小组起草的。同年，原卫生部从食品安全保障出发，制定了GB 7096—86《干食用菌卫生标准》和GB 7097—1986《鲜食用菌卫生标准》等食用菌卫生标准和食用菌卫生管理办法。1991年原农业部和原商业部承担完成原国家技术监督局下达的21项食用菌国家标准项目，分别由上海市农业科学院食用菌研究所和昆明食用菌研究所起

草，并通过审定发布。随着食用菌产业对地方经济贡献率的增加，中央和地方各级政府高度重视标准化工作，积极加强食用菌标准化战略的实施，广泛开展标准化生产技术培训，采取多种措施确保标准化生产技术的实施，规范食用菌生产，促进食用菌质量安全，制定并发布一系列食用菌技术标准，规范、指导食用菌产业发展。

（二）我国食用菌标准化模式

1. 食用菌质量标准体系的主体结构 我国食用菌质量标准体系由食用菌国家标准、行业标准、地方标准、团体标准和企业标准组成。截至2019年9月，我国现行的食用菌国家标准有38项，其中基础标准3项，菌种标准8项，保育及栽培标准2项，加工及产品标准23项，产品流通标准2项；食用菌行业标准有94项，其中基础标准5项，菌种标准10项，保育及栽培标准19项，加工及产品标准55项，产品流通标准5项，主要由国家农业农村部、国家林业和草原局、国家市场监督管理总局发布。全国各省市自治区根据食用菌产业发展需求制定、修订了一批地方标准和团体标准。对全国标准信息公共服务平台公布的信息进行统计，我国发布实施的食用菌地方标准有654项（图2-1），团体标准有23项。这些颁布实施的标准已纳入食用菌标准体系范畴，基本形成了以国家标准和行业标准为基础、地方标准为补充、团体标准和企业标准为支撑的标准体系，有效发挥了标准在产业中的指导和引领作用。

2. 食用菌企业标准 全国食用菌生产加工企业积极加强科技创新成果与标准化的紧密结合，主动参与食用菌标准的制定和修订工作，根据产品工艺技术及质量要求制定了严格的企业质量标准，把企业标准作为抓好质量安全的重要手段和企业组织生产、经营活动的依据，发挥企业的标准化主导作用，为我国食用菌产业技术标准体系建设奠定了坚实的基础。

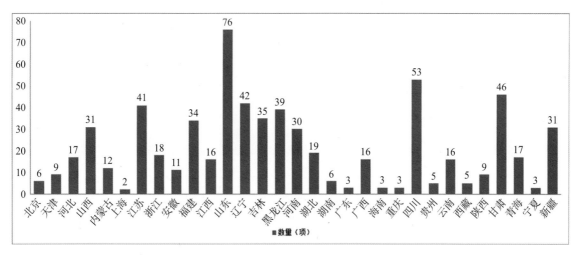

图 2-1　食用菌地方标准各省市自治区数量图

三、现行食用菌质量标准存在的主要问题

（一）共性问题

1. 标准体系不完善，有交叉和脱节　目前，我国颁布实施的食用菌相关标准中多以产品标准、方法标准和技术规程为主，基础标准、流通标准和管理标准较少。发布实施的一些食用菌标准与食品安全国家标准存在限量指标缺乏、互相矛盾的现象，缺乏完善规范的质量管理标准体系、环境管理标准体系。一些国家标准、行业标准和地方标准之间有重复、交叉或脱节的内容。

2. 标准内容不合理，技术含量低　标准内容简单、技术要素缺失，缺乏从国外食用菌先进标准中转化而来的技术标准，指标设置不合理，一些标准与实际要求不相符，实用性和可操作性差。

3. 标准化生产实施监督不力　标准的运用缺乏有效的监督，检测机构数量与检测能力和社会需求之间存在较大差距，致使产品卫生指标无法就地快速检测，质量安全难以保障，导致产品质量参差不齐。

4. 食用菌标准化管理较分散　食用菌管理体系不健全，分散的管理体制，阻碍食用菌标准化有效管理。

5. 与国际标准接轨程度不高　产业标准体系构架不健全，关键技术标准缺失，检测方法不对接。出口贸易中出现的企业间无序竞争、出口产品遭遇技术性贸易措施、出口对象国家或地区肆意打压产品价格等一系列突出问题，成为制约产业健康发展的瓶颈。

（二）个性问题

1. 安全评价不合理　我国西南地区土壤重金属含量普遍较高，生长在这片土地的动植物对重金属都有一定的富集作用。由于缺乏野生食用菌质量安全标准，使食用菌企业在生产加工食用菌产品中只能执行栽培食用菌技术标准，出现重金属限量标准仅从总量上加以限量，没有针对性考虑金属元素存在的形态和含量，以及野生食用菌的生理生化特性，导致食用安全性评价不合理，限制了市场发展。

2. 科研成果转化为技术标准不足　全国从事食用菌引种、栽培、生产加工技术研究的机构较多，科研条件雄厚，而专业从事野生食用菌资源保护和综合利用技术研究的机构较少，研究内容及范围较窄，导致科技成果转化为技术标准的数量较少，重要标准或指标缺失，严重制约了野生食用菌行业的发展。

3. 标准实用性不强　现行标准的数量、内容和水平，以及标准的时效性、涉及范围、检测项目过多或过少，难以保障食用菌产品质量与安全性，不能满足出口食用菌产品的需要，成为制约扩大出口创汇的瓶颈。

（三）问题产生的根源

1. 管理模式不够合理　在我国由国家标准化行政主管部门和若干行业标准化主管部门批准发布的国家标准和行业标准，都是在全国范围内适用的，缺乏野生食用菌相关标准。针对同一项标准对象，行业标准与行业标准、行业标准和地方标准、地方标准与地方标准的具体内容经常产生矛盾和重复，使技术标准成为部门和地方利益保护的一种形式。

2. 标准化生产意识淡薄　我国食用菌生产专业化、规模化程度低，食用菌标准化生产和标准化加工销售的意识淡薄，使食用菌产品优质优价的目标难以实现。

3. 标准化信息平台缺乏和人才队伍短缺　标准化信息来源渠道少，查询难，企业在标准执行过程中无法选择先进的、时效的、可操作的标准。企业重视生产、加工、经营管理方面的技术人才培养，而忽略标准化技术人才的培养，导致标准化工作人员业务水平低，数量有限。

4. 标准化宣传和培训力度不够　标准化以及法律、法规的宣传力度不够大、范围窄，造成部分企业及群众对标准等内容不了解。在食用菌标准化方面，由于传统生产习惯改变难度较大，菇农对标准化生产的内涵了解不够，许多中小企业虽然理解了以标准为游戏规则的市场竞争方式，但应用标准进行生产的比例还很小。

四、食用菌质量标准对产业发展的影响

（一）技术性贸易措施

技术性贸易措施分为3类：一是符合世界贸易组织《技术性贸易壁垒协议》原则和国际标准的技术法规、标准，可以视为合理的、允许的贸易壁垒；二是由市场、科学技术与社会经济发展而形成的技术标准，继而又形成的贸易壁垒；三是人为的，是政府的行为，各国政府对进口商品制定苛刻

烦琐的技术、卫生检疫、商品包装和标签等标准，从而提高进口产品的要求，增加进口难度，最终达到限制进口的目的，是专门用来对付贸易伙伴的贸易壁垒。

（二）对我国食用菌出口创汇的影响

1. 对香菇出口的影响　日本是我国食用菌产品主要外销国家之一，自2006年5月29日起，日本实施"肯定列表制度"，我国出口日本的某些香菇产品因被检出甲氰菊酯超标、二氧化硫超标和"受过放射性物质照射"等问题，致使香菇出口面临严重的挑战和困境。

2. 对松茸出口的影响　《日本有机农业标准》（简称JAS法）实施后，日本特别关注食品中添加物、农药残留和抗生素残留等问题。据报道，日本厚生劳动省关西机场检疫所发现一批云南出口的松茸中敌敌畏含量超过标准，厚生劳动省指示各地检疫所加强检疫工作，导致云南出口的松茸受到退货或销毁处理，损失惨重，教训深刻。

随着进口检验检疫标准的逐渐细化，检验检疫项目逐年增加，对食用菌农药残留、重金属和细菌含量等指标都提出了更高的要求，较为严格的贸易规则和贸易措施使出口经销商投入源头残留控制费、产品检测费用大幅增加，风险增高，通关时间延长。这些案例警示我国食用菌的出口一定要密切关注进口国技术性贸易措施的变化，从产地收购到加工生产都要建立溯源体系，采取严密的质量检测配套跟踪措施，才能保证食用菌的出口创汇。

（三）对我国食用菌产业发展的影响

技术标准是在一定范围内共同遵守的规则，谁主导制定标准，谁就可以制定规则，取得控制市场、引导消费的主动权。目前我国食用菌技术标准制定依据主要以栽培食用菌品种为主，缺乏野生食用菌相关质量标准，使我国以野生食用菌为主的地区食用菌产业受到影响，导致进入贸易市场的野生食用菌因重金属限量、农药残留限量不符合相关质量标准而滞销，加之媒体宣传的误导、企业缺乏与标准对应的质量安全检验检测技术和质量安全控制

技术，缺乏完善的食品安全监控体系和质量控制可追溯体系，使监管能力与产业发展要求差距较大，制约了贸易的正常运行和产业的可持续发展。

五、食用菌质量标准发展趋势

（一）国外食用菌质量标准发展趋势

1. 国际食用菌相关质量标准　食用菌及其制品方面的国际标准主要是世界卫生组织／联合国粮农组织（WHO/FAO）下属的国际食品法典委员会（CAC）发布的果品蔬菜类标准和规定。

在食用菌方面，相关的国际标准有 CODEX STAN 38—1981《国际食品法典标准　食用菌及其制品》、CODEX STAN 39—1981《干食用菌法典标准》、CODEX STAN 40—1981《国际食品法典　鲜鸡油菌（欧盟地区标准）》、CAC/RCP 5—1971《国际推荐的脱水水果蔬菜（包括食用菌）卫生操作规范》和 SB/T 10717—2012/ISO 7561：1984《栽培蘑菇　冷藏和冷藏运输指南》等，主要涉及食用菌鲜品、干品、相关制品及贮藏、流通标准。

2. 国外食用菌相关质量标准的特点

（1）建立农产品质量标准保障体系　欧盟、美国、日本等除履行 ISO 9001、WTO/TBT（世界贸易组织与技术性贸易壁垒协定）、WTO/SPS（世界贸易组织实施卫生与植物卫生措施协定）等有关农产品质量国际标准以外，各国政府还参照国际通行标准，根据本国实际颁布一系列农产品质量标准化的法规和政策。欧盟统一标准（HACCP）、国家标准（BRC）和日本的《食品中残留农业化学品肯定列表制度》等，对影响人类健康安全的农药残留、重金属含量明确规定了最高限量，建立了适应市场经济发展的国家技术标准体系，以保证农产品安全与符合质量标准。

（2）建立强大的执法体系　发达国家制定了一系列农业标准化法规与政策，明确规定农产品的食品安全指标和各环节合格评定的标准指令，对不达标农产品采取严厉的惩罚手段，并实行农产品质量识别标志制度，形成强大的执法体系。

欧盟最大残留限量标准被视为国际上对环境保护和健康要求最高的标准，对于没有制定最大残留限量的农药，默认为最大残留限量均为 0.01 mg/kg。欧盟现行有效的 EC 396/2005 及其修正案中将食用菌分为栽培食用菌和野生食用菌两大类，标准中分别规定了 470 种农药在栽培食用菌和野生食用菌中的残留限量。

欧盟制定食用菌重金属残留标准并未区别干、鲜产品，2004 年我国虽与欧盟关于检测标准达成协议，鲜、干食用菌最大限量按 1：7 换算，但此后仍有不少欧盟成员国直接采用鲜食用菌重金属残留标准，导致我国出口欧洲的干食用菌重金属残留超标被通报情况的发生。

日本的《食品卫生法》《植物防疫法》《种苗法修正案》以及《食品中残留农业化学品肯定列表制度》，对入境的农产品采取了严厉的甚至苛刻的检验检疫措施，对农药残留限量标准与杂质、包装、标识等均作出规定，使农产品的技术门槛和市场准入程度大大提高。《食品中残留农业化学品肯定列表制度》对进口食用菌农药残留作出限定，涉及的农药种类之多，限定值之苛刻，堪称世界之最。"肯定列表制度"将食用菌分为草菇、花菇和其他菇类 3 类，针对草菇制定了 236 种农药的最大残留限量，针对花菇制定了 238 种农药的最大残留限量，针对其他菇类制定了 237 种农药的最大残留限量，未涵盖在上述标准中的所有其他农药，执行"一律标准"，即含量不得超过 0.01 mg/kg。

美国农产品的质量监督执法则把重点放在对污染、疾病、加工、残留、守法和经济欺骗 6 个危险领域进行"关键控制"，绿色、优质农产品进入市场前也实施识别标志制度，目前已建立了近 60 种认证体系，尤其在实行 HACCP 管理后，要求所有对美国出口的农产品企业都必须获得 HACCP 的资格认证。

（3）不断提高农产品质量标准　发达国家为了限制发展中国家农产品冲击其国内市场，往往会建立一套农产品质量认证和检测程序，欧盟、美国、日本等都制定了严格的食用菌农药最高残留限量标准、食品标签和包装标准，对不符合规定的产品，不允许进口；欧盟、美国、日本等对香菇中共有的敌敌畏、马拉硫磷、氯菊酯规定了最高限量（见表2-1），各国对限量的标准不一样，日本最严格。

（二）我国食用菌质量标准发展趋势

1. 执行食品质量安全国家标准　GB 7096—2014《食品安全国家标准　食用菌及其制品》中有关食用菌及其制品的污染物限量、农药残留限量、微生物限量以及食品添加剂限量都严格执行 GB 2762—2017《食品安全国家标准　食品中污染物限量》、GB 2763—2019《食品安全国家标准　食品中农药最大残留限量》、GB 29921—2013《食品安全国家标准　食品中致病菌限量》和 GB 2760—2014《食品安全国家标准　食品添加剂使用标准》。云南省发布实施 DBS 53/ 022—2016《云南省食品安全地方标准　松茸及其制品》和四川省发布实施 DBS 51/006—2018《食品安全地方标准　松茸及其制品》，填补了我国野生食用菌无污染物安全限量标准的空白。这些标准的发布实施，有效地丰富了我国食用菌中农残、污染物、微生物、食品添加剂等的限量指标内容，有利于规范食用菌生产加工，促进我国食用菌产业健康有序的发展。

2. 采用国际标准和国外先进标准　食用菌产业的发展，关键在于产品的质量和安全。我国食品质量安全标准与国际组织及发达国家相比可信度还有差距。要使我国的食用菌标准体系与国际接轨，就必须采用国际标准和国外先进标准。目前我国食品加工标准采用国际食品法典委员会（CAC）标准的比率为12%左右，采用国际标准化组织（ISO）食品技术委员会标准的比率为40%。必须加强对国际标准和国外先进标准的跟踪和转化研究，对适合我国国情和发展需要的国际标准和国外先进标准，要尽快转化为我国的国家标准，根本解决标准起点低、采标率低、时效性差等问题。要加大参与国际标准化活动的力度，增强我国对国际标准制定的影响力。鼓励有条件的企业参与国际标准的制定、修订工作，鼓励企业大力推行和使用采标标志，提高我国食用菌标准的整体水平。

3. 建立食用菌质量标准体系　随着食用菌产业化的发展和国际地位的上升，我国的食用菌产品在国内外市场上的交易量急速扩大，尤其像松茸、牛肝菌、木耳、香菇等传统出口品种，在国际市场出口量正大幅增加。为确保食用菌的质量，迎合国内大众生活质量不断提高的消费需求，应对国际市场风云变化，食用菌生产企业必须逐步建立食用菌质量安全标准体系，加强质量标准制定和生产过程标准的执行，加快食用菌生产方式转变，大力推进标准化生产，提高食用菌产品质量安全水平。

4. 为食用菌行业发展提供引领和支撑

（1）实施标准化，可提高食用菌技术水平，延长产业链

1）质量标准是科技成果推广运行的技术保障　随着食用菌标准化进程的加快，食用菌集约

表2-1　欧盟、美国和日本对香菇中共有的农药检测指标

农药英文名称	农药中文名称	最高限量（mg/kg）			
		美国	欧盟	日本（鲜香菇）	日本（干香菇）
Dichlorvos	敌敌畏	0.5	0.1	0.02	0.1
Malathion	马拉硫磷	8	3	0.01	—
Permethrin	氯菊酯	1	0.05	—	3.0

化、规模化和产业化程度明显提高，食用菌技术成果转化和推广速度大大加快，成为科学技术与生产实践的重要纽带。食用菌质量标准日益成为食用菌技术推广运行的重要技术基础。

2）质量标准是保障食用菌产品质量安全的技术手段　提高食用菌产品质量安全水平，关键要从生产抓起。健全的食用菌质量标准体系可从源头上控制有毒有害物质流入生产、加工、销售等环节，很大程度上保障产品在生产过程中的安全性，避免产品产出前后的损失，使生产者、经营者、消费者有章可循，确保生产的食用菌产品优质安全。

（2）实施标准化，可提升产业整体竞争力

1）质量标准能促进国际贸易，增加出口创汇　实施质量标准，可引导食用菌企业充分利用先进的技术标准，突破技术性贸易壁垒，加快与国际标准接轨的步伐，全面提高我国食用菌产品质量和出口竞争力，应对国际技术性贸易壁垒，增加出口创汇率。

2）质量标准能促进产业可持续发展，提升食用菌产业在农业中的位置　实施质量标准，有利于产业结构调整，推动食用菌产业向集约化、标准化、生态化的生产模式转变，提升发展速度获取规模效益，实现产业可持续发展，大幅提升食用菌产业在我国农业中的地位。

5. 提高食用菌加工产品质量标准的措施

（1）逐步建立食用菌质量标准化管理体制和运行机制　立足我国食用菌产业现状及标准化工作实际，加强食用菌质量标准化体系建设工作，食用菌行业主管部门应将标准化工作放在首位，制定切实可行的标准化管理制度，建立有效的运行机制，明确标准化工作经费列入专项资金范围。支持食用菌相关单位承担或参与国家、行业、地方、团体标准的制定和修订工作，支持食用菌产业技术标准体系建设，引导企业充分利用先进的技术标准，提升企业质量和水平，逐步加大对标准化工作的投入力度，建立健全以政府投入为导向、企业投入为主体、社会资金投入为补充的多元化的长效标准化工作经费投入机制。

（2）提高食用菌质量标准的先进性和实用性　食用菌标准工作者在标准制定过程中应根据国内外食用菌市场的需求，在充分调研并听取生产者、经营者、消费者、科研人员意见的基础上进行标准的试用验证。以科学、先进、实用为原则，制定的食用菌质量标准的各项技术指标力求量化，具有较强的科学性和可操作性，能够与国外相关标准和我国食用菌产业发展新阶段的要求相适应。

（3）建立食用菌技术标准体系　在广泛收集分析我国食用菌产业现状、制定标准工作及标准化实施情况的基础上，构建与我国食用菌产业发展相适应的技术标准体系，建立与标准制定和修订相配套的食用菌产品监督检验体系。加强对标准体系的评估和管理，定期进行标准的清理，减少标准体系内的重复和冲突，使技术标准体系落到实处，支撑食用菌产业的健康发展。

（4）提高标准的科学性　加强标准的基础性研究，依靠科技创新，逐步形成食用菌质量安全科研与标准研究同步，科技成果转化与标准制定同步，使食用菌加工生产过程有标可依。依托专业科研院所、重点实验室，整合科技资源，针对食用菌中有毒有害物质、残留限量以及生理生化等问题开展基础研究，全面加强产品的风险评估、安全卫生、品质分析与快速检验技术方法、质量安全管理等方面的系统研究，提高标准的科学性、准确性、实效性，为产业标准体系建设提供科学依据。

（5）建立食用菌技术标准信息化服务平台　收集整理国内外食用菌技术标准信息，掌握先进技术动态，建立信息化、网络化产业技术推广体系，增强食用菌标准体系实施、管理，增强标准信息发展的公开性、透明性，为产业提供服务。

（6）建立标准化人才队伍　实施标准化人才战略，建立食用菌技术标准创新团队，研究和建立标准化复合型人才教育培养机制，依托标准化研究机构、大专院校和科研院所建立标准化专业技术人才培训基地，以标准化科研项目、标准化示范（试点）项目为载体，培养食用菌标准化研究及应用型人才，构建包括标准化行政主管部门、行业主管部门、科研院所、大专院校、企业和社会中介组织等在内，多层次、多元化的标准化专业人才梯队，不断为企业输送标准化人才，保障产业的高质量发展。

第二节
食用菌加工设备现状

食品机械工业的技术进步为食品制造业和食品加工业的快速发展提供了重要的保障。食品工业的发展又不断为食品机械制造业提出一个个新的课题。因此，食用菌加工设备需要不断发展与完善。

虽然我国食品机械种类众多，但是与食用菌产业化配套的相关精深加工机械装备还是比较缺少的，尤其是一些专用的、配套的、创新的加工装备还比较稀缺，这还需要我国大力发展食品加工机械行业，创新技术，面对实际用户，重视现代先进食品加工设备的研发，提高我国食用菌产品的品质，提升其国际竞争力。

一、我国食用菌加工技术设备水平的现状

我国食用菌加工业与发达国家相比，在加工技术设备水平方面仍存在较大差距。

1. 加工技术水平方面　目前我国食用菌加工主要还是靠日晒、机械脱水、冷藏保鲜、速冻保鲜、浸渍加工、罐藏加工等传统工艺，而国外大多采用真空冷冻干燥、速冻保鲜、气调保鲜、发酵技术等现代食品高新技术。我国食用菌加工技术严重落后于国外食用菌加工强国。

2. 加工设备水平方面　据调查，我国食用菌加工技术设备普遍落后，80%企业技术设备处于20世纪80年代世界平均水平，约有15%居20世纪90年代末世界平均水平，只有5%左右达到国际先进水平。农产品加工企业技术设备老化、落后是制约我国食用菌加工业快速发展的一个重要因素。国外食用菌加工技术设备机械化程度高、工艺水平先进，整个操作过程基本实现了机械化，先进加工技术设备与工艺水平的采用率高。

3. 加工标准方面　发达国家食用菌质量标准体系健全，而我国食用菌加工部分标准陈旧，有些领域仍无标准。这导致了国内食用菌加工企业采标率低，产品出口屡屡遭受国外限制，甚至部分企业违规生产不合格产品。

二、我国食用菌加工设备发展趋势

1. 食用菌加工向深加工、精加工领域延伸拓展，提高资源综合利用度　食用菌产品多元化发展，食用菌原料综合利用，既可提高经济效益，又能有效解决环境污染，已成为食用菌加工的发展方向。食用菌的加工向功能食品进军，研究利用原料的功能成分，采用现代化精细加工技术，开发系列功能性产品，引入"健康"的新理念，使食用菌精深加工能力得以提高。

2. 实现食用菌加工原料专用化　国外食用菌加工率达70%以上，其食用菌品种大多为加工专用品种，种植生产过程按加工的技术要求，既保证了产品的质量，又降低了加工成本。

3. 加工设备向新型、高效、节能、环保方向发展　重视环保，节能减排是我国食用菌加工业未来着重关注的另一方面。同时食用菌加工技术的高新化将带动加工设备的高新化，如多功能食用菌饮料罐装生产设备、无菌包装技术设备、超微粉碎设备、速冻设备等。

4. 重视加工过程的质量管理与食品安全　由于食用菌产业链长，食用菌质量与安全性受到产地环

境、加工、保鲜、贮运等多个环节的影响，可能存在重金属、农药残留和其他有害物质的污染。国外建立国际市场标准，针对食品的安全问题，对食用菌的加工实施质量管理，除对原料的安全性严格要求外，在加工生产中实施HACCP规范及ISO 9000规范，多方面保证产品质量。

近年来，国内外食用菌加工技术设备越来越先进，各种高新技术越来越多地被应用于食用菌加工业，电子束技术、生物技术、酶工程技术以及超高压处理、超临界萃取、膜分离、超微粉碎、微胶囊、真空处理、微波技术等高新技术在食用菌加工和新产品研发中得到广泛应用，既安全又环保，具有超越传统食品工业技术的巨大优势。

第三节
食用菌产品安全现状

一、食用菌产品质量安全现状

近年来，食用菌工厂化生产规模不断扩大，食用菌生产采用现代工业设施和人工模拟食用菌生长的生态环境技术，实现了食用菌的规模化、智能化、集约化、标准化、周年化生产。大规模工厂化生产的品种主要有金针菇、杏鲍菇、蟹味菇、白玉菇等。食用菌工厂化生产模式的应用，从源头上有力保障了食用菌产品的质量安全。

虽然食用菌产品质量安全总体水平较高，但不表明食用菌中不存在安全风险。首先，工业污染及农业生产自身污染引起的环境污染是农产品质量安全的主要隐患之一；其次，食用菌小农户模式仍然存在且占有一定比例；再次，新技术、新产品应用是否会对食用菌产品安全造成影响……以上问题均有待研究。

二、食用菌产品中的重金属

重金属是指密度大于 4.5 g/cm^3 的金属，如铜、铅、锌、铁、钴、镍、锰、镉、汞、钨、钼、金、银等几十种，广泛存在于自然界中，食用菌也不例外。

那么重金属污染食用菌的途径主要有哪些呢？食用菌对重金属的吸收主要是通过发菌期的菌丝从栽培基质中吸收的。野生采摘的食用菌中的重金属来源于生长地的土壤、有机质、水源与空气污染等；人工栽培食用菌的重金属来源于栽培基质、覆土、空气、水。食用菌栽培中，控制栽培原料中的重金属可切断污染来源，确保食用菌菌丝正常生长、减少食用菌产品重金属污染。

原农业部食用菌产品质量监督检验测试中心（上海）连续多年对大宗食用菌进行了普查或风险筛查评价，产品采自食用菌主产区基地、省会城市与直辖市的流通市场（干品按照 1 : 9 复水率折算为鲜品进行统计），大宗产品中农药残留合格率每年多在 99% 以上，重金属合格率均在 98% 以上，它们属于非污染级别，食用菌质量安全水平较高，总体安全可靠。

食用菌的重金属污染的调查不能一概而论，即便是某个特定的区域出现了重金属超标的食用菌，也不能说食用菌这种食品就不安全了，目前国内外都还没有临床报告指出食用菌引发重金属中毒的案例。

三、食用菌产品中的农药残留

食用菌生产环节病害主要症状有斑点、萎蔫、腐烂、退菌等，主要病害有褐腐病、褐斑病、软腐病、褶霉病、菇脚粗糙病、枯萎病、浅红酵母病等。食用菌虫害主要有弹尾目、双翅目、鳞翅目、鞘翅目和革翅目害虫。

目前食用菌登记允许使用的农药主要有咪鲜胺锰盐、噻菌灵、三十烷醇、二氯异氰尿酸钠和氯氟甲维盐等。

食用菌生产实践中若感染病虫害，菇农一般都直接把受污染的菌棒清理掉不再使用，避免与正常菌棒的交叉感染。一些杀虫杀菌剂的使用环节主要集中在菇房消毒阶段。因此，食用菌产品中基本不存在农药超标风险。

四、食用菌非法添加剂的使用

（一）荧光增白剂

荧光增白剂是一种化学染料，严禁在食品加工中使用。针对市场上白色食用菌荧光增白剂污染的现象，原农业部食用菌产品质量监督检验测试中心（上海）早在2006年就已制定了国家农业行业标准 NY/T 1257—2006《食用菌中荧光物质的检测》。利用紫外分析法，当254 nm 和365 nm 的紫外光照射到无色或浅色的荧光物质上时，该物质会吸收紫外光，发射出一定强度的可见蓝紫色荧光，由此来判断荧光增白剂是否存在。正常光照下和紫外灯下荧光增白剂的表现如图2-2、图2-3、图2-4、图2-5所示。

（二）甲醛

食用菌在自然生长过程中会产生甲醛，在栽培、运输、贮藏过程中不会人为添加甲醛。食用菌（特别是工厂化生产的金针菇、蟹味菇、白玉菇、杏鲍菇等）鲜品中检出微量甲醛是正常的，也是安全的。大量的研究结果表明甲醛致癌主要是通过呼吸道吸入方式而导致的。

日本学者早在20世纪70年代就已从日本原木香菇中检测出鲜香菇甲醛含量为8～24 mg/kg，干香菇甲醛含量为100～230 mg/kg，并认为香菇中的甲醛是在酶的作用下由香菇中重要呈味物质 Lentinic acid 代谢产生的。英国食品标准署委托英国中央实验室（简称CSL，现属英国食品环境研究署）对香菇中甲醛含量进行了检测和评估，认同甲醛是香菇自身生长代谢产生的。英国当地生产的香

图2-2　正常光照下荧光增白剂溶液浸泡过的双孢蘑菇

图2-3　紫外灯下荧光增白剂溶液浸泡过的双孢蘑菇

图2-4　正常光照下荧光增白剂包装纸污染过的双孢蘑菇

图2-5　紫外灯下荧光增白剂包装纸污染过的双孢蘑菇

菇和中国进口的香菇中均检出了甲醛，含量分别是199 mg/kg 和 238 mg/kg。英国专家通过对香菇中甲醛含量、膳食消费水平和甲醛暴露量等方面的分析，认为香菇甲醛含量对消费者是安全的。比利时食品安全专家 2009 年的研究报告也表明人工栽培的食用菌中甲醛含量的食品安全风险是可以忽略不计的。

综上所述，食用菌中含有微量甲醛是食用菌等生物体正常生长代谢的天然产物。正视食用菌等食品和农产品中天然甲醛的存在是科研人员、消费者、媒体和政府应该面对的一个现实。

五、食用菌产品中的真菌毒素

目前，食用菌中真菌毒素的污染发生情况仅有极少量的报道，因此各个国家尚未建立食用菌中真菌毒素的相关限量标准。然而，针对食品和饲料中真菌毒素的检测方法已有较多报道，这些方法普遍包括样品前处理和定量 / 定性分析两部分，对于食用菌中真菌毒素分析方法提供了有效借鉴。

六、食用菌产品中的放射性污染

2011 年日本福岛县所种的温室原木香菇，首次验出放射性铯超标，茨城县的原木香菇也曾被检出铯超标。专家认为，虽然瓶装和袋装栽培食用菌是在室内种植的，但是污染的空气会从通风设备处流入室内，对香菇生长过程极具威胁。因为食用菌没有根，只能通过表面细胞从大气中获取营养物质，核放射性元素很容易在食用菌中沉积。2014年挪威奥斯陆发布的一项研究结果显示，该国驯鹿体内的放射性物质达到了近几年的新高，而导致这一结果的罪魁祸首竟是驯鹿所食用的蘑菇，而蘑菇中的放射性物质与某核电站发生核泄漏有关。

食品（包括食用菌）放射性污染对人类的危害主要是由于摄入污染食品后，放射性物质对人体内各种组织、器官和细胞产生的低剂量长期内照射效应而引起的。主要表现为对免疫系统、生殖系统的损伤和致癌、致畸、致突变作用。虽然放射性污染目前对人类影响较小，但随着人们核开发的增加，特别是半衰期长的放射性元素，可能会给人类带来更大的危害，因此放射性污染问题应引起人们的高度重视。

目前食用菌规模化、智能化、集约化、标准化、周年化生产已经逐渐成为主流趋势，这一趋势使得食用菌生产从原辅料供应到栽培各个环节的质量安全控制易于达成，从源头保障了食用菌产品的质量安全，因此食用菌产品总体是安全可靠的。

参考文献

[1] 李玉. 中国食用菌产业现状及前瞻 [J]. 吉林农业大学学报, 2008, 30（4）: 446-450.

[2] 卢敏, 李玉. 中国食用菌产业发展新趋势 [J]. 安徽农业科学, 2012, 40（5）: 3121-3124, 3127.

[3] 陈强, 黄晨阳. 日本食用菌产业现状 [J]. 中国食用菌, 2013, 32（5）: 67-69, 72.

[4] 刘欣, 于天颖, 王琛. 我国食用菌工厂化生产现状与发展趋势分析 [J]. 农业科技与装备, 2013（12）: 72-73.

[5] 王延杰, 刘朝贵, 吴玉婷. 食用菌常见的保鲜加工方法 [J]. 北方园艺, 2012（12）: 187-189.

[6] 邢作山, 李洪忠, 陈长青, 等. 食用菌干制加工技术 [J]. 中国食用菌, 2009, 28（3）: 56-57.

[7] 孟宇竹, 陈锦屏, 卢大新. 膨化技术及其在食品工业中的应用 [J]. 现代生物医学进展, 2006, 6（10）: 132-134.

[8] 吕德平, 王婷婷, 陈旭. 食用菌饮料研究进展 [J]. 中国食用菌, 2013, 32（4）: 1-3.

[9] 周帅, 张劲松, 刘艳芳, 等. 不同粉碎程度对灵芝多糖与三萜提取得率的影响[J]. 食用菌学报, 2011, 18（3）: 67-70.

[10] 胡斌杰, 陈金锋, 王宫南. 超声波法与传统热水法提取灵芝多糖的比较研究[J]. 食品工业科技, 2007, 28（2）: 190-192.

[11] 史德芳, 高虹, 谭洪卓, 等. 香菇柄多糖的微波辅助提取及其活性研究[J]. 食品研究与开发, 2010, 31（2）: 10-14.

[12] 郑静, 常遒滔, 林英, 等. 超声波法和超声波酶法提取灵芝多糖的条件研究[J]. 食用菌学报, 2006, 13（1）: 48-52.

[13] 段秀辉, 黄文, 李露, 等. 生物酶技术在食用菌加工中的应用 [J]. 食用菌, 2014, 36（6）: 3-5.

[14] 朱兴一, 陈秀, 谢捷, 等. 基于响应面法的闪式提取香菇多糖工艺优化 [J]. 江苏农业科学, 2012, 40（5）: 243-245.

[15] 章慧, 张劲松, 贾薇, 等. 超临界 CO_2 萃取灵芝子实体三萜工艺优化及其与醇提法比较研究 [J]. 食用菌学报, 2011, 18（3）: 74-78.

[16] 陈体强, 吴锦忠. 超微粉碎后超临界 CO_2 萃取灵芝孢子挥发油组分的 GC-MS 分析[J]. 天然产物研究与开发, 2006, 18（6）: 982-985.

[17] 袁红波, 张劲松, 贾薇, 等. 利用大孔树脂对低分子量灵芝多糖脱色的研究[J]. 食品工业科技, 2009, 30（3）: 204-206.

[18] 钱竹, 徐鹏, 章克昌, 等. 大孔树脂分离提取发酵液中灵芝三萜类物质 [J]. 食品与生物技术学报, 2006, 25（6）: 111-114, 126.

[19] 胡金霞, 杨焱, 张劲松, 等. 大孔吸附树脂纯化桑黄黄酮的研究 [J]. 食品工业, 2009（3）: 49-52.

[20] 蔡业彬, 曾亚森, 胡智华, 等. 喷雾干燥技术研究现状及其在中药制药中的应用 [J]. 化工装备技术, 2006, 27（2）: 5-10.

[21] 孙丽娟, 崔政伟. 微波真空干燥高粘度的灵芝浓缩液 [J]. 干燥技术与设备, 2006, 4（1）: 36-38.

[22] 周希华, 阮春梅, 孙显慧, 等. 玉米固液两相法发酵金针菇菌丝体制作养生八宝粥的研究 [J]. 潍坊高等

职业教育，2010，6（1）：61-63.

［23］张树庭．药用菌产品：保健品或／和药品［J］．食用菌学报，2009，16（4）：74-79.

［24］张华，杜传来．双孢蘑菇切片真空冷冻干燥工艺及设备优化研究［J］．食品工业科技，2011，32（7）：339-341，357.

［25］缪璐，罗文，张水华．金针菇真空冷冻干燥及其蜜饯加工条件的优化［J］．食品研究与开发，2006，27（11）：136-138.

［26］陈合，赵燕，秦俊哲，等．食用菌真空冷冻干燥工艺研究［J］．食品工业科技，2005，26（4）：104-106.

［27］陈杰，徐冲．食用菌加工产业研究现状与前景［J］．微生物学杂志，2013，33（3）：94-96.

［28］陈光宙．食用菌腌制加工的方法［J］．科技致富向导，2011（6）：25，32.

［29］黄友琴，潘嫣丽，黄卫萍，等．牛肉味香菇柄松的制作工艺［J］．食品研究与开发，2010，31（6）：114-117.

［30］杨晓虹，郭丽红，翟书华．平菇脯的研制［J］．昆明师范高等专科学校学报，2005，27（4）：63-64.

［31］刘凌岱，王希，周谢，等．杏鲍菇脯的加工工艺研究［J］．安徽农业科学，2012，40（4）：2301-2303.

［32］谌盛敏．姬菇与草菇加工产品的研制及其质量控制［D］．南京：南京农业大学，2012.

［33］任爱清，李伟荣，陈国宝．香菇脆片真空油炸-热风联合干燥工艺研究［J］．郑州轻工业学院学报（自然科学版），2013，28（4）：45-47.

［34］李超，商学兵，赵节昌，等．微波膨化重组型紫薯白灵菇脆片的工艺优化［J］．粮油食品科技，2014，22（1）：24-28.

［35］刘亚琼，王颉，牟建楼．凝固型杏鲍菇酸奶的研制［J］．中国酿造，2014，33（10）：156-160.

［36］黄晓德，赵伯涛，钱骅．即食型香菇蔬菜纸加工工艺研究［J］．中国野生植物资源，2012，31（3）：60-62.

［37］吕嘉枥，舒国伟，秦俊哲，等．金针菇果冻的研制［J］．中国食用菌，2003，22（5）：47-48.

［38］陈婉珠，芮汉明．均衡高营养蛋白香菇肠的研发［J］．现代食品科技，2005，21（3）：92-95.

［39］刘月英，张香美，李慧荔．竹荪咖啡冰淇淋加工工艺［J］．保鲜与加工，2006，6（3）：42-43.

［40］邸瑞芳．金针菇面包制作法［J］．农村新技术，2008（18）：51.

［41］严奉伟，严泽湘，王桂桢．食用菌深加工技术与工艺配方［M］．北京：科学技术文献出版社，2002.

［42］王新风，温鲁．杏鲍菇速溶即食营养保健麦片的研制［J］．中国食用菌，2002，21（3）：41-43.

［43］何占松．鸡腿菇荞麦冲调粉的制作［J］．农产品加工，2007（3）：33.

［44］汪建国，汪琦．香菇糯米黄酒的开发研制［J］．江苏调味副食品，2006，23（6）：18-20.

［45］白青云．香菇莲藕乳酸菌饮料的研制［J］．安徽农业科学，2010，38（24）：13378-13381.

［46］杨胜敖，李建新，田松林，等．金针菇核桃乳饮料工艺的研究［J］．食品工业科技，2005，26（8）：122-123，125.

［47］杨国伟，兰蓉，王晓杰，等．鸡腿菇红树莓复合发酵饮料的研制［J］．食品科技，2009，34（10）：78-80.

［48］杨晓虹，郭丽红．发酵型风味金针菇酱［J］．昆明师范高等专科学校学报，2002，24（4）：56-57.

［49］翟众贵，李宏梁，张婷．香辣香菇酱加工工艺的研究［J］．中国调味品，2014，39（2）：62-66.

［50］吴洪军，付婷婷，李静彤，等．泡椒平菇软罐头加工技术研究［J］．中国林副特产，2014（2）：27-28.

［51］曹军胜．果味平菇饮料及风味平菇酱的研制［J］．食用菌，2001，23（6）：33-34.

［52］万孝华．杏鲍菇的盐渍加工［J］．农村新技术，2011（24）：39.

［53］ 刘敏，牛贞福，国淑梅，等.盐渍双孢菇加工工艺及常见问题分析［J］.山东农业科学，2009（8）：102-103.

［54］ 郑焕春，颜丽君.滑子菇盐渍加工主要问题及防治措施［J］.农业与技术，2005，25（5）：129-130.

［55］ 刘爱和.茶树菇软罐头加工及保藏试验［J］.食用菌，2011，33（4）：52-53.

［56］ 赵元寿，高国强，杨虎，等.白灵菇（*Pleurotus nebrodensis*）软罐头护色研究［J］.中国食品添加剂，2009（2）：130-132.

［57］ 王翠娟.金针菇杏鲍菇复合菇罐头的开发工艺研究［J］.安徽农业科学，2013，41（21）：9053-9055.

［58］ 陶佳喜，肖全福，陈年友，等.食用菌香菇柄的几种深加工技术［J］.资源开发与市场，2003，19（6）：359-360.

［59］ 路源.炭烤香菇加工技术［J］.农产品加工·学刊，2012（7）：150，157.

［60］ 任文武，詹现璞，杨耀光，等.猴头菇饮料加工技术［J］.农产品加工·学刊，2012（5）：143-144.

［61］ 高永欣，胡秋辉，杨文建，等.香菇饼干加工工艺优化与特征香气成分分析［J］.食品科学，2013，34（8）：58-63.

［62］ 张妍，解军波，张彦青，等.双孢蘑菇多糖分散片的制备［J］.食品研究与开发，2014，35（7）：66-68.

［63］ 李海平.一种滑菇不溶性膳食纤维的制备方法：201310218797.8［P］.2013-09-11.

［64］ 陈君琛.大球盖菇高值化加工及综合利用关键技术研究与应用［J］.农业工程技术（农产品加工业），2013（10）：38.

［65］ 杨宗渠，田孟超，李长看.金针菇多糖膨化营养食品加工工艺研究［J］.食品工业科技，2009（2）：214-216.

［66］ 庄海宁，张劲松，冯涛，等.我国食用菌保健食品的发展现状与政策建议［J］.食用菌学报，2015，22（3）：85-90，封3.

［67］ 李守勉，任清，李明，等.金针菇多糖的提取及其美容功效评价［J］.食用菌，2009，31（5）：72-73.

［68］ 张刚.竹荪制取新型天然生物防腐剂［J］.食品研究与开发，2010，31（5）：75.

［69］ 陈忠秋，冯海，庄海宁，等.香菇β-葡聚糖的提取及其对淀粉消化性的影响［J］.食品科学，2018，39（10）：71-77.

［70］ 庄海宁，高林林，冯涛，等.猴头菇/香菇β-葡聚糖对面包品质和淀粉消化性的影响［J］.食品工业科技，2017，38（4）：152-157.

［71］ 周存山，王允祥，杨虎清，等.超高压处理对鸡腿菇菌落总数的影响［J］.中国食用菌，2008，27（4）：24-27.

［72］ 殷坤才，柯丽霞，吴义祥，等.复合乳化剂对食用菌菌汤乳化效果的研究［J］.中国食用菌，2010，29（1）：58-59，63.

［73］ 朱维军，陈月英，焦镭.香菇柄肉松加工工艺的研究［J］.中国农学通报，2009，25（8）：75-78.

［74］ 邹永生，董娇，李洁实，等.新农药残留限量标准对食用菌标准的影响分析［J］.中国食用菌，2013，32（2）：53-54.

［75］ 李洁实，董娇，张微思，等.云南省食用菌产业技术标准体系建设研究［J］.中国食用菌，2014，33（3）：1-2.

［76］ 席兴军，刘俊华，刘文.国内外农产品质量分级标准对比分析研究［J］.农业质量标准，2005（6）：19-24.

［77］ 赵晓燕，周昌艳，白冰，等.我国食用菌标准体系现状解析及对策［J］.上海农业学报，2017，33（2）：

168-172.

［78］ 李贺，许修宏，王相刚.我国食用菌技术标准的现状、问题及对策研究［J］.中国食用菌，2015，34（3）：1-6.

［79］ 马海乐.食品机械与设备［M］.北京：中国农业出版社，2004.

［80］ 张裕中.食品加工技术装备［M］.北京：中国轻工业出版社，2000.

［81］ 崔建云.食品加工机械与设备［M］.北京：中国轻工业出版社，2010.

［82］ 许德群，肖衡.我国包装与食品机械发展现状及趋势［J］.包装与食品机械，2011，29（5）：47-50.

［83］ 陈君琛.食用菌加工现状与发展趋势［J］.农业工程技术（农产品加工业），2013（10）：30-34.

［84］ 邢增涛，赵晓燕，谭琦，等.2012年食用菌"平菇甲醛"事件浅析［J］.菌物研究，2012，10（3）：210-212.

［85］ LIN L Y, TSENGY H, LI R C, et al. Quality of shiitake stipe bread［J］. Journal of Food Processing and Preservation, 2008, 32（6）: 1002-1015.

［86］ TSENG Y H, YANG J H, LI R C, et al. Quality of bread supplemented with silver ear［J］. Journal of Food Quality, 2010, 33（1）: 59-71.

［87］ OKAMURA-MATSUI T, TOMODA T, FUKUDA S, et al. Discovery of alcohol dehydrogenase from mushrooms and application to alcoholic beverages［J］. Journal of Molecular Catalysis B: Enzymatic, 2003, 23（2）: 133-144.

［88］ JEONG C H, SHIM K H. Quality characteristics of sponge cakes with addition of *Pleurotus eryngii* mushroom powders［J］. Journal of the Korean Society of Food Science and Nutrition, 2004, 33（4）: 716-722.

［89］ LEE J Y, LEE K A, KWAK, E J. Fermentation characteristics of bread added with *Pleurotus eryngii* powder［J］. Journal of the Korean Society of Food Science and Nutrition, 2009, 38（6）: 757-765.

［90］ LEE M J, KYUNG K H, CHANG H G. Effect of mushroom（*Lentinus Tuber-Regium*）powder on the bread making properties of wheat flour［J］. Korean Journal of Food Science and Technology, 2004, 36（1）: 32-37.

［91］ OKAFOR J N C, OKAFOR G I, OZUMBA A U, et al. Quality characteristics of bread made from wheat and Nigerian oyster mushroom（*Pleurotus plumonarius*）powder［J］. Pakistan Journal of Nutrition, 2012, 11（1）: 5-10.

［92］ CHUNG H C, LEE J T, KWON O J. Bread properties utilizing extracts of *Ganoderma lucidum*（GL）［J］. Korean Society of Food Science and Nutrition, 2004, 33（7）: 1201-1205.

［93］ ULZIIJARGAL E, YANG J H, LIN L Y, et al. Quality of bread supplemented with mushroom mycelia［J］. Food Chemistry, 2013, 138（1）: 70-76.

［94］ KIM B, JOO N. Optimization of sweet rice muffin processing prepared with oak mushroom（*Lentinus edodes*）powder［J］. Journal of the Korean Society of Food Culture, 2012, 27（2）: 202-210.

［95］ KIM Y J, JUNG I K, KAWK E J. Quality characteristics and antioxidant activities of cookies added with *Pleurotus eryngii* powder［J］. Korean Journal of Food Science and Technology, 2010, 42（2）: 183-189.

［96］ CHUN S, CHAMBERS E, CHAMBERS D. Perception of pork patties with shiitake（*Lentinus edode* P.）mushroom powder and sodium tripolyphosphate as measured by Korean and United States consumers［J］. Journal of Sensory Studies, 2005, 20（2）: 156-166.

[97] KIM K J, CHOI B S, LEE I H, et al. Bioproduction of mushroom mycelium of *Agaricus bisporus* by commercial submerged fermentation for the production of meat analogue [J] . Journal of the Science of Food and Agriculture, 2011, 91（9）: 1561−1568.

[98] SINGH S, GHOSH S, PATIL G R. Development of a mushroom-whey soup powder [J] . International Journal of Food Science & Technology, 2003, 38（2）: 217−224.

[99] YOO S J, KIM S H, CHOI H K, et al. Antioxidative, antimutagenic and cytotoxic effects of natural seasoning using *Lentinus edodes* powder [J] . Journal of the Korean Society of Food Science and Nutrition, 2007, 36（5）: 515−520.

[100] HAN C W, LEE M Y, SEONG S K. Quality characteristics of the brown sauce prepared with *Lentinus edodes* and *Agaricus bisporus* [J] . Journal of the East Asian Society of Dietary Life, 2006, 16（3）: 364−370.

[101] HONG J Y, CHOI Y J, KIM M H, et al. Study on the quality of apple dressing sauce added with pine mushroom（*Tricholoma matsutake* Sing）and chitosan [J] . Korean Journal of Food Preservation, 2009, 16（1）: 60−67.

[102] KIM J H, LEE D H, LEE S H, et al. Effect of *Ganoderma lucidum* on the quality and functionality of Korean traditional rice wine, yakju [J] . Journal of Bioscience and Bioengineering, 2004, 97（1）: 24−28.

[103] LIN, P H, HUANG S Y, MAU J L, et al. A novel alcoholic beverage developed from shiitake stipe extract and cane sugar with various *Saccharomyces* strains [J] . LWT-Food Science and Technology, 2010, 43（6）: 971−976.

[104] YANG, H L, ZHANG L. Changes in some components of soymilk during fermentation with the basidiomycete *Ganoderma lucidum* [J] . Food Chemistry, 2009, 112（1）: 1−5.

[105] OKAMURA-MATSUI T, TAKEMURA K, SERA M, et al. Characteristics of a cheese-like food produced by fermentation of the mushroom *Schizophyllum commune* [J] . Journal of Bioscience and Bioengineering, 2001, 92（1）: 30−32.

[106] JANG M S, SANADA A, USHIO H, et al. Inhibitory effects of 'Enokitake' mushroom extracts on polyphenol oxidase and prevention of apple browning [J] . LWT-Food Science and Technology, 2002, 35（8）: 697−702.

[107] BAO, H N D, OSAKO K, OHSHIMA T. Value-added use of mushroom ergothioneine as a colour stabilizer in processed fish meats [J] . Journal of the Science of Food and Agriculture. 2010, 90（10）: 1634−1641.

[108] HOU X J, ZHANG N, XIONG S Y, et al. Extraction of BaChu mushroom polysaccharides and preparation of a compound beverage [J] . Carbohydrate Polymers. 2008, 73（2）: 289−294.

[109] MOON B, LO Y M. Conventional and novel applications of edible mushrooms in today's food industry [J] . Journal of Food Processing and Preservation, 2014, 38（5）: 2146−2153.

[110] FENG T, SHUI M Z, CHEN Z Q, et al. *Hericium Erinaceus* β-glucan modulates *in vitro* wheat starch digestibility [J] . Food Hydrocolloids, 2019, 96: 424−432.

[111] FENG T, WANG W X, ZHUANG H N, et al. *In vitro* digestible properties and quality characterization of nonsucrose gluten−free *Lentinus edodes* cookies [J] . Journal of Food Processing and Preservation, 2017, 42（2）: e13454.

［112］ ZHUANG H N，CHEN Z Q，FENG T，et al. Characterization of *Lentinus edodes* *β*-glucan influencing the *in vitro* starch digestibility of wheat starch gel ［J］. Food Chemistry，2017，224：294−301.

［113］ RIBEIRO B，PINHO P G D，ANDRADE P B，et al. Fatty acid composition of wild edible mushrooms species：A comparative study ［J］ Microchemical Journal，2009，93（1）：29−35.

［114］ CLAEYS W，VLEMINCKX C，DUBOIS A，et al. Formaldehyde in cultivated mushrooms：a negligible risk for the consumer ［J］. Food Additives and Contaminants，2009，26（9）：1265−1272.

PART II
DESIGN
AND EQUIPMENT
OF EDIBLE MUSHROOM
PROCESSING FACTORY

第二篇
食用菌
加工厂设计
及加工设备

第三章 食用菌加工厂设计

随着食用菌加工业的快速发展，食用菌加工厂的设计在食品加工业中占据着越来越重要的地位。加工厂设计与新工艺、新技术、新设备的有机衔接，对提升食用菌加工产业的经济效益至关重要。本章主要介绍了食用菌加工厂设计的有关内容，共分六节，包括食用菌加工厂设计的基本准则、食用菌加工厂厂址选择、食用菌加工厂总平面设计、食用菌加工厂工艺设计、辅助部分设计和公用系统设计。

第一节
食用菌加工厂设计的基本准则

一、食用菌加工厂设计的意义和作用

食用菌加工业是食品工业的重要组成部分，随着食用菌加工业的迅速发展，其产品品种增多，产量大幅度增长，质量也有很大的提高。同时，食用菌加工厂技术装备也在不断更新。

我国是一个农业大国，食用菌加工业的发展，必将带动农业和与其相关产业的发展，必将使市场更加繁荣、人民的生活水平得到提高。

在食用菌加工业发展的过程中，设计将发挥重要的作用，如新建、改建、扩建一个食用菌加工厂，就需要对生产过程中所需的设备进行生产能力的标定，对所完成的技术经济指标进行评价，并

发现生产薄弱环节，挖掘生产潜力；在科学研究中，从小试、中试以及工业化生产都需要与设计有机结合，进行新工艺、新技术、新设备的开发工作。要想建成质量优等、工艺先进的工厂，首先要有一个高质量、高水平、高效益的设计。因此，设计工作是科学技术工作中极为重要的一个环节，其状况如何，对我国现代化建设有着极大的影响。

二、工厂设计的概念和基本任务

工厂设计就是运用先进的生产工艺技术，通过工艺主导专业与工程地质勘查和工程测量、土木建筑、供电、给水排水、供热、采暖通风、自控仪表、三废处理、工程概预算以及技术经济等配套专业的协作配合，用图纸并辅以文字做出一个完整的工厂建设蓝图，按照国家规定的基本建设程序，有计划按步骤地进行工业建设，把科学技术转化为生产力的一门综合性学科。

工厂设计在工程项目建设的整个过程中，是一个极其重要的环节，可以说，工厂设计对工厂的"功能价值"起到了决定性的作用，使科学技术（理论）通过设计转化为生产力（工厂实际）。

设计工作的基本任务是要做出体现国家有关方针政策、切合实际、安全适用、技术先进、经济效益好的设计，为我国经济建设服务。

三、工厂设计的原则

工程项目建设，不同于科学研究项目。工厂建成后，必须达到或超过设计指标，满足企业生产及社会需要，带来经济和社会效益。因此，工厂设计应遵循以下原则：①技术先进与经济合理相结合的原则。②充分利用当地资源和技术条件的原则。③注重长远发展、留有余地的原则。④总体设计要体现安全、卫生、健康的原则。⑤坚持保护环境、美化环境的原则。

四、食用菌加工厂设计的内容和对设计人员的要求

食用菌加工厂设计的内容一般包括：工厂总平面设计、工艺设计、动力设计、给排水设计、通风采暖设计、自控仪表、工厂卫生、环境保护、技术经济分析及概算等。这些专业设计都要围绕着食用菌加工厂设计这个主题，并按工艺对各专业的要求分别进行设计。各专业之间应相互配合，密切合作，发挥集体的智慧和力量，共同完成食用菌加工厂设计的任务。

要进行工厂设计，对设计人员有如下基本要求：①精通本专业理论与技术。②善于收集整理和积累相关资料。③掌握和运用国标、行业标准及设计规范。④熟悉基本建设程序。

第二节
食用菌加工厂厂址选择

一、厂址选择的重要性及原则

（一）厂址选择的重要性

食用菌加工厂的厂址选择不仅关系到该地区的工业布局，也与所在地区的长远规划密切相关。因此，食用菌加工厂的厂址规划应当与当地气象资料、交通运输、农业发展紧密结合。应当在当地城建部门的统筹安排下，由筹建单位负责，会同主管部门、建筑部门、城市规划部门和区、乡（镇）等有关单位，经过充分讨论和比较，选择优点最多的地址建厂。在选择厂址时，设计单位亦应参加。

（二）厂址选择的基本原则

在食用菌加工厂厂址的选择过程中，一般需要考虑以下几个原则：①厂址的地区布局应符合区

食用菌加工厂设计及加工设备

域经济发展规划、国土开发及管理的有关规定。②厂区自然条件要符合食品卫生安全的要求。③厂址选择应按照指向原理，根据生产要素的限度区位来综合分析确定。④厂址选择要考虑交通运输和通信设施等条件。⑤便于利用现有生活福利、卫生医疗、文化教育和商业网点等设施。⑥要注意保护环境和生态平衡。

（三）厂址区域的选择

1. 自然环境

（1）气候条件　在食用菌加工厂厂址选择过程中，天气是一个重要因素。在食用菌加工厂厂址选择时，应从温度、湿度、日照时间、风向、降水量等方面综合考虑。在实际的考量中，根据食用菌的加工环境及食用菌的贮藏条件为主导而有所区分。

（2）生态要求　有些食用菌加工厂可能本身并不对环境产生不利影响，但环境条件可能严重影响食用菌加工厂的正常运行。所选择厂址附近不仅要有充足的水源，而且水质要好（水质必须符合卫生部门所颁发的饮用水质标准）。在城市一般采用自来水即能符合饮用水标准。若采用江、河、湖水，则需加以处理。若要采用地下水，则需向当地了解，是否允许开凿深井。同时，还得注意其水质是否符合饮用水要求。水源水质是食用菌加工厂选址的重要条件，特别是饮料厂和酿造厂，对水质要求更高。废水经处理后排放，要尽可能对废渣、废水做综合利用。

2. 社会经济因素　食用菌加工厂的厂址选择也需要考虑是否符合国家政策以及相关的财政及法律要求。建立食用菌加工厂要考虑所建立的新厂是否与该地区的长期发展规划、政策导向相一致，该地区的环境条件、生态环境、交通运输、基础设施是否适合食用菌加工厂持续性地发展。

3. 基础设施条件　食用菌加工企业的正常运行对各种基础设施条件有很强的依赖性，包括供应稳定的安全水资源和燃料动力，所需要的人力资源，相应的基础服务设施，排污及废物处理。

4. 建厂地区的指向　建厂地区应选择在原材料和燃料动力的产区（即面向资源）或与企业有关的主要消费中心所在地（即面向市场）。选择建厂地区最简单的方式：根据原材料来源地及主要市场的交通情况，提出几个可供选择的厂区方案，并计算其运输、生产成本。

食用菌加工的建厂区域根据特点分为两个类型：一种是面向资源型，一种是面向市场型。如果食用菌加工所进行的是对原料进行初加工，即经过简单的灭菌消毒处理及加工包装，以资源为基础的项目，由于对原料需求量及相应的运输量比较大，导致运输费用较高，应选择建设在基本原材料产地附近。这样不仅可获得足够数量和质量新鲜的食用菌原料，也便于辅助材料和包装材料的获取。但如果初加工食用菌的保质期较短，就应该侧重考虑面对市场，这类项目一般建在主要消费中心附近，利于销售。食用菌加工厂不可能由一个特定的因素就决定其厂址，对原料及保质期要求不是那么高的食用菌加工厂，既可以建在资源地，也可建在消费中心附近，甚至可以设在中间的某些点上，主要基于运输成本、运输简便程度综合考虑。

在建厂区域基本确定后，应在项目可行性研究中，确定工厂厂址。从自然条件、基建条件、生产条件、环保和成本等方面进行综合比较论证，在几个备选方案中选择出一个最佳的厂址方案。厂址条件分析的基本内容和建厂地区分析基本一致。

5. 有机食用菌加工厂的厂址选择　有机食用菌对其加工过程的周围环境有更高的要求。有机食用菌加工企业的场地周围不得有废气、污水等污染源，一般要求厂址与公路、铁路有 300 m 以上的距离，并且要远离重工业区。如在重工业区域内选址，要根据污染情况，设 500～1 000 m 的防护林带；如在居民区选址，25 m 内不得有排放烟（灰）尘和有害气体的企业，50 m 内不得有垃圾堆或露天厕所，500 m 不得有传染病医院；厂址还应根据常年主导风向，选在有污染源的上风向，或选在居民区的下风向。特别是食用菌深加工处理中会涉及排放大量污水，应注意要远离居民区和选择合适风向位置。对有机食用菌加工企业本身，其"三废"应得到完全的净化处理。

二、厂址选择的工作程序

（一）准备工作阶段

1. 组织准备　厂址选择小组需要由多个专业领域的人员组成，包括地质水文、建筑设计、法律法规、经济管理、食品加工、工程管理多个领域的人员共同组成，来综合评判和选择食用菌加工厂的厂址。

2. 技术准备　厂址选择小组首选需要了解该区域的风玫瑰图和风级表，并对拟定选取的厂区绘制简单的地形图（比例通常是 1/1 000 与 1/2 000）。此外，对建厂区域的一些基本要素进行调研和分析，如食用菌原料的来源及数量，工厂燃料的供应情况，食用菌水源及其水质情况，交通条件与年运输量（包括输入与输出量），场地凸凹不平度与挖填土方量，还有工厂周围情况及协作条件。

（二）现场勘查工作阶段

经过准备工作筹划阶段后，厂址选择小组就要对各个拟定选厂区域进行现场勘查工作，向厂址地区有关部门说明选厂工作计划，要求给予支持与协助，听取地区领导介绍厂址地区的政治、经济概况。在听取情况后，可进一步的实地踏测与勘探，摸清食用菌加工厂厂区的地形、地势、地质、水文、场地外形与面积等自然条件，如厂区的地质和水文是否适合食品生产要求，该地区是否有面临一些常见自然灾害的风险，然后绘制草测图。摸清厂址环境情况、动力资源；交通运输、给排水、可供利用的公用设施、生活设施等技术经济条件，以使厂址条件具体落实。

（三）编制厂址选择报告阶段

经过准备工作阶段以及现场实地勘查阶段，食用菌加工厂厂址选择小组对所采集的各种资料进行分析、整理，并进一步比较、选择最佳厂址方案，呈送相关上级部门。食用菌加工厂厂址选择报告的编写内容可按《轻工业建设项目厂（场）址选择报告编制内容深度规定》（QBJS20）执行。

1. 选厂依据及简况　食用菌加工厂厂址选择报告编制首先要阐明选厂依据，以及选厂过程的基本简况。食用菌厂址选择报告包括：建厂项目建议书及相关批文；建厂条件；选址原则；选址的范围以及整个建厂选址经过。

2. 拟建厂基本情况　在阐明食用菌加工厂建厂依据后，对所拟建设的各个厂区进行基本情况阐述，包括拟建食用菌加工厂的工艺流程概述以及该流程对厂址的要求，在该地区的"三废"治理、污染物处理后达标及排放情况。

3. 厂址方案比较　概述各个拟建厂的自然地理、社会经济、自然环境、建厂条件及协作条件等，然后对各厂址方案技术条件、建设投资和年经营费用进行比较，将各个条件列入表格中，进行统计比较，并作《技术条件比较表》《建设投资比较表》《年经营费用比较表》。

4. 厂址推荐方案　根据食用菌加工厂厂址方案各个列表结果，分析厂址论述推荐方案的主要优缺点，并与拟建厂所要求的基本条件进行比较，最后对厂址的各个方案进行综合性评判，并推荐最适建厂区域。

5. 当地政府及有关方面对推荐厂址的意见　在食用菌加工厂厂址选择比较及推荐厂址方案选择后，提交到当地政府或者有关机构，当地政府及有关方面对所推荐的厂址进行审核，并给予相关意见。

6. 结论、存在问题与建议　对食用菌加工厂选址过程进行总结，提出选址过程和拟定选取的厂址可能存在的问题，并给予相关的建议。

三、厂址选择的基本方法

食用菌加工厂通过对拟建厂的原料、市场、能源、技术、劳动力、交通运输、生态环境等因素

食用菌加工厂设计及加工设备

进行综合调查分析后，通过厂址选择基本方法将其综合比较，通过图表和统计的方式表述出来，供投资方或者厂方内部使用。常用的食用菌加工厂厂址选择方法有统计法、方案比较法、评分优选法和最小运输费用法等。

（一）统计法

把食用菌加工厂厂址的诸项条件（不论是自然条件还是技术经济条件）当作影响因素，把欲要比较的厂址编号，然后对每一厂址的每一个影响因素，逐一比较其优缺点，并打上等级分值，最后把诸因素比较的等级分值进行统计，得出最佳厂址的选择结论。

（二）方案比较法

通过对不同选址方案的投资和经营费用的对比，作出选址决定。它是一种偏重于经济效益方面的厂址优选方法。在这个过程中，对食用菌加工厂的建设投资和经营费用进行计算和综合比较，最终对其进行优选。

（三）评分优选法

在厂址方案比较表中列出主要判断因素，将主要判断因素按其重要程度给予一定的比重因子和评价值；将各方案所有比重因子与对应的评价值相乘，得出指标评价分值，其中评价分值最高者为最佳方案。

（四）最小运输费用法

如果项目几个选择方案中的其他因素都基本相同，只有运输费用不同，则可用最小运输费用法来确定厂址。最小运输费用法的基本做法是分别计算不同选址方案的运输费用，包括厂外运输和厂内运输的原材料、燃料的运输费用，产品销售的运输费用，选择其中运输费用最小的方案。在计算时，要全面考虑运输距离、运输方式、运输价格等因素。

四、厂址选择报告

（一）厂址选择报告的基本内容

1. 概述　说明选厂的目的与依据；说明选厂工作组成员及其工作过程；说明厂址选择方案并论述推荐方案的优缺点及报请上级机关考虑的建议。

2. 主要技术经济指标　食用菌加工厂厂址选择报告的主要经济指标评价是指对每个拟建食用菌加工厂的主要技术及经济指标，如占地面积、建筑面积、职工数、水、电、气等进行整体预算及评估。

3. 厂址条件　厂址条件是指拟建食用菌加工厂所处的地理位置以及厂址周围的地理、地形环境、地质气象、交通运输、燃料供应等基本生产要素的条件及相关的周围配套设施。

4. 厂址方案比较　对拟建设的几个食用菌加工厂方案进行综合比较分析，在厂址选择方法（如统计法、方案比较法、评分优选法、最小运输费用法等）中选取一种作为主要评价方法，最终确定最佳厂址。

（二）厂址选择报告的主要附件

各试选厂址总平面布置方案草图（比例1/2 000）；各试选厂址技术经济比较表及说明材料；各试选厂址地质水文勘探报告；各试选厂址环境资料及建厂对环境的影响报告；地震部门对厂址地区震烈度的鉴定书；各试选厂址地形图及厂址地理位置图；各试选厂址气象资料；各试选厂址的各类协议书，包括原料、材料、燃料、产品销售、交通运输、公共设施。

五、建厂条件评价

建厂条件评价包括对拟建设的食用菌加工厂所能获取的资源条件，附近区域的原材料供应条件，燃料和动力供应条件，交通运输和通信条件以及外部协作配套条件和同步建设等进行综合评价，评定拟选定的食用菌加工厂厂址所提供的条件是否能够满足食用菌加工厂正常生产的需要。

（一）资源条件评价

拟建项目所提供的资源报告是否翔实可靠，是否经过国家有关部门的批准，是否具有立项的价值；分析和评价拟建项目所需资源的种类和性质，是否属于稀缺资源或供应紧张的资源，是可再生资源还是不可再生资源；分析和评价拟建项目所需资源的可供数量、服务年限、成分质量、供给方式、成本高低及综合利用的可能性等；分析和评价技术进步对资源利用的影响，提出关于节约使用土地、水等资源的有效措施。

（二）原材料供应条件评价

分析过去食用菌产品的年产量及可供工业生产的用量；分析食用菌产品的贮藏、运输条件及费用情况；目前食用菌的供应情况及生产期的预测数量；目前可供项目使用的食用菌质量、供给的期限及保证条件；如需进口食用菌，还须了解进口国的有关情况，可能进口的种类、数量、价格、供给期限及保证条件。

（三）燃料和动力供应条件评价

食用菌加工厂的建厂评价条件中，燃料和动力供应的条件评价也是重要的组成部分，包括燃料供应条件评价、供水条件评价、电力条件评价。

（四）交通运输和通信条件评价

食用菌加工厂的交通运输分为厂外运输和厂内运输，其评价包括对厂外运输和厂内运输的综合评价。厂外运输涉及的因素包括地理环境、物资类型、运输量大小及运输距离等，根据这些因素合理选择运输方式及运输设备，对铁路、公路和水路运输做多方案比较。厂内运输主要涉及厂区布局、道路设计、载体类型、工艺要求等因素，厂内运输安排的合理适当，可使货物进出通畅，生产流转合理。对交通运输条件的分析和评价，主要包括运输成本、运输方式的经济合理性，运输中各个环节（即装、运、卸、储等环节）的衔接性及运输能力等方面。

通信条件评价是指对食用菌加工厂所选定地址的配套通信、网络以及其他通信设施可正常供应厂区的需要。

（五）外部协作配套条件和同步建设评价

外部协作配套条件是指与项目的建设和生产具有密切联系、互相制约的关联行业，如为项目生产提供半成品、包装物的上游企业和为其提供产品的下游企业的建设和运行情况。同步建设是指项目建设、生产相关交通运输等方面的配套建设，特别是大型项目，应考虑配套项目的同步建设和所需要的相关投资。

分析评估的主要内容包括全面了解关联行业的供应能力、运输条件和技术力量，从而分析配套条件的保证程度。分析关联企业的产品质量、价格、运费及对项目产品质量和成本的影响。分析评价项目的上游企业、下游企业内部配套项目在建设进度上、生产技术上和生产能力上与拟建项目的同步建设问题。

第三节
食用菌加工厂总平面设计

一、总平面设计的内容

总平面设计是厂址选定后进行的一项综合性技术工作，是食用菌加工厂设计的重要组成部分。在总平面设计工作中，要根据设计任务中规定的食用菌种类、产品性质、生产规模、工艺要求、建设条件、交通路线、工程管线等要求，将全厂不同使用功能的建筑物、构筑物按照食用菌加工生产的工艺流程，结合用地条件进行合理地布置，充分利用地形，全面考虑各项因素的功能及其关联性，使所有生产、管理、生活及辅助设施统一、有效地结合在一起，使建筑群组成一个有机的整体。这样既便于组织生产，又便于企业加强管理。

在进行食用菌加工厂总平面设计时，根据全厂各建筑物、构筑物的组成内容和使用功能的要求，结合用地条件和有关技术要求，综合研究它们之间的相互关系，正确处理建筑物布局、交通运

食用菌加工厂设计及加工设备

输、工程管线和绿化方面等问题。此外，要充分利用地形，节约用地，使建筑群的组成内容和各项设施，成为统一的有机体，并与周围的环境及建筑群体相协调。最后，以总平面设计图纸的形式，完整、明确、准确地标示出来。

食用菌加工厂总平面设计的工作内容可分为平面布置和竖向布置两大部分。平面布置就是对用地范围内所有建筑物、构筑物、工程设施及辅助设施在水平方向进行合理布置。竖向布置则是依据用地范围内地形标高的变化进行的与水平方向垂直的布置。如果整个厂区地形比较平坦，允许只做平面布置。

（一）平面布置

平面布置工作中主要包括以下内容：

1. 建筑物和构筑物的位置设计　食用菌加工厂建筑群的位置是总平面设计的核心，通常包括生产车间、辅助车间、动力车间、经营管理办公室、职工生活设施及绿化带等。而总平面设计的基本任务就是把生产过程中使用的机器设备、各种物料和从事生产的操作人员合理地放置在最恰当的位置，以保证生产过程顺利进行。通常把有职工工作的房屋称为建筑物，如生产车间、辅助车间、动力车间、仓库、经营管理办公室、食堂、宿舍等，而把没有职工工作的建筑物称为构筑物，如水塔、循环水池等。

食用菌加工厂主要是由上述这些功能的建筑物、构筑物所组成的，而它们总平面上的排布又必须根据食用菌加工厂的生产工艺和原则来设计。在进行建筑物和构筑物的位置设计时，还应当根据当地的地理、气象、运输、周边环境等特点，各种辅助设施应围绕着生产主体过程综合考虑，合理布局。

食用菌加工厂的生产区建筑物、构筑物在总平面布置中的关系如图3-1所示。由图3-1可知，食用菌加工厂总平面设计应围绕生产车间进行合理排布，也就是生产车间（即主车间）应在厂区的中心位置，其他车间、部门及公共设施均需要围

绕主车间进行排布。不过以上仅是一个理想的模型，实际上随着地形地貌、周围环境、车间组成及数量等的不同，总平面布置也随这些情况的变化而有所变化。

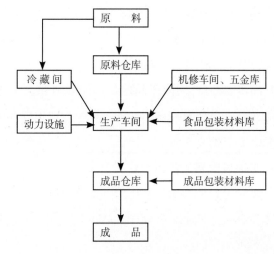

图3-1　建筑物、构筑物在总平面布置中的关系示意图

厂区划分可以按照图3-2所示进行初步划分。厂前区：基本上属于行政管理及后勤职能部门等有关设施（食堂、医务所、车库、俱乐部、大门、传达室等）。生产区：主要车间厂房及其毗连紧密的辅助车间厂房和少量动力车间厂房（水泵房、水塔或冷冻站等），其应处在厂址场地的中部，也是地势地质最好的地带。厂后区：原料仓库、露天堆场、污水处理站等。

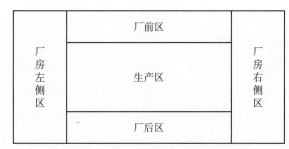

图3-2　食用菌加工厂厂区划分示意图

2. 交通运输设计　结合厂区的各种自然条件和外部条件确定生产过程中物料、人员的流动路线及最佳运输方案就是交通运输设计的内容。合理的交通运输设计能够使整个生产过程完全避免人流和物流混杂，避免运输路线往返交叉，避免洁净物和污染物接触，这些要点对食用菌加工厂显得尤为重要。

3. 工程管线布置　工程管线包括厂内外的物料管道、给排水管道、蒸汽管道及公用系统管道，如电线、电话线、网线等。工程管线的布置对食用菌加工厂的平面布置和竖向布置及运输设计均产生影响，因此工程管线的布置非常重要。工程管线的设计必须将各种围绕生产目的的管线布置得整齐、合理、方便，避免各种管线的拥挤和冲突，保证合理的间距和相对位置，与工厂总体布置协调，既不影响地面运输又便于定期检查维修，必要时可以采用空中架管或地下埋管等措施。

（二）竖向布置

竖向布置是与平面设计方向相垂直的设计。竖向布置依据自然地形条件，把实际地形组成一定形态，使整个厂区在一定范围内既保持地形平坦，又便于雨水排出，同时，注意协调厂内外的高程关系。各个小范围虽然标高不一致，但应当遵循单个小范围内地形高度一致，各个小范围相互之间联系便利的原则进行设计。同时，必须考虑合理利用高差，尽可能地减少工程土方工作量，以节省工程投资。

竖向布置工作包括以下内容：①确定竖向布置方式。②确定全厂建筑物、构筑物、道路、排水构筑物和露天场地的设计标高，使之相互协调并与厂外线路衔接。③确定场地平整方案及排水方式，拟定排水措施。④进行工厂的土石方工程规划，计算土石方工程量，拟定土石方调配方案。⑤确定必须设置的工程构筑物和排水构筑物，如道路、护坡、桥梁、涵洞及排水沟等，进行设计或提出条件委托设计。

二、总平面设计的基本原则

不同类型食用菌加工厂的总平面设计，无论原料种类、产品性质、规模大小以及建设条件的不同，都要按照设计的基本原则结合实际情况进行设计。食用菌加工厂总平面设计的基本原则可以分为以下几个要点：

1. 总平面设计应根据任务书要求进行　食用菌加工厂总平面布置必须紧凑合理，做到节约用地。分期建设的工程，应一次布置，分期建设，还必须为远期发展留有余地。

2. 总平面设计必须符合食用菌加工厂生产工艺的要求　主车间、仓库等应按照生产流程布置，并尽量缩短距离，避免物料往返运输；全厂的货流、人流、原料、管道等的输送应有各自线路，力求避免交叉，合理地加以组织安排；动力设施应靠近负荷中心。如变电所应靠近高压线网输入本厂的一侧，同时，变电所又应靠近耗电量大的车间。又如制冷机房应接近变电所，并紧靠冷库。杀菌工段、蒸发浓缩工段、热风干燥工段、喷雾干燥工段等用蒸汽量大的工段应靠近锅炉房。

3. 工厂总平面设计必须满足食用菌加工厂卫生要求　主要包括：①生产区（各种车间和仓库等）和生活区（宿舍、食堂、浴室、商店等）、厂前区（传达室、医务室、化验室、办公室、汽车房等）要分开。②生产车间应注意朝向，保证阳光充足，通风良好。③生产车间与城市公路要有一定的防护区，一般为30～50 m，中间最好有绿化地带，以阻挡尘埃，降低噪声，保持厂区环境卫生，防止食品受到污染。④根据生产性质不同，动力供应、货运场所等应分区布置。同时，主车间应与对食品卫生有影响的综合车间、废品仓库、煤堆及有大量烟尘或有害气体排出的车间相隔一定距离。主车间应设在锅炉房的上风向。⑤总平面中要有一定的绿化面积，但又不宜过大。一般绿地率不宜低于20%。⑥公用厕所要与主车间、食品原料仓库或堆场及成品库保持一定距离，并采用水冲式厕所，以保持厕所的清洁卫生。

4. 厂区道路应按运输及运输工具的情况决定其宽度　一般厂区道路应采用水泥路面而不用柏油路面，以保持清洁。运输货物道路应与车间有间隔，特别是煤和煤渣，容易产生污染。一般道路应设为环形，以保证消防道路畅通，同时可避免倒车时造成堵塞或发生意外事故。

5. 厂区建筑物间距（指两幢建筑物外墙面之

间的距离）应按有关规范设计　从防火、卫生、防震、防尘、噪声、日照、通风等方面来考虑，在符合有关规范前提下，使建筑物的间距最小。建筑物间距与日照关系如图3-3所示，冬季需要日照的地区，可以根据冬至日太阳方位角和建筑物高度求得前幢建筑物的投影长度，作为建筑物日照间距的依据。不同朝向的日照间距 D 为 1.1~1.5 H（D 为两建筑物外墙面的距离，H 为布置在前面的建筑遮挡阳光的高度）。

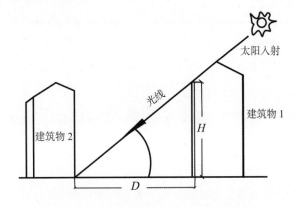

图 3-3　建筑物间距与日照关系示意图

　　建筑物间距与通风关系，当风向正对建筑物时（即入射角为 0° 时），希望前面的建筑物不遮挡后面建筑物的自然通风，那就要求建筑物间距 D 在 4~5 H 以上，当风向的入射角为 30° 时，间距可采用 1.3 H；当入射角为 60° 时，间距 D 采用 1.0 H。一般建筑物选用较大风向入射角，用 1.3 H 或 1.5 H 就可以达到通风要求；在地震区 D 采用 1.6~2.0 H。

　　6.厂区各建筑物布置应合理利用地质、地形和水文等自然条件　合理确定建筑物、道路的标高，既保证不受洪水的影响，使排水通畅，又节约土石方工程；在坡地、山地建设工厂时，可采用不同标高安排道路及建筑物，进行合理的竖向布置，但必须注意设置护坡及防洪渠，以防山洪影响。

三、总平面设计的方法

（一）平面布置形式

　　平面布置形式主要包括：

　　1.整体式　整体式是将厂内的主要车间、仓库、动力等布置在一个整体的厂房内。生产车间、辅助车间、生活设施成块分布。这种布置形式具有布置整齐美观，便于管理和组织生产，占地面积小，节省管路和线路、缩短运输距离等优点，但扩建空间较小。

　　2.区带式　区带式是将厂区建筑物、构筑物按性质和要求的不同而布置成不同的区域，并用厂区道路分隔开。此类布置形式具有通风采光好、管理方便、便于扩建等优点，但是存在着占地多，运输线路、管线长等缺点。

　　3.周边式　周边式是按照工艺流程顺序将主要厂房建筑物沿街道、马路布置，组成高层建筑物。这种布置形式节约用地，景象较好；但是需辅以人工采光和机械，有时朝向受到某些限制。生产规模小，地形为矩形时采用此种布置有减少运输、便于管理等特点。

　　4.组合式　组合式是将生产车间、仓库、管理部门等设施布置在一幢或几幢建筑物内的一种平面布置方法。组合布置垂直运输量大，占地面积小，生产效率高，利用连续化、自动化生产和管理。

（二）竖向布置形式

　　1.平坡布置形式　当整个厂区自然地形坡度小于 4% 时，可采用平坡式竖向设计，即设计整平面之间的连接处的标高没有急剧变化。这种设计适用于建筑密度较大，铁路、道路、管网较密的情况。

　　2.阶梯布置形式　整个工程场地划分为若干个台阶，台阶连接处标高变化较大。这种设计的优点在于当自然地形坡度较大时，与平坡式布置相比土石方工程量可显著降低，容易就地平衡，排水条件好。阶梯布置适用于运输简单、管线不多的山区、丘陵地带。

　　3.混合布置形式　平坡布置和阶梯布置兼用的设计方法称为混合竖向设计。这种方法吸取两者的优点，多用于厂区面积较大、局部地形变化较大的场地设计中，实际中往往采用此种方法。

四、典型食用菌加工厂总平面图设计案例

近年来，全球食用菌产业的发展速度很快，每年以7%～10%的速度增长，而我国年增长速度更是高达20%左右，并保持良好的增长态势。由于食用菌尤其是食药兼用的菌类具有高蛋白、低脂肪、高维生素、低热量的特点，含有丰富的无机盐类和可食性纤维素，富含氨基酸、真菌多糖、微量元素等营养成分，对提高人体免疫力、防癌抗癌、抗衰老等具有明显的食疗价值。食用菌不但营养丰富，而且味道鲜美。它符合联合国粮农组织倡导的21世纪天然、营养、健康的保健食品要求，因而倍受人们的青睐。通过近十年的发展，我国食用菌产业已初步形成干鲜品、深加工食品、医药保健品等多个消费产业，涉及农业、林业、畜牧业、生物产业、食品工业（罐头加工）、制药等多个领域。整体讲，我国食用菌产业市场正逐步趋向完善发展。

目前，我国现代食用菌加工厂总平面布置发展趋势是工厂规模大，但厂区建筑物不多，往往所有车间和仓库都集中在一幢建筑物内，成为生产区。管理部门也集中在一个建筑物中。这样，有利于连续化生产和集中管理，相应地也可以节省用地和投资费用。此外，在厂内还建有食用菌人工栽培工厂。例如，江苏某生物科技有限公司是一家以食药用菌及多种天然植物为原料，研究、开发健康产品和美容护肤品的专业公司，是国家高新技术企业，在中国乃至世界食用菌行业享有盛誉。该公司坐落于中国政府批准设立的国家级经济技术开发区高新科技园区内，其总平面布置图见图3-4。

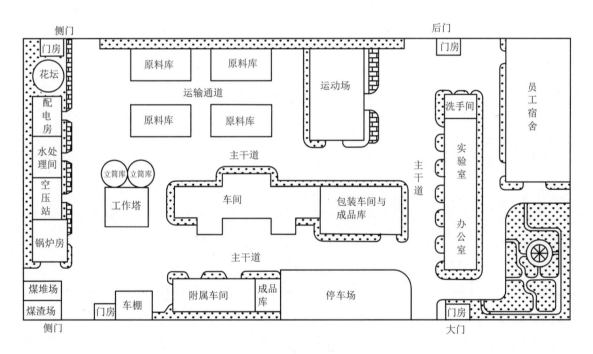

图3-4　某食用菌加工厂总平面布置图

食用菌加工厂设计及加工设备

第四节
食用菌加工厂工艺设计

一、概述

食用菌加工厂工艺设计是整个设计的主体和中心，决定全厂生产和技术的合理性，并对建厂的费用和生产的产品质量、产品成本、劳动强度有着重要的影响，同时又是其他非工艺设计所需基础资料的依据。因此，食用菌加工厂工艺设计具有重要的地位和作用。

食用菌加工厂工艺设计是以食用菌深加工的生产车间设计为主，同时又以其中的核心车间为重点，其他车间、辅助部门均围绕核心车间来设计。如食用菌罐头加工厂的生产车间一般有实罐车间、空罐车间和综合利用车间等，其中又以实罐车间为设计重点。再如食用菌功能饮料加工厂的生产车间一般有发酵车间、纯水车间、灌装车间等，其中又以发酵车间和灌装车间为设计重点，其余车间和辅助部门等均围绕生产主车间进行设计。不论食用菌加工工厂的总体设计还是车间设计，都是由工艺设计和非工艺设计（包括土建、采暖通风、给排水、供电、供汽等）组成，工艺设计的好坏直接影响到全厂生产和技术的合理性。工艺设计又是其他非工艺设计所需基础资料的依据。

（一）食用菌加工厂工艺设计的主要内容

食用菌加工厂的工艺设计必须根据设计计划任务书上规定的生产规模、产品方案、产品要求和原料状况，结合建厂条件进行。

食用菌加工厂工艺设计主要包括以下项目：①产品方案、产品规格及班产量的确定。②主要产品及综合利用产品的工艺流程确定及其安全设计。③物料计算和食品包装。④生产车间设备的生产能力计算、选型及配套。⑤生产车间平面布置。⑥劳动力平衡及劳动组织。⑦生产车间水、电、汽等用量的估算。⑧生产车间管路计算及设计。

食用菌加工厂工艺设计除上述内容外，还必须以计算表格及说明书的形式向非工艺设计和有关方面提出下列要求：①工艺流程、车间布置对总平面布置相对位置的要求。②工艺对车间建筑在土建、装修、采光、通风、采暖、卫生设施等方面的要求。③生产车间水、电、汽等用量的计算及负荷要求。④生产工艺对给水水质的要求。⑤有关部门对排水水质、流量及废水处理的要求。⑥各类仓库建筑面积的计算及对仓库在保温、防潮、防鼠、防虫等方面的特殊要求。

对食用菌加工厂进行工艺设计，具有重要的意义，不仅能提高资源的利用率，使各类食用菌资源得到综合利用，还能提高经济效益和社会效益，实现加工增值。

（二）食用菌加工厂工艺设计的步骤

工艺设计主要是从原料到成品的各个生产过程中，设计物质变化及流向，包括所需设备及布置。具体步骤如下：①根据前期可行性调查研究，确定产品方案及生产规模。②根据当前的技术、经济水平选择生产方法。③生产工艺流程设计（查阅食用菌加工相关资料及其他先进工厂经验）。④物料衡算。⑤能量衡算（包括用热量、用汽量、用电量等计算）。⑥设备选型。⑦车间工艺布置。⑧管路设计。⑨其他工艺设计。⑩编制工艺流程图、管道设计图及说明书等。

二、产品方案及班产量的确定

（一）制定产品方案的要求及步骤

产品方案又称生产纲领，实际上就是食用菌加工厂准备全年（季度、月）生产哪些品种和各品种的规格、产量、生产周期、生产班次等计划安排。

市场经济条件下的工厂要"以销定产"，产品方案既作为设计依据，又是工厂实际生产能力的确定。影响产品方案制订的因素有很多，主要包括：产品的市场销售、人们的生活习惯、地区的气候和不同季节的影响。因此，在制订产品方案时，首先要调查研究，优先安排受季节性影响强的产品；其次是要用调节产品来调节生产忙闲不均的现象；最后尽可能综合利用原料，并贮存半成品，以合理调剂生产中的淡旺季节。

食用菌加工厂的主要原料是各类食用菌，如香菇、木耳、猴头菇、茯苓、灵芝等，这些食用菌具有不耐贮藏、易开伞、变色、腐烂致使营养成分发生变化等特点。以食用菌为加工原料的食品工厂，产品种类繁多，季节性强，生产过程有淡季和旺季之分，即使同一种原料也往往因为品种不同、地区不同，收获季节有很大的差异。同时，食用菌在加工过程中，下脚料较多，例如干制品生产过程中的碎菇屑，罐制品加工过程中的菇柄、耳蒂、碎菇、碎耳以及漂烫水等，都可用于加工其他产品，因此食用菌加工应该系统化生产。在制订产品方案时，首先应根据设计计划任务书和调查研究的资料制定主要产品的品种、规格、产量、生产季节和生产班次，对受季节性影响大的产品优先安排。其次是用调节性的产品（即不受季节限制的产品，如肉类、蚕豆、黄豆、香菜心、豆芽等）来调节生产上忙闲不均的现象。另外，还应尽可能综合利用原材料，并贮存半成品，待到淡季时再进行加工。

在确定生产方案时，全年生产日按300天计算，若考虑到原料供应、设备检修等其他原因，全年的生产日数一般不少于250天。每天生产班次为1～2班，生产高峰期按3班考虑。管理人员和服务人员按白班或两班设计。

制订合理产品方案的步骤如下：

第一，进行市场和资源的调查研究，得到确切的资料，以此确定主要产品的品种、规格、产量和生产班次。

生产品种的确定要结合投资计划、市场流行趋势、区域资源情况和运输成本综合考虑。产品规格及包装形式主要考虑主产品及搭配产品的净重，采用何种包装材料（金属罐、塑料袋、玻璃瓶、纸塑复合材料）。产量结合投资计划、市场销售计划、区域资源情况和运输成本等粗略确定好。

第二，安排一些不受季节限制的产品来调节生产忙闲不均的现象。

根据产品销售季节及原料供应情况，先安排主产品生产时间的分布，如罐头厂的主产品为食用菌类罐头时，食用菌原料季节可定为主生产时间，其他时间可安排不受季节限制的肉类、水产类罐头的生产。

第三，有些食用菌原料季节性强，但副产物多，可将副产物先加工成半成品，在淡季时再加工成其他食品。

第四，对不同类型的原料，要根据其原料利用情况合理安排产品品种。

（二）产品方案的比较及确定

一种原料生产多种规格的产品时，为便于机械化生产，应力求精简。但是，为了尽可能提高原料的利用率和使用价值，或为了满足消费者的需求，往往有必要将一种原料生产成几种规格的产品（即进行产品品种搭配）。

在编排产品方案时，应根据设计计划任务书的要求及原料供应的可能，考虑本设计需用几个生产车间才能满足要求，各车间的利用率又如何，一般用表格来表示食用菌加工厂的产品方案，其内容主要包括：产品名称、年产量（Q）、班产量（q）、1～12月的生产安排，产量和生产情况用线条或数字形式表示。

在设计时，应按照下达任务书中的年产量和品种，制订出多种产品方案。从技术先进性、可行性和经济的合理性方面比较，以保证方案合理。作为设计人员，应制订出两种以上的产品方案进行分析比较，做出决定。比较内容大致如下：①主要产品年产值的比较。②每天所需生产工人数的比较。③劳动生产率的比较（年产量工人总数，其中年产量以吨计）。④每天工人最多最少之差的比较。⑤平均每人每年产值的比较。⑥季节性的比较。⑦设备平衡情况的比较。⑧水、电、汽用量的比较。⑨组织生产难易情况的比较。⑩基建投资的比较。⑪经济效益的比较。⑫社会效益的比较。⑬结论。

上述各项的比较与分析表报上级批准，在几个产品方案中找出一个最佳方案，作为设计的依据。

（三）班产量的确定

食用菌加工厂的生产规模就是食用菌加工厂的生产能力，即年产量。根据项目建议书和可行性研究报告，可知生产规模的大小，再结合工厂全年的实际生产天数，就可确定班产量的大小。

食用菌加工厂生产规模正确与否直接影响到工厂投产后的经济效益。它是工艺设计中主要的计算基础，同时也是决定设备生产能力的大小、车间布置方案、厂房面积、劳动人员的定员等的因素。

班产量是工艺设计中最主要的计算基础。班产量的大小直接影响到设备的配套、车间的布置和占地面积、公用设施和辅助设施。决定班产量的因素主要有：年产量、原料供应量、配套设备的生产能力、延长生产期的条件、每天生产班次及产品品种的搭配、工厂的自动化程度、季节性因素、劳动力平衡、消费需求量等。

生产班次一般为1～2班，根据市场需求、食用菌加工工艺、原料特性及设备生产能力和运转状况，一般淡季1班，中季2班，旺季3班。对具备延长生产期条件的工厂，可延长生产周期，不必突击加班，这样有利于劳动力平衡、设备利用充分、成品正常销售，便于生产管理，提高经济效益。

一般情况下，食用菌加工班产量越大，单位产品成本越低，效益越好。但由于投资局限及其他方面制约，班产量有一定的限制，但是必须达到或超过经济规模的班产量。最适宜的班产量实质就是经济效益最好的规模。

食用菌罐头是全球最主要的食用菌产品贸易品种，下面以食用菌罐头加工厂为例作介绍。食用菌罐头加工厂的空罐车间，其生产能力以主要品种的各种不同罐型的需要量为依据，并适当留有发展余地。空罐车间生产每天按1～2班计算。日产量应与主要产品各种罐型的空罐需求量相平衡。在季节性特别强、产量特别高或因罐型小所需空罐量特别多的情况下，可于高峰期来到前提前生产，贮存于仓库中备用，无须选择生产能力过大的空罐设备，造成大部分时间里生产能力过剩，而使投资增加，资金浪费。对于空罐生产设备，在一般的情况下都选半自动生产线，产量很高时应选全自动生产线。

三、生产工艺流程的确定

（一）工艺流程的设计

1. 工艺流程　生产工艺流程设计是工艺设计的一个重要内容。选用先进合理的工艺流程并进行正确设计对食用菌加工厂建成投产后的产品质量、生产成本、生产能力、操作条件等都会产生重要影响。工艺流程设计是从原料到成品的整个生产过程的设计，是根据原料的性质、成品的要求把所采用的生产过程及设备组合起来，并通过工艺流程图的形式，形象地反映由原料投入到产品输出的整个生产过程。其中包括物料和能量的变化、物料的流向以及生产中所经历的工艺过程和使用的设备仪表。

生产工艺流程设计的主要任务包括两个方面：一是确定生产流程中各个生产过程的具体内容、顺序和组合方式。二是绘制工艺流程图，要求以图解的形式表示生产过程。即当原料经过各个操作过程制得产品时，物料和能量发生的变化及其流向，以及采用了哪些生产过程和设备，再进一步通过图解形式表示出管道流程和计量控制流程。

尽管食用菌加工厂的类型很多，比如罐头加工厂、饮料加工厂、焙烤食品厂、蜜饯加工厂、保健品加工厂等，而且在同一类型的食用菌加工厂中产品品种和加工工艺也各不相同，但在同一类型的食用菌加工厂中的主要工艺过程和设备基本相近。例如，食用菌罐头加工厂不管生产什么种类的食用菌罐头，都要经过原料预处理、选择加工、装罐（加汁或不加汁）、排气密封、杀菌冷却等几个主要工艺流程。又如食用菌饮料加工厂不管是生产茶饮料还是生产保健酒，都要经过原料挑选、预处理、提汁、过滤、装瓶、包装等工艺流程，只要这些产品不同时生产，其相同工艺流程的设备是可以公用的，所以我们在确定产品工艺流程时只要将主产品工艺流程确定后，其他产品就好确定了。

但必须指出，为了保证产品的质量，对不同品种的原料应选择不同的工艺流程。另外，即使原料品种相同，如果所确定的工艺路线和条件不同，不仅会影响产品质量，而且还会影响到工厂的经济效益。所以，我们对所设计的食用菌加工厂的主要产品工艺流程应进行认真的探讨和论证。

工艺流程正确与否关系着产品质量、产品竞争力、工厂经济效益，是初步设计审批过程中主要审查内容之一。

2. 工艺流程设计的依据

（1）加工原料的性质　根据加工原料品种和性质的不同，选用和设计不同的工艺流程。如经常需要改变原料品种，就应选择适应多种原料生产的工艺，但这种工艺和设备配置通常较复杂。如加工原料品种单一，应选择单纯的生产工艺，以简化工艺和节省设备投资。

（2）产品质量和品种　根据产品用途和质量等级要求的不同，设计不同的工艺流程。

（3）生产能力　生产能力取决于原料的来源和数量，配套设备的生产能力，生产的实际情况预测，加工品种的搭配，市场的需求情况。一般生产能力大的工厂，有条件选择较复杂的工艺流程和较先进的设备；生产能力小的工厂，根据条件可选择较简单的工艺流程和设备。

（4）地方条件　在设计工艺流程时，还应考虑当地的工业基础、技术力量、设备制造能力、原材料供应情况及投产后的操作水平等，确定适合当前情况的工艺流程，并对今后的发展作出规划。

（5）辅助材料　工艺流程的设计还应考虑水、电、汽、燃料的预计消耗量和供应量。

3. 选择工艺流程的原则及注意点

（1）技术共性原则　尽量选用具有加工关键共性技术的工艺流程，在相同投资下使得生产线能够满足更多加工品种的生产要求。

（2）符合产品质量和规格　根据产品规格要求及有关标准来选择加工产品的工艺流程。

（3）原料匹配性　根据原料的加工特性，选择易于加工、原料消耗少，营养损失低的工艺流程。

（4）技术水平先进合理　结合具体条件，应优先采用机械化、连续化作业生产线；对尚未实现机械化、连续化的品种，其工艺流程应尽可能按流水线排布，使成品或半成品在生产过程中的停留时间最短，以避免半成品发生变色、变味、变质；需要进行杀菌的产品，为保证其产品质量，最好采用连续杀菌或高温短时的杀菌工艺。

（5）经济合理性　尽量选择投资少、能耗低、成本低、产品得率高的生产工艺。

（6）传统产品和非定型产品的生产工艺　一些名、特、优的产品生产方法不得随意更改；若需改动，必须要经过反复试验，然后报请有关部门批准，方可作为新技术应用到设计中。非定型产品，要待技术成熟后，方可用到设计中；对科研成果，必须经过中试放大后，才能应用到设计中；对新工艺的采用，需经过有关部门的鉴定后，才能应用到设计中。

在确定生产工艺流程时，还必须注意：①根据产品规格要求和国家标准、部颁标准、行业标准或企业标准或客户的特殊规格标准拟订。②根据所生产的产品品种确定生产线的数量，若产品加工的性质差别很大，就要考虑几条生产线来加工。③根据当地具体情况来选设备。④根据生产规模、投资条件确定操作方式。对于目前我国的实际情况，采用半机械化、机械化操作很广泛，但自动化操作是发展方向。⑤在主要产品的工艺流程确定后，就要确定工艺过程中每个工序的加工条件。⑥正确选择合理的单元操作，确定每一个单元操作中的方案及设备的形式。

食用菌加工厂设计及加工设备

（二）工艺流程图的绘制

把各个生产单元按照一定的目的和要求，有机地组合在一起，形成一个完整的生产工艺流程，并用图形描绘出来，即是工艺流程图。工艺流程图的图样有若干种，由于它们的用途不同，所以在内容、重点和深度方面也不一致，但这些图样之间又紧密联系。

工艺流程图的类型主要有两种：生产工艺流程方框图和生产工艺设备流程图。前者对工艺流程的描绘直观、醒目、易于理解，常作为报批材料上报；后者为生产车间的设备布置提供直观的指导。

（三）生产工艺条件的论证

在确定主要品种生产工艺流程时，除考虑按上述几点原则和几个注意点外，还需对生产工艺条件进行论证，说明在工艺设计中所确定的生产工艺流程及其生产条件是合理的、科学的。工艺流程论证主要包括以下四个方面的内容：

第一，某一单元操作在整个工艺流程中的作用和必要性，及对前后工段所产生的影响，并从工艺、设备对原料的加工利用角度进行阐述。

第二，论述采用何种方法或手段来实现其工艺目的，即采用什么设备类型，是否先进，是否在加工过程中对物料产生影响。

第三，当设备类型选定后，要对工艺参数进行论证。论述选定的工艺参数对原料、成品品质的影响，对设备的可操作性、安全性、连续性和稳定性的影响。

以上三个方面的论证都是建立在成熟工艺条件基础之上的，所有工艺参数都应是经过规模化生产检验得出来的。

第四，安全性方面的论证。在食用菌加工厂设计时就必须在工艺流程中对原料、辅料、半成品以及直接接触食品和影响食品安全的因子进行预防、控制和管理，确保经过食品安全设计的食用菌加工厂生产的产品是安全卫生的。

四、食用菌加工工艺衡算

食用菌加工工艺衡算主要是应用守恒定律来研究生产过程的物料衡算和热量衡算问题。物料衡算和热量衡算是进行食用菌加工厂工艺设计、过程经济评价、节能分析以及过程优化的基础。此外，还要对生产用水、用汽作出计算。

（一）物料衡算

物料衡算是工艺计算中最基本也是最重要的内容之一，它是能量衡算的基础。物料衡算的理论依据是质量守恒定律，即在一个孤立体系中，不论物质发生什么变化，它的质量始终不变（不包括核反应，因为核反应能量变化非常大，此定律不适用）。根据这一定律，输入某一设备的原料量必定等于生产后所得产品的量加上生产过程中物料损失的量。物料衡算适用于整个生产过程，也适用于生产过程的每一阶段。计算时，既可作总的物料衡算，也可以对混合物中某一组分作物料衡算。

经过物料衡算，可以得出加入设备和离开设备的物料（包括原料、中间产品、产品）各组分的质量和体积。由此可以进一步计算出产品的原料消耗定额、昼夜或年消耗量，以及有关的排出物料量。在设计中往往要进行全厂的物料衡算和工序的物料衡算两种计算，根据计算结果分别绘制出全厂的物料平衡图和工序的物料平衡图。

1. 物料衡算的作用　主要包括：①能够得到原料、辅助材料的消耗量及主、副产品的产出率。②为热量衡算、设备计算和设备选型提供依据。③编制设计说明书的原始资料。④帮助制定最经济合理的工艺条件，确定最佳工艺路线。⑤为成本核算提供计算依据。

2. 物料衡算的依据　主要包括：①生产工艺流程示意图。②所需的理化参数和选定的工艺参数，产品的质量指标。

物料计算的基本资料是技术经济额定指标，而技术经济额定指标又是各工厂在生产实践中积累起来的经验数据，这些数据因具体条件而异。往往因地区差别、机械化程度、原料品种、成熟度、新鲜度及操作条件等不同，而有一定的变化幅度，因此需要根据具体情况而定。一般老厂改造就按该厂原有的技术经济定额作为计算依据，再以新建的实际情况做修正，计算时以"班产量"为基准。

3. 物料衡算的结果　主要包括：①加入设备和离开设备的物料各组分名称。②各组分的质量。③各组分的成分。④各组分的100%物料质量（即干物料量）。⑤各组分物料的相对密度。⑥各组分物料的体积。

（二）用水量计算

水是食用菌加工中必不可少的物料，食用菌加工用水量的多少随产品种类和生产规模的不同而异。用水量计算即根据不同食用菌加工中对水的不同需求来进行。

1. 按单位产品耗水量定额估算　根据目前我国相应食用菌加工厂的生产用水量经验数值来估算生产用水量。这种方法简单，但因不同食用菌加工厂所在地区不同、原料品种差异以及设备条件、生产能力大小、管理水平等不同，同类食用菌加工厂的技术经济指标会有较大幅度的差异，选用这种方法估算的用水量是粗略的。

2. 按实际生产用水量计算　对于规模较大的食用菌加工厂，用水量计算必须认真计算，保证用水量的准确性。

（1）计算的意义、目的及要求　要做一个生产过程设计，就要对其中的每一个设备和整个生产过程做详细的用水量计算，计算项目要全面、细致，以便为后一步设备计算提供可靠依据。

（2）绘出用水量计算流程示意图　为了使研究的问题形象化和具体化，使计算准确明了，通常使用方框图显示所研究的系统，图形表达的内容应准确、详细。

（3）收集设计基础数据　需收集的数据资料一般应包括：生产规模，年生产天数，原料，辅料，产品的规格、组成及质量等。

（4）确定工艺指标及消耗定额　确定所需的工艺指标、原料消耗定额及其他经验数据，可根据所用生产方法、工艺流程和设备，对照同类生产工厂的实际水平来确定。

（5）选定计算基准　计算基准是工艺计算的出发点，正确地选取计算基准能使计算过程大为简化且能保证结果的准确。因此，应该根据生产过程的特点，选定计算基准。食用菌加工厂常用的基准如下：以单位时间产品或单位时间原料作为计算基准；以单位质量、单位体积的产品或原料为计算基准；以加入设备的一批物料量为计算基准。

（6）由已知数据根据质量守恒定律进行用水量计算　此计算既适用于整个生产过程，也适用于某一个工序和设备。根据质量守恒定律列出相关数学关联式，并求解。

（7）列出计算表　核校并处理计算结果，列出用水量计算表。

（三）用汽量计算

用汽量计算的目的在于通过用汽量计算了解生产过程蒸汽消耗的定额指标，以便进行生产成本核算和管理，以及对工艺技术和操作流程进行优化。

食用菌加工用汽量计算的方法有两种：按单位产品耗汽量定额估算法和用汽量的计算法。

1. 按单位产品耗汽量定额估算法　对于规模较小的食用菌加工厂，其生产用汽量可采用按单位产品耗汽量定额估算法。它又可分为3个方法，即按每吨产品耗汽量估算、按主要设备的用汽量估算及按食用菌加工厂生产规模估算。

2. 用汽量的计算法　对于规模较大的加工厂，在进行用汽量计算时必须采用计算方法，保证用汽量的准确性。

首先画出单元设备的物料流向及变化的示意图。分析物料流向及变化，写出热量计算式：

$$\sum Q_入 = \sum Q_出 + \sum Q_损 \tag{3-1}$$

式中：$\sum Q_入$——输入的能量总和，kJ；$\sum Q_出$——输出的能量总和，kJ；$\sum Q_损$——损失的能量总和，kJ。

食用菌加工厂设计及加工设备

$$\sum Q_{\text{入}} = Q_1 + Q_2 + Q_3$$

$$\sum Q_{\text{出}} = Q_4 + Q_5 + Q_6 + Q_7$$

$$\sum Q_{\text{损}} = Q_8$$

式中：Q_1——物料带入的热量，kJ；Q_2——由加热剂（或冷却剂）传给设备和所处理的物料的热量，kJ；Q_3——过程的热效应，包括生物反应热、搅拌热等，kJ；Q_4——物料带出的热量，kJ；Q_5——加热设备需要的热量，kJ；Q_6——加热物料需要的热量，kJ；Q_7——气体或蒸汽带出的热量，kJ；Q_8——设备向环境散发的热量，kJ。

值得注意的是，对具体的单元设备，上述的 $Q_1 \sim Q_8$ 各项的热量不一定都存在，故进行热量计算时，必须根据具体情况进行具体分析。

为了使热量计算顺利进行，计算结果准确无误和节约时间，首先要收集数据，如物料量、工艺条件等数据。这些有用的数据可以从专门手册中查阅或取自工厂实际生产数据，或根据试验研究结果选定。

在热量计算中，取不同的基准温度，按照热量计算式所得到的结果就不同。所以必须选准一个基准温度，且每一物料进出口基准温度必须一致。通常，取 0℃ 为基准温度可简化计算。此外，为使计算方便、准确，可灵活选取适当的基准，如按 100 kg 原料或成品、每小时或每批次处理量等作基准进行计算。

（四）热量衡算

在食用菌加工厂生产中，能量的消耗是一项重要的技术经济指标。它是衡量工艺过程、设备设计、操作制度是否先进合理的主要指标之一。

热量衡算的基础是物料衡算，只有在进行完物料衡算后才能做热量衡算。

1. 热量衡算的作用　热量衡算是能量衡算的一种表现形式，遵循能量守恒定律，即输入的总热量等于输出的总热量。热量衡算的作用包括：①可确定输入、输出热量，从而确定传热剂和制冷剂的消耗量，确定传热面积。②提供选择传热设备的依据。③优化节能方案。

2. 热量衡算的依据　热量衡算的依据包括：①基本工艺流程及工艺参数。②物料计算结果中有关物料的流量或用量。③介质（加热或冷却）名称、数量及确定的参数（如温度、压力等）。④其他基本参数（热交换介质及单一物料的参数：热熔、潜热、始末状态以及混合物性能参数等）。

3. 热量衡算的方法和步骤　热量衡算的方法和步骤包括：①列出已知条件，即热量衡算的量和选定的工艺参数。②选定计算基准，一般以 kJ/h 计。③对输入、输出热量分项进行计算。④列出热平衡方程式，求出传热介质的量。

4. 连续式与间歇式设备热量衡算的区别　间歇式设备操作的条件是随时间的变化而周期性变化的，因此热量衡算须按每一周期为单位进行，然后计算单位再换算成 kJ/h，热损失取最大值；连续式设备操作则不受时间变化的影响，仅取平均值即可，单位用 kJ/h。

五、设备生产能力计算与选型

食用菌加工厂的生产设备总体上可以分为两类：标准设备或定型设备，非标准设备或非定型设备。标准设备是专业设备厂家成批、成系列生产的设备，有产品目录或产品样本手册，有各种规格型号和不同生产厂家。标准设备生产能力计算和选型的任务是根据工艺要求，计算并选择某种型号的设备，直接列表，以便订货。非标准设备是需要专门设计和制作的特殊设备，非标准设备生产能力计算和选型就是根据工艺要求，通过工艺计算，提出设备的形式、材料、尺寸和其他一些要求，再由设备专业人员进行机械设计，由设备制造厂制造。在设计非标准设备时，也应尽量采用已经标准化了的图纸。

（一）设备选型的一般原则

直接与食品接触的设备和容器（非一次性容器和包装）的设计与制作应保证在需要时可以进行充分的清理、消毒及养护，使食品免遭污染。设备和容器应根据其用途，用无毒的材料制成。必要时设备和容器还应是耐用的、可移动的或者是可拆装的，以满足养护、清洁、消毒、监控的需要。

除上述总体要求外，在设计烹煮、加热、冷却、贮存和冷冻食品的设备时，应从食品的安全性和适宜性出发，使设计的这类设备能够在必要时尽可能迅速达到所要求的温度，并有效地保持这种状态。在设计这类设备时还应使其能对温度进行监控，必要时还需要对其他可能对食品的安全性和适宜性有重要影响的因素进行监控。这些要求的目的是为了保证消除有害的或非需要的微生物，或者将其数量减少到安全的范围内，或者对其生长进行有效的控制。在适当时可对食品安全管理体系（简称"HACCP"）中所确定的关键限值进行监控，以便能迅速达到有关食品的安全性和适宜性所要求的条件，并能保持这种状态。

凡接触食品物料的设备、工具和管道的材质，必须用无毒、无味、抗腐蚀、不吸水、不变形的材料。设备的设置应根据工艺要求，布局合理，上下工序衔接要紧凑。各种管道、管线尽可能集中布局。冷水管不宜在生产线和设备包装台的上方通过，防止冷凝水滴入食品。其他管线和阀门也不应设计在暴露原料和成品的上方。管线安装应符合工艺卫生要求，与屋顶（天花板、墙壁）等应有足够的距离，同时用脚架固定，与地面离有一定的距离。部分设备应有防水、防尘罩，以便于清洗和消毒。各类液体输送管道应避免死角或盲端，应设排污阀或排污口，便于清洗、消毒、防止堵塞。

以上是设备选择中的规范性要求，在具体选择的时候还应做到：①合理性。即设备必须满足工艺的要求，设备与工艺流程、生产规模、工艺操作条件、工艺控制水平相适应，又能充分发挥设备的功能。②先进性。要求设备的运转可靠性、自控水平、生产能力、转化率尽可能达到先进水平。③安全性。要求安全可靠、操作稳定、弹性好、无事故隐患，对工艺和建筑、地基、厂房等无苛刻要求；工人在操作时，劳动强度低，尽量避免高温、高压、高空作业，尽量不用有毒有害的设备附件和附

料。④经济性。设备投资省，易于加工、维修、更新，没有特殊的维护要求，运行费用低。引进国外设备，亦应反复对比报价，参考设备性能，考虑是否易于被国内消化吸收和改进利用，避免盲目性。

设备生产能力计算和选型的依据是物料衡算和热量衡算。设备选型又是工艺设计和设备布置的基础，还为电、水、汽用量计算提供依据。设备选型对保证产品质量、生产稳定运行都至关重要，要认真地进行比较。

（二）设备选型

在选择定型设备时，必须充分考虑工艺要求和各种定型设备的规格型号、性能、技术特点和使用条件。在选择设备时，一般先确定类型，再考虑规格。

1. 主要定型设备的选择和计算　在进行工艺设计时，这些设备只需根据工艺要求和产量选择合适的型号和所需的台数。

在选用定型设备时，可以根据下式算出所需选用设备的台数：

$$n = G/g \qquad (3-2)$$

式中：G——由物料衡算得知某工序的物料总量，t/d；g——由产品目录查知某设备的生产能力，t/d。

所取得的 n 值不能是小数，应取相邻较大的整数。

2. 辅助定型设备的选择　辅助定型设备是协助主要设备完成工作的设备，如电动机、泵、输送设备、计量设备等，应根据不同的工艺要求进行选择。

3. 非定型设备的计算与选型　非定型设备计算和选型的主要工作如下：①根据工艺流程和工艺要求确定设备类型，如使用过滤机实现液固分离，旋风分离器实现气固分离等。②根据各类设备的性能、使用特点和适用范围选定设备的基本结构形式。③确定设备材质。根据工艺操作条件和设备的工艺要求，确定适应要求的设备材质。④汇集设计条件。根据物料衡算和热量衡算，确定设备负荷、转化率和效率要求，确定设备的工艺操作条件，如温度、

压力、流量、流速、投料方式和投料量、卸料、排渣形式、工作周期等，作为设备设计和工艺计算的主要依据。⑤根据必要的计算和分析确定设备的基本尺寸，如搅拌器主要尺寸、转速、容积、流量、压力等；设备的各种工艺附件，如进出料口、排料装置等。设备基本尺寸计算和设计完成之后，画出设备示意图，标注各类尺寸。在设计出基本尺寸之后，应查阅有关标准规范，将有关尺寸规范化，同时尽量选用标准图纸画图。⑥向设备设计（机械设计）专业人员提出设计条件和设备示意图，由设备设计人员根据各种规范进行机械设计、强度设计和检验，完成施工图等。⑦汇总列出设备一览表。

4. 食用菌加工厂主要设备的选用　为了方便、正确地进行设备生产能力计算和选用，将食用菌加工厂常用设备的选用和设计方法介绍如下。

（1）容器类设备的设计　食用菌加工厂中有许多设备，它们有的用来贮存物料，如贮罐、计量罐、高位罐等；有的用来完成某一物理过程，如换热器、蒸发器、蒸馏塔等；有的用来发生化学反应，如中和锅、皂化锅、氢化釜、酸化锅等。这些设备虽然尺寸大小不一，形状结构各不相同，内部构件的形式更是多种多样，但它们都可以归为容器类设备。容器类设备设计的一般程序如下：①汇集工艺设计数据。包括物料衡算和热量衡算的计算结果数据，贮存物料的温度和压力、最大使用压力、最高使用温度、最低使用温度等数据。②选择容器材料。对有腐蚀性的物料可选用不锈钢容器，在温度和压力允许时可用非金属贮罐或搪瓷容器。③容器形式的选用。我国已有许多化工贮罐实现了标准化和系列化，在贮罐形式选用时，应尽量选择已经标准化的产品。④容积计算。容积计算是贮罐工艺设计中尺寸设计的核心，它随容器的用途而异。根据容器的用途不同可将贮罐分为：原料贮罐或产品贮罐（一般至少有一个月的贮量，罐的装满系数一般取80%），中间贮罐（一般为24 h的贮量），计量罐（一般至少10～15 min的贮量，多则2 h的贮量，装满系数一般取60%～70%），缓冲罐（其

容量通常是下游设备5～10 min贮量，有时可以超过20 min贮量）等。⑤确定贮罐基本尺寸。根据物料密度、形式的基本要求、安装场地的大小，确定贮罐的直径。⑥选择标准型号。各类容器有通用设计图系列，根据计算初步确定它的直径、长度和容积，在有关手册中查出与之符合或基本相符的标准型号。⑦开口和支座。在选择标准图纸之后，要设计并核对设备的管口。在设备上考虑进料、出料、温度、压力（真空）、放空、液面计、排液、放净以及入孔、手孔、吊装等装置，并留有一定数目的备用孔。如标准图纸的开孔及管口方位不符合工艺要求而又必须重新设计时，可以利用标准系列型号，在订货时加以说明并附有管口方位图。容器的支撑方式和支座的方位在标准图系列上也是固定的，如位置和形式有变更时，则在利用标准图订货时加以说明，并附有草图。⑧绘制设备草图（条件图）。绘制设备草图并标注尺寸，提出设计条件和订货要求。选用标准图系列的有关图纸，应在标准图的基础上提出管口方位、支座等的局部修改和要求，并附有图纸，作为订货的要求。如标准图不能满足工艺要求，应重新设计，绘制设备容器的外形轮廓，标注一切有关尺寸，包括容器管口的规格，并填写设计条件表，由设备专业人员进行非标准设计。

（2）换热器设备的设计　食用菌加工厂换热器应用很广泛，冷却、冷凝、加热、蒸发等工序都需要用。列管式换热器是目前生产上应用最广泛的一种传热设备，它的结构紧凑、制造工艺较成熟，适应性强，使用材料范围广。

换热器设备设计的原则如下：①基本要求。换热器设备设计要满足工艺操作的要求，能长期运转、安全可靠、不泄漏、维修清洗方便、满足工艺要求的传热面积、尽量有较高的传热效率、流体阻力尽量小，还要满足工艺布置的安装尺寸要求。②介质流程。何种介质走管程，何种介质走壳程，可按下列情况确定：腐蚀性介质走管程，可以降低对外壳材质的腐蚀；毒性介质走管程，泄漏的概率

小；易结垢的介质走管程，便于清洗与清扫；压力较高的介质走管程，这样可以减小对壳体的机械强度要求；温度高的介质走管程，可以改变材质，满足介质要求。黏度较大、流量小的介质走壳程，可提高传热系数；从压降角度考虑，雷诺数小的介质走壳程。③终端温差。换热器的终端温差通常由工艺过程的需要而定，但在工艺确定温差时，应考虑换热器的经济合理性和传热效率，使换热器在较佳范围内操作。主要包括：热端的温差应在20℃以上；用水或其他冷却介质冷却时，冷端温差可以小一些，但不要低于5℃；当用冷却剂冷凝工艺流体时，冷却剂的进口温度应当高于工艺流体中最高凝点组分的凝点59℃以上；空冷器的温差应大于20℃。④流速。在换热器内，一般希望采用较高的流速，这样可以提高传热效率，有利于冲刷污垢和沉积。但流速过大，磨损严重，甚至造成设备振动，缩短使用寿命，能量消耗亦将增加。因此，比较适宜的流速需经过经济核算来确定。⑤传热系数。传热面两侧的传热膜系数如相差很大时，系数值较小的一侧将成为控制传热效果的主要因素。设计换热器时，应设法增大该侧的传热膜系数。计算传热面积时，常以小的一侧为准。增大传热系数值的方法通常有：缩小通道截面积，以增大流速；增设挡板或促进产生湍流的插入物；管壁上加翅片，提高湍流程度也增大了传热面积；糙化传热面积，用沟槽或多孔表面，对于冷凝、沸腾等可获得大的膜系数。⑥污垢系数。换热器使用中会在壁面产生污垢，在设计换热器时应慎重考虑流速和壁温对设备的影响，从工艺上降低污垢系数，如改进水质、消除死区、增加流速、防止局部过热等。⑦尽量选用标准设计，这样可以提高工程的工作效率，缩短施工周期，降低工程投资。

5. 非标准容器的工艺设计 非标准容器的工艺设计由工艺专业人员负责。工艺专业人员根据生产要求，提出工艺技术条件和要求，然后提供给机械设计人员进行施工图设计。设计图纸完成后，再返回给工艺专业人员核实并会签。工艺专业人员向机械设计人员提供的技术要求如下：①设备名称、作用和使用场合。②有关技术参数：物料组成、黏度、相对密度等；操作条件（温度、压力、流量、酸碱度、真空度等），容积（包括全容积、有效容积），传热面积（包括蛇管和夹套传热），工作介质性质（是否易燃、易爆，是否有腐蚀性、毒性等）。③结构要求。材质要求方面，工艺专业人员应提出材质的建议，供机械专业人员参考；尺寸要求包括容器的外形（轮廓）尺寸，容器的直径、长度、各种管口大小等性能尺寸，管口方位等定位尺寸，设备基础或支架等安装尺寸；传热面包括如内换热采用盘管或列管，外换热使用夹套等。④其他特殊要求。其他特殊要求包括技术特性指示，管口表，设备示意图。

六、生产车间工艺设计

（一）生产车间工艺设计的目的及内容

生产车间工艺设计的目的是对厂房的配置和设备的排列做出合理的安排，并决定车间的长度、宽度、高度和建筑结构的形式，以及生产车间与工段的相互关系。

生产车间布置是食用菌加工厂工艺设计的重要组成部分，不仅对建成投产后的生产实践有很大关系，而且影响到工厂的整体布局。车间布置一经施工就不易更改，所以在设计过程中必须全面考虑。车间布置设计以工艺设计为主导，必须与土建、给排水、供电、供汽、通风采暖、制冷以及与设备安装和安全卫生等方面取得协调。

工艺设计人员主要完成生产车间的设计。辅助车间、动力车间（如变电间、锅炉房、制冷机房）以及水处理间系统的设计由相对应的配套专业人员承担设计。

在进行生产车间布置设计时，应先了解和确定生产车间的基本部分及其具体内容和要求，方可进入设计状态，否则易出现遗漏和不完整。

生产车间的内部组成，一般包括生产、辅

助、生活等三个部分。生产部分包括：原料工段、生产工段、成品工段、回收工段等。辅助部分包括：变配电、热力、真空、压缩空气调节站、通风空调、车间化验、控制系统、包装材料等。生活部分包括：办公室、更衣室、休息室、浴室以及厕所等。

（二）生产车间工艺设计的步骤与方法

食用菌加工厂生产车间平面设计一般有两种情况：一种是新设计车间的平面设计；另一种是对原有厂房进行的平面设计。后一种比前一种难度更大些，因为有很多限制条件，但两者设计方法相同。现将生产车间平面设计步骤叙述如下：①整理好设备清单、生活室等各部分的面积要求，根据工艺流程对生产区域、辅助区域、生活区域的面积做初步的划分。②对设备清单进行全面分析，哪些是轻的、可以移动的，哪些是几个产品生产时公用的，哪些是某一产品专用的。对于笨重的、固定的和专用的设备，应尽量排布在车间四周；而对于轻的、可移动的设备，可排在车间的中间，这样在更换产品时调换设备比较方便。③根据车间在全厂总平面中的位置，确定车间建筑物的结构形式、朝向和跨度；按车间建筑设计的要求，绘制车间建筑平面轮廓草图（比例可用 1/100，必要时也可用 1/200 或 1/50），画好生产车间的长度、宽度和柱子以及大体上的区域位置。④按照总平面图的构思，确定生产流水线方向。⑤根据设备尺寸大小，画出平面布置方案，应排出多种不同的方案，以便分析比较。⑥对不同的车间工艺设计方案进行比较。⑦对自己确认的方案征求配套专家的意见，完善后，再提交给委托方和相关专家征求意见，集思广益，根据讨论征求的意见做出必要的修改、调整，最终确定一个完整的方案。⑧在平面图的基础上再根据需要确定剖视位置，画出剖视图，最后画出正式图。

另外，车间设计也有用立体模型布置的，它是先将车间内设备和厂房按比例制成立体模型，而后进行布置，这种方法由于计算机的普及已得到广泛应用，它适合于现代化的、复杂的大型车间的布置，具有更直观、实际的优点。

（三）生产车间工艺设计对建筑、防虫等非工艺设计的要求

食用菌加工厂生产车间的建筑外形选择，应根据生产品种、厂址、地形等具体条件决定。一般所选的外形有：长方形、"L"形、"T"形、"U"形等，其中以长方形最为常见。长方形车间的长度取决于流水作业线的形式和生产规模。为利于流水作业线的排布，车间长度一般在 60 m 左右或更长一些，并希望生产车间的柱子越少越好。生产车间的层高按房屋的跨度（食品工厂生产车间常用的跨度为 9 m、12 m、15 m、18 m、24 m 等）和生产工艺的要求而定，一般以 4~6 m 为宜，车间跨度为 10~15 m 连跨，一般高度为 7~8 m（吊平顶 4 m），也有的车间高度 13 m 以上。

不同性质的食品，最好不在同一车间内生产，性质相同的食品在同一车间生产时，也要根据使用性质的不同而加以分隔。办公室、车间化验室、工具间、劳保间、空压机房、真空泵房、空调机房等，均需与生产工段加以分隔。在生产工段中，原料预处理工段、热加工段、仪表控制室、油炸间、杀菌间、包装间等相互之间均应加以分隔。

食用菌加工厂卫生要求较高，生产车间的卫生要求更高。在食用菌加工过程中，有很多生产工段散发出大量的水蒸气和油蒸气，从而使车间内温度、湿度和油气较高。在原料处理和设备清洗时，排出的大量废水中含有稀酸、稀碱及油脂等。因此，在设计中应考虑防蝇、防虫、防尘、防雷、防滑、防鼠以及防水蒸气和油蒸气等措施。

七、管路计算与设计

食用菌加工过程中，蒸汽、水、压缩空气、煤气等介质都要用管路来输送，同时，有些设备与设备之间的连接，也要用管路组成一条连续化生产作业线。管路系统是食用菌加工工厂生产必不可少的设施。管路设计是否合理，不仅直接关系到建设

指标是否先进合理，而且也关系到生产操作能否正常进行、厂房内外布置是否整齐美观、车间通风与采光是否良好等。因此，工艺设计师必须进行管路计算。管道设计的内容主要包括管道的设计计算和管道布置两部分。

（一）管道设计计算和布置的步骤

1. 选择管道材料　根据输送介质的化学性质、流动状态、温度、压力等因素，经济合理地选择管道的材料。

2. 选择介质的流速　根据介质的性质、输送的状态、黏度、成分，以及与之相连接的设备、流量等，参照有关的数据，选择经济合理的介质流速。

3. 确定管径　根据输送介质的流量和流速，通过计算、查图或查表，确定合适的管径。

4. 确定管壁厚度　根据输送介质的压力及所选择的管道材料，确定管壁厚度。实际上按照公称压力所选择的管壁厚度一般都能满足管材的强度要求。在进行管道设计时，往往选择几段介质压力较大或管壁较薄的管道，进行管道强度的校核。

5. 确定管道连接方式　管道与管道间、管道与设备间、管道与阀门间、设备与阀门间都存在一个连接的方式问题，有等径连接，也有不等径连接。要根据管材、管径、介质的压力、性质、用途、设备或管道的使用检修状况，确定连接方式。

6. 选择阀门和管件　介质在管内输送过程中，有分、合、拐弯、变速等情况。为了保证工艺的要求及安全，还需要各种类型的阀门和管件。根据设备布置情况及工艺安全的要求，选择合适的弯头、三通、异径管、法兰等管件和阀门。

7. 选择管道的热补偿方式　管道在安装和使用时往往存在有温差，不论冬季和夏季，都有很大温差。为了消除热应力，首先要计算管道的受热膨胀长度，然后考虑消除热应力的方法。当热膨胀长度较小时可通过管道的转弯、支架、固定等方式自然补偿；当热膨胀长度较大时，就从波形、方形、弧形、套筒形等各种热补偿中选择合适的热补偿方式。

8. 选择绝热形式、绝热层厚度及保温材料　根据管道输送介质的特性及工艺要求，选定绝热的方式：保温、加热保护。然后根据介质温度及周围环境的温度，通过计算或查表确定管壁温度，进而通过计算、查表或查图确定绝热层厚度。根据管道所处的环境（振动、温度、腐蚀性），管道的使用寿命，取材的成本等因素选择合适的保温绝热材料。

9. 管道布置　首先，根据生产流程，介质的性质和流向，相关设备的位置、环境、操作、安装、检修等情况，确定管道的敷设方式（明装或暗设）。其次，在管道布置时，在垂直面的排布、水平面的排布、管间距离、管与墙的距离、管道坡度、管道穿墙、管道与设备相连等各种情况，要符合有关规定。

10. 计算管道的阻力损失　根据管道的实际长度，管道相连设备的相对标高，管壁状况，管内介质的实际流速，以及介质所流经的管件、阀门等来计算管道的阻力损失，以便校核检查选泵、选设备、选管道等各步是否正确合理。计算管道的阻力损失，不必所有的管道全都计算，要选择几段典型管道进行计算。当出现问题时，或改变管径，或改变管件、阀门，或重新选泵等。

11. 选择管架及固定方式　根据管道本身的强度、刚度、介质温度、工作压力、膨胀系数，投入运行后的受力状态，以及管道的根数、车间的梁柱、楼板等土木建筑的结构，选择合适的管架及固定方式。

12. 确定管架跨度　根据管道材质、输送的介质、管道的固定情况及所配管件等因素，计算管道的垂直荷重和所受的水平推力，然后根据强度条件或刚度确定管架的跨度，也可通过查表来确定管架的跨度。

13. 选定管道固定用具　根据管架类型、管道固定方式确定管道固定用具。若所选管架附件是标准件，可列出图号。

14. 绘制管道图　管道图包括平面和剖面配管

图、透视图、管架图、工艺管道支架点预埋件布置图等。

15. 其他　编制管材、管件、阀门、管架及绝热材料综合汇总表。选择管道的防腐蚀措施，确定合适的表面处理方法，或涂料及涂层顺序，编制材料及工程量表。

（二）管路设计的标准化

为便于设计选用、有利于成批生产、降低生产成本和便于互换，国家有关部门制定了管子、法兰和阀门等管道用零部件的尺寸标准。对于管子、法兰和阀门等标准化的最基本参数就是公称直径和公称压力。

1. 公称直径　管子和管道的公称直径是为了设计、制造、安装和维修的方便，而人为规定的一种标准直径，就是常讲的通称直径，以 DN 表示。在若干情况下，实际内径的尺寸等于公称直径，如阀门和铸铁管。但在一般情况下，公称直径的数值是指管子的名义直径，既不是内径，也不是外径，而是与管子外径相近又小于管子外径的数值。对于无缝钢管这类管子，其外径是固定的系列数值，而管子的内径则根据壁厚不同而不同，如 DN150 的无缝钢管，其外径都是 159 mm，则内径分别为 150 mm 和 147 mm。

2. 公称压力　公称压力就是通称压力，一般就是大于或等于实际工作的最大压力。

在制定管道及管道用零部件标准时，只有公称直径这样一个参数是不够的，公称直径相同的管道、法兰或阀门，它们能承受的工作压力是不同的，它们的连接尺寸也不一样。所以要把管道及所用法兰、阀门等零部件所承受的压力，也分成若干个规定的压力等级，这种规定的标准压力等级就是公称压力，以 PN 表示。公称压力的数值，一般是指管内工作介质温度在 $0 \sim 120\,^{\circ}\mathrm{C}$ 范围内的最高允许工作压力。

在选择管道及管道用的法兰或阀门时，就把管道的工作压力调整到与其接近的标准公称压力等级，然后根据 DN 和 PN 就可以选择标准管道及法兰或阀门等管件，同时可以选择合适的密封结构和密封材料等。

（三）水泵的选择

水泵的选择是根据流量 Q 和扬程 H 两个参数进行的。

流量 Q 值的确定。无水箱时，设计采用秒流量 Q；有水箱时，采用最大小时流量计算。

扬程 H 的公式。

$$H = H_1 + H_2 + H_3 + H_4$$

式中：H_1——几何扬程，从吸水池最低水位至输水终点的净几何高差；H_2——阻力扬程，为克服全部吸水、压力、输水管道和配件的总阻力所耗的水头；H_3——设备扬程，即输水终点必需的流出水头；H_4——扬程余量（一般采用 $2 \sim 3$ m）。

（四）生产车间水、汽等总管管径的确定

生产车间水、汽等总管管径的确定可按两种方法进行：一种是根据生产车间耗水（或耗汽等）高峰期时的消耗量来计算管径；另一种是按生产车间耗水（或耗汽等）高峰时同时使用的设备及各工种所用的管径截面积之和来计算。后一种方法的优点是计算简单方便，余量较大，比较适合工厂的生产实际情况，故多被设计时采用。其具体做法是：根据产品的方案，分别作出各产品在生产过程中用水（或用汽等）的操作图表，看哪一个产品在什么时候用水（或用汽等）的设备最多、消耗量最大。因设备上的进水管管径是固定的，所以进入生产车间的水管或蒸汽管的总管内径，其平方值应等于高峰期同时用水或用汽所有管道内径的平方和，根据算出的内径再查标准管型即可，厂区总管亦可按此法进行计算。

（五）管路保温与标志

1. 管路的保温　管路保温的目的是使管内介质在流动过程中不冷却、不升温，即不受外界温度的影响而改变介质的状态。管路保温的方法是在管路的外壁上包裹导热系数小、隔热效果较好的保温材料。常用的保温材料有毛毡、石棉、玻璃棉、矿渣棉、珠光砂及其他石棉水泥制品等。管路保温层

的厚度要根据管路介质热损失的允许值和保温材料的导热性来定。

在保温层的施工中，必须使保温的管路周围充分填满，保温层要均匀、完整、牢固。保温层的外面还应采用石棉水泥抹面，防止保温层开裂。在有些要求较高的管路中，保温层外面还需缠绕玻璃布或加铁皮外壳，以免保温层受雨水侵蚀而影响保温效果。

2. 管路的标志　食用菌加工厂生产车间需要的管道较多，一般都有水、蒸汽、真空、压缩空气和各种流体、物料等管道。为了区分各种管道，往往在管道外壁或保温层外面涂各种不同颜色的油漆。油漆既可以保护管路，使管路外壁不受环境影响而腐蚀，同时也用来区别管路的类别，使我们醒目地知道管路输送的是什么介质。如此一来，既利于生产中的工艺检查，又可避免管路检修中的错乱和混淆。

第五节
辅助部分设计

从工厂组成的角度来说，除生产车间（物料加工所在的场所）以外的其他部门或设施，都可称为辅助部门，就其所占的空间大小来说，它们往往占着整个工厂的大部分。对食用菌加工厂来说，仅有生产车间是不够的，还必须有足够的辅助设施，这些辅助设施可分为三大类：

1. 生产性辅助设施　主要包括：原材料的接收和暂存；原料、半成品和成品检验；产品、工艺条件的研究和新产品的试制；机械设备和电气仪器的维修；车间内外和厂内外的运输；辅助材料及包装材料的贮存；成品的包装和贮存等。

2. 动力性辅助设施　主要包括：给排水、锅

炉房或供热站、供电和仪表自控、采暖、空调及通风、制冷站、废水处理站等。

3. 生活性辅助设施　主要包括：办公楼、食堂、更衣室、厕所、浴室、医务室、托儿所（哺乳室）、绿化园地、职工活动室及宿舍等。

以上三大部分属于工厂设计中需要考虑的基本内容。一般作为社会文化福利设施，可不在食用菌加工厂设计这一范畴内，但也可考虑在食用菌加工厂设计中。以上三大类辅助设施的设计，依其工程性质和工作量大小来决定专业分工。通常第一类辅助设施主要由工艺设计人员考虑，第二类辅助设施则分别是由相应的专业设计各自承担，第三类辅助设施主要由土建设计人员考虑。因此，本节作为工艺设计的继续，着重叙述生产性辅助设施。

一、原料接收站

生产过程中的第一环节是原料的接收。原料的接收，大多数设在厂内，也有的需要设在厂外，不论厂内厂外都需要一个适宜的卸货验收计量、及时处理、车辆回转和容器堆放的场地，并配备相应的计量设施（如地磅、电子秤）、容器和及时处理配套设备（如制冷系统）。由于食用菌原料品种繁多，性状各异，无论哪一类原料，对原料的基本要求是一致的：原料应新鲜、清洁、符合加工工艺的规格要求；应未受微生物、化学物和放射性物质的污染（如无农残污染等）；定点种植、管理、采收，建立经权威部门认证验收的生产基地（无公害食品、有机食品、绿色食品原料基地），以保证加工原料的安全性，这是现代化食用菌加工厂必须配套的基础设施。

食用菌原料因其品种、性状相差悬殊，可接收的要求情况比较复杂。它们进厂后，除需进行常规及安全性验收、计量以外，还得采取不同的措施，如考虑食用菌类护色的护色液的制备和专用容器存放。由于一般的食用菌采收后要求立即护色，此食用菌类接收站一般设于厂外，它们的漂洗要设

置足够数量的漂洗池，对相应的排水设施系统也应有所考虑。

二、仓库

食用菌加工厂是物料流量较高的一种企业，仅原辅材料、包装材料和成品这三种物料，其总量就相当于成品净重的3～5倍，而这些物料在工厂的停留时间往往以星期或月为单位计算。因此，食用菌加工厂的仓库在全厂建筑面积中往往占有比生产车间更大的比例。作为工艺设计人员，对仓库问题要有足够的重视。如果考虑不当，工厂建筑投产后再找地方扩建仓库，就很可能造成总体布局紊乱，甚至流程交叉或颠倒。一些老厂之所以觉得布局较乱，问题就出在仓库与生产车间的关系未能处理好。尽管现在有较好的物流系统，工厂本身也希望尽量减少仓库面积，减少原料、半成品及产品在厂内的存放时间，但建厂设计中不可忽略对仓库的设计，尤其在设计新厂时，务必要对仓库问题给予全面考虑。在食用菌加工厂设计中，仓库的容量和在总平面中的位置一般由工艺人员考虑，然后提供给土建专业人员。

三、化验室

人们习惯上称包括食用菌加工厂在内的食品厂的检验部门为化验室。它的职能是对产品和有关原辅材料进行卫生监督和质量检查，确保这些原辅材料和最终产品符合国家卫生要求和有关部门颁发的质量标准或质量要求。

四、工厂运输

将工厂运输列入设计范围，是因为运输设备的选型与全厂总平面布局、建筑物的结构形式、工艺布置及劳动生产率均有密切关系。工厂运输是生产机械化、自动化的重要环节。

在计算运输量时，应注意不要忽略包装材料的重量。比如罐头成品的吨位和瓶装饮料的吨位都是从净重计算的，它们的毛重要比净重大得多，前者等于净重的1.35～1.4倍，后者等于净重的2.3～2.5倍。

五、机修车间

（一）机修车间的功能

食用菌加工厂的设备有：定型设备、非定型设备和通用设备。机修车间的任务是维修保养所有设备，维修工作量很大的是专业设备和非标准设备维修保养。由于非标准设备制造比较粗糙，工作环境潮湿，腐蚀性大，故每年都需要彻底维修。因此，食用菌加工厂一般都配备有机修力量。

（二）机修车间的组成

中小型食用菌加工厂一般只设厂一级机修，负责全厂的维修业务。

大型食用菌加工厂可设厂部机修和车间保全两级机构：厂部机修负责非定型设备的制造和较复杂的设备的维修，车间保全则负责本车间设备的日常维护。

六、管理系统

生产管理软件针对中小型制造企业的生产应用而开发，能够帮助企业建立一个规范、准确、即时的生产数据库，同时实现轻松、规范、细致的生产业务和库存业务一体化管理工作。管理系统可提高管理效率，掌握及时、准确、全面的生产动态，有效控制生产过程。

七、生活设施

食用菌加工厂的生活设施，包括为生产人员服务的生活设施和为职工及其家属服务的生活设施。为生产人员服务的生活设施包括：行政办公楼、食堂、医疗室、更衣室、浴室、厕所等。对某些新设计的食用菌加工厂来说，这些设施中的某些可能是多余的，在此不做赘述。

八、工厂卫生设施

食品卫生安全是涉及消费者身体健康的大问题，也是一个关系到市场准入、外贸产品出口的国际性规范和工厂经济效益的重要问题。

为防止食用菌在加工过程中被污染，在工厂设计时，一定要在厂址选择、总平面布局、车间布置及相应的辅助设施等方面，严格按照GMP、HACCP、食品安全法等的标准规范和有关规定的要求，进行周密的考虑。如果在设计时考虑不周，造成先天不足，则建厂后再行改造就更麻烦。许多老的食用菌加工厂在卫生设施方面跟不上日益严格的卫生要求，面临着改造的繁重任务。因此，在进行新的食用菌加工厂设计时，一定要严格按照国际、国家颁发的卫生安全标准规范执行。

自我国加入世界贸易组织(WTO)后，食品进出口贸易逐年加大，食品标准必须与国际标准接轨，这就要求工艺设计师在进行工厂设计时的理念与国际上通行的设计规则标准接轨。下面从食用菌加工厂设计的角度，介绍食用菌加工厂对卫生条件的规定及常用的消毒方法。

绿色食品、有机食品生产中对原料、工艺、设备、包装、贮运、销售等环节的特殊要求，可参考绿色食品、有机食品的具体规范执行。

1. 厂、库环境卫生　厂、库环境卫生必须符合下列条件：①厂、库周围不得有能污染食品的不良环境，同一工厂不得兼营有碍食品卫生的其他产品。②工厂生产区和生活区要分开，生产区建筑布局要合理。③厂、库要绿化，道路要平坦、无积水，主要通道应用水泥、沥青或石块铺砌，防止尘土飞扬。④工厂污水应经处理后才能排放，排放水质应符合国家环保要求。⑤厂区厕所应有冲水、洗手设备和防蝇、防虫设施。其墙裙应砌白色瓷砖，顶角、

地面要易于清洗消毒，并保持清洁。⑥垃圾和下脚废料应在远离食品加工车间的地方集中堆放，必须当天清理出厂。

2. 厂、库设施卫生　食品加工专用车间必须符合下列条件：①车间面积必须与生产能力相适应，便于生产顺利进行。②车间的天花板、墙壁、门窗应涂刷便于清洗、消毒并不易脱落的无毒浅色涂料。③车间内光线充足，通风良好，地面平整、清洁，应有洗手、消毒、防蝇、防虫设施和防鼠措施。④必须设有与生产能力相适应的、易于清洗、消毒、耐腐蚀的工作台、工具器具和小车，禁用竹木器具。⑤必须设有与车间相接的、与生产人数相适应的更衣室(每人有衣柜)、厕所和工人休息室。车间进出口处设有不用手开关的洗手及消毒设施。⑥必须设有与生产能力相适应的辅助加工车间、冷库和各种仓库。

将食用菌加工成罐头、乳制品、速冻蔬菜、小食品类车间还应符合下列要求：①车间的墙裙应砌2 m以上白色瓷砖，顶角、墙角、地角应是弧形，窗台是坡形。②车间地面要稍有坡度，不积水，易于清洗、消毒，排水道要通畅。③要有与车间相接的淋浴室，在车间进出口处设靴、鞋消毒池及洗手设备。

3. 加工卫生　加工卫生必须符合下列条件：①同一车间不得同时生产两种不同品种的食品。②加工后的下脚料必须存放在专用容器内，及时处理，容器应经常清洗、消毒。③食用菌罐头、乳制品、速冻蔬菜、小食品类加工容器不得接触地面。在加工过程中，做到原料、半成品和成品不交叉污染。④冷冻食用菌加工厂还必须设有与车间相连接的、相应的预冷间、速冻间、冻藏库。

4. 罐头制品加工卫生　罐头制品加工还必须符合下列条件：①原料前处理与后工序应隔离开，不得交叉污染。②装罐前空罐必须用82℃以上的热水或蒸汽清洗消毒。③杀菌须符合工艺要求，杀菌锅必须热分布均匀，并设有自动计温、计时装置。④杀菌冷却水应加氯处理，保证冷却排放水的游离

氯含量不低于 0.5 mg/kg。⑤必须严格按规定进行保（常）温处理，库温要均匀一致。保（常）温库内应设有自动记录装置。

第六节
公用系统设计

公用系统是指与全厂各部门、车间、工段有密切关系，为这些部门所共有的一类动力辅助设施的总称。就食用菌加工厂而言，这类设施一般包括供水及排水系统、供电系统、供汽系统、制冷系统、采暖与通风等五项工程。食用菌加工厂设计中，这五项工程分别由五个专业的设计人员承担。当然，不是所有项目设计都包括上述五项工程，还需按照工厂的规模而定。在一般情况下，供水及排水系统、供电系统、供汽系统这三者不管工程规模大小都要兼备。而制冷系统、采暖与通风系统可根据当地不同气象情况适当建设，也不一定每个项目都具备。至于扩建性质的工程项目，上述五项公用工程就更不一定同时具备了。食用菌加工厂的公用系统由于直接与食品生产密切相关，所以必须符合如下设计要求：

符合食品卫生要求。在食用菌加工中，生产用水的水质必须符合卫生部门规定的生活饮用水的卫生标准，直接用于食品生产的蒸汽不得危害健康或污染食品。制冷系统中，氨制冷剂对食品卫生有不利影响，应严防泄漏。公用设施在厂区的位置是影响工厂环境卫生的主要因素，如锅炉房位置、锅炉型号、烟筒高度、运煤出灰通道、污水处理站位置、污水处理工艺等是否选择正确，与工厂环境卫生有密切关系，因此设计必须合理。

满足生产需要。公用设施的负荷随季节变化非常明显，因此要求公用设备的容量对负荷的变化要有足够的适应性。如何才能具备这些适应性，不同的公用设备有不同的原则，例如，对供水系统，只有按高峰季节各产品的小时需要量来确认它的供水能力，才认为是具备了足够的适应性。如果供水量满足不了高峰季节的生产需要，往往造成原料的积压，或延长加工时间，从而给生产带来巨大损失，这种损失可能是无法弥补的。至于供水能力越大，在淡季时是否造成浪费，这一点并不很重要，因为水的计费只跟实际消耗量有关，淡季少用可少付费。供电和供气设施一般采用组合式结构，即设置两台或两台以上变压器或锅炉，以适应负荷的变化。还应根据全年的季节变化画出负荷曲线，以求得最佳组合。

经济合理，安全可靠。进行设计时，应根据生产的实际需要，正确收集和整理原始资料，进行多方案比较，处理好近期的一次性投资和长期经常性费用的关系，从而选择投资最少、经济收效最高的设计。在保证经济合理的同时，还要保证供水、配电、供气、供暖及制冷等系统的数量和质量都能达到可靠而稳定的技术参数要求，以保证生产正常运营。

一、供水及排水系统设计

（一）设计内容

整体项目的供水及排水系统设计包括：取水及净化工程，厂区及生活区供排水管网，车间内外供排水网，室内卫生工程，冷却循环水系统，消防系统等。

（二）食用菌加工厂用水分类及水质要求

在食用菌加工厂特别是饮料工厂中，水是重要的原料之一，水质的优劣直接影响产品质量的好坏。食用菌加工厂的用水大致可分为：

1.产品用水　产品用水又因产品品种的不同而有所区别。根据其不同的用途可分为两类：直接作为产品的产品用水，如矿泉水、饮用纯净水等。作为产品原料的溶解、浸泡、稀释、灌装等用水，如软饮料、食用菌罐头的溶糖、配料水、碳酸饮料的糖浆制备、配料、罐装水，香菇多糖提取工段的洗料水，食用菌多糖口服液的配料水等。以上产品用水水质必须在符合 GB 5749—2006《生活饮用水卫生标准》的基础上采用不同水质处理的方法来满足产品用水的需求。

2. 生产用水　除了产品用水之外，直接用于生产工艺的用水，一般指与生产原料直接接触的水，如原料的清洗，产品的杀菌、冷却，器具的清洗等，生产用水水质必须符合 GB 5749—2006《生活饮用水卫生标准》。

3. 生活用水　生活用水是指食用菌加工厂的管理人员、车间工人的日常生活用水及淋浴用水，其水质必须符合 GB 5749—2006《生活饮用水卫生标准》。

4. 绿化、道路的浇洒水及汽车冲洗用水　这部分用水可用厂区生产、生活污水经处理后达标的水（称为再生水或中水）来代替。实现再生水利用是缓解水资源缺乏、保护生态环境、污水资源化的一条有效途径。

5. 消防用水量　此部分水量仅用于校核管网计算，不属于正常水量。

（三）配水系统

水塔以下的供水系统统称为配水系统。配水工程一般包括清水泵房、调节水箱和水塔、室外供水管网等。如果采用城市自来水，上述的取水泵房和供水处理均可省去，建造一个自来水储水池，用来调节自来水的水量和水压。采用自来水为水源，供水工程的主要内容即为配水工程。

（四）冷却水循环系统

食用菌加工厂制冷机房、车间空调机房及真空蒸发阶段等需要大量的冷却水。为减少全厂用水量，通常设置冷却水循环系统和可降低水温的装置。为提高效率和节省用地，广泛采用机械通风和冷却塔。这种冷却塔冷却效果好、体积小、重量轻、安装使用方便，只需补充循环水量5%左右的新鲜水，对水源缺乏或是水费较高的地区特别适

宜。

（五）排水系统

食用菌加工厂的排出水性质可以分为生产污水、生产废水、生活污水、生活废水和雨水等。

食用菌加工厂的排水量比较大，根据国家环境保护法，生产废水和生活污水需要经过处理达到排放标准后才能排放。排水量的计算按照分别计算，最后累加的方法进行。

生产废水和生活污水的排放量可按生产、生活最大供水量的85%～90%计算。

（六）消防水系统

食用菌加工厂的建筑耐火等级较高，生产性质决定其发生火警的危险性较低。工厂的消防供水宜于生产生活供水管合并，室外消防供水管网应为环形管网，水量按 15 L/s 考虑，水压应满足消防要求。

二、供电系统设计

食用菌加工厂的供电系统包括厂区的外线供电系统、全厂的变配电系统、车间内电器设备的配电系统、厂区及室内的照明系统，以及电器设备的防护修理等相关服务部门。

（一）供电要求

1. 供电性质　食用菌加工厂的用电性质属于Ⅲ类负荷，即临时停电不会导致重大事故，一般采用单一电源供电就能满足要求。但实际上很多食用菌加工厂都会因为临时停电而造成较大的经济损失，所以应根据厂址所在地区的供电情况和条件，考虑采取两个电源供电，或考虑配置自备发电设备，以避免停电造成重大的经济损失。

2. 供电设施应留有发展余地　随着我国食用菌加工业的发展，其生产规模不断扩大，机械化、自动化水平不断提高，从发展的角度，应该留有一定富余量或发展量。

（二）供电系统

供电系统要和当地供电部门一起商议确定，要符

合国家有关规程，安全可靠，运行方便，经济节约。

（三）厂区外线

供电的厂区外线一般用低压架空线，也有采用低压电缆。线路的布置应保证线路最短，与道路和建筑物交叉最少。架空导线一般采用铝绞线，建筑物密集的厂区布线应采用绝缘线。电杆一般采用水泥杆，杆距30 m左右，每杆装路灯一盏。

（四）车间配电

食用菌加工厂车间多数环境潮湿，温度较高，有的还有酸、碱、盐等腐蚀介质，是典型的湿热带型电气条件。因此，食用菌加工厂车间的电器设备应按照湿热带条件选择。车间总配电装置最好设在一单独小间内，配电装置和启动控制设备应隔水汽、防腐蚀。

（五）仪表控制和调节阀

仪表控制设计的主要任务是根据工艺要求及对象的特点，正确选择检测仪器和自控系统，确定检测点位置和安装方式，对每个仪表和调节器进行检验和参数鉴定，对整个系统按"全部手动控制→局部自动控制→全部自动控制"的步骤运行。

三、供汽系统设计

供汽系统设计的主要内容是确定供应全厂生产、采暖和生活用汽量；确定供汽的汽源；按蒸汽消耗量选择锅炉；按所选锅炉的型号和台数设计锅炉房；锅炉给水及水处理设计；配置全厂的蒸汽管网等。

（一）供汽的要求

食用菌加工厂用汽的部门主要有生产车间（包括原料处理、配料、热加工、成品杀菌等）和辅助生产车间（如综合利用罐头保温库、试制室、洗衣房、食堂等，其中罐头保温库要求连续供汽）。

关于蒸汽的压力，除了以蒸汽作为热源的热风干燥、真空熬糖、高温油炸等要求0.8～1.0 MPa外，其他用汽压力大多在0.7 MPa以下。产品在生产过程中对蒸汽品质的要求是低压饱和蒸汽，

要求蒸汽在使用时需经过减压装置，以确保用汽安全。

（二）锅炉设备的选择

食用菌加工厂的季节性较强，用汽负荷波动较大，工厂的锅炉台数不宜少于2台，并尽可能采用相同型号的锅炉。

1. 选择锅炉容量的原则　食用菌加工厂的生产用汽，对于连续式生产流程，用汽负荷波动范围较小；对于间歇式生产流程，用汽负荷波动范围较大。在选择锅炉时，若高峰负荷持续时间很短，可按照平均负荷的用汽量选择锅炉的容量。

在实际生产中，尽量通过工艺的调整避免最大负荷和最小负荷相差太大，一般采用平均负荷的用汽量作为选择锅炉容量的标准。

2. 锅炉的选型　锅炉的型号要根据食用菌加工厂的要求和全厂锅炉的热负荷来确定。型号必须满足需要，所用的蒸汽、工作压力和温度也应符合食用菌加工厂的要求，选用的锅炉应有较高的热效率，较低的燃料消耗，并能够经济有效地适应热负荷的变化需要。

食用菌加工厂的工业锅炉目前采用水管式锅炉。水管式锅炉热效率高，省燃料。水管式锅炉的选型及台数确定，需综合考虑下列几点：①锅炉类型的选择，除满足蒸汽量和压力要求外，还需考虑工厂所在地供应的燃料种类，即根据工厂所用燃料种类来选择锅炉的类型。②同一锅炉房中，应尽量选择型号、容量、参数相同的锅炉。③全部锅炉在额定蒸发量下运行时，应满足全厂实际最大用汽量和热负荷的变化。④新建锅炉房安装的锅炉台数应根据热负荷调度、锅炉的检修状况和工厂是否扩建而定。采用机械加煤的锅炉，一般不超过4台；采用手工加煤的锅炉，一般不超过3台。对于连续生产的工厂，一般设置备用锅炉1台。

（三）锅炉的给水处理

锅炉属于特殊的压力容器。水在锅炉中受热蒸发成蒸汽，原水中的矿物质会结成水垢留在锅炉

内壁，影响锅炉的传热效果，严重时会影响锅炉的运行安全。因此，锅炉给水和炉水的水质应符合 GB/T 1576—2008《工业锅炉水质》要求，以保证锅炉的安全运行。

四、制冷系统设计

制冷系统是食用菌加工厂的一个重要组成部分。供冷设计的优劣将直接影响生产能否正常进行和产品质量好坏，应足够的重视。食用菌加工厂制冷工程的建立和设置主要是对原辅材料及成品起贮藏保鲜作用，同时某些产品的冷却工段及生产车间的空调，也需要供冷。

（一）制冷系统的设计

食用菌加工厂大多采用一般冷冻，温度在 −25℃以上，压缩机压缩比都小于 8，多采用单级压缩式制冷系统。

制冷设计的主要任务是选择合适的制冷剂及制冷系统，并作冷冻站设备布置。制冷剂的选择，直接关系到制冷量能否满足生产需要，影响工厂投资与产品成本。食用菌加工厂的各类冷库的性质均属于生产性冷库，它的容量应主要围绕生产的需要来确定。

（二）冷库的设计

1. 冷库平面设计的基本原则　冷库平面设计的基本原则包括：①冷库的平面布局最好接近正方形。②高温库房与低温库房应分区布置，把库温相同的布置在一起，以减少绝缘层厚度，保持库房温湿度相对稳定。③采用常温穿堂，可防止滴水，但不宜设置内穿堂。④高温库因货物进出较频繁，宜布置在底层。

2. 库房的层高和楼面负荷　单层冷库的净高不宜小于 5 m。为了节约用地，1 500 t 以上的冷库应采用多层建筑，多层冷库的层高，高温库不小于 4 m，低温库不小于 4.8 m。

五、采暖与通风设计

采暖与通风的目的是改善工人的劳动条件和工作环境；满足某些产品的工艺要求或作为一种生产手段；防止建筑物发霉，改善工厂卫生。

采暖与通风设计的主要内容：车间或生活室的冬季采暖、夏季空调或降温；某些食品生产过程中的保温（罐头成品的保温库）或干燥（脱水蔬菜的烘房）；某些设备或车间的排气与通风以及某些物料的风力输送等。

（一）采暖标准与设计原则

凡日平均温度 ≤ 5℃的天数历年平均 90 d 以上的地区应该集中采暖。但也不能一概而论，而要根据特殊情况分别对待。有些生产辅助室和生活室，如浴室、更衣室、医务室、女工卫生室等，也要考虑采暖。采暖的室内计算温度是指通过采暖达到的室内温度。当生产工艺无特殊要求时，按照 GBZ 1—2010《工业企业设计卫生标准》的规定。

室外计算温度≤−20℃的地区，为防止车间大门长时间或频繁开放而受冷空气的侵袭，应根据具体情况设置门斗、外室或热空气幕。

（二）采暖方式

食用菌加工厂厂房及辅助生产建筑的采暖热媒，要根据采暖地区采暖期的长短、采暖面积的大小来确定，优先考虑利用市政采暖系统。食用菌加工厂中，一般以蒸汽或热水作为采暖热媒。生活区常用热水作为热媒；在生产车间中，如生产工艺中的用汽量较大时，则车间采暖一般选择蒸汽作为热媒，工作压为 0.2 MPa。

（三）通风与空气调节

通风设计时优先考虑自然通风。自然通风是利用厂房内外空气密度差引起的压力差来促使空气流动，可以节约能耗和减少噪声。

在自然通风达不到应有的要求时要采用机械通风。机械通风有两种方式，即局部通风和全面通风，以局部通风最为有效、最为经济。在生产实际中，应根据生产设备的具体情况及使用条件，并根

食用菌加工厂设计及加工设备

据所生产有害物的特性，来确定有组织的自然通风或机械通风。在使用自然通风或机械通风的同时，也可以使用全面通风。

（四）空气系统的选择

按空调设备的特点，空调系统有集中式、局部式和混合式三类。下面主要介绍局部式和集中式。

局部式（即空调机组）的主要优点是土建工程小，易调节，上马快，使用灵活。其缺点是一次性投资较高，噪声也较高，不适于较长风道。

集中式空调系统主要优点是集中管理，维修方便，寿命长，初投资和运行费较低，能有效调节室内空气。集中式空调系统常用在空调面积超过 $400 \sim 500 \ m^2$ 的场合。

（五）空气净化

食品工业洁净厂房设计或洁净区划分参考 GB 50073—2003《洁净厂房设计规范》进行，也可参考医药工业洁净级别和洁净区的划分标准。在满足生产工艺要求前提下，首先应采用低洁净等级的洁净室或局部空气净化；其次可采用局部工作区空气净化和低等级全室空气净化相结合，或采用全面空气净化。

参考文献

[1] 何东平 . 食品工厂设计 [M]. 北京 : 中国轻工业出版社 , 2009.

[2] 张国农 . 食品工厂设计与环境保护 [M]. 北京 : 中国轻工业出版社 , 2006.

[3] 杨芙莲 . 食品工厂设计基础 [M]. 北京 : 机械工业出版社 , 2005.

[4] 王颉 . 食品工厂设计与环境保护 [M]. 北京 : 化学工业出版社 , 2006.

[5] 王如福 . 食品工厂设计 [M]. 北京 : 中国轻工业出版社 , 2001.

[6] 刘江汉 . 食品工厂设计概论 [M]. 北京 : 中国轻工业出版社 , 1994.

[7] 周镇江 . 轻化工工厂设计概论 [M]. 北京 : 中国轻工业出版社 , 1987.

[8] 许占林 . 中国食品与包装工程装备手册 [M]. 北京 : 中国轻工业出版社 , 2000.

[9] 纵伟 . 食品工厂设计 [M]. 郑州 : 郑州大学出版社 , 2011.

[10] 任其云 , 李允祥 . 食用菌加工技术 [M]. 北京 : 农村读物出版社 , 1991.

[11] 吕作舟 . 食用菌保鲜与加工 [M]. 广州 : 广东科技出版社 , 2004.

[12] 罗信昌 , 陈士瑜 . 中国菇业大典 : 上 [M]. 2 版 . 北京 : 清华大学出版社 , 2016.

[13] 陈守江 . 食品工厂设计 [M]. 北京 : 中国纺织出版社，2014.

第四章 食用菌加工设备

　　食用菌加工业的快速发展，促使食用菌产业开始向规模化、机械化方向发展。虽然我国食品机械工业取得了飞速发展，但是与食用菌产业化配套的精深加工机械装备还是比较缺少的，尤其是一些专用的、配套的、创新的加工装备更是稀缺。为满足生产需要，本章介绍适用于食用菌精深加工的主要设备，并举例说明食用菌产品加工的典型设备，包括清洗设备、分选设备、干燥设备、杀菌设备、浓缩设备、冷冻设备、膨化设备、焙烤设备、发酵设备、包装设备等。

　　近年来，随着食用菌栽培技术的全球普及和发展，食用菌的生产和加工产业都得到了快速的发展。食用菌作为有价值的非传统经济作物和食物，人们进一步地意识到其营养价值和经济价值，因此食用菌已在各国的农业经济和食品市场上占有越来越重要的地位。为了满足国际市场的需求，食用菌产业也逐渐向规模化、机械化、集团化方向发展。与此同时，我国食品机械工业自改革开放后取得了突飞猛进的发展，在产品种类和装备技术水平上都得到了迅速提升。食品机械种类繁多，根据不同的加工工艺和产品需求，可实现不同的功能。食品加工机械装备与食品加工工艺相互依存，相互促进，加工装备的好坏直接影响着产品的品质。目前，大多数食品加工机械只是作为食用菌加工的通用设备。针对食用菌专用的精深加工设备比较少，这还需要我国大力发展食品加工机械行业，创新技术，面对实际用户，重视现代先进食品加工装备的研发，提高我国食用菌产品的品质，提升其国际竞争力。

食品加工通用设备按照设备的功能可分为清洗设备、分选设备、干燥设备、杀菌设备、浓缩设备、冷冻设备、膨化设备、焙烤设备、发酵设备、包装设备等。在食用菌的精深加工过程中，不仅需要通用设备中相应的加工装置，还需要食用菌加工所需的特殊加工设备。

第一节
输送设备

在食用菌加工中，原料、辅料或者废料以及成品和半成品都存在着输送的问题。从原料进厂到成品出厂，以及生产单元各工序间的大量物料输送，需要采用各种输送机械与设备来完成物料的输送任务。根据生产工艺需要，物料可以从一个工作地点传送到另一个工作地点，也可以在传送过程中进行工艺操作。因此，需要合理地选择和使用物料输送机械与设备，以保证生产的连续性，提高生产效率，减少加工中的污染以及缩短生产周期。

由于物料种类繁多，而且物料的特性差异很大，因此在加工的各环节，输送机械与设备都要根据物料来确定。按工作原理划分，输送机械与设备可分为连续式和间歇式。按输送时的运动方式，可分为直线式和回转式。按驱动方式，可分为机械驱动、液压驱动、气压驱动和电磁驱动等。按所输送物料的状态，分为固体物料输送机械与设备和流体物料输送机械与设备。输送固体物料时，可选用各种形式的带式输送机、斗式提升机、螺旋输送机、振动输送机和气力输送装置等输送机械与设备。输送流体物料时，可选用各种类型的泵（如离心泵、螺杆泵、齿轮泵、滑片泵等）、流送槽以及真空吸料装置等输送机械与设备。

一、带式输送机

带式输送机是使用最广泛的一种固体物料连续输送机械，其常用于水平方向，或者倾斜度不大时的物料传送，同时还可对物料进行检查、清洗、预处理、装填、包装等操作，适用于输送块状、粉粒状物料以及成件物品。带式输送机的优点为工作范围广、输送距离长、输送量大、生产率高，工作连续平稳、结构简单，输送中不损伤物料，方便进行装料和卸料。其缺点是倾斜角度不宜太大，也不够封闭，轻质粉粒状物料在输送过程中易飞扬。

带式输送机的传送速度应根据其用途和工艺要求而确定，用于输送物料时一般选取 0.8~2.5 m/s，用于检查性输送时需要选取 0.05~0.1 m/s。在一些特殊情况按特定要求选用，如饼干烘烤设备中使用的输送带，输送速度应根据饼干的品种、厚薄以及炉长来决定。通常饼干烤炉中的输送带配有无级变速传动装置，以适应不同规格饼干的需求。

带式输送机如图 4-1 所示，是由挠性输送带作为物料承载件和牵引件来输送物料的输送机构。其主要组成部件有张紧滚筒、张紧装置、装料漏斗、改向滚筒、支撑托辊、环形带、卸载装置、驱动滚筒及驱动装置。

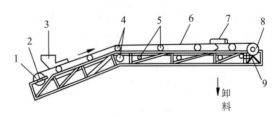

图 4-1　带式输送机
1.张紧滚筒　2.张紧装置　3.装料漏斗　4.改向滚筒
5.支撑托辊　6.环形带　7.卸载装置　8.驱动滚筒
9.驱动装置

工作时在传动机构的作用下，驱动滚筒 8 做顺时针方向旋转，借助驱动滚筒 8 的外表面和环形带 6 内表面之间的摩擦力的作用，使环形带 6 向前运动。当启动正常后，将待输送物料从装料漏斗 3 加载至环形带 6 上，并随带向前运送至工作位置。

食用菌加工厂设计及加工设备

当需要改变输送方向时，卸载装置7将物料卸载至另一方向的输送带上继续输送，如果不需要改变输送方向，则无须使用卸载装置7，物料直接从环形带6右端卸出。

二、斗式提升机

在食用菌的连续化加工中，有时需要在不同的高度装运物料，即需要将物料沿垂直方向或接近于垂直方向输送，常采用斗式提升机。如食用菌罐头厂将食用菌等原料从料槽提升至预煮机，食用菌酿造厂输送食用菌酱料和散装物料。斗式提升机主要用于在不同高度升运物料，适合将松散的粉粒状物料由较低位置提升至较高位置。其优点是占地面积小，提升高度大，生产范围大，密封性能良好，但对过载较敏感，必须连续均匀地送料。

斗式提升机的种类很多，按输送物料的方向可分为倾斜式和垂直式，按牵引机构的形式可分为带式和链式，按输送速度可分为高速和低速，按卸料方式可分为离心式和重力式。

斗式提升机主要由牵引件、滚筒、张紧装置、加料和卸料装置、驱动装置和料斗组成。在牵引件上安装有一连串的小斗，小斗随牵引件向上移动到达顶端后翻转，将物料卸出。料斗常以背部固接形式与牵引带或链条相连，双链斗式提升机有时也以侧面固接于链条上。如图4-2所示为倾斜斗式提升机的结构示意图。为了改变物料输送的高度，适应不同生产情况的需求，料斗槽中有一段可拆卸，使斗式提升机可以伸长或缩短。支架也有垂直式和倾斜式，倾斜支架固定在槽体中部，为了移动方便，机架可装在活动轮子上。

图4-3所示为垂直斗式提升机的结构示意图。它主要由料斗、输送带、驱动滚筒、外壳和进料口、卸料口组成。工作时，被输送物料由进料口1均匀喂入，在驱动滚筒9的带动下，通过固定在输送带4上的料斗3，刮起物料后随输送带4一起上升。当上升至顶部驱动滚筒的上方时，料斗3开

始翻转，在离心力和重力的作用下，物料从卸料口10卸出，进入下道工序。

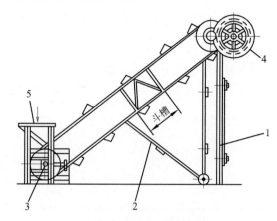

图4-2　倾斜斗式提升机
1、2.支架　3.张紧装置　4.驱动装置　5.装料口

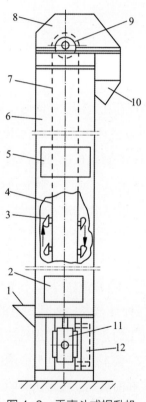

图4-3　垂直斗式提升机
1.进料口　2、5、12.孔口　3.料斗　4、7.输送带
6.外壳　8.驱动滚筒外壳　9.驱动滚筒　10.卸料口
11.张紧装置

图4-4为料斗在牵引带上的布置形式示意图。它是根据被输送物料的特性、使用场合、料斗装料和卸料的方法来决定的。如安置在打浆机、预煮机、分级机等前面的提升机，在生产效率相同的条件下，以料斗密接为好，这样可以使进料连续和均匀，有利于各种机械的控制和使用。

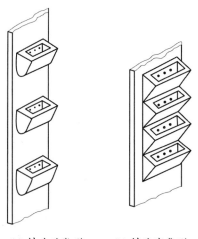

(a) 料斗疏散型　　(b) 料斗密集型
图4-4　料斗布置形式

斗式提升机的装料方式分为挖取式和撒入式，如图4-5所示。前者适用于粉末状、散粒状物料，输送速度较高，可达2 m/s，料斗呈疏散型间隔排列。后者适用于输送大块和磨损性大的物料，输送速度较低，＜1 m/s，料斗呈密集型排列。

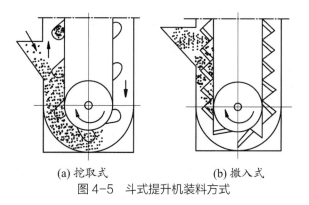

(a) 挖取式　　　　　　(b) 撒入式
图4-5　斗式提升机装料方式

物料装入料斗后，提升到上部进行卸料。卸料时，可以采用离心抛出、靠重力下落和离心与重力同时作用等三种形式，如图4-6所示。离心抛出称为离心式；靠重力下落称为无定向自流式；靠离心与重力同时作用的称为定向自流式。其特点和适应场合如下：

1.离心式　物料提升速度较快，一般速度在1~2 m/s，利用离心力将物料抛出。斗与斗之间要保持一定的距离。离心式卸料适用于粒状较小、磨损性小的干燥、松散的物料。

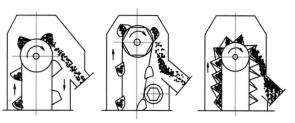

(a) 离心式　(b) 无定向自流式　(c) 定向自流式
图4-6　斗式提升机卸料方式

2.无定向自流式　物料靠重力落下，用于低速运送物料，速度为0.6~0.8 m/s。适用于输送流动性不良的散状、纤维状物料或潮湿物料。

3.定向自流式　又称导板式卸料，物料提升速度也较慢，一般速度在0.6~0.8 m/s。物料沿前一个料斗的背部落下，斗与斗之间紧密相连。适用于提升块状、密度大、磨损性大和易碎的物料。

离心式卸料是靠料斗通过顶部驱动轮所产生的离心力的作用把物料抛出，直接落入提升机外壳上部的卸料流管中。为了保证卸料的正常进行，必须正确地选择下列参数：料斗的运动速度，驱动轮的直径，卸料管的安装位置，料斗的间距。

三、螺旋输送机

螺旋输送机属于没有挠性牵引构件的连续输送机械，俗称"搅龙"，是一种直线型连续输送机械，适用于需要密闭输送的物料，如粉粒状和颗粒状物料。其工作原理是搅龙在封闭的料槽内旋转，使装入料槽的物料出于自重及其与料槽摩擦力的作用而不与螺旋一起旋转，且只能沿料槽横向移动。在垂直放置的螺旋输送机中，物料是靠离心力与槽壁所产生的摩擦力而向上移动。因此，它常被用作喂料设备、计量设备、搅拌设备、烘干设备、仁壳分离设备、卸料设备以及连续加压设备。螺旋输送机被广泛应用于食用菌加工中。

螺旋输送机的主要优点：结构简单、紧凑、横断面尺寸小，在其他输送设备无法安装或操作困难的地方使用；工作可靠，易于维修，成本低廉，价格仅为斗式提升机的一半；机槽可以是全封闭的，

食用菌加工厂设计及加工设备

能实现密闭输送，以减少物料对环境的污染，对输送粉粒状的物料尤为适宜；输送时，可以多点进料，也可以在多点卸料，工艺安排灵活；物料的输送方向是可逆的。一台输送机可以同时向两个方向输送物料，即向中心输送或背离中心输送；在物料输送中还可以同时进行混合、搅拌、松散、加热和冷却等工艺操作。

螺旋输送机的主要缺点：物料在输送过程中，由于物料与机槽、螺旋体间的摩擦以及物料间的搅拌翻动等原因，使输送功率消耗较大，同时对物料具有一定的破碎作用；对机槽和螺旋叶片也有强烈的磨损作用；对超载敏感；需要均匀进料，否则容易产生堵塞现象；不宜输送含长纤维及杂质多的物料。

螺旋输送机用于摩擦性小的粉粒状、颗粒状及小块状散粒物料的输送。在输送过程中，主要用于距离不太长的水平输送，或小倾角的倾斜输送，少数情况亦用于高倾角和垂直输送。根据螺旋叶片形式不同，可以将螺旋输送机分为满面式（又称实体面型）、带式（带式面型）、成形式（齿型）和桨式（叶片面型）四种。根据输送形式，螺旋输送机分为水平螺旋输送机和垂直螺旋输送机两大类。

水平螺旋输送机结构如图4-7所示，它由电动机、料槽、输送螺旋、轴承和传动装置等部分组成。物料从一端加入，卸料口可沿机器的长度方向设置多个，传动装置可装在槽体前方或尾部。

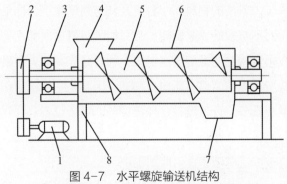

图 4-7 水平螺旋输送机结构

1. 电动机 2. 传动装置 3. 轴承 4. 进料口
5. 输送螺旋 6. 料槽 7. 卸料口 8. 机架

螺旋输送机利用旋转的螺旋，将被输送的物料在封闭的固定槽体内向前推移而进行输送。当螺旋旋转时，由于叶片的推动作用，同时在物料重力、物料与槽内壁间的摩擦力以及物料的内摩擦力作用下，物料以与螺旋叶片和料槽相对滑动的形式在槽体内向前移动。物料的移动方向取决于叶片的旋转方向及转轴的旋转方向。为平稳输送，螺旋转速应小于物料被螺旋叶片抛起的极限转速。

水平螺旋输送机的结构紧凑，便于在中间位置进料和卸料，呈封闭形式输送，可减少物料与环境间的污染。除可用于水平输送外，还可倾斜安装，但倾角应小于20°。因输送过程中物料与料槽和螺旋叶片间都存在摩擦力，易造成物料的破碎及损伤，不宜输送杂质含量多、表面过分粗糙、颗粒大及磨损性强的物料。这种机器消耗较大，输送距离不宜太长，过载能力较差，需要均匀进料，且应空载启动。

四、振动输送机

振动输送机是一种利用振动技术对松散状颗粒物料进行中、短距离输送的输送机械。振动输送机按激振驱动方式分为曲柄激振驱动式、偏心激振驱动式和电磁激振驱动式；按工作体的结构形式可分为斜槽式、管式和料斗式等。

振动输送机优点是结构简单，制造方便，价格便宜，占地小，维护管理方便。但输送能力低，有振动产生的噪声，不宜用于潮湿、黏性大或粒度小的粉末状物料的输送。

（一）振动输送机的结构

振动输送机主要由激振器、工作体、弹性支撑件（包括主振弹簧和隔振弹簧）及座体等主要部件组成，如图4-8所示。振动输送机工作时，由激振器驱动支撑在主振弹簧的工作体，主振弹簧通常倾斜安装，斜置倾角为β，称为振动角。当由激振器产生的激振力作用于工作体上时，工作体就在主振弹簧的约束下做定向强迫振动。处在工作体上的物料，由于受工作体振动的作用而被断续的向前输送。

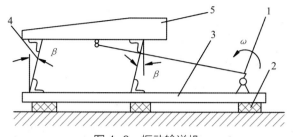

图 4-8　振动输送机

1.激振器　2.隔振弹簧　3.座体　4.主振弹簧　5.工作体

（二）振动输送机的工作原理

当工作体向前振动时，依靠物料与工作体间的摩擦力，工作体把运动能量传递给物料，使物料得到加速运动，此时物料运动方向与工作体的振动方向相同。此后，当工作体按激振运动规律向后振动时，物料受惯性作用仍继续向前运动，工作体则从物料下面往后运动。由于运动中阻力的作用，物料越过一段距离后又回到工作体上，当工作体再次向前振动时，物料又因受到加速而被输送向前，如此重复循环，实现物料的输送。

五、气力输送装置

运用风机（或其他气源）使管道内形成一定速度的气流，通过气流将散粒物料沿一定的管路从一处输送到另一处，称为气力输送。人们在长期的生产实践中，认识了空气流动的客观规律，根据生产上输送散粒物料的要求，创造和发展了气力输送的装置。

气力输送装置与其他输送机相比具有许多优点：输送过程密封，因此物料损失很少，且能保证物料不致吸湿、污染或混入其他杂质，同时输送场所灰尘大大减少，从而改善了劳动条件；结构简单，装卸、管理方便；可同时配合进行各种工艺过程，如混合、分选、烘干、冷却等，工艺过程的连续化程度高，便于实现自动化操作；输送效率较高，尤其是利于实现散装物料运输机械化，可大大提高效率，降低装卸成本。

气力输送不足之处：动力消耗较大；管道及其他与被输送物料接触的构件易磨损，尤其是在输

送摩擦性较大的物料时更易磨损；输送物料品种有一定的限制，不宜输送易成团黏结和怕碎的物料。

（一）气力输送原理

气力输送方法是借助气流的动能，使管道中的物料悬浮而被输送。由此可见物料的悬浮是气力输送中重要的一环。

颗粒沉降如图 4-9 所示。作用在颗粒上的力有三个：重力 G、浮力 F 和空气阻力 f。在重力作用下，颗粒降落的速度愈来愈快，并导致颗粒受到的空气阻力也愈来愈大。当颗粒的重力 G、浮力 F 和空气阻力 f 平衡，即 $G = F + f$ 时，颗粒作匀速降落，此时称颗粒为自由沉降，颗粒的运动速度称为沉降速度。

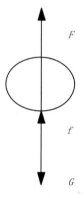

图 4-9　颗粒沉降

根据相对运动原理，当气流以颗粒的沉降速度自下而上通过颗粒时，颗粒必将自由悬浮在气流中，这时的气流速度称为颗粒的悬浮速度，在数值上等于颗粒的沉降速度。如果气流速度进一步提高，大于颗粒的悬浮速度时，则悬浮在气流中的颗粒就将被气流带走，产生气流输送，这时的气流速度称为气流输送速度。从以上分析可知，在垂直管中，气流速度大于颗粒悬浮速度，是垂直管中颗粒气力输送的基本条件。

颗粒在水平管中的悬浮较为复杂，它受很多因素的影响。实验发现，当气流速度很大时，颗粒全部悬浮，均布于气流中。当气流速度降低时，一部分颗粒沉积于管的下部，在管截面上出现上部颗粒稀薄，下部颗粒密集的两相流动状态。这种状态是水平输送的极限状态。当气流速度进一步降低，

将有颗粒从气流中分离出来沉于管底。由此可见，必须有足够的气流速度才能保证气力输送的正常进行。但速度过大也没有必要，那样将造成很大输送阻力和较大磨损。

（二）气力输送的类型

气力输送的形式较多，根据物料流动状态，气力输送装置可分为悬浮输送和推动输送两大类，目前多采用的是使散粒物料呈悬浮状态的输送形式。悬浮输送可分吸送式、压送式、混合式三种。

1. 吸送式气力输送　吸送式气力输送又称为真空输送，装置如图4-10所示，它是借助压力低于0.1 MPa的空气流来进行工作的。当风机（真空泵）5开动后，整个系统内便被抽至一定的真空度。在压力差的影响下，大气中的空气流从物料堆间隙通过，并把物料携带入吸嘴1，进而沿输料管2移动至物料分离器3中，空气与物料即被分离。物料由分离器3的底部卸出，而含尘气流继续送到除尘器4中，灰尘由底部卸出。最后经过除尘的空气流通过风机5和消声器6被排入大气中。

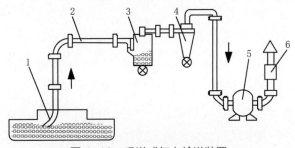

图4-10　吸送式气力输送装置
1. 吸嘴　2. 输料管　3. 分离器　4. 除尘器
5. 风机　6. 消声器

此种装置的最大优点是供料简单方便，能够从几堆或一堆物料的数处同时吸取物料。但是，其输送物料的距离和生产效率是受到限制的，因为装置系统的压力差不大，其真空度一般不超过0.05～0.06 MPa。如果真空度太低，又将急剧地降低其携带能力，以致引起管道堵塞，而且这种装置对密封性要求也很高。此外，为了保证风机正常工作及减少零件磨损，进入风机的空气必须预先除尘。

2. 压送式气力输送　压送力气输送装置如图4-11所示，它是在高于0.1 MPa的条件下进行工作的。鼓风机1把具有一定表压力的空气压入导管，被输送物料由供料器2进入输料管3中。空气和物料混合物沿着输料管运动，物料通过分离器4卸出，空气则经除尘器5净化后排入大气。

此装置特点：便于装设分岔管道，可同时把物料输送至几处，且输送距离较长，生产率较高；容易发现漏气的位置，且对空气的除尘要求不高。它的主要缺点是由于必须从低压往高压输料管中供料，故供料装置较复杂，并且不能或难于由几处同时吸取物料。

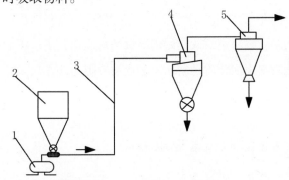

图4-11　压送式气力输送装置
1. 鼓风机　2. 供料器　3. 输料管　4. 分离器　5. 除尘器

3. 混合式气力输送　混合式气力输送装置如图4-12所示，它由吸送式部分和压送式部分组成。首先通过吸嘴1将物料由料堆吸入输料管2，然后送到分离器3中，而分离出来的物料又被送入压送系统的输料管6中继续进行输送。

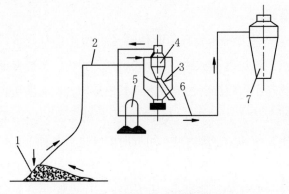

图4-12　混合式气力输送装置
1. 吸嘴　2、6. 输料管　3. 分离器　4. 除尘器
5. 鼓风机　7. 分离器

混合式综合了吸送式和压送式的优点，既可以从几处吸取物料，又可以把物料同时输送到几

处，且输送的距离较长。其主要缺点是含尘的空气要通过鼓风机，使它的工作条件变差，同时整个装置的结构也较复杂。

六、泵

在食用菌加工中，常常需要将流体物料从低处输送到高处，或沿管道送至较远的地方。为达到此目的，必须对流体物料加入外力，以克服流体阻力及补充输送流体物料时缺少的动力。为流体物料输送提供能量的机械称为流体输送机械，一般将用于输送流体的机械称为泵。在食用菌加工中，对于流体物料的输送经常用泵（离心泵、螺杆泵、齿轮泵等）装置来完成。以下以离心泵为例介绍。

最简单的离心泵装置如图4-13所示。在蜗壳形泵壳2内，有一固定在泵轴3上的工作叶轮1。叶轮上有6~12片稍微向后弯曲的叶片，叶片之间形成了使液体通过的通道。泵壳中央有一个液体吸入口4与吸入管5连接。液体经底阀6和吸入管5进入泵内。泵壳上的液体压出口8与压出管9连接，泵轴用电机或其他动力装置带动。启动前，先将泵壳内灌满被输送的液体。启动后，泵轴带动叶轮旋转，叶片之间的液体随叶轮一起旋转，在离心力的作用下，液体沿着叶片间的通道从叶轮中心进口处被甩到叶轮外围，以很高的速度流入泵壳，液体流到蜗形通道后，由于截面逐渐扩大，大部分动能转变为静压能。于是液体以较高的压力，从排出口进入排出管，输送到所需的场所。

当叶轮中心的液体被甩出后，泵壳的吸入口就形成了一定的真空，外面的大气压力迫使液体经底阀吸入管进入泵内，填补了液体排出后的空间。这样，只要叶轮旋转不停，液体就源源不断地被吸入与排出。

离心泵若在启动前未充满液体，则泵壳内存在空气。由于空气密度很小，所产生的离心力也很小，在吸入口处所形成的真空不足以将液体吸入泵内，虽启动离心泵，但不能输送液体。此现象称为

"气缚"。为便于使泵内充满液体，在吸入管底部安装带吸滤网的底阀，底阀为止逆阀，滤网是为了防止固体物质进入泵内，损坏叶轮的叶片或妨碍泵的正常操作。

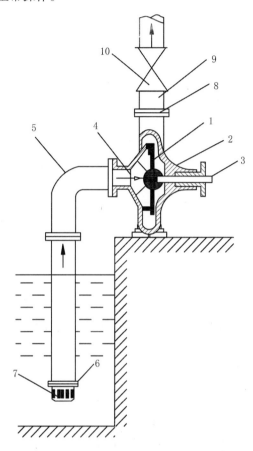

图 4-13　离心泵装置
1. 叶轮　2. 泵壳　3. 泵轴　4. 吸入口　5. 吸入管
6. 底阀　7. 滤网　8. 压出口　9. 压出管
10. 调节阀

七、真空吸料装置

真空吸料装置是一种简易的流体输送装置，只要有真空系统都可以将流体进行短距离的输送和一定高度的提升。如果原有输送装置是密闭的，就可以直接利用这些设备真空吸料，不需添加其他设备。对于果酱、番茄酱或带有固体块粒的料液尤为适宜。因为如果用泵来输送此类物料，需选特殊的泵，由于此类物料黏度较大或具有一定的腐蚀性，普通的离心泵是不能使用的，所以使用真空吸料装置可解决没有特殊泵时物料的输送问题。但它的缺点是输送距离短或提升高度小，效率低。近些年

来，有些罐头食品厂的生产中也常采用此法进行物料的垂直输送。

（一）工作原理

真空吸料装置如图4-14所示。真空泵5将密闭的输入罐3中的空气抽去，造成一定的真空度。这时由于输入罐3与相连的输出槽1之间产生了一定的压力差，物料由输出槽1经管道2送到输入罐3里。

物料从输入罐3中排出的方法有间歇式和连续式两种。间歇式较少采用，一般多采用连续式排料。连续式排料装置靠一种特制的阀门。

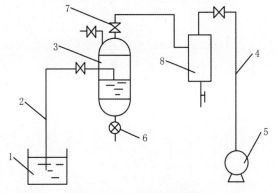

图4-14　真空吸料装置
1. 输出槽　2、4. 管道　3. 输入罐　5. 真空泵
6. 叶片式阀门　7. 阀门　8. 分离器

连续式排料阀门6是一个旋转叶片式阀门，要求旋转阀门出料能力与管道2吸进输入罐3中的流量相同。输入罐3上有一阀门7，用来调节输入罐3中的真空度及罐内的液位高度。

真空泵5与分离器8相连，分离器8再与输入罐3相连。因从输入罐3抽出的空气有时还带有液体，先在分离器中分离后再进入真空泵中抽走。如果液体是水，不一定采用分离器，一般采用水环式真空泵，其最高真空度可达85%以上。

（二）真空吸料装置操作及优缺点

开始抽真空前，应在输出槽中先注入适量的水，使水淹没输出槽的进口管或先放满料液，起水封作用，不然输出槽与大气相通而抽不了真空；运转时要控制恒定的真空度，以保证贮罐内液位稳定；停机时应排掉分离器内的积液；对输入罐、管道等要经常进行清洗。

主要优缺点：物料所在输入罐内为真空，比较卫生，同时把物料组织内的部分空气排除，减少成品的含气量，防止氧化变质。但是由于管路密闭，清洗困难，动力消耗也较大。

如果输出设备是密闭的，也可以采用压缩空气注入输出罐，利用压缩空气的压力将料液输送至另一个设备，其原理和真空吸料装置是类似的。

第二节
分级分选设备

食用菌原料在采摘、收集、运输和贮藏过程中容易混入泥沙、石草等杂物，在进行产品加工之前，必须对这些杂物进行清理，否则将会影响成品质量，并且对后续加工设备造成不利影响。

为了使食用菌原料规格和品质指标达到标准，需要对物料进行分选或分级。分选是指清除物料中的异物及杂质；分级是指对分选后的物料按其尺寸、形状、密度、颜色或品质等特性分成等级。分选与分级作业的工作原理和方法虽有不同之处，但往往是在同一个设备上完成的。

分选分级机械的主要作用是保证产品的规格和质量指标一致，降低加工过程中原料的损耗率，提高原料利用率，提高劳动生产效率，改善工作环境，有利于生产的连续化和自动化，有利于降低产品的成本。

食用菌加工中常用的分级分选方法较多，根据物料的特点可分为多种类型。如用于物料分选的筛分机，用于类球形体物料分级的滚筒分级机、带式分级机等，以及利用物料光电特性进行非接触式检测分级的新型设备。针对食用菌的物料尺寸大小不统一、形状不规则等特点，可选用滚筒式分级机、光电分级分选设备。

一、滚筒分级机

滚筒式分级机的结构如图4-15所示。其主要的组成部件有：滚筒、机架、收集料斗、传动系统和清筛装置。主要工作原理是物料通过料斗进入到滚筒，随滚筒的滚转和向前移动，并在此过程中通过相应的孔流出，以达到分级的目的。

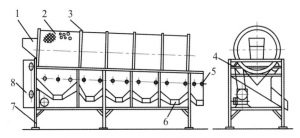

图4-15 滚筒式分级机
1.进料斗 2.滚筒 3.滚圈 4.摩擦轮 5.铰链
6.收集料斗 7.机架 8.传动系统

另一种形式的滚筒式分级装备是转筒式分级机，如图4-16所示。该机采用中空的转筒，物料沿每个转筒外表面输送，每个转筒分别开有不同数量的孔眼，转筒呈并列状放置。原料从转筒上部送入，从小到大顺序分级。根据工厂规模和进入原料量不同，转筒的数目以2～4个组合为宜，原料大小与孔径匹配。

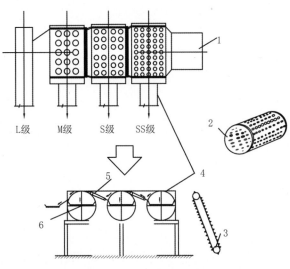

图4-16 转筒式分级机
1、3.原料提升机 2.转筒 4.输入输送带
5.辊子运输带 6.输出输送带

美国A. K. Robin公司制造的蘑菇分选机将预煮后的蘑菇分成8种等级，分级机上装有7种不同

孔径的不锈钢转筒。

滚筒式分级机的特点是结构简单，分级效率高，工作平稳，不存在动力不平衡现象。但机器的占地面积大，筛面利用率低，由于筛筒调整困难，对原料的适应性差。

二、光电分级分选设备

利用紫外线、可见光、红外线等光线和物体的相互作用而产生的折射、反射和吸收等现象，对物料进行非接触式检测的方法是20世纪60年代开始用于农产品和食品质量检验的新方法。根据物料的吸收和反射光谱可以鉴定物质的性质，例如利用紫外光作激励光源照射食品获得食品上的辐射荧光，根据荧光的强度可以判断食品上附着的微生物的代谢物，检出蛋品中霉菌、花生类干果上附着的微生物及其代谢物黄曲霉素。物料的吸收和反射光谱也可用于食品的异物检出，用可见光作激励光源，测定对象物的反射光或透射光，可用于果品成熟度的判定、谷类种子、稻米、水果的分选等作业领域。利用对象物的延时发光（DLE）特性，可以对水果和蔬菜的叶绿素作定量判定、新茶和陈茶的识别等。美国的Norris和Brant等人在1953年利用鸡蛋的光谱特性分析了其品质，确定了鸡蛋中的血块在可见光415 nm、541 nm、575 nm处的三个吸收波长，并在1957年利用鸡蛋的透射光谱特性检测到血斑大于3.2 nm的鸡蛋。波长0.8～2.5 μm的近红外光，可在40 s内实时测定水分、碳水化合物、蛋白质、脂肪等9种主要成分。日本、美国等正在开发用近红外光谱分析法无损检测水果的糖度和酸度的装置，日本开发成功的米食味计就是近红外光谱分析仪装置和计算机系统结合的研究成果。红外线法是利用红外吸收光谱测定食品的成分，例如检测牛乳的成分计等。

（一）光电分级分选应用

食品物料的光学特性反映了表面颜色、内部颜色、内部组成结构以及某种特定物质的含量，进而反映了食品物料的重要质量指标，目前发达国家已把光电检测和分选技术应用于食品物料质量评定和质量管理的各个方面。这些应用可以概括为以下几个方面。

1.缺陷检测　人们关心因缺陷或相当数量不完整产品造成质量降级或不合格。因此，质量管理的一个主要问题是从产品中检测和剔除缺陷产品。食品和农产品的光特性已经被用于非破坏性的缺陷检测。

2.成分分析　食品光学特性可用于快速检测水分、脂肪、蛋白质、氨基酸、糖分等成分的含量，用于品质的监督和控制。近红外光谱分析技术用于品质检测和控制是近年发展速度很快的一种全新的检测方法。

3.成熟度与新鲜度分析　在成熟度和新鲜度检测方面应用最多也最成功的是果蔬产品检测。果蔬在成熟阶段的特征总是与某种物质的含量有密切关系，并表现出表面或内部颜色的不同。

食品物料的光学技术应用是为了测定质量指标，最终目的是为了对食品物料进行自动化分级分类。自动分类的标准可以是上述三方面应用之一，包括：从物料中剔除缺陷品；按物料中某种成分含量进行分类；把成熟度不同的产品进行分类，以便分别贮藏和销售。经过自动分类的合格产品，以获得总体质量等级提高。

（二）光电分级分选的特点

食品物料在种植、加工、贮藏、流通等过程中难免会出现缺陷，例如含有异种异色颗粒、变霉变质颗粒、机械损伤等，因而在工业生产中有必要对产品进行检测和分选。然而，常规手段无法对颜色变化进行有效分选，大多依靠眼手配合的人工分选。人工分选的缺点是生产效率低、劳动力费用高、容易受主观因素的干扰，精确度低。

光电检测和分选技术克服了手工分选的缺点，具有以下明显的优点：①既能检测表面品质，又能检测内部品质，而且检测为非接触性的，因而是非破坏性的，经过检测和分选的产品可以直接出售或进行后续工序的处理。②排除了主观因素的影响，对产品进行全数（100%）检测，保证了分选的精确和可靠性。③劳动强度低，自动化程度高，生产费用降低，便于实现在线检测。④机械的适应能力强，通过调节背景光或比色板，即可以处理不同的物料，生产能力强，适应了日益发展的市场需要和工厂化加工的要求。

第三节
清洗设备

一、原料清洗机

原料清洗机主要介绍鼓风式清洗机。

（一）鼓风式清洗机的工作原理

用鼓风机把空气送进洗槽中，使清洗原料的水产生剧烈的翻动，空气对水的剧烈搅拌使湍急的水流冲刷物料表面将污物洗掉。利用空气进行搅拌，既可快速将污物清洗掉，又能使原料在强烈的翻动下不至损伤，因此鼓风式清洗机比较适宜软质物料的清洗。

（二）鼓风式清洗机结构

鼓风式清洗机如图4-17所示，输送带8运送原料在洗槽的水面下浸洗，鼓风机6出口从输送带侧面与输送带中间的吹泡管9接通，吹泡管上打有小孔，由鼓风机送来的空气经吹泡管上的小孔吹出，使洗涤液产生剧烈的翻动。原料在洗槽浸洗后，由链条带动输送装置将其送到倾斜段，由喷水装置2对原料进行最后一次冲洗，然后到达水平输送段，对原料进行检验和修整。

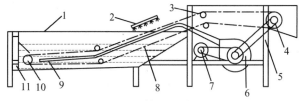

图 4-17 鼓风式清洗机
1. 洗槽 2. 喷水装置 3. 张紧轮 4. 链轮 5. 支架
6. 鼓风机 7. 电动机 8. 输送带 9. 吹泡管
10. 张紧滚筒 11. 排水管

对于制作酱料、饮料、休闲食品等用途的食用菌，需要进行彻底清洗，用上述清洗设备很难满足工艺要求，而用刷洗设备比较有效。下面介绍 XG-2 型清洗设备，如图 4-18 所示。该机由清洗槽、刷辊、喷水装置、出料翻斗、机架等构成。原料由进料口落入清洗槽 3，由于两个刷辊转动时清洗槽 3 中的水形成涡流，使原料在涡流中得到清洗。由于涡流的作用使原料从两个刷辊间隙中通过从而得到全面刷洗。刷洗后的食用菌原料由喷水翻

斗 7 翻上去，经高压喷水喷洗，从出料口 8 出来。

该机的特点是效率高，生产能力强，破损率低，洗净率高，结构紧凑，清洗质量好，造价低，使用方便，是中小型企业较为理想的清洗机。

二、容器清洗机

对瓶、罐等包装容器的清洗设备，主要是饮料类和罐头类产品生产中的洗瓶机和洗罐机。瓶、罐的清洗方法基本可分为浸泡、喷射和刷洗三种。

（一）全自动洗瓶机

全自动洗瓶机主要由箱体式机壳、传动系统、输瓶链带、驱动轮、张紧轮和改向链轮、预泡槽、洗涤剂浸泡槽、降温水箱、水泵喷射装置、进出瓶机构等组成。

图 4-19 所示为单端式洗瓶机，进出瓶均在同一端。下面以单端浸泡与喷射式洗瓶机为例说明其工作过程。按照洗瓶机的工艺结构可分为以下六步：预洗预泡→洗涤剂浸泡→洗涤剂喷射→热水喷射→温水喷射→冷水喷射。

待洗瓶从进瓶处进入到达预泡槽 1，预泡槽中洗液的温度为 30~40℃，在此处对瓶子进行初步清洗与消毒。预泡后的瓶子到达第一次洗涤剂浸泡槽 7，此处洗涤液温度可达 70~75℃。通过充分浸泡，使瓶子上的杂质溶解，脂肪乳化。当瓶子运动到改向滚筒 10 的地方升起并倒过来时，把瓶内洗液倒出，落在下面未倒转的瓶子外表，对其有淋洗

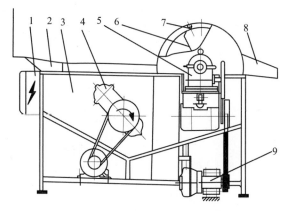

图 4-18 XG-2 型清洗设备
1. 电器箱 2. 进料口 3. 清洗槽 4. 刷辊传动装置
5. 减速器 6. 出料翻斗 7. 喷水翻斗 8. 出料口
9. 微型水泵

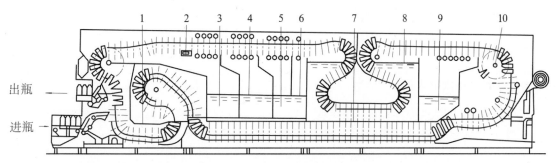

图 4-19 单端浸泡与喷射式洗瓶机
1. 预泡槽 2. 新鲜水喷射区 3. 冷水喷射区 4. 温水喷射区 5. 第二次热水喷射区 6. 第一次热水喷射区
7. 第一次洗涤剂浸泡槽 8. 第二次洗涤剂浸泡槽 9. 洗涤剂喷射区 10. 改向滚筒

食用菌加工厂设计及加工设备

作用。在洗涤剂喷射区9处设有喷头，对瓶子进行大面积喷洗，喷洗后的瓶子到达第二次洗涤剂浸泡槽8中，其主要目的是使瓶上未被去除的少量污物充分软化溶解。

（二）镀锡薄钢板空罐清洗机

镀锡薄钢板制成的空罐，在进行装料前必须进行清洗。图4-20所示为旋转圆盘式清洗机。

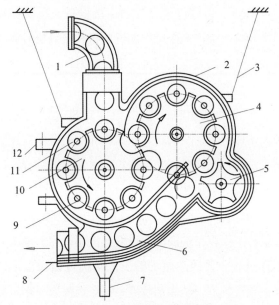

图4-20　旋转圆盘式清洗机
1.进罐槽　2.机壳　3.连杆　4、5、10.星形轮
6.出罐坑道　7.排水管　8.出罐口　9.喷嘴
11.空罐　12.固定盖的环

喷洗部件是星形轮10、4和喷嘴9。空罐从进罐槽1落下进入星形轮10的凹槽中，星形轮10的空心轴与供热水的管道相连，空心轴借8个分配管把热水送入喷嘴9，喷出的热水对空罐内部进行冲洗。当空罐被星形轮10带着转过一定角度后进入星形轮4。星形轮4的空心轴与供蒸汽的管道相连，由星形轮4的喷嘴喷出蒸汽对空罐进行消毒。消毒后的空罐经星形轮5送入出罐坑道6。空罐在清洗机中回转时应有一些倾斜，使罐内水易于排出。污水由排水管7排入下水道。

这类空罐清洗机结构简单，生产率较高，耗水、耗汽量较少。其缺点是对多罐型生产的适应性差。

（三）超声波清洗机

超声波清洗是目前工业上应用较广、效果较好的一种清洗方法，适合于对食品原料及包装物的清洗，具有效率高、质量好、容易实现清洗过程自动化等优点。

超声波清洗设备主要由超声波发生器、超声波换能器和清洗槽三部分组成。超声波发生器是产生电磁振荡信号并提供能量的元件。超声波换能器即振板，是超声波清洗的关键部分，它把超声波发生器产生的电磁振荡转换成换能器本身的超声波振动，并传入清洗槽中引起槽内清洗液产生空化作用，该装置常置于清洗槽底部。清洗槽是用来容纳清洗液及要清洗的物体的元件，尺寸和形状应根据需要确定。

图4-21为螺杆传动输送超声波洗瓶机，适用于容积较小的一次性玻璃瓶的清洗。玻璃瓶瓶口朝上且相互靠紧放入料槽1中，料槽1与水平面成30°夹角，料槽中的瓶子在重力作用下自动下滑。料槽上方置淋水器将玻璃瓶进行清洗。超声波换能器2紧靠在料槽的末端，也与水平面成30°夹角，可确保瓶子顺畅通过。经超声波洗涤的玻璃瓶，由送瓶螺杆3将瓶子理齐并依次送入提升轮4，提升轮将玻璃瓶逐个交给大转盘上的机械手，机械手夹持玻璃瓶随大转盘匀速旋转。利用大转盘周围的喷水工位6、7、9和喷气工位8、10、11完成对瓶子的冲洗和吹净。

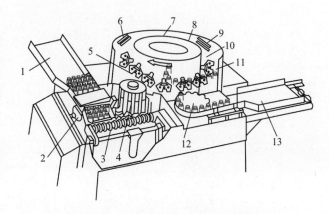

图4-21　螺杆传动输送超声波洗瓶机
1.料槽　2.超声波换能器　3.送瓶螺杆　4.提升轮
5.瓶子翻转　6、7、9.喷水工位
8、10、11.喷气工位　12.拨盘　13.滑道

第四节
冷藏保鲜及冷冻设备

食品从生产、贮运到销售各环节均需要低温保鲜，由此构成食品的冷藏链。食品冷藏链中的冷藏冷冻设备主要包括真空冷藏保鲜设备、气调保鲜包装设备、速冻设备等。

冷冻设备适用于冻结小包装或未包装的块、片、粒状原料，制成速冻食品。一般冷冻设备的冻结温度为 -40 ～ -30℃，按冷却方法分为空气冻结法、间接接触冻结法和直接接触冻结法；按照速冻设备的结构可分为箱式、隧道式、带式、流化床式和螺旋式等。空气冻结法因空气资源丰富、无任何毒副作用，热力性质已为人们熟知，是应用最广泛的一种冻结方法。下面介绍几种可应用于食用菌加工过程的冷藏保鲜及冷冻设备。

一、真空冷却设备

真空冷却是将新鲜农产品或食品放在特制的真空容器内，用真空泵或真空系统迅速抽出其中的空气和水蒸气，使产品表面的水分在低压下蒸发而迅速冷却降温。

（一）真空预冷设备

真空预冷设备主要应用于新鲜食用菌原料预处理以及食用菌采摘到销售过程中的贮藏保鲜。一般真空预冷机真空室容积 50 ～ 100 L；最低真空度为 350 Pa；电压/频率：220 V/50 Hz；真空室内压力显示、控制范围：100 Pa ～ 100 000 Pa；预冷温度 0 ～ 20℃，在此范围内可以调节控制；温度显示和控制精度 0.1℃；在触摸屏上进行人机对话，可用 U 盘存储压力、温度、时间。设备到了设置的温度自动停机，停机后冷凝水自动排放。食用菌采后冷却到 2℃预冷时间 < 30 min，冷却时间自动以秒记录并显示。该设备在食用菌冷却处理中冷却速度快，从几分钟到几十分钟，冷却均匀，可以延长食用菌保鲜期，即贮藏期和货架期。

真空预冷设备的应用能够改变野生食用菌资源现有预处理和贮存方式，对引导并规范农户采菌行为，促进资源管理和利用相结合具有帮助作用。

（二）真空冷却装置

真空冷却装置系统如图 4-22 所示，主要由真空容器（也称真空罐或真空槽）、真空系统、水蒸气冷凝捕集器、制冷设备及控制系统等构成。真空容器是处理产品的容器，它的容积、形状与处理量有关，其结构、材料也很重要。水蒸气冷凝捕集器可防止大量水蒸气进入真空泵。用于食品的真空冷却装置为了必须达到极限压力（一般至少在 600 Pa 以下），要求配置的真空泵或真空系统必须具有足够大的抽气能力。

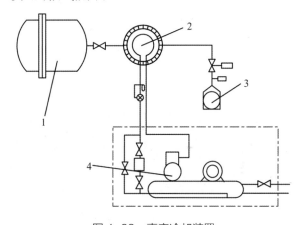

图 4-22　真空冷却装置
1. 真空容器　2. 水蒸气冷凝捕集器　3. 真空泵
4. 制冷设备

目前，真空冷却装置有单槽直列式真空冷却装置、双槽均压式真空冷却装置和喷雾加湿式真空冷却装置等类型。中小型或移动式真空冷却装置常采用单槽结构，大型及固定式真空冷却装置主要采用双槽结构。食用菌加工适宜采用喷雾加湿式真空冷却装置。该装置如图 4-23 所示，其特点是在真空冷却室内增加了喷雾加湿设备，对食用菌原料的冷却效果明显，同时又能减少产品组织失水，容器抽气速度得到提高。

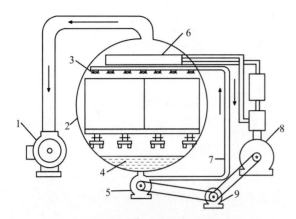

图4-23 喷雾加湿式真空冷却装置
1.真空泵 2.真空室 3.水喷射口 4.水 5.水泵
6.捕集器 7.水压管 8.制冷压缩机 9.电动机

二、气调包装设备

气调包装是一种新型食品保鲜技术，采用保护性混合气体（通常为CO_2、N_2、O_2）置换包装内的空气，利用各种保护性气体所起的不同作用，抑制引起食品变质的大多数微生物生长繁殖，并使活性食用菌呼吸速度降低，从而使食用菌保鲜并延长保鲜期。采用气调包装的食品可较好地保持食品原有色、香、味、形及营养成分。以 MAP-1Z350 自动盒式气调保鲜包装机为例，具有以下几个特点：①实现自动化控制，由可编程序控制器（PLC）配合触摸屏实现人机界面对话，各部分动作及控制参数均可由 PLC 设定、修改。控制方便可靠，故障率低。②已充填物品的包装盒导入（手工或自动）输送机构后，便可自动连续完成抽真空、充气、热压封口、分切、包装成品排出等工序，自动化程度高，生产效率高。③光电跟踪盖膜图案，确保包装印刷图案的完整；具有无盒停机保护功能，以保证成品质量。④机架等主要构件均由不锈钢制造，符合食品卫生要求。⑤模具形状可按用户选定的包装盒进行配置。

该设备生产效率较高，气调保鲜包装每小时超过 900 盒，普通包装每小时超过 1 200 盒。采用气调保鲜包装技术，不但可延长食用菌的保鲜期，还可很好地保持其原有风味。经过气调包装，既提高了包装档次，还延长了保质期，增加了食用菌产品的附加值。

三、隧道式冷冻装置

隧道式冷冻装置也称为隧道式速冻器，主要由蒸发器、风机、输送装置和绝热护围层等构成。食品装于一定形式的输送装置上通过隧道时被冻结。连续式冻结装置的进出口一般设置防止冷气外逸和外面空气窜入的空气锁。蒸发器一般为翅片式，并带有融霜系统，蒸发温度为-40～-35℃。根据输送装置的形式，蒸发器在隧道内的位置可以调节，一般多安装在输送通道的侧面，但也有安装在输送通道上方。图4-24 所示为两种冻结隧道中风机、载物小车和蒸发器之间的关系，两种情形下均使冷风水平吹过冻结物料的表面。

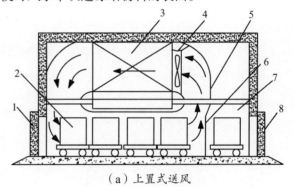

（a）上置式送风

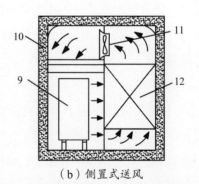

（b）侧置式送风

图4-24 小车输送的冻结隧道冷风循环方式
1.出口门 2、9.台车 3、12.蒸发器 4、11.风机
5.凹凸板 6.双动自止门 7.空气锁 8.入口门
10.隔热护围层

四、带式流态化冻结装置

带式流态化冻结装置以不锈钢网带作为物料的传送带。典型的用于果蔬速冻的带式流态化冻

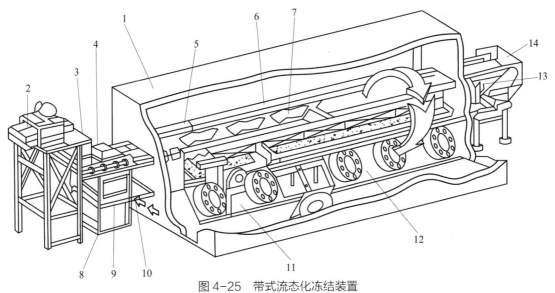

图 4-25　带式流态化冻结装置

1.隔热层　2.脱水振荡器　3.计量漏斗　4.变速进料带　5.松散相区域　6.匀料棒　7.稠密相区域
8、9、10.传送带清洗、干燥装置　11.离心风机　12.轴流风机　13.传送带变速驱动装置　14.出料口

结装置如图 4-25 所示，主要由进料装置、脱水装置、输送带、风机、除霜装置和护围结构等组成。物料在传送带输送过程中被流态化冻结。物料首先经过脱水振荡器，去除表面水分，然后随进料带进入松散相区域，此时流态化程度较高，物料悬浮在高速气流中，从而避免了物料间的互相黏结。待到物料表面冻结后，经匀料棒布匀物料，到达稠密相区域，此时仅维持最小的流态化程度，使物料进一步降温冻结。冻结好的物料从出料口排出。

根据输送带的数目，带式流态化冻结装置可分为单流程和多流程形式；按冻结区分可分为一段和两段式。两段式流态化冻结装置将物料分成两区段冻结：第一区段为表层冻结区，第二区段为深层冻结区。

颗粒状物料进入冻结室后，首先进行快速冷却，即表层冷却至冰点温度，然后表面冻结，使颗粒间或颗粒与传送带不锈钢网间呈散离状态，彼此互不黏结，最后进入第二区段深层冻结至中心温度为-18℃，完成冻结。

第五节
粉碎设备

在食用菌加工过程中，切分和粉碎是基本的作业单元。切分是通过切割对物料进行切块、切片、切丁、去端、绞碎和打浆等处理，以适应不同类型食用菌的要求。切分主要用于物料的预加工工段。切分过程是使物料和切刀产生相对运动，达到将物料切断、切碎的目的。根据切分对象的不同，可以将切分设备分为茎秆切碎机、块状切碎机和片状切碎机。根据切割时切刀的运动方向可分为往复式和回转式两种。

根据被粉碎物料和成品粒度的大小，粉碎可分为粗粉碎、中粉碎、微粉碎和超微粉碎四种。在物料粉碎作业中，还根据物料含水量的不同区分为干法粉碎与湿法粉碎两种。干法粉碎要求物料含水量必须低于一定的限度，湿法粉碎要求含水量或含溶剂量高于某一水平，有时甚至高于物料量的一倍。

此外，随着人们生活水平不断提高，对食用菌加工技术提出了更高的要求，既要保证良好的口感，又要保证营养成分不被破坏，还要有利于人体的吸收。微纳米技术应用恰恰可以达到这些效果。与宏观状态下产品的性质和功能相比，微纳米技术可以赋予产品许多特殊的性能，如提高某些成分吸收率，减少生物活性和风味的丧失，并可以将产品输送到特定部位，提供给人类有效、准确、适宜的营养。目前，应用于食用菌加工中的微纳米技术主要有微胶囊技术、纳滤技术和超微粉碎技术。

一、切分设备

切分机械是利用切刀锋利的刃口对物料做相对运动而将物料进行切片、切块或切成碎段的机械，常用在肉类、瓜果、蔬菜、面点等物料加工的工序中。

切分机械的特点：①成品粒度（细碎度或碎段）均匀一致，表面光滑。②消耗功率较小。③只需更换不同形状刀片便可获得不同形状和粒度的成品。④多属中、低速运转，噪声较低。

食品加工对切分机的要求：①切割时省力，配套功率小。②切割质量好，特别是切碎营养丰富、含水分多、流变性突出的果蔬以及肉类时，要求碎屑少，汁液流失少。③适于加工切割成不同几何形状和大小的成品，如片、条、丁和丝等。④切碎工作部件（刀片）具有足够的强度和刚度。

（一）条状食用菌切碎机

此类食用菌切碎机主要有盘刀式切碎机和滚刀式切碎机两种类型。

1. 盘刀式切碎机 该机通用性广，刀片的拆卸和安装方便，自动化程度高，它是目前农产品加工中应用最为广泛的一种切碎机。

盘刀式切碎机的特点：动刀片刃口线的运动轨迹是一个垂直于回转轴的圆形平面。它由原料输送带（链），上、下喂料辊，切碎器，外罩，卸料口和传动部分等构成，主要工作部件是安装在回转轴圆盘上左右对称的两把切刀，如图4-26所示。物料由输送带输送，在上下喂料辊的夹持下，送入

喂料口2时，即被动刀1切断。

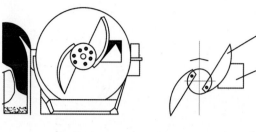

（a）外形结构　　　　（b）切碎器

图4-26　盘刀式切碎机

1. 动刀　2. 喂料口

2. 滚刀式切碎机 滚刀式切碎机的特点是动刀刃口线的运动轨迹呈圆柱形。滚刀式切碎机的构造和工作过程与盘刀式基本相同，但是切碎器是滚筒式，其切碎机构的工作示意图如图4-27所示。为了避免从喂料口送来的物料和刀片背部发生剧烈摩擦而增加功耗，动刀刃工作表面与刃口垂直线之间有3°～5°倾斜角。动、定刀片刃口的间隙为0.5～1.0 mm。滚刀式切碎机上的刀片可以是长方形，也可以呈螺旋扭曲形状。动刀刃口的工作线速度一般为20 m/s左右。

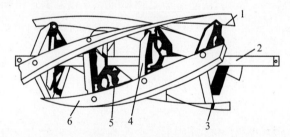

图4-27　滚刀式切碎机

1. 螺母　2. 轴　3. 螺栓　4. 辐盘　5. 座孔　6. 动刀片

（二）块状食用菌切碎机

块状食用菌的切割是利用刀片的楔切作用，宛如加工金属的车刀一样，是根据切削原理进行工作的，这是因为切割时，动刀刃对物料通常不产生滑移，只是按照砍切方式进行切割。

以下是几种典型的块状食用菌切碎机：

1. 水平盘刀式切碎机 水平盘刀式切碎机的结构如图4-28所示。主要由喂料斗1、水平圆盘2、底盘8及皮带轮10等组成。在水平圆盘2的上面安装有大尖刀（动刀）3和刮板4，侧面四周装有小尖刀（动刀）5。与动刀5相对应的机壳表面装

有小尖刀（定刀）6。工作时，物料由喂料斗1落到机筒内高速旋转运动的水平圆盘上，首先受到动刀3的预切割，然后被刮板4刮入位于小尖刀（动刀）5和小尖刀（定刀）6之间的缝隙中，进一步切碎，最后切碎物被刮片7刮到排料口排出。水平圆盘通过皮带轮与电动机相连。

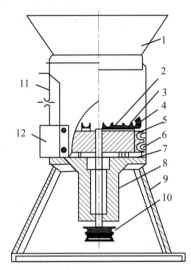

图4-28　水平盘刀式切碎机
1.喂料斗　2.水平圆盘　3.大尖刀　4.刮板
5.小尖刀（动刀）　6.小尖刀（定刀）　7.刮片
8.底盘　9.支架　10.皮带轮　11.排料口　12.插门

2. 切丁机　切丁机的主要部件包括回转叶片、定刀、横切刀和圆盘刀等，其工作过程如图4-29所示。原料经喂料斗进入回转叶片后，因受离心力的作用，迫使原料紧靠机壳的内壁表面，回转叶片1带动原料通过定刀刃2切成片料。片料经过机壳顶部外壳出口后，通过定刀向外移动。片料的厚度取决于定刀刃和相对应的机壳侧壁之间的距离。片料厚度也可以调节。片料一旦外露，横切刀6立即将片料切成条料，并被横切刀6推向纵向圆盘刀5，切成四方块或者长方块。切丁机采用不锈钢材料制造，带有安全联锁开关，防护罩一经打开，机器立即自动停止工作。切丁机采用铰链结构安装，因而大大简化了保养和维修时的拆装工作。

3. 蘑菇定向切片机　在生产蘑菇罐头时，蘑菇的切片通常用圆刀切片机，对蘑菇切片的方式如图4-30所示。该机是在一个轴上装有几十片圆刀，轴的转动带动圆刀旋转，把从料斗送来的蘑菇进行切片。为适应切割不同厚度蘑菇片的需要，圆刀之间的距离可以调节。与圆刀相对应的有一组挡梳板，安装于两片圆刀之间，挡梳板固定不动，刀则嵌入垫辊之间，当圆刀和垫辊转动时即对蘑菇进行切片，切下的蘑菇片由挡梳板挡出，落入出料斗中。

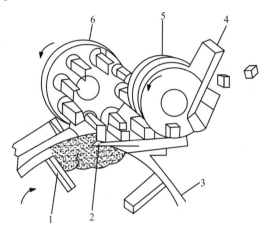

图4-29　切丁机工作原理
1.回转叶片　2.定刀　3.机壳　4.挡梳
5.圆盘刀　6.横切刀

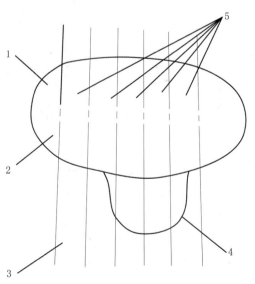

图4-30　蘑菇切片示意图
1.菇盖　2.边片　3.切刀　4.菇柄　5.正片

这种切片机能切出厚薄均匀的蘑菇片，但不能对蘑菇进行同一方向的切片，因而切成的片是不整齐的。为了使同一个方向切片，并能切得厚薄均匀，同时还可将边片分开，必须加设蘑菇定位装置，使蘑菇排列整齐进入切片机中定向切片。蘑菇定向切片机如图4-31所示。

当圆刀和垫辊转动时，对蘑菇进行切片，切下的蘑菇片由挡梳齿从圆刀片间卸下，分别落入正片出料斗 3、边片出料斗 2 中。蘑菇定向切片机刀片、挡梳和垫辊之间的装配关系如图 4-32 所示。

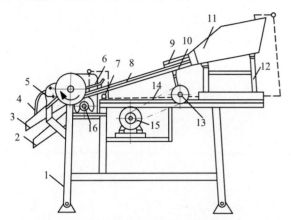

图 4-31　蘑菇定向切片机
1. 支架　2. 边片出料斗　3. 正片出料斗　4. 护罩
5. 挡梳轴座　6. 下压板　7. 铰杆　8. 定向滑料板
9. 上压板　10. 铰销　11. 进料斗　12. 进料斗架
13. 偏摆轴　14. 供水管　15. 电动机　16. 垫辊轴承

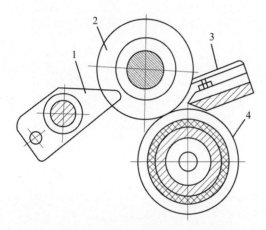

图 4-32　挡梳、垫辊及圆刀的装配关系
1. 挡梳　2. 圆刀　3. 下压板　4. 垫辊

二、干法粉碎设备

（一）气流粉碎机

气流粉碎机又称流能磨，是一种超微粉碎机。其工作原理是利用物料的自磨作用，用压缩空气产生的高速气流或蒸汽对物料进行冲击，使物料相互间发生强烈的碰撞和摩擦以达到细碎目的。所以，这类粉碎机也称为自我粉碎机，广泛用于食品、农产品、化工、医药、冶金、轻工等行业。气流粉碎机除粉碎机本体外，还须配备空气压缩泵或

蒸汽泵，工作时使高速气流导入粉碎机内。

1. 立式环形喷射气流粉碎机　立式环形喷射气流粉碎机如图 4-33 所示，该机主要由立式环形粉碎室、分级器和文丘里式给料装置等组成。其工作过程：从喷嘴喷出的压缩空气（或高压蒸汽）将喂入的物料加速并形成紊流状，致使物料相互冲撞、摩擦而达到粉碎。粉碎后的粉粒随气流经环形轨道上升，由于环形轨道的离心力作用，致使粗粉粒靠向轨道外侧运动，细粉粒则被挤往内侧。回转至分级器入口处时，由于内吸气流旋涡作用，细粉粒被吸入分级器而排出机外，粗粉粒则继续沿环形轨道外侧远离分级器入口处而被送回粉碎室，再度与新输入物料一起进行粉碎。

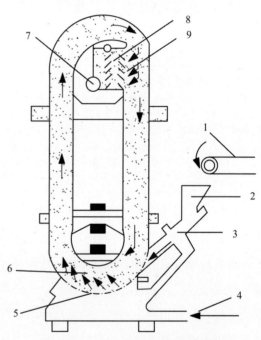

图 4-33　立式环形喷射气流粉碎机
1. 输送机　2. 料斗　3. 文丘里式给料器
4. 压缩空气或蒸汽入口　5. 喷嘴　6. 粉碎室
7. 产品出口　8. 分级器　9. 分级器入口

2. 对冲式气流粉碎机　该机主要工作部件有冲击室、分级室、喷管、喷嘴等，如图 4-34 所示。其工作过程为两喷嘴同时相向向冲击室喷射高压气流。其中喷嘴 I 喷出的高压气流将加料斗中的物料逐渐吸入，送经喷管 I，物料在喷管 II 中得到加速。加速后的物料进入粉碎室，受到喷嘴 II 喷射来的高速气流阻止，物料冲击在粉碎板上而破碎。粉

粒转而随气流经上导管4至分级室后做回转运动。粉粒因离心力的作用而分级。细粉粒所受离心力较小，处于分级室中央而被排出机外；粗粉粒受离心力较大，沿分级室周壁运行至下导管9入口处，并经下导管至喷嘴Ⅱ前，被喷嘴Ⅱ喷入的高速气流送至喷管Ⅱ中加速，再进入粉碎室，与对面新输入物料相互碰撞、摩擦，再次粉碎，如此循环。

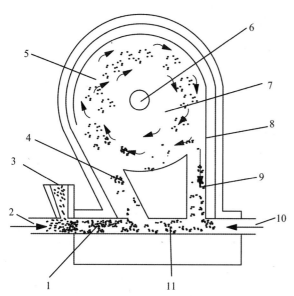

图4-34　对冲式气流粉碎机
1.喷管Ⅰ　2.喷嘴Ⅰ　3.加料斗　4.上导管　5.分级室
6.排出口　7.微粉体　8.粗颗粒　9.下导管
10.喷嘴Ⅱ　11.喷管Ⅱ

3. 超音速喷射式粉碎机　该机结构如图4-35所示。物料经料斗入机后，受到2.5马赫以上超音速气流的强烈冲击，使物料在粉碎室内发生剧烈的碰撞、摩擦等作用而致粉碎。粉碎机内设有粒度分级机构，微粒排出后，粗粒返回粉碎室内继续粉碎，直至所需粒度为止。

4. 气流粉碎机的特点　能使粉粒体的粒度达到5 μm以下，这是一般超微粉碎设备所难达到的。因物料粉碎后粒度小，故可改进其物理化学性质，如增强消化吸收能力和加快反应速度等。

粗细粉粒可自动分级，且产品粒度分布较窄，并可减少因粉碎中操作事故对粒度分布的影响。

可粉碎低熔点和热敏性物料，这是因为喷嘴处气体膨胀而造成较低温度，加之大量气流导入起到一定快速散热作用，这样所得产品温度远比其他机械粉碎所得产品温度低，甚至可对物料起到相当的冷却作用，可用于低熔点和热敏性物料的超微粉碎。

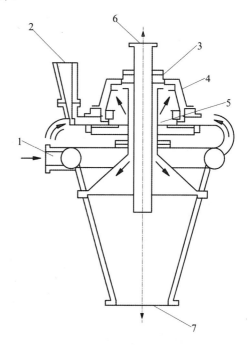

图4-35　超音速喷射式粉碎机
1.压缩空气　2.料斗　3.分级板　4.粗粒返回管
5.粉碎室　6.排气口　7.出料口

因气流粉碎机主要是采用物料自磨的原理，故产品不易受金属或其他粉碎介质的污染。

可以实现联合作业。如用热压缩空气可以实现粉碎和干燥联合作业；可同时实现粉碎和混合联合作业，例如在含量0.25%的某物质与含量99.5%的另一物质之间也可在实施粉碎的同时实现充分混合；还可以在粉碎的同时喷入所需浓度的溶液，均匀覆盖于被粉碎微粒上。

可在无菌情况下操作，故特别适用于食品物料及药物的超微粉碎。

结构紧凑，构造简单，没有传动件，故磨损低，可节约大量金属材料，维修也较方便。

（二）球磨机

在球磨机中，主要利用钢球下落的撞击和钢球与球磨机内壁的研磨作用，将物料粉碎。

锥形球磨机结构如图4-36所示。其主要部件转筒两头呈圆锥形，中部呈圆筒形，转筒由电动机驱动的大齿轮带动，做低速旋转运动。转筒内装有

食用菌加工厂设计及加工设备

许多作为粉碎介质的直径为2.5~15 cm的钢球或磁性钢球。在原料入口处装置的球直径最大，沿着物料出口方向，球的直径就逐渐减小；与此相对应，被粉碎物料的颗粒也是从进料口顺着出料口的方向而逐渐由大变小。从入口处投入的物料，随着转筒做旋转运动，由于离心力作用和钢球一起沿内壁面上升，当上升到一定高度时便同时下落。这样，物料由于受到许多钢球的冲撞而被粉碎。此外，钢球与内壁面所产生的摩擦作用，也使物料被粉碎。粉碎后制品逐渐移向出口被排出。

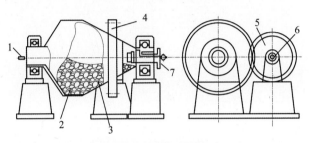

图4-36 锥形球磨机

1.物料入口 2.大球 3.小球 4.大齿轮 5.小齿轮
6.驱动轴 7.排出口

（三）棒磨机

棒磨机结构示意如图4-37所示。其主要部件为一直径较大的转筒，由水平轴支承于两平台上。物料从水平轴的两端投入。在转筒内装有约占转筒体积1/2的直径为50~100 mm的棍棒，棍棒的材料一般为高碳钢。当转筒转动时，与球磨机同样原理，把物料粉碎。物料中的大块固体先被棍棒破碎成细小颗粒，然后徐徐均匀地被粉碎。粉碎后的物料被移向转筒中央部位排出。

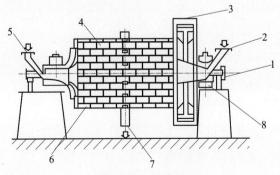

图4-37 棒磨机

1.棒投入口 2、5.物料投入口 3.齿轮 4.圆形转筒
6.工作口 7.排出口 8.主轴轴承

棒磨机的特点在于长棒与物料的接触是在一条线上，如果在中间的是大块物料，则小块碎料不会受到挤压，因此产品比较均匀。同时，棒磨机特别适用于黏胶质的固体物料，如对这种物料采用球磨，则势必将机中的圆球粘成一团，而无法进行粉碎操作。

棒磨机不适宜粉碎韧性强的物料。此外，在使用时还必须注意，不能投入过硬的物料，否则会使棍棒发生弯曲变形。

三、湿法粉碎设备

食用菌物料的粉碎技术除了干法处理外，还有湿法处理。有些干法处理设备，诸如球磨机和振动磨等，也适合于用湿法处理。另外，湿法超微粉碎还有一些专用设备，诸如均质机、搅拌磨、行星磨和双锥磨。

（一）均质机

均质机按构造可分为高压均质机、离心均质机、超声波均质机等几种。高压均质机原理是利用高压使液料高速流过狭窄的缝隙而受到强大的剪切力，对金属部件高速冲击而产生强大的撞击力，因静压力突降与突升而产生的空穴爆炸力等综合力的作用，把原先颗粒比较粗大的乳浊液或悬浮液加工成颗粒非常细微稳定的乳浊液或悬浮液。通过均质将食用菌的浆、汁、液进行细化、混合，从而可以大大提高产品的均匀性，防止或减少液状物料的分层，改善外观、色泽及香味。

高压均质机主要由柱塞式高压泵和均质阀两部分构成。不同的高压均质机有不同类型的柱塞泵和不同级数的均质阀组成。

高压泵是高压均质机的重要组成部分，是使料液具有足够静压能的关键。常用的料液均质压力为25~40 MPa，而对于某些特殊需要，如生物细胞超破碎、液—固超细粉碎等，料液均质压力可达70 MPa。高压泵是一个往复式柱塞泵，结构如图4-38所示。它是一种恒定转速、恒定转矩的单作用容积泵，泵体为长方体，内有三个泵腔，柱塞在泵腔内往复运动，使物料吸入加压后流向均质阀。柱塞向后运动时，吸料阀打开将料液吸入，同时排料阀关上。柱塞向前运动时，吸料阀关上，排料阀打开，这时柱塞通过排料阀将料排出。

由高压泵送来的高压液体，通过均质阀时完成均质。均质阀所选的材料需具有极强的耐腐蚀性，具有良好的抗锈性，国外一般采用钨钴铬合金。对于腐蚀性强的液料则使用硬质合金来制造均质阀。

高压均质机应用范围广，可以处理流态物料，并且在高黏度和低黏度产品之间转换时，无须更换工作部件。

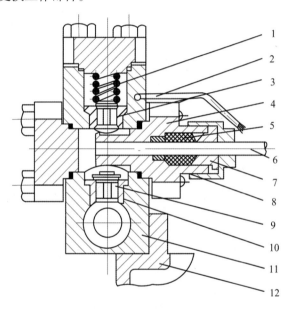

图 4-38　均质机高压泵
1.弹簧　2.冷却水排出口　3.排料阀　4.泵缸
5.密封填料　6.柱塞　7.填料盖　8.压紧螺母
9.吸料阀　10.阀座　11.泵体　12.机座

（二）搅拌磨

搅拌磨是在球磨基础上发展起来的。在球磨机内，一定范围内研磨介质尺寸越小则成品粒度也越细。但研磨介质尺寸的减小有一定限度，当研磨介质小到一定程度时，它与液体浆料的黏着力增大，这会使研磨介质与浆料的翻动停止。为解决这个问题，可增添搅拌机构以产生翻动力，为此研制了搅拌磨。与球磨不同的是搅拌磨的筒体（容器）不转动，且大多用在湿法超微粉碎中（虽然也适用于干法处理）。

搅拌磨的超微粉碎原理：在分散器高速旋转产生的离心力作用下，研磨介质和液体浆料颗粒冲向容器内壁，产生强烈的剪切、摩擦、冲击和挤压等作用力（主要是剪切力）使浆料颗粒得以粉碎。搅拌磨能满足成品粒子的超微化、均匀化要求，成品的平均粒度最小可达到微米。

搅拌磨的基本组成包括研磨容器、分散器、搅拌轴、分离器和输料泵等。研磨容器多采用不锈钢制成，带有冷却夹套以便于带走由分散器高速旋转和研磨冲击作用所产生的热能。分散器也多用不锈钢制作，有时也用树脂橡胶和硬质合金材料等。搅拌轴是连接并带动分散器转动的轴，直接与电动机相连。在搅拌磨内，容器内壁与分散器外圆周之间是强化的研磨区，浆料颗粒在该研磨区内被有效地研磨。靠近搅拌轴却是一个不活动的研磨区，浆料颗粒在该研磨区可能没有研磨就在泵的推动下通过。所以，搅拌轴设计成带冷却的空心粗轴，以保证搅拌轴周围研磨介质的撞击速度与容器内壁区域的研磨介质撞击速度相近，以得到均匀强度，保证研磨容器内各点比较一致的研磨分散作用。

（三）行星磨和双锥磨

行星磨和双锥磨都是20世纪80年代问世的湿法高效超微粉碎设备，可将浆料中的固体颗粒粒度研磨至1～2μm。

行星磨由2～4个研磨罐组成，这些研磨罐除自转外还围绕主轴作公转，故称行星磨。这些研磨罐特意设计成倾斜式，以使之在离心运动时同时出现摆动现象，在每次产生最大离心力的最外点旋转时，罐内研磨介质会上下翻动。研磨罐旋转时，离心力大部分产生在水平面上，研磨罐水平截面呈椭圆形，当围绕主轴旋转时，整个研磨介质和物料的椭圆形不断变化，因此，罐的离心力与做上下运动的力作用在研磨介质上，使之产生强有力的剪切力、摩擦力和冲击力等，把物料颗粒研磨成微细粒子。行星磨结构示意图如图4-39所示。

行星磨研磨罐的研磨介质填充率为30%左右，它的粉碎效率较球磨高，不但粒度小（可达

食用菌加工厂设计及加工设备

1μm 以下），而且微粒大小均匀。同时具有结构简单、运转平稳、操作方便等优点。常用在湿法处理上，也适用于干法处理。

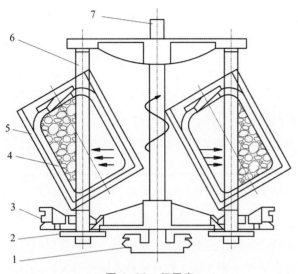

图 4-39　行星磨
1. 主动链轮　2. 从动链轮　3. 皮带轮　4. 研磨罐
5. 容器　6. 从动轮　7. 主轴

双锥磨是一种新型的超微粉碎设备，它利用两个锥形容器的间隙构成一个研磨区，内锥体为转子，外锥体为定子。在转子和定子之间的环隙用研磨介质填充，研磨介质为玻璃珠、陶瓷珠或钢珠等。研磨介质直径通常为 0.5～3.0 mm，转子与定子之研磨间距（缝隙）为 6～8 mm，与研磨介质直径相适应。介质直径大，则间距也大。通过锥形研磨区可以达到渐进的研磨效果，供研磨用的能量从进料口至出料口逐渐递增，因为随着被研磨物料细度的增加，必须使其获得更高的能量才能进一步磨细。

四、低温粉碎设备

低温粉碎又叫冷冻粉碎。根据有关研究资料，采用锤爪式粉碎机等机械方式粉碎物料时，真正用于克服物料分子间内聚力，使之破碎的机械能仅占输入功率的 1% 或更小，其余 99% 或以上的机械能都转化成热能，使粉碎机体、粉体和排放气体温度升高。这会使低熔点物料熔化、黏结；会使热敏性物料分解、变色、变质或芳香味散失，对某些塑性物料，则因施加的机械能多转化为物料的弹性变形能，进而转化成热能，使物料极难粉碎。低温粉碎正是为了解决上述问题而采用的新型粉碎技术。

这里所谓的低温粉碎，是指用液氮等为冷媒对物料实施冷冻后的深度冷粉碎方式，因一般物料都具有低温脆化的特性。如梨和苹果在液态空气中会像玻璃一样碎裂，所以在低温下，物料容易粉碎。用液氮等冷媒不会因结"冰"而破坏动植物的细胞，所以具有粉碎效率高、产品质量好等优点。

低温粉碎的主要缺点是成本较高。这对于某些需保持高的营养成分和芳香味的物料的粉碎，成本高相对而言已是一个次要的问题。低温粉碎时因物料易于粉碎，对纤维性物料来讲，其生产效率通常为常温下同样机型的 4～5 倍，故低温粉碎已得到越来越多的应用。但低温粉碎时应充分注意物料含水量对粉碎功耗的影响，如含水量超过一定值能耗将成倍增加。

由于低温粉碎机在启动、停机时温度变化幅度大，机器本身会产生热胀冷缩，凝结水腐蚀以及绝热保冷等问题，加上粉碎机材料的低温脆化因素，因此，粉碎机各部件材料的选择很重要，应选用在操作条件下不会发生低温脆化以及化学稳定性较高的材料。结构上可选用轴向进料式粉碎机，可从喂料口吸入已冷却待粉碎材料和汽化冷媒。为了使粉碎室内达到所需低温（温度可从入料口测得），可通过冷媒供给阀来调节进入粉碎室内冷媒的供给量。低温粉碎系统如图 4-40 所示。

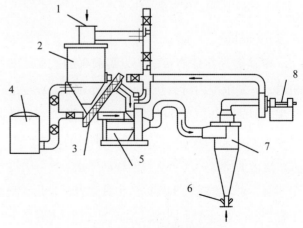

图 4-40　低温粉碎系统
1. 物料入口　2. 冷却贮斗　3. 输送机　4. 液氮贮槽
5. 低温粉碎机　6. 产品出口　7. 旋风分离器　8. 风机

第六节
分离提取设备

食品工业中分离过程的投资要占到生产过程总投资的50%~90%，是食品加工中一个非常重要的操作。分离提取操作是指将具有不同物理、化学性质的物质，根据其颗粒大小、状态、密度、溶解性、沸点等表现出的不同特点将物质分开的过程，即利用各种操作手段把对象物质从混合物中加以分开的过程。

根据物系的不同，分离方法分为扩散式分离法，包括：蒸发、蒸馏、干燥等（根据挥发度或汽化点的不同）；结晶（根据凝固点的不同）；吸收、萃取、沥取等（根据溶解度的不同）；沉淀（根据化学反应生成沉淀物的选择性）；吸附（根据吸附势的差别）；离子交换（用离子交换树脂）；等电位聚焦（根据等电位 pH 的差别）；气体扩散、热扩散、渗析、超滤、反渗透等（根据扩散速率差）。

另一种是机械分离方法，包括：过滤、压榨（根据截留性或流动性的不同）；沉降（根据密度或粒度不同）；磁分离（根据磁性不同）；静电除尘、静电聚结（根据电特性的不同）；超声波分离（根据对波的反应特性的不同）。

从物料分离的原理上看，可将分离设备分为两大类：第一类是利用机械力和分离介质来进行分离操作。第二类是超临界流体萃取技术，即利用某些溶剂在临界值上所具有的特性来提取混合物中可溶性组分的一门新的分离技术。因此，可根据物料的物理、化学性质进行工艺过程设计和控制进行分离操作。

一、过滤机的分类

过滤机按过滤推动力可分为重力过滤机、加压过滤机和真空过滤机；按过滤介质的性质可分为粒状介质过滤机、滤布介质过滤机、多孔陶瓷介质过滤机和半透膜介质过滤机等；按操作方法可分为间歇式过滤机和连续式过滤机等。

间歇式过滤机的过滤、洗涤、干燥、卸料4个操作工序在不同时间内，过滤机同一部位上依次进行。它的结构简单，但生产能力较低，劳动强度较大。间歇式过滤机有重力过滤器、板框压滤机、厢式压滤机、叶滤机等。

连续式过滤机的4个操作工序在同一时间内，过滤机的不同部位上进行。它的生产能力较高，劳动强度较小，但结构复杂。连续过滤机多采用真空操作，常见的有转筒真空过滤机、圆盘真空过滤机等。圆盘真空过滤机实际上是真空过滤机与压滤机的结合，一方面实现了连续操作，另一方面由于驱动力的成倍增加，使过滤效果比真空过滤明显改善，滤饼水分显著降低，效率成倍提高，但是这种过滤机结构复杂，设备投资大。

二、离心分离设备

离心机是利用惯性离心力进行固-液、液-液或液-液-固离心分离的机械。离心机的主要部件是安装在竖直或水平轴上的快速旋转的转鼓。鼓壁上有的有孔，有的无孔。浆料送入转鼓内随鼓旋转，在惯性离心力的作用下实现分离。在有孔的鼓内壁覆以滤布，则流体甩出而颗粒被截留在鼓内，称为离心过滤。对于鼓壁上无孔，且分离的是悬浮液，则密度较大的颗粒沉于鼓壁，而密度较小的流体集中于中央并不断引出，称为离心沉降。对于鼓壁上无孔且分离的是浮浊液时，两种液体按轻重分层，重者在外，轻者在内，各自从适当位置引出，称为离心分离。

（一）卧式螺旋离心机

卧式螺旋离心机是比较常见的一种离心机，按操作原理不同可分为卧式螺旋卸料过滤离心机、卧式螺旋卸料沉降离心机、卧式离心卸料离心机、刮刀卸料离心机等。

1. 卧式螺旋卸料过滤离心机　卧式螺旋卸料过滤离心机能在全速下实现进料、分离、洗涤、卸料等工序，是连续卸料的过滤式离心机。其结构如图4-41所示。

圆锥转鼓9和螺旋推料器10分别与驱动的差速器轴端连接，两者以高速同一方向旋转，保持一个微小的转速差。悬浮液由进料管11输入螺旋推料器内腔，并通过内腔料口喷铺在转鼓内衬筛网板上，在离心力作用下，悬浮液中液相通过筛网孔隙、转鼓孔被收集在机壳内，从滤液口排出机外，固体物在筛网滞留。在差速器的作用下，固体物由小直径处滑向大端，随转鼓直径增大，离心力递增，固体物加快脱水，直到推出转鼓。

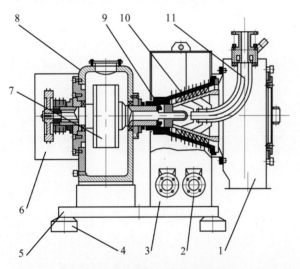

图4-41　卧式螺旋卸料过滤离心机
1.出料斗　2.排液口　3.壳体　4.防振垫　5.机座（底座）
6.防护罩　7.差速器　8.箱体　9.圆锥转鼓
10.螺旋推料器　11.进料管

该机型带有过滤型锥形转鼓，利用差速器调节螺旋推料器的转速，以控制卸料速度，并有过载保护装置，可实现无人安全操作。

该机型运转平稳，噪声低，操作和维护方便，与物料接触零件均采用耐腐蚀不锈钢制造，适用于腐蚀介质的物料处理。

2. 卧式离心卸料离心机　卧式离心卸料离心机为连续操作、自动卸料的过滤式离心机，加料、分离、卸料等工序均在全速运转下连续进行，故分离

效率高，生产能力大，其结构如图4-42所示。

电动机带动锥形转鼓高速旋转，悬浮液由进料管引入，在转鼓底经加速后均布于转鼓小端滤网上，液体经滤网和鼓壁滤孔排出，固体物在滤网上形成滤渣，滤渣受离心力在锥面分力作用下向转鼓大端滑动，最后排出转鼓。

卧式离心卸料离心机适合分离含固体物（结晶状、无定形或短纤维状）浓度40%~80%、颗粒直径0.25~10 mm的悬浮液。该机符合药品生产质量管理规范设计。

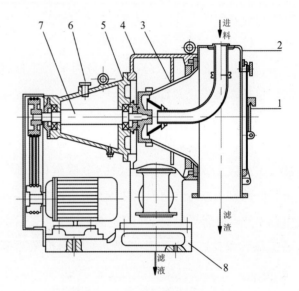

图4-42　卧式离心卸料离心机
1.视镜　2.前机壳　3.转鼓　4.中间机座　5.轴承座
6.注油孔　7.主轴　8.底座

3. 刮刀卸料离心机　刮刀卸料离心机是一种连续运转，循环实现进料、分离、洗涤、脱水、卸料、洗网等工序的过滤式离心机。在全速运转下，各工序均能实现全自动或半自动控制。其结构如图4-43所示。

启动空转鼓全速运转，进料阀自动开启，悬浮液沿进料管进入转鼓内。在离心力作用下，大部分液体经滤网、衬网及转鼓上的小孔被甩出，经机壳排液阀排出机外，固体物则留在转鼓内。进料阀经一定时间自动关闭，进料停止，固体物在转鼓内被甩干。需要洗涤的物料可进行洗涤。刮刀自动旋转，将固体物经出料斗排出机外。然后自动洗网，开始下一个循环。

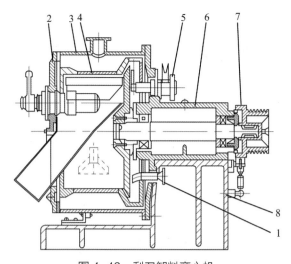

图 4-43　刮刀卸料离心机
1.反冲装置　2.门盖组件　3.机体组件　4.转鼓组件
5.虹吸管机构　6.轴承箱　7.制动器组件　8.机座

（二）立式离心机

1.自动排出式　立式连续离心卸料机（自动排出式）如图 4-44 所示。该机回转篮周围设有篮网，原液由上方流入，篮子带动原液高速回转，滤液在离心力作用下穿过篮网由下部排出，而固体物则附着在篮网表面，同时沿锥面不断向上推移，由上部落下自动排出机外。

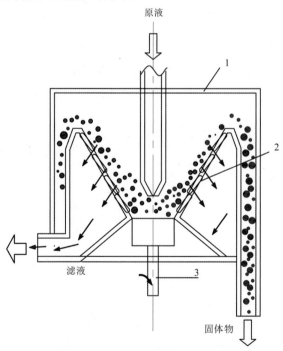

图 4-44　立式连续离心卸料机（自动排出式）
1.固定槽　2.回转篮　3.驱动轴

2.振动式　立式连续离心卸料机（振动式）如图 4-45 所示。它由固定槽、回转篮、驱动轴、曲柄轴及机架等构成。

工作时原液由上方进入，回转篮以高速旋转，并利用曲柄轴的作用同时沿垂直方向振动。在离心力作用下，滤液穿过篮网飞散过滤，并由下部排出。固体物则紧贴网篮向上移动并由上部排出机外。

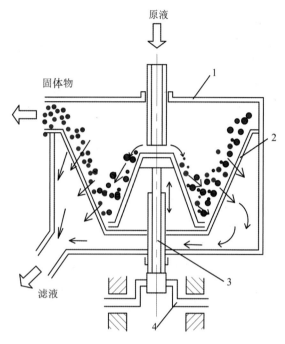

图 4-45　立式连续离心卸料离心机（振动式）
1.固定槽　2.回转篮　3.驱动轴　4.曲柄轴

3.三足式刮刀下卸料自动离心机　三足式刮刀离心机是下部卸料、间歇操作、程序控制的过滤式自动离心机，可按使用要求设定程序，由液压、电气控制系统自动完成进料、分离、洗涤、脱水、卸料等工序，可实现远、近距离操作，结构如图 4-46所示。

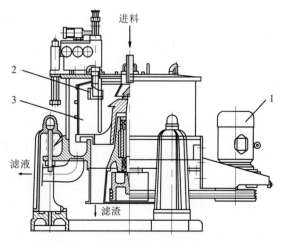

图 4-46　三足式刮刀下卸料自动离心机
1.电动机　2.刮刀　3.转鼓

食用菌加工厂设计及加工设备

它由调速电动机带动转鼓中速旋转，进料阀开启将物料由进料管加入转鼓，经布料盘均匀洒布到鼓壁，进料达到预定容积后停止进料，转鼓升至高速旋转，在离心力作用下，液相穿过滤布和鼓壁滤孔排出，固体物截留在转鼓内，转鼓降至低速后，刮刀旋转往复动作，将固体物从鼓壁刮下由离心机下部排出。该机采用窄刮刀低速卸料，因此除广泛用于含直径 0.05~0.15 mm 固体物颗粒的悬浮液分离外，特别适宜热敏感性强、不允许晶粒破碎、操作人员不宜接近的物料分离。该机具有自动化程度高、处理量大、分离效果好、运转稳定、操作方便等优点。该机符合药品生产质量管理规范设计。

4.高速管式离心机　高速管式离心机主要由转鼓、机架、机头、压带轮、滑动轴承组和驱动体六部分组成，结构如图4-47所示。转鼓由三部分组成：上盖8、带空心轴的底盖3和管状的转鼓18。

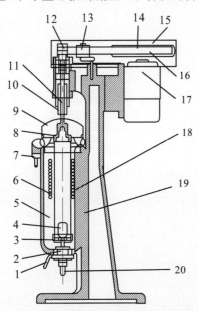

图4-47　高速管式离心机（液－固型）
1.手柄　2.轴承组　3.底盖　4.翅片　5.箱门
6.冷却盘管　7、9.积液盘　8.上盖　10.螺母　11.主轴
12.主轴皮带轮　13.压带轮　14.电机带轮　15.传动箱
16.传动带　17.电机　18.转鼓　19.机身　20.进料口

转鼓内沿轴向装有对称的四片翅片4，使进入转鼓的液体很快达到转鼓的转动角速度。被澄清的液体从转鼓上端出液口排出，进入积液盘7、9，再流入槽、罐等容器内。固体则留在转鼓上，待停机后再清除。

物料由底部进液口射入，离心力迫使料液沿转鼓内壁向上流动，且因料液不同组分的密度差而分层。对于液－液物系，密度大的液相形成外环，密度小的液相形成内环，流动到转鼓上部各自的排液口排出，如图4-48（a）所示，微量固体沉积在转鼓壁上，待停机后人工卸出。对于液－固物系，密度较大的固体微粒逐渐沉积在转鼓内壁形成沉渣层，待停机后人工卸出，澄清后的液相流动到转鼓上部的排液口排出，如图4-48（b）所示。

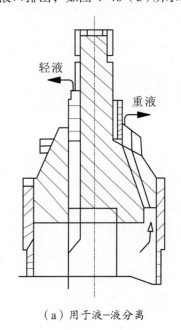

（a）用于液－液分离

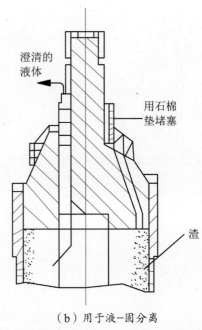

（b）用于液－固分离

图4-48　高速管式离心机液－液和液－固分离工作状况

高速管式离心机主要用于生物医学、中药制剂、保健食品、饮料、化工等行业的液－固或液－液－固三相分离，最小分离颗粒直径为 1 μm，特别对液－固相比重差异小，固体粒径小、含量低，介质腐蚀性强等物料的提取、浓缩、澄清较适用。

5. 碟片式离心机　碟片式离心机是应用最为广泛的离心沉降设备。它具有一密闭的转鼓，鼓中放置有数十个至上百个锥顶角为 60°~100° 的锥形碟片，碟片与碟片间的距离用附于碟片背面的、具有一定厚度的狭条来调节和控制，一般碟片间的距离为 0.5~2.5 mm，当转鼓连同碟片以高速旋转时（一般为 4 000~8 000 r/min），碟片间悬浮液中的固体颗粒因有较大的质量，先沉降于碟片的内腹面，并连续向鼓壁方向沉降，澄清的液体则被迫反方向移动，最终在转鼓颈部进液管周围的排液口排出。

碟片式离心机既能分离低浓度的悬浮液（液－固分离），又能分离乳浊液（液－液分离或液－液－固分离）。两相分离和三相分离的碟片形式有所不同，两相分离所用的碟片为无孔式，三相分离所用的碟片在一定位置带有孔，以此作为液体进入各碟片间的通道，孔的位置是处于轻液和重液两相界面的相应位置上。碟片式离心机工作原理如图 4-49 所示。

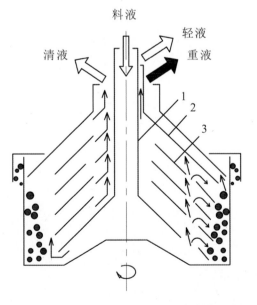

图 4-49　液－固分离和液－液－固分离的工作原理
左侧：液-固分离　右侧：液-液-固分离
1. 进料管　2. 重轻液分隔板　3. 碟片

三、溶剂萃取设备

有机溶剂萃取过程是利用两个不相混溶的液相中各个组分（包括目标组分）溶解度的不同，从而达到分离的目的。

（一）溶剂萃取设备的分类

根据料液和溶剂接触及流动方向，溶剂萃取设备可以分成单级萃取设备和多级萃取设备，后者又可分为错流接触和逆流接触萃取设备。多级逆流萃取过程具有分离效率高、产品回收率高、溶剂用量少等优点，是工业生产最常用的萃取流程。多级萃取设备也有多种类型，如混合沉降器、筛板萃取塔、填料萃取塔等。

根据操作方式不同，溶剂萃取设备可分成间歇萃取设备和连续萃取设备。

根据分离物系构成的不同，溶剂萃取设备可分成液－液萃取设备和液－固萃取设备。

（二）液－液萃取设备

液－液萃取设备按照接触的方式不同，可以分为逐级式和微分式两大类。以下主要以微分式进行介绍。

微分式萃取，就是在一个柱式或塔式容器中，互相溶混的两液相分别从顶部和底部进入并相向流过萃取设备，目的产物（溶质）则从一相传递到另一相，以实现产物分离的目的。其特点是两液相连续相向流过设备，因没有沉降分离时间，所以料液未达平衡状态。微分式萃取操作只适用于两液相有较大的密度差的萃取。

微分式萃取设备主要是一个萃取塔，如图 4-50 所示为常见的三种典型设备结构示意图。其中，（a）为多层填料萃取塔，（b）为多级搅拌萃取塔，（c）为转盘萃取塔。此外，文丘里式混合器、螺旋输送混合器也常用于萃取操作。

（三）固－液萃取设备

固－液萃取操作主要包括不溶性固体中所含的溶质在溶剂中溶解的过程和分离残渣与浸取液的过程。固－液萃取设备按其操作方式可分为间歇式、

食用菌加工厂设计及加工设备

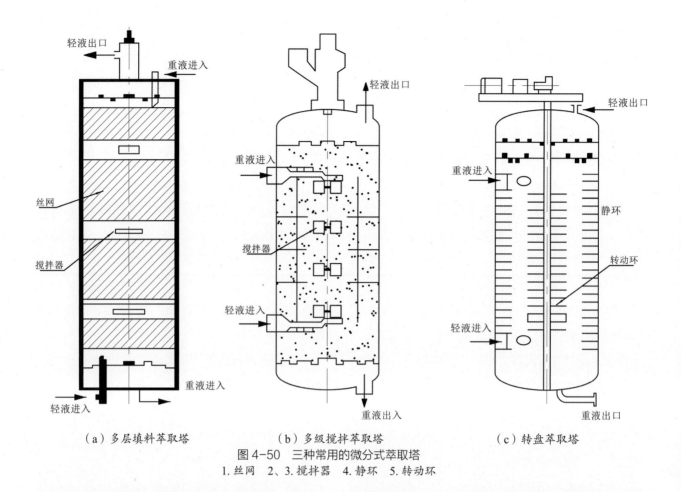

（a）多层填料萃取塔　　　　（b）多级搅拌萃取塔　　　　（c）转盘萃取塔

图 4-50　三种常用的微分式萃取塔

1. 丝网　　2、3. 搅拌器　　4. 静环　　5. 转动环

多级逆流式和连续式。按固体原料的处理方法，可分为固定床、移动床和分散接触式。按溶剂和固体原料接触的方式，可分为多级接触型和微分接触型。

1. 单级间歇式浸出器　单级间歇式浸出器示意图如图 4-51 所示，图中（a）是一种溶剂再循环式浸出器，由浸出部分 A 和溶剂蒸发部分 B 组成。原料在 A 处完成浸出操作后，浸出液经滤板流至 B 处。浸出液在 B 处受热后，其中溶剂蒸发，并经冷凝后重新使用。反复几次后，最后以蒸汽进行喷淋，直接排出溶剂，则可得残渣，浸出液经蒸发溶剂后以得浸出物。图中（b）是一种简单的浸出器。

2. 多级逆流式浸出器　多级逆流式浸出器如图 4-52 所示，由六个浸出罐组合而成。浸出罐如图 4-53 所示。在操作中各罐的状态：1、2、3 罐为浸出操作中；4 罐为加料操作中；5 罐为排出残渣；6 罐为通蒸汽以除去溶剂。

1、2、3 罐组成一组浸出系列，先将溶剂泵进

1 罐进行浸出，浸出液则逐步进 2 罐及 3 罐，由 3 罐出来的浸出液浓度较高，送往蒸发塔以回收浸出物。当 1 罐的浸出操作结束，则与此浸出系列隔开，此时 4 罐则加入浸出系列而形成另一个新的浸出系列（2、3、4 罐），其状态如下：1 罐为通蒸汽以除去溶剂操作中；2、3、4 罐为浸出操作中；5 罐为加料操作中；6 罐为排出残渣操作中。

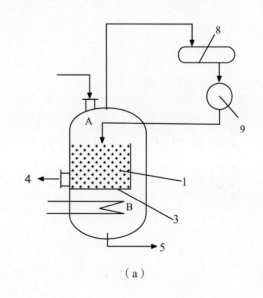

（a）

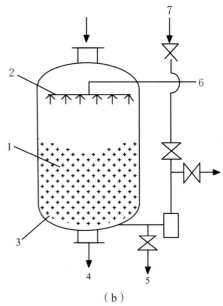

（b）

图4-51　单级间歇式浸出器

1.原料　2.溶剂分配器　3.滤板（底）　4.滤渣出口
5.浸出物　6.新鲜溶剂入口　7.洗液入口
8.冷凝器　9.溶剂槽

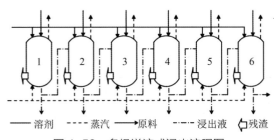

——溶剂　----蒸汽　→原料　-·-·浸出液　⇦残渣

图4-52　多级逆流式浸出流程图

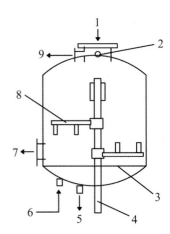

图4-53　浸出罐

1.原料　2.溶剂进口　3.滤板　4.转轴　5.浸出液出口
6.蒸汽进口　7.残渣　8.搅拌器　9.蒸汽出口

　　如此类推操作，则可得到浸出物与残渣。为了提高效率，须选择适当的溶剂比、浸出时间和浸出罐的组合数。

四、膜分离设备

　　膜分离是近二十年来在分离领域迅速崛起的高新技术，是一种利用天然或人工合成的高分子半透膜进行物质分离的方法。膜分离是利用膜的选择性，以膜的两侧存在的能量差（压力差或电位差）作为推动力，由于溶液中各组分透过膜的迁移速率不同而实现的分离。膜分离操作属于速率控制的传质过程，具有设备简单、可在室温或低温下操作，具有无相变、处理效率高、节能等优点，适用于热敏性的生物工程产物的分离、浓缩与纯化。

　　膜分离技术的核心是膜，即膜的选择性能是分离的关键。膜分离技术所包含的方法有多种，较常使用的有：微滤（MF）、超滤（UF）、纳滤（NF）、反渗透（RO）、电渗析和透析等。

　　超滤膜在工业应用上的构型主要有平板状、管状、螺旋板状和中空纤维状等，目前工业应用中以中空纤维膜为主。中空纤维膜是一种自身支撑膜，实际上为一厚壁圆筒。纤维的外径为50~200 μm，内径为25~42 μm，其特点是在较高压力下不变形。Dupont B-9中空纤维膜分离示意图如图4-54所示。

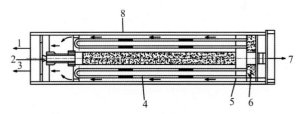

图4-54　Dupont B-9中空纤维膜分离示意图

1.盐水　2.进料口　3.取样　4.中空纤维膜
5.环氧树脂管板　6.多空支撑板　7.产品出口
8.外壳

　　中空纤维组件的组装，一种是把几十万根以上中空纤维弯成"U"形装入耐压容器内，纤维的开口端密封在管板中。纤维束的中心轴处安置一个原水分配管，使原水径向流过纤维束。原水透过纤维管壁后，沿纤维的中空内腔经管板引出，浓水在容器的另一端排出。其他组装方式还有平行集束装填。毛细管膜组件与中空纤维膜组件的形式相同，

食用菌加工厂设计及加工设备

其差异仅在于膜的规格不同。

五、分子蒸馏设备

分子蒸馏技术是在很高的真空条件下，对物料在极短的时间里加热、气化、分离，以达到提纯的目的，分离的对象都是沸点高，又不耐高温、受热时易分解的物质。系统压力一般在 0.133~1.33 Pa 范围内，物料受热时间仅 0.05 s 左右。

在分子蒸馏设备的研制中，我国研究人员基本解决了工业化生产中容易出现的突出问题，如物料返混问题、动静密封问题，实现了工业装置高真空下的长期稳定运行。

（一）分子蒸馏的原理

分子蒸馏是在高真空中进行的一种非平衡蒸馏。其蒸发面与冷凝面的距离在蒸馏物料的分子平均自由程之内。所谓自由程，即是一个分子与其他气体分子每连续二次碰撞走过的路程。相当多的不同自由程的平均值，叫作平均自由程。此时，物质分子间的引力很小，自由飞驰的距离较大，这样由蒸发面飞出的分子，可直接落到冷凝面上凝集，从而达到分离的目的。因此，分子蒸馏最大的特点是蒸发的分子不与其他分子碰撞即可到达冷凝面，高真空可使蒸发在低温中进行，这对热稳定性差与高分子量的物质蒸馏就有了可能。

分子蒸馏器原理如图 4-55 所示，在图左边的状态中，因为真空度低，残存有空气，从蒸汽一面得到热能飞出的物质，在途中与其他分子碰撞又返回到蒸发面。但是，若进而提高真空度，则可变为右边的状况。

在图右边的状态中，真空度充分提高，从蒸发面飞出的分子，可不与其他物质分子碰撞，即能到达冷却面。

目前应用较广的为离心薄膜式和转子刮膜式（也称降膜式）。这两种形式的分离装置，也一直在不断改进和完善，特别是针对不同的产品，其装置结构与配套设备有不同的特点。

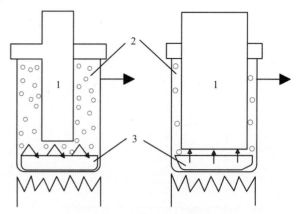

图 4-55　分子蒸馏器原理示意图
1. 冷却器　2. 残存空气　3. 蒸馏物料

（二）降膜式分子蒸馏器

降膜式分子蒸馏器如图 4-56 所示。该装置是采取重力使蒸发面上的物料变为液膜降下的方式。将物料加热，蒸发物就可在相对方向的冷凝面上凝缩。该装置的要点是如何使物料在蒸发面形成均一的液膜。采用旋转刷等机构或将蒸发面转动，都可促进液膜的均匀化，然后将在蒸馏中分解的物质及其他杂质去除。但是，即使如此，也很难得到均匀的液膜，同时加热时间也较长。另外，从塔顶到塔底的压力损失相当大，所以有蒸馏温度变高的缺点。对热不稳定的物质其适用范围也有一定的局限性。一般实验室用的分子蒸馏装置多为降膜式。

（三）离心式分子蒸馏器

离心式分子蒸馏器如图 4-57 所示。该装置是将物料送到高速旋转的转盘中央，并在旋转面扩展形成薄膜，同时加热蒸发，使之在对面的冷凝面中凝缩。作为分子蒸馏器，这是目前较为理想的一种装置。但是，与其他方法相比，因为有高速转盘，需要高真空密封技术。在进行分子蒸馏中，除了蒸馏器主体之外，还必须有按照处理物料的性质、规模等配备相对应的各种附属装置。其中主要有脱气器、各种真空泵、冷阱、冷冻机、耐真空性液料泵等。

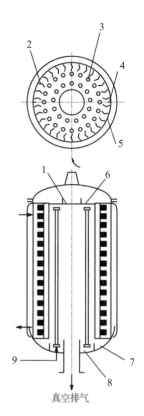

图 4-56 降膜式分子蒸馏器
1.供给液 2.旋转汽液分离器 3.冷凝器（多管或盘管）
4.旋转刷 5.加热夹套 6.溶液旋转分散器 7.残液
8.馏出液 9.冷却液

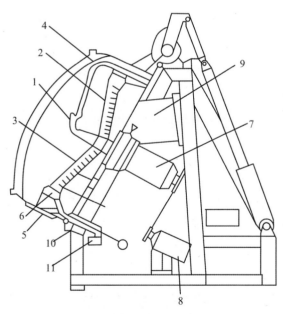

图 4-57 离心式分子蒸馏器
1.进料管 2.蒸发器 3.加热器 4.冷凝器
5.蒸馏液收集槽 6.残液收集槽 7.密封轴承
8.电动机 9.真空泵 10.蒸馏液出口 11.残液出口

第七节
干燥设备

由于食品原料一般含有大量水分，利用干燥处理后不仅可以减小食品体积和重量以降低贮运成本、提高食品贮藏稳定性，还可以改善和提高食品风味及食用方便性等。从液态到固态的各种物料均可以干燥成适当的干制品。

对于食用菌加工，干燥是至关重要的一个环节。在食用菌加工过程中需要应用干燥设备对物料进行干燥处理，而对食用菌原料本身的干制也是一种常用的加工技术。一些食用菌经过干制加工，可增加风味，耐贮存，不易腐败变质，如香菇、黑木耳、银耳、草菇、竹荪等都是适宜干燥的食用菌。

根据食用菌种类的不同，以及对干燥工艺要求的不同，食用菌干燥机械设备选用也不同。

根据热量传递方式，一般将干燥机械分为对流式、传导式和辐射式。下面介绍几种适用于食用菌干燥加工的设备。

一、对流式干燥设备

对流式干燥设备以对流方式为主对物料进行干燥。其干燥介质为流体，如热空气、蒸汽等。它们将自身热量传递给物料，使物料升温脱水，并将物料脱除的水分带出干燥室。对流式干燥设备主要有：箱式干燥器、洞道式干燥机、流化床干燥机、喷动床干燥机、气流式干燥机和喷雾式干燥机等。除了箱式干燥器以外，其余均为连续式或半连续式干燥设备。

（一）箱式干燥器

箱式干燥器是一种常压间歇式干燥机，小型的称为烘箱，大型的称为烘房。图4-58为典型箱式干燥器及其不同加热方式的结构图。箱式干燥器的四壁采用绝热材料，以减少热损失。箱式干燥器

食用菌加工厂设计及加工设备

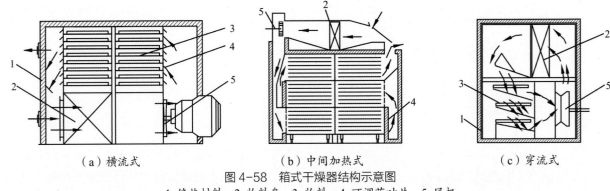

（a）横流式　　　　　　　　（b）中间加热式　　　　　　（c）穿流式

图4-58　箱式干燥器结构示意图

1.绝热材料　2.物料盘　3.物料　4.可调节叶片　5.风机

内设有加热器，有多种形式和布置方法，加热方法可采用蒸汽、煤气或电加热。干燥器内的风机强制引入新鲜空气与机内空气混合，并驱使混合气流循环流过加热器，再流经物料。空气流过物料的方式有横流式和穿流式两种。横流式干燥中，热空气在物料上方掠过，与物料进行湿交换和热交换，如图4-58（a）所示。若框架层数较多，可分为若干组，空气每流经一组料盘之后，就流过加热器再次提高温度，如图4-58（b）所示，即为具有中间加热装置的横流式干燥器。在穿流式中，如图4-58（c）所示，粒状、纤维状的物料在框架的网板上铺成一薄层，空气以0.3~1.2 m/s的速度垂直流过物料层，可获得较大的干燥速率。

箱式干燥器的优点在于制造和维修方便，使用灵活性大。食品工业上常用箱式干燥器来干燥需要长时间干燥的物料、数量不多的物料以及需要特殊干燥条件的物料，对于食用菌鲜原料的干制加工也应用较多。箱式干燥器的主要缺点是干燥不均匀，不易抑制微生物活动，装卸强度大，热能利用不够经济。

（二）洞道式干燥机

这种干燥机有一段长度为20~40 m的洞道，如图4-59所示。湿物料在料盘中散布成均匀料层。料盘堆放在小车上，料盘与料盘之间留有间隙供热风通过。洞道式干燥机的进料和卸料为半连续式，即当一车湿料从洞道的一端进入时，从另一端同时卸出另一车干料。洞道中的轨道通常带有1/200的斜度，可以由人工或绞车等机械装置来操纵小车的

移动。洞道的门只有在进、卸料时才开启，其余时间都是密闭的。空气由风机推动流经预热器，然后依次在各小车的料盘之间掠过，同时伴随轻微的穿流现象。空气的流速为2.5~6.0 m/s。

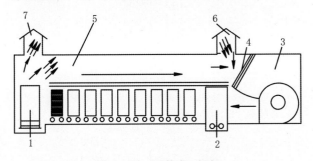

图4-59　洞道式干燥机

1.湿料车侧向入口　2.干料车侧向出口　3.风机
4.空气加热器　5.循环气流风门　6.新鲜空气入口
7.废气排出口

洞道式干燥机可以灵活控制干燥条件，干燥制品的水分含量更均匀。其缺点是结构复杂，密封要求高，需要特殊装置实现，干燥过程中压力损失大，能量消耗多。

（三）网带式干燥设备

网带式干燥机是一种将物料置于输送网带上，在网带通过隧道过程中与热风接触而干燥的设备。网带式干燥机由干燥室、输送带、风机、加热器、提升机和卸料机等组成。沿输送网方向，可分成若干相对独立的单元段，每个单元段包括循环风机、加热装置、单独或公用的新鲜空气抽入系统和尾气排出系统。每段内干燥介质的温度、湿度和循环量等操作参数可以独立控制，使物料干燥过程达到最优化。输送带为不锈钢丝网或多孔板不锈钢链带，转速可调。网带式干燥机因结构和干燥流程不

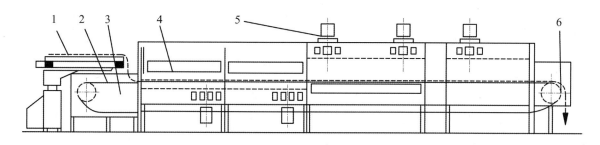

图 4-60　单层网带式干燥器
1.加料器　2.网带　3.进料段　4.布风器　5.循环风机　6.出料段

同可分成单层、双层和多层等不同的类型。

单层网带式干燥机如图 4-60 所示，物料在干燥机内网带上均匀前移，气流经加热器加热，由循环风机进入热风分配器，呈喷射状吹向网带上的物料，与物料接触，进行传热传质。大部分气体进行循环，一部分含湿量较大的低温气体作为废气由排湿风机排出。

网带式干燥机适用于食用菌的脱水干制以及相关中药材的烘干，适用的物料形状有片状、条状、粒状、棒状、滤饼类等，在食品工业上应用比较广泛。

（四）喷雾干燥机

喷雾干燥机是一种将液状物料通过雾化方式干燥成粉状的设备。许多粉状制品，如乳粉、蛋粉、豆乳粉、低聚糖粉、蛋白质水解物粉、微生物发酵物等都用喷雾干燥机生产。喷雾干燥机也是主要的微胶囊造粒设备之一。

喷雾干燥系统主要由雾化器、干燥室、粉尘分离器、进风机、空气加热器、排风机等构成。干燥室是喷雾干燥的主体设备，雾化后的液滴在干燥室内与干燥介质相互接触进行传热传质而达到干制品的水分要求。喷雾干燥机的形式较多，不同形式喷雾干燥机的主要区别在于雾化器、干燥室和加热介质回收利用程度等方面。

喷雾干燥系统除了雾化器和干燥室之外，还有处理干燥介质的空气过滤器和加热器（直接燃烧加热或间接加热），使干燥介质能均匀分布的热风分配器，输送介质的风机，以及产品收集装置和回收干燥介质中细粉的分离装置。喷雾干燥最基本的

是开放式系统，这是国内外普遍使用的装置系统。

1.压力喷雾干燥机　如图 4-61 所示为立式压力喷雾干燥机，主要由空气过滤器、进风机、空气加热器、热风分配器、压力喷雾器、干燥塔、布袋过滤器和排风机等组成。进风机、空气加热器和排风机安排在一个层面。

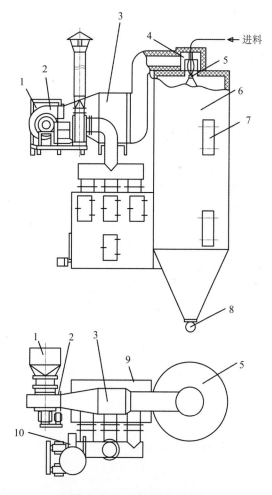

图 4-61　压力喷雾干燥机
1.布袋过滤器　2.进风机　3.空气加热器
4.热风分配器　5.压力喷雾器　6.干燥室
7.扫粉门　8.转鼓阀　9.空气过滤器　10.排风机

食用菌加工厂设计及加工设备

经空气过滤器过滤的洁净空气，由进风机吸入空气加热器加热至高温，通过塔顶的热风分配器进入塔体。热风分配器由锥形均风器和调风管组成，它可使热风均匀地呈并流状，并以一定速度在喷嘴周围与雾化浓缩液微粒进行热质交换。经干燥后的粉粒落到干燥室下部的圆锥部分，与布袋过滤器下螺旋输送器送来的细粉混合，不断由干燥室下转鼓阀卸出。塔体下部装有空气振荡器，可定时轮流敲击锥体，使积粉松动而沿塔壁滑下。

2. 离心喷雾干燥机　离心喷雾干燥机是一种并流式干燥机，如图4-62所示，其组成及工作原理基本上与压力喷雾干燥机相似，两者最大的区别在雾化器形式不同。由于离心喷雾器的雾化能量来自于离心喷雾头的离心力，因此，为本干燥机供料的泵不必是高压泵。此外，两者差异还体现以下几方面：离心式的热风分配器为蜗旋状；干燥室的圆柱

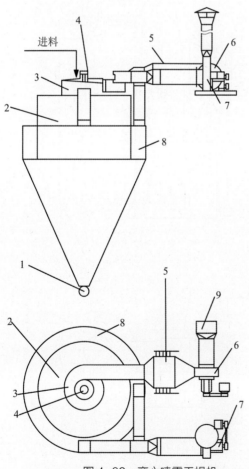

图4-62　离心喷雾干燥机
1.出粉阀　2.干燥室　3.热风分配器　4.离心喷雾器
5.空气加热器　6.进风机　7.排风机　8.布袋过滤器
9.空气过滤器

大雾化半径，从而要求有较高大的塔径）；干燥机体部分径高比较大（这主要因离心喷雾有较的布袋过滤器装在干燥室内，它分成两组，可轮流进行清粉和工作。布袋落下的细粉直接进入干燥室锥体。

不论是压力式还是离心式喷雾干燥机系统，直接从干燥室出来的粉体一般温度较高，因此需要采取一定措施使之冷却下来。

二、传导式干燥设备

传导式干燥机的热能供给主要靠导热，要求被干燥物料与加热面间应有尽可能紧密的接触。故传导干燥机较适用于溶液、悬浮液和膏糊状固－液混合物的干燥。其主要优点：首先在于热能利用的经济性，因这种干燥机不需要加热大量的空气，热能单位耗用量较热风干燥机少；其次传导干燥可在真空下进行，特别适用于易氧化物料的干燥。

（一）真空干燥箱

真空干燥箱如图4-63所示。它是一种间歇式干燥设备，适用于固体或热敏性、氧敏性液体物料。室内装有通加热剂的加热管、加热板、夹套或蛇管等，其内壁形成盘架。被干燥的物料均匀地散放于由钢板或铝板制成的活动托盘中，托盘置于盘架上。蒸汽等加热剂进入加热元件后，热量以传导方式经加热元件壁和托盘传给物料。盘架和干燥盘应尽可能做成表面平滑，以保证有良好的热接触。干燥过程产生的水蒸气由连接管导入混合冷凝器。

（二）冷冻干燥装置

冷冻干燥技术又称为真空冷冻干燥，简称冻干技术。冷冻干燥设备是一个集真空、制冷、干燥及清洁消毒于一体的设备，常用于食用菌、汤粉、饮料等物料的干燥。

间歇式冷冻干燥装置中的干燥箱与一般的真空干燥箱相似，属盘架式。干燥箱有各种形状，多数为圆筒形。盘架可以是固定式，也可做成小车出入干燥箱，料盘置于各层加热板上。如采用辐射加热方式，则料盘置于辐射加热板之间，物料可于箱

外预冻后装入箱内，或在箱内直接进行预冻。若为直接预冻，干燥箱必须与制冷系统相连接，间歇式冷冻干燥装置如图4-64所示。

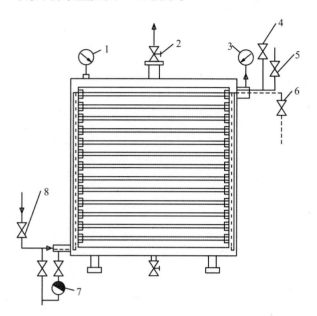

图4-63　真空干燥箱
1.真空表　2.抽气口　3.压力表　4.安全阀
5.加热蒸汽进阀　6.冷却水排出阀　7.疏水器
8.冷却水进阀

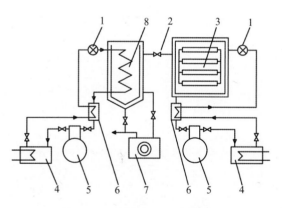

图4-64　间歇式冷冻干燥装置
1.膨胀阀　2.冷阱进口阀　3.干燥箱　4.冷凝器
5.制冷压缩机　6.热交换器　7.真空泵　8.冷阱

目前，冷冻干燥技术主要用于一些高附加值产品的加工。要使冷冻干燥技术被广泛应用于食品工业，还需要解决降低设备造价，减小能量消耗，缩短生产周期等问题。由于冷冻升华干燥具有其他干燥方法无可比拟的优点，因此越来越受到人们的青睐。随着研究工作的深入，加工材料及制造技术的改进，冷冻升华干燥在食品、生物制品医药等方面的应用将日益广泛。

三、电磁辐射干燥设备

电磁辐射干燥是指在不同磁场作用下给物料和它周围的介质施加振动，使物料的加热和干燥过程加速。常用的电磁波有高频、红外线、远红外线和微波。

电磁辐射干燥在食品行业应用十分广泛，它可以实现快速干燥，同时可进行食品加工（如膨化干燥）。例如对蔬菜类的快速干燥比传统方法加热效率高10倍以上，其显微组织与生鲜接近程度仅次于冷冻干燥制品。在油炸食品最终干燥环节，不仅可以节省食用油，还可得到食用油含量低的清淡制品。

红外干燥是利用红外辐射发出的红外线为被加热物质所吸收，直接转化为热能，使物料升温而达到加热干燥的目的。

（一）远红外线烘箱

在一个密闭的箱体内配置红外辐射体、气流循环装置及物料承载装置即构成了远红外线烘箱。其操作方式为间歇式，结构简单，造价低，适合多种物料，目前在实验室广泛应用，如图4-65所示。

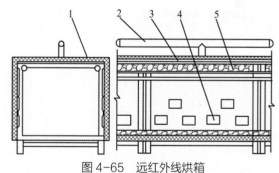

图4-65　远红外线烘箱
1.石棉板　2.排气管　3.热空气循环管
4.远红外辐射板　5.物料干燥处理轨道

（二）连续红外线干燥机

连续红外线干燥机实现连续生产，生产率高，产量大，劳动强度低。目前有多种型号，如图4-66所示为S型多用途有输送带远红外线干燥机。这种干燥机由于可以从上、下和侧面各方照射，因此适用于复杂的场合，一机多用，调整方便，操作简易。

食用菌加工厂设计及加工设备

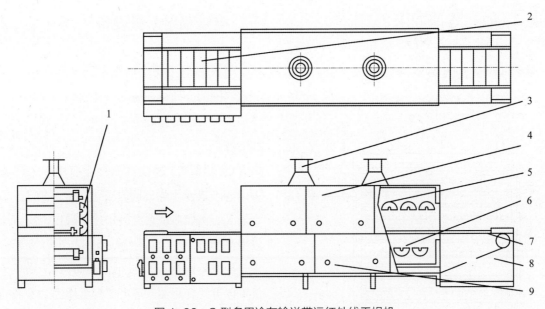

图 4-66 S 型多用途有输送带远红外线干燥机

1.侧面加热器 2.控制箱 3.排气烟囱 4.侧面罩（铰链式） 5.顶部加热器 6.底部加热器
7.链式输送带 8.驱动变速装置 9.下部罩（插入式）

三、高频干燥设备

高频干燥设备主要由高频振荡器、工作电容器和被干燥的介质物料等三个单元组成。高频振荡器为主机，工作电容器和介质物料统称负载。从电路角度可分为电源、控制系统、振荡器、匹配电路和负载。

高频振荡器由电子管和一些电路元件（电感圈、电容器等）构成，被干燥的物料盛放在电容器中，并在电容器所构成的一个高频电场中加热干燥。

微波炉属于高频干燥设备，又称微波箱。它是利用驻波场的微波干燥器，主要由矩形谐振腔、输入传导、反射板和搅拌器等组成。箱体通常用不锈钢或铝制成，如图 4-67 所示。使用时，注意不能把金属器皿置于微波炉内加热。

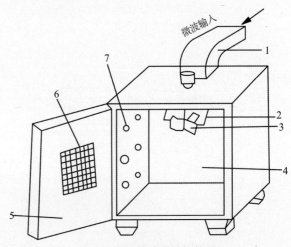

图 4-67 箱式微波加热器

1.输入传导 2.反射板 3.搅拌器 4.谐振腔 5.门
6.观察窗 7.排湿孔

杀菌设备

杀菌是食用菌加工过程中一个十分重要的环节。食用菌经过相应的杀菌处理后，其中的致病菌、腐败菌被杀死，酶活性被破坏，使食用菌在特定的条件下获得比较稳定的货架期，同时尽可能保护其营养成分和风味。

杀菌方法主要可分为物理杀菌和化学杀菌两大类。由于化学杀菌的化学残留物影响食品安全而很少用于食用菌加工。物理杀菌主要包括热杀菌和冷杀菌。

按照杀菌处理和包装的顺序，可将热杀菌方式分为原料加工过程中和产品包装后杀菌两种。前者主要是对流体物料进行杀菌，要求杀菌后无菌包装，通常采用板式或管式杀菌设备，且多采用高温短时或超高温瞬时杀菌；后者主要是对罐头之类的固体或半液态包装产品进行杀菌。

一、板式杀菌设备

（一）板式杀菌设备的组件

板式杀菌设备的核心部件是板式换热器，它由许多冲压成形的不锈钢薄板叠压组合而成，广泛应用于各种流体物料高温短时（HTST）和超高温瞬时（UHT）杀菌。板式换热器如图4-68所示，传热板1悬挂在导杆2上，前端为前支架（固定板）3，旋紧后支架4上的压紧螺杆6后，可使压紧板5与各传热板1叠合在一起。板与板之间有圆环橡胶垫圈11，以保证密封并使两板之间有一定空隙。在压紧后所有板块上的角孔形成流体的通道，冷流体与热流体就在传热板两边流动，进行热交换。拆卸时仅需松开压紧螺杆6，使压紧板5与传热板1沿着导杆2移动，即可进行清洗或维修。

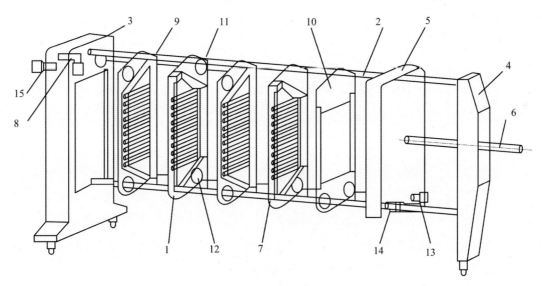

图4-68　板式换热器

1.传热板　2.导杆　3.前支架（固定板）　4.后支架　5.压紧板　6.压紧螺杆　7.板框橡胶垫圈　8.连接管　9.上角孔　10.分界板　11.圆环橡胶垫圈　12.下角孔　13、14、15.连接管

（二）板式杀菌设备的特点

板式杀菌设备的优点：传热效率高，结构紧凑，适用于热敏性物料的杀菌，有较大的适应性，操作安全、卫生，容易清洗，节约热能。其主要缺点：由于传热板之间是密封圈结构，使板式换热器承压较低，杀菌温度受限。

二、管式杀菌设备

管式杀菌设备的核心部件是管式换热器，由

食用菌加工厂设计及加工设备

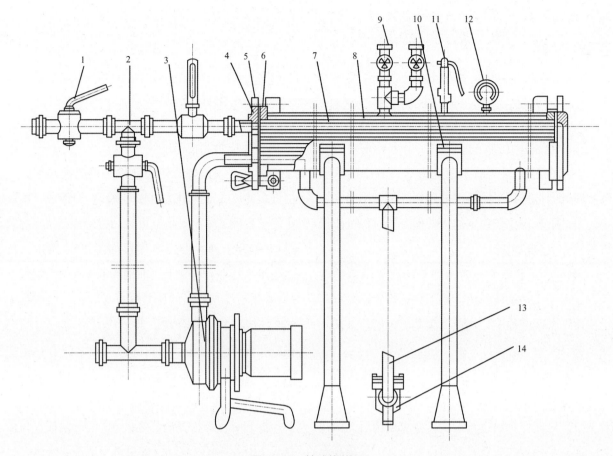

图 4-69　管式换热器
1.旋塞　2.回流管　3.离心泵　4.封盖　5.密封圈　6.管板　7.加热管　8.壳体　9.蒸汽截止阀
10.支脚　11.弹簧安全阀　12.压力表　13.冷凝水排出管　14.疏水器

加热管、封盖、壳体旋塞、离心泵、压力表、安全阀等部件组成，管式换热器如图 4-69 所示。管式杀菌机基本的结构：壳体内装有不锈钢加热管，形成加热管束；壳体与加热管通过管板连接。

（一）管式杀菌机的工作过程

液料由高压泵送进加热管内，蒸汽通入壳体空间后将管内流动的液料加热，液料在管内往返数次后达到杀菌所需的温度和时间后排出。若达不到需求，则经回流管回流重新进行杀菌的操作。

（二）管式杀菌机的结构特点

管式杀菌机的结构特点主要包括：①加热器由无缝不锈钢环管制成，没有密封圈和死角，因而可以承受较高的压力。②在较高的压力下可产生强烈的湍流，保证制品的均匀性和具有较长的运行周期。③在密封的情况下操作，可以减少污染。④其缺点为加热器内管内外温度不同，以致管束与壳体的热膨胀的程度有差别；产生的应力使管易弯曲变

形。因此，管式杀菌机适用于高黏度液体，如酱料、饮料、人造奶油、冰淇淋等。

三、卧式杀菌锅

卧式杀菌锅只用于高压杀菌，容量较大，适用于食用菌加工中的蘑菇罐头的杀菌。卧式杀菌锅装置如图 4-70 所示。它属于间歇式加压杀菌设备，与之配套的设备有杀菌小车，空气压缩机和检测仪表。

卧式杀菌锅锅体是用一定厚度的钢板焊制而成的圆柱形筒体，在筒体一端焊有椭圆形封头，另一端铰接一锅门（盖），锅门与锅体的闭合方式常采用自锁楔合块的锁紧方式，旋转转环即可使自锁楔合块锁紧或松开。锅内底部装有两根平行轨道，供装载罐头的杀菌小车进出。蒸汽从底部进入锅内两根平行的开有若干小孔的蒸汽分布管，对锅内进

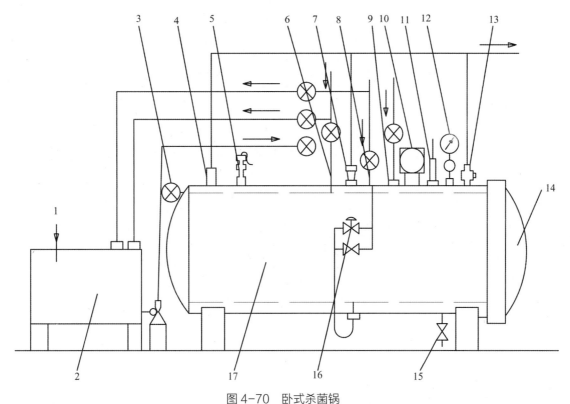

图4-70　卧式杀菌锅

1.水源　2.水箱　3.溢流管　4、7、13.放空气管　5.安全阀　6.进水管　8.进气管　9.进压缩空气管
10.温度记录仪　11.温度计　12.压力表　14.锅门　15.排水管　16.薄膜阀门　17.锅体

行加热。蒸汽管在导轨下方，锅体开设一地槽，便于杀菌锅排水。

锅体上装有各种仪表与阀门，由于采用反压杀菌，压力表所指示的压力包括锅内蒸汽和压缩空气的压力，致使温度与压力不能对应，因此需要装温度计。食用菌罐头通常采用该卧式杀菌锅进行高压杀菌和反压冷却。

四、高温短时杀菌设备

食用菌在加热杀菌消灭微生物的同时，不可避免地造成营养成分破坏、褐变等品质的下降。大量试验表明，采用高温短时杀菌，微生物致死速率远比对食用菌品质的破坏快得多。因此采用高温短时杀菌比一般的加热杀菌更有效，食用菌品质更好。高温短时杀菌一般是指采用120以上的温度及加热时间为数秒至数分的杀菌，有关设备介绍如下。

火焰连续杀菌设备如图4-71所示，适用于食

用菌、玉米、青豆等蔬菜罐头的杀菌。这种设备的热源不用蒸汽，而是用特制燃烧器或直接火焰对罐头进行加热杀菌。燃料可用煤气、丁烷、丙烷等。

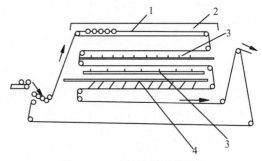

图4-71　火焰连续杀菌设备

1.链带式输送带　2.蒸汽室　3.火焰　4.喷水器

杀菌时，罐头以每分164罐的速度由推杆送入火焰杀菌设备，首先通过机组头部的常压蒸汽室，使内容物在4 min内预热至95℃。随后罐头通过5组燃烧器，火焰温度为1 000，使内容物在4 min内升温至124℃。接着通过另外4组燃烧器，使其在124℃下保温4 min，保温燃烧器上的火焰间隔比升温燃烧器的远，以能供给一定热量维持杀菌温度即可。同时，当罐头通过加热面时，内

食用菌加工厂设计及加工设备

容物受到更迭的热脉冲，提高微生物的致死率。

罐头最后被送至喷水冷却段，使内容物在 4 min 内冷却到 43℃。食用菌罐头用一般高压锅杀菌时共需 26 min，而用火焰杀菌法仅需 16 min，大大提高了生产效率。火焰温度由自控系统控制，罐头在杀菌过程中是滚动的，其滚动速度对产品杀菌有一定影响，以 10~22 r/min 为佳。

火焰连续杀菌设备无密封装置，结构简单，体积小，投资不高，效率很高，但由于没有外压，对有些产品不适用。由于黏稠性产品的流动性差，在高温下罐头内壁周围的产品容易发生焦煳，因而不用于黏稠状及无汁液的罐头食品。

五、杀菌新技术及设备

新型杀菌设备包括强磁脉冲杀菌设备、高压脉冲杀菌设备、辐照杀菌设备、脉冲光和激光杀菌设备、超声波杀菌设备、微波杀菌设备等。

（一）强磁脉冲杀菌设备

该技术采用强磁脉冲磁场的生物效应进行杀菌，在输液管外面，套装有螺旋状线圈，磁脉冲发生器在线圈内产生 2~10 T 的磁场。当液体物料通过该段输液管时，其中的细菌等微生物即被杀死。

针对食用菌富含氨基酸、蛋白质、糖类、脂类、维生素、矿物质元素等多种营养成分的特点，采用该技术可实现以下目标：杀菌时间短，效率高；杀菌效果好且升温小，同时保持了食用菌原来的风味、色香、品质和组分（维生素、氨基酸等）不变；不污染产品，无噪声；对于食用菌不同种类的产品适用范围广泛。

（二）微波杀菌设备

对于非黏稠状或有一定汁液的食用菌罐头食品，一般可采用前面介绍的高温短时杀菌设备，但是对于高黏度的液体或者固体的食用菌食品，由于完全不存在热对流现象，传热完全依赖于热的传导方式。因此，在加热杀菌过程中，中心部位的升温速度很慢，其色香味、营养成分和口感等质量指标却因长时间的加热和受热过度而难免发生变化，降低了质量。在解决长时间加热的问题上，微波高温杀菌设备的应用，为高黏度液体食品和软罐头杀菌提供了解决方案，以多管微波杀菌设备最引人关注。

高黏度液体食品的管式微波高温杀菌装置如图 4-72 所示。这是一种适用于处理高黏度物料的连续杀菌装置。该装置由料斗供给液体食品物料，通过定量泵加压传送到微波照射部后，利用微波使温度升高到规定的温度。然后根据需要，用保温管使食品在杀菌温度下杀菌。照射杀菌部选用合适的材质及设计合适的搅拌机构，保证物料不因黏着而阻塞，从而防止了过度的加热现象。最后，在冷却管中冷却后被送出装置。

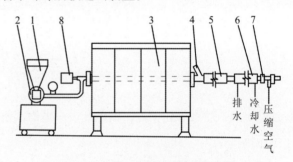

图 4-72　管式微波高温杀菌装置
1. 料斗　2. 定量泵　3. 微波照射部　4. 测定温度部　5. 保温管　6. 冷却管　7. 调压部　8. 搅拌器

第九节
膨化设备

一、油炸膨化设备

在食用菌加工中，采用油炸工艺生产的有油炸生鲜食用菌制品、方便制品以及休闲风味制品等。油炸的方法主要有浅层煎炸和深层油炸，后者又分成常温油炸和低温真空油炸，或分成纯油油炸和油水混合式油炸工艺。

（一）常温油炸设备

常温油炸设备可分为间歇式和连续式两种，均可采用油水混合工艺。

1. 间歇式油水混合油炸设备　如图4-73所示为无烟型多功能油水混合油炸装置，主要包括油炸锅、加热系统、冷却系统、滤油装置、排烟系统、蒸笼、控制与显示系统等。

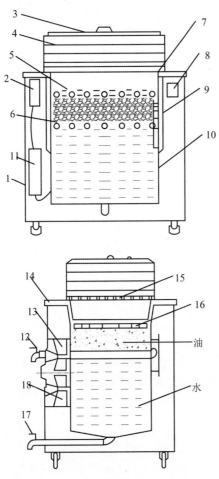

图4-73　无烟型多功能油水混合油炸锅
1. 箱体　2. 操作系统　3. 锅盖　4. 蒸笼　5. 滤网
6. 冷却循环系统　7. 排油烟管　8. 温控显示系统
9. 油位指示器　10. 油炸锅　11. 电气控制系统
12. 放油阀　13. 冷却装置　14. 蒸煮锅
15. 排油烟孔　16. 加热器　17. 排污阀
18. 脱排油烟装置

炸制食品时，滤网置于加热器上方，在油炸锅内先加入水至规定位置，再加入油至高出加热器60 cm的位置。由电气控制系统自动将油温控制在180~230℃。炸制过程产生的沉渣从滤网漏下，经水油界面进入下部的冷水中，积存于锅底，定期由排污阀排出。所产生的油烟通过排油烟管由脱排油烟装置排出。水平圆柱形加热器只在表面240°范围发热，油炸锅外侧有高效保温材料，使得这种油炸锅有较高的热效率。水层在通风管循环空气冷却作用下可自动控制在55℃以下。油炸机上的蒸笼利用油炸产生的蒸汽加热，从而提高了该设备的能量效率。

这种设备具有限位控制、分区控制、自动过滤、自我洁净的功能，具有油耗量小、产品质量好等优点。

2. 连续式油炸设备　连续式油炸机结构如图4-74所示，一般包括5个独立部分：油炸槽，用于盛装炸油和提供油炸空间的容器；带恒温控制的加热系统，为油炸提供所需热能；产品输送系统，使产品进入、通过、离开油炸槽；炸油过滤系统；排汽系统，排出油炸产品产生的水蒸气。该设备其实是一个组合设备系统，其组成单元形式的差异，形成了多种形式的连续油炸设备。

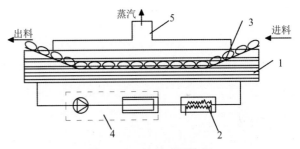

图4-74　连续式油炸机
1. 油炸槽　2. 加热系统　3. 输送系统　4. 滤油系统
5. 蒸汽排出系统

（二）低温真空油炸膨化设备

真空油炸是利用在减压的条件下物料中水分汽化温度降低，在较低温条件下对物料油炸的操作技术。在真空环境中进行油炸，所需油温较低，产品受氧化影响减小，尤其适用于含水量较高的香菇、双孢蘑菇类。真空油炸设备可按操作的连续性分为间歇式和连续式两种。

如图4-75所示为间歇式真空油炸设备，主要由油炸釜、真空泵、离心甩油装置、贮油箱和滤油离心甩油装置等构成。油炸釜2为密闭容器，上部与真空泵3相连。为了便于食品脱油，内设由电动机1带动的离心甩油装置。油炸完成后，釜内油面降低至油炸产品以下，开启电动机进行离心甩油，甩油结束后取出产品，进行下一轮操作。4为贮油箱，油炸釜内的油面高度和油的运转由真空泵控制，过滤器5的作用是过滤炸油，及时去除油炸产生的渣物，防止油被污染。

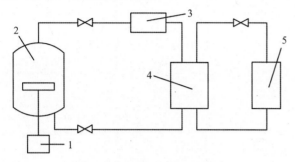

图4-75　间歇式真空油炸设备
1.电动机　2.油炸釜　3.真空泵　4.贮油箱　5.过滤器

连续式低温真空油炸设备结构如图4-76所示，其主体为一个卧式筒体，筒体设有与真空泵相接的真空接口，内部设有输送装置，进出料口均采用闭风器结构。筒体的油可经由出油口7在筒外经过滤和热交换器加热后再经油管6循环回到筒内。其工作过程为：筒内保持真空状态，待炸物料经进料闭风器1连续分批进入，落至充有一定炸油位的筒内进行油炸，物料由油区输送带2带动向前运动，其速度可依产品要求进行调节。炸好的产品由油区输送带2送入无油区输送带3和4，经沥油后由出料闭风器5连续排出。

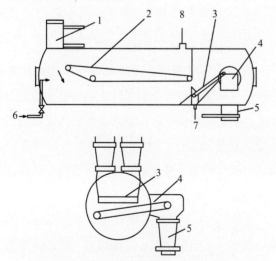

图4-76　连续式低温真空油炸设备
1.进料闭风器　2.油区输送带　3、4.无油区输送带
5.出料闭风器　6.油管　7.出油口　8.接口

二、挤压膨化设备

食用菌挤压加工技术属于高温高压加工技术，它利用螺杆挤压产生压力、剪切力、摩擦力，再通过加温实现对食用菌的加工处理。

（一）挤压膨化设备的分类

目前挤压设备主要是螺杆挤压机，主要构件类似于螺杆泵，有变螺距长螺杆及出口处带节流孔的螺杆套筒。螺杆挤压机种类较多，可从结构特征和工作特性等方面分类，挤压机按物料发热类型可分为内（自）热式和外热式两种。根据挤压过程中的剪切力大小，挤压机可分为高剪切力挤压机和低剪切力挤压机。根据挤压机的螺杆数目不同，挤压机可分为单螺杆挤压机、双螺杆挤压机。

（二）挤压膨化设备

各种螺杆挤压机虽然在功能和性能上有差异，但基本结构类似。单螺杆挤压机如图4-77所示。该挤压机主要由驱动装置、喂料器、螺杆、机筒和成形装置构成。

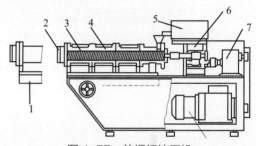

图4-77　单螺杆挤压机
1.切粒机　2.模头　3.螺杆　4.机筒　5.喂料器
6.传动齿轮箱　7.减速器　8.电动机

驱动装置由机座、主传动电动机、变速器、减速器、止推轴承和联轴器等组成。为迅速、准确地调节螺杆旋转速度，常用可控硅整流器控制的直流电动机来调速，并用齿轮减速器、链条和带传动三者之一来实现减速。进料系统包括料斗、存液器和输送装置。

挤压机的螺杆有整体式和组合式两种。挤压机的机筒呈圆筒状，内壁与螺杆仅有少量间隙，多数机筒内壁为光滑面。有的机筒内壁带有若干较浅的轴向棱槽或螺旋状槽，主要是为了强化对食物的剪切效果，防止食物在机筒内打滑。机筒具有加热、保温、冷却和摩擦功能。

　　机筒有整体式和分段组合式两种形式。整体式机筒的结构简单，机械强度高。分段组合式机筒用螺钉连接，其优点是便于清理，对容易磨损的定量段零件可随时更换，还可按照所要加工的产品和所需能量来确定机筒的最佳长度。有的机筒中部有一排气孔，以排除空气、蒸汽和挥发性气体。螺杆挤压机的螺杆与机筒如图4-78所示。

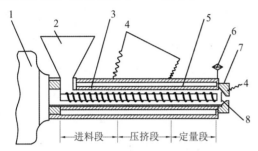

图4-78　典型挤压机螺杆和筒体
1.电动机减速器止推轴承　2.进料斗
3.夹套（冷却水腔）　4.热电偶　5.夹套（蒸汽腔）
6.压力传感器　7.模头　8.筛板

　　成形装置又称挤压成形模头，模头上设有一些使物料从挤压机挤出时成形的模孔。

　　挤压机常用的切割装置为盘刀式切割器，刀具刃口旋转平面与模板端面平行。挤压产品的长度可通过调整切割刀具旋转速度和产品挤出速度加以控制。

　　挤压机控制装置主要由微电脑、电器、传感器、显示器、仪表和执行机构等组成，其主要作用是控制电动机转速并保证各部分运行协调，控制操作温度与压力以保证产品质量。

第十节
发酵设备

　　发酵罐是工业发酵常用设备中最重要、应用最广泛的设备，是连接原料和产品的桥梁。食用菌发酵是将其子实体、残次菇、菇柄或菌丝体、培养液和其他原辅料，接种微生物进行发酵，生产保健品、调味品的过程。食用菌的发酵生产设备可分厌气式生物反应器和通气式生物反应器。厌气式生物反应不需要通入氧气或空气，有时可能通入二氧化碳或氮气等惰性气体以保证罐内正压，防止染菌，提高厌氧控制水平。通气式生物反应一般采用通气搅拌式和气升式两种好氧型的发酵罐，在此主要介绍机械搅拌式发酵罐。

一、液体物料发酵设备

　　机械搅拌式发酵罐是利用机械搅拌器，使空气和发酵液充分混合，提高发酵液的溶解氧，供给微生物生长繁殖代谢过程所需的氧。发酵罐的基本条件：具有适应的高径比，能承受一定压力，搅拌通风装置具有细化气泡、提高溶解氧含量作用；具有足够冷却面积，内部抛光使灭菌彻底，轴封严密减少泄漏。

　　发酵设备主要包括罐身、搅拌器、轴封、联轴器、轴、挡板、冷却装置以及视镜等，如图4-79所示。

　　在发酵罐中，外部压缩空气或无菌空气通过空气分布装置射入发酵罐内，分布装置有单管式和环形管式。一般安装在罐底的正下方，与罐底距离约40 mm，需要注意防止气孔被发酵液中的菌体或固体颗粒堵塞。

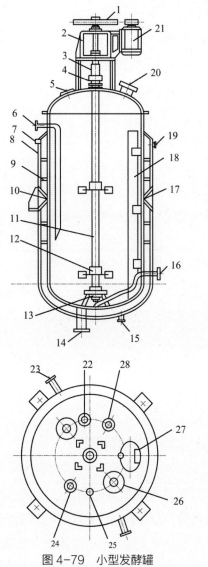

图 4-79　小型发酵罐
1.V 带转轴　2.轴承支柱　3.联轴器　4.轴封
5、26.视镜　6、23.取样口　7.冷却水出口　8.夹套
9.螺旋片　10.温度计　11.轴　12.搅拌器
13.底轴承　14.放料口　15.冷水进口　16.通风管
17.热电偶接口　18.挡板　19.接压力表
20、27.手孔　21.电动机　22.排气口　24.进料口
25.压力表接口　28.补料口

二、固相物料发酵设备

通风固相物料发酵工艺是传统的发酵生产工艺，广泛应用于酱油与酿酒生产，以及用农副产物生产饲料蛋白等，在食用菌菌渣、蛹虫草发酵以及草菇酱油等产品加工中也得到了广泛的应用。通风固相物料发酵具有设备简单、投资节省等优点。下面主要介绍最常用的自然通风固体曲发酵设备和机械通风固体曲发酵设备。

（一）自然通风固体曲发酵设备

自然通风的曲室设计要求如下：易于保温、散热、排湿，便于清洁消毒；曲室四周墙高 3~4 m，不开窗或开有少量的细窗口，四壁均用夹墙结构，中间填充保温材料；房顶向两边倾斜，使冷凝水沿顶向两边下流，避免滴落在曲上。为方便散热和排湿气，房顶开有天窗。固体曲室的大小以一批曲料用一个曲室为准。

（二）机械通风固体曲发酵设备

机械通风固体曲发酵设备强化了发酵系统的通风，使曲层厚度大大增加，不仅使制曲生产效率大大提高，而且便于控制曲层发酵温度，提高了曲的质量。

机械通风固体曲发酵设备如图 4-80 所示，曲室多用长方形水泥池，宽 2 m，深 1 m，长度根据生产场地及产量选取，但不宜过长，以保持通风均匀为宜；曲室底部应比地面高，便于排水，池底应有 8°~10° 的倾斜，便于均匀通风。池底有一层筛板，发酵固体曲料置于筛板上，料层厚度 0.3~0.5 m。曲池一端与风道相连，其间设一风量调节闸门。曲池通风常用单向通风操作，为了充分利用冷量或热量，一般把离开曲层的排出空气经循环风道回到空调室，同时吸入新鲜空气。空气适度循环利用，可使进入固体曲室空气的 CO_2 浓度提高，减少因霉菌过度呼吸而降低淀粉原料的损耗。

曲室的建筑与自然通风发酵的曲室大同小异，空气通道中风速取 10~15 m/s。因机械通风固体发酵时阻力损失较低，可选用效率较高的离心式送风机，风压为 1 000~3 000 Pa。

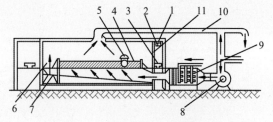

图 4-80　机械通风固体曲发酵设备
1、7.输送带　2.高位料斗　3.送料小车　4.曲室
5.出料机　6.料斗　8.鼓风机　9.空调室
10.循环风道　11.曲室闸门

第十一节
制剂设备

食用菌不但营养丰富，而且还含有多种药用成分，具有很高的药用价值，对多种疾病的预防和治疗有着明显的效果。随着我国医疗卫生事业的发展和人民物质文化生活水平的提高，食用菌的药用价值越来越受到重视。目前食用菌医药制品的种类十分丰富，如双孢菇医药制品，香菇多糖针剂、口服液、胶囊、片剂等。常用设备有制粒、制丸、制剂设备。

一、片剂设备

食用菌片剂是由一种或多种固体药物配以适当的辅料在模具中压制而成。食用菌片剂的生产工艺主要包括粉碎、混合制粒、干燥、整粒、总混、压片、包衣和包装等工艺。涉及的通用机械可参考前面介绍的各类通用设备，这里仅介绍压片设备和包衣设备。

（一）高速压片机

GZPT系列全自动高速旋转式压片机是目前制药行业、化工食品行业中将各种颗粒状原料压制成片剂的主要设备，适用于批量生产各种圆形或异形的药片，但不适用于半固体、潮湿颗粒及极细的粉末压制。

高速压片机如图4-81所示，上部是完全密封的压片室，是完成整个压片工序的主要部分，另外还包括给料系统、冲压组合、出料装置和吸尘系统。压片室由顶板、盖板及玻璃门通过密封条完全密封，以防止压片过程的污染。高速压片机的下部装有主传动系统、液压系统、润滑系统、手轮调节机构。由后门、左右门及控制柜通过密封条将下部完全密封，以防止粉尘对机器的污染。

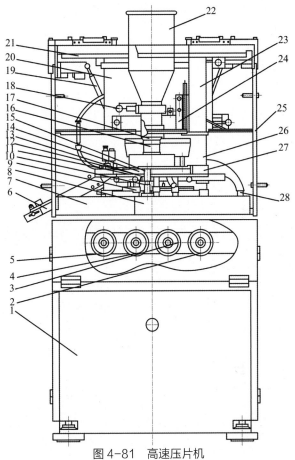

图4-81　高速压片机
1.控制柜　2.预压手轮　3.厚控手轮　4.充填手轮
5.平移手轮　6.出药机构　7.前左盖板组件
8.前中盖板组件　9.支承　10.固定轴套　11.手柄
12.立轴　13.垫片　14.转盘　15.套筒　16.弯筒
17.尼龙套筒　18.进料手柄　19.伸缩杆　20.冲压组合
21.顶板组件　22.料斗　23.进气口　24.支杆柱
25.玻璃门　26.强迫式分料机　27.料板　28.余料筒

高速压片机的工作流程包括加料、定量充填、预压、主压成形、出片等工序。上下冲头由转盘带动分别沿上下导轨由左向右运动。当冲头运动到加料段时，上冲头已经向上运动到最高点绕过强迫加料器，同时，下冲头在下导轨凸轮作用向下移动，此时下冲头表面与中模孔形成一个空腔，药粉颗粒经过强迫加料器叶轮搅拌填入空腔内，当下冲头经过下导轨凸轮的最低点时形成过量充填。装盘继续运动，下冲头经过充填导轨凸轮时逐渐向上运动，并将空腔内多余的药粉颗粒推出中模孔，进入充填定量段。在定量段，充填导轨凸轮上表面为水平，下冲头保持水平运动状态，由定量刮板将中模上表面多余的药粉颗粒刮出，保证每一中模孔内的药粉颗粒充填量一致。为防止中模孔中的药粉被甩出，定量刮板后安装了盖板。下冲头沿下冲导轨凸轮向下移动，上冲头在凸轮作用也向下运动，当中模孔移出盖板时，上冲头进入中模孔。当冲头经过预压轮时，完成预压动作；再继续经过主压轮，完成压片动作。最后通过出片凸轮，上冲上移，下冲上推，将压制好的药片从模孔中推出，进入出料装置，完成整个压片流程。

（二）高效包衣机

高效包衣机主要由主机、热风柜、排风柜、配料喷雾系统、电气控制系统等组成，高效包衣机结构图如图4-82所示。

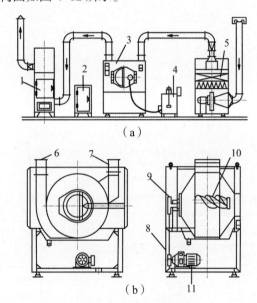

（a）

（b）

图4-82 高效包衣机

1.除尘排风机 2.电力柜 3.高效包衣机主机
4.蠕动泵、浆液泵 5.高效过滤热风机 6.出风口
7.进风口 8.主控柜 9.传动链轮 10.喷枪系统
11.电动机与减速器

工作时，将药片片芯装入由网孔板制成的包衣锅筒内，锅筒按顺时针方向连续转动。在搅拌抄板的作用下，片芯在密闭的锅筒内做复杂的轨迹运动。在运动中，由电脑可编程序控制，按设定的工艺参数和顺序将包衣介质经蠕动泵及喷枪以雾状喷洒向片芯表面；热风机供给洁净的可控制恒定温度的热风穿过片芯层，对药片进行干燥，同时排风机投入工作，把废气经风道排出，从而使药片片芯表面快速形成紧固、细密、圆滑的表面薄膜。

二、胶囊设备

胶囊是将粉状、颗粒状、小片或液体药物填入以食用明胶为主要原料制成的空心胶囊中的一种剂型，有硬胶囊和软胶囊两种类型。硬胶囊是最常见的剂型，一般简称胶囊。硬胶囊的生产工艺主要包括充填药物的制备、空心胶囊的制备、胶囊充填、胶囊抛光、胶囊包装等环节，所用的主要设备包括胶囊充填机、胶囊抛光机、包装机等。这里主要介绍胶囊充填机。

（一）全自动胶囊充填机

全自动胶囊充填机采用精密分度间歇运动和多站孔塞计量方式，自动完成胶囊的充填过程。全自动胶囊充填机如图4-83所示，主要由胶囊输送机构、模块转台装置、药物输送机构、计量转盘装置、传动部分、控制部分等组成。

（二）胶囊设备的工作过程

机器在启动运转后，胶囊料斗内的空胶囊在孔板落料器上下移动的作用下整理成轴线一致。当孔板落料器向下运动时，将一排空胶囊送入方向限制装置的水平槽内，由水平推手将胶囊推倒整理成体前帽后，再由垂直推手整理成体下帽上，并装入模块转台的上模块孔内。

模块转台有上下两层，均有12个滑块，相应的分为12个工位。模块转台由模块分度盘带动间歇转动，每次转角30°，中间停顿0.25 s；下模块随转台间歇转动的同时，又受复合固定凸轮的控制上下运动和径向运动。第一工位，接胶囊输送机构送下的胶囊，并由真空分离系统将进入上模孔中的胶囊帽和体分开；第二、三工位，下模块下降并向外伸出，与上模块错开，以备充填物料；第四、五工位是扩展备用工位，安装一定的装置可充填颗粒或微丸等物料；第六工位，冲塞把压实的药柱推到胶囊体内；第七工位，剔除配料装置把上模块中帽和体未分开的胶囊消除吸掉；第八、九工位，下模块缩回上升与上模块合并一起；第十工位，通过推杆作用使胶囊扣合锁定，达到成品要求；第十一工位，将扣合好的成品胶囊推出收集；第十二工位，吸尘器将模块孔清理后进入下个循环。

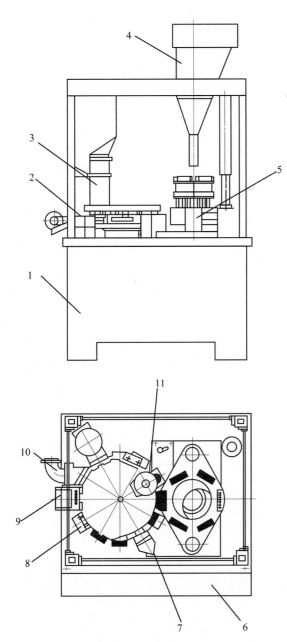

图 4-83　全自动胶囊充填机
1. 机架　2. 胶囊回转机构　3. 胶囊送进机构
4. 粉剂搅拌机构　5. 粉剂充填机构　6. 电气控制系统
7. 废胶囊排出机构　8. 合囊机构　9. 成品胶囊排出机构
10. 清洁吸尘系统　11. 小颗粒充填机构

剂量转盘有 6 个工位，由剂量转盘分度盘带动间歇转动，每次转角 60°，中间停顿 0.25 s；第一至五个工位，由冲塞向药粉孔内冲压药粉成粉柱，完成药粉计量任务；第六工位，剂量转盘的一组孔与模块转台第五工位上的一组孔上下重合，药粉被冲塞推入胶囊体内。

食用菌饮品加工典型设备

食用菌饮品的加工提升了食用菌的附加价值，充分发挥食用菌的营养和保健功能，在市场中逐渐占有一席之地。随着研究的深入以及加工技术的不断改进，食用菌饮品的品种也越来越丰富，能够满足不同消费者的需要。目前食用菌饮品主要包括发酵饮料（如双孢蘑菇酒、香菇酒等），茶饮料（银耳茶、灵芝茶等）、配制饮料（如香菇露、银耳琼浆等）和碳酸饮料。

在食用菌饮品的加工中，主要用到的设备有发酵设备、浓缩装置、干燥装置、杀菌装置等，在此分别介绍用于食用菌液体饮品和固体饮品加工的几种典型设备。

一、液体饮品加工设备

食用菌发酵饮料或配制饮料的制备过程中，发酵和浓缩是必不可少的步骤。食用菌饮品加工中常选用单效升膜式浓缩设备浓缩食用菌汁。

（一）单效浓缩设备

单效升膜式浓缩设备属液膜式浓缩设备，为外加热自然循环式，其结构如图 4-84 所示，主要由加热器、分离器、循环管等部分组成。

加热器为一垂直竖立的圆筒形容器，内有许多垂直长管组成管束并膨胀安装于上下管板上。管径一般为 25~80 mm。合理的管径有利于形成足够成膜的气流速度。

工作时，液体物料自加热器的底部进入加热管内，其在加热管内的液位占全部管长的 1/5~1/4。加热蒸汽在管间将热量传给管内的液料。液料被加热沸腾，迅速汽化，所产生的二次蒸汽在管内高速上升，浓液被高速上升的二次蒸汽所带动，沿管内壁成膜状上升，并不断被加热蒸发。在二次蒸汽的诱

食用菌加工厂设计及加工设备

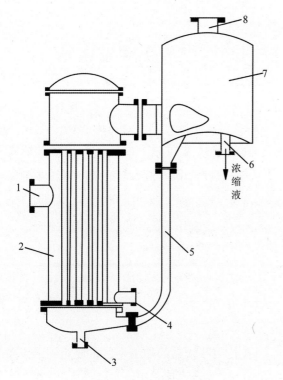

图 4-84　单效升膜式浓缩设备

1. 蒸汽进口　2. 加热器　3. 料液出口　4. 冷凝水出口
5. 循环管　6. 浓缩液出口　7. 分离器　8. 二次蒸汽出口

实体中的灰树花多糖和嘌呤，灵芝子实体中的灵芝多糖、灵芝生物碱和三萜类物质。这些物质能够提高人体免疫机能，抑制体液中自由基的产生，降低血压和血脂，降低血液中的胆固醇等，而这些物质在菇体中存在的浓度不是很高，直接食用子实体，由于其浓度达不到有效值，故药用效果很难显现。但通过加工提取，可以将有效成分浓缩或纯化，制成食用菌保健饮品就能实现保健目的。多种以食用菌为原料加工成的功能饮品，都是经过许多环节提取、浓缩、加工生产而得到的。

对食用菌有效成分的浓缩和提取常采用真空浓缩。其原理是在减压下加热物料，使水分迅速蒸发，产生的二次蒸汽不断排出，从而使制品的浓度不断提高，直至达到产品浓度要求。所用的真空浓缩设备不仅用于生产浓缩食用菌饮料、调味品等，也广泛用于食用菌医药、化工等工业生产中。真空浓缩设备按加热蒸汽被利用的次数可分为单效、双效、多效浓缩设备。在这里介绍一种顺流式双效真空浓缩设备，其工作流程如图 4-85 所示。它主要由一效和二效蒸发器、热泵、预热杀菌器、料液预热器和料液泵组成。

工作时，料液由泵从平衡槽抽出，通过由二效蒸发器二次蒸汽加热的预热管，然后依次经二效、一效蒸发器内的盘管进一步预热。预热后的料液在列管式杀菌器杀菌（86~92℃），并在保持管内保持 24 s。随后相继通过一效蒸发器（加热温度为 83~90℃，蒸发温度 70~75℃）、二效蒸发器（加热温度 68~74℃，蒸发温度 48~52℃），最后由出料泵抽出。

蒸汽（500 kPa）经分汽包分别向杀菌器、一效蒸发器和热压泵供汽。一效蒸发器产生的二次蒸汽，一部分通过热压泵作为一效蒸发器的加热蒸汽，其余的被导入二效蒸发器作为加热蒸汽。二效蒸发器产生的二次蒸汽，先通过预热器，对料液进行预热的同时受到冷凝，余下二次蒸汽与不凝性气体一起由水力喷射器冷凝抽出。各处加热蒸汽产生的冷凝水由泵抽出。贮槽内的酸碱洗涤液用于设备

导及分离器高真空的吸力下，浓缩的液料及二次蒸汽以较高的速度沿切线方向进入分离器，在分离器的离心作用下与二次蒸汽分离。二次蒸汽从分离器的顶部排出，浓缩液一部分通过循环管再进入加热器底部，与所进入的杀菌液料混合继续浓缩，另一部分达到浓度的浓缩液，可从分离器底部放出。二次蒸汽及夹带的液料液滴，从分离器顶部进入雾沫捕集器进一步分离后，二次蒸汽导入水力喷射器冷凝。

该设备在工作时，料液沿加热管成膜状流动而进行连续传热和蒸发，其主要优点是传热效率高，蒸发速度快，蒸发时间较短（10~20 s），适合于热敏性料液的蒸发浓缩。由于料液在管内速度较高，故特别适用于容易起泡的物料，同时还能防止垢的形成。但料液薄膜在管内上升时要克服重力及与管壁的摩擦阻力，故不宜用于黏度较大的料液，一般在食品工业中用于饮料的浓缩。

（二）双效浓缩设备

许多食用菌子实体内含有丰富的活性成分，如香菇子实体中的香菇多糖和香菇嘌呤，灰树花子

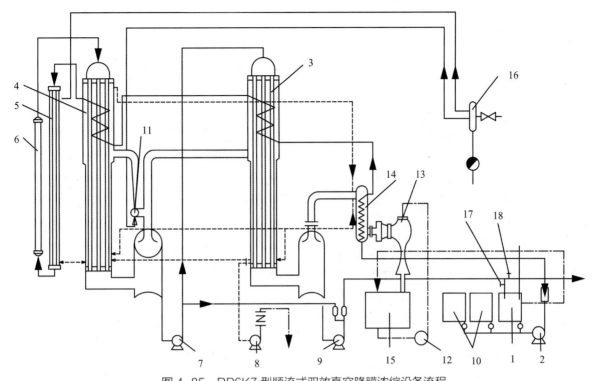

图 4-85　RP6K7 型顺流式双效真空降膜浓缩设备流程

1.平衡槽　2.进料泵　3.二效蒸发器　4.一效蒸发器　5.预热杀菌器　6.保温管　7.料液泵　8.冷凝水泵
9.出料泵　10.酸碱洗涤液贮槽　11.热泵　12.冷却水泵　13.水力喷射器　14.料液预热器　15.水箱
16.分汽包　17.回流阀　18.出料阀

的就地清洗。

使用注意事项：①为了加快浓缩速度，可采用真空减压浓缩，其真空度的高低要根据物料性质和生产工艺的不同确定。②回收有机溶剂时真空度不要过大，以减少有机溶剂的损耗。③设备用作浓缩时，第一冷凝器不要通入冷凝水，否则会产生内回流，减慢浓缩速度，在回收乙醇时，第一冷凝器要通入冷凝水使其产生冷凝作用，以利于乙醇的回收。④出料时必须使设备恢复常压。

该双效浓缩设备充分利用了二次蒸汽，不仅降低了能量的消耗，还降低了冷却水的消耗量，是比较常用的双效浓缩设备。

二、固体饮品加工设备

（一）喷雾干燥设备

在灵芝泡腾保健茶等茶饮品的制备中，可选用前面所介绍的离心式喷雾干燥设备或真空接触式干燥箱进行加工得到干燥的保健茶粉末，然后进行分装，在此不再介绍。

（二）烘烤设备

灵芝固体发酵茶的加工，主要工艺包括菌质的制备，使灵芝菌在茶叶组成的固体基质上生长菌质的处理加工，对菌质进行烘焙、包揉、摊晾等处理，最后可粉碎加工成袋泡茶。在生产过程中，用轴流风扇箱式干燥器，如图 4-86 所示。先对菌质进行烘干，后对复包揉处理的茶条进行低温慢烤，可用隧道式电加热钢带烘炉，如图 4-87 所示。

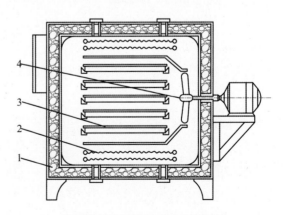

图 4-86　轴流风扇箱式干燥器

1.保温层　2.电加热　3.料盘　4.风扇

食用菌加工厂设计及加工设备

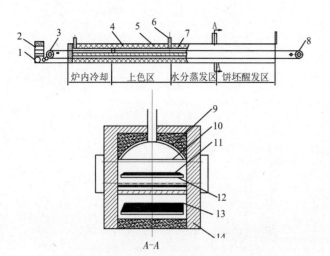

图 4-87　隧道式电加热钢带烘炉
1.电动机传动系统　2.电控制台　3.钢带主动辊
4.底火电热管　5.面火电热管　6.排潮烟囱　7.保温层
8.网带被动辊　9.钢板拱顶　10.电热管反射罩
11.钢带　12.钢带上托架　13.钢带下托架　14.炉体

第十三节
食用菌调味品加工典型设备

用各种食用菌子实体，或子实体浸提液、预煮液可生产鲜美的调味品，如双孢菇酱油、食醋，香菇酱等，这样可以综合利用食用菌加工的下脚料、废弃料，提高其经济效益。

一、固体调味品加工设备

（一）酱醪压榨机

压榨机通常用液压或气压作为动力，当工作时，利用管道将待压榨的酱醪送到压榨机中的滤布里，然后压榨机自动将滤布中的酱醪包好并封口，再送入压榨槽中进行压榨。该压榨装置的关键部位是输送酱醪的管嘴与滤布之间的动作配合。将包好待压榨的酱醪包摞至多层后，先用自身的重力压榨出 70% 左右的酱醪汁，然后再利用压力压榨取得其余 30% 汁液。最后从尼龙滤布中除去固体渣。

（二）酱用连续杀菌装置

由于酱为黏稠状物料，流动困难，所以其杀菌通常通过泵将其泵入加热器中进行，为了达到连续杀菌的目的，加热器采用管式加热的方式。其结构如图 4-88 所示。

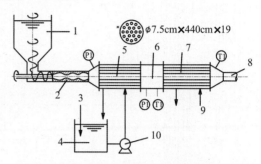

图 4-88　酱用连续杀菌装置
1.供给装置　2.送酱泵　3.蒸汽　4.温水罐　5.加热器
6.滞留管　7.冷却器　8.填充机　9.冷却水
10.温水循环泵

二、液体调味品加工设备

传统发酵装置为水泥堆砌发酵池，随着工业化进程加速，目前广泛采用发酵罐发酵。其特点是由于在发酵过程中可采用自动控制装置对发酵的参数进行控制，可缩短发酵周期，通过快速搅拌的搅拌桨将空气送入发酵罐中，使整个发酵液迅速醋化。图 4-89 为卡比特塔深层发酵罐结构示意图。

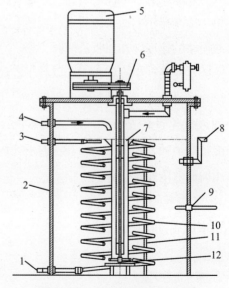

图 4-89　卡比特塔深层发酵罐
1.冷却水出口　2.罐体　3.冷却水入口　4.输入醪管
5.电动机　6.可变速皮带轮　7.通气管　8.食醋流出管
9.温度计　10.冷却水蛇管　11.挡板　12.转子

第十四节
休闲食品加工典型设备

常见的食用菌即食食品包括食用菌蜜饯、食用菌脯、香菇松、金针菇干、菌菇饼干以及香菇罐头等众多产品。

一、蜜饯、菌脯及菌干加工设备

食用菌糖制加工品以食用菌蜜饯和食用菌脯为主，主要的加工工艺有预煮、糖制、烘烤等。预煮过程一般采用螺旋式预煮机进行处理，而制备好的蜜饯、菌脯的干燥则选用烘干箱或带式干燥器进行烘烤。现在市场上流行的金针菇干、香菇干等开袋即食菌干，保持了本身的营养和风味，常常采用冻干加工技术，选用前面所介绍的间歇式冷冻干燥装置。下面以双孢菇脯的加工为例介绍典型的筛选机、预煮机和干燥器。

（一）滚筒式分选机

对双孢菇脯的加工首先选取开伞较小、色未变黑、无虫害、无病斑的双孢菇，要求菇盖的直径在 15 mm 以上。因此需要应用筛选机构对双孢菇形状进行筛选，一般采用滚筒式分选机对原料进行筛选。可选用前文所介绍的滚筒式分选机。

（二）连续预煮机

将筛选清洗好的双孢菇物料通过升运机送入连续预煮机预煮。一般采用螺旋式连续预煮机进行预煮。该设备的结构如图4-90所示，主要由壳体、筛筒、螺旋、进料口、卸料装置和传动装置等组成。蒸汽从进气管分几路从壳体底部进入，直接对水进行加热。筛筒安装在壳体内，并浸没在水中，以使物料完全浸没在热水中。螺旋安装于筛筒内的中心轴上，中心轴由电动机通过传动装置驱动。通过调节螺旋转速，可获得不同的预煮时间。出料转斗与螺旋同轴安装并同步转动，

转斗上设置6~12个打捞料斗，用于预煮后物料的打捞和卸出。

在预煮过程中，物料经斗式提升机输送到螺旋预煮机的进料口中，然后落入筛筒内，在运转螺旋作用下缓慢移至出料转斗，在其间受到加热预煮，出料转斗将物料从水中打捞出来，并由高处倾倒至出料溜槽。从溢水口溢出的水由泵送到贮存槽内，再回流到预煮机内。

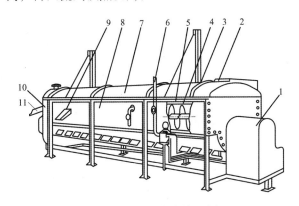

图4-90　螺旋式连续预煮机
1. 变速机构　2. 进料口　3. 提升装置　4. 螺旋
5. 筛筒　6. 进气管　7. 盖　8. 壳体　9. 溢水口
10. 出料转斗　11. 溜槽

这种预煮设备结构紧凑、占地面积小、运动部件少且结构简单、运行平稳，水质、进料、预煮温度和时间都可自动控制，在大中型罐头生产中得到了广泛的应用。由于此设备不带冷却装置，因此需要将从预煮机出来的双孢菇进行冷却，应用冷却升运机送入下一个处理工位。

（三）双段带式干燥器

双段带式干燥器如图4-91所示，其输送带形式与单层式相同。由于第一段输送带需要干燥大量的水分，要求带上物料干燥的均匀性，则可在此段分成两个或几个区域，干燥介质上下穿流的方向可交叉进行。其优点在于不同区域内空气的温度、湿度和速度可单独控制。图中的双段输送带分三个区域。其中，第一个区域内可以使用温度高、湿度中等的空气，使湿物料水分蒸发得快，而料温又不至于过分升高。第三区域可用温度、湿度均低的空气，可以保证食用菌糖制品的质量。

食用菌加工厂设计及加工设备

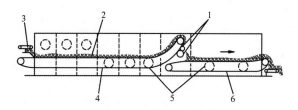

图 4-91　双段带式干燥器
1.卸料辊和轧碎辊　2.料床　3.布料器　4.第一段环带
5.风机　6.第二段环带

二、菌菇饼干的生产设备

菌菇饼干的加工与其他饼干主要在工艺上有区别，其加工设备基本相同，主要包括和面机、辊轧机、成形机、烘烤炉及饼干成品包装机。在这里介绍一种典型的饼干成形设备，菌菇饼干的烘烤则采用前面所介绍的隧道式远红外线烤炉。

摇摆连续冲压式饼干成形机如图 4-92 所示，其生产能力大，适用于多品种产品生产，是目前应用最广泛的一种。该机由辊压部分、摇摆冲印部分、饼坯输送部分和传动部分组成。图中该机工作时，面带由输送带进入，经一、二、三道轧辊辊压，延压成一定厚度的面皮，帆布带将面皮连续送至冲印部分，冲压成形。余料分离机构将余料分离，由返回输送带送至压面机。冲压成形的饼坯从帆布带上分离下来，进入烘烤炉烘烤。

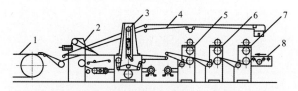

图 4-92　摇摆连续冲压式饼干成形机
1.喂料输送带　2.余料分离机构　3.摇摆冲印机构
4.余料返回输送带　5.第三道轧面辊　6.第二道轧面辊
7.第一道轧面辊　8.面团喂料帆布带

三、食用菌罐头

食用菌罐头是比较典型的非酸性蔬菜类原料的罐头制品，在工业生产中，一般以鲜食用菌为原料，加工过程涉及原料的清洗、预煮、分级、切片、装罐、封口、杀菌、包装等步骤。预煮后的食用菌先通过滚筒式分选机进行筛选，然后使用切片

机切片，后进行包装。食用菌罐头加工过程中食用菌切片设备在之前的粉碎机械中已重点介绍，此处不做赘述。

第十五节
包装设备

通过各种加工设备获得的食用菌制品必须进行适当的包装，以满足贮存、流通和消费的需要。包装机械主要分为内包装机械和外包装机械两类：内包装机械一般完成分装和封罐等操作；外包装机械是在完成内包装后在进行贴标、装箱、捆扎等操作。这里主要介绍食用菌产品的内包装机械与设备。

将加工后的食用菌产品保质保量地分装到玻璃瓶、铁罐、塑料瓶、塑料袋等容器中，是食用菌工业化生产过程中的重要环节。根据产品的品种、形状、特性应用不同的容器分装，都需要既保证包装容器中的物料重量一致，又要保证食品的卫生。

一、液体灌装设备

食用菌液体产品的种类比较多，如食用菌酱油、食醋、饮料等，生产中需要将这些流动性较好的液态产品灌入各种容器中，这类设备统称为灌装机。液体灌装机种类繁多，按容器的运动路线分为旋转式灌装机和直线移动式灌装机；按灌装方法分为常压灌装法、等压灌装法、负压灌装法、虹吸灌装法、机械压力灌装法；按定量装置分为旋塞式、阀门式、滑阀式、气阀式。

对于含气的食用菌饮料，如猴头菇汽水、香菇汽水、银耳汽水等碳酸饮料，宜采用等压灌装设备。食用菌医药品，如香菇多糖针剂、口服液以及食用菌保健饮料等，考虑其成分特性，一般采用负压真空灌装。食用菌配制饮料，如香菇露、银耳琼浆等要保持一定的风味，故采用双室负压灌装，即真空罐装。

食用菌发酵酒类、酱油、食醋等液体产品，其相对密度为0.9~1.0、黏度为$8×10^4$~$8.5×10^4$ Pa·s的低黏度液体，则采用常压和虹吸罐装设备进行灌装。

食用菌酱油的包装容器早期主要采用的玻璃瓶，但目前主要采用聚酯（PET）塑料瓶。食用菌其他精深加工产品，如酱料、调味料等方便小包装产品，常采用软包装形式，便于携带和日常销售，故液体软包装设备的开发和应用越来越广泛。

二、固体包装设备

（一）食用菌酱料装料机

酱料装料机适用于灌装靠重力不能流动或很难自由流动的酱体食品物料，如双孢菇酱、平菇酱、香菇肉酱等。酱料装料机目前多采用活塞定量，然后由活塞装入罐体中，完成定量装料的操作。

浓酱灌装机是一种立式活塞装料机，又称为回转式酱料装料机。活塞安装在回转运动的酱料贮桶底部，通过垂直往复运动，把酱料定量吸入，然后装进容器中。罐容积可在0~500 mL之间调节。该机具有液位自控、无罐不开阀等装置。

酱料灌装机的运动过程如图4-93所示，在正常操作时，活塞5的滚轮17沿底部的凸轮15a、15b、15c移动，杆和活塞做垂直方向运动。滚轮17沿凸轮15a段运动时，活塞5下降，酱料被吸进活塞缸体4内。当滚轮17沿着凸轮15b段运动时，活塞停止上下移动。当滚轮17沿着凸轮15c段运动时，活塞5把缸体4内的酱料压送到空罐中或者回流到贮液槽2中，这由圆柱形滑阀10的位置所决定。

当活塞5下降时，活塞缸体4顶部转到滑阀盖7的缺口处，这时缸体4和贮液槽2连通，酱液进入到活塞缸体内。当活塞5向上移动时，活塞缸体4与贮液槽2一起运转，滑阀盖7便盖住缸体4的顶部，这时在缸体4内的酱液不能从顶部回到贮液槽2内，而必须通过滑阀10。推杆6底部的滚轮17在凸轮15上滚动，在凸轮15的0°~15°的圆周上，活塞不上下移动，过渡阶段15°~120°时，活塞逐步下降，缸体吸入酱料，在120°~165°时活塞不移动，处于最低位置，保证缸体装足酱料，从165°开始，活塞5向上移动，对酱料进行压缩，这时缸体4和滑阀10相配合排出酱料，至350°完全排净，从350°~360°活塞不移动，处于过渡阶段，这样完成一个装料周期。当活塞杆的下端滚轮17旋转到152.5°时，刚好有空罐在滑阀10的下面，转辙器16受杠杆作用，搭接12与12a，这时滑阀10上端的滚轮11沿着转辙器16升高并沿着12a段滚动，转辙器16的升高占凸轮12、12a的圆周中的33°。

（二）食用菌固体食品装料机

食用菌固体物料的形状及性质多样，如颗粒状或粉状物料（如食用菌茶粉、食用菌药剂等），块状物料（如食用菌蜜饯、菌脯等），还有片状物料（如食用菌切片等）。

现在固体装料机的定量方法，主要由容积定量法和称量定量法。对于定量装罐的机构，一般要求有较高的定量精度和速度，结构简单，并能根据定量要求进行调节。

对于粉状物料来说，由于粉状物料的密度不稳定，易黏结、吸潮，不易流动，可采用螺杆式精密装料机进行装填。螺杆式精密装料机采用螺杆式定量装料装置和称量定量装料装置相结合，适用于装填各种粉状或小颗粒的物料。如图4-94所示为螺杆式定量装罐装置示意图。料斗5的锥形底部有一圆筒，内装有一个送料计量螺杆8，同时料斗内还装有搅拌器6，当送料螺杆旋转时，搅拌器使成品进入螺杆的旋转中，螺杆将物料垂直向下输送，每转一圈就输出一定量的物料，旋转的圈数可由电磁离合器3控制。定量装置的传动机2构由电动机通过皮带轮带动。

食用菌加工厂设计及加工设备

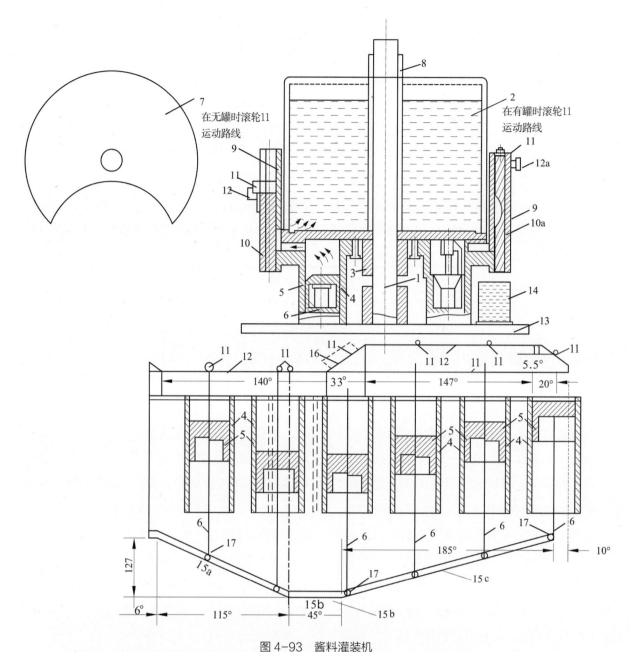

图4-93 酱料灌装机

1. 主轴　2. 贮液槽　3. 槽底　4. 缸体　5. 活塞　6. 推杆　7. 滑阀盖　8. 空轴　9. 圆筒体　10a、10. 滑阀　11、17. 滚轮　12、12a. 定位板　13. 机台　14. 空罐　15a、15b、15c. 凸轮　16. 转辙器

螺杆式精密装料机如图4-95所示，它由两台电子秤、输送带和粗装料、细装料、装料斗等组成。当输送带将空罐输送到第一台电子秤工作台时，电子秤自动记下其皮重，并将此数值储存在数字存储器中。当该容器进入粗装料工作台时，装料头快速充填入所需充填量的90%~95%。当该容器进入细装料工作台时，细装料斗下部装有第二台电子秤，称出其重量并自动从数字存储器中取出该容器的皮重，并在称出的计量数中减去其皮重的值作为检点信号，控制细装料装置工作。若发现粗装料量超过或远低于容器内的标定重量时，电子秤向控制器发出信号，控制器自动调节定时器，从而改变粗装料螺旋的工作时间。第二台电子秤也会根据称量结果，控制不合格产品排除机构，将装填量不合格的产品剔除。

三、瓶罐封装设备

物料分装后，需要对瓶装、灌装进行封盖，对袋装进行封口，以避免物料受到污染，有利于产

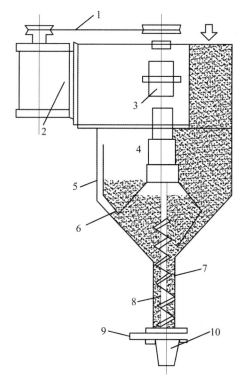

图 4-94　螺杆式定量装罐装置

1. 传动皮带　2. 传动机构　3. 电磁离合器　4. 支承　5. 料斗
6. 搅拌器　7. 导管　8. 计量螺杆　9. 阀门　10. 漏斗

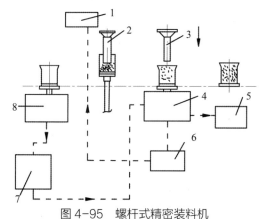

图 4-95　螺杆式精密装料机

1. 定时器　2. 粗装料　3. 细装料　4. 细加料电子秤
5. 不合格品　6. 控制器　7. 数字存储器　8. 皮重电子秤

品的贮存、流通和销售。封罐、封袋机械一般都属于专用机械，其结构形式需要满足产品的种类、性质和包装容器的工艺需求。

（一）卷边封口机

卷边封口机也称封罐机，是一类专门用于马口铁罐、铝箔罐等金属容器的封口设备。封罐机根据机械化程度和封罐压力可分为半自动封罐机、自动封罐机和真空封罐机。下面介绍比较常见的，广泛应用于我国罐头厂生产的圆形实罐真空封罐机。

GT4B2 型真空自动封罐机如图 4-96 所示，该机是具有单封头、两对卷边滚轮的全自动真空封罐机，主要由自动输罐机构、自动分罐机构、自动配盖机构、卷边机头、卸罐装置、传动系统、真空系统、电气控制系统等组成。

进入机体的空罐被分罐螺杆定距隔开，送入间歇旋转具有六罐位的转座内。同时，旋盖机构也将罐盖送入转座每一罐位的盖槽内，然后转座将配盖后的罐身转入密闭的封罐部位。在密闭腔内抽去空气，达到一定的真空，被卷边封口后经转盘带出并拨出机外。卷边封罐时，罐身固定不动，滚轮对灌口作业偏心回转切入，进行二重卷边封口。

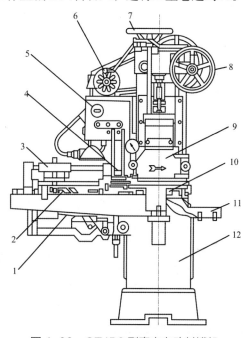

图 4-96　GT4B2 型真空自动封罐机

1. 输罐设备　2. 分罐螺杆　3. 推盖机构　4. 配盖器
5. 电控屏　6. 离合手柄　7. 机头升降手轮　8. 操纵手轮
9. 卷边机头　10. 星形转盘　11. 卸罐槽　12. 机座

（二）旋合封盖机

旋合封盖是对螺纹口或卡口容器用预制好的带螺纹或带突牙的盖经专用机械旋合而完成容器口密封的一种封口形式。它广泛应用于玻璃瓶罐食品的封口及塑料瓶口的封合。这种封口具有启封方便和启封后可再盖封的优点。

旋合封盖机主要由供瓶机构、供盖机构、旋盖机头及定位和控制机构等组成，其中封口机械是旋盖机头。三爪式旋盖机头如图 4-97 所示，它用

食用菌加工厂设计及加工设备

压紧的三爪夹住一盖,通过转轴旋转并同时向下移动使转轴端的橡胶皮头压住盖,带动盖旋转,从而与容器旋合并完成封盖。调整压力弹簧 4 和摩擦离合器 7 摩擦片数,可以调整旋盖机头旋盖紧度;调整转轴上调节螺钉 5,可以调整转轴端相对于待封容器口的距离,以适应不同高度瓶子的封口需要。

FG-6 型全自动封盖机如图 4-98 所示,主要由理盖器、滑盖槽、封盖装置、主轴以及输瓶装置、传动装置、电控装置和机座等组成。适用皇冠盖及防盗盖的封口。

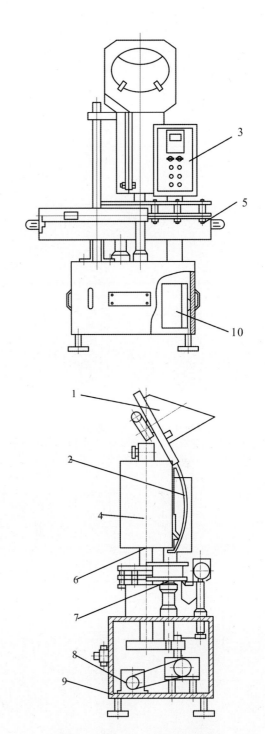

图 4-98　FG-6 全自动封盖机
1. 理盖器　2. 滑盖槽　3. 电控屏　4. 封盖装置
5. 输瓶装置　6. 主轴　7. 分瓶螺杆　8. 传动装置
9. 机座　10. 电控装置

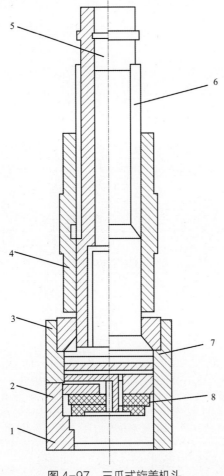

图 4-97　三爪式旋盖机头
1. 旋爪弹簧　2. 旋盖爪　3. 球铰　4. 压力弹簧
5. 调节螺钉　6. 传动轴　7. 摩擦离合器　8. 橡胶皮

封盖装置结构如图 4-99 所示,主要由中心旋转主轴与 6 个由它驱动的封盖机头构成。封盖机头回转时按凸轮槽规定的轨迹上下移动,完成封盖动作。封盖机头可拆换,封合皇冠盖时使用压盖头,封合防盗盖时换上选盖头。封盖头的高低可由升降装置调整,以适应不同规格的瓶高。

四、封袋设备

封袋设备主要由两种形式:一种是制袋充填包装机,这类机械是对可以封接的包装材料先在包装机上制成袋,粉状、颗粒状或液体物料被自动计量后充填到制成的袋内,随后可按需要进行排气或

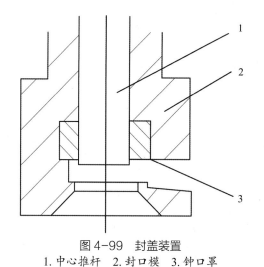

图4-99 封盖装置
1.中心推杆 2.封口模 3.钟口罩

再充气作业，最后封口并切断。另一种是封口机，只用于完成袋装食品的排气或再充气、封口等简单操作。

（一）制袋充填包装机

针对松散体产品的封袋，如食用菌休闲食品、香菇脆片等，常采用立式制袋充填包装机。典型的立式连续制袋充填包装机如图4-100所示，整机包括七大部分：传动系统、薄膜传送装置、袋成型装置、纵封装置、横封及切断装置、物料供给装置和电控检测系统。安装在机箱内的动力及传动装置，同时为纵封口滚轮、封口横辊和定量供料器提供驱动和传送动力。安装在退卷架上的卷筒薄膜，可以平稳地自由转动。在牵引力的作用下，薄膜展开经导辊组引导送出。导辊对薄膜起到张紧平整以及纠偏的作用，使薄膜能正确地平展输送。

袋成型装置主要由袋成型器、纵封装置和横封装置构成。这三者的不同组合可产生不同形状和封合边数的袋子。因此，通常可以此区分不同形式的包装机。

物料供给装置是一个定量供料器。对于粉状及颗粒物料，主要采用量杯式定容计量，量杯容积可调。图中所示定量供料器为转盘式结构，从料仓流入的物料在其内由若干个圆周分布的量杯计量，并自动充填到成型后的薄膜管内。

电控检测系统是包装机工作的中枢系统。电控装置上可按需设置纵封温度、横封温度以及对印

刷薄膜设定色标检测数据等，这对控制包装质量起到至关重要的作用。

卧式制袋充填包装装置类型较多，应用最广泛的就是扁平袋的卧式制袋充填包装机。如图4-101所示为卧式间歇制袋三边封口包装机。卷筒塑料薄膜1经导辊2引入成型器3，在成型器3及导杆4的作用下形成U形并由张口器5撑开。当加料器7下行进入加料位置时，横封器6闭合，同时充填物料。随后，横封器6和加料器7复位。紧接着，纵封器8闭合热封并牵引薄膜移动一个袋位，最后由切刀9把包装袋切断。

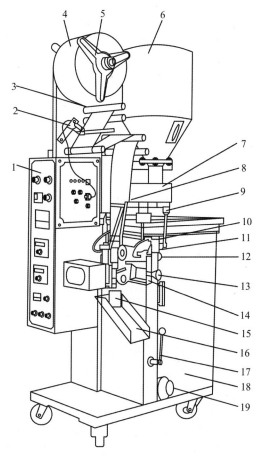

图4-100 立式连续制袋充填包装机
1.电控柜 2.光电检测装置 3.导辊 4.卷筒薄膜
5.退卷架 6.料仓 7.定量供料器 8.制袋成型器
9.供料离合手柄 10.成型器安装架 11.纵封滚轮
12.纵封调节旋钮 13.横封调节旋钮 14.横封滚轮
15.包装成品 16.卸料槽 17.横封离合手柄
18.机箱 19.调速旋钮

与立式制袋充填包装机相比，卧式制袋充填包装机在成型制袋时，物料充填管不伸入袋管筒中，袋口的运动方向与充填物流动方向不是平行而

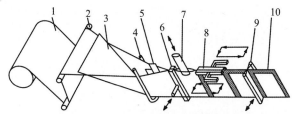

图 4-101 卧式间歇制袋三边封口包装机
1. 卷筒薄膜 2. 导辊 3. 成型器 4. 导杆
5. 张口器 6. 横封器 7. 加料器 8. 纵封牵引器
9. 切刀 10. 成品袋

是呈垂直状态，因而在包装加工工艺程序和执行机构方面，均比立式包装机复杂。该装置可用于食用菌茶饮品和食用菌汤料、调味品、药剂等物料的充填包装。

（二）封口机

塑料封口机用于对装填好产品的塑料袋进行封口，常见的封口机械有真空包装机、真空充气包装机和普通封口机。针对食用菌休闲食品，如金针菇小吃、食用菌脯等，常用真空包装机进行封口包装。

真空包装机的原理是将物料装于具有气密性的塑料袋中，在容器密封之前抽去袋中空气，使薄膜材料紧贴物料。其优点是可以防止食品氧化，抑制细菌繁殖从而延长保质期。对于需加热杀菌的软罐头，真空包装可防止在加热杀菌时的胀袋现象。

小型真空封口机如图 4-102 所示。

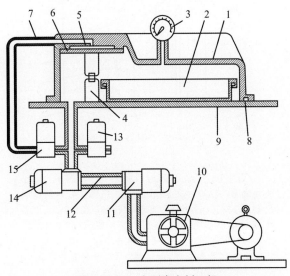

图 4-102 小型真空封口机
1. 压盖 2. 盛物盘 3. 真空表 4. 热封头 5. 压紧头
6. 橡胶膜片 7、12. 管道 8. 密封圈
9. 工作台面 10. 真空泵 11、14. 电磁阀
13. 二通电磁阀 15. 三通阀

真空压盖平常呈敞开状态。装填好产品的复合塑料袋，放入包装机的盛物盘 2 内，袋口置于热封头上，扣上压盖 1 并压紧，压盖底部的一圈圆形密封圈 8 与工作台面 9 贴合并密封，此时真空泵 10 经电磁阀 11、管道 12 和电磁阀 14，对工作室抽真空，同时经三通阀 15 对压紧头 5 上的橡胶膜片的小气室也抽真空。当真空表 3 指示达到真空度要求时，三通阀 15 切换小气室经管道 7 与大气接通，橡胶膜片 6 在大、小气室压差的作用下带着压紧头 5 向下，对放在夹紧头与热封头 4 之间的塑料袋进行热封。然后电磁阀 14 关闭，二通电磁阀 13 打开，使主气室破真空，膜片带着压紧头向上运动完成热封。打开压盖，取出包装品即完成封口。

第十六节
典型产品生产线

一、食用菌饮料生产线

食用菌饮料种类繁多，加工工艺多样，产品深受消费者喜爱，在此介绍一种典型的食用菌饮料生产线。该食用菌饮料生产工艺如下：

食用菌原料 → 浸泡 → 洗菇 → 脱水 → 破碎

过滤 ← 调配 ← 过滤 ← 固液分离 ← 浸提

灭菌 → 过滤 → 灌装 → 二次杀菌 → 冷却

装箱 ← 检验

对应于以上工艺流程，配套的生产线如图 4-103 所示。

二、食用菌脆片生产线

食用菌脆片是 20 世纪 90 年代初兴起的一种

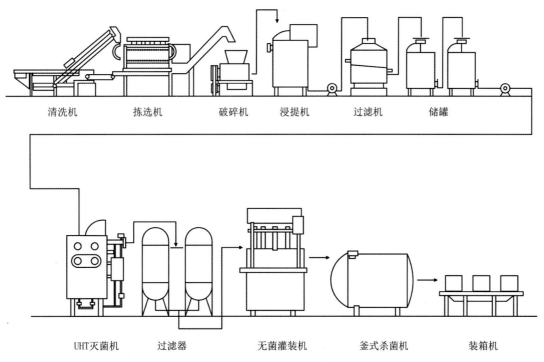

清洗机　　　拣选机　　　破碎机　　　浸提机　　　过滤机　　　储罐

UHT灭菌机　　　过滤器　　　无菌灌装机　　　釜式杀菌机　　　装箱机

图4-103　食用菌饮料生产线

高档大众风味食品和保健食品。采用真空低温炸制等先进工艺生产的食用菌脆片，保持了原有的色香味，且口感松脆、低热量、高纤维，富含维生素和多种矿物质，不含防腐剂，携带方便，保存期远远长于新鲜食用菌。

食用菌脆片加工工艺流程如下：

原料 → 浸泡 → 清洗 → 修整 → 切片 → 预煮

速冻 ← 脱水 ← 真空浸渍 ← 脱水 ← 冷却

真空油炸 → 真空脱油 → 冷却 → 调味 → 检测

称量包装

根据以上工艺流程进行的设备配套如图4-104所示。

三、食用菌营养面条生产线

食用菌营养面条是一种新兴的大众化食品，既符合我国人们的传统饮食习惯，又适应现代化快节奏的需求。食用菌营养面条以谷物、食用菌为原料，增加了食用风味，越来越受到消费者的欢迎。其生产工艺如下：

原辅料预处理 → 混合 → 挤出、熟化与成型

包装 ← 检验 ← 整理 ← 冷却 ← 分段干燥

根据以上工艺流程进行的设备配套如图4-105所示。

四、食用菌面包生产线

食用菌面包是以小麦面粉为主要原料，与酵母、食用菌粉以及其他辅料一起加水调制成面团，再经发酵、整形、成型、烘烤等工序加工制成的发酵食品。我国最流行的面包烘焙工艺是二次发酵法。二次发酵法生产的面包柔软、蜂窝壁薄，体积大、老化速度慢，其优点是不受时间相其他条件的影响，缺点是生产所需时间较长。

二次发酵法的生产工艺如下：

面粉、酵母、水、其他辅料 → 第一次调制面团

第二次发酵 ← 第二次调制面团 ← 第一次发酵

定量切块 → 搓圆 → 中间醒发 → 成型 → 醒发

成品 ← 包装 ← 冷却 ← 焙烤

食用菌面包生产线如图4-106所示。

食用菌加工厂设计及加工设备

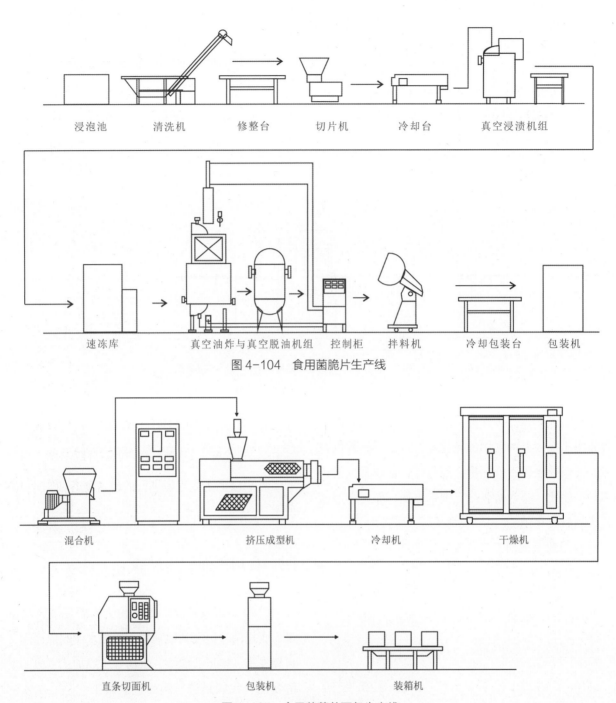

浸泡池　清洗机　修整台　切片机　冷却台　真空浸渍机组

速冻库　真空油炸与真空脱油机组　控制柜　拌料机　冷却包装台　包装机

图4-104　食用菌脆片生产线

混合机　挤压成型机　冷却机　干燥机

直条切面机　包装机　装箱机

图4-105　食用菌营养面条生产线

五、食用菌活性成分提取生产线

食用菌保健食品是从食用菌中提取功能因子或有效成分后加到食品中，因此食用菌原料中有效成分的提取有着重要的意义。有效成分的提取技术方法因其化学、物理等性质的不同而不同。以香菇多糖等水溶性有效成分的提取为例，介绍其生产工艺及生产线构成。食用菌活性成分提取工艺如下：

粉碎 → 动态提取 → 离心 → 过滤 → 杀菌

喷雾干燥 ← 三效浓缩 ← 超速离心 ← 冷却

粉剂成品

根据以上工艺流程进行的设备配套如图4-107所示。

本生产线是在参照国内外目前先进的动态提取生产线的基础上，结合我国国情设计而成的。其优点是节电、节水，能缩短提取、浓缩、干燥时间。

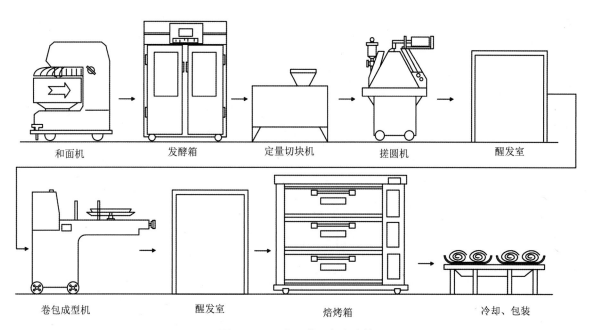

和面机 发酵箱 定量切块机 搓圆机 醒发室

卷包成型机 醒发室 焙烤箱 冷却、包装

图 4-106 食用菌面包生产线

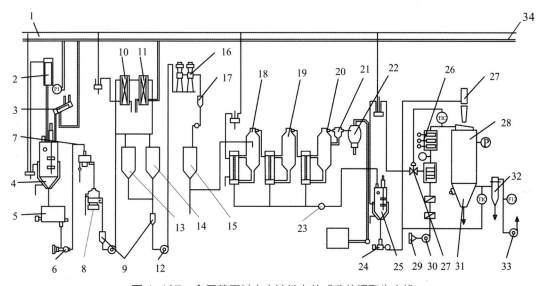

图 4-107 食用菌原料中水溶性有效成分的提取生产线

1.蒸汽管 2.热水器 3.冷凝器 4.提取锅 5.贮料罐 6、12、23.送液泵 7.三足离心机 8.振动筛
9、17.中间贮罐 10.加热器 11.冷凝器 13、14、15.中间罐 16.超速离心机 18.一效蒸发器 19.二效蒸发器
20.三效蒸发器 21.液沫分离器 22.水力喷射器 24.送料泵 25.供料罐 26.电加热器 27.雾化器
28.干燥塔 29.调节阀 30.送风泵 31.振打锤 32.旋风分离器 33.引风泵 34.自来水

参考文献

[1]　张国农 . 食品工厂设计与环境保护 [M]. 北京：中国轻工业出版社，2006.

[2]　何东平 . 食品工厂设计 [M]. 北京：中国轻工业出版社，2009.

[3]　杨芙莲 . 食品工厂设计基础 [M]. 北京：机械工业出版社，2005.

[4]　王颉 . 食品工厂设计与环境保护 [M]. 北京：化学工业出版社，2006.

[5]　王如福 . 食品工厂设计 [M]. 北京：中国轻工业出版社，2001.

[6]　无锡轻工大学，中国轻工业上海设计院 . 食品工厂设计基础 [M]. 北京：中国轻工业出版社，1990.

[7]　刘江汉 . 食品工厂设计概论 [M]. 北京：中国轻工业出版社，1994.

[8]　周镇江 . 轻化工工厂设计概论 [M]. 北京：中国轻工业出版社，1987.

[9]　许占林 . 中国食品与包装工程装备手册 [M]. 北京：中国轻工业出版社，2000.

[10]　纵伟 . 食品工厂设计 [M]. 郑州：郑州大学出版社，2011.

[11]　任其云，李允祥 . 食用菌加工技术 [M]. 北京：农村读物出版社，1991.

[12]　吕作舟 . 食用菌保鲜与加工 [M]. 广州：广东科技出版社，2004.

[13]　罗信昌，陈士瑜 . 中国菇业大典：上 [M]. 2 版 . 北京：清华大学出版社，2016.

[14]　陈守江 . 食品工厂设计 [M]. 北京：中国纺织出版社，2014.

[15]　许学勤 . 食品工厂机械与设备 [M]. 北京：中国轻工业出版社，2008.

[16]　肖旭霖 . 食品加工机械与设备 [M]. 北京：中国轻工业出版社，2000.

[17]　高福成 . 食品工程原理 [M]. 北京：中国轻工业出版社，1998.

[18]　石一兵 . 食品机械与设备 [M]. 北京：中国商业出版社，1992.

[19]　厉建国，赵涛 . 食品加工机械 [M]. 成都：四川科学技术出版社，1984.

[20]　马海乐 . 食品机械与设备 [M]. 北京：中国农业出版社，2004.

[21]　徐成海 . 真空低温技术与设备 [M]. 北京：冶金工业出版社，1995.

[22]　华泽钊，李云飞，刘宝林 . 食品冷冻冷藏原理与设备 [M]. 北京：机械工业出版社，1999.

[23]　中国制冷学会科普工作委员会 . 制冷系统原理、运行、维修 [M]. 北京：宇航出版社，1988.

[24]　高福成 . 现代食品工程高新技术 [M]. 北京：中国轻工业出版社，1997.

[25]　潘永康，王喜忠，刘相东 . 现代干燥技术 [M].2 版 . 北京：化学工业出版社，2007.

[26]　陈斌 . 食品加工机械与设备 [M]. 北京：机械工业出版社，2008.

[27]　徐成海 . 真空干燥技术 [M]. 北京：化学工业出版社，2012.

[28]　童景山 . 流态化干燥工艺与设备 [M]. 北京：科学出版社，1996.

[29]　王喜忠，于才渊，周才君 . 喷雾干燥 [M]. 2 版 . 北京：化学工业出版社，2003.

[30]　金国淼 . 干燥设备 [M]. 北京：化学工业出版社，2004.

[31]　盖国胜 . 超细粉碎分级技术：理论研究·工艺设计·生产应用 [M]. 北京：中国轻工业出版社，2000.

[32]　欧阳平凯，胡永红 . 生物分离原理及技术 [M]. 北京：化学工业出版社，1999.

[33]　马海乐 . 生物资源的超临界流体萃取 [M]. 合肥：安徽科学技术出版社，2000.

［34］ 赵国志，吴生平，柴本旺，等．分子蒸馏器及其应用（1）[J].陕西粮油科技，1995，20(2): 3-6.

［35］ 陆振曦，陆守道．食品机械原理与设计 [M].北京：中国轻工出版社，1995.

［36］ 殷涌光．食品机械与设备 [M].北京：化学工业出版社，2006.

［37］ 刘玉德．食品加工设备选用手册 [M].北京：化学工业出版社，2006.

［38］ 李书国，张谦．食品加工机械与设备手册 [M].北京：科学技术文献出版社，2006.

［39］ 崔建云．食品机械 [M].北京：化学工业出版社，2007.

［40］ 张裕中．食品加工技术装备 [M].2 版．北京：中国轻工业出版社，2007.

［41］ 彭亚军．辊印饼干成型机成型及脱模条件分析 [J].包装与食品机械，2008，26(5)：15-17，50.

［42］ 李墨田，张忠智，李蕾，等．冲印式饼干生产线余料回收装置 [J].农牧与食品机械，1994（2）：27-29.

［43］ 刘晓杰．食品加工机械与设备 [M].北京：高等教育出版社，2010.

［44］ 寿月仙．浙江省食用菌机械化生产现状及机械装备需求 [J].农业工程，2013，3(6):27-29.

［45］ 曹慧，霍北仓．食用菌机械的选择和使用 [J].农机使用与维修，2007（2）：85.

［46］ 杨邦英．罐头工业手册 [M].北京：中国轻工业出版社，2002.

［47］ 徐守渊．乳品超高温杀菌和无菌包装 [M].北京：轻工业出版社，1986.

［48］ 莫爱贵．新型软包装豆奶生产线的工艺与设备选型 [J].粮油加工与食品机械，2001（12）：31-32.

［49］ 金国斌．现代包装技术 [M].上海：上海大学出版社，2001.

［50］ 张聪．自动化食品包装机 [M].广州：广东科技出版社，2003.

［51］ 陈黎敏．食品包装技术与应用 [M].北京：化学工业出版社，2002.

［52］ 徐文达，程裕东，岑伟平．食品软包装材料与技术 [M].北京：机械工业出版社，2003.

［53］ 闫淑萍，龚院生，吴小荣，等．蔬果脆片的工业化生产及质量控制 [J].粮油食品科技，1997（6）：20-22.

［54］ 杨延辰，高峰，李树君．CP 系列果蔬脆片加工工艺及其生产线 [J].农机与食品机械，1997（2）：15，17.

中国食用菌加工

PROCESS
OF EDIBLE
MUSHROOM
IN CHINA

PART III
STORAGE
TRANSPORTATION
AND PROCESSING
OF EDIBLE MUSHROOM

第三篇
食用菌保鲜
贮运和加工

第五章　食用菌保鲜与贮运

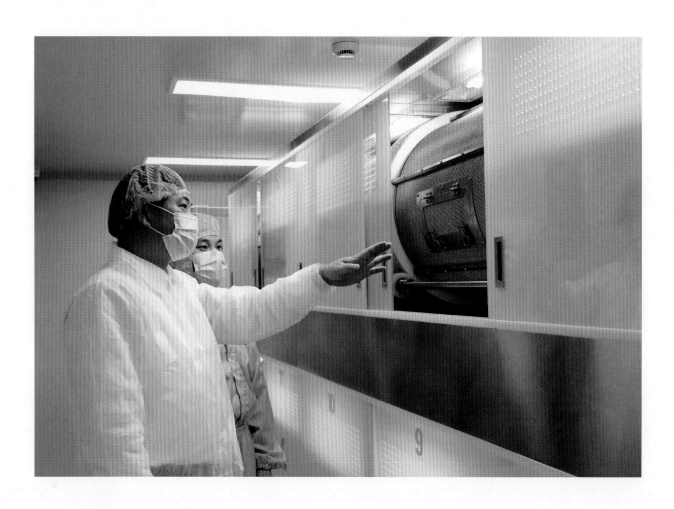

　　食用菌保鲜需要综合考虑诸多的"栅栏因子"，从原料采收、包装到运输，从温度、湿度到时间控制，需要一套系统性的解决方案。本章重点介绍了27种栽培食用菌和9种野生食用菌的采收、处理方法及部分食用菌的分级标准；讲述了延长食用菌保鲜期和货架期的原理、方法及技术，详解了冷藏保鲜技术、速冻保鲜技术、气调冷藏保鲜技术、减压保鲜贮藏技术、辐射保鲜技术、保鲜剂保鲜技术、涂膜保鲜技术和臭氧保鲜技术。

　　食用菌保鲜是一个动态过程，依靠单一方法很难达到预期效果。要从食用菌品种、形态、质地、生理特性，以及食用菌采摘、运输、贮藏、销售等各环节，按照"栅栏技术"原理，分析研究影响食用菌的"栅栏因子"。需要综合考虑诸多的食用菌"栅栏因子"，以建立一个比较完善，且行之有效的食用菌保鲜体系。新鲜食用菌大多质地脆嫩，即便用手轻拿轻放也极易受到机械损伤和微生物侵染。新鲜食用菌大多含水量高、营养丰富、酶活性强，采后的贮藏环境温度、湿度、气体组成等与代谢作用强度相关性极大。鉴于上述诸多原因，需要有针对性的综合运用物理、化学、生物等多方面技术，建立一个系统的、工程化的、实用的食用菌保鲜栅栏技术体系，方能达到理想的保鲜效果。

　　食用菌保鲜技术，必须从原料采集开始，采集方式、包装等是减少机械损伤、延长保鲜期所必需的前提条件。采得好，加上冷藏保鲜技术、速冻保鲜技术、减压保鲜技术、气调保鲜技术、辐射保鲜技术、涂膜保鲜技术等技术的介入，商品价值才会提高。

野生食用菌大部分生长在深山老林中，菇农采集野生食用菌十分艰辛，在控制采集的成熟度、减少机械损伤等方面不规范，这就需要我们更加细化管理，大力宣传保护培育和采集标准，宣传生态保护与科学采集，以便在采集方法和采后包装运输上能规范化操作，保障产品的质量，获得最佳保鲜效果，从而达到优质优价，提升菇农的经济收入。

第一节
采收、采后处理、包装及运输

一、采收

采收是食用菌保鲜贮运最重要的初始环节。食用菌鲜品的采收条件的控制，主要包括采收成熟度，子实体含水量，科学的采收方法，使用专用采收工具、专用采收包装器具等。采收技术的系统应用可提高食用菌单位面积产量、品质以及为后续的保鲜贮运加工提供优质原料。

（一）人工栽培食用菌的采收

人工栽培食用菌生长周期比较短，最佳采收期也短，需准确把握最佳成熟度，以确定采收时间。通过采前停止浇水，控制温、湿度等措施，分批分次进行采收，采用统一清洁的工具及盛装容器，可最大限度地保证产品的质量和产量，实现经济效益最大化。

1. 采收时期及采收成熟度确定　成熟度是影响食用菌保鲜的主要因素之一，适当的成熟度能延长食用菌的贮藏保鲜期。大部分人工栽培食用菌在达到色泽鲜艳、子实体肥厚、口感适宜、菌香浓郁时

可进行采收。但不同的人工栽培食用菌的成熟度有不同的表征，主要以菌盖的开伞程度、菌褶的颜色变化、菌幕的破裂程度、孢子的成熟及弹射情况来综合判断。

食用菌采收期的确定，原则上应根据市场需求，参照相关产品标准中对鲜品的分级原则，同时应针对食用菌鲜品的去向（就地鲜销，还是保鲜或加工），以及保鲜加工的方式、方法和设备等具体情况综合考虑。如产品长途运输，又无调温运输工具时，应适当提早采收；低温季节成熟的食用菌（如金针菇等）可稍迟采收；高温季节成熟的食用菌（如草菇等）要偏早采收，且应在黎明前温度较低时采收，以免日出后子实体温度升高，增加贮运过程中温度调控的难度，影响品质。另外，选择晴天采收有利于加工，阴雨天采收的子实体含水量高，难以干燥，影响品质，一般不宜采收。但若食用菌已充分成熟，即使阴雨天也要抓紧采收，抓紧加工。对黑木耳、银耳之类，可采取停止喷水，加强通风，等天晴时采收。

2. 采收前条件的控制　在采收前和采收时根据需要控制喷水，一些食用菌采收前进行喷水，会使子实体含水量增加，增加霉烂率和机械损伤率，降低品质和产量。作为保鲜出口或脱水干燥的食用菌产品加工前必须排湿或脱水。如果采前喷水过度，子实体含水量过高，加工时菌褶变褐，若脱水烘干，菌褶会变黑，产品不符合出口要求；若是内销，水分过高也会引起霉烂。因此，采收前合理控水，让子实体保持正常水分，不仅外观美，商品价值也高。

3. 采收方法　首先要将所用工具及容器进行清洗消毒，采收时要准确把握食用菌个体成熟度，有选择性地采收。采收时要尽量避免或减少机械损伤，以防微生物从伤口侵入导致产品腐烂变质。对采下的鲜菇，宜用小筐或篮子盛装，最好有隔层，单朵（丛）或单层放置，并需轻取轻放，保持子实体的完整，防止互相挤压损坏，影响品质。特别不宜采用麻袋、木桶、木箱等盛器，以免造成外观损

伤或霉烂。

4.主要人工栽培食用菌的采收

（1）香菇采收

1）采收时间　香菇子实体的菌盖展开六七分，菌盖边缘仍向内卷曲时，即可采收。此时的香菇子实体加工后肉质肥厚，香味浓郁，品质最佳。

2）采收方法　采摘香菇时，用手指捏住菌柄的基部，左右摇动一下后拔起。采菇时一定要注意保护菌材的菌皮，尽量避免菇蒂连带起大块菌皮或撕裂菌皮。菌皮损伤，菌丝恢复十分困难，影响出菇，缩短菌材产菇年限。采收香菇切记用力过猛，不能扯断菌柄。否则残留在菌材上的菇脚很容易腐烂发霉，甚至感染杂菌波及菌材内部，变成一个病灶。原则上先熟先采，成熟一批采一批。

（2）金耳采收

1）采收时间　段木栽培金耳周期短，出耳快，从接种到采收需55～120 d，通常2个月进入出耳期，4个月进入盛产期。出耳初期，子实体通常发生在接种穴或紧靠接种穴的树皮裂缝中。距接种穴3～8 cm处，出耳较少。出耳后期，由于金耳菌丝沿枯死树皮蔓延较快，耳穴以外的树皮裂缝中也逐渐长出较多的子实体，且出耳率、产量和质量均较出耳初期明显提高。金耳（图5-1）子实体成熟时，呈橙色或橙黄色，表面有一层白霜状物，由脑状变为基部相连，上部呈肥厚的瓣状，质地从硬实变为柔软而富有弹性，为采收适期。采收应及时，采收过晚，子实体过度展开，内部组织变空，则品质变差，或变成黑褐色腐烂。

2）采收方法　采收时，用刀沿耳的基部切下。注意不要用手硬采，硬采会破坏基部，影响产量。采收后的子实体，应及时进行加工，整朵烘干或切片。烘干用炭火烘焙或脱水后烘干。卧式袋栽金耳，采收应留下耳基，再盖上报纸和地膜，停水2～3 d，待耳基恢复生长后再进行管理，15 d左右可收再生耳。瓶栽金耳也应保留部分耳基在料面，采收后重新罩上纸套，保持湿度。

（3）木耳采收

1）采收时间　木耳耳片成熟后应及时采收，采收木耳应在雨后初晴耳片收边后进行，最好是天晴2 d后耳杆上的木耳七八成干，趁早晨木耳潮软时采收，也可采取微喷管喷雾，使木耳潮软后采收。为避免流耳、烂耳、老耳，降低产品质量，连阴雨天气到来之前木耳七分成熟也可采收。黑木耳正常管理30 d左右，耳片舒展，朵片肥厚，耳根收缩变细，摇动耳杆时可看出耳片颤动，凡具备以上特征的木耳就是适采的木耳，不论耳片的大小均应立即采收（图5-2）。毛木耳耳片全部展开，边缘略卷，颜色由紫红转变为紫褐色，稍有白色孢子堆出现时，为其采收适期。采收过早，影响产量；采收过迟，耳片晒干后平坦，感观较差。一般从原基分化到采收，时间长者品质较好，反之则差。

图5-1　金耳

图5-2　木耳

2）采收方法　用手指捏住木耳的基部，左右一转就可采收，但必须连耳根采净。在采收时如有耳根没有被采净，要及时用小刀尖挑起（刀尖可用直径6 mm的钢丝自制）。残留在耳杆上的耳根如不及时挖出，雨淋后会溃烂，引起虫害和病害，甚至会感染整个耳杆和其他耳杆，导致耳杆不出耳。采收时要将一个菌袋上的所有木耳一次性全部采下，并清理干净木耳根部，摊放于架起的沙网或草帘上晾晒至干。

（4）杏鲍菇采收

1）采收时间　杏鲍菇（图5-3）一般现蕾后15 d左右，菌柄长8～15 cm，菌盖4～5 cm，菌盖尚未完全展开，孢子尚未弹射，菌盖直径与菌柄直径基本一致时，即为采收适期。

图5-3　杏鲍菇

2）采收方法　采收前1 d停止向棚内喷雾化水，以降低棚内湿度，使子实体表面干爽，提高杏鲍菇的品质，延长贮藏期。采收时，采菇人要穿戴洁净的工作衣帽、口罩、乳胶手套，一手捏住菌柄，一手用不锈钢刀在菌柄的最下方将菇切下，轻放在洁净的筐内并码放整齐，以防碰破菌盖。采收时视子实体生长情况，可整袋采完，也可先采大菇，3 d后再采小菇。

（5）双孢蘑菇采收

1）采收时间　当双孢蘑菇子实体长到采收标准规定的大小且未成薄菇时应及时采收。柄粗盖厚的菇，菌盖3.5～4.5 cm未成薄菇时采收；柄细盖薄的菇，菌盖2～3 cm未成薄菇时采收。茬头菇稳采，中间菇少留，茬尾菇速采。菇房温度在18 ℃以上要及早采收，在14 ℃以下适当推迟采收。出菇密度大，要及早采收；出菇密度小，可适当推迟采收。

2）采收方法　采收时先向下稍压，再轻轻旋转采下，避免带动周围小菇。采收丛菇时，要用小刀分别切下。后期采菇时可直拔。采收时应随采随切除菌柄，切口平整，不能带有泥根，切柄后的菇应随手放在内壁光滑洁净的硬质容器中。为保证质量，鲜菇不得泡水。采菇前不要喷水，以免采菇时菌盖或菌柄变红。采收人员应注意个人卫生，不得留长指甲。采收前，手、器具要清洗消毒。保证菌盖不留机械伤，不留指甲痕，菌柄不带泥根。

（6）平菇采收

1）采收时间　平菇（图5-4）以鲜销为主时，在平菇菌盖刚趋平展，边缘紧收，初显波浪状，菌柄中实，手感实密，尚未弹射孢子或开始弹射孢子，颜色由深逐渐变浅，下凹部分开始出现白色毛状物时采收。如果采收过早，将影响产量；采收过迟，菌盖边缘会卷缩破裂，菌柄老化坚硬，质量下降，食味变劣，重量减轻，且影响下批菇生长。如用于加工平菇罐头，则应在子实体菌盖小、半球形、菌柄粗、质脆鲜嫩时（即分化初期）采收。如用于加工制作盐渍菇，则应在子实体菌盖刚平展、菌柄伸长、肉质实密时采收。

图5-4　平菇

食用菌保鲜贮运和加工

2）采收方法　平菇采收分为一次采收或多次采收。按茬一次采收是在平菇子实体长至可采收成熟度时，一次将床面上的子实体全部采完。经过补水追肥等管理，第二茬菇长至可采收成熟度时再一次采完。一次采收的菇大小不可能完全一样，采后的菇可按菌盖的直径分级包装上市鲜销或进行加工。按茬一次采收的方法，在管理上茬次分明，管理方便，适宜较大规模栽培。多次采收是根据子实体生长的情况，在子实体大小不一时常用多次收获法，采大留小，不分茬次，当子实体长至可采收成熟度时随时采收。多次采收适宜于农户小规模栽培，可根据用途直接分级采收，方便灵活。无论是一次按茬采收或是多次采收，都不能手握子实体向上猛提，用力过猛会将刚形成的原基拔掉，影响下茬出菇。采收时要借用利器，如不锈钢刀或竹刀，轻轻从基部将平菇和栽培料分离。尤其采收丛生品种时更应注意，采收时要一手握菌柄，一手持刀在基将平菇轻轻切下，在不影响基部小菇蕾的情况下，尽量不留菌柄，以防腐烂而引起料面污染，影响下茬菇产量。对于单生的子实体，在采收时要先使其左右旋转一下，平菇和栽培料之间稍松动时再轻轻拔出，尽可能少带栽培料。

（7）金针菇采收

1）采收时间　金针菇菌柄又长又嫩的为优质品。以菌盖开始开伞，但菌盖边缘仍稍内卷，菌盖略呈笠状或球面状，为采收适期。优质菇的商品标准为：菌柄长 13～15 cm，整齐；菌盖直径 1 cm 左右，边缘内卷；没有畸形或变形；不是水菇，菌盖和菌柄都不呈吸水状；菌柄根根分明，又圆又粗；全体纯白，子实体结实，含水量不多。若在幼菇菌柄未完全伸长前采收，产量低；若待菌盖完全平展，边缘呈波浪状时才采收，金针菇变成菌柄扭曲肥胖的水菇，虽然产量增加了，但食味不佳，也不符合商品要求。

2）采收方法　采收时将套袋筒取下，一手握住菌袋，一手轻捏菇丛基部，稍稍旋转即可整丛拔下。采收前 2 d，相对湿度保持在 75%～80%。金

针菇一般可采收四茬左右，但产量多集中在头两茬菇，后两茬菇产量低，质量差，生产中常栽培至采收完头两茬菇为止。刚采收的金针菇应按顺序整丛摆放，或用小包装直接上市。

（8）真姬菇（斑玉蕈）采收

1）采收时间　在适宜条件下，从原基分化到子实体采收需 15～20 d，气温较高时只需 8～15 d；若条件不适，有时会延迟到 20 d 以上。当真姬菇（图 5-5）菌盖直径 2～3 cm 或每丛中一些个体直径 4 cm，菌柄长度 12 cm 左右，菌盖尚未完全展开时即可整丛采下。

图 5-5　真姬菇

2）采收方法　采收前，将菇房喷湿，以增强子实体的韧性，减少采收过程中因操作不慎而使菌盖破碎。采收时，一手按住菌柄基部栽培料，一手握住菌柄，轻轻地将整丛菇拧下，分层摆放到容器内，避免挤压。然后分株、去根，以净菇装入塑料托盘，并用保鲜薄膜包装，送往超市。第一茬菇采收完后，及时清除栽培料面上残留的菌柄、碎片和死菇，并进行补水管理。

（9）银耳采收

1）采收时间　银耳（图 5-6）的成熟度较难确定，因为它不像香菇、双孢蘑菇那样可以用菌盖展开的程度来判断。采收偏早，耳片展开不充分，朵形小，耳花不松散，产量低；采收偏迟，耳片薄而失去弹性，光泽度差，耳基易发黑，品质差。当耳片充分展开，中部没有硬心，耳片舒展如菊花状或

牡丹花朵状，手触有弹性并有黏腻感，边沿发亮，白色透明，直径 10～12 cm 时为适宜采收期。

图5-6　银耳

2）采收方法　采收前一天停止喷水，使耳瓣稍风干收缩。采耳时，用锋利小刀紧贴袋面将子实体完整地割下。应先采健壮好耳，病耳直接丢弃。采完后，随即用刀尖挖去耳基，清除杂质，在清水中漂洗干净。

（10）灰树花采收

1）采收时间　灰树花采收时间与温度有关，23～25 ℃需 13～16 d，18～22 ℃需 16～25 d。灰树花子实体正常生长情况下，一般 6 月初至 8 月初高温高湿季节，长出原基后 10 d 左右即可采收。当灰树花子实体表面有菌孔针眼状，在七分成熟时采收为佳。此时菇片分化充分，呈不规则半圆形，并以半重叠形式向上和四周延伸生长，形似一个完全或不完全的芍药或牡丹花朵状，菇片边缘的颜色达到灰白中带黑；菌柄和菇片的腹面可见到有微小的菌孔层，但距菇片边缘内侧约 1 cm 处尚无菌孔出现，菌柄基部也未现菌管；菇片表面吸水能力减弱，在同样喷水管理条件下，菇片表面比以前显得更湿润；菇片表面呈浅灰色或灰色，有较浓的菇香。若是菌孔成为刺状则表明灰树花已经过老。

2）采收方法　采收段木栽培的灰树花时，两手伸平插入子实体底下，在根的两边向一个方向稍用力，菌根即断。拣净碎片及杂草等，过 1～2 d 浇一次大水，照常保持出菇条件，经 20～40 d 即出下茬菇。将采下的灰树花除掉泥土、沙石及杂草

等即可鲜售。采收袋栽的灰树花时，基部要用刀割下，并用刀剔除杂质，然后从灰树花分枝至基部，用刀割成大小均匀的小束。

（11）滑菇采收

1）采收时间　滑菇（图5-7）子实体发育到八九分成熟后及时采收。滑菇采收的商品标准：内菌幕即将开裂时，菌盖橙红色，呈半球形，菌柄粗而坚实，菇表面油润光滑，质地鲜嫩。采收适时，子实体重，质量好，加工时不易开伞，等级好，价格高。待内菌幕逐渐开裂后，菌盖开展，呈锈褐色或黄红色，菌柄淡黄色时（即有黄褐色纤毛），孢子开始弹射，子实体变轻了，这时采收会影响滑菇的质量等级。

图5-7　滑菇

2）采收方法　采收时，一手按住子实体，另一手的拇指、食指、中指轻轻捏住菌柄基部拧起，然后从基部逐个掰开，用不锈钢刀切去多余的菌柄和杂物，及时加工。注意不要将栽培料带起，以免影响下茬菇的发生。每采收一茬后，要把栽培料表面上的残渣清理干净，并喷一次重水，10 d 左右会长出新菇。采下的滑菇要轻拿轻放，小心装运，以防挤压损伤菌盖，变形变色，影响商品质量。

（12）猴头菇采收

1）采收时间　鲜食及盐渍猴头菇的采收适期为菌刺形成期，此时的猴头菇子实体生长发育达到高峰，菌丝已充满球芯，子实体圆整，肉质坚

实，外观满布短小菌刺（未超过0.4 cm），柄蒂短小，基本无苦味，口感好，镜检无成熟孢子，具有猴头菇（图5-8）应有的特点。干制猴头菇的采收适期为孢子成熟期，此时的猴头菇子实体洁白圆整，挤压松软有弹性，菇球芯内有微孔，刺长0.6~0.8 cm，镜检可见大量成熟孢子，子实体氨基酸含量略低于菌刺形成期，但干物质积累最高。若采收过迟，则猴头菇颜色开始变黄，散发孢子，自身代谢消耗大量营养，子实体呈现苦味。

图5-8 猴头菇

2）采收方法 菌柄长的用弯形利刀从柄基割下即可，菇脚不宜留得过长，一般1 cm左右为宜，太长易感染杂菌，也影响第二茬猴头菇的生长，不要割破料袋，以免杂菌感染；菌柄短小的可随手扭下。采收前6 h停止喷水，并注意避免风直接吹在子实体上。采下的猴头菇要轻拿轻放，避免挤压损伤外观。

（13）凤尾菇采收

1）采收时间 凤尾菇采收的商品标准：菌盖呈灰黑色，渐平展，盖缘变薄且稍有内卷，菌盖宽3~5 cm，菌柄长1~2 cm，盖缘孢子即将弹射。若待菌盖完全展开，孢子大量弹射时采收，不但商品价值低，而且还稍带苦味。采收过迟，孢子落在培养基上，还易诱发轮枝霉等杂菌侵害子实体，导致病害发生。

2）采收方法 采收时，用手压住栽培料，捏住菌柄轻轻转动将其采下。采下的鲜菇应将菌柄基部黄色部分切除，否则煮后有苦涩味。采后将料面清除干净，让菌丝尽快恢复生长。

（14）茶树菇采收

1）采收时间 子实体从菇蕾形成到成熟，一般需要5~7 d，低温情况下需要7~10 d。当菌盖颜色由暗红褐色变为浅肉褐色，菌幕尚未破裂，菌柄10~12 cm，菌盖直径0.8~1.5 cm，菌盖平展、边缘内卷未开伞时，为采收适期。茶树菇（图5-9）成熟后很快开伞，若不能及时销售或加工，应将采收时间适当提前，以免成熟过度，采后很快开伞，降低品质。

图5-9 茶树菇

2）采收方法 采收时要求整丛或单株一次性采下，随即切削菇脚，进行分级。以盖肥、色艳、大小均匀、柄粗壮、长短整齐和不开伞者为优质菇，菌柄细长、扭曲和菌盖脱落或破碎者为次级菇。采收后要清理菌袋料面，停止喷水3~5 d，让菌丝休养，继续出菇。

（15）榆耳采收

1）采收时间 在适宜的环境条件下，榆耳从原基出现到子实体成熟一般需20~25 d，其中原基期所占时间为7~10 d。当耳片充分展开，边缘卷曲，耳根收缩，开始弹射白色孢子，耳色由粉红色变为锈褐色至浅咖啡色时，为采收适期。

2）采收方法 采收前要停止喷水，用干净的小刀沿耳根割下，留 0.3～0.5 cm 的耳基，并将耳根创口暴露于空气中，待耳基稍见收边、创口不黏时，将袋口松扎养菌，直到创面萌生一层白绒状菌丝层。如果此时强光直射，菌丝层长势变弱，易发生污染。第二茬耳采收方法为摘取，轻拿慢摘以保证耳片的完整。采收的子实体置日光下自然晒干。

（16）榆生离褶伞采收

1）采收时间　榆生离褶伞在原基形成后 8～10 d，菌盖呈半球形，尚未弹射孢子时应及时采收。榆生离褶伞在日本的上市标准为：菌盖直径 2～3 cm，柄长 6～8 cm，每瓶 4～5 个子实体，产鲜菇 130～150 g。

2）采收方法　采收时，用手捏住榆生离褶伞根部轻轻拔出，用刀削掉基部杂质，再分成单朵，鲜销或干制。采收后随即将带有木屑的菇根切除，装进特制的浅盘中，并用聚丙烯塑料薄膜包装。榆生离褶伞质地脆嫩，采摘和运送都要轻拿轻放，以防子实体破碎，降低品质。第一茬菇采收后，及时清理培养基表面残余菇脚及枯萎幼菇，停止喷水，保持室温以利菌丝恢复生长。

（17）金顶侧耳采收

1）采收时间　金顶侧耳（图 5-10）主要用于鲜销，采收的时间对其商品特性有很大影响。金顶侧耳生长发育较快，在温度湿度适宜时，现蕾后

图 5-10　金顶侧耳

3～4 d 内就可发育成熟，一般情况下需要 6～8 d，有时会延长到 10 d 左右。采收的标准为：菌盖直径 2～4 cm，呈漏斗形，金黄色，边缘内卷，有少量孢子弹射。此时子实体鲜嫩，菌柄嫩而脆，商品性状最好。当菌盖直径 5 cm 以上，边缘渐平展，开始弹射孢子，子实体颜色由金黄色渐变为淡黄色，要尽快采摘。当子实体大量散发孢子后，菌盖易碎，菌柄绵软，失去韧性，商品价值降低。

2）采收方法　采收时用刀片将子实体从栽培料面整丛割下，不要损伤栽培料，也不可留下残根。用小刀将已成熟者割下，留下小菇，待发育成熟后再采。在采收前一天要停止喷水，有利于延长保鲜期。

（18）大杯香菇采收

1）采收时间　大杯香菇子实体从出土到成熟需 4～10 d，一般在 7 d 左右，在适温范围内，温度越高，发育越快。采收标准要根据生产目的来确定。如以鲜销为主，当子实体发育到八分成熟时便要采收，此时菌盖呈漏斗形，色泽从土黄色逐渐变为黄白色，边缘已逐渐展开，尚未弹射孢子。如以加工罐头为主，则应提前到杯形初期和中期采收，此时盖顶下凹，盖缘尚未伸展。杯形中期的菌盖质量虽然只有成熟期的 40% 左右，但氨基酸的含量反而比成熟期高 2.5%，风味好，更受消费者的欢迎，市场价格也较高。

2）采收方法　用手指捏住菌柄基部，轻轻旋起，使子实体脱离培养基，立即用小刀削除带泥沙的基部后放入收集筐，切不可将带泥沙的菇放入收集筐。为保持子实体的洁净和商品外观，可先用剪刀将表面子实体剪下，随即整理装袋；然后清理床面，挖去残留在覆土中的菇根，并填补新土，防止床面积水。

（19）姬松茸采收

1）采收时间　姬松茸（图 5-11）接种 35 d 后开始出菇，生长到标准大小时，必须及时采摘，否则，会因子实体过大影响产品质量，还会抑制小菇的生长，不利于优质高产。当姬松茸子实体

图5-11 姬松茸

4~8 cm，菌盖红褐色，表面有鳞片，形状为钟形，菌幕未破裂时应及时采收，且需掌握"茬头菇稳采、密菇勤采、中间菇少留、茬尾菇速采"的原则。现实中姬松茸的优质产品是指未破幕开伞的幼菇，一旦破幕开伞，其商品质量就会下降。夏季气温高，姬松茸子实体生长快，高峰时每天早晚应各采收一次。

2）采收方法　用手握住菌柄直接拔下。采收时应注意去掉死菇和各种碎菇残片，削去泥根，小心放入箩筐等容器中，然后及时销售或加工。采收后的菇脚坑应及时用土填平，然后向覆土层或土埂喷水，诱导下一茬菇形成，一般可连续采菇4~5茬。

（20）白灵菇采收

1）采收时间　白灵菇（图5-12）子实体从现蕾到采收10~15 d，但当温度过低时，可能需要

图5-12 白灵菇

20 d以上。当白灵菇菌盖趋于平展，边缘仍有内卷时，是采收适期。此时子实体饱满、滑润、清凉、洁白，尚未大量释放孢子。若过早采收，不仅子实体的体积大小和重量达不到最大限度，而且组织中的营养物质也达不到最大的积累程度。若推迟采收，子实体已过熟，菌盖边缘上翘，大量释放孢子，消耗营养，接近衰老，失水萎蔫。采收期要注意气候条件，阴雨或浓雾时采收，因子实体表皮细胞膨胀，易造成机械损伤，并且表面潮湿，易受病原微生物侵染；晴天中午或午后采收，子实体温度高，所受的热不易散发。

2）采收方法　采收时用手握住白灵菇菌柄基部，轻轻旋转拔下，同时用刀削去菇根杂物，削平菌柄，并用软毛刷刷净子实体表面杂质，剔除畸形、破损菇后，将采下的子实体轻轻放在塑料泡沫箱内。

（21）草菇采收

1）采收时间　人工栽培草菇从播种至幼菇的形成只需6 d左右，从播种至初收一般9~10 d。第一茬菇采收4 d左右即结束。由于草菇生长迅速，加上后熟作用明显，采收后在25 ℃以上仍很快开伞，降低甚至丧失商品价值。通常每天采收2~3次，具体采收时间应根据销售渠道来调节。采收后在当地销售的，可在草菇子实体由硬变软，包膜未破的蛋形期向伸长期过渡时期采收。若需要较长距离运输，应在蛋形期，质地较硬，子实体呈圆锥形时采收。除集中采收外，还必须不断巡查菇房，发现可采收的及时采下。

2）采收方法　采收时，一手按住草菇着生基部，另一手将成熟的草菇子实体拧转采起，不能像拔草一样用力向上拔，以免周围的栽培料松动，影响其他菇的生长。若是丛生菇，最好等大部分成熟时一并采收，或用小刀将可收的菇切下。采收后的菇应及时用刀切去基部杂质，并按等级分好，分别包装。采收后应及时清理床面，打扫菇房卫生。

（22）短裙竹荪采收

1）采收时间　短裙竹荪（图5-13）多在每年

图 5-13 短裙竹荪

的 5 月下旬至 10 月下旬进行采收。虽然其从现蕾到采收历时 45～60 d，但是从菌蕾破壳至子实体成熟仅有 5～10 h，及时进行采收尤为重要。子实体成熟即抽柄展裙，多发生于上午 6～12 点，气温适宜时成熟加快，待到午后菌柄菌裙会发生萎缩。由于短裙竹荪菌蕾发生与生态环境因子、营养条件以及菌体大小等因素息息相关，抽柄展裙时间差别较大，因此几乎每天均有子实体成熟，出荪期间应当每天早晨或上午及时查看菇房。在菌裙充分展开，孢子体即将自溶时，及时采收。掌握好采收适期，不仅可有效保证短裙竹荪的商品质量，还可避免短裙竹荪子实体腐烂后的黏液等污染床面，影响下茬短裙竹荪菌蕾的形成及发育。

2）采收方法　先用拇指、食指和中指捏住菌盖，轻轻一扭再往上一提即可摘下菌盖，然后用拇指和食指捏住菌托，同样轻轻一扭再往上一提，整株短裙竹荪就被采下，最后用食指插入菌柄与菌托之间，轻轻一挖即可剥下菌托。另外，也可用锋利小刀从菌托底部切断菌索采下子实体，随即用手指剥除菌盖和菌托，并将完好的子实体小心地放在采收容器内。若是气温较低，温度达不到抽柄展裙要求时，可进行人为抽柄展裙操作，即菌柄伸出 1/3时，连同菌托一起，提前采摘回来，置于室内铺地薄膜上，喷水加湿，再罩紧薄膜升温，促使其顺利抽柄展裙。在栽培规模较大时，为避免因抽柄展裙速度过快，来不及采收而造成损失，可先将菌盖摘下，使产孢组织脱离子实体，然后再一朵一朵地采收。但是，无论采取哪种方法采收，都要注意轻取轻放，保持菌柄和菌裙的完整，切勿扯破或弄断。如果采下的子实体有泥土污染，可用柔软的毛刷蘸清水洗净。

（23）长裙竹荪采收

1）采收时间　当长裙竹荪菌蛋长成鸡蛋大小时，每天上午 9～11 点、下午 2～4 点分别对菌蛋破壳情况进行两次检查，若见菌网形成、菌裙达到最大张开度时，要立即采收，以提高产量和质量。

2）采收方法　采收时，用小刀从菌托底部切断菌索，将子实体采下，避免损伤周围的幼蕾。采下的子实体，用清水洗净孢子液和泥土杂质，去掉菌盖和菌托，菌裙和菌柄要保持完整，摊放在涂抹一层植物油的竹筛或干净纱布上，摊放时要将菌裙展开，菌柄放直，以获得整齐美观的商品。

（24）鸡腿菇采收

1）采收时间　菌盖含苞未放，菌环即将或刚刚松动，六七分成熟的菇蕾期，为鸡腿菇（图 5-14）采收适期。此时采收，子实体品质好，商品价值高，保鲜期长，耐运输。如菌环松动或脱落后采

图 5-14　鸡腿菇

食用菌保鲜贮运和加工

收，在干制过程中就会氧化褐变，菌盖自溶变黑而失去商品价值。

2）采收方法 鸡腿菇六七分成熟时，采大留小，用竹片刮净菇脚泥土和菌盖鳞片，成簇生长的采收要小心，不要碰伤小菇。采收后的菇坑用土填好。每采一茬菇要整理菇床，清除杂菌、死菇、废菇，并调水补充营养，重新覆膜。

（25）长根菇采收

1）采收时间 长根菇（图5-15）出土的菇蕾经过7～10 d的生长，菌盖便开始平展但边缘仍内卷，菌褶呈白色，菌柄长15～20 cm，柄长而脆时为采收适期，应及时采收。采收前2 d需停止喷水，使子实体组织保持一定韧性，以减少采摘时的破损。若子实体开始释放孢子、菌盖边缘上翻、菌褶发黄、出现倒伏、组织变老，表明已过采收适期，商品性已受损。

图5-15 长根菇

2）采收方法 采收时用手指夹住菌柄基部轻轻向上拔起，随即用小刀将菌柄基部的假根、泥土和杂质削除，并及时将鲜菇送进冷库，分级包装上市销售或脱水烘干加工。

（26）皱环球盖菇采收

1）采收时间 对于室内畦栽的皱环球盖菇，在适温范围内从床面现蕾到子实体成熟需5～10 d。应在其菌膜尚未破裂或刚开始出现裂缝，菌盖呈钟形时及时采收；在菌盖内卷，菌褶呈灰白色时采收完毕。若是菌盖平展，菌褶呈黑褐色，则已成熟过度，商品质量受损。优质的皱环球盖菇要求其菌盖直径6～8 cm，菌盖呈现黑红灰色，且未开伞，菌柄呈白色。

2）采收方法 拇指、食指和中指握住菌柄基部，轻轻旋转，待松动后再向上轻轻拔起，不要带动周围小菇。采收完毕需及时挖除残留菇根，以免菇根腐烂导致病虫害发生。另外，采菇后的菇穴应及时用土填平。

（27）灵芝采收

1）采收时间 灵芝（图5-16）柄长出袋口，条件适宜时，很快形成菌盖。灵芝子实体生长初为白色，后变为黄色，经过2～3个月为紫色、褐色或红色。当菌盖边缘不再生长（边缘无淡黄色圈），菌盖下端子实层内长出棕红色孢子时，表明子实体已成熟，即可采收。采收前应注意收集子实体释放的孢子，以便生产孢子粉。

图5-16 灵芝

2）采收方法

①室内床架立袋栽培灵芝：从原基形成到子实体采收约25 d。采收时，用剪刀沿菌柄基部剪下，在菌盖下只保留约2 cm长的菌柄，留下菌柄以再生，一般3 d后在菌柄截面上又开始形成菌盖，按照常规进行管理，用这种方法可收获三茬灵芝。

② 室内堆袋栽培灵芝：采收时用手直接将灵芝掰下，在太阳下晒 2～3 d 即干。采后停水 2～3 d，以利菌丝恢复生长，7～10 d 在原来子实体生长处又可出现再生灵芝。

③ 畦床覆土栽培灵芝：在正常情况下，从原基形成到菌盖成熟约 20 d，此时菌盖已充分展开，边缘白色生长点消失，整个菌盖变成红褐色，并大量散发孢子，停水后再培养 3～4 d 即可采收。采收时，握住菌柄摇动将其摘下，然后用小刀挖去菌丝块上残留的菌柄，停水 2～3 d，再进行再生灵芝的生产管理。

④ 短段木熟料栽培灵芝：从接种到采收 100～120 d，从现蕾到采收 40～50 d。当菌盖边缘黄白色生长点完全消失，不再生长，表面颜色呈现红褐色，并有孢子散发后的 6～8 d 为采收适期。采收前停止喷水，采收时用剪子或手将芝体从柄基部剪下或摘下，轻轻放入浅底竹筐中，尽量减少挤压。残余菌柄亦应摘除，否则很快从老柄上方长出朵形很小或畸形的灵芝。

（二）野生食用菌采集

不同野生菌的生长特性，生长环境的气候、土壤条件等都会对野生菌的品质及贮藏产生直接或间接的影响。虽然野生食用菌生长的环境很难人为控制，但可以通过科学的管护措施，尽可能规范采集时期、采集成熟度、采集方法，来保证和提升野生食用菌良好的贮藏品质和商品价值。

1. 采集时期　一般来说，野生食用菌没有严格的采集期，但采集时间比较严格。通常应尽量选择在早上或傍晚阴凉时或选择雨过天晴后，菌体表面干燥时采集。避免在阴雨天、露水未干或浓雾弥漫时采集，否则因菌体表皮细胞膨胀压大，容易造成机械损伤，加之菌体表面潮湿，微生物易侵染，加快菌体腐烂变质。如采集的菌体表面带有露水，必须晾干；气温较高时采到的菌要放在阴凉的地方进行散热。

2. 采集成熟度　针对不同的品种和用途确定适宜采集成熟度，采幼菇严重影响自然产量，而过熟菇商品价值下降，并且病虫害发生严重，极不耐贮藏和运输。更为严重的是采摘过熟菇阻断了野生食用菌自然繁殖链，对资源繁衍和以后的产量都有较大的影响，不利于资源的可持续开发利用。因此，一般以采收七八分成熟的子实体为宜。

3. 采集方法　野生食用菌采集时，先清除菌体周围的树枝、杂草、石砾等杂质。用一只手轻轻握住菌柄，另一只手用竹片、木棍、铁锹或小锄头等适宜工具撬开菌柄周围的土，直至菌柄大部分露出菌塘外，然后用手轻轻摘下菌体。在不损伤菌体的前提下，用手轻轻除去菌体表面上的泥土，避免泥土带有的微生物感染菌体。

4. 主要野生食用菌采集

（1）牛肝菌采集

1）采集时间　在中国发现的具菌褶或具菌管的牛肝菌种类达 390 多种，其中 199 种是可食用的。不同种类的野生牛肝菌形态很相似，采集时注意识别，以免误食毒菌中毒。白牛肝菌（图 5-17）出菇时间较长，采集可从 5 月下旬开始一直延续至 10 月底。雨天后 4～6 d，上山采集，采集时间以晴天露水干后为最好，阴雨天采集对质量影响较大。

图 5-17　白牛肝菌

2）采集方法　牛肝菌幼菇出土后，不要随意触摸，任其自然生长，当菌体生长到高 7 cm 以上，经济价值最高时，用双手的食指从牛肝菌的基部轻轻掏开腐殖质，露出基部，轻轻摇动即可采

食用菌保鲜贮运和加工

下，然后去除基部的泥土。切忌用大型铁质工具，以免破坏菌塘。采集的鲜菇要用干净、透气的吸水纸单个包装，然后盛放在竹筐或藤篮内，切忌用塑料袋等不透气器物包装，以保持其新鲜度。防止子实体破碎，防止菌柄与菌盖分离，尽可能地避免泥土、林地杂草黏附在子实体上，减少二次污染造成的损失，提高商品等级。

（2）松茸采集

1）采集时间　松茸（图5-18）要在适宜的季节里采集，吉林地区松茸采集时间在9月下旬至10月下旬，西南地区松茸采集时间主要集中在6月上旬至9月下旬，但在云南有些地方，直到11月仍有松茸出产。

图5-18　松茸

2）采集方法　采集松茸时，要注意生长环境，当发现地面上腐殖质和落叶层有异常顶起时，要小心扒开落叶和腐殖质，其下往往会有松茸的童茸。有的只露出一小部分菌盖，完全裸露出菌盖和菌柄的童茸极小。菌盖完全露出后，一般已破膜半开伞，或完全开伞。发现松茸后，用竹板或尖木棒扒开地表落叶和腐殖层，沿菌柄边缘扒开土壤，露出菌柄基部，小心地取下子实体。松茸子实体往往呈环状、线状分布，发现一个松茸子实体后，要在附近仔细寻找，会有更多收获。切忌在林地无目的地乱翻乱挖，否则会损伤还未长大的童茸和原基，还会对菌塘造成伤害。菌塘上菌丝裸露出来后，一旦进入雨水，不利于菌丝体的生长发育和翌年松茸

子实体的生长。松茸子实体采摘后，其空穴要用原土填满，并盖上一层落叶。采集的松茸要符合商品标准要求，以采集半开伞的子实体为好。采集的松茸要精心装入竹篮或塑料袋内。用塑料袋盛装时，袋口不要扎实，并避免在高温下存放过久。在透气不良和高温条件下，附着在子实体表面的细菌会大量增殖，使子实体表面发黏，变成黑褐色，降低品质。采集的松茸，要摊开放在阴凉干燥、通风良好的场所，并及时运往收购点或进行加工，以防止腐烂变质。

（3）块菌采集

1）采集时间　块菌一般7月开始形成子实体，到11月中下旬才能成熟。以云南产量最大的印度块菌（图5-19）子实体表层呈暗褐色，内部呈均匀黑褐色并有白色大理石样纹理者为成熟；子实体表面有荔枝样的红色，内部产孢组织白色、黄褐色者为未成熟。野生食用菌市场有荔枝样红色的不成熟新鲜块菌，这种不成熟的块菌不具特有的香味，商品价值极低。大多数块菌产地每年11月下旬至翌年3月下旬为最适宜的采集时期。

图5-19　印度块菌

2）采集方法　块菌大部分生长在5～20 cm的松散土层内，采挖块菌要尽可能减少对土壤结构的干扰，只需使用齿距稀疏的耙子轻挖细刨。为了避免对块菌损伤和对土壤结构破坏，可以用电子笔进行定位后再刨，一年只能采挖一次，不能多次翻

挖。在国外块菌产区要用训练有素的块菌狗寻找块菌，在意大利甚至立法规定不使用狗采集块菌是违法的活动。块菌狗可以准确无误地找出块菌所处位置，而且都是成熟的块菌，只要小心挖出就可以了，省时、省事、环保，不浪费资源。

（4）鸡枞采集

1）采集时间 鸡枞（图5-20）的采集期为6～10月中旬，当鸡枞的菌盖将要伸直，尚未开裂时即可采集，不采幼菇和过熟菇。

图5-20 鸡枞

2）采集方法 由于鸡枞与白蚁共生，因此采集时要注意避免破坏鸡枞下面的白蚁巢穴。针对较大鸡枞，采集时先用铁锹、小锄头或竹片挖开鸡枞周围的泥土，露出菌柄根部，当不能撑住直立时，用一只手轻轻握住菌柄，另一只手继续撬开菌柄周围的土，直至菌柄大部分露出菌塘外，用手折断菌柄下端，取出鸡枞。针对较小鸡枞，采集时直接用木棍撬开泥土挖出即可。注意不要撬到菌塘底部，避免破坏鸡枞下部的白蚁巢穴。取出菌体后，把撬出的菌塘土壤复原，促进鸡枞再生。

（5）干巴菌采集

1）采集时间 干巴菌（图5-21）的采集期为5月下旬至10月底，选择早上或晚上阴凉时采集，避免在正午和下雨时采集。不宜采集幼菇（高度低于5 cm）和过熟菇。

2）采集方法 有选择性地采集，并尽量减少和避免机械损伤，避免微生物从伤口侵入，使产品腐烂变质。采集时，先清理干净干巴菌周围的树

图5-21 干巴菌

枝、杂草、石块等，用一只手轻轻握住子实体下部，轻轻旋转，取下干巴菌。不要捏子实体上部，以防变色。

（6）羊肚菌采集

1）采集时间 羊肚菌（图5-22）的采集期一般集中在3月下旬至5月下旬，尽量选择在早上或傍晚子实体表面干燥时采集，避免在正午及阴雨天气、露水未干或浓雾天气进行采集。不宜采集幼菇（高度低于5 cm）和过熟菇。

图5-22 羊肚菌

2）采集方法 有选择性地采集，要尽量减少和避免机械损伤，减少微生物从伤口侵入，导致产品腐烂变质。采集时，先清理羊肚菌周围的树枝、杂草、石块，用手轻轻握住子实体，轻轻摘下羊肚菌。在不损伤子实体的前提下，用手轻轻除去子实体表面的泥土、杂草。

食用菌保鲜贮运和加工

（7）大红菇采集

1）采集时间　大红菇（图5-23）的采集时间每年有两次。第一次为6月下旬到7月上旬；第二次为8月中旬到8月底。云南南部的大红菇，采集时间则为每年的6月底至7月上旬和8月上旬这两个时间段。一般选择早上或晚上阴凉时采集，避免在正午阳光强烈、气温高的时候采集。雨后待菌体表面干燥时采集，如子实体表面有大量水滴，采后易腐烂变质。

图5-23　大红菇

2）采集方法　采集时要尽量减少对大红菇子实体的损伤，防止微生物从破损处侵入。采集大红菇（图5-24）时，先清理大红菇周边的杂物，比如树枝、杂草、石块等，用一只手轻轻握住菌柄，用

图5-24　采集大红菇

木或竹制工具挖掘大红菇，并轻轻除去菌体表面上的泥土。采后轻拿轻放，装入筐、背篓或专用保鲜袋，切忌用麻袋或不干净的编织袋盛装，防止子实体破损，伞柄分离，降低产品质量。

（8）虎掌菌采集

1）采集时间　虎掌菌采集期为7月至9月，当菌盖由内卷向外延伸并充分展开，翘鳞明显突出增大时为虎掌菌采集适期。成熟的虎掌菌（图5-25）菌盖直径10～15 cm，最大的可达到30 cm，每朵重150～500 g。虎掌菌成熟一般不分大小，肉眼观察菌盖表面色泽变淡、菌盖展伸，菌齿加粗增长、颜色发白时即为成熟。

图5-25　虎掌菌

2）采集方法　采集时用手捏住成熟的虎掌菌子实体菌柄的根部，轻轻用力扭转即可摘下。摘下的虎掌菌随即用小刀削去泥脚后，放入筐内。若不削去泥脚，泥土会污染子实体的菌盖或菌齿，影响虎掌菌的质量。

（9）冬虫夏草采集

1）采集时间　冬虫夏草（图5-26）采集期为5～6月，成熟的子座呈棒状，头部黑色，表面粗糙有微小粒状突起。

2）采集方法　用铁器或竹扦子扒开土壤，将子座连同僵虫体一并挖出，防止将子座折断。采挖过迟，僵虫体中空至腐烂，子座倒苗，失去商品价值。

图5-26　冬虫夏草

二、采后处理

食用菌采后处理主要包括修整分级、预冷以及食用菌产品品质和质量控制，避免出现采后再污染的情况。食用菌修整分级和预冷处理，推进分级的机械化、工厂化进程，提高分级精度和生产效率，采后及时预冷处理，延长贮藏期，以满足食用菌加工、消费市场不同需求，是今后食用菌采后处理的主要发展方向。

（一）修整分级

1.修整　食用菌采收后，应尽量保持新鲜菌自然长成的形状，尽快置于阴凉、干燥、通风的地方，待修整分级。采用薄片刀具切削长势不好的鲜菌，去除菌柄底部及根部的杂草、泥土。一些子实体大、菌柄短的食用菌品种，可剪去菌柄、蒂头，以延长其贮藏期。如平菇采后用刀把菌柄基部切除，削平，柄长2～3 cm即可；双孢蘑菇采收后可将菌柄修剪至5～10 mm，抑制开伞，延长寿命；金针菇主要食用部位为菌柄，不宜剪短。修整的同时，需将不宜贮藏的开伞个体、病虫个体、斑点异色个体、受损个体去除。修整后应尽快分级处理。

2.分级　根据采收的食用菌种类、大小、色泽、形状、重量、成熟度、新鲜度、病虫害率、机械损伤率等，将产品依据一定的标准严格筛选，分为若干个等级，使采收的产品达到商品标准化，有利于在产品的运输、销售、贮藏及包装等环节，进行针对性的产品处理、保护，降低产品的生产成本、中间环节的损失、病虫害的传播，有效提高食用菌商品质量，满足不同用途的需要。食用菌的分级在实现产品标准化流程中起着重要的作用，能够有效提高产品的市场竞争力，必须严格按照相关标准执行。

（1）分级标准　我国针对现有的食用菌产品的等级、通用包装技术等制定了国家、行业或地方标准。其中制定鲜品分级国家标准的品种有松茸、平菇、双孢蘑菇、美味牛肝菌、姬松茸、元蘑、榛蘑、香菇等；制定鲜品分级地方标准的品种有金针菇、白灵菇、南华松茸、楚雄牛肝菌等。还有一些按照不同的加工工艺形成的产品进行了国家、行业、地方标准的制定。

食用菌分级过程中，一般按照子实体形态、色泽、大小、菌幕完好程度、有无机械损伤等不同指标，将子实体分成若干等级。分级时，应及时除去开伞、带有病虫害的或受到机械损伤的子实体，避免交叉感染。高品质和中级的食用菌适宜外销，其他等次的食用菌产品适宜就地销售或进行产品的精深加工。

部分食用菌国家标准及行业标准分级实例：

GB/T 23188—2008《松茸》国家标准于2009年实施，其中松茸鲜品主要依据子实体形态、子实体长度等分成了四个等级，见表5-1。

NY/T 1790—2009《双孢蘑菇等级规格》农业行业标准于2010年实施，其中新鲜双孢蘑菇主要依据子实体颜色、形状分成了三个等级，见表5-2。

GB/T 23189—2008《平菇》国家标准于2009年实施，其中平菇鲜品主要依据子实体形态、色泽分成了三个等级，见表5-3。

GB/T 23191—2008《牛肝菌　美味牛肝菌》国家标准于2009年实施，其中：美味牛肝菌鲜品主要依据子实体形态、色泽分成了三个等级，见表5-4。

GB/T 38581—2020《香菇》国家标准于2020年实施，其中鲜香菇主要依据子实体形态分为三个等级，每个等级分4个规格，见表5-5。

食用菌保鲜贮运和加工

NY/T 1836—2010《白灵菇等级规格》农业行业标准于2010年实施，主要依据白灵菇的菌盖形状、颜色、菌盖厚度、单菇质量、柄长、硬度等分成了三个等级，见表5-6。

（2）分级方法、设施　食用菌的分级是采后商品化处理的重要环节，根据生产加工规模，可选择适宜的分级方法。主要的分级方法有人工分级和机械分级。人工分级时，除一定的感官评价外，还可配备一些辅助工具，如圆孔分级板、蘑菇大小分级尺等。分级过程中应严格按照食用菌大小分拣，不应人为硬塞或施加外力，避免造成原料的机械损

伤。人工分级适用于小规模生产，且分级产品误差率较高，产品等级一致性无法达标。

大规模生产中，应采用机械分级，按照食用菌大小、品质等进行分级。机械分级设备主要有穿孔带分级、滚筒式分级、机器视觉技术分级等。穿孔带分级是物料通过一条每部分均设有特定大小网眼的传送带进行分级的。滚筒式分级是物料随滚筒设备滚转并经由不同大小孔径的筛孔落入相应等级的加工装置而分级的。机器视觉技术解决了传统分级方法的缺陷，基于光和食用菌相互作用的规律，利用计算机相机模拟深度视觉，将得到的食用菌图

表5-1　松茸鲜品感官要求

项目	等级			
	一级	二级	三级	四级
形态	菌体完整，肉质饱满有弹性，菌盖未展开紧贴菌柄、内菌幕不外露、盖边缘向内卷	菌体完整，肉质饱满有弹性，菌盖略张开，内菌幕外露但内菌幕未破裂	菌体完整，肉质饱满有弹性，菌盖开伞，内菌幕破裂、菌褶外露	菌体机械破损、不完整或畸形
色泽	具有松茸鲜品应有的色泽			
气味	具有松茸应有的气味，无异味			
虫蛀菇（%）	0			≤5.0
子实体长度（cm）	≥6			
霉烂菇	不允许			
杂质（%）	≤1.0			≤3.0

表5-2　新鲜白色双孢蘑菇等级

项　目	特级	一级	二级
子实体颜色	白色，无机械损伤或其他原因导致的色斑	白色，有轻微机械损伤或其他原因导致的色斑	白色或乳白色，有机械损伤或其他原因导致的色斑
子实体形状	圆形或近圆形，形态圆整，表面光滑，菌盖无凹陷；菌柄长度不大于10mm；无畸形菇、变色菇和开伞菇。无机械损伤及其他伤害	圆形或近圆形，形态圆整，表面光滑，菌盖无凹陷；菌柄长度不大于15mm；变色菇、开伞菇和畸形菇的总量小于5%。轻度机械损伤或其他伤害	圆形或近圆形，形态圆整，表面光滑；菌柄长度不大于15mm；变色菇、开伞菇和畸形菇的总量小于10%。菌体有损伤，但仍具有商品价值

表 5-3　平菇鲜品感官要求

项目	等级		
	一级	二级	三级
形态	菌盖肥厚，表面无萌生的菌丝，菌柄基部切削平整，干爽，无黏滑感	菌盖肥厚，表面无萌生的菌丝，菌柄基部切削良好，干爽，无黏滑感	菌盖菌褶不发黑，菌柄基部切削允许有不规整存在
菌盖直径（cm）	3.0 ～ 5.0	5.0 ～ 10.0	≤ 3.0 或 ≥ 10.0
色泽	具有平菇应有的色泽		
气味	具有平菇特有气味，无异味		
虫蛀菇（%）	不允许		≤ 1.0
霉烂菇	不允许		
杂质（%）	不允许		≤ 5.0

表 5-4　美味牛肝菌鲜品感官要求

项目	等级		
	一级	二级	三级
形态	菌体完整、饱满，菌管排列紧密、整齐	菌体完整，菌盖扩张，菌管排列松散	菌体机械破损，不完整、畸形
色泽	颜色正常，有光泽	颜色基本正常，略暗	—
气味	具有美味牛肝菌应有的气味，无异味		
霉烂菇	不允许		
虫蛀菇（%）	≤ 1.0	≤ 3.0	≤ 5.0
杂质（%）	≤ 1.0	≤ 5.0	

表 5-5　鲜香菇感官要求

项目	指标		
	一级	二级	三级
形态	形态自然；菌盖呈扁半球形圆整，内菌幕完好，菌肉组织韧性好	形态自然；菌盖呈扁半球形或近伞形归整，内菌幕稍有破裂	菌盖呈扁半球形或近平展
色泽	菌盖淡褐色至褐色；菌褶、菌柄乳白色至浅黄色或略带褐色斑点		
规格 Φ_{max}（cm）	$\Phi_{max} < 2.0$　　$2.0 \leqslant \Phi_{max} < 6.0$　　$6.0 \leqslant \Phi_{max} < 8.0$　　$\Phi_{max} \geqslant 8.0$		
杂质（%）	1.0		

表 5-6　白灵菇等级划分

项目	A级	B级	等外级
菌盖形状	掌状或扇形、近圆形，未经形状修整即端正、一致，有内卷边	形状端正，较一致	形状不规则
颜色	菌盖白色，光洁，无异色斑点	菌盖洁白，允许有轻微异色斑点，菌褶奶黄	菌盖基本洁白，允许有轻微异色斑点，菌褶奶黄
菌盖厚度（mm）	≥35	≥25	不限定
菌褶	密实、直立	部分软塌	
单菇质量（g）	150～250	125～225	
柄长（mm）	≤15	≤25	
硬度	子实体组织致密，手感硬实、有弹性	子实体组织较致密，手感较硬实	组织较松软
褐变菇（%）	0	＜2	＜5
残缺菇（%）	无	＜2	＜5
畸形菇（%）	无	＜5	不限定

像经过分析处理，输出等级分类信号，达到最终的产品分级目的。相对于传统分级机械设备，机械视觉技术更加精准、迅速，且可达到无损原料的目的，排除了人为操作分级的感官不稳定性干扰，降低了食用菌产品生产成本，提高了生产加工过程的智能化程度。

多数人工栽培食用菌已实现机械化分级或半机械化分级，但野生食用菌因其产量少以及价格昂贵等特点，主要通过简单的设备进行人工分级。国内大部分的野生食用菌，在产地均未进行严格筛选分级，多数是由较具规模的食用菌加工厂收购后分级、加工、包装和销售。

（二）预冷处理

食用菌采收后，仍然是活的有机体，生理活动旺盛，极易老化、变质、腐烂，影响产品的商品性。不同食用菌品种，其子实体大小、个体重、形状、色泽、成熟度、新鲜度、含水量、呼吸强度及病虫害、机械损伤等性状不同，食用菌营养物质的消耗程度也不同，往往造成产品个体差异。尤其在

高温季节，食用菌呼吸作用会促使环境温度升高加快，又反过来作用于自身，使呼吸强度增加，向周围环境释放更多的热量。带有病虫害及机械损伤的子实体也会导致呼吸强度增加，有机物质代谢加速，保鲜期缩短。

食用菌在采收后、包装前暴露在自然环境中的时间越长，贮藏期受到的影响就越大。快速及时地对食用菌进行预冷处理至关重要，可为延长食用菌的贮藏期，保持食用菌原有的色泽、新鲜度、风味及完好性提供品质保障。

预冷对食用菌品质保持的效果，要与后续的加工、贮运程序及冷链物流、冷藏等处理相结合。若将预冷后的食用菌置于常温条件下，温差变化会加速食用菌的腐烂变质速度或致病菌的繁殖，无法发挥前期预冷的功效。达到预冷温度的时间越长，则产品品质下降越明显。高品质、高价值食用菌，要求采后必须立即进行预冷处理才能够保持其新鲜程度不受影响。其他耐受高温环境能力较强的食用菌，采后预冷处理是否及时虽无法立即在新鲜度方

面表现出明显的感官差异，但是贮运时间长短，同样会在货架期长短上表现出明显的差异。食用菌一旦在采后受到外界环境影响，其品质下降无法在后期贮运环节冷藏、气调等条件下得到有效改善。

预冷过程中，影响冷却速度的主要因素有：食用菌产品种类、子实体与制冷介质间的温差、子实体与制冷介质的接触面积、制冷速率及制冷介质的类型。食用菌种类不同，适宜的预冷方式也不同，预冷效果及耗时均存在一定的差异性。

预冷方式多种多样，普遍采用的预冷方式有冰预冷、水预冷、冷风预冷（强制通风预冷、差压预冷）及真空预冷等。

1. 冰预冷　冰预冷是利用冰融化时产生的吸热作用来降低食用菌的温度。预冷所用的冰可以是机械制冰或天然冰，可以是淡水形成的冰，也可以是海水形成的冰。淡水冰的熔点约为 0 ℃，海水冰的熔点约为-2 ℃。为了使传热均匀，且控制食用菌不发生冻结，冷却用冰一般采用碎冰（≤ 2 cm³）。冰预冷方式就是将碎冰或薄片冰加入装有产品的容器内，一般将冰加在产品顶部，为产品提供冷源。

冰预冷无须动力、冷源充足，传统使用的方法通用性高，容易实现，适于与冰接触不敏感、不易产生冻害的食用菌或采后急需在产地立即预冷的食用菌。加冰降低产品温度和保持产品品质的作用是有限的，不适用于要求预冷温度较低的食用菌。加冰预冷速度较慢，产品接触预冷介质不均匀、不充分，如要将产品的温度从 35 ℃降到 2 ℃，一般所需加冰量应占产品重量的 38%。冰占据了大量装载产品的空间，大大降低了产品运输及贮藏的效率。冰融化成水若直接接触产品，还会使产品受到污染，发生腐败、变质，品质降低。为了防止冰、水对产品产生污染，通常对制冰用水的卫生标准有严格的要求。

包装内加冰的预冷方式不宜作为直接预冷方式大范围使用，但可作为其他预冷或冷链中的辅助工序。目前改进冰预冷的方法是将冰换成冰和水的混合物，使预冷介质分布更均匀。

2. 水预冷　水预冷是利用冷水喷淋食用菌或将新鲜食用菌浸泡于冷水中，达到预冷降温的效果。水作为载热体，比空气热容大，采用水作为预冷介质，冷却速度更快。水预冷可分为冷水喷淋预冷和浸泡预冷。

（1）冷水喷淋预冷　该方法是将食用菌子实体装入预冷容器，在连续传输装置上输送的同时进行冷水喷淋，靠喷淋水点或水雾降低温度。这种预冷方法干净卫生，交叉污染少。但喷淋式预冷容易出现食用菌预冷不均匀的问题，且用水量较大，能耗大，生产效率不高。

（2）浸泡预冷　该方法将食用菌子实体装入预冷容器，直接浸泡在冷水中，经过一定时间后取出。食用菌与预冷介质充分接触，被冷却的面积增加，加速预冷。一般将预冷水的温度设为 0 ℃，预冷过程中，预冷水带走了食用菌中的热量，因此必须使用循环冷却水设备带走预冷水中的热量。采用浸泡预冷食用菌原料时，水的流速直接影响其冷却的速率，但流速太快也可能产生泡沫，影响传热效果。这种预冷方法的优点是设备简单，降温速度快，技术要求低，与食用菌接触面积大，适用于表面积小的子实体，但冷却时间长，存在污染食用菌的可能性，不利于食用菌贮运期间保鲜。

为避免食用菌受病菌污染，可将产品包装后再预冷。要求包装材料具有防水、密闭性好等性能。鉴于冷水预冷具有成本低、可操作性强、预冷效率高等特点，进一步解决好产品可能受污染的问题，以及充分发挥这种方法的优越性，开发节能降耗的冷水预冷方式，将成为发展传统预冷方式的重要方向。

3. 冷风预冷　冷风预冷又称空气预冷，一般在预冷库中进行，主要利用机械制冷系统低温循环冷风，利用热传导、蒸发潜热冷却食用菌。该冷却法让食用菌通过吹冷风的隧道，或用鼓风对流吹装有孔隙包装箱内的食用菌，或直接用鼓风对流吹摆放在冷库中的食用菌堆垛。按照气流流过预冷食用菌的方式，可分为强制通风预冷、差压预冷两种。

食用菌保鲜贮运和加工

（1）强制通风预冷　强制通风预冷是利用转动风扇产生强制对流，使冷空气将食用菌包装箱和堆垛产生的呼吸热等带走，强制抽取大气冷空气并尽快输送到预冷设备内部，排出食用菌子实体表面呼吸热。通常情况下，随着强制通风风速的增加，预冷所需要的时间会随之减少。适宜的预冷风速需要考虑预冷温度的高低，预冷温度越低，则预冷的风速越大。在预冷过程中，需要注意食用菌包装箱、堆垛的堆积方法，通常采用间隔排列、平方间隔排列方式。平方间隔排列方式的孔隙率大，冷却速度也比间隔排列大，预冷时间能够减少10%～20%。包装箱的开孔形状、大小直接影响冷风在包装箱内的分布及压降，也是影响预冷的主要参数。食用菌存放在预冷设备中时，应尽量将风口对准包装箱孔隙，有利于冷风利用率的最大化，避免冷却温度不均匀的问题。强制通风预冷方式成本低，可行性高，但预冷过程较慢，食用菌的干损耗较大，预冷周期长（一般情况下为 12～24 h）。预冷时间、温度控制不合理容易出现冻害现象。普通的冷库制冷量、通风量无法满足食用菌鲜品迅速冷却的要求，因此预冷需要专门的预冷库。

（2）差压预冷　差压预冷是利用差压风机的抽吸作用，在包装箱或容器两侧形成一定的压力差，使冷空气经通风孔迅速通过包装箱内部，流经食用菌表面，与食用菌直接对流换热，是冷风预冷的一种新形式。根据预冷方式的不同主要分为中心抽吸式、侧面抽吸式和隧道式三种形式。大部分食用菌适宜采用差压预冷技术，松茸、块菌和杏鲍菇应用效果显著，0.5 ℃的冷空气在 75 min 内可以将产品温度由 14 ℃降至 4 ℃（中心温度）。差压预冷投入的资金及运转设备费用相对于真空预冷耗费较少，可用于各种食用菌。在冷库或冷藏车基础上添加静压箱、风机等便能实施差压预冷技术，实用性高。但这种预冷方式耗能过大，生产成本较高，适宜单一品种食用菌的预冷操作。生产中尽量同批次同时预冷，避免产生较大差异性。

差压预冷时，影响冷却速度、冷却均匀性的因素较多。差压风机的性能，决定着设备预冷的风速、静压力，风速大，预冷的速度就快。静压力的大小与风道阻力有直接关系，差压预冷关键在于包装箱内气流的流通性。预冷过程中，包装箱是影响风道阻力的重要因素，合理设计包装箱的开孔位置、形状、大小，才能够优化气流阻力，迅速降温，冷却均匀。一般情况下，包装箱开孔率越高，对差压预冷效果影响越小。通常，开圆孔情况下，压力损失较少。

差压预冷技术已在采后处理中应用多年，在实际生产应用中，对不同品种的食用菌，所需要的差压预冷技术工艺也不同，主要原因是食用菌自身物性如形状、大小、厚薄的不同，导致产品预冷过程的堆码方式多变，热导率、热扩散能力、含水量不同，预冷至所需的温度、时间不同。在相同的预冷条件下，较小的食用菌可以很快将中心温度降至预冷温度，而较大的食用菌则需要相对长的时间才能达到预冷温度。有些食用菌预冷后，立即进行销售或冷库贮藏，则所需的预冷温度偏高；需经过长时间运输的食用菌，要求预冷温度偏低。用于预冷的食用菌，应尽量处理干净，避免产品携带的泥沙等杂质影响预冷效果。预冷时需要在食用菌包装箱或堆垛靠近冷却器处设置隔板，并在其下部安装风扇。食用菌堆垛上方加盖顶板，且要与隔板紧密封合，使冷空气只能从水平方向通过食用菌包装箱或堆垛孔隙、通风口，防止冷空气从食用菌包装箱顶部穿过。

差压预冷缩小了生产所需空间，库容利用更加合理，尤其对硬度较大的食用菌，预冷效果更好。预冷过程相对于强制通风预冷，减少了水分流失造成的食用菌外表面的收缩，对于食用菌外形的保持，品质的提高有重要的作用。但差压预冷技术存在预冷不均匀、预冷系统密闭性差、技术推广受限等问题。导致同一批次预冷产品降温不均匀、食用菌品质呈现梯次差异。

4.真空预冷　利用真空泵、真空系统将真空容器内的水蒸气、空气迅速抽离，利用预冷室与食用菌之间的压差使子实体内的水分迅速气化，通过蒸发吸热把热量带出子实体。真空预冷机如图5-27所示。

图5-27 真空预冷机

真空预冷主要装置有真空处理室、真空系统、制冷系统及控制系统四大部分。真空处理室一般为圆形或长方形，真空系统主要是真空泵，制冷系统包括制冷机组、水汽凝结器，控制系统包括电气控制、气动控制。有的真空预冷设备采用蒸汽喷射，利用喷射的蒸汽抽吸预冷，不需要制冷系统，直接使电力容量变小，但是需要配备蒸汽发生设备。

真空预冷的工作原理是将新鲜的食用菌放置在真空容器内，通过抽真空使压力下降，食用菌的水分在低压下蒸发，由于蒸发吸热，食用菌内能降低，温度下降。一个标准大气压强下，水的沸点为100 ℃；压强降至610 Pa时，水的沸点约为0 ℃。随着压强降低，水的沸点降低。真空预冷是在真空条件下，将食用菌中的自由水迅速以较低的温度蒸发，自由水蒸发消耗热量进而产生降温预冷作用。与其他预冷方式相比，真空冷却速度快，食用菌包装后也不会限制预冷速度，生产效率高。预冷过程，食用菌可同时蒸发自身水分以及采收后蓄存的呼吸热、田间热，预冷容器中各处压力均衡，大大减少了食用菌个体预冷不均的问题。真空预冷较其他预冷方式处理的食用菌，温度更均衡，温差小，保鲜效果好，可延长贮运保鲜的时间。但真空预冷

设备的操作复杂、投资大、成本高，对于较大、较厚的食用菌产品难以冷却到中心部位。

影响真空预冷效果的主要因素包括食用菌表面蒸发水分的阻力、蒸发面积相对体积的比例以及食用菌自身组织结构。蒸发面积相对体积的比例越大，自由水含量越高，组织结构越粗糙，真空预冷的效率越高，效果越好。真空预冷一般只需要20～30 min即可达到快速降温的效果，有效抑制食用菌的呼吸作用；由于预冷速度快，食用菌内部组织结构受影响小，可最大限度保持自身的形态、香味，尤其对松茸、鸡枞之类高价值食用菌品种，保持新鲜度效果更明显，营养物质消耗缓慢，贮藏保鲜时间更长。真空预冷温差可控制在 ±2 ℃以内，这样食用菌的失水率低，外观干枯、变形情况发生率低。真空预冷可抑制致病菌的存活，尤其是嗜温细菌，食用菌不会受到交叉污染，还能够杀灭害虫。真空预冷不受包装容器、材料限制，塑料箱、竹篓、纸箱、木箱等均可实现良好的预冷效果（与无包装食用菌产品相比，真空冷却速度受影响非常小）。一些易腐或成分变化较快的食用菌种类，如草菇、白玉菇等采用真空预冷可明显延长贮藏期。

真空预冷可能导致个别食用菌失重率较高，可以在真空预冷前、预冷过程中补水降低食用菌失重率，降低干耗，加速预冷。生产中预冷方式的选择要根据不同品种食用菌的特性、产地环境、组织结构以及预冷技术的处理量、运行成本等因素综合考虑，有针对性地选择实用、有效、节能的预冷方法。

三、包装

经过预冷处理的食用菌，需在产品品质未降低前，通过简单包装尽快运输到加工点进行后续保鲜加工处理或投放市场鲜销。良好的食用菌包装既能有效防止食用菌鲜品的破损浪费，又便于食用菌的市场流通，提高食用菌附加值，还能在一定程度上宣传食用菌商品和弘扬食用菌文化。

食用菌保鲜贮运和加工

（一）包装材料

食用菌保鲜包装是选择不同材质及厚度的包装材料通过调节袋（盒）内气体成分，达到抑制食用菌呼吸强度，提高保鲜效果的方法。包装材料在食用菌保鲜包装中起着关键性的作用。鉴于需要营造一个相对封闭的包装系统，具有一定阻透性能的塑料薄膜成为各种包装材料的首选。采用厚度为 0.05 mm 的 PE（聚乙烯）薄膜包装保鲜鸡腿菇，能使鸡腿菇呼吸高峰推迟，呼吸峰值降低，后熟衰老延缓，保持较高的水分含量；在 PE 薄膜、纸箱和网筐包装保鲜蘑菇的对比试验中，PE 薄膜包装的蘑菇开伞率、失重率以及褐变率均较低；在对 15 种不同厚度 PE、PVC（聚氯乙烯）薄膜影响双孢蘑菇贮藏效果的探讨中，发现包装后的双孢蘑菇，呼吸高峰值出现明显延迟，且 0.05 mm 含防雾物质的 PE 薄膜以及 0.05 mm PVC 薄膜保鲜效果最佳。

在塑料薄膜的选择中，透气性、透湿性、厚度、热封性和印刷性能都是需要考虑的因素。其中对食用菌贮藏保鲜影响最大的是塑料薄膜的透气性和透湿性，透气性关系到包装系统内能否保持较适宜的气体组成，维持食用菌必要的呼吸；透湿性关系到食用菌的新鲜程度和失重率等。

在贮藏过程中，新鲜食用菌用塑料薄膜包装同时存在着产品呼吸和薄膜渗气两个作用，由于呼吸消耗氧，放出二氧化碳、乙烯、水及其他挥发物，改变了原有包装环境中的气体成分，使气体组分在塑料薄膜包装内外形成分压差，从而使气体通过塑料薄膜交换成为可能。经过一段时间的调整，氧和二氧化碳浓度达到动态平衡，在包装内部建立起一种相对的稳定状态，食用菌呼吸率与薄膜渗气率相等，因此塑料薄膜包装必须根据食用菌的呼吸率来选择。在采用 PP（聚丙烯）、LDPE（低密度聚乙烯）、PVC 三种包装材料并充入选好的混合气体进行草菇气调保鲜的试验中，以不充气体的托盘作为对照，结果发现托盘塑料薄膜包装草菇，保鲜期只有 1 d，而气调包装草菇，其保鲜期明显延长，且保鲜期的长短与塑料薄膜的种类以及气体组

成有关，其中 LDPE 薄膜的保鲜效果最好，原因在于 LDPE 薄膜的透气性与草菇呼吸率一致，能建立起维持草菇低呼吸强度的动态气体平衡。

塑料薄膜的透湿性与食用菌的新鲜程度、失重率等息息相关，透湿性低，会出现结露现象，形成水滴并附着于食用菌产品表面，加速食用菌产品腐烂，缩短货架期；透湿性过高，会加速包装内食用菌产品的蒸腾作用，造成其失重率变大，外观受损严重。在 LDPE、HDPE（高密度聚乙烯）和 PP 薄膜对不同含水率的香菇包装试验中，LDPE 薄膜在防止香菇产酸变质和维持氨基酸稳定方面效果明显，其原因就在于 LDPE 薄膜具有强的防水性能。

塑料薄膜的厚度直接影响透气性和透湿性，因此选择厚度适宜的塑料薄膜包装能有效提高食用菌保鲜效果。当塑料薄膜透气性和透湿性不足以满足包装要求时，常采用在塑料薄膜上打孔或涂抹其他物质，或镶嵌硅窗进行改进。在采用密封袋、微孔袋（袋面进行微孔处理）和小孔袋（袋面打孔 20 个，孔径 1 mm）包装秀珍菇的试验中，微孔袋保鲜秀珍菇货架期最长，其原因是微孔袋不仅维持了袋中的相对湿度，还通过自身的透气性与秀珍菇的呼吸作用形成动态平衡。在采用硅窗气调包装保鲜茶树菇的试验中，镶嵌有硅窗的包装袋因袋内与大气环境中的气体交换而形成动态平衡，达到抑制茶树菇厌氧呼吸作用的目的。

除此之外，塑料薄膜的选择还应注意热封性和印刷性能。同时，薄膜还应具有一定的强度和耐低温的性能，并兼顾环保。

目前食用菌保鲜包装除了普通的塑料薄膜真空包装外，多数为托盘式薄膜拉伸包装。托盘的大小通常以装量的多少而定。如 100 g 的食用菌需要的托盘长为 100～195 mm、宽为 90～135 mm、高 17～25 mm；200 g 的食用菌需要的托盘长为 148～195 mm、宽为 95～142 mm、高 30～33 mm。拉伸薄膜包装技术是利用子实体自身的呼吸、蒸发作用来调节托盘内的氧、二氧化碳的含量。在日本，食用菌包装非常重视新鲜度及对环

境的影响，所使用的塑料薄膜，都必须遵守厚生省告示 370 号文件的规定标准。使用的包装材料具有以下特点：

①强度和弹性适中，能较好地与被包装物相匹配，包装作业简单化。

②适合各种包装机类型，防止机器故障，提高作业效率。

③塑料薄膜须具有高光泽的透明度，使被包装物看起来更新鲜、更美观，从而提升商品的附加值。

④具有合适的透气性和保香性。

⑤防雾性能好，能阻挡因水分而产生的雾气，使所包装的食用菌产品看起来清楚。

⑥透湿性能佳，能保持产品新鲜程度。目前日本市场用于蟹味菇、金针菇、绣球菌、灰树花包装的材料为单向透气防雾薄膜（CPP、OPP），用于双孢蘑菇、杏鲍菇、香菇包装的材料为保鲜薄膜（PE、PVC）。

（二）包装机械

目前食用菌包装机械主要有两大类型：一类是袋装封口机械，分为全自动、半自动及手工辅助，如金针菇、滑菇的包装机。另一类是托盘式薄膜拉伸裹包机械。拉伸薄膜将菇体裹包在托盘内，同样分为全自动、半自动及手工辅助。鲜香菇包装机就是一种手工辅助包装机。厂商将包装台板的温度设计成高、中、低三档，以适应不同材料及厚度的保鲜包装用途。通常一个熟练的包装工，每小时可包装 300～400 盒（100 g 装）。在包装机的选择上，日本 CEG—8 正流枕式包装机，包装速度为每分钟 20～60 包，拉伸薄膜径向宽 400 mm 以内；日本 CGN—821 保鲜膜包装机，包装速度为每分钟 10～50 包，拉伸薄膜径向宽 500 mm 以内。

（三）包装方式

1. 气调保鲜包装　目前已开发的一系列保鲜包装技术中，气调保鲜包装技术具有效果好、无污染、可操作性强等特点，因而使用较为普遍。其基本原理是通过各种手段改变包装系统内气体成分，

降低氧气含量，从而有效控制新鲜食用菌的呼吸强度及有害微生物的繁殖。气调保鲜包装的关键点是依靠相对封闭的包装小环境，使用适当的包装材料来保证包装内环境的氧和二氧化碳含量维持最佳比例并处于动态平衡。

气调保鲜包装有两类：自发气调包装和控制气调包装。自发气调包装又称薄膜包装技术、平衡气体包装技术，是利用薄膜包装中食用菌的呼吸作用和薄膜透气性之间的平衡，在包装内形成一种高二氧化碳、低氧浓度的微环境，抑制包装袋内食用菌的代谢作用。控制气调包装又称气调包装、限气包装，是指将包装抽真空，然后根据不同产品的生理特性，选用两种或多种气体组成的混合气体充入包装袋内（多利用二氧化碳、氧、氮组成的理想混合气将包装环境内的空气置换出来），再借助包装内食用菌的呼吸作用与包装袋的选择透过性，使包装内形成一种更适合食用菌保鲜的环境，以有效地降低食用菌鲜品的生理活动及消耗，延长保鲜贮运期。

影响气调保鲜包装效果的因素主要包括初始气体组成，包装薄膜的透气性、透湿性，包装容量大小，贮藏温度、湿度，产品的呼吸强度，产品质量和尺寸。由于食用菌种类多，生理特性有差异，气调包装所采用的气体成分、配比、包装材料品种、厚度必须通过实践来确定。同时，控制气调包装中所需要不同配比的混合气体必须通过适当的配气装置和配气技术而获得。常见气调包装系统包括气源、气体混合器和包装机，示意图如图 5-28 所示。

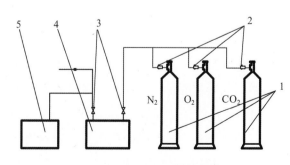

图 5-28　气调包装系统示意图
1. 气源　2. 减压阀　3. 开关　4. 气体混合器　5. 包装机

食用菌保鲜贮运和加工

气源为钢瓶装压缩气体，均应为食品级或医用级。各钢瓶中气体通过减压阀进入气体混合器混合达到预定配比及压力，再引入真空充气包装机，自动抽真空、充气、热封，完成气调小包装工艺。气调包装中的关键步骤为配气，根据食用菌特性、贮藏环境和保鲜期要求，先确定气体成分配比，如常见食用菌气体配比（按体积分数计）V_{O_2}：V_{CO_2}：V_{N_2}=10：20：70。为实现该气体比例多采用压力法、流量法和时间法。压力法指在气体体积、气体温度一定的情况下，调节气体混合器内气体分压来控制气体摩尔数，从而达到所需气体配比；流量法则是在气体压力、气体温度、充气时间一定的情况下，调节气体流量，控制气体摩尔数，达到所需气体配比；时间法则是在气体压力、流量、温度一定情况下，调节充气时间，来控制气体摩尔数，实现所需气体配比。在这三种方法中，以时间法较为简便快捷。

2.传统保鲜包装　将食用菌放入专用保鲜袋中，每袋约500 g，同时在袋中加入杀菌剂、保鲜剂或蓄冷剂，并扎紧保鲜袋，放在比较阴凉的地方或放入装有冰袋的泡沫箱中，且保证两天内向外运输，交到统一的加工点集中处理。杀菌剂是为了减少病原微生物在贮运过程中对食用菌鲜度的影响，可将食用菌在采收后先进行杀菌，再包装、运输。保鲜剂代替吸收乙烯气体的功能性膜，将其与食用菌一起包装起来能够达到一定的抑制乙烯气体的目的。目前常采用高锰酸钾等氧化剂、活性炭与矿物粉末等气体吸附剂以及钯类催化剂作为保鲜剂。蓄冷剂的使用是由于食用菌在低温下贮藏有利于保持其新鲜度，以超高分子量聚丙烯酸钠或其接枝聚合物为主要成分的有弹性的凝胶材料，是一种高性能蓄冷材料，冷冻后可以缓慢释放能量，如果将其与隔热箱一起使用，可以取得更理想的降温效果。

3.其他包装　新型保鲜包装托盘是在热塑性板材中加入了功能性薄膜或长纤维无纺布等制成的模压品。这种托盘在原有功能的基础上增加了调节湿度、控制气体含量、防止霉菌繁殖等功能，所以能够保持食用菌新鲜度。

（四）食用菌的包装要求

一是降低呼吸强度至维持其生命活动所需的最低限度；二是减缓蒸腾作用维持其新鲜度；三是容器应有足够的保护性，使食用菌避免机械损伤、虫害及微生物侵染并方便摆放和运输；四是减少乙烯气体对食用菌的催熟作用；五是包装材料需卫生安全及环保；六是包装设计合理省成本；七是符合现代审美观，具有时代性。

四、运输

运输的功能要素包括运输方式、运输工具等。

（一）运输方式

目前食用菌的运输方式有公路运输、铁路运输、航空运输、水路运输等。不同运输方式的运输成本、时间、能力、安全性、适用范围等各不相同。

1.公路运输

（1）优点

①覆盖面积广，几乎可以实现全覆盖。

②灵活性强，运输时间较自由，车辆的调度、装运、衔接较方便，可实现即时运输。

③对货运量没有严格要求和限制。

④可实现"门到门"运输，无须中间转运。

⑤设施费用低，即使是冷藏箱、冷藏车等冷链运输设备，相对其他运输设施也较为简单。

（2）缺点

①单次运输装载量小，导致运输成本较高。

②安全性较低，自然地形、地貌，自然气候，道路建设的质量等都影响着公路运输的安全。因此，公路运输适用于中短途运输。

2.铁路运输

（1）优点

①准确性强，铁路运输可全年定期、有规律

地运输，几乎不受自然条件的影响。

② 运输量大，铁路运输一般单次运送量可达 3 000 t 以上。

③ 运输费用低，运输费用仅是公路运输的几分之一甚至十几分之一。

④ 安全性相对较高。

（2）缺点　灵活性低，铁路运输受站点限制，按照时间表运营，发货频率低。因此，铁路运输适用于大批量货物的长途运输。

3. 航空运输

（1）优点

① 速度快，不受地域限制。

② 安全性高。

（2）缺点

① 运输成本高。

② 容易受自然天气的影响。

③ 载运量小。因此，航空运输适用于运输经济价值高、受时间限制较强的野生食用菌产品。

4. 水路运输

（1）优点

① 运输能力大。

② 运输成本低。

（2）缺点

① 运输速度慢、时间长。

② 易受自然天气的影响。因此，水路运输适用于大批量产品的集装箱运输。

5. 联合运输　以上四种运输方式各有优缺点，单一的运输方式无法满足人们的需求，因此目前常常采用多种运输方式进行联合运输，确保按时保质到达客户手中，从而带来更大的经济与社会效益。

（二）运输工具

1. 汽车　汽车是公路运输的主要工具，尤其是在人烟稀少、地势崎岖的边远山区；货物运输多用汽车。

2. 铁路货车　铁路货车是铁路运输的主要工具，冷藏车主要用于运输生鲜易腐食用菌。

3. 飞机　飞机是航空运输的主要工具，是生鲜食用菌国际贸易中不可或缺的运输工具，新鲜松茸的出口都是采用飞机运输。

4. 船舶　船舶是水路运输的主要工具，生鲜食用菌的运输主要采用冷藏船。

（三）影响食用菌运输的主要因素

1. 食用菌的种类　食用菌的价值、数量等属性是影响运输方式和工具选择的因素。量大、价低的食用菌适合选择水路或铁路运输；而量小、分散的食用菌适合选择公路运输；高价值、易腐的野生食用菌适合选择公路运输或航空运输。

2. 运输距离和运输时间　运输距离影响着运输时间，而运输时间的长短影响着食用菌是否能满足客户需要。一般情况下，运输距离≤300 km，选择公路运输；300 km≤运输距离≤500 km，可采用铁路运输；运输距离≥500 km，可选择水路运输或航空运输。

3. 运输成本　运输成本受食用菌产品的重量、价值、运输距离、运输工具等因素的影响，运输成本直接影响经济效益。

（四）几种食用菌鲜品的运输

食用菌鲜品销售分内销和外销两种，内销的食用菌鲜品一般采用公路运输，外销的食用菌鲜品一般采用公路与航空联合运输。运输工具应干净、卫生、无异味、无污染；装载前对运输工具进行清洁和检查，确保运输工具运行良好；完成运输后立即对运输工具进行清洁、消毒。

运输距离较短的食用菌可采用在底面垫衬纱布或软纸的木桶、竹筐、泡沫箱等工具，少量多次运输，到销售点后立即卸车入冷库；运输距离较长的食用菌尽量采用冷藏车。在运输前应对装载工具进行预冷，避免运输过程中食用菌鲜品的温度波动。

装载时要求排列整齐，逐件扣紧，不宜留过大的空隙，以防互相碰撞，引起机械损伤。根据条件，采用各种遮盖物来遮盖包装箱，遮盖物要防热防雨。包装箱堆叠不宜过高，以免压坏下层产品；严禁在上层堆放重物；装车和卸车时要轻搬轻放，杜绝乱扔；装车要迅速，尽量减少产品暴露于常温

食用菌保鲜贮运和加工

的时间。

尽量避免选择在炎热的中午运输，易颠簸的道路要慢行，减少机械损伤，中途停车应选择阴凉的地方。

1.凤尾菇鲜品运输　凤尾菇可采取加冰运输，即在塑料箱或木箱内垫衬隔水薄膜，底部放碎冰（厚度为5 cm左右），中间放入加冰的塑料袋，四周放置子实体，加盖，装车运输。

2.双孢蘑菇鲜品运输　贮藏后的双孢蘑菇在运输前用保鲜剂浸泡，沥干水，装箱运输。运输时要求采用0~4℃的冷藏车运输。

3.香菇鲜品运输　大包装鲜品采用抽真空包装，放入隔热泡沫箱内，再用瓦楞纸箱来包装；小包装鲜品用塑料托盘包装，排列整齐，菌褶向上，再用塑料保鲜膜密封，装入纸箱。若外界环境气温低于15℃时可以用普通车运输，否则尽量选择冷藏车运输。

4.松茸鲜品运输　松茸鲜品直接用小泡沫箱包装，最下面放吸水纸，松茸依次排开，并用吸水纸隔开，松茸上面放泡沫隔板后再放冰袋，泡沫箱外面用纸箱包装，每个包装1 kg。远距离运输采用飞机运输，松茸"候机"时，将整批松茸放入冷库进行恒温保鲜，温度控制在-2~0℃。近距离运输采用汽车运输，最好能采用冷藏车运输，在1~5℃条件下运输最佳。到达目的地后立即装入冷库。

第二节
保鲜贮藏

一、食用菌保鲜贮藏原理

食用菌保鲜贮藏原理就是在充分了解其生理生化变化基础上，通过一系列物理或化学的方法，抑制食用菌采后呼吸作用、蒸腾作用、相关酶的活性及代谢物质的变化等来减缓生理生化变化，使子实体的生命活动处于最低状态，抵抗病原微生物侵染，从而提高其耐贮性和抗病性，延长保鲜期和货架期。

（一）采后呼吸作用

呼吸作用是生物体在多种酶系统的参与下，经许多中间反应，把复杂的有机物逐步分解为简单的物质，同时释放出能量的过程。

呼吸过程中，被氧化分解的物质称为呼吸基质。食用菌所含的糖、有机酸、氨基酸、蛋白质、脂肪等多种有机物都是呼吸基质。

1.呼吸作用的类型　呼吸作用包括有氧呼吸和无氧呼吸两大类型。

（1）有氧呼吸　生物细胞在氧气参与下，使有机物彻底分解，放出二氧化碳和水，同时释放出大量能量的过程即为有氧呼吸。如以葡萄糖为呼吸底物，则有氧呼吸的总反应可用式（5-1）表示：

$$C_6H_{12}O_6 + 6O_2 \rightarrow 6CO_2 + 6H_2O + 能量（1\ 544\ kJ）$$
$$(5-1)$$

在呼吸过程中，有相当一部分能量以热的形式释放，使得贮藏环境温度升高，并有二氧化碳积累。因此，食用菌产品在采后贮藏过程中必须注意温度变化。

（2）无氧呼吸　生物细胞在缺氧条件下，细胞有机物降解成不彻底的氧化产物，同时释放出少量能量的过程即为无氧呼吸。无氧呼吸所释放的能量比有氧呼吸少，是一个不完全分解的过程，这时，糖酵解产生的丙酮酸不再进入三羧酸循环，而是脱羧生成乙醛，或继续还原成乙醇、乳酸等物质。葡萄糖作为呼吸底物时，生成乙醇，反应可用式（5-2）表示：

$$C_6H_{12}O_6 \rightarrow 2C_2H_5OH + 2CO_2 + 能量（87.9\ kJ）$$
$$(5-2)$$

食用菌采后在贮藏过程中，尤其是在气调贮藏时，如果贮藏环境通气性不良，或氧浓度过低，均易发生无氧呼吸，使品质劣变。无氧呼吸对食用菌的贮藏是不利的，一方面它提供的能量比有氧呼吸的要少，在需要一定能量的生理过程中，无氧呼吸消耗的底物更多，使菇体更快失去生命力；另一方面，无氧呼吸生成的有害物质乙醛、乙醇等会在细胞内积累，造成细胞死亡，甚至菇体腐烂。因此，在食用菌的保鲜贮藏中应防止发生无氧呼吸。

植物进行有氧呼吸或无氧呼吸的决定因素是环境中的氧浓度。当氧浓度从正常状态开始下降时，组织中的二氧化碳释放量减少，呼吸强度降低，基质消耗减少。但当氧浓度降低到一定程度后，进入无氧呼吸，呼吸强度转为上升，二氧化碳大量释放。通常情况下，大多数食用菌贮藏期间氧气低于5%即出现无氧呼吸。根据有氧呼吸与无氧呼吸的呼吸转换机制，食用菌在进行冷藏过程中，必须保持一定的氧气水平，使有氧呼吸降至最低程度，但又不激发无氧呼吸。

食用菌采后主要呼吸方式是有氧呼吸，需要消耗营养物质，吸收氧气，放出二氧化碳、水和大量呼吸热，维持其生命活动。呼吸作用越强，消耗的营养物质越多，会造成失重和变味，产生的热量会升高贮藏环境温度，加速食用菌的衰老，不利于食用菌的保鲜。所以研究食用菌的采后呼吸作用，尽量降低其呼吸速率，是延长食用菌保鲜的关键。呼吸强度表示呼吸作用的强弱，是指单位时间、单位质量的生物体吸入氧气的量或者释放二氧化碳的量。另一表示方法是呼吸商，呼吸商（RQ）又称呼吸系数，是指一定质量的生物体，在一定时间内所释放的二氧化碳同所吸收氧气的量的比值。

2. 影响食用菌呼吸强度的因素

（1）内在因素 不同品种、不同成熟度的食用菌在相同环境下呼吸强度不同，成熟度越高，呼吸作用越强（见表5-7）。这与食用菌表面的保护组织有关，完全成熟的食用菌表面保护组织不完整，气体交换能力强，呼吸强度大。

（2）外在因素

1）贮藏环境温度 贮藏环境温度是影响食用菌呼吸作用的主要因素，在一定温度范围内，贮藏温度越低，呼吸作用越弱（表5-8），但并不是温度越低越好，在不出现冻害的情况下，应尽量降低贮藏温度，并且要保持冷库贮藏温度的稳定，否则，温度的变动会刺激食用菌的呼吸作用，缩短贮

表5-7 5种食用菌在15℃下呼吸强度（以CO_2计）

[单位：mg/（kg·h）]

成熟度 \ 品种	鸡枞	牛肝菌	干巴菌	松茸	茶树菇
幼菇	750	520	469	49	249
五成熟菇	1 131	486	487	75	239
成熟菇	1 790	847	620	223	255

表5-8 2种野生食用菌在不同温度环境中的呼吸强度（以CO_2计）

[单位：mg/（kg·h）]

品种 \ 温度	0℃	2℃	4℃	15℃
鸡枞	405	175	249	1 193
羊肚菌	87	87	88	701

食用菌保鲜贮运和加工

藏寿命。

2）环境相对湿度　新鲜食用菌水分含量一般在85%以上，若环境相对湿度低于85%，会加快食用菌子实体表面水分的蒸发，不仅使子实体纤维化，还会影响其代谢水平。许英超等研究发现，双孢蘑菇贮藏温度为3℃时，随着贮藏环境相对湿度增加，失重率降低，褐变度降低；在相对湿度为100%时，贮藏8d后表面发黏，品质严重劣变。

3）气体成分　食用菌采后呼吸作用是通过吸收氧气，放出二氧化碳完成的，所以降低贮藏环境中的氧气浓度，或者提高二氧化碳浓度均可抑制呼吸作用。但是氧气浓度不能降得太低，避免发生无氧呼吸；二氧化碳浓度也不能过高，否则子实体易发生二氧化碳中毒。

4）机械损伤与微生物侵染　食用菌采收前若有病虫害，或采收、运输过程中受到机械损伤，都会导致呼吸强度不同程度地增强，不利于贮藏，应尽量避免机械损伤和微生物污染。组织因受伤引起呼吸强度不正常的增加称为"伤呼吸"。呼吸强度的增强与损伤的严重程度成正比。

（二）蒸腾与结露

1.蒸腾作用　蒸腾作用是水分从活的菌体表面以水蒸气状态散失到大气中的过程。与物理学的蒸发过程不同，蒸腾作用不仅受外界环境条件的影响，而且还受菌体本身的调节和控制，是一种复杂的生理过程。蒸腾作用使食用菌子实体的水分通过其表面的气孔以水蒸气的状态散失到大气中，而子实体本身却无法补充水分，导致子实体萎蔫、水解过程加快、正常代谢破坏、有害物质积累，从而失去原有的新鲜度，最终失去商品价值。食用菌子实体采后蒸腾作用是单向的，不利于保鲜。充足的水

分才能保持食用菌较好的外观品质。

影响蒸腾作用的因素主要包括：

（1）食用菌的品种和成熟度　不同品种或不同成熟度的食用菌蒸腾作用不同，这主要与食用菌的比表面积有关。比表面积指单位质量物料所具有的总面积。比表面积越大，蒸腾作用越强。伞菌类蒸腾作用较强，胶质类较弱，菌核最小。

（2）贮藏环境的相对湿度　当子实体的蒸汽压高于环境蒸汽压时，水分向环境中扩散，导致子实体失水，反之水分留在子实体内。

（3）温度　通过影响空气的相对湿度而间接影响蒸腾作用。温度越高，空气的饱和湿度越高（表5-9），说明空气中的水分子数量越多。所以，高温促进食用菌的蒸腾作用，低温抑制蒸腾作用。

（4）光照　光照可促进食用菌子实体气孔的开启，蒸腾作用增强。光照还会使食用菌本身的温度和环境温度升高，导致蒸腾作用增强。因此食用菌应避光贮藏。

（5）通风　蒸腾作用会使贮藏环境中的空气相对湿度增加，并逐渐趋于饱和，减缓蒸腾作用。微风可以加快空气的流通速度，减少扩散阻力，又可增加子实体内外蒸汽压差，促进蒸腾作用；强风可能会引起食用菌子实体的气孔关闭，内部阻力增大，同时会使食用菌子实体表面的气压降低，不利于水分的扩散，蒸腾作用减弱。

2.结露　食用菌子实体表面温度低于附近空气露点温度时，表面出现冷凝水的现象。常发生于采后的食用菌用塑料薄膜封闭贮藏时。结露发生的主要原因是产品与外界环境存在温差和食用菌环境空气湿度变化。食用菌在贮藏过程中，其温度随外界气温的变化而变化，但食用菌呼吸作用会产生呼吸

表5-9　水在不同温度下的饱和蒸汽压

温度（℃）	0	20	40	60	80
饱和蒸汽压（kPa）	0.61	2.33	7.38	19.93	47.37

热，两者存在一定的温差。温差越大，越容易出现结露。食用菌的湿度也随食用菌的水分含量和大气湿度不同而变化。在相同温差条件下，外界空气湿度越大，越容易发生结露。

（1）食用菌结露的发生类型　塑料薄膜密封贮藏的食用菌易结露、大量食用菌一起堆放贮藏易结露、贮藏环境的温度发生波动易结露。

（2）食用菌结露的预防　食用菌贮藏过程中出现结露现象，会造成微生物大量生长繁殖，导致食用菌发热、腐烂，最终失去价值。针对食用菌结露的原因，预防的主要措施：

① 消除或者减小食用菌之间、食用菌与大气之间及食用菌各部位之间的温差。

② 采收后的食用菌不要大量堆放贮藏，摆放不能过紧密，要留有通风孔。

③ 用塑料薄膜密封包装的食用菌，在包装前应先预冷至贮藏温度。

④ 尽量减少贮藏食用菌的冷库温度波动，并放置吸湿剂。

（三）其他生理生化变化

食用菌采后菌丝会启动相应的应激机制，降解自身生长阶段积累的物质，导致生理生化变化（后熟、组织褐变、蛋白质降解、碳水化合物和脂类发生变化等），出现开伞、产生异味、自溶、液化、褐变、收缩、软化、腐烂等现象。

1. 后熟作用　采收后的食用菌子实体继续发育，进行有氧呼吸，消耗自身营养，导致子实体开伞、纤维化、菌柄伸长、弹射孢子等。

乙烯和食用菌的后熟有密切关系，它能提高细胞的呼吸活性，从而促进细胞内的各种生化反应，加快子实体生长，导致开伞。后熟程度因种类而异。草菇的后熟作用最强，在蛋形期采摘的草菇，1～2 h 菌柄显著伸长，顶破外菌幕；3～4 h 就会开伞，开伞后的草菇风味大大降低，肉质纤维化严重，失去商品价值。双孢蘑菇、香菇、金针菇等也有较强的后熟作用，采摘后若未及时进行贮藏，经过 2～3 d 就会潮解、自溶甚至腐败，失去

价值。木耳、银耳的后熟作用较弱。

2. 酶活性变化　食用菌正常生长过程中，活性氧不断产生，同时也不断被清除，保持着氧化—还原平衡状态。采收后，随着贮藏时间的延长，氧化—还原平衡被打破，活性氧积累，造成衰老和褐变。褐变影响食用菌的外观品质，尤其是白色系食用菌（双孢蘑菇、杏鲍菇、白灵菇等）较为明显。

食用菌含有的酶类主要有超氧化物歧化酶（SOD）、多酚氧化酶（PPO）、过氧化氢酶（CAT）、过氧化物酶（POD）、谷胱甘肽过氧化物酶（GR）、抗坏血酸过氧化物酶（APX）等。酶是生物体中具有催化功能的蛋白质，具有专一性、高效性。SOD 和 CAT 是生物体中存在的两种最重要的自由基清除酶，是保护性酶；POD 作用较为复杂，不仅可以作为自由基清除酶，还可以将酚类物质催化生成褐色物质，引起食用菌褐变；PPO是引起食用菌褐变的主要酶类，可将子实体内的酚类物质氧化成醌类化合物，后者进一步形成深色的复合物质，这就是酶促褐变，不仅会导致食用菌褐变，还会产生异味，造成营养成分损失。

3. 蛋白质与氨基酸的变化　食用菌含氮物质较多，主要是蛋白质、氨基酸、氨基酸酰胺以及某些铵盐，这些含氮物质影响着食用菌的色、香、味。采收后的食用菌失去氮源供应，蛋白质被蛋白酶降解为游离氨基酸，改变了食用菌原有的风味，有些游离氨基酸可被氧化成醌类有色物质，使子实体褐变。据测定，双孢蘑菇贮藏 24 h 后，其鲜菇可溶性蛋白质由 0.38% 降至 0.28%，鲜菇游离氨基酸则由 1.68% 增加到 2.17%。

4. 碳水化合物变化　碳水化合物为生物体提供生命活动所需的能量，是细胞组织的主要结构成分。食用菌的碳水化合物主要有单糖、双糖、多糖等。食用菌采收后，多糖和甘露糖含量逐渐减少，葡萄糖和甘露糖是子实体和菌丝体呼吸作用的主要底物。随着贮藏时间的延长，由于呼吸作用把上述糖类氧化生成水和二氧化碳，从而使子实体失重，也影响风味。据测定，双孢蘑菇贮藏 24 h 后，鲜

菇的可溶性糖由 0.504% 降低到 0.338%。此外，在贮藏过程中，多聚糖的种类也会发生变化，造成子实体纤维化。

5. 脂类变化　食用菌的脂类包括脂肪、类脂，大多数存在于细胞膜上。食用菌贮藏期间，随着体内活性氧自由基数量的增加，膜脂过氧化作用加剧，细胞膜系统受到破坏，膜透性增加，细胞液外渗，发生自溶现象，失去商品价值。

二、保鲜技术

（一）冷藏保鲜技术

冷藏是在高于食用菌冻结点的较低温度下进行的贮藏方法，其温度范围一般为-2~15 ℃，而2~8 ℃为常用的冷藏温度。冷藏食用菌的贮藏期一般从几天到数周，因食用菌的种类及其冷藏前的状态而异。供食用菌冷藏用的冷库一般被称为高温（冷）库。

1. 冷藏保鲜的原理

（1）低温对酶活性的影响　在食用菌贮藏过程中，酶的活动会导致风味改变与褐变。影响酶活性的因素有许多，其中温度是主要因素之一。

生物体内的酶促反应，其速度与温度呈正相关，温度愈高反应愈快，贮藏的食用菌变质的速度愈快；温度降低可减缓酶促反应速度，但低温并不能完全破坏酶的活性。

（2）低温对微生物的影响　随着温度的降低，微生物的生长速率也随之降低，当温度降到-10 ℃时，大多数微生物会停止繁殖，部分出现死亡，仅有少数微生物可缓慢生长。低温抑制微生物生长繁殖的原因：① 低温导致微生物体内代谢酶活力下降，使各种生化反应速率下降。② 低温导致微生物细胞内外部分水分冻结形成冰晶体，该冰晶体会对微生物细胞产生机械损伤，且由于部分水分结冰也会导致微生物原生质体浓度增加，使其中部分蛋白质变性，从而引起微生物细胞丧失活性。

2. 冷藏保鲜的技术方式

（1）冰藏　我国华北和东北地区采用较多，西北地区也有应用。冰藏是利用天然冰块来降温，并维持食用菌低温，借以延长贮藏期。在用冰贮藏时，新鲜食用菌散发出来的热量随冰块融化而吸收。冰块不断地融化、吸热，因而使食用菌的温度不断地下降，虽然达不到 0 ℃，但一般可维持在2~3 ℃。如果需要更低的温度，可设法降低冰的熔点。生产上经常采用的方法是把食盐或氯化钙加入到冰中来达到降低冰熔点的目的。水盐混合比例与冰熔点下降的关系见表5-10。

（2）机械冷藏　机械冷藏是依靠制冷设备降低并维持一定密闭贮藏空间，使贮藏空间内的物料处于低温状态，以延长贮藏期。机械冷藏的优点是不受外界环境条件的影响，冷库内的温度、空气相对湿度以及通风换气都可以调控，贮藏条件恒定。

冷库冷藏时，食用菌的呼吸热以及由外界通过墙壁、天花板和地面漏进库中的空气热，包括照明、电扇、工作人员活动所产生的热量，都需要不

表5-10　不同比例水盐混合物的冰熔点（℃）

100 份水加食盐份数	2	4	6	8	10	12	14
熔点	− 1.1	− 2.4	− 3.5	− 4.9	− 6.1	− 7.5	− 9.0
100 份水加食盐份数	16	18	20	22	24	26	—
熔点	− 10.5	− 12.1	− 13.7	− 15.2	− 16.9	− 18.7	—

断地排除，以维持库内适当的低温。这些热量都是冷凝系统的热负荷。在冷凝系统中，制冷剂是热的传导介质，适合作为制冷剂的物质应具有下列特点：沸点（气化点）低、冷凝点低、对金属无腐蚀性、不易燃烧、不爆炸、无毒无味、易于测出、价廉易得。

3. 影响冷藏保鲜效果的因素及操作要点

（1）影响冷藏保鲜效果的因素

1）原料成熟度和品质　食用菌的成熟度及品质是保障冷藏保鲜效果的关键。食用菌的失水率、呼吸代谢强度、酶活性及微生物活动等与其成熟度及品质密切相关。通常在食用菌成熟开伞前后会出现呼吸高峰，呼吸代谢强度增强；菌体的组织机械损伤也会促进其呼吸作用，成熟开伞后比未开伞的失水率大，水分的蒸发也会加剧微生物危害。

2）贮藏温度　贮藏温度是影响食用菌冷藏保鲜效果的主要因素。不同的食用菌都有其最佳的贮藏温度，适宜的贮藏温度可以降低食用菌的生理代谢水平，一定程度上维持原有的协调平衡，进而达到延长贮藏期的目的。

3）空气相对湿度　贮藏环境的空气相对湿度也是影响食用菌贮藏保鲜效果的因素。空气相对湿度过高，微生物的繁殖快，导致食用菌极易腐烂；空气相对湿度过低时，食用菌失水加快，会失重、萎蔫、品质下降。

（2）操作要点

1）原料采收　要适时采收七八分成熟的食用菌，采收工具要消毒处理。采收时要做到轻拿轻放，减少机械损伤。采收后剔除病虫、伤残个体，根据个体大小、形状、色泽和完整度进行分级。

2）预冷　采收后在最短的时间内将食用菌及时送入冷库中进行预冷，预冷要根据不同食用菌对贮藏温度的要求，降温至目的温度。为保证冷藏库内空气流通，利于降温和保持库内温度分布均匀，食用菌码垛应离冷库墙壁 30 cm 以上，垛与垛之间也应有适当空隙。垛与吊顶之间应留有约 80 cm 的空隙。靠近冷风机、冷风嘴的食用菌要用麻袋或其他物品进行遮挡，防止冻害。

3）包装　预冷后的食用菌可用塑料筐或者保鲜箱包装，然后放入保鲜库进行冷藏保鲜。

4）冷藏保鲜　食用菌冷藏温度控制在 0.5～5 ℃，相对湿度为 70%～90%，贮藏中要注意通风换气。

4. 食用菌在冷藏过程中的变化

（1）水分蒸发　水分蒸发也叫干耗。对食用菌而言，一方面水分蒸发会抑制其呼吸作用，影响新陈代谢，当水分蒸发超过 5% 时，会对食用菌的生命活动产生抑制；另一方面水分蒸发还会造成食用菌的凋萎失重、新鲜度下降、组织软化收缩、氧化反应加剧。影响水分蒸发的因素主要有空气的流速、相对湿度、食用菌原料的摆放方式、原料的特性以及有无包装等。

（2）低温冷害　当冷藏温度低于食用菌可以耐受的限度时，其正常的代谢活动受到破坏，食用菌出现病变（其表面出现斑点、内部变色等）。

（3）感官和组织成分主要变化　食用菌在温度过高或过低的环境下贮藏，主要表现为失去菌香味、褐变、口感变差、营养成分损失等。若温度过高会有利于微生物的生长；温度过低会发生冷害或冻害，破坏食用菌组织结构。食用菌贮藏湿度过高，品质易劣变；贮藏湿度越低，贮藏品的水分蒸发越快，导致食用菌的感官和组织成分变化。

5. 冷藏保鲜技术的特点

冷藏保鲜技术采用物理方法，简单方便，是目前食用菌主要的贮藏保鲜方式。

冷藏保鲜需要长时间维持一定的低温，冰藏保鲜受到地域和季节气候的影响和制约，主要应用于东北地区，适用范围窄。机械冷藏需要建设冷库和全程冷链销售，必须进行设施设备的投资，投资运营费用较高，但其直接、有效的特点仍然是食用菌最基本的保鲜贮藏方法。低温冷藏向着机械化、规范化、控制精细化、自动化方向发展，但是单独的冷藏保鲜技术不能满足市场需求，多种保鲜技术相配合，是食用菌冷藏保鲜技术发展的必然趋势。

食用菌保鲜贮运和加工

6.冷藏保鲜技术的应用

（1）松茸冷藏保鲜　松茸采集后，经预冷、清理杂质、杀菌、分级处理，用打孔的低密度聚乙烯薄膜袋进行包装，放入2～3℃的保温箱中进行贮藏，空气相对湿度控制在85%～90%，这一贮藏方法可以延长松茸保鲜期到10 d。

（2）秀珍菇冷藏保鲜　采收菌盖2～4 cm，菌盖平展，孢子尚未弹射的秀珍菇用于保鲜，采收时要轻拿轻放，不要损伤菌盖。采收后用45 cm×32 cm×14 cm的塑料筐盛装，放入温度为0～2℃、空气相对湿度为90%～95%的冷库中进行预冷，以除去田间热，直至秀珍菇子实体的温度降至0～3℃。预冷后采用真空包装，冷藏运输，可使秀珍菇的货架期达15 d以上。

（3）杏鲍菇冷藏保鲜　采摘七八分成熟的杏鲍菇，挑选菇体完整、未开伞、无病虫害、无机械损伤、大小一致、色泽洁白的子实体用于保鲜。经预处理后放入2～4℃、空气相对湿度为90%～95%的冷柜中贮藏，可达到贮藏保鲜的效果，且不会出现冷害。

（4）双孢蘑菇冷藏保鲜　双孢蘑菇采收后，清理杂质、清洗、分级，用真空冷却或冰水预冷，使子实体温度降至3～5℃，装入塑料箱中，分批进库，减少冷库压力。冷库温度为1～3℃，空气相对湿度为90%～95%，可使双孢蘑菇保鲜7 d左右。

（5）白灵菇冷藏保鲜　白灵菇采收前1～3 d停止喷水。采收后用冷风脱水法降低白灵菇的含水量，使子实体含水量控制在65%左右，放入泡沫箱内，再放入2～5℃、空气相对湿度为85%左右的冷库中贮藏，可使白灵菇保鲜10～15 d。

（二）速冻保鲜技术

食用菌的速冻是采用快速冻结的先进工艺和专业设备，使菌体在低于-30℃的环境下，迅速通过其最大冰结晶区，使其中心温度达-18℃以下的冻结方法。冻结完成后，一般于-18℃或更低温度下贮藏。由于冻结速度快，能最大限度地保持菌类产品的色、香、味、形和维生素等营养成分。其产品质量均明显优于盐渍品和罐藏制品。美味牛肝菌速冻保鲜效果如图5-29所示。

1.速冻保鲜的原理

（1）低温对微生物的影响

1）低温与微生物生长的关系　微生物生长繁殖都有一定的温度范围，温度愈低，它们的活动能力也愈弱。故降低温度就可减缓微生物生长和繁殖。当温度降低到一定程度，微生物就停止生长甚至出现死亡。许多微生物的最低生长温度低于0℃，有些可达-8℃。

2）低温导致微生物活力减弱和死亡的原因　微生物的生长繁殖是在酶作用下物质代谢的结果。温度下降，酶活性将随之降低，使得物质代谢过程中各种生化反应减缓，微生物的生长繁殖也随之逐渐减慢。在正常情况下，微生物细胞内各种生化反应总是协调一致的，但各种生化反应的温度系数各不相同，因而降温时这些反应将按照各自的温度系数减慢，破坏了各种反应原来的协调性，影响

（a）速冻美味牛肝菌（整菇）

（b）速冻美味牛肝菌（块）

（c）速冻美味牛肝菌（片）

图5-29　速冻美味牛肝菌

了微生物的生活机能，且温度降得愈低，失调程度愈高，从而破坏了微生物细胞内的新陈代谢，以致它们的生活机能受到了抑制，甚至完全丧失。

在温度下降时，微生物细胞内原生质黏度增加，胶体吸水性下降，蛋白质分散度改变，还可能导致不可逆蛋白质凝固，这就对微生物细胞造成严重损害。

冷冻时介质中冰晶体的形成可促使细胞原生质胶体脱水，胶体内溶质浓度的增加会导致蛋白质变性。微生物细胞失去了水分就失去了活动要素，于是它的机能就受到抑制。同时，冰晶体的形成还会使细胞受到机械性破坏。

3）温度高低　在冰点左右（特别是冰点以上），部分能适应低温的微生物和嗜冷菌仍然具有一定的生长繁殖能力，从而导致食用菌变质。温度低于生长温度或冻结温度时对微生物的威胁性最大，一般为-12～-2 ℃，尤以-5～-2 ℃为最甚，此时微生物的活动受到强烈抑制或几乎全部死亡。温度降为-25～-20 ℃时，微生物细胞内所有酶促反应几乎停止，并且还延缓了细胞内胶体的变性。

4）降温速度　食用菌被冻结前，降温愈快，微生物的死亡率愈高。这是因为在迅速降温过程中，微生物细胞内的新陈代谢未能重新调整所致。

5）其他因素对微生物活性的影响

①结合水含量。食用菌速冻时，如果水分迅速转化成过冷状态，就不会结晶并成为固态玻璃质体，微生物细胞也就免受冻结应力产生的机械损伤。当微生物细胞内含有大量的结合水时，在速冻过程中较易进入过冷状态，而不易形成冰晶体，这将有利于保持细胞内原生质体的稳定性。微生物的生长细胞含水量高，结合水含量低，在低温下稳定性差；微生物的芽孢（内生孢子）含水量低，结合水含量高，在低温下的稳定性高，较耐低温。

②介质成分与pH。高水分和低pH的介质会加速微生物的死亡，而糖、蛋白质胶体、脂肪对微生物则有保护作用。

③贮藏期。低温贮藏时微生物数一般总是随着贮藏期的增加而有所减少，但是贮藏温度愈低减少的微生物量愈少，有时甚至没有减少。酸性食品中微生物数量的下降比在低酸性食品中的下降多。

④交替冻结与解冻。理论上认为交替冻结与解冻将加速微生物的死亡，但实际上效果并不显著。

（2）低温、漂烫对酶的影响

1）低温对酶活性的影响　低温可减缓酶促反应速度，但低温并不能完全破坏酶的活性。所以，食用菌经速冻后的贮藏应尽量降低其贮藏温度。一般说来，贮藏温度维持在-18 ℃以下，酶活性会受到明显的抑制，可满足速冻品的贮藏要求。

2）漂烫对酶活性的影响　生物体内的酶对低温的耐受能力往往大于其对高温的耐受能力。若温度超过其适宜活动温度（30～40 ℃）时，酶的活性就开始受到抑制，当温度为80～90 ℃时，几乎所有酶的活性都遭到破坏。食用菌在速冻前进行适当的漂烫处理，可破坏菇体内酶的活性。但是，并不是所有的食用菌都适于漂烫处理，有的食用菌经过漂烫处理后，其风味、外观价值都会受到损失。

2.速冻保鲜的技术方式

（1）冻结方法　食用菌冻结方法与介质、介质和食用菌的接触方式以及冻结设备的类型有关，一般分为空气冻结法、间接接触冻结法和直接冻结法三类。

1）空气冻结法　冷冻介质是低温空气，冻结过程所用空气可以是静止的，也可以是流动的。静止空气冻结法很少用于食用菌的冻结。

鼓风冻结法所用的介质是低温空气，冻结室内的空气温度一般为-46～-29 ℃，空气流速10～15 m/s。冻结室可以是供分批冻结的房间，也可以是用小推车或输送带作为运输工具进行连续冻结的隧道。隧道式冻结适用于大量包装或散装食用菌的快速冻结。鼓风冻结法中空气流动方向可以和食用菌总体的移动方向相同（顺流），也可以相反（逆流）。

在采用小推车进行隧道冻结时，需冷冻的食

食用菌保鲜贮运和加工

用菌一般先装在冷冻盘上，然后置于小推车上进入隧道。小推车在隧道中的行进速度可根据冻结时间和隧道长度设定，确保小推车从隧道末端出来时食用菌已完全冻结。冻结室空气温度一般为-45～-35 ℃，空气流速在2～3 m/s。包装食用菌冻结时间1～4 h，较厚食用菌冻结时间6～12 h。在采用输送带进行隧道冻结时，为减小设备体积，输送带可以做成螺旋式，输送带上还可以带有通气的小孔，便于冷空气从输送带下由小孔吹向食用菌。这样在冻结颗粒状的散装食用菌时，食用菌可以被冷风吹起而悬浮于输送带上方，使空气和食用菌能更好地接触，这种方法又称为流化床式冻结。

2）间接接触冻结法　板式冻结法是间接接触冻结法中最常见的一种。它采用制冷剂或低温介质冷却金属板和食用菌。这是一种制冷介质和食用菌间接接触的冻结方法，其传热方式为热传导，冻结速率跟金属板与食用菌接触的状态有关。此法可用于速冻包装和未包装的食用菌。外形规整的食用菌，因为与金属板接触较为紧密，冻结效果较好。小型立方体形包装的食用菌特别适合多板式速冻设备进行冻结。冻结时间取决于制冷剂温度、包装大小、相互密切接触程度和食用菌种类等。厚度为3.8～5.0 cm包装食用菌的冻结时间一般为1～2 h。

板式冻结装置有间歇的，也有连续的。与食用菌接触的金属板有卧式的，也有立式的。立式装置不用储存和处理货盘，大大节省了占用的空间，但不如卧式的灵活。回转式或钢带式分别是用金属回转筒和钢输送带作为与食用菌接触的部分，具有可连续操作、干耗小等特点。

3）直接接触冻结法　直接接触冻结法又称为液体冻结法，用载冷剂或制冷剂直接喷淋或（和）浸泡需要冻结的食用菌。可以用于包装的和未包装的食用菌。

由于载冷剂或制冷剂直接与食用菌接触，因此必须纯净、无毒、无异味和异样、无外来色泽和漂白作用、不易燃、不易爆等，与食用菌接触后也不改变其原有的成分和性质。常用的载冷剂有盐水、糖液和多元醇—水混合物等。通常所用的盐是氯化钠或氯化钙，控制盐水浓度使其冻结点在-18 ℃以下。蔗糖溶液是常用的糖液，但要达到较低的冻结温度所需的糖液浓度较高，如要达到-21 ℃所需的蔗糖浓度为62%（质量分数），而这样的糖液在低温下黏度很高，传热效果差。丙二醇和丙三醇都可能影响食用菌的风味，一般不适用于冻结未包装的食用菌。

用于直接接触冻结的制冷剂有液氮、液态二氧化碳和液态氟利昂等。当采用制冷剂直接冻结食用菌时，由于制冷剂的温度很低（如液氮和液态二氧化碳的沸点分别是-196 ℃和-78 ℃），冻结可以在很低的温度下进行，因此又被称为低温冻结。此法的传热效率很高、冻结速率极快，最终冻结食用菌的质量高、干耗小，且初期投资也很低，但运行费用较高。

（2）冻结与冻藏工艺

1）冻结速率的选择　一般认为，速冻食用菌的质量高于缓冻的质量，这是因为速冻形成的冰晶体细小而均匀；冻结时间短，允许食用菌内盐分等溶质扩散和分离出水分以形成纯冰的时间也短；速冻还可以减少微生物给食用菌带来的不良影响。此外，食用菌迅速从未冻结转化为冻结状态，浓缩的溶质和食用菌组织、胶体及各种成分相互接触的时间也显著减少，浓缩带来的危害也随之下降到最低程度。

2）冻藏的温度与时间　冻藏温度的选择主要考虑食用菌的品质保障和经济成本等因素。一般认为，-12 ℃是食用菌冻藏的安全温度，-18 ℃以下则能较好抑制酶的活力、降低化学反应速度，更好地保持食用菌的品质。目前国内外基于经济和冻藏食用菌的质量考虑，大多数食用菌的冻藏温度都在-18 ℃，有的特殊产品也会低于-18 ℃。

冻藏过程中由于制冷设备的非连续运转，以及进出料等的影响，使得冷库的温度并非保持在某一恒定值，而会产生一定程度的波动。过大的温度波动会加剧重结晶现象，影响冻藏食用菌的质量。因此要采取措施尽量减少冻藏过程中冷库的温度波动。除冷库的温度控制系统应准确、灵敏外，进出口还应有缓冲间，且每次食用菌进出量不能太大。

3.影响速冻保鲜效果的因素及操作要点

（1）影响速冻保鲜效果的因素　食用菌的冻结效果与原料种类、漂烫方式、冷却方式、冻结方式等因素有关。

（2）操作要点

1）冻结原料的选择及前处理　食用菌在采收后和冻藏期间，品质不会再提高，只会保持其原始品质和延缓其向腐烂方向变化。如果采收时没有达到适当的成熟度，冻藏后也就达不到良好的品质。因此，供冷冻加工的食用菌一定要新鲜、质地饱满，即达到鲜食的标准，色、香、味充分表现出来的时候，及时采收、冷冻。

对原料的要求，除成熟度外，还要看大小、外观、肉质、风味，看是否有病虫害、机械损伤、微生物和农药污染等。食用菌采收后，如果不能马上速冻，一定要及时进行预冷，并放入冷藏库中贮藏。否则，不能获得优质的速冻产品。有的食用菌（如双孢蘑菇、鸡腿菇等）要切去根须及不可食的部分。速冻前预处理过程中，原料不能直接与铜、铁容器直接接触，否则食用菌产品易变色、变味，所以加工过程中应使用不锈钢器具。

2）清洗　采收后的食用菌表面可能带有泥土、杂物和微生物等，但食用菌极易吸水，清洗时要采用快速冲淋的方法，以免产品含水量过高。

3）漂烫　常用的漂烫方式有热水漂烫、蒸汽漂烫和微波漂烫三种。

热水漂烫是把水加热到一定温度后，将食用菌迅速放入水中，漂烫结束后马上捞出，在生产中最为常用。漂烫用水应符合生活饮用水质标准，一般为软水。食用菌中的酶一般在高于 80 ℃时就会迅速失活，生产中常用的是 95 ℃以上的高温漂烫。漂烫时间因食用菌品种而异，根据菌盖大小控制在 4～6 min，以煮透为准。另外，热水漂烫时，

可以在水中加入一些盐、糖及有机酸等，以纠正食用菌的色泽，增加硬度，缩短漂烫时间等。

蒸汽漂烫是将食用菌放在蒸汽中进行加热，常用高温蒸汽或蒸汽与空气混合气作为加热介质。蒸汽漂烫时水溶性维生素 C、维生素 B_1、维生素 B_2 和其他营养成分不容易像热水漂烫那样随水流失，食用菌的风味、营养成分等方面比热水漂烫的要保存得更好。蒸汽的温度为 95～100 ℃，如果采用高压蒸汽，温度会达 100 ℃以上。

微波漂烫是将预制的食用菌放在电磁场中，利用微波能的热力效应和生物效应，破坏酶的空间结构使酶失活并杀死大部分微生物。把食用菌装在塑料袋中进行微波漂烫，则可提高食用菌的净产量，如双孢蘑菇采用此法比常规热水漂烫提高净产量 4% 左右。

在食用菌速冻加工中，有的需要进行漂烫后再冷冻，有的则不需漂烫直接进行冷冻。漂烫会直接影响速冻食用菌的最终品质，使食用菌中的有机酸、糖类、矿物质、蛋白质、维生素等营养物质减少（一般损失率为 10%～30%），食用菌风味因此变淡。漂烫过度时，不仅使速冻食用菌品质变劣，而且由于加热时间长、燃料消耗多，增加了速冻食用菌的成本。因此，必须掌握适当的漂烫程度，防止漂烫不足或过度。

4）冷却　食用菌漂烫后应立即冷却，否则残余热量将加速食用菌可溶性成分的变化，并使食用菌的色泽变暗。温度过高也会使食用菌干耗增大，适宜的温度也给微生物的繁殖提供了温床。因此，漂烫后的食用菌温度应在短时间内降到接近 0 ℃。冷却的方法是先将其浸入冷水中，用冷水喷淋或用冰水、碎冰、吹冷风等进行冷却。用冷水或碎冰冷却比吹风冷却速度快。

5）沥水　速冻的食用菌清洗过或漂烫过后一般都要平铺于带孔的托盘或竹凉席上进行沥水。如果食用菌表面含水量过多，则易冻结成块，不利于包装，又影响外观，而且过多的水分还会增加制冷负荷。

食用菌保鲜贮运和加工

6)快速冻结　冻结过程是影响速冻食用菌品质的关键步骤，一般要将食用菌中心的温度降至-18 ℃以下。快速冻结可以很好地避免冻藏过程中冰晶的成长给速冻食用菌带来的不良影响，从而影响食用菌的口感和营养。目前快速冻结一般采用隧道式冻结、二氧化碳喷淋冻结、液氮冻结、磁场隧道式冻结等方式。

4.食用菌在冻结、冻藏过程中的变化

（1）体积的变化　0 ℃的纯水冻结成冰后体积约增加8.7%。食用菌在冻结后也会发生体积膨胀，但膨胀的程度比纯水小。

（2）水分的重新分布　食用菌中冰结晶的形成会造成其内部水分的重新分布，这种现象在缓慢冻结时较为明显。

（3）机械损伤　机械损伤又称为冻结损伤，食用菌在冻结时，冰晶体的形成、体积变化和内部存在的温度梯度等会产生机械应力并导致机械损伤。一般认为，冻结时体积变化和机械应力是食用菌产生冻结损伤的主要原因。机械应力与被冻食用菌的大小、冻结速率和最终温度有关。体积较小的食用菌冻结时内部产生的机械应力也较小；含水量较高、体积较大的食用菌，表面温度下降极快时可能出现严重的裂缝，这是由于食用菌组织的非均一收缩所致。

（4）非水相组分被浓缩　由于冻结时食用菌内水分是以纯水的形式形成冰结晶，原来水中溶解的组分就转移到未冻结的水分中而使剩余溶液的浓度增加。浓缩的程度主要与冻结速率和冻结终温有关，在冰盐结晶点之上是温度愈低，浓缩程度愈高。缓慢冻结会导致连续而平滑的固—液界面，冰结晶的纯度较高，溶质浓缩的程度也较大；相反，快速冻结导致不连续、不规则的固—液界面，冰结晶中夹带着部分溶质，溶质浓缩的程度也较小。

（5）重结晶　指在冻藏过程中食用菌中冰结晶的大小、形状、位置等都发生了变化，冰结晶数量减少、体积增大的现象。将速冻及缓冻的食用菌

同样贮藏在-18 ℃下，速冻食用菌中的冰结晶不断增大，一定时间后其冰结晶的大小变得和缓冻的差不多。

（6）冻干害　又叫冻烧、干缩，这是由于食用菌表面脱水（冰结晶水分升华）形成多孔干化层，表面的水分下降到15%以下而出现氧化、变色、变味等品质明显下降的现象。减少冻干害的措施包括减少冻藏室的外来热源及温度波动，降低空气流速，改变食用菌的大小、形状、堆放方式和数量，以及采用适当的包装等。

（7）脂类的氧化和降解　冻藏过程中食用菌中的脂类可能会发生自动氧化反应，结果会导致异味；脂类还可能会发生降解反应，游离脂肪酸的含量会随着冻藏时间的延长而增加。当然，食用菌本身是一类低脂的原材料，在冻藏期间不易发生脂类的氧化和降解。

（8）蛋白质溶解性下降　冻结食用菌的浓缩效应往往会导致其大分子胶体的失稳，蛋白质分子可能会发生凝聚，使溶解性下降，甚至会出现絮凝、变性等。随着冻藏时间的延长，这一现象往往会加剧，而冻藏温度低、冻结速度快可以减轻这一现象。

（9）其他变化　冻藏过程中食用菌还会发生pH、色泽、风味及营养成分等变化。pH变化一般是由于食用菌的成熟和冻结部分溶质的浓缩导致的，冻藏过程中食用菌pH变化的速率和程度与食用菌的缓冲能力、其中盐的组成、蛋白质和盐的相互作用、酶活性及贮藏温度有关。pH变化所引起食用菌品质的变化并不明显，但理论上可知pH会影响酶的活性及细胞膜的通透性。

食用菌在冻藏过程中会出现褐变，维生素C的含量也会因氧化作用而减少，维生素C氧化的速率与冻藏温度有很大关系。上述冻藏过程中的化学变化是由于食用菌发生了相应化学反应的结果。从冻藏过程中非酶反应和酶促反应速率变化的角度看，温度的降低一般会导致上述反应速率的降低，但冻藏过程中还有一些导致反应速率增加的因素。

在冻藏过程中食用菌的非酶反应的速率往往会增加，这是因为冻结的浓缩效应导致食用菌中未冻结部分的反应物浓度提高，所以整体的效果是非酶反应的速率一般会增加。酶活性受抑制的程度与温度有很大关系，一般在冻结点以上 0～10 ℃的范围内，酶的活性可能降低也可能增加，当温度更低时，酶的活性一般会受到抑制。因此，在-18 ℃以下冻藏食用菌时，酶促反应一般会减少。

5. 速冻保鲜技术的特点

速冻保鲜技术具有操作方便、冻结速度快、高效、干耗少、产品品质好等特点。速冻保鲜贮藏时间比较长，贮藏期间食用菌完全停止生命活动，可以最大限度地保持食用菌原有的色泽、营养成分及新鲜度，因此已成为一种最佳的保鲜贮藏方式。

但速冻设备投资较大，并且在运输和销售过程中容易发生温度波动，这会导致冰结晶增大，从而使食用菌速冻品品质下降。另外，速冻保鲜会对食用菌的组织结构造成一定程度的破坏。

6. 速冻保鲜技术的应用

（1）白灵菇速冻保鲜

1）原料挑选　白灵菇采收前 1～3 d 停止喷水，采收后挑选、清洗、分级。

2）漂烫　摊放在窗纱或竹凉席上，放于蒸汽室熏蒸 5～8 min，杀死白灵菇表面的微生物。

3）护色　将白灵菇放入 1%的柠檬酸中浸泡 10 min，沥干表面水分。

4）包装　用铝箔纸袋或湿玻璃纸包装。

5）冻结　在-35 ℃的低温下速冻 40～60 min，在-18 ℃条件下冷冻贮藏。

该速冻方法可以使白灵菇保存 18 个月以上。

（2）松茸速冻保鲜　选用开孔率为 50%，孔径为 5 mm 的筛板，用 3.0 m/s 循环风速对床层高度为 6 cm 的挑选、清洗、分级后的新鲜松茸进行喷雾式流态化液氮速冻，采用-60 ℃以下温度进行冻结，冻品在-26 ℃冰箱中贮藏 9 个月后，解冻时的汁液流失率低于 4.0%，可很好地保持松茸的营养和商品价值。

（3）金耳速冻保鲜

1）原料挑选　选择新鲜、饱满、完整的金耳为原料。

2）护色　采用浓度为 0.1%的异抗坏血酸钠和柠檬酸混合液进行护色，浸泡时间为 2～3 min。

3）漂烫　漂烫温度为 82～87 ℃，每 10 kg 金耳漂烫时间为 10 min，以透心为度。

4）冻结　用流动水自然冷却至常温，以 250 r/min 沥水 2 min，液氮冻结装置速冻快，冰晶体积小，持水率高，维生素 C 损失少，胶质含量高，表面无结霜，能达到可逆的保鲜效果。

（4）褐色双孢蘑菇速冻保鲜

1）原料挑选　选择完整，无畸形、无机械损伤、无病虫害的新鲜褐色双孢蘑菇。

2）清洗、护色　将褐色双孢蘑菇放入水缸中，轻轻搅动，捞出放入浓度为 1%的亚硫酸钠溶液中浸泡 2 min，捞出沥水、漂洗，去除残留的护色液。

3）漂烫　将新鲜褐色双孢蘑菇放入夹层锅中 4～6 min，夹层锅温度为 98～100 ℃。

4）冷却　漂烫后要立即冷却，冷却分为两个阶段，先用 10～20 ℃的水喷淋降温，再浸入 3～5 ℃的冷却水中，防止褐色双胞蘑菇骤然遇冷皱缩，影响其品质。

5）速冻　经冷却沥干水分的褐色双胞蘑菇放在速冻机的传送带上，厚度为 80～120 cm，温度为-35～-30 ℃，冻结时间为 10～18 min。

6）分级、复选　根据市场要求，对速冻褐色双孢蘑菇进行再次分级，剔除不合格的畸形、空心、开伞等劣质菇。

7）镀冰衣　将速冻褐色双孢蘑菇浸入 2～3 ℃的冷水中 2～3 s，迅速搅动、提出。

8）包装、冷藏　内包装采用 0.09～0.12 mm 的 PE 薄膜袋，抽真空；外包装采用双瓦楞纸箱；冷藏库温度为-18 ℃左右。这一速冻贮藏方法可以确保褐色双孢蘑菇冻品在 8～12 个月不变质。

（5）香菇速冻保鲜

1）原料挑选　剔除有虫害、有机械损伤、变色的香菇，清洗后用刀在菌盖上切割十字。

2）漂烫、沥水　热水漂烫2 min后立即用10～20 ℃的冷水降温3 min，再浸入冰水中继续冷却，直至香菇中心温度达5 ℃以下，沥干水分。

3）快速冻结　将香菇放入处理釜（温度为6 ℃、内压为7 MPa）中，将热电偶插入其中一个香菇的中心，合上密封盖，打开卸压阀（时间为4 min），缓慢打开进气阀，二氧化碳液体即喷淋到香菇表面。

与常压二氧化碳喷淋冻结相比，高压二氧化碳速冻能够较好保持香菇的品质，且具有高效快速等特点。

（三）气调冷藏保鲜技术

1. 气调冷藏保鲜的原理　在冷藏的基础上依据食用菌的生理生化变化规律，通过调节贮藏环境中二氧化碳及氧气的气体比例（适当提高二氧化碳浓度，降低氧气浓度），及时排除贮藏环境中的乙烯，抑制食用菌的呼吸作用，降低呼吸强度，减少呼吸消耗，减缓其生理生化代谢进程，从而延长其贮藏品质及货架期的物理保鲜技术。

2. 气调冷藏保鲜的技术方式　气调冷藏保鲜大致可分为MA气调冷藏保鲜和CA气调冷藏保鲜两种方式。

（1）MA气调冷藏保鲜　又称为简易气调，是利用薄膜包装袋的透气性、食用菌的呼吸作用或者加入适量的气体调节剂对包装袋内的气体成分进行调节，达到食用菌保鲜的目的。薄膜包装气调、硅窗气调等不需要复杂的设施和设备，成本低，得到广泛应用。

1）薄膜包装气调　如果选取透气、透湿薄膜进行包装，使外界氧气能进入包装内部，而内部积累的二氧化碳和水气又能向外排出，使包装内部的氧气、二氧化碳和水气的浓度维持在合适的范围，就可达到气调冷藏保鲜的要求。

2）硅窗气调　硅橡胶是一种有机硅高分子化合物，具有特殊的透气性，作为气体交换窗，镶嵌在塑料袋或塑料盒上，起到自动调节塑料袋内气体成分的作用，不再需要人工调节。

（2）CA气调冷藏保鲜　在相对密闭的环境中和冷藏基础上，把食用菌放在低氧气、高二氧化碳的密闭环境内，同时改变贮藏环境湿度的一种贮藏方法。

1）充氮降氧　抽出在密封冷库内部的大部分空气，充入氮气，由氮气稀释剩余的空气中的氧气，同时充入适量的二氧化碳，使氧气、二氧化碳浓度达到所规定的值。

2）气调库的构成　气调库一般由气调系统、加湿系统、制冷系统、气密库体、压力平衡系统及湿度、温度、气体自动检测控制系统等构成。气调系统包括制氮系统、乙烯脱除系统、二氧化碳脱除系统等。

气调冷藏保鲜技术装备目前主要有气调库和气调集装箱两大类。气调库用于固定贮藏保鲜，气调集装箱用于运输过程中保鲜。气调库一般每个完整的工作单元为200～400 t的贮藏容量，在围护结构内将多个工作单元拼装，组成所需要的贮藏总吨位容量；而气调集装箱采用国际集装箱标准外形尺寸和框架结构，箱体内分贮藏间和设备间，构成独立的工作体。由于是多变量控制，气调保鲜技术装备的控制系统为多输入、多输出的计算机控制系统，通常采用单片机或可编程逻辑控制器（PLC），系统要求可使用有线网络和无线通信实施远程监控。

3. 影响气调冷藏保鲜效果的因素及操作要点

（1）影响气调冷藏保鲜效果的因素　主要影响因素包括内在因素和外在因素，其中内在因素有品种、成熟度等；外在因素有贮藏环境温度、气体成分、包装材料、相对湿度等。

1）内在因素

① 品种。不同品种的食用菌有不同的耐贮性。

② 成熟度。成熟度对食用菌贮藏效果影响较

大，同一品种的食用菌成熟度不同，贮藏期也不同，成熟度越高越不耐贮藏。但是成熟度太低，容易导致食用菌的产量下降，风味不佳。

2）外在因素

①贮藏环境温度。一般来说，应在保证食用菌正常生理代谢不受影响的前提下，尽量降低食用菌的贮藏温度，并且力求减少温度的波动。一般气调冷库的贮藏温度要比单纯的冷藏保鲜的冷藏库温度高约 1 ℃。

②贮藏环境中气体成分。氧气和二氧化碳是食用菌贮藏环境中的最主要气体组分。适当提高二氧化碳的浓度，有利于提高食用菌的保鲜效果，但是二氧化碳浓度太高，容易溶解于水形成碳酸，改变食用菌的pH，同时还会导致食用菌中毒；氧气在气调库中的最佳浓度取决于食用菌的种类，一般以能够维持食用菌不发生无氧呼吸为底线。

③包装材料。包装薄膜的种类很多，特性有差异，见表5-11。透湿性与食用菌的新鲜度直接相关，透气性关系到包装系统内是否保持适宜的气体成分。

食用菌保鲜理想的包装材料是透气性高、透湿性低的薄膜，如聚丙烯、聚氯乙烯、低密度聚乙烯薄膜等。

④相对湿度。气调库中的蒸汽压一般不可能达到饱和蒸汽压，于是新鲜食用菌和环境之间就会存在压差，食用菌的水分就会通过表层扩散至环境中，导致失水。气调库的相对湿度较高，可以降低食用菌与周围空气之间的蒸汽压力差，减少食用菌的水分蒸发。气调库的相对湿度要比普通冷藏库高，一般保持在90%～95%。

（2）操作要点

1）原料挑选　挑选七八分成熟、朵形完整、菇肉肥厚、无机械损伤、无病虫害、大小一致的食用菌。

2）MA气调冷藏保鲜的操作要点　新鲜的食用菌用保鲜袋包装后，可以使散失的水分留存在包装内部，形成高湿的小环境从而抑制水分散失的速度，使食用菌的损耗减少，保持饱满、鲜嫩的外观。

包装前对食用菌子实体表面进行适当收水，

表 5-11　几种包装薄膜的特性

薄膜种类	厚度（μm）	透湿度[g/(m²·24h)]	透气度[mL/(m²·24h·0.1MPa)]			相对密度	伸缩率（%）	吸水率（%）	撕裂强度（kPa）
			O_2	CO_2	N_2				
低密度聚乙烯	3～10	16～22	380～470	1 400～1 700	100～133	0.91～0.93	165～650	<0.1	2 940～9 806
乙酸纤维素	3～5	400～800	204	1 060	67	1.25～1.3	10～30	4～10	392～1 960
普通玻璃纸	2～3	大	2.92～29.2	10.6～106	9.99	1.4～1.5	15～40	40～100	196～392
防湿玻璃纸	2～3	10～80	2.92	2.12～10.6	9.99	1.4～1.5	15～90	—	196～392
聚丙烯	3～10	10	146～234	530～740	—	0.9～0.91	200～600	<0.1	—

食用菌保鲜贮运和加工

使菌体表面干燥（手触摸时没有滑腻黏手的感觉）。把预冷后的食用菌装入专用保鲜袋中，在袋中放入特制的吸水剂，扎紧袋口密封。把装有食用菌的保鲜袋放入塑料筐中，并装到冷库的贮藏货架上，把冷库的温度调到对应食用菌的最佳贮藏温度。

3）CA气调冷藏保鲜的操作要点　目前应用较多的食用菌气调冷藏保鲜要求：低温（0～4℃）、高湿（90%～95%）、氧气最佳浓度为1%～5%、二氧化碳最佳浓度为6%～20%。

食用菌表面要进行适当收水，使其表面干燥。把预冷后的食用菌装入塑料筐中（塑料筐大小要适宜），放到气调库的贮藏货架上，设置气调库的温度和气体参数。

4.气调冷藏保鲜技术的特点

气调冷藏保鲜的食用菌出库后具有更长的保鲜期和货架期，便于食用菌的长途运输和外销。

气调库中主要气体成分是氮气，并且贮藏的食用菌无需保鲜剂等化学药品，所以从气调库中取出的食用菌在库内环节无任何污染。

但是气调冷藏保鲜需要专门的设备，投资大、成本高而较难普及和推广应用。

5.气调冷藏保鲜技术的应用

（1）松茸气调冷藏保鲜

1）原料选择　挑选新鲜的无虫蛀、无机械损伤、无外来污染、个体完整、大小一致、未开伞的松茸。

2）预冷　采集后的松茸放入冷库中预冷6～8 h，松茸温度降到2℃以下。

3）气调冷藏保鲜　采用自发气调，氧气浓度为2%、二氧化碳浓度为6%。保鲜袋材质为PE、冷藏温度为（2±0.5）℃。

（2）白灵菇气调冷藏保鲜

1）采收与采后处理　采收前1～3 d停止喷水，菌盖平展、边缘有内卷时适合采收，根据菌盖厚度和大小进行分级。

2）包装　用27 cm×27 cm的白色食品包装纸

包装，放入泡沫箱中。

3）预冷　在0～1℃的冷库中预冷，预冷时间为15～20 h。

4）气调冷藏保鲜　采用硅窗自发气调。预冷后装入3 cm×4 cm硅橡胶窗PE袋中，放入0℃的冷库中进行贮藏，60 d左右换一次包装纸，保鲜期可达120 d。

（3）香菇气调冷藏保鲜

1）原料挑选　采摘前一天停止喷水，挑选成熟度一致、大小一致、无机械损伤、无病虫害的香菇。

2）涂膜预处理　将清洗过的香菇浸入由1%壳聚糖、2.5%柠檬酸和0.2%山梨酸钾组成的涂膜剂中30 s，沥干表面水分。

3）预冷　放入温度为（2±1）℃的冷库中预冷，直至子实体中心温度接近冷库温度。

4）包装：采用PE或定向聚丙烯（OPP）保鲜盒包装，并在侧壁开孔径为314 μm的微孔调节保鲜盒内的气体成分。

5）贮藏　在5℃的冷库进行贮藏，4 d后保鲜盒内的气体组分达到平衡（二氧化碳浓度8%～10%，氧气浓度5%～7%）。保鲜期达19 d。

（4）茶树菇气调冷藏保鲜

1）原料挑选　新采收的茶树菇在5 h内运至保鲜厂进行处理，选择无机械损伤、成熟度一致、大小一致、无病虫害的茶树菇。

2）包装　将挑选好的茶树菇用聚苯乙烯（PS）包装，并在侧壁开0.9 cm²（用FC-8硅橡胶膜覆盖）的窗口用于气体交换。用气调包装机包装，包装盒内初始气体浓度为：5%的氧气、10%的二氧化碳、85%氮气。

3）贮藏　将包装好的茶树菇放入3℃、相对湿度为85%的冷库中进行贮藏，可使茶树菇保鲜20 d以上。

（四）减压保鲜技术

1.减压保鲜的原理　将食用菌放入一个冷却密

闭的容器内（贮藏室），用真空泵抽出贮藏室内的空气，使其获得较低的绝对压力。当达到所需要的低压时，新鲜空气不断通过加湿器和压力调节器以近似饱和的空气进入贮藏室，真空泵不断工作，贮藏室内的食用菌不断得到新鲜、低氧、饱和的空气，从而有效抑制食用菌的生理代谢，延长其保鲜期。

进入真空室的空气将发生膨胀，在 1.33 kPa 以下时空气中含有的二氧化碳和乙烯等气体浓度将减少 99%，食用菌呼吸热和传热能力被抑制 90%，乙烯生成量被抑制 90% 以上。极低的氧气浓度和接近零的二氧化碳浓度有效阻止微生物和好氧霉菌生长，食用菌内外的昆虫死亡而食用菌本身不受伤害；食用菌表面的气孔在黑暗中张开（气孔暗开），大大有利于气体传输和扩散，阻止乙烯形成酶，消除二氧化碳伤害的可能性，降低维生素 C 损失率。连续换气将有害气体从真空室内持续抽吸到真空室外而净化贮藏环境，使得食用菌能忍耐的氧气浓度可低至 0.1% 以下。真空室内维持接近饱和的湿润空气，大大降低了食用菌的失水率。经减压的食用菌，离开减压环境后恢复其原有生命力需要一个过程，故可延长食用菌的货架期。

2. 减压保鲜的技术方式　减压保鲜可分为定期抽气式（静止式）和连续抽气式（气流式）两种类型。

（1）定期抽气式（静止式）的工作方式　真空泵抽吸贮藏室的空气达到上限真空度（如 2 kPa）后停止抽气，间隔一段时间后，贮藏室因漏气而压力上升，达到下限真空度（如 1.2 kPa）后再抽气，如此循环，维持设定的压力值。这种保鲜方式食用菌易失水、萎蔫。

（2）连续抽气式（气流式）的工作方式　一端真空泵对贮藏室连续不断地向外抽气排空，另一端不断地向贮藏室送进接近饱和的低压新鲜空气，控制抽气和进气流量，以维持设定的压力值，同时提高了贮藏室的湿度，弥补了定期抽气式的不足。

3. 影响减压保鲜效果的因素及操作要点

（1）影响减压保鲜效果的因素　包括内在因素和外在因素，其中内在因素有品种、成熟度等；外在因素有压力、温度、相对湿度等。

1）内在因素　品种和成熟度的影响同气调冷藏保鲜。

2）外在因素

① 压力。减压保鲜设备的贮藏室内压力低于大气压，食用菌采后的生理代谢活动会减弱，延缓食用菌子实体的水分和营养物质损耗。大气压力与贮藏室内的压力差别越大，呼吸作用和蒸腾作用减弱越明显。

② 温度。贮藏环境温度越高，呼吸强度越大，营养物质消耗越多，越不利于保鲜。低温能抑制部分微生物的活动，还能减弱蒸腾作用。但是温度过低易造成食用菌冷害甚至冻伤。温度对蒸腾作用和呼吸的抑制的影响要低于压力。

③ 相对湿度。贮藏环境相对湿度太低，食用菌会失水、萎蔫，失去商品价值；贮藏环境相对湿度太高，食用菌易变质。

（2）操作要点

1）原料挑选　挑选七八分成熟、朵形完整、菇肉肥厚、无机械损伤、无病虫害、个体大小一致的食用菌。

2）确定适当压力　由于不同食用菌对真空度的耐受程度不同，所以在贮藏前，需要确定食用菌适宜贮藏的压力。

3）控制温度波动　食用菌减压贮藏过程中，温度不宜大幅波动，否则容易导致食用菌的衰老和变色。

4. 减压保鲜技术的特点

1）显著延长贮藏期　减压保鲜不仅具有冷藏保鲜和气调冷藏保鲜的优点，还有利于贮藏室内的有害气体的排除，与冷藏和气调相比，可以延长食用菌贮藏期 2～9 倍。

2）具有"三快"的优点　减压保鲜设备具有快速降温、快速降压、快速脱气等优点。

3）出库、入库方便　减压保鲜设备操作方便，能很快再次达到所需温度和压力，所以贮藏室内可以随时进出产品。

4）可多品种大量堆放　贮藏室内频繁换气，气体扩散速率较快，食用菌在贮藏室内堆放密集，仍然能维持比较均匀的气体成分和温湿度。

5）杀死昆虫、抑制细菌　可将食用菌表面和隐藏在内部的昆虫卵、蛹、幼虫和成虫杀死100%。压力愈低或减压时间愈长，杀死效果愈好。

6）延长货架期　减压贮藏的食用菌，衰老和后熟的过程缓慢，因此可以延长货架期。

7）无缺氧伤害　极低的氧气浓度环境也不会造成食用菌缺氧伤害。

8）低失水率　减压贮藏的食用菌失水率是气调库失水率的1/5～1/2，是普通冷库的1/10～1/5。

9）风味形态保持较好　减压保鲜对食用菌原有的风味和形态保持较好。

减压保鲜技术是节能减排新技术，推广应用具有巨大的社会效益和经济效益。

5. 减压保鲜技术的应用

（1）杏鲍菇减压贮藏保鲜

1）原料挑选　选择长度为15～20 cm、七八分成熟、菇体完整、粗细均匀、无机械损伤、无病虫害的杏鲍菇。

2）包装　将挑选好的杏鲍菇装入0.07 mm厚的LDPE袋中，采用真空包装机抽真空减压包装，内压设置为0.04 MPa。

3）贮藏　将包装好的杏鲍菇放于（4±0.5）℃下贮藏。

采用此方法保存的杏鲍菇30 d后仍有较好的色泽和品质。

（2）松茸减压贮藏保鲜

1）原料挑选　挑选五成熟、无机械损伤、无霉烂的松茸。

2）处理方法　将整理好的松茸装入PE袋中，放入减压贮藏设备中。

3）贮藏　温度（2±0.5）℃，相对湿度90%，内压设置为（1 500±80）Pa。

采用此减压贮藏保鲜的松茸25 d后品质较好，仍可食用。

松茸、牛肝菌、双孢蘑菇减压冷藏效果如图5-30至图5-33所示。

（五）辐射保鲜技术

1. 辐射保鲜的原理　利用射线照射食用菌，抑制食用菌生理成熟，或对食用菌进行消毒、杀虫、杀菌、防霉等处理，达到延长食用菌保鲜期的目的。

辐射保鲜技术是利用X射线、γ射线或高速电子束等高能射线对食用菌进行加工处理，在能量的传递和转移过程中，产生了强大的物理学效应、化学效应、生物学效应等，遏制食用菌的生理生化进程，起到钝化酶、杀菌灭虫、延长货架期等作用。

（1）食用菌辐射的化学效应　辐射引起食用菌中各成分发生化学变化比较复杂，一般认为电离辐射包括初级辐射与次级辐射。次级辐射使物质形成离子、激发态分子或分子碎片。次级辐射使初级辐射的产物相互作用，生成与原始物质不同的化合物。食用菌中主要化学成分水、蛋白质、糖类、脂类及维生素等在辐射下都会发生一系列的化学变化。其中蛋白质的变化，特别是酶的变性与否与食用菌保鲜直接相关。辐射的结果会使某些蛋白质中二硫键、氢键、盐键和醚键等断裂，使其三级结构和二级结构遭到破坏，从而导致蛋白质变性。辐射还会使蛋白质的一级结构发生变化，α-氨基在蛋白质分子中能作为端基而存在，在射线的作用下则发生脱羧反应。蛋白质水溶液经照射会发生辐射交联，主要原因是由于硫氢基氧化产生分子内或分子间的二硫键，辐射交联可以由酪氨酸和苯丙氨酸的苯环偶合而发生。辐射交联导致蛋白质发生凝聚作用，甚至出现一些不溶解的聚集体。

由于酶的主要成分是蛋白质，因此辐射对酶的效应与对蛋白质的效应基本一致。纯酶的稀溶液对辐射很敏感，若其浓度增加，也必须增加辐射剂量才能产生钝化作用。食用菌中酶存在的环境条件对辐射效应有影响：水溶液中酶的辐射敏感性随着

（a）冷藏（常压）第 10 d   （b）减压贮藏（1 500 Pa）第 10 d

图 5-30 松茸冷藏效果比较

（a）冷藏（常压）第 10 d   （b）减压贮藏（1 500 Pa）第 10 d

图 5-31 牛肝菌冷藏效果比较

（a）常温   （b）普通冷库（2±1）℃   （c）减压 1 500 Pa（2±1）℃   （d）新鲜双孢蘑菇

图 5-32 双孢蘑菇贮藏 48 h 后效果比较

食用菌保鲜贮运和加工

（a）普通冷库（2±1）℃　　　（b）减压贮藏 1 500 Pa
　　　　　　　　　　　　　　　　（2±1）℃

图 5-33　双孢蘑菇贮藏 7 d 后比较

温度的升高而增加；酶还会因为—SH 的存在而增加对辐射的敏感性；介质的 pH 及含氧量对某些酶的辐射效应影响也很大。总的来说，酶所处的环境条件越复杂，酶的辐射敏感性越低。

（2）食用菌辐射的生物学效应　食用菌辐射的生物学效应与机体内的化学变化相关，对生物物质的辐射效应有直接和间接的作用。有机体内含有水分而产生的间接效应是辐射总反应的重要部分，在干燥和冷冻组织中就很少有这种间接效应。

辐射对活体组织的损伤与其代谢反应有关，并视其机体组织受辐射损伤后的恢复能力而异，也取决于辐射剂量的大小。生物体细胞在高活性的代谢状态下对辐射的敏感性比在休眠时要大得多。用低于致死剂量的辐射所造成的损伤取决于该生物当时所处的发育阶段，如辐射处于生长阶段的生物将影响细胞组织的成熟、新陈代谢和生殖等。

辐射微生物引起新陈代谢紊乱，特别是细胞核活动紊乱，又引起核蛋白形成推迟而阻碍了细胞

核的增殖，因此微生物细胞受到辐射后，过一段时间才死亡。

对于有呼吸高峰的食用菌，在高峰出现前，乙烯的合成明显增加，从而促进成熟的到来。若在呼吸高峰出现前对其进行辐射处理，由于辐射干扰了乙烯的合成，就可抑制呼吸高峰的出现，从而延长贮藏期。

2. 辐射保鲜的技术方式

辐射处理的核心部分是辐射源（包括有人工放射性同位素和电子加速器）。按照辐照食品通用标准（CDDEX STAN 106-1983，REV.1-2003），可以用于辐射的有：γ 射线（^{60}Co 或 ^{137}Cs），X 射线（能级 ≤ 5 MeV），电子束（能级 ≤ 10 MeV）。辐射保鲜技术流程如下：

原料挑选 → 包装 → 辐射处理 → 低温贮藏

（1）放射性同位素辐射源

1）钴-60（^{60}Co）辐射源　^{60}Co 辐射源是人工制备的一种同位素源。^{60}Co 的半衰期为 5.25 年，故可在较长时间里稳定使用；^{60}Co 辐射源可按使用需要制成不同形状，以便于生产、操作与维护。

^{60}Co 辐射源在衰变过程中，每个原子核放射出一个 β 粒子（即 β 射线）和两个 γ 光子，最后变成稳定同位素镍。由于 β 粒子能量较低（0.306 MeV），穿透力弱，对被照射物质不起作用，而两个 γ 光子能量较高，分别是 1.17 MeV 和 1.33 MeV，穿透力很强，在照射过程中能引起物质内部的物理和化学变化。

2）铯-137（^{137}Cs）辐射源　用稳定铯做载体制成硫酸铯-137 或氯化铯-137。为了提高它的放射性比度，往往把粉末状 ^{137}Cs 加压压成小弹丸，再装入不锈钢套管内双层封焊。

^{137}Cs 的显著特点是半衰期长（30 年），但其放射出的 γ 射线能量仅为 0.66 MeV，比 ^{60}Co 弱，加之安全防护困难，装置投资费用高，所以 ^{137}Cs 的应用远不如 ^{60}Co 广泛。

（2）电子加速器 电子加速器（简称加速器）是用电磁场使电子获得较高能量，再转变成射线（高能电子射线、X射线）的装置。电子加速器可以作为电子射线和X射线两用辐射源。

1）电子射线 又称电子流、电子束，能量越高，穿透能力就越强。电子加速器产生的电子流强度大，剂量率高，聚焦性能好，且可以调节和定向控制，便于改变穿透距离、方向和剂量率。加速器可以在任何需要的时候启动或停机，停机后既不再产生辐射，又无放射性污染。

2）X射线 X射线具有高穿透能力，用于食用菌辐射处理时，能量级限制在5 MeV以下。但电子加速器产生的X射线源效率低，而且能量中含大量低能部分，难以均匀地照射大体积样品，故没有得到广泛应用。

3.影响辐射保鲜效果的因素及操作要点

（1）影响辐射效果的因素

1）辐射剂量 辐射剂量是影响辐射效果的主要因素。蒋玉琴等研究表明，较低的辐射剂量可抑制农产品后熟作用，但不能有效抑制微生物繁殖；而使用剂量太高，则会对农产品产生伤害。

2）辐射时食用菌的状态 食用菌新鲜度不同，要求的剂量也不一样，一般新鲜度高且污染较轻的辐射剂量要小一些。食用菌低含水量更有益于辐射保鲜。

3）辐射环境条件 低温下的辐射可有效防止异味及口味变化，减少营养成分的损失，提高品质。氧的存在可增加微生物对辐射的敏感性。

4）辐射与其他保鲜方法的协同作用 低温下辐射或辐射后采用低温保鲜、气调冷藏保鲜、减压保鲜等方法可以提高辐射效果。

（2）操作要点

1）原料挑选 挑选七八分成熟、朵形完整、无机械损伤、无病虫害、个体大小一致的食用菌用于保鲜。

2）包装 把经过挑选的食用菌装于包装袋（盒）内。

3）辐射处理 用紫外线、电子束或^{60}Co-γ射线辐射。

4）低温贮藏 将辐射后的食用菌放入冷库中贮藏。

4.辐射保鲜的特点 辐射射线穿透力强，可通过控制剂量和辐射工艺对带包装的食用菌进行均匀彻底处理，相比于热处理杀菌，辐射过程较易控制；辐射处理是"冷加工"，可保持食用菌原有的新鲜度和风味；辐射食用菌无残留物，无"三废"产生，不污染环境，可提高食用菌卫生质量；节约能源，电子加速器运行过程中只需消耗电能，与冷冻贮藏食用菌相比，能耗降低几倍到十几倍；可对带包装的食用菌进行杀菌处理，消除了在食用菌不同种类间交叉污染问题。

（1）^{60}Co-γ射线辐射 γ射线可有效抑制开伞、褐变、降低微生物污染，在基本不影响品质的前提下可有效延长鲜菇的货架期。Ajlouni发现γ射线辐射或将辐射与冷藏结合可降低双孢蘑菇水分流失，提高感官品质。但是消费者对于γ射线辐射的食品是否有放射性残留及其安全性持怀疑态度，在一定程度上会影响辐射食用菌的销量。

（2）电子束辐射 电子束辐射技术具有操作安全、可控性强的特点，且操作简单方便，可实现规模化生产。与化学熏蒸及添加防腐剂等处理技术相比，电子束辐射不会带来有害物质的残留等不安全因素。缺点是穿透深度不如γ射线。

（3）紫外线辐射 紫外线辐射可有效降低食用菌的呼吸强度、腐败、后熟，抑制病原微生物的生长，诱导新鲜食用菌提高抗病性，产生功能成分。例如，紫外线还可以将食用菌中的麦角固醇转变成维生素D_2。但是紫外线相对于γ射线和电子束辐射，穿透力弱，灭菌速度也不够快。

世界卫生组织（WHO）、联合国粮农组织（FAO）、国际原子能机构（IAEA）组成联合委员会，就消费者一直比较关注的辐射食品的安全性问题，研究了毒理学、辐射化学、营养学等大量资料，认为辐射剂量不超过10 kGy是安全的。

食用菌保鲜贮运和加工

5. 辐射保鲜技术的应用

（1）草菇的辐射保鲜 采摘未开伞的草菇，挑选光洁无病虫害、饱满、大小一致的草菇，装入保鲜袋中，并在封口处打孔。^{60}Co-γ 射线辐射，剂量为 0.8 kGy，辐射后放置在 16 ℃无光照的恒温培养箱中贮藏。草菇保鲜期可以延长 6 d。

（2）双孢蘑菇的辐射保鲜 采摘大小均匀的新鲜菇，在冷库（4 ℃）中预冷 1 h，用 PE 托盘和包装膜进行包装。用 10 MeV、10 kW 的电子直线加速器进行辐射，剂量为 2 kGy。辐射后存放在 4 ℃的冷库中贮藏。可以有效延长双孢蘑菇的货架期。

（3）秀珍菇的辐射保鲜 选择八分成熟、无病斑、无畸形的秀珍菇，用 PE 袋包装，采用 ^{60}Co-γ 射线常温辐射，辐射剂量为 2 kGy，辐射时间为 4 h，可以延长鲜菇的保鲜期约 10 d。

（4）平菇的辐射保鲜 采收后的新鲜平菇在（2±1）℃条件下预冷 7 h，挑选符合要求的平菇放入托盘中，进行 ^{60}Co-γ 射线辐射处理。辐射条件：辐射环境温度为 20～25 ℃，辐射剂量为 0.5～1 kGy。辐射后包装，在（6±1）℃下贮藏，可以延缓平菇的褐变，延长货架期 10～12 d。

（六）保鲜剂保鲜

1. 保鲜剂保鲜的原理 为了防止新鲜食用菌脱水、氧化、变色、腐败变质等，在其表面喷淋、浸泡的物质称为保鲜剂。保鲜剂除了针对微生物作用外，还对食用菌呼吸作用、酶促反应等产生作用。

2. 保鲜剂保鲜的技术方式 保鲜剂分为化学保鲜剂和天然保鲜剂两大类。

（1）化学保鲜剂 食用菌常用的化学合成的保鲜剂有高锰酸钾、二氧化氯、焦亚硫酸钠、1-甲基环丙烯（1-MCP）等。高锰酸钾是强氧化剂，对微生物具有较强的杀灭作用，还可以氧化乙烯，达到延缓食用菌衰老的目的；二氧化氯也是强氧化剂，具有杀菌、消毒等多种作用，还能够抑制微生物的生长，延长食用菌的保鲜期。化学保鲜剂是通过食用菌子实体的微孔把化学药品渗透到菌体内，来阻止致病微生物发育所引起的腐烂，提高菌体的

抗病力，降低氧气与菌体所含有机物的作用来抑制呼吸作用。化学保鲜的作用主要是抑制或吸附乙烯、杀菌防腐和抑制呼吸等。

（2）天然保鲜剂 食用菌天然保鲜剂主要是从柠檬、橙类、柑橘类、芳香草、香茅、洋葱、大蒜、月桂、丁香、肉桂、薄荷、百里香、迷迭香、花椒、胡椒中提取的。目前国外已研究出新鲜果蔬提取物、森柏提取物、节肢动物外壳提取物、岩盐提取物等天然保鲜剂。保鲜作用机制主要体现在以下几个方面。

1）含有抗菌活性物质 如有的含有抗菌能力强的有机酸、醇，有的含天然杀菌素，有的含溶菌酶。

2）含有天然抗氧化物质 可延缓食用菌氧化过程，防止食用菌的氧化变质。如维生素 C、维生素 E、植酸、咖啡酸、奎尼酸、鼠尾草酚等，这些物质都有较强的抗氧化性能。

3）降低 pH 抑制微生物繁殖，并使微生物的耐热性减弱，促进加热灭菌的效果。通过 pH 的调整，还可提高解离型或非解离型分子的抗菌力。

4）调节食用菌的水分活性 提高食用菌的渗透压，抑制微生物的生长繁殖。

3. 影响保鲜剂保鲜效果的因素及操作要点

（1）影响保鲜剂保鲜效果的因素 原料、保鲜剂的种类、保鲜剂的浓度、保鲜剂处理时间等。

（2）操作要点

1）原料挑选 挑选七八分成熟、菇形完整、无机械损伤、无病虫害的食用菌。

2）原料处理 去泥脚、去杂质。

3）清洗 用流动自来水轻轻清洗，沥水。

4）保鲜剂处理 浸泡在保鲜剂溶液中 0.5～2 min，迅速捞出。

5）晾干 自然晾干或用吹风机冷风吹干。

6）包装 将食用菌装入保鲜袋或保鲜盒中。

7）冷藏 将包装好的食用菌在低温下保存。

4. 保鲜剂保鲜技术的特点

化学保鲜剂的优点是贮藏时间长、成本低廉，操作方便、适用性强；化学保鲜剂的缺点是对

人体健康有一定的影响，使用时必须慎重。

天然保鲜剂用在食用菌的保鲜上对人体不会造成危害，增强了食品的安全性，也不会造成环境污染，无须废弃物处理。

5. 保鲜剂保鲜技术的应用

（1）白灵菇的保鲜剂保鲜　将挑选、分级、清洗后的白灵菇摊放在竹凉席上，均匀喷洒0.15%的焦亚硫酸钠水溶液后，用塑料袋包装后密封，在10～15 ℃条件下贮藏，可使白灵菇保鲜6～8 d。若用0.02%的焦亚硫酸钠漂洗白灵菇，然后再用0.15%的焦亚硫酸钠水溶液浸泡10 min进行护色，可使白灵菇保鲜7～10 d。

（2）双孢蘑菇的保鲜剂保鲜

1）大蒜复配保鲜剂配方　20%的大蒜提取液、80%的山梨酸钾（质量分数为0.004%）和壳聚糖（质量分数为0.4%）。

2）生姜复配保鲜剂配方　20%的生姜提取液、80%的山梨酸钾（质量分数为0.004%）和壳聚糖（质量分数为0.4%）。

经去杂、清洗后的双孢蘑菇放入两种不同的复配保鲜剂中浸泡3 min，捞出后晾干、装盘，用PE薄膜包装后置于4 ℃环境中贮藏。两种复配保鲜剂能够明显延长双孢蘑菇的保鲜期。

（3）平菇的保鲜剂保鲜　选择新鲜、无损伤、大小适中的平菇。去杂、清洗后浸入复合保鲜剂（柠檬酸10 g/L、植酸2.5 g/L、抗坏血酸1.3 g/L）中浸泡15 min，取出晾干，装入保鲜袋封口，置于（8±1）℃环境中贮藏。经此复合保鲜剂处理的平菇保鲜期可达到10 d以上。

（4）香菇的保鲜剂保鲜　新鲜香菇去杂，挑选无黑斑、无损伤、色泽鲜艳、大小适中的香菇，清洗后在复合保鲜液（柠檬酸8.0 g/L、L-半胱氨酸2.5 g/L、抗坏血酸0.5 g/L、食盐6%）中浸泡15 min，取出自然晾干。装入保鲜袋中，于（10±1）℃下贮藏。采用此复合保鲜剂处理过的香菇16 d内都能保持较好的品质。

（七）涂膜保鲜

1. 涂膜保鲜的原理　将具有成膜性的物质通过浸渍、涂布、喷洒的方式涂敷在食用菌表面，使其在食用菌表面形成一层具有抑制食用菌内外气体、水分和溶质交换及阻碍微生物对食用菌侵害等作用的薄膜，从而达到延缓食用菌腐败变质，保持其原有新鲜度的食用菌保鲜技术。

涂膜保鲜剂的作用：

① 隔离保护作用。通过在食用菌表面形成一层保护膜，将食用菌与外界环境基本隔绝，避免对食用菌质量具有潜在危害的因子（如尘埃、空气中的氧、微生物等）接触食用菌而造成危害。此外，涂层一般具有一定的机械强度、弹性和韧性，它对食用菌具有一定的"加固"作用，可降低食用菌遭受机械损伤。

② 抑制食用菌水分变化。食用菌表面的涂层可以阻止食用菌中的水分蒸发，从而降低失重，延缓萎蔫等。

③ 抑制食用菌内外气体交换。食用菌表面的涂层在一定程度上能延缓食用菌内外气体的交换，同时也抑制其呼吸作用、氧化变质及表面好氧微生物的生长繁殖等，当然食用菌的涂膜保鲜剂涂层的通透性不能太低，以免引起厌氧呼吸。涂层的阻气性还可阻止食用菌中挥发性物质向外扩散及食用菌对环境中异味物质的吸附，有利于保持食用菌原有的风味。

④ 抑（杀）菌作用。一些新型多功能涂膜剂，往往配有杀菌剂，因此用它们处理食用菌可延缓或消除微生物对食用菌的侵害。此外，通过涂膜还可使食用菌的表面平整、光洁、明亮、色彩鲜艳，对改善食用菌的外观具有重要作用。

2. 涂膜保鲜的技术方式　食用菌涂膜保鲜工艺流程如下。

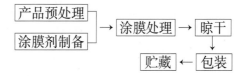

涂膜方法主要有刷涂法、浸染法和喷涂法三种。刷涂法是用刷子蘸上涂膜剂，涂到食用菌表面的方法。浸染法是将涂膜剂配成适当浓度的溶液，将食用菌浸入，蘸上一层薄薄的涂膜剂，取出晾干的方法。喷涂法是将食用菌洗净干燥后，喷上一层很薄的涂膜剂的方法。

3. 影响涂膜保鲜效果的因素及操作要点

（1）影响涂膜保鲜效果的因素　可食性涂膜保鲜技术的关键是涂膜剂，它是影响涂膜效果的首要因素。各国已经开发出多种新型可食性涂膜材料，已被确认具有良好涂膜效果的涂膜材料有淀粉、果胶、壳聚糖、乳清蛋白、醇溶蛋白等。此外，影响涂膜保鲜效果的因素还有涂膜剂浓度、处理时间等。

（2）操作要点

1）产品预处理　选择无病虫害、无机械损伤、成熟度适当的食用菌。

2）涂膜剂制备　称取涂膜材料，按使用说明加入一定量的溶剂，在适当的温度下搅拌直至完全溶解，备用。

3）涂膜处理　将食用菌浸入涂膜剂中一定时间或者采用刷涂或喷涂的方式进行涂膜。

4）晾干　在阴凉处自然晾干或用吹风机冷风吹干。

5）包装　可采用自封袋、保鲜袋、托盘保鲜膜等形式包装，也可采用气调包装。

6）贮藏　在低温下贮藏可显著提高保鲜效果。

4. 涂膜保鲜技术的特点　涂膜材料易购，涂膜既可用水洗掉也可直接食用，无须担心食品安全问题；不需购置制冷设备，涂膜保鲜可以在常温下进行，有闲置房屋或相应容积的地窖即可；成本低廉，保鲜范围广；工艺简单，保鲜期长。

目前，可食性膜正在由单一膜逐渐向复合膜的方向发展。

5. 涂膜保鲜技术的应用

（1）茶树菇的涂膜保鲜

1）原料挑选　选择八九分成熟、色泽正常、

菇形完整、无异味、无虫害、无机械损伤的茶树菇。

2）清洗与沥干　采用35%过氧化氢（双氧水）进行清洗，清洗后沥干。

3）涂膜剂的制备　将0.2%魔芋胶、0.2%卡拉胶、1.0%甘油、0.5%蔗糖酯、0.1%乳酸链球菌素、0.05%纳他霉素按比例放入容器中，加水搅拌，并浸泡0.5～1 h后70 ℃恒温水浴加热，中间不时搅拌，自然冷却至室温备用。

4）涂膜方法　将挑选好的茶树菇浸入配制好的涂膜剂中2～3 s，捞出自然晾干，即在其表面形成一层保鲜膜。

5）包装与贮藏　用PE材料包装袋包装涂膜后的茶树菇，置于2～5 ℃低温下贮藏，保鲜期约21 d，效果较为理想。

（2）松茸的涂膜保鲜

1）涂膜剂的制备　将壳聚糖于50 ℃条件下溶于柠檬酸溶液（pH 5.5），加入0.2%的食盐、0.05%脱氢乙酸钠及少量表面活性剂和增塑剂，保温静置0.5 h，冷却备用。

2）原料处理　将新鲜松茸预冷后，放入涂膜剂中浸泡1～2 min，捞出晾干。

3）包装与贮藏　用保鲜袋包装，封口，置于-0.5～1.0 ℃的冷库中贮藏。

该方法贮藏的松茸7 d后仍有较好的营养价值和品质。

（3）鸡腿菇的涂膜保鲜

1）涂膜剂的制备　大蒜去皮、生姜洗净，用紫外线照射杀菌，分步榨取汁液，密封。称一定量的壳聚糖，用1.0%的柠檬酸配制壳聚糖溶液。1.5%壳聚糖、20%大蒜汁、10%生姜汁制成保鲜剂。

2）原料选择　选取大小一致、洁白、无机械损伤、无病虫害的鸡腿菇。

3）处理方法　鸡腿菇经去杂和清洗后，放入涂膜剂中，浸泡10 min，取出自然晾干，包装，于4 ℃贮藏。

该涂膜剂可以减缓蒸腾作用，阻止水分的散失，降低失重率，延长保鲜期，货架期 10 d 后仍有较好的食用价值。

（4）杏鲍菇的涂膜保鲜

1）材料挑选　选择颜色洁白、无褐变、无污染的杏鲍菇。

2）涂膜剂的制备　1.5% 的壳聚糖在 60 ℃下，用 1.0% 的无毒乙酸作为助溶剂溶解，用氢氧化钠调节 pH 为 5.5～6.0，再加入 0.03% 的 Tween-20 作为表面活性剂，3.0% 的甘油作为增塑剂，混合均匀，静置待用。

3）处理方法　将杏鲍菇浸入涂膜剂中浸泡 1 min，捞出自然风干，于室温（22±2）℃、相对湿度 60%～70% 的环境中贮藏。

用此涂膜剂处理的杏鲍菇在常温下贮藏可有效阻止水分的散失，降低失重率和褐变度，延长杏鲍菇的保鲜期，并保持杏鲍菇的风味与口感。

（八）臭氧保鲜

1. 臭氧保鲜的原理

（1）杀菌消毒　臭氧在分解过程中释放出新生态氧，能够迅速地穿过细菌、真菌等微生物的细胞壁，损害细胞膜，并渗透到膜组织内，使微生物的蛋白质变性，酶系统遭到破坏，使微生物的正常代谢紊乱，从而导致微生物死亡，达到杀菌消毒的目的。

（2）降解有害气体　臭氧能降解食用菌代谢过程中产生的乙烯、乙醇等有害气体，减缓食用菌的新陈代谢，延缓食用菌的后熟作用。

（3）调节食用菌的生理代谢，降低呼吸作用　臭氧能诱导食用菌缩小表面气孔，减弱水分和养分的消耗。另外，臭氧分解产生的负氧离子能阻碍食用菌的糖代谢，抑制食用菌的呼吸作用。

2. 臭氧保鲜的技术方法　按照原理可分为电化学法、电晕放电法、原子辐射法及光化学法等。目前，食用菌保鲜上应用较多的是电晕放电法，通过臭氧发生器来获得臭氧。

3. 影响臭氧处理效果的因素及操作要点

（1）影响臭氧保鲜效果的因素

1）温度　臭氧在高温条件下易分解为氧气，臭氧有效浓度降低，灭菌效果下降。因此，温度低，杀菌效果好。

2）相对湿度　臭氧的杀菌能力在水中比在空气中明显增强，所以利用臭氧保鲜，需要在相对湿度较高的环境中进行。在同样温度下，当环境相对湿度低于 45% 时，臭氧不能杀灭环境中的病菌和微生物；当环境相对湿度超过 60% 时，臭氧灭菌效果逐渐增强，相对湿度 90% 以上时，臭氧灭菌效果最好。

3）贮藏方法　贮藏室内存放食用菌必须留有一定的间隙，使臭氧充分发挥作用，因为臭氧只在食用菌表面产生作用，臭氧保鲜宜在冷库或通风库中进行。

（2）操作要点

1）原料挑选　采摘前一天不要喷水，挑选无病虫害、无机械损伤、不开伞、大小适中的食用菌。

2）清理杂质　去除杂草、泥巴等。

3）臭氧处理　将挑选好的食用菌用臭氧发生器按设定的臭氧浓度处理一定时间。

4）包装　将处理后的食用菌装入 PE 保鲜袋中。

5）贮藏　包装好的食用菌放入最适低温条件下冷藏。

4. 臭氧保鲜技术的特点

臭氧是一种不稳定的气体，反应完成后无污染、无残留；臭氧扩散性好，杀菌消毒无死角；臭氧发生器设备简单，成本低，配合低温贮藏，效果更好。臭氧同时也存在破坏性，如果臭氧的浓度控制不当，会引起食用菌细胞损伤，细胞膜透性增大，细胞内含物外渗，从而造成食用菌的品质下降。

5. 臭氧保鲜技术的应用

（1）杏鲍菇的臭氧保鲜

1）原料挑选　挑选无黑斑点、不开伞、无病虫害、无机械损伤、大小适中的新鲜杏鲍菇。

2）去泥脚　将挑选好的杏鲍菇用刀快速去掉根部及泥脚。

3）臭氧处理　用臭氧发生器处理 10 min，臭氧浓度为 200 μg/L。

4）包装　将臭氧处理后的杏鲍菇装入聚乙烯塑料袋中。

5）贮藏　在 4 ℃环境中贮藏，定期检测。

此方法能够显著延长杏鲍菇的保鲜时间，表现为臭氧处理后杏鲍菇的细胞膜透性下降，呼吸强度降低，PPO 活性降低，褐变反应受到抑制。

（2）茶树菇的臭氧保鲜

1）原料挑选　挑选大小适中、无机械损伤的茶树菇。

2）包装　用带网眼的聚乙烯塑料筐盛放，再套上保鲜袋。

3）臭氧处理　把臭氧发生器（进气口空气流量为 5 L/min）产生的臭氧通入保鲜袋内，处理时间为 30 s。处理后扎紧袋口。

4）贮藏　臭氧处理后茶树菇于（20±1）℃环境中贮藏，贮藏期间每隔 24 h 用臭氧处理一次。

高浓度的臭氧会造成茶树菇呼吸强度上升，腐烂率增加，原因是环境中臭氧分解成氧气后促进了茶树菇的呼吸代谢，物质的消耗量增加，抗病性降低。过高的臭氧浓度还会造成细胞膜损害，细胞膜透性增大，导致细胞内的物质外渗，从而造成品质下降。适当浓度的臭氧处理可以杀死茶树菇表面的微生物，降低呼吸强度，从而延长保鲜期。臭氧处理作为一种操作简单、成本低的物理保鲜方法，在茶树菇等食用菌的贮藏保鲜中有很好的发展前景。

参考文献

［1］ 王丹凤，陆健东，钱炳俊，等.食用菌物理保鲜技术研究进展［J］.上海交通大学学报（农业科学版），2014，32（2）：20-24.

［2］ 赵天鹏，郜海燕，周拥军，等.食用菌菌体自溶机制的研究进展［J］.食品安全质量检测学报，2014，5（6）：1733-1738.

［3］ 徐吉祥，彭珊珊.栅栏技术在食用菌保鲜贮藏中的应用［J］.农产品加工，2009（5）：65-67.

［4］ 张腾霄，王相刚，王斌，等.常见食用蕈菌采收环节误区分析及关键点控制［J］.中国食用菌，2012，31（2）：59-61.

［5］ 韩省华.香菇的采收、保鲜与加工［J］.杭州农业科技，2004（增刊）：38.

［6］ 桂明英，浦春翔，杨红.金耳人工段木栽培中的关键技术［J］.中国食用菌，2000，19（5）：25-27.

［7］ 黄忠乾，唐利民，郑林用，等.四川毛木耳栽培关键技术［J］.中国食用菌，2011，30（4）：63-65.

［8］ 万鲁长，韩建东，任海霞，等.有机杏鲍菇工厂化生产的标准化技术［J］.食药用菌，2012，20（6）：358-361.

［9］ 林程.双孢蘑菇绿色食品标准化栽培技术［J］.福建农业科技，2012（1）：48-50.

［10］ 胡常军，赵玉华.平菇采收及采后管理技术［J］.安徽农学通报，2011，17（14）：224-225.

［11］ 王启富.金针菇的采收与加工［J］.农业与技术，2007，27（6）：105-106.

［12］ 张时，张士罡，汪尚法.出口真姬菇高产栽培技术［J］.蔬菜，2010（5）：7-8.

［13］ 王衍鹏.银耳采收标准及加工方法［J］.农业知识，2012（2）：48.

［14］ 陈秀娟.灰树花工厂化周年栽培技术［J］.中国园艺文摘，2012（6）：141-142.

［15］ 刘炳仁.滑菇栽培技术［J］.河北农业科技，2002（2）：12-13.

［16］ 班新河，魏银初，王震，等.猴头菇长袋层架平卧栽培关键技术［J］.食用菌，2015（1）：44-45.

［17］ 万鲁长，谭涛，张柏松，等.无公害食品鲍鱼菇生产技术规程［J］.山东农业科学，2011（7）：107-110.

［18］ 魏云辉，胡中娥，张诚，等.南方地区茶树菇无公害栽培技术规程［J］.江西农业学报，2013，25（12）：32-35.

［19］ 魏立敏，赵小龙，钟宪成.袋料榆耳优质高效栽培关键技术［J］.特种经济动植物，2014（8）：43-44.

［20］ 闫宝松，周华山，马凤，等.黑龙江榆干离褶伞人工驯化栽培研究［J］.中国林副特产，2009（1）：18-22.

［21］ 金华春，曾国荣，赖文双，等.南方地区栽培金顶侧耳高产技术［J］.食用菌，2015（2）：53-54.

［22］ 林杰.大杯香菇栽培技术［J］.福建农业，2008（2）：18-19.

［23］ 肖淑霞，唐航鹰，凌龙振，等.巴西蘑菇高效优质栽培技术［J］.食用菌，2002（6）：34-35.

［24］ 万鲁长，张柏松，孙廷林，等.大棚阿魏蘑高产优质栽培技术［J］.中国农村科技，2004（8）：23-24.

［25］ 于长春.草菇的采收加工与分级［J］.农村新技术，2011（2）：34-35.

［26］ 黄海洋，储凤丽，刘克全，等.林地栽培长裙竹荪新技术［J］.食用菌，2010（6）：53-54.

［27］ 唐楚才，张东祥.鸡腿菇的采收与加工［J］.新农村，2000（10）：20.

［28］ 王灿琴.长根菇栽培技术要点［J］.农家之友（理论版），2008（14）：46，48.

［29］ 牛贞福.皱环球盖菇栽培技术［J］.山东蔬菜，2000（2）：44.

［30］ 胡美静，王兆富，林惠昆，等.温室栽培段木灵芝、采收与干制关键技术［J］.中国食用菌，2012，31（3）：58-59.

［31］ 王文和.虎掌菌林地仿生态种植技术［J］.山东林业科技，2014（5）：98-99.

［32］ 刘志芳，张玮，武治昌，等.薄膜包装冷藏对鸡腿蘑采后生理变化的影响［J］.食品与发酵工业，2009，35（3）：195-198.

［33］ 石启龙，王相友，王娟，等.包装材料包装出材料对双孢蘑菇贮藏保鲜效果的影响［J］.食品科学，2005，26（6）：253-256.

［34］ 朱丹实.部分环境条件对多种农特产品贮藏品质影响的研究［D］.无锡：江南大学，2005.

［35］ 陈蔚辉，卓海燕.不同套袋包装对采后秀珍菇保鲜效果的影响［J］.食用菌，2006（3）：49-50.

［36］ 李铁华.硅窗气调包装延长茶树菇贮藏期的工艺及机理研究［D］.无锡：江南大学，2007.

［37］ 陈驰.日本食用菌包装机械及包装膜介绍［J］.食药用菌，2015，23（3）：162-163.

［38］ 周春梅.白玉菇气调保鲜包装膜的筛选研究［D］.上海：上海理工大学，2010.

［39］ 崔爽.果蔬保鲜包装［J］.包装工程，2007，28（4）：185-186，192.

［40］ 张秀玲.果蔬采后生理与贮运学［M］.北京：化学工业出版社，2011.

［41］ 许英超，朱继英，王相友.相对湿度对双孢菇采后生理的影响［J］.保鲜与加工，2006，6（1）：13-15.

［42］ 曾庆孝.食品加工与保藏原理［M］.2版.北京：化学工业出版社，2007.

［43］ 赵天瑞，樊建.云南食用野生菌加工技术［M］.昆明：云南科技出版社，2014.

［44］ 巩晋龙.杏鲍菇（Pleurotus eryngii）冷藏保鲜技术及自溶机理研究［D］.福州：福建农林大学，2013.

［45］ 王文辉，许步前.果品采后处理及贮运保鲜［M］.北京：金盾出版社，2003.

［46］ 张颖.白玉菇冷藏保鲜及冷链流通技术研究［D］.福州：福建农林大学，2014.

［47］ 王悦，薛伟.不同温度和湿度对松茸保鲜效果的影响［J］.食品工业科技，2012，33（8）：366-389.

［48］ 林育健.秀珍菇冷藏保鲜技术［J］.现代园艺，2008（2）：25.

［49］ 谢丽源，郑林用，彭卫红，等.不同温度对采后杏鲍菇贮藏品质的影响研究［J］.食品工业科技，2015，36（22）：334-338，343.

［50］ 唐秀丽，靳少华，朱立霞，等.蘑菇的保鲜［J］.现代农业，2008（8）：14.

［51］ 张桂元.白灵菇的保鲜贮藏［J］.中国果菜，2004（6）：33-34.

［52］ 樊建，赵天瑞，曹建新，等.液氮速冻松茸工艺研究［J］.西南大学学报（自然科学版），2008，30（1）：126-129.

［53］ 朱萍，邹永生，张丽英，等.不同冻结方式对速冻金耳品质的影响［J］.食品研究与开发，2013，34（4）：98-101.

［54］ 李娜.速冻褐蘑菇的加工工艺［J］.农产品加工·学刊，2008（9）：37-38，58.

［55］ 谭熙耀，胡小松，李淑燕，等.高压二氧化碳技术速冻香菇工艺［J］.食品科学，2011，32（12）：5-9.

［56］ 吴齐.气调保鲜技术在我国的应用及前景展望［J］.农业展望，2009，5（4）：40-43.

［57］ 章建浩.生鲜食品贮藏保鲜包装技术［M］.北京：化学工业出版社，2009.

［58］ 张燕，李瑞光，赖于民，等.气调贮藏对松茸保鲜品质的影响［J］.食品科技，2015，40（9）：337-343.

［59］ 刘敏，姜桂传，牛贞福，等.不同保鲜处理对白灵菇保鲜效果的影响［J］.中国食用菌，2011，30（1）：

56-58.

［60］ 刘燕，卢立新．香菇气调保鲜包装工艺研究［J］．食品与发酵工业，2007，33（11）：155-158.

［61］ 李铁华，张慜．硅窗气调包装与普通气调包装对茶树菇贮藏品质的影响［J］．中国农学通报，2012，28（22）：158-162.

［62］ 李志刚，宋婷，郝利平，等．适宜压力条件保持减压贮藏杏鲍菇品质［J］．农业工程学报，2015，31（18）：296-303.

［63］ 蒋玉琴，朱佳廷，李荣林，等．辐照板栗保鲜技术研究［J］．核农学报，2000，14（2）：85-87.

［64］ 叶蕙，陈建勋，余让才，等．γ辐照对草菇保鲜及其生理机制的研究［J］．核农学报，2000，14（1）：24-28.

［65］ 张娟琴，邢增涛，白冰，等．电子束辐照对双孢菇采后品质的影响［J］．核农学报，2011，25（1）：88-92.

［66］ 夏志兰，熊兴耀，姜性坚，等．^{60}Co-γ辐照在秀珍菇中的应用研究［J］．激光生物学报，2005，14（1）：60-64.

［67］ 吴海霞，陈雷．1-MCP对平菇采后生理及贮藏品质的影响［J］．江苏农业学报，2013，29（5）：1159-1165.

［68］ 李华佳，单楠，杨文建，等．食用菌保鲜与加工技术研究进展［J］．食品科学，2011，32（23）：364-368.

［69］ 谢国芳，谭书明，王贝贝，等．果蔬采后处理和天然保鲜技术的研究进展［J］．食品工业科技，2012，33（14）：421-426.

［70］ 张强，王松华，祝嫦巍，等．两种复配保鲜剂对双孢菇保鲜作用的研究［J］．现代食品科技，2013，29（10）：2431-2435，2558.

［71］ 张莉，刘林德，丁涓，等．平菇复合保鲜剂的筛选及保鲜效果［J］．食品科学，2011，32（2）：314-317.

［72］ 张丽，王丽媛，刘进杰，等．一种香菇复合保鲜剂的筛选［J］．食品科学，2008，29（8）：628-632.

［73］ 杨威．棘托竹荪菌丝体提取液对松茸、羊肚菌保鲜的研究［D］．昆明：昆明理工大学，2010.

［74］ 励建荣，朱丹实．果蔬保鲜新技术研究进展［J］．食品与生物技术学报，2012，31（4）：337-347.

［75］ 付伟，焦云红，王更先，等．复方保鲜剂在平菇采后保鲜中的应用研究［J］．北方园艺，2014（18）：151-154.

［76］ 徐吉祥．茶新菇的可食性涂膜保鲜研究［D］．广州：华南理工大学，2011.

［77］ 袁唯，邵金良，杨枝高，等．壳聚糖涂膜处理松茸保鲜技术的研究［J］．中国食用菌，2006，25（1）：46-49.

［78］ 谯康全．壳聚糖复合保鲜剂对鸡腿菇保鲜效果的研究［J］．食品工业，2012，33（4）：14-16.

［79］ 孔芳，薛正莲，杨超英．壳聚糖复合涂膜对杏鲍菇保鲜效果的研究［J］．中国农学通报，2013，29（18）：215-220.

［80］ 邓义才，赵秀娟．臭氧的保鲜机理及其在果蔬贮运中的应用［J］．广东农业科学，2005（2）：67-69.

［81］ 沈群，王群．臭氧的特性及其应用［J］．食品科技，2000（6）：70-71.

［82］ 邢淑婕，刘开华．臭氧保鲜技术在刺芹侧耳低温贮藏中的应用［J］．食用菌学报，2011，18（1）：53-55.

［83］ 段颖，耿胜荣，韩永斌，等．O_3处理对茶薪菇贮藏品质的影响［J］．食品工业科技，2004，25（9）：124-125.

［84］ 罗孝坤，华蓉，周玖璇，等 . 食用菌栽培与生产［M］. 昆明：云南科技出版社，2019.

［85］ 桂明英，马绍宾，郭相，等 . 西南大型真菌［M］. 上海：上海科学技术文献出版社，2016.

［86］ 李泰辉，宋斌 . 中国食用牛肝菌的种类及其分布［J］. 食用菌学报，2002，9（2）：22-30.

［87］ FARBER J N，HARRIS L J，PARISH M E，et al. Microbiological safety of controlled and modified atmosphere packaging of fresh and fresh-cut produce［J］. Comprehensive Reviews in Food Science and Food Safety，2003，2（S1）：142-160.

第六章 食用菌初级加工

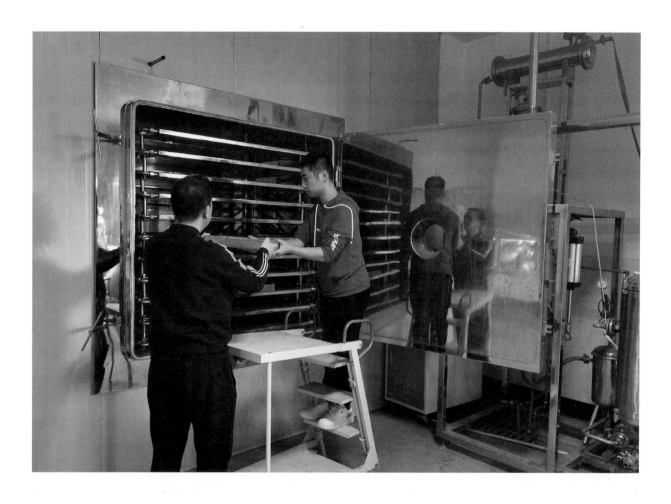

食用菌初级加工包括干制、盐渍、糖渍和罐藏。食用菌干制是通过干燥技术去除鲜食用菌子实体中水分的过程，达到延长贮藏期的目的；盐渍工艺的关键是处理用盐量与质量的关系；糖渍工艺的关键是糖煮和渗糖技术，控温、控压保障质量；罐藏加工的关键是杀菌和密封。下面通过食用菌的加工实例解析工艺与技术。

第一节
食用菌干制

一、干制原理

食用菌干制也称烘干、干燥、脱水等，是在自然或人工控制条件下，利用热量去除食用菌子实体中的水分，获得较低水分子实体的过程。干燥过程中多采用预热后的空气作为干燥介质，干燥介质把热量传递给被干燥的食用菌，同时带走逸出的水分，从而实现食用菌的干制。适于干制的食用菌如香菇、草菇、黑木耳、银耳、猴头菇、茶树菇和竹荪等，干制后有利于提高贮藏品质。但是平菇、金针菇、滑菇干制后，其风味、适口性会变差。

食用菌干制的目的是降低食用菌中的含水量，从而提高子实体内可溶性物质的浓度，形成较高的渗透压，使得腐败菌乃至有害微生物等难以存活。同时，干制也可使食用菌本身所含酶活性受到

食用菌保鲜贮运和加工

抑制，尽量在不损耗自身营养和风味的基础上延长贮藏期。

食用菌干制除了可以延长贮藏期，还可以提高其食用品质。例如木耳必须经过干制后食用才安全，因为鲜木耳中含有一种化学名称为卟啉的物质，这种物质对人体皮肤会产生危害。鲜木耳干燥过程中大部分卟啉会被分解掉，干木耳食用前用水浸泡，剩余的毒素溶于水，最终脱毒。

但食用菌中的一些活性物质和维生素等在烘干过程中易受破坏；食用菌中的可溶性糖在较高的烘干温度下容易焦化而损失，并且使其色泽变黑。因此，需要不断改进和完善干燥技术，一些新型干燥技术，如微波干燥、微波真空干燥、冷冻干燥、远红外干燥等的运用可有效提高食用菌干制品的品质，并较好地保持其营养价值。

（一）干燥的热力学概念

1. 水蒸气分压 P_v　空气中水蒸气分压愈大，水分含量就愈高。

2. 湿度 H　又称为湿含量或绝对湿度。它以湿空气中所含水蒸气的质量与绝干空气的质量之比表示。

$$H=\frac{湿空气中水蒸气的质量}{绝干空气的质量}=\frac{n_v M_v}{n_g M_g} \quad （6-1）$$

式中：H——湿度；

　　　n_v——水蒸气物质的量；

　　　n_g——空气物质的量；

　　　M_v——水蒸气分子量；

　　　M_g——空气分子量。

3. 相对湿度 φ　在一定温度及总压下，湿空气的水蒸气分压 P_v 与同温度下水的饱和水蒸气压 p_s 之比的百分数，称为相对湿度，用符号 φ 表示。

$$\varphi=\frac{P_v}{P_s} \times 100\% \quad （6-2）$$

式中：当 $P_v=0$ 时，$\varphi=0$，表示湿空气不含水分，即为绝干空气；

当 $P_v=p_s$ 时，$\varphi=1$，表示湿空气为饱和空气。

4. 湿空气的比容 V_H　在一定温度和压力下，1 kg 干空气及其挟带的水蒸气量（kg）所占有的体积。

5. 湿空气的焓 h　湿空气中 1 kg 绝干空气的焓及其挟带水蒸气焓之和，称为湿空气的焓，单位是 J/kg。

$$h=h_g+Hh_v \quad （6-3）$$

式中：H——湿度；

　　　h——湿空气的焓；

　　　h_g——绝干空气的焓；

　　　h_v——水蒸气的焓。

6. 露点 T_d　不饱和的空气在总压和绝对湿度不变的情况下冷却达到饱和状态时的温度，称为该湿空气的露点，用符号 T_d 表示。

7. 干球温度 T 和湿球温度 T_w　干球温度 T 指空气的温度；湿球温度 T_w 指在不饱和空气与水蒸气混合环境中，湿物料（含水量足够多）蒸发少量液体而达到平衡时的温度。

（二）干燥与水分

1. 水的三相点　针对纯液体而言，在任一温度下，P_w（蒸汽压）达到的最大值是饱和蒸汽压。蒸汽压与温度之间的关系如图 6-1 所示，图中有 TC 曲线（汽—液平衡曲线），同时图中可见固—液平衡曲线（熔化线 TL）和固—气平衡曲线（升华曲线 TS）。在图上的 T 点处，所有三相能同时存在，T 点称为三相点。液体和蒸汽沿 TC 线同时存在，

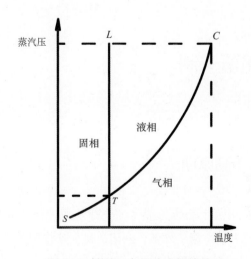

图6-1　蒸汽压与温度之间的关系

并对应于饱和液体和饱和蒸汽状态，C点称为临界点。液相和气相的差别在此点处消失，此时液相的全部性质如密度、黏度、折射率等和气相的全部性质是相同的。高于临界温度的物质是气体。对应于TC曲线上每一点气压的温度即为沸点。就纯水而言，对应于101.3 kPa气压（常压）时的温度称为常态沸点（100 ℃）。水的三相点（T）温度为0.01 ℃，对应的气压为0.611 2 kPa。

2. 食用菌中的水分　水分既是食用菌中某些物质的溶剂和载体，又是影响其理化特性、保持其感观质量和食用品质的主要因素。

（1）湿基含水量X　以鲜食用菌为计算基准的物料中水分的质量分率或质量百分数X。

$$X = \frac{m_w}{m} = \frac{m_w}{m_s + m_w} \qquad (6-4)$$

式中：X——湿基含水量；

　　　m——鲜食用菌总质量；

　　　m_w——鲜食用菌中水分质量；

　　　m_s——鲜食用菌中绝干物料质量。

（2）干基含水量ω　不含水分的物料通常称为绝干物料或干料。以绝干物料为基准的湿物料中含水量，称为干基含水量，亦即湿物料中水分质量与绝干物料的质量之比。

$$\omega = \frac{m_w}{m_s} = \frac{m_w}{m - m_w} \qquad (6-5)$$

式中：m_w——鲜食用菌中水分质量；

　　　m_s——鲜食用菌中绝干物料质量；

　　　ω——干基含水量。

（3）水分活度a_w　水分活度a_w是物料中水分的热力学能量状态高低的标志。一般把湿物料表面附近水的蒸汽压与同温度下纯水饱和蒸汽压（p_0）之比作为湿物料水分活度的定义。

a_w的大小与食品中的含水量、所含各种溶质的类型和浓度以及食品的结构和物理特性都有关系。它直接揭示食品中的水分与微生物生长繁殖和各种酶反应等的活动程度，标志着干燥食品中水分作用的大小。

鲜食用菌中的水分以三种状态存在：游离水、胶体结合水和化合水。

游离水是充满毛细管的水分，以游离状态存在于食用菌组织中。它的特点是能溶解酸、糖等多种物质，流动性较大，在干燥过程中容易去除。

胶体结合水是指和细胞内容物相结合成为胶体状态的水分，是吸附和结合在有机固体物质上的水。这部分水流动性较小，干燥时不易脱除。

化合水是指与子实体细胞物质以分子状态牢固结合在一起的水分子，只有在化学作用或在特别强的处理下才能脱出，一般干燥时化合水脱不掉，若强行去除，就需要更多的能量，同时子实体内有关物质的分子将遭到破坏，引起产品质量下降。

在食用菌干燥过程中，水分的蒸发主要靠外扩散作用和内扩散作用来完成。水分外扩散是指水分在食用菌表面的蒸发，水分内扩散是水分由内部向表面转移。当表面水分蒸汽压低而内部高时，会产生蒸汽压差，为水分由内部向表面的转移提供了条件。

湿度梯度是内扩散作用的动力，促进水分由含水量高的部位向含水量低的部位移动。

温度梯度也会影响水分内扩散，水分借助温度梯度沿热流方向向外移动而蒸发。如果水分外扩散速率大，而内扩散速率小，那么食用菌表面会干燥过度，从而形成硬壳，干制品的品质就会受到影响，这样会降低整体的干燥速率。所以，在食用菌干燥过程中，必须注意要保持外扩散速率与内扩散速率的平衡，防止产生硬壳。当食用菌水分减少到一定程度时，由于内部可被蒸发的水分逐渐减少，蒸发速度减慢，当食用菌表面和内部水分达到平衡时，蒸发作用也就停止了，从而完成干燥。

3. 水分状态与干燥特性　水的分布和状态变化在食用菌干燥特性的变化中扮演着重要角色。由于自旋—晶格弛豫时间（T_1）和自旋—自旋弛豫时间（T_2）与水分子转动有关，可以通过T_1、T_2的测定来确定食用菌干燥过程中不同部位的水分子流动和分布状况。

食用菌保鲜贮运和加工

食用菌水分含量的测定方法有直接测量法和间接测量法。直接测量法包括加热干燥法、化学干燥法、共沸蒸馏法、化学滴定法等。间接测量法包括电导率、电容、微波、远红外吸收等。

部分鲜食用菌的含水量见表6-1。

（三）食用菌干燥过程

食用菌在采摘后会进行一系列的生理变化，如呼吸作用与衰老过程会消耗营养物质；菌褶颜色由白变灰褐，最终变为深褐；呼吸作用使之散失水分；代谢活动等消耗营养物质。当食用菌含水量降低到一定程度后，其自身的酶活性受到抑制，直至无法进行新陈代谢，失去活性。当食用菌含水量低于腐败微生物繁殖所需的最低含水量时，有害微生物的腐败侵染作用受到遏制。因此，食用菌的干品品质与水分含量及干燥过程密切相关。例如，干香菇含水量一般认为应≤13%，菌褶颜色由白色变成淡黄色或米黄色，褶面整齐直立，不碎，整个底色均匀一致，无焦黄或褐色部分出现；表面颜色则应以茶褐或浅黑褐最佳，淡白、灰白、焦黑都被认为是非正常颜色。香菇香味主要在干燥过程中产生，因此用不强烈的太阳晒干的、阴干的以及较低温度下烘干的香菇香味不浓，或几乎没有。香菇干制后要求菌盖外形美观，基本保持鲜菇时的形态，盖顶中央不塌陷，平顶或弧形，不变形扭曲，不出现皱纹。

1. 食用菌干燥期

（1）干燥初期　干燥开始时，食用菌的温度较低，热空气传给食用菌的热量主要用于升温，食用菌表面的水分逐渐被蒸发。该时期较短。

（2）干燥中期　随着食用菌表面水分的蒸发，菌体内的大量游离水很快向表面扩散，并迅速蒸发，表面汽化速度维持在较高水平上，为恒速干燥阶段。该时期应控制好温度，如果空气温度过高，会造成菌体表面汽化速度超过内部水分向外扩散速度，表面易干结成硬壳，阻碍内部水分继续蒸发。同时，由于内部水分含量高，骤然受热，汁液膨胀，会造成细胞壁破裂，内含物流失，失去部分营养和风味。

（3）干燥后期　由于游离水的蒸发结束，开始蒸发结合水，进入干燥降速阶段，这时结合水向表面扩散的速度小于表面水分汽化速度，食用菌的表面被干燥，蒸发面由表面向内部转移，食用菌的温度上升，干燥速度变慢，直到食用菌含水量与空气介质的含水量相等为止，干燥完成。由于此阶段除去结合水不仅要提供水分汽化所需的变相潜热，还要提供克服吸附力的吸附热，所以随着食用菌干燥的进行，内部的水分逐步减少，水分由内部向表面传递的速率逐渐下降，含水量变化逐渐平缓。干燥后期，空气温度不宜过高，否则食用菌内糖分和其他有机物质易被高温分解或焦化，对食用菌的外形和风味不利。

2. 介电特性与干燥　食用菌在外电场作用下会呈现一定的介电特性。鲜食用菌食用菌水分含量比较高，介电常数较大，干燥失水过程中，介电常

表6-1　部分鲜食用菌的含水量

名称	含水量（%）	名称	含水量（%）
双孢蘑菇	89.5	滑菇	95.2
香菇	90.0	平菇	73.4
草菇	88.4	鸡油菌	91.4
金针菇	89.2	鸡㙡	89.1
牛肝菌	87.3	羊肚菌	89.5

数明显下降，且起始下降速度较快。水分含量在70%以上时，含水率与介电常数存在直线相关性，当脱水一段时间后水分含量为60%~70%时，介电常数变化很小。在食用菌组织中，水是影响其介电特性的主要因素，干燥时食用菌的水分变化可以通过介电特性来表征。食用菌干燥过程中，随着含水量的降低，组织内水分、糖、酸、淀粉、脂肪、蛋白质和各种维生素以及活性成分的含量等都会发生一定的变化，从而影响食用菌的介电特性。

3.品质特性与干燥　品质特性是指干燥后产品的质量定性，主要包括热特性（玻璃态、结晶态和橡胶态），结构特性（容积密度、真密度、孔隙率），视觉特性（表观、颜色），感官特性（滋味、风味、香气），营养特性（蛋白质、维生素、氨基酸等）和复水特性（复水速率、复水能力）。

褐变是影响食用菌干燥品质的主要因素。褐变有酶促褐变和非酶褐变。酶促褐变是多酚氧化酶（简称酚酶）催化酚类物质和氧气之间的反应。在酚酶的作用下，酚类物质氧化成醌，醌进一步氧化，再聚合形成褐色物质。大多数食用菌富含酚类物质和活性酶，在加工及贮藏过程中极易发生褐变。非酶褐变主要是碳水化合物在热作用下发生的一系列化学反应，是不需要酶的参与而发生的一系列褐变，主要包括美拉德反应、焦糖化褐变和抗坏血酸氧化褐变等。褐变不仅影响食用菌干制品的外观，降低其营养价值和商品价值，而且会缩短货架寿命和市场销售时间。

防止褐变，快速固定品质的主要措施有钝化酶的活性、改变酶作用的条件、隔绝氧气、使用抑制剂等，常用的技术有热处理、硫处理、浸泡等。

（1）干燥过程酶促褐变及抑制方法　酶促褐变必须同时具备三个条件，即多酚类物质、酚酶和氧气，三者缺一不可，只要抑制其中一个条件，就可减少褐变的发生。

常用的控制酶促褐变方法有：

1）热处理　酶是蛋白质，加热能使酶失活。但必须严格控制加热处理时间，要求在最短时间内，既不影响食品原有的风味，又达到钝化酶的要求。一般酚酶在71~73.5℃温度下失活。

2）酸处理　多数酚酶最适pH 6~7，在pH 3以下时就没有明显活性。降低pH来防止褐变是食用菌加工常用的办法，常用的酸有柠檬酸、苹果酸、抗坏血酸等。柠檬酸对酚酶氧化有双重抑制作用，既可降低其活性又可与酚酶辅基的铜离子络合，从而抑制它的活性。柠檬酸通常与抗坏血酸或亚硫酸联合使用。抗坏血酸是十分有效的酶抑制剂，没有异味，对金属没有腐蚀性，同时又有营养价值，它不仅具有还原作用，同时还能降低pH，能将酮还原成酚从而阻止醌的聚合等。

3）硫处理　亚硫酸钠、焦亚硫酸钠、二氧化硫、亚硫酸氢钠、连二亚硫酸钠、低亚硫酸钠都是使用较为广泛的酚酶抑制剂。但它的缺点较多。

4）隔绝或驱除氧法　酶促褐变必须在有氧参与条件下才能进行。将食用菌浸泡在水中，通过隔绝氧可以防止酶促褐变。更有效的方法是在水中加入抗坏血酸，使抗坏血酸消耗食用菌组织表面的氧，使表面形成一层氧化态抗坏血酸隔离层。还可以用真空渗入法把糖水或盐水渗入食用菌组织内部，驱出细胞间隙中的氧。

5）加酚酶底物的类似物　加入酚酶底物的类似物，如肉桂酸、阿魏酸等能有效抑制酶促褐变，而且这些都是天然存在的有机酸。

（2）非酶褐变机制及抑制方法　防止非酶褐变可采取以下措施：

1）降温　温度对美拉德反应的影响很大，温度相差10℃，褐变速度会相差1倍。因此干燥过程中采用低温可在一定程度上抑制非酶褐变反应。

2）降低pH　美拉德反应在碱性条件下较易进行，所以通过加柠檬酸、抗坏血酸、植酸等，可控制褐变。

3）亚硫酸盐处理　亚硫酸根参与羰氨缩合反应，从而抑制美拉德反应褐变。此外，亚硫酸盐还能消耗氧等，这些都间接阻止了褐变反应的发生。

4）加钙盐　钙离子可与氨基酸结合成不溶性

食用菌保鲜贮运和加工

化合物，从而抑制美拉德反应。钙盐有协同防止褐变的作用，可将亚硫酸根和氯化钙结合使用。

5）护色剂　护色剂可提高色素的稳定性，使色素在加工、贮运、销售等过程中，颜色保持一致，如柠檬酸、碳酸氢钠、硫酸亚铁等。护色剂除抑制褐变外，还可抑菌杀菌、提高维生素的存量、延长贮存期等。

为有效解决食用菌干燥过程中的色素稳定性问题，要加入适当的护色剂。对于多价金属离子的影响，我们可采用加入一些对金属离子有络合能力的酸和盐类，如植酸、柠檬酸钠、三聚磷酸钠、柠檬酸、复合磷酸盐，利用它们与金属离子结合，从而抑制金属离子对色素的破坏，起到保护色素的作用。

维生素、柠檬酸、氯化钙、乙酸锌、氯化钠、亚硫酸盐等是食用菌干燥中常用的护色剂，但它们的护色机制是不同的。维生素可以络合多酚氧化酶的辅基，直接作用于酶。同时，还具有很强的还原性，能防止因氧化引起的变质现象。柠檬酸能降低产品的pH和多酚氧化酶的活性，同时柠檬酸的羧基具有很强的螯合金属离子的作用，可作用于多酚氧化酶的铜辅基。柠檬酸还能增强抗氧化剂的抗氧化作用。氯化钙的钙离子能与细胞壁上的果胶酸作用形成果胶酸钙，增加组织的硬度，从而阻止液泡中的组织液外泄到细胞质中与酶类接触，降低褐变程度。乙酸锌的锌离子具有络合能力，它同酚酶底物结合后产生的新型物质不受多酚氧化酶的催化，从而抑制产品的褐变。氯化钠在一定浓度下可以驱除水溶液中的氧气，使酚酶底物难以与氧气接触，同时高浓度的盐对酶蛋白有一定的抑制作用。焦亚硫酸钠所产生的二氧化硫作用于多酚氧化酶，可以起到抗氧化褐变的作用。

（四）影响食用菌干燥的因素

1. 干燥介质的温度　食用菌干燥时，特别是初期，一般不宜采用过高的温度，高温易使细胞壁破裂，原料中糖分和其他有机物常因高温而分解或焦化，同时不利于风味的形成。初期的高温低湿易造成结壳现象而影响水分的扩散。

（1）直接干燥介质　能够直接作用于食用菌表面使食用菌失水的干燥介质。在介质与食用菌之间的水分压差的作用下，食用菌中的水分被介质吸收逐渐干燥。最常用的直接干燥介质是空气。空气介质有两个作用，一是向食用菌传导热量，食用菌组织吸热后使所含水分汽化，空气温度因而降低。二是把食用菌汽化水带走。另外还需要采取通风排湿的措施，逐步降低空气的相对湿度，使空气中的水蒸气含量减少。食用菌周围空气中的水蒸气含量越低，空气的吸湿力愈强，食用菌中的水分越容易蒸发。当所供给的热量，正好等于水分蒸发时所消耗的热量时，就能保持较稳定的温度；如供给的热量超过水分蒸发所需热量时，温度就会逐渐上升，温度升高时，空气中的水蒸气饱和差随之增加，食用菌中的水分更容易蒸发，干燥速度加快。

（2）间接干燥介质　通过对直接干燥介质进行干燥，间接作用于食用菌的干燥介质。间接干燥介质需要有直接干燥介质与之配合，方可发挥作用。作为间接干燥介质应具备一定的吸水性和无腐蚀性。由于间接干燥介质要通过直接干燥介质才能发挥作用，故必须将其与食用菌共同放置于相对密闭的环境中，才能收到最佳的效用。

2. 干燥介质的相对湿度　在温度不变化情况下，相对湿度越低，则空气的饱和差越大，食用菌的干燥速度越快。升高温度同时又降低相对湿度，则食用菌与外界水蒸气分压差越大，水分的蒸发就越容易。当空气介质中水蒸气含量一定时，如温度升高，相对湿度就会降低。在温度不变的情况下，相对湿度越低，则空气的饱和差越大，食用菌的干燥速度越快。降低相对湿度，增加食用菌与外界水蒸气分压差，可使干燥加快。

3. 气流循环的速度　气流循环的速度也会影响干燥速率和干制品质量。增大空气流动速度有两个作用：一方面有利于将空气的热量迅速传递给食用菌，促进传热，能够快速带走食用菌表面的水分，同时降低了食用菌表面的传质、传热的边界层的膜厚，有利于食用菌内水分扩散及表面的水分蒸发；

另一方面是将食用菌周围蒸发出的水分迅速带走，不断补充新鲜的未饱和的空气，促进传质，提高干燥速率。但空气流动速度越大，其传热系数也越大，能量消耗较大。

4. 空气压力　在常压下，食用菌组织内部的气体分压与外界的空气压力是平衡状态，食用菌组织内水分以较缓慢的蒸发形式向外扩散。当食用菌组织周围的空气压力低于常压时，食用菌组织内外的气体压力平衡被破坏，食用菌组织内的易挥发、蒸发的物质便加快了汽化速度而向外扩散。在其他条件不变的情况下，空气的压力与食用菌组织的失水速度呈负相关。当空气的压力大于常压时，食用菌组织的失水速度不但不会加快，相反会大大放慢。将食用菌组织周围的空气抽出，使食用菌处于低压空气中是加快干燥速度的有效方法。

5. 食用菌种类和状态　食用菌种类不同，细胞结构和组织结构不同，干燥速度也各不相同。预处理方式也与干燥速度有直接关系，如切分越小，蒸发面积越大，干燥速度也越快。

6. 食用菌的装载量　装载量的多少与厚度以不妨碍空气流通为原则。如热风干燥过程中，烘盘上食用菌装载量多，厚度大，则不利于空气流通，影响水分蒸发。干燥过程中可以随着食用菌体积的变化，改变其厚度。

7. 内含物质的组成和存在状态　食用菌组织内含有芳香族、脂溶性物质，这些较难挥发的液态物质大大减缓了食用菌干燥速度。

8. 食用菌细胞的原生质体呈胶体状态　胶体状态本身具有一定的持水性，所以在食用菌中，原生质体的存在状态也对干燥速度有一定的影响，原生质体的胶体状态被破坏时，食用菌的失水速度会加快。

二、干燥技术

干燥技术主要有自然干燥、直火干燥、热风干燥、真空干燥、真空冷冻干燥、微波干燥、红外干燥、热泵干燥、过热蒸汽干燥、气流膨化干燥、气体射流干燥、高压电场干燥、流化床干燥等，还有近年来兴起的联合干燥技术，如微波真空干燥。

（一）干燥前预处理

预处理以护色、漂烫、修整去柄等加大了食用菌脱水过程中的水分蒸发面积。在热烫温度（90～100 ℃）的刺激下，细胞死亡，细胞内原生质发生凝固，减少了干燥产品的皱缩，改善了外观。另外，干燥前将麦芽糖浆、甘油等渗入食用菌组织，可以使干燥后的组织状态具有良好的复水性。修整既减少了内扩散的距离，又增大了外扩散面的面积，从而有效地提高脱水速率。

（二）自然干燥

1. 自然干燥　俗称晾晒法，是利用太阳辐射的热能，将湿物料中的水分蒸发除去的干燥方法。属于低温干燥。自然干燥的优点：一是太阳能取之不尽，不存在能源枯竭问题；二是太阳能处处都有，不需开采和运输；三是干燥过程中其他能源消耗低，操作费用低。

自然干燥的缺点：一是分散性大，热值低；二是升温慢，干燥速度低；三是间歇性和不稳定性；四是干燥效率低。

2. 自然干燥的类型　根据气流的流动方式分为自然对流型和强制对流型两种。

（1）自然对流型　自然对流型设施内无附加风机，气流靠温差的作用在干燥室内流动。根据结构的不同，主要有箱式、棚式、温室式、盘架式和烟囱式。例如，农户用温室型大棚装置，进气口配置在下方，采用排气筒增加干燥室内气流速度。温室顶为玻璃，晚间用保温盖帘覆盖。自然对流干燥示意图如图6-2所示。

（2）强制对流型　强制对流型设施内北墙绝热，南墙和屋顶由特殊的两层复合透明板覆盖。阳光透过透明板，加热涂了黑漆的吸热板，经吸热板加热的空气一部分直接导入需要干燥的食用菌，另一部分通过底部进入，这两部分空气分配的比例由吸热板倾斜角度调节。新鲜空气和循环空气的比例

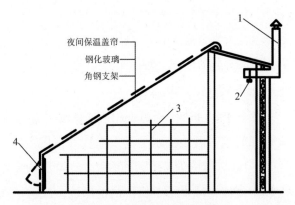

图6-2 自然对流干燥示意图
1. 排气筒 2. 控制阀 3. 装料架 4. 进气口

夜间保温盖帘
钢化玻璃
角钢支架

可由进气阀来控制。强制对流型干燥示意图如图6-3所示。

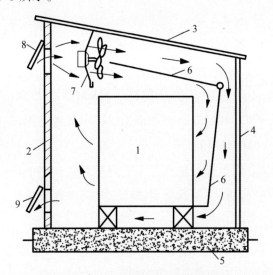

图6-3 强制对流干燥示意图
1. 物料 2. 墙体 3. 屋顶 4. 墙体 5. 地基 6. 吸热板
7. 风扇 8. 进气孔 9. 出气孔

（三）直火干燥

指利用专门砌建的烘房进行食用菌脱水干燥的方法。一般干燥前，应先将烤房温度预热为40～50℃，食用菌放入后要下降至30～35℃。晴天采收的食用菌较干，起始温度可适当高一些。随着干燥程度不断提高，缓慢加温，最后加到60℃左右，一般不超过70℃。整个烘烤过程因食用菌种类和采收时干湿程度的不同而异，一般需要烘烤6～14 h。在烘烤过程中必须注意通风换气，及时让水蒸气外逸出去。

烘烤时应遵循正确的操作技术，使得干燥成品具有菇形圆整、菌盖卷边厚实、菌盖色泽鲜黄、香味浓郁的特点。

（四）热风干燥

热风干燥又称热空气干燥，以加热后的空气作为干燥介质，将热量传递给要加热的食用菌，使食用菌由外向内的温度慢慢升高，进而将食用菌组织内部的水分以液态或气态的形式转移扩散到食用菌组织表面，气态的水分经表面扩散或者对流的方式传递到干燥介质中，由流动的热空气带走的一种干燥过程。传质和传热同时发生在干燥过程中。热风干燥机的种类很多，干燥生产率高、操作简单、易于控制，设备投资少，干制品能基本保持原有的味道和形态。热风干燥是最常用最传统的脱水方式。

采用热风干燥机产生的干燥热气流过食用菌表面，干湿交换充分而迅速，高湿的气体能够及时排走。该法具有脱水速度快、脱水效率高、操作容易、干度均匀等特点。热风干燥机示意图如图6-4所示。

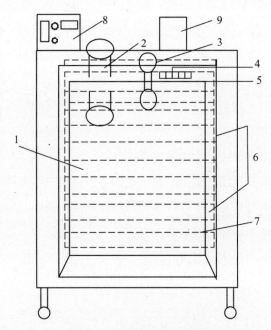

图6-4 热风干燥机示意图
1. 温度传感器 2. 水分蒸发口 3. 进气口 4. 风轮
5. 电炉丝 6. 热风循环均衡装置 7. 物料盘
8. 控制板 9. 风机

香菇最传统的干燥方式就是热风干燥。将鲜香菇放在烘箱、烘笼或烤房中，用电、煤、柴作为热源进行烘烤脱水。热风干燥在色、香、形上均比晒干法提高2～3个等级。适于大规模生产和加工出口产品，烘干后产品的含水量在10%～13%，较耐久贮藏。

转筒干燥机（图6-5）的主体是略带倾斜并能回转的圆筒状设备。新鲜食用菌从左端上部加入，经过圆筒内部时，与通过筒内的热风或加热壁面进行有效的接触而被干燥，干燥后的食用菌从右端下部收集。在干燥过程中，食用菌借助于圆筒的缓慢转动，在重力的作用下从较高一端向较低一端移动。圆筒内壁上装有顺向抄板（或类似装置），它不断地把食用菌抄起又撒落，使食用菌的热接触表面增大，以提高干燥速率并促使食用菌向前移动。干燥过程中所用的热载体一般为热空气等。

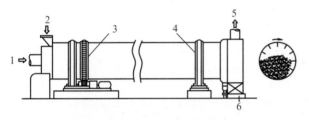

图6-5 转筒干燥机示意图
1.热空气入口 2.原料斗 3.传动齿轮 4.支承滚圈
5.废气出口 6.产品出口

隧道干燥机（如图6-6所示），将食用菌放置在小车内、运输带上、架子上或自然堆置在运输设备上，设备沿着干燥室中的通道向前移动，并依次通过通道。被干燥的食用菌的加料和卸料在干燥室两端进行。

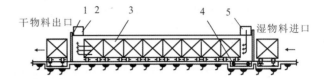

图6-6 隧道干燥机示意图
1.拉开式门 2.废气出口 3.小车 4.移动小车的机构
5.干燥介质进口

带式干燥由若干个独立的单元段所组成，如图6-7所示。每个单元段包括循环风机、加热装置、单独或公用的新鲜空气抽入系统和层间气体排出系统。食用菌由进料端经加料装置被均匀分布到输送带上。输送带通常用穿孔的不锈钢薄板（或称网目板）制成，由电动机经变速箱带动，可以调速。空气用循环风机由外部经空气过滤器抽入，并经加热器加热后，经分布板由输送带下部垂直上吹。空气经过干燥食用菌层时，食用菌中水分汽化，空气增湿，温度降低。为了使食用菌层上下脱水均匀，空气先向上吹，后向下吹。最后干燥产品经外界空气或其他低温介质直接接触冷却后，由出

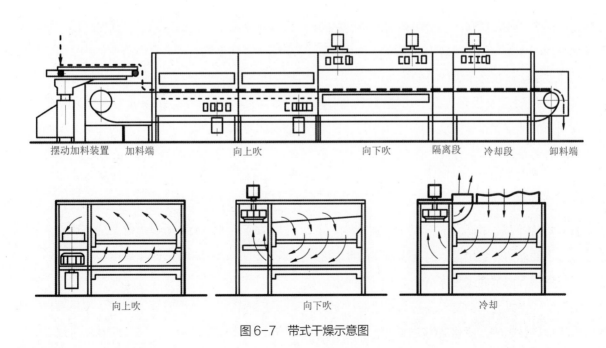

图6-7 带式干燥示意图

口端卸出。通过对干燥介质数量、温度、湿度和尾气循环量等操作参数独立控制，来保证工作的可靠性和操作条件的优化。带式干燥机操作灵活，有助于保持食用菌色泽，脱水均匀。

（五）真空干燥

真空干燥，即将食用菌置于真空状态下进行干燥的方法。通常用沸点干燥。

真空干燥就是将需要干燥的食用菌放置在密闭的干燥室内，用真空系统抽真空的同时对被干燥食用菌不断加热，使食用菌内部的水分通过压力差或浓度扩散差被转移到表面，水分子在食用菌表面获得足够的动能，在克服分子间的相互吸引力后，逃逸到真空室的低压空间，从而被真空泵抽走的过程。

沸点干燥过程中，液体水分汽化有蒸发和沸腾两种方式。水在沸腾时的汽化速度比在蒸发时的汽化速度快得多。水分蒸发变成水蒸气可以在任何温度下进行。水分沸腾变成蒸汽，只能在特定温度下进行，但是当降低压强时，水的沸点也降低。例如，在19.6 kPa气压下，水的沸点即可降到60 ℃。真空干燥机就是在真空状态下，提供热源，通过热传导、热辐射等传热方式供给食用菌中水分足够的热量，使蒸发和沸腾同时进行，加快汽化速度。同时，抽真空又快速抽出汽化的蒸汽，并在食用菌周围形成负压状态，食用菌的内外层之间及表面与周围介质之间形成较大的湿度梯度，加快了汽化速度，达到快速干燥的目的。

真空干燥过程受供热方式、加热温度、真空度、食用菌的种类和初始温度及所受压力大小等因素的影响，通常供热有热传导、热辐射和两者结合三种方式。

（六）真空冷冻干燥

真空冷冻干燥，也称"冻干"，是在干燥仓内将经过一定处理的鲜食用菌的温度降到共晶点温度以下，使食用菌内部的水分冻结，变成固态的冰，然后适当抽取干燥仓内的空气达到一定的真空度，再对加热板进行加热，使冰升华为水蒸气，再用真空系统的捕水器或者制冷系统的水气凝结器将水蒸气冷凝，从而获得干制品的技术。真空冷冻干燥的基本原理就是低温低压下传热传质的机制。

真空冷冻干燥过程可分为预冻、升华干燥和解析干燥三个阶段。

1. 预冻 真空冷冻干燥的第一步就是预冻，将食用菌中的自由水固化成冰，确保干燥前后的产品具有相同的形态，防止食用菌在进行抽真空干燥时，发生收缩等不可逆变化。冷冻速度的快慢对于冰晶的形成有明显影响，进而直接影响升华干燥速度和风味物质的保留。当采用急速冷冻时，通常细胞壁内外均出现众多细小冰晶或出现玻璃体态水。玻璃体态水是一种无定形状态水，其生成有利于维持生物细胞壁免受破坏，进而可获得优良的干制品。

（1）预冻温度 预冻温度必须低于食用菌的共晶点温度，不同种类的食用菌的共晶点温度不同，必须由试验测定。实际制定工艺曲线时，一般预冻温度要比共晶点温度低5～10 ℃。测定食用菌共晶点、共熔点的方法有电阻法、差示扫描量热法（DSC）、低温显微镜直接观察法和数字公式计算法等。

（2）预冻时间 食用菌组织的冻结过程是放热过程，需要一定时间。在达到预定的预冻温度后，需要保持一定的时间，以确保食用菌组织全部冻结。因冻干机、冻干食用菌和总装量等条件的不同，预冻时间也不同，具体时间需通过试验确定。

（3）预冻速率 食用菌组织预冻时在其内部形成的冰晶大小会影响干燥时间和最终干制食用菌的复水性。大冰晶升华快，但干制食用菌复水较慢；小冰晶升华慢，但干制食用菌复水快，能保持产品原来结构。缓慢冷冻产生的冰晶较大，而且会对生命体产生影响，所以为避免这一现象，从冰点到物质的共晶点温度需要快速冷却。

2. 升华干燥 升华干燥也称第一阶段干燥，将预冻后的食用菌从冷阱装置中移至加热隔板的适当位置，并进行抽真空、加热。此时食用菌组织内的冰晶就会产生升华现象，冰晶升华后残留下的孔隙便成为升华水蒸气的逸出通道，在升华干燥阶段将除去90%左右的水分。

（1）升华时的温度　食用菌组织中冰的升华是在升华界面处进行，升华时所需的热量由加热设备（隔板）提供。从隔板传来的热量由下列途径传至食用菌的升华界面：一是固体的传导，由容器底（或承载的托盘）与隔板接触部位传到食用菌的冻结部分，从而到达升华界面。二是热辐射，上隔板的下表面和下隔板的上表面向食用菌干燥层表面热辐射，再通过已干燥层的导热而到达升华界面。三是对流，通过隔板与食用菌表面间残存的气体对流。

（2）升华时的温度限制　一是食用菌组织冻结的温度应低于食用菌共晶点温度。二是食用菌升华干燥的温度必须低于其崩解温度或允许的最高温度（不烧焦或不变性）。三是最高隔板温度。当温度上升到一定数值时，干燥部分构成的"骨架"刚度降低，变得黏性而塌陷，封闭已干燥部分的海绵状微孔，阻止升华的进行，升华速率减慢，所需热量减少，这种现象称为崩解。发生崩解时的温度称为崩解温度，主要由食用菌的组成成分和特性所决定。在食用菌冻干时，为了避免因隔板温度过高而产生变性或烧坏，隔板温度应限制在某一安全值以下。

（3）升华速率　在真空冷冻干燥过程中，水分在食用菌内部以固态冰通过升华界面后，以水蒸气的形式从升华界面透过干燥层向食用菌表面转移逸出，最后凝结到水气凝结器，其中任一阶段的速率都将影响整个传质的速率。在冷冻干燥食用菌时，若传给升华界面的热量等于从升华界面逸出的水蒸气升华时所需的热量，则升华界面的温度和压力均达到平衡，升华正常进行。若供给的热量不足，水的升华夺走了食用菌自身的热量将使升华界面的温度降低；若逸出食用菌表面的水蒸气慢于升华的水蒸气，多余的水蒸气聚集在升华界面将使其压力增高，并使升华温度提高，最后将导致食用菌

熔化。

3.解析干燥　该阶段食用菌内部还有一部分难以除去的水——结合水，这些未被冻结的水分不利于冻干食用菌的贮藏。解析干燥阶段正是为了将食用菌内的结合水去除。由于这一部分水的吸附能量高，想要将它们解析出来，需要给它们提供足够的能量，因此该阶段需要继续加热，但是温度要控制在崩解温度以下。同时，为了使解析的蒸气有足够的推力逸出食用菌，必须使食用菌内外形成较大的蒸汽压差，因此该阶段干燥仓内应保持较高的真空度。终点的确定有三种方法，即压力升高法、温度趋近法和称重法。

1）压力升高法　干燥仓内压力升高速率与残余水分含量有很大的关系，通过压力升高的快慢确定食用菌残余水分含量的多少，来确定冻干过程是否到达终点。但是这种方法在实际应用时有些困难。

2）温度趋近法　在冻干末期观察食用菌温度，如果食用菌干燥彻底，那么食用菌的温度必然趋近于加热板的温度，因此可以通过分析加热板与食用菌的温差变化规律来确定冻干过程是否到达终点。由于测温容易统一化、标准化，因而这种技术得到广泛的应用。

3）称重法　在干燥过程中连续或定期称量食用菌的质量。食用菌的失重率与其水分含量有很大的关系。这种方法适合于实验室用的实验冻干机。

4.真空冷冻干燥食用菌特点　鲜食用菌质地细嫩，采收后鲜度迅速下降，从而会引起开伞、菌褶褐变、子实体萎缩等，影响风味和商品价值。由于鲜食用菌不易贮存，若将其干燥则其附加值倍增。真空冷冻干燥通过对鲜食用菌预先冻结，并在冻结状态下，将鲜食用菌组织的水分从固态直接升华为气态，达到去除水分的目的。真空冷冻干燥法与其他干燥方法（自然风干、晒干、热风干燥、红外干燥等）相比，有如下特点：

一是真空冷冻干燥能最大限度地保留新鲜食用菌的色、香、味和营养成分。

二是食用菌冻干后能够更好地保持原来的外观结构，有利于加工成极细的粉粒。

三是具有优良的复水性，能最大限度地还原成冻干前的新鲜状态。

四是冻干过程是一个真空低温脱水过程，抑制了氧化变质和细菌繁殖，同时加工过程不添加任何防腐剂，可生产天然卫生食品。

五是冻干食用菌脱水彻底，含水量低（2%～5%），质量轻，一般在控制好相对湿度的情况下可存放一年乃至数年以上，且贮运销售均可在常温进行，无须冷链支持。

真空冷冻干燥无论在产品的感官品质还是在产品的性质方面都优于热风干燥，其复水性也明显好于热风干燥，真空冷冻干燥与热风干燥产品性质的比较见表6-2。

（七）微波干燥

微波干燥作为辐射干燥的一种，是新一代干燥技术。与传统的对流干燥、传导式干燥相比，具有干燥速度快、高效节能、反应灵敏、易控制等优点。

微波具有加热快、直线传播和对金属反射性好等特点。在农产品加工领域，常用的微波频率为915 MHz和4 150 MHz。在微波的作用下，分子间作用力的干扰和阻碍产生摩擦热，形成宏观的加热效应。由于微波电磁场的频率很高，极性分子振动的频率很高，因此食用菌吸收的能量是相当可观的。整个干燥过程以电磁能的穿透效应代替了具体的热源，而水分子是吸收电磁能的主要载体。干燥过程中微波以电磁辐射形式进入食用菌，并由里到

外产生大量水蒸气，形成有效的气压差，驱动水分以气体的形态向表面迁移。食用菌的传热方向、水蒸气迁移方向和温度梯度方向一致，大大提高了传热传质效果和干燥速率。

1. 微波干燥的特点

① 加热速度快，微波加热能直接作用于分子，使食用菌内外同时受热，不需要热传导，可以大大地缩短干燥时间。

② 低温灭菌，有利于保存食用菌的色、香、营养物质。

③ 热能利用率高。绝大部分热能都作用在食用菌上（＞80%），一般可节能30%～50%。

2. 微波干燥的不足　单纯的微波干燥加热不均匀，干燥终点不易控制，容易引起产品焦煳。这主要是因为微波中的电磁波具有明显的"棱角效应"，从而使得食用菌的某些点升温过快而产生焦黑点。食用菌本身结构会影响到脱水的均衡性。在微波干燥食用菌的过程中，由于食用菌水分含量高，对微波吸收多，当外表面散热和水分蒸发不及时的时候，会因食用菌内部温度过高而影响品质。

在生产中微波干燥常与多种干燥方法联用。例如，先进行热风干燥，再用微波干燥，不仅能缩短干燥时间，还有利于提升干制食用菌的品质。

（八）红外干燥

红外干燥是通过食用菌表面直接吸收红外线并将其转化成热能而达到加热目的。红外线辐射到食用菌表面时，表面分子将以（8.8×10^7）～（1.7×10^8）Hz的频率振动（对应的波长为1.8～3.4 μm），内部分子通过振动摩擦升温，这与传统的干燥技术

表6-2　真空冷冻干燥与热风干燥产品性质的比较

干燥方式	产品感官现象	复水后感官现象
真空冷冻干燥	产品色泽均匀，组织疏松，无明显收缩现象，有气室	有新鲜香菇特有的香气，能在短时间内复水，复水后形态饱满，质地较软，接近鲜香菇
热风干燥	产品发黄，组织致密，收缩严重，几乎无气室	有熟化味，复水时间长，复水后仍有卷曲，质地仍较硬

有所区别。此外，红外线可以穿透食用菌表层加热，食用菌红外辐射穿透部位温度迅速升高，内部的温度梯度短时间内下降，然后通过间歇式的红外辐射加热，被加热食用菌内部水分迅速向表面移动。因此，红外加热的传质速率要比传统加热的传质速率快。

1. 红外干燥的规律　红外光谱是通过分子振动能级跃迁产生的，不同物质有不同的红外吸收和辐射光谱。对于单层红外辐射来说，为了降低红外加热的能量，食用菌需要有低的反射率和高的或中等的吸收率。而食用菌吸收辐射能的机制与入射光的波长有关，食用菌中分子通过伸缩振动可以更有效地吸收中红外和远红外线的能量，食用菌中的水分、蛋白质和糖类等都是红外敏感物质，可吸收大量红外线。研究发现在波长 λ=3～15 μm 红外辐射区内物质有很强的吸收带，这是因为大多数物质在波长小于 3 μm 的红外辐射波下具有较高的透射率（即低的吸收率），且水分是吸收红外辐射能的主要物质。食用菌不同组分的红外吸收带与液体水的吸收带存在叠加现象，因此在红外线辐射干燥实际应用中需要关注其选择性加热问题。

此外，红外辐射能的穿透深度与食用菌的特性和红外辐射的波长有关，随着食用菌厚度的增加，红外辐射能的透过率降低，吸收率增加。红外干燥技术缺陷是对食用菌表层进行加热，穿透深度只能达到距食用菌表面几毫米处，然后食用菌吸收的红外能量通过传导的方式到达其他部位，随着食用菌体积的增加，这种传导会受到限制，红外辐射的内部加热作用不明显。因此，对于大且厚的食用菌来说，尽可能大地发挥红外辐射穿透作用是提高干燥效率和品质的关键。此外，红外辐射技术还可以与其他干燥技术相结合，发挥各自的优势，从而达到更优的干燥目的。红外与传统加热原理比较如图 6-8 所示。

对于比较薄的食用菌，目前研究比较多的是采用远红外干燥技术进行脱水。与传统干燥方式相比，远红外干燥的热传递效率更高，干燥时间更

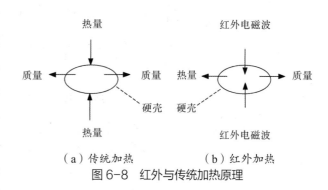

（a）传统加热　　（b）红外加热
图6-8　红外与传统加热原理

短，而且能量消耗也少。如香菇的远红外干燥采用 60 ℃-0.6 m/s、60 ℃-0.8 m/s 和 70 ℃-0.6 m/s 的干燥温度—风速组合时，其抗氧化能力高于热风干燥，当进一步提高干燥温度和风速，远红外干燥的抗氧化能力反而有所下降，不及热风干燥。红外石英管式辐射加热如图 6-9 所示。

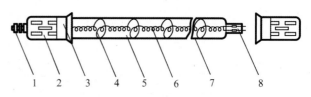

图6-9　红外石英管式辐射加热
1. 接线柱　2. 金属卡套　3. 金属卡环　4. 自支撑节
5. 惰性气管腔　6. 钨丝热子　7. 乳白石英管
8. 密闭封口

2. 红外干燥过程中水分在物料内部的转移过程　在红外辐射的干燥过程中，红外线具有一定的穿透性，会在物料内外部同时开始加热，其热量转移过程与普通干燥不同，由于物料内部的水分也吸收了足够的热量而发生汽化，导致物料内部形成压力促使水分加速向表面逸散。所以，红外辐射干燥的速度比以热传导和热对流的方式进行的干燥速度要快得多。

干燥初期，食用菌含水较多，在吸收红外辐射后，食用菌组织整体温度开始上升，并且表层的水分开始少量蒸发，整个过程食用菌温度较低，并且一直处于升温阶段，此时吸收的辐射能主要用于食用菌温度的提升，水分蒸发速度缓慢。随着吸收的辐射能的增加，辐射能转变为分子的振动能，食

用菌温度逐渐升高，用于水分蒸发的能量也逐渐增加，干燥进行一段时间以后，食用菌表面水分蒸发，外部含水量低于内部含水量，从而形成湿度梯度，同时，食用菌表面因蒸发作用而失去热量，使表面温度降低，食用菌因内部辐射的穿透效果而持续升温，形成了食用菌内外部的温度梯度。在湿度梯度和温度梯度的作用下，食用菌内部的水分由内向外传递并继续蒸发。此时除去的水分，主要是自由水。这个过程中，食用菌表面水分蒸发的速度和内部水分外迁移的速度保持一个平衡，干燥速率维持在一个相对平稳的状态，即恒速干燥。干燥后期，食用菌组织中的自由水大部分已经除去，残留在内部的水分主要为结合水及顽固的化合水，此时，内部水分扩散速度较慢，干燥的关键因素已经由表层水分的蒸发速度变成了内部水分的扩散速度。而食用菌内部毛细管比较细小，食用菌内部水分迁移的速度主要由温度梯度、湿度梯度和食用菌性质来决定。需要注意的是，如果辐射强度过大，导致食用菌组织温度过高，还有可能造成表面脱水过快而发生"干化"或毛细管堵塞现象，阻碍脱水的进行。

3. 红外干燥的特点

① 节约能源，提高效率。

② 温度可控制性强，产品品质优良。尤其远红外辐射热惯性小，易于实现智能控制，安全可靠，使大批量干燥食用菌变得简单易行。因为传热过程不需要介质，避免了介质污染，提高成品纯度，因此使产品的物理机械性能和外观质量等均得到显著提高。

③ 投资费用较少，生产过程环保可靠。尤其远红外线辐射元件结构简单，加热干燥装置的设计比较容易，安装、维修与操作简单。

常用的中短波红外干燥机如图6-10所示。

（九）热泵干燥

热泵干燥机由热泵部分（压缩机、冷凝器、节流阀、蒸发器）、干燥室部分和控制部分组成。其工作原理是低温、低湿的空气经轴流风机，通过冷

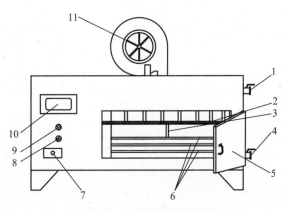

图6-10　中短波红外干燥机

1. 排湿口　2. 灯管　3. 温度探头　4. 排湿口　5. 门
6. 载物网盘　7. 调风器　8. 风机开关　9. 加热开关
10. 控制面板　11. 风机

凝器加热后形成高温、低湿的空气，被送入干燥室，使被脱水食用菌中的水分蒸发，形成高温、高湿空气进入蒸发器。蒸发器内制冷剂蒸发，大量吸收高温、高湿空气的热量，使空气温度降低，达到露点温度，空气中的水蒸气凝结成冷凝水排出。空气本身的含湿量降低，形成低温低湿的气体，再次通过冷凝器，从而完成整个循环过程。热泵干燥食用菌，能提高挥发性芳香物质的保持率，降低色泽物降解的发生率，减少热敏性维生素的损失。热泵干燥装置投资仅为冷冻升华干燥的1/5～1/4，运行成本仅为冷冻升华干燥的1/3。

按提供热源的温度不同，热泵可分为低温型、中温型和高温型。一般认为热泵的冷凝温度小于50 ℃为低温；50～80 ℃为中温；80～100 ℃为中高温；100 ℃以上为高温。

热泵干燥装置进行食用菌干燥，初期就是尽快抑制新鲜食用菌的生理活动，45 ℃可以钝化食用菌的氧化酶活性。热泵干燥的特点是通过对气流进行脱水来获得介质的强载湿能力，这就使得干燥操作能够在较低的温度下进行，一般干燥温度选择在15～35 ℃的范围内。在这样低的干燥温度下，可以有效地抑制待干燥食用菌中细菌的滋生，防止蛋白质受热变性，含糖物质受热结焦，易熔物质受热熔融以及组织形变、变色和芳香类物质的逃逸等，这适合香菇、牛肝菌、羊肚菌的干燥。另外热

泵干燥机都不需要加热装置，省去了锅炉、热风炉和电加热器等发热设备，箱体不需要加保温层材料，节省了建设投资和生产费用。热泵干燥机是一种气流干燥设备，气流在箱体内循环，无废气烟气排放，流出的露水是由露滴集合的清澈的蒸馏水，不会对环境造成污染，是一种环保型的干燥设备。

（十）过热蒸汽干燥

1.过热蒸汽干燥过程　可分为三个主要阶段：水分快速蒸发阶段、恒速干燥阶段和降速干燥阶段。在水分快速蒸发阶段，水的沸点高于食用菌初始温度，食用菌和过热蒸汽存在对流换热及凝结换热，蒸汽凝结时放出大量凝结潜热，快速蒸发食用菌中的水分，食用菌的温度迅速上升，过热蒸汽凝结量取决于过热蒸汽的过热度、食用菌初始含水率及被干燥食用菌的特性。

在恒速干燥阶段，食用菌表面始终保持湿润状态，食用菌所吸收的热量全部用于水分的蒸发，表面水分的蒸发速度与内部水分扩散速度相当，呈现恒速干燥状态。

在降速干燥阶段，食用菌表面的温度由100 ℃迅速上升，过热蒸汽所提供的热量少于水分蒸发所消耗的热量，此时过热蒸汽提供给食用菌的能量一部分使食用菌的温度上升，一部分使食用菌中的水分汽化。

2.过热蒸汽干燥的特点　在过热蒸汽环境中，食用菌的表面不会出现"硬壳"或"结皮"的现象，这样就消除了进一步干燥可能出现的障碍，得到的干燥产品具有多孔结构。干燥介质为过热蒸汽，不含有氧气，能实现无氧的干燥环境。避免了氧气对食用菌中有效成分的破坏。

但常压过热蒸汽干燥存在的主要问题是干燥温度高，当食用菌达到过热蒸汽饱和温度时，食用菌可能会发生玻璃化转变或受到其他破坏。采用低压过热蒸汽干燥方式能较好地解决这一难题。

过热蒸汽干燥器如图 6-11 所示。

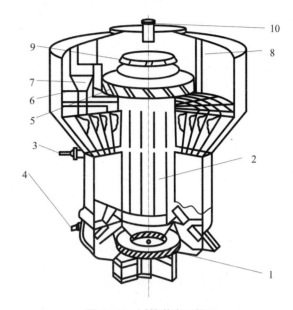

图 6-11　过热蒸汽干燥器
1.离心风机　2.蒸汽换热器　3.喂料器　4.排料螺旋
5.固定式导向叶片　6.圆筒　7.旋风式分离器
8.射流器　9.入口　10.排气管

常压或高压过热蒸汽干燥不适合于具有热敏性食用菌的干燥加工。低压过热蒸汽干燥的优势与劣势比较见表 6-3。

（十一）气流膨化干燥

气流膨化干燥又称爆炸膨化干燥或变温压差膨化干燥等。变温指食用菌膨化温度和真空干燥温度不同，在干燥过程中温度不断变化。压差指食用菌在膨化瞬间经历了一个由高压到低压的过程。膨化是利用相变和气体的热压效应原理，使被加工食

表 6-3　低压过热蒸汽的优势与劣势比较

优势	劣势
废气被利用，热效率高，节能效果显著；过热蒸汽比热大，故蒸汽消耗量少；较高的传热系数且无传质阻力，干燥速度快；介质中几乎没有氧气，无爆炸或失火危险	不适用于热敏性物质；表面可能有水分的凝结

食用菌保鲜贮运和加工

用菌内部的液体迅速升温汽化、膨胀，并依靠气体的膨胀力，带动组分中高分子物质的结构变性，从而使之成为具有网状组织结构和定型的多孔状物质的过程。整个过程分为三个阶段：第一阶段相变增压阶段，第二阶段释压膨化阶段，第三阶段定型阶段。由于瞬间压差导致食用菌内部水分汽化闪蒸，使已膨胀的组织定型，一些大分子物质被固化，形成网状结构的产品。

1. 变温压差膨化干燥食用菌　变温压差膨化干燥是以鲜食用菌为原料，经过预处理、预干燥等处理工序后，根据相变和气体的热压效应原理，利用变温压差膨化设备进行的。其设备主要由膨化罐和真空罐（真空罐体积是膨化罐的 5～10 倍）组成。食用菌经预处理至含水率 50% 以下，送入膨化罐，加热使食用菌内部水分蒸发，当罐内压力从常压上升为 0.1～0.2 MPa 时，食用菌也升温为 100～120 ℃。此时食用菌处于高温受热状态，随后迅速打开泄压阀，与已抽真空的真空罐连通，由于膨化罐内瞬间卸压，使食用菌内部水分瞬间蒸发，导致食用菌组织迅速膨胀，形成均匀的蜂窝状结构。再在真空状态下加热脱水一段时间，直至含水率 ≤ 10%，停止加热，冷却至室温时解除真空，取出产品，即得到膨化食用菌产品。

变温压差膨化干燥的基本工艺流程如下：

预处理的食用菌 → 装入膨化罐

升温至膨化温度 ← 密封膨化罐

保温 → 泄压 → 抽真空干燥

成品 ← 水分 ≤ 10%

在食用菌膨化干燥前必须进行预处理，预处理的目的是：

① 保证或改善干燥产品的品质。

② 提高脱水干燥效率。

③ 满足其产品形状、大小方面的特殊要求。

预处理按作用方式可分机械预处理、物理预处理和化学预处理三类。机械预处理常见的有切分、粉碎、削皮、去蒂等。物理预处理是利用物理因素的变化达到某种效果的预处理方法，如常用的漂烫处理、冷冻处理等。化学预处理则是通过化学手段来干涉化学变化，从而控制其变化向有利于品质方向转化的预处理方法。

2. 变温压差膨化干燥的特点

① 天然，膨化产品基本上都是经过浸渍处理后，直接烘干、膨化制备而成，加工过程无须添加色素或其他添加剂等。

② 膨化产品酥脆性佳，口感良好。

③ 最大限度地保留了原有的营养成分以及香气成分。

④ 膨化产品食用便捷，含水量较低，易于携带、贮藏。

（十二）气体射流干燥

气体射流干燥是将具有一定压力的加热气体，经喷嘴喷出，并直接冲击加热食用菌的一种新的加热方法。由于喷出的气体具有极高的速度，且流体的流程短，直接冲击到鲜食用菌的表面时，食用菌表面边界层因遭破坏而变得非常薄，减小了热质转换的阻力，提高了热质交换速率，传热系数比普通热风干燥要高出几倍，加强了水分的排出，因而大大缩短了干燥时间，提高了干燥速度。

气体射流冲击干燥示意图，如图 6-12 所示。

图 6-12 中新鲜空气由风机吹入，经过余热回收热管上部分（热量输出冷凝段）由高效石英热管加热，进入气流分配室；被加热过的空气通过喷嘴冲击干燥室中的食用菌；余气通过废气回收装置经过余热回收装置下部分（热量输入蒸发段），此时废气中的部分余热被回收；废气通过回风软管进入风机继续被利用，当空气中的水分含量较高时可以打开回风软管排湿。

气体射流干燥特点：

① 传热系数和热效率高，干燥速度快。

② 能够改善产品品质，改善卫生环境，提高自洁能力，无挟带废屑。

③ 无筛孔堵塞问题。

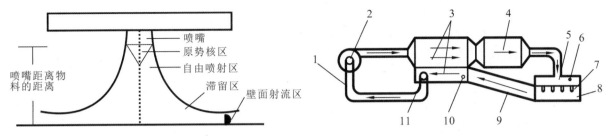

图 6-12　气体射流冲击干燥示意图

1.回风软管　2.风机　3.余热回收热管　4.高效石英热管　5.气流分配室　6.温度传感器　7.喷嘴
8.干燥室　9.废气回收装置　10.温度测量仪　11.湿度测量仪

④ 对食用菌的分布无要求，食用菌可自找最佳工况位置。

⑤ 结构紧凑、节能、对环境污染小，热管导热效率及余热回收率高，非常适合回收连续生产工艺的余热。射流干燥采用热管技术回收余热，对减少能耗有重要作用。

气体射流冲击技术应用于食用菌干燥工艺中，基本流程为：

食用菌清洗、沥干 → 切片
↓
气体射流冲击处理 ← 均匀放入物料干燥室
↓
成品

（十三）高压电场干燥

高压电场干燥是一种利用电流体动力学进行干燥的新技术。电流体动力学以电场和流体中的自由电荷及束缚电荷间相互作用为主要研究对象，当对流体施加高压不均匀电场时，电场对流体会产生电体积力的作用，这些力包括：库仑力，即电场对流体中自由电荷的作用力；介电泳力，该力大小与电场强度平方的梯度和流体介电常数梯度成正比，即必须在不均匀电场中和流体的相对介电常数较大时，才会产生介电泳力；电致伸缩力，该力的大小与电场强度平方的梯度成正比。

具体而言，当对针（或线）状电极系统施加高电压时，由于针状电极尖端附近的电场强度很大，空气中散存的带电粒子（如电子或离子）在强电场的作用下加速运动时就能获得足够大的能量，以致它们和空气分子碰撞时能使空气分子离解成电子和离子。这些新的电子和离子又与其他空气分子相碰撞，又能产生新的带电粒子。这样，就会产生大量的带电粒子。与尖端上电荷异号的带电粒子受尖端电荷的吸引，飞向尖端，使尖端上的电荷被中和；与尖端上电荷同号的带电粒子受到排斥而从尖端附近飞开，从而形成尖端放电或电晕放电现象。发生电晕放电时，尽管惰性气体和氢气不会通过吸附电子而形成负离子，但像氧气和水蒸气可在极短的时间内吸附电子而形成负离子。这样，由于不均匀高压电场的作用，负离子以一定的速度离开针状电极向接地电极运动。在负离子运动过程中，与附近区域内的其他气体分子发生碰撞，因此带动其他气体分子一起定向运动形成具有一定速度的离子风。在空气中的电晕放电会产生速度为每秒几米的离子风。因此，在高压不均匀静电场中由于极化力和离子风的存在，为不均匀静电场在食用菌干燥中的应用提供了基础。

（十四）微波真空干燥

微波真空干燥技术是一项集电子学、真空学、机械学、热力学等多学科为一体的高新技术。

微波真空干燥把微波干燥和真空干燥两项技术结合起来，在真空状态下，依靠高频电磁振荡来引发分子运动，使食用菌中的水分子汽化，然后通过真空泵的抽吸而除去。这样既避开了真空下热量传导慢的缺点，又利用了真空条件下沸点低的优点，充分发挥各自优势，极大缩短了干燥时间，使食用菌营养成分特别是热敏成分的损失率大大降低，提高了生产效率，同时也起到了节能的作用。

微波真空干燥特点：

① 干燥效率高。微波真空干燥采用辐射传递

食用菌保鲜贮运和加工

能量，食用菌整体加热，传热速度快、效率高、能耗低，周期短，可提高4倍以上功效。

②过程易于控制。微波功率可快速调整，在生产中工艺参数调整方便，便于连续及自动化生产。

③环保性生产。不会产生有毒有害的废水、废气，生产环境清洁卫生。

④保存期长，产品质量好。

⑤微波具有杀菌消毒之功效，所以产品安全卫生，保质期长。

（十五）联合干燥

分段联合干燥是将两种或两种以上的干燥技术采用串联的方式组合在一起形成的一种联合干燥技术。这种联合干燥技术可以集各种干燥技术的优势于一体，依据每种干燥技术的优点，在干燥的不同阶段优化选择不同的干燥方法，达到降低干燥时间、节约能耗和提高产品品质的目的。

例如，热风与远红外联合干燥香菇的方法。干燥前期采用热风干燥法将水分含量快速降至50%左右，然后在干燥后期采用远红外干燥将香菇含水率降至所需要求。极大地缩短了干燥时间，提高了产品品质。

例如，热风与微波真空联合干燥杏鲍菇的方法。前期采用热风干燥去除杏鲍菇中的部分水分，后期再利用微波真空干燥去除较难脱掉的剩余水分，不仅时间缩短，而且干品颜色和复水性明显优

于单纯热风干燥产品和单纯微波真空干燥产品。

1. 热风微波联合干燥　先用热风干燥，当水分含量降到一定程度时，采用微波干燥。

2. 热风远红外联合干燥　在干燥的恒温期，食用菌内部温度高于表面，总体上比传统热风干燥能耗降低 1/3～1/2。

3. 远红外真空联合干燥　干燥过程中食用菌处于负压状态，内压大于外压，远红外线穿透能力强，加热均匀，水分从内向外迁移并被干燥的空气带走，远红外真空干燥干燥时间短，产品营养物质保存率高，复水性能良好。

在复水特性方面，产品的复水性能与加工条件、食用菌成分、预处理方法以及组织结构成分变化等有关。复水性能主要取决于细胞和结构的破坏程度。冷冻干燥的产品具有较好的复水性能，微波干燥、热风干燥、真空干燥等的产品复水性能相对较差，具体表现因食用菌的品种不同而不同。

干燥过程中食用菌品质变化见表6-4。

食用菌的脱水干燥过程是一个复杂的传热、传质过程，干燥方法、干燥设备、干燥工艺对干燥速率和食用菌品质都会产生一定的影响。食用菌干燥工艺的选择与确定需要考虑的因素较多，如食用菌种类及其特性、干燥设备选择、干燥工艺参数等。在大多数情况下，这些因素的确定需由充分的试验来完成。

食用菌干燥技术与工艺的选择一般需要考虑

表6-4　干燥过程中食用菌品质变化

物理变化	化学变化	生物化学变化
产品收缩	部分有效成分减少或损失	由微生物和生物细胞引起的反应
失去弹性	—	不可逆的生物化学反应，如：脂肪氧化
外形和尺寸发生变化	一些化合物发生分解	蛋白质变性
溶解性发生变化	—	酶促褐变
复水性差	—	美拉德反应
损失香味成分	—	维生素的氧化或失活

如下问题：一是根据实际需求选择适宜的干燥设备。二是确定干燥工艺。三是考察干燥设备的操作性能和处理能力。四是考察操作条件对食用菌品质的影响。五是明确干燥机制，优化干燥工艺。

几种不同干燥技术的优势与劣势比较见表6-5。

三、干燥过程中的质量变化

食用菌干制后的主要变化包括化学变化和物理变化。物理变化主要包括体积缩小、质量减轻、表面硬化、形成多孔性等；化学变化包括营养成分下降、色泽变化、风味物质变化等。

1. 水分变化　红外干燥处理的食用菌和热风干燥处理的食用菌都具有较高的水分活度，两者之间没有显著的差异，而微波干燥的产品水分活度较低。

2. 糖类变化　食用菌中的果糖和葡萄糖在高温加工的情况下容易分解损失。微波联合远红外干燥处理食用菌可以有效地保持其中的糖含量，干燥时间较短，对其中的糖成分的破坏也较小。

3. 外观变化　干制品因反射、散射、吸收和传递可见光的能力发生变化而改变本色。干燥过程温度越高、干燥时间越长，食用菌中色素的变化量也就越多。

4. 风味变化　风味物质能给人的嗅觉和味觉带来刺激，是构成食用菌感官质量的重要指标之一。

风味物质在食用菌中存在的状态、种类及含量也是消费者购买意愿的重要考量因素。冷冻干燥对食用菌中的风味物质和营养物质几乎没有损耗，挥发性物质的损耗比其他干燥方式小。

四、食用菌干燥实例

食用菌在进行干燥前，要清理子实体上的泥土、杂物，去除菇根，按鲜菇分级标准进行分级，剔除畸形菇和病虫菇，然后再进行干燥。

（一）香菇干燥

1. 香菇采收　一般在香菇八分成熟，即菌盖边缘菌幕已破，菌盖尚未开伞，菌褶已全部伸长，并由白色转为黄褐色时，为香菇最适采收期。适时采收的香菇，色泽鲜艳，香味浓，菌盖厚，肉质柔韧，品质好。香菇采收后及时进行脱水处理，如果有冷藏条件，保存时间可适当延长。具体不再赘述。

2. 干燥方法

（1）晒干法　利用太阳光的热能使鲜香菇干燥，还可促使香菇体内所含的维生素D转化，提高香菇的营养价值。晒菇时，要在晒场上铺架空的竹席和筛子，将菌盖朝上进行摊晒。切不可菌褶向上，因菌褶纤嫩，且其蒸发面积较大，当水分蒸发过快时，会引起菌褶发黑、扭曲，从而降低商品质量。晒至半干时，翻身再晒。还可以晒至半干后，

表6-5　几种不同干燥技术的优势与劣势比较

干燥技术	优势	劣势
常压热风干燥	设备投资成本低，易于操作	脱水时间长，耗能大，生产成本较高，风味较差，复水性差，复水速度较慢
真空冷冻干燥	营养成分损失小，外观形态好，复水性强	设备投资大，能耗高，经济效益差，投资回收慢
微波干燥	干燥速度快	受热不均匀，品质下降
远红外干燥	干燥速度快，能耗低、质量好，热辐射率高	食用菌形状对加热影响大，加热温度不均匀
热泵干燥	具有独特的除湿功能，节能，干燥室温度低	干燥时间长，设备投资大，维护要求较高

食用菌保鲜贮运和加工

再进行人工烘烤，这需根据天气状况、光照强度、食用菌水分含量等灵活掌握。

（2）烘干法　为使菇形圆整、菌盖卷边厚实、菌褶色泽鲜黄、香味浓郁、含水量降至12%，必须把握好以下环节：

1）摊晾　及时摊放于通风干燥场地，以加快香菇表层水分蒸发。切不可将鲜菇放在潮湿的地面，以防褐变，影响干菇色泽。摊晾后的鲜菇，根据市场要求，一般按不剪柄、菌柄剪半、菌柄全剪三种方式分别进行处理，同时拣除木屑等杂物及碎菇。

2）烘烤　将鲜菇按大小、厚薄、朵形等整理分级，大而厚及水分含量高的放在上层，小而薄及含水量低的放在下层。菌柄朝上，质量好的均匀摆放于上层烘帘，质量差的摆放于下层。为防止在烘烤过程中菌盖伸展开伞，降低品质，在鲜菇放入烘烤房前，可先把烘烤房增温为35～40 ℃。

3）控温　掌握火候，切不可高温急烘，必须先低温然后逐渐升高温度。香菇含水分越高，需要在低温条件下烘烤的时间就越长。香菇送入烘烤室后应连续烘烤，直至干燥，加热不可中断，温度也不能忽高忽低，否则会使香菇颜色变黑，品质下降。升温的同时，启动排风扇，使热源均匀输入烘房。

4）通风　为了调节室内温度，保证烘烤室的热风循环，必须随时向室内通风。因此，烘烤室下部应设通风孔。如果送风不畅，应安装鼓风机。送往烘烤室的空气最好先经过净化处理。

5）排潮　在香菇的烘烤过程中，除了需要严格控制加热温度，及时排潮也是一个重要环节。根据需要烘烤室的上部必须设排潮孔，周围环境不利于排潮的，应安装排风扇，排潮孔最好直接通到室外。排潮总的原则是：在香菇烘烤的前期，烘烤室温度为35～40 ℃时，应全部打开排潮孔或排风扇；当温度上升为40～60 ℃时，排潮3～4 h就可以了。60 ℃以后，可将排潮孔全部关闭，不需排潮。如果排潮过度，易使香菇色浅发白。如果烘出的香菇带有水浸状的黄色，说明排潮不好，或者炉

温不够，特别是中途停热更容易造成这种现象。

6）验质　烘烤完毕可打开烘烤室门，检验香菇干度是否合格。检验时，用手指压按菌盖与菌柄交界处，若稍有指甲痕迹、翻动"哗哗"有声时，说明干燥合格；若手感发软，菌褶也发软，则还需继续烘干。合格烘干品的特征：有香菇的特殊香味，菌褶黄色，菌褶直立、完整、不倒状，菇体含水量不超过13%，香菇保持原有的形状，菌盖圆平，保持自然色泽。

7）分级包装

①过筛。按照不同品质等级标准进行分级包装。

②复剪菌柄。按规定要求，将长度不合格的菌柄剪去。

③分拣。拣出破损菇和畸形菇。

④分装。分级后称重，装入塑料袋内，按要求的质量分装纸箱。香菇烘干后，必须尽快装入塑料袋，以防吸潮引起发霉变质，包装后的产品应放在干燥的房间里贮存。

人工干燥一般用烘箱、烘笼、烘房，或用热风、电热以及红外线等热源进行烘烤，使食用菌脱水干燥，适用于大规模干燥处理。目前人工干燥设备按热作用方式可分为热气对流式干燥、热辐射式干燥、电磁感应式干燥。我国现在大量使用的有直线升温式烘房、回火升温式烘房以及热风脱水烘干机、蒸汽脱水烘干机、红外线脱水烘干机等设备。

香菇的香味是在酶的作用下产生的，在干燥过程中，温度和时间的控制是技术关键，只有控制好一定的温度，才能促进酶的反应，当烘干温度过高时，菌盖易烘焦，会降低或失去商品性。

3.香菇烘干注意事项

（1）烘干初期　为了节省能源，在晴天采菇时最好先在太阳下晒半天，再高温烘干。由于水分大量蒸发，烘房内空气的相对湿度急剧增高，必须加强排风才能加速烘干。

（2）烘干中期　香菇迅速吸热而大量蒸发水分，由于烘房内不同位置的烤筛上受热不匀，因此

要倒筛。

（3）温度控制　烘房温度一般不能过高，最高不要超过 65 ℃，适合的温度是用手摸菇筛上的香菇可以感到菇上方湿热而不烫。

（4）时间控制　为了缩短烘烤时间，在烤至八成干时，停止加热一段时间（此时菇内温度高于菇表温度，水分蒸发加快）。让烘箱温度降到 35 ℃左右，然后再加热到 60 ℃，这样可缩短干燥时间。

近年来，现代化的干燥设备和相应的干燥技术有了很大的发展，例如远红外技术、微波干燥、真空冷冻升华干燥、热泵干燥等，这些新技术应用到香菇的干燥上，具有干燥快、制品质量好等特点。

（二）黑木耳干燥

1. 黑木耳采收　成熟后的木耳颜色变浅，耳片舒展、变软、肉质变厚、弹性好，腹面产生孢子粉，此时应立即采收。采收的方法为用小刀沿子实体边缘插入耳根，割下耳片，随后挖出耳根。采收时应尽量保证黑木耳的完整，避免造成破损。采收的季节分为春、伏、秋三个阶段。从清明到小暑之前采收的叫春耳，春耳的优点是色泽灰黑、朵大肉厚、质量佳、吸水膨胀率好等；从小暑到立秋之前采收的叫伏耳，伏耳质量差，烂耳多，但伏耳的产量最高；立秋后采收的叫秋耳，秋耳的特点是朵形略小，肉质中等，质量介于伏耳与春耳之间。成熟的木耳应该及时采收，否则遇到高温、高湿的环境，采收不及时会形成色泽较浅的薄耳，或形成肉质破坏、胶质溢出、失去商品价值的流耳。采收后的鲜木耳含水量一般在 90% 左右，如不及时制干，将会造成腐烂变质。尤其是在阴雨多湿的季节，若不及时晾晒，会形成耳片互相粘连的拳头状的拳耳。

2. 干燥方法　传统的木耳干燥方法分为自然晾晒法和烘干法。

（1）自然晾晒法　在天气晴朗、光照充足时，首先将鲜木耳中的杂质剔除，然后均匀地放在干净的平地或晒席上，在太阳下晾晒到安全含水量。此时黑木耳干硬发脆，用手轻轻摇动，发出"哗哗"响声。在晾晒过程中应注意，木耳没有干之前，不应该经常用手去翻动，以免耳片破碎及卷曲形成拳耳。在干燥伏耳时，要延长晾晒时间，这是因为伏耳中的害虫较多。

（2）烘干法　工艺流程如下：

黑木耳 → 人工采收 → 装盘 → 装车

干品 ← 中间测试 ← 烘干 ← 推入烘房

常见的烘干房示意图如图 6-13 所示。

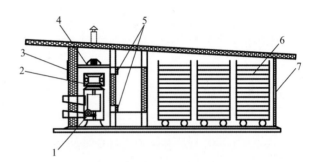

图 6-13　烘干房示意图

1. 助燃风机　2. 供热设备　3. 温湿度控制设备
4. 循环风机　5. 冷风进风门　6. 烘车　7. 排湿窗

将装载食用菌的烘车推入烘干室后，由循环风机将加热室内供热设备产生的干净热风鼓入烘干室，热风穿过黑木耳层时进行热质交换，实现烘干。在烘干时应将木耳均匀摆放在烤筛上，摆放厚度不要超过 8 cm。烘烤开始时温度较低，然后逐渐升温至 30 ℃左右，升温的速度掌握在每 3~4 h 升高 5 ℃，烘出的木耳品质才好。待干燥空气的相对湿度超过设定的湿度后，经排湿窗排除部分湿空气，同时从冷风进风口补充部分新鲜空气，使空气具有持续的干燥能力。

（三）杏鲍菇干燥

1. 杏鲍菇干燥工艺流程

原料验收 → 预处理 → 护色 → 铺盘干燥

干品包装 ← 筛选分级

（1）原料验收　要求菌体新鲜，均整、无残缺，色泽白色或浅黄色，菌褶直立、干爽、无倒伏，具有杏鲍菇特有的香味，无霉烂菇、虫蛀菇和有害杂质。

（2）预处理　包括清洗、沥水、修整、切分，整个预处理要求在较短时间内完成，避免褐变及二次污染。

（3）护色　杏鲍菇在干制过程中极易发生褐变，因此干燥前需进行护色处理。

（4）铺盘　切好的杏鲍菇片应定量均匀地铺在物料盘上，菇片厚度要均匀一致。

（5）干燥　采取梯度降温热风干燥，即先以60 ℃干燥3 h，再以55 ℃干燥3 h，最后以50 ℃干燥至恒重。采后鲜菇含水量高，烘干时升温与降温不应过快。干燥过程中还应注意排湿、通风，随着菇体内水分的蒸发，如设备内通风不畅会造成湿度升高，导致色泽灰褐，品质下降。

（6）筛选分级　筛选前的分级整理应严格按照产品要求的操作规程和标准进行分级。对干制杏鲍菇进行过筛，挑出褐变严重和烧焦的菇。

（7）干品包装　包装后的干制品要贮存在避光、干燥、低温的地方。

（四）金针菇干燥

选用菌柄20 cm左右，未开伞、色浅、鲜嫩的金针菇，去除菇脚及杂质后，整齐地放入蒸笼内，蒸10 min后取出，均匀摆放在烤筛中，放到烤架上进行烘烤。烘烤初期温度以40 ℃左右为宜，待金针菇半干时，小心地翻动金针菇，以免粘到烤筛上，然后逐渐增高温度，到55 ℃时保存恒温，持续到烘干。烘烤过程中，用鼓风机送风排潮。

将烘干的金针菇整齐地捆成小把，装入塑料食品袋中，密封贮存。食用时用开水泡发，仍不减原有风味。

（五）草菇干燥

将草菇切成相连的两半，切口朝下排列在烤筛上。烘烤开始时温度控制在45 ℃左右，2 h后温度升高到50 ℃，七八成干时再升到60 ℃，直至烤干。该法烤出的草菇干，色泽白，香味浓。

食用菌盐渍

利用盐渍技术，将食用菌加工成盐渍品，可以直接供应市场，也可以脱盐进一步加工成产品。食用菌盐渍，设备简单，成本低，效果好，适用于绝大多数食用菌。

一、盐渍原理

（一）渗透压

把食盐溶液装在半渗透膜的袋子里，然后浸没在水中，和半渗透膜袋子连接的玻璃管中的液面会逐步升高（图6-14）。产生这一现象的原因是半渗透膜中的食盐分子不能扩散到膜外的水中去，但水分子可以自由通过。同时，由于膜外是水，而膜内是食盐溶液，所以单位时间内，从膜外面穿过半渗透膜进入膜内的水分子数目比从膜内出来的水分子数目要多。随着液面的不断上升，膜内单位体积中的水分子不断增加，压力不断增大，直到某一时刻，在单位时间内从膜外面穿过半渗透膜进入膜内的水分子数目等于从膜内出来的水分子数目，液面就维持在一定的高度，不再升高，膜内外就达到一种平衡状态，这种状态为动态平衡，相应的升高水位高度即为静压力（h），这时的静压值就是食盐溶液的渗透压。

因溶液的性质以及所用半渗透膜的不同，会发生不同的渗透过程，直到平衡，这种现象通常称为渗透现象。溶液所具有的这种性质，称为渗透性质。渗透压是这种渗透趋势大小的量度，渗透压愈大，溶液的渗透趋势愈大；渗透压愈小，溶液的渗透趋势愈小。

新鲜食用菌的细胞膜具有半渗透膜性质，食用菌的盐渍生产正是利用了新鲜食用菌的这一性质。

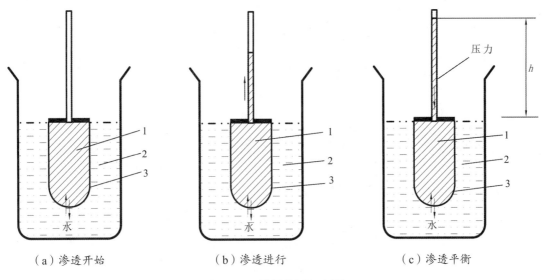

（a）渗透开始   （b）渗透进行   （c）渗透平衡

图6-14　渗透作用示意图
1.食盐溶液　2.水　3.半透膜

（二）渗透压差的特性

渗透压不仅是溶液渗透趋势大小的量度，而且还是溶液中溶质分子扩散能力的量度。渗透压的大小直接影响两种溶液间的渗透速度，渗透速度的计算公式为：

$$\Delta v = KA(p_内 - p_外) \qquad (6-6)$$

式中：Δv——渗透速度；

K——渗透常数，其值的大小和半渗透膜的性质有关；

A——半渗透膜的表面积；

$p_内$、$p_外$——分别为半渗透膜内、外溶液的渗透压。

渗透压差（即：$p_内 - p_外$ 或 $p_外 - p_内$）和半透膜的特性对两种溶液渗透速度有直接影响。凡是溶液都具有一定的渗透压。新鲜食用菌细胞中的细胞质含有大量水分和可溶性物质，故食用菌细胞内也具有一定的渗透压。

不同食用菌细胞的组成成分不同，其渗透压也不同。当食用菌浸入低渗透溶液时，由于食用菌细胞外部渗透溶液的渗透压小于食用菌细胞质的渗透压，低渗透溶液的水分子向食用菌细胞质内渗透的数量要大于细胞质内水分子向外渗透的数量，因而一段时间后细胞膨胀，食用菌的质量就会增加。食用菌的细胞壁和细胞膜等除水分子能自由通过外，

其他物质的分子也能通过，只是渗透的速度远不如水分子渗透的速度快。在盐渍食用菌过程中，料液中的一些物质会渗透到细胞内去，细胞内的一些物质也能渗透出来，直到渗透压达成动态平衡为止。

（三）食用菌盐渍原理

食用菌盐渍的基本原理是新鲜食用菌放入高浓度的食盐溶液中，食盐溶液产生的高渗透压，抑制或破坏微生物的生长活动，从而达到贮藏的目的。1%食盐溶液可产生0.617 MPa的渗透压，20%左右的食盐溶液可产生12.34 MPa的渗透压。一般微生物的渗透压为0.343～1.637 MPa。在高渗透压的作用下，微生物细胞内的水分外渗脱水，质壁分离，出现"生理干燥"现象，从而生长繁殖被抑制甚至死亡。食盐溶液对微生物的抑制能力与微生物的种类有关。一般细菌较弱，霉菌和酵母菌较强。例如，在pH 7的中性溶液中，6%～10%食盐溶液就能抑制大肠杆菌和变形杆菌的生长繁殖，而20%～25%食盐溶液才能抑制大部分霉菌和酵母菌的生长繁殖。pH对食盐溶液抑制微生物的能力也有重要影响。通常情况下，pH越低，微生物的耐盐力越弱，如酵母菌，当pH降到2.5时，只要14%的食盐溶液就可抑制其活性。

食盐对微生物也具有毒害作用。食盐在水中离解为 Na^+、Cl^-，前者与微生物细胞原生质中的

食用菌保鲜贮运和加工

阴离子结合，对微生物有一定的毒害作用，后者和细胞原生质结合，促使细胞死亡。微生物分泌出来的酶通常在低浓度食盐溶液中就会被破坏，如3%食盐溶液，变形菌就会失去分解血清的能力。

另外，因为氧气很难溶于食盐溶液中，组织内部的溶解氧排出，形成缺氧环境，从而抑制了好氧微生物的生长。食盐溶液抑制微生物的能力随食盐浓度的提高而增强。但含盐量过高，不但使成品的咸味太重、风味不佳，也使制品的后熟期相应延长。因此，在食用菌盐渍过程中，用盐量必须把握恰当。

二、盐渍工艺

（一）盐渍加工的主要原料

1. 食盐　食盐是食用菌盐渍加工的主要辅助原料之一。食盐的主要成分是氯化钠，还含有少量的水分及其他盐类。

GB/T 5461—2016对以海水、地下卤水、盐湖卤水、海盐、岩盐或湖盐为原料制成的食用盐进行了规定，其理化指标和分级见表6-6。

食盐的密度为2.161（25 ℃），溶解度随温度变化不太显著，因此溶解食盐时不需加热。食盐的溶解度见表6-7。

食盐溶液的相对密度、浓度和含盐量对照表见表6-8。

2. 水　加工用水必须符合GB 5749—2006《生活饮用水卫生标准》。

3. 其他辅料

（1）保脆剂　氯化钙等可作保脆剂使用，用量应符合GB 2760—2014《食品添加剂使用标准》。

表6-6　不同盐类的理化指标

项目	指标						
	精制盐			粉碎洗涤盐		日晒盐	
	优级	一级	二级	一级	二级	一级	二级
粒度	在下列某一范围内不应少于750 g/kg ——大粒：2～4 mm ——中粒：0.3～2.8 mm ——小粒：0.15～0.85 mm						
白度（度）≥	80	75	67	55	55	55	45
氯化钠以湿基计（g/kg）≥	991	985	972	972	960	935	912
硫酸根（g/kg）≤	4.0	6.0	10.0	6.0	10.0	8.0	11.0
水分（g/kg）≤	3.0	5.0	8.0	20.0	32.0	48.0	64.0
水不溶物（g/kg）≤	0.3	0.7	1.0	1.0	2.0	1.0	2.0

表6-7　食盐的溶解度　　　　（100 g食盐溶液中食盐克数）

温度（℃）	0	5	9	14	25	40	60	80	100
溶解度（%）	35.52	35.63	35.74	35.87	36.13	36.64	37.25	38.22	39.61

表 6-8 食盐溶液的相对密度、浓度和含盐量对照表

相对密度（g/cm³）20℃时	食盐溶液浓度（g/kg）	氯化钠含量（g/L）
1.007 8	10	10.1
1.016 3	20	20.3
1.022 8	30	30.6
1.022 9	40	41.0
1.036 9	50	51.7
1.043 9	60	62.5
1.051 9	70	73.4
1.058 9	80	84.5
1.066 1	90	95.6
1.074 1	100	107.1
1.081 1	110	118.0
1.089 2	120	130.0
1.096 0	130	142.0
1.104 2	140	154.0
1.112 1	150	166.0
1.119 2	160	179.0
1.127 2	170	191.0
1.135 3	180	204.0
1.143 1	190	217.0
1.151 2	200	230.0
1.159 2	210	243.0
1.167 3	220	256.0
1.175 2	230	270.0
1.183 4	240	284.0
1.192 3	250	297.0
1.200 4	260	311.0

（2）调酸剂 食盐溶液的酸度对微生物的生命活动有重要影响。霉菌和酵母菌适宜 pH 4.1～5.0，大肠杆菌适宜 pH 5～5.5，如果将食盐溶液 pH 控制在 4 以下，便可抑制多数有害微生

食用菌保鲜贮运和加工

物的生长。最常用的是柠檬酸，用量为食用菌质量的 0.5% 左右，也可用乙酸，用量为 0.3% 左右。

（3）香辛料　香辛料可丰富盐渍食用菌的风味并提高贮藏效果。常用的香辛料有花椒、黑胡椒、肉桂、大茴香、小茴香等。香辛料除了直接使用外，还可先经过一些预处理后再使用，其方法如下：

1）盐渍　将新鲜的香辛料及时盐渍贮藏，随用随取。

2）制粉　制粉前先将香辛料按辅料要求进行挑选，去掉杂物，然后将单一的或混合的香辛料制成粉末状。

（二）盐渍工艺内容

1. 食盐的用量　用盐量按下列公式计算：

$$S=P(Y+W)/(100-P) \qquad (6-7)$$

式中：S——100 kg 原料菇（鲜菇）应加食盐的质量，kg；

P——盐液与盐水菇体中食盐含量，%；

Y——鲜菇含水量（如鲜菇含水 90%，$Y=90$），%；

W——盐渍加工 100 kg 鲜菇预计加入清水的质量，kg。

如果只加食盐，不加清水，则式（6-7）变为

$$S=PY/(100-P) \qquad (6-8)$$

式中：P——盐液含量，%；

Y——鲜菇含水量，%；

S——100 kg 原料菇（鲜菇）应加食盐的质量，kg。

2. 通用食用菌盐渍工艺　工艺流程：

采收 → 分级 → 清洗 → 漂烫 → 冷却
↓
装桶，成品 ← 调酸 ← 盐渍

（1）采收与分级　按照各类食用菌的采收规范进行采收，根据客户要求或各类食用菌的等级标准进行分级；从采收到分级的运输时间尽可能短，如果运输时间较长，宜采用冷藏车，或用 0.6% 盐水浸泡。

（2）清洗　通常将食用菌置于 1% 盐水中浸泡清洗，去除菇体表面的泥沙、杂质；野生食用菌，如榛蘑、牛肝菌等，菇体泥沙和杂质比较多，有时还有蚊蝇，可用 1% 盐水反复冲洗。

（3）漂烫　漂烫的主要作用是驱除组织中的空气，灭酶，防止褐变；破坏细胞膜结构，增强细胞透性，利于食盐渗入组织；软化组织，缩小体积，增加塑性，便于加工。

1）沸水法　将水煮沸或接近沸点，投入食用菌，食用菌量为水量的 30%～40%，漂烫时要注意轻轻上下翻动，使食用菌受热均匀。漂烫时间应视食用菌的大小而定，一般来说，双孢蘑菇需 8～10 min，平菇 6～8 min，金针菇、牛肝菌 3～5 min，榛蘑 1 min。鉴别漂烫完成的方法有：切开组织，可见新鲜时的白黄色；用牙咬时，由新鲜时黏牙变为脆而不黏牙；把漂烫后的食用菌放入冷水中，若下沉即完成漂烫。此方法最大的缺点为食用菌的营养物质损失较大。目前我国大多数工厂采用此方法。

2）蒸汽法　利用蒸汽进行漂烫，时间为 3～15 min。采用此方法，可以减少食用菌的营养损失，但要采用较好的蒸汽设备，否则易造成受热不均，影响漂烫效果。

（4）冷却　冷却的主要作用是终止热效应。冷却不完全，热效应继续，食用菌的色泽、风味、组织结构会发生改变，盐渍时容易腐烂，发臭、变黑。冷却的方法为预煮后的食用菌，立即放入流动的冷水中或用 4～5 个不锈钢水池轮流冷却。冷却后进行沥水 5～10 min，以备盐渍。

（5）盐渍

1）层盐层菌法　在加工容器内先铺一层 2 cm 左右的食盐，再铺一层食用菌，食用菌菌盖向下，厚度不超过 5 cm，然后再放置一层盐，如此循环，一层食用菌一层盐，放置完毕后，用重物如石头将其压住，然后加入煮沸后冷却的饱和食盐水，调整 pH 为 3.5 左右，上盖纱布，防止杂物进入。

2）一次盐渍法　先配制22%～24%食盐溶液，二层纱布过滤去除杂质。将冷却后的食用菌浸入食盐溶液中，压上重物，使食盐溶液浸没食用菌，以免露出水面的食用菌变黑甚至腐烂。经过1～2 d，食盐溶液的浓度降低至15%～16%，这时应转缸，转缸即把盐渍的食用菌取出，转入另一容器内，并将原容器中食用菌上下层位置对换，这次转缸的容器内需配制22%食盐溶液；经2 d后再转缸一次，转入23%～25%食盐溶液容器中，1周后，食盐溶液浓度基本稳定在22%左右。通过转缸，可使食盐均匀渗透到食用菌中，并可排出不良气体。因转缸工作量大，食盐使用量大，也有不转缸而直接加盐的方法，即每天测定食盐溶液浓度，不断补充食盐，直到食盐溶液浓度不再下降，维持在22%。为了检查食盐溶液浓度是否达到22%，可将少量食用菌放入22%食盐溶液中，若食用菌下沉，则说明食用菌的盐浓度达到22%，若上浮，说明浓度没有达到22%，需要继续盐渍。

3）梯度盐渍法　先将预煮冷却后的食用菌浸入10%～15%食盐溶液中，经5 d后，将其捞出沥水，这个过程称为食用菌的转色；沥水后的食用菌转入23%～25%食盐溶液中浸泡1周左右。盐渍过程中，要注意食盐溶液浓度，如果其浓度低于18%，要立即提升食盐溶液浓度，其方法为转缸或者直接加食盐。

（6）调酸与装桶　盐渍好的食用菌，沥去食盐水，称重，装入塑料桶内。装满后加入pH为3~3.5的饱和食盐溶液。压下内盖，把菇体压没液面，再旋紧外盖，贴好标签，进库贮存。定期检查产品质量和食盐溶液，若发现食盐溶液浓度不够或酸度不够，应及时调整。

3. 食用菌盐渍生产用具及设备

（1）盐渍池　盐渍池使用较普遍，一般在10～40 t为好，池深不宜超过2 m。池子过深，压力过大，可溶性物质被压出，影响出品率；池子太大，生产操作不方便（如中途翻池），一旦出现腐烂，则损失更大。日本的盐渍池多为5 t或更

小。盐渍池一般建造在地下，材料可采用砖质、石质、钢筋混凝土等；筑池时注意分段进行，以避免池底下沉或断裂。池子底部要有一定的坡度（2%～4%），坡底要留有盐水贮存地下池（视整个池子的生产实际情况而定尺寸），便于回收或循环使用食盐溶液。盐渍池的布局应考虑行车的跨度，盐渍池的排列可与车间平行，两排池中间留有一定走道，此走道宽的可通过5 t重的货车（可卸货），窄的应不少于2 m，盐渍池平面图如图6-15和图6-16所示。

盐渍池的混凝土捣制厚度12 cm，内外保护层2 cm，基础以实际而定。

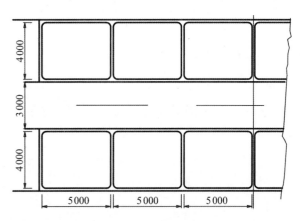

图6-15　盐渍池平面图（单位：mm）

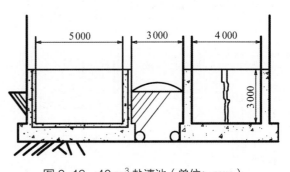

图6-16　40 m³盐渍池（单位：mm）

盐渍和贮存盐坯使用的池子，每池体积为40 m³，每组3个，共120 m³。池子设于室内且配有行车进行倒池起料。池并列个数应考虑行车跨度而定。池子采用混凝土捣制，基础部分以现场施工而定。

（2）陶瓷缸　大陶瓷缸盐渍，缺点是容量小，不能供大规模加工之用；优点是可以搬移，对

食用菌保鲜贮运和加工

少量盐渍操作和管理比较方便。陶瓷缸便宜，清洁卫生，不易被食盐腐蚀，较高档且量不大的盐渍生产用陶瓷缸更为合适。

（3）木桶　木桶宜用栗木或杉木制成，桶的形状有垂直的圆筒形，有上口直径大、下口直径小的圆锥筒形。桶的容量一般比缸大，大型的可装食用菌2～3 t，搬动方便，不容易撞破。需要注意的是木桶在使用之前，要仔细检查有无漏水情况，如有，须加修理；放置时要垫高，不要直接放在地面上，以免桶底木料腐烂。

（4）机械设备　食用菌盐渍加工除了输送设备、清洗设备、漂烫设备、包装设备等食用菌加工公用设备外，还需食盐溶解的设备。食用菌盐渍加工中，常常需要食盐的溶解这一工序。食盐的溶解目前几乎全用冷水溶解。

1）溶盐池　由混凝土制成，池底有足够的斜度，这样便于食盐溶液抽吸，如图6-17所示。溶盐池的供盐孔配以相应大小的竹筐，筐口与供盐孔间不留空隙，竹筐上需加一张100目以上的涤纶网，以滤除盐中的泥沙及杂物。

侧安装给水管，槽底有多根给水支管，管上开孔，可使水流入槽中，食盐倒入槽中，水以6 m/min的流速从盐层下面流过直至涨满水槽，食盐即被溶解。流水式食盐溶液槽如图6-18所示。

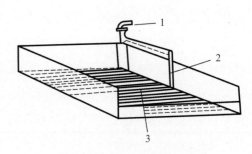

图6-18　流水式食盐溶解槽
1. 水管阀　2. 给水管　3. 给水支管

3）移动式食盐溶解槽　这种槽适用于小型加工厂，一般是木制的，槽的一端设有进水管，与槽底的水管相通，槽底水管上有许多小孔，水可自孔中流出，食盐自槽端的槽壁与隔板间投入，遇水逐步溶解成食盐溶液，食盐溶液逐步增加而外溢，经过竹席挡住杂质，进入食盐溶解池。移动式食盐溶解槽如图6-19所示。

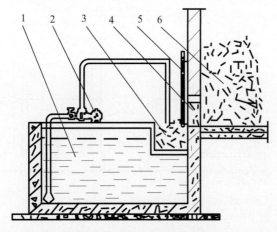

图6-17　溶盐池结构示意图
1. 溶盐池　2. 水泵　3. 盐筐　4. 供盐孔　5. 闸板　6. 盐

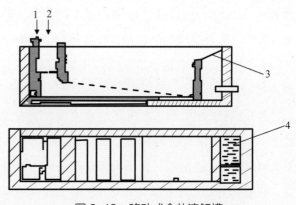

图6-19　移动式食盐溶解槽
1. 送水口　2. 投盐口　3. 竹席　4. 食盐溶解池

操作方式：打开闸板，盐仓的食盐即通过供盐孔进入盐筐，开动水泵，通过冲淋管直接向盐筐内的盐层冲浇，食盐层迅速溶解，进入溶盐池。

2）流水式食盐溶解槽　由混凝土制成，槽一

4）连续溶解食盐槽　适用于大规模生产，其结构如图6-20所示。溶解槽中央有突出棒状物，其上有许多小孔，水由底部经棒状物小孔流出，使食盐溶解。食盐溶液经过过滤网，进入存留食盐溶液的外槽，从排出口排出。

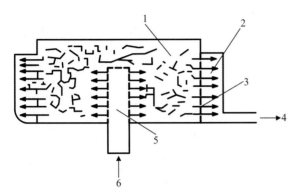

图 6-20　连续溶解食盐槽
1.食盐　2.外槽　3.过滤网　4.食盐溶液出口
5.棒状物　6.进水口

三、常见质量问题与卫生管理

（一）盐渍食用菌败坏的原因

1. 微生物引起的败坏　食用菌在盐渍过程中或在较长一段时间贮藏后（3个月以上），出现败坏，有可能是有害微生物引起的。

（1）细菌　丁酸菌为嫌气性梭状芽孢杆菌，能利用糖生成丁酸，发酵的产物丁酸具有强烈的不快气味，降低了盐渍品的品质。

大肠杆菌是一种肠道细菌，它的存在说明食用菌已经遭受粪便的污染。大肠杆菌可将硝酸盐还原为亚硝酸盐，对盐渍品的质量极为不利；它还可以进行异乳酸发酵，分解蛋白质产生吲哚，发出臭气，使盐渍品败坏。

（2）酵母　引起盐渍品败坏的酵母有产膜酵母、假丝酵母、红酵母、酒花酵母等。膜酵母菌引起的败坏尤为严重，在盐液表面或暴露于空气中的盐渍品表面，常常会产生一层灰白色或淡红色、粉状、有皱纹的薄膜，能分解乳酸、乙醇、糖、氨基酸及有机酸，使食用菌软化，释放出不愉快的气味，引起盐渍品败坏。酒花酵母则会引起"生花"现象，在浸渍表面形成乳白色光滑的膜。

（3）霉菌　由于青霉、黑霉、曲霉、根霉、白地霉、芽枝霉、交链孢霉和镰刀霉等有害霉菌的侵染，在盐渍表面或暴露在空气中的食用菌上长出白色、黑色等颜色的菌丝。这会使盐渍品质量下

降、风味变劣，失去保藏性，并可产生一些有害物质，如白地霉可以分解蛋白质，使氨基酸脱氨，并对亚硝酸盐、亚硝酸胺的生成有协同作用。

2. 物理败坏　造成盐渍食用菌败坏的物理因素有食用菌原料本身、加工设备、工具的清洁度等，但主要的是光线和温度。食用菌盐渍加工或贮藏期间，如果经常受到阳光的照射，会促进原料、半成品、成品中的生物化学作用，造成营养成分的分解，引起变色、变味等。强太阳光会引起温度升高，温度过高会引起化学和生物学变化，导致水分蒸发，增加挥发性风味的损失，使盐渍食用菌的成分、重量和外观、风味等发生变化。而过度的低温（如冰冻温度），同样也会使盐渍食用菌质地发生变化。

3. 化学性败坏　各种化学反应如氧化、还原、分解、化合等都可以使盐渍食用菌发生不同程度的败坏。例如在贮藏期间，食用菌长时间暴露在空气中与氧接触，或与铁质容器接触，都会发生或促进氧化变色；酶促褐变或非酶促褐变等化学反应也可引起变色。

（二）出现的主要质量问题及控制方法

1. 醭膜或菌花　醭膜是灰白色或乳黄色、具有皱纹的膜状物，浮在食盐溶液表面上，是由产膜酵母或伪酵母在食盐溶液表面生长所产生的。菌花是乳白色、光滑的膜状物，是由酒花酵母产生的。这些微生物都属好气性、抗盐耐酸的微生物，能够氧化糖、乙醇、乙酸及乳酸等生成二氧化碳和水，对盐渍食用菌的品质有不良的影响。控制办法：①加满食盐溶液，旋紧盖子，隔绝空气，形成无氧状态，使这些好气性微生物因缺氧而不能生长。②盐水浓度升到22%以上，pH降到2.5以下，也可再加入0.05%～0.1%的防腐剂（苯甲酸或苯甲酸钠）。

2. 上层食用菌腐烂发臭　由于食用菌浮出液面，接触空气所致。改善的办法是不让食用菌浮出液面，用竹笪、卵石压住食用菌。

3. 食用菌变黑　由于漂烫不彻底，食用菌没

煮熟，食用菌内的酶没有完全被破坏，在蛋白质水解酶的作用下，蛋白质水解成氨基酸，氨基酸中的酪氨酸在酪氨酸酶的作用下氧化使食用菌变黑。此外，细胞中的氨基酸与还原糖作用也可以生成黑色物质，使食用菌变黑。改善方法：① 漂烫要彻底，食用菌熟而不烂。② 装桶时，加入0.4%～0.5%柠檬酸，就可使食用菌呈淡黄色。

4. 食用菌变蜡黄色，食盐溶液浑浊，发酸、变味　这是由于盐渍时食盐溶液浓度太低，乳酸菌和异型乳酸菌进行发酵活动，降解食用菌，产生乳酸。改善办法是注意检查食盐溶液浓度，必要时加大食盐溶液浓度。

（三）盐渍食用菌的卫生管理

盐渍食用菌加工厂生产卫生主要包括工厂环境、建筑物、设备等的选择与设计、使用，原辅料、水质要求，生产车间卫生，操作人员卫生以及废水废料的处理与利用，有害昆虫的防治等。

1. 盐渍食用菌生产污染来源　盐渍食用菌生产污染来源一是微生物污染，二是有毒有害物质的污染。

（1）微生物污染　在盐渍食用菌卫生标准中，以大肠菌群和致病菌（沙门菌、志贺痢疾杆菌、变形杆菌等）为主要检测对象。盐渍品被微生物污染，尤其是感染细菌后，往往会出现细菌性食物中毒。细菌性食物中毒分为感染型和毒素型两大类。感染型中毒是食品中污染和繁殖了大量的病原菌或致病菌随同食物进入人体，引起消化道的感染而发生中毒，如沙门菌和变形杆菌食物中毒。毒素型中毒则是食品污染了某些细菌以后，在适宜的条件下，这些细菌产生了毒素，由毒素所引起的中毒，如内毒杆菌和金黄色葡萄球菌肠毒素中毒。这些有害微生物的主要来源为盐渍品的原辅料、生产用水以及生产环境。

在盐渍食用菌生产过程中，很可能被污染上青霉菌，很多青霉素都能产生毒素。

（2）有毒有害物质的污染　主要指重金属（如铅、砷、汞、镉）、农药（如有机磷、有机氯）等非生物的污染。重金属污染的来源主要是工业三废（废气、废水、废渣）超过标准所造成的。如果原料受到污染，那么用其加工的盐渍品也会受到污染。铅的污染来源于陶瓷容器（缸、坛、盆等）。使用含铅量较高的陶器贮藏盐渍品，铅在酸性环境中溶解出来而造成对人的危害。铅的污染还来自搪瓷容器中的珐琅釉、水泥盐池等。

农药的污染是我国盐渍品出口的一大障碍，特别是对欧美和日本出口。

塑料器具应慎重选用，有些塑料器具带有荧光物质，有些塑料本身无毒，但生产中加入的增塑剂与稳定剂常常使塑料带毒。

2. 盐渍食用菌生产的卫生管理　大型加工企业应设卫生科，负责监督检查环境及车间卫生，并定期组织卫生大检查及个人卫生（如每年度全面体检）的监督。中小型加工企业可委托当地卫生防疫机构来监督检查，切不可忽视。

（1）环境、车间和设备的卫生要求

1）厂址的选择　盐渍食用菌工厂必须有独立的环境，要有足够的水源和良好的水质，并有较完整的排水系统，废物垃圾要有固定存放点，远离车间，并能及时运出。

2）厂房卫生设计及设施　车间内地面应以水泥或其他防水材料构筑，表面平而不滑，并保留适当的坡度，以利于排水，不允许有局部积水现象。墙壁由地面到高 2 m 处采用水磨石或白瓷砖为墙围裙。窗台也要有 45°的倾斜度，有利于冲洗。天花板以浅色为原则，应有适宜的高度，要维持清洁，并时常刷洗。水管及蒸汽管应避免在工作台上空通过，以防凝结水或不洁物掉落。门窗要有防蚊蝇设施（如风门、纱窗）。工作场地光线要充足，通风排风要好，有条件的工厂可建密闭空调车间。注意电灯安装位置及防护装置。车间要布局合理，防止交叉感染。

进车间工作人员洗手冲水要用脚踏板，双手洗后用热风吹干，并用酒精消毒。厕所应为冲水式，与厂房要有适当的距离。

3）库房设计　库房设计时应注意大小适宜，通风排水要好，应有良好的防尘防潮和完善的防虫、鼠、鸟侵入的设计。

4）设备卫生　设备、工具、器具的卫生要求：容易拆卸及清洗。与盐渍品接触的部分为不锈钢且表面要光滑，避免凹凸及缝隙。不可用易腐蚀或有毒性的金属，如铝、铜、铅等。防止润滑物、污水、杂物等的污染。所有设备应易于进行卫生冲洗。设备的表面吸着力要小。生产前后都要坚持卫生清洗消毒制度。所采用的消毒杀菌剂应安全、有效、无毒。

（2）原辅料的卫生要求

1）原料　对原料应进行严格的选择。对于不易消除污染的原料应坚决废弃。原料盐渍之前一定要彻底清洗干净，除净污泥、细菌和农药等污染物。有些原料洗后还需要晾晒。晾晒不仅可蒸发水分，缩小体积，便于盐渍，而且通过阳光的照射，可利用紫外线杀菌防腐烂。

2）水　盐渍加工用水量极大，用水应符合 GB 5749—2006《生活饮用水卫生标准》。

3）食盐　食盐卫生质量要求须符合 GB 2721—2003《食盐卫生标准》。

（3）食品添加剂的用量　食品添加剂可防止食品腐败变质，或增强食品感官性状。在盐渍加工中添加剂使用必须按照 GB 2760—2014《食品添加剂使用标准》，严格掌握其用量。

（4）生产工人的卫生管理　生产工人要健康，上岗前均应进行体检。患有传染病的工人应及时调离生产岗位。生产工人要做到勤洗手、勤剪指甲，工作时要穿戴工作服、工作帽，并保持清洁。

盐渍品生产的卫生管理涉及生产和经营的各个环节。因此，要搞好盐渍品的卫生，防止产品污染，就要严格按照国家食品卫生法规，建立产品卫生管理制度，加强卫生检验和管理。

四、食用菌盐渍加工实例

（一）盐渍双孢蘑菇

1. 漂洗护色　先用清水洗去表面的杂质，捞起浸入含柠檬酸、食盐的护色液中，频繁上下翻动，护色 10 min。

2. 漂烫　可用 5%～6% 的食盐溶液，沸腾后，倒入护色后的双孢蘑菇，边煮边上下翻动。捞去浮在表面的泡沫，煮至熟而不烂，即可捞起冷却。一般水沸后 8～10 min 即可。

3. 冷却　将漂烫后的双孢蘑菇立即放入流动的冷水中冷却或用 4～5 个水缸连续轮流冷却。

4. 盐渍　盐渍方法有两次盐渍法和多次加盐盐渍法。

（1）两次盐渍法　将冷却沥干水的双孢蘑菇投入 15%～16% 的食盐溶液中盐渍 3～4 d，使盐分向菇体中自然渗透，双孢蘑菇逐渐变为正常的黄白色，称为"转色"或"定色"；然后将双孢蘑菇捞起，沥干，再放到 23%～25% 食盐溶液内。在盐渍初期，最好每天转缸 1 次，若食盐溶液浓度低于 20%，应及时加盐补足，或倒出一部分淡盐水，倒入饱和盐水调整。盐渍 1 周后，当食盐浓度不再下降，稳定在 22% 左右时，即可装桶。

（2）多次加盐盐渍法　将冷却后的双孢蘑菇装入木桶（或陶瓷缸）中，加入 8%～10% 食盐溶液，经盐渍 4～6 d，食盐溶液浓度会降低至 2%～3%，双孢蘑菇由灰白色转为白色，再慢慢转为黄色。当双孢蘑菇色泽变至浅黄色或黄色时，及时提高食盐溶液浓度，防止发酵过度变酸。所需要的食盐最好分批加入，如每天加入一定量的食盐，使浓度每天提高 4%～5%，直到浓度稳定在 22% 以上时，停止加盐。一般来说，盐渍需要 20 d，每 100 kg 双孢蘑菇（漂烫后的质量）需用 35～40 kg 的食盐。

5. 装桶与调酸　将已盐渍好的双孢蘑菇捞起，沥去盐水，约 5 min 后称量，装入塑料桶内。根据塑料桶的型号大小，每桶定量装入 25 kg、40 kg 或

食用菌保鲜贮运和加工

50 kg。然后在桶内灌满新配制的 22% 食盐溶液，用 0.4%～0.5% 柠檬酸溶液调节 pH 为 3～3.5，并加盖封存。

（二）盐渍平菇

1. 采收、清洗　选取八分成熟，菌盖边缘稍向内卷，菌体组织富有弹性，无虫害，无变质的菇体为原料。清除菌盖、菌褶内黏附的杂质，切除过长的菌柄，使柄长不超过 2 cm，切面要平整。然后用清水漂洗干净，捞起后，沥干水分。平菇质地较脆，在漂烫前，应尽量少翻动，以减少菌盖的破碎程度。当日采收，当日加工，以防变质。

2. 漂烫　用 5%～7% 食盐溶液漂烫 7～8 min，当菇体熟至透心，内外色泽一致，全部沉没于水内，用牙咬脆而不黏时，即可捞起，迅速放入清水中进行冷却。漂烫水可连续使用，但应补充食盐，其方法是在原液中加入原液 1/3 的 10% 食盐溶液。如遇菇多，一时处理不完，可用 0.6% 食盐溶液浸泡保存。漂烫后，平菇的失重率为 10%～15%。

3. 盐渍　将漂烫过的平菇放入 24% 食盐溶液中，菇与食盐溶液的比例为 1:1。腌渍 12～24 h，检查食盐溶液浓度，若食盐溶液的浓度降至 15%～16%，应转缸，提升食盐溶液浓度，约 7 d 后，食盐溶液浓度基本稳定在 22% 左右。

4. 封缸或装桶　将腌渍好的平菇捞出沥干，拣去残次菇，再装入盛有 22%～24% 食盐溶液的容器中，加盖，置阴凉处保存，一般可存放半年。或按收购部门规定要求直接入塑料桶内发运或贮存。

此外，可将漂烫过的平菇，直接干盐盐渍。每 100 kg 鲜菇用精制盐 23～25 kg。先在缸底铺一层食盐，厚约 2 cm，上面放一层预煮过的平菇，厚 5～7 cm，以后一层食盐一层平菇，直至满缸。7 d 后，倒缸一次，仍然采用一层食盐一层平菇的方式，经 14 d 盐渍，即可装桶，然后注入 33% 食盐溶液密封。

（三）盐渍草菇

1. 采收　草菇长到鸡蛋大小（蛋形期）、饱满、光滑、伞盖与伞柄即将破裂出来时质量最好。开伞后不宜做盐渍草菇。采后立即整理菇脚，削去杂质。

2. 清洗　用清水漂洗，洗去菇体表面泥沙。

3. 漂烫与冷却　将洗净后的草菇放入沸水中漂烫 3～5 min，捞起放入冷水中冷却。漂烫可采用清水，也可用 5%～7% 食盐溶液。

4. 盐渍　按一层盐一层菇的顺序装缸，装至大半缸时，向缸内倾入 33% 食盐溶液，上面压重物。在盐渍过程中要转缸一次，以促使盐分均匀，排出不良气体。如有气体生成，说明食盐浓度不够，需补充食盐。采用此法盐渍草菇 20 d 左右即可调酸，装桶外运，可保藏 2～3 个月。

（四）盐渍凤尾菇

1. 采收分级　按等级分开，切去菌柄，留柄长 3 cm，用清水洗净。

2. 漂烫与冷却　采用 10% 食盐溶液进行漂烫，时间为 1 min 左右。漂烫后立即投入冷水中冷却。每 100 kg 鲜菇可得熟菇 90 kg 左右。

3. 盐渍　在缸底铺一薄层盐，加一层菇（约 5 cm 厚），这样一层盐一层菇装缸，最上一层要多撒些盐。装完后灌注调酸的食盐溶液，压重物，盖上纱布。盐渍 7 d 后，检查食盐溶液浓度是否为 22%，如果浓度偏低，则倒缸一次。14 d 后再倒缸一次，将食盐溶液浓度维持在 22%。

4. 装桶与调酸　将盐渍好的凤尾菇捞出沥至卤水断流不断滴时称量装桶，加入调酸的 33% 食盐溶液（pH 为 2.5～3.5）浸没菇体，盖好内盖，再旋紧外盖，密封贮运。

（五）盐渍金针菇

1. 采收处理　采后及时切去根部，并用清水洗净，晾干。

2. 护色　将洗净后的金针菇进入 0.05% 焦亚硫酸钠溶液中，护色处理 10 min，并不停上下翻动。然后捞出，用清水冲洗 3～5 次，洗去残留的焦亚硫酸钠。

3. 漂烫与冷却　采用 0.2% 柠檬酸和 10% 食盐

溶液进行漂烫,水∶菇比为(5～10)∶1,水沸后漂烫3～5 min,捞出用冷水迅速冷却。

4.盐渍 把经漂烫的金针菇放入塑料桶或缸内,加入33%食盐溶液,并在食盐溶液中添加2%柠檬酸。用竹箅压下菇体,不能让菇体浮出液面,以防腐烂。每天测定食盐溶液浓度,若浓度降至20%以下,则调浓度到22%,经过7～10 d即可。

5.装桶与调酸 金针菇食盐溶液浓度稳定后捞起装入统一规格的塑料桶内,加入调酸的33%食盐溶液(即在食盐溶液中加入0.5%柠檬酸)。食盐溶液必须加满,盖上内盖,把菇体压在液面以下,旋紧外盖,贴上标签,入库贮存。

(六)盐渍猴头菇

1.采收、清洗 切去带苦味的菌柄,将猴头菇浸泡在水中,捞出挤干,反复数次,去除苦味。

2.护色 用0.05%～0.1%焦亚硫酸钠溶液浸泡10～20 min,使菇体变白色(用2份溶液浸泡1份鲜菇)。接着用清水冲洗3～5次。

3.漂烫与冷却 用9%食盐溶液漂烫3～5 min,食盐溶液可连用3～5次,但每次应加入适量的盐。漂烫后立即用冷水冷却。

4.盐渍 在缸内先撒一层盐,再铺一层菇,一层菇一层盐装缸,盐和鲜菇的例是4∶10,最后注入33%食盐溶液。经过20 d左右的盐渍,上下翻动3～4次,食盐溶液浓度为20%～22%时,便可装桶。

5.装桶与调酸 一般用塑料桶分装,将盐渍好的猴头菇从缸内捞出,沥至卤水断流不断滴时称重,按规定重量装入塑料桶内,然后加入调酸的33%食盐溶液,盖上桶盖,在桶外注上标记和代号,入库保存或运销。

(七)盐渍滑菇

1.采收、清洗 滑菇以不开伞,菌盖直径2～4 cm、柄长3～4 cm为标准。

鲜滑菇切去硬根部,保留嫩柄1～3 cm,挑出异色菇、虫菇、破损菇,并进行分级。用1%食盐溶液洗涤菇表的泥土杂物,捞出沥干。

2.漂烫与冷却 采用15%食盐溶液漂烫,时间3～5 min。50 kg食盐溶液约加20 kg鲜滑菇,并不断搅动,使菇体均匀地被煮熟。漂烫后立即捞到冷水中充分冷却。

3.盐渍 滑菇的盐渍有一次盐渍法和两次盐渍法。

(1)一次盐渍法 菇、盐比例为10∶7或10∶8。先在容器的底部撒上1 cm厚的盐,再放上2 cm厚的滑菇,一层盐一层菇,直到装满容器为止。再加2 cm厚的盐封面,盖上竹箅并压石块,再注入饱和食盐溶液淹过竹箅1 cm。盐渍25～30 d。要经常检查食盐溶液浓度是否达到22%,不够就补充食盐。

(2)两次盐渍法 第一次盐渍10 d,倒缸后第二次盐渍20 d。菇、盐比例为10∶4,第一次与第二次盐渍后的食盐溶液均不能再用。其余操作方法与一次盐渍法相同。

4.装桶与调酸 盐渍好的滑菇色泽正常、菇体完整、无异味、无霉变腐败。成品装桶前沥干,每桶装70 kg成品菇,装桶前先撒一层盐于桶底,然后一层菇一层盐,最上层用盐封面。每桶装成品菇70 kg,用盐5 kg。装好后注入调酸的3%食盐溶液。盖严桶盖,桶外标明品名、等级、毛重、净重和产地(代号)。

第三节
食用菌糖渍

糖渍是食用菌加工常用方法之一。食用菌糖制品包括蜜饯类、果脯类等。食用菌糖制品具有特殊的风味,加工工艺易于掌握,厂房可大可小。对于开发利用食用菌资源、发展经济有着重要意义。

食用菌保鲜贮运和加工

一、糖渍原理

（一）高渗透压作用

高浓度的蔗糖溶液使制品具有较高的渗透压，含糖量达70%的制品其渗透压约为5.06 MPa，微生物在这种高渗透压的制品中无法生长繁殖。需要注意的是，当制品含糖量降到一定程度时，微生物又会生长，造成制品败坏。所以，糖渍品，特别是干态蜜饯切忌回潮。

一般来说，50%以上的糖液才可以有效地抑制大多数微生物的活动，有些酵母和霉菌对高浓度糖液的抵抗力较强，如蜂蜜中常含有耐糖酵母——圆酵母。因此，糖渍品的含糖量一般要在65%以上。由于制品中还有其他的可溶性物质，这些可溶性物质也有一定的渗透压，因此总可溶性固形物含量要达68%～75%。

微生物耐渗透压的能力与介质的pH直接相关。一般介质的pH越低，制品的含酸量越高，微生物耐渗透压能力就越弱。如果制品的可溶性固形物低于68%，但含酸量较高，也可能获得良好的保存效果。不同种类的糖，相同的浓度，渗透压也可能不一样。葡萄糖的渗透压几乎是蔗糖的2倍。在糖渍时，往往水解部分蔗糖，将其转化为单糖，提高制品的可贮性。

另外，在糖渍过程中，由于糖量的增加，降低了制品中的含氧量，减少了营养成分的氧化，利于制品色泽、风味等稳定。

低糖食用菌制品须结合其他的防腐、保藏等方法，才能长期贮藏。

（二）晶析作用

糖液的饱和浓度受温度的影响很大。常温下，蔗糖液的饱和浓度为65%～68%，基本等于糖渍品所要求的含糖量；葡萄糖液的饱和浓度为40%～50%。在进行糖煮的时候，糖液浓度过高，随着温度的降低，糖液有可能在某一温度呈过饱和状态，糖会结晶而出，这一现象称为晶析或返砂。糖的晶析会影响糖渍品的含糖量、品质以及外观。

对于一些蜜饯制品，要避免出现晶析或返砂现象；而有些制品需要进行包糖衣或"起霜"，恰恰需要利用这种特性。

抑制糖晶析的方法有很多，如以蔗糖为主时，可添加果糖、转化糖、麦芽糖、糊精，或添加含有这些成分的饴糖、淀粉糖浆、蜂蜜等；果胶、琼脂也可提高糖液的饱和度，抑制晶析。但要注意，蔗糖转化过多反而会引起葡萄糖的晶析。而需要"起霜"的制品，在糖煮时要尽量避免蔗糖转化过多，可采用分次加糖的煮制方法，如果是蔗糖溶液，使其最后浓度达75%以上后迅速冷却，促进蔗糖晶析，形成糖霜。

（三）吸湿作用

糖的吸湿性受糖的种类、空气相对湿度、温度等影响。一般来说，温度越高，相对湿度越大，糖渍品越容易吸湿。所以糖渍品保存在较低温度、较干燥的环境里较宜。在空气相对湿度为80%左右的环境里，果糖最容易吸湿，其次是麦芽糖，蔗糖最不容易吸湿。但如果蔗糖含有杂质，就很容易吸湿，所以在糖渍时，要注意蔗糖的纯度，特别是用于裹糖衣的蔗糖。如果制品中含有一定数量的转化糖，由于吸湿性较高，要给予制品适宜的包装。总的来说，糖渍品都应该有良好的包装和较好的贮藏环境。

（四）沸点变化

在一个大气压下，蔗糖溶液的浓度与沸点见表6-9。根据沸点，可推测出加工糖液的大致浓度，因此可以在糖煮时通过控制沸点来控制糖液浓度及测定糖液浓度变化情况。例如：糖液沸点在112 ℃时，其浓度约为80%，将糖液滴入冷水时，散开，不成粒状。沸点达到120 ℃时，将糖液滴入冷水时，不散开，成软扁粒。当不断搅拌至冷，即逐渐结晶返砂。沸点到126 ℃时，将糖液滴入冷水中即成软粒，不脆，搅拌中很快结晶返砂。沸点达到136 ℃，糖液滴入冷水中即成硬粒，在沸腾的搅拌中会逐渐出现结晶返砂，此时糖液浓度已经超过90%。沸点达到140 ℃时，糖液滴入冷水中，

表 6-9　蔗糖溶液的浓度与沸点

浓度（%）	10	20	30	40	50	60	70	80	90
沸点（℃）	100.4	100.6	101.0	101.5	102.0	103.6	106.5	112.0	130.6

即成脆粒，表示含水量已很低（约4%以下），搅拌中迅速结晶。在糖煮过程中常控制其沸点不超过140 ℃。

（五）转化作用

蔗糖适当水解为转化糖，会提高糖液的饱和浓度，增大渗透压，同时也会抑制蔗糖的晶析。但如果转化过度，会使制品吸湿。一般情况下，在糖煮时，蔗糖的转化量为30%～40%，蔗糖不易结晶，在制品的保存过程中，蔗糖还会继续转化达到50%左右。

蔗糖的转化速度与糖液的pH、温度有很大关系，pH越低转化速度越快，最适宜的转化pH为2.5；煮制温度越高，时间越长，蔗糖转化量就越大。如果原料含酸量较高，必要时可用石灰水来降低酸度，或者降低糖煮温度；如果原料酸度不足，可添加少量的柠檬酸或酒石酸，不仅利于蔗糖转化，同时还会增加制品的风味。

（六）渗透作用

糖渍的过程，实质上就是原料吸收糖，糖向原料渗透的过程。一般来说，糖液的浓度越高，温度越高，糖的渗透速率也越大，因此糖渍大多采用较高浓度的糖液进行高温煮制的方法。但高浓度的糖液也会加大原料细胞内的水分向外渗透，造成细胞过度失水，制品干缩。因此一般糖渍时，第一次配制的糖液，浓度不宜过高，大多在40%以下。

新鲜的原料渗透阻力较高，为了提高糖渍速率，往往通过盐腌、硫处理、漂烫等提高渗透性，缩短糖渍时间。也可通过去皮、切分、切缝、刺孔等处理，加快糖的渗透。

二、糖渍工艺

（一）糖渍加工的主要原料

食用菌糖渍品主要原料为食用菌和糖。食用菌糖渍品的质构、形态、食味、营养、卫生、保存、包装、运输等，都受所用原料糖的影响。

常见的原料糖的理化性质、商品性质如下：

1.蔗糖　糖渍加工最常用的是蔗糖，蔗糖除前述的一般特性之外，还易溶于甘油，微溶于纯乙醇，相对密度在15 ℃时为1.587 9 g/mL，其水溶液的比旋光度为+66.5°，在160～180 ℃分解，根据这些性质可判断蔗糖的纯度。

常用的蔗糖有白砂糖、白糖、冰糖、赤砂糖、黄片糖、冰片糖、黄糖粉（或称红糖粉）。为了制取高质量的糖渍食用菌，以选用优质砂糖为宜。冰糖为白砂糖的大结晶体，一般不选用。绵白糖的晶粒很细，易于溶解，有时为了提高溶解速度，也可选用绵白糖。其他如赤砂糖、黄片糖、冰片糖、黄糖粉等虽可作深色糖渍食用菌的原料，但杂质含量不等，易使糖渍食用菌的风味不稳定、不一致，故不宜采用。

白砂糖的商品理化指标如下：

总糖分（蔗糖＋还原糖）不低于89.00%；水分不超过3.5%；其他不溶于水的杂质每千克不超过200 mg。

优级白砂糖，其还原糖分含量要求不超过0.04%，电导灰分不超过0.04%，干燥失重不超过0.06%。含还原糖较高的砂糖加热超过115 ℃经30 min后会逐渐变成深色。因此对纯白色的糖霜蜜饯类，要求更好的优质砂糖。

2.麦芽糖浆　糖渍使用的麦芽糖往往不是纯麦

芽糖，而含有不少杂质，一般称为"饴糖"。加工饴糖的原料不同，糖化程度不一致，故没有一致的商品品质。成分中除麦芽糖外，还有不少糊精。糊精含量高的麦芽糖，防止蔗糖返砂的能力较强，也可降低吸湿性，因此在糖渍加工中，用量仅次于蔗糖。

3. 淀粉糖浆与果葡糖浆　淀粉糖浆是淀粉经糖化、中和、过滤、脱色、浓缩而得的无色透明、具有黏稠性的糖液。其糖化程度、成分与浓度等，随葡萄糖值的不同而有很大差异。工业产品有葡萄糖值 42、53 及 63 三种，其中葡萄糖值为 42 的最多。葡萄糖值为 42 的淀粉糖浆的甜度约是白砂糖的 30%。

果葡糖浆的成分主要是葡萄糖与果糖。目前，工业上大量生产的果葡糖浆，是用葡萄糖值为 95～97 的淀粉糖浆加异构酶转化而成，转化率为 40%～45%。果葡糖浆无色、透明，有类似蜂蜜的甜味。由于含果糖成分较多，吸湿性强，稳定性也较低，易受热分解而变色。果葡糖浆与淀粉糖浆及蜂蜜一样，一般在干态及半干态的糖渍品加工中少量配用，以防止制品返砂。

4. 蜂蜜　也称为蜜糖。由于其吸湿性很强，易使制品发黏，而且价格较贵，常用作加工辅助糖料。

（二）常用的食品添加剂

食用菌糖渍生产常用的食品添加剂有酸味剂、甜味剂、漂白剂、色素和防腐剂。

1. 酸味剂　在食用菌糖渍过程中，酸味剂不仅可以调节制品的风味，更重要的作用在于调节蔗糖溶液的 pH，调节蔗糖的转化，控制转化糖与总糖的适当比例，防止制品返砂。同时，还有抑菌、防腐和抗氧化作用。在食用菌糖渍加工中使用最多的酸味剂是柠檬酸，其次为酒石酸。

（1）柠檬酸　无色半透明结晶或白色结晶性粉末，无臭，有强酸味，易溶于水。在干燥的空气中可失去结晶水，在潮湿的环境下缓慢潮解。柠檬酸能抑制细菌繁殖，有一定的防腐作用。对金属离子螯合力强，可作为抗氧化剂、增效剂和色素。

（2）酒石酸　无色半透明结晶或白色结晶性粉末。无臭，酸味强度为柠檬酸的 1.2～1.3 倍，易溶于水。一般很少单独使用，多与柠檬酸混合使用。

2. 甜味剂

（1）糖精钠　俗称糖精，是人工合成甜味剂。低浓度时味甜，大于 0.026% 时则味苦，甜度为蔗糖的 300～500 倍，易溶于水，耐热性及耐碱性弱。溶液煮沸后可分解而甜味减弱，酸性条件下加热则甜味消失。摄入人体后不分解，不提供热量。使用量要在食品添加剂使用标准规定范围内。

（2）甜蜜素　又称环己基氨基磺酸钠，白色结晶或结晶性粉末，无臭，易溶于水，对热、光和空气稳定。甜度是蔗糖的 50 倍，使用量要在食品添加剂使用标准规定范围内。

另外，还有甜菊糖苷、异麦芽酮糖，使用量要在食品添加剂使用标准规定范围内。

3. 色素　主要有 β-胡萝卜素、红花黄、纽甜、甘草酸铵、甘草酸一钾及三钾、三氯甘蔗（蔗糖素）等，还有天然苋菜红、柠檬黄等。国家标准 GB 2760—2014《食品添加剂使用标准》明确规定了色素的使用食品名称和最大使用量。

4. 防腐剂　由于高浓度糖液的渗透作用，糖渍品一般不必加入防腐剂。但对某些含糖量较低的糖渍品，可适当使用防腐剂。防腐剂主要有苯甲酸及其钠盐、山梨酸及其钾盐。

（1）山梨酸及其钾盐　山梨酸微溶于水，溶于乙醇等多种有机溶剂，其钾盐易溶于水。山梨酸易氧化，应避光保存。

山梨酸（盐）在 pH 小于 4 时，抑菌活性强，pH 大于 6 时，抑菌活性降低，但它适用 pH 范围较甲苯酸广。山梨酸（盐）是一种较安全的食品防腐剂，使用量严格按照 GB 2760—2014《食品添加剂使用标准》添加。

在生产上使用时，可先将山梨酸溶解在少量乙醇中，或配成钾盐（或钠盐），再添加在糖液中，为了防止加热时随水蒸气一起挥发，常在糖渍临近终点时加入，注意搅拌均匀。

（2）苯甲酸及其钠盐　苯甲酸及其钠盐对霉菌、酵母菌和细菌均有抑制作用。由于苯甲酸在水中的溶解度较低，故常用苯甲酸钠，调节糖液或制品 pH 在 5.0 以下。使用量严格按照 GB 2760—2014《食品添加剂使用标准》添加。

（三）加工工艺

1. 工艺流程

原料选择与分级 → 清洗 → 预处理
包装 ← 干燥 ← 糖渍

2. 操作要点

（1）原料选择与分级　食用菌原料的品质是产品质量的基础，选择品质优良的原料是制成优质产品的关键之一。应该根据不同产品、不同加工工艺对原料的要求进行选择。

首先挑出不符合加工要求的原料，包括未成熟或过成熟的，易腐烂或长霉的，还有混入的沙石等杂质，保证产品的质量。其次，预先分级，有利于以后各项工艺过程的顺利进行。原料的分级包括大小分级、成熟度分级和色泽分级，视不同的原料种类及加工的要求而分别采用一项或多项。除了预处理以前分级外，大部分原料在糖渍后也要进行色泽分级。

（2）清洗　原料清洗的目的在于除去表面附着的灰尘、泥沙和大量的微生物。清洗的过程中，也可以根据原料特性和加工要求，添加柠檬酸、次氯酸钠等。

（3）预处理　洗涤后的原料，按原料特性、加工方法和制品的要求，有的需要切分，有的需要切缝、刺孔等。这些预处理，可促进糖的渗入和避免食用菌失水干缩。

有些原料需要硬化处理，避免糖渍时软烂破碎。硬化处理是将原料放入含钙的溶液中浸泡一定时间，在糖渍前用清水反复漂洗，去除过多的硬化剂，也可以在糖渍时适量加入。有些原料需要护

色，可采用添加柠檬酸、亚硫酸钠等进行护色。

很多食用菌原料需要漂烫，其主要作用为：①钝化酶的活性，减少褐变和营养物质的损失。②排除原料组织内的空气。③降低原料污染物，杀死大部分微生物，是原料清洗的一个补充。④减弱某些不良气味，使制品品质得以改善。⑤使原料质地软化，组织变得富有弹性。漂烫处理对糖渍品的品质有着重要的影响。

（4）糖渍　糖渍是食用菌原料吸糖排水的过程，其目的是使糖均匀渗透到原料中去，脱去部分水分，达到制品要求的含糖量，并保持其应有的形态。

1）一次糖煮法　初始糖液浓度一般为 40%。初始糖渍时，由于原料内水分的渗出，糖液浓度降低，随着糖渍的进行，不断增加糖液浓度，直至完成糖渍过程。这样的糖渍方法，适用于内部组织疏松的原料。

但是有些原料较致密，不易渗糖。原料内部蒸发失水的速度，超过内外糖液浓度平衡的速度，用上述方法，成品易干缩。这时，需要减慢水分蒸发的速度，延长内外糖液平衡所需的时间。

2）逐次糖煮法　初始糖液浓度一般为 30%，然后控制浓度梯度逐次增高。具体为，初始糖液煮沸短时间之后，添加少量冷糖液或冷水，让糖液暂停沸腾，延长糖液平衡所需的时间，原料在停止沸腾后温度骤降，形成内部稍低分压，利于外部糖液渗入。按此方法，添加冷糖液或冷水几次，整个煮糖过程都在原料的内外糖液浓度梯度相差不大，逐次增高的条件下进行，直至完成糖渍。

3）一次间歇煮糖法　把原料与糖液煮沸短时间后，停止加热，放置一段时间，使原料内外的糖液浓度在较长时间内达到扩散平衡；然后继续加热煮沸，使糖液达到一定浓度之后再停止加热，如此反复几次，直至完成糖渍。

4）逐次间歇糖煮法　不是用煮沸浓缩的方法来增加糖液浓度，而是采用逐次补加糖来增加糖液浓度，即在一次间歇糖煮法基础上，在糖液

食用菌保鲜贮运和加工

煮沸一段时间后，把原料移出。待糖液浓缩后再加入原料进行糖渍。这种方法，原料受热时间不长，而平衡所需时间可以根据需要延长，数小时至若干天都可以。一般是隔日进行一次，或穿插在其他糖渍加工间歇时间内进行。其优点是渗糖有充分平衡时间，又可利用工作间歇来处理；缺点是加工时间太长。

5）变温糖煮法　利用温差，使原料受到冷热交替的变化，原料内部的水蒸气分压也随着变化，加速糖液渗入组织，缩短糖煮时间。可用原糖液不断煮沸浓缩或逐次加糖来提高糖液浓度。

6）减压渗糖法　减压渗糖法的优点：一是可减少原料受高温糖煮所产生的不利影响，使产品品质稳定，色泽浅淡鲜明，风味纯正。二是在低温下沸腾，同样达到高温糖煮的效果，加速了渗糖的速度。三是利用原料内的蒸汽分压随真空度的变化而反复收缩膨胀，促使组织内外糖液浓度加速平衡，缩短渗糖时间。四是原料水分及糖液水分在低压下迅速蒸发，缩短了加热蒸发时间，加快糖煮。因此，减压渗糖法是比较好的方法。减压渗糖设备示意图如图6-21所示。原料经预处理后，放入真空渗灌中，加入30%～40%的糖液（如果原料组织较为疏松，加入的糖液可用较高的浓度，如50%～60%）关闭罐盖，通入加热蒸汽，加热到60 ℃后即抽真空减压使其沸腾，其间开动搅拌器缓缓搅拌。沸腾约5 min后，反复改变真空度，一边促使糖液水分蒸发，一边使原料内外糖液浓度加速平衡，以达到快速渗糖的目的。最后蒸发到所需浓度，解除真空，卸料，完

成减压渗糖过程。

7）加压渗糖法　此法是对耐煮且不易渗糖的坚密原料组织使之快速渗糖的一种辅助措施。提高蒸汽压力可使一定浓度的糖液在一定高温下或超过其沸点温度的高温下沸腾。加压渗糖法的优点：

一是坚密的原料通过高压处理，易于膨胀疏松，为渗糖创造条件。二是原料内部蒸汽分压反复变化，可加速内外糖液浓度平衡，利于渗糖。三是糖液扩散能力加强，利于渗糖。

此法缺点是不利于糖液水分及原料水分蒸发浓缩。糖液浓度不能在加压糖煮过程中逐步增大。相反，由于过饱和蒸汽为浓糖液所吸收，糖液浓度有所降低，不能在一次加压糖煮中完成糖煮过程，只能作为一种渗糖的辅助措施。因此，一般只能在原料十分坚密的情况下辅助使用，采用的设备为卧式加压糖煮罐，如图6-22所示。其主要构造由渗糖槽及加压罐组成。把煮料加入渗糖槽后，由台车从轨道推入加压罐中，密闭罐盖，即可由高压蒸汽管送入高压蒸汽进行加压糖煮。高压罐带有压力表、温度计、泄气栓、排气阀、安全阀、废气和冷凝水排出管等必要附件。达到所需压力、温度及时间后，解除压力，打开罐盖、移出糖煮槽进行后一阶段处理，完成加压糖煮过程。在加压糖煮过程中，在一定时间内变换加压压力使原料内部蒸汽压变化，可加速内外糖液平衡。蒸煮时间及变换蒸煮

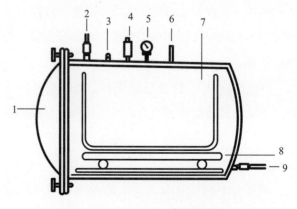

图6-22　卧式加压糖煮罐示意图

1.罐盖　2.高压蒸汽管　3.泄气栓　4.安全阀
5.压力表　6.温度计　7.渗糖槽　8.台车
9.废气和冷凝水排出管

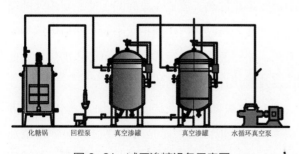

化糖锅　回程泵　真空渗罐　真空渗罐　水循环真空泵

图6-21　减压渗糖设备示意图

压力次数，依原料的坚密性与渗糖难易而定，时间10~40 min，次数为3~4次。

8）热煮冷渗法　先在热糖液中糖渍一段时间，取出置入冷糖液中冷却，再放入热糖液中煮制，并逐步提高糖液浓度，直至完成糖渍过程。原料在糖液中多次加热冷却，糖能够较迅速达到渗透平衡。

此法也可和加压渗糖法配合进行。坚密的原料在经过加压糖煮后，变得膨胀疏松，然后与此法结合来冷浸一段时间，更有利于组织进一步渗糖。

此法原料受热的时间很短，内外糖液在常温下扩散平衡的时间较长，糖渍品品质不受高温久煮所影响，利于渗糖。缺点是反复处理，较为费时，冷浸所经平衡时间也较长。

9）逐次冷渗法　把经过预处理后的原料逐次增加砂糖来进行较长时间糖渍的方法。先用原料质量30%的砂糖分层撒入原料中进行糖渍，经12~24 h后，补加20%的砂糖翻拌均匀，放置24 h后，再补加10%的砂糖。采用砂糖糖渍，原料中的水分大量渗出，渗糖速度也大为降低，糖渍时间常需1周以上。最后将原料移出，沥干表面糖液，再在60 ℃下干燥，或洗去表面糖液后干燥，即完成糖渍过程。

此法对原料的色、香、味等保留较好，口感较脆嫩，缺点是组织过于瘪缩。

（5）干燥　多数制品在糖渍后需进行干燥，使制品表面美观不黏手，呈现一定形状，保证成品质量，并利于保存。

（6）包装　外包装通常采用纸箱、木箱等，封装严密，捆扎牢固，坚实耐压，外形整洁美观。内包装可采用袋装、盒装、瓶装等，均应包装严密、封口牢固。包装规格及重量按不同产品的要求及产销习惯自定，但同一批产品的包装规格和净重应一致。各种包装材料的卫生要求符合相关标准。

三、主要问题及安全检测

（一）主要问题

1. 一些浅色蜜饯制品出现颜色发暗或褐变现象

（1）发生原因

① 发生酶促反应褐变。

② 发生美拉德反应褐变。

③ 由于糖的焦糖化反应，引起制品颜色加深。

（2）防止措施

① 原料进行护色预处理。

② 利用预煮方法，抑制酶的活性，防止酶促褐变的发生。

③ 尽量加快预处理速度，减少原料与氧气的接触。原料糖渍时，应浸没在糖液之中，避免暴露于空气中而发生变色。

④ 缩短受热时间。原料在糖渍结束后，切不可放在不易散热的塑料桶或缸内，以免发生"闷缸"导致严重褐变。

⑤ 避免使用多次糖渍的旧糖液进行煮制。

⑥ 掌握适宜的干燥条件，切忌过高温度。要通风良好、及时倒盘和翻动，以利于受热均匀。

2. 糖渍时原料出现煮烂和干缩现象

（1）发生原因

① 原料品种不适、质地柔软，或成熟度过高不耐煮制。

② 糖煮温度过高，或时间过长，或煮后没有及时散热。

③ 原料预处理过度，如刺孔过密或划缝太深；或硬化处理不当，如硬化剂用量不足、处理时间过短。

④ 原料成熟度过低，或质地太硬，糖分不易渗透而发生干缩。

⑤ 糖煮开始时糖液浓度过高，原料脱水过快，糖分渗透不足而产生皱缩。

⑥ 糖煮时糖液浓度不够，或糖煮时间过快，原料渗糖不饱满而造成干缩。

食用菌保鲜贮运和加工

（2）防止措施

①选择适宜的品种和成熟度适中的原料。

②严格按要求做好原料预处理工作，如划缝、刺孔要适当；较柔软的原料应适当硬化处理。

③为防止产品干缩，可适当延长糖渍的时间，使原料充分吸糖饱满后再进行糖煮。

④糖煮时，应认真控制加糖量、加糖速度和糖煮终点，使原料吃糖饱满又不至于造成软烂。

3. 食用菌脯的返砂与流糖现象

（1）发生原因

①造成食用菌脯返砂或流糖的主要原因是转化糖占总糖的比例不当。转化糖不足则易出现返砂，转化糖过量则易发生流糖。

②贮藏期间温度过低，易返砂。

③贮藏期间相对湿度过大，易发生流糖。

（2）防止措施

①严格掌握糖煮条件，即煮糖时间、糖液 pH 和蔗糖的转化，控制转化糖和蔗糖的比例。对于含酸量较低的原料，糖煮时应适当加入柠檬酸，调整糖液 pH 为 2.5～3，控制转化糖在 40%～50% 为宜。对含酸量较高的原料，要控制好糖煮时间，以防止蔗糖过度转化。

②糖煮时，在糖液中加入部分葡萄糖浆或饴糖，防止返砂，一般添加量不超过 20%。

③贮藏温度不可低于 10 ℃，以免蔗糖结晶返砂。

④做好密封包装，贮藏温度控制在 15 ℃左右，相对湿度控制在 70% 以下，以防制品吸湿返潮流糖。

4. 返砂蜜饯制品不能返砂，没有糖霜析出

（1）发生原因

①糖煮终点掌握不当，成品的含糖量不足；或糖煮时间短，虽加大糖液浓度达到了制品含糖量要求，但原料内部含水量较高而不易返砂。

②糖渍过程中，半成品有发酵现象，影响糖霜的析出。

③上糖衣的糖液浓度不足，或还原糖含量过高，不易形成返砂糖衣。

（2）防止措施

①糖煮时间要适当，不可太快；尽量使用新糖液或添加适量的白砂糖，糖煮终点应控制在糖浓度达 80% 左右。

②延长糖煮时间。

③调整糖液 pH 为 7～7.5，以利于返砂。

④防止糖渍半成品发酵，可增加用糖量，或添加防腐剂。

5. 微生物引起蜜饯制品变质的几种现象　危害蜜饯类制品的主要微生物有霉菌、酵母菌、细菌。

（1）腐败现象　多种产酸菌和霉菌以蛋白质为基料，生成胺、硫化物等恶臭物质；有些细菌及乳酸菌、酵母菌能把糖等转化成乙醇、乙酸等酸性物质及葡聚糖黏性物质。

（2）霉变现象　霉菌（青霉、毛霉、曲霉、根霉）能把淀粉、糖类分解成乙醇类，引起制品甜度降低，甜酸比失调，营养成分减少，失去应有的风味及外观形状，甚至有霉变味，失去某些营养。

（3）发酸现象　制品发生霉变，霉菌代谢物引起制品品质改变；乳酸菌、乙酸菌代谢产生乳酸、乙酸，使制品的酸度大大增加，品质变差，风味变劣。

（4）被膜现象　有时糖液表面形成一层白色或灰白色的菌膜，这些菌膜是嗜氧性曲霉菌属霉毒及白地霉大量繁殖后分泌的白色漂浮物聚集体。

（5）变色现象　变色除了化学反应因素外，还有微生物引起变色，如黄色杆菌属霉毒及黄球菌可分泌出黄色素和绿色素，假单细胞菌把蛋白质分解并转化为蓝色物质。

（二）安全检测

GB 14884—2016《食品国家安全标准　蜜饯》对蜜饯产品安全标准进行了规定，原料要求、感官要求、污染物和真菌毒素限量、微生物限量、食品添加剂限量、农药残留限量六个方面在加工中应严格按照规定执行。

四、食用菌糖渍加工实例

（一）杏鲍菇脯

1. 工艺流程

原料选择 → 清洗 → 漂烫 → 修整

干燥 ← 糖煮 ← 糖渍 ← 护色

包装

2. 操作要点

（1）原料选择 选择菌盖大小中等、色泽正常、菇形完整、无病虫斑点的新鲜杏鲍菇。

（2）清洗 将新鲜杏鲍菇及时用水清洗干净，然后快速捞出，沥干水分。

（3）漂烫 漂烫锅中放入清水并加入0.8%左右柠檬酸，煮沸后将沥干的菇体放入，继续煮5~6 min，捞出后立即在流动清水中漂洗，冷却至室温。

（4）修整 用不锈钢刀削除菇体变褐部分，对个头较大的菇体进行适当切分，并剔除碎片及破损严重的菇体，使菇块大小一致。

（5）护色 护色剂为0.2%焦亚硫酸钠溶液，并加入适量的氯化钙。放入菇块，浸泡7~9 h，捞出，再用流动清水反复漂洗干净。

（6）糖渍 取菇块重40%的糖，一层菇一层糖，下层糖少，上层糖多，表面覆盖较多的糖。24 h后，捞出菇块，沥去糖液，调整糖液浓度为50%~60%，加热至沸，趁热倒入浸菇缸中，要浸没菇块，持续24 h以上。

（7）糖煮 将菇体连同糖液倒入不锈钢夹层锅中，加热煮沸，并逐步向锅中加入糖及适量转化糖液，将菇体煮至有透明感、糖液浓度达62%以上。然后将糖液连同菇体倒入缸里，浸泡24 h后捞起，沥干糖液。

（8）干燥 将沥干糖液的菇块放入盘中，进行干燥，温度65~70 ℃，时间15~18 h，当菇体呈透明状、不粘手时即可取出。

（9）包装 干燥后的产品，进行抽样质检，合格后用包装袋包装。

（二）金针菇脯

1. 工艺流程

选料 → 漂烫 → 修整 → 护色 → 糖渍

包装 ← 干燥 ← 糖煮

2. 操作要点

（1）原料选择 选取未开伞、菌盖直径小于2.5 cm、柄长15 cm左右、色泽浅黄、菇形完整、无病虫斑点的新鲜金针菇。

（2）漂烫 剪去菇根，抖净培养料及其他杂质，投入0.8%的柠檬酸溶液中，沸水中漂烫5~7 min，捞出后，立即用流动清水冷却至室温。

（3）修整 为使金针菇脯大小一致，外形整齐美观，要将菌盖过大、过小及菌盖破损严重的金针菇剔除。

（4）护色 把修整好的金针菇投入0.2%焦亚硫酸钠溶液中，并加入适量的氯化钙，浸泡6~8 h，再用流动清水反复漂洗。

（5）糖渍 将洗净沥干的金针菇，加入菇重40%的白砂糖，糖渍24 h后，滤出多余糖液，加热至沸腾，并调整糖液浓度至50%，继续糖渍24 h。

（6）糖煮 将金针菇和糖液倒入夹层锅中，加热糖煮，并不断向锅中加入白砂糖，当菇体呈透明状，糖液浓度达65%即可。

（7）干燥 把糖煮好的金针菇，捞出沥干，放入托盘中，干燥温度为65~70 ℃，时间15 h左右，当菇体呈透明状、不粘手时即可。

（8）包装 对合格产品进行包装。

（三）猴头菇脯

1. 工艺流程

原料选择 → 修整 → 漂烫 → 护色

糖煮 ← 糖渍 ← 漂洗 ← 硬化

干燥 → 包装

2. 操作要点

（1）原料选择修整　选择菇体充实饱满、八九分成熟、色泽正常、大小均匀、直径小于5 cm、菌刺小于8 mm的优质新鲜猴头菇，去蒂和杂质。

（2）漂烫　用柠檬酸溶液进行漂烫，时间为4～5 min，捞入冷水中冷却，剔除碎片及破损菇块，切分大块菇。

（3）护色、硬化与漂洗　将猴头菇倒入0.2%焦亚硫酸钠溶液（含适量氯化钙）中浸泡6～8 h，捞出后用清水反复漂洗。

（4）糖渍　用45%白糖糖液浸泡菇块，24 h后沥干菇块上的糖液，并将糖液煮沸，使糖液浓缩至浓度55%，趁热入缸，倒入菇块，再浸泡24 h。

（5）糖煮　将浸泡完的糖液和菇块，置入锅中煮沸，并加入糖及适量的转化糖液，煮至菇块呈透明状，糖液浓度达到60%以上后取出沥干糖液。

（6）干燥　在50～60 ℃下烘至菇块含水量为18%～20%，不粘手时进行包装。

（四）香菇柄蜜饯

1. 工艺流程

原料选择 → 浸泡 → 切条整形

成品包装 ← 干燥 ← 糖煮

2. 操作要点

（1）原料选择　选择无褐变、无霉变、香菇味浓且大小适中的香菇柄。

（2）浸泡　在浸泡液中浸泡处理4～5 h，使香菇柄纤维初步软化，去除异味。浸泡液中含食盐1%～2%、柠檬酸0.1%～0.2%、白砂糖5%～10%。

（3）切条整形　浸泡后捞出香菇柄，剪去蒂头，并剔除不合格的香菇柄，经清水漂洗后用压干机压去水分，再将香菇柄切成长2 cm的段，使规格一致，外形美观。

（4）糖煮　配制50%的糖液，倒入整形后的菇条（糖液与菇之比为1：1），于锅中文火煮制45～60 min，糖煮中加入适量的白糖，至浓度68%时停止加热，浸泡8～12 h。

（5）干燥包装　糖煮结束后，捞起沥干糖液，于托盘中在60～70 ℃下干燥2～3 h，至表面干燥、手捏无糖液滴出、食用时无纤维感为宜。干燥的程度直接影响质量，必须掌握适当。干燥后定量密封包装。

（五）草菇蜜饯

1. 工艺流程

原料选择 → 漂烫 → 冷浸溶液 → 浓缩

成品包装 ← 干燥上糖衣

2. 操作要点

（1）选料及处理　选择菇体饱满、不开伞、无机械损伤的草菇。采收后立即放入0.03%焦亚硫酸钠溶液中处理8 h，然后用清水反复漂洗。

（2）漂烫及硬化　将处理后的草菇投入沸水中漂烫2～3 min捞起，放入冷水中冷却。沥干，放入0.5%～1%氯化钙溶液中浸泡1～2 h。硬化后用清水漂洗3～4次，以除去残液。然后取出沥干水分，投入85 ℃热水中保持5 min，再移入清水中漂洗3～4次。

（3）冷浸糖液　将漂洗干净的草菇放入40%糖液中冷浸12 h。

（4）浓缩　冷却后再增加白糖，使糖液浓度达60%，加热使糖液浓度在75%左右时起锅（用糖度计测定）。

（5）干燥上糖衣　干燥温度不能超过60 ℃，时间在4 h左右，同时经常翻动直至草菇表面不粘手为止。随即用白糖粉上糖衣（将白砂糖置于60～70 ℃温度下烘干磨成粉），用量为草菇的10%。搅匀后筛去多余的糖粉，然后按预定规格包装。

（六）平菇柄蜜饯

1. 工艺流程

平菇柄处理 → 硬化 → 糖煮 → 干燥

成品 ← 包装 ← 整理

2. 操作要点

（1）平菇柄处理　蜜饯所用的原料可以是新鲜的平菇柄，也可以是经过盐渍的平菇柄。新鲜的平菇柄应放在95℃左右的水中漂烫4～6 min；盐渍过的平菇柄应放在清水中漂洗2～3次，再用清水浸泡3～4 h，使其含盐量降至2%左右。较粗或较长的平菇柄适当进行切分。

（2）硬化　用0.4%～0.5%的氯化钙水溶液浸泡平菇柄，增加硬度。浸泡时间为5～6 h，捞出平菇柄，用清水漂洗后沥干水分。

（3）糖煮　将平菇柄倒入40%的热糖液中煮至微沸后，平菇柄在常温下浸在糖液中。糖液中加入少量香菇、甘草、丁香等辅料，以增加成品风味。添加0.05%～0.1%的山梨酸钾，以防糖液发酵变质，浸8～10 h，捞出平菇柄；调整糖液浓度至55%，加入0.8%～1%的柠檬酸，将糖液煮沸，平菇柄第二次倒入糖液中煮沸，在微沸状态下保持20～30 min，将平菇柄和糖液一同转入另一容器中让其自然冷却。常温下平菇柄在糖液中再浸泡8～10 h，使糖液浓度稳定在35%～40%。将糖液连同平菇柄再次煮沸，趁势滤去糖液。

（4）干燥与包装　把平菇柄互不重叠地铺于烘筛上，进烘房干燥。烘房内温度控制在50～55℃，最高不超过60℃。平菇柄烘至不粘手时移出烘房。通常需要烘6～8 h。待蜜饯冷却后，稍加整形，即可包装。

（七）平菇蜜饯

1. 工艺流程

选料 → 漂烫 → 硬化处理 → 冷浸糖 → 糖煮

成品 ← 干燥包装

2. 操作要点

（1）选料　选八九分成熟、色泽正常、菇体充实饱满、菇形完整、无病虫害、无机械损伤、无异味、大小基本一致的菇体，用不锈钢刀将菇脚逐朵削开，菌柄长不超过1.5 cm。

（2）漂烫　水温80～85℃，漂烫时间5～7 min，捞起放入冷水中迅速冷却。

（3）硬化处理　用0.4%～0.5%的氯化钙溶液浸泡菇体，菇和水之比为1∶2，将菇投入氯化钙溶液中浸泡8～10 h。硬化后用清水洗去残液，进行第二次漂烫，然后用清水漂洗干净待用。采用一次漂烫法，不进行硬化处理，适当延长糖煮时间，也可制成特殊蜜饯。

（4）冷浸糖　将漂洗干净的菇体沥干，用40%的糖液冷浸5～6 h。

（5）糖煮　糖煮前，先将70%～80%的糖、0.05%的山梨酸钾、0.8%的柠檬酸和适量的水一起入锅煮沸，把冷浸糖后的平菇倒入糖液锅中，大火煮沸，然后改用文火，以保持糖液微沸为度。糖煮过程中常添加适量水，防止焦糊，且始终控制糖液浓度在55%以上。糖煮60 min后，将糖液浓缩至72%即可起锅。

（6）干燥包装　糖煮后，将菇体放入烘房烤筛上进行干燥。烘房温度控制在50～60℃（不得超过65℃），烘烤4 h左右，中途翻动几次。冷却后包装。包装采用双层包装，先用玻璃纸包，菇体较大的单个包装，较小的2～3个一包，然后装到食品塑料袋内密封。

（八）低糖平菇脯

1. 工艺流程

原料选择 → 修整 → 漂烫 → 灰漂

胶膜化处理 ← 糖煮 ← 冷浸糖 ← 熬制糖浆

回漂脱涩 → 干燥 → 检验 → 包装

成品

2. 操作要点

（1）原料选择　选择菌伞较小、菇体充实饱满、八九分成熟、色泽正常、无异味、无机械损伤、无病虫害的鲜菇。鲜菇采收后，立即投入0.03％亚硫酸钠溶液中保鲜。

（2）修整　用不锈钢刀（或剪）去掉菌柄下部变褐部分，长度控制在10～12 cm，并做到整齐一致。

（3）漂烫　将修整好的鲜菇投入沸水中，漂烫1～3 min，捞出后即放入冷水中冷却，然后捞起沥干。

（4）灰漂　将沥干的平菇浸入预先配制的100∶5的石灰水中，菇与水的比例为1∶1.5，浸泡12 h后捞起，用清水漂洗4 h。

（5）熬制糖浆　白砂糖和葡萄糖按1∶1比例，加适量水煮沸溶解，配成50％的糖液，并加入0.5％的柠檬酸和0.05％的山梨酸钾（以糖液质量百分比计）。用四层纱布过滤，待用。

（6）冷浸糖　将漂洗后的平菇沥干，放入冷糖液中浸泡24 h，后加白砂糖适量，继续浸泡24 h，菇与糖液的比例为1∶2左右。

（7）糖煮　将冷浸糖后的平菇及糖液一起倒入锅内，加热煮沸，并适量加入白砂糖，保持文火煮沸，测定糖度达55％时，便可起锅。

（8）胶膜化处理　分别配制1％、5％的海藻多糖胶液和氯化钙溶液。配制海藻多糖胶液时，先将其溶于水中，边搅拌边少量加入，搅匀24 h后使用。

（9）回漂脱涩　将处理后的平菇放入干净的清水中回漂，以除去涩味，提高适口性。

（10）干燥　将脱涩后的平菇捞起，放入烘箱内50～60 ℃烘烤干燥，以除去菇体表面水分。

（11）包装　将干燥的平菇外观整理一致后，装入硬塑食品盒或食品塑料袋中，封口保存。

（九）低糖金针菇

1. 工艺流程

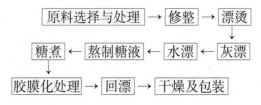

2. 操作要点

（1）原料选择与处理　选择菌伞较小、菇体充实饱满、八九分成熟、色泽正常、无异味、无机械损伤的金针菇。采收后，立即投入0.03％焦亚硫酸钠溶液中保鲜。

（2）修整　用不锈钢刀修削菌柄下部变褐部分，控制菌柄长度10～12 cm。

（3）漂烫　将修整好的金针菇投入沸水中，漂烫1～3 min，捞出后立即放入冷水中冷却，捞出沥干。

（4）灰漂　配制100∶5的石灰水，把金针菇浸入石灰水中，菇与石灰水比例为1∶1.5。浸泡12 h后，用清水漂洗48 h。

（5）熬制糖液　白砂糖和葡萄糖按1∶1的比例，加一定量的水煮沸溶解，配制50％糖液。加入0.5％的柠檬酸、0.05％的山梨酸钾（以糖液质量百分比计），用四层纱布过滤，待用。

（6）糖液冷浸　漂净的金针菇沥干水分，加入冷糖液中浸泡24 h后再加白砂糖，继续浸泡24 h。菇与糖液比为1∶2左右。

（7）糖煮　将金针菇与糖液一起倒入锅中，加热煮沸，并加入白砂糖，保持文火煮沸，测定其糖度达55％时，便可起锅。

（8）胶膜化处理　分别配制1％、5％的海藻多糖胶液和氯化钙溶液。把金针菇浸入海藻胶液里或在金针菇表面均匀地喷涂一层胶液，再放入氯化钙溶液中进行钙化处理，即可将金针菇包裹在一层薄而透明的胶膜内处理后的金针菇放入干净的清水中回漂，以除去涩味。

（9）干燥及包装　脱涩后捞出放入烘箱内50～60 ℃干燥，去除其表面水分。外观整理一致，装入硬塑食品盒或食品塑料袋中，封口、密封保存，检验入库。有条件者，可采用真空或充氮气包装。

第四节
食用菌罐藏加工

食用菌罐藏加工是以食用菌子实体为原料，经预处理（包括清洗、切片、去杂、修整等）、漂烫、调味或直接装罐、加调味液、排气、密封和灭菌、冷却等工艺加工而成的可以长期贮存的产品的加工方法。罐头食品经久耐藏，常温下可保存1～2年，食用时无须经过另外的加工处理，不受季节和地区限制，随时供应消费者，无须冷藏就可长期贮存，具有营养丰富、安全卫生，运输、携带、食用方便等优点。

一、食用菌罐藏加工原理

（一）食用菌罐藏与微生物的关系

食用菌罐头生产涉及的微生物包括细菌、霉菌和酵母菌等。在罐头生产中，霉菌和酵母菌所引起的败坏作用主要是在装罐之前，在密封杀菌合格的罐头中，它们无法生存。导致食用菌罐头败坏的微生物最主要的是细菌。

食用菌罐头所采用的杀菌原理和工艺参数，都是以杀死某类细菌为依据的。首先考虑要消灭的是肉毒杆菌（能产生剧毒的肉毒杆菌毒素），罐头杀菌如能抑制肉毒杆菌，那么使食用菌败坏的一般微生物以及一些致病微生物都能受到抑制。此外，耐热性较强的嗜热脂肪芽孢杆菌和凝结芽孢杆菌也可作为拟杀对象菌。

1. 细菌对营养物质的要求　食用菌子实体中的营养物质是腐败菌生长发育的基础。若罐头中大量存在包括细菌在内的各种微生物，会增加罐头败坏的概率。

2. 细菌对氧的要求　细菌一般都需要氧气，在罐头中，好气性细菌是受限制的，而厌氧性细菌是引起罐头败坏的重要因子，必须通过高温杀菌等措施杀灭。

3. 细菌对酸的适应性　各种微生物生长的最适pH是有差异的。在一定温度下，酸度愈高（pH愈低），则细菌的抗热能力愈低，也就提高了杀菌效果。在实际应用中，一般以pH 4.5作为划分食品酸性强弱的界线，pH 4.5～6.8的为低酸食品，pH < 4.5的为酸性食品，食用菌罐头属于低酸性食品。低酸性食品中的微生物以嗜热性、嗜温性、厌气性细菌为主，如肉毒梭状芽孢杆菌，其含量作为杀菌是否彻底的标准。

4. 细菌对温度的适应性

（1）嗜冷性细菌　生长最适温度为10～20 ℃，如霉菌和部分细菌。

（2）嗜温性细菌　生长最适温度为30～36.7 ℃，如肉毒梭状芽孢杆菌。

（3）嗜热性细菌　生长最适温度为50～65 ℃，有的种类可以在70 ℃以上缓慢生长。这类细菌的孢子更耐高温，有的能在121 ℃下存活60 min以上。

（二）食用菌罐头杀菌影响因素

1. 细菌数量　食用菌罐头细菌数量主要受原料被细菌污染的程度、从采收到加工的存放方式和时间，以及加工厂的卫生条件和卫生管理等的影响。污染率愈高，残存耐热性芽孢的可能性愈大，如采用原定的杀菌温度和杀菌时间，就可能让部分有害细菌残留，而盲目提高杀菌温度和延长杀菌时间，又会影响罐头品质。可见，罐头生产的全过程必须讲究食品卫生，减少细菌污染，提高杀菌效果。

2. 成分和酸度　罐头中的油脂、蛋白质、糖等能增加细菌的抗热性。有机酸、植物杀菌素（如葱、蒜、辣椒）等能降低其抗热性。食用菌罐头汤汁中常添加0.05%～0.1%柠檬酸，目的是提高汤汁的酸度，从而提高杀菌效果。

食用菌保鲜贮运和加工

3. 传热速度　传热的方式不同，罐内热交换速度最慢点的位置就不同，传导加热和对流加热的传热情况及其传热最慢点（常称为冷点）的位置如图6-23所示。在某一种罐头中，以哪种传热方式为主取决于该食品的理化性质、装罐的数量与形式。固态食品主要靠传导方式，液态固态相混主要靠传导和对流两种方式。在杀菌中，传导的传热速度比对流慢得多；在同类产品中，小罐头比大罐头传热快，汤汁多的比汤汁少的传热快。

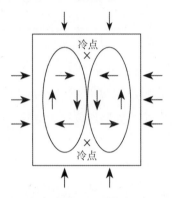

（a）对流加热（液态食品）

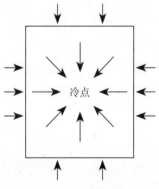

（b）传导加热（固态食品）

图6-23　罐头传热的冷点

4. 罐头的初温　指杀菌开始时罐内食品的温度，罐头初温愈高，初温与杀菌温度之间的温差越小，罐中心加热到杀菌温度所需要的时间越短，杀菌效率也愈高。每一锅杀菌的罐头其初温以其中第一个密封完的罐头的温度为技术标准。所以，罐头生产要做到三个及时，一是装罐后及时封口，二是封口后要及时杀菌，三是杀菌后及时冷却，前面两个及时是为了提高罐头的初温。

5. 杀菌锅的形式及罐头在杀菌锅中的位置　杀

菌锅的形式有静止式杀菌锅和回旋式或旋转式杀菌锅。静止式杀菌锅分为立式和卧式两类，杀菌过程中罐头固定在锅中某一位置。处在锅中心的罐头受热最晚，而紧靠锅边的罐头受热最早。如果杀菌锅内的空气没有排净，存在空气袋，处在空气袋内的罐头传热效果就很差。回旋式或旋转式杀菌锅杀菌时，罐头处于不断的旋转状态，罐内食品易形成搅拌和对流，产热效果较静止杀菌锅要好。

6. 罐藏容器　罐藏容器必须具备的条件：

① 无毒害和良好的耐腐蚀性能。容器材料与食品中的糖、蛋白质、有机酸等成分之间不应起化学反应，不危害人体健康，不污染食品或影响食品风味。

② 良好的密封性能。容器必须具有良好的密封性能，使内容物与外界隔绝，防止外界微生物的污染。

③ 适合于工业化生产。罐藏容器能适应机械化和生产自动化，质量稳定，在生产过程中能够承受各种机械加工，且材料资源丰富，成本低廉。

（1）金属罐　用马口铁皮、镀锡薄钢板、铝板等制成罐盒，有高圆柱形、扁圆柱形、方形等。金属罐罐头有以下特点：

① 铁皮柔软，易弯曲、拉伸、冲压和密封。

② 机械强度大，不易破碎断裂，便于携带、运输和贮存。

③ 重量为同一体积玻璃瓶的1/5～1/4，有利于装卸搬运。

④ 传热系数高，马口铁盒为玻璃的60～80倍。杀菌和冷却时间短。镀锡薄钢板的构造如图6-24所示，罐型规格见表6-10及表6-11。

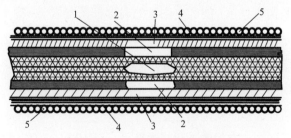

图6-24　镀锡薄钢板的构造
1. 钢基　2. 合金层　3. 锡层　4. 氧化膜　5. 油膜

表 6-10　部分圆罐罐型规格

罐号	成品规格标准（mm）				计算容积（cm³）
	外径	外高	内径	内高	
15267	156.0	267.0	153.0	261.0	4 798.59
15234	156.0	234.0	153.0	228.0	4 191.68
787	77.0	87.0	74.0	81.0	348.37
776	77.0	76.0	74.0	70.0	301.06
761	77.0	61.0	74.0	55.0	236.54
754	77.0	54.0	74.0	48.0	206.44
750	77.0	50.0	74.0	44.0	189.24
747	77.0	47.0	74.0	41.0	176.33
6101	68.0	101.0	65.0	95.0	315.23
672	68.0	72.0	65.0	66.0	219.00
668	68.0	68.0	65.0	62.0	205.73
599	55.0	99.0	52.5	93.0	207.36

表 6-11　方罐罐型规格

罐号	成品规格标准（mm）						计算容积（cm³）
	外长	外宽	外高	内长	内宽	内高	
301	103.0	91.0	113.0	100.0	88.0	107.0	941.6
302	144.5	100.5	49.0	141.5	97.5	43.0	593.24
303	144.5	100.5	38.0	141.5	97.5	32.0	441.48
304	96.0	50.0	92.0	93.0	47.0	86.0	375.91
305	98.0	54.0	82.0	95.0	51.0	76.0	368.22
306	96.0	50.0	56.5	93.0	47.0	50.5	220.74

（2）玻璃瓶　罐体由透明无色玻璃制成，罐盖由马口铁或硬塑料制成。玻璃瓶的优点：

① 化学性质稳定，抗酸性强，不与罐内食物发生作用而产生变质。

② 可以多次回收利用。

③ 价格便宜。常见玻璃罐如图 6-25 和图 6-26 所示。

（3）复合材料薄膜袋　用复合材料薄膜做成的包装袋，又称软罐头。复合材料薄膜袋由聚酯薄膜—黏合剂—铝箔—黏合剂—高密度聚乙烯（或

食用菌保鲜贮运和加工

聚丙烯）复合而成，各层叠合示意图如图6-27所示。软包装罐头的优点：

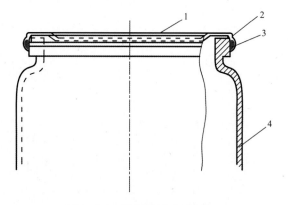

图6-25　常见卷封式玻璃罐
1.罐盖　2.罐口边突缘　3.胶圈　4.玻璃罐身

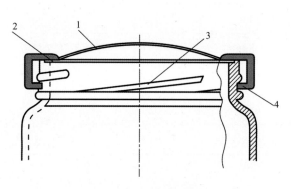

图6-26　四旋盖玻璃罐
1.罐盖　2.胶圈　3.罐口突环　4.盖爪

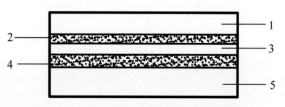

图6-27　复合材料薄膜袋各层叠合示意图
1.聚酯薄膜（外层）　2.外层黏合剂　3.铝箔（中层）
4.内层黏合剂　5.聚烯烃薄膜（内层）

① 能经受121 ℃高温杀菌，包装物料密封性好，与外界空气、水分、光线隔绝，食品在其中可长期保存。

② 内容物受热面积大，热传导快，杀菌时间相对较短，能保持食品原有的风味。

③ 包装材料轻，开袋可食，再加热方便。

④ 符合卫生要求，对人体无毒害。

7.杀菌条件　罐头食品杀菌操作规程包括杀菌温度、杀菌时间和反压，实际操作按工厂中常用杀菌工艺和要求。

二、食用菌罐藏工艺

食用菌罐藏工艺主要包括原料准备、容器准备及罐藏加工三个方面，罐头的类型主要有清水罐头、盐水罐头和调味罐头三种。

（一）食用菌罐头工艺流程

原料采收 → 装运 → 漂洗 → 漂烫

装罐、注汁 ← 修整、分级 ← 冷却

排气密封 → 杀菌 → 冷却

包装、贮存 ← 质量检验

（二）技术要点

1.原料选择与验收　用于罐藏的食用菌要选用肉厚、可食部分大、质地紧密的种类和品种，如草菇、双孢蘑菇、白灵菇、杏鲍菇等。按原料标准，在原料基地验收，整批原料不合格的不得验收进厂。

2.护色装运　将验收合格的原料切除带有泥土或培养料的菌柄，针对双孢蘑菇（采收后4 h内）等易褐变食用菌要用0.03%硫代硫酸钠溶液清洗，捞出后再倒入装有0.06%硫代硫酸钠溶液的双孢蘑菇专用液中浸泡护色，并以洁净白布或竹帘覆盖，不使鲜菇露出液面，浸泡时间不宜过长，加盖运至罐头加工厂，入厂后要立即漂洗脱硫。

3.漂烫　漂烫目的是稳定色泽，改善风味和质构，杀死部分附着于原料中的微生物，并对原料起一定的洗涤作用，同时漂烫兼有进一步清洗脱硫作用。

热水漂烫的温度通常在沸点或接近沸点，所需设备简单，物料受热均匀，缺点是可溶性物质流失量较大。蒸汽漂烫通常在封闭条件下，由蒸汽喷射来进行，热烫温度在100 ℃左右，需要专用设备，优点是可溶性物质流失少。用夹层锅漂烫时，先将水加热至80 ℃左右，再加入0.1%柠檬酸，加热至沸，按 15 份漂烫液加 10 份鲜菇的比例投入原料菇，沸水漂烫时间为 8～10 min，以熟透为准。熟透后捞出用清水迅速冷却。使用连续漂烫机时，加入 0.07%～0.1% 柠檬酸，漂烫时间为5～8 min，以菇心熟透为准，漂烫后迅速冷却。

4. 修整、分级　按原料规格和产品质量要求严格进行挑选分级和切分修整，修整时将不合格的菇（开伞、脱柄、脱盖、盖形不完整及有少量斑点的菇）进行碎片处理或切成菇片。

5. 装罐准备　装罐前要按食用菌种类、性质、产品要求及有关规定选用合理容器，容器必须清洗干净，消毒沥干，以保证容器的清洁卫生。

小型企业可采用人工清洗容器，先在热水中刷洗，而后再在沸水中消毒 30～60 s。大型企业用机械清洗，用沸水或蒸汽消毒。清洗消毒后应立即装罐，避免再次污染。

（1）铁罐清洗　用于清洗铁罐的洗罐机种类较多，如链带式洗罐机、滑动式洗罐机、旋转圆盘式洗罐机。一般清洗过程是先用热水冲洗，再用蒸汽消毒 30～60 s，然后倒置或横卧沥干。

（2）玻璃罐（瓶）清洗和消毒　先将玻璃罐（瓶）浸泡于温水中，然后逐个用转动的毛刷刷洗罐（瓶）的内外部，再放入 0.01% 氯水中浸泡，取出后再用清水洗涤数次，沥干水分后倒置备用。回收的旧瓶需用 2%～3% 氢氧化钠溶液，在40～50 ℃ 下搅动 5～10 min，除去脂肪和贴商标的胶水。清洗时需要用洗涤剂，洗涤剂配方一般由氢氧化钠、磷酸三钠、硅酸钠等组成。洗净的玻璃罐（瓶）需再用 90～100 ℃ 热水进行短时冲洗，以除去碱液并进行补充消毒。

6. 装罐　食用菌罐头一般要向罐内加注汤汁，称为灌注液或填充液，食用菌罐头灌注液多为盐水。食盐的纯度应高于 98%，洁白，无苦味，无杂质，质量符合食用盐标准。所用水水质应清洁，无色透明，无杂质和异味，符合生活饮用水卫生标准。盐水配制时多采用直接配制法，即将食盐加水煮沸，除去泡沫，经过滤、静置，达到所需浓度即可。

（1）装罐前注意事项

① 净重与固形物质量必须符合标准。罐内固形物和汤汁总重与净重误差不得超过 3%，但每批平均净重不能低于标准净重。

② 按不同的等级分别装罐，绝对不允许各等级混装。

③ 食用菌在罐内的分布、排列要均匀一致，如金针菇一律将菌盖朝上，菌柄朝下，稍扭曲于罐中。

④ 食用菌罐头灌注汤汁时顶部一般预留 5～8 mm 空隙。

（2）装罐操作　现在大多数罐头厂采用自动化机械操作，其优点是操作迅速准确，可节省大量劳动力。半自动化操作，如传送带运送空罐到长形工作台的装罐工人面前，两边工人伸手即可取到空罐，手工装料（固形物）后将其送到中间的输送带上，传给注液机注汤汁。

（3）装罐设备　装罐机和注液机的类型很多，选择机械时应注意的事项：装罐量准确；不使汤汁或原料滞留在罐口部位，以免影响密封；自动控制，有罐必装，无罐不卸料；设备上的各种管道畅通，便于清洗，适于各种原料和多种罐型的装罐注汁；操作简便，容易控制；接触罐头内容物的部位用不锈钢或其他抗腐蚀的材料制成。

7. 排气与密封

（1）目的　食用菌罐头封罐之前要进行排气，排气目的是除去罐头内容物（固形物和汤汁）所含的空气，降低罐头中氧的含量，抑制罐内残存好氧微生物的生长；避免食用菌氧化变质、变色，保持营养成分不被破坏，延长罐头的贮藏期。排气密封后，杀菌时罐体不易破裂或跳盖，并使罐内保持一定的真空度，可使罐底盖维持一种平坦或略内陷的状态，以利于消费者挑选。

（2）方法与设备　罐藏加工中采用的排气方法有三种。一是装罐前将原料预热，趁热装罐，趁热封罐。二是原料装罐注汁后，加上罐盖（不密封）或不加盖，加热排气后封盖口可在长形水箱、长形通道式排气箱或转盘式传送排气箱中加热排气。三是真空封罐，可采用真空封罐机封盖。大型工厂一般采用真空封罐。

（3）软罐头的密封　常用的封边方法有高频密封法、热压密封法和脉冲密封法。其中高频密封法具有升温快、稳定、温度维持好的优点，对PET、PVDC等效果好。热压密封法适用于聚乙烯类、防潮玻璃纸和聚乙烯复合薄膜材料。脉冲密封法兼有高频密封法和热压密封法的优点，操作方便，几乎适用于各种薄膜的密封。其结合强度大，密封强度也胜于高频密封法和热压密封法。

现在常用于软罐头密封的设备有简单热封机、真空或真空充气热封机、脉冲真空包装机等。

8. 杀菌方法和装备　罐头常用的杀菌方法有常压杀菌、加压蒸汽杀菌和加压水杀菌。

（1）常压杀菌　将罐头放入常压的热水或沸水中进行杀菌，杀菌温度不超过水的沸点，杀菌操作和杀菌设备简便，适用于pH 4.5以下的酸性食品以及高温高压对产品组织结构破坏严重的菌类，如黑木耳罐头（高温高压灭菌时软化严重，只能用常压灭菌法）。一般杀菌温度在80～100 ℃，时间10～40 min。杀菌锅或池内盛水，用蒸汽加热，投入盛罐头的杀菌篮。玻璃罐（瓶）投入水中时必须淹没10 cm，一般在70 ℃水温预热10 min，水温达到杀菌温度时计时。另外，真空封罐罐头比加热排气的罐头杀菌时升温时间延长3～5 min。需要注意的是，海拔不同，同一品种的罐头在海拔较高的地区进行杀菌时，其杀菌时间要适当延长，一般要求是海拔每升高300 m，需延长杀菌时间20%。

（2）加压杀菌　此法适用于低酸性（pH大于4.5）食用菌罐头的杀菌。加压杀菌设备复杂，操作要求精细，根据加压杀菌设备不同，可分加压蒸汽杀菌和静止高压杀菌两种类型。静止高压杀菌又可分为金属罐装和玻璃罐（瓶）装静止高压杀菌。

1）加压蒸汽杀菌　将罐头放入卧式杀菌锅内，通入一定压力的蒸汽，排出锅内空气，使锅内温度升至预定的杀菌温度，经一定时间而达到杀菌

目的。加压蒸汽杀菌使用最广，经济合算，温度控制方便。

2）静止高压杀菌　为了保证罐头在纯蒸汽介质中杀菌，开始加热时应缓慢升温，排净锅内空气，以免锅内温度分布不均。在杀菌过程中，为了保证锅内加热均匀性，泄气阀应打开，保持有蒸汽不断外逸，促进锅内蒸汽处于不断循环流动状态，同时还应及时排除锅底冷凝水，以免浸于水中的罐头杀菌效果不佳。杀菌结束后，罐头可在锅内进行部分或充分冷却（注意罐内外压力差的变化）。冷却方式有普通冷却和空气反压冷却两种，一般来说，直径102 mm以上的罐头在116 ℃以上杀菌时以及直径小于102 mm的罐在121 ℃以上杀菌时需要反压冷却。

常用的加压杀菌锅如图6-28所示。

罐头冷却过程中有时由于机械原因或因罐盖胶圈软化会造成暂时性或永久性缝隙，尤其是当罐头在水中冷却时间过长，导致罐内压力下降，这时罐头就可能在内外压力差（真空度）的作用下吸入少量冷却水，并因水不清洁而导致微生物污染，成为罐头腐败变质的根源。所以，反压冷却使用清洁水（即微生物含量极低的水）的问题必须引起重视。

玻璃罐（瓶）装食用菌静止高压杀菌：杀菌和冷却均在水中进行，需要压缩空气以维持杀菌器内的压力与玻璃罐（瓶）内压力平衡，以免玻璃罐（瓶）破裂或跳盖。在溢流管道上要有一个自动控制阀来维持必要的压力，杀菌温度与压力分别控制。到杀菌时间后开始冷却，但冷水不能直接和玻璃罐（瓶）接触，以防爆裂。冷却的同时仍应送入压缩空气，用适当的反压避免在玻璃罐（瓶）内压力过高的冲击下跳盖。冷却水同样需添加次氯酸盐或通入氯气消毒。罐头杀菌后应立即冷却，一般冷却到50 ℃为止，以便利用余热蒸发罐头表面的水珠，避免金属盖锈蚀。实际操作温度视外界气温而定。

9. 检验与贮存

（1）罐头检验

1）成品罐头检验的目的　一是测定罐头杀菌

（a）电脑全自动程控杀菌锅

（b）碳钢双层热水杀菌釜锅

（c）自动回旋杀菌锅

图6-28　常用的加压杀菌锅

是否充分；二是找出罐头败坏的原因。

2）检验内容　感官、微生物和理化性质方面的检验。

3）检验步骤　入库罐头，逐瓶检查和抽样送检。按生产班次抽样，每3 000罐抽1罐，每班每个产品不得少于3罐，分别进行感官检验、理化检验和微生物检验（细菌学检验）。

（2）贮存

1）贮存方式　罐头在仓库中的贮存，有散堆与包装两种形式。

2）贮存管理　罐头在贮存中要避免过高或过低的温度，更要避免剧烈的温度变动，库内要有适当的通风换气条件。在贮存期间应经常检查，检出破损坏罐，避免污染好罐。

三、食用菌罐头常见质量问题

（一）胖听罐头

合格罐头其底盖中心部位略平或呈凹陷状态。当罐头内部的压力大于外界空气的压力时，底盖鼓胀，形成胖听，或称胀罐。从罐头的外形看，可分为软胀和硬胀。软胀包括物理性胀罐、化学性胀罐和微生物胀罐。硬胀主要是微生物胀罐，也包括严重的化学性胀罐。

1. 物理性胀罐

（1）原因　罐头内容物装得太满，顶隙过小，加热杀菌时内容物膨胀，冷却后即形成胀罐；加压杀菌后，消压过快，冷却过速；排气不足或贮藏温度过高；高气压下生产的罐头移至低气压环境里等，都可能形成罐头两端或一端凸起，这种罐头变形的现象称为物理性胀罐。此种类型的胀罐，内容物并未坏，可以食用。

（2）防止措施

①应严格控制装罐量，切勿过多。

②注意装罐时，罐头的顶隙大小要适宜，要控制在3～8 mm。

③排气时提高罐内的中心温度，排气要充分，封罐后能形成较高的真空度。

④加压杀菌后的罐头消压速度不能太快，使罐内外的压力相对平衡，切勿相差过多。

⑤控制罐头适宜的贮藏温度（0～10 ℃）。

2. 化学性胀罐

（1）原因　高酸性内容物与罐头内壁（露铁）起化学反应，放出氢气，内压增大，从而引起胀罐。这种胀罐已不符合产品标准，以不食用为宜。

（2）防止措施

①防止空罐内壁受机械损伤，以免出现露铁现象。

② 空罐宜采用涂层完好的抗酸全涂料钢板制罐，以提高对酸的抗腐蚀性能。

3. 微生物胀罐

（1）原因　由于杀菌不彻底或罐盖密封不严，细菌重新侵入而分解内容物，产生气体使罐内压力增大而造成胀罐。

（2）预防措施

① 注意加工过程中的卫生管理，防止原料及半成品的污染。

② 在保证罐头质量的前提下对原料的热处理（漂烫、杀菌等）必须充分，以消灭产毒致病的微生物。

③ 在漂烫水或糖液中加入适量的有机酸降低罐头内容物的 pH，提高杀菌效果。

④ 严格封罐，防止密封不严。冷却水要达到卫生要求，用经氯化处理的冷却水更为理想。

⑤ 罐头生产过程中，及时抽样保温处理。

（二）罐壁的腐蚀

1. 影响因素

（1）氧气　在罐头中，氧在酸性介质中显示很强的氧化作用。因此，罐头内残留的氧含量愈多，腐蚀作用愈强。

（2）酸　含酸量越多，腐蚀性越强。酸的种类不同，腐蚀性强弱有差别。

（3）硫及含硫化合物　食用菌生长中喷施的含硫农药（如波尔多液等），硫或硫化物混入罐头中也易引起罐壁的腐蚀。此外，罐头中的硝酸盐对罐壁也有腐蚀作用。空气相对湿度过高易造成罐外壁生锈、腐蚀乃至罐壁穿孔。

2. 防止措施

① 加强原料清洗及消毒，酸性溶液浸泡 5～6 min，再冲洗，以助脱去农药。

② 对含空气较多的多孔性菌类，最好采取抽真空处理，降低氧的含量，进而降低罐内氧的浓度。

③ 加热排气要充分，适当提高罐内真空度。

④ 注入罐内的糖水要煮沸，以除去糖中的二

氧化硫。

⑤ 对于含酸或含硫高的内容物，则容器内壁一定要采用抗酸或抗硫涂层。

⑥ 罐头制品贮藏环境空气相对湿度不应过大，以防罐外壁锈蚀，空气相对湿度应保持在 70%～75%。此外，要在罐外壁涂防锈油。

（三）变色及变味

1. 原因　
许多罐头在加工过程中或在贮藏运销期间发生变色、变味的质量问题，是因为食用菌中的某些化学物质在酶或罐内残留氧的作用下或长期贮藏温度偏高而产生的酶褐变和非酶褐变所致。

罐头内产酸菌（如嗜热性芽孢杆菌）的残存会使罐头变质后呈酸味；原料中的某些成分会使罐头带有苦味。

2. 防止措施

① 加工过程中，对某些易变色的品种如双孢蘑菇、白灵菇切块后，迅速浸泡在稀盐水（1%～2%）或稀酸中护色。此外，抽空时，防止原料露出液面。

② 装罐前根据不同品种的制罐要求，采用适宜的温度和时间进行漂烫处理，破坏酶的活性，排出原料中的空气。

③ 加注的盐水或糖水中加入适量的抗坏血酸，对易变色品种有防止变色作用。但需注意抗坏血酸脱氢后，存在对开启罐腐蚀及引起非酶褐变的缺点。

④ 苹果酸、柠檬酸等有机酸的水溶液，既能对半成品护色，又能降低罐头内容物的 pH，从而降低酶褐变的速率。因此，原料去皮、切分后应浸泡在 0.1%～0.2% 的柠檬酸溶液中，另外糖水中加入适量的柠檬酸也有防褐变作用。

⑤ 配制的糖水应煮沸，随配随用。如需加酸，加酸的时间不宜过早，避免蔗糖过度转化，过多的转化糖遇氨基酸等易产生非酶褐变。

⑥ 加工中，防止原料与铁、铜等金属器具直接接触，所以用具要求用不锈钢制品，并注意加工用水的重金属含量。

⑦ 杀菌要充分，以杀灭产酸菌之类的微生物，防止罐头酸败。

⑧ 控制仓库的贮藏温度，温度低褐变轻，高温加速褐变。

（四）罐内汁液的混浊和沉淀

混浊和沉淀产生的原因：加工用水中钙、镁等金属离子含量过高（水的硬度大）；原料成熟度过高，热处理过度，罐头内容物软烂；罐头在运销中震荡过大，使菌菇碎屑散落；保管中受冻，化冻后内容物松散、破碎；微生物分解等。应针对上述原因，采取相应措施。

四、罐藏加工实例

（一）罐藏双孢蘑菇

1. 工艺流程

原料选择 → 漂洗护色 → 漂烫 → 冷却

注液 ← 装罐 ← 分级和修整

排气密封 → 杀菌冷却 → 检验入库

2. 操作要点

（1）原料选择　严格挑选双孢蘑菇，菌盖直径不能超过4 cm，菌柄长1 cm，无褐斑、无虫蛀、无霉变、表面无泥沙杂物。

（2）漂洗护色　双孢蘑菇首先要进行漂白处理。通常在0.03%焦亚硫酸钠溶液中漂洗几分钟后捞出，再浸入0.1%焦亚硫酸钠溶液中护色至菇体洁白。在护色时要经常上下翻动，使之均匀。护色时间不能过长，否则会使双孢蘑菇风味变差。用食盐溶液进行护色，将采摘的双孢蘑菇分级后，浸入0.6%～0.8%食盐溶液中，但浸泡时间不得超过6 h。

（3）漂烫　漂烫通常采用夹层锅，也可用不锈钢或搪瓷锅，水与菇之比为2∶1。水沸后，把菇放入锅内，漂烫时间为10～15 min（夹层锅煮5～8 min），因个体大小、采摘时间或成熟度不同而有差异，一般以煮至熟而不烂为度。漂烫时间不

可太长，以免失水太多，组织硬化，失去弹性。有的用5%～7%食盐溶液进行漂烫，可使双孢蘑菇肉质结实，不变形。有的用0.2%柠檬酸溶液进行漂烫，兼有漂白作用，但应经常调整酸液浓度并定期更换，以防菇色变暗。漂烫后，熟菇重比鲜菇重下降35%～40%，体积为原来的40%，菌盖收缩率为40%左右。

（4）冷却　漂烫后，要及时放在流水中冷却，冷却时间30～40 min为宜。冷却时间太长，菇汁浸出，风味、香气均下降。冷却至手触没有热感时，捞起并沥干水分。

（5）分级和修整　装罐前，要进行分级、修整。采用滚筒式分级机或机械振荡式分级机进行分级。分级标准是按煮熟后的菇体大小进行，整菇罐头的分级标准是：一级菇在1.5 cm以下，二级菇为1.5～2.5 cm；三级菇为2.5～3.5 cm；四级菇在3.5 cm以上，一般不超过4cm。要求双孢蘑菇形态完整，无严重畸形，允许有少量裂口、轻度薄皮及菌柄轻度起毛。将各级菇倒在台板上，从中挑出不合格的褐斑菇、薄皮菇、畸形菇和碎菇，可以分别加工成片菇和碎菇。大畸形、大薄片、大空心、轻度机械损伤及修整面积较大且深者，菌盖直径在4.5 cm以下的，可纵切成3.5～5 mm薄片，加工成切片菇罐头。菌盖直径超过4.5 cm的大菇及脱柄、脱盖、开伞但菌褶未发黑者，可加工成碎菇罐头。整菇从顶部呈十字形切开，再加工成片状，菌柄横切成5 mm厚。在双孢蘑菇罐头加工过程中出现一些碎菇是不可避免的，一般整菇与碎菇的比例为6∶4或7∶3，随原料的新鲜度、泡水时间的长短、原料的采收期及连续化操作程度而异，中期采收的菇比初、末期采收的整菇比率大。

（6）装罐　装罐时应做到同一罐中大小均匀，不得混级。装罐量的多少常常取决于双孢蘑菇的收缩率，通常为47.5%～51%。收缩率与菌种和漂烫时间有关，固形物含量愈高，收缩率愈低。热杀菌时的收缩与漂烫时间成反比。罐藏双孢蘑菇贮藏过程中的收缩率随盐分浓度的增加而加大，但最

终达到平衡。装罐的填装高度，玻璃罐（瓶）比罐口低 13 mm，马口铁罐比罐口低 6 mm。几种不同罐型的装罐量见表 6-12。

（7）注液　装罐后，注入盐液。加盐量为菇体重和汤汁量的 2.5%。在盐液中通常要加 0.05% 的柠檬酸或 0.1%～0.2% 的维生素 C。此外，还可加入 0.1% 的谷氨酸钠（味精），以提高鲜味。注入罐内的盐液要浸没双孢蘑菇，不能留有空隙。盐液入罐温度不得低于 85 ℃，罐内中心温度不能低于 50 ℃，以保证罐内形成真空。

（8）排气密封　采用加热排气时，排气时间 10～15 min，罐内中心温度要求 75～80 ℃，方可开始封罐。15173 罐型的中心温度达到 70～75 ℃ 即可。如采用真空封罐机封罐，在注入 85 ℃ 盐液后，立即送入封罐机内进行封罐，封罐机内真空度要维持在 66～67 kPa。

（9）杀菌冷却　双孢蘑菇罐头杀菌不彻底容易造成酸败。杀菌通常是将罐头放在高压杀菌器内，在 98～147 kPa 压力下，维持 20～30 min，杀菌的温度和时间依罐型而定。如采用间歇式高压杀菌，杀菌结束后出罐，置空气中冷却到 60 ℃，再放到凉水中冷却到 40 ℃。也可采用反压冷却，这样能缩短冷却时间，有利于保持双孢蘑菇的色、香、味。但反压冷却法的杀菌效果不如冷却法。

（10）检验入库　将已冷却的双孢蘑菇罐头从冷水中取出，用纱布擦干，及时移至保温室，在 35 ℃ 下保温培养 5～7 d，然后逐罐检查质量。如果罐盖膨胀（胀罐），则说明杀菌不彻底。检验后将合格的双孢蘑菇罐头，贴上标签后装箱入库。

注意事项：

① 预防褐变和开伞。在采收和运输过程中严防机械损伤。采收后于 3 h 内快速运往罐头厂加工，或用 0.03% 焦亚硫酸钠溶液漂洗护色后装入垫有塑料布的菇箱内，再运往罐头厂。如果采用焦亚硫酸钠护色，则必须充分漂洗脱硫。严格防止双孢蘑菇与铁、铜等金属器皿接触，避免双孢蘑菇长时间在护色液中浸泡，以减少风味损失。

② 双孢蘑菇切片（碎）后必须及时装罐加工。

③ 双孢蘑菇罐头宜采用高温短时间杀菌，这样开罐后汤液清，菇色较稳定，组织较好，罐体腐蚀轻。

（二）罐藏草菇

1. 工艺流程

原料选择 → 修整 → 漂烫 → 冷却
装罐 ← 挑选分级 ← 漂洗
加汤汁 → 排气密封 → 杀菌冷却
培养检验

2. 操作要点

（1）原料选择　严格按鲜菇等级标准进行验收，标明等级，分别装在干净的容器中。

（2）修整　剔除杂物及开伞、破头等不合格菇。菇根基部用小刀将泥沙、草屑等清除干净，修削面保持整齐光滑，然后立即用清水漂洗干净。

（3）漂烫与冷却　用夹层锅漂烫，将草菇置于沸水中漂烫 2 次（水与菇之比为 2：1）。第 1 次漂烫 5～8 min，用冷水漂洗，再换水漂烫 5～8 min，漂烫后用清水或流动水迅速冷却与漂洗。如收购点离加工厂较远，可先粗加工。其方法

表 6-12　几种不同罐型的装罐量

罐形	净重（g）	规定固形物（%）	整菇装罐量（g）	片、碎菇装罐量（g）
761	198	58	120～125	115～120
9124	850	53.5	480～490	470～480
15173	2840	63.8～68	1 890～1 960	1 900～2 000

是将修整好的草菇放入沸水漂烫 5～7 min，然后用冷水迅速冷透，装入干净的塑料桶内，加入 2.5% 的盐液和 2% 的柠檬酸溶液，立即送往加工厂。

（4）挑选分级　完整草菇分大、中、小三级，可加工整菇罐头，碎菇可加工切片菇罐头。大菇横径 3～4 cm，菇体高 5 cm；中菇横径 2～3 cm，菇体高 4 cm；小菇横径 1.5～2 cm，菇体高 3 cm。

（5）装罐　525 g 的罐型装菇 260～270 g，315 g 的罐型装菇 150～160 g。

（6）加汤汁　用热水 49 kg，加入 1 kg 食盐，25 g 柠檬酸，待食盐充分溶化后，用绒布或 6～8 层纱布过滤，汤汁的温度控制在 70～80 ℃，加至离瓶口 1 cm。

（7）排气密封　加汤汁后的罐头，采用加热排气法，排气时间 10～15 min，罐内中心温度为 75～80 ℃时方可密封，其罐内真空度要求 46.67～66.67 kPa。

（8）杀菌冷却　封罐后的罐头立即送入杀菌锅杀菌。如选用立式杀菌锅，将水进行预热，水温控制在 60 ℃左右，锅内水位应高于罐头 10～15 cm。

（9）培养检验　将杀菌后的罐头用纱布擦干净，堆放于培养室内，在 30～35 ℃下培养 5～7 d，每批罐头中抽样进行生物指标检验，合格者出厂。

（三）金针菇软罐头

金针菇软罐头是用复合材料薄膜袋（又称蒸煮袋），经装料、密封、杀菌与冷却而制成的新型罐头食品。

1. 工艺流程

$$原料选择 \rightarrow 修整 \rightarrow 漂烫与调味$$
$$热封（封口） \leftarrow 称量灌装$$
$$杀菌 \rightarrow 冷却 \rightarrow 擦干（检查）$$
$$装箱入库 \leftarrow 装盒$$

2. 操作要点

（1）灌装　蒸煮袋中灌装的内容物是金针菇与水的混合物或经过调配后的美味金针菇，因此灌装装置必须选用能尽量减少封口污染的结构形式。目前普遍采用真空封口设备（包括固形物自动投入装置）灌装、抽空密封。灌装时必须保持内容物和袋口部位清洁，尽量避免封口处残留金针菇或油滴，以防封边污染而影响密封性。同时要求内容物灌装到距离袋口顶部 3～4 cm 处，以免抽真空时将内容物抽出而污染袋口，影响其密封质量。

（2）密封　除灌装时尽量减少封口污染之外，还要避免封口时封边产生皱纹。

（3）杀菌　经封口后金针菇软罐头在 100 ℃ 以上加热杀菌时，袋内残剩空气和内容物会膨胀而使它的完整性与密封性遭到破坏，导致发生变形或破裂。因此必须采用加压杀菌，并严格控制加压时间与压力大小。

（4）冷却　杀菌结束后，需立即进行冷却，使罐头内部温度降低到 40 ℃以下，冷却的速度愈快，对金针菇质量的影响愈小。在冷却过程中为防止罐头变形宜采用加压冷却。

（5）金针菇制罐过程中褐变的防止　金针菇制罐过程中最常见的质量问题是菌柄色泽加深，且产生酶促褐变与非酶促褐变。由于金针菇酚酶最适宜的 pH 为 6～7，pH 为 5 时会发生褐变，pH 为 3.5 以下褐变速度大减，pH 为 3 时，酚酶几乎失去活性。因此，用降低 pH 的方法来阻止褐变是金针菇罐头最常用、最有效的方法。为了降低并稳定其 pH，应在汤汁中添加柠檬酸和抗坏血酸，0.08%～0.1% 的柠檬酸和 0.05%～0.1% 的抗坏血酸（或 D-异抗坏血酸），就能基本上保持金针菇的本色。

（四）香菇罐头

1. 工艺流程

$$原料选择与处理 \rightarrow 漂烫与冷却$$
$$排气封罐 \leftarrow 汤汁配制与装罐、注汁$$
$$杀菌与冷却 \rightarrow 保温检验 \rightarrow 开罐评审$$

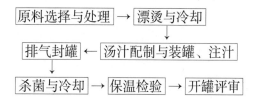

食用菌保鲜贮运和加工

2. 操作要点

（1）原料选择与处理　选菇色正常、大小适中、无病虫害、无霉变、无畸形、无破碎损伤的新鲜香菇，用清水洗去（必要时）菇表及菌褶内的杂质，剪去柄下部木质化部分，留1 cm左右。大菇切成块，小菇不切。

（2）漂烫与冷却　将菇体放在5%的食盐溶液中煮8～10 min或用0.05%柠檬酸溶液漂烫，菇与溶液的比例为1∶5。煮透，外观呈半透明状，捞起放入冷水中冷透，沥干水后装罐。装罐时要用清水充分漂洗，为脱去盐和化学防腐剂。

（3）汤汁配制与装罐、注汁　汤汁配方为漂烫菇汤70%、水27.5%、精盐2.5%，外加0.05%的柠檬酸。配好后用两层纱布过滤，加热至80 ℃后注入罐中。按不同的罐型要求，定量加入香菇，然后注入配好的汤液，汤面距罐口5 mm，若用塑料铝箔包装制软罐头，注汁也应留出空隙。

（4）排气封罐　加热排气，使罐中心温度为75～80 ℃，排气时间8～15 min。若用塑料铝箔包装，也要把内容物加热至70～80 ℃，排气后趁热密封。

（5）杀菌与冷却　284 g、397 g和850 g的罐型反压冷却。杀菌后，迅速冷却为37～40 ℃。

（6）保温检验　将冷却后的罐头立即搬入保温培养室，在35～37 ℃下培养7 d左右，逐罐敲打罐盖，检出胀罐、漏气、浊音等不合格罐，将合格罐装箱入库。

（7）开罐评审　经保温检验过的合格罐头，复查罐头外形，并抽样开罐品评，要求产品色泽淡黄，汤汁清朗，有香菇特有的香味。

（五）平菇罐头

将平菇制成罐头比盐渍、干制能更好地保持平菇固有的风味。

1. 工艺流程

原料选择 → 漂洗、修整 → 漂烫与冷却

排气、封罐 ← 装罐注汁 ← 汤汁配制

杀菌与冷却 → 检验

2. 操作要点

（1）原料选择　选菌盖圆整、柄近盖中心的品种，并在菌盖充分展开之前采摘，菌盖呈蓝灰色、直径为1.5～2.5 cm的钉头菇。

（2）漂洗、修整　采收后的平菇，要按菌盖大小、成熟度、色泽分级，放在清水（或0.6%盐水）中漂洗15 min，逐个洗去泥沙和杂质。按菌盖1.5～2.5 cm、3～5 cm、5～6 cm依次分为3级，留菌柄长1～1.5 cm，削去多余部分。

（3）漂烫与冷却　漂烫时，平菇与水的比例为1∶5，在夹层锅或铝锅中4～8 min。将漂烫后的平菇捞出，放在清水中冷却，沥干水分后即可装罐。

（4）汤汁配制　目前常使用的汤汁为：①漂烫留下的菇汤97.5%、精盐2.5%，加热溶化，过滤后使用。②漂烫留下的菇汤97.37%、精盐2.5%、味精0.1%、维生素C 0.03%，溶化后过滤备用。

（5）装罐注汁　根据罐型，按质量标准定量装入菇体。汤汁先加热到80 ℃，再注入罐内，预留顶隙5～8 mm。

（6）排气、封罐　封罐时，可视条件采取排气密封或真空密封。排气密封时罐内的中心温度须保持在75～80 ℃；真空密封须在抽气压46.67 kPa下进行操作。目前，我国生产平菇罐头的小型厂家多采用手摇封罐机或电动封罐机，封罐能力每分钟可达20～40罐。

（7）杀菌与冷却　封罐后要及时进行高压蒸汽杀菌。把封罐后的罐头放入高压杀菌锅内，通入蒸汽升温，使杀菌室温度在15 min内达到121 ℃，控制蒸汽进入量，温度维持在121 ℃，杀菌20 min，然后排气降温，降温时间为15 min。

（8）检验　方法同金针菇罐头的检验。

（六）白灵菇罐头

1. 工艺流程

原料选择处理 → 护色、漂洗（或清洗）

↓

漂烫、冷却、修整分级

↓

称重装罐 ← 空罐验收和消毒

↓

配料注汁 → 排气密封 → 杀菌、冷却

↓

验收、包装 ← 恒温质检

2. 操作要点

（1）原料选择处理　要求白灵菇呈掌形或马蹄形，形态完整、菌盖肥厚、新鲜饱满、菇色洁白，无严重机械损伤和病虫害。优质菇150～250 g/ 个，合格菇100～140 g/ 个或250～400 g/ 个，畸形菇及偏大或偏小菇为等外级。要将菌柄切削好，不带泥根或培养基。

（2）护色和漂洗　将验收合格的白灵菇按等级分开，采用气泡清洗机洗涤10～20 min（使用流动水）。洗后菇体应清洁、光滑、无泥土和杂质等。

（3）漂烫、冷却、修整分级　将清洗干净的白灵菇迅速输送到连续式漂烫预煮机内进行漂烫。漂烫用水事先加热沸腾，水温控制在100 ℃，并在水中加入0.1%的柠檬酸进行护色，提高品质，漂烫时间为30～40 min。每漂烫一锅应添加适量的柠檬酸，漂烫用水变微红时，应及时更换漂烫水。

漂烫好的白灵菇应及时输送到冷却槽内用流动水进行冷却，水质要符合卫生要求。冷却至手触没有热感时，捞出并沥干水分。冷却时间过长，菇汁浸出，风味下降，影响产品质量。

修整必须按照工艺标准，既要除去不可用部分，又要保证白灵菇的形状，主要是对有泥根、病虫害、斑点的菇进行修整。修整后菇面应平整、光滑，并按等级、大小分别盛放，便于装罐。要求工作台面清洁、无原料积压。修整后的菇应及时用清水浸泡护色，防止菇表面氧化变色。

（4）空罐验收和消毒　空罐进厂时需经专职检验人员进行外观和质量检查，合格后方可投入使用。空罐采用高压清水冲洗（洗罐机水温72 ℃左右），然后用蒸汽消毒3 min。消毒后的空罐放到专用周转箱内，罐口朝下，进入装罐工序备用。清洗用水的温度应严格控制，消毒用空罐应与生产进度相适应，严防积压，以免空罐过剩锈蚀。

（5）称重装罐　装罐人员应对所用天平进行清洗消毒和校准。装罐前，要进行分级。整菇罐头的分级标准是：一级整菇整形后质量为125～225 g，菌盖和菌柄颜色洁白，菇面丰满，菌盖不得有黄边或因水渍而产生的异色斑点。白灵菇形状完整，菌盖舒展，边缘内卷（有0.3～0.5 cm卷边），表面及边缘没有人为损坏，菌柄修剪整齐，水分小于85%，无杂质、异物、虫蛀。菌盖及菌褶表面损伤不得超过10%，菌柄余留长度小于3 cm（指断面到菌褶与菌盖相接处）。二级整菇整形后质量大于225 g或小于125 g，菌盖和菌柄颜色洁白，菌褶米黄，菌盖边缘可稍有黄边，白灵菇任一部位不得有因水渍而产生异色斑点，形状完整，表面及边缘没有人为损害，菌柄修剪整齐，水分小于85%，无杂质、异物、虫蛀。菌盖及菌褶表面损伤不得超过25%，菌柄余留长度小于5 cm。三级为畸形菇，一般要求白灵菇内外无杂质、异物、虫蛀，无落地沾土菇及含水量特大的菇，菌柄无附带培养基。不论何种等级的菇均要求外观形态完整，同一罐内的菇色泽、大小应均匀一致，搭配合理，称重准确。一个一个均匀装入罐中。每30 min抽查1次装罐量，并控净罐内余水，迅速输送到下道工序，不得积压。

食用菌保鲜贮运和加工

（6）配料注汁　装罐后加注汤汁，既能填充固形物之间的空，又能增加产品的风味，还有利于灭菌和冷却时热能的传递。汤汁一般为2%～3%的食盐和0.1%的柠檬酸，有时还加入0.1%的抗坏血酸以护色。为了增进营养及风味，也常常把漂烫时回收的汁液配为汤汁。

汤汁配制：先将清水按一定量放入配料锅内煮沸，然后加入食盐，待全部溶化后关闭汽阀，最后加入一定量的柠檬酸（0.1%）、维生素C（0.1%）等辅料搅匀，并用120目滤布过滤到配料槽内，用水泵打入加汁桶内备用。配料要求称量准确，每锅做好原始记录。采用加汁机进行加汁，事先调整好加汁机的流量，汤汁温度达82℃左右，然后送罐加汁。生产结束后清洗加汁机和料桶，剩余汤汁不得再次使用。要按生产计划配料，避免浪费。

（7）排气密封　加汤汁后的罐头不加盖送进排气箱，在通过排气箱的过程中加热升温，排出原料中滞留或溶解的气体。采用加热排气时，罐内中心温度要求为75～80℃，排气10～15 min，方可封罐。采用真空封罐机封罐，在注入85℃汤汁后，立即送入封罐机内进行封罐，封罐机的真空度要维持在66.67 kPa。

封口质量要求：

①外观质量。要求平整、光滑、无质量缺陷，3 min目测1次并留原始记录。

②内部质量。封口紧密度、叠接率、完整率必须达到三个50%以上，要求每2 h解剖1次，测量结果并保留原始记录。班前班后应清洗封口设备，每周消毒1次，并做好日常保养维护工作。

（8）杀菌冷却　封罐后采用高压蒸汽杀菌，在98～147 kPa下维持30～60 min。杀菌的温度及时间依罐型而定。高温短时杀菌能较好地保持产品的质量。

首先检查杀菌锅上的各种仪表是否正常，空气压缩机、水泵、自动温度记录仪运转是否达到要求，待全部正常时，方可进行杀菌。将封口后的罐头排列于杀菌筐中，要求轻拿轻放，然后装入杀菌锅里，密封锅门，打开进气阀开始升温，同时开启排气阀和凝水阀排气、排水，待温度升至120℃时，关闭凝水阀和排气阀，升温时间15 min，保温时间30 min。保温结束后进行反压（压缩机反压）冷却，压力0.01～0.02 MPa。每周对锅内膛和杀菌筐进行一次刷洗消毒。杀菌记录应准确清楚，并有操作人员签字。杀菌结束后把筐吊出放入冷却池中冷却5 min。

（9）恒温质检　杀菌后的罐头应及时擦净罐体表面浮水，然后送入恒温间进行码垛。码垛时罐体离墙体至少20 cm，垛高不超过1.5 m，宽度1 m，中间应留0.3 m通道以便观察。温度计分上、中、下三处放置。恒温间应通风换气、保持干燥，要有专人负责，2 h检查一次温度并做好原始记录，34～40℃恒温5 d。

（10）验收、包装　入库贮存恒温结束后的罐头要进行包装，包装前应有专业检验技术人员进行检验，挑出低真空罐、废次品罐，擦净罐面，贴标装箱。

参考文献

［1］ 潘永康，王喜忠，刘相东. 现代干燥技术［M］. 2 版. 北京：化学工业出版社，2007

［2］ 张力伟. 香菇真空冷冻干燥工艺研究［D］. 大庆：黑龙江八一农垦大学，2010.

［3］ 黄姬俊. 香菇微波真空干燥技术的研究［D］. 福州：福建农林大学，2010.

［4］ 吕为乔. 微波流态化干燥姜片的过程研究和干燥品质分析［D］. 北京：中国农业大学，2015.

［5］ 朱铭亮. 大球盖菇微波真空干燥工艺的研究［D］. 福州：福建农林大学，2009.

［6］ 佟秋芳. 黑木耳变温变湿热风干燥工艺及干燥品质调控机制［D］. 天津：天津科技大学，2014.

［7］ 刘国丽. 红外辐射加热用于食品物料干燥的研究［D］. 天津：天津科技大学，2014.

［8］ 张丽丽. 红外干燥蔬菜的试验研究及分析［D］. 北京：中国农业大学，2014.

［9］ 卢永芬. 食用菌气调干制技术研究［D］. 福州：福建农林大学，2001.

［10］ 遇龙. 双孢蘑菇远红外辐射干燥的试验研究［D］. 淄博：山东理工大学，2012.

［11］ 王洪彩. 香菇中短波红外干燥及其联合干燥研究［D］. 无锡：江南大学，2014.

［12］ 杨武海. 杏鲍菇干制技术研究［D］. 福州：福建农林大学，2010.

［13］ 陈健凯. 杏鲍菇热风-微波真空联合干燥工艺的研究［D］. 福州：福建农林大学，2014.

［14］ 严启梅. 杏鲍菇微波真空联合气流膨化干燥研究［D］. 南京：南京师范大学，2012.

［15］ 张增明. 绣球菌干燥、超微粉制备及其应用研究［D］. 福州：福建农林大学，2014.

［16］ 顾震. 热敏性物料的热泵和远红外联合干燥［D］. 南昌：江西农业大学，2011.

［17］ 王敏. 杏鲍菇真空低温脱水工艺研究及产品开发［D］. 南京：南京农业大学，2012.

［18］ 齐琳琳. 以干香菇为原料的香菇脆片加工工艺研究［D］. 无锡：江南大学，2013.

［19］ 贺星成. 低压过热蒸汽干燥芋头片加工过程的研究［D］. 福州：福建农林大学，2011.

［20］ 徐志成. 滑子菇热风干燥特性及干燥工艺的试验研究［D］. 呼和浩特：内蒙古农业大学，2010.

［21］ 贾清华. 鸡腿菇热风干燥数学模型及其干品贮藏条件的研究［D］. 呼和浩特：内蒙古农业大学，2010.

［22］ 谌盛敏. 姬菇与草菇加工产品的研制及其质量控制［D］. 南京：南京农业大学，2012.

［23］ 卜召辉. 金针菇脱水干燥工艺的研究［D］. 合肥：安徽农业大学，2011.

［24］ 吴迪，谷镇，周帅，等. 不同干燥技术对香菇和杏鲍菇风味成分的影响［J］. 食品工业科技，2013，34（22）：188-191.

［25］ 段续，任广跃，朱文学，等. 超声波处理对香菇冷冻干燥过程的影响［J］. 食品与机械，2012，28（1）：41-43.

［26］ 尹旭敏，张超，马强，等. 3 种干燥方法对茶树菇干制品质的影响［J］. 西南农业学报，2013，26（3）：1218-1222.

［27］ 涂宝军，陈尚龙，马庆昱，等. 3 种干燥方式对香菇挥发性成分的影响［J］. 食品科学，2014，35（19）：106-110.

［28］ 张乐，李鹏，王赵改，等. 不同干燥方式对香菇品质的影响［J］. 天津农业科学，2015，21（7）：149-154.

［29］ 邢亚阁，蒋丽，曹东，等. 不同干燥方式对杏鲍菇营养成分的影响［J］. 食品工业，2015，36（4）：1-3.

食用菌保鲜贮运和加工

［30］唐秋实，陈智毅，刘学铭，等. 几种干燥方式对金针菇子实体挥发性风味成分的影响［J］. 食品工业科技，2015，36（10）：119-124.

［31］金昌福. 不同烘干方法对香菇干燥品质的影响［J］. 延边大学农学学报，2013，35（4）：348-351.

［32］王丽威，金佳慧，于锦，等. 干燥方式对香菇酚类物质抗氧化活性的影响［J］. 食品工业科技，2015，36（9）：132-135.

［33］赵晓丽，刘学铭，陈智毅. 热泵干燥对草菇干燥速率及硬度的影响［J］. 中国食用菌，2013，32（5）：62-64.

［34］邵平，薛力，陈晓晓，等. 热风真空联合干燥对银耳品质及其微观结构影响［J］. 核农学报，2013，27（6）：805-810.

［35］王洪彩，张慜，王兆进. 香菇中短波红外干燥的试验［J］. 食品与生物技术学报，2013，32（7）：698-705.

［36］陈健凯，林河通，林艺芬，等. 基于品质和能耗的杏鲍菇微波真空干燥工艺参数优化［J］. 农业工程学报，2014，30（3）：277-284.

［37］刘丽娜，王安建，李玉爽. 双孢菇的非硫护色及热风干燥方式的研究［J］. 食品工业科技，2014，35（12）：303-306，311.

［38］刘素稳，侍朋宝，刘秀凤，等. 双孢菇洞道式热风干燥特性及工艺优化［J］. 中国食品学报，2012，12（7）：140-147.

［39］刘玉环，焦扬，何利明. 双孢蘑菇切片真空冷冻干燥工艺［J］. 中国蔬菜，2014（10）：34-36.

［40］任爱清，李伟荣，陈国宝. 香菇脆片真空油炸－热风联合干燥工艺研究［J］. 郑州轻工业学院学报（自然科学版），2013，28（4）：45-47.

［41］李冰，尹青，殷丽君，等. 香菇热风微波流态化的干燥特性与机理分析［J］. 中国食品学报，2015，15（5）：134-139.

［42］肖旭霖，袁华聪，高晓丽，等. 香菇热管射流干燥动力学研究［J］. 食品工业科技，2013，34（4）：114-117，121.

［43］陈健凯，林河通，李辉，等. 杏鲍菇的热风干燥特性与动力学模型［J］. 现代食品科技，2013，29（11）：2692-2699，2579.

［44］李晓英. 真空冷冻干燥工艺中茶树菇共晶点共融点的测定［J］. 食品研究与开发，2013，34（14）：88-90.

［45］秦俊哲，吕嘉枥. 食用菌贮藏保鲜与加工新技术［M］. 北京：化学工业出版社，2003.

［46］陈功. 盐渍蔬菜生产实用技术［M］. 北京：中国轻工业出版社，2001.

［47］蔡同一. 果蔬加工原理及技术［M］. 北京：北京农业大学出版社，1987.

［48］贾新成，赵顺才. 食用菌贮藏与加工［M］. 郑州：河南科学技术出版社，1994.

［49］王安建，吕付亭，柴梦颖. 食用菌保鲜与加工技术［M］. 郑州：中原农民出版社，2008.

［50］郑焕春，颜丽君. 滑子菇盐渍加工主要问题及防治措施［J］. 农业与技术，2005，25（5）：129-130.

［51］何弥尔. 盐渍蘑菇脱盐技术的研究［J］. 昆明师范高等专科学校学报，2000，22（4）：23-25.

［52］王子峰. 食用菌糖渍技术［J］. 农村新技术，2011（18）：37-39.

［53］龙燊. 果蔬糖渍加工［M］. 北京：中国轻工业出版社，2001.

［54］谢知坚，刘公礼. 果蔬蜜饯加工技术［M］. 北京：中国农业科技出版社，1992.

［55］ 张志勤. 果蔬糖制品加工工艺［M］. 北京: 农业出版社，1992.

［56］ 赵晋府. 食品工艺学［M］. 北京: 中国轻工业出版社，1999.

［57］ 赵丽芹. 果蔬加工工艺学［M］. 北京: 中国轻工业出版社，2002.

［58］ 高海燕，曾洁，李光磊，等. 小白菇软包装罐头加工工艺研究［J］. 食品科技，2009，34（8）: 52-56.

［59］ 吴泽保，吴国雄，林长勇. 调味平菇软包装生产工艺［J］. 浙江食用菌，1994（1）: 28.

［60］ 曲美玲，李梅. 双孢蘑菇罐头加工工艺［J］. 中国果菜，2000（4）: 23.

［61］ 孙兴荣. 软包装糖醋大球盖菇罐头的研制［J］. 黑龙江农业科学，2014（4）: 101-104.

［62］ 高树人. 清水金针菇罐头加工工艺［J］. 食用菌，1988（4）: 40-41.

［63］ 陈树祥. 蘑菇罐藏食品的加工［J］. 食品科学，1987，8（7）: 38-41.

［64］ 万南安，赵阳. 茶薪菇罐头加工技术［J］. 中国食用菌，2007，26（6）: 45-46.

［65］ 郭亮，孟俊龙，高涛，等. 白灵菇罐头加工工艺的研究［J］. 山西农业大学学报（自然科学版），2009，29（1）: 55-58.

［66］ 赵晓燕，白术群. 蔬菜汁加工工艺与配方［M］. 北京: 科学技术文献出版社，2001.

食用菌保鲜贮运和加工

第七章　食用菌精深加工

　　食用菌深加工是改变食用菌的传统面貌，包括改进食用菌保鲜技术，充分利用原料加工成速食食品，科学提取食用菌多糖等有效成分，加工成药品、保健食品、化妆美容产品等。前景诱人，市场潜力也很大，有助于提升食用菌的科技含量和附加值。

第一节
食用菌酒

　　《汉书·食货志》云："酒，百药之长。"说明古人在长期饮酒过程中，发现其有"通血脉""散湿气""开胃下食""行药势""御风寒"等药理功效。酒与药有密不可分的关系，在远古时代，酒就是一种药，古人说"酒以治疾"。北宋王怀隐等在《太平圣惠方·药酒序》中对酒的性能作了一些新的见解："夫酒者，谷蘖之精，和养神气，性唯剽悍，功甚变通，能宣利肠胃，善导引药势。"

　　食用菌酒是主要以食用菌为原料生产的、具有保健医疗作用的含醇饮料。其生产方法主要有浸泡法、酿造法和配制法三种。浸泡法是将食用菌子实体直接浸泡在一定酒精度的白酒、黄酒或米酒中，使菌体中的保健药用成分浸于酒中；酿造法生产食用菌酒与果酒酿造生产相似，主要利用酵母菌和食用菌菌丝的发酵作用，将食用菌子实体或菌丝体中可发酵性糖转化成乙醇等物质，再经陈酿、勾兑等工序加工而成；配制法是在食用菌浸出液中加入一定量的乙醇配制而成。食用菌酒种类很多，如猴头菌酒、灵芝酒、银耳酒、茯苓酒、金针菇酒等，都有很好的保健医疗作用，普遍受到消费者的喜爱。

一、食用菌浸泡酒

（一）浸泡酒生产原理

浸泡指用适当的溶剂和方法，使原料中的有效成分浸出，再用制成的浸提物作为原料进一步开发应用。食用菌浸泡酒即采用一定浓度的乙醇溶液将食用菌中的有效成分萃取出来进而加工成含醇饮品。

浸提时，小分子量功能成分易透过细胞膜渗出，大分子量功能成分难以透过细胞膜，因此针对食用菌不同功能成分其浸提方法不同。

浸出原理

（1）浸润、渗透阶段 食用菌细胞中含有多种可溶性物质和不溶性物质，浸出过程实质上就是溶质由原料固相传递到液相的过程。食用菌烘干后，组织内水分被蒸发，细胞逐渐萎缩，细胞液中的物质呈结晶或无定形沉淀于细胞中。当食用菌原料被粉碎时，一部分细胞可能破裂，其中所含成分可直接被溶剂浸出，转入乙醇溶液。大部分细胞在粉碎后仍保持完整状态，当与溶剂接触时，被溶剂湿润，溶剂通过渗透进入细胞。

（2）解吸、溶解阶段 食用菌细胞中各种成分间有一定的亲和力，故溶解前必须克服这种亲和力，使各种成分转入乙醇溶液，这种作用称为解吸作用。乙醇有很好的解吸作用，在溶液中加入适量的酸、碱、甘油或表面活性剂有助解吸，增加有效

成分的溶解。乙醇溶液通过毛细管和细胞间隙进入细胞组织后与经解吸的各种成分接触，使成分转入溶剂中，这是溶解阶段。

（3）扩散、置换阶段 乙醇溶液溶解有效成分后形成的浓溶液，具有较高的渗透压，从而形成扩散点，不停地向周围扩散其溶解的成分以平衡其渗透压。一般在物料表面附有一层很厚的溶液膜，称为扩散"边界层"，浓溶液中的溶质向块粒表面液膜扩散，并通过此边界膜向四周的稀溶液中扩散。在静止条件下，完全由于溶质分子浓度不同而扩散称为分子扩散。扩散过程中有流体的运动而加速扩散称为对流扩散。浸泡过程中两种类型的扩散方式均有，而仅有后者具有实效意义。

（二）浸泡酒生产工艺

1.基酒选择 将食用菌中功能成分浸出的原酒称为基酒，基酒浸取可溶性物质后得到的液体称浸出液，浸出后的残留物称菌渣。食用菌浸泡酒的基酒即为不同浓度的乙醇溶液，一般选用40%以上大曲酒。基酒主要成分是水和乙醇，水和乙醇具有以下特点。

（1）水的特点 水极性大而溶解范围广，原料中的生物碱盐类、苷、苦味质、有机酸盐、蛋白质、糖、色素类，以及酶和少量的挥发油都能被水溶出。其缺点是：浸出范围广，选择性差，容易浸出大量无效成分，而且还能引起一些有效成分的水解，或促进某些化学变化。

（2）乙醇的特点 乙醇是一种半极性溶剂，其溶解性能介于极性与非极性溶剂之间。所以，乙醇能溶解水溶性的某些成分，同时也能溶解非极性溶剂所溶解的一些成分，只是溶解度有所不同。乙醇能与水以任意比例混溶。基于乙醇能溶解水溶性成分与非水溶性成分的特性，利用不同浓度的酒作溶剂时有利于选择成分的浸出。

2.食用菌浸泡酒生产方法 浸渍法是简便且最常用的浸泡酒生产方法。除特殊规定外，浸渍法在常温下进行，制得的产品，在不低于浸渍温度条件下能较好地保持其澄清度。浸渍法简单易行，可用

食用菌保鲜贮运和加工

于多数食用菌功能成分的浸取。由于浸出效率差，不适于对贵重的和有效成分含量低的菌类的浸取。若制备浓度较高的制剂，应采用重浸渍法或渗漉法。浸渍法可在常温或适当加热下进行，浸渍时间不等，常温浸渍可达数月，加热浸渍也需数日，基酒的用量没有统一的规定，可以采用定量浸出，也可用适量基酒提取，然后稀释至一定量。结合食用菌原料的性质、当地气温条件和长期生产的实践经验，对不同种类采用略有不同的浸出条件和方法。

3. 影响浸泡酒生产的主要因素

（1）原料粒度　根据扩散理论，食用菌粉碎得愈细，与浸出溶剂的接触面愈大，扩散面也愈大，故扩散速度愈快，浸出效果愈好。但粉碎得过细的原料粉末，不适用于浸提。原因如下：

1）吸附作用增加　过细的粉末在浸泡时虽能提高其浸出效果，但吸附作用亦增加，因而使扩散速度受到影响。如基酒酒精度低时，原料易膨胀，浸出时原料可粉碎得粗一些，或者切成薄片和小段；若基酒酒精度高时，因乙醇对原料的膨胀作用小，可粉碎成粗末（5～20目，甚至40目）。原料不同，要求的粉碎度也不同。通常冬虫夏草、香菇、灵芝、猴头菌等食用菌，宜用较粗的粉末，甚至可不必粉碎；天麻等硬度较大的原料宜用较细的粉末。

2）过滤困难　若粉碎过细，原料组织中大量细胞破裂，致使细胞内大量不溶物溶出，使浸出杂质增加，黏度增大，扩散作用缓慢，浸出液过滤困难，产品浑浊。

3）阻力增大　过细的粉末，给操作带来困难，如用渗漉法浸提时，由于空隙太小，溶剂流动阻力增大，容易造成堵塞，使渗漉不完全或浸提困难。

粉碎方法与浸出效率有关。用锤击式粉碎机粉碎的物料，表面粗糙，与溶剂的接触面积大，浸出效率高，可以选用粗粉；用切片机切成片状的材料，表面积较小，效率较差，宜选中等块粒。

（2）浸泡温度　一般温度愈高，扩散速度愈快。因为温度升高能使组织软化，促进膨胀，增加可溶性成分的溶解和扩散速度，促进有效成分的浸出。而且温度适当升高，可使细胞内蛋白质凝固、酶被破坏，有利于浸出和制剂的稳定性。但浸泡温度高，能使某些不耐热的成分或挥发性成分分解、变质或挥发散失。

（3）浓度差　浓度差越大浸出速度越快，适当地运用和扩大浸泡过程的浓度差，有助于缩短浸泡过程和提高浸出效率。在选择浸泡工艺与浸泡设备时，应以能创造最大的浓度差为基础。一般连续逆流浸提的平均浓度差比一次浸提大些，浸泡效率也较高。应用浸渍法时，搅拌或强制浸泡液循环等，也有助于扩大浓度差。

（4）浸泡时间　一般来说浸泡时间与浸出量成正比。即时间愈长，扩散值愈大，愈有利于成分浸出。但当扩散达到平衡后，时间则不起作用。此外，长时间的浸泡往往导致大量杂质溶出，一些有效成分如多糖等易被分解。若以低浓度醇作为溶剂，长期浸泡则易霉变，影响浸出液的质量。

（5）浸泡压力　提高浸泡压力有利于加速浸润进程，使原料组织内更快地充满溶剂和形成浓溶液，从而使开始发生溶质扩散过程所需的时间缩短。同时有压力的渗透尚可能将原料组织内某些细胞壁破坏，亦有利于浸出成分的扩散。当原料组织内充满溶剂之后，加大压力对扩散速度则没有什么影响，对组织松软、容易湿润的原料的有效成分浸出影响也不明显。

二、食用菌酿造酒

食用菌酿造酒是利用食用菌菌丝、有益微生物将淀粉类物质转化成糖，然后再由酵母将可发酵性糖类经乙醇发酵作用生成乙醇，再在陈酿澄清过程中经酯化、氧化及沉淀等过程，制成酒液清澈、色泽透亮、醇和芳香的产品。食用菌酿造酒除具有酿造酒饮料的特点外，还含有菌类功能成分，在食用菌产品开发中具有重要地位。

（一）酿造酒生产原理

1.酿造酒主要微生物　酿造酒又称发酵酒、原汁酒，是借着微生物的作用，把含淀粉和糖质原料的物质进行发酵，产生乙醇成分而形成酒。其生产过程包括糖化、酒化、过滤、杀菌等。目前，食用菌发酵酒生产包括利用食用菌真菌菌丝和其他的一些微生物共生发酵，以食药用菌子实体为原料糖化发酵和以食用菌菌丝体为原料发酵三种方式。这三种方式生产过程中都需要添加淀粉类或糖类物质，并要有其他微生物的参与。需要用到的其他微生物主要有：

（1）曲霉菌　曲霉菌主要存在于麦曲、米曲中，以米曲霉菌为主，还有较少的黑曲霉菌等微生物。

（2）根霉菌　根霉菌是小曲（酒药）中含有的主要糖化菌。根霉菌糖化能力强，几乎能使淀粉全部水解成葡萄糖，还能分泌乳酸、琥珀酸和延胡索酸等有机酸，降低培养基的pH，抑制产酸细菌，并使酒液口味鲜美丰富。

（3）酵母菌　酿酒酵母是与人类关系最为密切的一种酵母，细胞为球形或者卵形，直径5～10 μm。其繁殖的方法为出芽生殖。优良酵母菌主要特征为：发酵能力强，发酵效率高，可将发酵液中的糖分充分发酵转化成乙醇；在发酵中可产生芳香物质，使发酵酒具有特殊风味。

（4）主要有害细菌　常见的有害微生物有乙酸菌、乳酸菌和枯草芽孢杆菌。它们大多来自酒曲和酒母及原料、环境、设备。尤其是乳酸杆菌能适应酿造酒发酵的环境，容易导致发酵醪的酸败。可通过酿造季节的选择和工艺操作的控制来保证发酵的正常进行，防止有害菌的大量繁殖。酿造酒主要微生物形态如图7-1所示。

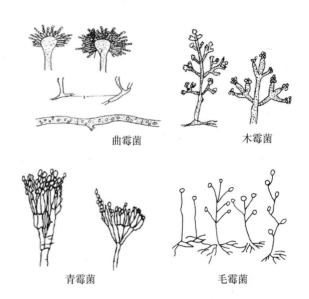

曲霉菌　　　　　木霉菌

青霉菌　　　　　毛霉菌

图7-1　酿造酒主要微生物

2.发酵机制

（1）淀粉糖化　淀粉的分解是通过淀粉酶作用将淀粉转化为糊精和可发酵性糖。

$$[C_6H_{10}O_5]_n \xrightarrow{nH_2O} [C_6H_{10}O_5]_x \xrightarrow{xH_2O} C_{12}H_{22}O_{11} \xrightarrow{H_2O} C_6H_{12}O_6$$

淀粉　　　　糊精　　　麦芽糖　　　葡萄糖

在糖化发酵时，糖化剂中的α-淀粉酶与糖化酶共同作用于淀粉，因而液化与糖化作用实际上是同时进行的。由于糖化剂所含的酶系各不相同，所以，在糖化时引起的糖化动态也不同，但最终大部分淀粉被分解成葡萄糖。

目前，糖化所需的酶是以黄曲霉或米曲霉为主产生的。黄曲霉富含α-淀粉酶，能迅速液化淀粉，降低醪液浓度，但由于缺少糖化型淀粉酶，难以分解淀粉的α-1，6-糖苷键，使糖化不彻底，显得后劲不足。因此，在发酵生产时，常补充原料1%～1.5%的黑曲霉菌制成的麸曲或一定比例的商品糖化酶，以弥补黄曲霉菌糖化型淀粉酶的不足。

（2）乙醇发酵　乙醇发酵过程为厌氧发酵，要在密闭无氧的条件下进行。如果有空气存在，酵母菌就不能完全进行乙醇发酵作用，而部分进行呼吸作用，把糖转化成二氧化碳和水，使乙醇产量减少。

食用菌保鲜贮运和加工

葡萄糖和果糖可直接被酵母菌发酵利用,蔗糖和麦芽糖在发酵过程中,需通过分解酶和转化酶的作用生成葡萄糖和果糖参与乙醇发酵。但是,原料中的戊糖、木糖和酮糖等则不能被酵母菌发酵利用。

酒的乙醇发酵是指发酵液中所含的己糖在酵母菌的一系列酶的作用下,通过复杂的化学变化,最终产生乙醇和二氧化碳的过程。简单反应式为:

$$C_6H_{12}O_6 \longrightarrow 2CH_3CH_2OH+2CO_2$$

乙醇发酵的主要过程:

1)葡萄糖磷酸化,生成活泼的1,6-二磷酸果糖。

2)1分子1,6-磷酸果糖分解为2分子的磷酸丙酮。

3)3-磷酸甘油醛转变成丙酮酸。

4)丙酮酸脱羧生成乙醛,乙醛在乙醇脱氢酶的催化下,还原成乙醇。

乙醇发酵的主要副产物:

1)甘油 由磷酸二羟丙酮转化而来,也有一部分是由酵母细胞所含的卵磷脂分解而形成。

2)乙醛 发酵过程中丙酮酸脱羧产生的,也可能是发酵以外由乙醇氧化产生。游离的乙醛存在会使酿造酒具有不良的氧化味,可用二氧化硫处理。因为二氧化硫可与乙醛结合成稳定的亚硫酸乙醛,且不影响酿造酒风味。

3)乙酸 主要是乙醛氧化生成的,乙醇可氧化生成乙酸。但在无氧条件下,乙醇的氧化很少。乙酸为挥发性酸,风味强烈,在酒中含量不宜过多。一般在正常发酵情况下,酒的乙酸含量只有0.2~0.3 g/L。乙酸在陈酿时可以生成酯类物质,赋予酿造酒以香味。

4)琥珀酸 主要是由乙醛反应生成的,或者是由谷氨酸脱氨、脱羧并氧化而生成。琥珀酸的存在可增加爽口性。琥珀酸在酒中含量一般低于1.0 g/L。

此外,还有一些由乙醇发酵的中间产物——丙酮酸所产生的具有不同味感的物质,如具辣味的

甲酸、具烟味的延胡索酸、具榛子味的乙酸酮酐等。

在酿造酒的乙醇发酵过程中,还有一些来自酵母细胞本身的含氮物质及其所产生的高级醇,它们是异丙醇、正丙醇、异戊醇和丁醇等。这些醇的含量很低,但它们是构成香气的主要成分。

(3)影响乙醇发酵的主要因素

1)温度 酵母菌的生长繁殖与乙醇发酵的最适温度为20~30℃,当温度在20℃时,酵母菌的繁殖速度加快,在30℃时达到最大值,如果温度继续升高达35℃时,其繁殖速度迅速下降,酵母菌呈"疲劳"状态,乙醇发酵有可能停止。在20~30℃的温度范围内温度每升高1℃,发酵速度就提高10%,而发酵速度越快,停止发酵就越早,酵母菌的"疲劳"现象出现也越早,产生乙醇的效率就越低,产生的副产物就越多。因此,必须将发酵温度控制在较低的水平。

2)酸度 酵母菌在微酸性条件下发酵能力强。当发酵液pH控制在3.3~3.5时,酵母菌能很好地繁殖和进行乙醇发酵,而有害微生物则不适应这样的条件,其活动能力会被有效地抑制。但是,当pH下降至2.6以下时,酵母菌停止繁殖和发酵。

3)空气 在有氧条件下,酵母菌生长发育旺盛,大量繁殖个体,缺氧条件下,个体繁殖被明显抑制,同时促进了乙醇发酵。一般在破碎和压榨过程中溶入原料中的氧气已经足够酵母菌发育繁殖所需,只有在酵母菌发育停滞时,才通过倒桶适量补充氧气。如果供氧气太多,会使酵母菌进行好氧活动而使乙醇得率降低。

4)糖分 酵母菌生长繁殖和乙醇发酵都需要糖,糖浓度为2%～25%时酵母菌活动正常,超过25%酵母菌活动受抑制,达60%以上时由于糖的高渗透压作用,乙醇发酵停止。因此生产含乙醇较高的酒时,可采用分次加糖的方法,这样可缩短发酵时间,保证发酵的正常进行。

5)乙醇和二氧化碳 乙醇和二氧化碳都是发

酵产物，它们对酵母菌的生长和发酵都有抑制作用。乙醇对酵母菌的抑制作用因菌株、细胞活力及温度而异，在发酵过程中对乙醇的耐受性差别即是酵母菌菌群更替转化的自然手段。在正常发酵生产中，发酵液中乙醇浓度不会超过15%。

在发酵过程中二氧化碳的压力达0.8 MPa时，能停止酵母菌的生长繁殖；当二氧化碳的压力达1.4 MPa时，乙醇发酵停止；当二氧化碳的压力达3 MPa时，酵母菌死亡。工业上常利用此规律，外加0.8 MPa的二氧化碳来抑制酵母菌生长繁殖。

6）二氧化硫　酿造酒发酵一般都采用亚硫酸（以二氧化硫计）来保护发酵。当发酵液中游离二氧化硫含量为10 mg/L时，对酵母菌没有明显作用，而对大多数有害微生物却有抑制作用。

3. 陈酿过程中的化学变化　食用菌酒完成发酵后，新酒中含有二氧化碳和二氧化硫，酵母的臭味、生酒味、苦涩味和酸味等都较重，还含有较多的细小微粒和悬浮物使酒液混浊。因此，新酒必须经过陈酿澄清，使不良物质减少或消除。陈酿过程中主要有以下几种变化。

（1）酯化反应　酒中所含有机酸和乙醇在一定温度下发生酯化反应生成酯和水。酯具有香味，它是酒液芳香的主要来源之一。酯主要是在发酵和陈酿过程中形成的。酯化反应的速度较慢，反应速度与温度成正比，与时间则成反比。在陈酿的前两年酯的形成较快，以后变得缓慢，直至完全停止。此时，酯化反应与皂化反应达到平衡。

酒中的酯随着陈酿时温度的升高而增加，但当温度偏高时酒液就会变质。适当的升温（即热处理），可以增加酯的含量，从而改善酒的风味。酒中有机酸的种类不同，其成酯的速度不同，且酯的芳香各具特色。例如总酸为0.4%的香菇酒，加0.1%～0.2%的有机酸，可以增加酯的含量，从而增进酒的风味。加入的酸以乳酸效果最好，柠檬酸及苹果酸次之，琥珀酸较差。酒液pH影响酯化的速度。酒液pH由4降到3时酯的产生量能增加1倍。

（2）氧化还原反应　酒在陈酿过程中，当每升酒中含有数十毫升氧气时就会产生"过氧化味"或引起混浊。因此，在陈酿过程中要采取有效的预防措施，防止氧的渗入。酒含有一定量的可被氧化的物质，如单宁、色素、微量乳酸发酵所产生的1,3-二羟丙酮，还有原料带入的维生素C等。这些物质的存在可能会减少或防止酒中有损品质的氧化反应产生，酒特有的芳香物质的形成正是其中的特殊成分被还原的结果。

（3）澄清作用　酒中酵母菌细胞及其碎屑、蛋白质、多糖和大分子色素等在酒中可以形成胶体溶液，该胶体中的颗粒由小变大，最终使酒液变得混浊，这是酒不稳定的主要原因。酵母菌细胞及其碎屑在陈酿过程中会在重力作用下自然沉淀，可通过换桶除去，也可通过过滤而除掉。蛋白质、多糖等通常是用明胶使其沉淀而排除。

酒的陈酿时间少则1～2年，多则数十年。因为在自然条件下，上述各种反应进行得非常缓慢。通过陈酿，酒中芳香物质得以增加，苦涩味也会由酚类物质（单宁）、糖苷（色素）的氧化聚合沉淀而减轻。酸味因酒石的析出和酯的形成而减少。通过陈酿，乙醇与水分子之间的缔合，有机酸、醇、水分子之间的缔合以及有机酸之间的相互缔合，使得酸味减弱，酒的风味柔和，酒色更加纯正。

（二）酿造酒生产工艺

1. 工艺流程

食用菌子实体或菌丝体（加入大米等淀粉类物料）→ 软化 → 糖化 → 培养 → 接种酵母菌

过滤 ← 调配 ← 陈酿 ← 压榨 ← 淋酒 ← 发酵

杀菌 → 装瓶 → 成品

2. 操作要点

（1）粉碎与软化　将干食用菌子实体用粉碎机粉碎，过100～120目筛，加入一定量淀粉类物料（大米等）混合，在混合物料中加入30%～50%的水，使之吸水软化，然后蒸熟，冷却至35℃左右。

食用菌保鲜贮运和加工

（2）糖化 糖化前，为了促进发酵，可补加糖分（如蔗糖、糖蜜、果糖等），配料的比例为：食用菌熟料 30%～40%，蔗糖 20%～30%，酒曲 5%～8%，其余为水。在 35～37℃的温度下糖化 36～40 h。糖化结束时，通入蒸汽，加热到 80℃，以终止糖化。然后于糖化液中添加柠檬酸，加量为 0.8%～1.0%，使发酵液的 pH 达 5.0 左右。为保证发酵顺利进行，糖化后应进行硫处理，以抑制杂菌生长。每 100 kg 汁液中添加 10～20 g 焦亚硫酸钾。

（3）酵母菌的培养 用于食用菌汁液乙醇发酵的酵母菌可以是果酒酵母菌，也可以是黄酒酵母菌。酵母菌扩大培养基一般用马铃薯葡萄糖培养液，接种量为 2%～5%，在 25～28℃温度下培养 1～2 d，使其旺盛生长。然后按 1∶10 的比例将酵母液加入糖化液中，同样在 25～26℃下扩大培养 1～2 d，备用。

（4）乙醇发酵 将食用菌糖化液泵入消毒过的发酵容器中，装量为容器容积的 80%，留出空间以防发酵旺盛时液体溢出容器外。在糖化液中加入 3%～5% 的酒母液，在 24～25℃下发酵。发酵旺盛时，液体温度升高，并有大量的二氧化碳气泡从液面冒出，同时将料渣冲至液面。在这种情况下，应将料渣压入发酵液中。发酵液中大量的糖分因已转化成乙醇而迅速减少，液体的密度也随之下降。当液体的密度不再下降，液体的温度接近室温时，表明发酵基本结束。整个过程历时 7～10 d。

（5）淋酒与压榨 发酵结束后，应及时将残渣与酒液分离，方法是打开发酵容器底部阀门，使酒液通过滤网流出口流出，取出残渣放入压榨机中压榨取汁，合并压榨汁与流出汁。如果汁液的含糖量仍然较高，可进行二次发酵。酵母菌在淋酒与压榨过程中接触空气而复苏，利用酒液中的糖分继续进行发酵，二次发酵适宜的温度为 10～18℃，时间 20～30 d。

（6）陈酿 发酵结束后，酒的刺激性较大，味道不够醇和，应进行陈酿后熟。方法是将新酒置于桶中，在 10～20℃的温度下，陈酿 6～8 个月，

使酒液清澈透明，风味协调。

（7）调配 主要是调整酒度。酒度偏低时，可用白酒或食用乙醇调整，糖分根据需要补加。

（8）杀菌与装瓶 装瓶前，酒精度在 15% 以下的酒应在 90℃的温度下杀菌 60～90 s。装瓶后，及时压盖封口，贴商标。

3. 产品质量指标 产品应既有各类食用菌特有的风味，又有较高的营养与保健功效。食用菌酿造酒酒精度为 10%～12%，含酸量不超过 0.6%。

三、食用菌配制酒

食用菌酒除了浸泡酒和酿造酒外，也可以使用从食用菌中提取的功能成分直接调配制成。食用菌配制酒是指以发酵酒、蒸馏酒或食用乙醇作为酒基，配加一定比例的食用菌提取物和食品添加剂（如着色剂、甜味剂、香精等），经调配、混合或再加工制成的酒。食用菌配制酒改变了原基酒风格，赋予其功能性。

（一）配制酒生产原理

任何酒都应有其特有的色、香、味所组成的风格，配制酒生产从原料到产品与其他酒种相比都很不规范，没有固定的工艺路线和统一的质量标准，原材料来源广泛。因此，对于配制酒来说，色、香、味等感官质量尤其重要，感官品评标准可概括为，色泽要有自然感，香气要有和谐感，口味要有舒顺感，风格要有独特感。

配制酒的品种设计是最重要的配制酒技术工作之一。配制酒的品种设计必须适应市场和人们的需要。在不同时期，不同生活水平条件，不同消费地区，人们的需求不同，因此，在设计新的配制酒产品时要考虑到：

（1）酒体优美 一种配制酒要有独特的个性，与众不同，才能使人饮后印象深，有好感，想再喝。

（2）具有营养和保健功能 在配制酒中添加食用菌功能成分的种类和方法，可与中医师配合，

提高配制酒的营养价值，以食用菌功能成分为基础，设计对某些疾病具有一定疗效或确有滋补强身作用的补酒、药酒。

（3）经济效益高　在设计酒体优美、富含功能的品种时，还应讲究产品的经济效益，充分利用本地资源，降低产品成本，或进行综合利用，在变废为宝的同时增加收入。产品的价格不能超过大多数人的购买力。

（二）配制酒生产工艺

食用菌配制酒生产的基本工艺过程是：

调查消费市场、原材料供应等

新品种设计 → 酒基、主料选择和检测

准备辅助材料、容器等

按照配方要求计算各种主辅料用量

按照配方和配酒要求进行配制 → 新酒陈化处理

成品 ← 包装 ← 过滤和澄清处理

配制酒的基础酒俗称基酒或酒基。基酒是配制酒的主要成分，直接影响配制酒的质量。基酒要求无异香和邪杂味，符合国家规定的卫生指标。选用乙醇为基酒时，应是经过脱臭处理的优级食用乙醇。如果采用白酒做基酒，以选用清香型白酒较为理想。一般不宜选用浓香型、酱香型或兼香型的白酒做配制酒的基酒。也可采用米香型白酒、黄酒或果酒、葡萄酒为基酒。

1. 食用菌配制酒原料

（1）食用菌提取物　现代研究发现，香菇、灵芝等大型真菌中含有抗氧化、抗细菌、抗病毒、酶抑制剂、受体拮抗剂等具有多种活性的天然产物，如从猴头菇菌丝体中分离的二萜糖苷可抑制金黄色葡萄球菌生长；从牛舌菌子实体中分离的三萜类化合物具有抗细菌活性；赤芝中的灵芝酸 T 对各种人类癌细胞系呈剂量依赖性的细胞毒性，而对正常细胞系的毒性低。食药用菌中功能成分及作用不胜枚举，将食药用菌中功能成分提取出来制作成酒剂，通过调配生产含菌类功能成分的乙醇制品，赋

予传统酒以食用菌的功能，对于提高人民健康具有重要意义。

用食用菌提取物生产配制酒要求提取物主要功能成分明确，在水或乙醇中有一定的溶解性，同时在酒中结构稳定，不会与水或乙醇产生化学反应。食用菌提取物一般用水或乙醇溶液提取，经浓缩、干燥制成，也可以不经干燥直接用浓缩液调配。

（2）乙醇　化学式为 CH_3CH_2OH 或 C_2H_5OH，是带有一个羟基的饱和一元醇，在常温、常压下是一种易燃、易挥发的无色透明液体，它的水溶液具有酒香的气味，并略带刺激。乙醇的质量直接影响配制酒的质量。乙醇中甲醇、杂醇油、总醛物质含量过高，对人体均有毒性作用。甲醇含量过高，会引起对视神经的严重麻醉作用。人体摄入 4～10 g 甲醇即可引起严重中毒。乙醇中酯类物质含量过高时，会引起饮酒者头晕。乙醇中杂醇油含量过多，能增加乙醇的刺激性和对脑神经的麻醉性。醛类物质含量过多，会使酒辛辣，10 g 甲醛就会造成致死的严重后果。为了保证饮酒者的身体健康，甲醇、总醛、杂醇油、总酯含量过高的乙醇，绝不允许用于配制酒生产。此外，用于配制酒生产的乙醇必须符合 GB 31640—2016《食品安全国家标准　食用酒精》。

（3）蒸馏酒　蒸馏酒是指凡用水果、乳类、糖类、谷物等原料，经过酵母菌发酵后，蒸馏得到的无色、透明液体，再经陈酿和调配制成的透明、酒精度大于20%的乙醇性饮料。蒸馏酒是饮料酒中乙醇含量最高的。

蒸馏酒本身即为食品，因此作为配制酒原料，只要其符合本身的产品标准即可。

（4）酿造酒　发酵原酒也叫酿造酒，包括黄酒、啤酒、葡萄酒和发酵果酒。发酵原酒生产所用的原料非常广泛，可以是各种谷类和果类，一般乙醇含量较低（18% 以下），含有较多的可溶性有机物，营养成分含量及营养价值较高。酿造酒根据其发酵类型可分为单式发酵和复式发酵两种。葡萄酒

和发酵果酒属于单式发酵，它是指以糖质为原料，由酵母菌直接发酵而得到的乙醇饮料。黄酒和啤酒属于复式发酵，复式发酵是以淀粉质为原料，由于酵母菌不能直接利用淀粉，而必须先经淀粉糖化过程变成糖质后，再进行乙醇发酵。酿造酒是我国主要的饮料酒，也是配制酒的主要原料酒（基酒）。

（5）调味剂　配制酒生产时为赋予成品较好的色、香、味、形，以及良好的营养和口感，常需要添加适量的辅助材料，这些辅助材料的处理和使用直接影响配制酒的质量。常用的调味材料主要有甜味剂、酸味剂、香精香料和色素等。

1）甜味剂　白砂糖。含蔗糖量应在99%以上，水分0.5%以下，灰分0.2%以下，还原糖1%以下。其他甜味剂，有葡萄糖、果葡糖浆、蜂蜜、糖醇类甜味剂、甘草苷、甜菊糖苷等。人工合成甜味剂，如糖精钠、环己基氨基磺酸等。

2）酸味剂　酸味剂可使配制酒产生特定的酸味，酸味剂主要有柠檬酸、酒石酸、苹果酸、乳酸等。

3）香精香料　香精香料的添加可使产品产生诱人的香味和香气。常用的香精有香菇香精、蘑菇香精等，香料有柠檬油、玫瑰油、甜橙油等。

4）色素　配制酒中添加色素可使其色泽自然完美，提高商品价值。常用的色素分为人工色素和天然色素。人工色素有靛蓝、日落黄等，天然色素有姜黄素、萝卜红色素、胭脂红色素、红曲红、焦糖色素等。

（6）防腐剂　防腐剂可抑制配制酒中的微生物繁殖，特别是酒精度低的配制酒。常用的防腐剂有苯甲酸、苯甲酸钠、山梨酸、山梨酸钾等，用量0.1%。

（7）澄清剂　澄清剂主要是络合配制酒中的微小杂质颗粒，改善酒的品质。常用的澄清剂有明胶、单宁、膨润土、蛋清、果胶酶等，澄清剂需要量可根据配制酒种类及杂质量进行确定。

（8）水　水是配制酒生产的重要原料，配酒用水除首先应符合饮用水标准外，还应达到如下要求：

1）无色透明、无悬浮物及沉淀物。

2）无臭、无味、无异味。在加热到20～30℃时，用口尝应有清爽的感觉，不能有咸味、苦味、涩味及其他异杂味。

3）pH中性。

4）铵盐不得超过0.05 mg/L。

5）铁含量应在0.5 mg/L以下。

6）总硬度0.713～2.140 mmol/L为宜。

7）有机物（高锰酸钾耗用量）应在5 mg/L以下。

8）细菌总数不超过100个/100 mL。

9）大肠菌指数不超过3个/L。

2. 配酒计算

乙醇浓度调制的计算公式。

（1）无醇液体加乙醇（或含醇液体）使其达到计划酒度

1）只求乙醇量或含醇液体量

例：灵芝浸提液100 L，计划加入90%乙醇，使全体浸提液乙醇量达30%，求90%乙醇用量。

解：90%食用乙醇用量（L）=100×0.3÷（0.9－0.3）=50

2）定度又定量（先求乙醇量，后求无醇液体量）

例：有猴头菇无醇物料浸提液一批，计划用90%食用乙醇调制含乙醇30%的浸提液共120 L，求两者用量。

解：90%乙醇用量（L）=120×0.3÷0.9=40

浸提液（L）=120－40=80

（2）低浓度液体加入高度乙醇来提高至计划酒精度

1）只求乙醇量或高浓度液体量

例：有20%酒精度香菇提取液125 L，计划加入55%的白酒，使香菇提取液最终浓度达39%，求55%的白酒用量。

解：55%的白酒用量（L）=125÷(0.55－0.39)×0.19≈148.43

2）定度又定量（先求乙醇量，后求低浓度液体量）

例：有含乙醇9%的虫草发酵液一批，计划用含乙醇75%的蒸馏酒调制含乙醇12%的配制酒共200 L，求两者用量。

解：含乙醇75%的蒸馏酒用量（L）=200×（0.12 − 0.09）÷（0.75 − 0.09）=9.09

含乙醇9%的虫草发酵液用量（L）=200−9.09=190.91

（3）高浓度液体（或乙醇）用低浓度液体（或水）稀释到指定酒精度

1）定度不定量（只求低酒精度液体量）

例：有含乙醇15%的发酵果汁366 L，拟用含乙醇8%的同类发酵果汁混合，使前者的酒精度下降至12%，求酒精度为8%的果汁量。

解：酒精度为8%的果汁量（L）=366×（0.15 − 0.12）÷(0.12 − 0.08)=274.5

2）定度又定量

例：用含乙醇42%和55%的两种云芝浸泡液互相混合成50%的浸泡液300 L，求两种浸泡液的用量。

解：含乙醇42%云芝浸泡液用量（L）=300×（0.55 − 0.5）÷(0.55 − 0.42)=115.4

含乙醇55%云芝浸泡液用量（L）=300×（0.50 − 0.42）÷(0.55 − 0.42)=184.4

功能成分、甜味剂（蔗糖、糖浆等）、酸味剂等含量配制公式可参考酒精度确定的配制公式进行计算。

3. 配制酒的调配

（1）配制前的准备工作　配制前的准备工作主要包括调配容器的准备，配方的确定，原辅料的用量计算和质量分析，其他原材料的质量检查，配酒场地及器具清洗等。

大中型生产厂的调配容器多用配酒罐，小厂多用配酒缸。配酒容器上装有液位计或容量刻度，供调配中计量用。配酒容器最好用不锈钢材料制成，一般不用铜、铁等材料，因为铜、铁等材料容易受到酒液中有机酸的腐蚀，铜、铁离子会溶解于酒液中，影响产品质量。配酒容器，在调配前应洗刷干净并进行消毒灭菌。配酒场地和配酒其他用具同样要进行相应的清洗和消毒灭菌。

（2）主料的确定和成分分析　为了保证产品质量的相对稳定，配制出风味协调、各批次品质一致的产品，对乙醇、发酵原酒、食用菌提取物等主料，对不同批次的同一品种，应进行感官评定；对不同贮藏期和色、香、味存在差异的发酵原酒等酒基应进行勾兑；对质量上存在差异的食用菌提取物等也应互相勾兑，通过勾兑，求得配制酒主料的质量均衡性，从而达到配制酒成品质量一致和风味均衡的目的。主料确定后，取样分析酒精度、糖度、总酸，作为调配计算时扣除主料中有关成分含量的依据。

（3）辅料和其他原材料的质量检查和准备　用于配酒的其他原材料，在使用前也应进行检查，保证质量符合要求，在必要时，除进行感官检查外，还应进行分析化验，分析其浓度、纯度等，作为配酒时的依据。并按调配的总量，根据成品酒的指标和主料的分析结果，准确计算出辅料的用量，逐个做好准备。

4. 配制酒的陈化　新配制的酒，各成分之间不协调，有一种刺激性的邪杂味、生酒味，味感不柔顺，饮用时会给人不愉快的感觉，但将这样的酒进行一段时间的贮存陈化后，酒体就会变得醇厚、芳香、绵软，这是因为经过陈化酒中所含的各种物质发生了极为复杂和微妙的变化。配制酒，特别是以脱臭乙醇为基酒的配制酒，在贮存过程中，由于乙醇分子与水分子之间逐渐形成大分子缔合群，因此使乙醇分子受到约束，活性变小，使乙醇的刺激性味道除去，在味觉上给人以柔和感。另外，低沸点成分挥发，如醛类、酯类和硫化氢等会在陈化过程中挥发掉，从而减轻或除去新酒的异味。在贮存期间酒的澄清度和非生物稳定性也有所提高。

由此可见，陈化是让酒经过贮藏，或采取适当措施促使其发生物理和化学变化，使酒体变得醇

食用菌保鲜贮运和加工

厚、绵软、芳香，也使酒变得澄清稳定，令人愉快地饮用。

（1）贮存陈化法　这是传统的陈化法。酒在贮存期间进行着缓慢的氧化分解合成，降低了杂醇油、单宁等物质的含量，增加了乙醇和有机酸在酯化过程中所产生的酯类物质和其他芳香物质，因而大大改善了酒的风味。此法可以得到品质优良的产品。

贮存陈化法的主要设备是贮酒室和贮酒容器。贮酒室有地下、半地下和地上3种类型，其中以地下贮酒室为最好，这是由于其受外界的自然条件（如温度、湿度、风等）影响较小，室温比较稳定。采用哪种形式贮酒，应根据产品的工艺要求，结合当地的气候、土质、地下水位及材料来源等因素决定。北方要考虑防冻，南方要注意过高气温的影响。

贮酒容器有不锈钢罐、碳钢罐（内壁涂料）、水泥池（内壁涂料）、橡木桶、缸（内涂釉）和玻璃瓶等。贮存陈化法需要很长时间（一年至数年），生产周期长，除了生产调香白兰地和威士忌的优质产品外，一般配制酒厂在生产中很少采用。大多数厂对配制酒进行短期贮存。无论采用什么贮酒容器，贮酒期间均应满贮。

（2）冷冻处理法　冷冻处理是加速新酒陈化，提高稳定性的有效方法之一。在冷冻条件下，酒中的微生物基本上停止活动而沉淀。以葡萄酒为基酒的配制酒，酒石酸氢钾、酒石酸钙经冷冻后，由于溶解度降低而结晶析出；冷冻还能提高酒中氧的溶解度，使单宁、色素、有机胶体等因氧化而沉淀；原处于溶解状态的亚铁盐类也被氧化而沉淀析出，加速澄清，改善酒的风味。冷冻处理有人工冷冻和自然冷冻两种方法。人工冷冻是将酒放入冷冻室，使其降到冷冻要求的温度进行保温。自然冷冻是利用冬季的自然低温进行冷冻。冷冻的适宜温度要求控制在各种酒的冰点以上，即0.5～1℃为好，各种酒的冰点与乙醇含量成反比，乙醇含量越高，冰点温度越低。

（3）热处理法　热处理时，酒的本质变化为：乙醇、总酸减少，醛类及酯类增加，色、香、味都有改善，产生老酒的风味，同时亦有助于加强酒的稳定性。为避免热处理过程中由于温度高而使乙醇和挥发性芳香物质损失，热处理应在密闭的容器内进行。

热处理的温度和时间，一般可控制在50～65℃，1周至1周半。在实际生产中，应根据不同品种做具体试验，以获得良好的效果。

（4）冷热交换处理法　冷冻处理法和热处理法各有优缺点。冷冻处理后，由于蛋白质和果胶物质在温度提高后又会转变为不溶性物质而使酒发浑；热处理的澄清速度慢，透明度差。冷热交换处理法即可取两者的优点而克服缺点，使酒的外观和风味得到进一步改善。经冷热交换处理的酒，具有老酒的芳香，气味变得柔和、醇厚，具体方法有：

将酒升温至60℃，保持1周，再降至-2℃处理1周。将酒升温至25～30℃，在搅拌条件下保温4 h，再降温到0～5℃保持24 h，如此高低反复4～10次，一般4～6次即可。将酒温升至80℃维持6 h，降至-6℃维持3 d即可。

另外，关于冷热处理的顺序，一般来说先热后冷比先冷后热好，挥发酯生成量较高，但有些厂在生产葡萄酒类为基酒的配制酒时，采用先冷后热的方法。

（5）超声波、辐射、微波处理法　超声波老熟法是通过超声波的作用加速酒中所含微量醇、醛、酯和烯类等物质的氧化、聚合和缩合反应，从而产生出各种复杂的新的香味物质，赋予酒以醇厚感和芳香味。

5. 配制酒的灌装及杀菌

（1）配制酒灌装流程

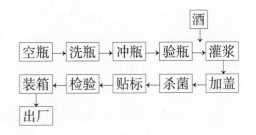

（2）配制酒主要灌装设备和包装材料　主要灌装设备有洗瓶机、冲瓶机、灌装机、汽酒灌装机、灌水机、压盖机、杀菌机等。主要包装材料有酒瓶、瓶盖、商标、贴标黏合剂、纸箱等。

（3）杀菌　乙醇含量在16%以上的配制酒可不杀菌。乙醇含量16%以下的配制酒要杀菌。杀菌采用巴氏杀菌法，其原理是：微生物在较高温度下会失去活动能力而死亡，习惯上以60℃经1 min所引起的杀菌效应称为1个巴氏杀菌单位（PU）。巴氏杀菌效应用数学式表示为：

$$PU = Z \times 1.393^{(t-60)} \qquad (7-1)$$

式中：PU——巴氏杀菌效应（PU）；t——巴氏杀菌温度（℃）；Z——巴氏杀菌时间（min）。

生产上一般控制在15～30 PU，控制为60℃，维持25～30 min。杀菌方式多为水浴杀菌，杀菌时应注意：升降温应缓和，防止骤升骤降而引起的爆瓶，造成酒和瓶子损失；加热水温与酒温差，保持2～3℃，以防局部过热。

四、食用菌酒加工技术实例

（一）平菇柚子酒

1.工艺路线

平菇子实体 → 挑选 → 清洗 → 破碎 → 酶解

调配 ← 放入柚子原汁 ← 冷却 ← 加热灭菌 ←

搅拌 → 加入干酵母 → 前发酵 → 成熟

冷却 ← 加热灭菌 ← 澄清 ← 过滤 ← 后发酵

无菌灌装封口

2.操作要点

（1）预煮、破碎　选择无虫蛀、无霉变的干平菇子实体除杂后用流动水漂洗干净，粉碎，按料液比1：20比例加入去离子水，加入0.1%的纤维素酶，于45℃恒温水浴中酶解2 h，再煮沸10 min即可。

（2）酵母的活化　将适量活性干酵母加入质量分数为2%的糖水中，于35～40℃复水20～30 min，32℃保温活化1～2 h，活化过程中每隔10 min搅拌1次。

（3）平菇、柚子混合发酵　将20 g平菇粉末加入1 L柚子果汁中，用白砂糖调节总糖度为18%，干酵母添加量0.5%，温度为26℃，初始pH 3.0。

（4）后发酵　混合液的主发酵结束后，进入后发酵过程，关键步骤是进行倒罐分离，即将其进行过滤，除去滤渣，并将其沉淀多次用原汁冲洗过滤，温度控制在18℃，继续发酵大概20 d。

（5）陈酿　发酵完成后，便进入陈酿阶段。在陈酿期间，需要将上清酒转移至新的桶中，进行2次即可，除去原桶下面的酒脚和沉淀物质，此时需要将温度调控在16℃左右，时间大约为5个月。

（6）澄清　用澄清剂澄清。

（7）装瓶，杀菌　将过滤后的产品装瓶，然后进行杀菌，温度控制在80℃，时间10 min。

（二）绞股蓝茯苓酒

1.工艺流程

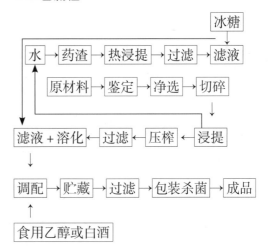

水 → 药渣 → 热浸提 → 过滤 → 滤液 ← 冰糖

原材料 → 鉴定 → 净选 → 切碎

滤液+溶化 ← 过滤 ← 压榨 ← 浸提

调配 → 贮藏 → 过滤 → 包装杀菌 → 成品

食用乙醇或白酒

2.操作要点

（1）原材料选择与处理　材料要求新鲜、无霉变、无杂质，绞股蓝要求皂苷含量在5%以上。原料经净选去杂后，按要求进行切碎或粉碎处理。

（2）浸提液的制备　原材料第一次浸提用食用乙醇或白酒浸渍，过滤后的药渣用80℃热水热浸提8 h，其中水渣比例控制为1：3。调配与杀菌。取食用乙醇浸提液和水浸提液，按要求的酒精度、成品有效成分含量进行调配，酒精度不足的用食用乙醇补充。

（3）贮存灌装　调配后置于贮酒罐中贮存1个月，用硅藻土过滤并灌装，然后杀菌得到成品。

（三）香菇酒

1. 生产工艺流程

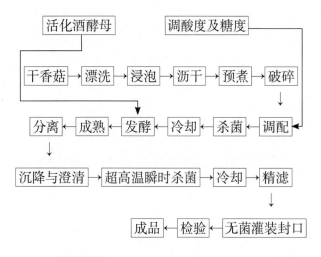

2. 操作要点

（1）原料处理　选择无虫蛀、无霉变的干香菇（鲜香菇亦可）除杂后用流动水漂洗干净，然后以24～26℃水浸泡24～48 h，用水量以能将香菇完全泡透为好。当菇体柔软、无硬心时即可将泡好的香菇捞出，用流动水洗净，沥干备用。

（2）漂烫破碎　将泡好的香菇投入沸水中，继续煮沸维持8～10 min脱除香菇中的不良气味，同时使菇体进一步软化并杀灭部分有害微生物，然后在无菌条件下破碎成粒度为0.5～0.8 cm³的碎块。

（3）酸化糖浆的制备　按试验设计的要求将柠檬酸与砂糖以一定比例混合后在98～100 ℃、8～10 min的条件下进行杀菌处理，并迅速冷却到20～35 ℃备用。

（4）调配、发酵　将处理好的香菇和酸化糖浆在无菌条件下充分混合，加入已经活化和驯化处理的酵母液保温发酵。经过3 d主发酵后即可进入缓慢的后发酵成熟阶段。发酵过程中若温度高于设定温度则要及时降温，同时打开上盖以利于酵母呼吸。为促进发酵的进行，可将助发酵物质氯化铵与

氯化钙按2∶1(质量比)的比例混匀后调入发酵醪中，加入量为发酵醪重的0.05%。

（5）成熟、分离、沉降与澄清　当发酵醪总糖度降至5%(折光计)以下，酒精度达10%～12%、pH为3.6～3.8时表明已酿制成香菇原酒并可进入成熟阶段。成熟阶段香菇原酒温度应控制在18℃以下，成熟时间13～15 d，当酒醪完全下沉、酒体清亮有光泽、酒香浓郁并具有香菇独特风味时即可进行分离去渣。将分离后得到的香菇原酒送入自动控温沉降罐，在4～5℃条件下成熟沉降3～4 d，用虹吸法或分段自流法倒罐去酒脚。在上述条件下再沉降4～5 d，去酒脚得澄清亮丽的原酒即可进行下一步操作。

（6）超高温瞬时灭菌、冷却、精滤及无菌灌装封口　按产品特点要求对香菇原酒进行风味及成分调整即得发酵型香菇酒。采用超高温瞬时灭菌法对酒灭菌处理，并迅速冷却至35 ℃以下进行无菌精滤、灌装。包装瓶采用经灭菌处理的750 ml白玻璃瓶，以无菌软木塞封口。

（7）检验、贴标装箱及成品贮藏　将灌装封口的产品在常温下倒置15 d进行渗漏试验，在无渗漏者中抽样进行感官、理化及卫生指标检验，合格者即可贴标装箱并贮藏于阴凉干燥处。

（四）灵芝酒

1. 工艺流程

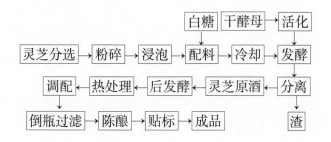

2. 操作要点

（1）选料与粉碎　选择无虫害、无泥沙、无霉变的干灵芝(形状与大小不限)，先经切片，再粉碎成15～20目的灵芝粉。

（2）热水浸提　以75 ℃的热水保湿浸泡灵

芝粉 2 h，灵芝与水之比为 2.2：10，提取灵芝中水溶性成分。为了达到一定的酒精度和糖度，可在灵芝热水浸提液中加入适量白糖，配成发酵液，使白糖完全溶解后冷却至 38 ℃。

（3）活化干酵母　按发酵液 0.08% 的用量称取活性干酵母，并用少量葡萄糖调成 2% 糖液，在 38℃温度下使活性酵母活化 3 h 以上。

（4）醪液发酵　当发酵液冷却到 38 ℃时，进行投料，即将已活化的酵母液配入发酵液中进行主发酵。在发酵的 0～9 h 内，要严格控制液温在 30℃以内，以后只要保持液温不超过 30 ℃即可。在发酵期间，隔日对发酵液进行酸度、还原糖、总糖的测定，并经常观察发酵情况，了解发酵进程。如果发现酵母失活或其他特殊情况，应及时采取补救措施。发酵 7～8 d 即可结束主发酵。

（5）分离及后发酵　发酵 7～8 d 时，酒精度可达到 9%～11%，即已达到了该酵母耐乙醇的限值，这时就需进行分离结束主发酵，分离所得灵芝原酒再倒回发酵缸发酵 2～3 d。

（6）酒的热处理和调配　发酵后热处理，杀死酵母细胞，处理温度为 78℃。冷却后灵芝原酒呈淡黄色，酒精度为 9%～11%。用 95% 食用乙醇合理调配，将酒精度调至 16%±1%；存放数日后，再倒瓶、过滤，以滤去酒中的酵母蛋白沉淀和细微的灵芝末。

（7）灵芝酒的陈酿　灵芝酒陈酿需半年以上，使酒中醇、酸间发生酯化作用，使酒体更融洽，酒香更浓郁。要注意换缸和添缸，保证酒缸充满；添缸时要注意酒龄的长短，新酒不能添入老酒里，但老酒可添入新酒里。

（五）姬松茸酒

1. 工艺流程

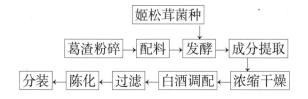

2. 操作要点

（1）超微粉碎　收集葛渣洗净烘干，经机械碾轧式超微粉碎机粉碎，激光粒度分析仪检测平均粒径 D_{50}=10.6 μm。

（2）液态发酵　在发酵罐中进行姬松茸液态发酵。发酵培养基为：玉米粉 10 g/L、豆粉 10 g/L、麸皮 10 g/L、蔗糖 20 g/L、葛渣超微粉 20 g/L。发酵罐经 121 ℃高温灭菌 40 min，无菌接入姬松茸菌种，接种量 10%，搅拌转速 100 r/min，发酵温度 28℃，pH 自然。发酵 84h 下罐。

（3）闪式提取　将放罐的发酵醪液移入闪式提取器中，常温（20℃）下 5 000 r/min 进行组织破碎，处理时间 5 min，得到均一的发酵混合物。闪式提取时，连续运转 2 min 后停机 1 min。

（4）浓缩干燥　将发酵混合物浓缩为浆状，然后真空干燥至含水量 20%。

（5）浸泡　将步骤 4）中的干燥混合物用 42% 的优质白酒密封浸泡。浸泡时原料与基酒质量比为 1：50，浸泡时间为 3 d，浸泡过程中每 12h 振荡一次，浸泡基酒为优质纯粮蒸馏发酵酒。

（6）调配、过滤、分装　浸泡完成后，按 2% 比例加入水苏糖充分溶解，再按照传统方法添加冰糖、蜂蜜、柠檬酸、食用香精等进行勾兑、调制，最后过滤去渣，灌装即得成品。

第二节
食用菌调味品

调味品是食品加工或烹调中能够调和食物滋味和气味的食品加工辅料，食品加工中运用各种调味品及调味方法调配食品滋味和气味是获得色、香、味、形、养俱佳的必需过程，体现了人们对食品滋味和气味特征综合性与协调性的要求。目前，调味品工业已成为食品工业的重要组成部分之一，调味品生产原料品种繁多，新食物资源的利用、传统食物资源的新利用，尤其食用菌资源在调味品生产中的应用，不但为调味品家族增加了新成员，同时也极大地提升了酱油、食醋等传统调味品的营养价值，拓宽了食用菌的应用领域。

一、食用菌酱油

（一）酱油的生产原理

酱油是以富含蛋白质的豆类和富含淀粉的谷类及其副产品为主要原料，在微生物酶的催化作用下分解成熟并经浸滤提取的调味汁液。酱油咸、鲜、微甜，呈现复合芳香，风味浓郁，是一种古老的传统调味品，也是我国重要的调味品之一。

酱油起源于我国，传统酱油是以豆、麦、麸皮等为原料酿造的液体调味品，色泽红褐色，有独特酱香，滋味鲜美，有助于促进食欲。在酱油中强化铁元素是预防缺铁性贫血的行之有效的重要方法。目前已有多家知名酱油生产企业生产铁强化酱油。

1. 发酵过程中的生物化学变化

（1）原料组织的分解 在目前的操作条件下，植物组织受物理分解的作用是有限的，大部分细胞壁还是完整无损，如果不把细胞壁破坏，使细胞内容物的蛋白质和淀粉充分暴露出来，则很难被酶解。酿造酱油的生物化学过程第一步是利用果胶酶的作用把果胶降解，使细胞分离出来。再利用纤维素酶及半纤维素酶将构成细胞壁的纤维素及半纤维素降解。细胞壁被破坏之后，淀粉酶及蛋白酶才能使原料内的淀粉及蛋白质水解。

（2）蛋白酶的分解作用 米曲霉所分泌的蛋白酶有三种，其中以中性和碱性为主。酱醅中的蛋白水解酶、淀粉水解酶系由米曲霉在制曲时产生而积累于曲中。酱醅中的蛋白酶以中性和碱性蛋白酶为主，酸性蛋白酶较弱，在发酵初期，酱醅的 pH 在 6.5～6.8，醅温 42～45℃。在这种条件下，中性蛋白酶、碱性蛋白酶和谷氨酰胺酶能充分发挥作用，使蛋白质逐渐转化为多肽和氨基酸，谷氨酰胺转化为谷氨酸。随着发酵的进行，耐盐乳酸菌繁殖，酱醅的 pH 逐渐下降，蛋白质的水解作用逐渐变弱。因而在发酵过程中要防止 pH 过低。由于各种因素的影响，原料蛋白质在发酵过程中并不能完全水解为氨基酸，成熟酱醅除含氨基酸外，还存在着胨和多肽等。成品酱油中氨基酸的含量应达到全氮的 50% 以上。

蛋白质是由许多氨基酸组成的，豆粕（或豆饼）与辅料中的蛋白质经蛋白酶的分解逐步变成氨基酸类。有些氨基酸是呈味的，就变成了酱油的调味成分，如谷氨酸和天门冬氨酸具有鲜味；甘氨酸、丙氨酸和色氨酸具有甜味；酪氨酸却呈苦味。在蛋白质酶系中还存在有谷氨酰胺酶，酱油中的谷氨酸一部分来自原料中的游离谷氨酸，另一部分由原料蛋白质游离的谷氨酰胺受谷氢酰胺酶作用而得到。

（3）淀粉的糖化作用 酱醅中的淀粉在曲霉的淀粉酶系作用下，被水解为糊精和葡萄糖，这是酱醅发酵中的糖化作用。生成的单糖构成酱油的甜味，有部分单糖被耐盐酵母及乳酸菌发酵生成醇和有机酸，成为酱油的风味成分。

在制曲后的原料以及经糖化的糖浆中，还留有部分碳水化合物尚未彻底糖化；在发酵过程中，继续利用微生物所分泌的淀粉酶，将残留的碳水化合物糖化分解成葡萄糖、糊精及麦芽糖等。由于曲霉菌中有其他水解酶存在，糖化作用生成的单糖，除葡萄糖外还有果糖及五碳糖。果糖主要来源于豆粕中的蔗糖水解，五碳糖来源于麸皮中的多缩戊糖。这些糖类对酱油成分中色、香、味、体有着重要作用。酱油色泽主要由于糖分与氨基酸结合而成，称为氨基—羰基反应，又叫美拉德反应。乙醇发酵也需要糖分。此外糖化作用完全，酱油的黏稠度及甜味好，骨分（体态）浓厚，无盐固形物高，这些与提高酱油质量有重要的关系。

（4）脂肪水解作用 原料豆饼残存的油脂在

3%左右，麸皮含有的脂肪也在3%左右，这些脂肪要通过脂肪酶、解脂酶的作用水解成甘油和脂肪酸，其中软脂酸、亚油酸与乙醇结合生成软脂酸乙酯和亚油酸乙酯，是酱油的部分香气成分。

（5）乙醇和有机酸发酵作用　酱醪中的乙醇发酵主要是由于酵母菌的作用。在生产时，虽然未曾人工接种酵母，但在制曲或发酵过程中，从空气中落入了酵母繁殖而成。成曲下池后，酵母繁殖的状况，视发酵温度而定，一般在10℃时，酵母仅能繁殖而不能发酵，30℃时最适于繁殖及发酵；40℃以上，酵母就自行消失。因此如采用高温发酵法，酵母菌就无法生存，不会产生乙醇发酵作用。在中温和低温发酵条件下，酵母菌会将糖分分解成为乙醇和二氧化碳。所生成的乙醇，一部分被氧化成有机酸类，一部分挥发散失，一部分与氨基酸及有机酸等化合成为酯，还有微量乙醇则残留在酱醪中，这与酱油香气的形成有极大关系。高温速酿的酱油之所以缺少酱油香气，原因就是发酵温度高、时间短，乙醇发酵微弱。因此，有条件的工厂应尽量考虑后熟发酵中酵母菌的作用。酵母菌通过其酒化酶系将酱醪中的部分葡萄糖转化为乙醇和二氧化碳。在此过程中，葡萄糖经EMP途径生成丙酮酸，后者在丙酮酸脱羧酶催化下脱羧生成乙醛，乙醛再在乙醇脱氢酶及其辅酶$NADH_2$催化下还原为乙醇。总反应式为：

$$C_6H_{12}O_6 + 2ADP+H_3PO_4 \rightarrow 2CH_3CH_2OH+ 2CO_2+ 2ATP$$

在酵母的乙醇发酵中，除主要产物乙醇外，还有少量副产物生成，如甘油、杂醇油、有机酸等。酱醪中的乙醇，一部分被氧化成有机酸类，一部分挥发散失，一部分与有机酸化合成酯，还有少量则残留在酱醪中，这些物质对酱油香气的形成十分必要。适量的有机酸存在于酱油中可增加酱油的风味，当总酸含量在150 g/L左右时，酱油的风味柔和。乳酸是酱油中的重要呈味物质，对形成酱油风味起着重要作用。通过酱醪中乳酸菌的发酵作用，可以使糖类转变为乳酸。在同型乳酸发酵中，

葡萄糖经EMP途径生成丙酮酸，丙酮酸在乳酸脱氢酶和$NADH_2$作用下还原成乳酸；如果是异型乳酸发酵，由醋酸菌脱氢酶系催化的葡萄糖和乙醇的氧化反应生成。米曲霉分泌的解脂酶能将油脂水解成脂肪酸和甘油。

2.发酵过程中的微生物变化　发酵是曲霉、酵母及细菌的综合作用，在发酵过程中，菌群数量会随发酵期的不同而减少或增多的。由曲子带到酱醪中的菌，往往受食盐浓度及嫌气环境的影响而被淘汰：如好气而不耐高盐的小球菌会很快死亡，枯草杆菌也不能繁殖，只有芽孢菌留存着。与此相反的是，耐盐性乳酸菌最初迅速繁殖，接着又下降，嗜盐足球菌和鲁氏酵母在酱醪中也会繁殖。

（二）酱油生产工艺

1.酱油生产中使用的主要原料及质量要求

（1）蛋白质原料

1）大豆　大豆又名黄豆，我国各地均有种植，尤以东北大豆产量最多、质量最优。在大豆氮素成分中，95%是蛋白质氮，其中50%是水溶性蛋白质，所以大豆蛋白质易为人体吸收，也易被酶分解。大豆蛋白质的氨基酸组成种类全面，其中谷氨酸含量较高，给酱油提供浓郁的鲜味。酿造酱油用大豆原料，应颗粒饱满、干燥、杂质少、皮薄新鲜、蛋白质含量高，油脂含量适当。大豆脂肪可赋予酱油独特的脂香，使酱油香气醇厚，但大量的大豆油脂不能被充分合理的利用，残留在酱渣内或被脂肪酶分解，造成浪费，也给制品带来异味。

2）豆饼　豆饼是大豆经压榨法提取油脂后的副产物，包括冷榨豆饼和热榨豆饼两大类。热榨豆饼的大豆蛋白质热变性较冷榨豆饼严重，水分含量低，蛋白质含量相对较高，质地疏松，易于破碎，适于酿造酱油。而冷榨豆饼未经高温处理，出油率低，蛋白质基本未变性，更适宜豆腐、豆干等豆制品的生产。

3）豆粕　豆粕是将适当热处理的大豆经轧坯、有机溶剂浸提脂肪后的副产物，呈颗粒状或片状。豆粕蛋白质含量高，脂肪、水分含量都很少，

适于生产酱油及豆制品。但豆粕存在有机溶剂残留问题，影响酱油产品的风味，降低酱油制品的食用安全性，使用前应进行脱溶处理，如采用超临界流体萃取的方法脱除有机溶剂。

4）其他杂豆、饼粕　蚕豆、豌豆、绿豆等富含蛋白质的杂豆以及它们提取淀粉后的豆渣也可作为酱油的生产原料。榨油后的花生饼粕、芝麻饼粕、脱酚菜籽饼、脱酚棉籽饼、玉米胚粕蛋白粉、脱脂米糠等也都可以用来酿造酱油。

5）食用菌　食用菌是目前国际公认的健康食品。食用菌含有丰富的蛋白质和氨基酸，大多数菇类含有 17～18 种氨基酸，几乎不缺乏 8 种人体必需氨基酸，氨基酸种类多、数量丰富、质量高。1 kg 克干蘑菇所含蛋白质相当于 2 kg 瘦肉，3 kg 鸡蛋或 12 kg 牛奶的蛋白质含量。

（2）淀粉质原料

1）小麦　小麦是世界第一大粮食作物，在我国国民经济和粮食生产中占有重要的地位。小麦中淀粉含量达 70% 以上，在微生物及其酶的作用下可水解生成糊精、低聚糖、双糖、单糖，参与美拉德反应生成类黑色素及风味物质，是生成酱油色、香、味的重要成分。

2）麸皮　麸皮又称麦麸，是小麦制粉后的副产物，含丰富纤维、B 族维生素及矿物质。小麦麸皮约占整个小麦籽粒的 15%，其中淀粉含量达 10%～15%，可作为淀粉质原料应用。麸皮用作酿制酱油的淀粉质原料，不但可以节约粮食，而且麸皮具有较大的表面积及疏松作用，还含有一定量的蛋白质、丰富的维生素及钙、铁等元素，能促进微生物的生长，是曲霉菌的良好培养基，也可增强酶的活力，有利于提高原料利用率。另外，麸皮的无氮浸出物中所含多缩戊糖达 20%～24%，其水解产物戊糖与氨基酸的反应产物是酱油色素的主要成分。但是单纯用麸皮作为淀粉质原料生产酱油，由于麸皮中的戊糖不能被酵母菌利用，所含淀粉量又不能满足酵母菌乙醇发酵对碳源的需求，会导致酱油香味不足，甜味弱，风味寡淡。

3）其他淀粉质原料　凡淀粉含量较高，无毒无异味的食物资源，都可以作为酿造酱油的原料，如玉米、高粱、甘薯、马铃薯、木薯、薯渣及含淀粉高的野生植物的种子、块根、块茎等。

（3）食盐　食盐是酿造酱油的重要原料，可以赋予酱油适当的咸味；与氨基酸结合生成氨基酸钠盐提供鲜味；在发酵过程中起到一定防腐作用；增加大豆蛋白质溶解度，提高原料利用率。酿造酱油用食盐要求氯化钠含量高，质地纯净，不会给酱油带来苦味或异味。

（4）水　酿造酱油用水量很大，要求无化学污染，符合国家饮用水标准。

（5）增色剂

1）焦糖色　焦糖色的主要成分是氨基糖、黑色素和焦糖。根据《食品添加剂使用卫生标准》规定，焦糖色可在酱油、醋等食品中按生产需要适量使用，注意在使用过程中应严格遵守国家相关法律法规，不得超量、超范围使用。

2）红曲米　又称红曲，古称丹曲，是将红曲霉接种在大米（籼米）上培养发酵生成的红色素，产于江西、福建、浙江、广东等省，尤以福建古田所产的最为著名。红曲最早发明于中国，已有一千多年的生产、应用历史，具有活血化瘀、健脾消食、降血压、降血脂、降血糖、抗菌等功效。红曲色素特点是 pH 稳定，耐热，不受金属离子和氧化剂、还原剂的影响，无毒、无害。在酱油生产中如果添加红曲米与米曲霉混合发酵，其色泽可提高 30%，氨基酸态氮提高 8%，还原糖提高 26%。

（6）助鲜剂

1）谷氨酸钠　俗称味精，是谷氨酸的钠盐，含有 1 分子结晶水，是一种白色结晶或粉末，目前主要采用发酵法生产获得。谷氨酸钠在 pH 为 6 左右时，鲜味最强。谷氨酸钠是酱油中主要的鲜味成分，添加小麦酿制酱油过程中可产生谷氨酸钠。

2）呈味核苷酸钠盐　呈味核苷酸钠盐有肌苷酸钠盐、鸟苷酸钠盐等。肌苷酸钠呈无色结晶状，其分子式为 $C_{10}H_{11}N_4O_8PNa_2$，鸟苷酸钠分子

式为 $C_{10}H_{14}N_5O_8PNa$，均能溶解于水，一般用量为 0.01%～0.03%。为防止米曲霉分泌的磷酸单酯酶分解核苷酸及鲜味减弱或消失，应在酱油杀菌冷却后加入。

（7）防腐剂 防腐剂可防止酱油在贮存、运输、销售和使用过程中腐败变质，常用的有苯甲酸钠、山梨酸钾等。

1）苯甲酸和苯甲酸钠 苯甲酸（C_6H_5COOH）又名安息香酸，白色结晶片状或针状粉末，微带安息香或苯甲醛气味，溶于乙醇，微溶于水，加热可升华，水溶液呈酸性。世界卫生组织和国际粮农组织食品添加剂专家联合委员会第57届会议，对苯甲酸做出最新的风险评估，规定每日允许摄入量（ADI）为0～5 mg/kg，我国规定苯甲酸钠在饮料中的最大使用量为0.02%，在酱油中添加量不应超过0.1%。一般使用前须加碱中和生成苯甲酸钠溶液，再加入酱油中。中和方法是将纯碱按1：1.2的比例加水，然后加热至70～90℃，再缓缓加入纯碱量2.1倍的苯甲酸，不断搅拌维持一段时间即可。

苯甲酸钠，又名安息香酸钠，呈白色粉末状或结晶颗粒状，无臭或微带安息香气味，味微甜，可溶于水，25℃时溶解度为53%，在空气中稳定性较好。在酸性或微酸性溶液中，具有较强的防腐能力，其防腐机制是能非选择性地抑制微生物细胞的呼吸酶活性，特别是具有很强的阻碍乙酰辅酶A缩合反应发生等作用。

2）山梨酸和山梨酸钾 山梨酸与微生物酶系的巯基结合，从而破坏许多重要酶系的作用，抑制微生物的增殖，进而达到防腐的目的。山梨酸属不饱和脂肪酸，在机体内可以正常参加物质代谢，产生二氧化碳和水，基本无毒副作用。山梨酸不仅能有效地抑制霉菌、酵母菌和好氧性细菌的活性，还能防止肉毒杆菌、葡萄球菌、沙门菌等有害菌的生长繁殖，是国际粮农组织和世界卫生组织推荐的高效安全的防腐保鲜剂，广泛应用于食品、饮料等防腐防霉。

山梨酸钾是山梨酸的钾盐，无色或白色鳞片状结晶，或为结晶状粉末，无臭或稍有臭味，有吸湿性，易氧化而变褐色，在空气中不甚稳定，对光、热稳定，相对密度1.363，熔点270℃，其1%溶液的pH 7～8。易溶于水和乙醇，因此包装时必须置于密封容器中。山梨酸钾具有较高的抗菌性能，能抑制霉菌的生长繁殖；其主要是通过抑制微生物体内的脱氢酶系统，从而达到抑制微生物的生长和起防腐作用，对细菌、霉菌、酵母菌均有抑制作用；其抑菌效果随pH的升高而减弱，pH达到3时抑菌达到顶峰，pH达6时仍有抑菌能力，但最低浓度（MIC）不能低于0.2%，实验证明pH 2.4比pH 3.2的山梨酸钾溶液浸渍未经杀菌处理的食品的保存期长2～4倍。

（8）酱油酿造中主要微生物 酱油的独特风味主要来源于酿造过程中由微生物引起的一系列生化反应。酱油酿造过程中，与原料发酵成熟的快慢、成品颜色的浓淡以及味道鲜美程度有直接关系的主要微生物是米曲霉和酱油曲霉，而酵母菌和乳酸菌则对酱油风味有直接影响。

1）米曲霉和酱油曲霉 酱油酿造中应用的曲霉菌是米曲霉和酱油曲霉。酱油生产所用的曲霉菌株应符合如下条件：不产生黄曲霉毒素；蛋白酶、淀粉酶活力高，有谷氨酰胺酶活力；生长快速、培养条件粗放、抗杂菌能力强；不产生异味，制曲酿造的酱油制品风味好。生产上常用的米曲霉菌株有：AS3.951（沪酿3.042），UE328、UE336，AS3.863，渝3.811等。米曲霉菌丛一般为黄绿色，成熟后变为黄褐色。分生子头呈放射形，顶囊球形或瓶形，小梗一般为单层。分生子呈球形，平滑，少数有刺。最适培养温度为30℃左右，最适pH为6.0左右。我国酱油厂制曲大都是使用米曲霉。米曲霉酶系统复杂，主要有蛋白酶、谷氨酰胺酶、淀粉酶等，分解原料中的蛋白质，使游离的谷氨酰胺直接被分解生成谷氨酸以及分解原料中的淀粉生成糊精和葡萄糖等。米曲霉还可分泌果胶酶、半纤维素酶和酯酶等。米曲霉酶系的强弱，决定着

食用菌保鲜贮运和加工

原料的利用率、酱醪发酵成熟时间以及成品的味道和色泽。发酵过程中 18% 的食盐浓度对蛋白酶系作用影响较小，而对其他酶系的影响则较大。酱油曲霉是 20 世纪 30 年代日本学者坂口从酱曲中分离出来的，并应用于酱油生产中，它与米曲霉在形态、酶的产生能力和酿造特性上均有差异。

2）酵母菌　从酱醪中分离出的酵母有 7 个属 23 个种，它们的基本形态是圆形、卵圆形、椭圆形。一般来说，酵母菌的最适培养温度为 30℃ 左右，最适 pH 为 4.5～5.6。酵母菌在酱油酿造中，与乙醇发酵作用、酸类发酵作用及酯化作用等有直接或间接的关系，对酱油的香气影响最大。与酱油质量关系最密切的是鲁氏酵母，占酵母总数的 45%，是常见的嗜盐酵母菌，能在含 18% 的食盐基质中繁殖。它出现在主发酵期，是发酵型酵母，它们主要的作用是发酵葡萄糖生成乙醇、甘油等。乙醇是形成酯类的前提物质，是构成酱油香气的重要组分。随着发酵温度的增高，发酵型酵母菌体发生自溶，而促进了易变球拟酵母、埃契氏球拟酵母的生长。这些酵母是酯香型酵母，出现在后发酵期，主要作用是参与酱醪的成熟，生成烷基苯酚类的香味物质，如 4-乙基愈疮木酚、4-乙基苯酚等。

3）乳酸菌　从酱醪中分离出的细菌有 6 个属 18 个种。和酱油发酵关系最密切的细菌是乳酸菌，其中酱油四联球菌和嗜盐足球菌的作用是形成酱油良好风味的主要因素。它们的形态多为球形，微好氧到厌氧，在 pH 5.5 的条件下生长良好。在酱醪发酵过程中，前期足球菌多，后期酱油四联球菌多些。发酵一个月的酱醪，乳酸菌的最大含量约为 108 个 /g 酱醪，其中 90% 是嗜盐足球菌，10% 为酱油四联球菌。酱油四联球菌能耐受 18%～20% 的食盐，嗜盐足球菌能耐受 24%～26% 的食盐。

乳酸菌的作用是利用糖产生乳酸，乳酸和乙醇反应生成具有浓郁的香气的乳酸乙酯。当发酵酱醪 pH 降至 5 左右时，促进鲁氏酵母的繁殖，和酵母菌联合作用，赋予酱油特殊香味。通常酱油中乳酸含量为 1.5 mg/mL，酱油质量较好。乳酸含量在 0.5 mg/mL 时，则酱油质量较差。但酱醪发酵的早期乳酸菌大量繁殖，pH 过早降低，会抑制蛋白酶活性，降低蛋白质利用效率，对发酵过程产生不利的影响。

2. 食用菌酱油生产工艺流程及操作要点（固态低盐发酵法）

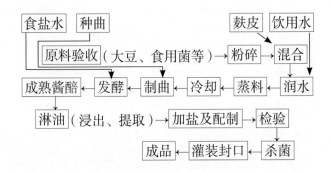

（1）原料验收　对所有原辅料如豆粕、小麦、麸皮、食用菌等进行感官、理化及卫生学等方面的检验，合格者方可用于生产。

（2）粉碎　将物料粉碎至适当粒度，便于润水、蒸料，增加物料与米曲霉接触面积，增加酶的作用面积，提高原料利用率，有利于提高原料中发酵基质的降解，生成所需分解产物。但如果原料粒度过小，润水时容易结块，制曲时通透性差，反而影响米曲霉的生长和酶的分泌，降低原料利用率。另外物料粒度过小导致酱醪过于黏稠，不利于酱油的浸出或过滤操作。一般要求大部分颗粒的粒径在 1～3 mm，0.246 mm 孔径筛（过 60 目筛）的筛下物不得超过 10%。

（3）混合　粉碎后的豆饼、麸皮及食用菌等原辅料应按一定比例充分拌匀。酱油的鲜味主要来源于原料中蛋白质分解生成的氨基酸，酱油的香甜主要来源于原料中淀粉分解生成葡萄糖及其生成的醇类，醇与有机酸反应生成酯类香味物质。酿制鲜味较浓的酱油需适当增加蛋白质原料，添加具有特殊鲜香风味的食用菌也是获得浓鲜酱油的有效方法。酿制香甜味浓郁、体态黏稠的酱油需适当增加淀粉质原料。常用的豆饼（粕）：麸皮配比为 8 : 2，或 7 : 3、6 : 4、5 : 5。

（4）润水　将原料加入适量的水分，使原料均匀而完全吸收水分的过程称为润水。使其润泽、膨胀、松软，有利于蒸煮时蒸汽流通、温度分布均匀，淀粉充分糊化及蛋白质适度变性。促进料醅溶出曲霉生长所需的营养成分，同时也为曲霉生长提供所需的水分。

原料的润水方式包括人工翻拌润水、螺旋输送机润水、旋转式蒸煮锅直接润水。

原料的润水方法包括冷水润水、温水润水及热水润水。冷水润水耗时长，容易污染大量杂菌；温水润水可缩短物料润湿时间，但是可溶性成分浸出量较大，易造成有效成分的损失；用接近沸点的热水润水，物料润湿时间最短，同时还可以使蛋白质受热凝固，提高其松散度，防止物料发黏，减少可溶性成分损失。因此热水润水方法被广泛采用。

润水时加水量对制曲、原料利用率及氨基酸生成率影响很大，必须根据原料的性质及配比、制曲的条件、制曲的季节而定。原料品质好，加工设备先进，操作环境卫生洁净，操作过程不易为杂菌侵染，可适当增加用水量，反之加水量宜少些。相关研究表明，在一定范围内加水量越多，成曲蛋白酶活力越高，原料全氮利用率和氨基酸生成率随加水量增加而逐渐提高，酱油的鲜味越浓，质量越好。但随加水量增加杂菌也越易繁殖，碳水化合物消耗大，淀粉有效利用率低，制曲温度升高迅速，甚至难以控制，易发生烧曲、馊曲或酸败，生成大量游离氨，影响酱油成品质量。实践证明，加水量为豆饼的80%～100%较合适，在此水分含量条件下，原料利用率和氨基酸生成率都得到较大提高。另外，原料蒸煮冷却以后，熟料的水分含量，春秋季节应控制在48%～49%，夏季控制在49%～51%，冬季控制在47%～48%。由于干制食用菌吸水率较高，为保证其充分润湿，添加食用菌的料醅应适当增加用水量，一般按食用菌干制品质量的20%～40%增加用水。

（5）原料的蒸煮及冷却

1）蒸煮的目的　使原料中的蛋白质适度变性、淀粉糊化，有利于被酶水解；杀灭原料中的有害及致病微生物，保证发酵的正常进行。

2）蒸煮的要求　既要达到原料蛋白质适度变性，淀粉充分糊化，又不能夹生或者过度变性。要求做到"一熟、二软、三疏松、四不黏手、五不夹心、六要有蒸熟料特有的色泽和香气"。适当变性蛋白质不会发生分解，只使蛋白质分子特有的严格的规则排列发生变化，成为无序的混乱状态，溶解度降低，发生凝结，对酶的敏感性提高，暴露出更多的酶解位点，提高其被酶作用程度，提高原料蛋白质的利用率。但过度变性的蛋白质分子之间相互结合而凝结，形成不可逆的刚性凝胶，在任何浓度的食盐水中都不易溶解，也不易被酶水解。淀粉糊化后大量的水分子进入淀粉晶粒间，破坏了淀粉分子间氢键，使原来紧密、有序的刚性结构变得疏松、无序，并与水分子间形成氢键，淀粉颗粒膨胀，更利于被酶水解，有利于糖化的顺利进行，有助于形成酱油特有的色、香、味及体态。

3）蒸煮设备　根据酱油的生产规模大小，蒸料可采用常压蒸煮锅、高压蒸煮锅和连续管道式蒸煮装置等设备完成。为保证生产过程卫生及产品品质，与物料接触的工作部位必须采用食品级不锈钢材质，有条件的生产厂家可采用全不锈钢旋转式高压蒸煮锅。连续管道式蒸料装置主要由润水预热、输送进料、高压蒸煮、减压冷却等部分组成，自动化程度高，原料消化率高，适合现代化大规模生产，但是设备复杂，投资大。

对于间歇式常压甑瓶蒸料每层装料厚度不超过30 cm，务必使料层疏松、均匀，各部位上蒸汽一致，严防局部压蒸汽和漏蒸汽。上蒸汽后继续蒸1～2 h，再焖料1～2 h即可出甑。

4）影响物料蒸煮效果的主要因素　有蒸煮温度或压力、蒸煮时间及原料的含水量。原料含水量多、蒸煮压力高、时间长，蛋白质容易发生过度变性，很难为酶所分解，降低原料蛋白质的利用率。但是原料含水量过少、蒸煮压力低、时间短、蛋白质又不能完全适度变性，未蒸熟的豆饼制曲发酵后，浸出的酱油会由于发生不易被蛋白酶分解的硬性蛋白质的沉淀，导致酱油混浊，影响酱油质量，同时降低原料蛋白质的利用率。

在原料水分含量一定的条件下，蒸煮压力越高，蒸煮时间和脱压时间越短，蒸料质量越好。工艺上采用"长、高、短"蒸料法，即增长润料时间、提高蒸煮压力、缩短蒸煮时间和脱压时间，将获得良好的蒸料效果。蒸煮的熟料需要迅速冷却，可以防止蛋白质在长时间高温下过度变性，同时保证洁净操作，防止冷却过程中杂菌污染，影响产品质量。每吨物料采用旋转蒸煮锅进行蒸煮时可以控制润料时间 60～80 min、蒸煮压力 150 kPa（料温 120℃）保持 25～30 min、缩短蒸煮时间和脱压时间 5～15 min。锅内料温降至 75℃出锅，温降至 50℃入池，曲料进入曲箱或曲池后温度降至 35℃左右，进行接种发酵。熟料可采用摊冷、扬晾或风冷等方法进行冷却处理，但注意不论采用哪种冷却方法都应注意卫生，防止二次污染，影响酱油质量，同时打碎团块，以利于下一步的操作。

（6）制曲　制曲是在熟料中加入种曲，创造曲霉生长繁殖的适宜条件，使之能充分繁殖，同时产生酱油酿造时所需各种酶类的过程。产生的主要酶类有蛋白酶、淀粉酶、脂肪酶、纤维素酶等。制曲是酿制酱油最关键的环节，成曲的好坏对酱油的产量、质量起决定性作用。要制好成曲，首先要制出优良的种子曲，其次是做好原料的选择、配比及处理工作，另外制曲过程的科学管理也是必不可少的。

1）种曲的制备　种曲是成曲的曲种。制种曲的作用是通过对曲菌进行纯培养，使之产生大量活力较强的孢子，用之接种于制曲的原料上，以得到大量良好的成曲。酱油生产用曲霉菌种应具备下列条件：不产生黄曲霉毒素；酶系齐全，蛋白酶及糖化酶活力高；生长繁殖快，适应性广，对杂菌抵抗力强；酿成的酱油风味品质好。对曲菌的选择可以从菌体形态鉴别其生产性能，菌丝长者酱油成熟慢，制品香气好；菌丝短孢子多者酱油成熟早，但

制品香气较差。目前各酿造厂采用的菌种多为沪酿 3.042，此外沪酿 UE336、渝 3.811.10B 等也正在推广使用。

制种曲的工艺流程：

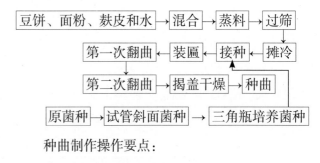

种曲制作操作要点：

① 试管斜面菌种培养。

沪酿 3.042 米曲霉斜面菌种培养。　采用豆饼汁培养基，将沪酿 3.042 米曲霉原菌种接入试管斜面上，置于恒温箱内 30℃培养 3 d，长出茂盛的黄绿色孢子，查无杂菌，即可作为三角瓶扩大培养菌种。豆饼汁培养基配方如下：豆汁 1 000 mL，硫酸铵 [（NH$_4$）$_2$SO$_4$] 0.5 g，硫酸镁（MgSO$_4$•7H$_2$O）0.5 g，琼脂 20 g，可溶性淀粉 20 g，pH 6.0 左右，磷酸二氢钾（KH$_2$PO$_4$）1 g。

豆汁制备。在豆粕或豆饼中加入其质量 5 倍的水煮沸（小火）1 h，边煮边搅拌，然后过滤。每 100 g 豆粕或豆饼可制成 5°Bé 豆汁 100 mL（多则浓缩，少则补水）。按上述比例添加磷酸二氢钾、硫酸铵、硫酸镁、可溶性淀粉，用 0.05 M 氢氧化钠调 pH 6.0 左右，加入琼脂，加热溶化，装入试管，在 100 kPa 压力下灭菌 30 min，灭菌完毕，缓慢降压，灭菌后趁热将试管摆成斜面，冷却，至恒温培养箱中 28～30℃培养 2 d，检验无菌后备用。

接种及培养。斜面接种后置于 28～30℃恒温箱内 3 d，待菌株发育繁殖，长满孢子呈黄绿色后即可取出使用或保藏。每月移植 1 次，菌株保藏温度 4℃左右时，接种时间可延长至 3 个月移植 1 次。

② 三角瓶固体曲扩大培养。三角瓶固体曲扩大培养基的配方为：麸粉 80 g，面粉 20 g，水 80～90 mL 或麸皮 85 g，豆饼粉 15 g，水 95 mL。

曲料应充分混匀，分装入三角瓶内，其厚度

不超过 1 cm，100 kPa 灭菌 30 min。灭菌后趁热把培养基摇松。冷却后接入试管斜面菌种，在恒温箱内30℃培养 18～20 h。三角瓶内曲料已长菌丝，微结块，摇瓶 1 次，使其松散，促进菌种均匀生长。再经 4～6 h 曲料发白结饼再摇瓶 1 次。2 d 后可以将三角瓶倒置，使底部培养基接触空气，促进曲霉生长。3 d 后孢子发育成熟。

③ 盒曲种曲的制作。盒曲种曲的培养采用开放式。要保证种曲的质量，使米曲霉分生孢子多，纯度高，生活力强，发芽率高。种曲室、用具应严格消毒，工作人员应加强无菌操作，原料营养、水分应调配合理，管理应认真细致。

种曲的原料及配比。制作种曲的原料各地不一，总的原则要求是：碳源充足，含一定氮素，达到一定 C/N 比值，物料疏松，适合曲霉菌的生长繁殖。目前原料及其配方采用较多的是南方：麸皮 80 kg、面粉 20 kg、水 70 kg 左右，或麸皮 100 kg、水 95～100 kg。北方制盒曲用麸皮 80 kg、豆饼 20 kg、水 90～95 kg，通风制曲则麸皮 100 kg、豆饼 30 kg、水 100 kg。配方中的加水量可根据经验而定，使拌匀后的曲料能捏之成团、松开即散为宜。

原料处理。按比例配合好原料，拌匀，过 8 目筛，堆积润水 1h 移入蒸锅，0.1～0.15 MPa 蒸 30～60 min。若以常压蒸料，则应上汽后装锅，圆汽后蒸 1 h，再留锅焖 1 h，熟料出锅后趁热过筛，同时迅速冷却。要求熟料疏松，盒曲料含水量为 50%～54%，通风制曲熟料含水量 60% 左右。

接种。待品温降至 38～40℃即可接种。曲料接种是将三脚瓶扩大培养的纯种散布于曲料中，接种量为 0.1%～0.2%，翻拌均匀，使米曲霉分生孢子广泛分布于曲料上。制盒曲则接种量一般为种曲总量的 0.5%。为了拌和均匀，厚度保持 1～1.2 cm。也可先将三角瓶种曲放在经灭菌的少量干麸皮上，拌和均匀后，撒在曲料上，再充分拌匀，即可装盒。

培养。制盒曲时将曲料装入盒或匾内置于种曲室中进行培养。盒一般以木材制成，其大小为67 cm×50 cm×6.7 cm；匾是以竹子为原料编制而成的方形或圆形的盛器，装料时要将料轻轻推开摊平，厚度 1～1.5 cm，上盖灭菌纱布，种曲室温度宜保持在 28～30℃，相对湿度 90%。曲盒排在木架上，先堆叠成柱形，有利于保温。顶上倒盖一个空盒，培养 6 h 左右。上层品温升至 33～35℃，可倒盒一次，将上下曲盒的位置调换达到上下品温一致。当培养 16 h 左右，品温普遍达 34℃ 左右，曲料面层稍有结块发白时，进行第一次翻曲。翻曲时用手将曲块捏碎、摊平，尽量松散通风，以利菌丝生长。翻曲结束立即覆盖灭菌的湿布，防止曲料温度上升、水分过量蒸发而干燥，同时倒盒和改变堆叠成"十"字形或"品"字形，使曲料增加一定的散热能力。此时已进入菌丝生长期，米曲霉放出的热量会导致品温快速升高，可利用倒盒或翻曲等措施控制品温不能超过 36℃。室温应维持 28～30℃，翻曲后 4～6 h，曲料上全部长满白色的菌丝，品温又升至 36℃，此时再进行第二次翻曲。翻曲后仍盖上原来的湿布，并继续以"品"字形堆放。此时种曲室管理以调节品温和湿度为主，严格控制品温不超过 36℃，若品温超过 40℃会严重影响米曲霉的繁殖力和发芽率，可向种曲室内喷洒凉开水降温。若曲料干燥，孢子就会大大减少，可以加洒 40℃以下的温开水，同时在种曲室内喷洒冷开水，使室内空气相对湿度达 100%。培养 50 h 左右，曲料菌丝上长满绿色孢子，可将湿布揭去，继续培养 1 d，让孢子后熟。待全部达到黄绿色时，可放出室内的湿气，室温可略高于 30℃，促进孢子完全成熟。培养种曲自装盒入室至种曲出室需 68～72h。

④ 通风制种曲。从曲料接种入槽到第一次翻曲，品温应维持在 25～30℃，当品温上升到 30℃后，间歇通风，使品温降至 27～28℃。14～15 h 菌丝生长开始结块，进行第一次翻曲，菌丝生长期，品温不得超过 33℃，为维持品温，可边送风边将水以雾状向曲面喷洒，也可再次进行翻曲。孢子成熟期品温不能超过 33℃，并一直给风给水，

直至出曲前 3 h 停止。培养 72 h 孢子发育成熟即可出曲。

制成的种曲最好及时投入生产使用。一次用不完可暂时存放，当室温低于 10℃ 时，可暂时贮存在种曲室内，不要并盒；当温度较高又需较长时间保存时，则需将种曲于 35～41℃ 条件下干燥到含水量为 12% 左右，装入无菌纸袋内，在低温干燥环境下保存。

⑤ 种曲的质量标准。

外观。孢子肥大稠密，整齐健壮，直立菌丝上都有孢子，呈新鲜的黄绿色。无黑曲霉、青霉、毛霉、根霉等其他异色及杂菌生长。内部无麸皮本色、无夹心和硬心。手感疏松光滑，有滑腻感。手指捏碎种曲有孢子飞扬的冒烟现象。

滋气味。有种曲特有的曲香，无酸气和氨气等不良气味。口尝微有甜涩感，无异味。

水分。用种曲水分 15% 以下，出售种曲 10% 以下。

孢子数。检孢子数，1 g 种曲孢子数以干基计 25 亿～30 亿个，湿基计 50 亿～60 亿个。摇落孢子数，种曲 10 g 烘干后过 0.174 mm 孔径筛 (80 目筛)，摇落的孢子与干物质的质量比，一般在 18% 左右。

曲孢子发芽率测定。由于种曲孢子数测定中已把死孢子数计算在内，因此当孢子测定结果符合质量标准，而在生产上却出现米曲霉生长缓慢的反常现象时，就需要以悬滴培养法测定孢子发芽率，要求种曲孢子发芽率在 90% 以上。

检验种曲时，如发现色泽不正常、杂菌多、孢子少、发芽率低、发芽弱势等，必须停止使用。

2）成曲的制备　成曲是酱醅发酵的物质基础。制成曲的目的就是创造适宜米曲霉生长的条件，促使米曲霉在原料上充分发育繁殖，分泌出多种活力较强的酶，如蛋白酶、淀粉酶、氧化酶、脂肪酶、纤维素酶，这些复杂的酶系决定了发酵过程中的生物化学变化的进程和方向。所以，制曲的好坏直接影响酱油品质和原料利用率。目前绝大多数酿造厂采用厚层通风制曲。

① 成曲制备工艺流程。

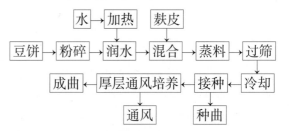

② 成曲原辅料的配比。豆粕与麸皮比例为 7∶3（质量比）；或豆粕与麸皮及小麦粉比例为 55∶35∶10。

③ 接种。蒸熟后的原料应立即冷却到接种温度，夏季为 35～38℃，冬季为 40～42℃，种曲接种量为投料量的 0.3%～0.5%，接种时先用少量经过熟化的新鲜麸皮与种曲充分拌匀，然后再将该混合物充分混入其他熟料中去。接种过程中应避免杂菌污染。

④ 成曲培养制备。

种曲室及制种曲设备。目前常用通风培养法制成曲。厚层通风培养制曲时种曲室以长 10～20 m、宽 4 m、高 3 m 为宜，要求能保温保湿、降温降潮顺利、便于清洁消毒。室顶建造呈弧形以防滴水，嵌有隔热材料以利保温，中间设置天窗便于通风，每 15 m² 面积设 0.25 m² 天窗一个。也可采用百叶窗式排风扇代替天窗。也可设排气筒进行换气，设一长一短，长者 1 m 排气用，短者 0.5 m 进气用。采用通风曲池培养时曲池由木、砖或水泥建造，长 8～10 m，宽 1.5～2 m，深 0.5～0.6 m，可砌成半地下式或地面式，池壁离底 20 cm 处有 10 cm 宽的边缘，用于铺放木栅板或竹帘及有孔的塑料板、不锈钢板等制成假底，供堆放曲料用。假底之下设通风道，通风道底部倾斜角为 8%～10%。通风道配置空调箱（内有除尘及过滤除菌装置）和鼓风机。通风道的截面积应稍大于鼓风机的出口截面积，以免阻碍送风。

鼓风机功率应根据曲池大小、原料性质、装料量而定。一般选用风压（1.3～4）×10⁵ Pa 的中压风机，风量（m³/h）为曲池盛放总原料质量

一般选用风压（1.3～4）×10^5 Pa 的中压风机

（kg）的4～5倍。例如曲池内盛放原料总量为1 500 kg，则需选风量为6 000～7 500 m³/h的风机，配用电动机功率为4.0 kW左右。

通风制曲。曲池经过清洗、熏蒸灭菌后方可装料入池。入池温度30℃左右，料层厚度20～30 cm。入池装料要求"松、匀、平"。上、中、下各插一支温度计，随时监测各层品温。装料结束应及时进行间歇循环通风，使料层各处温度一致。

米曲霉得到适当的温度和水分，孢子开始萌发生长。每隔1～2 h通风1～2 min以刺激孢子萌发。静置培养6～8 h，品温逐步升至36～37℃，启动风机降温，调节上下层料温均一，更换新鲜空气。当料温降至32℃时停止通风，温度过低容易造成耐低温杂菌小球菌繁殖。以后根据需要灵活采用间歇通风、持续通风，并采用循环通风和换气通风方式控制曲料品温不高于35℃，尽量缩小上下料层温差及湿度差。自接种后11～12 h，进入菌丝生长期，呼吸热急剧增加，曲料也因菌丝生长而结块，透风阻力加大，料层温度出现下低上高现象，通风不能有效阻止品温超过35℃，这时曲面变白，并释放出曲菌特有的芳香，应立即进行第一次翻曲。如果翻曲过早，米曲霉菌丝还未进入生长阶段，未形成优势菌群，空气中的杂菌就会在曲料中繁殖，不利于米曲霉生长；翻曲过晚，曲料热量和水分分布不均匀，容易造成"烧曲"。翻曲前应先吹入适量冷风，翻曲后菌丝生长更旺，米曲霉进入菌丝繁殖期，品温上升更快，应持续通风，供给米曲霉需要的大量氧气，控制品温35℃左右，严防"烧曲"现象的发生。当曲料已全部发白，面层水分由于大量挥发而损失，曲料收缩产生裂缝造成跑风和品温不一致时，应立即进行第二次翻曲。打碎曲块，消除裂缝，防止风压损失。第二次翻曲在第一次翻曲后4～5 h进行。第二次翻曲后经2～3 h即接种培养17～18 h后，菌丝开始着生孢子，称为孢子形成期。此时，米曲霉的蛋白酶分泌最旺盛，应严格控制温、湿度，使品温在30～32℃，曲料不发干，以利蛋白酶分泌。如果能将温度控制在25～30℃，适当延长制曲时间，更有利于酶的分泌和酶活力的提高。同时较低的温度还有利于防止杂菌污染。第二次翻曲后，若出现曲料收缩裂缝，可采用铲曲措施堵缝，防止风从裂缝跑掉而降低通风效果。当曲霉孢子呈现出嫩黄色，品温自然下降时，即可出曲。通风制曲从入池培养至出曲一般需26～30 h。如果制曲温度掌握略低一点，制曲时间可延长至35～40 h。延长制曲时间可提高酱油质量。通风制曲过程中米曲霉的生长阶段及温、湿度的控制如表7-1所示。

表7-1　通风制曲过程中米曲霉生长阶段及温、湿度控制情况　　　　　　（％）

培养阶段	操作名称	间隔时间/h	品温/℃	室温/℃	干湿温/℃
培养开始			31～32	28～30	2～3
孢子发芽期	培养开始至第一次送风	6	35～37	28～30	2～3
菌丝生长期	第一次送风至第一次翻曲	5～6	35～32	28～30	1～2
菌丝繁殖期	第一次翻曲至第二次翻曲	4～5	35～32	28～30	1～2
孢子着生期	第二次翻曲至第一次铲曲	2～3	32～35	30～31	1～2

食用菌保鲜贮运和加工

续表

培养阶段	操作名称	间隔时间 /h	品温 /℃	室温 /℃	干湿温 /℃
孢子着生期	第一次铲曲至第二次铲曲	2～3	32～35	30～31	1～2
后熟期	第二次铲曲至出曲	3	30～32	30～31	2～3

在通风制成曲过程中要注意遵照"一熟、二大、三低、四均匀"的原则进行。"一熟"是指料熟透，不夹生。使蛋白质达到适度变性，淀粉全部糊化。"二大"指曲料水分大、制曲风量大。要求熟料水分在48%～51%。若水分在40%以下，米曲霉的生长繁殖将受到影响。为了保持湿度，通入空气相对湿度应达90%。如果没有空调设备，应尽量采用循环通风。但若制曲初期水分过大，易造成细菌污染。制曲风量大、风压稳才能保证换气，让空气通过厚厚的曲层，使品温维持在米曲霉生长繁殖的最适范围。风量小、品温过高容易"烧曲"，也容易引起厌气微生物繁殖。"三低"是指装池料温低、制曲温度低、进风风温低。装池料温应控制在28～30℃，有利于米曲霉孢子的发芽生长；制曲温度保持在30～35℃，有利于蛋白酶、淀粉酶、谷氨酰胺酶的生成，增强酶的活力；进风风温低一般控制在30℃左右。"四均匀"是指原料混合及润水均匀、接种均匀、装料疏密均匀、料层厚薄均匀，保证温度、水分、营养、曲种分布均匀以及通风均衡的作用。

曲盒制曲。另外，一些小型企业常采用曲盒制曲。传统制曲是将蒸煮料摊放在曲盒内或竹匾上，移入曲房不添加种曲，任其自然接种制曲。此法的优点是成曲微生物种类复杂，酶系种类丰富，有利于酱油形成特殊的风味和香味，但制曲时间长，原料利用率低，产品质量受环境影响大，质量不稳定。所以应加强设备和操作管理，即酶系齐全、酶活力强、数量多，还要种曲的孢子多、发芽率高、繁殖力强，才能酿制出质量稳定的、风

味独特的酱油制品。首先将蒸熟的曲料摊放冷却，当品温降低在40℃以下时，添加曲料质量0.3%的种曲，充分拌匀，然后装入曲盒或竹匾堆成丘形，放入种曲室培养。维持室温28～30℃，待品温升至37℃时翻曲、摊平，曲的厚度约3 cm，以后保证品温不超过40℃。在培养过程中，如种曲室上下部温差大，可用上下调换曲盒位置的方法调节品温。一般培养2～3 d即能得到成曲。

其他制曲方法。还有链箱式机械通风制曲机制曲、旋转圆盘式自动制曲机制曲。全机由曲箱、空调箱、进料分配器、翻曲机、鼓风机、引风机、出曲螺旋输送机等组成。其优点是操作过程机械化程度高，保温、保湿性能好，车间环境条件好，可提高成曲质量，但设备造价高。

旋转圆盘式自动制曲机是近年来日本率先使用的制曲新设备，主要由圆盘曲床、保温室、顶棚、夹顶、进料器、刮平装置、翻曲装置、出曲装置、测温装置、空调通风以及电器控制等部件组成。其优点是占地面积小，美观清洁，操作方便，劳动强度大大降低，能自动调节并记录温度、湿度，成曲杂菌少，酶的活力高，但设备价格昂贵，耗能耗水较多，生产成本高。

⑤制曲过程的管理。在制曲过程中应及时测定物料上、中、下三层温度，低温入池，物料入池温度30～35℃，静止培养6 h后，当物料温度升高至37℃以上时，应及时通风，使物料保持在35℃。发酵12～14 h后，曲料开始结块，这时应进行第一次翻曲，将结块的曲料打开，保证曲料处于疏松状态；发酵进行18～20 h后，可进行第二

次翻曲；发酵到24~26 h，曲料上已生出淡黄绿色孢子，这时结束发酵。

⑥成曲的质量标准。外观应菌丝丰满、密集、淡黄绿色、无杂色，内部具有分布均匀的茂盛的白色菌丝，无黑色或褐色的夹心；香气方面要求优良的成曲应具有正常的曲香味，无酸味和氨味；理化指标应满足水分含量一及四季度28%~34%、二及三季度不低于25%，中性蛋白酶活力为1 500 U/g（干基）、细菌总数小于$5×10^9$/g等要求。

（7）发酵 酱油的发酵过程是利用成曲中曲霉、酵母、细菌所分泌的各种酶类，对曲料中的蛋白质、淀粉等物质进行分解，形成酱油独有的色、香、味成分。发酵基质因含水量不同可分为酱醪或酱醅。在成曲中拌入多量的盐水，使其呈浓稠的半流动状态的混合物，称为酱醪。在成曲中拌入少量的盐水，使其呈不流动状态的混合物，称为酱醅。酱油发酵的方法也因此分为稀醪发酵、固态发酵及固稀发酵。而根据加盐量不同，可分为高盐发酵、低盐发酵和无盐发酵。根据发酵温度又可分为日晒夜露发酵及保温速酿发酵。无论何种发酵方式，其目的都是为了创造酶促反应的有利条件，同时避免有害杂菌污染，使酱醅（醪）能顺利、正常发酵与成熟。食用菌酱油的生产可在发酵阶段加入经处理的食用菌材料，获得具有食用菌营养成分及风味的特色食用菌酱油。食用菌干制品用量可按成曲质量的1%~3%计，经破碎、微波杀菌后与发酵醅或发酵醪拌匀，混合发酵。另外也可在酱油淋出后调以一定量的食用菌提取物经调配、杀菌制备食用菌酱油。

1）酱油的发酵方法

①低盐固态发酵。低盐固态发酵工艺是利用酱醅中食盐含量在10%以下对酶活力的抑制作用不大的特点，在固态无盐发酵的基础上发展起来的酱油酿制方法。低盐固态工艺原料成本低廉（豆粕、麸皮），发酵周期短（15~30 d）。但由于发酵温度高，酶失活快，不利于氨基酸生成及呈香产

酯物质的产生，对后期熟成不利。由于发酵时间短，没有后熟期，另外麸皮淀粉含量少，生成的葡萄糖量低，相应生成的醇、酸、酯等代谢产物也少，它们之间又来不及补充、调整、成熟，生产的酱油营养物质含量少，风味差。但该方法工艺简单，设备投入少，生产成本低，故大多数酱油生产企业仍采用低盐固态。如果采用多菌种制曲及多菌种后发酵，还可显著改进产品风味。

低盐固态发酵工艺优点。酱油色泽较深，滋味鲜美，后味浓厚，香气可比固态无盐发酵有显著提高；生产设备简单；技术操作简便易掌握，管理方便；可采用浸出淋油法获取酱油，提取率较高；原料蛋白质利用率和氨基酸生成率均较高，出品率稳定；生产成本较低。

低盐固态发酵工艺缺点。发酵周期比固态无盐发酵长，占用发酵容器较多；酱油香气不及晒露发酵、稀醪发酵和固稀发酵浓郁。

②高盐稀态发酵。工艺特点是采用高盐、稀醪、低温、长时间发酵（达6个月）。高盐稀态是目前世界上最先进的酱油发酵工艺，以大豆、小麦为主要原料，配比一般为7∶3或6∶4。在成曲中加入成曲重量2~2.5倍的浓度为18°Bé、温度为20℃的盐水，于常温或30℃条件下保温发酵3~6个月，发酵酱醪呈稀醪态，酱油酱香浓郁，风味好，许多著名品牌酱油均用此法生产。

高盐稀态发酵优点。原料为脱脂大豆及小麦。小麦富含淀粉，是微生物营养物质的碳源和发酵基质，水解发酵后生成糖、醇、酸和酯等，都是构成酱油呈味和生香的重要物质。高盐能够有效抑制杂菌，稀醪有利于蛋白质分解，低温有利于酵母等有益微生物生长、代谢，从而生成香味浓郁的产品。据检测，高盐稀态发酵工艺生产的酱油，其香气物质多达300多种，氨基酸含量非常丰富。

高盐稀态发酵缺点。生产周期长，原料成本高，设备投资大。

③固稀发酵法。固稀发酵又称分酿固稀发酵，是一种继稀醪发酵之后改进的速酿发酵法。它

利用不同温度、盐度及固稀发酵的条件，把蛋白质和淀粉质原料分开制醅，采用高低温分开，先固态低盐发酵后加盐水稀醪发酵，可以得到质量比较满意的产品。该法适用于以脱脂大豆、炒小麦为主要原料。工艺特点是前期保温固态发酵，后期常温稀醪发酵，发酵周期比高盐稀态法短，而酱油质量比低盐固态法好。

固稀发酵法优点。减少盐分对蛋白酶的抑制作用，使其能较充分地发挥作用；采用低盐固态发酵，减少食盐对酶活性的抑制，有利于蛋白质的分解和淀粉的糖化；发酵时间比稀醪发酵短，一般只要 30 余天；产品色泽较深；酱油油香气较好，属于醇香型；后期酱醪稀薄，与稀醪发酵一样，便于保温、空气搅拌及管道输送，适于大规模的机械化生产。

固稀发酵法缺点。生产工艺较复杂，操作也较烦琐；稀醪发酵阶段需要酱醪输送和空气搅拌设备；酱油提取需要压榨设备，压榨操作较烦琐，劳动强度大。

④低盐稀醪保温法。将高盐稀醪法的优点应用于低盐固态保温发酵法中，区别在于加盐水量高于固态法而成稀醪态。

2）发酵工艺流程（以低盐固态发酵法为例）

成曲 → 破碎 → 加盐水 → 加热 → 制酱醅
→ 入发酵池 → 保温发酵 → 成熟酱醅

3）发酵装置与设备　根据生产规模及投资条件可采用发酵室、发酵缸、发酵罐、发酵池等发酵装置与设备进行酱油的发酵。不论采用何种发酵装置，都要确保发酵场所干燥、卫生、清洁，通风良好，上水充足，排水通畅。发酵设备要求保温效果好、换热迅速、酱油获取方式简便，与物料接触的工作面要求由不锈钢或惰性材料制成，无有毒有害物质溶出，不得对发酵物料或酱油产生任何化学性污染。

4）发酵操作要点

①食盐水的配制。固态低盐发酵拌曲用的盐水浓度为 12～13°Bé。若盐水浓度超过 19°Bé，发酵周期会大大延长，蛋白质的分解率显著降低。盐水浓度可用波美计来测定。波美计是在 20℃时标定的，若测定时盐水温度不是 20℃，应用下面公式校正。

$$B = A + 0.05 \times (t - 20℃) \qquad (7-2)$$

式中：B——标准温度时盐水的浓度（°Bé）；A——测得的盐水浓度（°Bé）；t——测得盐水的当时温度（℃）。

据实践经验，每 100 kg 水中溶解 1.5 kg 食盐，约为 1°Bé。

②成曲破碎。将成曲破碎成一定粒度有利于水分迅速均匀地渗入曲料内，有利于酶促反应，有利于可溶性有效成分的释放。一般要求将成曲破碎成 2 mm 左右的颗粒为佳。

③制醅入池。将破碎后的成曲与配好的盐水按一定比例拌匀，成为不流动的混合物酱醅，以利发酵进行。固态低盐发酵过程中，盐水用量对成品质量和原料利用率影响很大。酱醅水分一般控制在 50%～51% 为宜。成曲中盐水用量过大，发酵升温慢，酱醅成熟慢，酱醅发黏，淋油困难，酱油颜色淡；盐水用量过少，发酵升温快，酱醅成熟快，酱油颜色深，但原料利用率低，氨基酸生成率低，鲜味不足。

可根据下列公式计算出应加入的盐水量：

$$盐水量 = \frac{曲重 \times [酱醅要求的水分含量(\%) - 曲的水分含量(\%)]}{1 - 氯化钠含量(\%) - 酱醅要求的水分含量(\%)}$$

$$(7-3)$$

式中：曲的水分含量可以通过测定得知，成曲的含水量一般可按 30% 计，氯化钠含量可以从表 7-2 中查出。

表 7-2　食盐溶液波美度与氯化钠含量对照表

百分比浓度 /%	12	13	14	15	16	17	18	19	20	21	22	23
波美度 /°Bé	11.87	12.69	13.66	14.60	15.42	16.35	17.27	18.14	19.03	19.89	20.75	21.60
g/L	130.00	142.00	154.00	166.00	149.00	191.00	204.00	217.00	230.00	243.00	256.00	270.00

例如：成曲为 1 150 kg，百分比浓度为 13%（20℃），要求酱醅含水量为 50%，计算加盐水量。13°Bé/20℃盐水含氯化钠近似值为 13.5%，代入公式计算得：

$$盐水用量 = \frac{1\ 150 \times （50\% - 30\%）}{1 - 13.5\% - 50\%} = 623（kg）$$

在确定成曲加盐水量后，将应加入的盐水加热到 55～60℃，再将热盐水与成曲用机械或人工方法充分拌匀后入罐（池），使酱醅起始发酵温度达 42～44℃为宜，铺在池底 10 cm 厚左右的酱醅应略干燥些，使之保持疏松，避免过分潮湿发黏，不利后期淋油。当铺到 10 cm 以上后，可逐渐增加盐水加入量，让成曲面层充分吸收盐水，最后封盐加盖。

④ 发酵管理。固态低盐发酵作用可分为前期水解阶段和后期发酵阶段。前期主要是原料中的蛋白质和淀粉在蛋白酶和淀粉酶的作用下水解生成氨基酸和糖分。因此前期应把品温控制在蛋白酶作用的最适温度 42～45℃，在此条件下一般需要 10 d 左右，水解基本完成。如果低于 40℃要及时采取保温措施。入池翌日，浇淋 1 次，以后每隔 4 d 左右再浇淋 1 次。浇淋就是把渗流在发酵池假底下的酱汁液用人工或泵抽取回浇于酱醅面层，使之均匀地再一次通过酱醅下渗，以增加酶的接触机会，促进蛋白质和淀粉的分解。后期发酵阶段主要是形成酱油的色、香、味、体等物质。利用浇淋法将制备的酵母菌培养液和乳酸菌培养液浇淋于酱醅表面，也可利用自然界的酵母菌和乳酸菌。在固态酱醅上补加适量的浓盐水，使之成为含盐量达 15% 左右的稀酱醪，并把稀酱醪的温度迅速降至 30～32℃，让耐盐酵母和乳酸菌协同进行乙醇发酵、乳酸发酵和后熟作用，逐渐产生酱油的香气，直至酱醪成熟。在此期间可以分别进行 3 次曲汁浇淋，不但可使菌液分布均匀，又能使品温均衡一致。后期降温发酵时间一般需 14～20 d。这就是通常所讲的"先中后低"型发酵法。

如果需要缩短生产周期，不进行后期降温发酵，后期保温发酵时可适当提高温度。具体做法是：入池后第一周保持 42～45℃，以后逐渐升温至 51～52℃并维持至酱醅成熟。整个发酵只需 14～15 d。这就是所讲的"先中后高"型发酵法。"先中后高"型发酵法，盐水浓度和用量可以略微减少，蛋白质利用率及出油率有所增加，但由于缺乏后熟作用，酱油的风味较差。

成熟酱醅应呈紫红色，有酱油的芳香和甜香味，而不能有煳味、苦味、酸味、氨臭味及其他不良气味。一般含水量为 50%～52%，可溶性固形物含量 33%～37%，食盐含量 7%～8%。

（8）酱油的浸出（提取）

1）酱油浸出理论　浸出是指在酱醅成熟后，利用浸泡及过滤的方式，将有效成分从酱醅中分离出来的过程。浸出包括浸泡和过滤两个工序。浸出法代替了传统的压榨法，节省了烦琐而沉重的压榨设备，减少了占地面积，改善了劳动条件，提高了生产效率及原料利用率。

浸出操作要坚持尽可能将固体酱醅中的有效成分解离出来溶解到液相中，并保证绝大部分浸提成分等快速分布到成品中的原则。既要最大限度提

食用菌保鲜贮运和加工

高酱油得率，同时尽可能缩短生产周期。

酱油的浸出方式包括原池浸出和移池浸出两种方式。原池浸出对原料适应性强，蛋白质原料和淀粉质原料的配比以及淀粉质原料种类都对淋油效果无明显影响，淋油较顺畅。而移池浸出一般在豆饼（粕）麸皮做原料而且配比在7：3或6：4的情况下才有较好的淋油效果，否则经过移醅倒池，会导致淋油不畅。另外，原池浸出不但省去移醅过程，提高劳动效率，改善劳动条件。而且原池浸出更有利于多菌系发酵，可在发酵后期增加酵母菌及乳酸菌的培养液，便于实现先水解后发酵、先低盐后高盐、先酱醅后酱醪、先高温后低温的复杂发酵工艺，为提高氨基酸生成率和全氮利用率，提高酱油的风味提供保证。但是原池浸出占用较多发酵设备，较高的浸淋温度会影响临近发酵池或发酵罐的料温，而移池浸淋能避免这些缺点。

浸出设备应该坚固耐用，冷热变化不产生裂缝、漏油等现象，假底内空隙适当，以免存水过多，过滤面积适当，接油池、浸淋水储存池、溶盐池等配套设施的容积应计量准确。

2）酱油浸出工艺流程及主要工艺参数

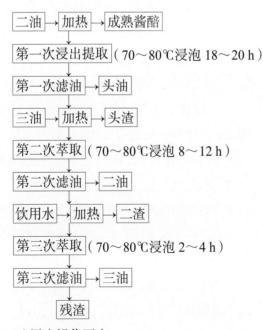

二油 → 加热 → 成熟酱醅
第一次浸出提取（70～80℃浸泡18～20 h）
第一次滤油 → 头油
三油 → 加热 → 头渣
第二次萃取（70～80℃浸泡8～12 h）
第二次滤油 → 二油
饮用水 → 加热 → 二渣
第三次萃取（70～80℃浸泡2～4 h）
第三次滤油 → 三油
残渣

3）浸出操作要点

① 先将前批生产的二油加热至70～80℃，注入成熟的酱醅中。注入二油时为防止冲散酱醅妨碍滤油，可在酱醅表面铺垫经杀菌处理的食品级材质的隔离物作为缓冲物。二油加入量需按产品等级要求、蛋白质总量和出品率等进行计算，一般为豆饼原料用量的5倍。加入二油后密闭保温浸提，品温不低于55℃，约经2 h后酱醅缓慢上浮并逐渐散开，20 h后就可以从浸淋装置底部放出头油，贮油池上部隔层预先装好所需食盐，流出的热头油经过食盐层将食盐溶解，再流入贮油池。注意不能将酱醅中头油抽干，避免酱渣紧缩影响下次滤油。

② 抽取头油后的酱醅称为头渣。向头渣中加入预热至80～85℃的三油，浸泡8～12 h，滤出的二油注入二油池，备下一次浸成熟酱醅用。

③ 抽取二油后的酱醅叫二渣。用热水浸泡二渣2 h左右，滤出三油，三油做二批生产套二油用。所以浸油过程中，头油是产品，二油套淋成熟酱醅得到头油，三油套淋头渣得到二油，清水套淋二渣得到三油，如此循环生产的方法称为"三套淋油法"。抽取三油后的醅渣称为残渣，应及时清除，可作为饲料。浸淋装置应该经过清洗、消毒、检查后再装料进行下一批产品的生产。

④ 热水加入量的确定。热水加入量可按公式（7-4）进行计算：

$$W=A \times B - C + D \qquad (7-4)$$

式中：W——加水量（用于浸泡二渣）；A——主料豆粕用量；B——出品率定额（经验值）；C——制酱醅盐水用量；D——发酵池底贮油量。

⑤ 提高酱油浸出率的措施。酱醅中有效成分的溶出主要是依靠扩散作用。酱油滤出是依靠酱醅自身形成的过滤层和溶液的重力作用自然渗滤的。为了提高酱油浸出效率，应该做到充分浸出、快速过滤。生产中应该加强发酵管理，提高酱醅质量，使蛋白质和淀粉充分降解；原料粉碎粒度适当，减少滤油阻力，倒醅次数不要过多；提高有效成分的扩散速率，尽量提高浸泡温度，降低酱醅的黏度；浸泡水的浓度越小，浓度梯度越大，有效浸泡溶出速度就越大；浸泡时间要合理，第一次浸泡20 h，第二次浸泡8～12 h，第三次浸泡2 h；提取头油和

二油不可抽得过干，在酱醅的表面尚有少量的浸出液时就应停止取油，防止酱醅颗粒过于紧缩黏结，影响下一步浸提和过滤。

（9）食用菌用于酱油酿制的优点

1）食用菌营养丰富　酿造酱油时添加食用菌可提高酱油的营养价值。

2）食用菌低脂高蛋白　含有特殊芳香成分，可提高酱油氨基酸含量，赋予酱油优异的鲜香风味。

3）食用菌富含膳食纤维　可提高酱醅的疏松度和通透性，淋油通畅，有利于酱油的浸取。

4）食用菌原料易于获得　加工方便，可在酱油生产的任何阶段添加，无须改变酱油生产企业的原有生产工艺流程，即可增加新的酱油品种。

（10）酱油的后处理

1）加热处理　酱油的加热处理目的是杀灭产品中的有害及致病微生物，钝化各种酶类，脱除热凝固物，促进酱油澄清，提高酱油的保藏稳定性及食用安全性。同时加热处理还可优化产品的香气及风味，改善酱油色泽。

热处理方法有常压中等温度加热法、常压高温加热法及超高温瞬时灭菌法等。常压中等温度加热法将成品酱油加热到70℃，保持30～35 min。常压高温加热法将酱油加热至80～90℃，维持5～10 min。超高温瞬时灭菌法（UHT法）130～140℃，维持4～9 s，可最大限度地保留产品中热敏性营养物质。

2）产品的调配

①风味及色泽调整。添加风味成分对酱油风味与色泽进行调整和完善。

风味成分：谷氨酸钠（味素）、鸟苷酸钠、肌苷酸钠等。

甜味成分：砂糖、甘草、饴糖等。

芳香成分：花椒、丁香、桂皮及香菇、蜜环菌等食用菌的浸提物。

色素成分：焦糖色素、酱色等。

②理化指标的调整。一般对全氮含量、氨基酸态氮含量、盐的含量、无盐固形物的含量进行检测和调整，使产品符合相应标准规定。

3）澄清与防腐

①澄清处理。杀菌后的酱油应迅速冷却，在无菌条件下自然放置4～7 d，使热凝固物凝聚、沉降，获取上清液优质酱油。也可以采用过滤装置进行机械过滤澄清。两种相比较，自然沉降法获得的酱油品质好，但一部分酱油蓄积于沉淀物中，造成产品损失，另外生产周期长。机械过滤法生产效率高，产品得率高，但过滤介质堵塞后需要定期更换，生产成本高。

②防腐处理。由于酱油中含有氨基酸、可溶性糖等营养物质，易被耐盐性微生物污染发生变质。除采用灌装封口后进行二次杀菌处理外，也可添加防腐剂的方法进行防腐处理，以提高产品贮存稳定性。二次杀菌处理可采用巴氏杀菌或高温短时间杀菌处理，常用防腐剂有苯甲酸钠、山梨酸钾，其最大用量不能超过0.1%。

（11）灌装、封口、检验及贮存　酱油的包装材料应符合食品卫生要求，玻璃瓶、聚酯瓶或塑料薄膜袋均可。要求无毒无味，不透气，不透水，不透油。灌装封口操作尽量采用无菌灌封技术，保证产品不被二次污染。产品应该按照国家有关酱油的质量标准要求进行检验，合格方可出厂，成品酱油应当在10～15℃、阴凉、干燥、避光、避雨处存放。

（三）常见问题及解决措施

1.低盐固态发酵法中原料混合蒸料阶段易出现的问题及解决措施

拌料中淀粉质物料过多易导致发酵醅料不疏松，不利于气体交换，易感染有害菌，淋油困难。正常情况下原料配比应是蛋白质原料和淀粉质原料为6：4，切不可使淀粉质原料占配料中主要配比，因酱油中营养物质氨基酸是靠蛋白质水解而成的，故蛋白质原料应占主要成分。

蒸料时原料变性不够或过度变性是常易出现的问题，蒸料依设备情况应选取合适的温度及蒸煮时间，常见旋转蒸煮锅蒸汽压力为 0.15～0.18 MPa 维持约 30 min，润水要充分，实践证明：采用主、辅料分开润水的方式有利于豆粕的充分吸水。蒸好的料应有豆粕的香味、松散无块状、无浮水、水分适度 (一般在 50%～52%)。蒸好料冷却时间过长，易黏结成块状，同时在不洁环境中易感染有害菌，不利于制曲。

蒸好料之后应设计合适的摊晾面积，通风快速冷却，冷却时间越短越好。最好能在出口处安装几个大的风机。

2. 低盐固态发酵法中制曲工艺易出现的问题及解决措施　物料拌和菌种入曲室后，有些料呈块状，不松散，不利于制曲中气体交换过程。好的办法是料混合菌种后用粉碎机打碎料使之分散均匀入曲室。

大部分厂家重视制曲过程中温度的控制而忽略湿度。制曲过程中维持较高的湿度 (一般空气相对湿度在 70% 以上较好) 利于其生长，北方空气干燥，湿度不高。故在前中期要补湿。在第一次翻曲后就应定期补湿。对常用曲室制曲，可用冷开水喷洒曲室空间，曲室中悬挂一个干湿球温度计来读取数值。需注意的是后期 (第二次翻曲后) 不再补湿。

3. 低盐固态发酵法中发酵工艺易出现的问题及解决措施　大部分厂家曲料拌盐水往往全部混合后入池，实际上按水分下渗的原理，发酵一段时间后，底部水分偏高，上部水分偏少。故在拌盐水时应将池底部盐水拌入总盐水量 40%，上部拌盐水 60%，即坚持上少下多的原则。

在发酵过程中酱醅发出酸味、臭味、异味。这种现象产生的原因有以下几点：片面增加发酵水分，合适水分含量在 50%～60%；盐分含量太低，合适的盐分含量在前期为 10% 左右，中后期在 15% 以上较好，对原池发酵方式，盐分添加量最好在 14% 以上；污染了大量产酸的细菌，应注意环境的清洁卫生；长时间高温度色泽上升，pH

下降导致酸败。

酱醅色泽偏黑，苦涩味重，主要是发酵温度过高造成，一般低盐固态发酵方式温度在 40～50℃，不得超过 55℃。有些厂家运用一种所谓的新工艺用瞬间高温发酵方式 3 d 结束发酵，不但风味欠佳而且出品率极低。

4. 灭菌、调配以及沉降中易出现的问题及解决措施　有一部分客户误以为加了防腐剂后就可以不杀菌，这种观念是错误的，杀菌有几大功效：其一，能杀灭酱油中残存微生物及起到灭酶作用。其二，能调节风味，生酱油加热后能使酱油变得醇和圆熟，增加酯、醛等香味成分，改善口味。其三，酱油中添加助鲜剂如核苷酸 (I+G) 则必须把酱油加热到 85℃ 维持 30 min 以破坏酱油中存在的核苷酸分解酶——5′-磷酸单酯酶，防腐剂不能代替杀菌。

酱油调配时应掌握好其添加顺序，这里需要提出的是较多厂家添加焦糖后与酱油一起杀菌，由于设备散热设施较差，维持较高温度时间长，添加的焦糖会在高温下继续起美拉德反应。另外，酱油中含有的氨基酸与焦糖结合也会加剧美拉德反应进程，这样会导致成品酱油感官色泽偏乌发黑。一般建议在酱油灭菌后冷却过程中 (温度为 80℃) 添加，焦糖本身就是经高温反应生成的，不会带来微生物感染。另外的方式便是增加硬件设施，在灭菌后快速冷却。

酱油沉淀问题形成的原因很多，沉淀问题困扰着大部分调味品厂家。一般来说，酱油的沉降最好在加热后选择锥形沉降罐，沉降时间一般 1 周以上，为更好地解决沉淀问题，依据实践中实验的情况在加热前加入硅藻土或螯合剂类物质，沉降效果较为理想。

二、食用菌食醋

（一）食醋的生产原理

酸味是由呈酸味的物质在水中解离出的氢离

子对味蕾刺激所产生的感觉。酸味使食品呈现清新凉爽的感觉。酸味可使辣味的火热感觉降低，变得更适口。当酸、甜、辣三味按一定比例调和时，起到"甘酸化辛"的作用。酸味使产品的风味醇厚而有根基，产生令人愉快的酸、苦、涩等综合味的复杂风味。在众多酸味调味品中食醋出现得最早，被人们利用得最早、最广泛，在食品、医药、消毒杀菌用品等方面都有应用。传统的食醋是以粮谷为原料，经糖化、乙醇发酵、乙酸发酵而制成的含乙酸的液态酸味调味品。

我国幅员辽阔，各地物产、气候有较大差别，产生了各具特色的地方食醋，著名的有江苏镇江香醋、山西老陈醋、福建永春老醋、四川保宁麸醋、辽宁喀左陈醋等，其中山西老陈醋、镇江香醋、永春老醋、四川保宁麸醋并列为"中国四大名醋"。《中国医药大典》记载，"醋产浙江杭绍二县为最佳，实则以江苏镇江为最"。但是目前为止，市场上未见以食用菌为原料或添加食用菌的酿造醋。

1. 淀粉糖化及蛋白质降解　曲霉中的糖化型淀粉酶使淀粉水解为糖类，曲霉分泌的蛋白酶使蛋白质分解为各种氨基酸，酵母菌分泌的各种酒化酶使糖分子分解为乙醇，醋酸菌中氧化酶将乙醇氧化成乙酸，食醋的发酵过程就是上述微生物产生的酶互相协同作用发生一系列生物化学变化的过程。

曲霉是酿造过程中促进糖化和发酵所需酶的主要来源，在糖化和发酵时所用的曲中，有 α - 淀粉酶、糖化酶、葡萄糖苷酶、果胶酶、纤维素酶等。近年已大量利用酶制剂，虽然操作简便，但是食醋的风味不如传统制曲法浓郁。酿造食醋用曲中的酶系主要是淀粉酶，另外，蛋白质水解酶（包括蛋白酶和肽酶）、纤维素酶的共同作用，在改善产品风味、提高得醋率方面的作用也不可忽视。

在传统食醋酿造过程中，液化和糖化并不能截然分开，甚至糖化、乙醇发酵、乙酸发酵也是混合进行的。这种糖化和发酵同时进行的操作方法，被称为"双边发酵"。在液体深层发酵制醋工艺中，即利用双边发酵法，在 60～65℃时，糖化 30 min，还原糖仅达 3.5%，就转入乙醇发酵，利用乙醇发酵期间糖化酶的后糖化作用，取得较高的转化率。这种双边发酵操作法，可大大缩短糖化时间。

淀粉水解后所生成的糖，大部分供酵母进行乙醇发酵，继而进行乙酸发酵；一部分糖经发酵生成其他有机酸；还有一些则残留在醋醅内，作为食醋中部分色、香、味形成的基础物质。

原料中的蛋白质经蒸熟后，经曲霉分泌的蛋白酶作用逐步转化生成各种氨基酸，构成食醋鲜味的来源，如谷氨酸和天门冬氨酸含量增加，鲜味增强；甘氨酸、丙氨酸和色氨酸构成食醋中的鲜甜味。目前在食醋加工中选用的曲霉是黑曲霉群中的甘薯曲霉及黄曲霉群中的米曲霉。黑曲霉群其分生孢子穗为炭黑或褐黑，菌丛呈黑色，最适生长温度为 37℃。它能分泌糖化型淀粉酶、麦芽糖酶、酸性蛋白水解酶、果胶酶、纤维素酶和氧化酶等。黑曲霉群中使用的有甘薯曲霉、宇佐美曲霉和黑曲霉等。食醋工业中常用的菌种是中科 3324 甘薯曲霉或 3758 甘薯曲霉。黄曲霉群分为黄曲霉和米曲霉，分生孢子穗为黄绿色，最适生长温度为 37℃，分泌的酶系有蛋白酶、淀粉酶、转化酶、纤维素、酯酶和氧化酶等。在食醋酿造中，一般选择 3800 黄曲霉和沪酿 3.042 米曲霉。

2. 乙醇发酵　在无氧的条件下，酵母菌所分泌的酒化酶系把糖发酵生成乙醇和其他副产物，乙醇作为乙酸发酵的基质，微量的副产物，如甘油、乙醛、高级醇、琥珀酸等留在醋液中，赋予醋特有的芳香。在食醋生产中，要选择产酒率高、发酵迅速、抗杂菌能力强、适应性好、稳定性强的菌种。目前采用的有酵母 K、酵母 1300、2109 和南阳 5.6 等，酵母 K 产酒率高，南阳 5.6 适应性好，酵母 1300 产酶性能较好。这些酵母分泌酒化酶，能把糖类转化为乙醇和二氧化碳。另有麦芽糖酶、转化酶和乳糖分解酶等亦参加分解作用生成其他物质。酵母培养和发酵时的最适温度为 25～30℃。乙醇发酵一般经 3～4 d 即可完成。

在接入酒母初期的前发酵阶段，醪液中的酵母细胞数还不多，由于醪液含有少量的溶解氧和适量的营养物，所以酵母菌能迅速繁殖，达到一定数量。发酵作用不强，乙醇和二氧化碳产生得很少，发酵醪表面显得比较平静，糖分消耗也较慢。接种温度为 26～28℃，品温一般不超过 30℃，品温上升缓慢。如果温度太高，会造成酵母过早衰老；如温度太低，又会使酵母生长缓慢，不能很快成为优势菌而导致杂菌生长，影响产品质量。此阶段应加强防止污染措施及车间的卫生管理。

进入主发酵期酵母已大量繁殖，细胞数可达 10^8 个 /mL 以上，发酵醪中氧气已消耗殆尽，酵母菌基本停止繁殖，主要进行乙醇发酵作用。醪液中糖分迅速下降，乙醇逐渐增多，产生大量的二氧化碳，醪液温度上升较快。主发酵温度最好能控制在 30～34℃，如果温度太高，易使酵母过早衰亡，降低酵母活力，较易造成细菌污染。尤其是生产食醋的乙醇发酵容器不完全密闭时，更应注意防止杂菌污染。主发酵期时间为 12 h 左右。

随着发酵醪中的乙醇蓄积和糖分的减少，大部分被酵母消耗，残存的大部分糊精继续被分解，生成葡萄糖。酵母的生命活动和发酵作用变弱，进入后发酵期。发酵作用十分缓慢，品温逐渐下降，应控制在 30～32℃。如果温度过低，将使糖化酶作用减弱。后发酵阶段一般需 40 h 左右。

酵母品种不同，耐酒精度也不一样，一般乙醇浓度在 8.5%（体积）时，即显著阻碍酵母菌的繁殖，乙醇浓度在 10% 时酵母菌则完全停止繁殖。在液体中，由于许多条件，如温度、糖度和酵母品种的不同，乙醇生成量也不同。一般乙醇酵母可以发酵到乙醇浓度达 12%～14%，低温长时间发酵乙醇浓度可达 15%～16%。通常乙醇发酵时，醪液内乙醇浓度一般为 7%～8%。固体发酵时，酒醅按水分 70%、乙醇浓度 6% 计算，则其液浆中乙醇浓度为 0.06/0.7×100% = 8.57%，说明酒醅中的乙醇浓度高于乙醇醪中的乙醇浓度。但由于固态发酵的填充材料能起到冲淡乙醇含量的作用，因而减少了对酵母的危害，并可防止乙醇和浆水流失。

3. 乙酸发酵　乙酸发酵是依靠醋酸菌的作用，将乙醇氧化生成醋酸。不同醋酸菌的发酵产物不同。醋酸菌除了能氧化乙醇生成乙酸外，还能氧化其他醇类和糖类，生成有机酸，如把丙醇氧化成丙酰酸，丁醇氧化成丁酸，葡萄糖氧化成葡萄糖酸或葡萄糖酮酸，并进一步氧化成琥珀酸和乳酸等，以及生成羟基乙酸、β-羟基丙二酸、酒石酸、草酸、己二酸、庚酸、甘露糖酸等。乙醇又与这些酸类物质发生酯化反应生成不同的酯类，构成食醋特殊芳香成分。所以有机酸种类越多，所形成酯类越丰富，香味就越浓郁，弥补单纯乙酸的寡淡。

除此以外，糖类转变成甘露醇，在醋酸菌作用下生成二酮果糖，原料中少量的脂肪成分在霉菌分泌的解脂酶的作用下生成各种脂肪酸和甘油，脂肪酸和醇作用生成不同的酯类。原料中的蛋白质经蛋白酶水解成各种氨基酸，使食醋口感醇厚，酸、甜、辛、咸、鲜各味协调，味感丰满。

乙酸发酵中主要的细菌是醋酸菌，它具有氧化乙醇生成乙酸的能力，在繁殖时必须有氧气，它在液面上繁殖并形成菌膜。醋酸菌除了需要氧气外，还需要碳源、氮源和矿物质。发酵原料中的淀粉、糖类、蛋白质以及磷、钾、镁都可提供营养。醋酸菌繁殖的适宜温度为 30℃左右，乙酸发酵的适宜温度为 27～28℃，最适 pH 为 3.5～6.5。醋酸菌繁殖一般在乙酸浓度 6%～7% 时完全停止，也有些菌种在乙酸浓度 6%～7% 时尚能繁殖。当乙醇浓度为 5%～12% 时，醋酸菌发酵停止。另外醋酸菌只能耐受 1%～1.5% 食盐浓度。食醋生产中醋酸菌菌种的选择非常重要，它是保证食醋质量的关键。目前，中国科学院 1.41 号醋酸菌和沪酿 1.01 号醋酸菌都是高产稳产的菌种，但所分泌酶的种类还不够全面。用多种醋酸菌混合发酵生产的食醋的风味优于单一菌种发酵产品。

4. 后熟与陈酿　食醋品质的优劣取决于色、香、味三要素。色、香、味除在发酵过程中形成外，还与后熟陈酿过程中一系列生物化学反应有关。例如，山西老陈醋发酵结束时风味一般，而经过夏季日晒、冬季冰冻的长期陈酿后，品质大为改善，色泽黑紫，质地浓稠，酸味醇厚，并具有特殊的香味。

陈酿后熟的方法有醋醅陈酿法、日晒夜露法、封坛陈酿法。醋醅陈酿法是将加盐后熟的醋醅移入缸内砸实，上盖一层食盐，密封，放置1个月，中间倒醅1~2次。日晒夜露法是将生醋经日晒夜露，浓缩陈酿数月。封坛陈酿法是将成品醋灌装后封坛陈酿。

在陈酿期间，食醋中的糖类与氨基酸经过美拉德反应生成类黑素，陈酿时间越长，作用温度越高，空气越充足，色泽变得越深。各种有机酸与醇通过酯化反应形成的酯类。酯类中以乙酸乙酯为主，由于酯化反应速度较为缓慢，所以酿制周期长的老陈醋，酯类形成较多，香气也越浓郁。一些不挥发酸是微生物的代谢产物，它们与醋酸及其他挥发酸共同形成食醋的酸味，不挥发酸含量越高，食醋的滋味越温和。食醋的甜味是糖分形成的，食醋中糖分的来源是残留在食醋中没有被酵母利用的糖分。食醋中的氨基酸赋予食醋的清新鲜味。

（二）食用菌食醋的生产工艺

1. 食用菌食醋生产的主要原辅料

（1）常用原料及其选用原则　凡含有丰富淀粉或糖，或者乙醇，而不含有毒有害物质的原料，原则上都可作为酿造食醋的原料。另外要求资源丰富，运输半径小；易贮藏，无霉烂变质，符合卫生要求。常用的淀粉质原料有薯类、高粱、大米、玉米、糯米、小米、芋头、藕等。常用的含糖原料有糖、糖蜜以及各种含糖量较高的水果。常用的含乙醇原料有食用乙醇、白酒等。常用的食用菌有平菇、草菇、滑菇、杏鲍菇等。

（2）主要辅料

1）制曲用料　麸皮、豆粕、谷糠、米糠等。能提供微生物活动时所需的碳水化合物、蛋白质、维生素、矿物质等各种营养素。

2）填充料　谷壳、高粱壳、玉米秸、玉米心、高粱秸等。辅料的主要作用是使醋醅疏松，利于空气流通，为微生物发酵提供良好的好氧条件。填充料要求接触面积大，有适当的硬度，具有化学惰性，不得有异杂味，易于获得，价格低廉。某些食用菌，如榛蘑、茶树菇、元蘑或食用菌加工副产物菇柄等，不仅富含膳食纤维、质地疏松，而且可为食醋提供丰富食用菌营养成分，增加食醋品种，也可以作为优良的填充料使用。

3）添加剂　食盐、砂糖、芝麻、茴香、桂皮、生姜、炒米色等。

4）饮用水　必须符合国家饮用水标准，软硬适度，不能用硬度过大的水。

5）发酵剂　大曲、小曲、麸曲等可使淀粉转化成可发酵性糖的糖化发酵剂。常用黑曲精，适宜温度为35~40℃，与麸皮拌和后成为麸曲，用量为制曲原料的0.1%左右。黑曲精通常是以常用的糖化菌种AS3.758、AS3.350或AS3.324为主要种源，也可采用三种以上混合培养，真空干燥，离心分离制成，每克干基含孢子数200亿个以上，能大幅度提高淀粉质原料的糖化速度和糖化程度，提高糖、酒、醋的出品率。以酵母菌为主的乙醇发酵剂，又称酒母，使糖化液中的糖类转化成乙醇。常用活性干酵母，用量占主料的0.5%左右，普通干酵母使用前用6~7°Bé的白糖溶液进行活化处理，即发酵母则不需要进行活化处理。以醋酸杆菌为主的乙酸发酵剂，又称醋母，可使物料中的醇类转化成乙酸。常用活性醋酸菌，加入量为主料的0.5%左右。

2. 配方及工艺流程

（1）配方　高粱、碎米粉或甘薯粉等淀粉质原料100 kg，谷糠（蒸前）160 kg，麸皮80 kg，食用菌干粉（粒度0.5~1.5 mm）40 kg（乙酸发酵时加入），酒母40 kg，醋酸菌种子醅（成熟生醋醅）40 kg，食盐7~10 kg。

（2）工艺流程

```
                        麸皮、谷糠   饮用水
                            ↓         ↓
高粱（或碎米、甘薯干粉等）→ 粉碎 → 混合
                                      ↓
拌匀（加麸曲、酒母、水）← 冷却 ← 蒸熟 ← 润水
  ↓
边糖化边发酵 → 加入食用菌颗粒粉后接种醋酸菌
                                      ↓
淋醋 ← 加盐陈酿 ← 成熟醋醅 ← 翻醅
  ↓
陈酿贮存 → 配兑 → 加热杀菌 → 包装 → 成品
```

（3）操作要点

1）原料处理　原料粉碎后与麸皮和谷糠混合均匀，加入混合料50%左右的水，在常压蒸煮1～2 h，再焖1 h，出锅摊晾冷却，补充水分，调整蒸煮熟料加水量，迅速降温。

2）加麸曲酒母　蒸煮后的原料温度控制在30～40℃，加入破碎成适当粒度的麸曲、酒母，混合拌匀、入缸，混合料入缸后水分一般为60%～66%。

3）入缸发酵　混合料入缸要填满，压实。入缸温度24～28℃，加盖密封，室温25～28℃。入缸第二天品温升高至38～40℃时进行第一次翻醅（倒缸）至另一个空缸中，调节水分和温度，摊平压实，刷净缸口，加盖密封。乙醇发酵要求醅温30～40℃，最高不要超过47℃，入缸起5～7 d乙醇发酵结束。醅中乙醇含量为6%～8%。乙醇发酵结束后拌入食用菌颗粒粉、醋酸菌种子（固体成熟醋醅），翻醅使接种均匀，保证通风良好，控制品温37～39℃，每天倒缸1次。乙酸发酵接近成熟时，醋醅温度自然下降到35℃。加强检测，每天化验酸度增长情况。如果酸度不再增加，甚至稍有下降趋势时，及时加盐，加盐量为醋醅的1.5%，防止醋醅过度氧化。加盐后将缸口密封放置2 d进行后熟，使醋的色泽与香气得到改善。

4）淋醋　采用回套式淋醋法（方法同酱油的"三套淋油法"）。用二醋浸泡醋醅20～25 h，淋下的醋为头醋，余渣为头渣；用三淋醋浸泡头渣20～25 h，淋下的醋为二醋，余渣为二渣；用清水浸泡二渣20～25 h，淋下的醋为三醋。

5）陈酿　采用醋醅陈酿法时将醋醅加盐，移入缸中砸实，封盖后熟15～20 d，倒醅1次再封缸，陈酿数月后淋醋。采用醋液陈酿时醋液含酸量应大于5%，将淋出的醋保持1～10℃，陈酿1～2个月，同时应防止污染杂菌。

6）配兑成品及杀菌　陈酿醋或新淋出的头醋风味欠佳，出厂前应按产品质量标准进行配兑。除总酸含量5%以上的高档食醋不需添加防腐剂外，一般食醋应加入0.06%～0.1%的苯甲酸钠进行防腐处理。也可于80～85℃、20 min 条件下巴氏杀菌；或90～95℃、10 min 高温直接加热杀菌；采用130～135℃、4～9 s 超高温瞬时杀菌，出料温度30～35℃，可防止热敏性风味物质挥发或变性。

7）灌装封口及贮存　将杀菌冷却后的成品醋在无菌条件下灌装封口，然后贮存于阴凉干燥处。

8）质量标准（参考）　体态均匀一致，无悬浮物及杂质。呈琥珀色或红棕色，酸味柔和略带甜味，并有浓郁的特殊食用菌香气，无异味。总酸（以乙酸计）≥3g/100 mL，乙醇含量（体积分数）≤0.2%，还原糖（以葡萄糖计）≥1.0 g / 100 mL。砷（以 As 计）≤0.5mg/kg，铅（以 Pb 计）≤1.0 mg/kg，大肠杆菌≤3 个 / 100 mL，致病菌不得检出。

（三）常见问提及解决措施

1. 原辅料的筛选及处理时易出现的问题及解决措施　酿造食醋应注意选用淀粉质原料，原料质量的优劣是影响食醋产量和质量的一个重要因素，没有好的原料就生产不出好的食醋。

（1）高粱　高粱是我国北方酿酒、酿醋最好的原料。其含有单宁，高粱红色素和高粱包颖色素等是影响乙醇发酵的物质，为了避免或减少单宁对发酵的不利影响，生产上可采取多菌种混合发酵或延长蒸煮时间等措施。对高粱的要求：颗粒饱满，无霉变虫蛀，无污秽和对人体有害的异物。

（2）原辅料的选择和处理　使用原辅料时应注意的问题。

1）制醋原料要保持相对稳定　做到这一点有一定困难，应根据原料含淀粉的高低来用相应的菌种和工艺条件，要求在酒醅时淀粉浓度控制，夏季14%～16%，冬季16%～18%，也就是说根据原料含淀粉多少来确定酒醅的数量。

2）注意原辅料外观质量　含土和杂物多的原辅料，应进行筛选，以免成品醋带有明显的杂味；原辅料入库水分应在14%以下，以免发热霉变，使成品醋带霉味。根据食品卫生法规定，凡霉变的原辅料不能进行生产。已知霉变的原辅料中含有100多种毒素，其中致癌最强的是黄曲霉毒素；另外还应注意农药的污染，如果发现原辅料中有敌敌畏等农药，要用水浸泡或蒸煮等措施进行处理。

另外，还要保藏好原辅料。贮存原辅料的仓库要通风、透气，按期翻仓，按先进先出的原则，避免原辅料霉烂变质。

3）原料粉碎　根据工艺要求，决定原料粉碎的粗细度，如采用稀醪发酵，原料粉碎为4～6瓣；采用固态发酵，原料粉碎成粗粉状，即40目筛百分之百通过。

4）润料（润糁）　润糁的目的是使高粱吸收一定量的水分，以利于糊化，而吸水速度、能力又与原料粉碎度、水温有关。传统润糁条件：加水量60%～65%，水温春秋季35～40℃、夏季28～32℃、冬季60～65℃；采用高温润糁时，糁吸水量大，吸水速度快，水分不仅附着于淀粉颗粒表面，而且渗入其内部，使淀粉充分吸水膨胀，易于糊化，因此，高温润糁是提高出品率和酒醅质量的好方法。

润糁的吸水多少，对糊化有显著影响，如果拇指与食指能搓开，无硬心，说明已润透。

原料润后需要进行蒸煮，主要目的是使淀粉原料在加热条件下组织和细胞彻底破裂，原料内含的淀粉颗粒吸水膨胀而破坏，淀粉由颗粒状态变成糊化状态，使之易受淀粉酶作用，把淀粉水解成可发酵性糖，同时蒸煮可将原料中所含的某些有害微生物除去，并对原料进行灭菌。原料蒸熟的标准，

高粱淀粉颗粒无硬心，不黏，不糊、疏松，便于冷却、有利于糖化酶的酶解。

2. 曲和酵母使用时易出现的问题及解决措施　制曲和酵母与温度有很大的关系，如果制曲和酵母时温度掌握不当，曲和酵母的质量就不稳定。俗话说："曲和酵母是制酒的骨头。"故此曲和酵母的好坏对产酒影响很大。如果曲的糖化酶很低和酵母的酵母细胞不健壮，发芽率太低，就会直接影响糖化和发酵。所以对曲和酵母的生产需特别注意。现在制曲和酵母都是纯种培养。若是培养好的曲和酵母不纯而有杂菌污染，就会直接影响醋的产量，在培养曲和酵母的过程中，已发现有杂菌污染，再把被污染杂菌的曲和酵母用于发酵过程中，不但起不到好作用，还要起坏作用，严重的直接影响原料利用率和成品醋的质量。

要求曲的质量：糖化酶大曲500～900个单位。麸曲2 000～2 400个单位，烤皮、干皮少，无杂菌污染，酵母液含酵母细胞在1.2亿以上，芽生率20%～30%，酵母死亡率1%～3%。为此一定要保证大曲、麸曲、酵母的质量才能达到稳定高产。

3. 乙醇发酵时易出现的问题及解决措施　乙醇发酵采用稀醪和固体糖化、乙醇发酵同时进行，即使原料经精选除杂、粉碎粒度适当、润水足、糊化较完全，通过大曲、麸曲的作用能糖化较完全，但由于放入酵母的质量和数量有限，生芽率低，也不能将醅子内的糖发酵，这些糖还是留在酒醅内，如管理不妥，会导致杂菌的生长。

反之，如果大曲、麸曲的质量低，糊化不好、糖化也不好，即使加上发酵力强的酵母也没有多大作用。因为酵母没有养分很难增殖。

（1）严格掌握入缸的淀粉浓度　在春、秋、冬季，入缸酒醅淀粉浓度控制在18%～20%。夏季，入缸酒醅淀粉浓度控制在16%～18%。

（2）严格控制入缸酒醅的水分　根据气候的变化灵活掌握：春、秋、冬季在58%～60%，夏季在55%～58%。

（3）严格控制酒醅发酵温度　发酵前期掌握在24～28℃、中期28～30℃、后期18～22℃，其要领是前缓、中挺、后缓落。

对酒醅的质量要求。

（1）稀醪酒醅

总量　　3.3～4 kg/kg

酒精度　8%～10%

酸度　　8～12 g/L（以乙酸计）

糖分　　15～20 g/L（以葡萄糖计）

（2）固态发酵酒醅

总量　　5.0～5.5 kg/kg

酒精度　5%～7%

酸度　　8～10 g/L（以乙酸计）

糖分　　10～15 g/L（以葡萄糖计）

4. 乙酸发酵时易出现的问题及解决措施　发酵好的酒醅含乙醇6%～8%，酸度在10 g/L以下，就可以转入乙酸发酵。对拌好的醋醅要求含乙醇4%～4.5%，拌好的醋醅乙醇过高会造成醋醅来火慢，醋醅到期不成熟，过低前期乙酸发酵来火猛，后期有火烧醅的现象，影响出醋率和成品醋的味道。在乙酸发酵阶段，要做好接火、移火、翻醅有虚有实，虚实并举，注意调醅，成熟的醋醅最好陈酿10～15 d后再淋醋。

对成熟醋醅的质量要求。

总酸　　45～50 g/L（以乙酸计）

水分　　62%～64%

残糖　　15～20 g/L（以葡萄糖计）

成醅总量　5.5～6 kg/kg（原料）

三、食用菌酱

（一）酱的生产原理

传统的酱是以富含蛋白质的豆类或富含淀粉的谷类及其副产品为主要原料，在微生物酶的催化作用下，分解成熟的发酵型糊状调味品。是利用微生物所分泌的各种酶的生理作用，在适宜的条件下，使原料中的成分进行一系列复杂的生物化学变化。其中包括大分子物质的分解和新物质的生成，从而形成酱特有的色、香、味、体。

按主要原料酱可分为豆酱、面酱、复合酱等。常见的豆酱有干态豆酱、稀态豆酱、蚕豆酱、杂豆酱等。优质豆酱黄褐色或红褐色，鲜艳，有光泽，具酱香和酯香及浓郁豆香，无不良气味；入口咸鲜，口感醇厚，无苦味、焦煳味、酸味及其他异味；体态黏稠适度，无霉变，无杂质，含盐量大于或等于12%。常见面酱有小麦面酱、杂面酱（加入小麦粉、绿豆粉等）等。优质面酱应为黄褐色或红褐色，鲜艳，有光泽，具酱香和酯香，无不良气味；入口咸鲜甜浓，醇厚，无苦味、焦煳味、酸味及其他异味；体态黏稠适度，无霉变，无杂质，含盐量大于或等于7%。复合酱是以豆酱、面酱等酱为基料，添加其他辅料混合制成的酱类。可供佐餐或烹制菜肴用，如香肉酱、辣椒酱、蒜蓉辣酱、蘑菇酱等。

1. 常用及常见微生物

（1）米曲霉　米曲霉是曲霉属的一种，菌丝一般为黄绿色，成熟后为淡绿褐色或黄褐色。米曲霉在生长过程中，可以利用单糖、双糖、多糖、有机酸、醇类做碳源。它的突出特点是能直接利用淀粉，能在淀粉上生长繁殖。米曲霉生长所用的氮源有蛋白质、氨基酸、铵盐、硝酸盐、尿素等。米曲霉是好气性微生物，空气不足时生长受到抑制，其菌丝繁殖期要产生大量的呼吸热，因此，酱的生产中培养米曲霉一定要供给充足的新鲜空气，以补充氧气，排除二氧化碳和散发热量。

（2）酵母菌　在豆酱和面酱生产中常见到的酵母菌是耐高盐酵母菌，如鲁氏酵母能耐18%的食盐。另外，重要的酵母菌有易变球拟酵母和埃契氏球拟酵母等。鲁氏酵母为发酵型酵母，能利用葡萄糖发酵成乙醇、甘油、琥珀酸等，这些成分既是豆酱的香气成分，又是风味物质。

（3）乳酸菌　乳酸菌能利用乳糖或葡萄糖发酵生成乳酸，乳酸既是豆酱重要的呈味物质，又是豆酱香气的重要成分。特别是乳酸菌与酵母菌的联合作用生成乳酸乙酯，是豆酱香气的一种特殊成分。乳酸菌是否参与发酵作用，同样影响酱的香气和风味。但在大多数工厂，发酵豆酱不需人工添加乳酸菌，自然环境中的乳酸菌已足够用。

2. 蛋白质的分解作用　酱的生产，主要是利用米曲霉所分泌的蛋白酶，将大豆或小麦中的大分子蛋白质分解为易被人体吸收的胨、多肽和氨基酸。蛋白质分解作用的好坏关系到生产周期、成品风味和营养价值。米曲霉所分泌的蛋白酶作用最适温度为 40～45℃，水分不低于 55%，pH 6.0 左右。

3. 酱的发酵作用　豆酱所具有的独特风味是由微生物所分泌的酶的生理作用，由一系列的生物化学反应生成，其中包括蛋白质水解、淀粉糖化、乙醇发酵、有机酸发酵、酯类形成等。这些交替反应，共同进行，有大分子物质的分解，有新物质的形成，从而组成酱所特有的色、香、味、体。酱的成分非常复杂，包含几百种微量成分。发酵时要创造一个适宜的条件，如温度、水分、pH、食盐浓度等。一般说来，低温长时间发酵有利于酱香味的提高，但也应考虑生产周期及设备利用率。

4. 酱色、香、味、体的形成　酱的风味是咸、甜、酸、鲜、苦五味俱全，诸味协调，突出咸味和鲜味。酱一般含有 12% 左右的食盐，是咸味来源，这种咸味由于有其他成分的衬托，口感很柔和。甜味主要来自淀粉的水解产物葡萄糖和麦芽糖以及一些多元醇类；有机酸给酱以爽口的酸味，但要求其总酸含量不超过 2%（以乳酸计），否则尖酸突出，降低品质。酱的鲜味主要来源于谷氨酸钠，另外，也可以人工添加助鲜剂。酱不应突出苦味，但微苦使其口感醇厚。苦味来自多肽及某一些呈苦味的氨基酸。

酱为黏稠的半流动状态，含水分在 60% 左右，其他为固形物。

（二）食用菌酱的生产工艺

1. 食用菌豆酱　食用菌豆酱是以大豆为主要原料，添加小麦粉、食用菌等辅料，经蒸熟、接种、曲霉菌分解、发酵成熟等工艺制成的以咸、鲜、香

为主体风味的半流体状调味品。

（1）配料（以大豆用量为基准计算，单位：kg，供参考）　大豆 100，面粉 40～60，干食用菌（粒度 0.125～0.147 mm）2～5（鲜食用菌则用量为 20～50），种曲 0.1～0.3，食盐适量，水 150～210。

（2）工艺流程

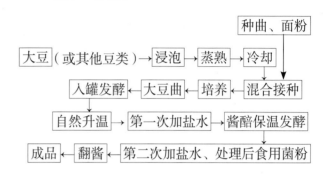

（3）操作要点

1）制豆曲

①原料筛选与清洗。大豆筛选除去沙石、草籽等不可食用杂质，去除虫蛀、霉变、瘪粒，选择颗粒饱满的豆粒，洗涤干净，清水浸泡 4～16 h。要求豆粒皮面无皱纹，豆内无硬心，指捏容易压成两瓣且不破碎为宜。温度低泡豆时间长，温度高泡豆时间短，注意不可发生酸败、霉变。将洁净免洗干食用菌粉碎成粒度 0.125～0.147 mm 粉末备用。鲜食用菌洗涤干净，沥净水分，去除不可食部分研磨打浆，得到粒度 0.125～0.147 mm 的浆料，于 110～120℃、25～30 min 杀菌软化处理后无菌贮存备用。

②蒸豆。将浸泡好的大豆沥干，置于蒸甑或蒸锅内，如果常压加热至有蒸汽产生后继续蒸 2.5～3 h，停止加热焖 2 h 出料。如果加压蒸豆则将浸泡的大豆沥干，输入旋转式蒸煮锅通入蒸汽加热，使锅内蒸汽压力达 120 kPa，并在此压力下蒸煮 30 min 出锅。要求料全部蒸熟酥软，并保持颗粒完整不烂为宜。

③接种。将大豆、面粉按比例混合。用泸酿 3.042 米曲霉或 3.324 甘薯曲霉制得的麸曲或曲精为种曲。若以麸曲为曲种，用量为

大豆的 0.3%～0.5%，用曲精则用量为大豆的 0.1%～0.2%。接种前种曲先与面粉搅拌均匀。蒸熟出锅的大豆冷却至 40℃ 左右，加入种曲与面粉的混合物，拌匀。豆类表面包裹着一层面粉，水分被面粉吸收互不粘连，曲料松散，通气良好，有利于培菌。将接种好的球状包裹着面粉的大豆粒置于经杀菌处理的曲盒或槽箱，摊成厚度 4～5 cm 薄层，送入曲室培养。也可放入通风池培养，池中培养料层厚度可在 30 cm 左右。控制培养温度为 32～35℃，最高不超过 40℃。制曲操作过程与制酱油曲操作相同。制取过程中要加强水分和温度管理，豆粒表面有淡黄色孢子出现，即可出料。

2）发酵制酱　采用自然晒露发酵法或保温速酿发酵法对料醅进行发酵处理。将新鲜的大豆曲倒入缸内，表面扒平、压实，让其自然升温至 40℃ 左右。把加热至 60～65℃、14.5°Bé 的盐水从表层缓慢淋下，让盐水慢慢下渗，与豆粒有足够的接触时间，尽量使各处含盐量均匀一致。60～65℃ 的热盐水有一定的杀菌作用，还可以保持酶的活力，同时盐水与酱醅进行热交换后刚好能达到 45℃ 发酵适温，可以省去前期发酵升温工作。这样按每 100 kg 成曲加 95～100 kg 盐水计算，就能使酱醅含盐量在 9%～10%，避免了过高盐分对酶的强烈抑制作用，有利于发酵的顺利进行。豆曲入缸结束后，用精盐封盖表面，密封，防止污染，维持品温 45℃（最低不低于 40℃）的条件下发酵 10～15 d，酱醅成熟。发酵成熟的酱醅进行后发酵处理。成熟的酱醅按每 100 kg 大豆曲（干）加 40～60 kg 24°Bé 盐水的比例加入盐水，在此阶段加入处理后的食用菌，并补足精盐，充分翻拌让细盐完全溶化，混合均匀，室温条件下后发酵 4～15 d 即得成品酱。

3）产品质量要求　食用菌豆酱既是调味品又是副食品，既可直接蘸食，也可用于菜肴的烹调，如酱焖鲫鱼、酱焖鱼头、京酱肉丝，丰收菜则直接蘸酱食用。发酵成熟的食用菌豆酱如果直接蘸食应进行杀菌处理，巴氏杀菌或高温短时间杀菌处理均可。

①感官指标。食用菌豆酱外观红褐色或棕褐色，有光泽；有酱香、酯香及特殊的食用菌香气，无其他不良气味；鲜美而醇厚，咸淡适口，无苦、酸、焦煳及其他异味；黏稠适度，无霉斑，无杂质。

②理化指标。水分含量应小于 60%，氯化钠含量大于 5%，氨基态氮含量大于 0.8%，总酸（以乳酸计）含量小于 2%，还原糖（以葡萄糖计）含量不低于 2%。

③卫生指标。砷（以砷计）不超过 0.5 mg/L，铅（以铅计）不超过 1.0 mg/L，黄曲霉毒素 B1 不超过 5 μg/kg，大肠杆菌近似值为每 100 g 不超过 30 个，致病菌不得检出。

2. 食用菌面酱　以小麦为主要原料，添加食用菌等辅料，经蒸熟、接种、发酵、磨细等工艺制成的以咸、甜、香为主要风味，富含食用菌营养成分的半流体状调味品。

（1）配料（单位：kg，供参考）　标准面粉 100，干食用菌（粒度 0.125～0.147 mm）2～3（鲜食用菌用量为 20～30），水 40～60，曲种（曲精）粉 0.1。

（2）工艺流程

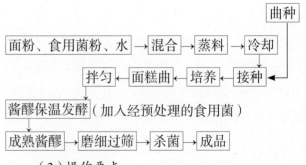

（3）操作要点

1）制曲　制曲是利用面粉培养米曲霉获得分解蛋白质、淀粉等物质的酶类，同时使原料得到一定程度的分解，为发酵创造条件的过程。首先将面粉按比例加水混合，搅拌均匀，调成粒度 8～12 mm 的颗粒或碎块，水分要分布均匀，避免局部过于湿黏，也不能有干粉存在，面块或面团大小要均匀，利于下一步的蒸料。蒸料要做到蒸熟、蒸透。采用甑锅蒸料时边上料边通入蒸汽，面粒或面块陆续放入甑锅，上料结束片刻上层全部冒汽，加盖再蒸5 min即可出料。蒸熟的面块呈玉白色，咀嚼时不黏牙，且有甜味。如果采用连续蒸料机蒸料，则应控制好蒸汽流量和面块在蒸料机中运行的速度及经过的时间，保证蒸熟、蒸透，既不要夹生，也不能过于软烂。

蒸料后进行冷却、接种、培养。蒸熟物料出甑后立即冷却至40℃左右，拌入占原料量0.1%的曲种（曲精），装盒入室培养或入池培养。曲种也称曲精，是采用麸皮为培养基制成的米曲霉麸曲菌种，经过筛分除去大部分麸皮，主要是米曲霉的摇落孢子。利用曲精为接种剂，避免了以麸曲直接接种给成品引入残余麸皮的不良后果。

2）培养　小型生产面酱制面糕曲用曲盒或曲盘在曲室内培养，培养时室温控制在28～32℃，料温最高不超过36℃，较低的培养温度有利于菌丝生长健壮。当肉眼能见到曲料全部发白略有黄色即可出曲。培养温度过高，培养时间过长，不仅出曲率低，面酱还会发苦。一般35～45 h可制好面糕曲。

另外，加入食用菌后，由于食用菌含有丰富膳食纤维，提供料醅良好的疏松性，培养时料醅中空气条件较好，互相不粘连，有利翻曲，而且提高了成曲的蛋白质、膳食纤维、矿物质等含量。但是为提高产品的细腻度，成曲需要经过磨细匀浆处理才能用于制酱。

3）发酵制酱　发酵是制曲的延续和深入，使原料更进一步分解。曲质量的好坏直接关系到酱醅发酵的成败，对面酱品质起着决定性作用。而酱醅发酵不好，轻则产品质量下降，严重者则会导致生产失败。将制好的面曲采用一次加足盐水发酵法或分次添加盐水发酵法。采用一次加足盐水发酵法时将面糕送入发酵容器，耙平表面，让其自然升温至40℃，缓慢从表层及四周注入60～65℃、浓度为14°Bé的热盐水，使之逐渐全部渗入曲内，把表层稍加压实，加盖保温发酵。品温控制在

53～55℃，不能过高和过低，过高酱醅易发苦，过低易变酸，且甜味不足。发酵过程中1 d搅拌1次，4～5 d吸足盐水的面糕曲基本完成糖化，再经7～10 d酱醅成熟，成为浓稠带甜味的酱醅。

采用分次添加盐水发酵法时先将面糕曲的大块打碎，堆积升温至45～50℃，加入浓度14°Bé、65～70℃的热盐水，盐水的用量为所需盐水总量的一半，充分拌和均匀，送入发酵容器。盐水与曲料拌匀后品温应在54℃左右。物料全部加入发酵容器后表面撒细盐，维持53～55℃发酵7 d。发酵结束后，再加入剩下的一半盐水，翻拌均匀，即得浓稠带甜味的酱醅。

发酵容器可采用陶瓷、不锈钢材质的发酵罐，也可采用发酵池。发酵方法可采用晒露发酵或水浴保温发酵。另外采用压缩空气翻酱，不但可以降低劳动强度，还可以提高劳动生产率。

4）成品处理　发酵成熟的酱醅会有些疙瘩，口感粗糙，适口性差，需要磨细过筛处理，使其能全部通过60目左右筛。可采用磨浆机或螺旋出酱机进行磨细处理。磨细的面酱过筛后杀菌处理、包装、贮藏、销售。

面酱既可蘸食，也可作为烹制菜肴的调味品。为保证食用安全，制酱时必须经过杀菌及防腐处理。杀菌方式有低温长时间（65～75℃、30～40 min）法或高温短时间（85～95℃、10～20 min）法。同时为了延长保藏时间，提高保藏质量，避免保藏过程中产生霉变，也可适当加入防腐剂。但是防腐剂的使用必须符合国家相关法律法规要求，不可超量、超范围使用。酱类制品添加苯甲酸及其钠盐或山梨酸及其钾盐。

（4）成品质量要求

1）感官质量　黄褐色或红褐色，鲜艳有光泽；有酱香、酯香及特殊的食用菌芳香，无其他不良气味；味甜而鲜，咸淡适口，无酸、苦、焦煳、霉或其他异味；干稀合适，黏稠适度，无霉斑，无杂质。

2）理化指标　水分50%，氯化物7%以上，

还原糖 20% 以上，氨基态氮 0.3% 以上，总酸（以乳酸计）2% 以下。

3）卫生指标　铵盐（以氨计）不超过氨基态氮含量的 27%，大肠杆菌（每 100 g 近似数）不超过 30 个，致病菌不得检出，砷（以砷计）不得超过 0.5 mg/L，铅（以铅计）不超过 0.1 mg/L，苯甲酸及其钠盐不超过 0.1%，黄曲霉毒素 B1 小于 5 μg/kg。

（三）常见问题及解决措施

1. 造成酱品胀袋变质的原因及解决措施　酱的生产发酵一般以米曲霉为主，在酵母菌和细菌的协同作用下，构成了酱类丰富的营养及独特的风味。米曲霉、酵母、细菌等在同一底物酱醅中互生互斥地繁殖，在各工艺参数控制条件下，使每种菌的繁殖速度、分泌各种酶的量及各成分积累量均处在相互制约又相对平衡之中。但是，当某种菌分泌某种酶的能力减弱或处于休眠状态，则可导致相应其他菌类繁殖过旺，最终使产品质量受到影响。酱类胀袋这种现象，就是由于米曲霉分泌某种酶的能力处于休眠状态，使酵母菌等微生物产生二氧化碳气体而造成的。

酱品胀袋是令生产厂家极为头痛的一件事，它给企业造成的隐性损失比显性损失还要大。为解决酱品胀袋的问题，目前国内多数厂家采用巴氏杀菌，配合使用山梨酸盐、苯甲酸钠等对酵母菌有抑制效果的常规防腐剂。但是，按国家限定量添加防腐剂往往不能达到有效控制微生物的效果，而超标使用又可能给消费者带来毒害，而且这些防腐剂还会影响产品的风味。为此，有关科技人员对这一问题进行了很多探索。

杨立苹等人认为面酱在 25℃ 以上环境中容易引起酵母发酵，由此带来面酱的二次发酵及生白花现象，包装产品则表现为胀袋，给贮存和销售带来不利影响。所以，为保持面酱鲜甜的风味，在成品酱不灭菌的情况下采取以下措施。

（1）环境灭菌　在生产过程中要保证凡是与产品接触的人员、器皿、工具、环境均保持无杂菌污染；针对不同的杂菌，使用不同的灭菌方法。

（2）原料的控制

1）面粉经蒸面灭菌。

2）食盐干蒸，目的是利用渗透压原理，杀灭食盐中的芽孢杆菌。

3）盐水加热升温至 70～85℃，然后冷却至 50℃ 左右再使用。

（3）包装时环境和操作的控制　包装时要保证包装机和管道以及操作人员都无菌。

2. 酱发黑的原因及解决措施　酱的色泽应该是红褐色的，酱发黑无光的原因大致有 4 个方面：

（1）原料配比　有些企业提高了豆粕的用量，虽然使氨基酸增加了，但还原糖减少了，产品的红色素降低了，稠度也变稀了。

（2）酱醅发酵　有些企业采用高温发酵以缩短发酵周期，但是高温会使美拉德反应速度大增，酱油中氨基酸及还原糖含量大减，黑色素增加，造成酱和酱油变黑。

（3）焦糖色素质量　还有些企业为了降低生产成本，使用高色率焦糖色素，而这种焦糖色素在生产时一般是通过加大催化剂铵盐的使用量，提高反应温度，使糖类全部焦糖化，炭化物质增多，颜色发黑。

（4）低质酱油　主要是将酱和酱油质量降低，提高原料出品率，使全氮、还原糖和红色素含量全部降低，用黑色素进行酱色着色，以次充好。

四、食用菌汤料

（一）汤料的产生

1. 汤料的产生　"汤"表示"溶化了固体成分的水"或"溶液"，意指"汁水"，也常指煮东西的汁液或烹调后汁液特别多的副食，或主菜食用后剩余的可食或不可食的汁液。随着时代的发展，食品中提及的"汤"的内涵更加丰富与扩展，"汤"已成为人们餐饮中不可或缺的一部分。不论从养生学方面，还是愉悦饮食心理方面，古今中外汤食都备受推崇，我国自古就有民谚"饭前一碗汤，不用医生开药方"之说。发源于乌克兰而风靡世界的罗宋汤，让人食欲大增的中华京式"酸辣汤"，清凉解暑、调理滋养与美味兼备、久煮慢煨的广东"清凉补"，江西的"瓦罐莲藕排骨汤"，清香四溢、鲜美异常的四川"开水白菜"，近年来吉林农业大学独创的"学府六君（菌）子汤"等名品靓汤。还有常见的紫菜蛋花汤、鱼头豆腐汤、蘑菇肉片汤、榨菜肉丝韭黄汤、牛肉西红柿瓜片汤、霸王花排骨汤、淮山排骨汤等，不但丰富了人们的餐桌，也为人们颐养身心起着重要作用。

汤食虽然味美滋养，但是操作烦琐，耗时、耗力，一道汤食的烹制，从原辅材料的挑选、清理洗涤，直至完成制作，少则几十分钟，多则几个小时。随着人们学习工作节奏的加快，几乎无闲暇时间去烹制令人心仪的美味而营养的汤食。因此营养方便、风味优良的"汤料"便应运而生。汤料，广义是指可以制作汤食的一切材料，如麦冬、沙参、陈皮、枸杞子、莲子、银耳、龙眼肉、太子参、茯苓、大枣等；狭义则是指采用一定技术加工而成的冲入一定量沸水后经过或不经过再次烹制即可食用的制作汤食的单一材料或复合材料。

2. 食用菌汤料的分类　目前食用菌汤料没有统一的分类标准，可按商业行为、供应对象、供应的消费者群体营养需求特征、产品风味、配料及工艺等进行分类。这里只按原料进行分类：

食用菌原味方便汤料：以一种或多种食用菌为主要原料，经洁净化处理、微波破壁、挤出破碎等处理后添加食用盐、味精、香辛料等辅料进行高效混合、调配、包装而制成的固体方便汤料，可即冲即饮，亦可用于主食调味。

食用菌多复合味汤料：以一种或多种食用菌为主要原料，经洁净化处理、微波破壁、挤出破碎等处理后，添加食用盐、白砂糖、柠檬酸、味精、香辛料等辅料，进行高效混合、调配、包装而制成的，具有酸辣味、麻辣味、鸡肉味等各种风味的食用菌固体方便汤料，可即冲即饮，亦可用于主食调味。

食用菌作为优质蛋白质资源在改善居民食物结构，调节膳食平衡方面发挥着越来越重要的作用。食用菌以其天然、安全、功效明显等优良品质日益受到消费者的青睐，经常食用食用菌是促进青少年身体健康发育、预防中老年疾病的有效方法之一。食用菌在维持免疫系统的正常功能、提高机体抗逆性、增强机体免疫力等方面具有重要作用，日益受到人们的青睐。食用菌营养汤料的研发实现了食用菌原料资源全利用，有效地延长了食用菌加工产业链，大幅度提高了食用菌加工业的经济效益与社会效益。

（二）食用菌汤料的生产工艺

1. 食用菌汤料的生产工艺（例1）

（1）配方（粉剂）　食用菌汤料的配方因食用菌资源生产地、消费群体食品风味好恶、健康需求、体质特征等具体情况的不同而具有较大差异。以下配方仅供参考，并为科研与生产提供借鉴。

以食用菌粉质量为基准，称取精盐1%～3%、味精1%～2%、鸡精1%～2%、白砂糖1%～3%、洋葱粉0.5%～1.5%、生姜粉0.1%～0.5%、白胡椒粉0.05%～0.2%、小茴香粉0.05%～0.1%。根据个人饮食习惯，食用时沸水冲入量为粉剂汤料的20～50倍。

（2）工艺流程

干食用菌 → 前处理 → 微波破壁干燥

微波干燥 ← 高压挤出 ← 成分及粒度调整

除尘破碎 → 调配 → 高效混合碾揉

成品 ← 检测 ← 粉体无菌包装

（3）操作要点及主要技术参数

1）原辅料前处理　生姜、洋葱、茴香、白胡椒等香辛料经微波干燥杀菌后粉碎处理，要求能全部通过0.125～0.147 mm孔径筛。干香菇、姬松茸、松茸、木耳、杏鲍菇、侧耳等食用菌，除去腐烂、霉变、虫蛀等变质材料及不可食部位，用流动水清洗，去除浮尘、泥沙等不可食杂质后，室温水浸泡10 min，捞出沥净水分，再次用流动水漂洗 3 次至洁净, 于 800~1 200 r/min 条件下离心脱水处理 8~15 min, 备用。

2) 破壁原理　上述物料在 60~80℃条件下微波破壁处理 10~20 min, 同时离心脱除部分水分, 破碎得到粒度 0.174~0.246 mm 颗粒, 备用。

3) 高压挤出及微波干燥　上述物料于 120~130℃条件下进行高温高压挤出增香处理, 然后于 60~80℃条件下微波干燥, 使其含水量达 6%~10%。

4) 除尘粉碎　挤出及干燥后的食用菌经除尘粉碎得到可全部通过 0.147~0.246 mm 孔径筛的食用菌颗粒粉。

5) 调配、混合、包装　以处理后食用菌颗粒粉为基准, 按配方准确称取各种物料, 旋转高效混合碾揉处理, 使物料中各种风味物质混合均匀, 质地疏松易于复水。然后在无菌条件下进行分体包装, 即为食用菌方便汤料粉。塑料小包装应采用符合食品卫生标准的耐高温复合包装袋, 其他包装容器应符合国家食品卫生标准规定。

6) 检验、装箱及贮运　检验, 无破损、质量符合产品生产标准者贴标、装箱、入库与销售。产品应贮存在通风、干燥、阴凉的仓库内, 避免暴晒, 不得与有毒、有害、有腐蚀性、易挥发、有异味的物品同贮。

产品运输过程中严防雨、雪淋湿, 运输工具要清洁卫生, 不得与有毒、有害、有腐蚀性、易挥发或有异味的物品混装运输。

产品自生产之日起, 在 5~25℃的温度条件下贮存, 保质期为 12 个月。

2. 食用菌汤料的生产工艺 (例 2)

(1) 配方 (按每 100 kg 产品计, 供参考)　鲜滑子蘑菇 4 kg, 鲜平菇 3 kg, 鲜香菇 1 kg, 干姬松茸 0.2 kg, 干黄花菜 0.5 kg, 食盐 1 kg, 洋葱 0.2 kg, 小茴香粉 0.1 kg, 白胡椒粉 0.1 kg, 糊精 3 kg, 味精 0.5 kg, I+G (呈味核苷酸二钠) 0.2 kg, 柠檬酸钠 0.1 kg, 异抗坏血酸钠 0.1 kg; 水 86 kg。

(2) 工艺流程

1) 干燥食用菌处理

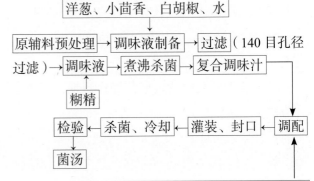

2) 菌汤制备

3) 复合调味汁制备　取总水量的 20%~40%, 加入洋葱、小茴香粉、白胡椒粉, 煮沸, 维持 5~10 min, 用 100 目孔径筛热过滤, 滤液加入糊精, 搅拌至糊精完全溶化均匀, 煮沸 5~7 min, 得到复合调味液备用。

(3) 操作要点

1) 香辛调味料处理　无霉变、无虫蛀优质小茴香、白胡椒, 清选去除沙石、细土、浮尘、杂草等不可食杂质, 粉碎, 得到可全部通过 120~160 目孔径筛的粉末备用。洋葱打浆成可通过 40 目筛的颗粒备用。

2) 食用菌等原辅料预处理　干姬松茸、黄花菜冷水浸泡至完全复水, 剪除不可食根部, 用流动水洗涤干净, 去除浮尘、泥沙、杂草等不可食杂质后, 振荡沥水, 于 1 000~1 200 r/min 条件下离心脱水处理 5~8 min, 然后置于沸水中预煮 1~3 min, 捞出、振荡沥水, 冷水冷却, 于 1 000~1 200 r/min 条件下离心脱水 5~8 min, 然后切割成所需大小备用。新鲜食用菌则直接漂洗、沥水、漂烫、冷却、离心脱水、整形等处理即可。

3) 复合调味汁制备　取总水量的 20%~40%, 加入洋葱、小茴香粉、白胡椒粉, 煮沸, 维持 5~10 min, 用 100 目孔径筛热过滤, 滤液加入糊精, 搅拌至糊精完全溶化均匀, 煮沸 5~7 min, 得到复合调味液备用。

4) 调配、灌装封口、杀菌、冷却　按配方要求准确称取经预处理原辅料, 混合均匀, 洁净条件下进行包装。首先按产品固形物含量要求，取适量固形物加入已清洗或消毒的容器中，然后再加入适量复合调味汁，封口。灌装封口后产品进行高温高压杀菌，杀菌公式为110~115℃/20~30 min。包装容器可以采用耐120℃复合蒸煮袋或三片罐，包装量350 g/袋。

5）保温贮藏、贴标装箱　杀菌后产品冲淋洗去蒸煮袋外表污物，吹干表面水分，冷却至常温，送入保温室，保温贮藏1~2周，经检测复合产品质量标准者贴标、装箱。

（4）产品特点　食用菌含有丰富的蛋白质、多种必需氨基酸、矿物质、膳食纤维、维生素等人体所需多种营养。黄花菜，又名金针菜、忘忧草、健脑菜、安神菜，含有丰富的花粉、糖、蛋白质、维生素、矿物质等人体所必需营养成分，传统医学认为其具有养血平肝、利尿消肿、健胃消食、明目、安神、抗菌等功能。菌汤中加入黄花菜与食用菌营养成分起到互补效应，能更好地发挥食用菌的营养保健功能。产品加工中最大限度保留原料中营养成分及风味，同时赋予其优良的口感。按此法生产的菌汤气味醇正，芳香浓郁，味道鲜美，诸味协调，风味独特，开袋即食，是餐桌必备美味菜肴及旅游佳品。产品不含任何人工合成香精、色素、甜味剂，不含防腐剂。

3. 食用菌汤料质量标准　质量标准如表7-3、表7-4和表7-5所示（供参考）。

表7-3　食用菌汤料感官要求

项　目	要　求
色泽	浅黄色、黄色、棕色、红棕色、赤褐色、褐色或所需颜色
滋味气味	具有该产品应有的鲜、咸、香（或辣、麻）等滋味与气味，无异味、无苦涩味、无邪味，具有相应产品的风味特征
口感	鲜爽；食用菌颗粒柔韧有弹性，无坚硬沙粒感
组织状态	体态均匀，颗粒状原料大小适当，无肉眼可见异物

表7-4　食用菌汤料理化指标

项　目	指　标
水分（g/100 g）	≤ 10.0
食盐（以NaCl计）（g/100 g）	≤ 8.0
砷（以As计）（mg/kg）	≤ 0.5
铅（以Pb计）（mg/kg）	≤ 1.0

表7-5　食用菌汤料微生物指标

项　目	指　标
菌落总数（cfu/g）	≤ 3 000
大肠菌群（MPN/100 g）	≤ 3
致病菌（沙门菌、志贺菌、金黄色葡萄球菌）	不得检出

（三）常见问题及解决措施

1. 汤料生产中存在的问题

（1）品种过少　目前来看主要是方便面汤料，其次有少量的直接冲饮的汤料。就其食用的范围看，品种太少了。

（2）口感单一，口味不丰富　许多方便汤料的主题味感是咸味或鲜味，口感单一，缺乏原始食品的真实感与浓厚味，原因是其生产只是简单成分的配合。由于方便面汤料做得不好，吃起来单调，已影响到方便面的发展。

（3）忽视营养价值　目前大多数汤料只注重口味，而忽视了营养价值，如粉状汤料配方一般只包括食盐 (50%～70%)、味精 (5%～15%)、I+G (0.2%～0.7%)、干燥蔬菜 (3%～10%)、香精 (2%～8%)，由此可看出其中多为调味物质。虽然添加了干燥蔬菜，但一般为热风干燥或真空干燥产品，营养成分损失严重，仅有一定修饰作用。而营养是人们饮食之根本目的，汤料要在众多的食品中站住脚，必须对汤料的营养化给以足够的重视。

（4）油料过多　主要表现在汤料在一块面中附加的调味油过多，与现代营养学强调的低脂肪食品相矛盾。

2. 汤料的改进措施

（1）调整配料——口味、营养丰富化　调整配料其要求不单单是口味的追求，而是口味、营养同时实现，增加或增多一些既有营养又富口味的配料。

要实现汤料的口味丰富和营养化，需适当减少鲜味剂、食盐、香辛料、着色剂、甜味剂、油脂等调味物质的用量，而选用集营养与风味于一身的各种天然物质来代替。蘑菇种类很多，像平菇、香菇、金针菇等产量大、滋味鲜美、气味芳香，可作为高级调料，更重要的是含有大量的蛋白质和氨基酸，包括人体必需的 8 种氨基酸，有极高的营养价值，同时还有很高的药用价值，能够调节人体的新陈代谢，降低血压，减少胆固醇，增进人体的健康，因此可以制成粉末状作为配料，或用其提取物

制成方便汤料。

（2）低盐保健化　近年来国内外各调味品生产企业都十分重视低盐或减盐调味品新品种的开发，汤料的生产也不例外。以往的汤料及方便面汤料中食盐含量都比较高，各种味觉中"咸"是最明显的，因此应当把食盐的含量控制在适当水平，以降低食盐的摄入量。

（3）复合化　食品及调味料的复合化方兴未艾，作为方便汤料更应当迎合这个方向。可以将各种来源、各种营养特点、各种风味的食品原料合理选择、科学搭配。选择那些既具有明显风味又有营养保健作用的香辛类蔬菜 (如大蒜、大葱、洋葱、生姜、芫荽、胡萝卜等)、海藻类 (如海带、紫菜等)、食用菌等，按一定配方比例加工成多功能、风味各异的方便汤料，以满足人们的食品需求。

（4）包装的多样化　汤料要真正成为方便食品的一部分，就必须走包装多样化之路。现在的汤料及一些尚不多见的方便汤料的包装都比较单一，规格大都在 10 g 左右，数量偏少，配合方便面的使用还可以。若要单独作为汤料则包装就显得太少了。因此在质量改进的同时，数量上也要改进，可在口味系列化包装的同时数量也系列化包装，有多有少，重在调味者可数量少些，做汤食用者可大包装化，增加富含营养成分的配料量。另外，方便汤料的包装在系列化(如菜包、油包、粉包三者配套)的同时，也可简化合一，如菜包、粉包合一，菜包、油包合一等。

五、食用菌咸味及鲜味调味料

（一）食用菌调味料的生产原理

食用菌调味料是以微生物为动力，将食用菌及加工过程中的下脚料加工成各种香气独特、口味鲜美的调味品。它是近年来兴起的一种调味料，它集美味、营养、保健于一身，深受消费者的喜爱而被广泛食用。

现代的复合类型调味料以咸味调味料为主，

添加各种具有特殊风味的香辛料作为辅助调味料，经过适当的特殊风味设计增香调色，再由工业加工来赋予食品特殊香味，而不是由传统的盐、醋等简单调理制成的。复合类型调味料在整个配方过程中还要充分考虑原辅料的品种及其用量，以及各种原材料在加工调味时产生的相互协同增效或拮抗减效的作用。

1. 食用菌中的呈味物质

（1）非挥发性呈味活性物质　食用菌中非挥发性的呈味活性物质是一类可溶的、相对分子质量较低的化合物，如一些游离氨基酸、核苷酸及碳水化合物等。研究发现，食用菌之所以味道鲜美是源于其含有许多鲜味活性成分。游离氨基酸就是其中一类重要的活性成分，食用菌中所含的氨基酸有25%～35%处于游离状态。史琦云等对国内常见的8种食用菌的营养成分做了测定，结果发现天冬氨酸、谷氨酸、甘氨酸、丙氨酸等鲜味氨基酸的含量在食用菌中极为丰富，尤其是在香菇、金针菇及双孢蘑菇中，含量占氨基酸总量的40%以上，因而它们口味特别鲜美。谷氨酸是食用菌中最重要的一种呈味氨基酸，它在食盐存在的情况下能形成L-谷氨酸钠，呈味阈值0.03%，它是味精中的主要成分，能呈现出较强的鲜味。丙氨酸具有甜味，与谷氨酸、鸟苷酸等鲜味物质配合能发挥鲜味相乘作用。此外食用菌中其他一些氨基酸如天冬氨酸、甘氨酸、丝氨酸、脯氨酸，能呈现出较强的甜味，并有助鲜作用。

食用菌中香菇的鲜味物质呈鲜性最强，主要是其所含的核苷酸物质较多，如鸟苷酸、腺苷酸、胞苷酸、尿苷酸等，其中鸟苷酸的含量最为丰富，有报道香菇浸出液中鸟苷酸的含量占4%以上。核苷酸对谷氨酸的鲜味有高达30倍的强大助鲜作用。

食用菌中最重要的碳水化合物是糖类，含量占2%～10%。据报道，在成菇和老菇中发现含有葡萄糖、果糖、半乳糖、甘露糖、核糖、戊糖以及其他的醛糖和酮糖等，而且从幼菇到老菇的生长

过程中，总糖在不断增加。此外，新鲜的蘑菇中还含有甘露醇、海藻糖及糖原，其中甘露醇最丰富，它在子实体生长期间积聚，约占菌盖干重的50%。

食用菌的鲜味除与所含的呈味氨基酸、核苷酸和碳水化合物等有关外，还与存在的不饱和脂肪酸，如亚麻油酸、花生四烯酸以及一些维生素、无机离子 (Na^+、K^+)、有机酸等有着密切联系，它们相互发挥作用，呈现出食用菌独特的鲜美滋味。

（2）挥发性芳香物质　食用菌的香气不仅可以增加人们的快感、引起人们的食欲，而且可以刺激消化液的分泌，促进人体对营养成分的消化吸收。大多数食用菌具有独特的香味，是决定其品质与大众接受度的一个重要因素。食用菌的挥发性成分种类繁多，主要包括挥发性八碳化合物 ($C_8H_{16}O$)、含硫化合物以及醛酸酮酯类等。郑建仙等曾应用水蒸气蒸馏法抽提并经气质联用仪分析，从香菇伞部及柄部分别鉴定出64种和42种风味化合物，并发现两者在主要的呈味物质组成上差异并不大，为今后香菇的综合利用提供了较好的理论依据；郭倩等比较了姬松茸子实体和固体发酵的菌丝体中的挥发性香味，结果发现所测得的菌丝体香味成分较子实体多，且呈现出浓烈的杏仁味。

醇类通常具有植物香的气味，其中挥发性八碳化合物是食用菌最重要的风味物质，主要包括1-辛烯-3-醇、1-辛烯-4-醇、3-辛烯-2-醇等，它们均是由亚油酸经脂肪氧化酶催化转变而成的，具有浓烈的蘑菇风味，尤其是1-辛烯-3-醇，几乎存在于所有的食用菌中，且含量颇为丰富，如双孢蘑菇中其含量占总挥发性化合物的78%，鸡油菌中占66%，红乳菇中占72%等。1-辛烯-3-醇的浓度大小能影响它的气味感觉，当1-辛烯-3-醇在水中的浓度为10 mg/L时，呈现出浓郁的同时略带金属味的蘑菇风味；当浓度达1 mg/L时，呈现出较弱的蘑菇味，它的风味阈值为0.1 mg/L，因此尽管它的含量很低，但是仍能闻到幽香的蘑菇味。

含硫化合物通常能影响菇体整体的芳香，是

食用菌保鲜贮运和加工

香菇中最重要的香味来源。郑建仙等从福建香菇的伞部和柄部分别鉴定出24种和8种含硫化合物，根据归纳可分为硫醚（多醚）类、硫醇类、含硫杂环类及噻吩四大类，其中以含硫杂环类化合物最为重要，如1,2,3,5,6-五硫杂环庚烷、1,2,4-三硫杂环戊烷、1,2,3,5-四硫杂环己烷等，它们是由前体物质香菇酸在谷氨酸转肽酶的作用下产生二硫杂环丙烷中间体聚合而成的。现已有人成功地将其提取并代替味精应用到食品添加剂及调味品中。杨开等采用水蒸气蒸馏法提取香菇精，取得很好的效果，并对优化条件下香菇精馏分中的成分进行分析，检测出包括主要呈味物质的13种化合物。

食用菌中其他的一些挥发性成分，如一些醛、酮、酯类，在香菇风味中起着调和和互补的作用。醛类通常有一种很强的与其他物质相重叠的风味效应；酮类伴有果香风味，通常随着碳链的增长而呈现出更强的花香特征；烯酮类有着浓厚的玫瑰香味；酯、烷烃类能赋予一种甜的果香味。

食用菌的香味不是单一化合物所体现出来的结果，而是由众多组分相互作用、相互平衡的结果。

2. 菇盐的生产原理　咸味是一种能独立存在的味道。咸味不仅是咸味食品的主味，也是所有食品风味的根基之味，自古以来就有"食分五味，以咸为主""咸为百味之王"等说法。食盐是最普通的咸味剂，阈值一般为0.2%，在液态食品中的最适浓度为0.8%～1.2%，也是最令人满意的咸度。食盐是调味品中用得最多的一种，号称"百味之祖"。食盐在食品加工中不但具有赋味、增鲜、增强黏稠度、调节原料的质地和口感、杀菌防腐等作用，还能促进胃消化液的分泌，增进食欲。食盐也是唯一具有重要生理作用的调味制剂。

区域不同导致人们的饮食习惯具有较大的差别，人们对咸味的嗜好程度亦不相同，中国有"南甜北咸，东辣西酸"之说。中国北方地区人群比南方地区人群传统上喜好较强的咸味，因此北方较南方盛产咸味调味品，如著名"六必居""王致和""北

康"等品牌的酱腌制品多以咸味为主。而扬州酱菜如"三和四美"、广东"佳宝"等则偏甜，另外川黔陕喜辣，则盛产"油泼辣子""麻辣烫""榨菜"等咸辣味为主的调味品。尤其涪陵榨菜，与德国甜酸甘蓝、欧洲酸黄瓜并称世界三大名腌菜。而山西则盛产名醋，如东湖、水塔、紫林、益源庆等名醋。某些食物如果没有咸味，其味觉就会如同嚼蜡，无法下咽。古时候，荷兰、瑞典等国对于触犯刑律的人，规定在一个时期内不准吃盐，以作为惩罚。人们普遍接受的传统咸味是由氯化钠的钠离子和氯离子共同产生的，氯化钠的咸味最纯正。氯化钾同氯化钠化学性质相似，但其咸味混有苦味；氯化镁只有苦味。为满足限制食盐摄入的特殊消费人群的需要，开发非氯化钠盐类或低氯化钠咸味剂具有重要的现实意义。但传统的食盐（氯化钠）并不是多多益善，其中钠约占盐主要成分的40%，是导致人体骨质疏松的杀手，过多地进食高盐餐饮，可导致唾液分泌减少，口腔黏膜水肿、充血，易引起上呼吸道感染。肾病、糖尿病患者以及高血压、高血脂病人的饮食又要严格限制食盐的摄入量，此类消费者应远离高盐、高糖、高脂肪的"三高"饮食。

根据相关资料统计，我国目前高血压、心脑血管疾病患者超过2亿人，高血压在各类慢性疾病中排名第一，它的致死率仅次于癌症，是我国居民因病死亡的第二大病因。研究表明，高盐饮食是导致高血压等心脑血管疾病的主要因素。世界卫生组织推荐人均食盐日摄入量仅为5 g，而我国人均食盐摄入量超过15 g。《中国慢性病防治工作计划（2012～2015）》提出将人均每日食盐摄入量下降到9 g以下。

适当的咸味可提高蔗糖的甜味，即咸能助甜。少量食盐可加强乙酸的酸味，并且与乙酸浓度无关。咸味与甜味、酸味共存时，适量的咸味可以使酸甜咸柔和协调、风味逼真，更适口。咸味是谷氨酸钠发挥鲜味的引发剂。失去咸味，谷氨酸钠的鲜味甚至会消失殆尽。而谷氨酸钠、核苷酸等鲜味又可抑制食盐的咸味。在通常的饮食范围内，咸味

和苦味互为衰减。

菇盐是采用特殊技术从菌菇中提取的盐类物质；也指以菌菇、食用盐为主要原料，采用特殊技术加工而成的具有菌菇风味及营养成分的调味盐。从菌菇中提取的天然营养物质可以起到增鲜作用，减少味精（谷氨酸钠）使用，另外通过菌菇提取物的天然鲜味降低食盐的阈值，起到烹饪及食品加工中减少食盐用量的目的，实现健康饮食。

3. 菇精的生产原理　中医学解释"精"泛指构成人体和维持生命活动的基本物质，中文释义之一是指物质中最纯粹的部分或提炼及精炼出来的物质或成分。顾名思义，"菇精"即采用现代分离重组技术从菌菇中的提取的精华物质。

菇精产品属于风味型复合调味料，可代替鸡精、味精应用于任何菜肴、汤等食品中，按个人需要和口味确定添加量，也可用于需提供食用菌风味的食品中。

（二）食用菌调味料的生产工艺

1. 菇盐的生产方法

（1）原料预处理　根据生产地资源优势，选取香菇、茶树菇、杏鲍菇、白灵菇、鸡腿菇、滑菇、羊肚菌、猴头菌、松茸、银耳、黑木耳等任一种或多种食用菌干制品，去除杂草、木屑等不可食用杂质，按 1:8 质量比加入 10～15℃的饮用水浸泡 10 min，表面湿润后，用流动水漂洗，去除泥沙，在 600～800 r/min 条件离心脱水 5～10 min，备用。如果采用鲜食用菌，则不需浸泡处理。首先用沸水漂烫 1～3 min，然后在 600～800 r/min 条件离心脱水 5～10 min。

（2）研磨　经过预处理的食用菌物料按 1:9 的质量比加入 15～20℃的饮用水，采用多功能粉碎机进行微粒化处理，得到可全部通过 150 μm 孔径筛的食用菌浆料，备用。

（3）浸渍提取　取食用菌浆料 1 份、食用盐（氯化钠≥99%）3～5 份、食用钾盐（氯化钾≥99%）4～6 份，混合搅拌均匀，常温下放置 5～9 d，然后逐级过滤分离得到可全部通过 25 μm 孔径筛

的分离液备用。分离后的残渣按质量比加入 4～6 份饮用水，在 1 000～1 200 r/min 条件离心分离 10～15 min，得到可通过 25 μm 的分离液，备用。将 2 次获得分离液混合，得到菌盐液，备用。分离后的残渣可用于高纤维食品的生产原料。

（4）干燥制盐、包装　将上述菇盐液冷冻干燥或喷雾干燥得到的盐即为菇盐，进行包装即可。

2. 菇精的生产方法

（1）配料　谷氨酸钠、食用菌提取物、食用盐、白砂糖、麦芽糊精。

配方：食用菌提取物固体粉末 50%，食用精盐 20%，谷氨酸钠 20%，白砂糖粉 4%，麦芽糊精 6%。

（2）生产工艺流程

```
                                            ┌──────┐
                                            │ 菇渣 │
                                            └──────┘
                                               ↑
菌菇→预处理→有限酶解→灭酶→离心分离
调配←冷冻干燥或喷雾干燥←浓缩←分离液
包装→检验→入库
```

（3）操作要点

1）预处理　根据生产地资源优势选取香菇、羊肚菌、猴头菌、松茸、蜜环菌、姬松茸等任一种或多种食用菌干制品，去除杂草、木屑等不可食用杂质，按 1:8 的质量比加入 15℃的饮用水浸泡 10 min，表面湿润后，用流动水漂洗，去除泥沙，在 600～800 r/min 条件下离心脱水 5～10 min，备用。如果采用鲜食用菌，则不需浸泡处理，首先用沸水漂烫 1～3 min，然后在 600～800 r/min 条件离心脱水 5～10 min。然后采用多功能粉碎机进行破碎处理，得到粒度为 0.2～0.5 mm 的颗粒料备用。

2）有限酶解及灭酶　利用碱性蛋白酶、风味蛋白酶及纤维素酶对上述物料进行分步水解。首先将食用菌微波杀菌后加入纯净水，调整浆料质量浓度为 10%，无菌条件下冷却至 50～55℃，调整 pH 8.0～8.5，加入碱性蛋白酶，酶加入量为底物的 0.5%～1.0%，处理 0.5～1 h，然后加热至 95℃，维持 10～15 min 进行灭酶处理，然后于无菌条件

下冷却至45～50℃，调整 pH 6.5～7.0，加入风味蛋白酶及纤维素酶进行第二次混合酶解，酶加入量为底物的 0.5%～1.0%，酶解时间 0.5～1 h，然后加热至95℃，维持 10～15 min 进行灭酶处理。

3）离心分离、浓缩与干燥　将上述酶解物于 4 000 r/min 条件下离心分离处理 10 min，得到可全部通过 10 μm 孔径筛的分离液，然后于45℃条件下真空浓缩至可溶性固形物含量为 30%～85%，经冷冻干燥（可溶性固形物含量为 50%～85%）或喷雾干燥（可溶性固形物含量为 30%～40%），然后适当破碎处理，得到菌菇提取物粉末。

4）调配、包装　按配方准确称取各种配料，投入研磨混合机，处理成组织状态均匀一致的可全部通过 125～150 μm 孔径筛的粉末，包装密封后即为成品。按产品生产标准进行感官、理化、微生物等指标的检验，合格者入库、销售。

（三）常见问题及解决措施

目前虽然市场上食用菌调味料产品正在逐渐增多，但是它们大多是粗加工产品。这些调味料不但生产工艺简单、成本低，而且它们的特征性风味均不显著，香鲜味物质和营养成分都没有被充分地释放出来。有些食用菌调味料产品水溶性差、品质低，还含有木质化成分。此外，食用菌中的氨基酸与核苷酸大多是以蛋白质与核酸的形式存在的，一般的水提工艺不能完全提取，并且其中蘑菇醇（1-辛烯-3-醇）的八碳化合物易挥发，风味不能长期保持，所以食用菌在精深加工时还应该注意。

正因为食用菌的呈香、呈味物质在子实体中的存在方式和呈味特性不同，食用菌调味料在研究开发时还需要考虑如下：研究不同品种的食用菌中呈味核苷酸、氨基酸等风味物质成分的组成比例和含量，并进行风味特性的评价，明确不同品种食用菌风味特性，并组建食用菌的风味成分雷达图或指纹谱；研究不同品种的食用菌中的非游离的氨基酸与核苷酸的高效提取与释放技术来充分合理利用食用菌中各种呈味成分；研究不同品种的食用菌中各呈味物质的化学组成及其含量对其呈味特性的影响，根据其呈味特性调节风味成分的比例以达到对食用菌特殊风味的强化；研究食用菌中的各呈味物质的稳定性质规律以及它们的风味稳定保持技术，制备出风味稳定的食用菌调味料来延长产品货架期。

除此之外，我国食用菌调味料还存在分类混乱、以偏概全的问题，安全问题，产品标准问题，以及生产产品企业规模小、风险承受能力低等问题。面对这些问题，建议完善或制定国家的《食品分类通则》强制标准，严格企业的责任承担制度，采取鼓励企业进行创新，提高技术含量，提高企业管理水平和竞争力，加速推动行业整合等措施。

六、食用菌色拉酱

（一）食用菌色拉酱的生产原理

色拉酱有 200 多年的历史，起源于法国，1756 年由法国人 Richelieu 发明推广，商业化规模生产 1912 年由美国开始。色拉酱是西餐中的重要的调味料，传统的色拉酱主要由鲜蛋黄、色拉油、糖、醋等调制而成，属于冷食制品，不能进行加热杀菌。传统色拉酱油脂含量超过50%，是高油脂、高胆固醇的油脂制品，是世界食用油脂的主要加工产品之一。随着中西饮食文化的交流，色拉酱日益走上寻常百姓的餐桌，色拉酱已成为深受人们喜爱的油脂制品。随着饮食营养知识的普及，人们逐渐发现高脂、高糖、高胆固醇饮食是肥胖、动脉硬化、脂肪肝、冠心病等疾病发生的主要诱因，因此低脂、无胆固醇食品日益受到消费者的青睐和推崇。作为生产低脂营养色拉酱的原料，食用菌具有得天独厚的优势。以优质食用菌为原料生产纯植物性色拉酱，可以充分发挥食用菌的调味功能，同时为人们的餐桌增添营养健康食品，弥补传统色拉酱的营养缺陷，强健人们体魄，促进食用菌经济的良性发展。

将干燥食用菌筛选除杂、破碎、研磨及超声波处理得到食用菌浆料，经调配、连续真空剪切微粒化乳化、杀菌处理，生产纯植物性食用菌低脂色拉酱。产品不添加任何增稠剂，不添加鸡蛋、全脂牛乳等动物性原料，不添加任何色拉油，不添加化学合成甜味剂及防腐剂。产品不含胆固醇，富含蛋白质、维生素、高品质膳食纤维及多不饱和脂肪酸等天然营养成分，适合各类消费者食用。产品生产中无污染、无废渣、无废气及有害物质产生，实现绿色生产；产品风味醇正，具有良好的涂抹性和分散性，可用于西餐色拉的调味及面包、糕点等主食面点的调味；产品耐贮藏，食用方便。

（二）食用菌色拉酱生产工艺

1. 食用菌预处理　干燥食用菌（木耳、银耳、光帽鳞伞等食用菌的干燥子实体）筛选除杂质，剪除不可食用部分，用流动水漂洗后，离心脱水处理，使其含水量为45%～50%，切割破碎得到粒度为5～10 mm的食用菌颗粒，将食用菌颗粒和水按质量比1:（4～12）加入去离子水磨浆处理，得到粒度为60～200μm的食用菌浆料，然后在超声功率300～800 W、超声时间2～20 min的条件下进行超声波振荡破碎处理，软化纤维，促进胞内营养素的溶出率，并且改善其加工性能，得到食用菌浆料备用。

2. 连续真空剪切微粒化乳化处理　按质量百分比称取上述食用菌浆料79.2%～89.88%，白醋5%～10%，白砂糖5%～10%，酒精度12%的干红葡萄酒0.1%～0.5%，香草粉0.02%～0.3%，混合均匀，以3 000～9 000 r/min的转速进行真空高速剪切微粒化及乳化处理，得到均匀浆料备用。

3. 灌装、杀菌　上述混合浆料灌装入已经清洗、消毒处理的耐热玻璃容器中，封口，置于100～105℃条件下杀菌处理30～40 min，得到食用菌纯植物低能量色拉酱。

七、食用菌调味油

食用菌含有对人体健康有益的多不饱和脂肪酸，还含有丰富的维生素，如香菇中维生素D原含量高达128IU，是紫菜的8倍，甘薯的7倍，大豆的21倍。另外，食用菌还含特殊的芳香成分，有其他食物资源不具备的独特优点。例如：香菇含有谷氨酸、丙氨酸、甘氨酸、丝氨酸、脯氨酸、鸟苷酸等重要的鲜味成分以及香菇精、月桂醛、月桂醇等芳香成分；块菌在欧洲被称作"黑色的金刚石"，富含17种氨基酸、8种维生素、蛋白质、雄性酮、甾醇、鞘脂、脂肪酸、氨基酸及微量元素等50余种生理活性成分。块菌具有迷人的麝香样浓郁芳香，块菌与鱼子酱、鹅肝酱在欧美被称为三大珍品。中国是商业块菌的天然分布中心，以攀枝花为天然分布中心，并向四川凉山州和云南楚雄州地区辐射分布。蜜环菌俗称榛蘑，其子实体中含有多元醇、酚、有机酸、酯类化合物、芳香酸酯等风味成分，赋予其特殊的、典型的蘑菇香气。随着栽培技术的进步，我国食用菌的产量逐年递增，目前已成为国民经济中重要的支柱产业之一，食用菌的加工也呈现出产品多样化、技术先进化、食用方便化、应用普及化等多方位快速良性发展的势头。

有关研究表明，食用菌具有增强人体免疫力、抗病毒、健胃、助消化、通便、保肝、解毒等多种保健功能。但目前我国市场上食用菌只作为烹调菜肴的原料或配料出售，食用方法单一，未能充分发挥食用菌在强身健体、促进经济发展等社会效益及经济效益方面的强大优势。另外，由于香菇、块菌、蜜环菌等具有浓郁的芳香，深受人们喜爱，进而使具有其典型性香气的食品也广受消费者青睐。尤其带有天然食用菌粒型的风味调味油，既可作为食用菌风味食品风味调整的赋香剂，又可用于烹饪及佐餐，既保证食用菌风味食品的食用安全性，同时又赋予制品特殊的营养价值。

食用菌风味调味油的生产，解决了目前调味油类产品（主要为芝麻油、芥末油及大蒜油）产品单一、易氧化、风味易衰减等问题，同时为调味品家族添加新成员，赋予调味油产品新的营养内涵，符合食物多样性科学饮食原则及食用菌产业多方位发展政策。

食用菌保鲜贮运和加工

（一）微波法生产食用菌调味油的原理

将具有芳香风味的食用菌全株清理筛选除去杂质后，经洗涤、微波干燥与杀菌、灌装、微波油浴浸提、密封、冷却等工艺生产带有食用菌天然粒型，并具有浓郁的食用菌芳香的菌菇调味油，最大限度地保留食用菌中芳香风味成分及其他营养成分，不造成任何成分的分解和聚合作用的发生，产品性质稳定，风味醇正。而传统高温油炸法制备食用菌调味油由于处理温度高达 120℃、浸提时间超过 3 h，不但食用菌中热敏性营养成分被破坏殆尽，同时易发生油脂、脂肪酸及食用菌风味物质的分解和聚合，生成有碍健康的有害成分，产生异味及怪味，产品贮存稳定性差，风味易衰减、油脂易氧化酸败。

微波法生产的食用菌调味油带有食用菌天然块型，在赋予食品特殊的浓郁的食用菌芳香风味同时，还富含食用菌其他所有营养成分，如食用菌多糖、食用菌蛋白、食用菌膳食纤维及钙、铁、维生素 A、维生素 D 等营养成分，产品无任何人工合成添加剂，食用方便、安全，是营养健康的食品风味剂，产品口味鲜美、营养丰富，符合现代饮食健康要求，适用于饼干、膨化食品、面包等食品的赋味，以及拌面、氽汤、菜肴等餐桌食品的调味，是方便、卫生、营养的佐餐及烹饪佳品。产品在常温下保质期为 18 个月。

食用菌调味油的生产充分利用食用菌资源，拓宽食用菌应用领域，增加了调味品种类，提高食用菌利用效率。生产过程条件温和，无污染，无废渣、废气及有害物质产生。

（二）微波法生产食用菌调味油的工艺

1. 原料选择　生产食用菌调味油的菌菇为香菇、块菌、蜜环菌、松茸等具有明显的独特芳香风味的食用菌中的一种或几种混合物。所用食用植物油可以是玉米胚芽油（符合 GB 19111—2017《玉米油》的一级品质量要求）、茶籽油（符合 GB 11765—2018《油茶籽油》的一级品质量要求）、橄榄油（符合 GB 23347—2009《橄榄油、油橄榄果渣油》的精炼橄榄油质量要求）等无明显特征性滋气味的液态食用植物油。

2. 工艺流程

菌菇 → 预处理 → 微波干燥杀菌 → 灌装封口
　　　　　　　　　　　　　　　　　　　↓
入库及销售 ← 检验 ← 包装 ← 微波油浴浸提

3. 操作要点

（1）食用菌预处理　新鲜食用菌采摘后，清理去除杂草、树叶等杂质，剪除带有泥土的菌根，以 8℃左右的流动水清洗，进一步去除尘土、沙石等杂质，然后振荡沥水、常温风干，脱除食用菌表面水分。如果原料为干燥食用菌，则需 8℃左右的冷水浸泡 3h 左右，复软后再按如上操作方法进行洗涤、脱水，控制其含水量在 40% 以下。然后将其破碎成粒度为长 10 mm、宽 4 mm 左右的食用菌块、片或条状，备用。

（2）微波干燥与杀菌　清洗风干的食用菌进行微波干燥与杀菌处理。干燥时料层厚度以食用菌子实体单层布置为宜，料层温度在 45℃左右，物料最终含水量 1% 左右，在干燥同时由于微波对极性分子产生的振荡作用实现对食用菌原料的杀菌。

（3）灌装、微波油浴浸提　将上述经干燥杀菌处理的食用菌块片置于一定容积的耐热玻璃瓶中，加入一定量食用植物油，食用菌占油脂质量百分比为 5% 左右，进行微波油浴浸提处理，微波处理时间 10 min 左右，温度在 85℃左右，然后立即封口密闭，置于常温下自然冷却至室内环境温度，使食用菌中风味物质均匀扩散于食用植物油中，形成组织状态及风味都很稳定的菇菌调味油，产品卫生标准符合 GB 2716—2018《食品安全国家标准　植物油》的规定。

第三节
食用菌膨化食品

一、膨化食品的生产原理

膨化食品，国外又称挤压食品、喷爆食品、轻便食品等，是以谷物、豆类、薯类、蔬菜等为原料，经专门的设备加工而成的一种体积膨大、组织疏松、口感酥脆的风味独特的食品。发生膨化的原料在成分组成及微观构象方面已发生严重变化，淀粉、蛋白质、多糖等发生部分降解生成小分子化合物，水分急剧扩散，物料发生骤然膨胀，体积膨大至原来的几十倍甚至几千倍，产品结构疏松、口感酥脆，具有即食性。

20世纪30年代末，挤压膨化技术被应用于谷物方便食品的生产，1956年美国的沃德申请了首个有关食品膨化技术的专利，日本在第二次世界大战期间采用膨化方法处理米、麦用于生产军用食品。20世纪40年代末期，挤压膨化技术逐渐扩大到食品加工领域的多个方面，如谷物、油脂、蛋白质、调味料等，出现了膨化动物饲料。20世纪70年代利用挤压膨化技术处理脱脂大豆生产具有一定咀嚼感的片状或丝状挤出物，代替瘦肉，制成仿肉制品，即大豆组织蛋白。将其处理成适当粒度的粉末或颗粒，被用于代肉制品的生产。时至今日，大豆组织蛋白在食品加工领域广泛应用于灌肠、馅料、复合调味品、休闲食品等产品的加工，为保证向人们提供充足蛋白质、平衡膳食营养发挥着重要作用。在膨化食品领域中，膨化方便食品发展最为迅速，尤其美国发展最快，产量大、消费面广。

由于膨化食品设备制造技术的发展及进步，膨化食品的品种日益繁多，外形精巧美观，营养丰富，酥脆香美，成为独具一格的食品种类。我国膨化食品历史悠久但方法单一，如出现较早的食品油炸技术就是实现食品膨化的重要方法之一。但是由于种种原因，相对发达国家，我国现代膨化技术发展缓慢。直到20世纪70年代末，国内才开始现代膨化技术与膨化食品的研究。1979年黑龙江商学院（现哈尔滨商业大学）首先在国内进行膨化食品的研究，之后在吴孟、杨婀娜教授带领下进一步对玉米的膨化技术应用进行研究，将其用于黄酒酿造、转化糖浆制备等领域淀粉质原料的预处理。之后杨铭铎教授将膨化豆粕和膨化玉米应用于酱油酿造的种曲制备，并进一步用膨化原料酿造酱油。20世纪80年代初期，以太阳牌锅巴为代表的膨化休闲食品开始出现，改变了我国瓜子、花生及糖果等代表性休闲类食品一统天下的格局。进入20世纪90年代，随着消费市场的进一步扩大，国内膨化技术的逐渐成熟，国际化膨化食品企业进入我国，带来了先进的技术、设备和经验，膨化食品设备结构简单，易操作掌控，投资少，收益快，使膨化食品表现出了极大的发展潜力及生命力，自此膨化食品产业如雨后春笋迅速在我国发展起来。

把物料尤其含有高淀粉质的谷物原料置于膨化装置内，密封，随着温度、压力不断升高，物料中的水分呈过热状态，使其组织柔软。当到达一定温度及压力后开启膨化装置封盖，体系迅速由高压状态转变成常压。物料也被迅速释放于常温环境，其组织中呈过热状态的水分瞬间汽化而产生强烈的爆炸效应，水分子膨胀几百倍甚至几千倍。巨大的膨胀力不仅破坏了物料的外部形态，而且也冲破及改变物料组织的分子结构，将不溶性长链淀粉降解成水溶性短链糊精、低聚糖，甚至生成双糖、单糖。部分蛋白质发生降解生成肽、氨基酸，油脂与蛋白质、糖与蛋白质等发生络合，形成脂蛋白、糖蛋白等功能性成分。

膨化过程改变了物料的物质组成、存在状态和性质，同时产生了新的物质，以纯粹的物理因素（仅仅提供温度、压力）的变化使物料发生了化学及生物化学变化。尤其是膨化处理可以使淀粉彻底 α 化，即可以使 β 淀粉（生淀粉）完全转变成 α 淀粉，延缓或抑制淀粉发生老化，长期保持淀粉质食物的良好风味、营养及较高的消化吸收率，这是其他熟化方法无法比拟的优点。

经膨化处理的食品原料与非膨化食品相比具有明显的优势。膨化处理可以改善食品口感，优化食味，尤其高纤维的淀粉质或非淀粉质原料，如玉米、燕麦、荞麦、绿豆、赤小豆、食用菌等；食用方法多样，可直接食用，或用开水、牛奶等冲泡食用均可；食用方便、节省时间；膨化处理等于初步对食物原料进行了体外分解，不易消化吸收的大分子成分转变成易于消化吸收的小分子营养成分，消化率及吸收率大幅度提高；易于贮存，经历高温高压的膨化处理，相当于对食物原料进行了杀菌或灭菌处理，同时膨化食品水分含量低，一般不超过10%，因此不易被微生物及昆虫污染，提高产品的贮存稳定性，保质期长；加工费用低，降低产品的生产成本，产品物美价廉。

根据采用的膨化设备不同可分为挤压膨化技术、气流膨化技术、微波膨化技术、油炸膨化技术等；根据物料膨化后用途不同可分为膨化食品加工技术、组织化处理（如植物肉的加工）技术；根据膨化程度可分为完全膨化技术、有限膨化技术等；根据膨化处理次数可分为一次膨化技术、二次膨化技术等。目前，绝大多数科研工作者和膨化食品生产者按使用设备的不同对采用的膨化技术进行分类。

（一）挤压膨化原理

挤压膨化是利用螺杆向前推进及输送物料的同时，通过水分汽化、热量传递、机械剪切、摩擦、高压等综合作用对食品原料进行体积膨胀与熟化一次性处理完成的一种技术，是典型的高温、高压短时加工过程，物料在发生螺旋式向前位移过程中产生化学、生物学、微生物学等变化，其核心部件为螺杆。螺杆的长度、直径、螺纹高度、螺纹形状、螺距均对产品的挤出膨化效果产生重要影响。根据挤出腔中螺杆数量又可分为单螺杆挤出机和双螺杆挤出机。单螺杆挤出机剪切能力强，输送能力差，且不具备自洁能力，操作结束后需要进行净腔

处理才能重新启动进行生产。双螺杆挤出机剪切能力弱于单螺杆挤出机，但输送能力远强于单螺杆挤出机，而且双螺杆挤出机具有自清洁能力，每班结束后无须进行净腔操作，即可重新启动进行挤出膨化操作，大大减轻劳动强度，方便生产。因此双螺杆挤出膨化机一经问世便广泛受到业内欢迎，得到普遍推广和应用。挤出膨化机对粉末状、颗粒状物料均能处理。非常适合多种谷物混合粉的膨化处理。当含有一定水分的原料通过进料装置进入挤出机的挤出腔内时，边混合边随着螺杆的转动向前输送，物料受到螺纹的剪切、挤出腔内壁的摩擦，同时高温动能的增加，挤出腔内压力增高，使固态物料发生熔融、长分子链断裂，淀粉组织中排列紧密的胶束被破坏，生淀粉（β淀粉）转化为熟淀粉（α淀粉），即淀粉发生糊化。另外由于进料口及挤出腔与挤出口模孔存在极大的截面积落差，物料在挤出口模孔前端区域即高温区受到极大的阻力而被压缩，形成高压，积累极高的能量，当携带高能量的挤出物从挤出狭缝或微孔释放至常压常温环境中时，这些积累的能量瞬间得以释放，其中的过热水急剧汽化产生剧烈的爆炸效应，对物料实现蒸汽切割，使紧密的植物组织产生严重破损，溶胶淀粉体积瞬间膨化，大分子物质被降解，产生易被人体消化吸收的中等分子量或低分子量成分，食品内部爆裂出许多微孔，体积迅速膨胀，形成质构疏松的膨化食品。

（二）气流膨化原理

将一定的物料装进带密封盖的耐压罐体内，加热，并以一定的速度不断旋转罐体，使物料均匀受热，随着不断加热，罐内温度逐渐升高，当达100℃以上时，物料中水分受热运动逸出并汽化，在罐内形成一定压力。当物料水分被控出6%左右时，罐体内产生0.8～1.25 MPa（不同物料压力不同）的高压，物料已熟化，如果此时将罐体密封盖突然打开，由高温、高压状态突然释放降至常温常压，物料会在失水的位置由空气的填充而变大，其结构发生变化，生淀粉（β淀粉）变成熟淀

粉（α淀粉），体积膨大几倍到十几倍，其至几千倍。释放的瞬间从膨化机出口气流和物料瞬间膨出并同时急剧穿破空气，产生"砰"的一声巨响，声音达100 dB左右。气流膨化机的核心部件是耐高压罐体及密封装置。曾有报道膨化食品铅、铝含量超出食品安全要求，主要就是气流膨化机的耐高压罐体及密封盖的材质铅、铝超标，在高温下溶出污染了食品造成的。气流膨化机只适合颗粒料的膨化处理，不适合粉末状物料。大米、小米、小麦、青稞、苦荞、玉米、高粱、薏米、荞麦、豆类等含淀粉的物料都可用气流膨化机进行膨化处理生产，实现传统"米花"的现代化生产。

（三）微波膨化原理

微波是指频率为300 MHz～300 GHz的电磁波，是无线电波中一个有限频带的简称，即波长在0.1 mm到1 m之间的电磁波，是分米波、厘米波、毫米波和亚毫米波的统称。微波作为一种电磁波同样具有波粒二象性，物质对微波的辐射作用依据材质的不同呈现为穿透、反射或吸收特性。对于玻璃、塑料、纸和瓷器，微波几乎是穿越而不被吸收，几乎不呈现热效应，金属则对微波进行反射。食物中的水、油脂、蛋白质等成分会吸收微波而使自身温度升高产生剧烈明显的热效应。所以，微波加热表现出明显的选择性。在微波场中被加热食品物料中的极性分子水分子在快速变化的高频电磁场作用下，其极性取向将随着外电场的变化而变化，造成分子的相互摩擦运动，微波场的场能转化为物料内的热能，使物料温度升高。食品工业加热用微波频率一般为2 450 MHz，可以使被加热介质中的极性分子每秒产生24.5亿次的震动，分子间产生的高频互相摩擦，引起的介质温度快速升高，使介质材料内、外部几乎同时加热升温，极大缩短常规加热中的热传导时间。所以微波的热效应是从物料内、外部同时开始，其热效率远高于单纯的红外线、远红外线加热及燃气明火加热，而且生产中可实现清洁生产。

微波膨化利用微波辐射加热使物料内部的水分吸热汽化，实现食品物料组织膨化，是一种新型的环境友好型常压膨化技术。由于其加热速度快，食品受热时间短，相对于挤压膨化、气流膨化、油炸膨化极大减少反应中食品物料中热敏性营养成分的破坏，也大幅度减少某些热裂解、聚合反应，减少次级有害成分的生成，最大限度保留食品的原有营养及风味，所以微波膨化可广泛应用于谷物食品（如米果、爆玉米、大米花）、植物蛋白（如脱脂大豆、脱脂花生等）以及二者混合制备的食品（如虾片、虾条等）。微波膨化产品脂肪含量低、营养丰富、口感酥脆，操作简便，设备占地面积小，环境洁净。但是微波膨化技术对食品无呈色效应，色泽洁白，如果需要具有诱人的色泽，需要后序进行调色处理。

根据设备不同，目前微波膨化装置有间歇式箱式微波膨化装置及连续式隧道微波膨化装置。隧道微波膨化装置可完全实现人机对话式数显控制，操控方便、生产效率高。综合膨化食品的营养、安全、加工的便捷程度以及加工过程对环境的影响等因素，微波膨化技术将是膨化食品生产技术有益发展方向，值得进行深入研究开发和推广。

（四）油炸膨化原理

1. 真空低温油炸膨化的原理　真空油炸膨化是在减压条件下以油脂为传热介质将食品进行低温脱水干燥、膨化处理。现在较多文献称食品真空油炸技术为"真空低温油浴脱水"技术。油炸初始阶段，食品表面温度达到水的沸点，表面水分开始蒸发，但是蒸发速率较慢，一部分热量向内部传递，当物料内部温度达到水沸点时，内外水分同时汽化逸散，从食品中逸出的气泡在食品中冲出无数的通道，使食品内部变得疏松，体积膨胀。国外20世纪70年代初开始进行相关研究及应用。国内20世纪90年代开始有相关设备的生产及用于食品脱水脆化处理。由于可以在低于温度100℃条件下进行，真空低温油浴脱水膨化具有常压油炸膨化无法比拟的优势，真空低温油浴脱水膨化处理水分蒸发快、时间短、温度低、营养成分损失少、产品低脂、口感酥脆、不含化学添加剂、食用安全。另外，真空低温油浴脱水膨化处理不但改善了食品的品质，最大限度保留食品中天然营养成分及风味，同时降低油脂高温裂解、聚合等劣变反应的发生，最大限度避免产生有毒、有害产物，因此该技术在果蔬、食用菌等膨化食品生产中得到广泛应用，具有广阔的发展前景。

2. 常压油炸膨化的原理　常压油炸膨化是将食品原料置于温度高于100℃的油脂中，使其加热快速成熟并膨化的过程。常压油炸膨化的原理与低温真空油炸膨化相同，食用菌常压油炸膨化食品的加工工艺流程与低温真空油炸膨化相同，只是温度高而已。食用菌种类不同其油炸工艺参数不同。

常压油炸膨化一般温度为110～230℃，优点是高温下会发生美拉德反应及焦糖化反应，生成特有的色泽和香味。缺点是食品脂肪含量高，产品颜色深，有大量水分存在的高温处理，油脂易发生水解、聚合等劣变反应，生成有害物质。另外在采用淀粉作为食用菌原料组织优化填充材料时，高温可能促进丙烯酰胺的生成。丙烯酰胺是一种白色晶体化学物质，工业上用于生产聚丙烯酰胺。急性毒性试验结果表明，大鼠、小鼠、豚鼠和兔的丙烯酰胺经口 LD_{50} 为150～180 mg/kg，属中等毒性物质。动物试验研究发现，丙烯酰胺可致大鼠多种器官罹患肿瘤，包括乳腺、甲状腺、睾丸、肾上腺、中枢神经、口腔、子宫、脑下垂体等都有被其侵害患癌的症状。国际癌症研究机构（IARC）1994年对丙烯酰胺致癌性进行了评价，将丙烯酰胺列为2类致癌物（2A），即对人类可能致癌物，其主要依据是丙烯酰胺在动物和人体内均可经代谢转化为环氧丙酰胺，而环氧丙酰胺具有较高致癌活性。丙烯酰胺可通过消化道、呼吸道、皮肤黏膜等多种途径对人体产生接触性污染与毒害，目前，聚丙烯酰胺还用于水的净化处理、纸浆的加工以及管道的内涂层等，所以饮水是一条重要的接触污染途径。

3. 压差膨化的原理　变温压差膨化简称压差膨化，起源于20世纪60年代，是真空干燥技术在食品膨化中利用的典范，具有最大限度保持食品物料天然的色、香、味、形及营养成分，产品蓬松酥脆口感好，不含化学膨松剂，食用方便，易于贮运，生产周期短等优点。目前，国内外对其研究逐渐增多，在蔬菜、食用菌、水果等膨化食品加工领域具有极佳应用前景。究其实质，变温压差膨化属于气流膨化范畴。将新鲜的食用菌物料经过清洗、漂烫、冷却、离心脱水、整形及预干燥等预处理，干食用菌原料则需浸泡复水处理后再进行如上操作，放入高压膨化罐中，通过不断改变罐内的温度、压差，使食用菌物料内部的水分瞬间汽化蒸发，使食用菌子实体组织发生变化膨胀，形成均匀的多孔状结构，实现膨化和脆化脆度。变温压差膨化的"变温"是指物料膨化温度和真空干燥温度的差别，其范围为75～135℃。压差变化则通过空压机来实现，使物料瞬间由高压向低压变化，其范围为0.1～0.5 MPa实现组织膨化。变温压差膨化装置核心设备为耐高压膨化罐和真空罐（容积一般为膨化罐的5～10倍）。膨化操作时将真空罐抽真空，同时将预干燥后水分含量为30%左右的物料放入膨化罐内，加热升温，物料内部的水分逐渐汽化蒸发，罐内压力慢慢升至0.1～0.5 MPa，然后保温5～10 min，迅速泄压，罐内压力骤然降，高压消失，物料内的水分瞬间蒸发，体积膨胀，形成均匀的蜂窝状或海绵状结构，在真空的状态下维持加热、脱水至产品含水率为5%左右，停止加热，冷却，当膨化罐内的温度降至室温后，取出产品，检测、充氮包装，即为所需食用菌膨化食品。

影响压差膨化效果的关键因素有物料厚度、预干燥原料含水量、膨化温度及时间、膨化压力、抽空温度及时间等，具体工艺参数应根据食用菌原料特性的不同进行试验后确定。

二、食用菌膨化食品生产工艺

（一）挤压膨化含食用菌食品的加工工艺

1. 配料（按每100 kg混合物料计算，供参考）

玉米粉 80 kg，玉米淀粉 10 kg，大米粉 5 kg，香菇粉 4 kg（或其他食用菌粉，也可以是几种食用菌粉的混合物），复合调味料 1 kg。

2. 工艺流程

原辅料 → 预处理 → 调配 → 挤出膨化 → 调味

检验、入库 ← 充氮包装 ← 检测 ← 干燥、冷却

成品

3. 操作要点

（1）原辅料预处理　干燥的成熟玉米籽粒干法脱皮脱胚后经破碎、研磨使其能全部通过 120～140 目孔径筛。食用菌用流动水漂洗、浸泡、微波干燥后精细粉碎处理，获得可全部通过 160 目孔径筛的粉末备用。复合调味料根据产品风味要求，可调配成香甜、蛋奶、香辣、海鲜、五香、麻辣等多种风味。所用的花椒、桂皮、丁香、白芷、豆蔻、辣椒等香辛料经风选、微波干燥杀菌后粉碎成可全部通过 160 目孔径筛的粉末备用。食盐采用精细食盐。甜味料采用绵白糖、麦芽糖醇、低聚异麦芽糖醇、木糖醇等。洋葱、蒜、番茄等果蔬类调味粉采用冻干或低温干燥的原味粉末。

（2）调配及挤压膨化　按配方准确称量经过预处理的原辅料，复合调味粉除外的所有物料投入拌粉机中，低速搅拌，同时以混合料总质量为基准加入适量饮用水，调整混合料水分含量 20%～35%。然后中速搅拌混合均匀。挤出机充分预热后，将混合充分的混合料加入挤出膨化机进料斗，按设定温度进行挤出膨化处理，一般控制挤出温度为 125～160℃，根据产品要求的膨化程度而定，温度越高，膨化程度越大；物料水分含量越高，所需膨化温度越高。但应注意防止温度过高导致物料焦煳，造成堵塞，致使挤出操作无法正常进行。

（3）调味、干燥、冷却、检测、包装　挤压膨化的产品立即送入旋转调味桶，注意调味桶转速要适当，过快会导致已膨化的食品碎裂；过慢会导致调味粉涂布不均匀，而且刚挤压膨化的食品会

因水分含量高发生黏结。调味后立即在洁净条件下进行热风干燥、冷却至常温，在线迅速检测符合产品标准者立即进行充氮包装。

（4）检验、入库　包装后的产品按产品生产标准进行抽检，合格者入库，贮运及销售。

对于不含糖、乳、油脂等柔性物料的产品，可采用第二种工艺流程进行膨化食品的加工，即将所有经过预处理的原辅料一次全部加入拌料桶，搅拌混合均匀，调整水分，挤出膨化、干燥、冷却、包装即为成品。

（二）气流膨化含食用菌食品的生产工艺

1. 配料（按每 100 kg 混合物料计算，供参考）　玉米颗粒料 96 kg（或大米、小米、高粱、燕麦、荞麦、薏米等任一种谷物适当粒度的颗粒，也可以是同等粒度的多种谷物颗粒的混合物），复合食用菌营养调味料 4 kg（香菇粉 3 kg，或其他食用菌粉，也可以是几种食用菌粉的混合物，调味粉 1 kg）。

2. 工艺流程

原辅料 → 预处理 → 气流膨化 → 调味

检验、入库 ← 充氮包装 ← 检测 ← 干燥、冷却

成品

3. 操作要点

（1）原辅料预处理　干燥的成熟玉米籽粒经干法脱皮、脱胚后破碎成如精白米大小的颗粒备用。其他谷物，如大米、小米、高粱、燕麦、荞麦、薏米等成熟籽粒则不需要破碎处理，只需进行脱皮、脱胚、净化除尘处理即可。食用菌用流动水漂洗、浸泡、微波干燥后精细粉碎处理，获得可全部通过 160 目孔径筛的粉末备用。复合食用菌营养调味料根据产品风味要求，可以添加一种或多种食用菌粉，提高调味粉的营养价值。调味粉风味可以食用菌为主，也可调配成香甜、蛋奶、香辣等多种风味。所用的花椒、桂皮、丁香、白芷、豆蔻、红辣椒等香辛料经风选、微波干燥杀菌后粉碎成可全部通过 160 目孔径筛的粉末备用。食盐采用精细食盐。甜味料采用绵白糖、麦芽糖醇、低聚异麦芽糖

食用菌保鲜贮运和加工

醇、木糖醇等。洋葱、蒜、番茄等果蔬类调味粉采用冻干或低温干燥的原味粉末。

（2）气流膨化、调味 按配方准确称量经过预处理的原辅料，装入气流膨化机的耐高压罐中，密封，按设定温度进行挤压膨化处理，一般控制挤出温度为115～145℃，根据产品要求的膨化程度而定，温度越高，时间越长，膨化程度越大。但应注意防止温度过高导致物料焦煳。达到预定温度及作用时间后打开密封盖，释放物料，使其膨化。

（3）干燥、冷却、检测、包装 膨化的产品立即送入旋转调味桶或八角调味机，注意调味桶转速要适当，过快会导致已膨化的食品碎裂；过慢会导致调味粉涂布不均匀，而且刚挤出膨化的食品会水分含量高发生黏结。调味后立即在洁净条件下进行热风干燥、冷却至常温，在线迅速检测符合产品标准者立即进行充氮包装。

（4）检验、入库 包装后的产品按产品生产标准进行抽检，合格者入库，贮运及销售。

（三）微波膨化含食用菌食品的加工工艺

1. 配料（按每100 kg混合物料计算，供参考）玉米（或其他谷物）粉80 kg，玉米淀粉10 kg，大米粉5 kg，木耳粉4 kg（或其他食用菌粉，也可以是几种食用菌粉的混合物），复合调味料1 kg。

2. 工艺流程

原辅料 → 预处理 → 调配 → 成型 → 微波膨化

成品 ← 检验、入库 ← 充氮包装 ← 检测 ← 冷却

3. 操作要点

（1）原辅料预处理 干燥的成熟玉米籽粒或其他谷物干法脱皮、脱胚后破碎、研磨使其能全部通过120～140目孔径筛。食用菌用流动水漂洗、浸泡、微波干燥后精细粉碎处理，获得可全部通过160目孔径筛的粉末备用。鲜食用菌则不需浸泡，直接漂洗干燥制粉。复合调味料根据产品风味要求，可调配成香甜、蛋奶、香辣、海鲜、五香、麻辣等多种风味。所用的花椒、桂皮、丁香、白芷、豆蔻、草果、砂仁、辣椒等香辛料应风选、微波干

燥杀菌后粉碎成可全部通过200目孔径筛的粉末备用。食用盐采用精盐。甜味料采用绵白糖、麦芽糖醇、低聚异麦芽糖醇、木糖醇等。洋葱、蒜、番茄等果蔬类调味粉采用冻干或低温干燥的原味粉末，粒度要求可全部通过180目孔径筛。

（2）调配、成型及微波膨化 按配方准确称量经过预处理的所有原辅料，投入拌粉机中，低速搅拌，同时以混合料总质量为基准加入适量饮用水，调整混合料水分含量为30%～45%。然后中速搅拌混合均匀。将拌好的物料辊轧成厚度为1～2 mm的薄片，冲印或辊切成所需大小及一定形状后送入微波膨化装置，进行熟化、膨化处理。微波膨化条件，如微波功率、处理时间、物料运行速率等工艺参数，应根据微波膨化装置具体情况通过小试进行确定。

（3）冷却、检测、包装 膨化后产品洁净条件下进行冷却，在线迅速检测，符合产品标准者立即进行充氮包装。

（4）检验、入库 包装后的产品按产品生产标准进行抽检，合格者入库，贮运及销售。

对于不含糖、乳、油脂等柔性物料的产品，可采用第二种工艺流程进行膨化食品的加工，即将所有经过预处理的原辅料一次全部加入拌料桶，搅拌混合均匀，调整水分，挤出膨化、干燥、冷却、包装即为成品。

（四）真空低温油炸食用菌食品的加工工艺

1. 工艺流程

原料 → 预处理 → 整形 → 浸渍调味 → 沥水

成品 ← 包装 ← 冷却 ← 油炸脱水膨化

2. 食用菌原料预处理 根据加工企业所处地域食用菌资源优势，选择适当的食用菌，干燥食用菌需经过低温复水、浸泡洗涤处理，鲜食用菌则不需浸泡，直接进行清理去除不可食用部分，然后洗涤、脱水、漂烫、冷却、离心脱水处理。为了节能，洗涤后的食用菌于800～1 200 r/min、5～15 min条件下进行离心脱水处理后再进行沸水

浴漂烫，漂烫时间 2～3 min，进行灭酶、护色，同时具有一定的韧性及抗变性能，防止原料过于熟化、软烂，导致真空油炸脱水膨化时物料破碎，产品出品率低，油料污染程度高，增加生产成本。漂烫后的物料应迅速用冷水冷却处理。首先用冷水浸泡 1～2 min，放出热水，再注入冷水，浸泡 1～2 min，放出热水，如此循环操作直至漂烫后的物料冷却至常温或室温（20～25℃）。注意严禁用水强力冲洗，防止物料破碎，提高出品率。冷却后的物料于 800～1 200 r/min、5～15 min 条件下进行离心脱水处理。

3. 整形、浸渍调味　将上述处理的食用菌按产品需要斩切成所需大小的片、条。投入配制好的浸渍液中常温浸渍 1～3h，使产品具有所需要的味感、色泽，赋予制品特殊风味，呈现天然、诱人的色泽。同时，浸渍过程中浸渍液可适当地充填于原料的内部组织中，置换出其中所含的水分或气体，调整产品的内在组织结构，使食用菌切片组织饱满充实，避免油炸脱水时产品出现大空洞、组织状态不均匀、口感与外观变劣及产品质量下降。浸渍液中可加入一定量的麦芽糊精、淀粉或变性淀粉，具体浓度以食用菌原料组织结构不同经过小试确定。麦芽糊精的选择与其 DE 值有关。DE 值越大，还原糖含量越高，其渗透性、吸湿性越强，黏度越小，保型性及覆膜性越小。相反，DE 值越小，还原糖含量越低，其渗透性、吸湿性越小，黏度越大，覆膜性越大。一般情况下，宜采用 DE 值 14～16 的麦芽糊精调配。对于不易入味、本身具有强烈风味的原料，如香菇，宜采用加温浸泡，85～100℃、10～30 min。浸渍液中如添加调味料，如花椒、八角、茴香、肉桂等，应将颗粒粉碎加入适量水浸煮，有利于风味物质的释放。然后过滤除渣，过滤液加入浸渍液中。为保证产品风味醇正，所有芳香调味料，如花椒、八角、茴香、肉桂等最好采用品质优良的原型原料，尽量避免购买粉状原料。

4. 油炸脱水膨化、冷却、包装　浸渍后的物料于 800～1 200 r/min、5～15 min 条件下进行离心脱水处理，装入篮筐，浸入已加热到所需温度的食用油中进行真空油浴脱水膨化处理，离心脱油，置于洁净环境冷却至常温，充氮包装，即为成品，经检验符合产品标准者入库、销售。油浴温度、时间根据食用油品种、装料量、产品膨化程度的不同而有一定差异，如采用食用棕榈油，一般脱水膨化温度为 94～96℃，时间 8～20 min。

三、常见问题及解决措施

（一）导致膨化食品安全性问题的原因及解决措施

市场上出现一些不合格的膨化食品，使消费者对膨化食品的安全性产生了很大的疑问，究其原因主要有：第一，重金属含量超标。在膨化小食品的加工过程中，由于其中有些加了不合适的食品添加剂，如含铝的膨松剂等，会使产品的铝含量过高。另外，食品在加工过程中，接触了有铅和锡的合金，在高温的情况下，这些铅就会汽化，可能会污染膨化的食品。这些都可能最终造成产品的铅、铝含量超标。第二，微生物超标。最普遍的导致膨化食品不合格的直接原因就是微生物超标问题。由于膨化食品加工工艺的特殊性，都要经过高温甚至高压，半成品在微生物指标上是没有问题的，而在添加各种风味的调味料之后，微生物指标骤增，往往造成产品的微生物超标。另外，在食品包装中添加玩具和小卡片也是造成产品微生物超标的主要原因。第三，油脂氧化。一部分油脂性膨化食品会在不良条件下酸败变质。

总的来说，以上问题只要有完善的市场管理监督体制，生产厂家严格执行食品卫生管理方法，如采用 HACCP 系统有效地对食品生产加工食用的全过程进行干预控制，采用科学的生产工艺，这些问题都是可以避免的。目前来讲，膨化食品的总体质量是过关的，只要消费者在购买时选择正规厂商、保质期内的产品，是完全可以放心食用的。

食用菌保鲜贮运和加工

（二）挤压膨化中产量不稳定的原因及解决措施

挤压机的模孔出料不均匀，使得产品的密度时高时低，产量不稳定。出现这种现象的原因，大多数是由于挤压机没有处于满负荷工作状态造成的。在这种情况下，应减缓主轴的转速，提高喂料速度，或者堵掉一部分模孔，使挤压机内摩擦作用增强。有时，当配方中含有较高的脂肪或水分时，由于打滑和回流原因，很容易出现喷料现象。这时可采取两种措施：一是降低配方中脂肪或水分的含量；二是用向前输送能力更强的螺杆构件来重新配置挤压机。

（三）挤压膨化中产品易碎与扭曲变形的原因及解决措施

假如产品太软，就容易扭曲变形；若熟化程度不够，就会被切刀和输送设备所破。导致这个问题的原因很多，所以应注意多个方面：如适当减缓切刀的速度；增加刀片的数量；检查模孔有无堵塞并打通堵塞的模孔；检查切刀的底座安装是否正确，有时物料会碰撞到底座而破碎；检查产品含油、含水是否过量；减少负压输送系统中的空气流量；缩小切刀的宽度和刀片的角度；检查产品中是否含有片状未粉碎的物料，有时这就是问题的关键。

第四节
食用菌饮料

饮料是以水为基本原料，以补充水解渴为主要目的、可直接饮用的液体食品。由于配方、制造工艺、供应对象不同，饮料种类繁多，组织状态、口感、风味等千差万别。另外饮料除为人体提供水分外，还可以含有糖、蛋白质、脂肪、酸、能量以及氨基酸、维生素、无机盐等营养成分，甚至某些功效成分，如食用菌活性多糖、人参皂苷等，因此

饮料还可以具有某些特定的营养功能。按功能饮料可分为普通饮料，如冰红茶、冰爽葡萄等，以及功能饮料；按饮料加工原料可分为植物性饮料，如各种果汁饮料、茶饮料、可可饮料、谷物饮料等，动物性饮料，如乳饮料、蛋黄饮料、冰糖燕窝饮料等，以及动植物复合饮料，如麦芽奶；按是否含气可分为碳酸饮料和非碳酸饮料；按是否经过发酵工艺可分为发酵型饮料和非发酵型饮料，如发酵型酸牛乳和调制型乳酸饮料；按饮料产品的终端供应状态还可分为液体饮料和固体饮料；按乙醇含量可分为软饮料、硬性饮料，等等。总之，饮料的分类非常复杂。

依据 GB/T 31326—2014《植物饮料》，食用菌饮料属于植物饮料，是指以食用菌或食用菌子实体的浸取液或浸取液制成品为原料，或以食用菌发酵液为原料，添加或不添加其他食品辅料和食品添加剂，经一定技术手段加工而成的饮料。食用菌饮料生产可以充分利用商品菇生产过程产生的副产物，如碎菇、菇脚等，大幅度降低原料成本，同时由于食用菌饮料几乎含有食用菌中全部营养成分，具有一定营养保健功能，食用菌中含有的食用菌活性多糖具有提高人体免疫力、抗肿瘤等作用，食用菌膳食纤维具有调节血糖、降血脂等作用。因此，食用菌饮料一经问世便备受消费者青睐。几乎所有食用菌子实体及食用菌发酵液都可以作为饮料的加工原料，如香菇饮料、灵芝饮料、猴头饮料、银耳饮料、香菇酒、姬松茸酒等。我国饮料行业在产量快速增长的同时，产品结构不断优化，尤其随着人们健康意识的增强，保健型、功能型饮料的占比不断上升，而长期饮用会给人体带来营养缺陷的碳酸饮料的市场份额则呈下降趋势。

一、食用菌液体饮料

（一）液体饮料生产原理

以食用菌子实体的浸取液或浸取液制成品为原料，或以食用菌发酵液为原料，添加或不添加

其他食品辅料和食品添加剂，如糖、蛋、乳、谷物、油脂，酸味剂（柠檬酸、乳酸、苹果酸等）、甜味剂（木糖醇、阿斯巴甜、甜蜜素等）、乳化剂（单硬脂酸甘油酯、蔗糖酯、磷脂等）等，经过混合、过滤、均质、杀菌等技术手段加工而成，无须经过咀嚼（或轻微咀嚼）可直接饮用的具有较好流动性的流体食品，绝大多数可溶性固形物含量低于10%的稀薄液体饮料的输送设备、管路设计及选型可以遵循牛顿黏性定律进行，即按牛顿流体进行计算或估算，而具有一定黏稠度的液体饮料则属于非牛顿流体。

1. 食用菌非碳酸饮料　茶叶源于中国，最早人工种植茶叶的遗迹在浙江余姚的田螺山遗址，已有6 000多年的历史。饮茶始于中国，俗语开门七件事"柴米油盐酱醋茶"，表明茶在中国饮食中的重要性，成为无论豪门寒舍都离不开的日常之需。有关研究表明茶叶中含有儿茶素、胆甾烯酮、咖啡因、肌醇、叶酸、泛酸等成分，具有增进人体健康的作用，所以茶的最早发现与利用，也是从药用开始的。茶在颐养性情的同时为维护人体健康发挥了重要作用。尤其西湖龙井、庐山云雾、洞庭碧螺春、太平猴魁、武夷山大红袍、信阳毛尖、云南普洱茶、安溪铁观音、祁门红茶等名茶古往今来一直受到人们的推崇。

任何时代对健康长寿的期望都是人们永恒的追求，而随着社会的发展，学习工作节奏的加快，人们日益重视提高自身的生活质量，健康食品以其天然、安全、功效明显等优良品质日益受到消费者的青睐。代茶饮早已不再是药房专宠，成为人们日常饮食养生的重要来源。在众多代茶饮产品中，以食用菌为原料，采用现代分离重组技术加工而成的代茶饮产品菇菌茶，以其优异的保健功能及优良口感成为这一领域的奇葩，受到人们的喜爱。

以食用菌为原料生产的代茶饮产品与其他植物资源生产的代茶饮相比具有得天独厚的优势。菇菌茶原料种类丰富多彩，可针对消费者健康状况及体质特征采用不同的食用菌资源；产品风味多样，

几乎可满足任何口感嗜好人群的需要；饮用无禁忌，适合任何人群、任何时间食用；产品剂型多样，液态直饮、固体颗粒浸泡饮用均可。

2. 食用菌碳酸饮料　碳酸饮料的生产始于18世纪末至19世纪初，俗称"汽水"，是指在一定条件下充入食品级二氧化碳气的饮料。即以碳酸水为基础，加入或不加入蔗糖、甜味剂、酸味剂、香料、色素、防腐剂等食品添加剂进行调味加工而成的含水90%以上软饮料，包括汽水、苏打水等。碳酸饮料具有清凉解暑作用，某些碳酸饮料还含有咖啡因，具有提神作用。碳酸饮料含有二氧化碳，能通过蒸发带走体内热量，起到降温作用，加之口感甜美清爽、沁人心脾而深受消费者喜爱，成为炎热气候必备的清凉饮料。按原料、工艺和品质特点分为果味型、果汁型、可乐型和其他型。传统碳酸饮料除其中含有的糖类物质可以提供能量外，几乎不含人体所需要的必需营养素，而且含有较多的色素、香精、甜味剂、酸味剂、防腐剂等添加剂，长期过量饮用对身体有害。

将食用菌浸提液用于碳酸饮料生产，减少甚至不添加香精、色素等添加剂用料，赋予碳酸饮料新的健康内涵，为碳酸饮料家族增加新品种，为人们提供健康的碳酸饮料，将是业内研究的新热点。

3. 食用菌发酵饮料

（1）食用菌乳酸饮料　乳酸饮料可分为发酵型和调配型两种。发酵型乳酸饮料即乳酸菌饮料。传统乳酸菌饮料是以乳或乳制品为原料，经乳酸菌发酵加工而成的饮料。也可以乳为主要原料加入水、糖或甜味剂、酸味剂、果汁、果肉、谷物粉（汁）、植物提取液等经预处理后乳酸菌发酵制成饮料。也可以上述发酵液为原料经过在调制加工而成稀释搅拌型饮料产品。根据发酵后是否经过杀菌处理还可区分为活菌型（非杀菌）和非活菌型（杀菌）。活菌型乳酸菌饮料又被称为活性乳酸菌饮料，因其含有大量活的乳酸菌，属于人体肠道中有益菌群，在帮助肠胃道进行消化活动、杀死损害身体健康的有害菌、维护人体健康内环境等方面起着

食用菌保鲜贮运和加工

重要作用，被称为人体清道夫、洁肠塑身标兵。

随着科技的进步，人们对食物多样性的需求，目前乳酸菌饮料已不局限于单纯的发酵酸牛乳制品，乳酸菌发酵谷物饮料、植物蛋白饮料、果蔬汁饮料逐渐成为消费亮点。

（2）食用菌醋酸饮料　食醋是中国传统的酸味调味品，是以粮谷为原料经液化糖化、乙醇发酵、乙酸发酵而制成的含乙酸的液态酸味调味品。醋性温，味酸，无毒，入肝、胃经。具有散瘀、止血、解毒、杀虫、治黄疸、疗痈疽疮肿、解鱼肉菜毒等功效。陶弘景《神农本草经注》、李时珍《本草纲目》中均有关于醋应用方法与功效的记载。现代医学及营养学研究结果表明，酿造食醋具有促进消化液分泌、消除疲劳、预防感冒、降低尿糖、抑制脂肪蓄积、预防心血管疾病、延缓血液中乙醇浓度上升、降低致癌物质的毒性、延缓人体衰老、促进钙吸收、保护肠胃，杀菌防腐、美容护肤等多种功效，成为健康饮食的必备之品。食醋在维护人体健康、调节机体异常代谢方面具有重要作用。但是由于酿造食醋酸度高，具有较强刺激性，只能作为烹饪及食品加工辅料，无法直接饮用，致使其营养保健作用无法最大限度发挥作用。醋饮料是在我国传统食醋酿造的基础上，配以一定的水果或其他植物原料，经酿造、调配等工艺制成的可直接饮用的含醋软饮料。目前我国醋饮料一般以果醋饮料为主，是继茶饮料、果汁饮料之后，软饮料行业的后起之秀。早在20世纪90年代醋饮料已风靡欧美、日本等，其市场前景引人瞩目。欧美、日本等果醋饮料已占到醋类消费总量的50%左右。日本人均醋类消费为1.8千克/年，美国人均醋类消费为1.4千克/年，而我国醋类人均年消费量仅为0.2千克左右。随着我国人民生活水平的不断提高，人们越来越关注食品风味的多样性，对食品风格及品位要求越来越高。虽然食醋优点众多，但是对大多数人来讲，每天喝大量的醋，实在很难做到，第一，食醋味道比较刺激；第二，单纯喝醋会引起胃肠不舒服，因此口感柔和的醋饮品应运而生。醋饮料

在我国已经诞生数十年，醋饮料主要以果醋饮料为主，目前市场上的醋饮料几乎仅有各种果醋，如苹果醋、山楂醋、葡萄醋、梨醋等，其中苹果醋因其原料丰富、生产工艺简单，已经成为果醋家族中的重要一员，其产量及所占市场比重正逐渐提升。但是相对于饮料里的其他子行业，由于消费习惯、产品定位、产品价格等种种原因，目前消费者对醋饮料的认可与购买力还较低，产品质量参差不齐，醋饮料在国内饮料市场的占有率很低，醋饮料市场还没有做大做强。

食用菌醋饮料的生产，可以解决食醋只能用于调味品行业、食用方法单一等问题，拓宽食用菌应用领域，提高食用菌利用效率。产品生产方便快捷、生产周期短，低能耗、生产过程洁净，无废渣、废气产生；具有较高的经济效益与社会效益及广阔的发展前景。

（3）食用菌其他发酵型饮料（食用菌低醇饮品）

1）低醇饮品　低醇饮品严格意义上属于酒类硬饮料。国内外对低醇饮品中乙醇含量要求有较大差异。美国标准规定低醇葡萄酒的乙醇含量为7%～8%（体积分数），但也有研究机构推荐低醇葡萄酒的乙醇含量应为0.5%～6.5%（体积分数）。我国规定低醇葡萄酒乙醇含量为1.0%～7.0%（体积分数）。而低醇啤酒的乙醇含量只有1%左右。人类历史与酒有着密切的关系，在五六千年前，人类就懂得了酿酒。关于酒的起源，经历了一个从自然发酵酒到人工酿造酒的过程，最早应当是水果酒，其次是奶酒，最后为粮食（谷物）酿造的蒸馏酒。因此为人们提供、健康、营养的低醇饮品，赋予含醇类饮品以全新的健康理念，当前则显得尤为重要。食用菌低醇饮品最大限度提取和保留食用菌中天然营养成分，产品亮丽有光泽，具有特殊的芳香及风味，是一种直饮型的健康饮品，该产品的生产拓宽了食用菌的应用范围，而且生产过程条件温和，无污染、无废渣、无废气及有害物质产生，不使用任何化学添加剂，产品饮用安全。

4. 食用菌非发酵饮料　食用菌非发酵饮料是以食用菌为原料经过物理方法，如压榨、离心、萃取等得到的汁液产品，一般是指纯菌菇汁或100%菌菇汁。食用菌汁按形态分为澄清菌菇汁和混浊菌菇汁，其大都采用打浆工艺将菌菇的可食部分加工制成未发酵但能发酵的浆液，或在浓缩菌菇中加入与菌菇在浓缩时失去的天然水分等量的水，制成的具有原食用菌果肉的色泽、风味和可溶性固形物含量的制品。

含天然食用菌块形饮料属于果肉饮料生产范畴。目前，带有天然植物块形或颗粒的饮料主要为果肉饮料。果肉饮料始于美国，1923年克鲁斯（William V. Cruess）最早提出采用果浆生产果汁产品，后逐渐风靡世界各地。果肉饮料含果浆20%～50%，可溶性固形物含量约10%，不溶性固形物含量18%～20%。另外有加糖浓缩品可作为果肉饮料或其他饮料的生产基料使用，其浓度为果肉饮料的2～3倍。目前市场上未见具有食用菌悬浮颗粒的果肉型饮料。

食用菌是一种高蛋白、低脂肪、富含多糖、多种氨基酸和多种维生素的食物，老人和孩子适量饮用食用菌汁可以助消化、润肠道，补充膳食中营养成分的不足。成年人如果不能保证合理膳食，通过饮用食用菌汁适量补充一些营养，也是一种不错的方法。还有些人不爱喝白开水，有香甜味道的食用菌汁能使他们的饮水量增加，保证了身体对水分的需要，不仅美味、营养价值高，还可以降低血压达到保健作用。

（二）食用菌液体饮料加工工艺

1. 食用菌非碳酸饮料的加工工艺

（1）菌菇茶（以香菇茶为例）

1）配料（按每1 000 kg产品计算，供参考）　优质干香菇100 kg，果糖6 kg，色素1 kg、茶香精1 kg。

2）菌菇茶的一般工艺流程

食用菌干制品 → 浸泡 → 清理 → 洗涤 → 脱水

浸提 ← 微波振荡破壁 ← 灭酶

果糖、色素、茶香精等

固液分离 → 过滤 → 调配 → 过滤 → UHT灭菌

检验 ← 冷却 ← 二次杀菌 ← 灌装封口 ← 过滤

装箱 ← 菌菇茶

3）操作要点

①原辅料的清选、洗涤。选择无虫蛀、无霉变、无杂质的优质干香菇，用8～10℃流动水漂洗5～10 min后沥净水分。

②灭酶。以120～125℃蒸汽对香菇熏蒸5～10 min进行脱异味处理，使蛋白质适度热变性、钝化氧化酶等营养抑制因子。

③微波振荡破壁。熏蒸处理香菇洁净条件下碾压成0.5～1 mm的薄片，破坏其紧密的植物束状组织，有利于风味物质及营养素在沸水浸泡时溶出。然后破碎成粒度0.1～0.3 mm的颗粒。然后于60～85℃下间歇微波振荡破壁与增香及杀菌处理15～25 min，得到含水量6%～8%的香菇颗粒。

④浸提、固液分离及过滤。按料水比1:（8～15）加入饮用水，于60～80℃、40～60 min条件下进行浸提，然后用50 μm、25 μm、5 μm孔径筛连续分离过滤，得到可全部通过5 μm孔径筛的澄清液。

⑤调配、灭菌、灌装。按产品标准要求加入或不加入经净化与纯化处理的甜味料、色素、香精，调配均匀，UHT杀菌冷却、无菌灌装封口，即为香菇茶。

也可按产品供应要求，选择2～3种或3种以上的食用菌，如银耳、木耳、松茸等，按上述方法处理后按一定比例混合生产混合菌菇茶。

⑥产品特点。菌菇茶产品具有特殊的清香，含有丰富蛋白质、碳水化合物、膳食纤维及食用菌活性多糖、矿物质等功能成分，可用水冲调后单独食用，亦可与其他奶粉、米粉等混合冲调食用，用

食用菌保鲜贮运和加工

量无限制，长期食用无毒副作用，是适合任何嗜好饮茶人群的健康代茶饮品。产品生产中无污染、无废弃物产生、操作方便，拓宽了食用菌在食品加工中的应用范围，提供了一种营养丰富、食用方便的健康食品。

（2）菇菌饮料

1）配料（按每 1 000 kg 产品计算，供参考）食用菌干制品（香菇、姬松茸、金顶侧耳、蜜环菌、木耳、银耳等任一种食用菌或几种食用菌的混合物）5 kg，枸杞 1 kg，柠檬片（干）1 kg；低聚麦芽糖醇 40 kg，果糖 30 kg，蜂蜜 10 kg，果胶 1.0 kg，苹果酸 1 kg，加水至 1 000 kg。

2）菇菌饮料的一般工艺流程

3）操作要点

①原辅料的清选、洗涤。食用菌干制品 10℃ 以下冷水浸泡 2～3 h 至表面软化，剪切整理，除去虫蛀、霉烂等不可食部分，在水温低于 25℃ 的条件下进行自动化泡沫清洗，除去泥沙等污物，振荡沥水、风干，800～1 000 r/min 离心脱水处理 3～10 min，破碎成粒度为 3～6 mm 的颗粒料备用。枸杞、柠檬片（干）清选，去除杂草、沙石、腐败茎叶等不可食杂质，干法破碎成粒度为 3～8 mm 的颗粒料，备用。

②浸提。经上述处理的食用菌、枸杞、柠檬片（干）混合均匀置于浸提罐中，加入全部水，进行浸提。浸提次数为 3 次，第一次浸提温度 40℃，时间 40 min；第二次浸提温度 80℃，时间 60 min；第三次浸提温度 100℃，时间 30 min。每次浸提结束后进行固液分离。

③固液分离及过滤。浸提后将混合物料连续通过 80 目、120 目、200 目孔径筛连续分离进行浆渣分离，然后根据产品澄清状态要求选择性进行精细过滤，连续通过 50 μm、25 μm 精细过滤或连续通过 25 μm、10 μm 精细过滤浸提原液。

④调配、过滤。按产品需要风格进行调配，按配方要求加入低聚麦芽糖醇、蜂蜜、果糖、苹果酸、果胶。果胶用适量糖拌匀，加适量水融化均匀后加入。低速搅拌 5 min，再高速搅拌 10 min，全部物料溶化、混合均匀后进行过滤（25 μm 或 10 μm）。

⑤ 杀菌、冷却。上述物料经过 UHT 杀菌、冷却处理，杀菌条件为 130℃、4～9 s，然后迅速冷却至 30～35℃。

⑥ 过滤、均质、灌装。杀菌冷却后用 10～25 μm 孔径筛过滤后于 25～30 MPa 条件下进行无菌均质，然后灌装封口，即为菇菌饮料。如果没有无菌均质机无菌灌装封口条件，则灌装封口后进行二次杀菌处理，二次杀菌条件为：杀菌温度 105～110℃，杀菌时间 20～30 min。产品常温下保质期 18 个月。

⑦检验装箱。产品经检验罐体无变形、无渗漏的送入保温室观察并按检验规则进行抽检，合格者装箱入库。

4）产品特点　菇菌饮料含有食用菌多糖、可溶性食用菌膳食纤维、矿物质、壳聚糖等特征性营养成分，同时富含枸杞、柠檬等天然植物营养精华。产品颜色黄棕色，组织状态稳定，产品透彻、亮泽，口感柔滑细腻、醇厚，具有明显的特有的食用菌香气。

2. 食用菌碳酸饮料的加工工艺

（1）菇味碳酸饮料

1）工艺流程

2）操作要点

①食用菌预处理。食用菌干制品于10℃以下冷水浸泡2～3 h至表面软化，剪切整理，除去虫蛀、霉烂等不可食用部分，用温度低于25℃水清洗，除去泥沙等污物，振荡沥水、风干，于800～1 000 r/min条件下离心脱水处理3～10 min，破碎成粒度为1～3 mm的颗粒料，按料水比1∶8加入饮用水，于60～90℃、40～60 min条件下进行浸提，分离过滤得到可全部通过5 μm孔径筛的食用菌浸提液，于45～60℃真空浓缩得到浓度为70%～80%食用菌浸膏，备用。

②调配。按产品风格特征要求准确称取白砂糖、柠檬酸、食用磷酸、甜味剂等原辅料，加入适量水，混合均匀、杀菌、冷却过滤后加入食用菌浸膏，混合均匀得到混合浆料，备用。

③气水混合、灌装封口。饮用水过滤、杀菌、冷却、充入二氧化碳进行碳酸化处理。饮料包装容器洗涤、杀菌，首先灌入混合浆料，再加入碳酸水，灌装封口、检验、贴标，即为菇味碳酸饮料。

④检验装箱。产品经检验罐体无变形、无渗漏者送入保温室观察并按检验规则进行抽检，合格者装箱入库。

3）产品特点　菇味碳酸饮料含食用菌浸提液，含有相应食用菌多糖、可溶性食用菌膳食纤维、矿物质、维生素等特征性食用菌营养成分，组织状态稳定，澄清、亮泽，清凉爽口，不添加香精香料，具有明显的特有的食用菌香气。

（2）菇汁碳酸饮料　菇汁碳酸饮料与菇味碳酸饮料生产方法相同，只是配料或配方略有差异。菇汁碳酸饮料可以添加果味或其他风味剂进行调味，掩盖某些食用菌的不良气味，产品不但富含食用菌营养成分而且风味多样。

3. 食用菌发酵饮料的生产工艺

（1）食用菌乳酸饮料

1）工艺流程

①食用菌活性乳酸菌饮料。

食用菌、糖等原辅料 → 预处理 → 调配

检验 ← 发酵 ← 均质与灌装 ← 加入工作发酵剂

产品

②食用菌非活性乳酸菌饮料。

食用菌、糖等原辅料 → 预处理 → 调配

调制与均质 ← 发酵 ← 加入工作发酵剂

杀菌冷却 → 灌装封口 → 检验 → 产品

2）操作要点

①原辅料预处理。食用菌干制品10℃以下冷水浸泡2～3 h至表面软化，剪切整理，除去虫蛀、霉烂等不可食部分，低于25℃水清洗，除去泥沙等污物，振荡沥水、风干，800～1 000 r/min离心脱水处理3～10 min，破碎成粒度为1～3 mm的颗粒料。按料水比1∶（10～15）加入饮用水，于60～90℃、40～60 min条件下进行浸提，分离过滤得到可全部通过25 μm孔径筛的食用菌浸提液，于45～60℃真空浓缩得到可溶性固形物含量为20%～50%的食用菌浸提液，于130～135℃、4～15 s条件下灭菌，冷却至35～37℃，无菌贮存备用。

②调配、加入工作发酵剂。按产品风格特征及风味要求准确称取白砂糖、甜味剂、稳定剂等原辅料，加入适量热水，溶化混合均匀，用25 μm孔径筛过滤，在105～110℃、10～15 min条件下杀菌，冷却至35～37℃，无菌贮存备用。乳酸菌纯培养物经试管培养、三角瓶扩大繁殖、中间发酵剂制备等操作，加入适量食用菌浸提液进行驯化培养制备工作发酵剂，0～4℃存放备用。

③调配、灌装、发酵。按产品配方要求称取经上述处理物料，无菌条件下混合，加入工作发酵剂继续混合均匀，于35～37℃、20～25 MPa条件下均质处理。灌入预先经过杀菌处理的容器中，于35～37℃、2～3 d条件下发酵处理，当pH 3.5～4.2时结束发酵。经检验，符合产品生产标准、包装无渗漏的装箱入库于0～4℃存放、销售。

食用菌保鲜贮运和加工

3）产品特点　产品不但含有活性乳酸菌，而且富含食用菌多糖、可溶性食用菌膳食纤维、矿物质、维生素等营养成分，组织状态稳定，酸甜爽口，不添加香精香料，具有明显的特有的乳酸菌发酵与食用菌复合香气。食用菌非活性乳酸菌饮料的生产与活性乳酸菌发酵饮料生产工艺相近，区别在于发酵后可按产品风味要求进行稀释调配、搅拌、均质、杀菌处理。另外发酵可以在大型发酵罐中进行，而活菌型产品生产时发酵是在预销售最小包装容器中进行。另外食用菌乳酸菌发酵饮料亦可以加入经杀菌处理的一定粒度、一定量的食用菌块形，生产具有天然食用菌块形的乳酸菌发酵饮料。也可以复配谷物、乳与乳制品等生产复合型食用菌乳酸菌发酵饮料。

（2）食用菌醋酸饮料

1）工艺流程

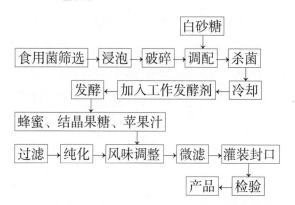

2）操作要点

①食用菌筛选、浸泡、破碎。食用菌鲜品及干制品均可。鲜食用菌经洗涤干净后可直接破碎成粒度 1 mm 左右的颗粒备用；干燥食用菌需用冷水浸泡 6～10 h 复水后洗涤干净，沥净水分破碎成粒度为 1mm 左右的颗粒后备用。

②调配、杀菌、冷却。将上述物料按料液比 1：（8～10）加水，按总物料量 10%～25% 比例加入白砂糖，充分搅拌，加热至 105～110℃，维持 5～10 min，冷却至 32～35℃保温备用。

③发酵。酿酒高活性干酵母与醋酸菌适当比例混合后加入上述物料中，洁净条件下于 32～35℃进行保温发酵。发酵剂加入量 0.5%～1.5%（以底物计）。发酵过程中可利用发酵产生的气体实现自搅拌作用，有利于发酵正常进行。整个发酵过程注意防止杂菌污染。发酵初期酵母菌活动剧烈，处于放热过程，每隔 30 min 搅拌 1 次，同时防止产品温度过高，控制发酵液品温不超过 35℃，测定发酵液糖度下降，酸度升高，持续 5 d，发酵液糖度及酸度不再变化，酸味醇正，无异味，即发酵结束。

④过滤、纯化。180～200 目孔径筛过滤、除渣，得到的醋液乙酸含量 ≥ 2%（g/100g），再通过孔径 5 μm 陶瓷膜微孔膜精滤，滤液备用。

⑤风味调整及除菌精滤。上述滤液按质量比加入 10% 蜂蜜、1% 结晶果糖、3% 苹果汁进行调味，依次通过孔径 5 μm 和孔径 0.45 μm 的陶瓷膜微孔膜精滤，达到显著除菌效果，得到酸甜适口、清爽润喉的可直接饮用的食用菌醋健康饮料。产品呈现亮泽的琥珀色，口感舒适，具有特殊的芳香。

⑥产品特点。食用菌醋健康饮品含有食用菌多糖、维生素等营养成分，同时富含具有软化血管、抑制血栓形成等作用的乙酸。产品颜色黄棕色，组织状态稳定，澄清透明、亮泽，酸甜、清爽，香气浓郁。

（3）食用菌低醇饮品

1）工艺流程

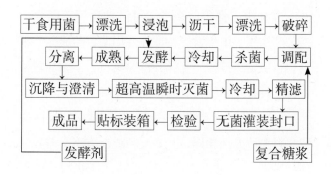

2）操作要点

①食用菌筛选去杂、清洗浸泡。选择无虫蛀、无霉变的干食用菌，除杂后用流动水漂洗干净，然后以 24～26℃水浸泡 24～48 h，用水量以能将食用菌完全泡透为宜。当菇体柔软、无硬心时即可将泡好的食用菌捞出，用流动水洗净，沥干备

用。

②漂烫、破碎。将泡好的食用菌投入沸水中，继续煮沸维持 2～4 min 脱除不良气味，同时使菇体进一步软化并杀灭部分有害微生物，然后在无菌条件下破碎成粒度为 1～3 mm 的碎块。

③复合糖浆的制备。将柠檬酸与砂糖以一定比例混合后在 98～100℃、10～15 min 的条件下进行杀菌处理，并迅速冷却到 30～35℃备用。按经过发酵产品中乙醇生成量 0.5%～1% 为准进行理论加糖量的计算。

④调配、发酵。将处理好的食用菌和复合糖浆在无菌条件下充分混合，加入酵母液保温发酵。经过 3 d 主发酵后即可进入缓慢的后发酵成熟阶段。发酵过程中若品温高于设定温度则要及时降温，同时打开上浮泡盖以利于酵母呼吸。为促进发酵的进行，可将助发酵物质氯化铵与氯化钙按 2：1（质量比）的比例混匀后调入发酵醪中，加入量为发酵醪重的 0.05%。

⑤成熟、分离、沉降与澄清。当发酵液总糖度降至 5%（折光计）以下，酒精度达 0.5%～1%（V/V）、pH 3.8～4.0 时可进入成熟阶段。成熟阶段温度应控制在 18℃以下，成熟时间 3～5 d，当发酵醪中料醅完全下沉、液体清亮有光泽、浓郁具有芳香进行分离去渣。将分离后的料液 0～5℃条件下成熟沉降 2～3 d，分离过滤得到澄清液备用。

⑥超高温瞬时灭菌、冷却、精滤及无菌灌装封口。可按产品特点要求加入果汁或其他植物提取液，对上述分离液的风味及成分进行调整，即得发酵型食用菌低醇饮品。然后 130～135℃、4～9 s 超高温瞬时灭菌处理，并迅速冷却至 30～35℃进行无菌精滤、灌装。

⑦检验、贴标装箱及成品贮藏。将灌装封口的产品在常温下倒置 15 d 进行渗漏试验，在无渗漏者中抽样进行感官、理化及卫生指标检验，合格者即可贴标装箱并贮藏于阴凉干燥处（成品如图 7-2 所示）。

图 7-2　食用菌低醇饮品——香菇利口酒

4. 食用菌非发酵饮料的生产工艺

（1）食用菌汁饮料

1）工艺流程

食用菌干品 → 漂洗 → 浸泡 → 破碎 → 酶解

均质 ← 调配 ← 精滤 ← 浆渣分离 ← 灭酶

UHT 灭菌 → 冷却 → 无菌灌装封口 → 检验 → 成品

2）操作要点

①食用菌漂洗。食用菌干制品挑选去除不可食部分，然后用 20℃左右的流动水快速漂洗清除灰尘，沥净水分备用。

②浸泡、破碎。将漂洗干净的食用菌按料水比 1：8，加水于 20℃温度下浸泡 4～6 h 至菌体软化无硬心为准，然后加热至 90～98℃，进行热磨浆，使浆料可完全通过 0.2～0.3 mm 孔径筛，冷却至 45℃备用，冷却过程中注意防止污染。

③酶解。首先采用碱性蛋白酶酶解，酶解条件为温度 45℃、pH 7.5～8.0、酶添加量为 0.5%～0.8%（E/S）、酶解时间 1～2 h。然后加热灭酶、冷却至 50℃后再次进行二次酶解，所用酶制剂可以是风味蛋白酶，酶解条件为温度 50℃、

食用菌保鲜贮运和加工

pH 6.0～6.5、酶浓度0.2%～0.5%（E/S）、时间1～2 h。使食用菌中的蛋白质局部降解生成肽、氨基酸等小分子物质。将酶解产物加热至90～95℃，维持10～15 min进行灭酶处理。

④浆渣分离、精滤。将灭酶后的物料进行浆渣分离及分步过滤，可得全部通过25 μm孔径筛的滤液。

⑤调配、均质。将适量稳定剂、水、白砂糖、维生素C高速剪切溶化均匀，于96～98℃、5～8 min条件下杀菌，然后过滤得可全部通过25 μm孔径筛的滤液与上述料液混合均匀，冷却至45℃，于25～30 MPa压力下进行均质处理，提高饮品中各种成分的分散稳定性。

⑥灭菌、无菌灌装封口。将均质后的料液进行UHT灭菌，灭菌条件为135℃、9 s，出料温度25～30℃，如无UHT灭菌条件，亦可采用105～115℃、5～10 min高温长时间杀菌，但会影响产品的风味。然后无菌灌装封口，检验无渗漏者即为富含食用菌肽的食用菌汁健康饮品。产品为琥珀色，有光泽，不分层，长期贮存无大量沉淀产生。口感细腻、清爽，无异味，有食用菌原料的特有风味。

（2）含天然食用菌块形饮料

1）工艺流程

```
原辅料预处理 → 食用菌悬浮颗粒制备及稳定化

速冷 ← 杀菌 ← 灌装封口 ← 调配及风味调整

检验 → 成品
```

2）操作要点

①原辅料预处理。准确称取一定量一种或几种新鲜食用菌，用流动水漂洗干净，去除其上附着的污物及细小杂质，洗净的鲜食用菌投入沸水中进行预煮处理，时间3～5 min，灭酶、护色及脱除原料浓厚的不良气味。为提高产品质量，可在预煮水中添加0.1%～0.5%的柠檬酸钠、0.1%～0.5%的异抗坏血酸钠及0.1%～0.5%氯化钙。预煮后的食用菌投入纯净冷水中冷却，离心脱水后备用。

②食用菌悬浮颗粒制备及稳定化。按照产品配方要求称取绵白糖、柠檬酸、黄原胶、果胶，充分搅拌使物料分散均匀，加入相应量水配成混合糖浆，柠檬酸加入量以料液pH 3.6～4.0为宜。边搅拌边加热至沸腾并维持10～15 min，趁热过滤，使其可全部通过25 μm孔径筛。将漂烫冷却脱水后的食用菌投入过滤的混合糖浆中，继续煮沸维持15～20 min，自然冷却至85～90℃，并不断搅拌。然后进行热磨浆，使其中食用菌颗粒的粒度为0.5～1 mm，然后冷却至40～45℃备用。

③调配及风味调整。按产品风格要求可加入果汁、风味剂进行调配及风味调整。然后将产品于40～45℃、15～20 MPa条件下进行均质化处理，赋予产品体系稳定的立体交织结构，改善产品风味及口感。

④灌装封口、杀菌、速冷。上述料液脱气、无菌灌装封口，然后于105～110℃杀菌处理10～25 min，迅速冷却，即得到含天然食用菌块形饮料产品。经检验无渗漏、各项指标符合产品生产标准的，贴标、装箱、入库与销售。

二、食用菌固体饮料

（一）固体饮料的生产原理

固体饮料绝大多数为软饮料，是以糖或其他甜味料、乳或乳制品、果蔬汁、谷物或其他植物提取物等为主要原料，添加或不添加脂肪、蛋及蛋制品等辅料以及食品添加剂，经一定技术手段加工而成的水分含量低于6%的固体粉末制品，或颗粒制品、片状制品等。食用时加入一定量温开水或沸水冲调后饮用。常见的有豆奶粉、麦乳精、速溶咖啡、大枣晶、柠檬茶、菊花茶、藕粉等。按成分特征（主要是指蛋白质含量及营养目的）可分为蛋白型固体饮料（如豆奶粉、核桃粉、麦乳精等蛋白质含量大于4%的产品）、普通型固体饮料；按加工方式可分为烘焙型（如茶叶、咖啡、大麦茶、苦荞茶等）和非烘焙型（如果珍果汁粉、酸梅粉、乌梅粉、藕粉等）；按原料主要成分特征及主体风味进行分类，如以糖、乳制品、蛋粉、植物蛋白或营养强化剂等为原料的含有脂肪和蛋白质的蛋白型固体饮料，以糖、果汁、营养强化剂、食用香精或着色剂等为原料的含有果汁或蔬菜汁或果蔬汁混合的果香型固体饮料，以及以糖为主，添加咖啡、可可、乳制品、香精等为原料的其他固体饮料。GB 7101—2015 将固体饮料分为蛋白型固体饮料和普通型固体饮料，蛋白型固体饮料是指以乳及乳制品等其他动植物蛋白为主要原料，添加或不添加辅料制成的蛋白质含量大于或等于 4% 的制品；普通型固体饮料是指以果汁或经烘烤的咖啡、茶叶、菊花等植物提取物为主要原料，添加或不添加其他辅料制成的、蛋白质含量低于 4% 的制品。

由于固体饮料具有品种多样、应用范围广、风味优良、食用方便快捷、营养丰富、体积小便于贮运等优点，备受消费者青睐，尤其是液态加工过程营养素，如维生素、活性肽、多不饱和脂肪酸等易于损失的某些食品材料，加工成固体饮料更有利于对营养素进行保护，可以及时补充人体所需营养，维持人体正常的新陈代谢。

固体饮料是由液体饮料除去水分而制成的，可有效抑制酶或微生物引起的变质，便于包装、储存和运输，携带方便。但是固体饮料易吸潮，继而引发一系列质量劣变反应，应注意加工及贮藏时的卫生条件及温、湿度控制。

据《2013—2017 年中国固体饮料行业产销需求与投资预测分析报告》数据显示，固体饮料行业已步入快速发展通道，行业内企业数量和行业产销规模不断扩大。以速溶咖啡、速溶茶、奶粉、奶茶、果粉为代表的产品占据了固体饮料行业的主要市场份额。咖啡和豆奶粉发展稳健，奶茶系列产品成为固体饮料的新生力量，发展迅猛，尤其青少年消费群体对其情有独钟。但是目前市场上未见有以食用菌为主要原料或特征性原料加工而成的固体饮料，因此食用菌固体饮料的生产将在为固体饮料家族增加新成员的同时，以其优异的营养保健功能势必受到消费者的欢迎，带来新的健康消费新理念。

固体饮料加工的工艺关键是保证产品具有良好的冲调性、复水性；复水后具有良好的组织稳定性、乳化性；饮用时产品具有良好的风味保持性；口感细腻、滑润。干燥形式一般有真空干燥式和喷雾干燥式两种，应该尽量采用温度较低的真空干燥工艺，以利于保证产品的品质。一般加工过程为：

原辅料预处理 → 配料 → 混合或乳化均质 → 干燥 → 造粒 → 检验 → 包装 → 贮存 → 成品

固体饮料加工过程中可利用技术较多，微波技术、超声波技术、远红外烘烤技术、精细粉碎、挤出重组、液固浸提、喷雾干燥等都可在固体饮料的生产中得以科学合理的应用。

基础配料的处理可以采用适当技术获得浸提液，也可以采用超微粉碎技术获得精细粉末，然后进行调配、混合等。

作为食品，非药品，味美可口是其必需属性。固体饮料配方设计应遵循食品安全、良好的适口性、营养三位一体渐进原则。首先是食用安全，其次是良好的适口性，最后是保证产品具有一定的营养特性或功能。各种原料的配比需根据原料的成分情况和产品的质量要求通过计算而确定。生产蛋白型强化固体饮料时，维生素 A、维生素 D、维生素 E、维生素 B_1、维生素 C 等维生素类营养强化剂，以及磷脂、钙、铁、锌等营养素也将是必然考虑的范围，以提高产品营养质量水平。对于水溶性原辅料可在混合调配时同时加入，对于不溶性营养强化剂，如维生素 A、维生素 D、维生素 E 等应先将其溶于脂类中，在与其他物料混合。除非要提供特殊风味的添加物，一般情况下，所有配料应具有清新自然、和谐醇厚的味感，无恶苦、涩、金属味等令人不愉快的味道，对于某些维生素固体饮料冲调后具有维生素 B_1 的气味属于例外。

为了增加各种配料的分散均匀度，用 10%～20% 的麦芽糊精作为分散剂，同时起到助溶作用，还可以赋予制品一定的乳化稳定性。

食用菌保鲜贮运和加工

1. 袋泡茶的加工原理　一般认为袋泡茶的发明者是美国纽约茶商汤姆斯·沙利文，于1904年发明袋泡茶并在商业上获得成功。传统的袋泡茶是将细茶叶或碎茶叶装入特制的小纸袋，冲泡时连袋一起放在杯内。优点是茶汤清净，无浮茶或茶渣。缺点是纸袋材质易给饮料带来化学污染。汤姆斯·沙利文用丝绵织成的薄纱纸取代丝绸制作袋泡茶。1930年，美国人威廉·赫尔曼松获得热封纸质茶袋的专利权，至今仍然在使用。袋泡茶根据其内含物的种类，可分为纯茶型袋泡茶、复合型袋泡茶、其他植物型袋泡茶和保健型袋泡茶。包装的形式包括冷封型（用铝镁合金的钉子钉成袋）、热封型（热封型纸压合成袋）；有提线型和无提线型；加外封套和不加外封套等。

食用菌袋泡茶是以一种或多种食药用菌为主要原料，经净化、风味优化、粉碎处理，添加或不添加其他植物原料或提取物包括茶叶及茶叶制品，混合均匀包装成袋而制成的袋泡茶。

2. 食用菌速溶饮料的加工原理　速溶饮料是指具有良好溶解性、与水混合后可快速溶化形成组织状态均匀、具有所需风味及口感的固态饮料。一般采用一定工艺技术获取动植物原料的提取物，然后加入糖或甜味料、乳及乳制品、油脂及油脂制品、糊精、乳化剂、稳定剂等经混合调配而成，如速溶咖啡、巧克力奶、奶茶粉等。速溶饮料便于携带、食用方便，最大限度保持原料的色、香、味，冲饮时能迅速溶解于热水或冷水中，因而深受消费者欢迎。目前市场份额较大的当属以咖啡、可可等为原料，经浸提、过滤、浓缩、真空干燥等工序制成的速溶咖啡最具代表性。食用菌具有独特的营养功能，以其为原料生产速溶饮料，产品含有食用菌活性肽、食用菌多糖等功能成分，同时具有低脂、低能量等优点。依据原料特点、生产工艺、溶解特性，速溶饮料的剂型有冲剂、泡腾片、微胶囊粉剂等。

泡腾片是含有泡腾崩解剂的一种干燥片剂，在保健食品、医药方面具有广泛应用。泡腾崩解剂一般为有机酸与碳酸钠或碳酸氢钠的混合物。当将泡腾片放入水中之后，碳酸氢钠在水的作用下发生电离、分解反应产生大量二氧化碳，使片剂迅速崩解和溶化。泡腾片溶于水时产生的二氧化碳部分溶解水中，产品饮用时具有类似碳酸饮料的爽口感觉。

微胶囊是指一种具有聚合物壁壳的微型容器或包装物，即微胶囊有壁材包裹着预保护包埋的芯材组成的囊粒子。微胶囊造粒技术就是将固体、液体或气体包埋、封存在一种微型胶囊内成为一种固体微粒产品的技术。微胶囊的直径一般为 $1\sim500\,\mu m$，囊壁的厚度一般在 $0.2\sim150\,\mu m$，超薄壁微胶囊膜壁厚度为 $0.01\,\mu m$。囊壁所包埋的组分的释放速率在特定的条件下是可控的。微胶囊技术是指利用天然或合成高分子材料，将分散的固体、液体，甚至是气体物质包裹起来，形成具有半透性或密封囊膜的微小粒子的技术。包裹的过程称为微胶囊化，形成的微小粒子称为微胶囊。

食品工业中最常用的壁材有阿拉伯胶、海藻酸钠、卡拉胶、琼脂、某些植物胶等，以及淀粉及其衍生物，如糊精、低聚糖等。某些蛋白质类、油脂类也可用于壁材。芯材则是需要实现改变物态（相态、体积、质量、密度等），或者控制释放、降低挥发性、隔离活性成分、保护和提高敏感性物质的稳定性（如易氧化、易见光分解、易受温度或水分等因素影响稳定性的物质）、掩盖异味、减弱毒性等目的的物质。

常用的微胶囊法有物理法（喷雾干燥法、喷雾冷冻法、空气悬浮法、真空蒸发沉积法、复凝聚法等）、物理化学法（水相分离法、油相分离法、囊心交换法、挤压法等）、化学法（界面聚合法、原位聚合法、分子包囊法、辐射包囊法等）。

喷雾干燥法在食品工业中应用最广泛。喷雾干燥法操作灵活，成本低廉，产品质量好。喷雾干燥微胶囊化过程，首先制备芯材和壁材的混合乳化液，然后进行喷雾干燥。壁材在遇热时形成网状结构，筛分移除水或其他溶剂等小分子物质，较大分子的芯材滞留在网状结构内，形成微胶囊颗粒。

采用微胶囊造粒技术生产食药用菌固体饮品时，首先将食药用菌原料按产品营养及功能特性要求进行破碎、加水浸提，得到的浸提液进行低温浓缩得到浓度20%～30%的浸提液，与适量海藻酸钠、果胶、糖混合，高速剪切乳化制备乳化液，然后喷雾干燥即为成品。

（二）食药用菌固体饮料加工工艺

1. 食用菌泡袋茶

（1）工艺流程

食药用菌或其他植物原料 → 净化 → 风味优化

成品 ← 检验 ← 包装 ← 检验 ← 混合调配 ← 粉碎

（2）操作要点

1）食药用菌净化及风味优化、粉碎处理　香菇、姬松茸、木耳、猴头菇、灵芝、银耳等食用菌干制品的一种或多种，冷水浸泡2～4 h至完全复水后（灵芝除外），除去根部、霉烂等不可食部分，清洗除去泥沙等污物，沥水风干，800～1 200 r/min离心脱水处理5～10 min。然后微波干燥并风味优化处理至含水量6%～8%，超细粉碎精细粉碎得到可全部通过60～100目孔径筛的姬松茸、木耳等食用菌粉末制品备用。也可以先微波干燥脱水，然后采用远红外烘焙进行风味优化处理。对于香菇等具有浓烈气味的干制品，浸泡复水洗涤脱水后于90～100℃条件下预煮1～3 min，沥水、800～1 200 r/min离心脱水处理5～10 min，然后微波干燥风味优化处理至含水量6%～8%，精细粉碎得到可全部通过60～100目孔径筛的粉末制品备用。如果采用去根、去杂质的压缩型食药用菌块，可直接磨粉，无须浸泡复水、洗涤、干燥处理。

2）混合调配、检验、包装　净化、风味优化、粉碎处理的食药用菌按产品风格特征及营养需求进行调配、混合均匀后，采用袋泡茶专用食品级包装袋进行包装，包装量及包装袋大小可根据产品要求而定。

（3）复合型食用菌袋泡茶　复合型食药用菌

袋泡茶生产工艺与单纯食药用菌袋泡茶相同，只是配料方面具有差异，可以根据产品消费对象及营养需求配以其他植物性材料，如香菇枸杞茶、银耳菊花茶、木耳大枣茶、灵芝玫瑰茶等。另外也可以加入一定量的绿茶、红茶、普洱茶等。

2. 食用菌速溶饮料

（1）食药用菌冲剂

1）配方（以灵芝速饮为例，以每100 kg产品为基准，供参考）　灵芝5 kg，白砂糖60 kg，麦芽糊精20 kg，蜂蜜15 kg。

2）工艺流程

原辅料预处理 → 浸提 → 过滤纯化 → 低温浓缩

成品 ← 包装 ← 检验 ← 喷雾干燥 ← 调配

3）操作要点

①原辅料预处理。灵芝粉碎成粒度为可全部通过0.147 mm孔径筛的粉末，按料水比1：（10～15）加水，于60～90℃微波浸提装置中浸提15～20 min，逐级分离、过滤纯化得到可全部通过5 μm孔径筛的浸提液，45～60℃真空浓缩至可溶性固形含量30%～40%的灵芝浸提液备用。白砂糖、麦芽糊精、蜂蜜加入适量温水溶化，过滤纯化得到可全部通过5 μm孔径筛的混合糖浆。

②调配、喷雾干燥。将混合糖浆与灵芝浸提液混合均匀，预热、喷雾干燥，得到固体颗粒，经检验符合产品生产标准，包装，即为灵芝速饮冲剂。

4）饮用方法　取固体冲剂1份冲入10～12倍60℃以上温开水，搅拌溶化均匀，即可饮用。

（2）食用菌泡腾片

1）配方（以灵芝泡腾片为例，以每100 kg产品为基准，供参考）　灵芝孢子粉3 kg，蔗糖40 kg，麦芽糊精30 kg，预糊化玉米淀粉20 kg，无水柠檬酸4.5 kg，碳酸氢钠2 kg，硬脂酸镁0.5 kg。

2）工艺流程

原辅料预处理 → 混合 → 造粒 → 干燥 → 压片

成品 ← 包装 ← 检验

3）操作要点　所有原料研磨、过筛处理，得到可全部通过0.125 mm孔径筛的粉末，混合均匀，加入适量纯净水，摇摆造粒，造粒机筛网孔径15～20目。然后干燥、压片，检验合格、泡罩包装，得到灵芝泡腾片，每片1～2 g。

4）饮用方法　每片冲入100～200 mL60℃以上温开水，搅拌溶化均匀，即可饮用。

三、 食用菌饮料加工中的常见问题及解决措施

（一）饮料出现杂质的原因及解决措施

饮料产品中的杂质，主要是那些肉眼可见的、具有一定形状的化学或者非化学反应产物，包括体积极小的灰尘、片状沉淀、絮状物、刷毛、商标纸碎片、草秆、瓶盖垫片、苍蝇、蚊子、其他昆虫和小动物等。杂质不仅影响到产品的质量和外观，还极大地影响到生产厂家的信誉。碳酸饮料出现杂质的原因主要有以下几点：

第一，瓶子或瓶盖没有洗净。生产人员的责任心不强。个人卫生、设备管道卫生、车间卫生较差。特别是输送管道是饮料出现黑星杂质的主要原因。

第二，饮料用水或原料中含有杂物。

第三，机件碎屑或管道沉积物。

第四，饮料用水的硬度高。

第五，配料顺序不准确。

应采取的措施和方法：

第一，加强洗瓶刷瓶工序的管理。瓶子在浸泡和碱洗时，必须保证浸泡水的温度、碱度及浸泡洗涤时间，防止瓶中存有空气影响浸洗效果。旧商标要擦洗干净，并将瓶内脏水及杂物去净。刷瓶时，要将瓶刷插到底，瓶内必须有一半水。保证每只瓶都刷到3次以上。

第二，提高过滤质量。对贮料缸、灌装设备及管路等设备生产前后要严格清洗，减少不洁因素。

第三，及时更换混台机、灌装机易损部件（如橡胶、麻线、石棉等衬垫）及锈蚀的管道。

第四，及时测定水的硬度，特别是用离子交换树脂进行降水硬度的厂家，要及时进行树脂的再生。

（二）食用菌碳酸饮料生产中二氧化碳含量不足的原因及解决措施

二氧化碳含量低易使汽水保质期缩短，造成食用菌碳酸饮料的品质下降。造成二氧化碳含量低的原因主要有以下几点：

第一，二氧化碳不纯，尤其是酒厂液体发酵回收的没经处理的二氧化碳和用酸碱法自己生产的二氧化碳（此原因较少）。

第二，水温过高。

第三，有空气混入。

第四，混台机碳酸水阀门或管路漏气。

第五，灌装机胶嘴漏气，簧筒弹簧太软；瓶托位置太低，造成边灌边漏气或自动机灌装位置太低。

第六，压盖不严或压盖不及时；瓶摘下后放置时间过长，使二氧化碳在高气温下散失；盖不合格，瓶口不合格；瓶或盖不配套。

第七，灌装时大量泡沫溢出。

应采取的措施：选用纯净的二氧化碳，降低水温(4～6℃)，保证混合机混合效果，根据所用水温高低不同确定混合压力，注意自动控制系统的变化，经常检查管路、阀门，随坏随修，保证密封好用，严格执行操作规程。注意管路、阀门漏气与否，注意灌装时的严密性，同时，注意混合机排空气阀的使用。灌装后的饮料要及时压盖，不要积压数量过多，时间过长。压盖时保持压盖机运行正常，发现问题及时解决。配料时用的糖浆要进行脱脂处理，防止泡沫溢出。

（三）食用菌发酵饮料生产中导致活菌数下降的原因及解决措施

食用菌发酵饮料是含有乳酸菌活菌的饮料，在生产中应注意乳酸菌活菌的保持，乳酸菌菌数一般为10^8～10^9 cfu/g，稀释后的饮料一般含菌数10^6～10^7 cfu/g。菌数减少是由于稀释，同时也可能与原液或稀释调制时的添加剂种类有关。为了使成品中含有较多的活乳酸菌，在生产过程中尽可能使

用强力发酵剂,而且尽可能保证足量的发酵剂。此外,发酵温度不高于菌的最高培养温度。在对数期和稳定期之前结束发酵,此时乳酸菌的活力最强,要迅速冷却,否则菌的活力下降。此外,在成品贮藏和流通过程中都要冷藏,以保持菌的活力。在生产工艺中添加的柠檬酸尽量不要过量,否则会使活菌数下降,使用苹果酸较好。

（四）引起食用菌饮料混浊、沉淀的原因及解决措施

引起食用菌液体饮料混浊、沉淀的原因主要有以下几点：

第一,微生物污染。在液体饮料生产过程中有微生物侵入时,这些微生物便会与糖分作用使糖变质混浊,与柠檬酸作用(柠檬酸含量少时尤为明显)使其形成丝状或白色云状沉淀。

第二,化学反应。由于化学反应引起的混浊、沉淀,多数是糖中胶质凝聚而形成的。因为有的糖厂生产的白砂糖,糖蜜分离不完全,在糖蜜中的胶质随糖蜜带入砂糖。胶质虽然外观澄清透明,但时间一长,即由原来的小微粒凝聚成块,出现混浊沉淀,如饮料中有焦糖存在,还将与胶质一起凝聚,则更加难以处理。糖中除胶质外,有时还含有蛋白质,也容易引起凝聚造成沉淀。

饮料用水硬度过高,水中的钙、镁与柠檬酸作用,生成不溶性沉淀物。水质硬度过高,配料方法又不当,如添加苯甲酸钠过多时,则与柠檬酸作用生成结晶的小亮片状的苯甲酸沉淀。

香精用量过大,或者使用不合格的、变质的香精,也会引起白色混浊或悬浮物；色素用量过大也会引起沉淀。

第三,物理因素。瓶和瓶盖洗涤未净时,附着的杂质被饮料浸泡后即会造成沉淀；操作不当,水和原浆过滤不清会造成饮料沉淀。

防止饮料的混浊、沉淀应采取的措施：

第一,减少生产各环节的污染。从水处理、配料、洗瓶、灌装、压盖等工序都要严格要求生产卫生、环境卫生、个人卫生、设备卫生、产品卫生等。对所用的容器、设备、管道、阀门等要定期进行消毒灭菌。

第二,加强原料的管理。不用贮存时间过长的原料生产饮料。如果生产后有剩料长时间不用,要密封保存,下次用时要严加处理。

第三,加强过滤介质的消毒灭菌工作。

第四,生产用水硬度必须合适。注意不用硬度过高的水。

第五,选用优质香料,食用色素,白糖,严格控制使用量。一般尽量不用或少用防腐剂。防腐剂和柠檬酸不能同时加入。

第五节
保健食品

一、保健食品概述

食用菌味道鲜美,营养丰富,食药兼用。食用菌含有丰富的蛋白质、氨基酸、多糖、膳食纤维、不饱和脂肪酸、核苷酸、矿物质元素等多种生理活性物质,具有较高的营养价值和药用价值。

功能性食品在我国习惯被称为保健食品,它与我国的食疗文化一脉相承,由传统的养生概念衍生发展而来。随着人们生活水平和健康意识的提高,具有营养和保健功能的功能性食品越来越受到人们的青睐。保健食品的兴起和迅速发展,为食品工业注入了全新的动力,也极大地改变了人们的膳食观念。食用菌是优质的保健食品基料,以食用菌为主要原料制成的保健食品具有极大的开发价值和市场前景。

（一）保健食品的定义

功能性食品可溯源到人类长期以来药食同源的饮食生活文化中,西方素有"使食物成为药物,

食用菌保鲜贮运和加工

使药物来源于食物"的观点，东方则有"药食同源""食疗""食补""药膳"等理论。

随着生活节奏的加快，人类亚健康问题凸显。人们对食品的要求不单是提供新陈代谢和机体生长所必需的营养物质，而是更加关注食品调节身体机能，促进身体健康方面的作用，注重饮食对自身健康水平的影响，消费趋势从具有色、香、味、形的食品转向具有合理营养和调节人体机能的保健食品。

20世纪80年代，日本科研人员首先提出功能性食品的概念，将功能性食品定义为具有生理调节功能，用以改善人体健康功能的特殊用途，并印有FOSHU许可标志上市的食品。

保健食品在欧美各国被称为"健康食品"。

在欧盟，健康食品定义为一种可以满足其所宣称的对人体的某个或多个组织具备有益影响的，超越仅仅满足营养需要水平的食品；而且在某种程度上，它具备改善人类健康与安乐状态，减少疾病风险的能力。

在美国和加拿大，健康食品定义为一种经过加工而具有生理益处，或可降低慢性疾病风险的，超过传统食物营养功能的食品类型。

虽然概念有所不同，但有一个共同的认识理念，即食品中含有一种无论是否属于营养素的组分，只要其有益于机体组织健康，减少相关疾病风险，或其具有超出原有食品营养功能，对机体产生有益生理作用的健康食品均可称为功能食品或保健食品。

根据我国现行有关保健食品的法律、法规及规章的规定，保健食品是指具有特定保健功能或者以补充维生素、矿物质为目的的食品，即适宜于特定人群食用，具有调节机体功能，不以治疗疾病为目的，并且对人体不产生任何急性、亚急性或者慢性危害的食品。

保健食品可以理解为具有特定功能，大多具有确定的功效成分，为特定人群提供的具有量效关系的特殊食品。保健食品是食品的一个种类，但有别于普通食品；由于其功效成分的特殊性，保健食品具有药品的部分特点，可以认为是一类介于药品和食品之间的食品。保健食品既可以是普通食品的形态，也可以是片剂、胶囊等特殊形态。

我国保健食品经历了三代的发展。第一代保健食品是根据原料的成分推断产品的功能，没有经过验证，缺乏功能性评价；第二代保健食品是指经过动物和人体实验，证实其确实具有生理调节功能；第三代保健食品是在第二代保健食品的基础上，进一步研究其功能因子结构、含量和作用机制，保持生理活性成分在食品中以稳定形态存在。

（二）保健食品的功能分类

保健食品是具有特定保健功能的一类食品，我国保健食品分为卫食健字和国食健字两类。

按照相关规定，保健食品功能分为27种：增强免疫力；改善睡眠；缓解体力疲劳；提高缺氧耐受力；对辐射危害有辅助保护功能；增加骨密度；对化学性肝损伤有辅助保护功能；缓解视疲劳；祛痤疮；祛黄褐斑；改善皮肤水分；改善皮肤油分；减肥；辅助降血糖；改善生长发育；抗氧化；改善营养性贫血；辅助改善记忆；调节肠道菌群；促进排铅；促进消化；清咽；对胃黏膜有辅助保护功能；促进泌乳；通便；辅助降血压；辅助降血脂。

保健食品中真正起生理活性作用的成分称为功效成分，也称为活性成分、功能因子。功效成分是指能通过激活酶的活性或其他途径调节人体机能的物质。功效成分是保健食品的关键，保健食品中的生理活性物质通过提取、分离、浓缩，使其在人体内达到发挥作用的浓度，从而具备特定的保健功能。

目前，已批准的保健食品中主要包括以下功效成分：

1. 功能性碳水化合物 例如，膳食纤维、活性多糖、功能性低聚糖、单糖衍生物等。

2. 氨基酸、肽和蛋白质 例如，牛磺酸、酪蛋白磷肽、乳铁蛋白、免疫球蛋白、酶蛋白等。

3. 功能性脂类 例如，ω-3多不饱和脂肪酸、ω-6多不饱和脂肪酸、磷脂等。

4.维生素和维生素类似物　包括水溶性维生素、脂溶性维生素等。

5.矿物质元素　包括常量元素、微量元素等。

6.植物活性成分　例如，皂苷、生物碱、萜类化合物、植物甾醇、黄酮类化合物、有机硫化合物等。

7.益生菌　益生菌主要是乳酸菌类，尤其是双歧杆菌。

（三）保健食品的发展现状和趋势

1.保健食品的发展现状　当前中国居民营养健康状况面临着双重挑战，一方面是能量摄入过多，超重和肥胖患病率迅速提高；另一方面是微量营养素缺乏显著。数据显示，高血压、糖尿病等慢性非传染性疾病的发病率不断增加且势头迅猛，导致死亡率远远超过长期以来作为首要死亡因素的传染性疾病。

回归自然，崇尚绿色，健康饮食已经成为新的消费潮流。目前功能性食品生产已经成为全球食品生产领域发展最快的部分。据粗略估计，全球功能性食品市场年销售总额以每年8%的速度增长。市场调研显示，植物性保健食品受宠，中草药保健茶受到欢迎；低脂肪、低热量、低胆固醇的保健食品品种增多，销量大。

经过多年的发展，我国保健食品产业不断壮大，消费者对保健食品的巨大需求被激发和释放。在《食品工业"十二五"发展规划》中，营养与保健品制造业首次被列为重点发展产业，提出了提高食品与保健食品及其原材料生产质量和工艺水平，大力发展天然、绿色、环保、安全有效的食品、保健食品和特殊膳食食品；开发适合不同人群的营养强化食品、特殊膳食食品，开发具有民族特色和新功能的保健食品。2015年以来，国家相继出台《健康中国2030规划纲要》《国民营养计划（2017—2030）》《中国食物与营养发展纲要（2014—2020）》等规划。行业统计数据显示，近十年来，我国功能性食品行业产值年均增幅10%～15%。

我国经济的高速发展为消费者的购买力提供了经济保证，中国已成为全球营养健康产业最活跃的地区之一。

2.保健食品发展趋势　随着老龄化社会来临，肥胖症、冠心病、糖尿病等人群不断增加，亚健康问题凸显，保健食品越来越受到消费者的欢迎。保健食品的消费显现出大众化和多元化的态势。

（1）富含天然生物活性物质的保健食品日益丰富　传统的"药食同源"理念、中医养生保健理论与长期的应用实践相结合，对丰富保健食品原料，促进保健食品的发展具有重要的指导作用。随着保健食品研发的不断深入，越来越多的学者纷纷关注"药食两用"的植物资源的生物活性物质的分离纯化，开发药食同源性的传统植物保健食品，或者提取其中的功能成分，添加到其他食品中开发新的产品。

（2）第三代功能食品是保健食品的发展方向　从分子、细胞和器官及整体水平上研究功能因子构效关系、量效关系、作用机制和可能的毒性作用。功效经过动物和人体实验证实，功能因子的结构及作用机制清晰，含量明确，并且功效成分能够在食品中保持生理活性的第三代保健食品是保健食品的发展方向。

（3）产品向多元化的方向发展　随着食品加工技术的创新，产品将向多元化的方向发展。不仅原料更具目标性，选择生物活性物质含量高的动物、植物品种，而且配方更具针对性，如针对婴儿、儿童、老年人、妇女等的保健食品；不仅有形式多样的片剂、胶囊、冲剂、口服液、饮料等，还有冻干、烘焙、膨化、挤压类等新形式的保健食品。

二、食用菌的营养成分及功能成分

食用菌味道鲜美，质地脆嫩，不仅含有丰富的营养物质，而且还含有许多对人体有益的功能成分，是世界公认的健康食品。著名营养学家斯坦顿对食用菌的营养价值作过全面评价，认为食用菌集中了食品的一切良好特性，"是未来最为理想的食品之一"。

食用菌可分为以平菇、香菇、蘑菇、金针菇、木耳等为代表的食用型菌类和以灵芝、茯苓、冬虫夏草等为代表的药用型菌类两大类。食药用真菌因具有营养、安全和保健功能的特点，在保健食品中占据重要地位。

食用菌含有极为丰富的生物活性物质，如多糖类、萜类化合物、核苷类、植物甾醇和膳食纤维等，具有调节机体免疫、抗肿瘤、抗氧化、抗病毒、降血脂、降血糖、保护心脑血管等多种保健功能。据统计，2004年以来，已批准保健食品中真菌占10%以上，其中灵芝出现最多，其次是茯苓、冬虫夏草，还有香菇、猴头菇、金针菇、姬松茸、木耳、蛹虫草、银耳，以及蜜环菌、富硒平菇、阿魏菇等。

（一）食用菌的营养成分

食用菌的主要营养成分有蛋白质、碳水化合物和纤维素，以及脂类、维生素、矿物质元素、核苷酸等，具有高蛋白、低糖、低脂肪、多种氨基酸并存的特点。

1.蛋白质　食用菌蛋白质含量高，氨基酸种类齐全，平均含蛋白质4%，为其干重的13%～46%，远高于水果、蔬菜和粮食作物，可与肉、蛋类食物媲美，营养价值较高。其蛋白质所含氨基酸种类也比较齐全，18种氨基酸的总量在10.71%～24.81%，其中赖氨酸和亮氨酸的含量尤为丰富，8种人体必需氨基酸在总氨基酸中的比例为30%～50%，是一种较理想的蛋白质来源。

2.维生素　食用菌富含多种维生素，含有丰富的维生素 B_1、维生素 B_2、维生素 B_{12}、维生素C、维生素D、维生素K、烟酸、泛酸、叶酸等，含量高于其他植物性食品；维生素 B_1、维生素 B_2、维生素 B_{12} 和烟酸的含量高于肉类食品。因此，食用菌赢得了"植物肉"的称谓。

食用菌中还含有麦角甾醇、麦角甾-5,7-二烯醇、麦角甾-7,22-二烯醇、麦角烯醇等。麦角甾醇在紫外线作用下会转变成维生素 D_2，它对儿童生长及增强机体抵抗力很重要，具有较高的营养价值。

3.矿物质元素　食用菌含有人体必需的多种矿物质元素，不仅含有人体必需的常量元素钙、镁、钾、磷、硫，还含有人体必需的微量元素锌、铜、铁、锰、镍、铬、硒、锗等，元素的总量在2.37%～4.5%，其中钾、磷的含量较高，钙含量次之。黑木耳中铁的含量尤为丰富，金针菇含有锌；羊角地花孔菌等含有丰富的硒元素。食用菌的保健养生及对各种疾病的防治作用与其微量元素的含量有密切关系。

4.碳水化合物　食用菌含有大量的碳水化合物和纤维素，碳水化合物是食用菌中含量最高的组分，一般占干重的60%。在碳水化合物中，不仅含有一般植物所含有的单糖、双糖和多糖，还含有一些其他植物中少有的糖类，如氨基糖、糖醇、糖酸等。食用菌所含的纤维素为粗纤维，包括木质素、半纤维素、多缩戊糖和胶质等。

食用菌是低脂肪、低热能食物。其脂类含量以不饱和脂肪酸为主，包括磷脂和麦角甾醇。研究表明，双孢蘑菇、香菇、平菇中的不饱和脂肪酸含量分别占总脂类的80.5%、80.1%和79.3%，灵芝孢子中的脂肪与姬松茸脂肪富含亚油酸。

（二）食用菌的功能成分

食用菌还含有多种生物活性物质，如：多糖类、萜类化合物、甾醇类、核苷类、膳食纤维等，是一种天然的具有医疗保健功能的健康食品。研究表明，灵芝多糖、猴头菇多糖、虫草菌多糖、金针菇多糖、香菇多糖、灰树花多糖等均都具有增强人体免疫力和抗肿瘤活性的作用，已被国内外医学专家所公认。随着研究工作的深入，陆续发现食用菌中许多生理活性物质成为抗肿瘤、抗衰老等天然药物筛选的热点。

1.多糖类　多糖是生命有机体不可缺少的组成部分，是生物体内除蛋白质和核酸外又一类重要的生物大分子。真菌多糖是从香菇、灵芝、木耳、茯苓等食用菌子实体、菌丝体产生的一类代谢产物，由10个以上的单糖分子主要以 β-1,3 和 β-1,6 糖苷键结合而成的天然高分子聚合物。它们主要有 β-(1→3)-D-葡聚糖、α-(1→3)-D-葡聚糖、糖蛋白、中性杂多糖和酸性杂多糖等。如图 7-3、图 7-4 所示。

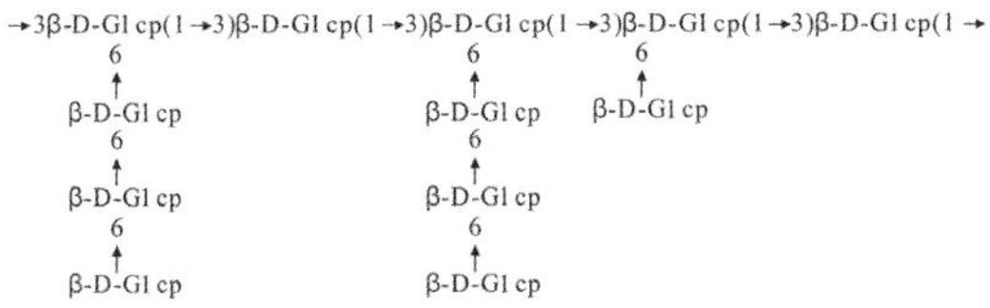

→3β-D-Gl cp(1→3)β-D-Gl cp(1→3)-D-Gl cp (1→3)β-D-Gl cp(1→3)β-D-Gl cp(1→
6   6   6
↑   ↑   ↑
β-D-Gl cp   β-D-Gl cp   β-D-Gl cp
6   6
↑   ↑
β-D-Gl cp   β-D-Gl cp
6   6
↑   ↑
β-D-Gl cp   β-D-Gl cp

图 7-3　香菇多糖化学结构模型

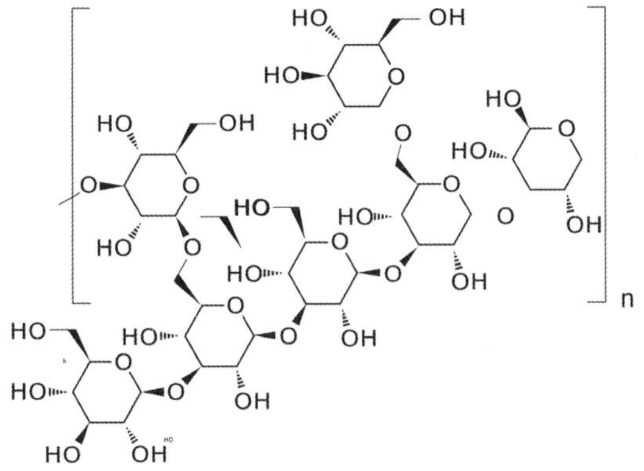

图 7-4　香菇多糖的结构式

自从 1969 年 Ikekawa 等从香菇子实体分离出香菇多糖后，相关研究也取得了重大进展，食用菌多糖的免疫调节和抗肿瘤作用逐步引起重视。研究表明，茶树菇多糖可抑制小鼠胸腺的生长，使小鼠脾脏重量显著增加，对小鼠腹腔吞噬细胞的活性有明显增强作用，甚至可抑制 T 淋巴细胞增殖的作用；灵芝多糖提取物能加快鸡的抗体产生速度和水平，明显改善机体的体液免疫机能；鸡腿菇多糖具有促进 NO 分泌的作用，从而提高巨噬细胞的吞噬作用，提高免疫力和抗肿瘤的功能；黑木耳硒多糖及黑木耳多糖不但可抑制肿瘤生长，而且可提高机体免疫力。

除此之外，杏鲍菇多糖、银耳多糖、灵芝多糖、猪苓多糖、虫草多糖、金针菇多糖、猴头菇多糖、平菇多糖、真姬菇多糖等均被证明具有显著的提高免疫功能和抗肿瘤的作用。同时，研究表明，食用菌多糖含量并不反映免疫活性的强弱，多糖的

免疫活性与其组成、构型、分子量等多种因素相关。虽然食用菌多糖的免疫调节机制还未研究清楚，但有研究认为多糖可能存在着一定的活性中心，通过该中心以一定的构象与受体结合，从而发挥作用，多糖的其他结构为其提供构象支持。

大量的证据表明，涉及衰老的疾病与其氧化能力有明显的关联。国内外研究人员从食用菌子实体多糖、菌丝体多糖和胞外多糖等方面均进行了广泛的抗氧化活性研究。结果表明，食用菌多糖具备有效的抗氧化活性，大部分食用菌多糖表现出清除自由基和螯合 Fe^{2+} 等抗氧化作用，不同种类的食用菌多糖抗氧化活性能力不同，抗氧化能力随着多糖浓度的增加而提高。灵芝多糖在受伤的老鼠腹部巨噬细胞模型中通过增强对活性氧的清除能力，展现出显著的抗氧化效果；灵芝多糖可以显著地抑制鼠脑均浆中由铁诱导的脂质过氧化反应，并显现对羟自由基和超氧阴离子自由基的剂量依赖性抑制；灵芝多糖口服药物能有效地使血浆中被破坏的氧化应激水平和链脲霉素诱导的糖尿病大鼠的肝脏显著地正常化，增强了非酶的和酶的抗氧化活性，减少了脂质过氧化作用。

双孢蘑菇多糖具有较强的还原力，对二价铁离子具有较强的螯合能力，对 DPPH 自由基、羟基自由基和超氧阴离子自由基具有不同程度的清除活性，即双孢蘑菇多糖具有良好的体外抗氧化活性。从灵芝子实体中分离出的三种多糖均有较强的体外抗氧化活性。虫草多糖能有效提高鼠血液中谷胱甘肽过氧化物和超氧化物歧化酶的活性，并对超氧阴离子自由基的能力和羟自由基均有较强的抑制作用。红菇胞外多糖具有很强的体外抗氧化能力，在测定浓度范围内其清除 DPPH 自由基、超氧阴离子自由基、羟自由基能力和还原力均强于 BHT（2,6-二叔丁基-4-甲基苯酚）。

食用菌多糖在降低血压、血脂和血糖等方面有明显的功效，对增强冠体流量和心肌供氧，降低血脂，预防动脉粥样硬化斑的形成，对心血管系统引起各种疾病有显著的疗效。目前，发现多种食用

食用菌保鲜贮运和加工

菌多糖，如灵芝多糖、虫草多糖、双孢蘑菇多糖、姬松茸多糖、灵芝多糖等均具有此功效。研究发现，竹荪多糖、双孢蘑菇中的酪氨酸酶能有效降低血压，姬松茸多糖能降低血脂、提高耐缺氧能力。猴头菇硒多糖 [20～40mg/（kg•d）] 能降低小鼠肝、脑组织丙二醛含量，提高血清和大脑中谷胱甘肽过氧化酶和超氧化物歧化酶（SOD）的活力，并阻抗小鼠体重及胸腺指数下降。

食用菌多糖抗衰老的作用也有广泛的报道。香菇多糖可显著改善衰老小鼠学习记忆能力；灵芝多糖具有抑制内皮细胞衰老、保护血管内皮功能的作用；蛹虫草多糖对老龄果蝇的生命有明显的促进作用；藏灵菇发酵乳具有显著清除衰老小鼠脑组织氧自由基能力，提高抗氧化酶活性，抑制小鼠脑自由基从而发挥抗衰老作用。

大量研究表明，多糖是食用菌中免疫调节和抗肿瘤的主要活性物质之一。真菌多糖广泛存在于真菌细胞壁或细胞培养液中，具有来源广、可再生、安全性好等特点，是理想的天然保健品，广泛应用于食品和药品领域。

2.萜类　从灵芝、茯苓、猴头菇等真菌中分离出来的萜类化合物主要有倍半萜、二萜和三萜类，也有少量的二倍半萜、四萜类化合物，这类化合物具有较强的生物活性，包括抗肿瘤、抗炎、抗菌、抗病毒、护肝、抗心律失常、免疫调节、调节血糖和降血压等方面的功效。其中倍半萜化合物和二萜类化合物多具有杀菌作用；茯苓三萜和灵芝三萜具有抗肿瘤、抗炎、抗衰老、抗 HIV 病毒和保肝等生理功能，并对心血管系统、神经系统和免疫系统具有调节功能。

三萜化合物是灵芝的主要活性成分之一，其化学结构比较复杂，已知有 7 种不同母核结构，三萜母核上不同的取代基有羧基、羟基、酮基、甲氧基、甲基和乙酰基等。其相对分子质量在400～600。到目前为止，已从灵芝子实体、菌丝体、孢子粉中分离出 140 多种三萜类化合物。如图7-5 所示。

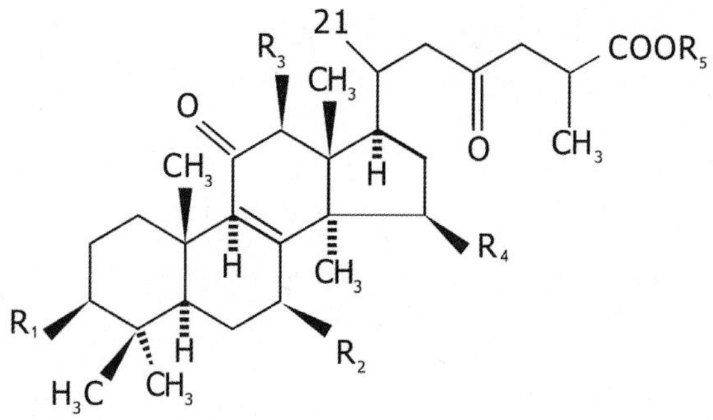

图 7-5　灵芝三萜结构式

灵芝酸作为灵芝三萜类化合物中重要的活性成分，根据官能团和侧链的差异又可分为灵芝酸、灵芝内酯、灵芝醇、赤芝酸等基本骨架，常见的灵芝酸有灵芝酸 A、灵芝酸 B、灵芝酸 C、灵芝酸 D 等类型。

灵芝三萜类化合物对革兰阳性菌、革兰阴性菌及真菌都有一定的抑制作用。研究表明，从赤芝与紫芝中提取分离得到的三萜类物质对 HIV-1 病毒、HIV-1 蛋白酶均有一定的抑制作用。赤芝中的灵芝酮三醇和灵芝醇 F 均可抑制由 HIV-1 诱导的细胞毒性效应。在抗 HIV-1 蛋白酶实验中，赤芝中的灵芝酸 B 和灵芝醇 B 对 HIV-1 蛋白酶的活性有较强的抑制作用。赤芝发酵菌丝体中的三萜类化合物对金黄色葡萄球菌、枯草芽孢杆菌、大肠杆菌及青霉、黑霉均有明显的抑制作用。

茯苓三萜对多种肿瘤具有抑制性，尤其对肺癌、卵巢癌、皮肤癌、中枢神经癌和直肠癌等作用明显。茯苓总三萜对二甲苯致小鼠耳郭肿胀、小鼠腹腔毛细血管通透性等急性炎症有抑制作用，对大鼠棉球肉芽肿亚急性炎症也具有较强的抑制作用。茯苓皮三萜对大肠杆菌、金黄色葡萄球菌和绿脓杆菌都有较好的抑制作用。茯苓总三萜具有明显的抗惊厥作用，并发现其可延长青霉素诱发大鼠痫性发作的潜伏期，减轻发作程度。茯苓总三萜可延长青霉素诱发大鼠痫性放电潜伏期，减少痫波发放频率。

阿魏菇醇提物中三萜类化合物能够抑制黑色素瘤生长，具有显著的抗肿瘤效果，主要通过细胞增殖、细胞周期、细胞凋亡相关因子的表达调控，从而阻止细胞周期进程，诱导细胞凋亡，降低线粒体膜电势荧光强度以及阻止细胞迁移活动。

3. 甾醇类　香菇、姬松茸、猪苓、金针菇、冬虫夏草、麦角菌和赤芝等真菌中均含有甾醇类化合物。

麦角甾醇广泛存在于真菌子实体和发酵菌丝中，是真菌细胞膜的重要组分，也是真菌类的特征化合物。麦角甾醇还是维生素 D_2 的前体，经紫外光照射后转化成维生素 D_2。如图 7-6 所示。

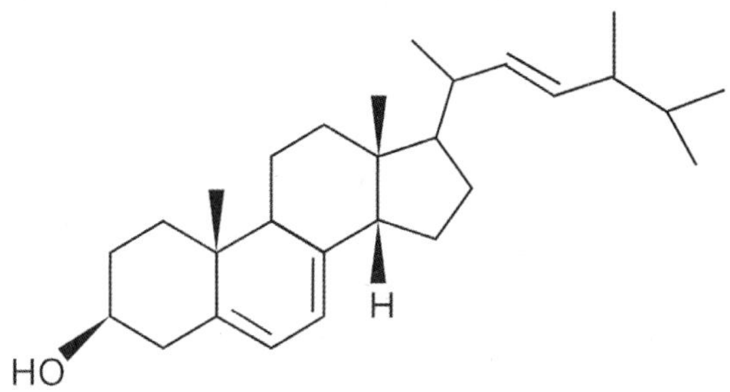

图 7-6　麦角甾醇结构式

以麦角甾醇为代表的甾醇类成分，经药理研究证明有抗炎、促免疫、抗癌等多种药理作用，其中抗肿瘤活性最为显著。近年来有学者发现麦角甾醇能通过抑制肿瘤血管新生从而抑制肿瘤生长，在抗肿瘤药物或保健食品开发方面具有广阔的应用前景。

从真姬菇子实体中分离出的麦角甾醇具有抗肿瘤活性，并发现它对小鼠的皮肤癌有显著的抑制作用。猪苓醇提物中的麦角甾醇对化学致癌物，如糖精钠诱导的 Wistar 大鼠膀胱癌有很好的治疗作用，而以多糖为主的水提物则抗癌作用很小。从灰树花菌丝体和杨树菇子实体中分离出的麦角甾醇对环氧合酶 II 有抑制作用。含麦角甾醇较多的虫草提取物的抗肿瘤活性也较高，麦角甾醇分布与提取物抗肿瘤活性相一致。

通过小鼠抑瘤试验进一步证实了巴西菇中麦角甾醇具有较强的抑制肿瘤生长的效果，$100\ mg/(kg\cdot d)$ 剂量时的瘤重抑制率接近 80%。在鸡胚绒毛尿囊膜实验中，麦角甾醇与相同剂量（$5\ \mu g/mL$）的阳性对照地塞米松相比，表现出了

更强的抑制血管生长的作用，抑制率为 63.46%，剂量加大（$50\ \mu g/mL$）后，其抑制作用进一步提高到了 78.78%，说明麦角甾醇能够强烈地抑制血管生长，其抗肿瘤活性很有可能是通过这一机制来发挥作用的。

4. 核苷类　香菇中核苷酸包括环磷酸腺苷、环磷酸鸟苷和环磷酸胞苷。环磷酸腺苷是一种调节代谢的活性物质，具有抑制细胞生长和促进细胞分化的作用，可用于抗肿瘤，治疗牛皮癣以及冠心病、心绞痛等。香菇孢子提取物中的双链核糖核酸能促进干扰素的分泌，是提高干扰素血中浓度的诱发因子，使人体产生干扰病毒繁殖的蛋白质，可提高人体免疫力，有助于抗 HIV 病毒和抗衰老。

灵芝含有多种腺苷及其衍生物，都有较强的药理活性作用，降低血液黏度，抑制血小板聚集，提高血红蛋白的含量，加速血液循环，提高血液对心脑的供氧能力等。

蛹虫草菌素是一种多聚腺苷酸化抑制剂，具有免疫调节、抗真菌、抗病毒作用，尤其抗肿瘤效果显著。

5. 生物碱　从真菌中分离出的生物碱主要为吲哚类生物碱、腺苷嘌呤类生物碱和吡咯类生物碱。吲哚类生物碱主要分为麦角碱、麦角新安碱、麦角铵、麦角异胺、麦角生碱和麦角异生碱等。麦角菌是含这类成分物质的代表真菌。这类物质对于治疗心血管、偏头痛等疾病都有显著疗效，能促进子宫肌肉收缩，减少产后流血，催产，对眼角膜疾患及甲状腺分泌功能的失调等症有一定的疗效。嘌呤类物质是真菌新陈代谢过程的产物，有降胆固醇、降血脂和杀菌作用。

（三）食用菌生理功能研究概况

药理实验证明，食用菌具有免疫调节功能、抗肿瘤、降血压、降血脂、降血糖、健胃保肝以及抗氧化、延缓衰老、抗病毒和修复损伤组织细胞等方面的功效。

1. 免疫调节作用　在食用菌中发现很多具有免疫调节功能的生物活性物质，主要为多糖类、糖

食用菌保鲜贮运和加工

肽类、三萜类、凝集素以及免疫调节蛋白类等。多种食用菌多糖已被证实是一种非特异性免疫促进剂，如香菇多糖、密环菌多糖、猴头菌多糖、银耳多糖、黑木耳多糖、冬虫夏草多糖、灵芝多糖等均有免疫调节作用。菌类多糖通过对淋巴细胞、巨噬细胞、网状内皮系统，增强巨噬细胞吞噬能力，增强细胞免疫力、体液免疫反应，促进细胞因子产生等，调节机体的免疫功能。

2. 抗肿瘤作用　食用菌中所含的多糖类活性物质，不仅能增强机体的免疫功能，而且还具有抑制肿瘤生长的作用。日本学者 1969 年从香菇中分离出抗肿瘤活性多糖，经动物试验证实，香菇多糖具有明显的抑制肿瘤作用。

通过长期的研究筛选，发现其中有 150 多种食用菌多糖能够通过刺激机体产生免疫功能，或直接抑制或杀死癌细胞等方式，起到抑制肿瘤细胞生长的作用，抗肿瘤效果显著，如银耳多糖能显著抑制癌细胞合成速率从而实现抗肿瘤作用；双孢菇多糖不仅能抑制肿瘤的生长，而且能干扰癌细胞增殖，具有较好的抗肿瘤活性；灵芝多糖对肺癌和结肠癌细胞的生长，具有明显的抑制作用。

真菌多糖的免疫抗癌作用主要是通过激活 T 细胞或巨噬细胞的功能，刺激抗体的形成，提高机体的免疫功能，间接地抑制癌细胞的生长。灵芝多糖、香菇多糖、茯苓多糖和裂褶多糖等已用于临床治疗肿瘤。蛹虫草中的腺苷类物质虫草素也具有较好的抗肿瘤活性。

灰树花多糖被认为是所有真菌生物活性物质中抗肿瘤活性最强的。用含 20% 灰树花粉末的饲料喂带有胸腺癌肿瘤的小鼠 1 个月，肿瘤被完全抑制为 2/5，另外 3/5 与对照组相比抑制率为 90%。与其他真菌制剂相比，灰树花制剂显示出高达 86.3% 的抑制率，而香菇、双孢菇、金针菇和糙皮侧耳的抑制率分别为 77.0%、71.3%、61.7% 和 62.7%。而且灰树花多糖不仅对已经开始生长的肿瘤有效，也对癌症的发生及由于肿瘤细胞在淋巴液和血液中的转移而引起的次级灶的形成具有抑制作用。

3. 抗病毒作用　20 世纪 70 年代陆续发现有些食用菌多糖及其衍生物具有抗病毒作用，香菇多糖、灵芝多糖、猪苓多糖、冬虫夏草菌丝体多糖等有抗病毒性肝炎作用，能明显降低肝炎患者的血清谷丙转氨酶。

许多研究证明，真菌多糖对多种病毒，如艾滋病病毒、单纯孢疹病毒、巨细胞病毒、流感病毒、囊状胃炎病毒等均有抑制作用。真菌多糖与其他药物联用具有协同作用，将真菌多糖作为佐剂联合用药可防止或推迟耐药株的出现，提高药物的抗病毒活性，减少用药量。

香菇中双链核糖核酸能使小鼠体内诱导生成干扰素，并进一步阻止鼠体内流感病毒的增殖。裂褶菌多糖可提高感染仙台病毒小鼠的存活率，且有效抑制病毒的扩散。带有肽残基的云芝多糖也具有明显的抗病毒作用，已经制成药物用于临床治疗慢性肝炎，并用于肝癌的预防。

日本东北大学学者从香菇中提取了一种能抗流感病毒的双链核糖核酸。将这种核酸注入鼠体内，能进一步阻止鼠体内流感病毒的增殖，能促进干扰素的分泌；从香菇菌丝体中提取的核酸与从孢子中提取的核酸同样有效。香菇嘌呤也具有较强的抗病毒功能。

4. 抗氧化作用　已发现许多食用菌多糖具有清除自由基、提高抗氧化酶活性和抑制脂质过氧化的活性，起到保护生物膜和延缓衰老的作用。具抗氧化活性的多糖有灵芝多糖、凤尾菇多糖、香菇多糖、虫草多糖、竹荪多糖、侧耳多糖、猴头菇多糖和黑木耳多糖等。

灵芝多糖抗衰老作用机制主要是通过提高抗氧化酶活性、清除体内自由基而实现的，其中超氧化物歧化酶和谷胱甘肽过氧化物酶是机体内清除有害自由基的重要抗氧化酶，可保护细胞免受损伤，延缓细胞衰老。香菇多糖可提高小鼠的血清抗氧化酶的活性，并降低血清中黏膜白细胞介素-2 和肿瘤坏死因子-α 的水平。

5. 降血脂作用 香菇嘌呤能降低血清中胆固醇的含量。口服香菇嘌呤能降低血清中各种脂类，包括胆固醇，其降血脂作用比安妥明强10倍，且口服比注射有效。它不仅能降低血清中因进食超量酪蛋白引起的高胆固醇，还能降低胆汁中的胆固醇而增加脱氧胆酸。香菇多糖能显著降低小鼠的血清总胆固醇、甘油三酯和低密度脂蛋白，并增加血清抗氧化酶活性。

灵芝、黑木耳、银耳、金针菇、双孢蘑菇、平菇等也具有降血脂作用。木耳多糖能使血清胆固醇、低密度脂蛋白胆固醇显著下降，并相对提高血清高密度脂蛋白胆固醇。灵芝菌粉能显著降低淋巴液总胆固醇水平、肝中总胆固醇和甘油三酯水平。

6. 降血糖作用 灵芝多糖低剂量下对正常小鼠和四氧嘧啶糖尿病小鼠有明显的降低血糖作用，下降量与剂量呈正相关；猴头菌多糖对四氧嘧啶诱发的糖尿病具有明显的预防及治疗作用；银耳、黑木耳、猴头菇、云芝、冬虫夏草等所含多糖也具有降低血糖的作用。黑木耳含大量纤维素酶，能分解纤维素，长期食用能消除胃肠中的杂物，降低人体血液凝块、缓和冠状动脉粥样硬化等心血管疾病的发生概率。

7. 保肝健胃作用 灵芝有保护肝脏并增强排毒作用，可降低由四氧化碳引起的血清转氨酶，刺激切除肝的老鼠部分肝的再生，以及增强对吲哚美辛和洋地黄素毒性的抵抗力，降低甘油三酯的积累。从灵芝子实体中分离出的 7β,15α-二羟-酮灵芝酸 R 和 S 对由半乳糖胺引起的鼠肝细胞的细胞毒性有强烈的抗毒作用。香菇嘌呤对大鼠因注射三氯化铈引起的肝中毒和死亡有预防作用。

香菇多糖可通过降低肝脏损伤引起的谷丙转氨酶升高和提高肝损伤引起的肝糖原降低起到保肝作用。采用双孢蘑菇、蜜环菌、云芝等为原料制成的健肝片、亮菌片、云芝肝素都是肝炎常用的辅助治疗药物。

猴头菇多糖可增强唾液分泌、稀释胃酸、保护溃疡面、促进黏膜再生。用猴头菌丝体培养液制

成的"猴头菌片"，对胃癌、食管癌、慢性胃炎、十二指肠溃疡及消化道肿瘤均有一定的疗效。

三、食用菌功能成分分离与制备技术

功能成分是保健食品体现其功能作用的关键物质，也称为生物活性物质。功能成分的稳定性，以及功能成分的构效关系和量效关系是保健食品研发的主要内容。

食用菌含有丰富的生物活性物质，是一种优质的保健食品资源，其功能成分具有安全性和低毒性的特点。食用菌原料中含有多种功能成分，如蛋白质、纤维素、多糖、生物碱等物质，如何将其中的功能成分分离出来是保健食品开发必须要解决的关键问题。

（一）粉碎技术

提取食用菌功能成分之前，粉碎是原料前处理必不可少的工序。粉碎的目的主要是将物料微小化，扩大物料表面积，在提取时增大物料与溶剂接触面积，有利于功能成分溶出。

粉碎按可达到的物料细度分为粗粉碎、中粉碎、微粉碎和超微粉碎，粗粉碎产品物料细度为 5~50mm，中粉碎产品粒度为 5~10mm，微粉碎产品细度为 100μm 以下，而超微粉碎产品粒度在 10~25μm。超微粉碎按设备类型及技术原理可分为磨介式超微粉碎、气流式超微粉碎和机械剪切式超微粉碎。

物料通过超微粉碎，颗粒粒径变小，相应的比表面积增大，在粉碎的过程中随着粒度的不断减小，物料将会产生机械力化学效应，从而使得物料结构和物料化学性质变化，使超微粉的溶解度、分散度、吸附性、表面自由能等发生改变。显微镜下观察超微粉碎后的物料，仅有极少量完整细胞存在。细胞破壁后，细胞内的有效成分充分暴露出来，其释放速度大幅度提高，有利于人体吸收。

1. 超微粉碎技术特点

（1）可低温粉碎且速度快 与传统机械粉碎

方法不同，超微粉碎采用气流粉碎、冷浆粉碎等方法，粉碎过程中不会产生局部过热现象，可在低温状态下进行粉碎，速度快，最大限度地保留了原料的生物活性成分。

（2）粒径细且分布均匀　采用分级系统的设置，得到粒径分布均匀的超细粉，同时增加了微粉的比表面积，其吸附性、溶解性等亦相应增大。

（3）提高原料利用率　经超微粉碎后的物料超细粉可直接用于制剂生产，减少生产环节，减少原料浪费。

（4）减少污染　超微粉碎在封闭系统下进行粉碎，既避免了微粉污染环境，也可防止空气中的灰尘污染产品。

2. 超微粉碎技术应用　由于食用菌细胞结构致密，其多糖提取率不高，采用超微粉碎技术可有效提高食用菌多糖提取率。比较灵芝超微粉与普通粉薄层色谱的多糖含量，超微灵芝粉多糖含量为2.97%，普通灵芝粉多糖含量为0.71%，超微粉较普通粉的多糖提取率提高3倍以上。

超微粉碎过程产生的机械力化学效应，可改善粉体的部分化学与物理性能。利用超微粉碎技术对茯苓多糖和茯苓粉进行超微粉碎处理，比较处理前后其理化性质的变化，超微粉碎后的茯苓多糖红外吸收图谱发生变化，多糖溶出率增加。

香菇柄经超微粉碎后，平均粒径降至8.05 μm，总膳食纤维含量由43.23%提高到48.91%，可溶性膳食纤维含量由5.66%提高到15.64%，持水力、持油力和膨胀力分别提高了37%、46%和109%，香菇柄超微粉多糖溶出率提高2.17倍。

茶树菇超微粉表观性能良好，随着茶树菇微粒粒径的减小，其流动性、持水性和水溶性蛋白质的溶出度均有所增大，其营养成分可以更好地被人体吸收利用，也方便作为添加剂分散到食品中。

黑木耳经超微粉碎后多糖相对分子质量明显降低，相对于未经超微粉碎获得的黑木耳粗多糖，超微粉碎后得到的黑木耳多糖具有更明显的降血脂作用。

（二）功能成分提取技术

传统的功能成分提取方法主要是溶剂提取法，包括煎煮法、浸渍法、渗漉法、回流法等。天然植物的功能成分大多存在于其细胞壁内，机械或化学方法有时难以取得理想效果。现在可通过物理辅助萃取技术实现，常用的有超声波辅助萃取技术、微波辅助萃取技术和超高压辅助萃取技术等。目前超声波提取技术、微波提取技术、超临界流体萃取技术、生物酶解提取技术和闪式提取技术等现代提取技术也越来越多地应用于功能成分提取。

1. 溶剂提取法　溶剂提取法是最常用的提取方法。利用相似相溶原理，通过系统中不同组分在溶剂中的不同的溶解度来分离混合物。溶剂浸提的方法常见的有浸提法、渗漉法、回流法三种。浸提是将物料浸没于溶剂中，在一定的温度下浸泡提取。如用热水浸提灵芝多糖，最佳提取条件为浸提温度90℃，料液比1∶15，浸提2 h；渗漉是将物料浸润膨胀后装入渗漉桶中，不断添加溶剂，在渗漉桶的下方收集滤出液；回流提取是用乙醇等挥发性溶剂加热提取，溶剂蒸馏出后又被冷凝流回浸提装置中，三萜类、脂类等醇溶性物质多用回流提取。如用回流提取茯苓三萜，最佳提取条件为料液比1∶8，70%的乙醇回流提取2次，每次分别为2 h、1 h。

2. 超声波提取技术　超声波提取技术是利用超声波辐射压强产生强烈空化效应、扰动效应和热效应，加速扩散溶解的一种新型提取方法，超声波增加物料分子运动频率和速度，增加溶剂穿透力，提高了功能成分的溶出速度和溶出率，缩短了提取时间。

超声波提取技术用于食用菌功能成分的提取，具有试验设备简单，操作方便等优点，与常规提取法相比，具有提取时间短，产率高，无须加热等优点。

采用超声波辅助提取鸡油菌多糖，料液比为1∶25(W∶V)，提取温度40℃，提取时间为 30min，该条件下多糖质量分数可达 13.59 g/100g，与传统热水浸提相比多糖提取率提高 76.22%。采用超声波强化提取香菇柄中的麦角甾醇，与常规回流提取工艺相比，提取时间缩短 8 倍，麦角甾醇溶出量提高 17.46%。超声波辅助萃取灵芝三萜类化合物，溶剂用量减少，提取时间缩短，目标产物提取率提高 40%。银耳经机械粉碎后超声波辅助热水浸提，能显著缩短浸提时间，银耳多糖提取率比酶解法高出 4.693%。

3. 微波提取技术　微波提取是指在功能成分的提取过程中引入微波场，利用微波场的特性和特点来强化功能成分浸出的新型提取方法。与传统的提取技术相比，微波提取技术最突出的优点在于溶剂用量少、耗时少（5～15 min），选择性强，有利于提取原料中热不稳定的活性物质；提取效率高，能耗低，操作简单，低污染。

4. 超临界流体萃取技术　超临界流体萃取法具有萃取和分离的双重作用，物料无相变过程因而节能明显，工艺流程简单，萃取效率高，无有机溶剂残留，产品质量好，无环境污染。用于超临界流体的物质很多，但最常用的是二氧化碳，利用超临界二氧化碳萃取技术提取药食同源品的功效成分，对于提高功效成分的纯度和活性具有重要的作用。

5. 生物酶解提取技术　生物酶解提取技术是基于酶解作用选择性破坏植物细胞壁，使植物细胞内的功能成分更容易溶解、扩散，具有成分浸出率高、减少热敏成分损失、降低能耗、减少污染等优点。利用酶解技术提取食用菌功能成分，可以有效破坏食用菌细胞壁的致密结构，提高多糖、蛋白质等功能成分的溶出。

纤维素酶法提取香菇柄的滋味物质，如呈味核苷酸、游离氨基酸、可溶性糖等滋味成分释放率均有不同程度的提高。采用纤维素酶提取杏鲍菇多糖，提取率达 18.57%。木瓜蛋白酶适合于袖珍菇多糖的提取，远高于果胶酶和纤维素酶，比传统热水浸提法提高 2 倍。

6. 闪式提取技术　闪式提取技术是一种用于植物快速提取的新型提取技术，依靠机械剪切力和分子渗滤技术，在室温及溶剂存在下数秒内将植物的根、茎、叶、花、果实等物料破碎至细微颗粒，并使有效成分迅速达到组织内外平衡，通过过滤达到提取的目的。闪式提取技术能够最大限度地保护植物活性成分避免受热破坏，其溶剂量小，提取时间短，效率高。采用闪式提取技术从蛹虫草培养基中提取多糖，虫草多糖得率为 3.52%，高于传统热水回流提取的得率。

（三）功能成分分离纯化技术

功能成分提取后需要进一步除去杂质，分离纯化。常用的分离纯化技术主要有溶剂萃取分离技术、吸附澄清技术、膜分离技术、大孔树脂分离技术、分子蒸馏技术等。

功能成分分离纯化依据提取混合物中不同组分之间的差别进行分离，包括两个方面：一方面是根据粗提取物的性质，选择相应的提取分离纯化方法及条件，得到目标产物，如水提醇沉，高速离心等；另一方面是根据功能成分的性质，采用溶剂分离纯化，得到高纯度的功能成分。

1. 溶剂萃取分离技术　溶剂萃取分离是从混合物中初步分离纯化的常用分离方法。溶剂萃取具有传质速度快、操作时间短、便于连续操作、容易实现自动化控制、分离纯化效率高等优点。

2. 吸附澄清技术　在混悬的提取液或浓缩液中加入一种吸附的澄清剂，以吸附方式除去溶液中的不需要成分，以达到分离的目的。通过吸附澄清剂的吸附作用和无机盐电解质微粒以及表面电荷产生絮凝作用，使许多不稳定的微粒结成絮团，并不断增大变长，而加快其沉降速度，提高过滤速率。

3. 膜分离技术　膜分离技术是以选择性透过膜为分离介质，当膜两侧存在推动力时，原料的组分可透过选择膜而对混合物进行分离、提纯、浓缩的一种分离过程。膜分离技术具有比普通分离方法更突出的优点，分离时，料液既不受热升温，又不发生相变化，功能成分不会散失或破坏，能保持活性成分的原有功能特性；同时膜过滤浓缩和纯化可在同一个步骤内完成。

4. 大孔吸附树脂分离技术　大孔吸附树脂是一种具有大孔网状结构的高分子吸附剂，通过分子间物理吸附作用而达到分离纯化功能成分的目的，具有高效、简便、易于自动化、有利于保护环境、防止污染等优点。AB-8 大孔树脂对滑菇多糖分离纯化的效果较好，纯化工艺为：吸附时间 3 h，pH 5.0，样品浓度 1.5 mg/mL，洗脱剂为 70% 乙醇溶液，解吸时间 4 h，洗脱速率 2 mL/min。

5. 分子蒸馏技术　分子蒸馏又称短程蒸馏，是一种非平衡蒸馏，它依据不同物质分子运动平均自由程的差别在高真空下实现物质间的分离。

分子蒸馏具有操作温度低，蒸馏压力低，受热时间短，分离效率高的特点。分子蒸馏技术能够尽量保持食品的纯天然性，而且加工温度不高、无毒、无害、无残留物、无污染、分离效率高，适用于热敏性天然成分的提取。灵芝孢子油珍贵稀少，占孢子总重的 20%～35%，灵芝孢子的脂质提取物，富含三萜类化合物、甾体和不饱和脂肪酸等。采用分子蒸馏技术分离灵芝孢子油的杂质，可有效改善灵芝孢子油的品质。

（四）功能成分的浓缩干燥技术

功能成分提取纯化后的溶液体积大，易变质不易保存，对功能成分提取液进行浓缩干燥，以便于下一步开发应用。常用的浓缩方法有常压浓缩、真空浓缩等，以及冷冻浓缩、反渗透膜浓缩等新技术。干燥也有多种干燥技术。

1. 浓缩

（1）常压浓缩　常压浓缩是在常压下进行溶液蒸发，如果为有机溶剂，可进行冷凝回收利用并防止空气污染。常压浓缩设备简单，操作方便，但蒸发温度高，能耗较大。许多成分容易在高温条件下焦化、分解、氧化，使产品质量下降。

（2）真空浓缩　真空浓缩又称减压浓缩，在工业生产中普遍应用。由于在较低温度下蒸发，可以节省大量能源。并且物料不经过高温，避免了热不稳定成分的破坏和损失。

（3）冷冻浓缩　冷冻浓缩是利用冰与水溶液之间固液相平衡原理的一种浓缩方法。部分水分从水溶液中结晶析出，而后将冰晶与浓缩溶液加以分离。冷冻浓缩方法特别适合于热敏物质的浓缩。溶液中水分从溶液到冰晶的相间传递，可以避免热敏物质的挥发损失。

（4）反渗透膜浓缩　反渗透膜浓缩是近 20 年来发展起来的新技术。使用的分离膜是一类坚固的具有一定大小孔径的合成材料，在一定压力下或电场的作用下，可使溶液中不同大小的分子或不同电性的离子有选择性地通过该半透膜，从而使物质得到分离、纯化或浓缩。

采用反渗透膜浓缩香菇多糖提取液，在进膜压力 20 MPa、多糖浓度 6.48 mg/mL、温度 30℃时可取得较好的浓缩效果，且产品优于真空浓缩。

2. 干燥技术　常用的干燥方法有真空干燥、喷雾干燥、沸腾干燥、微波干燥、冷冻干燥等。其中冷冻干燥是功能成分干燥的重要方法。冷冻干燥是将溶液中的水分冻结成冰后，在真空下使水分直接气化的干燥方法。冷冻干燥适合于热敏性成分的干燥，能够很好地保持功能成分的活性。

四、食用菌保健食品成型技术

保健食品成型工艺是将原料半成品与辅料进行加工处理，制成剂型并形成最终产品的过程。食用菌保健食品的剂型选择应根据配方原料化学成分的性质、保健功能与适用人群的需要以及生产的实际条件综合考虑。由于保健食品具有食品的属性，原则上应选择胃肠道易吸收的口服剂型。水溶性好的原料可选择液体剂型，如口服液、饮料、糖浆剂等；水溶性差的原料或某些成分的溶液状态不稳定，则应选择固体剂型；儿童保健食品应注意选择色、香、味俱佳的剂型。

（一）产品类型

根据不同的消费人群，如婴幼儿、学生、老年人或不同的疾病患者人群的生理特点、营养需求或特殊身体状况而设计的保健食品，可分为以下几种。

1. 婴幼儿保健食品　符合婴幼儿迅速生长对各种营养素和微量活性物质的要求，促进婴幼儿健康生长。

2. 学生保健食品　促进学生的智力发育，以旺盛的精力应对紧张的学习和考试。

3. 老年人保健食品　满足"四高四低"的要求，即高蛋白、高膳食纤维、足够的维生素和矿物质，低糖、低脂肪、低胆固醇和低钠。

4. 特种保健食品　针对某些特殊消费人群，如糖尿病患者、肥胖者、孕妇、乳母等，产品包括降糖食品、美容食品、减肥食品等。

（二）保健食品产品成型技术

食用菌保健食品除了普通食品形式外，常用剂型还有片剂、颗粒剂、粉剂、胶囊剂、软胶囊剂、口服液、保健饮料等。

1. 片剂　片剂是指主料与适宜的辅料混匀压制而成的圆片状或异形片状的固体制剂。片剂类保健食品在市场上占有很大比例，具有产品的性状稳定，携带食用方便的特点。根据不同需要制成包衣片、泡腾片、咀嚼片及口含片等。

片剂的制备工艺主要包括粉碎、过筛、混合、制粒、干燥与压片等步骤。

（1）原料　原料的处理按配方要求选用合适的材料，并进行洁净、灭菌、炮制和干燥处理。

（2）制粒　大多数片剂都需要先制成颗粒后进行压片。颗粒可增加物料的流动性和可压性，减少片剂的松裂。

（3）压片　将干燥好的颗粒进行压片。也可以采用粉末直接压片，将原料的粉末与适宜的辅料混合后直接压片。

2. 硬胶囊剂　硬胶囊剂是把一定量的原料提取物或原料粉末充填于空心胶囊中制成。具有美观、方便、稳定性好的特点。

硬胶囊的制作是将物料制成干燥的颗粒，根据产品要求选择空胶囊的规格型号，采用胶囊自动填充机或手工填充。

3. 软胶囊剂　软胶囊剂是把一定量的原料和辅料密封于球形、椭圆形或其他形状的软质囊材中制成的剂型。

软胶囊剂可弥补其他固体剂型的不足，如含油量高或液态药物不易制成丸剂、片剂，可制成软胶囊剂。软胶囊剂具有美观、生物利用度高、稳定性好、服用方便的优点。

软胶囊囊材的组成主要是胶料、增塑剂、附加剂和水。制作软胶囊剂时，填充物料与成型是同时完成的。

（1）配制囊材胶液　根据囊材配方，将明胶放入蒸馏水中浸泡使其溶胀，待明胶溶化后加入其他辅料，搅拌均匀。

（2）制胶片　将配制好的囊材胶液涂在平坦的板表面上，使其厚薄均匀，于90℃左右加热，蒸发表面水分，成为有一定弹性和韧性的软胶片。

（3）压制软胶囊　采用自动旋转软胶囊机生产成型。

4. 口服液　口服液是将原材料用水或其他溶剂采用适宜的方法提取，经浓缩制成的内服液体剂型。具有口感好、吸收快、质量稳定等特点。

口服液的制作方法　一般分为浸提、净化、浓缩、复配、灌装、灭菌、质检等工序。

（1）浸提　将原材料洗净，加工成片、段或粗粉后进行浸提2～3次，合并汁液，滤过备用。

（2）净化　提取液经过净化处理以减少口服液中的沉淀。

（3）浓缩　将净化后的提取液进行适当浓缩，一般以每日服用量在30～60 mL为宜。

（4）复配　根据需要选择添加矫味剂和防腐剂进行口服液复配，搅拌均匀。

（5）灌装　复配好的物料经过粗滤、精滤，装入无菌、洁净、干燥的容器中，密封。

（6）灭菌　包装好的口服液需进行灭菌。

（7）质检　口服液的质量检查包括澄明度检查、装置差异检查、卫生学检查、定性鉴别、有效成分含量的测定、相对密度测定等。

5. 颗粒剂　颗粒剂是以原料提取物与适宜辅料制成的干燥颗粒状剂型，一般分为可溶性颗粒剂和混悬性颗粒剂两种类型。具有体积小、适口性好、服用方便等特点

颗粒剂的制法包括提取、精制、制粒、干燥、整粒、包装等步骤。

（1）提取　将原材料洗净，加工成片、段或粗粉后进行浸提2～3次，合并汁液，浓缩至稠膏状备用。

（2）精制　将稠膏加入等量的95%乙醇，混合均匀，静置冷藏12 h，过滤，滤液回收乙醇后，再继续浓缩至稠膏状。

（3）制粒　将精制过的稠膏或干膏细粉拌入一定量的水溶性赋形剂，混匀，制成颗粒。

赋形剂主要是蔗糖和糊精。蔗糖用前干燥、粉碎、过筛制成糖粉。大多数情况下，稠膏与糖粉的比例是1∶（2～4）。保健食品不宜含糖量太高，可以用部分糊精代替糖粉，以减少糖粉的用量。

（4）干燥　干燥温度控制在60～80℃较好，水分控制在2%以内为宜。

（5）整粒　颗粒干燥后，用摇摆式颗粒机重新过筛，使颗粒更加均匀。

（6）包装　一般采用复合塑料袋包装。

五、食用菌保健食品开发实例

食用菌集营养、美味、功能和安全性于一身，食用菌保健食品有着巨大的开发潜力和应用前景。近年来，食用菌类保健食品已成为保健食品中最为活跃的研究和产品开发领域，以灵芝、茯苓、香菇等为代表的食用菌类原料已成为我国保健食品中常见原料，功效成分有多糖、三萜、腺苷、氨基酸、膳食纤维等，其中多糖占一半以上。

目前食用菌类保健食品中，以灵芝、茯苓、香菇等原料的使用频次最高，依次为灵芝、茯苓、灵芝孢子粉、香菇、银耳、蛹虫草、猴头菇、姬松

茸、木耳、金针菇，其中，灵芝及灵芝孢子粉属于保健食品真菌类原料，茯苓既是食品又是药品的原料，蛹虫草是卫生部批准的食品新原料，其余为普通食品。

已批准注册的食用菌类保健食品所声称的保健功能常见的主要有增强免疫力、缓解疲劳、改善睡眠、辅助保护化学性肝损伤、辅助降血脂、抗氧化（延缓衰老）、减肥、抗辐射、辅助降血糖、改善胃肠道功能（通便、保护胃黏膜、促进消化）等，其中增强免疫力功能产品居多，约占食用菌为原料产品的1/2，其次依次为缓解疲劳、改善睡眠、辅助保护化学性肝损伤、辅助降血脂、抗氧化（延缓衰老）、减肥、抗辐射等保健功能。

下面结合实例分别介绍食用菌保健食品的开发。

（一）复合灵芝孢子粉软胶囊的制备

复合灵芝孢子粉软胶囊采用低温破壁技术，结合破壁灵芝孢子粉和核桃油的保健作用，并添加维生素E作抗氧化剂，具有软胶囊剂型特点；产品立意新颖，配伍独特，密封性好，功能成分稳定，易于人体吸收，且外观精美，服用方便。

灵芝孢子粉含有灵芝三萜、灵芝多糖、有机锗、有机硒、腺苷、多肽等活性物质。经过破壁处理的灵芝孢子粉，其有效成分才能被人体吸收；而破壁后的灵芝孢子粉易氧化，需密封保存。核桃油含有高含量的亚油酸、亚麻酸等不饱和脂肪酸，以及天然维生素A、维生素D等营养物质，对软化血管、降低人体胆固醇、防止动脉硬化和血栓形成有积极作用。

具体制备方法如下：将灵芝孢子粉过20目筛，用水淘洗干净，于60℃烘干备用。干净的灵芝孢子粉加入碾压式破壁机，机器参数为主机60 r/min，风机300 r/min，控制温度5℃，破壁60 min。用血细胞计数板法检测破壁率，保证灵芝孢子粉破壁率达95%以上。配料：将破壁灵芝孢子粉、核桃油、维生素E等物料加入混合罐中混合，过胶体磨处理。溶胶：将明胶40%～50%，

水 30%～40%，甘油 10%～20% 等物料加入罐中，在 60～70℃充分搅拌，然后进行真空脱气。压丸：将物料和胶液分别加入软胶囊机物料槽，制备软胶囊。喷体控制温度 37～50℃，内容物温度 ≤ 40℃，胶液温度 55～65℃。

（二）菌多糖膳食纤维胶囊的制备

菌多糖膳食纤维胶囊由香菇超微粉、猴头菌超微粉和水苏糖制成。作为一种真菌类纤维，除具有普通膳食纤维的生理功能外，还具有高蛋白、低脂肪及浓郁纯正的菌菇风味等特点，既能增加人体纤维素，提高人体免疫力，又对肠胃疾病有辅助治疗作用。

具体制备方法如下：

分别将猴头菌粉超微粉碎，香菇经初粉碎再超微粉碎，取 30%～50% 香菇菌超微细粉、10%～30% 猴头菌超微细粉先预混合后，加 30%～50% 水苏糖均匀混合后，充填胶囊，计粒装瓶，辐照灭菌后制得产品。

经临床研究表明，菌多糖膳食纤维胶囊对便秘、慢性腹泻、胃胀、消化不良等慢性胃肠道疾病的总有效率达 78.9%，其中显效 47.4%，有效 31.5%。

（三）金针菇益智口服液的制备

金针菇益智口服液以金针菇、猴头菇和香菇的活性物质提取液为原料，并添加牛磺酸，使获得的产品具有较好提高人体免疫力和改善记忆的功效。

金针菇含有人体必需氨基酸成分较全，其中赖氨酸和精氨酸含量尤其丰富，且含锌量比较高，对增强智力尤其是对儿童的身高和智力发育有良好的作用，而且金针菇能有效地增强机体的生物活性，促进体内新陈代谢，有利于食物中各种营养素的吸收和利用，对生长发育也大有益处，因而有增智菇的美称。

猴头菇具有健胃、补虚、抗癌、益智安神之功效；香菇多糖对免疫系统具有广泛的作用，在多个层次上对淋巴细胞和巨噬细胞等多种免疫细胞的功能起到增强作用。此外，香菇多糖具有较好的抗肿瘤作用和保护肝损伤的作用。

牛磺酸可促进婴幼儿脑组织和智力发育，提高神经传导和视觉机能，改善内分泌状态，增强人体免疫力，改善记忆。在牛磺酸与脑发育关系的动物试验研究中发现，牛磺酸可提高大白鼠的学习与记忆能力，补充适量牛磺酸不仅可以提高学习记忆速度，而且还可以提高学习记忆的准确性，并且对神经系统的抗衰老也有一定作用。

具体制备方法如下：将金针菇、猴头菇和香菇子实体按质量比 3∶2∶1 至 8∶1∶1 在低温中进行脱水并粉碎。向粉碎后的子实体混合物中加入其体积 5～20 倍的 60℃水，超声提取 1～3 h，然后过滤。向滤渣中加入其体积 3～10 倍的 60℃水超声提取 1～3 h，然后过滤。将过滤后获得的滤液与上一步过滤后获得的滤液混合均匀。将滤液浓缩至子实体粉碎后体积的 6～20 倍。向浓缩后的滤液中加入牛磺酸并混合均匀。高温灭菌分装。

经功能性动物试验证明，金针菇益智口服液具有较好的提高免疫力和改善记忆的功效。

（四）茯苓降糖颗粒的制备

茯苓降糖颗粒选用茯苓多糖、枸杞多糖、花色素和苦瓜提取物为原料组分，具有降血脂的保健功能。

茯苓味甘、淡、性平，入药具有利水渗湿、益脾和胃、宁心安神之功用。茯苓多糖占菌核的 70%～90%，茯苓多糖具有降血糖、抗肿瘤、抗病毒、抗氧化、增强机体免疫力、保肝、催眠、抗炎等作用，是很好的 a-葡萄糖苷酶活性抑制剂。枸杞多糖能明显增强受损胰岛细胞内 SOD 的活性，提高胰岛细胞的抗氧化能力，减轻过氧化物对细胞的损伤，降低丙二醛生成量。花色素和苦瓜提取物具有降糖功效，抑制肝脏糖质新生，促进肝脏糖原合成和外围葡萄糖的氧化。

具体制备方法如下：将茯苓切片后粉碎，加水回流提取 3 次，料液比 1∶30，提取温度 80℃，提取时间 30 min/ 次，合并提取液，过滤除去不溶

食用菌保鲜贮运和加工

性杂质。提取液经真空浓缩，浓缩液中加入 3 倍体积 95% 乙醇，在 1～4℃ 条件下醇析 8 h，过滤，收集沉淀。将所得的茯苓多糖提取物沉淀粉碎成细粉，备用。称取茯苓多糖 70 份，枸杞多糖 10 份，花色素 5 份，苦瓜提取物 15 份，混合均匀，制粒，分装。

（五）复合菌多糖保肝片的制备

复合菌多糖保肝片选用鸡腿菇、银耳、金针菇等菌物胞内多糖制备，能够有效降低血清 ALT、AST 水平，明显降低肝损伤后肝中丙二醛含量，明显促进胆汁分泌，使受损的肝功能恢复，具有保肝的保健功能。

鸡腿菇味甘性平，有健脾胃、清心安神的功效，经常食用有助消化、增进食欲和治疗痔疮的作用；银耳多糖具有抑制肿瘤生长、提高机体免疫、延缓衰老、抗突变等作用，能够有效抑制肝癌的扩散，降低肝肿瘤的质量和体积。金针菇具有舒筋活络、强筋壮骨的功能，主治腰腿疼痛、手足麻木、筋络不舒等症。从这些食用菌子实体、菌丝体、发酵液中分离出的食用菌多糖具有多种活性，是一种重要的生物效应调节剂。

具体制备方法如下：将鸡腿菇、银耳、金针菇分别进行菌物发酵。完成发酵后分离出菌丝体。将所得的菌丝体烘干，经研磨粉碎后过 60 目筛。将菌丝体粉加 2～3 倍体积蒸馏水，调 pH 为 7.0，浸泡 30～60 min，温度保持 55℃，加入 0.5% 的纤维素酶，混合反应 1～2 h，离心 20 min，沉淀再加入 0.3% 果胶酶溶液，混合反应 1～2 h，离心 20 min，沉淀最后加入 0.5% 蛋白酶酶解 1～2 h，离心分离。将得到的固体部分加蒸馏水，料液比 1：50，在功率 700W 的超声条件下处理 3 次，每次 60 min，80℃ 浸提 3 h，抽滤，浓缩至原体积的 1/5，然后加 6 倍体积的无水乙醇，4℃ 静置 12 h，离心 20 min，再加入 3～6 倍体积的无水乙醇，混匀，静置 12 h，合并乙醇液，收集沉淀物，干燥。将得到的液相部分浓缩后加入 3～6 倍体积的乙醇，充分混合沉淀，静置 12 h，离心分取沉淀，

分离出的乙醇浓缩，再向醇相中加入 3～6 倍体积无水乙醇，充分混合后，静置 12 h，离心分取沉淀物，干燥。合并所得沉淀物，得到菌物胞内多糖。分别取用上述所得的鸡腿菇多糖 10%～45%，银耳多糖 20%～50%，金针菇多糖 20%～45%，经粉碎、混合、制粒、压片，得到复合菌物胞内多糖片。

（六）双孢菇蛋白肽口服液的制备

双孢菇蛋白质含量居食用菌之首，每 100 g 干菇蛋白质为 38～40 g，含有 18 种氨基酸，其中 8 种是人体必需的氨基酸，并且赖氨酸和亮氨酸含量相当丰富。活性肽是极具发展前景的功能因子，既容易被人体吸收，又具有延缓衰老、抑制肿瘤、调节激素、提高免疫力、抗菌、抗病毒、降血压和降血脂等功能。双孢菇蛋白肽口服液，产品色泽金黄、口感好、营养价值高。

具体制备方法如下：

选择新鲜的双孢菇原料，切片后与水以 1：（1～1.5）的比例混合，打浆得到双孢菇浆液。将双孢菇浆液置于酶解反应器中，加入 0.55%～0.60% 的酸性蛋白酶和 0.20%～0.25% 的木瓜蛋白酶，加热到 50～60℃，调节 pH 4.5～5.5，搅拌下酶解 5～6 h。灭酶，离心分离酶解液。收集上清液，即为双孢菇混合肽。将收集的上清液蒸发浓缩，使体积减至原来的 1/2 或 1/4。所得的浓缩液中加入 5%～10% 蔗糖，1%～3% 蜂蜜，0.2%～0.3% 柠檬酸，0.05%～0.2% 黄原胶和羧甲基纤维素钠，调配均匀。加入 0.1%～1% 食品级壳聚糖，高速搅拌均匀，静置澄清 3～6 h。取澄清透明上清液进行灌装，灭菌后得到双孢菇蛋白肽口服液。

第六节
食用菌焙烤食品

焙烤食品主要包括面包、饼干和糕点，是生产数量较多、与人们日常生活密切相关的一大类方便食品。随着人们生活水平的不断提高，人们对生活质量有了更高的要求，饮食结构也发生了较大变化。人们已不再满足于传统的米饭和馒头，而要求有更多更新的品种来丰富他们的饮食，焙烤食品则以其方便性、适口性及营养性，深受广大消费者青睐，其消费数量逐年增加。同时，大量生产焙烤食品的新设备、新工艺被引进我国，各种新原辅料也接踵而至，使我国焙烤食品在短短的数年里有了长足的发展，产品琳琅满目、品种丰富、风味多样。

一、焙烤食品

焙烤食品是指以谷物为主要原料，最后工序采用焙烤工艺进行定型和熟制的一大类产品。即将生的面坯放在烤箱或烤炉中，经过一定的温度和时间的焙烤而成熟的产品的总称。几乎所有的焙烤食品都以谷物粉如小麦粉、玉米粉等为基础原料，以糖、油脂、蛋、乳品或其中的一种为主要辅料，最后熟制工序都采用焙烤工艺，而且都是一种冷热皆食的方便食品。

焙烤食品品种繁多，花样齐全，一般多按工艺及产品特点分为面包类、松饼类、蛋糕类、点心类和馅饼或派类等。若按发酵与膨松程度可分为微生物法，即利用酵母发酵产气使之蓬松的制品，如面包、苏打饼干等，以及用化学方法达到蓬松目的的制品，如各种蛋糕、饼干等（利用化学疏松剂产生二氧化碳），利用高速搅拌法融入大量空气实现膨松目的的食品，如海绵蛋糕；部分膨化制品，即利用焙烤时水分剧烈汽化来膨松的食品，如米饼。另外，传统食品，如月饼、酥饼等也属于焙烤食

品。按原辅料成分特征可分为小麦类焙烤食品、玉米类焙烤食品、高纤维燕麦薏米等杂粮类焙烤食品、高蛋白大豆类焙烤食品、食用菌类焙烤食品，等等。

（一）面包的生产原理

在焙烤食品中面包占有重要地位，其蓬松柔软，风味多样，口感优良，食用方便，易于消化吸收。面包是一种经过发酵的焙烤食品。它是以小麦粉、酵母、盐和水为基本原料，添加适量糖、油脂、乳与乳制品、蛋与蛋制品、果料、添加剂等辅料，经搅拌、发酵、成形、醒发、焙烤而制成的组织松软的方便食品。

20世纪80年代左右，在许多大中城市，如北京、上海、广州、大连、长春、哈尔滨等地，先后从美国、日本、意大利、法国等国家引进了先进的面包生产线，在很大程度上改善了生产条件，提高了产品质量。并且由于产量大、保质期长，大大增加了产品的销售半径，延长了销售时间，面包的消费人群大大增加。但近年来，随着国民经济的发展及生活水平的提高，人们开始追求更新鲜、营养更丰富的面包产品，因此工业化大批量生产的面包逐渐被人们厌倦，前店后厂式的面包店如雨后春笋般相继出现在城市的大街小巷，随时为人们提供刚出炉的新鲜面包。

（二）糕点

我国糕点起源于商周时期。相传商朝开国相伊尹，知食善味，会做许多精美糕点，被后人称为"烹饪鼻祖"。到了汉代有了糕饼的名称，称方形空心者为"糕"，圆形夹心者为"饼"。元朝时，意大利的马可·波罗把西餐西点技术传入中国，在中国的糕点业中出现了西式蛋糕。明清时期，糕点加工作坊遍及全国各地，品种更加丰富，制作技术也达到相当水平，特别是清宫御膳房设有专门制作糕点的技师，生产出许多味美适口、营养丰富的糕点，如油炸白果、京八件等。许多地区出现了具有独特风味的面点，如河南的少林八宝酥等，最终形成了糕点行业。但发展缓慢，直到20世纪

50年代，仍停留在手工操作和小作坊水平，设备落后，只有在少数大城市开设几家规模有限的糕点加工厂。直到20世纪70年代后，糕点行业才在生产工艺和制作技术方面得到不断改进，机器设备不断更新，逐步向机械化半机械化方面发展。随着人民生活水平的提高，糕点成为城乡人民日常生活中的重要食品。但到了20世纪末，随着物质极大丰富，营养知识的普及，消费观念的改变，高糖、高脂、高能量的糕点渐被人们摒弃，那些高蛋白、高纤维、低脂、低糖的营养型糕点越来越受到消费者的青睐，如低糖蛋糕、无糖月饼、高纤维玉米蛋糕等。

糕点属于高档食品，人们食用糕点是为了取得高含量及高质量的营养成分。糕点按蔗糖含量可分高糖型、低糖型、无糖型糕点；按脂肪含量可分为低脂型、高脂型、中等脂肪含量型；糕点按国别可分为中式糕点和西式糕点。由于地区差异，饮食风俗的不同，各流派又有其各自特点，致使我国东、南、西、北、中的糕点风味各异，口感多样。西式糕点面粉用量比中式糕点少，乳、蛋、糖、奶油的用量大，常辅以果酱、可可、水果等。西式糕点也有不同的流派，如德式、法式、俄式、英式、意式等。在我国西式糕点的代表性品种是蛋糕，受到各阶层消费者的欢迎。

（三）饼干

饼干是以小麦粉（或糯米粉）为主要原料，加入（或不加入）糖、油及其他辅料，经调粉、成型、烘烤制成的水分低于6%的松脆食品。饼干香酥可口，品种繁多，风味多样，营养丰富，而且含水量低，易于贮存和运输，所以饼干虽然较面包和糕点诞生得晚，但一经问世，便迅速在世界上传播开来，并广泛受到人们的喜爱。

作为一种焙烤食品，饼干配料讲究，营养价值高，水分低、口感酥脆、耐贮藏。有些饼干如压缩饼干，体积小、便于携带，是良好的战备军粮。饼干不但在军需、旅行、野外作业等方面深受人们的青睐，而且随着人们生活水平的提高及经济的发展，饼干日趋主食化、功能化，已成为营养强化食品的主力军，如高纤维饼干、加钙加锌饼干等，更符合现代人的营养需求。将食用菌以适当的方法处理后用于饼干的生产，可为广大消费者提供一种色、香、味、形俱佳的健康食品。按原料配比和产品成型方法的不同，饼干可分为韧性饼干、酥性饼干、甜酥性饼干、发酵（苏打）饼干等。按照《中华人民共和国轻工行业标准——饼干通用技术条件》，饼干依加工工艺不同可分为酥性饼干、韧性饼干、发酵（苏打）饼干、薄脆饼干、曲奇饼干、夹心饼干、威化饼干、蛋圆饼干、蛋卷等12类。饼干生产的基本工艺过程为原辅料的预处理、面团调制、面团辊轧、成型、烘烤、冷却、包装。

为了满足不同消费者的需要，各个企业及科研单位应从饼干的品种、口味、外观、包装等多方面进行研究和开发，如薄、脆、异型及口味的多样性；营养、保健型饼干；饼干基础原料的专业化及规格化；新工艺、新技术、新设备、新材料的应用；精美的包装等多方面进行研讨和开发，促进饼干事业蓬勃发展，满足人民的生活需要。

食用菌营养丰富，经特殊处理后，改善其加工工艺性能，同时由于其具有丰富的高品质的膳食纤维，对面筋具有稀释作用，可以提高面团的可塑性，获得适合生产饼干的塑性面团，因而适合于加工任何品种的饼干制品。食用菌饼干以其丰富的营养、优良的保健功能，必将引领饼干消费新时尚。

（四）焙烤食品常用原辅料的作用

1. 面粉

（1）面粉种类及与焙烤食品的关系 焙烤食品中所用面粉无特殊说明均指小麦粉，是生产焙烤食品的主要原料之一。随着科技的进步，人们对均衡营养的需求，玉米粉、燕麦粉、荞麦粉等谷物粉也在焙烤食品中得到广泛应用。根据生产需要及相关国家或行业标准将小麦粉分为通用小麦粉及专用小麦粉。通用小麦粉是指供一般面制食品用的小麦粉，不是为某种特殊需求而生产的，大多为家庭直接消费。专用小麦粉是指有特定品质要求，为某些特殊需求而生产的小麦粉，如高筋小麦粉、低筋小麦粉、面包专用粉、蛋糕专用粉、饺子专用粉等。小麦粉的加工性能与其蛋白质质量及含量，淀粉、纤维素含量有密切关系。

新磨制面粉其成分中的半胱氨酸和胱氨酸，含有未被氧化的硫氢基（-SH），它是蛋白酶的激活剂，当调粉时，被激活的蛋白酶强烈分解面粉中的蛋白质，使发酵面团持气力下降，造成面包品质下降。面粉经贮存一段时间后，硫氢基被氧化而失去活性，转变为二硫键，所以其工艺性能有所提高。此外可通过加入面团改良剂生产专用粉的方法来改善新磨制面粉的工艺性。

（2）面粉中蛋白质及工艺性能 小麦面粉中的蛋白质平均含氮量为17.54%，其蛋白质系数为5.7，而其他谷物蛋白质系数为6.25。小麦籽粒中的蛋白质含量和质量不仅决定小麦的营养价值，而且小麦蛋白质还是构成面筋的主要成分，因此它与一般面粉的烘烤性能密切相关。在各种谷物粉中，只有小麦粉中的蛋白质能吸水形成面筋。一般来说，蛋白质含量越高的小麦面粉质量越好。目前，不少国家都把蛋白质含量作为划分面粉等级的重要指标。另外，面粉中蛋白质的含量也随小麦的品种、粒质、产区和面粉的类别而不同。我国小麦中蛋白质含量在8%～14%，最高可达17.6%。硬质小麦中蛋白质含量高于软质小麦；春小麦中的蛋白质含量高于冬小麦；我国北方地区产小麦的蛋白质含量一般高于南方地区产小麦，其趋势是由北向南逐渐减少，所以北方小麦适于生产面包，而南方小麦适于生产饼干及糕点。

面粉中的蛋白质根据溶解性质的不同分为五种蛋白质，即麦谷蛋白、麦胶蛋白（醇溶蛋白）、麦球蛋白、麦清蛋白和酸溶蛋白。主要是麦胶蛋白和麦谷蛋白，其他三种含量很少。麦胶蛋白的二硫键主要是在分子内形成，在受到还原剂作用后，分子内二硫键便被破坏，但仅仅是分子形状发生变化。麦胶蛋白分子之间能通过次级键（氢键、离子键和疏水键）作用形成聚集体，彼此之间互相作用

形成类似绳索结构，而且这种聚集作用是可逆的。麦谷蛋白的亚基通过亚基间二硫键交叉连接构成面筋复合体。麦谷蛋白趋向于形成分子间二硫键，因而使面筋具有黏弹性。 此外，在面筋的网络结构中，还填充有淀粉、纤维素、脂肪等。面筋的工艺性能是面粉工艺性能的具体体现，起决定面粉适合加工焙烤食品的种类的作用。衡量面筋的工艺性能的指标有以下几点：

1）延伸性 是指湿面筋被拉长至某一长度后而不断裂的性质。一般延伸性好的面筋，面粉的品质也较好。

2）可塑性 是指湿面筋被压缩或拉伸后不能恢复原来状态的能力。

3）弹性 是指湿面筋被拉长或压缩后恢复原状的能力。面筋的弹性可分为强、中、弱三等。弹性强的面筋用手指按压后能迅速恢复原状，且不黏手或不留下手指痕迹；用手拉伸时有很大的抵抗力。弹力弱的面筋，用手指按压后，不能复原，黏手并留下较深的指纹；用手拉时抵抗力很小，下垂时，会因本身重力自行断裂。弹性中等的面筋，性能介于强弱之间。

4）韧性 是指面筋被拉长时所表现的抵抗力。一般情况下是弹性好的面筋其韧性也好。

5）延伸性 是指面筋在单位时间内自动延伸的长度，一般以面筋每分钟自动延伸的厘米数来表示。通常强力粉每分钟仅能自动延伸数厘米，而弱力粉每分钟可自动延伸100多厘米。

（3）面粉中的淀粉及其工艺性能 淀粉是小麦和面粉中最主要的碳水化合物，约占小麦籽粒重的57%、面粉重量的67%。由于葡萄糖分子间连接方式不同，又分为直链淀粉和支链淀粉两种。

淀粉是面团发酵期间酵母所需能量的主要来源。淀粉在焙烤食品中起着重要作用。面筋在面团中构成网络结构，淀粉充填其中。在焙烤过程中淀粉的糊化直接影响面包的组织结构。开始糊化的淀粉颗粒从面团内部吸水膨胀，使淀粉粒体积逐渐增加，固定在面筋的网络结构中。同时由于淀粉所

需要的水分是从面筋所吸收的水分转移而来，这使面筋在逐步失水状态下，网络结构变得更有黏性和弹性。当面团在发酵阶段时，面筋是面团的骨架，但在焙烤时面筋则不再构成骨架，而且有软化及液化趋势，此时实际上是由淀粉在维持面包的体积。如果淀粉糊化不足，会因淀粉胶体太干硬而限制面团适当膨胀，使面包体积小，组织状态不良。更重要的是淀粉是酵母发酵所需的碳源，是面团发酵的必备物质基础。

淀粉在饼干生产中具有重要作用。在面团形成过程中淀粉调节面筋的胀润度；对于苏打饼干和半发酵饼干，在面团发酵时，淀粉为酵母提供碳源；淀粉还决定焙烤食品在焙烤时的吸水量。

2. 油脂

（1）油脂的概念及加工学特性　油脂是焙烤食品的主要原料之一，某些糕点用油量高达50%。油脂不仅可增进食品的色、香、味、形和营养价值，而且在焙烤食品的生产中对面团的物性也起着重要作用。油脂的加工特性是指可塑性、起酥性、融合性、乳化分散性、稳定性等。

1）可塑性　可塑性是人造奶油、奶油、起酥油、猪油的最基本特性。固态油在糕点、饼干面团中能呈片、条及薄膜状分布，而相同条件下液体油分散成点、球状，因此固态油要比液态油润滑更大的面团表面积。所以用可塑性好的油脂加工面团时，面团延展性好，制品质地、体积和口感都比较理想。一般可塑性不好的油脂，起酥性和融合性也不好。油脂在面团中可以阻止面筋的形成，使食品组织比较松散，口感酥松。油脂的这种特性称为起酥性。面团中含油越多其吸水率越低。油脂能覆盖于面粉周围并形成油膜，降低面粉吸水率限制面筋形成；另外由于油脂的隔离作用，也使已形成的面筋不能互相黏合而形成大的网络结构，使淀粉和面筋之间不能结合，从而降低了面团的弹性和韧性，增加面团的可塑性。此外油脂能层层分布在面团中，起着润滑作用，使产品产生层次，口感酥松。影响油脂起酥性的因素主要是油脂形态，固态油脂比液态油起酥性好。

2）融合性　是油脂在搅拌时包含空气气泡的能力，也叫融入空气的能力。油脂融合性的好坏是影响蛋糕组织特性的关键因素。据研究证明，面糊内搅入的空气都在面糊的油脂成分内，而不在面糊的液相内，所以拌入空气越多，形成核心气泡越多，蛋糕体积越大。同时油脂搅拌所形成的油脂颗粒表面积越大，蛋糕组织状态越细腻均匀，品质也越好。而靠化学膨松剂胀发的蛋糕，组织粗糙，孔洞大且不规则，有硬颗粒感。

3）乳化分散性　指油脂在与含水的材料混合时的分散亲和性质。制作蛋糕时油脂的乳化分散性越好，油脂小粒子分布会越均匀，制成的蛋糕也会越大、越软。乳化分散性好的油脂对改善面包、饼干面团的性质，提高产品质量都有一定的作用。

起酥油、人造奶油由于具有可塑性，所以在没有乳化剂存在的条件下也具有一定的吸水能力和持水能力。

4）稳定性　是指油脂抵抗酸败的性能。起酥油比猪油稳定性好，不宜被氧化而酸败，经氢化处理的油脂其 AOM（Active Oxygen Method）值可达200 h 以上。

一般饼干、酥性点心要求油脂 AOM 值在100～150 h 为宜。由于起酥油具有这一优点，因而常用其生产需要保存较长时间的焙烤食品，如饼干、酥性点心等。为了提高油脂的稳定性，常加入少量抗氧化剂如 BHA、BHT、生育酚等。如要使饼干在 38℃条件下保存 12 个月不酸败，就必须使用 AOM 值 100 h 以上的油脂。

（2）油脂在焙烤食品中具有重要作用

1）油脂具有提高面团可塑性的作用　在调制酥类糕点和饼干等面团时，加入油脂后，由于油脂中含有大量的疏水烃基，使油脂具有疏水性，因此限制面粉吸水形成面筋，并且由于油脂的隔离作用使已形成的面筋来不及黏合在一起而形成大块面筋，从而降低了面团的弹性和韧性，增加了面团的可塑性，使面团容易定型，印模时花纹清晰。

2）增加面团的延伸性，使面包体积增大　油脂在面团中阻碍面粉颗粒的黏结，减少因黏结而在焙烤中形成坚硬的面块。油脂可塑性越好，在面团中分布越细小，越易形成连续性的油脂薄膜，面团延伸性能越好。

3）便于机械化操作　防止面团过软和过黏，增加面团的弹力，使之便于机械化操作。

4）增加口感　与面筋结合使面筋变得柔软，使制品内部组织均匀、柔软、口感良好。

5）延长焙烤食品贮存时间　油脂可在面筋和淀粉之间形成界面，成为单一分子的薄膜，阻止水分的移动，防止淀粉粒间氢键的形成，进而防止淀粉的老化，延长焙烤食品贮存时间。

6）油脂在糕点中的起酥作用　在调制面团时，加入油脂、水及面粉，经搅拌以后，油脂以球状或条状存在于面粉中，且结合着大量空气。油脂中的空气结合量随其加入面粉前的搅拌程度及加入糖的颗粒状态而不同，加入糖的颗粒越小或搅拌越充分，油脂中空气含量越高，当成型的面坯焙烤时，油脂遇热流散，气体膨胀，并向两相界面移动，与此同时，由于疏松剂分解产生的二氧化碳及面团中的水蒸气也向油脂流散的界面聚集，使制品成为多孔结构，从而使产品体积膨大，食用时酥松可口。另外，因为氢化起酥油是以条状或薄膜状存在于面团中，而液体油则以液滴状或球状存在，所以氢化起酥油持气量高于液体油，而且条状或薄膜状的脂肪比球状的液体油润湿面积更大，对产品有更好的起酥作用。

7）油脂融合性的作用　油脂可以包含空气或面团发酵时产生的二氧化碳，使蛋糕和面包体积增大；形成大量的气泡，使制品内相色泽好，可使面包瓤乳白细腻。

8）有稳定蛋糕面糊的功效　生产蛋糕时油脂融合性越好，气泡越小，越均匀，面糊持气性能越稳定，则成品体积越大，组织状态越好，且焙烤时传热均匀，透火性良好。油脂对面包也有类似效果。

9）油脂的润滑作用　油脂在面筋和淀粉之间形成润滑膜，使面筋在发酵过程中的摩擦阻力减小，有利于膨胀，增加了面团的延伸性，增大了面包的体积。另外，据研究证实固态脂的润滑作用要优于液态油。

10）油脂本身的作用　各种油脂都会给食品带来特有的香味；油脂本身也是人类不可缺少的营养物质。另外，油脂的热容量很小，在供给相同热量和相同质量的情况下，油比水的温度可提前升高1倍。当炸制食品时，油能将热量迅速而均匀地传给食品表面，使食品很快成熟。同时还能防止食品表面马上干燥和可溶性物质流失。

3. 糖　在焙烤食品加工中，除面粉和盐外，糖是使用场合最多的一种材料，尤其是甜味食品。另外糖还对面团的物理、化学性质有重要影响。

（1）糖在焙烤食品中的作用

1）对面粉吸水量的影响　面团中加入糖浆后，由于糖具有吸湿性，会吸收蛋白质胶粒之间的游离水，同时使胶粒外部浓度增加，使胶粒内部的水分产生反渗透作用，从而降低蛋白质胶粒的胀润度，导致调粉过程中面筋形成能力降低，面团弹性减弱。因此糖在面团调制过程中起反水化作用。大约每增加5%的糖量，会使面粉吸水率降低1%左右。

2）对面团形成时间的影响　糖影响调粉时面团搅拌时间。当糖用量在20%以下时，对搅拌时间影响不大，只稍有增加。但在高糖量（20%～25%）时，面团形成时间大约增加50%，因而需用变速搅拌和面机，先高速搅拌，再中速或低速搅拌来缩短调粉时间，但糖的形态（固体）与搅拌时间无关。

3）糖的种类对面团性质的影响　糖对面粉的反水化作用，双糖比单糖的作用大，因此加砂糖浆比加等量的淀粉糖浆的反水化作用要强烈。溶化的砂糖浆比糖粉作用大，这主要因为糖粉在调粉时吸水过程较缓慢，而且不完全。低糖饼干由于用糖量少，常使用砂糖糖浆，而高档品种常以糖粉为

食用菌保鲜贮运和加工

主，这样才能降低面粉吸水速度，防止过多形成面筋，导致饼干坯焙烤时收缩变形。糖的使用量在面包制作中影响较大，糖量高，产气多，制品体积就大。但加糖量最多不能超过35%，否则会抑制酵母生产繁殖，影响发酵，反而使产品体积小，不膨松。

4）改善制品的色、香、味、形 糖在焙烤中遇热发生糖焦化反应及羰氨反应（美拉德反应），生成褐色物质，使制品呈金黄色或棕黄色，并有良好的风味。另外，由于糖能够抑制面筋的形成，使焙烤食品冷却后，可以保持外形并有脆感。在焙烤时糖还可以分解生成各种风味物质，使制品具有特殊的香甜风味，对面包生产来说，糖可以保持面包的柔软性和弹性，防止其干硬，延缓老化的发生，延长产品货架寿命。

5）糖是酵母的营养物质 在面包生产中，活化酵母时，加入少量的糖，特别是饴糖或淀粉糖浆，有助于酵母的繁殖或发酵。一般面团发酵过程中约有2%的糖被酵母利用，发酵到最后，剩余的糖参加产品的呈色、呈味反应。点心面包的加糖量不宜过多，超过一定限度，会延长发酵时间，甚至使面团发不起来。这是因为糖的渗透压力抑制酵母生长，阻碍发酵作用的进行。

6）抗氧化及抑制细菌生长 由于蔗糖在加工中能转化为转化糖，具有还原性，是一种天然抗氧化剂，可以增加油脂的稳定性，防止其酸败变质，增加保存时间。另外，一般细菌在50%糖度下就不能繁殖，所以在含糖多的食品中，糖有明显抑制细菌生长的作用。

7）增加制品的甜度和营养价值 糖的发热量很高，且能迅速被人体吸收。所以糖既能为制品提供甜度，又是一种必不可少的营养物质。

（2）焙烤食品中所用的糖 焙烤食品常用的有蔗糖（包括粗糖、精制糖）、淀粉糖及糖醇类（包括麦芽糖、葡萄糖、果葡糖、低聚麦芽糖、低聚果糖、麦芽糖醇、异麦芽糖醇、低聚麦芽糖醇等）、果糖、蜂蜜等。

4. 乳与乳制品 乳中含有丰富的蛋白质和脂肪，易被人体吸收，有高度的营养价值，而且乳品具有独特的风味，使制品带有乳香味，是焙烤食品中常用的营养性辅料。在焙烤食品生产中应用的有鲜乳和乳制品。

（1）乳与乳制品在焙烤食品中的作用 应用乳或乳制品可以使焙烤食品具有特殊的乳香味；可以增加焙烤食品中的蛋白质和矿物质含量，弥补其营养方面的不足之处；强化面筋，缓冲面筋在发酵过程中的变化，提高面团发酵耐性，使面团柔软，便于机械操作；由于改善了面团的发酵耐力，提高了持气力，使烘烤食品组织均匀、柔软、疏松并富有弹性。由于乳糖和乳蛋白的存在，焙烤时呈色反应充分，使焙烤食品颜色好，有光泽；增加面团的吸水性和保水能力，延迟面包的老化；乳蛋白中的硫氢基化合物具有抗氧化效果，可以提高产品的保存期。

（2）乳与乳制品对面团性质的影响

1）对面团物理性质的影响 未加热处理乳，因其含有大量具有活泼性硫氢基的乳清蛋白质，会减少面团的吸水性，使面团黏软，面包体积小。而加热处理乳则有利无害，所以在生产中一般使用乳粉或炼乳。使用乳粉时，要注意投料顺序，防止乳粉先吸水形成团块，不利于调粉的顺利进行。

2）吸水量 牛奶中的酪蛋白占牛奶蛋白质的75%～80%，其变性程度越大，吸水量越大。所以在加工面包时，可先将牛奶高温处理，使酪蛋白变性，增加面团吸水量，使制品柔软蓬松适口，延缓老化，防止干缩。据研究证明，每增加1%的乳粉，面团吸水率就相应增加1%～1.25%。吸水率增加，则增加面包或蛋糕产品的出品率，相应降低了产品的成本。

（3）焙烤食品中应用的乳与乳制品

1）鲜乳 主要是鲜牛乳。鲜牛乳约含水分87%、乳脂3.4%～3.8%、蛋白质3.3%～3.5%、乳糖4.6%～4.7%，以及钙、磷、维生素A、维生素B$_1$、维生素B$_2$、维生素B$_6$、维生素E和维生素K

等，牛乳中几乎不含维生素 C，含铁也少。

2）乳制品　在焙烤食品中所用乳制品有全脂（加糖或不加糖）乳粉、脱脂乳粉、甜炼乳、淡炼乳、乳清粉、食用干酪素、干酪等。奶油也是从乳中提取的。

5. 蛋与蛋制品　蛋与蛋制品是焙烤食品的重要原料，对改善制品的色、香、味、形，提高产品营养价值和生产工艺性能等方面有重要作用。

（1）蛋的工艺性能

1）蛋白的起泡性　蛋白是一种亲水性胶体，具有良好的起泡性，也叫打发性。蛋液表面张力小，表面比较容易被扩展；蛋白易被外力扩展成薄膜而包住空气；蛋液黏度大，形成稳定泡沫。对于薄膜的形成机制，一般认为：在气—液界面上的蛋白质分子，受到不平衡力的作用，使得被拉开的肽链排列与表面呈平行的状态，这些与表面平行的肽链，便形成了薄膜。因此，当搅拌过度时，泡沫表面变性程度增大，则泡沫浊白，不稳定，持气力下降，产品体积小，不膨松。

2）蛋的凝固性　蛋液受热会变性凝固。一般蛋白凝固点为60℃左右，蛋黄凝固点为65℃左右。

3）乳化性　蛋具有乳化性，尤其是蛋黄，具有很强的乳化性。这是因为蛋黄中含有的卵磷脂是 O/W 型乳化剂，胆固醇是 W/O 型乳化剂，卵磷脂和蛋白质形成卵磷脂蛋白，具有 O/W 的乳化能力，且使水油界面张力下降。另外，蛋白质表面变性，成为分散相的界面保护膜，将油滴包起来，增加乳状液的稳定性。一般蛋白的乳化性能约为蛋黄的 1/4。

（2）蛋在焙烤食品中的作用　增进制品色、香、味、形和营养价值。蛋白可形成膨松、稳定的泡沫，融合大量空气，使制品体积增大而且柔软。蛋黄可以作为乳化剂改善产品的组织结构，延迟老化，同时又是凝结剂，可使产品保持良好的形态。蛋黄也有膨松及发泡的作用。在制品的表面涂上蛋液，经焙烤后呈红褐色，而且有光泽，还有特殊的蛋香味。在蛋中含有丰富的营养成分，蛋的消化吸

收率为98%，生理效价为94%，所以加入蛋制品提高了焙烤食品的营养价值。

（3）焙烤食品生产中所用的蛋及蛋制品　蛋制品种类很多，焙烤食品生产中可应用的蛋制品有冰全蛋、冰蛋黄、蛋白片、蛋粉等。在糕点中应用最多的为冰全蛋和冰蛋黄。冰蛋多采用速冻方法制得，速冻温度为-20～-18℃。由于速冻温度低，冻结快，蛋液的胶体特性很少受到破坏，保留了蛋的工艺性能，在生产中只需把冰蛋溶化就可以进行调粉制糊。一般为了防止冷冻变性，使蛋白质劣化，常在解冻时加入适量食盐（2%～5%）、蔗糖（10%）和聚磷酸盐。

蛋白片是将蛋白液经搅拌过滤、发酵、低温干燥制成片状蛋白。复水后形成的蛋白胶体，具有新鲜蛋液的胶体特性，其便于贮运，卫生条件好，是焙烤食品的一种较好的原料，但成本高。

冰蛋黄中蛋白质含量低，脂肪含量高，乳化性能好，但有消泡作用，在焙烤食品中远不如鲜蛋的工艺性能好。

蛋粉是经喷雾干燥而制成的。我国生产的蛋粉多是全蛋粉。由于喷雾干燥的温度在120℃以上，蛋白质受热变性凝固，脂肪也发生变化，使蛋粉的发泡性、乳化性都有所降低，其工艺性能远不如鲜蛋，在焙烤食品中很少使用。

6. 食盐

（1）食盐在焙烤食品生产中的作用

1）增进制品风味　在糖溶液中添加适量的食盐，可提高甜度，同时使制品更加适口。

2）增加面团的弹性，改善面筋的物理性质　食盐可使面筋吸水能力增强，质地变得紧密，增强其弹性与强度，提高面团的持气力。对于发酵面团，特别是筋力弱的，要改变其性能时，可适量增加食盐用量，达到增加面团筋力的目的。

3）调节面团的发酵速度　一般微生物对于食盐渗透压的抵抗力都较微弱，但适量的盐对酵母的生长与繁殖有促进作用，而对杂菌的增殖有抑制作用，特别是对乳酸菌的抑制力更强，但使用量过高

时，对酵母也有抑制作用。因此，必须严格控制用盐量。面包中的用盐量一般为0.4%～1.5%，通过不同的用盐量，可以调节面团的发酵速度，主食面包可多加一些，而点心面包由于油、糖、蛋等辅料较多，渗透压已较高，若加盐量过大会抑制发酵进行，所以应少加盐。

4）改进面粉的色泽　在面团中添加适量的食盐，可以使面团均匀膨胀、组织结构细密而均匀，使面包瓤蜂窝状膜薄而呈透明，从而使光线易于通过气孔膜，故面包瓤色泽发白。如使用的面粉色泽暗淡，盐的增白效果更突出。

5）增加面团搅拌时间　面团调制时，如果搅拌开始即加入食盐，会使搅拌时间增加50%～100%，所以一般都采用后加盐的面团调制技术。

（2）焙烤食品中所用食盐　食盐能促进胃消化液的分泌和增进食欲，维持人体正常生理机能，同时也是一种调味品。纯净的食盐是色泽洁白、颗粒细匀的氯化钠的结晶体。焙烤食品生产中所用的盐以再制精盐为主，凡是含有不纯物，如含有氯化钾、硫酸镁以及微量铁化合物的食盐，不仅不能提高制品风味，而且会促进油脂酸败，给制品带来不良的变质因素，因此不能使用。

7. 水

（1）水在焙烤食品中的作用　水是焙烤食品的重要原料。水是溶解糖、盐等原材料的溶剂；能调节面团的软硬度；使蛋白质吸水结合形成湿面筋；使淀粉膨胀和糊化；与油脂形成乳化液增加制品的酥松程度；制品中保持一定的水分，可使其柔软湿润；在焙烤过程中水作为传热介质；在面包生产中，水还可以促进酵母的生长以及酶的水解作用。

（2）焙烤食品对水质的要求　面包生产对水质的要求要严于糕点和饼干的生产。焙烤食品的生产对水质的要求是：透明、无色、无异味、符合国家饮用水标准GB 5749—2006的规定，且硬度适中。

8. 食品添加剂　焙烤食品中使用的添加剂很多，根据目的不同可使用不同的添加剂，如酵母、面团改良剂、氧化剂、还原剂、乳化剂、营养强化剂、疏松剂、色素、酶制剂、香精、香料、防腐剂等。

（1）酵母　酵母是生产面包和发酵型苏打饼干不可缺少的辅料，它是一种生物疏松剂，可使面包疏松多孔，且具有特殊的发酵风味。我国目前面包生产大多使用压榨酵母或干酵母。发酵型焙烤食品用酵母是一种椭圆形的肉眼不可见的、微小单细胞微生物，属真菌类，学名为啤酒酵母，体积比细菌大，也叫面包酵母。最早工业化生产面包用的酵母就是啤酒酵母，后来经人们分离培养，进一步将其分为酿酒用酵母和发酵面食品用酵母。一般焙烤食品用新鲜（压榨）酵母水分为73%左右，干酵母水分为4%～9%。

酵母在焙烤食品生产中的工艺特性及作用：

①使面包体积膨大、苏打饼干具有多层次断面结构　酵母在面团发酵中产生二氧化碳和乙醇。大量的二氧化碳的存在，使面包疏松多孔，体积大而蓬松柔软；使苏打饼干具有多层次断面结构而酥脆适口。

②改善面筋　在发酵过程中，面包酵母中的各种酶，不仅使淀粉分解，而且也使面粉中的蛋白质发生复杂的生物化学变化。在产生二氧化碳的同时，也生成乙醇、酯类、有机酸等，从而增加面筋的伸展性和弹性，使面团成熟，得到细密的气泡和薄膜状组织结构。乙醇在发酵完成时，浓度约为2%，使脂质和蛋白质结合松弛，软化面团。二氧化碳在形成气泡时，从内部拉伸面团组织，增加其弹性。发酵过程中，乳酸菌、醋酸菌也发生作用，生成乳酸和醋酸，使面团pH下降，有利于酵母的发酵，同时，增加面筋胶体吸水和膨润能力，使面筋软化，延伸性增大。

③改善面包的风味　面团在发酵过程中，生成一系列产物，如乙醇、有机酸、醛类、酮、酯类等，使面包具有特殊的风味。而用化学疏松剂实现膨松目的的焙烤食品或非焙烤食品则不具有这种风

味。据分析，面包中的芳香物质，包括挥发性和不挥发性或低挥发性两大类。属于挥发性的成分有乙醛、丁烯醛、丙酮、糠醛等十几种，属于不挥发性或低挥发性的成分有乳酸乙酯、乳酸、黑色素等。

④ 增加发酵型焙烤食品的营养价值　酵母主要由蛋白质构成，在酵母中（干基）应含有 30%～40% 蛋白质和大量的 B 族维生素，每克干酵母中含有 $20\sim40\mu g$ 的硫胺素、$60\sim85\mu g$ 的维生素 B_2、$280\mu g$ 维生素 B_5，另外酵母中还含有微量元素硒。这些营养成分提高了发酵型焙烤食品的营养价值。

（2）还原剂　还原剂可将-S-S-键断裂成-SH键。另外，失活的干酵母含有谷胱甘肽，与 L-盐酸胱氨酸的作用相同，它可以增加面团中的硫氢基（-SH），由于面筋中硫氢键和二硫键之间的交换结合作用，使面筋的结合力松弛，增加了面团的延伸性。L-盐酸胱氨酸只用于面包添加剂，一般氨基酸都有抗氧化的效果。

（3）氧化剂　氧化剂不仅可以氧化-SH，使其转变为-S-S-，使面团持气性及筋力增强，延伸性降低。还可以抑制面粉中蛋白酶的分解，减少面筋被分解和破坏的程度。

维生素 C 是焙烤中广泛使用的氧化剂，其安全性高，又是营养强化剂。以前曾被广泛利用的溴酸钾、碘酸钾由于具有致癌性，已逐渐被淘汰。

（4）酶制剂　酶制剂主要指 α-淀粉酶、β-淀粉酶及蛋白酶。蛋白酶又包括胃蛋白酶、胰蛋白酶。

1）淀粉酶　α-淀粉酶可以随机地从直链淀粉分子内部水解 α-1,4 糖苷键，最终产物为麦芽糖和葡萄糖，但不能水解支链淀粉的 α-1,6 糖苷键。由于它能使黏稠的淀粉胶体水解成稀薄液体，又称为液化酶。β-淀粉酶也叫糖化酶，它是从淀粉链的非还原性末端切下一个麦芽糖分子，并使麦芽糖分子的构型从 α 型变成 β 型。但 β-淀粉酶不能水解支链淀粉中的 α-1,6 键，因此它只能水解支链结点以外的部分，剩余部分则成为界限糊精。

① 将面团内破裂淀粉粒分解为麦芽糖及葡萄糖，提供酵母发酵用糖，产生二氧化碳，使面包体积膨大。

② 增加剩余糖量，为面包在焙烤时的着色发挥作用。

③ 淀粉酶对一部分淀粉的分解作用可以使面团伸展性增加，得到体积大和内相组织细腻的面包。

④ 增加焙烤时面包体积膨发程度。面包在焙烤时，温度升高，面筋首先变性凝固，而 α-淀粉酶的耐热性强，在高温下仍然有活力，使淀粉分解，改变糊化淀粉的胶体性质，软化胶体，使面包面团的气泡伸展性增强，胀发能力增大。

⑤ 由于淀粉性质的改变，淀粉的老化作用较为缓慢，面包保持柔软性的时间延长。

⑥ 淀粉酶的作用还受到温度和 pH 的影响。温度升高，酶分解活动剧烈，但超过 55℃则酶变性，作用力下降。pH 在 5.0 左右时液化效果最好。糖化酶作用温度在 $25\sim40$℃，因此麦芽糖的产生只在发酵阶段进行。

2）蛋白酶　在焙烤食品中使用的蛋白酶有胃蛋白酶和胰蛋白酶。这些酶都是内肽酶，即从蛋白质的肽链内部水解肽键。因此，可以破坏面团中的面筋，降低面筋强度，减少面团的硬脆性，增加面团的延伸性。对于面包生产可使整形时的操作容易进行，并改善面包的口感及组织状态。蛋白酶的使用，必须严格控制。作用时间长，反而会严重破坏面团物性，因此，在面包生产中一般不添加使用。

3）脂肪氧化酶和乳糖酶　脂肪氧化酶能除去面粉中的天然色素，使制品内部显得洁白。脂肪氧化酶还能增加面团的弹性，使其更加耐受搅拌。还能使某些植物油变为过氧化物（指有益的部分），增加制品的香气。

在加有乳粉的焙烤食品中，加入乳糖酶，可提高其质量。乳粉干物质中含有较多的乳糖，其甜度低，不易被乳糖不耐症者消化吸收，乳糖酶则可

食用菌保鲜贮运和加工

使其分解生成葡萄糖和半乳糖，其中葡萄糖既可被发酵，又易被人体吸收；而半乳糖能起着色作用。曲霉菌乳糖酶的最适 pH 为 5 左右，适于面团发酵，细菌和酵母的乳糖酶最适 pH 较高，在面团中活性较低。

（5）乳化剂　乳化剂在面包、蛋糕、饼干中应用较为广泛。乳化剂在蛋糕制作中的作用是缩短加工时间，使蛋糕体积膨大，组织状态良好；改善原料的机械适应性。

制作蛋糕时，所添加的乳化剂要求其 HLB 值在 2.8～4.8，可以用一种，也可以几种配合使用。另外，一般乳化剂不宜直接加入面粉中，而是作为起泡剂、液体起酥油的成分加入。

面包制作中的乳化剂的用量较大，主要是单硬脂酸甘油酯。使用量最高可达面粉重量的 0.5%，一般做成粉剂使用，也可作为起酥油成分使用。

食品工业常用的乳化剂有甘油单酯、大豆磷脂、脂肪酸蔗糖酯、硬脂酰乳酸钙等。

（6）疏松剂

1）疏松剂的作用　增加制品的体积，产生松软或酥脆的组织状态，使制品易于咀嚼；使制品内部有细小孔洞或缝隙，入口后，在唾液的作用下，会溶出食品中的可溶性风味物质，增加制品的美味感；使制品具有松软或多孔的质地，易吸收唾液和胃液，使食品与消化酶的接触面积增大，提高其消化率。

2）食品疏松剂的种类　食品用疏松剂有生物疏松剂和化学疏松剂两类。如酵母为生物疏松剂；化学疏松剂种类较多，如碳酸氢钠、碳酸铵、碳酸氢铵、发泡粉（泡打粉）等。发泡粉是一种复合疏松剂，其成分为苏打粉配上其他各种不同的酸性材料或其他的填充粉，如明矾、淀粉等配合而成。一般与小苏打一起使用的有机酸为柠檬酸、酒石酸、乳酸、琥珀酸等。最快性发泡粉配料为酒石酸、酒石酸氢钾、苏打粉、玉米淀粉。次快性的发泡粉配料为酸性磷酸钙、苏打粉、玉米淀粉，可在室温时

释放 1/2～2/3 的二氧化碳，适于饼干、小酥饼的生产。一般慢性发泡粉由酸性焦磷酸钠、苏打粉、玉米淀粉组成，其水溶性较差，反应慢。次慢性发泡粉由磷酸铝钠、苏打粉、玉米淀粉组成，最慢性发泡粉由硫酸铝钠（或明矾）、苏打粉、玉米淀粉组成，在室温时二氧化碳释出量非常少，必须在焙烤时才产生膨松作用。双重性发泡粉中酸性反应剂由快速部分及慢速部分混合而成，快速部分使用酸性碳酸钙，慢速部分使用酸性焦磷酸钠、磷酸铝钠、硫酸铝钠，在室温下，释放出 1/5～1/3 的气体，其他部分在焙烤时放出。

（7）营养强化剂　焙烤食品的主要原料是面粉，其蛋白质、维生素、无机盐含量较少，更需要进行营养强化处理。一般强化剂有维生素、氨基酸和无机盐。

维生素类包括维生素 A、维生素 B_1、维生素 B_2、维生素 B_6、维生素 C 等。在焙烤食品中 B 族维生素及维生素 C 损失最严重。

氨基酸类主要是赖氨酸，面粉中赖氨酸严重不足，但赖氨酸纯品价格较高，一般用大豆粉来进行强化。

无机盐包括铁盐、钙盐等，常用的有磷酸钙、葡萄糖酸钙、乳酸钙和甘油磷酸钙、葡萄糖酸铁、柠檬酸铁等。

营养强化剂要在适当工序科学地加入，以防损失，影响作用效果。

（8）香料、香精　香料是具有挥发性的发香物质。食品中使用的香料也叫赋香剂，可分为天然香料和人工合成的香料两大类。天然香精、香料，食用安全性高、风味柔和、用量多，但价格较贵。合成香精、香料，食用安全性低于天然香精、香料，但价格便宜，风味强烈、用量少。

一般食品工厂多使用合成香料，焙烤食品使用的合成香料主要有乳脂香型、果香型和香草香型等。添加香料可以掩盖某些原料的不良气味，但不能影响产品本身的风味，并注意消费者的习惯印象，如饼干中用得较普遍的果香型香精为柠檬、橘

子、杏仁、香蕉等，面包除少数品种使用香兰素香精外，一般用具有乳脂香味或椰奶香味的香精。

乳脂香料主要成分为 δ-癸酸内酯和香兰素等，常用于蛋糕、西式糕点中。另外焙烤食品常用的香料还有香兰素、奶油香精、巧克力香精、桂花香精油等。

饼干中香精油的使用量要根据香料本身的香气强烈程度而定，如杏仁、桂花、蜂蜜等烈性香料的用量一般为 0.05%，其他香料用量为 0.1% 左右，香兰素用量为 0.05%，乙基香兰素香味比香兰素强 3～4 倍，要酌量减少用量。

（9）人工合成甜味剂　甜味剂指赋予食品甜味，提高食品品质，满足人们对食品需求的食物添加剂。甜味剂应具备安全性高、引起味觉良好、稳定性高、水溶性好、价格合理等特点，天然甜味剂主要有蔗糖、果糖、甜菊糖、淀粉糖及其糖醇类衍生物；人工合成甜味剂主要有糖精钠、甜蜜素、安赛蜜、甜味素等。长期大量食用人工合成甜味剂会给人体带来严重的安全隐患，其使用范围及用量应严格符合国家关于食品添加剂使用规范的相关法律法规。

（10）色素　食用色素是以食品着色为目的的食品添加剂。诱人的色泽，可以增强人的食欲，丰富人们的生活。食用色素按其来源及性质可分为食用天然色素和食用合成色素。食用天然色素主要指从动物、植物组织中提取的色素及微生物色素，如胡萝卜素、焦糖色、叶绿素、姜黄素、核黄素及红曲红素、虫胶色素。天然色素易受光照、高温影响而褪色。食用合成色素是从石油里提取的苯、甲苯、二甲苯、萘等原料合成的，因此其安全性越来越受到人们的重视，但其颜色鲜艳，性质稳定，着色力强，可以任意调色，使用方便，价格低廉。常用的食用合成色素有苋菜红（最大用量 0.05 g/kg）、胭脂红（最大用量 0.05 g/kg）、柠檬黄（最大用量 0.1 g/kg）、日落黄（最大用量 0.1 g/kg）、靛蓝（最大用量 0.1 g/kg）等。

（11）胶冻剂　制作西式糕点时常使用琼脂，也称琼胶（俗称冻粉、洋粉、洋菜）。琼胶与其他辅料配合，可使制品形成胶冻状表面，并对制品进行美化装饰，如在制作西式蛋糕、小冰点心时常使用。琼胶是琼胶糖和硫琼胶的混合物，是一种植物性胶质，是海藻石花菜的提取物，不能被人体消化利用。但有资料介绍其具有预防冠心病、糖尿病等心血管疾病的保健功能。质量好的琼胶为半透明的条状物质，不溶于冷水，溶于热水，1% 溶液在 80～100℃可溶化，冷却至 35～50℃时可形成坚韧、洁白的胶冻。熬制琼胶时，加水量不宜过多，时间不宜过长。另外要掌握酸、盐等辅料的添加时间和用量，熬好后不宜长期存放，应及时使用。另外，还有使用海藻酸钠、果胶、羧甲基纤维素钠等作为胶冻剂的，但效果不如琼脂好。

（12）防腐剂　焙烤食品由于经过高温烘烤，灭菌较彻底，在正常情况下不发生腐败变质现象，因此几乎不使用防腐剂。面包与饼干、糕点相比，含水量高，辅料少，在高温潮湿环境下易发生霉变现象，可使用防腐剂。如醋酸或乳酸（用量 0.05%～0.15%）、丙酸盐（用量 0.1%～0.2%）都可有效抑制面包的霉变。加乳制品的面包和糕点应增加防腐剂用量。

9. 其他　食用菌蛋白质含量丰富，一般占干重的 20%～40%，个别食用菌品种的粗蛋白质含量可占干物质的 44%，享有"植物肉"之美誉。食用菌蛋白质中的氨基酸组成全面，利用率高。人体所需的 20 种氨基酸，食用菌中一般含有 17～18 种，人体必需的 8 种氨基酸食用菌中几乎都含有，特别是一般谷物中所缺乏的赖氨酸、蛋氨酸、苏氨酸等，在食用菌中则含量丰富。金针菇、草菇和双孢蘑菇等含有大量的赖氨酸，常食用这些菇类，有利于儿童体质增强和智力发育；香菇和平菇等菇类含有丰富的蛋氨酸。食用菌含有大量的谷氨酸，香菇、平菇、草菇和双孢蘑菇，每 100 g 蛋白质中谷氨酸含量分别为 27.2 g、18.0 g、17.6 g 和 17.2 g。另外，食用菌不含淀粉，脂肪含量较少，富含膳食纤维，是糖尿病人和肥胖症患者的理想食品。

食用菌保鲜贮运和加工

二、食用菌焙烤食品生产工艺

（一）食用菌面包

1. 一次发酵法生产食用菌面包　一次发酵法，即将所有的原料一次全部加入调粉机中调制成面团，然后经过一次发酵生产面包的方法。此方法能缩短生产周期，减少发酵损失及机械设备，节省劳动力，面团具有良好的搅拌耐力，有较好的发酵风味。但面包体积小，易老化，发酵耐力差，调粉或发酵出现失误则无法补救。

（1）原料和配方（单位：kg，供参考）　面粉100，水50～65，绵白糖6～12，香菇（或其他食用菌的一种或几种，粒度160目）3～12，精盐1～1.5，鲜鸡蛋4～8，油脂0～4，鲜酵母2～4（即发活性干酵母0.8～1.5），面包添加剂0.3～1.5。

（2）工艺流程

面团调制 → 发酵 → 翻面 → 发酵 → 整形 → 醒发 → 焙烤 → 刷油、装饰 → 冷却 → 包装

（3）操作要点

1）面团调制　所有原辅料全部加入调粉机，调制15～20 min，面筋充分伸展，面团表面干燥，面团柔软，有光泽，细腻不粗糙，具有良好的弹性和延伸性。用双手轻拉可伸展成半透明的薄膜。薄膜光滑、不粗糙，用手指轻点时，有一定抵抗能力，此时可将面团取出进行发酵。

2）发酵、翻面、发酵　发酵理想温度为28℃，相对湿度75%～80%，发酵时间达2 h的时候，经翻面后再发酵1 h左右即可。发酵成熟的面团应该蛋白质和淀粉的水化作用完成；面筋的结合扩展充分完成；薄膜状组织的伸展性也达到一定程度；氧化进行到适当地步；面团具有最大的气体保持能力和最佳风味。

3）整形、醒发　按产品要求进行分割、搓圆、做型、摆盘，置于醒发箱内进行最终醒发。将装好盘的面团送入醒发箱醒发，温度38～42℃，

相对湿度80%～85%，时间20～30 min。

4）焙烤、刷油、装饰　将面坯送入烤炉，入炉时上火温调至150～200℃，下火温调至250℃，待5～6 min后表面略上色，再将上火温调至250℃，下火温调至200℃，保持5～6 min后表面呈棕黄色，瓤心成熟即可出炉，这时迅速在面包表面刷一层色拉油，以防止面包贮存时失水干缩，同时也起到美化产品的作用。

5）冷却　然后冷却至35～40℃进行包装。注意面包冷却时不可用强风直吹面包，以免污染及表面塌陷。

2. 二次发酵法生产食用菌面包　二次发酵法又叫中种法，其采用两次调粉和两次发酵。第一次调制的面团又称为中种面团或种子面团，第二次调制的面团称为主面团。按此法生产的面包体积大，不易老化，发酵耐力好。第一次调粉和第一次发酵不理想，有机会在第二次调粉和第二次发酵时补救。但搅拌耐力差，生产周期长，需要设备较多，占地面积大，发酵损失多。

（1）配方（单位：kg，供参考）

1）中种面团　面粉50～80，鲜酵母1～2，即发活性干酵母0.5～1.2，水适量。

2）主面团　面粉20～50，银耳粉3～7（或其他食用菌的一种或几种，粒度160目），绵白糖4～10，精盐1～1.5，乳粉3～5，奶油2～8，鲜鸡蛋4～8，面团改良剂0.5～1.5，水适量。

（2）工艺过程

中种面团调制 → 第一次发酵 → 主面团调制 → 第二次发酵 → 分块 → 整形 → 醒发 → 焙烤 → 冷却 → 包装

（3）操作要点

1）种子面团调制、第一次发酵　首先调制中种面团，调制搅拌8～15 min，理想温度22～27℃，然后进行第一次发酵。中种面团调制不需要面筋完全形成，面团可软一些以利于酵母增殖和发酵。相对湿度70%～75%，发酵时间

3.5～5 h。

2）主面团调制　取中种面团投入调粉机，加入剩余所有原辅料，搅拌10～20 min，面筋充分形成，面团细腻，光滑，进行第二次发酵即主面团发酵。

3）第二次发酵　发酵时间根据中种面团和主面团面粉比例而定，如80：20则需发酵20 min，70：30则需发酵30 min，依此类推，一般10～40 min。发酵成熟的面团即可进入下一步工序。其他操作同一次发酵法生产食用菌面包。

3. 快速发酵法生产食用菌面包　快速发酵法生产食用菌面包，从原料称重到成品包装只需大约3 h；增加产量，没有发酵损失，或发酵损失很少，吸水率升高；降低设备成本和能量消耗，只需要一个发酵室即可；出品率高。但是，由于无正常发酵时间或发酵时间短，产品缺乏发酵香气和口感；产品贮存寿命短，易老化；原料成本高；由于面团搅拌时间缩短，其制作性能变劣。快速发酵法制得的面包产品为保持其新鲜风味，常在焙烤后1～18 h出售和食用。

（1）配方（单位：kg，供参考）　面粉100，绵白糖8～12，糖酸化香菇浆4～6（或其他食用菌的一种或几种，粒度120目），起酥油4～8，即发活性干酵母1.5～2，乳粉4～5，面团改良剂0.8～2，鲜鸡蛋4～6，精盐1～1.2，水适量。

（2）工艺流程

原料预处理→面团调制→整形（切块、搓圆、做型）→装模→发酵→焙烤→冷却→包装→成品

（3）操作要点

1）原料预处理　选择新鲜、无病虫害的鲜香菇，洗净去根，置于4～5倍香菇质量的浓度为10%～20%的糖液中，于90～100℃煮25～40 min，糖液中可加入糖量0.1%的柠檬酸，软化食用菌膳食纤维，改善面包口感。然后冷却、打浆得到可全部通过120目孔径筛的香菇浆备用。

2）面团调制　首先将香菇浆、面粉、酵母、改良剂等投入粉缸中，慢速搅拌使之混合均匀，然后加入所需的水，中速搅拌5～10 min，待形成不完整的多个面团时，加入植物油，继续搅拌，直到形成表面光洁、有良好弹性和延伸性的面团即可。

3）整形（切块、搓圆、做型）装模　按产品需要将面团分割成小面团，搓成均匀的球形，使由于分割而被破坏的面筋网络结构得以修复，排出二氧化碳，使各种配料分布均匀，同时为使酵母再一次繁殖和发酵提供机会。然后将小面团摆入刷好油的烤盘中。

4）发酵　将装好盘的面团送入醒发箱醒发，温度38～40℃，相对湿度80%～85%，时间40～80 min。面团发起，表面光洁，体积膨胀至发酵前4～5倍即结束发酵。

5）焙烤　将发酵好的面坯送入烤炉，入炉时上火温调至150～200℃，下火温调至220～250℃，待5～6 min后表面略上色，再将上火温调至220～250℃，下火温调至180～200℃，保持5～6 min后表面呈棕黄色，瓤心成熟即可出炉，这时迅速在面包表面刷一层油，以防止面包贮存时失水干缩，同时也起到美化产品的作用。

6）冷却及包装　将出炉的面包中心部位的温度自然冷却至35℃左右时，进行包装，使面包保持一定的水分含量，防止面包因失水老化而影响口感和质量。按此法生产的面包香甜可口，组织细腻，口感松软，具有浓郁的香菇风味。

7）面包的品质评定　依据面包品质评定惯例，采用综合评分法。面包的品质评分要综合考虑面包的外观（皮色、皮质、外形等）及内质（瓤色、触感、口感、滋气味）等各方面因素，给出正确评价，满分以100分计，请10名具有面包品评经验的专业人员品尝鉴评后给出得分，取其平均值作为最终结果。

（4）香菇处理方式及用量对面包品质的影响　香菇的不同处理方式对面包品质的影响也不同。添加未经糖酸化处理的香菇浆的面包，由于

香菇纤维化程度高，口感粗糙，体积小。利用糖酸化处理的香菇生产的面包的口感细腻松软，具有浓郁的香菇风味，面包品质最好。香菇用量过少无香菇特有的风味。香菇用量过大，面包的口感粗糙发硬，体积小。木耳面包和香菇面包成品如图7-7和图7-8所示。

图7-7 食用菌焙烤食品——双耳面包（木耳银耳）面包

图7-8 食用菌焙烤食品——香菇面包

（二）食用菌饼干

1. 食用菌酥性饼干 酥性饼干是以小麦粉、糖、油脂为主要原料，加入疏松剂和其他辅料，经冷粉工艺调粉、辊压、辊印或冲印、烘烤制成的造型多凸花、断面结构呈多孔状组织，口感疏松的焙烤食品。酥性饼干外观花纹明显，结构细密，呈多孔性组织，孔洞较为显著，口感酥松，属于中档配料的甜饼干。其高档产品为甜酥性饼干即曲奇饼干，是以小麦粉、糖、乳制品为主要原料，加入疏松剂和其他辅料，经和面，采用挤注、挤条、钢丝切割等方法中的一种成型，烘烤制成的具有立体花纹或表面有规则波纹、含油脂较高的酥化焙烤食品。酥性饼干面团要求为半软性面团，面团弹性小，可塑性较大，饼干块形厚实而表面无针孔，口味比韧性饼干酥松香甜，主要作点心食用。

（1）配方（单位：kg，供参考） 低筋小麦粉100，起酥油30～35，绵白糖30～35，鲜鸡蛋2～4，奶粉2～4，精盐0.5～1，功能化木耳粉（或其他食用菌的一种或几种）1～3，乳化剂0.2～0.5，疏松剂0.4～1.2。

（2）工艺流程

原料预处理→面团调制→辊压→成型→装盘→烘烤→冷却→包装→成品

（3）操作要点

1）原料预处理 将干木耳（或其他食用菌的一种或几种）浸泡、复水、洗涤，低温微波振荡破壁、干燥后粉碎至可全部通过100目孔径筛的木耳粉，加入适量水调匀，于110～130℃单螺杆挤出机中进行功能化处理，然后干燥、粉碎至可全部通过140目孔径筛的功能化木耳粉，备用。

2）面团调制 首先将除面粉、功能化木耳粉之外的油脂、水、乳化剂等辅料投入调粉缸中，充分搅拌，使之形成乳化液，再投入面粉、功能化木耳粉，调制成面团。调制时要限制面筋蛋白吸水涨润，提高饼坯的可塑性。加水量一般为13%～18%，面团温度保持在26～30℃为宜。

3）辊压成型 将调制好的面团辊压成厚薄均匀的面片，辊切成符合要求的形状。

4）装盘烘烤 将饼干坯整齐地摆放入烤盘中或不锈钢网带，饼干坯的间距要适当且满盘运行，保证产品的烘烤均匀度。进炉温度上火110～150℃，下火250～270℃，烘烤3～5 min，然后下火调至120～180℃，上火调至240～270℃，烘烤2～4 min，饼干的表面呈棕黄色并具有一定焙烤香味即可。

5）冷却、包装 焙烤成熟的饼干在相对湿度70%～75%条件下冷却至温度30～40℃进行分装计量包装。在冷却中冷风机功率及安放位置要适当，不宜采用吹风强烈的冷风机，防止饼干发生龟裂。适当的分装计量包装可以保护饼干免受物理和化学的损伤；保持饼干中的香味、颜色、组织和必要的水分含量；控制空气对饼干的影响；控制饼干中生物化学变化和微生物的变化；可以简化购买手续，美化产品，利于销售。

（4）食用菌处理方式及用量对产品品质的影响　使用未功能化处理的食用菌粉生产的饼干，组织不均匀，有大孔洞，口感粗糙，疏松度较差，风味差。添加功能化处理的食用菌粉生产的饼干，结构细致，组织呈多孔片层状，口感疏松，具有明显的焙烤香味，香酥可口，甜度适宜，口感最佳。

食用菌用量小，产品缺乏食用菌风味，同时不能充分发挥食用菌的营养保健作用。食用菌用量过多则产品口感和滋味不佳，粗糙、组织不均匀。

（5）疏松剂用量对产品品质的影响　由于食用菌含有丰富的膳食纤维，可阻碍面筋的形成，提高面团的可塑性，所以生产食用菌饼干时可以减少化学疏松剂的用量。

2. 食用菌苏打饼干　苏打饼干是发酵饼干的总称，其通过发酵的方法降低面团弹性。苏打饼干的特点是采用酵母来发酵制得发酵面团，再加入油酥面团而制成。苏打饼干是采用酵母发酵与化学疏松剂相结合的发酵型饼干，具有酵母发酵食品固有的香味，因为在发酵过程中淀粉和蛋白质被适当分解成易于消化吸收的成分，特别适于胃病及消化不良的患者食用，也是儿童或年老体弱者的营养佳品。苏打饼干口味清淡酥松不腻口，可作为主食充饥或早餐食品。苏打饼干质地疏松，断面有清晰的层次结构，多作为方形，有的在表面涂盐粉或砂糖晶体颗粒。一般无花纹，但有大小不均的气泡，表面亦有针孔。由于含糖量极少，所以呈乳白色略带微黄色泽。苏打饼干因配方中增加某种特殊成分而得相应产品名称，如添加蘑菇便可制成蘑菇苏打饼干，添加洋葱汁便可制成葱油苏打饼干，添加芝麻仁便可制成芝麻苏打饼干。

（1）配方（单位：kg，供参考）

1）皮料　中筋小麦粉100，奶油10，白砂糖粉6，奶粉2，鸡蛋3，干酵母0.5～1.0，磷脂0.2～0.5，温水40～50。

2）油酥料　低筋小麦粉30，精盐0.8，白砂糖粉20，起酥油15，植物油8，功能化香菇粉（或其他食用菌的一种或几种混合，粒度140目，制备方法同酥性饼干）2，碳酸氢铵0.1。

3）饰面料　芝麻仁，白砂糖粉。

（2）生产工艺流程

原料预处理 → 第一次面团调制 → 第一次发酵 → 第二次面团调制 → 第二次发酵 → 包酥 → 辊压 → 成型 → 装盘 → 烘烤 → 冷却 → 整理 → 包装 → 成品

（3）操作要点

1）第一次面团调制及发酵　加入面粉总量的40%～50%面粉，全部酵母和水，加水量依据面粉品种可以调整，面粉筋力高多加水，筋力低则少加水。一般采用中等筋力的面粉。面团温度在25～32℃，调制4～8 min，然后发酵6～10 h，面团酸度在pH 4.5～5.0，通过第一次发酵使酵母在面团内得到充分的繁殖，以增加面团的发酵潜力。发酵时产生的二氧化碳使面团体积膨松，当二氧化碳逐渐达到饱和时，面筋的网络结构便处于紧张状态，继续产生的二氧化碳气体使面筋中的膨胀力超出其本身的抗胀度而塌架。除了这种物理变化之外，再加上面筋的变性等一系列变化，使面团弹性降低到理想的程度。

2）第二次面团调制及发酵　将第一次发酵面团、全部辅料（油脂、精盐、磷脂、奶粉、鸡蛋等）、其余50%～60%面粉和所需温水全部加入，调制成面团。此次采用弱力粉，达到改善制品疏松度的目的。面团温度28～33℃，调粉时间8 min左右。然后进行发酵，发酵时间为2～4 h。第二次发酵的目的就是利用第一次发酵的潜力，使成品疏松可口。碳酸氢钠（疏松剂）在第二次调制面团结束前加入。

3）调油酥、包酥、辊压、成型、焙烤　按配方称取调制酥料的原辅料加入调粉缸，调制成酥性面团。发酵面团通过两对辊筒轧成面带后在中间夹入油酥，压延折叠、转向，轧薄后进入成型机，冲印成型。注意在未加油酥前，压延比不宜超过1∶3，以免影响饼干膨松度。但是压延比也不能太小，过小则新鲜面团与面头子不能混匀和轧得均一，使烘烤后的饼干出现不均匀的膨松度和色泽差异。夹入油酥后压延比一般要求在1∶2.5到1∶2之间，防止轧破表面，油酥外露，胀发率差，饼干颜色过深，甚至焦煳，出现残次品。冲印成型后饼坯立即进行焙烤。饼坯在焙烤初期，底火旺盛，面火温度应低些，使饼坯表面处于柔软状态，防止其迅速形成硬壳，有利于饼坯体积膨胀和二氧化碳气体的逸散，使饼坯在炉内迅速膨胀，形成疏松多孔的海绵状或层状结构。80℃以后，酵母死亡。但炉温不能过低，否则焙烤时间延长，脱水量过大，使饼干成为僵硬的薄片，入口撞嘴，质量低劣。进入烤炉中区，要求上火渐增而底火渐减，水分继续蒸发，同时使膨胀达到最大限度的饼干体积固定下来。最后阶段即饼干上色阶段，此时的炉温通常低于前面各区域的温度，以防制品色泽过深或焦煳。苏打饼干烘烤温度为250～330℃，时间4～5 min，产品含水量4%～5%。

4）冷却、包装　烘烤后的饼干进行冷却、整理、包装。产品应该规格整齐、不起黑泡、表面金黄色或浅黄色、组织疏松、剖面层次清晰、无杂质、咸甜适度，清淡爽口、无异味。

3. 食用菌韧性饼干　韧性饼干是以小麦粉、糖、油脂为主要原料，加入疏松剂、改良剂与其他辅料，经热粉工艺调粉、辊压、辊切或冲印、烘烤制成的焙烤食品。其造型呈平面花纹或凹纹花型，外观光滑，表面平整，常有针孔，断面层次清晰。口感松脆、香味淡雅的韧性饼干在国际上被称为硬质饼干，一般采用中筋小麦粉制作，面团中油脂与

砂糖的比率较低，为使面筋充分形成，需要较长时间调粉，以形成韧性极强的面团。

（1）配方（单位：kg，以木耳饼干为例，供参考）　小麦粉100，玉米淀粉20，白砂糖35，玉米油18，鲜鸡蛋10，奶粉6，功能化木耳粉（或其他食用菌的一种或几种混合，粒度140目，制备方法同酥性饼干）2，香兰素0.1，碳酸氢铵1.5，碳酸氢钠0.5，水适量。

（2）生产工艺流程

$$\boxed{原料预处理} \rightarrow \boxed{面团调制} \rightarrow \boxed{辊压} \rightarrow \boxed{成型} \rightarrow \boxed{装盘}$$
$$\boxed{成品} \leftarrow \boxed{包装} \leftarrow \boxed{整理} \leftarrow \boxed{冷却} \leftarrow \boxed{烘烤}$$

（3）操作要点

1）原料预处理　白砂糖加水煮沸溶化后过滤，调制成浓度大于65%的热糖浆，冷却备用。玉米油提前置于车间调整温度30℃左右。

2）面团调制　先将面粉、水、糖、淀粉、木耳粉等一起投入和面机中混合，然后再加入油脂进行搅拌。这样可使面筋充分吸水润胀，有利于面筋的形成。注意加水量要适当，一般在20%左右，使面筋形成量适当，得到软硬适度、延伸性适当、无弹性的面团。面团的温度控制在36～40℃，如果温度过高，面团易发生韧缩和走油现象，使饼干变形，保存期变短。如果温度过低，面团变硬而干燥，面带断裂，成型困难，色泽不匀。改良剂反应缓慢，面团物性不良，影响产品质量。如果面团强硬，不利于辊轧，则需静置15～20 min再进行辊轧、成型。

3）辊轧成型　面团静置后辊轧成厚薄均匀、形态平整、表面光滑、质地细腻的面片，然后冲印或辊切成型。

4）烘烤、冷却、整理、包装　饼坯初入炉时用中温炉火，然后再用高温持续烘烤，炉温一般为180～250℃。产品膨松香脆，气孔均匀，色泽金黄，表面光滑整洁，断面层次清晰。冷却、整理、包装，即为成品。产品浅金黄色，色调要一致，块形完整、气孔均匀，无起泡、油摊现象，口感酥

松淡雅。

（三）食用菌糕点

1. 食用菌蛋糕

（1）配方（单位：kg，以香菇蛋糕为例，供参考）　鲜鸡蛋120，低筋面粉100，绵白糖100，水5，功能化香菇粉（或其他食用菌的一种或几种混合，粒度140目，制备方法同酥性饼干）3，人造奶油2，复合乳化剂0.5，疏松剂适量。

（2）工艺流程

```
              香菇粉、面粉、疏松剂、奶油
                        ↓
原料预处理 → 打蛋 → 打糊 → 浇模 → 烘烤
                                      ↓
贮存 ← 包装 ← 成品 ← 冷却 ← 脱模
              绵白糖、复合乳化剂
```

（3）操作要点

1）原料预处理　将干香菇（或其他食用菌的一种或几种）浸泡、复水、洗涤，低温微波振荡破壁、干燥后，粉碎至可全部通过100目孔径筛的香菇粉，加入适量水调匀，于110～130℃单螺杆挤出机中进行功能化处理，然后干燥、粉碎至可全部通过140目孔径筛，得到功能化处理的香菇粉，备用。

2）打蛋　将鸡蛋、绵白糖放入多功能搅拌器中，先用中速搅拌2～5 min，使糖全部溶化，与蛋液混合均匀，再加入适量的复合乳化剂，高速搅打，融入大量空气，形成丰富的泡沫结构，当泡沫结构的体积增长到原体积的2～3倍呈膏状时停止搅拌。

3）打糊　加入面粉、香菇粉，轻轻搅拌混合成均匀发松的面糊，最后加入奶油。面粉应事先与疏松剂混合均匀过筛，使结成团的面粉疏松，易于混合。投入面粉时，搅拌的时间不能过长，以防形成过量的面筋，降低蛋糕糊的烘焙膨胀性，导致产品僵硬而缺乏松软口感。

4）浇模　调制好的面糊需及时注入烤盘中，停放时间过长，会造成糊中气泡溢散，影响蛋糕的体积且使气泡大小不均，产品组织不细腻。在注模

前烤盘底部和四周均需涂上一层食用油，或铺垫蛋糕纸，方便蛋糕脱模。

5）烘烤　烘烤时，炉温要适当，焙烤初期炉内湿度应不低于75%，有利于蛋糕坯表面淀粉糊精化作用进行，有利于上色，同时也有利于饼坯胀发。底火应控制在220～250℃，面火控制在150～200℃。5～8 min后提升面火温度至250～270℃。注意烘焙初期炉温不能太高，否则面糊表层凝固太快，阻碍蛋糕体积向上胀发，易使表层裂纹或裂缝，出现外煳里生现象。炉温太低，烘烤时间过长，易导致蛋糕干缩，体积减小，口感僵硬不疏松。

6）脱模、冷却、包装　脱模后冷却至室温，然后进行包装，防止二次污染。

香菇蛋糕表面棕褐色，色泽均匀，内部黄棕色，深浅一致无焦煳，组织细腻，外形完整。口感柔软细腻，香菇香气浓郁醇正，甜度适中，无粗糙感，无黏牙，无撞嘴，有香菇蛋糕特有的风味，无异味，成品如图7-9所示。

图7-9　食用菌焙烤食品——香菇蛋糕

（4）香菇蛋糕质量评分方法　采用感官评定法，由经训练并有经验的专业品评者10人组成评分小组，对产品的色泽、形状、组织结构与气味、滋味四个方面进行评定，评定标准如表7-6所示，总分100分，取其平均值作为最终结果，超过80分为良好产品。

2. 食用菌混糖酥糕点

（1）配方（单位：kg，以香菇酥为例，供参

表 7-6　香菇蛋糕评定标准

项目	要求	最高分值
形状	丰满均匀，形状符合规定要求。切块制品切口整齐。薄厚均匀，不黏边，无破碎，无崩顶、无塌陷	10
色泽	具有需要的金黄色、红棕色、棕色、橘黄色等颜色，富有光泽，无焦煳和黑色斑块。切块制品切口应为黄白色	10
组织结构	膨胀度适当，柔软而有弹性，切面呈细密的蜂窝状或海绵状，均匀、无大孔洞，无硬块	40
滋气味	气味醇正，有浓郁香菇香味，口感松软香甜，不黏牙，不撞嘴，具有香菇蛋糕特有风味	40

考）　面粉100，绵白糖50，芝麻油20，起酥油20，鸡蛋25，糖渍香菇粒10，碳酸氢钠0.8，水适量。

（2）工艺流程

```
                        糖渍香菇
                           ↓
原料预处理 → 调粉 → 成型 → 焙烤 → 冷却
贮存 ← 包装 ← 成品 ← 整理
```

（3）操作要点

1）原料预处理　将干香菇（或其他食用菌的一种或几种）浸泡、复水、洗涤，震荡沥水，于800～1 000 r/min、5～10 min 条件下离心脱水后，置于浓度65%的糖浆中，煮沸维持15～20 min，冷却至室温，放置2～3 d。加温至80～90℃，捞出糖渍后的香菇于800～1 000 r/min、5～10 min 条件下离心脱糖液后，切割成3～5 mm 的香菇粒备用。

2）调粉　将绵白糖、鸡蛋、碳酸氢钠加入调粉机中搅拌均匀，再加入芝麻油、起酥油继续搅拌使混合料充分乳化融合，然后加入面粉、糖渍香菇粒，调成具有良好可塑性的面团。

3）成型　将面团搓成长条，分割成每个25 g 的小面团，压成圆饼，摆盘。

4）焙烤　把烤盘擦净，摆入生坯，进炉，用中等火力（180～190℃）烤熟呈枣红色即可。产品香酥可口，具有香菇酥特有的风味。

三、常见问题及解决措施

（一）油脂酸败问题及预防措施

油脂氧化是导致油脂酸败的一个重要原因。油脂氧化包含许多复杂的化学反应，诱发因素有很多，例如，生产中的高温会加速油脂氧化。所以，在实际生产中，需针对不同原因采取不同措施来预防。

1. 面粉对油脂酸败的影响　小麦胚芽中富含不饱和脂肪酸、活性酶等物质，这些物质容易引起脂肪水解、氧化等问题，从而导致脂肪酸败。20世纪80年代，我国引进了提取麦胚技术，通过提取麦胚，可延长面粉的保质期，但同时麦胚中的维生素 E 也被提走，从而降低了焙烤中油脂的抗氧化性。为预防油脂酸败和哈败，可在焙烤用油中加入抗氧化剂，如维生素 E。但是在应用抗氧化剂时，要遵守食品添加剂方面的国家标准。

2. 面粉改良剂对油脂酸败的影响　面粉改良剂也会造成油脂的酸败，如部分面粉改良剂在加热到100℃后会分解并挥发，但若用于含油食品，则会迅速使油脂氧化，导致食品氧化酸败。专用面粉改良剂等上游产品的技术改进必须考虑到对下游产品的影响，并将不良影响通过适当的渠道进行通报。

3. 油脂本身的酸败问题　现在，很多焙烤企业对油脂的酸价和过氧化值要求很严，供应商为了达到企业要求，通过碱洗等手段降低油脂的酸价，造成油脂的抗氧化能力下降。另外，冬季油温偏低时，油会在管道中凝结，堵塞管道而引发生产不畅的问题。为防止油因温度过低而出现堵塞管道问题，冬季可以对焙烤用油适当加热和保温，但不能使油长时间处于高温条件下，否则会引起油脂氧化酸败。

（二）异物混入问题及预防措施

在焙烤生产及原辅料供应链中，操作人员的头发、塑料毛刷、包装物及封口线绳、针等异物的混入，都可能造成质量事故。为消除异物混入的问题，须对上述各环节加强管理，特别要格外注意针等危险性杂质的混入。建立检查、领用、检修等管理制度，并落实到位，关键部位要使用磁铁或金属探测仪器等工具。

技术改进是避免异物混入的最佳方法。我国已经有从小麦清洗直至焙烤包装，由连续管道、罐车、筒仓储存、输送、焙烤组成的连续生产线，大大降低了混入异物的可能性。在使用未出厂的次品焙烤时，应确保无异物混入并按比例添加，否则会影响正常生产。

（三）二氧化硫超标及预防措施

饼干中残留的二氧化硫主要是改良剂焦亚硫酸钠的分解产物。在饼干生产中，食品企业为改善面团的延伸性和可塑性，可能会超量添加焦亚硫酸钠，造成二氧化硫超标。为预防饼干中的二氧化硫超标，首先，应该对面粉供应商加强管理，选择产品品质稳定、信誉良好的面粉供应商，为配料时减少焦亚硫酸钠的使用量而奠定良好的物质基础。其次，应该按照法定标准使用焦亚硫酸钠，从而杜绝焦亚硫酸钠的超标使用问题。最后，使用生物酶制剂替代焦亚硫酸钠。酶制剂的成本相对较高，但随着酶制剂推广范围的扩大，其生产成本也会有所降低。

（四）添加剂的乱用问题及预防措施

由于市场竞争的日趋激烈，部分焙烤生产企业为降低成本、改善产品口感，在生产过程中超范围和超量使用香精等添加剂。乱用和滥用了添加剂的焙烤食品，很难通过肉眼观察出来，这种焙烤食品很可能会对消费者健康造成伤害。为预防这种问题的发生，一方面，焙烤生产企业应加强自律，严格按照国家的法律法规使用食品添加剂，不超量和超范围使用食品添加剂。另一方面，食品监管部门需加大管理力度，严惩非法使用食品添加剂的行为。

（五）生物超标问题及预防措施

菌落总数、霉菌等微生物超标，是困扰很多焙烤厂特别是中小型焙烤企业的一大难题。对于这类问题，媒体也不断报道。为防止焙烤产品的微生物超标问题，应采取多种措施：加强生产过程的环境、设施的卫生控制。注意烘烤后产品包装区的卫生管理，避免交叉污染。加强操作人员卫生意识的培训，促使员工养成自觉的卫生习惯。加大对供应商的卫生管理力度。现在，部分包装材料生产企业的卫生状况不容乐观，包材企业应加大这方面的管理力度。

第七节
食用菌冷饮食品

一、冷饮食品的生产原理

（一）冷饮食品的生产原理

传统的冷饮食品是以饮用水、乳和乳制品、糖、食用油脂等为主要原料，加入适量的香精香料、色素、增稠剂、稳定剂、乳化剂、甜味剂、酸味剂等食品添加剂，经配料、杀菌、凝冻而制成的冷冻固态饮品。冷饮食品清凉解暑、润燥，口感清爽、风味独特，在炎热、干燥的气候或环境下，是人们的心爱饮食之选。随着食品新资源及食品原料的新利用技术的开发与进展，现代冷饮食品已不局限于乳制品行业，冷饮食品已发展成为食品工业中的一个具有独特魅力的分支领域。

冷饮食品按原料、工艺及成品特点不同，分为冰淇淋、雪糕、棒冰（冰棍）、冰霜（雪泥）、食用冰五大类。

冰淇淋是以饮用水、乳和乳制品（乳蛋白含量在 2% 以上）、蛋和蛋制品、甜味料、食用油脂等为主要原料，加入适量的香料、增稠剂、着色剂、乳化剂等食品添加剂，经混合、杀菌、均质、老化、凝冻、硬化等工艺或经再次成型等工艺制成的体积膨胀的冷冻饮品。

雪糕是以饮用水、乳和乳制品、蛋和蛋制品、甜味料、食用油脂等为主要原料，加入适量增稠剂（如淀粉）、香料、着色剂等食品添加剂，或再加入可可、果汁等其他辅料，经混合、灭菌、均质、注模、冻结（或轻度凝冻）、脱模等工艺制成的带棒或不带棒的冷冻饮品。

棒冰（冰棍）是以饮用水、甜味料为主要原料，添加增稠剂及酸味剂、着色剂、香料等食品添加剂，或再添加豆品、乳品、果品等，经混合、灭菌、注模、插扦、冻结（或轻度凝冻）、脱模等工艺制成的带扦的冷冻饮品。

冰霜是以饮用水、甜味料、乳和乳制品、果品等原料，加入适量的增稠剂、香料、着色剂等食品添加剂，经混合、灭菌、凝冻或低温炒制等工艺制成的较为松软的雪泥或冰屑状的冷冻饮品，也称之为雪泥。

食用冰是以饮用水为原料，经灭菌、冻结等工艺制成的供直接食用的冷冻饮品。

随着人们生活水平的提高，对多姿多彩食物品种的快乐享受，已成为一种特殊的精神追求。冷饮食品由防暑降温的单一食品属性向物质享受与精神享受及营养保健并举的方向发展，如全谷物冰淇淋、玉米冰淇淋、糯米冰淇淋、低糖冰淇淋、高纤

维冰淇淋、水果冰淇淋等新产品开发成为该领域内研究热点，人们热切盼望健康冰淇淋产品的供应。目前中国冰淇淋人均消费量经过几年的发展达到了 2.3kg，但与世界人均消费量相比还相差悬殊。差距的背后蕴藏着巨大的市场潜力和机会。尤其是低脂、低糖、低能量新型营养冰淇淋的开发与生产将成为今后冰淇淋市场的健康消费热点。食品新资源的开发及食品原料新技术的高效利用，将为健康冷饮食品生产关键技术的研究及产业化产品生产注入新的活力，带动冷饮食品行业快速良性发展。

（二）食用菌冷饮食品的生产原理

用于生产冷饮食品的原辅料品种很多，除了饮用水、乳与乳制品、蛋与蛋制品、甜味料（糖及甜味剂）、食用油脂外，还有香精香料、色素、增稠剂、稳定剂、乳化剂等食品添加剂，鲜果、干果、豆类等植物性原料的应用也在逐年增加。原辅料品质的优劣直接影响到产品质量，作为冷饮食品原料应该具有如下特征：系来源于天然动植物体中的某种成分或几种成分的混合物；可赋予产品较高的固形物含量及营养价值；对人体无毒、无害，无不良气味，在加入量上没有安全性方面的使用限量；可使产品具有良好的口感、风味、组织状态及保形性。我国是食用菌生产大国，每年约生产 3 600 万吨各种食用菌，极大地丰富了人民的物质生活。摄取大量的维生素被认为是人类长寿的秘诀之一，多食用食用菌或食用菌产品，有利于提高人类机体的抵抗力，保持健康长寿。将食用菌特殊处理后，使其具有生产冷饮食品的加工工艺性能，生产食用菌冷饮食品，让人们在享受冷饮食品这种喜闻乐见广受欢迎的食品的同时，获取食用菌独特的营养成分，实现健康滋补的目的。

1. 食用菌冰淇淋　传统冰淇淋是以饮用水、牛奶或奶粉、奶油（或植物油脂）、食糖等为主要原料，加入适量增稠剂、稳定剂、乳化剂、甜味剂等食品添加剂，经混合、杀菌、冷却、均质、老化、凝冻、硬化等工艺而制成的体积膨胀的可直接食用的冷冻食品。主要营养成分是糖和脂肪。随着现代

冷冻技术及冷冻机械的出现，冰淇淋生产实现了商业化、规模化与产业化，发展成为以乳或乳制品、蛋或蛋制品、甜味剂、增稠稳定剂及食用色素、香精等为原辅料，添加或不添加豆制品、果蔬制品、果仁等配料，经调配、杀菌、冷冻而成的组织柔滑细腻、清凉解暑的可直接食用的一大类冷冻食品，其加工范畴已不能简单地归结为乳制品行业，植物蛋白的利用、果蔬制品的加工等行业都会见到冰淇淋的身影，诞生了风味多样的冰淇淋产品，如草莓冰淇淋、巧克力冰淇淋、香草冰淇淋、抹茶冰淇淋、咖啡冰淇淋等。但是，目前几乎所有的冰淇林产品主要营养成分都是糖和脂肪，属于高脂、高糖、低蛋白、膳食纤维含量极少的高能量食品，而且为追求较高的膨胀率及柔滑细腻的口感，一般都添加较多的增稠剂。

食用菌健康冰淇淋的生产，解决目前冰淇淋产品高脂、高糖、高能量、低蛋白、低膳食纤维等缺陷，提高产品的营养价值；不添加任何增稠剂、稳定剂，提高产品的食用安全性。同时为冷饮食品家族添加新成员，赋予冰淇林产品新的营养内涵，实现天然食物资源营养互补，拓宽食用菌资源利用途径，为冷饮行业健康发展注入活力。

食用菌冰淇淋的生产过程中采用温和条件进行食用菌软化处理，最大限度保留食用菌营养成分的活性，发挥所采用食用菌的潜在黏度，提高料液稠度，同时赋予其舒适的柔嫩度；采用微粒化技术提高物料体系的稳定性；产品不添加任何人工合成增稠剂、稳定剂、乳化剂等添加剂，避免给产品带来食用安全隐患，给消费者提供放心、安心食品；产品不含蔗糖及葡萄糖，普通人群及肥胖、糖尿病等忌糖人群也可放心食用；产品充分发挥食用菌、牛乳天然食物资源营养互补优势，在优化产品感官品质的同时，赋予制品较高的营养价值，满足人们的健康需求。

2. 食用菌雪糕　雪糕是冷饮食品的又一大类，雪糕的生产技术基本与棒冰一样，都是以豆类、牛乳或乳制品、果汁等与淀粉、砂糖等配合，经杀菌

后浇模、冻结而成的一种冷冻饮品。它们的制造过程与生产设备基本上是相同的，所不同的是配方不同，雪糕中的脂肪含量、蛋白质含量、总固形物含量均比棒冰高，雪糕总固形物含量较棒冰高40%～60%，并含有2%以上的脂肪，因此，其所制成的产品风味与组织较棒冰美味可口。另外，雪糕工艺中均有均质工艺。膨化雪糕在生产时还需要采用凝冻技术，即在浇模前将料液输送到冰淇淋凝冻机内先进行搅拌、凝冻后再浇模、冻结，由于在凝冻过程中有膨胀率产生，故生产的雪糕组织松软，口感好，名其为膨化雪糕。膨化雪糕较一般雪糕风味佳。

雪糕是人们夏季钟爱的清凉消暑食品，但目前市场上销售的雪糕多以香精、色素、稳定剂、甜味剂为原料加工而成，以天然食用菌类为原料生产的膨化雪糕，未见有产品销售。

3. 食用菌棒冰　棒冰是人们夏季钟爱的清凉消暑食品，但目前市场上销售的雪糕多以香精、色素、稳定剂、甜味剂为原料加工而成，以天然食用菌类为原料生产的棒冰，未见有产品销售。在雪糕中添加食用菌不仅能赋予清凉爽口，甜美的口感，而且使人们在品尝美味的同时得到营养的补充和保健作用，产品具有广阔的市场潜力和开发前景。

二、食用菌冷饮食品的生产工艺

（一）食用菌冰淇淋的生产工艺

1. 配方（单位：kg，以银耳冰淇淋为例，供参考）　水 73.2，全脂奶粉 8，绵白糖 5，麦芽糖浆 5，果糖 4，干银耳 1.5（鲜食用菌则按干食用菌 5～10 倍添加），糊精 2，明胶 0.3。

2. 工艺流程

（1）银耳软化微粒化处理工艺流程

银耳挑选 → 浸泡 → 清洗 → 软化、杀菌 → 破碎微粒化 → 银耳浆料

（2）冰淇淋混合料配制及生产工艺流程

糊精、明胶、绵白糖、麦芽糖浆、果糖、乳粉

冷却 ← 过滤 ← 杀菌 ← 加水溶解 ← 混合

混合糖浆 → 调配加入银耳浆料 → 均质 → 老化

成品 ← 硬化 ← 灌装 ← 凝冻

3. 操作要点

（1）食用菌软化及微粒化处理 新鲜食用菌用10℃左右流动水漂洗，去除不可食用杂质，然后用25℃左右的风力吹净表面水分；如果原料为干燥食用菌则需用10℃左右流动水漂洗后，用20℃左右的饮用水浸泡40 min左右复软后，按照上述方法用流动水漂洗干净，再用冷风吹净表面水分。按湿基食用菌质量的0.1%～0.3%加入食品级柠檬酸，混合均匀，加入适量水湿法粉碎，控制浆料粒度为120～180目，然后于105～120℃、30～40 min条件下软化处理后，加入与柠檬酸等质量的食品级碳酸钠，搅拌均匀，于95～100℃条件下继续软化处理30 min左右，使食用菌组织软化，同时增加其黏度。冷却至30～40℃，于3 000～5 000 r/min条件下高速剪切微粒化处理至银耳浆料粒度50～60 μm，无菌条件下保温放置备用。

（2）冰淇淋混合料配制、均质 将其他物料加入剩余全部水分，混合均匀，加热至95～100℃维持20～30 min杀菌，过滤后得到可全部通过120目孔径筛的混合糖浆，然后冷却至30～40℃，与银耳浆料混合均匀，于30～40℃、20～25MPa条件下均质处理，得到银耳冰淇淋混合料备用。

（3）老化、凝冻、灌装、硬化 均质后的混合料经冷却至4～6℃，送入老化缸老化处理8～12 h。老化后的冰淇淋混合料在-7～-5℃进行凝冻，得到软质冰淇淋，即可食用。如需生产硬质冰淇淋则将软质冰淇淋立即包装于-25～-20℃条件下硬化处理得到硬质冰淇淋，于-18℃贮藏。银耳冰淇淋的感官评定方法如表7-7所示。

银耳既是名贵的营养滋补佳品，又是扶正强身之补药，为传统的食药两用菌，被人们誉为"菌中之冠"。历代都将银耳看作是"延年益寿之品"，是山珍海味中的"八珍"之一。众多研究结果表明，银耳多糖可明显降低高脂血症大鼠血清中游离胆固醇、胆固醇脂的含量，明显增强机体的免疫功能，促进肝细胞糖原合成以及抗肿瘤、抗突变、抗辐射和升高白细胞。长期服用银耳多糖能降血压、血脂，防止动脉硬化，抑制肿瘤，增强机体免疫功能等。传统医学认为，银耳有滋阴补肺、强精补肾、清热止咳、健脑提神美容嫩肤的作用。按此条件生产的银耳冰淇淋组织状态均匀细致，口感柔滑细腻，清新爽口，具有理想的膨胀率及较好的抗融性，品质优良。

（二）食用菌膨化雪糕的生产工艺

1. 配方（按每100 kg混合浆料计算，以银耳雪糕为例，供参考） 水82.2%，绵白糖10%，糊精3%，全脂奶粉2%，淀粉糖浆2%，干银耳0.5%（鲜食用菌则按干食用菌的5～10倍添加），明胶0.3%。

表7-7 银耳冰淇淋的感官评定方法

项目	评分标准	分值
色泽	色泽均匀一致，呈乳白色	10分
滋气味	具有银耳的清爽滋味，气味醇正，无异味	20分
口感	柔和细腻滑润，甜度适中，滋味正常	30分
组织状态	形态完整，不塌陷，不变形，不收缩，无脂肪凝粒，无明显大冰晶	40分

2. 工艺流程

（1）银耳软化微粒化处理工艺流程

干银耳 → 挑选 → 泡发 → 洗涤 → 软化处理 →

银耳浆料 ← 磨浆微粒化 ← 风味调整 ←

（2）雪糕混合料配制及生产工艺流程

绵白糖、糊精、淀粉糖浆、明胶、乳粉 → 混合 →

混合糖浆 ← 冷却 ← 过滤 ← 杀菌 ← 加水溶解 ←

调配加入银耳浆料 → 均质 → 老化 → 膨化 →

检验 ← 包装 ← 脱模 ← 插扦、冻结 ← 浇模 ←

冷冻贮藏 → 成品

3. 操作要点

（1）银耳浆料的制备　将干银耳准确称量，加入适量冷水泡发，洗涤干净，沥净水分，为了使银耳浆料柔滑细腻，加入混合物料1%的糖，按糖计加入0.1%柠檬酸，然后置于120℃、20 min条件下高压软化处理，同时改善银耳的口感及风味，然后冷却、磨浆，获得可全部通过0.125 mm孔径筛的银耳浆备用。

（2）混合糖浆制备、杀菌　绵白糖、糊精、淀粉糖浆、明胶、乳粉拌匀后再加适量水调成混合料液，加热煮沸，维持8～10 min杀菌处理，注意杀菌时要边加热边搅拌，防止物料受热不均而焦煳。

（3）过滤、冷却、调配　将杀菌后的物料通过0.125 mm孔径筛过滤除去杂质，得滤液冷却至55～65℃，加入预先制备的银耳浆料，混合均匀备用。

（4）均质　在压力15MPa、50～60℃条件下均质处理，提高混合料黏度，使产品口感细腻，组织均匀一致。

（5）老化　将均质后的混合料冷却至4℃，保温8～12 h，进行老化处理，使物料各成分分布均匀、提高黏度和柔滑细腻程度。

（6）膨化、浇模、插扦、冻结　将老化后的混合物进行膨化处理，当膨化率达20%时进行浇模。浇模前必须对模具和扦子进行彻底清洗、消毒。浇模时液料要分布均匀，然后放入冻结槽内进行冻结。盐水的温度为-20℃，在冻结过程中，料液冻结但未完全硬化时插入扦子，并保证扦子不下陷，不倒斜。插扦要求整齐，不得有歪插、漏插及未插牢现象。插扦后，直至完全冻结。冻结速度越快，产生的冰结晶越小，质地越细腻。冻结速度越慢，产生的冰结晶越大，质地越粗糙。另外注意模具内不要溅入盐水，以免影响产品质量。

（7）脱模、包装、检验、冷冻贮藏、成品　将模盘取出后迅速放入85℃左右的温水中浸数秒，随后立即脱模，脱模后立即包装。包装时检查雪糕的质量，如有歪扦、断扦及污染盐水的雪糕则不得包装，需另行处理。包装要求紧密、整齐、不得有破裂现象。包装后的产品要尽快进行硬化处理，硬化温度为-20～-18℃。

（8）银耳雪糕品质评定　依据雪糕感官评定惯例，采用综合评分法，雪糕的品质评分要综合考虑雪糕的色泽、形体、香味、组织状态、滋味、口感等各个方面，给出正确评价，银耳雪糕品质评分标准如表7-8所示，满分以100分计，请10名具有雪糕品评经验的专业人员品尝评后给出得分，取平均值作为最终结果。

表7-8　银耳雪糕综合品质评分标准及细则

项目	要　求	得分
色泽	颜色呈银耳白且色泽均匀，符合该品种应有的色泽	10分
形态	形态完整，大小一致，插扦整齐，无空头	10分

食用菌保鲜贮运和加工

项目	要　　求	得分
组织	冻结坚实，断面呈细腻片层状，无明显粗糙的大冰晶	20分
口感	柔和细腻，滋味正常，甜度适中	30分
风味	醇正，无杂异味，具有本产品特有风味特征	30分

在雪糕中添加银耳不仅能赋予雪糕滑润爽口、甜而不腻的口感，而且使人们在品尝美味的同时得到营养的补充和保健作用。银耳膨化雪糕，既能增加雪糕的花色品种，又能赋予雪糕特殊的营养和保健作用，具有广阔的市场潜力和开发前景。

（三）食用菌棒冰的生产工艺

1. 配方（按每100kg混合浆料计算，以香菇棒冰为例，供参考）　水86.4%，白砂糖12%，麦芽糊精1%，干香菇0.5%，柠檬酸0.1%。

2. 工艺流程

（1）香菇浸提液制备工艺流程

干香菇 → 挑选 → 泡发 → 洗涤 → 破碎 → 浸提

香菇浸提液 ← 杀菌、冷却 ← 过滤

（2）棒冰混合料配制及生产工艺流程

水、白砂糖、麦芽糊精、柠檬酸 → 混合

冷却 ← 过滤 ← 杀菌 ← 加水溶解

调配（加入香菇浸提液）→ 浇模 → 插扦、冻结

成品 ← 冷冻贮藏 ← 检验 ← 包装 ← 脱模

3. 操作要点

（1）香菇浸提液的制备　将干香菇准确称量，加入适量冷水泡发，洗涤干净，沥净水分，破碎成粒度2～5mm的颗粒料，按料水比1：（4～5）（g/mL）加水于85～90℃、30 min条件下浸提，离心分离，料渣重复上述操作，浸提2～3次。合并过滤液，过滤得到可全部通过25μm孔径筛的香菇

浸提液，于130℃、4～9 s条件下进行灭菌处理，冷却至30℃，无菌贮存，备用。

（2）混合、杀菌、过滤、冷却、调配　白砂糖、糊精、柠檬酸拌匀后再加适量水调成混合料液，加热煮沸，维持8～10 min杀菌处理，将杀菌后的物料通过25μm孔径筛过滤除去杂质，得滤液冷却至25～30℃，加入预先制备的香菇浸提液，混合均匀备用。

（3）浇模、插扦、冻结　将上述混合料进行浇模，浇模前必须对模具和扦子进行彻底清洗、消毒。浇模时料液要分布均匀，然后放入冻结槽内进行冻结。盐水的温度为-20℃，在冻结过程中，料液冻结但未完全硬化时插入扦子，并保证扦子不下陷，不倒斜。插扦要求整齐，不得有歪插、漏插及未插牢现象。插扦后，直至完全冻结。冻结速度越快，产生的冰结晶越小，质地越细腻。冻结速度越慢，产生的冰结晶越大，质地越粗糙。另外注意模具内不要溅入盐水，以免影响产品质量。

（4）脱模、包装、检验、冷冻贮藏、成品　将模盘取出后迅速放入85℃左右的温水中浸数秒，随后立即脱模，脱模后立即包装。包装时检查棒冰的质量，如有歪扦、断扦及盐水污染的棒冰则不得包装，需另行处理。包装要求紧密、整齐，不得有破裂现象。包装后的产品要尽快进行硬化处理，硬化温度为-20～-18℃。

（5）香菇棒冰品质评定　依据棒冰感官评定惯例，采用综合评分法，棒冰的品质评分要综合考

虑棒冰的色泽、形体、香味、组织状态、滋味、口感等各个方面，给出正确评价，满分以100分计，请10名具有棒冰品评经验的专业人员品尝评后给出得分，取平均值作为最终结果。

三、常见问题及解决措施

（一）标签上的问题及解决措施

我国实施《食品标签通用标准》已多年，冷冻饮品产品标签也应严格按照此标准标注。产品标签上所标注的一方面是为消费者负责，另一方面也符合厂家的利益，因为标签上的说明是对厂家的一种很好的广告宣传，是一种无形资产。

在实际工作中，有的厂家对此不够重视，或不写生产日期，或写了生产日期而不写保质期。有的厂家只写厂名不写地址，这些错误在一定程度上会影响产品的销售，另外也不符合规定。

产品标签上应标注的内容有食品名称、配料表、净含量及固形物含量、制造者的名称和地址、日期标志和贮藏指南、质量等级、产品标准号等。标签上所标注的内容需准确、科学，计量单位以国家法定计量单位为准。

一般食品标签不符合要求的原因有：厂方不够重视；厂方不甚了解。

解决办法是厂内重视，要将标签问题作为一项大事来抓，指定专人负责，有不明白之处虚心向有关部门请教，通过他们审查，在此基础上，厂方即可得到一个食品标签审查认可证。

（二）影响冷冻饮品净含量的原因及预防措施

造成冷冻饮品重量不合格的原因及预防措施如下：

膨胀率太高，这样灌装虽满但无法达到净含量要求。解决办法是适当降低膨胀率。

灌装时有溢出。灌装时注意装好。

在检查时没有将包装材料扣除或扣除包装材料重量的方法不对头。净含量指整个重量减去所有包装材料的重量，其中包括扦子与衬纸的重量。

另外，包装材料的重量为抽取的10件包装材料总重量除以10，不能以一件为准，并要经常抽样检查。

厂内没有重量检查制度，或虽有但检查工作不经常或不全面。包装时一定要有检查制度，所谓全面检查，指不但要有小组检查，车间负责人与技术部门也要检查。

检查流于形式，经检查后的不合格产品依然混迹于合格产品中。在检查时，一定要将不合格产品另行处理。

检查前没将天平校对好，或虽校对过了但又被人误碰以致天平计量不准。要求在每次检查前，都要先将天平校准后才开始称重。

检查结果如何，无人过问，缺乏严格管理。要建立奖惩制度，以巩固检查效果。

在棒式冰淇淋、雪糕及棒冰生产过程中烫模盘的温度过高，时间过长，致使产品形状缩小，因而其重量减轻。要掌握好烫模盘的温度和时间，发现形状缩小的产品不得包装。

原来用于生产棒冰和雪糕的体积，后改为生产膨化雪糕或膨化棒冰，但标志上的重量没有降低。在生产膨化雪糕或膨化棒冰前，试样时务必将净含量称准。

棒式冰淇淋、雪糕、棒冰在冻结时，由于未冻结好造成空头而使其重量减轻。尚未冻结好的产品不得包装。

（三）造成冰淇淋产品膨胀率不合格的原因及预防措施

冰淇淋的膨胀率根据其含脂量不同而不同，高脂型膨胀率≥95%，中脂型≥90%，低脂型≥80%。在生产中造成冰淇淋产品膨胀率不合格的原因及预防措施如下：

配方中的总干物质与非脂乳总干物质的比例配合不当，造成冰淇淋膨胀率偏低，质地粗糙。全脂牛乳去掉其中的脂肪后剩下的为非脂乳总干物质（蛋白质、乳糖、矿物质），非脂乳总干物质中的蛋白质对混合料能起到水化、提高黏度、保护脂肪球与包裹气泡的作用，但蛋白质的量又不宜过多，否则在贮存期间产品中的乳糖会结晶。

混合原料含砂糖量过高，导致混合料的冰点降低，延长了凝冻时间，致使膨胀率降低。可通过降低砂糖含量来改进。

购买的奶粉的溶解度低于标准。改进方法为严禁购买质量差的奶粉。

所使用的增稠剂质量差或用量不足也能造成冰淇淋膨胀率不足。改进方法是严禁使用质量差的增稠剂，增稠剂的加入量以明胶为例，不能低于5.0%，或明胶与 CMC 配合使用时，明胶 3.0%，CMC 2.0%。

所使用的甜炼乳的酸度高（储存不当或未做到先来先用），加热时蛋白质变性，从可溶性变为非可溶性，从而使冰淇淋膨胀率降低。不许使用酸度高的甜炼乳，购来后的甜炼乳要及时储存在 0~5℃的冷库内，并做到先进先用。

均质压力不正常，在生产过程中有脉冲现象（忽高忽低）。一旦发现均质压力有脉冲现象，要停止使用均质机并请修理工修理，修理好后方可进行均质操作。

所使用的均质压力千篇一律，而不是根据混合料的总干物质量和含脂量高低来定。均质压力应根据混合料中的总干物质含量和含脂量而定，凡总干物质含量与脂肪含量高，均质压力就低；相反则高。

刚进行均质时，由于均质压力尚未正常稳定，因此，刚泵出的混合料液的均质效果达不到要求，应将其回收后重新均质，若不回收重新均质就会造成成品膨胀率不足，因此，一定要将刚均质过的混合料液回收后重新处理，直至均质压力正常、稳定后为止。

老化时间短，蛋白质未起到水化作用，再加上料液温度高于 6℃势必会延长凝冻时间，造成冰淇淋膨胀率不足。老化时间最好大于 12 h，老化最适宜的温度为 1~4℃。

间歇式凝冻机内，搅拌时混合料的加入量过多。进行间歇或凝冻操作时混合料的加入量通常为机容量的 50%~55%。

进行连续式凝冻操作时混合料的流量过大或不稳定。连续式凝冻时混合料液的流量应以出料量的膨胀率高低来决定，高时流量要稳定，低时流量要少些。

冷源供应不足，这时应找修理工修好。

（四）造成冷冻饮品总固形物、脂肪、砂糖、蛋白质等含量不合格的原因及预防措施

1. 总固形物含量不达标的原因及预防措施　经检验及复验，冰淇淋、冰霜、雪糕、棒冰中的总固形物含量低于标准，其原因可能是：

1）标准化计算有错，或配方有错。

2）称料、发料时有错或磅秤有错。

3）配料时饮用水加入量过多。

4）某一种或多种原料含水分量超过标准。

当上述各产品有不合格品出现时，一定要引起厂负责人、技术部门等的高度重视，如经检查和研究上述四个原因均不存在，就要组织人员深入一线，从领料至冷却各个工序止，当场抽样化验混合料中的总固形物含量，由此进一步找出不合格原因。

2. 脂肪或蛋白质含量不达标的原因及预防措施　冰淇淋、雪糕的含脂量或蛋白质含量低于标准，可能的原因为：

原料中某一种或多种含脂量过低。为了降低成本，擅自更改配方，如将油脂含量降低，改换为淀粉。为了在价格上同其他厂家竞争，将乳与乳制品量减少，改放蔗糖。虽配方中的原料量不变，但以多加水来降低成本。未经技术部门同意，供销部门擅自以次的原辅料替代标准的原辅料。生产车间未经技术部门同意擅自使用供销部门购来的替代原料。

要解决以上问题，工厂需建立起"产品配方管理责任制"，内容大致为：

厂内生产配方一经厂负责人批准决定，车间应指定专人负责严格按规定执行，任何人不得任意改动。车间在领料及生产配料时，应经常注意检查原辅料的种类与质量规格，如有不符合规格或已变质的原辅料，车间有权提出复验或拒绝使用（但也要有可靠的依据）。凡因错用配方中的原料或因原料的重量不足造成产品质量问题的，责任人应对此负责。没有合格证的原辅料投入生产发生质量问题，除仓库保管员与发料员应负主要责任外，车间应负领料责任。配方的用料量与购来的原辅料的质量有密切关系。供销科应按规程规定的原辅料要求按质、按量、按时组织供应，凡因原辅料质量不符、数量不足、品种不齐而造成的生产上的一切问题，由供销科负责。若供应情况有变，供销科应及时提供替代原辅料的样品与质量规格，送技术科及检验科研究同意，再报厂负责人批准后方可使用。未经厂负责人同意的替代原辅料供销科购来后应负全部责任，使用的车间也应负责。若对配方有改进意见可经本人提出，通过小组讨论、车间同意后报技术部门，由技术部门会同有关部门（包括建议人）经过研究，认为可行则报总工程师审批同意，在保证正常生产的条件下，进行小样试制，成功后，报厂负责人批准，并适当奖励提建议的人员。未经审批同意的任何新配方不得擅自使用。

3. 砂糖含量不达标的原因及预防措施 冰淇淋、冰霜、雪糕与棒冰产品含砂糖量低于质量要求，原因如下：磅秤未校正就开始称砂糖，由于磅秤误差造成砂糖加入量不准，因此，称量前需将磅秤校正好才开始称料。配料时由于疏忽未将全部砂糖倒入缸内。配料后检查一下是否有遗漏的砂糖或其他原辅料。配料时不慎将糖浆洒出缸外，并未向有关人员汇报，因而未及时将缺少的糖浆量补上。因此，工作要谨慎，出了问题要及时汇报，不得隐瞒，以便及时补救。

第八节
食用菌休闲方便食品

休闲食品是人们闲暇、休息时所吃的食品。即是指人们在不饥饿的时候为了满足某种心理需求和营养要求而食用的一类非主副食类快消食品。一般情况下休闲食品不作为主食或间餐，不以提供能量或必需营养素为主要目的。休闲食品的食用目的主要是为了满足人们对食品的某些特殊风味、口感为主要追求目的，并兼顾一定的营养成分及作用，是一类具有心理享受及嗜好且食用方便的食品，如果脯蜜饯、膨化食品、调味风味食品等。休闲食品主要包括干果类，如花生、松子、杏仁、开心果等；膨化食品类，如薯片、薯条、虾条等；肉、鱼制品类，如肉干肉脯、鱼片等；果脯蜜饯类，如话梅、甘草杏等。从原料方面看休闲食品涵盖非常广泛，谷物、坚果、薯类、糖、肉禽、水果蔬菜、水产品均有应用。

随着经济的发展，物质生活水平的提高，文化娱乐活动的增加，休闲食品正逐渐成为人们日常的生活的必需消费品，而且消费者对于休闲食品数量和品质的需求也不断增长。具有较高食用安全性兼具滋补养生作用的绿色休闲食品日益受到消费者的欢迎。作为绿色休闲食品，首先必须采用纯天然原料，所用农产品原料不含有农药、化肥；其次是食品加工过程中食品添加剂零添加，产品保持原料的原质、原味，如以甘薯、板栗、红枣、大豆、花生、玉米、食用菌等为原料加工的系列休闲食品。另外，低热量、低脂肪、低糖的健康平衡膳食日渐成为今后休闲食品发展的主流。

方便食品是指以米、面、杂粮、杂豆、果蔬等食物资源为主要原料加工制成，不需要或需要简单烹制即可作为主副食，且具有食用简便、携带方便、易于贮藏等优点的一大类工程制造食品，如各种即食性罐头食品、糕点、速冻食品、方便面、方

食用菌保鲜贮运和加工

便米粉、方便菜肴等。绝大多数方便食品不需要二次加工就可以直接食用，既可以做主食又可以做间餐。随着经济的迅速发展，生活节奏的加快，人们的生活方式发生了改变，"色、香、味、形、养"兼备的成品及半成品方便食品渐渐成为百姓厨房或餐桌的重要角色，为人们节约了大量时间，把人们从烦琐的厨房操作中解放出来，有更多的时间去学习和工作。尤其是具有现代消费观念及生活方式的80后、90后新一代的消费群体的融入，使休闲方便食品增长势头越来越强。巨大的消费潜力及商机使休闲方便食品生产企业数量及规模日益增加，目前休闲与方便食品已占中国食品市场大半江山，休闲与方便食品市场呈现百家争芳、万家斗艳之繁荣与竞争的景象，三全、思念、龙凤、三元、喜之郎、恰恰、达利园、统一、康师傅等企业及品牌产品，为人们提供了风味多样的各色休闲及方便食品，丰富了人们的生活。

一、食用菌蜜饯

（一）食用菌蜜饯的生产原理

蜜饯也称果脯，是利用高浓度糖液所产生的高渗透压实现对果蔬的长期保存。蜜饯古称蜜煎，汉族民间糖蜜制水果食品，历史悠久，流传广泛。果脯蜜饯迄今已有2 000多年的历史，以桃、杏、李、枣、冬瓜、生姜、食用菌等果蔬为原料，用糖或蜂蜜腌制后而加工制成的食品，除了作为休闲食品直接食用外，也可以用于面包、蛋糕、饼干、馒头、花卷、烤饼、冰淇淋、雪糕等面、糖食品的装饰辅料。

唐代将进贡朝廷的水果用蜂蜜浸泡保存，以备非水果采摘季节食用。到宋代，制作技术更加精细，品种多样，蜜渍湿润制品及糖制干燥之品兼具。经元明至清时期，蜜饯加工技术和品种都有长足发展，工艺日益完善，趋于成熟，选果、洗净、浸泡、熬制等工序技艺严格控制，产品色味俱佳，闻名国内外。北京、台湾、潮汕、肇庆等地成为蜜饯主要产地，形成风味各异的代表性品种。而北京果脯蜜饯采用宫廷传统秘方，由鲜果加工精制而成，含水量在20%以下，转化糖含量可占总糖量的10%左右。口味酸甜适中，爽口滑润，甜而不腻，成为"北果脯"或"北蜜饯"的代表。

传统果脯蜜饯含糖量高，某些品种糖含量高达65%，同时由于加工过程中采用高温预煮、糖渍、硫熏等工艺，维生素损失严重，成为高糖、高能量食品，不符合现代健康理念。以食用菌为原料生产糖含量低于20%的低糖蜜饯克服了低糖给制品带来的干缩、口感差、保质期短等缺陷，产品品质优良，为果脯蜜饯家族增添了新成员，为食用菌的利用开辟了一条新途径。

1. 渗透压的作用　高浓度糖液能产生强大的渗透压，在糖煮过程中，使原料肉质部分渗入大量糖分，排出水分。果糖的渗透压最强，为同浓度蔗糖的1倍，约为食盐溶液的20%，1%的蔗糖溶液的渗透压约为1.2个大气压。由于有了强大的渗透压，微生物细胞原生质的水分被糖液析出，处于脱水（生理干燥）状态而无法活动。因此，蜜饯即使不密封也不易变质。糖液的浸渍，还能阻止果实中的维生素C的氧化损失，并能改善成品的风味。但是含糖量过多，甜度过高又会影响成品的原果风味，因此，要求成品中的含糖量要适当，既能达到防腐脱水的目的，又要保持产品风味特色。一般认为，糖液的浓度为50%以上时，微生物生长就受到阻碍，但霉菌和个别酵母菌在低水分中也能生长。为了有效地抑制微生物，蜜饯产品的含糖量要求达到60%～65%，固形物含量在68%～75%。

2. 糖水交替过程　利用食糖的强大渗透压，可以驱赶原料组织中的大量水分，使糖液大量渗入原料组织中去，提高果品的含糖量。为达到这一目的，在需糖煮的产品加工中，往往在糖煮以后，将煮制的原料放原糖液中浸泡一定时间，而后控去糖液再进行干燥。在糖煮工艺上，又分为一次煮成法和多次煮成法两种。对于组织致密含水较多的原料，多采取多次煮成法。

3. 蔗糖抗氧化特性的利用 食糖的抗氧作用，主要是氧在糖液中的溶解度小于氧在水中的溶解度。糖液愈浓，氧的溶解度愈小。氧在糖液中的溶解量与糖液的浓度成反比。例如：浓度为60%的蔗糖液，20℃时，氧在该糖液中的溶解度仅为纯水含氧量的1/6。原料在糖液中浸渍或煮制，由于氧化作用甚微，有利于蜜饯产品的保色作用，也有利于蜜饯产品的风味和维生素的保存。

4. 蔗糖返砂特性的利用 在糖煮蜜饯时，糖液中的糖分达到饱和时，成品中糖易析出结晶。在糖煮中要适当地控制糖分的饱和率，使一些产品返砂，析出糖霜。试验证明，成品总含糖量为68%～70%，含水量为17%～19%，转化糖占总糖量的50%以下时，易出现不同程度的"返砂"，但转化糖量达到总糖60%时，一般就不"返砂"。利用蔗糖这一特性，根据产品要求，来控制其"返砂"或不"返砂"。

总的来说，食用菌蜜饯的加工原理，就是利用食糖的固有特性，完成食用菌组织中的水分与糖液的交换，增加产品的含糖量，达到长期保藏食用菌和增加食品花色品种的目的。

（二）食用菌蜜饯的生产工艺

1. 糖制食用菌蜜饯的生产工艺

（1）工艺流程

1）干食用菌

浸泡 → 洗涤 → 脱水 → 漂烫 → 脱水 → 糖煮
成品 ← 杀菌、冷却 ← 包装 ← 干燥 ← 浸渍

2）鲜食用菌

漂烫 → 洗涤 → 脱水 → 糖煮 → 浸渍 → 干燥
成品 ← 杀菌、冷却 ← 包装

（2）操作要点

1）浸泡洗涤 干食用菌浸泡时用低温水，10℃左右冷水浸泡复水，洗涤干净，去除不可食用的杂质，浸泡时间以菌体柔软无硬芯为准，然后离心脱水800～1 200 r/min，脱水处理10 min，备用。鲜食用菌为降低破碎率，可先漂烫，后洗涤脱水处理。

2）漂烫 沸水漂烫处理去异味，漂烫时间2～3 min。

3）糖煮 上述处理食用菌投入白砂糖熬制的糖浆中进行糖煮处理，糖浆浓度65%～70%，90～100℃煮制30～50 min，糖浆熬制过程中，可加入砂糖量0.5%～1%的柠檬酸，可以使菌体更加柔软，口感细腻。

4）浸渍 糖煮处理后的食用菌20～25℃条件下放置2～3 d，使糖液进入食用菌组织内部，产生梳理和柔化作用。

5）干燥 可以1 000～1 200 r/min、10～15min常温下脱糖浆处理，也可以加热升温至40～50℃，再1 000～1 200 r/min、10～15 min离心处理脱糖浆。然后干燥处理。首先40～60℃干燥30～60 min，然后60～80℃干燥至食用菌蜜饯含水量低于20%，总糖含量大于50%。具体干燥时间和蜜饯堆积厚度、几何尺寸等因素有关。

6）包装、杀菌 如果采用无菌包装可不进行杀菌处理。如果非无菌包装，为提高产品贮存稳定性，保证产品食用安全，可进行二次杀菌处理。二次杀菌方法可采用微波杀菌、高压短时间杀菌处理。另外在包装时要避免二次污染。水浴杀菌条件为沸水浴维持30 min，料层厚度5～6 cm，捞出，擦干袋外面浮水，冷却至常温即可。高温高压杀菌处理条件为105℃、25 min或110℃、20 min，料层厚度均为5～6 cm。

7）品质鉴定 组织状态均匀，有适当的韧性，耐咀嚼，具有相应食用菌的滋气味，不得有异味或杂味，甜度适当。根据产品的特点可规定蛋白质和某种特殊功能性成分的含量。

2. 低糖食用菌蜜饯

（1）生产工艺流程

干食用菌 → 漂洗 → 浸泡 → 洗涤 → 漂烫
质构改善 ← 脱水干燥 ← 组织软化 ← 糖化及酸化
检验 → 成品

（2）操作要点

1）浸泡、洗涤、漂烫　准确称取一定量外形完整的食用菌，用流动水漂洗干净，加入适量冷水常温下浸泡复水（浸泡过程中不断翻动以浸泡均匀），然后用流动水洗涤，去除表面上附着的污物及细小杂质，沥水、离心脱水后投入沸水中进行漂烫处理，时间 3～5 min，可脱除原料浓厚的不良气味。

2）糖化及酸化　称取白砂糖、柠檬酸、黄原胶，充分搅拌使物料分散均匀，加入相应量水配成混合糖浆，糖浆中白砂糖含量 20%，柠檬酸含量 1.2%，黄原胶含量 0.2%～0.3%。边搅拌边加热至沸腾并维持 10 min，使部分蔗糖生成转化糖。将漂烫后的食用菌投入沸腾的混合糖浆中，继续煮沸并不断搅拌，维持 5～10 min。

3）组织软化　将浸于糖浆中的食用菌冷却至常温并放置 3～4 d，在酸化糖浆的作用下，菇体组织充分融胀，形成立体交织结构，软化纤维，可极大地改善产品的咀嚼性及口感。

4）脱水干燥　将经过组织软化处理的食用菌沥净糖浆，菇伞向上平铺在不锈钢网上，热风干燥脱水处理。烘干条件为：60～55℃烘干 2～3 h 后再 65～80℃烘至水分含量低于 30%，总糖含量低于 20%，然后检验包装、二次杀菌、冷却。二次杀菌可采用微波杀菌或高温短时间杀菌处理。

水浴杀菌条件为沸水浴维持 30 min，料层厚度 5～6 cm，捞出，擦干袋外面浮水，冷却至常温即可。高温高压杀菌处理条件为 105℃、25 min 或 110℃、20 min，料层厚度均为 5～6 cm。

5）质构改善　食用菌蜜饯于 -18～-10℃冷冻处理 2～3 d，进行质构改善处理，使口感柔软细腻。

6）食用菌低糖蜜饯的品质评定　品质评定如表 7-9 所示，成品如图 7-10 所示。

图 7-10　食用菌蜜饯——低糖美味菇脯

（三）常见问题及解决措施

在蜜饯加工过程中，由于操作方法的失误，或原料处理不当，往往会出现一些问题，造成产品质量低劣，成本增加，影响经济效益。为尽量减少或避免这方面损失，对加工中出现的一些问题，可相应地采取一些补救的措施。

表 7-9　低糖食用菌蜜饯综合品质评分标准与细则

项目	质量要求	分值
色泽	呈黑褐色，色泽基本均匀，表面有光泽，不应有灰暗现象	20 分
外观	外形完整、规则，饱满，无干瘪收缩现象	30 分
口感风味	口感柔软、细腻，耐咀嚼，具有香菇的特殊芳香风味，无异味	30 分
组织结构	断面结构呈交织网络状，清晰而规则，有半透明感	20 分
总分		100 分

1. 盐渍原料发霉或腐烂 在原料盐渍制坯过程中，往往隔了 1 周以后，原料品质发生恶化，如表面发霉，果实腐烂。出现这种情况，主要有以下原因：

1）原料本身的成熟度过高，经不起盐渍。

2）原料和食盐的比例不当，用盐量太少。

3）盐渍的方法不正确，没有将原料和食盐充分拌和。

4）添加的硬化剂量不够。

5）盐渍的容器怕水，有水不能浸渍原料，果实暴露在空气中。

解决的办法：检查容器有无漏水现象，如果有则立即将腌坯连同卤水移入另一容器中，并加 1 倍的食盐，继续腌渍，上下翻动，使之充分拌和；待果实盐渍饱和以后，迅速捞出进行干燥。

2. 返砂产品不返砂 返砂蜜饯，其质量应是产品表面干爽，有结晶糖霜析出，不黏不燥。但是由于原料处理不当，糖煮时没有掌握好正确的时间，因而使转化糖急剧增高，致使产品发黏，糖霜析不出。造成不返砂的主要原因是：

原料处理时，没有添加硬化剂。原料漂烫时间不够，果胶没有去尽。糖渍时，糖液发稠。糖煮时间太短，糖浆发黏，糖液的浓度不足。原料本身的果酸较多。在煮渍时，半成品有发酵现象。

解决的办法：在处理原料时，应适当添加一定数量的硬化剂。延长漂烫时间，并在漂洗时要尽量洗净残留的硬化剂。在糖煮时，尽量采用新糖液，或者添加适量的白砂糖。延长糖煮时间，使糖液在 42～44°Bé。调整糖液的 pH。返砂蜜饯都是中性，pH 应在 7～7.5，因此，含果酸较丰富的果实，在原料前道工序处理时，就要注意添加适量的碱性物质，进行中和。密切注意糖渍的半成品，防止发酵。增加用糖量，或添加防腐剂，不使用半成品发酵。

3. 蜜饯的"返砂"与"流糖"现象 质量正常的蜜饯，应为质地柔软，鲜亮而呈透明感。如果在糖煮过程中掌握不当，转化糖含量不足，比例失调，就会造成产品表面出现结晶糖霜。这种现象，称为"返砂"。蜜饯如果返砂，则质地变硬而且粗糙，表面失去光泽，容易破损，品质降低。相反，如果果脯中的转化糖含量过高，特别是在高温、高湿季节，又容易使产品产生"流糖"现象。产品表面形不成糖衣而发黏，使产品变质。

造成"返砂"或"流糖"，主要原因是转化糖占总糖的比例问题。实践证明，果脯中的总糖含量为 68%～70%，含水量为 17%～19%，转化糖占总糖的 30% 以下时，容易出现不同程度的"返砂"；转化糖占总糖的 70% 以上时，产品易发生"流糖"。

解决"返砂"和"流糖"现象的方法：控制煮制时的条件，掌握蔗糖与转化糖比例，即严格掌握糖煮的时间及糖液的 pH（糖液 pH 应保持在 2.5～3），促进蔗糖转化。可加柠檬酸或盐酸调节。

4. 煮烂与干缩现象 由于食用菌种类选择不当，加热煮制的温度和时间掌握失误，预处理方法不正确，糖渍时间太短，均会引起煮烂和干缩现象。

煮烂原因：主要是品种选择不当，糖煮温度过高，或时间太长，划纹太深等。

干缩原因：主要是果实成熟度不够，太生；糖渍时间太短，糖分还未被果实吸收或吸收极少；糖煮时糖液浓度不够；糖煮时间太短，致使产品不饱满等。

解决的办法：选择成熟度适中的原料。组织较柔软的原料品种，在预处理中应加放适量的硬化剂，使其组织硬化，防止煮烂。为防止产品干缩，糖渍的时间应适当延长，使果实充分饱满后再进行糖煮。糖煮时间要掌握好。如返砂蜜饯的糖液浓度要高，一般为 42°Bé 左右。果脯则要在 40°Bé 左右。

5. 褐变现象 果脯和蜜饯的各个品种，都应有各自的色泽。如多为金黄、橙黄、淡黄，色泽明亮。在加工中，由于操作不当，就可能产生褐变现象或色泽发暗的情况。其原因主要有：

食用菌保鲜贮运和加工

果实中的单宁物质氧化。糖液与原料中的一些蛋白质相互作用，产生一种红褐色的黑蛋白素。烘烤干燥的条件及操作方法不当。

解决的方法：缩短漂烫的时间。改善干燥的条件，烘房应有通风设施。操作时，每隔 4h 进烘房翻动一次，使产品干燥均匀。

二、食用菌糖果

（一）食用菌糖果的生产原理

以糖类（含单糖、双糖及功能性寡糖）或非糖甜味料为基本组成，配以部分食品添加剂、营养素、功能活性成分，经溶解、熬煮、调和、冷却、成型、包装等工艺制成的具有不同形态和风味的甜味固体食品。按软硬程度可分为硬糖（含水 2% 以下），半软糖（含水 5%～10%），软糖（含水 10%以上）。按组成可分为乳脂糖、蛋白糖、奶糖、饴糖、淀粉软糖、果胶软糖、果汁糖、巧克力及巧克力糖果等。按工艺可分为熬煮糖果、焦香糖果、夹心糖果、凝胶糖果、充气糖果、胶基糖果、巧克力糖果等。目前糖果绝大多数为蔗糖基产品，即以砂糖、饴糖为主要原料，添加淀粉、糊精、低聚糖、油脂、蛋白质、乳与乳制品、可可等辅料经熬制、成型等工艺加工而成的带有明显甜味的粒状和块状食品，如绝大多数的硬糖、软糖、充气糖果、夹心糖、巧克力糖、咖啡糖、水果糖、蛋白糖等。

含食用菌糖果在提供能量的同时赋予制品特殊功效，食用方便、口感优良，既可作为普通食品，也可用于保健，是一种风味、功效俱佳的健康食品，可满足人们对健康的需求，是食用菌在食品工业中应用的典范。我国糖果产业以平均每年 10% 左右的速度增长，糖果年需求总量 400 万 t 以上，糖果产业发展潜力巨大，为食用菌糖果的推广提供良好的平台。食用菌糖果以其独特的风味及营养特性，必将受到消费者的欢迎。

（二）食用菌糖果的生产工艺

1. 低糖食用菌糖果　随着社会物质文明的日益发达，低糖、低脂食品已成为现代人崇尚自然的追求，无糖糖果亦被称为健康糖果，健康糖果产业亦将是一个持续增长的领域，并将成为我国糖果业发展的突破口。尽管糖果通常被看作是一种休闲的食品，但健康糖果大多是含糖量低或无糖的产品，并且添加多种有益于健康的配料，使糖果具有更多健康的内涵，成为健康的优良载体。由于无糖糖果低热量、低脂肪、低升血糖的特点，可满足人们对健康的追求，因此近年来健康糖果的数量增长迅速。

（1）配方（单位：kg，供参考）　食用菌超细粉 1～5，麦芽糊精 25～35，低聚异麦芽糖 50～80，麦芽糖醇 70～90，木糖醇 0～10，柠檬酸或苹果酸 0～2，糖果用油脂 0～2，单甘酯或蔗糖酯 0～0.3。

（2）工艺流程

食用菌干制品 → 浸泡 → 清洗 → 干燥脱水 →
食用菌超细粉 ← 超细粉碎

溶解 ← 麦芽糊精、低聚异麦芽糖、木糖醇等

熬糖 → 调配、翻拌 → 保温

油脂、单甘酯、蔗糖酯、柠檬酸、苹果酸、色素、香精等成型

包装 → 成品

（3）操作要点

1）食用菌超细粉的制备　干食用菌用流动水漂洗，去除泥沙，沥净水分，置于洁净处自然风干或于 45～60℃ 热风干燥，使其水分含量为 6%～8% 备用。然后精细粉碎研磨，获得粒度为 25～50μm 的食用菌超细粉，备用。

2）配料　按配方准备原辅料。

3）化糖　称取麦芽糊精、低聚异麦芽糖或麦芽糖醇、木糖醇低能量糖或糖醇，加入纯净水 8～12 份，加热使其溶化。

4）熬糖　采用常压熬糖或真空熬糖。

①硬质糖坯料常压熬糖。在正常大气压下熬糖，将溶化的糖液继续加热至 120～140℃，熬至糖膏浓度为 96%～98%，取样检测冷却至常温可

成结晶状态，即完成熬糖操作。

②硬质糖坯料真空熬糖。将糖液加热至120～140℃，熬至糖浓度95%，然后于110～115℃，真空蒸发、浓缩，糖膏最终浓度96%～98%，取样检测冷却至常温可成结晶状态，即完成熬糖操作。

③酥糖坯料常压熬糖。称取食用菌超细粉、麦芽糊精、低聚异麦芽糖或麦芽糖醇、木糖醇低能量糖或糖醇，加入纯净水8～10份，加热使其溶化，加热至100～120℃，蒸发掉多余水分，最终水分含量为2%～3%，坯料黄色、棕黄色或棕红色，呈松散酱状，取样检测50～80℃可压制成块状，不破碎，具有良好保型性，即完成熬糖操作。

④软质糖坯料常压熬糖。称取食用菌超细粉、麦芽糊精、低聚异麦芽糖或麦芽糖醇、木糖醇低能量糖或糖醇，加入纯净水15～20份，加热使其溶化，加热至100～120℃，蒸发掉多余水分，最终水分含量为15%～20%，坯料黄色、棕黄色，柔软，取样检测40～60℃可切割成块状，颗粒完整、不黏结，具有良好可塑性及韧性，即完成熬糖操作。

⑤冷却、调和及成型。将熬好的糖膏出锅冷却至90℃时，加入食用菌超细粉、油脂、单甘酯或蔗糖酯、柠檬酸或苹果酸、色素、香精，立即进行调和翻拌，使糖坯的温度均匀下降，软硬适度，具有良好的可塑性，立即进行保温及成型处理，制得所需形状的糖果，包装贮存。

以食用菌超细粉、麦芽糊精、低聚异麦芽糖、麦芽糖醇及木糖醇为主要原料，生产含天然食用菌成分的低能量糖果，工艺简便，技术可操作性强，与传统含蔗糖糖果相比，不会发生龋齿，不会引起血糖含量和胰岛素水平的变化，适合糖尿病患者及因某种原因忌糖的消费者食用。产品风味醇正，无不良后味。

2. 高糖食用菌糖果 生产高糖食用菌糖果，生产工艺与低糖食用菌糖果基本相同，只是配料具有明显区别，高糖食用菌糖果采用蔗糖基原料为主，如白砂糖、饴糖、玉米淀粉等。

（三）常见问题及解决措施

1. 导致硬质糖果还原糖项目不合格的原因　硬质糖果还原糖项目不合格，通常是偏高，即还原糖含量超标。还原糖偏高会使糖果易吸潮，易使糖果变质，不耐贮存，影响糖果的质量。其产生原因主要是：

（1）加工工艺不成熟，配料不当　还原糖起很好的溶解蔗糖的作用，一般企业为了考虑硬质糖果加工成型的容易性会相应提高还原性糖浆（淀粉糖浆或麦芽糖浆）的使用量。

（2）企业忽略产品质量　不关心产品标准的变化，生产工艺比较守旧，不知改进，因为新的硬质糖果标准在2017年年底开始实施，其中还原糖最高限量与2001年老标准相比较有所降低，所以一直延续老配方就产生了在相对宽松的2001年标准合格而新标准就超标的结果。

2. 导致糖果发烊、发砂的原因　糖果的发烊、发砂是受内因与外因同时制约的。内因：硬质糖果本身的吸水汽性，配方的设计。外因：环境中的相对湿度，工艺流程，生产操作。

（1）配料不当　还原糖物质在硬质糖果的配料中起着提高蔗糖溶解度抗结晶作用，但它具有吸水汽性，相应而言，它也是促使硬质糖果易发烊的潜在因素。硬质糖果中如有果糖和转化糖大量存在，将是引起发烊的主要因素。因此不提倡用纯淀粉糖浆或高麦芽糖浆生产无蔗糖硬质糖果。

（2）工艺途径选择不当　试制水果味、含乳制品、焦香风味等硬质糖果，不宜采用常压熬糖工艺，否则，会因熬煮时间漫长，促使蔗糖转化分解成有机物，不仅会造成样品的色泽加深，透明度差、香味不正等质量问题，同时还会增加样品的还原糖量，使样品容易发烊。试制硬质糖果最好采用真空熬糖工艺。

（3）操作问题

1）糖液pH　化糖后糖溶液的pH是促使蔗糖在加热过程中分解为转化糖的主要因素。如果在熬糖前有效控制 pH，则转化糖生成量可以抑制至最小限度，糖果制品的发烊倾向也随之大大减小。如果要解决生产过程中的次品糖头，将其化成糖水回掺，必须要测试 pH，如酸度过大，应用碳酸氢钠中和。

2）糖液温度　在高温熬糖时，蔗糖分子产生明显的分解，产生转化糖及其他有机物。150℃以下分解慢，超过 160℃分解速度大大加快，超过170℃呈现跳跃式分解，糖浆颜色迅速变深（褐变）甚至焦化。

3）加热时间　长时间加热极易使蔗糖分解成转化糖及其他有机物。

4）产生晶种　化糖时加水量不足或操作不当，有蔗糖晶粒存在，就会成为晶种，当糖液黏度越来越大，且温度降低时，晶种就变为潜伏的结晶因素，最后使糖膏产生局部或全部的发砂现象。

5）震荡与摩擦等机械运动　糖液进入过饱和状态时，如上述机械运动反复出现，也可造成发砂。强迫返砂就是运用此原理。

6）长时间保温　糖坯在冷却与保温过程中，如果时间过长，会使蔗糖结晶，造成发砂现象。

7）长时间暴露在空气中　在生产尤其包装、贮存过程中，如长时间暴露在潮湿的空气中，最容易使制品吸收水汽而发烊发砂。

8）环境问题　硬质糖果是一种亚稳定性混合物，在一定条件下才能保持其无定形状态的性质。每种糖果都有自己的平衡相对湿度（简称 Erh)，即都有会发生释放或吸收水分的倾向，直至达到平衡。影响糖果平衡相对湿度的因素有：糖果基本组成中结晶蔗糖、非结晶糖和水分的百分比；糖类以外其他物质（如酸、盐等）的存在；各种可溶性固形物对水分子量比值间的总和。试验与实践表明，硬质糖果的平衡相对湿度为 20%～30%，吸收外界水汽是从相对湿度 30% 开始，从相对湿度 50% 就转而明显，当达到 70% 以上，吸水汽性大大加快，当外界的湿度达到饱和时，硬质糖果因吸水而严重烊化。因此，硬质糖果的标准平衡相对湿度应

低于 30%。

3. 导致糖果微生物超标的原因　糖果经过高温熬糖过程，温度可以达到 150℃左右，大部分微生物都会灭活。所以糖果微生物超标主要是来源于二次污染。

（1）环境卫生　生产过程中接触糖胚的工具、设备比较陈旧，达不到生产洁净度要求或者是器具消毒不彻底。

（2）人员卫生，从业人员手部细菌污染状况　经监测培养，细菌总数平均值为 830cfu/m³，大肠菌群大于 300cfu/m³ 的占 59.8%，均超过国家规定的硬质糖果微生物指标。

本文结合检测中硬质糖果存在的质量缺陷，通过对硬质糖果的配料、生产工艺等因素分析，认为企业可以从以下几方面改进：加强原料控制，改进配方合理配比；提高生产工艺水平，掌握好质量关键点控制；改善生产环境卫生条件；加强企业质量管理，提高职工卫生意识、质量意识。

三、即食菌菜

（一）即食菌菜的生产原理

食用菌作为食品的加工原料，主要用于菜肴烹制或加工成各种风味的调味酱菜。食用菌作为食材进行烹调加工，操作烦琐，大多数消费者缺乏专业知识而无法制作出美味营养的食用菌菜肴，因而放弃这种营养丰富的食材，影响了食用菌的消费和食用菌保健作用的充分发挥。即食菌菜的生产可以解决菌菜烹制烦琐、家庭操作困难等问题，为消费者提供风味优良、食用方便的健康菌菜。

采收后的新鲜食用菌属于初级农产品，不耐贮存。以新鲜食用菌为原料，经过预处理后，再经脱水或不脱水，然后用食盐、酱、香料等腌制，使其发生一系列的生物化学变化而制成鲜香嫩脆、咸淡适口，并且耐保存的加工产品。在腌渍过程中，人们利用食盐、糖、醋等的防腐作用，微生物的发酵作用来抑制有害菌的活动，从而生产出符合要求

的产品。

1. 食盐的防腐保存作用　弱发酵性腌菜主要利用高浓度食盐溶液的扩散作用使微生物及菜体的细胞脱水。微生物在高渗透压的溶液中发生质壁分离，导致停止生长或死亡，多数腐败菌不能繁殖；同时，高渗透压抑制了蔬菜本身所含的酶，使其保持质地紧密、味道鲜美的品质。食盐渗透作用的强弱快慢与食盐溶液的浓度及所用原料有关。一般情况下，浓度越高，渗透越快。但是，高盐制品要分次加盐，以免渗透压太强表面形成致密层，不利于内部脱水。

2. 微生物的发酵作用　食用菌菜在低盐溶液中腌渍，菜体本身带入的有益微生物，如乳酸菌、酵母菌等进行发酵产生乳酸、乙醇、醋酸等物质，抑制了有害微生物的生长，因为多数腐败菌不能在酸性环境下生存，从而达到防腐和调节风味的作用。

3. 香辣调料的防腐杀菌作用　在酱腌菜的加工中，香料的作用特别重要，如姜、蒜、花椒、丁香、醋、糖等，不但可以调味，而且具有很好的抗氧化和杀菌能力。有些香辛料已被精炼提取用作食品防腐剂。

4. 生物化学变化

（1）色泽的变化　食用菌菜中的多酚类物质及蛋白质在腌制过程中易受微生物及其他因素作用，发生褐变。一般来说，腌制品后熟时间越长，温度越高，黑色素形成愈多。对于某些新鲜的制品，应该尽量避免发生褐变。另外，外来色素渗入也易使制品颜色发生改变，如酱里面的色素、姜黄、红糖、醋等。

（2）香气与滋味的变化　食用菌菜腌制中香气和滋味的形成过程比较复杂，成分也极其繁多。蛋白质的分解作用及其产物氨基酸的变化是色、香、味的重要来源。这种生化作用的强弱快慢决定了腌制品的品质。其反应过程如下：

$$\text{蛋白质} \xrightarrow{\text{水解}} \text{多肽} \xrightarrow{\text{水解}} \text{氨基酸}$$

氨基酸本身具有一定的鲜味与甜味，与其他

化合物进一步作用可产生各种风味的产物。

腌制品的香气主要来源于以下几个方面：原料中有机酸与发酵产生的乙醇发生酯化反应形成不同的芳香物质；乳酸菌将糖分解生成芳香的双乙酰。这是乳酸发酵产生香味的主要来源。

食用菌在腌制过程中，其周围的盐、糖及辣椒、姜等香料和调味品均可渗入蔬菜组织中，使制品具有咸、酸、辣各种滋味。

（3）质地的变化　质地脆硬是腌菜品质的重要条件，如果处理不当使菜变软而不脆，就会影响质量。蔬菜的脆性主要由细胞的膨压及细胞壁的构成决定，蔬菜受到盐腌后失水要由细胞的膨压及细胞壁的构成决定。蔬菜受到盐腌后失水萎蔫导致脆性减弱。另外，细胞壁的支架——原果胶在酶作用下会被分解，丧失其应有的支撑作用，使组织变软。根据以上原因，生产上常采取一定的保脆措施：去除过熟或受到伤害的蔬菜，然后在腌制前，将其放到井水或氯化钙溶液中浸泡，以固化细胞，这样制品的脆性就能较好地保持。有些地区地下井水硬度较高，可以不加保脆剂而直接用井水浸泡蔬菜。但如果水的苦味较重，则多因镁离子含量高，需要处理去除方可使用。

（二）即食菌菜的生产工艺

1. 配方（以菇菌为例，按每100 kg产品计，供参考）　鲜菇菌（一种或多种混合均可）90 kg（干菇菌则为20 kg，浸泡复水后为90 kg），植物油3.5 kg，洋葱3 kg，干黄花菜1 kg，食盐0.9 kg，淀粉0.5 kg，白糖0.5 kg，味精0.2 kg，鲜红辣椒片0.2 kg，花椒粉0.12 kg，八角粉0.05 kg，茴香粉0.03 kg。

2. 工艺流程

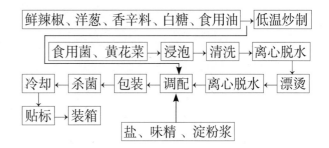

3. 操作要点

（1）原辅料预处理　若采用干食用菌、干黄花菜，则用流动水漂洗去浮尘，沥净水分，常温下浸泡4～8 h，至完全复水，无硬芯，洗净，800～1 000 r/min 条件下离心脱水处理5～10 min，然后沸水漂烫杀菌3～6 min，捞出，800～1 000 r/min 条件下离心脱水5～10 min 或震荡沥水后，冷水冷却，然后按产品需要切割成所需大小的条或片备用。新鲜食用菌则直接漂洗、沥水、漂烫、冷却、离心脱水等处理即可。鲜辣椒洗净去籽、去蒂，切割成5～10 mm 条状备用。洋葱洗净切割成粒度为2～4 mm 的颗粒备用。所有香辛料粉末经120目过筛处理。淀粉加适量水调成淀粉浆备用。

（2）调配　按配方要求准确称取各种配料，将植物油加热至110～130℃，加入洋葱、香辛料炒制5～8 s，加入鲜辣椒片、白糖继续85～100℃低温炒制10～20 s，然后加入处理好的食用菌、黄花菜、盐、味精、淀粉浆混合均匀，混合料终温80～85℃。

（3）包装、杀菌、冷却　调配后的混合物料立即进行包装、杀菌。蒸煮袋真空包装后的产品置于沸水浴维持30 min，料层厚度5～6 cm 杀菌处理，或者105～120℃、15～30 min 杀菌处理，杀菌时料层厚度均为5～6 cm。150～200 g/瓶的玻璃瓶包装则105～120℃、15～30 min 杀菌处理。

杀菌后产品冷却至常温，吹干包装表面水分，贴标、装箱。

4. 产品风味特点　芳香，鲜微辣，口感柔软，具有相应菇菌的明显风味，脂肪≤15%，食盐≤1%，无任何人工合成添加剂，安全、低盐、高膳食纤维，作为餐桌方便菜肴，无须再次烹调处理，开袋即食，营养、方便、快捷。常温下保质期6～12个月，成品如图7-11所示。

图7-11　食用菌风味菌菜

即食菌菜的原料可根据生产地食用菌资源优势采用适当的食用菌种类，尽量缩短原辅料运输半径。产品风味可根据供应地区消费者饮食习惯进行调整，如香辣、麻辣、五香、葱香、蒜蓉、鱼香、豉香等多种风味。

（三）常见问题及解决措施

1. 导致产品品质劣变的原因　食用菌在腌制过程中，由于采用原料不好，加工方法不当，环境条件不良等原因，会使制品受到有害微生物的污染，导致质量下降，甚至产生有毒物质。

（1）酱菜变黑　形成原因大致有：布盐不匀，含盐过多部位使正常发酵菌受到抑制，盐少部位有害菌繁殖；酱菜暴露于液面，致使好氧性细菌与酵母菌不正常发酵；铁与单宁的存在。

（2）酱菜变红　酱菜未被盐水淹没，与空气接触时，红酵母繁殖，在酱菜表面形成桃红甚至深红的色泽。正常发酵时，此现象不存在。

（3）酱菜变软　形成原因大致有：盐量过少，乳酸形成快而多，过高的酸性环境，酱菜易软化。腌制初期温度过高，使蔬菜组织破坏变软。器具不洁，酱菜表面有有害菌繁殖，也会导致发软。

（4）酱菜变枯　某些有害菌在较高温度下迅速繁殖，易形成黏物。

（5）酱菜变味　温度太高致发酵过快或腐败时，易产生苦味、酒精味及臭味。

（6）酱菜腐败　由于各种原因导致霉菌、酵母、细菌的大量繁殖。

2.防止酱菜劣变的措施　了解了腌渍品质量劣变的原因后，只要适当控制各种因素，采取综合措施，就能朝着有利于提高质量的方面发展。应注意以下几个问题：

（1）菜株整洁　供腌制用的原料，应该脆嫩完整，无损伤及病虫害，在合适的发育期收获。一般肉质松软的食用菌不宜选用。腌渍前一定要洗涤干净。

（2）水质良好　腌渍蔬菜的水，必须符合国家饮用水标准，河塘及井水必须预处理后才可使用。

（3）食盐纯净　所用食盐须符合国家规定的食用盐卫生标准。含有过多硫酸镁的食盐会造成苦味；含硫酸钙过多的食盐，在腌渍时会中和乳酸，促成有害微生物的生长繁殖，引起蔬菜变质。

（4）防止生产环境及生产操作中的污染　车间内空气悬浮着大量微生物，它们会飘落到生产设备、工具、原料上，所以必须定期紫外线消毒。在生产中，工人要穿戴工作衣帽，养成良好的卫生习惯。

（5）腌渍因素控制得当　前面已叙述食用菌腌渍的影响因素，只要采取各种措施以利于乳酸发酵和控制有害微生物的活动，就能够保证制品质量。例如，对于不耐酸、不抗盐的腐败菌主要利用较高的酸度和较浓的盐液加以控制；对于一些既耐酸又抗盐的好气性霉菌和有害的酵母菌，则主要利用隔氧来达到抑制其活动的目的；而对于不耐酸、不抗盐但喜高温厌气性的丁酸菌，则主要利用较高的酸度、较浓的盐液与较低的温度等措施加以控制。

（6）加入防腐剂　虽然食盐和有机酸能抑制某些微生物的活动，但其作用是有限的，况且向着低盐化的趋势发展，因此需加入一些防腐剂来防止制品变质，延长贮存期。防腐剂的种类很多，最常用的为苯甲酸、山梨酸及其盐类。

苯甲酸钠是效果较好的防腐剂。在酸性环境中，苯甲酸钠对多种微生物有明显的抑制作用，尤其对细菌最强，对霉菌及酵母效果相对差一些。山梨酸钾是一种安全的防腐剂，为白色或无色鳞片状结晶或粉末，在空气中不甚稳定。它对霉菌、酵母及好气性细菌均有抑制作用，但对嫌气性芽孢菌与嗜酸乳杆菌几乎无效，是酸型防腐剂，适合于pH 5以下的食品。山梨酸及其钾盐在机体内可以正常参加新陈代谢，产生二氧化碳和水，因此是无毒的；对羟基苯甲酸酯类具有强大的防腐作用，效果均比山梨酸及苯甲酸强，毒性比苯甲酸低，使用的pH范围亦较广，但对乳酸菌的作用效果较差。但是从长远角度看，添加化学合成防腐剂不是发展方向。中国的很多药食兼用的植物具有优质的抑菌抗氧化作用，提取它们的有效成分添加到食品中是今后发展的趋势。

四、菌羹及菌膏

（一）菌羹及菌膏的生产原理

羹，传统食物，古指五味调和的黏稠的糊状浓汤或凝结的冻状食物，流行于全国大部分地区。传统羹主要由肉、菜及芡粉调和加工而成，如羊羹。亦有加入面粉、豆类、糖、水果等食材加工成面羹、豆羹、果羹等甜食，这类产品作为休闲食品，风味多样，如红豆羹、豌豆羹、山楂羹、栗子羹等。随着人们饮食习惯及环境风俗的变化，某些羹类食品原料组成及加工方法、食用特点都发生了本质的变化。例如传统羊羹是用羊肉熬制的，因其中饱和脂肪酸含量高，而饱和油脂凝固点高，这种浓稠羹汤冷却时会凝成固体，成为方便携带、广为流传的美味食品。目前将以豆类、水果、蔬菜等植物性原料或其提取物加工而成的固态甜食统称为羹，也有以原料名称命名的，如绿豆羹、莲子羹、红枣羹等。

"膏"指浓稠的糊状物，物之精华（膏髓）。古亦有脂肪、肥沃、甘美、心尖脂肪（膏肓）、肥美的食物（膏粱）、润泽等多种含义。食品工业中

食用菌保鲜贮运和加工

膏类产品与羹相似或相近，如历史悠久的药膳龟苓膏。龟苓膏，是药食兼用的流传于中国两广地区的传统特产。龟苓膏生产主要原料是龟板和土茯苓，亦有加入生地黄、凉粉、甘草、金银花等，具有滋阴润燥、降火除烦、清利湿热、凉血解毒等功效。其性温和，不凉不燥，老少皆宜，主要用于清热去湿、生肌、止痒、去暗疮、润肠通便、滋阴补肾、养颜提神等，备受人们喜爱，畅销中外。

食用菌羹类或膏类食品包括咸鲜风味的副食肉菜羹及甜味休闲食品类。副食类菌羹加工方法与菌汤相似，只是配料中添加较大比例的淀粉，适合热食。甜品类休闲食品则添加淀粉、琼脂、明胶、糊精等凝固剂，使之成为固态或半固态食品，适于冷食。另外加工中原辅料的处理要求产品柔滑细腻，无粗糙感。一般工艺流程为：将原辅料预处理后破碎研磨成可通过 0.125 mm 孔径筛的粉浆，杀菌、灌装、冷却固化，即为菌羹或菌膏。

（二）银耳羹（膏）生产工艺

下面以银耳羹（膏）为例介绍食用菌羹（膏）的制作方法：

1. 工艺流程

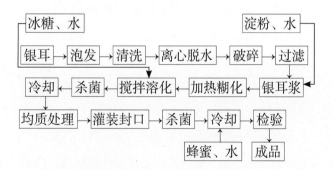

2. 操作要点

（1）原辅料前处理　干银耳用 10℃左右的饮用水浸泡至完全复水无干芯，剪除耳根及其他不可食用部分，反复清洗，去除杂质，于 1 000～1 200 r/min 条件下离心脱水 5～6 min，破碎成可全部通过 0.147 mm 孔径筛的银耳浆冷藏备用。

（2）调配、杀菌　银耳浆与淀粉（藕淀粉、玉米淀粉、马铃薯淀粉均可）加入适量水搅匀、加热糊化及杀菌处理，然后加入冰糖、水，搅拌溶化后

置于 110～120℃软化及杀菌处理 25～40 min。然后冷却至常压后取出，按要求加入蜂蜜及剩余的水混合均匀，于 2 000～3 000 r/min 条件下进行高速剪切、微粒化乳化及均质处理，得到膏状物，灌装封口、杀菌处理。杀菌条件为 115～120℃、25～35 min。银耳、淀粉（藕淀粉、玉米淀粉、马铃薯淀粉）、冰糖、蜂蜜用量可根据产品的营养需求、硬度、甜度等具体要求而定。

（3）冷却、检验、成品　灌装封口杀菌处理后的产品冷却处理，得到固态食用菌羹（膏）。经检验符合产品质量标准者入库、销售。

食用菌羹（膏）产品口感柔滑、组织细腻。尤其银耳羹（膏）口感甜美细腻，颜色乳白色或乳黄色，具有润肤养颜、滋阴润肺、清凉解暑等作用，可用于虚劳咳嗽、痰中带血、津少口渴、病后体虚、气短乏力以及肺燥、肺虚、风寒劳累所致的咳喘、口疮、风火牙痛等症状的缓解及滋补。食用菌羹（膏）的生产，充分发挥银耳等食用菌强身健体的营养优势，同时充分利用银耳、冰糖、蜂蜜协同增效的滋补功能，提高银耳、冰糖、蜂蜜的利用率，为提高人们生活质量做出贡献，创造更大的经济效益与社会效益。该产品生产过程无废渣、废气及有害物质产生，对环境友好；不使用任何人工合成添加剂，产品食用安全。

五、食用菌酥脆食品（食用菌酥脆片、丁、条）

（一）食用菌酥脆食品（食用菌酥脆片、丁、条）的生产原理

20 世纪 80 年代，果蔬脆片食品在发达国家开始盛行，受到人们的欢迎。我国 20 世纪 90 年代初针对某些地区果蔬加工技术落后，造成积压、销售难等问题，开展果蔬脆片产品的加工，随后该产品在国内市场上迅速发展起来，加工技术水平及产品质量都得到了大幅度提高。原料种类也越来越广泛，苹果、香蕉、哈密瓜、草莓、红枣、胡萝卜、

南瓜、四季豆、甘薯、青椒、马铃薯、大蒜、洋葱、竹笋、蘑菇等绝大多数的果蔬原料都可以用来生产果蔬脆片。果蔬脆片的生产不仅满足了人们对食品的新鲜、健康、休闲、营养并举的要求，也带动了地方经济的发展。尤其采用真空油炸技术生产的果蔬脆片，不但最大限度保留了新鲜果蔬的天然色泽、营养和风味及富含膳食纤维的营养特点，而且含油率明显低于传统常压油炸食品，也不会产生3,4-苯并芘和丙烯酰胺等致癌物，成为新型营养休闲食品，受到消费者的喜爱。但是油炸型食用菌脆片在包装、储存、销售过程中容易受周围环境中的氧、光照、温度等因素的影响，发生氧化酸败，采用真空充氮包装，可以缓解油脂氧化速度和程度，延长产品货架期。另外，在加工过程中进行抗氧化处理将会收到较好的抗氧化效果。

果蔬脆片的生产实质是果蔬的脱水干燥过程，因此必须研究果蔬组织内水分状态、果蔬在干制过程中的变化、影响干燥的因素等问题。

1. 果蔬的脱水干燥过程　当果蔬所处环境有温度差和湿度差存在时，水分首先从表面开始蒸发，从而造成果蔬表面的水分含量低于内部的水分含量，形成相连内外层细胞的渗透压差。内外层细胞为了维持水分平衡，在内外湿度差和温度差的影响下，水分即由内向外转移，再经表面蒸发，直至果蔬中心。

水分不断蒸发，使细胞内浓度逐步增大，于是水分向外转移会受阻而逐渐慢下来，使蒸发速度下降。此时，如表面水分蒸发过快，会使内部水分的扩散转移跟不上，致使外表结壳，影响果蔬继续脱水，表面将焦化。另外，表面升温，必然使内外温差加大，而热向内传导时内部也升温产生膨胀增压，增压过大会导致果蔬破裂出现流汤现象，影响成品品质。所以，对果蔬受热的条件，应有严格的控制（如油炸过程中温度和真空度的控制，加压罐内温度和压力的控制），即严格掌握果蔬内水分的扩散速率和表面蒸发速率，尽量使两者大致相等。

在脱水过程前段，水分蒸发快，产品本身温度不会提高，当大部分水分蒸发后，就应调低热介质的温度，以免损害成品质量。当果蔬表面和内部水分达到平衡时，脱水全过程完成。

2. 影响脱水的因素

（1）干燥介质温度的影响　干燥介质的温度对干燥速率有一定的影响，在果蔬脱水初期，允许适当提高温度，但应避免温度过高而产生胀裂、流汤、结壳等现象。

（2）干燥介质相对湿度的影响　在一定温度下相对湿度越小，空气饱和差越大（相对湿度每减少10%，饱和差增加100%），干燥速度越快。

（3）果蔬本身的影响　不同种类的果蔬，因其含水量不同，理化性质不同，组织状态不同，干燥速度也不同，即使同一类产品的品种不同，也会使干燥速度有差异。另外，果蔬片的厚度、切块的大小及料层厚度也会影响其脱水效果。

3. 果蔬在脱水过程中的变化

（1）干燥速度变化　果蔬中水分有三种状态。脱水最初蒸发出来的是自由水，这时果蔬表面蒸汽压几乎与纯水蒸气压相等，且在自由水蒸发完之前，此蒸汽压保持不变，并出现干燥速度不变的现象。也就是说，当外界干燥条件一定时，果蔬干燥速度不变，这就是干燥过程在开始时期的等速干燥阶段。这一阶段将持续至全部自由水汽化完毕为止。干燥的第二阶段为降速干燥阶段，此时蒸发出来的是结合水，水分蒸汽压因水分结合力越来越强而不断下降，这样，在一定干燥条件下，果蔬的干燥速度会不断降低。在等速干燥阶段自由水很容易到达表面，使表面处于湿润状态。当干燥进行到结合水排除完毕时，表面形成外皮，这是初期的降速干燥阶段。当汽化由表面向果蔬内部转移，使水分在物料内层汽化时，就进入了后期的降速干燥阶段。

（2）果蔬温度变化　在脱水干燥过程中，水分要吸收汽化热而成蒸汽，故在一定干燥条件下，果蔬表面随时都有一个自动达到恰到好处的平衡温度。在等速干燥阶段初期，表面温度趋于某一定值。在降速干燥阶段初期，表面温度瞬时趋于定值，在该阶段的后期，表面温度升高。

（3）物理变化

1）体积变小、重量变轻　果蔬脱水后，成品体积为原料的20%～35%，重量为原料的10%～20%。

2）多孔性　果蔬内部各个部分水分含量不同，造成蒸汽外逸效果不同，致使制品形成许多小孔，具有多孔性。

（4）化学变化　果蔬在脱水过程中，不仅蒸发掉水分，而且还会发生某些生化反应，赋予制品美观的色泽和特殊的香味。

（二）食用菌酥脆片的生产工艺

1. 工艺流程

干食用菌 → 挑选 → 复水 → 清洗 → 漂烫

离心脱水 ← 浸渍 ← 整形 ← 离心脱水 ← 冷却

真空油炸脆化 → 脱油 → 冷却 → 检测 → 包装 → 产品

2. 操作要点

（1）食用菌前处理　流动水将干食用菌表面的灰尘及泥沙洗净，常温下冷水浸泡5～6 h至完全复水，无硬芯。然后置于沸水中漂烫3～5 min，用冷水进行冷却，800～1 200 r/min、10～20 min条件下离心脱水处理后冷藏备用。

（2）整形、浸渍　按产品要求将脱水后的食用菌进行整形处理，切割成薄片状、颗粒状或方丁形状备用。调配浸渍液，浸渍液中含糊精20%～25%、盐0.2%～0.6%。将整形后的食用菌浸入调配符合要求的浸渍液中常温下浸泡30～40 min，800～1 200 r/min、10～15 min条件下离心脱水处理，20～25℃贮存备用。

（3）入笼、真空油炸成熟与脆化　经上述处理的食用菌装入料笼，送入真空油炸釜，进行油炸脆化。如果采用棕榈油为传热介质，油炸温度为92～94℃，油炸脱水脆化时间15～17 min，脱油时间5～7 min。

（4）冷却、包装　油炸脆化的食用菌置于洁净、干燥环境冷却至常温，经检验符合产品生产标准后，进行充氮包装、贮存及销售。

（三）常见问题及解决措施

果蔬脆片生产过程中常见的质量问题有：产品变形；油出现暴沸；产品粘连；产品含油量高而酸败。

产品变形往往发生在油炸后，有的脆片出现卷曲变形和收缩变形。这是由于原料中干物质过少（不足2%），在油炸时水分大量蒸发，原料收缩不均匀所致。尤其是速冻后的果蔬，其分子间隙大，油炸后产品卷曲更为严重。

采用浸渍工序，可有效地防止卷曲变形，因为浸渍液具有高渗透压，果蔬内水分冻结后，浸渍物会滞留在果蔬片的间隙内，增加固形物的含量，防止油炸时果蔬的卷曲变形。

油暴沸出现在油炸工序，当油锅内真空度和油温度都较高时，会使水蒸气压大于锅内残存压力，产生暴沸，从而使大量的油随水蒸气抽出来，造成不应有的损失。所以，在操作时，应采用逐步减压、缓慢升温的方法。即开始时，在较低真空度下，果蔬中的水分可大量蒸发排出，这时不必用过高的温度和真空度，随着原料中水分的减少，再逐步提高真空度和温度，以防暴沸产生。

产品粘连，是由于油炸时，果蔬片在油炸筐内码放过厚，因重力积压使果蔬片未被炸透，互相产生热粘连，形成上下层压力不同，导致果蔬片实际真空度不均匀。因此，一般料层厚度控制在10 cm左右为宜。

另外，应使油炸筐能在锅内旋转，使油温得到强制循环，果蔬片被搅动后散开，受热均匀，干燥速率提高。

实验研究表明，冷冻温度和油炸温度对产品质量产生的影响也不可忽视，其中前者为主要影响因素。在制定工艺时，冷冻温度低，油炸脱水效果好，产品感官质量比较理想。

此外，脱油温度是影响制品含油量的一个重

要因素。在保证制品不变焦、不变形的情况下，温度高脱油效果好。其原因是油黏度随温度升高而减小，使脱油变得容易，尤其是对速冻后的甘薯，效果最为明显。在适当转速和时间下，若提高真空度，也可加大产品内外压差，使制品含油量降低。脱油后迅速冷却可减少产品吸水量，保证产品不回软。

六、食用菌薄片食品

（一）食用菌薄片食品的生产原理

据资料介绍，起源日本的果蔬薄片食品薄如纸张，致密光洁，不但保留了果蔬原料天然的色泽、风味与营养，而且口感独特，深受消费者欢迎。波力食品工业（昆山）有限公司是中国著名的休闲食品生产企业，其品牌下的"波力海苔"是烤熟紫菜的代表性产品，是一种品质优良的薄片食品，其质地脆嫩，入口即化，保留了紫菜中的维生素、矿物质等营养成分及风味，受到广大消费者的欢迎，尤其适于儿童及老年人。目前薄片食品并无明确定义，也无明确规定食品加工领域与范畴。薄片饼干、薄脆玉米饼、烤紫菜、玉米片、麦片、水果脆片、肉脯等，凡是成品厚度不大于3mm的干燥且可即食的食品均被称为薄片食品。薄片的获得可以是原料切片，也可以是物料经粉碎、混合、调浆、泼张或压片、二次成型来获得。成熟方法有油炸、焙烤、蒸、烘干等均有应用。

食用菌薄片食品因食用菌的种类、形状、体形大小千差万别，加工方法多样。对于木耳、银耳可采用原型成熟脆化工艺加工薄片食品，对于平菇、香菇、姬松茸、滑子菇等块形较厚、体形较大的食用菌，其薄片食品的加工采用粉碎、调浆、成型熟化的工艺更合理，不但可以保持产品天然成分、风味，还可以发挥天然食物营养素互补优势，提高产品营养价值，优化产品的综合品质，满足产品薄而酥脆的感官要求。

将食用菌与谷物进行科学配伍，发挥天然食物营养素互补优势，采用熟制与成型一体化完成技术生产食用菌薄片健康食品，纯天然、零添加剂，产品富含蛋白质、淀粉、多不饱和脂肪酸、膳食纤维、矿物质等多种人体必需营养素。产品口感酥脆、风味优良，适于各类消费群体，既可作为休闲食品也可作为间餐或主食食用。产品生产过程中实现食用菌全株利用，无污染、无废渣、无废气及无有害物质，符合国家资源节约型、环境友好型生产模式要求；不使用任何添加剂，食用安全。

（二）食用菌薄片食品的生产工艺

1. 玉米、燕麦、小麦全籽粒谷物粉及食用菌微颗粒粉制备 将成熟玉米籽粒去除沙、石、杂草等不可食用杂质后，用25℃以下冷水喷淋洗去浮尘，快速热风干燥处理，使其水分含量在10%左右，采用多级粉碎方式进行超微粉碎处理，获得粒度为0.125 mm的全籽粒玉米粉。燕麦、小麦脱除种壳，保留种皮，精细得到粒度为0.174 mm的燕麦全粉、小麦全粉备用。精白米加工过程中产生的碎大米精细粉碎得到粒度为0.147 mm的大米粉备用。

选择所需食用菌干燥子实体，冷水浸泡复水，泡沫清洗，震荡沥水、离心脱水后，40～50℃微波破壁干燥处理，使其含水量为6%～8%，然后超细粉碎，得到粒度96～100μm的食用菌精细粉，备用。

2. 谷物粉功能化处理 将上述谷物粉按配方要求称量、混合均匀，加入粉体质量24%～30%的饮用水，搅拌均匀，常温密闭放置30～40 min，于温度140～160℃条件下，高温、高压单螺杆挤出处理，然后干燥、粉碎处理得到平均粒度为0.125 mm的功能化谷物粉备用。

3. 调配及营养组合 取总粉量的10%～20%进行挤出功能化处理，处理方法如上，得到功能化谷物粉。然后将剩余的全籽粒玉米粉、燕麦全粉、小麦全粉与功能化谷物粉混合均匀，按照配方加入食用菌精细粉继续混合，直至均匀。然后按粉体总质量的22%～25%加入饮用水，搅拌调匀，密闭放置备用。也可在调粉时加入粉体总质量0.1%～0.3%的食盐、5%～8%的果蔬汁或3%～5%的消毒乳等辅料进行风味调整及营养搭配与组合。

4.熟制成型一次完成生产食用菌薄片食品 采用双螺杆单道高温、高压熟制成型一次完成操作，制备食用菌薄片食品。温度90～150℃、物料流量20～30 kg/h进行挤出熟化成型，利用旋转切刀的转速控制产品片形的厚度不大于2.5 mm。挤出后立即进行压片定型，压片采用3道光辊辊压。然后于60～80℃条件下干燥处理，使产品含水量为5%～6%。检验、充氮包装，即为食用菌薄片食品。

七、食用菌素肉

（一）食用菌素肉的生产原理

食品中的"荤"从古至今皆指鸡、鸭、鱼、肉、蛋、奶等动物资源类食物。跟"荤"相对的"素"则指蔬菜、瓜果、谷物等植物资源类食物，所以，人们将具有类似于瘦肉的风味、组织及口感的素食称为"素肉"。通常以植物蛋白为主要原料，采用高温高压挤出、滚揉、干燥等现代食品加工技术手段使之形成类似瘦肉的组织，并具有相应的风味、色泽及口感特征。用于生产素肉的原料主要有大豆蛋白、花生蛋白、小麦蛋白、魔芋及食用菌等，尤其大豆蛋白应用最广泛。素肉及素肉制品具有高蛋白质、低脂肪、不含胆固醇、吸水吸脂性好、易于调味等营养优势及良好的加工性能。

作为方便休闲食品，食用菌素肉制品可加工成素肉干（粒）及素肉松，携带方便，开袋即食，味美可口，具有高蛋白质、低脂肪、高膳食纤维等优点，摒弃了传统牛肉干、猪肉干、牛肉松、猪肉松等动物性休闲肉制品高脂肪、高能量、低膳食纤维的营养缺陷，是消费者的健康选择。

（二）食用菌一般处理方法

1.食用菌软化处理 干食用菌如香菇、蜜环菌、蘑菇、茶树菇等的全株或干菇柄，挑选除去腐烂、霉变、虫蛀等变质材料及不可食部位，用流动水清洗，去除浮尘、泥沙等不可食用杂质后，室温下冷水浸泡20 min左右，捞出沥净水分，再用流动水漂洗至洁净，加入干菇质量3～5倍的饮用水浸泡至完全复水，无干芯。于1 000 r/min、5～10 min条件下离心脱水处理，脱除的汁液回加入干菇浸泡水中备用。将浸泡水煮沸撇出浮沫，脱水食用菌回加其中，继续加热煮沸漂烫1～2 min，然后1 000 r/min、5～10 min条件下离心脱水处理，脱除的汁液与浸泡水合并备用。脱水后的食用菌于105～120℃条件下保持10～20 min，进行软化及风味优化处理。

2.食用菌组织改善处理 上述处理的食用菌，按生产需要破碎成粒度为1～4 cm的块、片或条，然后进行辊轧处理，破坏食用菌子实体紧密结构，增加组织间隙，使其变得疏松。辊轧后的物料进一步进行滚揉处理，提高组织柔软度、降低韧性，有利于松酥化，易于吸纳风味物质。

3.风味调整 上述处理食用菌加入调味料进行腌制，调整风味。以干食用菌质量为基准称取以下调味料，酱油1%～4%、洋葱1%～5%、白糖0.5%～3%、黄酒0.2%～2%、精盐0.2%～1.4%、生姜粉0.1%～0.5%、茴香粉0.1%～0.5%、孜然粉0.1%～0.8%、味精0.1%～0.5%，食用甘油0.2%～0.5%。其中洋葱破碎精磨成粒度为120～140目的洋葱泥，生姜粉、茴香粉、孜然粉要求能全部通过140目孔径筛。加入调味料后常温下以15～30 r/min速度滚揉入味处理，处理时间为30～60 min，备用。此步骤调味料的选择及配比可根据消费者具体饮食习惯进行调整。

（三）几种食用菌素肉产品的制作

1.菇干及菇粒 如果生产菇干或菇粒，需将风味调整后的食用菌进行干燥及杀菌处理，可进行远红外烘干或热风干燥，干燥温度80～150℃。若采用微波干燥，干燥温度以60～90℃为宜，以免物料发生内部焦煳及脱水严重导致产品干硬，不柔韧。最终产品含水量以 20%～30% 为宜，可根据产品生产标准要求而定，要求产品柔韧、筋道、耐咀嚼。经检验符合产品感官、理化、卫生等质量要求后即可进行无菌包装。包装应在洁净环境下进行，为提高产品贮存稳定性，包装后产品可以进行二次杀菌处理。二次杀菌可采用蒸汽杀菌、微波杀菌、辐射杀菌等方式，可根据具体生产情况及条件而定。

2. 素肉松　生产素肉松时，将风味调整的食用菌进行脱水干燥及松酥化处理。保持物料温度 65～90℃ 进行微火翻炒及搓松。边翻炒边搓擦，至物料含水量 15%～20%、松散无结块、呈长细绒状或圆粒状时，停止翻炒。然后 120～140℃ 烘烤使其酥脆化，水分含量降至 10%～12%，产品颜色以食用菌原料不同呈现金黄色、棕色、棕褐色或褐色。产品蓬松、富有弹性，无硬性颗粒、色泽均匀、深浅适度，食用菌芳香浓郁而醇正，口感酥香。经检验符合产品感官、理化、卫生等质量要求后即可进行无菌包装。包装应在洁净环境中进行，为提高产品贮存稳定性，包装后产品可以进行二次杀菌处理。二次杀菌可采用蒸汽杀菌、微波杀菌、辐射杀菌等方式，可根据具体生产情况及条件而定。

食用菌素肉制品蛋白质 ≤ 15%，膳食纤维 ≤ 7%，脂肪 ≤ 3%，食盐 ≤ 2%，含有食用菌多糖、膳食纤维、钙、铁、维生素 D 等功能成分，无淀粉，无任何人工添加剂，食用方便、安全，具有提高机体免疫力、强身健体作用，适于各类人群食用。

八、食用菌灌肠制品

（一）食用菌灌肠制品

中国灌肠食品约出现在南北朝以前，始见北魏《齐民要术》，其记载的灌肠生产方法流传至今。中国灌肠又称香肠，是一种古老肉食保存技术，历史悠久，根据各地区饮食习惯的不同，香肠风味迥异，主要分为川味香肠和广味香肠。广味香肠偏甜，川味香肠偏辣。著名的有江苏如皋香肠、云塔香肠、广东腊肠、四川宜宾广味香肠、山东招远香肠、湖南张家界土家腊香肠、武汉香肠、辽宁腊肠、贵州小香肠、莱芜南肠、潍坊香肠、正阳楼风干肠等。另外中式香肠其配料中不加淀粉，一般也不加蒜，但可加酱油及料酒；制作上不采用烟熏工艺。香肠贮存时间长，熟制后食用，风味醇厚、鲜香浓郁，回味绵长，耐咀嚼，是中华传统特色食品之一，享誉海内外。但是传统香肠制品高脂肪、高能量，儿童、孕妇、老年人、高脂血症者少食。肝肾功能不全者不适合长期食用。

北京风味小吃灌肠是在新鲜羊、猪、牛等动物的肠子里灌注不同汤料，煮或蒸熟后余食、煎食的一种食物。主料是选用性味甘、平的甘薯淀粉，经蒸熟晾凉，切菱形薄片，平锅煎焦。因原料不同，灌注羊血的叫血肠，填装碎肉丁的叫肉肠，装以面糊和油混合品的叫面肠，以羊油为主料加拌肉丁的叫油肠，填装切碎肝脏丁的叫肝肠等。制作灌肠汤料时添加食盐、葱、花椒、生姜等调味料用于调味，煮熟切段，鲜嫩不腻，味道绝美。

西式灌肠配料中可添加蒜、淀粉，制作时多采用烟熏工艺。它是以畜禽肉为主要原料，辅以填充剂（淀粉、植物蛋白粉等），然后再加入调味品（食盐、糖、酒、味精等）、香辛料（葱、姜、蒜、豆蔻、砂仁、大料、胡椒等）、品质改良剂（卡拉胶、维生素 C 等）、护色剂、保水剂、防腐剂等物质，采用腌制、斩拌（或乳化）、高温蒸煮、烟熏等加工工艺制成。其特点是肉质细腻、鲜嫩爽口、携带方便、开袋即食、保质期长。因而，目前这一类肉制品占据中国大部分肉灌制品市场，深受消费者欢迎，如中国最早的肉灌制品企业"哈肉联"生产的源于立陶宛的"哈尔滨红肠"，以及中国知名品牌"双汇""雨润"等系列灌肠制品。

随着生活水平的提高，人们越来越注重食品的口感与营养。特别是对肉制品的要求越来越高，不仅要求它具有良好的口味，还要求它具有营养和保健等方面的功能。因此，传统的肉制品如香肠、肉类罐头等正受到人们挑剔的选择。食品行业和其他行业发展规则一样，跟不上时代的步伐必将惨遭淘汰。

不少传统香肠制造商开始不断开发大众需要的功能性特色香肠。食用菌具有味道鲜美、营养丰富、富含纤维等独特的生理功能，有较高的药用价值。以猪肉、香菇、淀粉为主料并加入其他辅料制成的香菇火腿肠，除了含有普通火腿肠的风味外，还具有独特的香菇味，可改善其口感，提高香肠中纤维素的含量，且通过乳酸菌的发酵增加了灌肠中氨基酸的含量，缩短了成熟时间，是一种高蛋白、高脂肪并富含人体必需营养成分的功能性保健食品，并且让不少菇农的食用菌又有了好去处。

（二）食用菌灌肠制品的生产工艺

1. 食用菌香肠的制作

（1）配方（以100kg主料为基准，仅供参考）

1）主料　猪瘦肉60 kg，鲜食用菌35 kg，肥膘肉5 kg。

2）辅料　食盐2.5 kg，白糖6 kg，白酒2.5 kg，淡色酱油1 kg，鲜姜1.2 kg（绞碎取姜汁备用），花椒粉20 g，白胡椒面50 g，味精200 g，水5 kg。

（2）工艺流程

```
              ┌─────────────────┐
              │ 加调味料、辅料 │
              └─────────────────┘
                       │
┌──────────────────────────────────┐
│ 选择肥瘦比例适当的鲜猪肉、食用菌 │
└──────────────────────────────────┘
     │
┌────────┐   ┌────────┐   ┌────────┐   ┌──────┐
│ 预处理 │→ │ 混合调味 │→ │ 搅拌腌制 │→ │ 灌肠 │
└────────┘   └────────┘   └────────┘   └──────┘
                                           │
┌────────┐   ┌────────┐   ┌─────────────────┐
│ 包装贮藏 │← │ 发酵干制 │← │ 排气、漂烫浸洗 │
└────────┘   └────────┘   └─────────────────┘
```

（3）操作要点

1）原料预处理　将猪肉切成5～10 mm左右的块丁，置于1%左右食盐水中于20～25℃条件下浸泡1～2 h，沥净盐水备用。肥肉丁沸水漂烫1～2 min，沥净水分备用。鲜食用菌沸水预煮1～2 min，预煮水中含盐1%、异抗坏血酸钠0.25%、氯化钙0.5%、柠檬酸钠1%。预煮后的食用菌迅速投入冷水中冷却处理，然后震荡沥净水分，800～1 200 r/min、5～10 min离心脱水，切割成5～10 mm左右的块丁，备用。鲜姜洗净切块榨取姜汁备用，花椒粉、白胡椒面均为可全部通过140目孔径筛的粉末。

2）混合调味与腌渍　上述处理的物料，按配方要求加入全部辅料拌匀，于15～20℃条件下腌渍8～12 h。每隔1 h搅拌1次，使各种原辅料混合均匀，腌渍时注意卫生，防止高温、暴晒及污染。

3）灌肠、排气及漂洗　干肠衣泡软洗净，注意泡发时水温不可过高，以免影响肠衣强度。将腌制后的物料灌入肠衣并根据产品要求分段结扎。将灌好扎紧的香肠投入沸水中并迅速捞出，以清洗烫净表面浮油及其他污物，针刺排气后备用。

4）发酵干制　上述处理的香肠挂在室温通风处15～30 d，使其自然发酵并风干，用手指捏试稍硬、不明显变形即可。不能暴晒，防止油脂氧化酸败，瘦肉颜色发暗变深。如果烘干则控制温度45～50℃，烘烤24 h左右，控制出品率60%～65%。

5）保藏　将干制后的产品置于洁净阴凉通风处存放，防止发霉变质。如需长期放置则需真空包装后于10℃以下冷藏。食用时上屉蒸制或煮制15～20 min，放凉切片即可，也可用于菜肴烹制。

2. 食用菌灌肠的制作

（1）配方（以100kg主料为基准，仅供参考）

1）主料　猪瘦肉40 kg，鲜食用菌50 kg，肥膘肉10 kg。

2）辅料　淀粉5 kg，食盐2.5 kg，白糖800 g，白酒500 g，淡色酱油500 g，鲜洋葱1.5 kg，鲜姜300 g，大蒜粉20 g，花椒粉10 g，丁香粉20 g，白胡椒面20 g，黑胡椒面10 g，肉豆蔻粉5 g，砂仁粉3 g，小茴香粉3 g，味精200 g，水4 kg。

3）添加剂　卡拉胶600 g，焦磷酸钠200 g，三聚磷酸钠300 g，六偏磷酸钠100 g，异抗坏血酸钠400 g，红曲3 g。

（2）工艺流程

选择肥瘦比例适当的鲜猪肉、食用菌 → 预处理

烘烤 ← 煮制 ← 灌制 ← 斩拌 ← 绞肉 ← 腌制

烟熏 → 包装 → 成品

（3）操作要点

1）原料预处理　将猪肉切成5～10 mm左右的方丁，置于1%左右食盐水中于20～25℃条件下浸泡1～2 h，沥净盐水备用。肥肉丁沸水漂烫1～2 min，沥净水分备用。鲜食用菌沸水漂烫1～2 min，漂烫水中含食盐1%、异抗坏血酸钠0.25%、氯化钙0.5%、柠檬酸钠1%。漂烫后的食用菌迅速投入冷水中冷却处理，然后于800～1 200 r/min、5～10 min条件下离心脱水，切割成5～10 mm左右的块丁，备用。大蒜粉、花椒粉、丁香粉、白胡椒面、黑胡椒面、肉豆蔻粉、砂仁粉、小茴香粉均为可全部通过140目孔径筛的粉末。鲜洋葱、鲜姜绞碎磨浆，备用。

2）腌制　将切好的猪肉加入食盐、焦磷酸钠、三聚磷酸钠、六偏磷酸钠、异抗坏血酸钠混合均匀，0～4℃条件下低温腌制24 h左右即可。

3）绞肉、斩拌、灌制　腌制后的猪肉绞碎后进行斩拌，同时加入剩余所有辅料、调味料、添加剂，当斩拌成肉糜状后加入食用菌，继续斩拌均匀，但保留食用菌呈颗粒状。然后进行灌制，按产品需要进行分段结扎，备用。

4）煮制　灌制后的灌肠投入85～100℃水中煮制30～40 min，煮制过程中在肠衣表面针刺适量微孔，便于气体排放，防止肠衣爆裂。

5）烘烤　煮制后灌肠捞出沥净水分送入烘房烘烤，烘烤温度60～70℃，时间0.5～1.0 h，烘烤至表面干燥无黏湿感即可。

6）烟熏　烟熏可使产品增香及进一步成熟、干燥及杀菌处理，烟熏温度50℃，时间为1 h。

7）冷却、包装　熏制灌肠挂于架杆上冷却至常温后检验、包装即为成品。

3. 其他灌肠制品　除肉肠外，常见灌肠制品

有粉肠、米肠、血肠等。其制作方法与上述肉肠相近或相似，但一般不进行烟熏。粉肠、米肠、血肠产品加工时不需要加发色剂，将米粉、米、动物血加入调味料调匀后灌制、煮制即可。

（三）常见问题及解决措施

1. 外形方面的质量问题及解决措施　灌肠外部形态的感官指标是肠衣干燥完整，并与内容物紧密结合，要求坚实而有弹性，具有香肠应有的色泽和颜色，常见的不合格现象有以下几种：

（1）肠衣破裂　肠衣破裂的原因可归纳为以下3个方面：一是肠衣方面，如果肠衣本身具有不同程度的腐败变质，肠壁就会厚薄不均、松弛、脆弱、抗破力差。而有盐腐蚀的肠衣，收缩时会失去弹性；而有盐腐蚀的肠衣，势必造成破裂。二是肉馅方面，若肉馅水分较高，或在肉馅中加入的淀粉或大豆蛋白过多，在加热时如果升温过快，肉馅膨胀也会造成肠衣破裂。三是在工艺方面，如果香肠粗细不均，灌肠时松紧度控制不当或不及时用针扎孔放气，当肠体同锅一起加热时，粗肠易裂。另外烘烤时间不够，肠衣蛋白质没有完全凝固就下锅蒸煮，肠衣经不住肉馅膨胀的压力，也会造成破裂；翻肠时也要轻翻轻放，防止撞裂碰断。

（2）肠衣外表起硬皮　烘烤或烟熏时火力大、温度高，或者串挂的肠衣下端离火源太近，会使肠衣下端起硬皮，严重时会起壳，造成肠馅分离，撕掉起壳的肠衣后可见肉馅已被烤成黄色。因此，烘烤或烟熏时，温度要慢慢升高，肠体下端离发热点要有一定距离，温度宜在70℃以下，并要及时进行翻转或翻动。

（3）肠衣色泽较暗　熏烟时温度不够，或者熏烟的质量较差，以及熏好后又吸潮，都会使肠衣光泽变差。用不新鲜的肉馅灌制的灌肠，肠衣光泽也不鲜艳。如果熏烟时所用木材含水分多，是软木或是树脂含量高的木材，常使肠衣发黑，因此烟熏时宜用树脂含量少的硬木。

（4）外表颜色深浅不一　外表颜色深浅不一除了与水煮条件的差异有关外，与烟熏也有关系。

烟熏时温度高，颜色淡；温度低，颜色深；肠体外表干燥时色泽淡；肠体外表潮湿时，烟气成分溶于水中，色泽会加深。如果烟熏时肠体无间隙，相互搭在一起，粘连处色淡。因此，烟熏时要控制好温度与湿度，肠体间要有一定间隙，不要粘连。另外，外表颜色深浅不一还取决于肉馅内添加的食盐、亚硝酸钠、维生素 C 的比例。

（5）肠身松软无弹性　一是由于煮得不熟，肠身松软无弹力，这种灌肠在温度过高时还会产酸、产气、发胖，不能食用。二是由于肠馅在加工过程中乳化得不好，如腌制不透，斩拌时肌球蛋白没有从凝胶状态转换为溶胶状态，肉馅的吸水性差，黏着力差；或腌制的温度过高，造成肉馅的游离水外流，肠馅发渣。三是由于肉馅中添加淀粉等黏合剂也影响肠体的收缩程度，对灌肠的硬度、弹性也有影响。四是搅拌的时间不够，应适当在肉馅中加入适量的卡拉胶或鸡蛋。五是与灌肠时手握肠衣的松紧有关，并与手动灌肠机摇动的快慢程度有关，如果摇得过慢，灌肠时手握的肠衣又很松软无力，就会出现肠身松软无弹性的状态。

（6）肠体外表无皱纹　肠身外表的皱纹是由于日晒烘烤、烟熏时肠馅水分减少，肠衣干缩而产生的。皱纹的产生与灌肠本身质量及熏烟工艺有关。肠身松软无弹力，成品一般皱纹形成不好，有的显得很饱胀，影响皱纹的产生。熏烟时木柴潮湿，烟气中湿度大、温度上不来，或者熏烟程度不够，也会导致熏烤后肠体发胀无皱纹。

2. 切面方面的质量问题及解决措施

（1）切面色泽发黄　切面色泽发黄，要看是切开就发黄，还是逐渐变黄。如果切开时呈均匀的玫瑰红色，而置于空气中逐渐褪色变成黄色，这是正常的。如果切开后能避免细菌、可见光和氧气的影响，就可防止氧化褪色。将切肠浸在维生素 C 稀溶液中，也可防止切面氧化。若切开后虽有红色，但淡而不均匀，很容易发生褪色，一般是亚硝酸盐用量不足。若亚硝酸盐使用正常，肉馅仍没有色泽，则可能原料肉新鲜度不好，脂肪已氧化，产

生氢过氧化物，故呈色效果差。另一方面若肉馅的 pH 偏高，亚硝酸盐就不能分解为一氧化氮，也就不会产生红色的亚硝基红蛋白。

（2）切面呈环状发色　若腌制的温度低、时间短，灌制后烘烤或熏制时间短、温度低，肠体内仅边缘发色而中心不发色，此时煮熟的灌肠切面就会形成色环。若用亚硝酸盐做发色剂，发色时间短，加工出来的灌肠往往中心部位较外层发色快，煮制后也会出现色环。因此，烘烤和烟熏时应慢慢升温，以免发生环状发色的现象。另外，用硝酸盐做发色剂，硝酸盐要转变成亚硝酸盐需要一定的时间，肉加硝酸盐腌制时必须腌透再加工肉馅。

（3）气孔多　切面气孔多不仅影响美观也影响灌肠的弹性，气孔周围的色泽发黄发灰。这种现象是由于肠馅中混进了空气，空气中的氧使一氧化氮肌红蛋白氧化褪色引起的。为防止灌肠内空气多而形成的气孔，除针刺排气外，最好用真空灌肠机灌制。另外，装馅应该适当紧些，卡节结扎时要适当向中心挤压，最好是边灌制边结扎。

（4）切面不坚实不湿润　凡是肠身松软无弹性的灌肠，切面都不好。加水不足，制品少汁，质地较粗；绞肉或斩拌的温度升高也影响品质；脂肪绞得过细，加热易熔化，也影响切面。

3. 其他需要注意的问题　批量生产灌肠制品时，为了提高产品质量，保证产品的稳定性和成品率，除注意上述问题外，尚需注意以下问题：

（1）准确称取原配料　根据配方，所用的配料除需保证选用精良的原料外，还要称量准确，而原配方中适量加入的配料，也应通过实验予以确定。肠体的大小、长短也要适当，不宜过长、过粗。

（2）严格执行加工工艺　配方中的原料肉是指修整后的原料肉，而不是修整前的原料肉。加工的工艺条件包括温度、时间、添加顺序、添加量、加入方法等也不能轻易变动。灌制后、烘烤后或烟熏后、煮熟后要进行称重，使制品的色、香、味、形保持在同一水平上，减少批次与批次之间的差

异，保证产品的成品率。

第九节
食用菌主食食品

主食是指传统上餐桌上的主要食物，是人体所需能量及必需营养素的主要来源，是维持人体正常新陈代谢的必需物质。由于淀粉是廉价而且易于获得的能量物质，所以一般主食的基本成分是淀粉，因此以淀粉为主要成分的稻米、小麦、玉米等谷物，以及马铃薯、甘薯等块茎类食物资源常被用于主食的加工，如米饭、馒头、米糕、米粉、面条、面包、饼干、蛋糕等。

大量营养学研究结果表明食物的单一性会导致人体内营养平衡失调，造成多种营养缺乏性疾病的发生，自然界没有一种天然食品能够满足人们对全部营养素的需求。如缺乏维生素 A 会导致夜盲症、干眼病及儿童生长停滞。缺乏维生素 D 会导致小儿佝偻病和成年人软骨病、肌肉萎缩、失眠等。

我国食用菌资源丰富，食用菌产业已成为国民经济发展的重要组成部分。食用菌营养丰富，富含人体所需多种营养素，宜粮宜蔬，食用菌的主食化可充分发挥食用菌对人体的营养保健作用。以玉米粉、大米粉等谷物粉为主要原料，添加香菇、金针菇、银耳、木耳、猴头菇等食用菌，经科学配伍，采用高新技术生产富含多种营养素且具有食用菌风味的营养米、面制品，可以解决精白米、精白面的营养缺陷问题，为人们提供一种新型的餐桌主食。符合国家资源节约型及环境友好型生产模式要求，符合国家有关粮食安全及食物与营养发展政策，创造良好的经济效益和社会效益，将为中国粮食行业健康可持续发展做出贡献。

一、面制品

(一)食用菌营养面条

1. 食用菌营养面条的加工原理　挤压膨化是一种新型的食品加工技术，螺杆挤压制面与传统制面法有着本质的区别。后者是靠面筋形成网络结构，蒸煮熟化成型；前者充分利用螺杆腔内高温、高压作用，使物料熟化，挤压成型。物料在挤压腔内发生了物理变化和化学变化。例如，淀粉糊化、淀粉降解、蛋白质变性等。对于面筋蛋白质含量极少或不含面筋的粮食原料来说，使用传统的面条制作工艺的效果并不理想，但是挤压技术的出现为解决这个难题提供了较好的途径。

（1）淀粉糊化　挤压膨化的高温湿热作用有利于淀粉的糊化，淀粉糊化度可达 60%～80%。淀粉糊化后，增加了与消化酶接触的机会，因此，糊化可提高淀粉的消化率。淀粉糊化是在食品加工过程中存在的一个重要现象。挤压膨化过程中淀粉的糊化是一个在低水分状态下的糊化过程，其糊化程度与挤压膨化过程中的工艺参数有密切关系。淀粉的糊化本质是淀粉分子间的氢键断裂。挤压膨化过程中的高温、高压及强大的机械剪切力，很容易使淀粉分子间的氢键断裂，使淀粉产生糊化。因此可以通过调节样品水分含量和挤压温度这两个因素来对食用菌营养面条的挤压工艺进行改进。

（2）蛋白质的变性　挤压膨化过程中，在高温、高压和剪切力的作用下，蛋白质稳定的三级和四级结构被破坏，使蛋白质变性，蛋白质分子伸展，以前包藏的氨基酸残基暴露出来，可与糖类和其他成分发生反应；同时，疏水基团的暴露，降低了蛋白质在水中的溶解性。这样，也有利于酶对蛋白质的作用，从而提高蛋白质的消化率。但挤压过程中蛋白质的变性，常伴随着某些氨基酸的变化，如赖氨酸与糖类发生褐变反应而降低其利用率。

此外氨基酸之间也存在交联反应，如赖氨酸和谷氨酸之间的交联反应等，都将降低氨基酸的利用率。挤压温度越高，美拉德反应速度越快，这种影响可通过提高挤出物料的水分含量而得到抵消。

（3）对纤维素的影响 挤压膨化可破坏纤维素的大颗粒结构，使水溶性纤维素含量提高，从而提高纤维素的消化率。但挤压膨化操作条件不同，对纤维素的影响亦不同，温度低于120℃时则难以改善纤维素的利用率，高温、高水分挤压膨化将有利于改善纤维素的利用率。

（4）对脂肪的影响 在挤压膨化过程中，随挤压温度(115～175℃)的升高，脂肪的稳定性下降，随挤压时间的延长及水分的增加，脂肪氧化程度升高，但在挤压过程中，脂肪能与淀粉和蛋白质形成复合物，脂肪复合物的形成使其氧化敏感性下降，在适宜的温度范围内，升高温度，复合物的生成量有所上升，而在高温条件下，则随温度升高，复合物生成量反而有较明显的下降。一般来说，谷物经挤压后，游离脂肪的含量均有所下降，使膨化产品发生氧化酸败的主要是游离脂肪酸。此外，经膨化后，谷物中的脂肪酶类完全失活，有利于提高产品的贮藏稳定性。

（5）维生素的损失 随着挤出过程中所受的温度、压力、水分和摩擦等的作用，维生素的损失量增加。维生素 A、维生素 K_3、维生素 B_1 和维生素 C 在149℃条件下挤压 0.5 min 时，分别损失 12%、50%、13% 和 43%；当挤压温度为 200℃时，维生素 A 的损失率达 62%，维生素 E 的损失高达 90%。物料水分的增加亦会提高维生素的损失。因此，采用挤压膨化加工时，必须采取有效的措施，减少维生素的损失，如微胶囊型维生素 D、维生素 E 醋酸酯、维生素 C 磷酸酯较稳定，损失较少，挤压膨化后可存留 85%。此外，也可采用挤压膨化后喷涂添加等方法。

2. 食用菌营养面条的加工工艺

（1）配方 如表 7-10 所示。（按每 100 kg 产品计，以木耳营养面条、香菇营养面条、猴头菇营养面条、银耳营养面条、杏鲍菇营养面为例，供参考。）

表 7-10 几种食用菌营养面条配方 （kg）

原辅料	木耳营养面条	香菇营养面条	猴头菇营养面条	银耳营养面条	杏鲍菇营养面条
小麦粉	80～82	80～82	80～82	80～82	80～82
玉米粉	10～15	10～15	10～15	10～15	10～15
木耳精细粉	3～10				
香菇精细粉		3～10			
猴头菇精细粉			3～10		
银耳精细粉				3～10	
杏鲍菇精细粉					3～10
加水量	22～25	22～25	22～25	22～25	22～25

备注：以上各种原辅料用量比例均按照每 100kg 混合料计；加水量按总粉量的质量分数计（控制混合料的总含水量为 33% ～ 38%）。可按总混合料计添加 0.2% ～ 0.3% 纯碱（Na_2CO_3）、0.2% ～ 0.4% 精盐，优化产品口感和风味。食用菌原料膳食纤维含量越高，纯碱及精盐用量越大。

（2）工艺流程

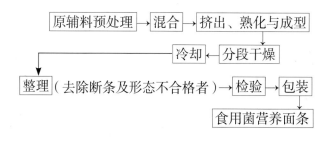

（3）操作要点

1）原料预处理

①小麦粉制备。成熟小麦籽粒风选、磁选除杂后采用干法脱皮、脱胚，精细粉碎得到可全部通过120目孔径筛的小麦粉备用。

②玉米粉制备。黄色成熟玉米籽粒经风选、磁选除杂后采用干法脱皮、脱胚，得到洁净玉米胚乳，精细粉碎得到可全部通过140目孔径筛的玉米粉备用。

③食用菌精细粉制备。木耳、猴头菇、银耳、杏鲍菇等食用菌干制品于15℃以下的冷水中浸泡2～4 h至完全复水后，除去根部、霉烂等不可食部分，手工清洗或自动化泡沫清洗（水温低于25℃），除去泥沙等污物，沥水风干，1 000～1 200 r/min离心脱水处理5～10 min。然后于40～60℃条件下微波干燥至含水量6%～8%，精细粉碎得到可全部通过160目孔径筛的木耳粉、猴头菇粉、银耳粉、杏鲍菇粉备用。香菇干制品于15℃以下的冷水中浸泡2～4 h至完全复水后，除去根部、霉烂等不可食部分，手工清洗或自动化泡沫清洗（水温低于25℃），除去泥沙等污物，沥水风干，然后置于90～95℃条件下预煮1～2 min，沥水、1 000～1 200 r/min离心脱水处理5～10 min。然后于40～60℃条件下微波干燥至含水量6%～8%，精细粉碎得到可全部通过160目孔径筛的香菇粉备用。（如果香菇原料质量优良，无邪杂味，可不进行预煮处理，净化方法同木耳、猴头菇等原料。）如果采用去根、去杂质的洁净压缩型食用菌块，可直接磨粉，无须浸泡复水、洗涤、干燥处理。

2）食用菌营养面条生产

①按配方准确称取各种物料。混合均匀，密封，于20～30℃条件下放置30～40 min，使物料中的水分充分平衡，然后于140～150℃/115～120℃条件下进行双道单螺杆挤出成型及熟化处理，制备食用菌营养即食面条。如果采用单道双螺杆挤出熟化成型，则温度为80～120℃。

②分段干燥、冷却。挤出的食用菌营养面条应按产品需要立即进行成型处理，如切割成25 cm长的直面，或利用波纹机加工成波纹面。然后于30～35℃、相对湿度65%～75%条件下干燥处理4～5 h，然后在40～45℃、相对湿度60%～65%条件下干燥至含水量11%～12%，冷却至室温。

③整理、检验、包装。干燥达到要求的面条去除断条及形态不合格者，经检验感官及理化、卫生指标符合产品生产标准者，进行包装，即为成品。

由于原辅料性能及挤出机控制技术等具体情况会发生变化，因而生产的工艺参数可能发生变化，食用菌营养面条生产时应具体问题具体分析，进行多次试验调整，确定最适生产工艺参数及最佳配方。

3）食用菌营养面条食用方法

①将干燥的食用菌营养面条加适量沸水，沸水用量以没过面饼3～4 cm为宜，然后加盖浸泡8～10 min，也可根据个人口味减少或增加浸泡时间，然后沥除水分，将泡软的面条浇淋特制食用菌拌面酱拌匀，即可食用。

②将干燥的食用菌营养面条加适量冷水浸泡20～30 min，用水量以没过面饼3～4 cm为宜，然后捞出，投入沸水中煮沸，维持3～5min。也可根据个人口味减少或增加煮制时间，然后捞出，浇淋特制食用菌拌面酱拌匀，即可食用。

4）产品特点　食用菌营养面条含有食用菌多糖，并富含碳水化合物、蛋白质、维生素、多不饱和脂肪酸、矿物质等营养成分，产品亮泽，口感柔滑细腻，筋道、弹性足，具有明显的食用菌香气，

食用菌保鲜贮运和加工

成品如图 7-12 所示。

图 7-12　食用菌主食食品——食用菌营养面条

（二）包馅类面食品

1. 包馅类面食品的类型　包馅类餐桌主食当以包子、饺子、馄饨最具代表性，各具地方特色的产品闻名遐迩，广受欢迎。

食用菌营养丰富、味道鲜美，是制备馅料的良好原料。将食用菌用于包子、饺子、馄饨等传统的特色食品的制作，一方面增加传统食品的种类，同时大幅度提高食用菌的消费量、增加其消费面，促进食用菌向主食化方向发展，是延长食用菌产业链，使食用菌产业健康良性发展的有效途径。

2. 包馅类面食品的生产工艺

（1）工艺流程

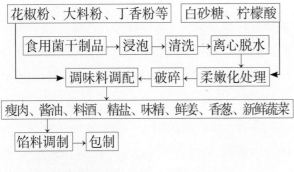

（2）操作要点

1）食用菌馅料的制备

清洗。干燥食用菌用流动水清洗，去除浮尘、泥沙、杂草等不可食用杂质后，用 25℃以下冷水浸泡至完全复水无干芯，震荡沥净水分，并于 800～1 000 r/min、5～10 min 条件下离心脱水，备用。鲜食用菌用流动水洗涤干净，无须复水处理即

可应用。

食用菌柔嫩化处理。称取适量白砂糖或绵白糖，配制成 5%～10% 糖液，加入适量柠檬酸（以糖计 0.1%～0.4%）煮沸，加入上述处理的食用菌，继续煮制，糖液沸腾后维持 20～30 min，放至常温，对食用菌进行柔嫩化处理，捞出，沥净糖液，切细得到粒度 3～6 mm 的碎块，使其适于饺子、包子、馄饨等馅料制作。

特制复合调味料。花椒粉 78～80 份，大料粉 18～22 份，丁香粉 3～5 份，桂皮粉 0.3～0.4 份，肉豆蔻粉 0.4～0.6 份，草果粉 0.3～0.4 份。准确称取上述材料混合均匀，用于馅料的调味及赋味。调味料需干燥粉碎成可全部通过 0.125 mm 孔径筛的粉末。

馅料调制。精猪（牛、羊）瘦肉切碎斩拌成粒度小于 3 mm 的肉馅，肥膘切碎斩拌成粒度小于 1 mm 的肉糜，加入处理的食用菌碎末、脱腥植物油（玉米油、花生油等）、酱油、料酒、精盐、味精、鲜姜、香葱及特制复合调味料，按一定方向搅揉，混合均匀，放置 30～40 min，煨制入味处理，然后加入新鲜蔬菜碎，搅拌均匀，即可。馅料配方（单位 kg）为：精猪（牛、羊）瘦肉 100，肥膘 20～80，柔嫩化处理的食用菌 30～50，脱腥脱臭植物油 15～30，香葱 15～25，鲜姜 8～12，酱油 6～15，料酒 1～3，精盐 1～2，味精 0.5～1.5，特制复合调味料 0.2～0.6，新鲜蔬菜 20～100。其中鲜姜、香葱切碎成粒度 1～2 mm 的碎末备用。调制馅料用的蔬菜摘选，去除不可食用部分，洗涤干净，沥净水分，切段，粒度 1～3 mm，备用。注意加入蔬菜后不能长时间激烈搅拌，防止蔬菜原料纤维剥离，使馅料口感变劣。

2）包制　调制饺子面皮。面皮面团调制时，采用水饺专用面粉，同时可加适量食盐（面粉的 0.2%～0.5%），严格控制加水量，使面团具有良好的可塑性及适当的韧性，提高饺子皮的光洁度及耐煮性。

调制馄饨面皮。面皮面团调制时，采用中

等筋力专用面粉，同时可加适量食盐（面粉的0.2%～0.5%），严格控制加水量，使面团具有良好的可塑性及适当的韧性，提高馄饨皮的光洁度及耐煮性。

调制包子面皮。面团调制时，采用高筋面粉，同时可加适量食盐及面粉量0.5%～1%的鸡蛋液，严格控制加水量，使面团具有良好的弹性，提高包子面皮的胀发力。

3.常见问题及解决措施　随着人民生活水平的提高和饮食结构的变化，人们对食品的需求也有了明显的改变，速冻水饺由于其卫生方便，保持了原有营养且价格合理，愈来愈受到消费者的欢迎。但是，由于一些生产企业缺乏相应的技术以及对食品添加剂的片面认识与误解，致使生产出的产品质量没有保障，产品缺乏市场竞争力，同时也在一定程度上制约了企业的进一步发展。市场上饺子普遍存在的质量问题是含水量过多或过少，水分分布不均，贮存温度、时间不合适，防腐剂超过规定标准，微生物超标，原材料质量不达标等，现就速冻水饺的以上问题及对策简要做以下介绍。

（1）速冻水饺生产中常见问题分析　在水饺生产过程中，若加水量大，则面皮粘机现象较严重，水饺制作时破损率较高。为了改善这种情况，常需加入大量面扑，但又因此影响了产品的外观与色泽；若加水量少，则会由于面筋吸水不足，不能形成完善的面筋网络而导致面皮粗糙，并且在速冻过程中表皮因干燥而破裂。

在速冻过程中，由于面皮中的水分分布不均匀，以及面皮持水性不好而导致面皮的局部生成大的冰结晶而胀裂水饺皮，同时，水饺皮表面水分升华，引起水饺表皮干燥开裂；水饺馅含水量较多，在冻结过程中水分结冰体积膨胀也会使水饺皮破裂。

以上两个问题较大地提高了速冻水饺的冻裂率。

由于我国国情的局限，大部分速冻水饺生产企业所使用的面粉其形成时间、稳定时间较短，弱

化度较高，和面时受到较强的机械搅拌而使已形成的面筋网络受到破坏，致使生产出的水饺筋力、口感差。

在贮存过程中，由于贮存温度经常波动，整个食品体系存在着以下变化过程：微细的冰结晶会逐渐减少至消失，而大的冰结晶会逐渐生长，表皮冰结晶的升华会直接导致表皮干燥，从而严重影响产品的外观及内在品质。

其余诸如色泽、口味等也对产品的质量有着较大的影响。

（2）解决措施　食品的冻结过程。食品在冻结过程中的热量动力学变化，对其物理及化学性质的改变有很大的影响：水由液态向固态转变的过程中，会产生所谓的晶核形成作用。在食品实际的冻结过程中，食品中的颗粒可以充当晶核，一旦晶核形成，冰结晶会以一定的速率生长，而形成的冰结晶的大小，可由晶核形成的数目加以调整，用能量转移的速率来加以控制（晶核数量越多，能量转移越快，所形成的冰结晶越小）。

冻结速率与冰结晶大小的关系。晶核形成与冰结晶生长间的相互作用会影响冰结晶大小，也会影响冷冻食品的品质：一般在快速冻结过程中，起始冰结晶的生长速率低于热量的转移速率，以致产生过冷却现象而增加晶核形成速率，从而降低冰结晶体积；而在缓慢冷冻过程中，冰结晶生长速率与热量转移速率一致，形成的晶核数目较少，冰结晶较大。

冷冻食品体系中的玻璃化转变。定型聚合物在较低的温度下，分子热运动能量很低，只有较小的运动单元，如侧基、支链和链节能够运动，而分子链和链段均处于被冻结状态，此时聚合物所表现出的力学性质与玻璃相似，称为玻璃态；随着温度的升高，链段运动受到激发，但整个分子链仍处于冻结状态，在受外力作用时，聚合物表现出很大的形变，外力去除后，形变可以恢复，这种状态称为高弹态；温度继续升高，不仅链段可以运动，整个分子链都可以运动，无定形聚合物表现出黏性流动

食用菌保鲜贮运和加工

的状态，称为黏流态。玻璃态、高弹态、黏流态称为无定形聚合物的三种力学状态。随着温度的升高，聚合物由玻璃态向高弹态的转变，称为玻璃化转变，其转变温度为玻化温度。在此时，未冻结溶质的浓度会持续增加，黏度也逐渐增加，最后黏度会高到限制水分子的自由移动，此时，无法进行冰结晶的生长。

（3）速冻水饺品质改良的一般途径　针对速冻水饺生产中的常见问题，生产企业一般都采取以下方法来改良速冻水饺品质：

降低水饺加工时和面加水量，以使水饺皮在冻结过程中冰结晶总体积较小。但是，这样会导致水饺表皮干燥，在冻结时表面水分升华而产生裂纹，并且减少加水量并不能完全控制局部大块冰结晶的形成。

降低水饺馅的含水量，以使在冻结过程中，馅中冰结晶总体积较小。但是这样导致企业生产成本增高，影响企业的经济效益，并且影响产品的内在品质及风味。

改善速冻条件，以使速冻水平更加完善，工艺控制更加合理，这样需要企业对现有设备及工艺进行改造或者调整，加重了企业负担，并且不一定会取得良好的效果。

以上方法虽有一定的可行性，但也不可避免地有其局限性与不合理性，因此并不是企业所希望的解决问题的方法，企业都在期盼着一种新的途径来改善速冻水饺品质。

（4）速冻水饺品质改良的新途径　根据速冻水饺生产中的常见问题以及以上理论基础，提出了以下改良速冻水饺品质的新途径：

1）添加以硬脂酸乳酸钙—钠 (CSL—SSL) 为主体的乳化剂　CSL—SSL 具有亲油、亲水的两个基团，这两个基团良好的活性可以达到基本将各种物质控制在加工完成时的最佳状态，因此，即使食品在高于玻璃化的温度条件下贮存，也可以保持较长的货架期。CSL—SSL 的加入可以使水的表面张力降低 30% 以上。水的表面张力降低后，润湿性大大增加，不易聚集，可以在冻结时形成更小的晶体，而不破坏面团结构；CSL—SSL 具有良好的分散能力。乳化剂良好的分散性使得面制品中各种组分在冷冻过程中可以均匀分散，安全地渡过玻璃体转化这一过程。

同时，CSL—SSL 能与面粉蛋白质中的麦谷蛋白及麦胶蛋白分别以疏水链及亲水键结合，把面粉中散落的蛋白质连接起来，形成一种面筋网络。CSL—SSL 的存在使面筋网络具有一定的强度，从而提高其耐机械搅拌能力，延长面团稳定时间，降低弱化度，因此，加入 CSL—SSL 为主体的乳化剂后，冰结晶的大小、晶形被控制，水饺可以安全地渡过玻璃体的转化过程，使速冻水饺的质量有了保证。

2）加入以各种植物胶类为主体的复合胶体稳定剂　在速冻水饺的冻结过程中，胶体分子被挤入冰结晶周围的区域中，导致未冻结相浓度急剧增加，减少了溶质分子的自由体积，提高了冷冻食品体系的玻璃化温度和低温稳定性，控制速冻水饺中冰结晶的生长速率及冰结晶大小，从而提高冷冻食品的质量和货架期；由于胶体具有较强的吸水能力，可以使面团在加工过程中吸收更多的水分而不粘机，同时胶体的胶黏特性也使得水饺表皮更加细腻、光亮。

3）添加变性淀粉来改善速冻水饺的白度以及口感　在速冻水饺生产中使用的变性淀粉是以马铃薯或木薯淀粉为基础，通过物理、化学方法变性而成的一种同时具有乳化及增稠作用的食品添加剂。添加变性淀粉后可以明显地改善速冻水饺成品的白度、亮度、表皮滑爽度、透明度，并且添加变性淀粉后可以明显提高和面加水量。

4）添加以维生素 C 为主体的复合增筋剂　维生素 C 可以氧化面筋蛋白中的硫氢键（—SH），并通过二硫键 (—S—S—) 连接起来，从而加强面筋网络结构，使速冻水饺煮后筋力得到提高，咬劲得到改善。

二、米制品

(一)食用菌营养米粉

1. 食用菌营养米粉的生产原理　米粉,为特色小吃,在中国南方地区非常流行。传统米粉是以大米为原料,经浸泡、蒸煮和压条等工序制成的条状、丝线状米制品,亦有称之为米线的。米粉质地柔韧,富有弹性,水煮不糊汤,干炒不易断,配以各种菜肴或汤料煮或干炒皆可,深受广大消费者(尤其南方消费者)的喜爱。传统米粉或米线是以大米为原料,经洗米、浸泡、粉碎、混合、熟化、挤丝、水洗、酸浸、干燥等工艺制成,不但操作烦琐,而且原料组分单一,为高淀粉、低蛋白、低膳食纤维营养缺陷型食物。以大米、玉米等多种谷物为主要原料,添加食用菌生产食用菌营养米粉,既可以满足人们对米粉美食的需求,同时可以提高米粉的营养价值,为人们提供富含膳食纤维及食用菌营养中各种营养成分的优质米粉,克服传统米粉主要成分为淀粉、营养素失衡的缺陷。

(1)淀粉糊化　淀粉是稻米的主要成分,稻米的特性与其淀粉的特性密切相关。在米粉加工过程中,通常要将淀粉进行一定程度的糊化。糊化是淀粉的基本特性之一,淀粉的糊化特性与其含水量、温度、来源等因素有关。淀粉的糊化速度、糊化程度、糊化能耗等与其加工性能、米粉品质及其稳定性有关。通常,认为淀粉糊化的本质是淀粉颗粒微晶束的溶解所致。淀粉在过量水分下糊化的同时,还伴随有其颗粒的润胀、直链淀粉的溶解以及淀粉糊的形成。当原料淀粉加水调浆加热后会发生"糊化"(α化)现象,不同种类淀粉的糊化温度是不同的。大体可分为低糊化温度(58~69.5℃)、中糊化温度(70~74℃)、高糊化温度(74~79℃)3种类型。

根据淀粉颗粒吸水膨胀和黏度增大,以及偏光特性的改变,其糊化过程可分为3个阶段。首先,粉乳中水分子被淀粉粒无定型区极性基吸附并加热到初始糊化前的可逆膨胀阶段,淀粉粒只是稍有膨胀,但尚未改变原有物性,偏光十字仍然存在;继续加温达到糊化开始温度的不可逆膨胀阶段,这时,淀粉分子晶区发生水合作用,大量吸水膨胀,变成黏稠的胶体溶液,改变了原有物性,偏光十字也消失;再继续加温,黏度增高并达到高峰值,此后黏度开始下降。

(2)淀粉凝胶的形成机制　淀粉的胶凝主要是直链淀粉分子的缠绕和有序化,即糊化后从淀粉粒中渗析出来的直链淀粉,在降温冷却的过程中以双螺旋形式互相缠绕形成凝胶网络,并在部分区域有序化形成微晶。糊化后的淀粉糊可以看作渗析出来的直链形成的凝胶网络包裹着充分水化膨胀的淀粉粒,淀粉粒内为支链淀粉聚集区。因此,淀粉凝胶的强度应该与直链凝胶网络和水化膨胀的淀粉粒强度有关。大米淀粉胶凝的速度和凝胶强度主要与淀粉中的直链淀粉含量有关,直链淀粉含量高的淀粉胶凝速度快,凝胶强度大;大米淀粉的胶稠度和淀粉粒的膨胀度等指标对其凝胶特性影响并不显著。支链淀粉形成的凝胶其强度随温度的变化是可逆的,随着淀粉中直链淀粉含量的增加,这种变化的不可逆性增强。直链淀粉含量低的稻米倾向于软胶凝度;大多数直链淀粉含量中等的样品具有硬胶凝度;所有直链淀粉含量高的样品也具有硬胶凝度。随着直链淀粉含量的升高,稻米强烈地倾向于硬胶凝度,两者之间呈正相关。直链淀粉具有易于形成结构稳定的凝胶特性,当淀粉聚合度 <110 时加热也不会形成凝胶,只会形成沉淀。只有当聚合度 >250,浓度 >1.0% 时才会形成凝胶,链越长,所形成的凝胶越密实。

(3)淀粉的老化　经完全糊化的淀粉,在较低温度下自然冷却或缓慢脱水干燥,就会使在糊化时已破坏的淀粉分子氢键发生再度结合,胶体发生离水使部分分子重新变成有序排列,结晶沉淀,这种现象被称为"老化"(β化或回生、凝沉)。老化结晶的淀粉称为老化淀粉。老化淀粉难以复水,因此,蒸煮熟后的馒头、米饭、米粉等会变硬,难以消化吸收。糊化淀粉老化特性的强弱与淀粉的种类、含水量、温度等都直接有关。

一般普通米粉的生产需要让糊化的淀粉充分老化，才能使米粉有咬劲、不糊汤，其目的就是让因糊化而无序排列的淀粉分子重新部分有序地排列。老化要有 3 个条件：低温静置、一定的时间和一定的水分。研究认为，水温在 60℃ 以上不会发生淀粉的 β 化，而在 23℃ 最易 β 化；水分在 30%～60% 时易发生 β 化，低于或高于这个水分便不易发生 β 化。直链淀粉易 β 化，而支链淀粉不易发生 β 化。为了使米粉充分老化并且能够连续化生产，最近采用低温在线老化取代了以前的室温静置老化。

（4）挤压原理　挤压食品的原料大部分以谷物为主，谷物中的主要成分是淀粉。原料中淀粉含量的多少以及在挤压过程中淀粉的变化与产品的质量有十分密切的关系。在挤压过程中，淀粉的变化主要是糊化与降解，因而不同的工艺参数会对这些变化产生不同的影响。

1）挤压温度、水分含量对淀粉糊化度、降解率和挤出物溶解指数、膨化度的影响　大多数谷物粉的糊化温度为 60～80℃，淀粉的糊化需一定的温度和水分。通常情况下，原料是在充足水分含量情况下蒸煮，而挤压过程中的淀粉却是处在低水分、高压力的环境中。在 80℃ 以前，淀粉的糊化度很小，随温度提高，糊化程度的提高仍较小，在 80℃ 以后，淀粉的糊化程度随温度的提高有十分明显的提高。糊化度随水分含量的提高也有比较明显的变化，180℃ 时，水分含量从 13% 提高到 23%，糊化度提高了 18%。

淀粉在挤压过程中的降解主要是由高温、高压、高摩擦和高剪切引起的。降解后的淀粉仍是大分子，葡萄糖的基本骨架未受影响，降解发生在糖苷键上。挤压使淀粉降解，主要发生在支链淀粉部分，直链淀粉未受影响或影响很小。支链淀粉的降解发生在支点上。

随温度和水分含量的改变，淀粉的降解程度的变化不是十分明显，当温度从 60℃ 提高到

150℃，淀粉的降解率提高 1.7%，水分含量从 13% 提高到 23%，淀粉的降解率略有下降，这主要是由于水分含量的提高，降低了挤压过程中物料的黏度，从而降低了挤压过程中的摩擦力和压力，造成了降解率的下降。溶解指数主要取决于淀粉的糊化度和降解程度，降解程度越大、糊化度越高，溶解指数越高。随着温度和水分含量的提高，挤出物的溶解指数有比较明显的变化。

挤压过程中膨化现象的产生主要是由于物料从高温、高压的机筒中挤出模具后，骤然降到常温常压，水分闪蒸所引起的。温度越高，压力越大，膨化度也越大。实验结果表明，随温度的提高，膨化度不断增大，但随着水分含量的提高，膨化度却不断下降，这同样是由于水分含量的提高，降低了挤压过程中物料的黏度，使挤出压力降低所造成的。

2）螺杆转速、进料速度对淀粉糊化度、降解率和挤出物的溶解指数与糊化度的影响　螺杆转速提高，相应剪切力会增大；进料速度增大，挤压过程的压力和摩擦力也相应增大。但另一方面，螺杆转速的提高和进料速度的增大也相应缩短了物料在机筒内的停留时间，使物料受作用的时间减少，程度减小。因此，螺杆转速和进料速度所产生的影响是综合影响。随着螺杆转速的增大，淀粉糊化度有所降低，降解率明显增大，溶解指数明显上升，膨化度有很明显的提高。

2. 食用菌营养米粉的生产工艺

（1）工艺流程

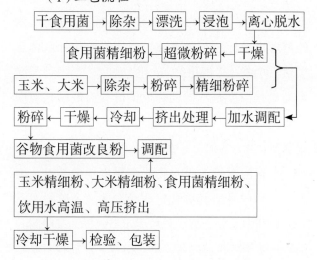

干食用菌 → 除杂 → 漂洗 → 浸泡 → 离心脱水

食用菌精细粉 ← 超微粉碎 ← 干燥

玉米、大米 → 除杂 → 粉碎 → 精细粉碎

粉碎 ← 干燥 ← 冷却 ← 挤出处理 ← 加水调配

谷物食用菌改良粉 → 调配

玉米精细粉、大米精细粉、食用菌精细粉、饮用水高温、高压挤出

冷却干燥 → 检验、包装

（2）操作要点

1）食用菌精细粉的制备 将干燥食用菌筛选除杂质，剪除不可食用部分，流动水漂洗后，10℃左右饮用水浸泡软化处理4～8 h，然后漂洗干净，800～1 000 r/min、5～8 min离心脱水处理，45～50℃低温干燥至水分含量8%左右，15～25℃低温超微粉碎，得到粒度为70～90 μm的食用菌精细粉备用。

2）玉米、大米精细粉的制备 精白米加工产生的碎大米经除糠、除沙石、磁选等处理纯化后精细粉碎为粒度为120～150 μm的大米精细粉备用。成熟的黄玉米干燥籽粒清理除去不可食用杂质，脱皮脱胚粉碎成粒度为120～150 μm的玉米精细粉备用。

3）谷物食用菌粉改良 按质量份数大米精细粉100份、食用菌精粉30～50份，玉米精粉10～30份，混合均匀，按粉状物总质量的24%～30%加入饮用水，搅拌均匀，130～170℃挤出处理，然后冷却、干燥、粉碎，得到粒度为100～120 μm的谷物食用菌改良粉，备用。

4）调配、米粉或米线制备 按质量份数取大米精细粉100份、玉米精细粉10～30份、食用菌精细粉1～5份、谷物食用菌改良粉5～15份，混合均匀。按混合后粉状物料总质量的24%～26%加入饮用水，继续搅拌均匀，于90～150℃高温、高压挤出，按一定质量及长度要求进行切割或卷绕成所需形状。制得的食用菌营养米粉或米线断面有光泽、组织致密、线条匀称，无空洞和气泡。

5）干燥、冷却、检验、包装 挤出的食用菌营养米粉或米线，放置在相对湿度小于65%环境中通弱风进行冷却干燥处理2～3 d，使其含水量低于12%。经检验，各项指标符合产品标准者，进行包装即可。

3.常见问题及解决措施

（1）原料的选择问题及解决措施 现在米粉厂家多选用早籼米作原料，主要原因是价格比晚稻米和粳米低许多（每千克相差1.0元左右），但是早籼米的直链淀粉含量一般为25%～30%，制成米粉后会出现韧性差、易断条、蒸熟后易回生等问题。

针对这一情况，在以早籼米为原料的基础上，通过添加薯类淀粉（含支链淀粉80%左右）来提高原料中支链淀粉含量，以改善米粉的品质。薯类淀粉的添加量根据早籼米品种、加工工艺条件而定。另外，在碎米充足的时候，应优先选用碎米作原料。因为同一品种的整米和碎米的淀粉性质基本相同，生产的米粉质量相差不大，且碎米的价格低。

（2）色泽问题及解决措施 米粉的色泽不仅受生产中所用的原料、水质影响，而且与生产时的温度、压力、时间等工艺条件相关。大米淀粉等碳水化合物在高温、高压下易发生美拉德反应而产生褐变，因此，榨条和复蒸时在保证产品质量的前提下控制熟度，应尽量采用较低的温度和压力及较短的滞留时间。

（3）黏度问题及解决措施 原料的黏度对生产有显著影响。黏度过大，则米粉条并条严重，难以松散，甚至无法生产。大米的黏度与稻米的品种、生长期、所含直链淀粉和支链淀粉比例有关。如果原料不理想，可通过大米搭配将原料的直链淀粉含量控制在22%～25%。此外，使用一些食品添加剂也可适当降低原料大米黏度。

（二）食用菌人造米

1.食用菌人造米的生产原理 自然界中没有任何一种单一食物能满足人体生长及正常新陈代谢对营养的需求。食用菌人造米是以谷物及食用菌为主要原料，添加或不添加食品添加剂，经过混合、熟化、成型生产的具有类似天然稻米的形状或口感、风味的粒状产品，又称为工程再制米，其营养组成优于天然稻米。

人造米的基本生产过程是将各种原料混合粉、营养强化剂与水混合均匀后，再经挤压制粒、滚圆、干燥脱水而成。生产时，一般是用淀粉做凝胶体形成剂，淀粉浆加热糊化成黏稠状流体后就可黏合其他原料揉成面团。最常用的成型机是活塞式或螺旋式挤压机，它能连续不断地将调好的面团挤成大小均匀的长条，再经切刀切断成颗粒状。制得的颗粒在转动的滚筒内被热气流滚成米粒状，与此同时，淀粉充分糊化并初步烘干，以免它们之间互相黏结成团。

2.食用菌人造米的生产工艺

（1）配方　以大米粉为100计，以木耳人造米、香菇人造米、猴头菇人造米、银耳人造米、杏鲍菇人造米为例，单位：kg，供参考。

（2）工艺流程

原辅料预处理 → 混合 → 挤出、熟化与成型
包装 ← 检验 ← 冷却 ← 成熟、干燥
食用菌营养米

（3）操作要点

1）原辅料预处理　取精白米或精白米加工中产生的碎米，精细粉碎得到可全部通过120目或140目孔径筛的粉末制品备用。精白米加工水稻品种可以是粳稻、籼稻。稻米也可以是白米、黑米或糙米。

黄色成熟玉米籽粒风选、磁选除杂后干法脱皮、脱胚，得到洁净玉米胚乳，精细粉碎得到可全部通过120目或140目孔径筛的玉米粉末制品备用。

食用菌精细粉的制备与食用菌营养面条生产时食用菌精细粉制备方法相同。

2）食用菌人造米生产

①按配方准确称取各种物料。混合均匀，密封、常温下放置10～30 min，使所有物料充分浸润，然后于130～140℃/110～120℃条件下双道单螺杆挤出成型及熟化处理制备食用菌营养即食面条。如果采用单道双螺杆挤出熟化成型，则温度为80～115℃。米粒的形状及大小与天然大米相似。

②成熟、干燥、冷却。挤出的食用菌营养米震荡、风冷使米粒松散，防止粘连，然后于30～35℃、相对湿度70%～80%条件下成熟处理3～6 h，使米粒组织结构得到梳理，防止米粒

爆腰，提高稳定度及其耐煮性，然后35～45℃、相对湿度60%～65%条件下干燥至含水量10%～12%，然后以常温风冷却至室温。

③检验、包装。经检验感官及理化、卫生指标符合产品生产标准者，进行包装，即为成品。

由于原辅料性能及挤出机控制技术等具体情况会发生变化，因而生产的工艺参数可能发生变化，食用菌营养米生产时应具体问题具体分析，进行多次试验调整，确定最适生产工艺参数及最佳配方。

3）食用菌人造米食用方法　食用菌人造米食用方法与精白米相同或相似，炊饭、煲粥均可，也可以按个人口味取适量食用菌人造米与大米混合食用，效果更佳。

4）产品特点　食用菌人造米含有食用菌多糖，并富含碳水化合物、蛋白质、维生素、多不饱和脂肪酸、矿物质等营养成分，产品亮泽，口感柔韧，耐煮性及保型性好，明显具有所添加的食用菌香气，食味优良，成品如图7-13和图7-14所示。

图7-13　食用菌主食食品——食用菌人造米（一）

图7-14　食用菌主食食品——食用菌人造米（二）

表 7-11 　几种食用菌人造米配方

原辅料	木耳人造米	香菇人造米	猴头菇人造米	银耳人造米	杏鲍菇人造米
大米粉	100	100	100	100	100
玉米粉	0～20	0～20	0～20	0～20	0～20
木耳精细粉	3～10				
香菇精细粉		3～10			
猴头菇精细粉			3～10		
银耳精细粉				3～10	
杏鲍菇精细粉					3～15
加水量 （以总粉量计）	22～30	22～30	22～30	22～30	22～30

3. 常见问题及解决措施　由于人造米通常是用富含蛋白质的颗粒状淀粉作凝胶体，当米粒煮沸时，淀粉发生糊化而大量吸水使得米颗粒体积迅速膨胀起来，结果引起颗粒间的相互黏结而使米粒变形影响了其食用品质。另外，煮沸还会引起固形物从米粒中渗出，造成汤中固形物含量太高而影响了食欲。因此，用人造米做成的米饭，其感官性能通常都不太高。而且，米粒的稳定性较差，尤其在学校、工厂公共食堂里，当需要连续的热水处理或在热状态下存放较长时间时，人造米的稳定性问题就更显得突出。

为此，多数研究人员建议把人造米作为速煮米使用，即不需经长时间热水处理就能食用。同时，为了防止食用成分的散失并抑制高纤维人造米的膨胀，建议煮饭时少用水，把水严格控制在当米粒膨胀时可把煮饭的水全部吸收掉。

为从根本上解决高纤维人造米的稳定性问题，调节米粒的颗粒结构与物化性能是非常重要的。可向原料中添加 2%～20% 的蛋白质（如小麦面筋蛋白），以提高米粒强度并降低表面的吸水率，可是这种米仍需在限量的水中进行快速烹煮。如果在面团形成前添加 0.5%～2.5% 的阿拉伯胶、刺梧桐胶或黄原胶之类的植物胶，就能使米粒中的淀粉、胶与小麦蛋白之间形成络合物，使得米粒的强度明显提高。此外，适当添加些表面活性剂，能显著提高米粒结构在长时间加热状态下的稳定性。

若以藻酸钙或果胶钙做凝胶体成型剂，因含有糊化淀粉的藻酸钙或果胶钙凝胶体在热处理时膨胀率有限，在长时间热水作用下也能保持其形状的完整性，因此制出的米粒食用性能良好。生产时，可将淀粉和蛋白质等原料分散在藻酸钙溶液或果胶钙溶液中，再以滴状分散体注入钙盐溶液。研究表明，用这种方法制得的人造米粒能够经受住各种方式的烹饪，如水煮、蒸越、烘烤和焖炖，其食用价值和消费性能均很好。但是，采用向藻酸盐原始溶液中滴分扩散钙离子的方法制备凝胶体颗粒的反应比较缓慢，这在工艺上并不理想，这是它的不足之处。另外，颗粒是在水介质中制备（将液滴滴于钙盐溶液，用水洗涤），会散失一部分水溶性成分。虽说如此，用这种凝胶体制造人造米的方法，仍不失为一种较为理想的方法。

第十节
食用菌食品制作及品质检验

一、木耳面包制作及品质检验

1. 实验目的　通过本实验了解面包的制作原理，掌握面包的制作工艺及操作要点，了解产品品质评定及质量控制方法。

2. 基本技能训练内容　了解面包的制作原理，掌握面包的制作工艺及操作要点，了解产品品质评定及质量控制方法。

3. 主要仪器设备和材料

（1）仪器和设备　物性仪、酸度计、硬度计、双动和面机、压片机、控温控湿醒发箱、远红外烤箱、不锈钢操作台、餐刀、面棍、免粘烤盘、电子秤、不锈钢盆、面板、毛刷、食品夹。

（2）材料　高筋小麦粉，水、木耳、糖、食盐、色拉油、人造奶油、鲜鸡蛋、芝麻、葡萄干、酵母、面包添加剂。

4. 实验方法

（1）木耳的处理　木耳室温下冷水浸泡，完全复水后去除根部，漂洗干净，沥净水分，加入复水后木耳等质量的糖度为5%的糖水（以糖计加入0.1%的柠檬酸），于105～110℃、10～15min条件下软化处理，冷却，打浆，得到可完全通过60～80目孔径筛的浆料备用。

（2）调粉　按配方要求准确称取各种物料，将所有原料全部投入和面机中，先低速后中速搅拌5 min，转入高速搅拌至面团快形成时，再中速搅拌，直到搅拌完成，形成具有良好弹性，延伸性适中，柔软干燥的面包面团。利用物性仪测试面团物性是否达到要求，记录不同配方或调制工艺的面团物性，以便和相应所得产品的品质进行分析。

（3）发酵　将调制好的面团送入醒发箱，在27～29℃、相对湿度75%～80%条件下发酵

3.5～4 h。

（4）压片、成型　将发酵成熟的面团用压片机辊压，排除气体，分成实验所需的剂子，搓圆、成型、摆盘。

（5）最终醒发　将生面包坯送入醒发箱，在38～43℃、相对湿度80%～85%条件下醒发30～40 min。

（6）焙烤　将醒发达到要求的面包坯送入烤箱进行焙烤，焙烤条件根据面团中的含糖量及产品品种要求而定。

（7）冷却、成品　将焙烤成熟的面包置于相对湿度75%、室温下冷却至36℃左右即可包装。

（8）质量鉴评及物性分析　按面包品质检验方法对其进行感官品质鉴评及物性分析，如综合口感、硬度、弹性等。

5. 实验报告要求　要求在报告中说明本实验的目的、意义和方法，对实验结果进行总结和分析。

二、香菇饼干制作及品质检验

1. 实验目的　通过本实验了解香菇饼干的制作原理，掌握香菇饼干的制作工艺及操作要点，了解产品品质评定及质量控制方法。

2. 基本技能训练内容　了解木耳饼干的制作原理，掌握香菇饼干的制作工艺及操作要点，了解产品品质评定及质量控制方法。

3. 主要仪器设备和材料

（1）仪器和设备　粉质仪或物性仪、饼干成型机、多功能搅拌机、辊压机、远红外烤箱、不锈钢操作台、餐刀、免粘烤盘、电子秤、不锈钢盆、面板、毛刷、食品夹。

（2）材料　面粉、糖、香菇、水、色拉油、人造奶油、鲜鸡蛋、葡萄干、乳化剂、疏松剂。

4. 实验方法

（1）香菇的处理　香菇室温下冷水浸泡，完全复水后去除根部，漂洗干净，沥净水分，加入复水后香菇等质量的糖度为5%的糖水（以糖计加

入 0.1%的柠檬酸），于 105～110℃、10～15 min条件下软化处理，冷却，打浆，得到可完全通过60～80目孔径筛的浆料备用。

（2）调粉　按配方要求准确称取各种物料，将鸡蛋液、糖、油脂、水、乳化剂投入多功能搅拌机中，充分搅拌形成乳化液后，加入面粉疏松剂等其他辅料，继续搅拌，形成具有良好可塑性、延伸性适中、无弹性的饼干面团。利用粉质仪或物性仪对面粉及面团的性质进行测试，并记录测试结果，以便对面粉的应用特性及相应产品的品质进行分析。

（3）辊压　将面团反复辊压，赶出气体，形成薄厚一致的均匀面片。

（4）成型、摆盘　利用饼干成型机将面片冲印或切割成型，将饼干坯摆入烤盘，饼间距离要适当。

（5）焙烤　焙烤条件根据饼干中的含糖量及产品品种要求而定。

（6）冷却、成品　将焙烤成熟的饼干置于相对湿度75%、室温下冷却至36℃左右即可包装。

（7）质量鉴评及物性分析　按饼干品质检验方法对其进行感官品质鉴评及物性分析，如综合口感、硬度、脆性等。

5. 实验报告要求　要求在报告中说明本实验的目的、意义和方法，对实验结果进行总结和分析。

三、银耳冰淇淋制作及其品质检验

1. 实验目的　通过本实验了解银耳冰淇淋的制作原理，掌握银耳冰淇淋的制作工艺及操作要点，了解产品品质评定及质量控制方法。

2. 基本技能训练内容　通过产品制作，了解银耳冰淇淋的制作原理，熟悉银耳冰淇淋生产所用的原辅料，掌握银耳冰淇淋的制作工艺及操作要点，了解产品品质评定及质量控制方法。

3. 主要仪器设备和材料

（1）仪器和设备　配料罐、老化罐、冰淇淋凝冻机、冰淇淋成型灌注机、高压均质机、匀浆机、冷藏柜、低温冰柜、复底锅、调温电炉、高压灭菌锅、胶体磨、不锈钢操作台、电子秤、糖量计、不锈钢盆、品尝杯、冰淇淋膨胀率测定装置。

（2）材料　水、全脂奶粉、鲜鸡蛋、银耳、人造奶油、绵白糖、增稠剂、稳定剂、乳化剂、香精、食用色素。

4. 实验方法

（1）参考有关材料确定产品配方

（2）银耳的预处理　干银耳室温下冷水浸泡，完全复水后去除根部，漂洗干净，沥净水分，加入复水后银耳等质量的糖度为5%的糖水（以糖计加入 0.1%的柠檬酸），于 105～110℃、10～15 min条件下软化处理，冷却，打浆，得到可完全通过60～80目孔径筛的浆料备用。

（3）混合糖浆的制备　按配方要求准确称取各种物料，将适量绵白糖、增稠剂、稳定剂、乳化剂充分混合后加适量水，用胶体磨处理2～3次，防止有大的胶团存在而影响产品质量。然后将混合料放入高压灭菌锅中水浴杀菌，边加热边搅拌，混合料杀菌条件为 90～95℃维持5～7 min。杀菌后用 100目筛过滤，得滤液备用。

（4）调配　全脂奶粉加适量水调匀，边加热边搅拌，当温度为 50～55℃时加入匀浆处理的鸡蛋液，搅拌均匀，继续加热至 85～90℃维持10～15 min，100目过滤，与混合糖浆混合均匀，用糖量计测定混合料的糖度达到需要的数值，冷却至 35～45℃加入香精、色素调整风味和颜色。

（5）均质　将混合料在 25MPa、40℃条件下均质处理。

（6）老化　均质后的混合料加入银耳浆搅拌均匀，在2～4℃条件下老化8～10 h。

（7）凝冻、灌装　将老化成熟的混合料加入到冰淇淋凝冻机料斗中，开动制冷进行搅冻，当料液温度-9～-7℃时已制成口感良好的软质冰淇淋，即可灌装。

（8）硬化、贮存　将包装好的软质冰淇淋立即送入低温冰柜中，在-24～-18℃条件下进行速冻,得硬质冰淇淋,进行贮存或直接消费。

（9）质量鉴评及物理分析　对产品进行感官品质检验并测定其可溶性固形物含量及膨胀率。

5.实验报告要求　在报告中说明本实验的目的、意义和方法,写出产品感官品质检验结果、可溶性固形物含量及膨胀率,对实验结果进行总结和分析。

四、美味菇脯的制作及品质检验

1.实验目的　通过本实验了解美味菇脯的制作原理,掌握美味菇脯的制作工艺及操作要点,了解产品品质评定及质量控制方法。

2.基本技能训练内容　了解美味菇脯的制作原理,掌握美味菇脯的制作工艺及操作要点,了解产品品质评定及质量控制方法。

3.主要仪器设备和材料

（1）仪器和设备　烘干箱、电磁炉、不锈钢锅、不锈钢操作台、电子秤、砧板、餐刀。

（2）材料　香菇、绵白糖、柠檬酸。

4.实验方法

（1）香菇前处理　干香菇剪除菇柄,用流动水清洗,去除浮尘、泥沙、杂草等不可食用杂质后,冷水浸泡至完全复水无干芯,捞出沥净水分,投入沸水中浸煮5～6 min成熟处理并美化产品风味,捞出,沥净水分,冷却备用。

（2）浸渍及嫩化处理　称取适量绵白糖,加水调制成浓度为60%的糖溶液,加入上述处理的香菇,按绵白糖质量的0.2%加入柠檬酸,微沸状态下维持30 min,溶液最终浓度不低于50%。然后放置于常温状态下浸渍2 d,对香菇进行赋味及嫩化处理。

（3）干燥处理　浸渍嫩滑处理后的香菇加热至80℃,捞出,沥干,进行干燥处理。产品最终含水量30%～40%。

（4）真空包装、杀菌及冷却　香菇脯采用蒸煮袋进行真空包装,然后置于沸水浴维持

30 min,料层厚度5～6 cm,捞出,擦干袋外面浮水,冷却至常温,即为美味菇脯。

（5）产品特点　具有浓郁的香菇香气,口感柔韧有弹性,甜酸适口,可直接食用,无须加热或再加工处理。常温下保质期6个月。

5.实验报告要求　要求在报告中说明本实验的目的、意义和方法,对实验结果进行总结和分析。

五、香辣金针菇的制作及品质检验

1.实验目的　通过本实验了解香辣金针菇的制作原理,掌握香辣金针菇的制作工艺及操作要点,了解产品品质评定及质量控制方法。

2.基本技能训练内容　了解香辣金针菇的制作原理,掌握香辣金针菇的制作工艺及操作要点,了解产品品质评定及质量控制方法。

3.主要仪器设备和材料

（1）仪器和设备　电磁炉、不锈钢锅、不锈钢操作台、电子秤、不锈钢盆、餐刀、砧板。

（2）材料　鲜金针菇,绵白糖,食盐,玉米油,芝麻油,味精,辣椒,大料,花椒,绿麻椒,桂皮等香辛料,食醋。

4.实验方法

（1）金针菇前处理　将脱腥大豆色拉油加热至120℃以上,加入所有原料粉,继续加热至有辣味产生,注意原料不能发生焦煳现象。趁热过滤除去渣滓,或沉降处理抽取上清油液备用。趁热过滤可减少油损耗,但注意不要烫伤。过滤后的渣滓仍然具有浓厚的香辣风味,亦可用于调味。（调味油配方:脱腥大豆色拉油100 kg,红辣椒粉12 kg,花椒粉0.8 kg,大料粉0.2 kg,桂皮粉0.05 kg,麻椒粉0.05 kg。）

（2）产品制作

1）金针菇用流动水漂洗干净,沥净水分,按产品需要切割成所需大小的段备用。

2）将金针菇沸水漂烫杀菌5～6 min,捞出、沥净水分备用。

3）烫杀菌冷却处理的金针菇，加入其质量5%的香辣调味油、食盐2%、味精2%、芝麻油0.5%，拌匀，立即装袋，真空包装。

4）真空包装后的产品置于沸水浴维持30 min，料层厚度5～6 cm杀菌处理，或者105℃、25 min，或者110℃、20 min杀菌及进一步软化处理，杀菌时料层厚度为5～6 cm。

5）杀菌后袋装产品冷却至常温，吹干袋外水分，贴标。

（3）产品风味特点 芳香，鲜辣，口感脆嫩。常温下保质期6个月。

5. 实验报告要求 要求在报告中说明本实验的目的、意义和方法，对实验结果进行总结和分析。

六、香菇运动饮料的制作及品质检验

1. 实验目的 通过本实验了解香菇运动饮料的制作原理，掌握香菇运动饮料的制作工艺及操作要点，了解产品品质评定及质量控制方法。

2. 基本技能训练内容 了解香菇运动饮料的制作原理，掌握香菇运动饮料的制作工艺及操作要点，了解产品品质评定及质量控制方法。

3. 主要仪器设备和材料

（1）仪器和设备 多功能粉碎机、浸提罐、过滤机、均质机、电磁炉、不锈钢锅、砧板。

（2）材料 水、香菇、绵白糖、柠檬酸、葡萄糖、葡萄糖酸锌、葡萄糖酸钙、复合维生素。

4. 实验方法

（1）香菇前处理 干香菇剪除菇柄，用流动水清洗，去除浮尘、泥沙、杂草等不可食用杂质后，冷水浸泡至完全复水无干芯，捞出沥净水分，投入沸水中浸煮5～6 min成熟处理并美化产品风味，捞出，沥净水分、冷却备用。

（2）破碎 复水后的香菇按湿重的10倍加入纯净水，湿法磨浆处理，得到香菇浆中香菇颗粒粒度1～2 mm。

（3）浸提 将香菇浆料边搅拌边加热至沸腾，维持40 min，浸提香菇功效成分。

（4）过滤 上述浸提浆料过滤除渣，得到可全部通过180目孔径筛的香菇浸提液。

（5）调配 上述浸提液按配方要求准确加入各种辅料，搅拌均匀得混合液。

（6）精滤、均质 上述混合液精滤得到可全部通过200目孔径筛的香菇饮料。

（7）杀菌、冷却 上述饮料煮沸，维持5 min杀菌、冷却，即为香菇运动饮料。

（8）质量鉴评及物性分析 按运动饮料品质检验方法对其进行感官品质鉴评。

5. 实验报告要求 要求在报告中说明本实验的目的、意义和方法，对实验结果进行总结和分析。

第十一节
其他食品

一、食用菌腐竹

腐竹又名腐皮、豆腐衣、豆笋，是中国的一种传统豆制品，也是我国传统特色食品之一，味美可口，老少皆宜。腐竹加工始于唐朝，距今已有1 000多年的历史。宋代著名的学者朱熹专作《豆腐》云："种豆豆苗稀，力竭心已腐。早知淮王术，安坐获泉布。"诗中描述农夫种豆辛苦，如果早知道和掌握了制作豆腐的技术，就能够安稳地坐着获利及聚财了。李时珍的《本草纲目》记载，大豆用水浸泡、碾碎、滤去渣、煮沸，其面上凝结者揭取晾干，名曰豆腐皮。

腐竹是大豆蛋白分子在变性过程中与油脂分子相聚合而形成的大豆蛋白质—脂类薄膜。由于其属于低糖、高蛋白的脱水产品，和一般的豆制品相比，腐竹的营养价值更高，其含蛋白质约55%、脂肪 26%、碳水化合物 11%、磷脂 2%。同时含有大量不饱和脂肪酸，以亚油酸（维生素 E）为主要成分，不含胆固醇，是一种营养丰富又可以为人体提供均衡能量的优质豆制品，特别宜于老人或糖尿病患者食用。经常食用腐竹可改善心血管机能，补充人体的必需氨基酸。腐竹中还含有大豆多肽、大豆皂苷、大豆低聚糖、大豆异黄酮、大豆卵磷脂等保健功能成分，中医认为其有宽中清热之功效。此外，腐竹因富含谷氨酸（为其他豆类或动物性食物的 2～5 倍）而具有良好的健脑作用，能预防老年痴呆症的发生。

目前国内腐竹产业及其市场日渐看好，利用食用菌的营养优势制备食用菌腐竹已成为食用菌加工发展的新方向。下面以银耳腐竹为例进行解析。

（一）腐竹形成条件与成膜机制

腐竹薄膜的形成是复杂的物理化学相互作用的结果。成膜条件包括以下几个方面：成膜温度。正常温度应被控制在 80℃左右，如果温度太高，豆浆处在微沸阶段，产生的腐竹形貌不佳，有洞孔产生和表面有黑颜色出现。此外，高温也会导致锅底部的焦煳，致使产量较低；如果温度太低，膜形成速度缓慢，豆浆液成膜不完全，产量也低。豆浆的 pH。豆浆天然的 pH 为 6.5～9.5，当 pH 小于6.5 时，接近大豆蛋白质等电点，由于蛋白质在这种介质中溶解性下降，豆浆出现凝稠状，腐竹成膜终止；而当 pH 超过 10.5，由于分子间的相互斥力在大豆蛋白质中的负作用，亦不能成膜，此外，当pH 超过 8.0，得到的腐竹色泽暗淡，碱味明显，所以成膜时的豆浆最佳 pH 范围是 7.0～8.0。豆浆浓度。大豆蛋白质浓度是腐竹形成的关键成分，成膜的最佳大豆蛋白质浓度大约为 5%，较高的浓度导致加热时发生凝固以及使得豆浆变得更浓，对膜的形成反而产生不良的影响。

腐竹形成机制是：当对豆浆进行热处理时，体系内能升高，大豆蛋白分子热运动加剧，豆浆中的蛋白质发生变性，其分子空间结构发生变化，多肽链由卷曲到伸展，原本被包裹在内部的疏水性基团转移到分子的外部，而亲水性基团则转移到分子的内部，同时豆浆表面的水分子不断被蒸发，大豆蛋白浓度不断增加，大豆蛋白分子之间互相碰撞发生聚合反应而聚结，同时以疏水作用力与油脂结合从而形成大豆蛋白质—脂类薄膜。

（二）食用菌腐竹生产工艺及其影响因素

1. 工艺流程

银耳 → 复水 → 捣碎 → 热水浸提 → 过滤

银耳汁

大豆 → 预处理 → 打浆 → 煮浆 → 过滤 → 混合

成品 ← 干燥 ← 凉竹 ← 揭竹

2. 银耳腐竹生产工艺要点

（1）选料　选择颗粒饱满、色泽黄亮、无虫害、无霉变的新鲜大豆，辅料和添加剂要符合相应食品卫生标准。

（2）泡豆去皮　泡豆是腐竹加工中一道重要的工序。黄豆蛋白质、脂肪等营养物质多贮存在子叶的细胞质中，泡豆的目的就是让子叶吸收水分，细胞膨胀而使其在磨浆时，细胞壁易于破碎，以利于细胞质的溶出。大豆的浸泡程度因季节而异，夏季可泡至九成，冬季则需泡到十成，浸泡后以大豆表面光滑、无皱皮，豆皮不轻易脱落，手感有劲为原则。泡豆的用水量以黄豆质量的 3～3.5 倍为宜，浸泡用水的 pH 为 7.5～8，冬天 10～12 h，其余时间 7～8 h，浸泡好的大豆为原重量 2 倍左右。将浸泡好的大豆边清洗，边用手搓去皮。

（3）打浆　用高速捣碎机按一定料液比进行打浆，分离后的豆渣加少量水再打浆一次，合并豆浆，以 200～300 目绢布过滤，控制其浓度在2.2～2.5°Bé。

（4）煮浆　将豆浆放入容器中加热煮沸，注意防止假沸现象，当豆浆沸腾后，文火熬煮3～5 min。煮浆时，为防止产生大量泡沫，可适当添加一些消泡剂。

（5）银耳复水、破碎　银耳常温浸泡

2～3 h，使其充分水发后，以手工将水发银耳搓碎至 0.5～1.0 mm 大小的碎片，以便提取银耳汁。银耳碎片不宜过细，否则影响银耳汁的过滤；但破碎的程度不够，浸提的效果不佳。

（6）银耳汁提取　银耳汁提取是银耳腐竹加工过程的重要工序之一，其目的是最大限度地提取银耳多糖。采用热水，以 1∶（30～40）（*W/V*）的料液比恒温浸提银耳 3～4 h，浸提温度为80～85℃。重复提取 2 次，过滤后，合并银耳提取汁。

（7）银耳汁与豆浆的混合　将过滤后的银耳提取汁，按（1～1.5）∶3（*V/V*）比例与煮沸的豆浆液混合均匀，NaHCO₃ 调节其 pH 为 7.0～7.5。此工序中，银耳与大豆的比例控制直接决定腐竹成膜的性能，以及腐竹产品的品质。

（8）揭竹　将银耳豆浆混合液倒入成型槽中，蒸汽加热，切勿使其沸腾翻滚。挑竹温度以85～90℃为宜，并在此温度下维持 10～20 min，使豆浆表面自然凝结成一层一定厚度的大豆蛋白—油脂薄膜，用竹竿挑起即可。

（9）干燥　揭竹出锅的湿腐竹，在不滴浆时放入烘房进行烘干。为保证腐竹质量，烘干温度50～60℃，相对湿度在 18%～25%，时间 7～9 h。烘干后，腐竹的含水量控制在 10%～12%，烘干的腐竹产品按标准分级包装。

3. 银耳腐竹生产的影响因素

（1）银耳腐竹的韧性　韧性是评价腐竹制品的一项重要指标。银耳与大豆质量比以（5.0～7.5）∶100 较为适合。银耳多糖与亲水胶体等水溶性聚合物具有良好的增稠、成膜、胶凝、黏附力、持水等作用，当它们与大豆蛋白、脂肪分子聚合凝结时，彼此通过分子链的缠结，以及分子间或分子内氢键的形成，促进凝胶立体网络结构的形成，使得银耳腐竹结合更多的游离水，从而具有更好的韧性和较高的产率。当银耳添加量过大时，银耳豆浆汁过于黏稠，银耳多糖等亲水胶体相互作用的概率增加，成膜时反而不利于它们与大豆蛋白

及脂肪分子键的聚合凝结，故形成的膜网络结构松散，凝胶强度下降，从而导致银耳腐竹产品的韧性降低。

（2）银耳豆浆汁的浓度　银耳豆浆汁的浓度是影响银耳腐竹成膜的关键因素之一。当银耳豆浆汁浓度低于 2.2°Bé 时，银耳腐竹的产率与银耳豆浆汁的浓度呈正相关关系，并在银耳豆浆汁浓度为2.2°Bé 时，银耳腐竹的产率达到最大值；当银耳豆浆汁浓度大于 2.2°Bé，银耳腐竹的产率则随其浓度增大而降低。银耳豆浆汁是一种复杂的分散体系，含有大量大豆蛋白质、脂肪、银耳多糖与其他亲水胶质，以及少量无机盐等，其中在成膜时起决定性影响作用的是大豆蛋白质胶体分散体系，大豆蛋白质含量的多少决定了银耳腐竹产量高低。

银耳豆浆汁浓度的高低也会影响银耳腐竹的感官品质。银耳豆浆汁浓度低于 2.2°Bé 时，当银耳豆浆汁浓度较小时，银耳豆浆汁中美拉德反应的程度小，所得产品色泽亮黄，光泽性相对较好，质地细腻，韧性及弹性亦佳；当银耳豆浆汁浓度过大时，加剧了与银耳豆浆汁中大豆蛋白的分解产物之间的美拉德反应，得到的银耳腐竹产品颜色深、灰暗，易出现浓浆现象，银耳腐竹出品率减少。

（3）银耳豆浆汁 pH　银耳豆浆汁的固有 pH在 6.5 左右，在揭竹过程中随加热的进行，其 pH呈下降趋势；当银耳豆浆汁初始 pH 低于 6.5 时，揭竹过程中，由于银耳豆浆汁的 pH 逐渐下降，容易接近大豆蛋白的等电点而导致沉淀，使得银耳腐竹的产率与成膜速度下降；而当银耳豆浆汁初始pH > 6.5 时，可促进大豆蛋白肽链中疏水基团的充分暴露和二硫键的形成，大豆蛋白结构由卷曲状较快伸展开来，有利于银耳腐竹的形成，从而加快了银耳腐竹的成膜速度；当银耳豆浆汁的 pH 为 7.5左右，银耳腐竹的产率最高，成膜速度最快。

（4）成膜温度　当揭竹温度为 85℃左右，银耳腐竹的产率与成膜速度均达到最大值，而且银耳腐竹样品质地细腻、蓬松，其截面呈空心圆筒形；而高于或低于此温度时，银耳腐竹的产率和成膜速

度均呈下降趋势。银耳多糖—蛋白质—脂质膜凝胶网络结构的形成需要一定内能的积累，随着银耳豆浆汁的温度逐渐升高，维系大豆蛋白分子空间结构的次级键断裂，大豆蛋白的空间结构发生改变，大豆球蛋白充分解离，多肽链由卷曲变得伸展、交联形成凝胶网络结构。

当成膜温度过低时，大豆蛋白分子因内能不足而得不到充分伸展，分子交联程度低而影响成膜；而且过低的成膜温度难以达到大豆蛋白成膜所需要的内能而相应地延长了揭竹时间，加剧了银耳豆浆体系的美拉德反应，使银耳腐竹样品色泽变得暗淡，无光泽，品质变差且能耗加大。反之，成膜温度过高时，银耳豆浆汁处于微沸状态，由于气泡的融入，使得成膜质地粗糙，亦影响腐竹样品外观。

（5）打浆　打浆环节中关键是要确定大豆颗粒破碎度和打浆的料液的合理比例。打浆过度，颗粒破碎度太大，豆浆液难以过滤；反之，打浆程度不够，影响大豆蛋白溶出，进而影响出浆率。不同的料液比，得到的豆浆液浓度不同。豆浆中总固形物含量为5.1%左右时，腐竹薄膜的绝对出品率最高。豆浆浓度控制在5.5%时，腐竹的产率、成膜速度与腐竹成品的品质都较好。

（6）煮浆　煮浆的目的是，通过高温作用清除大豆豆腥味和苦涩味，增加大豆的香味，并提高蛋白质的消化率。经过高温作用，让大豆蛋白充分变性，这为成膜创造必要条件。煮浆时豆浆会产生大量泡沫，为防止假沸现象的发生，可以在煮浆时加入适量的消泡剂，如单甘酯等。此外，豆浆液煮沸后保持一定的恒沸时间也很重要，一般煮沸后在100℃恒温2 min左右，以利于腐竹成形及色泽良好。成膜时，温度的高低直接影响到腐竹的产率、成膜速度及成品的品质。煮沸后的豆浆液应当立即转到恒温揭竹锅成膜、揭竹。揭竹后的腐皮，在晾至不滴浆液时，进行烘干，腐竹的烘干工艺与温度对产品的外观也有一定的影响。在45℃将腐竹烘干7h后得到的腐竹品质良好、外观（色泽和亮度）较佳。

二、食用菌粉丝

（一）粉丝简介

粉丝是中国居民喜爱的传统食品，口感爽滑耐嚼，风味独特，是家庭及饮食业烹调佳肴，受到了广大食客的欢迎。随着生活水平的提高，人们的饮食结构也发生了变化，高脂肪、高糖、高热量的"三高"饮食占据了膳食结构的主体地位，将低脂高纤维的饮食结构取而代之。研究已经证明"三高"饮食不利于身体健康，会导致人体患高血压、高血脂、高血糖等慢性病，因此，居民膳食的热量控制已经成为调节其膳食结构的关键。如今，各种健康保健知识的宣传使人们误以为多吃淀粉会增加得慢性病的风险，对淀粉食物的选择也是十分谨慎。粉丝作为一种淀粉制品，主要为人体提供能量，因此，国内居民对粉丝的消费需求逐渐降低，影响了粉丝产业的发展。粉丝企业对市场的争夺愈加激烈，同时消费者对粉丝品质的要求也越来越高，不仅要求它口味丰富，而且还要具有一定的营养保健功效。在这样的背景下，作为粉丝企业，需要推陈出新，开发一种具有食用菌营养特色的粉丝是一种不错的选择，既可以提高粉丝品质又可以增强粉丝的营养保健功能。

（二）姬松茸营养与保健价值

姬松茸是一种食药兼用菌，具有浓郁的杏仁香味，美味可口，含有丰富的蛋白质和多糖，营养价值很高。姬松茸菌盖嫩，菌柄脆，口感极好，味纯鲜香，食用价值颇高。新鲜子实体含水分85%～87%，可食部分每100 g干品中含粗蛋白40～45 g、可溶性糖类38～45 g、粗纤维6～8 g、脂肪3～4 g、灰分5～7 g，已测定的17种氨基酸总量为干重的19.22%，其中50.18%为人体必需氨基酸，高于其他食用菌，还含有多种维生素和丰富的微量元素，每100 g干子实体中含有维生素B_1 0.3 mg，维生素B_2 3.2 mg，烟酸49.2 mg。除营养丰富外，姬松茸还具有引人注目的医药保健价值，有显著的抗肿瘤功效以及提高免疫力、降血脂、降低胆固醇、安神等作用。超微粉碎技术能大幅提升姬松茸中活性成分的利用率，显著改善其膳食纤维的功能特性。为了改善粉丝的品质特性，通过添加食用菌超微粉可以改善粉丝原料的加工性能和营养功能。

（三）姬松茸粉丝生产工艺

粉丝选用优质的淀粉原料，结合传统的制作工艺，采用现代科学生产技术精制而成，其丝条匀细，整齐柔韧，纯净光亮，洁白透明，入水即软，食用方便快捷，不易糊汤和断条，清嫩适口，爽滑耐嚼，具有良好的赋味性，可凉拌、热炒。粉丝因其生产加工的原料不同而种类繁多，传统的粉丝加工原料有豆类和薯类，例如绿豆、豌豆、甘薯、马铃薯等。使用不同原料淀粉制作的粉丝，其品质也有很大的差别，其中以绿豆和豌豆为淀粉来源生产的粉丝质量最佳。

1. 姬松茸粉丝的加工工艺流程

姬松茸 → 超微粉碎 → 姬松茸超细粉

淀粉 → 打浆 → 调粉 → 漏粉 → 冷却、漂白

成品 ← 干燥 ← 冷冻

2. 姬松茸粉丝生产工艺要点

（1）打浆　先将少量淀粉用热水调成稀糊状，再用沸水冲入调好的稀粉糊，并不断朝一个方向快速搅拌，至粉糊变稠、透明、均匀，即为粉芡。

（2）调粉　先在粉芡内加入少量膨松剂，充分混匀后再将湿淀粉、姬松茸超细粉和粉芡混合，搅拌搓揉至无疙瘩、不黏手、能拉丝的软粉团即可。如下条太快，发生断条现象，表示粉浆太稀，应掺干淀粉再揉，使韧性适中；如下条困难或速度太慢，粗细又不匀，粉浆太干，应再加些湿淀粉。调粉以一次调好为宜。粉团温度在30～42℃为好。

（3）漏粉　将揉好的粉团放在带有小孔的漏瓢中，漏瓢孔径7.5 mm，粉丝细度0.6～0.8 mm。

用手挤压瓢内的粉团，透过小孔，粉团即漏下成粉丝。距漏瓢下面55～65 cm处放一开水锅，粉丝落入开水锅中，遇热凝固煮熟。水温应保持在97～98℃，开水沸腾会冲坏粉丝。

（4）冷却、漂白　粉丝落入沸水锅后，待其将要浮起时，用小竹竿将其拉入冷水缸中冷却，目的是增加粉丝的弹性。冷却后，再用竹竿绕成捆，放入酸浆中浸3～4 min，捞起凉透，再用清水漂过，并搓开互相黏着的粉丝。酸浆浸泡的目的是漂去粉丝上的色素，除去黏性，增加光滑度。

（5）冷冻　粉丝黏结性强，韧性差，因此需要冷冻。冷冻温度为-10～-8℃，达到全部结冰为止。然后，将粉丝放入30～40℃的水中使其溶化，用手拉搓，使粉丝全部成单丝散开，放在架上晾晒。

（6）干燥　晾晒架应放在空旷的晒场，晾晒时应将粉丝轻轻抖开，使之均匀干燥，干燥后即可包装成袋。成品粉丝应色泽洁白，无可见杂质，丝干脆，水分含量不超过2%，无异味，烹调加工后有较好的韧性，不易断，具有粉丝特有的风味。

姬松茸方便粉丝是将姬松茸超微粉与优质淀粉合理搭配，通过新型口味调配技术制成的一种低热、低糖、赋予菌类营养的方便食品（图7-15）。

图7-15　姬松茸粉丝

三、食用菌炒货

坚果炒货食品出现口味多样化离不开各种食品配料的应用。食用菌作为一种营养丰富的食品配料，将加快促进坚果炒货的品种和口味日益多样

食用菌保鲜贮运和加工

化，具有广阔的发展空间和应用前景。下面以猴头菇炒货为例进行解析。

（一）猴头菇炒货工艺流程

1. 猴头菇炒货工艺流程

```
              猴头菇粉制备
                  ↓
果仁 → 预处理 → 拌料 → 冷却
```

2. 猴头菇炒货生产工艺操作要点

（1）果仁处理　将验收后的果仁过振动筛，利用振动筛的振动除去微小杂质，同时根据颗粒的大小利用振动分级机的网片进行分级，大小颗粒的原料分级后分别打包放置待用。将同一大小级别的50 kg果仁加入100 L水中浸泡，浸泡温度为45℃。将浸泡好的果仁取出沥干水分，通过自动输送装置输送到连续油炸设备中油炸，油炸温度为170℃。油炸15 min后将油炸后的果仁由自动输送装置输入自动甩油机，利用高速转子离心原理将果仁多余的油脂去除。

（2）猴头菇粉制备　将鲜猴头菇去除杂物，洗净后沥干水分；将处理好的鲜猴头菇放入烘箱中，采取程序升温进行烘烤，具体为先将烘箱加温至30℃，放入处理好的猴头菇烘8 h，再在45℃下烘10 h，最后在65℃下烘8 h，至干菇含水量在10%以下；将所述干菇切成小块进行磨粉制得猴头菇粉，所述猴头菇粉通过100目筛。

（3）拌料　将油炸脱油后的果仁通过自动输送装置输入自动拌料机内，添加猴头菇粉3 kg、棕榈油15 kg、葡萄糖5 kg、调味料3.3 kg、复合维生素10 g、葡萄糖酸锌3 g和葡萄糖酸亚铁7 g进行拌料调味。其中调味料由1.5 kg白砂糖、0.5 kg食用盐、1 kg麦芽糊精和0.3 kg味精制成。

（4）冷却　将拌料后的产品放入冷却输送带，通过冷却风机冷却至20～30℃。

目前市场上主要的食用菌炒货产品有猴头菇蚕豆、猴头菇多味花生（图7-16）以及猴头菇瓜子仁、猴头菇青豌豆（图7-17）等。

图7-16　猴头菇蚕豆和猴头菇多味花生

图7-17　猴头菇瓜子仁和猴头菇青豌豆

四、食用菌宠物食品

（一）宠物食品简介

随着物质生活水平的提高，人们越来越注重休闲生活情趣的培养，越来越多的人将感情投注于宠物身上，人与宠物间的依赖关系随时间的流逝而日益浓厚。目前，国内宠物市场已进入一个高速发展的时期，宠物食品（也称宠物饲料）作为宠物经济的物质基础，在许多国家已成为一个庞大的食品工业体系。

宠物食品是根据宠物不同品种、不同年龄、不同生理阶段的营养需求和食性特点配制出的不同种类的饲料，具有营养全面、含有多种饲料原料、卫生、无毒、适口性好的特点。目前，宠物食品的类型主要有干性宠物食品、半湿式宠物食品、软膨化宠物食品、湿式宠物食品与宠物点心等，此外，近几年还新出现了宠物保健品和宠物饮品。

（二）宠物饮品

宠物饮品最早源于欧洲，目前只有为狗和猫设计的专用饮料。当没有适时地给狗、猫喂饮时，它便会随便找水喝，从而有可能喝到不干净的水源。据报道，有些狗因为不好好喝水，患上了慢性脱水症；还有些因为喝自来水而患了多尿症。宠物饮料带有各种肉味，如牛肉味、鸡肉味、猪肉味，有肉味但透明纯净的水，还带有丰富的微量元素，能够提升宠物的免疫力。碱性离子水能维持水分充足及调节体温，平衡宠物体内酸碱度，对治疗宠物脱水有明显效果。长期饮用能使毛色亮丽有光泽，有效降低宠物粪便的臭味，对体弱瘦小的宠物有明显改善效果，还可以防止宠物过度肥胖，预防骨质疏松。

澳大利亚一家饮料公司专门为宠物狗设计了一款"清凉犬"饮料，这种饮料富含电解质和维生素，并且有3种味道选择：牛肉味、鸡肉味和腌肉味。肉香味会让狗狗喜欢喝水，从而有助于预防狗体内水分流失，也可以避免因散步、旅行、训练或天气炎热引起的狗体温过高。这种水富含电解质和维生素，恰好有益猫、狗的健康。这种"狗饮用水"在澳大利亚市场颇为走俏。现在已经进入了国内市场，渐渐已经在宠物店、宠物医院见到此类产品。

（三）食用菌宠物饮品

宠物饮品最初的产品是在保证全面营养的基础上能给宠物散发热量、调节体温等，并能防止猫狗过于肥胖从而迅速风靡欧美。在我国，功能宠物饮品还是屈指可数。

食用菌营养成分丰富，被认为达到了"植物性食品的顶峰"，其蛋白质含量高，富含生理活性成分多糖，具有抑制病毒、防止肥胖、清热、解毒、润肺、和胃等功能。食用菌的主要加工产品罐头在加工过程中，会产生营养丰富的大量预煮液。据悉在食用菌加工过程中，约占鲜菇总重量1/3的原汁都将溢出在预煮液中。若按惯例自然排放，将造成极大污染，如果按环保要求处理达标排放，不但投资量大，成本高，同时也白白浪费了宝贵的可再利用资源。此外，我国淡水资源丰富，其中淡水鱼在加工过程中会产生大量的下脚料（包括内脏、鱼骨、鱼鳞和鱼头等），占原料鱼的40%～55%，目前这些下脚料也多处于遗弃状态，既浪费资源，又污染环境。

针对上述现状，湖北省农业科学院以白灵菇预煮液和淡水鱼鱼油为主要原料，研发了一种加工工艺简单，容易被宠物吸收，且能增强宠物抵抗力，提高其被毛亮度的功能型宠物饮品。该饮品从淡水鱼内脏提取鱼油，利用纳米乳化技术，将原本不溶于水的鱼油添加到白灵菇预煮浓缩液中，使宠物在日常饮用中，既可以充分利用白灵菇丰富的营养物质，又可以增加一定量的脂类，特别是多不饱和脂肪酸，增强了宠物的免疫力；且含有鱼腥味，对宠物有诱食作用。同时多不饱和脂肪酸与添加的肌醇、蛋氨酸、维生素C等复配后，还能起到提高被毛亮泽度的功能。

（四）白灵菇预煮液成分分析

食用菌宠物饮品以白灵菇预煮液为主要营养

源，首先对白灵菇预煮液的营养和风味成分进行分析。

1.白灵菇预煮液营养成分分析　如表7-12所示。

表7-12　白灵菇预煮液基本营养成分分析

常规成分	含量（%）
可溶性固形物	2.00
蛋白质	0.35
氨基酸态氮	0.02
还原糖	< 0.03
总糖	< 0.06

由表7-12可知，白灵菇预煮液中含2%的可溶性固形物，蛋白质含量比较丰富，其他含量较低，可考虑将其浓缩后作为产品的主要原料。

从表7-13可以看出，白灵菇预煮液中游离氨基酸的种类丰富，其中含量较多的有谷氨酸、天冬氨酸、丙氨酸、鸟氨酸等。一般呈味氨基酸主要包括谷氨酸、天冬氨酸、精氨酸、丙氨酸、甘氨酸、组氨酸和脯氨酸，白灵菇预煮液中呈味氨基酸占游离氨基酸总量的74%。从表7-14可以看出预煮液中水解氨基酸种类丰富，总和达到了201.8 mg/100 mL。

通过对不同固形物含量的白灵菇预煮液基本营养成分和水解氨基酸、游离氨基酸的测定，建立了白灵菇预煮浓缩液基本营养成分和氨基酸含量数据库。

表7-13　白灵菇预煮液游离氨基酸含量分析（mg/100mL）

名称	含量	名称	含量	名称	含量	名称	含量
丙氨酸	9.06	天冬氨酸	16.96	亮氨酸	1.63	精氨酸	1.68
苏氨酸	2.04	胱氨酸	2.18	酪氨酸	1.27	赖氨酸	0.73
丝氨酸	未检出	缬氨酸	2.17	苯丙氨酸	2.38	脯氨酸	0.66
甘氨酸	1.92	蛋氨酸	未检出	组氨酸	3.92	氨基丁酸	0.18
谷氨酸	29.44	异亮氨酸	0.50	鸟氨酸	9.26	牛磺酸	0.14
ν-氨基丁酸	0.18	色氨酸	0.71	精氨酸	1.68	总和	86.8

表7-14　白灵菇预煮液水解氨基酸含量分析（mg/100mL）

名称	含量	名称	含量	名称	含量	名称	含量
丙氨酸	17.16	天冬氨酸	32.94	亮氨酸	7.42	精氨酸	6.60
苏氨酸	7.18	胱氨酸	4.80	酪氨酸	6.14	赖氨酸	8.87
丝氨酸	4.68	缬氨酸	8.94	苯丙氨酸	6.46	脯氨酸	5.94
甘氨酸	16.64	蛋氨酸	2.25	组氨酸	6.37	氨基丁酸	1.68
谷氨酸	54.96	异亮氨酸	4.40	鸟氨酸	未检出	总和	201.8

2.白灵菇预煮液风味成分分析　图7-18为白灵菇预煮液挥发性成分总离子流图,经谱库检索发现白灵菇预煮液中含有的特征性风味成分为1-辛烯-3醇和苯甲醛、苯乙醛、壬醛等。1-辛烯-3醇由脂肪酸前体物质经脂肪氧化酶催化转变而成,普遍存在于食用菌中,含量丰富且具有浓烈的蘑菇风味。另外,预煮液中还含有丰富的苯甲醛、苯乙醛、壬醛等挥发性成分,这些挥发性成分构成了白灵菇鲜美的味道特征。

（五）食用菌宠物饮品制作工艺

食用菌宠物饮品具体生产步骤如下:

白灵菇预煮液在4 500 r/min转速下离心10 min,取上清液,真空浓缩至可溶性固形物含量为4%,作为A溶液。取3～6 g淡水鱼内脏油,10～16 g甘油,23～30 g吐温80,100 r/min转速下连续搅拌10～15 min,边搅拌边缓慢加入蒸馏水共200 g,继续搅拌直至形成透明、稳定的乳状液,作为B溶液。称取1～2 g维生素C,0.5～2 g氯化钠,0.3～0.5 g肌醇,0.2～0.5 g蛋氨酸,0.6～0.8 g山梨酸钾,先加入B溶液200 g,再加A溶液至1 000 g,充分搅拌均匀。通过微孔过滤器过滤,孔径为0.45μm,灌装。90℃巴氏杀菌15 s即得产品。

该菌类宠物饮品依据宠物本身的生理体征,用菇菌预煮液和淡水鱼内脏油为原料,具备以下优点:

所用原料均属于加工副产物,价格低廉,来源丰富。饮品既含有来自淡水鱼内脏油的高不饱和脂肪酸,又含有食用菌预煮液所含的生物活性物质多糖,具有复合的功能作用。淡水鱼内脏油乳化达到了纳米级,宠物容易吸收。添加肌醇、蛋氨酸等成分,提高动物的被毛亮度。

宠物饮用该饮品在补充水分的同时补充多种营养成分和活性成分,能增强宠物的免疫力。该食用菌宠物饮品附加值高,拥有广阔的市场前景。如图7-19所示。

图7-19　食用菌宠物饮品

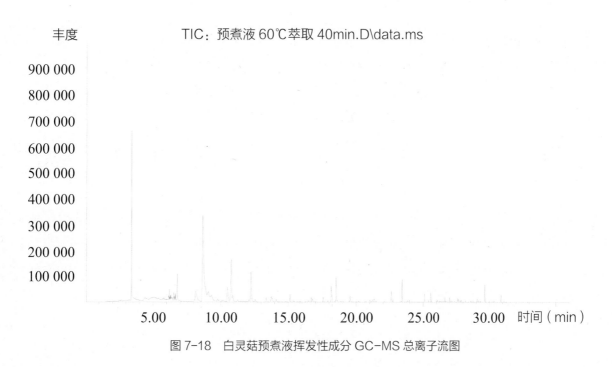

图7-18　白灵菇预煮液挥发性成分GC-MS总离子流图

第十二节
食用菌化妆品

一、化妆品及食用菌知识概要

（一）化妆品的概念与发展历史

1. 化妆品的概念　化妆品是以涂敷、揉搽、喷洒等不同方式施于人体面部、毛发、口唇、口腔和指甲等部位，起到清洁、保护、美化（修饰）等作用的日常生活用品。

2. 中国化妆品的发展历史

（1）我国化妆品的发展　历史考古发现：公元前 2 000 多年，人们就懂得化妆美容了。公元前 1 000 多年的商纣时期，产生了"燕支"→"胭脂"。春秋战国时期产生了粉黛、胭脂、眉黑和兰膏等。汉朝时期，化妆品被广泛使用。晋何婴爱好施粉，被称为"傅粉郎"——世界上最早的有关男性化妆的记载。唐朝时期，化妆品非常流行。宋、元、明、清时期，化妆品处于"小作坊"式生产状态之中。鸦片战争后，国外化妆品开始流入中国。

（2）化妆品行业发展　中国化妆品厂始建于 19 世纪末 20 世纪初——香港"广生行"，1905 年生产"双妹牌"花露水、雪花膏，比"旁氏"雪花膏只晚 10 年。1930 年后，上海、云南、四川、辽宁等地出现了一些专门生产雪花膏类化妆品的小工厂——数量少、档次低、质量差。新中国成立后，各省、自治区、市都发展了化妆品工业，主要生产雪花膏、如意膏、头蜡等，逐渐形成了一个独立的工业体系。

20 世纪 80 年代以来，通过汲取国外先进经验，不断改进技术，我国化妆品工业初具规模：拥有大、中、小企业 2 000 多家，各种类型、各种用途的化妆品开始出现，并且质量已有很大提高。我国的化妆品生产已进入一个快速、稳定发展的时期。

3. 化妆品的发展现状

（1）发展趋势　目前，在化妆品和个人护理品中占主导地位的传导系统是微粒子、纳米粒子、多孔微粒子、脂质体和环糊精。

此外，纳米技术、微胶囊技术、纳米乳液技术对药物化妆品、彩妆品和个人护理品也是理想的传导系统。化妆品科技进步是与许多科技领域的发展同步进行的。化妆品研究与高新技术理论相结合的模式是现阶段和将来化妆品研究的主要方向。

（2）国际化妆品发展现状

1）美国市场比重最大，中国市场增长最快

2010～2015 年，全球经济放缓导致化妆品市场规模增速明显走低，2015 年甚至出现负增长的情况，原因是欧元区需求不振及南美经济出现严重下滑。2016 年以后，全球化妆品市场迎来触底反弹，扭转了此前的发展颓势。根据 Euromonitor 数据统计，2018 年，全球美容及个人护理市场规模达 4 880 亿美元，同比增长 4.12%，创下 5 年来最好表现。

2018 年，全球前十名化妆品消费国依次是美国、中国、日本、巴西、德国、英国、法国、印度、韩国和意大利。其中，美国是全球最大的化妆品消费国，市场占比达 18.3%，中国市场份额也超过 10%。

从增速角度对比，中国、印度、韩国等新兴市场在过去 10 年内引领全球增长，而日本、法国、意大利等成熟市场出现负增长。中国作为全球化妆品市场发展规模年均增速最快的国家，2018 年全国化妆品限额以上单位商品零售额为 2 619 亿元，同比增长 9.6%，仍显著高于同期全球增速。

从品类来看，护肤品仍是化妆品中的第一大品类，2018 年占比达 27.6%，其次是护发用品，占比 15.8%；彩妆、香水、男士护理占比也都超过 10%，分别达 14.3%、10.4%、10.4%；口腔护理用品占 9.5%；沐浴用品占 8.4%；其余品类比重则在 3.6% 以下。如图 7-20 所示。

市场竞争方面，美国、日本、韩国等化妆品

大国市场集中度较高，均形成了拥有丰富品牌矩阵的大型化妆品集团。2018年，美国、日本、韩国市场份额前三名的公司多为本土集团，累计市场份额均大于30%，韩国这一数据甚至超过45%。不同于美国、日本、韩国的成熟市场格局，我国化妆品市场集中度较低，累计市场份额仅为22.4%，且市场占有率前三名的公司分别为美国的宝洁、法国的欧莱雅与日本的资生堂，本土公司缺失。

2）技术革新刺激增长，产品带有地方特色

第一，全球化妆品厂商将积极寻找新的增长点。为抓住消费者的眼球，激起消费者购买欲望，厂商们相继开发出新产品以适合更多不同的消费者，一些厂商则开始进入不同的产品领域。例如，一些日本厂商因为护肤品领域竞争过于激烈，而开始尝试制造香水和口腔护理产品，通过该举措来刺激产品的销售增长。

第二，技术革新将带来新的市场空间。新技术的不断发展也为化妆品行业革新带来了必要条件，许多化妆品生产厂家利用新的技术生产出更加多元化的产品以满足不同消费者不同层次的需求。一些化妆品厂商利用新技术制造出含有新的有效成分的化妆品，因其功效比市场上现有的产品更加显著，因此通常市场售价要高于普通的现有产品。

第三，医学美容市场将持续增长。在天然、有机护肤品深受消费者喜爱的同时，追求"非凡效果"的医学美容保养品也正逐步赢得市场。女性消费者对"年轻"外表的追求刺激了市场对于含有活性成分产品的需求，医学品牌由于其可以带来卓越的效果开始受到青睐，其中包括药妆品牌和家用专业护肤品及家用美容院产品。

第四，产品将逐渐带有地方特色。部分化妆品生产厂商利用一些被消费者广泛认同的地区特产（多为花果或植物等）作为原料，提取并添加到产品中，令化妆品产品带有地方特色，便于打开市场。

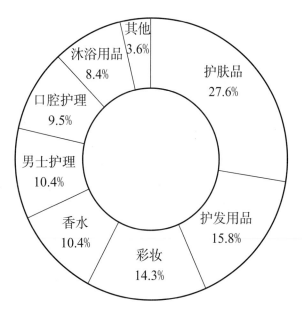

图7-20　2018年全球化妆品品类分布情况

4. 化妆品的发展方向

（1）化妆品与纳米技术

1）纳米技术在化妆品中的应用　可将活性物质包裹在直径仅为几十纳米的超微粒中，活性物质从而得到有效的保护，并且还可以有效控制其释放速度，延长释放时间。目前正使用纳米技术解决活性物质失活和透皮吸收的问题。

2）纳米材料在化妆品中的应用　以其优异的性能对化妆品的性能产生重大影响，如纳米二氧化钛与氧化锌用于防晒品。有望利用纳米技术控制和防御一些皮肤顽症的发生。纳米材料的杀菌、抗菌作用也为化妆品的质量控制提供了很好的思路。

（2）化妆品与生物科学技术　一些新的生物科技应用于化妆品并给化妆品带来了无穷的活力。如蛋白质类、多功能多肽类、氨基酸类、脂质类、酶类、多糖类、有机酸类、植物活性成分和维生素类。人们对化妆品概念的认识在变化，即"美容与护理并重"→"科学护理为主，兼顾美容效果"，模拟仿生法开始在皮肤和头发护理及抗衰老等方面得到广泛应用。

（3）化妆品学与绿色化学　化妆品企业正在考虑从环保角度控制氧化剂、防晒剂及色素等的应用，由此而开发的绿色化妆品已成为市场上的热点产品。化妆品中的绿色化学，化妆品包装的绿色化学，化妆品中的植物活性成分应用超临界二氧化碳萃取技术能够有效地提取天然活性成分，其广泛应用使化妆品与绿色化学的结合更加紧密，也使化妆品的绿色进程向前迈了一大步。

（二）食用菌在化妆品中的应用现状

有研究表明：灵芝、香菇等食用菌中含有的活性多糖及其他活性成分，不仅在药理方面具有良好的功效，在皮肤改善以及美容养颜等方面也具有很好的作用。在护肤方面主要表现为具有抗衰老、抗氧化、美白、抗炎、抗过敏、抗辐射、抗菌等多种生理活性。黄守耀等以灵芝水提液研制抗衰老面膜，张智等以灵芝孢子提取液为原料，采用感官评价、仪器测定等临床方法对其抗衰老效果进行评价，结果显示灵芝水提液及灵芝孢子提取液能提升皮肤含水量，增加皮肤弹性，减少皱纹，具有抗衰老效果。除此之外，冯胜平等对不同灵芝的水提物及酪氨酸酶抑制作用进行评价，结果发现灵芝醇提物对酪氨酸酶有很强的抑制效果。陆易等研究了从灵芝中分离出的灵芝萜烯酮醇和过氧化麦角甾醇对黑色素 B_{16} 细胞合成的影响，结果表明这两种化合物能有效地抑制黑色素的分泌和释放。

灵芝等食用菌由于具有延缓衰老、增强免疫力的作用，在许多主流化妆品中已被当作核心功效成分使用，可以起到抗衰老、滋润保湿、建立皮肤屏障的功效，食用菌提取物在化妆品行业的应用具有很好的发展前景。

1. 食用菌的概述　食用菌是一类可供食用、有肉眼可见子实体或菌核的大型真菌。中国已知的食用菌有 350 多种，可分为以平菇、香菇、蘑菇、金针菇、木耳等为代表的食用型菌类和以灵芝、冬虫夏草、茯苓等为代表的药用型菌类两大类。几个世纪以来，食用菌已经成为人类饮食中非常重要的一部分，也是健康饮食理念"一荤一素一菇"中的主要组成部分之一。食用菌高蛋白、低脂肪、低能量，且含有丰富的营养物质和多种生物活性成分（如多糖类、核苷类、多肽氨基酸类、矿物质、维生素等），使其具有一定的药用价值和保健作用，因此被认为是天然功能性食品。此外，由于某些食用菌（如灵芝、茯苓、金针菇等）的多糖及多肽成分具有一定的生物活性，可以参与人体新陈代谢，并且对于皮肤的护理以及保养具有较好的功效；同时，一些食用菌的酚类物质也被发现具有很好的抗氧化作用和增效作用，并且不会发生诱变。因此，食用菌也经常被用来开发新型化妆品，近年来已较为广泛地用于化妆品行业当中。

2. 食用菌加工利用现状　随着人们对食用菌营养和保健功能认识的不断加深和普及，很多研究已经将食用菌以直接或间接的方式应用到食品加工中，以食用菌或食用菌生物活性物质（多糖等）为原料或辅料的各种营养强化食品、功能性保健品、辅助治疗品，日益受到消费者的青睐。此外，某些研究人员以及工厂研发人员也逐渐将食用菌以各种方式应用到化妆品行业，如研发食用菌面膜、祛痘祛斑美容霜、洗护用品等，因此使得我国食用菌的销量逐年增加。总之，以食用菌或食用菌生物活性成分为原料加工的各类食品、保健药品以及化妆品的销售正有效地延伸着食用菌的产业链，不断增加产品的附加值。

3. 食用菌的应用价值　食用菌的营养保健作用和医疗功效，满足了人们对营养健康、功能保健食品的需求，因此，食用菌深加工产品的开发成为此行业长远的发展趋势，具有非常广阔的前景。

（1）食品加工领域　食用菌营养丰富，含有丰富的优质蛋白质、脂类、糖类、维生素以及矿物质等营养元素。随着人们生活水平的提高，人们越来越关注食品的功能化。食用菌的营养保健功能逐渐被广大消费者所熟知，同时满足消费者对功能性保健食品的需求。食用菌类食品集营养性、功能性、美味性、安全性于一身，被营养学家推荐为十大健康食品之一。

（2）药用领域　食用菌因其具有生物活性以及较高的药用价值也被大量用于治疗药物以及辅助治疗的保健品当中。现代医学证明，食用菌具有良好的药用价值，食用菌多糖及其所含的微量元素具有增强人体免疫机能、抗肿瘤、降血脂等作用，是一种具有良好开发前景的资源。

（3）化妆品领域　有研究表明，灵芝、松茸、金针菇等一些食用菌的多糖提取物具有较高的生物活性，在改善皮肤以及美容养颜方面也具有重要的作用，主要表现在抗衰老、抗氧化、美白、保湿、抗炎、抗过敏、抗辐射、抗菌等多个方面。因此，食用菌化妆品也日益受到人们的青睐。

4.食用菌在化妆品中的应用　近年来，食用菌的皮肤护理功效越来越受到人们的关注，如菌菇来源的β-葡聚糖、裂褶菌多糖、香菇嘌呤、灵芝酸和麦角硫因等在抗炎症、防紫外线和抗氧化等方面具有重要的作用。食用菌还具有很好的美容和抗衰老等保健作用。在亚洲，食用菌之一的灵芝作为美容、抗衰老的保健品使用已有上千年的历史。食用菌，尤其是蘑菇及蘑菇提取物具有较强的皮肤护理功效，正越来越多地被应用到化妆品领域。

（1）食用菌的皮肤护理功效　食用菌不仅味道鲜美，被人们公认为健康食品，而且因其含有多糖、多酚、多肽等多种功能成分，具有重要的医药保健功能，被越来越多地应用到医药、保健及化妆品领域。

1）食用菌的抗氧化功效　食用菌所含有的多糖是其主要的生物活性物质之一。近年来，国内外学者对食用菌多糖进行了广泛的研究，发现其具有良好的抗氧化功效，详见表7-15。

2）食用菌的抗衰老功效　人们随着年龄的增长，逐渐出现皮肤松弛、皱纹增多、色素沉淀以及皮肤逐渐失去弹性等肌肤老化现象。在化妆品抗衰老领域主要应用的研究模型有生化模型、细胞模型和相关的动物实验模型，其中生化模型主要有DPPH抗氧化测试和弹性蛋白酶抑制性测试等。食用菌也伴随抗衰老药物的大量涌现及相应测试模型的健全而逐渐成为人们研究的对象。

专利CN 102743322A发明了含有竹荪提取物的抗衰老、抗炎和保湿化妆品，通过DPPH试验，结果说明了竹荪提取物具有抗衰老功效；专利CN 102743320A发明了一种含有牛肝菌提取物的具有延缓衰老功效的化妆品及化妆品组合物，并检测了成纤维细胞的增殖情况，结果发现，牛肝菌提取物具有明显的促进人体成纤维细胞增殖的效果，从而证实本发明牛肝菌提取物具有抗衰老功效。抗衰老与抗氧化的功效密不可分，一些物质具有抗氧化的同时也具有相应的抗衰老功能。张松等人研究了茶树菇活性提取物的抗氧化和延缓衰老作用，结果表明茶树菇提取物具有较好的抗氧化和延缓衰老的效果。

表7-15　食用菌的抗氧化功效

食用菌种类	功效成分	评价模型
美味牛肝菌	粗多糖	DPPH、羟基自由基清除、铁离子螯合能力
香牛肝菌	极性酚、甘露醇、海藻糖	DPPH、铁离子还原、亚油酸氧化
黄绿蜜环菌	粗提物	DPPH、ABTS、超氧阴离子
羊肚菌	粗多糖	DPPH、铁离子螯合能力
褐绒盖牛肝菌	生育酚	DPPH、亚油酸氧化、超氧阴离子
裂盖马鞍菌	粗多糖	DPPH、羟基自由基、超氧阴离子

食用菌保鲜贮运和加工

3）食用菌的美白功效 灵芝、茯苓和银耳等食用菌是古代养生家用来服食，以求延缓衰老、进行美容的妙药，如银耳有独特的去除脸上雀斑和黄斑、黑斑的功能，具润泽肌肤、美化容颜的作用。

Tian 等研究发现，金顶侧耳的乙醚、乙酸乙酯和水提取物均表现出对 B_{16} 黑色素瘤细胞中的黑色素生物合成的抑制。专利 PCT 200480025858.8 发明了一种含有鲍鱼菇、翘鳞环秀伞、Onniaorientalis、硬皮地星和白灵菇中的一种或一种以上担子菌类提取物的安全性高的抗氧化剂、美白剂及皮肤外用剂，具有较好的抑制皮肤氧化、预防和改善皮肤老化的作用，同时在皮肤美白方面具有一定的作用。

4）食用菌的保湿功效 食用菌中起保湿作用的主要功能物质也是其所含有的多糖类。经研究表明，多糖具有生物反应调节物的特征，可作为免疫增强剂和免疫激活剂，且食用菌多糖除具有抗氧化和抗衰老等功效外，还具有一定的保湿功效。

任清等采用热水浸提法提取新鲜平菇、香菇的多糖类成分，通过测定体内水合率和体外水分散失率证明了平菇多糖具有保湿效果。张志军等对杏鲍菇粗多糖的保湿性能进行了研究，结果发现，1% 杏鲍菇粗多糖在 6 h 内保湿性能优于 5% 甘油。专利 CN 201210152909 对松茸、金针菇、竹荪和灰树花的组合物进行了提取物的制备，结果发现，该提取物具有很好的美白祛斑、延缓衰老及保湿的功效。

5）食用菌的抗炎功效 炎症是临床常见的一个病理过程，发炎会引发皮肤产生自由基的连锁反应。在产生黑斑的同时，令自由基流失，引发黑色素生成。时间一久，这种负面效果会加剧皮肤老化。

张旭等采用溶剂法和柱色谱法提取分离桦褐孔菌的化学成分，经鉴定为羊毛甾醇、inotodiol 和 trametenolic acid，用对二甲苯致小鼠耳肿胀和二甲苯致小鼠腹膜炎模型对所得化合物的抗炎活性进行考察，发现 3 种化合物在 10 mg/kg 时均具有明显的抗炎活性。欧阳学农等发现香菇多糖能抑制二甲苯所致的小鼠耳肿、鸡蛋清所致小鼠足跖肿胀；与此同时，对滤纸片诱发小鼠肉芽组织增生形成有抑制作用，证明香菇多糖具有一定抑制急慢性炎症反应作用。

6）食用菌的抑菌功效 皮肤表面的微生物群落是人体的第一道屏障，它们参与皮肤细胞的代谢，起到了免疫和自净的作用。但当皮肤受到损伤时，皮肤表面的细菌容易引起感染和过敏，严重时可引起化脓和病变。

从侧耳属中分离到的侧耳素，具有广谱抗菌性，对革兰阳性菌、革兰阴性菌、分枝杆菌和噬菌体等均有较高的抗菌活性。密环菌中的密环菌甲素、密环菌乙素、水曲素以及马勃素等都具有抗菌和抗病毒作用。茶树菇多糖可以抑制大肠杆菌、芽孢杆菌和金黄色葡萄球菌引起的炎症感染。李鹏研究了 14 种食用菌的抑菌活性，结果发现：香菇、榆耳、杨树菇、蛹虫草和羊肚菌等都有不同程度的抑菌活性。

（2）食用菌在化妆品中的应用 消费者对于生活品质的追求和化妆品安全性的期待日益增加，促进了化妆品中添加天然活性原料需求量的快速增长。食用菌资源丰富，品类众多，而且具有良好的抗氧化、抗衰老、美白、保湿、抗敏、抗炎和抑菌等皮肤护理功效活性，因此食用菌在化妆品领域的应用将是必然趋势。

来自英敏特的化妆品市场数据显示，自 2008 年以来，市场上推出的将食用菌成分作为化妆品活性功效成分的产品增长迅速，其中新品应用食用菌活性物的十大公司有雅诗兰黛和强生等。在所应用的食用菌活性物中，层孔菌提取物和灵芝提取物是 2 种应用最多的成分。

目前许多公司的产品中采用了相应的食用菌活性成分，详见表 7-16。还有许多其他种类的食用菌尚未进行研究开发，因此，食用菌在化妆品领域中的应用具有非常大的潜力。

（三）化妆品的分类与功能

化妆品的分类与功能如表 7-17、表 7-18、表 7-19、表 7-20 所示。

表 7-16　应用食用菌的产品及功效

公司	产品	应用食用菌	功效
Neutrogena	毛孔细致焕肤面膜	双孢蘑菇	抗衰老
Origins	韦博士综合菌菇系列	冬虫夏草、灵芝、榆干玉蕈、白桦茸	调动肌肤正能量、延缓老化
Yves Saint Laurent	灵芝重生透亮活肤精华	灵芝	抗氧化、抗衰老
Amore Pacific	Age Defense Creme	松茸	抗氧化、抗衰老
Cytosial	Day Cream	灰树花	免疫调节、抗氧化
Amarté	Wonder Cream	裂褶菌	保湿
OLAY	PRO-X 纯白方程式	银耳	美白

表 7-17　应用食用菌的产品及功效

功能	化妆品的形式
清洁卫生类	洗面奶、洁面乳、洁面露、面膜、香波、磨面膏、洗手液、洗发膏、花露水、爽身粉、祛痱水、足粉、洁面啫喱
护肤类	雪花膏、冷霜、营养霜、奶液、蜜、香脂、防裂油、精华素、美白露、防晒霜、防晒水、眼角霜、凡士林、防晒油、紧肤水、收敛水、保湿露等
护发类	护发素、头油、发乳、发蜡、防晒香波、药性发乳、调理香波、须后水等
美妆类	胭脂、唇膏、眼影粉、眼影膏、粉饼、指甲油、香水、脱毛膏、睫毛膏等
美发类	摩丝、定型水、定型啫喱、染发香波、直发剂、染发膏、染发摩丝、生发水等

表 7-18　按剂型及制造方法分类的化妆品

功能	化妆品的形式
膏、霜、蜜、乳类	乳液、蜜、粉霜、洗面奶、发乳等
液体类	香波、化妆水、香水、紧肤水、古龙水、保湿露、花露水等
粉类	痱子粉、香粉、眼影、染发粉、足粉、爽身粉等
棒状类	唇膏、眉笔、发蜡等
块状类	胭脂、粉饼等
锭状类	唇膏等
凝胶状	面膜、染发胶等
气溶胶类	发胶、摩丝等

食用菌保鲜贮运和加工

表 7-19　按使用年龄分类的化妆品

使用年龄类别	化妆品使用种类
婴儿用品	婴儿皮肤稚嫩，注意安全，如爽身粉、痱子粉、沐浴露等
少年用品	少年皮肤状态不稳定，可选用调节皮脂分泌作用的原料
青年用品	祛痘、祛斑、美白产品等
中老年用品	多选用营养性的化妆品

表 7-20　按使用部位分类的化妆品

使用部位	定义
肤用化妆品	指用于皮肤，或只能用于皮肤的化妆品
发用化妆品	指只能用于毛发上的一类化妆品，如洗发水、香波等
美容化妆品	又称色彩化妆品，涂于脸部、指甲等部位，由此赋予色彩，从而使该部位肤色改变或增强立体感，达到修饰的目的
特殊功能化妆品	具有特殊功能的介于化妆品与药物之间的，需要国家卫生部门审批的一类化妆品，如祛斑用化妆品

有研究表明，香菇、猴头菇等食用菌中含有的 β-葡聚糖等多糖成分具有保湿作用，近年来出现了越来越多的将食用菌用于化妆品开发的实例。任清等采用热水浸提法提取新鲜平菇、香菇的多糖类成分，通过测定体内水合率和体外水分散失率证明了平菇多糖具有保湿效果。曹光群等发明的专利《一种天然保湿护肤组合物及其在化妆品中的应用》表明，白茯苓多糖提取物具有良好的保湿效果。王玢等通过体内法两项指标证明香菇多糖保湿效果优于甘油，而体外法在一定时间内，香菇多糖保湿效果优于甘油。

雷杨等人研究了土茯苓提取物在皮肤美白中的应用，表明茯苓用量在 0.01%～15% 时，对皮肤的美白效果最好。吴才珍等以茯苓提取物为主要原料制备了茯苓面膜，研究表明，茯苓配比为 20～35 g/100 g 时美白效果较好。冯胜平、伍明等

人探讨了不同灵芝提取物的美白和抗衰老作用，以选择适合化妆品开发的原料，研究表明，6 种灵芝的醇提物和水提物都具有较好的自由基清除活性和美白作用，其中 ZLd 的提取物最适合成为抗衰老及美白化妆品开发的原料。食用菌多糖、多肽等成分作用于皮肤表面可以起到保湿、抗炎、抑菌、防紫外线的作用，有研究表明，食用菌的这些成分可以用于化妆水、面膜等护肤产品当中，可以多方面、高效能地起到护肤美肤的效果。大量研究表明，灵芝、真姬菇、香菇等食用菌多糖、核苷类等成分具有较好的皮肤抗衰老功效。李广富等人研究了茶薪菇和真姬菇多糖对小鼠的抗皮肤衰老作用，结果显示，两种真菌多糖均可以显著提高小鼠皮肤中 SOD 活性剂含水量，能够显著抗皮肤衰老且有效恢复皮肤损伤。凌洪锋等研究发现黄芪多糖可显著提高 D-半乳糖致衰老模型小鼠血超氧化

物歧化酶（SOD）、过氧化氢酶（CAT）、谷光甘肽（GSH-PX）活力，降低血浆及肝匀浆、脑匀浆过氧化脂质（LPO）水平，具有显著的抗氧化作用，从而起到抗衰老作用。

二、食用菌化妆品功效

食用菌多糖、活性肽等成分的诸多功效可以在化妆品中应用，作用于皮肤表面可以起到保湿、抗菌、防止紫外线辐射作用；作用于皮肤内层可以促进皮肤微循环，抗氧化延缓皮肤衰老，并可对损伤皮肤修复。食用菌应用于化妆品的优势在于：功效广泛，可以多方面、高效能地起到护肤美肤效果；毒副作用小，对人体危害较小、安全性高。加强食用菌多糖等成分的构效关系的研究及促进透皮吸收的研究将大大拓展食用菌在化妆品领域的应用。

（一）食用菌多糖的生物活性与生物活性多糖的护肤机制

1.食用菌多糖的生物活性 食用菌多糖存在于食用菌的子实体和菌丝体中。食用菌菌丝在进行液体发酵时，有些多糖会分泌到胞外形成胞外多糖，有些多糖在胞内形成胞内多糖。食用菌多糖主要由葡聚糖、甘露聚糖、杂多糖、多糖肽及糖蛋白等物质组成。食用菌多糖是从食用菌中分离的由 10 个以上的单糖通过糖苷键连接而成的高分子多聚物。近年来研究报道的食用菌多糖有葡聚糖（Glucan）、甘露聚糖（Mannan）、杂多糖（Heteropolysaccharide）、糖蛋白（Glycoprotein）等类型。食用菌多糖具有以下生物活性：

（1）免疫功能增强作用 食用菌多糖调节机体免疫功能，其作用是多途径、多环节、多靶点的。蘑菇多糖能够益气养阴，气虚得以补充脾气则健，使胃肠消化功能得到调整、免疫抑制状态恢复正常，增强机体对肿瘤的抑制作用。具有活性的食用菌多糖的免疫增强作用机制，是从免疫器官、免疫细胞和免疫分子各层次上刺激巨噬细胞、淋巴细胞、T 细胞、B 细胞、自然杀伤（Natural killer，NK）细胞、淋巴因子激活的杀伤（Large granular lymphocyte， LAK）细胞和红细胞，增加这些细胞的数量，从而增强其细胞活性，促使其发挥作用。

多糖从免疫器官层次上促进胸腺和脾脏的生长和分化，增加它们的重量，进而促进免疫器官中 T 细胞、B 细胞和巨噬细胞数量的增加。同时，促进 T 细胞、B 细胞、巨噬细胞、单核细胞、肥大细胞、杀伤细胞、自然杀伤细胞的分化和成熟，并促进自然杀伤细胞分泌 C- 干扰素。多糖促进巨噬细胞的吞噬功能，并诱导其分泌白细胞介素-1 (IL-1) 和肿瘤坏死因子 (TNF)；促进 T 淋巴细胞增殖并诱导其产生白细胞介素-2 (IL-2)；促进淋巴因子激活的杀伤细胞 (LAK) 活性；诱导白细胞产生干扰素；提高 B 细胞活性，增加多种抗体的分泌，加强机体的体液免疫功能，从而发挥其免疫功能增强作用。具有免疫调节活性的多糖有猴头菇多糖 (HEPS)、黑木耳多糖、银耳多糖 (TP)、灵芝多糖、块菌多糖 (PST)、羧甲基茯苓多糖 (CMP) 等。

（2）降血糖、降低胆固醇、降血压、抗血栓作用 食用菌多糖主要通过刺激胰岛 B 细胞分泌胰岛素，保护和修复胰岛 B 细胞，增加血清胰岛素含量，通过促进葡萄糖转运蛋白 2 的表达而促进胰岛素释放等的方式促进胰岛素的分泌。增加血清胰岛素含量，改善胰岛素抵抗，加速肝葡萄糖代谢，减少对葡萄糖的吸收，从而达到降低胆固醇、降血压和抗血栓的作用。

食用菌降血糖作用明显，作用温和，无明显的毒副作用，并且有预防和治疗糖尿病的作用，是天然的降血糖物质。鉴于这些突出的优点，从天然药物中寻找高效稳定及毒副作用小的降血糖活性成分已成为研究和开发降糖产品的新方向。

许多食用菌及其活性成分具有显著的降血糖作用。研究表明，许多食用菌多糖具有很好的降血糖作用。有人研究了 24 种食用菌对实验小鼠血液中胆固醇含量的影响，发现蘑菇、香菇、金针菇、木耳、毛木耳、银耳和滑菇等 9 种食用菌的子实体均具有降低胆固醇的作用，其中金针菇、蘑菇和木耳具有与香菇几乎相同的降低胆固醇作用，尤其以金针菇为最强。香菇多糖、银耳多糖可促进胆固醇代谢，从而降低其在血清中的含量。灰树花也有类似的作用。存在于灵芝、香菇等中的皂苷、多酚和黄酮类等活性物质降血脂效果明显。

（3）抗氧化、抗衰老作用　食用菌多糖具有清除自由基，提高抗氧化酶食用菌多糖的抗氧化、抗衰老作用。目前对多糖抗氧化作用机制的研究才刚刚起步，很多作用机制还停留在猜测阶段。抗氧化多糖的作用机制可能有以下两大类型：

1）多糖分子直接作用于自由基　对于脂质过氧化而言，多糖分子可以直接捕获脂质过氧化链式反应中产生的活性氧，阻断或减缓脂质过氧化的进行；对于 •OH 而言，多糖碳氢链上的氢原子可以与其结合成水，达到清除 •OH 的目的，而多糖的碳原子则因此成为碳自由基，并进一步氧化形成过氧自由基，最后分解成对机体无害的产物；对于超氧阴离子自由基而言，多糖可与其发生氧化反应，达到清除的目的。

2）多糖分子间接作用于自由基　具体又可以分为两种：一是多糖分子直接作用于抗氧化酶。通过提高体内原有抗氧化酶，如 SOD、CAT、GSH-Px 等的活性，间接发挥抗氧化作用。二是多糖分子络合产生活性氧所必需的金属离子。多糖结构中的醇羟基可以与产生 •OH 等自由基所必需的金属离子（如 Fe^{2+}、Cu^{2+} 等）络合，使羟基自由基的产生受到抑制，进而影响脂质过氧化的启动，最终抑制活性氧的产生。具有抗氧化、抗衰老活性的食用菌多糖有灵芝多糖、云芝多糖、虫草多糖、猴头菇多糖、木耳多糖、银耳多糖、毛木耳多糖等。

（4）其他作用　食用菌多糖还具有抗感染、保肝、抗病毒、抗辐射、抗溃疡等生理功能。

1）抗感染作用　欧阳学农等人在临床中发现，较长时间使用香菇多糖静脉滴注的患者较少发生感染性疾病。一部分已经发生感染的患者，在规范化使用抗生素的同时联合使用香菇多糖更易控制感染。

2）保肝作用　周昌艳等人在一次性给予 50% 乙醇的肝损伤模型中发现，灵芝多糖具有一定的预防乙醇性肝损伤作用，灰树花多糖和云芝多糖有保肝的作用。方士英等证实了虫草多糖对小鼠急性化学性肝损伤具有保护作用，有些食用菌，如灵芝、香菇，对四氯化碳、半乳糖胺、乙硫胺、洋地黄毒苷等引起的毒性肝炎有保护及治疗作用，并能促进肝细胞再生；香菇可通过香菇多糖的免疫调节，诱导干扰素杀死病毒，对病毒性肝炎有一定防治作用。灵芝多糖有明显的护肝作用。食用菌还有降脂作用，可防治脂肪肝。亮菌中的假蜜环菌甲素，对治疗胆道感染有效。

3）抗病毒作用　许多研究证明，多糖对多种病毒，如艾滋病病毒 (HIV-1)、单纯疱疹病毒 (HSV1，HSV2)、巨细胞病毒 (CMV)、流感病毒、囊状胃炎病毒 (VSV) 等有抑制作用。香菇中双链核糖核酸 (d-RNA) 能使小鼠体内诱导生成干扰素，并进一步阻止鼠体内流感病毒和兔口炎病毒的增殖。裂褶菌多糖可提高感染仙台病毒 (Sendai virus) 小鼠的存活率，且有效抑制病毒的扩散。带有肽残基的云芝多糖也具有明显的抗病毒作用，已经制成药物用于临床治疗慢性肝炎，并用于肝癌的预防。

4）抗辐射作用　具有抗辐射活性的有灵芝多糖和猴头菇多糖。具有抗溃疡作用的有猴头菇多糖和香菇多糖。

2. 生物活性多糖的护肤机制

（1）保湿作用　由于人们年龄的增长和外界环境的影响，皮肤的保湿机构受到损伤，皮肤组织细胞和细胞间的水分含量减少，导致细胞排列紧密，胶原蛋白失水硬化，当角质层中水分降到 10% 以下时，皮肤就会显得干燥、失去弹性、起皱，加速皮肤老化。因此，水分对皮肤健康至关重要，保水保湿一直是护肤化妆品最主要的研究课题之一。多糖的保湿作用在于多糖分子中的羟基、羧基和其他极性基团可与水分子形成氢键而结合大量的水分，同时，多糖分子链还相互交织成网状，加之与水的氢键结合，起到很强的保水作用。此外，在胞外基质中，多糖与皮肤中的其他多糖组分及纤维状蛋白质共同组成含大量水分的胞外胶状基质，为皮肤提供水分；多糖具有良好的成膜性能，可在皮肤表面形成一层均匀的薄膜，减少皮肤表面的水分蒸发，使得水分从基底组织弥散到角质层，诱导角质层进一步水化，保存皮肤自身的水分，而完成润肤作用。因此，多糖的高度吸水性和良好的成膜性完美地结合，能为皮肤提供很好的保湿效果。

（2）延缓衰老作用　皮肤的衰老是一个复杂的生理过程，自由基学说认为过氧化作用是造成人体皮肤衰老的根本原因，而过氧化作用主要是由氧自由基引起的。氧自由基氧化能力极强，一个自由基往往能产生许多其他的自由基，从而增大破坏作用，导致皮肤衰老、色斑、皱纹和皮肤疾病。因此，清除氧自由基，即抗氧化是延缓衰老最有效的办法。

多糖的抗氧化作用已有较多的研究报道，抗氧化作用机制尚未有明确的解释，但研究发现，多糖衍生物中随着取代度的增加，即糖环上游离羟基数目减少，多糖衍生物捕获或淬灭自由基的能力降低。这表明，多糖结构中的还原性羟基可捕捉脂质过氧化链式反应中产生的活性氧 ROS，减少脂质过氧化反应链长度。因此，可阻断或减缓脂质过氧化的进行，起到抗氧化的作用。也有研究认为，多糖环上的 OH 可与产生 OH 等所必需的金属离子（Fe^{2+}、Cu^{2+} 等）络合，使其不能产生启动脂质过氧化的羟基自由基或使其不能分解脂质过氧化产生的脂过氧化氢，从而抑制 ROS 的产生。此外，某些多糖可通过提高超氧化物歧化酶（SOD）、过氧化氢酶（CAT）、谷胱甘肽过氧化物酶（GSH-Px）等抗氧化酶的活性，从而发挥抗氧化的作用。专家预测，对生物膜如线粒体膜等预先以多糖进行保护，就可能防止自由基直接损伤生物膜，从而起到保护作用。

（3）血管美容作用　外界环境污染、紫外线照射以及体内微环境的改变都会引起面部微循环中的纤维蛋白高于正常水平，阻塞血管，导致气滞血瘀，无法带给肌肤细胞正常的养分，最终导致色素沉淀、皮肤黯淡、缺乏营养。促进微血管的血液循环，可加速皮肤细胞的新陈代谢，使僵化的血管壁恢复弹性，从而使养分、水分及氧气等营养物质能充分到达弹力纤维和胶原纤维，保持这些纤维的正常功能，使细胞活跃起来，恢复肌肤的亮丽光泽和弹性。也就是说美丽的肌肤在于血管的健康状态，因此，现在世界前沿正在流行血管美容方式。欧洲许多美容研究机构已开始用多肽、水蛭素等物质舒张皮肤毛细血管、促进血液循环，以达到显著美容效果；蚯蚓提取物、中药红花等也能降低血液黏稠度、改善微循环而显美容功效。

多糖中以肝素为代表的一类硫酸酯多糖衍生物具有突出的抗凝血和溶血栓作用，这与多糖中带负电荷的基团与血液中的凝血因子特异性相互作用，从而抑制凝血酶的活性有关。添加到化妆品中的抗凝血多糖经过皮肤吸收，进入皮下微血管，与微血管中的凝血因子结合，降低血管中纤维蛋白水平，畅通血管，加速营养物质随着微循环进入肌肤，从而改善皮肤新陈代谢。

（4）抗粉刺作用　粉刺是由于在生长发育时期，新陈代谢旺盛，油脂分泌增多，且未能经常清除死亡的表皮、聚积的污垢、分泌出来的皮脂残留物，使毛孔堵塞和皮脂的排出不畅后引起细菌感染而形成的。针对粉刺的形成过程，抗菌是抑制粉刺恶化的关键因素之一。现在很多祛粉刺的化妆品以化学药品作为抑菌添加剂，但化学药物容易损伤皮肤，且易使细菌产生耐药性。多糖的抑菌作用机制在于增强溶菌酶的抗菌性能，多糖具有良好的表面活性，能溶解细菌外膜，从而促进溶菌酶对细菌（尤其是革兰阴性细菌）的破坏。因此，多糖的抑菌作用是广谱性的，能同时抑制革兰阳性细菌和革兰阴性细菌。

（5）修复皮肤组织　皮肤的弹性、光滑度等外观一定程度上由构成皮肤不同组分的细胞的增殖和分裂功能所决定，而这一过程受皮肤内各种细胞

食用菌保鲜贮运和加工

因子的综合调节，如表皮生长因子 (EGF) 能促进皮肤表皮细胞的新陈代谢，碱性成纤维细胞生长因子 (bFGF) 能促进成纤维细胞和表皮细胞代谢、增殖、生长和分化，促进弹性纤维细胞的发育及增强其功能。有研究发现，在体外细胞培养中添加岩藻多糖能促进纤维细胞的增殖。经进一步研究证实，岩藻多糖有助于产生各类细胞生长因子。这表明多糖能通过激活细胞生长因子而修复皮肤组织。

（6）美白作用　决定皮肤色调的主要因素是皮肤内的黑色素，肤色的深浅主要决定于黑色素细胞合成黑色素的能力，现代分子生物学对黑色素的研究认为，黑色素的生成与酪氨酸酶、多巴醌互变异构酶和 5,6-二羟基吲哚-2-羧酸氧化酶的作用有关，即三酶理论。研究还发现，致使肤色变黑的物理因素是紫外线的辐射。针对黑色素生成的机制，多糖对皮肤美白的作用机制表现在以下两方面：第一，抑制 5,6-二羟基吲哚-2-羧酸氧化酶的氧化反应，这与多糖的抗氧化机制有关。此外，某些多糖还能抑制人体内不饱和脂肪酸的过氧化作用，减少不饱和脂肪酸过氧化产物——脂褐素的产生，而脂褐素含量增多会引起色素沉积，形成色斑。第二，多糖的美白作用与其吸收紫外线的特性有关，如中草药牛膝多糖能吸收多个波段的紫外线辐射，因此，可以用作防晒化妆品的添加剂。

（二）食用菌肽的生物活性与生物活性肽的护肤机制

1. 食用菌肽的生物活性　生物活性肽是一类由多种天然氨基酸以不同的组成和排列方式构成的从二肽到复杂的线性、环形结构的不同肽类的总称，是源于蛋白质的多功能化合物。无论是从结构还是从功能来说，生物活性肽都是自然界中存在种类最多、功能最复杂的一类化合物。生物活性肽具有多种人体代谢和生理调节功能，特别是一些低肽不仅有比蛋白质更好的消化吸收性能，还具有促进免疫、调节激素、抗菌、抗病毒、降血压和降血脂等生理机能，食用安全性极高，是当前食品科技界最热门的研究课题和极具发展前景的功能因子。

目前报道较多的是从植物蛋白或动物蛋白中提取分离得到的活性肽，而食用菌活性肽的研究仅局限于灵芝肽、姬松茸肽、云芝肽、茶树菇肽等。

（1）灵芝肽　湖南工业研究所首先发现灵芝肽具有提高人体耐缺氧能力的活性。何慧等人研究了发酵灵芝粉中肽类化合物的分离及其生物活性。将发酵灵芝粉的水和醇提取物上离子交换树脂柱，依次用酸性、中性、碱性淋洗液洗脱分组，得酸溶性、水溶性和碱溶性的肽类化合物。研究发现，对羟基自由基的抑制作用：中性洗脱部分 > 碱性洗脱部分，抑制率高达 81%，酸性洗脱部分抑制作用不明显。孙慧等人采用 Sephadex G-25 柱层析法将经过超滤膜过滤得到的灵芝水提物中的小肽与游离氨基酸有效地分离。经氨基酸分析确定肽的纯度和组成，这些肽除具有较好的抗羟基自由基活性外，还具有较高的必需氨基酸含量。经毛细管电泳分析初步认为得到 13 种肽。

（2）云芝肽　云芝糖肽（polysaccharopeptide，PSP）是 1984 年上海师范大学杨庆尧教授首次从培养的云芝深层菌丝体中提取出来的一种多糖肽，是云芝的主要活性成分，近年来关于云芝糖肽的免疫调节作用，特别是在抗肿瘤的免疫调节辅助治疗方面，进行了很多基础和临床的研究。林丽等人对云芝糖肽的免疫调节作用进行了综述，推测云芝糖肽能通过上调免疫球蛋白的量和激活补体来达到活化 B 淋巴细胞的作用，从而最终执行体液免疫的作用，抑制肿瘤的生长；且云芝糖肽能提高患者的免疫功能。云芝糖肽还具有刺激集落刺激因子分泌的作用，PSP 能通过体内间接途径诱发或促进造血生长因子的分泌，从而能刺激受照射机体自身造血功能恢复。杨明俊等人对云芝糖肽在免疫调节、抗肿瘤等方面药理活性及其作用机制的最新研究进展作了综述，介绍了云芝糖肽对机体免疫功能的双向调节作用，以及云芝糖肽通过线粒体通路和死亡受体通路诱导肿瘤细胞凋亡的作用机制和抑制前列腺癌干细胞进而预防肿瘤发生的机制。

（3）姬松茸肽　焦迎春等人采用两次葡聚糖

凝胶色谱法从姬松茸菌丝体中提取的肽类物质，初步分离获得肽，继而分析了肽的氨基酸组成和分子量。结果表明，姬松茸菌丝体中的活性肽含有丰富的氨基酸，是一种具有高 F 值 (22.5) 的寡肽，其分子量在 1 500～30 000 Da。

（4）茶树菇肽　从食用菌中提取纯化降血压活性肽还属于一个崭新的研究，在国内研究较少，国外对于此的研究也是处于起步阶段。曾有学者研究了一系列食用菌的水、乙醇、甲醇提取液的降血压活性，其中茶树菇的水提液降血压活性最强，其对血管紧张素转换酶 (ACE) 的活性抑制率可达 58.7%。

2. 生物活性肽的护肤机制

（1）延缓皮肤衰老　皮肤老化是人体衰老的外在表现，是内源性和外源性等综合因素共同作用的结果。随着年龄的增长，皮肤的老化越来越明显，主要表现为皮肤干燥、粗糙、皱纹、无光泽、无弹性、苍白、松弛，甚至出现皮肤萎缩、皲裂和老年斑等。阳光照射或其他环境因素也能引起皮肤衰老和受损，降低皮肤活性。皮肤的老化不仅影响了人体的容貌和形象，而且还严重妨碍了人体皮肤的生理功能，甚至还会造成皮肤严重的病理性改变。生物活性多肽是皮肤护理的最佳活性成分，能够控制或调节皮肤老化进程，保护受损皮肤，延缓皮肤老化，对保持正常皮肤的结构和功能、维持机体的正常生理活动和代谢具有重要意义。

以微小颗粒形式或通过特殊传递系统（脂质体、包裹脂质体、微球），将生物活性多肽添加到洗面奶、凝胶、精华素或乳液中，对衰老皮肤发挥重要的分子生物学功能。生物活性多肽的作用是：在表皮水平上，影响角化细胞的活性和生长因素，刺激角化细胞迁移和上皮化，刺激表皮细胞分化和矫正，强烈促进表皮修复和愈合。在真皮水平上，刺激成纤维细胞活性，增强细胞外基质收缩和构造，提供皮肤养分促进皮肤伤口愈合和功能再生。在皮肤整体水平上，增强对环境侵袭、紫外线、污染物、刺激物、敏化剂、炎性细胞的抵抗力，巩固、增强皮肤张肌，增强皮肤弹性，刺激瘢痕组织褪色，减少瘢痕形成，延缓皮肤衰老。其主要机制有：促进表皮和真皮层细胞（特别是成纤维细胞、上皮细胞、内皮细胞）增殖、分裂、分化，新生细胞增多，使皮肤增厚，逐渐恢复皮肤正常结构和生理功能。促进胶原纤维、网状纤维、弹性纤维的形成，调节胶原蛋白和黏多糖的分泌，维持皮肤组织中水分含量和电解质代谢，改善萎缩皮肤的缺水状态，滋润皮肤组织。通过对血管内皮细胞的作用，促进皮肤组织不断形成新的毛细血管。

（2）促进创面修复　由于手术（如三纹、整形、磨削）、意外（如烧伤、创伤）及环境（如紫外线辐射）等因素引起的皮肤受损，生物活性多肽可加快创面修复速度，提高愈合质量。生物活性多肽加速受损皮肤基底细胞的增殖与分化，可以达到迅速封闭创面的效果，还具有诱导毛细血管胚芽形成，促进肉芽组织生长，促进受损皮肤再生等作用。

生物活性多肽加速皮肤受损创面修复的机制，主要涉及生物活性多肽参与炎症反应、影响细胞周期转变、促进 RNA 和 DNA 合成以及诱导新血管形成与细胞外基质沉积等。研究表明，生物活性多肽经过稳定的结构修复或特殊的保护处理后，以一定的有效浓度添加到护肤品中，将在以下三方面产生保护和促修复作用：生物活性多肽作为趋化因子，使炎症细胞与组织修复向伤部聚集，以吞噬和杂质入侵微生物，起净化创面的作用，为受损皮肤创面杀菌以及后期修复创造条件。部分生物活性多肽也可以作为一种促分裂因子，对伤口部位成纤维细胞、血管内皮细胞等的增生与分化发挥作用，为胶原合成、血管再生以及再上皮化等打下基础。生物活性多肽还可以通过影响细胞有丝分裂活性和促进细胞周期的转变来加速创伤修复进程。通过竞争性作用，上调组织修复细胞上生物活性多肽受体的活性，加快细胞信号的传递，保护及预防皮肤由于各种原因导致的损伤。

食用菌保鲜贮运和加工

三、食用菌化妆品中的生产工艺

（一）一般化妆品的生产工艺流程

一般化妆品的生产工艺流程如图7-21所示。

化妆品原料的发展影响和推动化妆品工业的发展，目前化妆品原料已发展到数千种。主要包括基料物质、辅助物质、特效添加剂以及乳化剂四大类。其中基质原料包含油脂、多元醇（粉体）、高碳醇、高级脂肪酸以及蜡类；辅助原料包括色素、香精、防腐剂和抗氧化剂；特效添加剂是指添加化学、生化或天然提取的添加剂，如维生素、氨基酸、水解蛋白、胶原蛋白、透明质酸等，具有保护皮肤、保湿、去皱、抗衰老等特殊功效；乳化剂在化妆品中主要起到乳化、增溶、洗涤等作用，一般清洁类与护肤类化妆品中乳化剂主要成分选用阴离子表面活性剂，或与非离子表面活性剂复配使用。

一般来说，食用菌在化妆品中的应用主要是指食用菌生物活性提取物在化妆品中的应用。可以作为特效添加剂使用，从而起到保湿、抗衰老、抗皱、抗黑色素、美白护肤等作用。

（二）部分食用菌化妆品的生产工艺

1. 松茸类化妆品中的生产工艺 经各种美白功效测试表明，松茸当中的菌丝体多糖对酪氨酸酶、单酚酶和二酚酶有很好的抑制作用，并且能够清除自由基，对黑色素细胞也有一定的影响。松茸有抗衰老、修复受损肌肤、美白、润肤、排毒养颜的功效，并且适用于各种肤质、各种年龄段的人群，因此，松茸可以作为一种很好的抗氧化反应、抗衰老的原料运用到皮肤化妆品当中。与传统美白剂——熊果苷相比，松茸提取物在对酪氨酸酶活性抑制方面优于传统的美白剂——熊果苷，把制成的化妆品应用于人体可以淡化黑色素，并且没有什么不良反应，产品安全性好。松茸提取物具有良好的开发前景，应用到化妆品中有添加量低、功效显著的优点。

为了更好地发挥松茸的功效，一般把松茸制成提取液，然后再运用到产品当中。提取液的制作步骤：

（1）前处理 将新鲜的松茸剔除泥土、杂草、霉变物质，并且清洗干净，进行湿态破壁处理，最终得到松茸浆。

（2）低温浸提 将松茸浆送入浸提罐中，加入提取水于25～45℃温度下进行循环浸提，固液分离得到低温浸提液和低温浸提渣。

（3）中温浸提 将低温浸提渣送入浸提罐中，加入提取水于85～95℃温度下循环浸提，固液分离得到中温浸提液和浸提渣。

（4）浸提液混合 将中温浸提液冷却至低于45℃后与低温浸提液混匀得到混合液。

（5）浓缩干燥 将混合液送入浓缩装置中进行浓缩得到浓缩液，送入低温干燥装置中干燥得到鲜松茸活性提取物。

松茸提取物有益成分活性比较强、鲜味足、

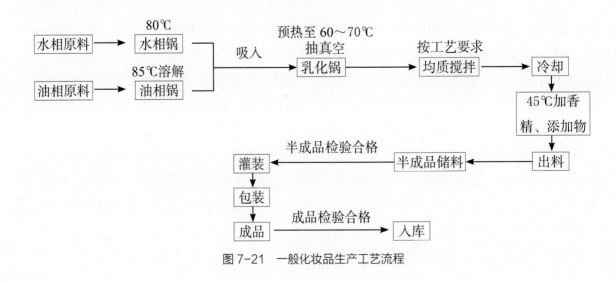

图7-21 一般化妆品生产工艺流程

香气浓郁，制备方法工艺简单、提取率高的特点，因此，这种产品会越来越受欢迎。

2. 双孢蘑菇在化妆品中的生产工艺　经紫光分光光度法测试发现，双孢蘑菇对羟自由基也有一定的清除作用，并且它的保湿效果同样优于甘油。把它应用到化妆品当中，它可以很好地增加化妆品的保湿能力和抗氧化性能。

为了更好地发挥双孢蘑菇的功效，一般先制成双孢蘑菇菌丝体提取物，然后再运用到产品当中。提取物的制作步骤：

（1）匀浆　把双孢蘑菇菌丝体与水混合成匀浆。

（2）调节pH　提取pH优选为7。

（3）加热　水浴恒温95℃加热，使提取率最高。

（4）浸渍分离　浸渍分离20 min，得到提取物上清液。

（5）抽滤　抽滤得到提取液。

（6）得到提取物　将混合液搅拌均匀，充分溶解后，放在冰箱中预冻成冰后，再经真空冷冻干燥，得到双孢蘑菇提取物冻干粉。

双孢蘑菇的保湿性和抗氧化性能也较好，所以，在化妆品中的应用越来越广泛，并且越来越受到人们的青睐。

3. 黑木耳类化妆品中的生产工艺　研究表明，黑木耳多糖是一种天然药物活性成分，它对细胞免疫和体液免疫功能具有良好的促进作用，具有促进血液循环，增强SOD活力，减少有害物质自由基产生的功能，同时还能促进核酸、蛋白质的生物合成。因此，黑木耳提取物可以延缓衰老，把它应用到产品中，效果相比于其他传统的产品来说，效果更加显著，副作用小，对皮肤的伤害更小。

为了更好地发挥黑木耳的功效，一般把黑木耳制成提取液和提取粉末，然后黑木耳再运用到产品当中。

（1）提取液的制作步骤

1）匀浆　把黑木耳子实体与水混合成匀浆。

2）调节pH　提取pH优选为7。

3）加热　水浴恒温95℃加热，使提取收率最高。

4）浸渍分离　浸渍分离20 min，得到提取物上清液。

5）抽滤　抽滤得到提取液。

6）得到提取物　将混合液搅拌均匀，充分溶解后，放在冰箱中预冻成冰后，再经真空冷冻干燥，得到黑木耳提取物冻干粉。

（2）提取粉末的制作步骤

1）备料　把黑木耳用水洗净，取出杂质。

2）烘干　将黑木耳脱水烘干。

3）粉碎　将烘干的黑木耳低温气流粉碎。

4）包装　粉碎后的黑木耳装瓶。

四、常见问题及解决措施

消费者对于生活品质的追求和化妆品安全性的期待日益增加，促进了化妆品中添加天然活性原料需求量的增长。食用菌资源丰富，品类众多，而且具有良好的抗氧化、抗衰老、美白保湿、抗敏抗炎和抑菌等皮肤护理功效，因此食用菌在化妆品中的应用将是必然之势。

但是，目前食用菌在化妆品工业中的应用还处于初级阶段，更多的研究还有待探讨。其中也有一些安全性的问题亟待解决。

五、食用菌化妆品生产实例

（一）茯苓类化妆品

1. 生产工艺　经各种美白功效测试表明，茯苓提取物能够有效抑制酪氨酸酶的活性及黑色素的合成，提高皮肤活性、疏通毛孔、润泽肌肤，因此，它可以作为一种美白祛斑的活性原料用于皮肤化妆品的生产当中。美白祛斑的功效比较明显，能够达到改善皮肤色素沉淀和美白肌肤的效果。传统的市场美白祛斑产品只是对皮肤进行表层的祛斑，治标

食用菌保鲜贮运和加工

不治本，祛斑效果不佳，甚至还会有一定的毒性，然而，添加了茯苓提取物的产品为了更好地发挥茯苓的功效，一般把茯苓制成提取液，然后再运用到产品当中。提取液的制作步骤：

（1）茯苓漂洗　洗去泥沙，除去杂质。

（2）蒸馏　常温常压蒸馏8h，提取有效成分。

（3）浓缩　加热调节温度至40～60℃，回流除去多余的水分。

（4）干燥　真空干燥或冷冻干燥至溶剂完全挥发，得到粗提取物。

（5）分离纯化　用树脂柱进行多次洗脱。

（6）浓缩干燥　得到纯的茯苓提取物。

茯苓提取物安全系数比较高，并且具有抗菌、消炎、高度保湿、美白祛斑的作用，所以，在以后化妆品中的应用会越来越广泛，并且越来越受到人们的青睐。

2. 有关茯苓在化妆品中的应用专利　表7-21中列举了茯苓在化妆品中应用的相关专利。

3. 茯苓化妆品相关产品

修本的一款产品——茯苓宠肤丝滑亮肤调养膜，是以茯苓萃取液、银耳提取物、胶原蛋白以及珍珠粉为原料精制而成，蕴含中草药精华，且富含氨基酸，可以抑制黑色素的产生，具有美白淡斑祛黄褪黑的功效，如图7-22所示。其中茯苓萃取液是美容护肤的上品，能祛斑增白，去除黑色素；同时银耳提取物即银耳多糖具有改善机体免疫功能及升高白细胞的作用。

图7-22　茯苓宠肤丝滑亮肤调养膜

此外，市场上还有一些其他茯苓护肤产品，如图7-23所示。

图7-23　市场上的茯苓护肤产品

（二）银耳类化妆品

1. 生产工艺　经研究发现，银耳多糖成品具有很强的酸碱稳定性和热稳定性，并且具有优良的保湿功效，提高了皮肤电导率积分值，可以使皮肤更加细腻，降低皮肤粗糙度和增加皮肤弹性，能够作为很好的保湿、抗衰老功效的成分添加剂应用于化妆品中。

银耳多糖应用于护肤类化妆品，具有修复表皮、增加表皮含水量的功能。此外，还可以提高角质层水分的含量，提高皮肤的锁水能力，防止水分从皮肤的蒸发。银耳多糖也具有透明质酸同等的保湿能力，并且没有黏腻感，干后不会觉得紧绷，给皮肤润湿、爽滑的感觉，并且还能抗击部分自由基，特别适用在护肤品里。同时，通过抑制细胞脂质的过氧化反应，从而防止皮肤的老化，促进弹性细胞的生长。

银耳是我们身边常见的一种食用菌，它的保湿性（可以取代透明质酸作为保湿剂）、抗衰老效果非常好，所以可以很广泛地应用在化妆品当中，以此发挥它的功效。

为了更好地发挥银耳的功效，一般制成银耳提取物，然后再运用到产品当中。提取物的制作步骤：

（1）匀浆　把银耳实体与水混合成匀浆。

（2）浸提　间断性进行搅拌，提取2次。

（3）过滤　过滤，弃去滤渣，合并滤液，滤液加热浓缩至适量，放置冷却。

（4）萃取　加入乙酸乙酯萃取3次，萃取物挥去溶剂，加入适量乙醇溶解。

（5）洗脱　用树脂柱洗脱多次。

（6）成品　得到提取物。

表 7-21 茯苓在化妆品中的应用专利

专利发明人	专利名称	所用食用菌种类	在化妆品中的功能特性
杨秉渊等	茯苓型核酸复合剂及其外敷剂和化妆品的配制方法	所含有的食用菌为茯苓，最佳配比为茯苓或者茯苓多糖10%～26%	抗衰、美容
雷杨等	土茯苓提取物的制备方法及其在皮肤美白中的用途	所含有的食用菌为茯苓提取物，最佳配比为土茯苓用量0.01%～15%	美白
吴才珍	一种茯苓面膜及其制备方法	所含有的食用菌为茯苓提取物，最佳配比为白茯苓用量20%～35%	美白
袁娟等	一种茯苓提取物及其制备方法和应用	所含有的食用菌为茯苓提取物，最佳配比为茯苓多糖和茯苓三萜的重量含量为55%～95%	抗氧化、抗衰、抗过敏
李成	一种天然植物土茯苓提取物的应用方法	所含有的食用菌为茯苓提取物，最佳配比为土茯苓提取物范围浓度为0.001%～100%	抗过敏、止痒
惠中兴	一种中药化妆品	所含有的食用菌为白银耳、茯苓，其中最佳配比为白银耳1%～20%，茯苓1%～20%	祛斑、祛痘、美白、养颜
田钚	祛斑洗脸液	其中所用食用菌为白茯苓，所含有的最佳配比为1%～8%	祛斑
林镇才等	一种用于粉刺化妆品的植物提取物	其提取液中所用的食用菌为茯苓，最佳配比为6%～8%	抗菌、消炎
曾雄辉等	一种治疗和预防黄褐斑的外用药	其中所用食用菌为茯苓，最佳配比为20%～40%	祛斑、润肤
惠中兴	美白祛斑祛痘营养霜	所含有的食用菌为银耳、茯苓，最佳配比为银耳1%～15%，茯苓1%～22%	美白、祛斑
庄建玲	一种具有美白作用的护肤品	所含有的食用菌为灵芝、茯苓，最佳配比为灵芝10%，茯苓20%	美白、祛斑
胡国胜等	美白护肤中药组合物及其制备方法	其中所用食用菌为茯苓提取物，最佳配比为1%～20%	美白
余焓等	一种用于脱除雀斑的中药组合物及制备方法和应用	其中所用食用菌为白茯苓，所含有的最佳配比为10%～20%	祛斑
李建民等	一种用于美白祛斑的中药组方提取物及应用	其中所用食用菌为白茯苓，所含有的最佳配比为3%	美白祛斑、提亮肤色
胡佳舟等	一种美白抗衰老祛斑中药组合物及其面膜和制备方法	其中所用食用菌为白茯苓，所含有的最佳配比为5%～25%	美白、抗衰老、祛斑

食用菌保鲜贮运和加工

专利发明人	专利名称	所用食用菌种类	在化妆品中的功能特性
成进学等	植物纳米乳祛斑美容霜	其中所用食用菌为白茯苓，所含有的最佳质量分数为 2.5%～7.5%	祛痘、去瘢痕
林志隆	一种含中药提取液的化妆品组合物	其中所用食用菌为白茯苓，所含有的最佳配比为 0.01%～25%	祛斑
郭宏刚	一种用中药原料制作的纯天然面膜	其中所用食用菌为白茯苓，所含有的最佳配比为 5%～15%	祛斑、美白、嫩肤
赵昆	美白组合物	其中所用食用菌为白茯苓提取物，所含有的最佳质量百分比为 0.01%～0.5%	美白嫩肤、保湿、抗皱
段辉	绿豆美白面膜	其中所用食用菌为白茯苓，所含有的最佳配比为 1%～3%	美白保湿、抗衰老
曹光群等	一种天然保湿护肤组合物及其在化妆品中的应用	其中所用食用菌为白茯苓，所含有的最佳质量分数为 1%～13%	保湿
朱珠等	一种天然美白薏米粉及其制备方法和应用	其中所用食用菌为白茯苓，所含有的最佳配比为 1%～10%	美白
禹志领等	一种具有美白功效的中药组合物、其制备方法及其美容应用	其中所用食用菌为白茯苓，所含有的最佳配比为 5%～30%	美白
谭小毛	一种中药美肤膏的制备方法	其中所用食用菌为白茯苓，所含有的最佳配比为 30%～50%	抗衰老
杨秉渊等	茯苓型核酸复合剂及其外敷剂和化妆品的配制方法	所用食用菌的种类是茯苓，最佳配比为 10%～26%	抗衰老、美容
雷杨等	土茯苓提取物的制备方法及其在皮肤美白中的用途	所用食用菌的种类是茯苓，最佳质量分数为 0.01%～15%	美白
袁娟等	一种茯苓提取物及其制备方法和应用	所用食用菌的种类是茯苓，最佳含量为 55%～95%	抗氧化、抗衰老、抗过敏
李成亮	一种天然植物土茯苓提取物的应用方法	所用食用菌的种类是茯苓，最佳含量为 0.001%～100%	抗过敏、止痒
孙丽华	一种中草药嫩肤、美白、抗衰老、去皱、去斑化妆品组合物	所用食用菌的种类是茯苓，最佳配比 1%～4%	祛皱、祛斑、美白
黄如丽	一种天然活性化妆品及其制备方法和用途	所用食用菌的种类是茯苓，最佳配比 5%～7%	美白、祛皱、抗衰老
李勇	一种天然植物精华与活性矿物质结合的抗皱美肤剂及其制备方法	所用食用菌的种类是茯苓，最佳配比 10%～20%	美白、祛皱、抗衰老
苏建丽	一种中药美白面膜	所用食用菌的种类是茯苓，最佳配比 25%～35%	美白、祛斑
林联泉	祛斑嫩白复颜霜及其制造方法	所用食用菌的种类是茯苓，最佳配比 20%～40%	美白、祛斑
刘冬华	祛痘原液	所用食用菌的种类是茯苓，最佳配比 1%～10%	美白、祛痘

2. 银耳在化妆品中的应用专利　表 7-22 中列举了银耳在化妆品中应用的相关专利。

3. 银耳化妆品的相关产品　图 7-24 列举了市场上现有的银耳在化妆品中应用的相关产品。

（a）　　　　　　　　（b）

（c）　　　　　　　　（d）

图 7-24　市场上的银耳护肤产品

(a) 珂薇纳草本森系银耳水疗面膜　(b) 花之初银耳美白注氧面膜　(c) 雪耳微晶囊面膜　(d) 锦荣花银耳嫩肤补水露

（三）灵芝类化妆品

1. 生产工艺　经过研究表明，灵芝当中的孢子油无毒、无刺激性，并且可以增进肌肤白皙，淡化色素、色斑，因此，特别适于在制备美白祛斑的化妆品或药物中应用。此外，灵芝提取物还能够清除体内的氧自由基、促进蛋白质与核酸的合成，具有抗氧化、延缓皮肤衰老的作用。

研究发现灵芝可以明显地促进细胞蛋白的合成，促进体内氮贮留，以及免疫调节，此外，对皮肤和血管还可以增加营养元素的供给能力，修复受损细胞，促进表皮细胞的新陈代谢，提高微循环能力，滋养肌肤，从而达到抗性衰老的目的。

由此灵芝提取物的应用，使得美肤产品的效果更加显著，并且对皮肤没有伤害，安全系数高，符合人们的心理要求，所以，会受到更多人的青睐。

为了更好地发挥灵芝的功效，一般把灵芝制成提取物，然后再运用到产品当中。提取物的制作步骤：

（1）溶酶　将灵芝加入到去离子水中，然后再加入一些中性蛋白酶，在温度为 35～65℃下，持续搅拌，使酶完全溶解。

（2）升温　酶解后，升温。

（3）离心　离心分离提取液。

（4）浓缩　将得到的提取液进行浓缩。

（5）干燥　将提取液经冷冻干燥或者喷雾干燥，得到灵芝孢子制品。

2. 有关灵芝在化妆品中的应用专利　表 7-23 列举了目前灵芝在化妆品中的应用专利。

3. 灵芝在化妆品中应用的相关产品　图 7-25 列举了市场上现有的灵芝在化妆品中应用的相关产品。

表 7-22　银耳在化妆品中的应用专利

专利发明人	专利名称	所用食用菌种类	在化妆品中的功能特性
陈媛祺、姜银凤等	金耳提取物和银耳提取物的组合在化妆品中的应用	金耳提取物和银耳提取物，最佳配比为金耳提取物浓度 0.01～20 mg/mL，银耳提取物的浓度 0.01～20 mg/mL	保湿、润肤
程晓霏	一种银耳面膜	银耳、茯苓，银耳提取物和茯苓提取物的混合比例为 9:1	紧致肌肤、消除皱纹、保湿

表 7-23　灵芝在化妆品中的应用专利

专利发明人	专利名称	所用食用菌种类	在化妆品中的功能特性
丁庆	西伯利亚灵芝及其抗 HIV 和消除自由基功能	其中所用食用菌为灵芝，所含有的最佳配比为 10%	消除自由基
袁美芳等	一种美容保健品及其制备方法	其中所用食用菌为灵芝，所含有的最佳质量分数为 5%～8%	抗皱、消炎、保湿
钟志强等	包含从灵芝中提取的油性物质的用于皮肤的外部制剂及其使用方法	其中所用食用菌为灵芝，所含有的最佳质量分数为 5%	消炎、抗皱、抗衰老
钱康南等	纳米灵芝孢子多肽制品及其制备方法和应用	其中所用食用菌为灵芝孢子粉多肽，所含有的最佳配比为 30%～50%	保健
刘毅等	一种抗性衰老组合物的化妆品及其制备方法	其中所用食用菌为灵芝，所含有的最佳质量分数为 0.01%～2.0%	抗衰老
冯敏等	灵芝孢子油在制备美白祛斑化妆品或药物中的应用	其中所用食用菌为灵芝，所含有的最佳配比为 0.1%～10%	美白、祛斑
张云鹏等	人胚胎脑细磷脂脂质体包封灵芝孢油在化妆品应用	其中所用食用菌为灵芝	保健、修复、美容
郑林用等	含有灵芝的发酵菌质混合物、制备方法及其应用	其中所用食用菌为灵芝，所含有的最佳质量分数为 10%～70%	活血化瘀、抗氧化
成进学等	纳米负离子远红外富硒锗灵芝祛斑防皱霜	其中所用食用菌为灵芝，所含有的最佳质量分数为 0.2%～3%	抗衰老、防皱
马立伟等	含有人参提取物和灵芝提取物的组合物及其用途	其中所用食用菌为灵芝，所含有的最佳质量分数为 50%～80%	抗衰老
孙丽华等	一种中草药嫩肤、美白、抗衰老、祛皱、祛斑化妆品组合物	其中所用食用菌为灵芝，所含有的最佳配比为 1%～10%	祛皱、祛斑
王兴林	一种抗敏复方中药提取物及其制备方法与应用	其中所用食用菌为灵芝，所含有的最佳配比为 10%～50%	抗敏、消炎
李勇	一种天然植物精华与活性矿物质结合的抗皱美肤及其制备方法	其中所用食用菌为灵芝，所含有的最佳质量分数为 10%～20%	抗衰老、祛皱
路明	一种人参灵芝抗皱霜	其中所用食用菌为灵芝，所含有的最佳配比为 1%～3%	抗皱、防衰老
胡兴国等	一种具有染烫修复功效的中药组合物及其在化妆品中的应用	其中所用食用菌为灵芝，所含有的最佳配比为 10%～30%	护发
张丽娜	一种防治粉刺增白面膜的中药配方	其中所用食用菌为灵芝，所含有的最佳质量分数为 20%	抗衰老、杀菌、祛斑
张丽娜	一种螺旋藻保湿洁面乳	其中所用食用菌为灵芝，所含有的最佳质量分数为 3%～5%	洁肤、美白、保湿

专利发明人	专利名称	所用食用菌种类	在化妆品中的功能特性
张丽娜	一种镇痛除脂保健浴盐	其中所用食用菌为灵芝，所含有的最佳质量分数为2%	镇痛、除脂、延缓衰老
傅国华等	一种白及多糖载表皮生长因子复合物及其制备方法和应用	其中所用食用菌为灵芝，所含有的最佳配比为10%～50%	表皮生长
成进学等	灵芝花粉防衰霜	其中所用食用菌为灵芝，所含有的最佳质量分数为0.3%～2.9%	抗衰美肤
沈华辉	一种具有抗皱、美白、祛痘、祛瘢痕的化妆品组合物及其制造方法	其中所用食用菌为灵芝，所含有的最佳配比为1%～3%	抗皱、美白、祛痘
邹科寅	一种中草药美白祛斑化妆品组合物及其制备方法	其中所用食用菌为灵芝，所含有的最佳配比为5%～10%	美白、祛斑
林速平	一种中草药祛斑组合化妆品组合物及其制备方法	其中所用食用菌为灵芝，所含有的最佳配比为10%～15%	祛斑

（a）

（b）

（c）

（d）

灵芝臻养调肤水

产品功效：调理肌肤紧张状态，缓解各种因年龄增长而引起的肌肤问题，改善松弛、暗哑肤质，恢复年轻光彩。

图 7-25 市场上的灵芝护肤产品

(a) 悦木之源韦博士灵芝焕能精华水 　 (b) 羽西灵芝生机焕活套装

(c) 美路妍灵芝清润面膜 　 (d) 灵芝臻养调肤水

食用菌保鲜贮运和加工

参考文献

[1]　邸瑞芳 . 3 款食用菌酒酿造技术 [J]. 农村新技术，2011，(12)：46-47.

[2]　梁辑 . 4 款食用菌酒加工技术 [J]. 农村新技术，2008，(12)：64-65.

[3]　陈运腾，符冠烨 . HACCP 在灵芝酒生产中的应用 [J]. 海南师范大学学报 (自然科学版)，2007，20(2)：152-155，172.

[4]　曾范彬，秦秀丽 . 北虫草酒的研制 [J]. 饮料工业，2011，14(2)：31-34.

[5]　武忠伟，窦艳萍，赵现方，等 . 发酵型虫草—枸杞酒发酵工艺研究 [J]. 食品科学，2008，29(1)：146-149.

[6]　王大为，张艳荣，李玉 . 发酵型香菇酒生产工艺的研究 [J]. 食品科学，2004，25(12)：82-87.

[7]　权美平 . 黄酒的生产工艺及其稳定性的研究 [D]. 西安：陕西师范大学，2005.

[8]　黄文川，姚政权，任予连 . 泛谈我国酒的起源与酒文化考古 [J]. 农业考古，2008(4)：237-239.

[9]　谢立勋 . 灵芝酒制作技术 [J]. 农村新技术，1997(9)：36-38.

[10]　王英 . 灵芝首乌酒的研制及其体外抗氧化活性的研究 [D]. 广州：华南理工大学，2012.

[11]　顾国贤 . 酿造酒工艺学 [M]，北京：中国轻工业出版社，1996.

[12]　王昌利，胡裕胜，王梅 . 陕西天麻酒回流法的工艺研究 [J]. 酿酒科技，1997(1)：64-65.

[13]　方刚，赖登燽，陈蓉芳，等 . 天麻酒的研制 [J]. 酿酒，2002，29(6)：53-54.

[14]　张亚东，邝小林，沈才洪，等 . 蛹虫草保健酒的研究进展 [J]. 酿酒科技，2015(2)：90-93.

[15]　范贵增，饶绍信 . 真菌菌丝体发酵酒的研制 [J]. 酿酒科技，1995(3)：41-43.

[16]　王贵玉 . 营养配制酒研发技术的创新理念 [J]. 酿酒，2003，30(6)：4-6.

[17]　秦俊哲，吕嘉枥 . 食用菌贮藏保鲜与加工新技术 [M]. 北京：化学工业出版社，2003.

[18]　林树钱 . 中国药用菌生产与产品开发 [M]. 北京：中国农业出版社，2000.

[19]　李艳 . 新版配制酒配方 [M]. 北京：中国轻工业出版社，2002.

[20]　刘青娥 . 酶法提取袖珍菇多糖工艺的研究 [J]. 食品研究与开发，2008，29(2)：53-56.

[21]　张欣，韩增华，孔祥辉，等 . 酶法提取香菇柄多糖 [J]. 生物技术，1999，9(1)：21-24.

[22]　郑建仙 . 功能性食品学 [M]. 北京：中国轻工业出版社，2003.

[23]　江海涛 . 食药用真菌在保健食品中的应用研究 [J]. 食品工业，2011（9）：111-113.

[24]　汲晨锋，岳磊 . 香菇多糖的化学结构及抗肿瘤作用研究进展 [J]. 中国药学杂志，2013，48（18）：1536-1539.

[25]　周素娟，张晓娜 . 食用菌保健功能及保健食品应用与开发 [J]. 中国食用菌，2015，34（1）：4-6.

[26]　张峰源，张松 . 食药用真菌多糖及复合多糖生物活性研究 [J]. 生命科学研究，2006，10(2)：85-90.

[27]　陈开旭，王为兰，刘军，等 . 食用菌活性成分抗肿瘤作用的研究进展 [J]. 生物技术通报，2015，31(3)：35-42.

[28]　王峰，陶明煊，程光宇，等 . 4 种食用菌提取物自由基清除作用及降血糖作用的研究 [J]. 食品科学，2009，30(21)：343-347.

[29]　杜梅，张松 . 食用菌多糖降血糖机理研究 [J]. 微生物学杂志，2007，27(2)：83-87.

[30]　孟翔鹏，马琳 . 食药用真菌的研究进展及其应用前景展望 [J]. 中国现代中药，2009，11(10)：7-10.

［31］ 高虹，史德芳，何建军，等 . 超微粉碎对香菇柄功能成分和特性的影响 [J]. 食品科学，2010，31(5)：40-43.

［32］ 孔静，游丽君，彭川丛，等 . 香菇多糖反渗透浓缩工艺的研究 [J]. 现代食品科技，2011，27（7）：791-794.

［33］ 孙靖轩，王延锋，王金贺，等 . 食用菌多糖提取技术研究概况 [J]. 中国食用菌，2012，31(3)：6-9.

［34］ 颜继忠，廖倩，李行诺 . 超滤法纯化茯苓多糖的工艺优化 [J]. 浙江工业大学学报，2013，41（2）：122-125.

［35］ 杨春瑜，薛海晶 . 超微粉碎对黑木耳多糖提取率的影响 [J]. 食品研究与开发，2007，28（7）：34-38.

［36］ 张霞，李琳，李冰 . 功能食品的超微粉碎技术 [J]. 食品工业科技，2010，31（11）：375-378.

［37］ 胡顺珍，贾乐 . 食药用真菌多糖构效关系研究进展 [J]. 生物技术通报，2007，2(4)：42-44，50.

［38］ 高虹，史德芳，杨德，等 . 巴西菇中麦角甾醇抗肿瘤活性及其作用机理初探 [J]. 中国食用菌，2011，30(6)：35-39.

［39］ 潘鸿辉，谢意珍，蔡勉华，等 . 一种金针菇益智口服液的制备方法：201210282963.6[P]. 2012-08-10.

［40］ 何静仁，洪峰，刘莉，等 . 一种具有降血糖功能的茯苓多糖组合物及其制备方法：201410015508.9[P]. 2014-01-14.

［41］ 赵俞，白冰，左柏，等 . 一种具有保肝功能的复合菌物胞内多糖组合物及制备方法：201510099325.4[P]. 2015-03-06.

［42］ 李桂峰，王向东，赵国建，等 . 双孢菇蛋白酶解肽口服液的制备方法：201010617804.8[P]. 2010-12-31.

［43］ 吴志显，闫晓燕 . 酱油和食醋发酵实训技术 [M]. 哈尔滨：黑龙江朝鲜民族出版社，2009.

［44］ 张艳荣，王大为 . 调味品工艺学 [M]. 北京：科学出版社，2008.

［45］ 赵谋明 . 调味品 [M]. 北京：化学工业出版社，2001.

［46］ 贠建民，张卫兵，赵连彪 . 调味品加工工艺与配方 [M]. 北京：化学工业出版社，2007.

［47］ 上海市酿造科学研究所 . 发酵调味品生产技术（修订版）[M]. 北京：中国轻工业出版社，1998.

［48］ 王福源 . 现代食品发酵技术 [M]. 北京：中国轻工业出版社，1998.

［49］ 高福成 . 新型发酵食品 [M]. 北京：中国轻工业出版社，1998.

［50］ 郑建仙 . 福建香菇风味物质的分离与鉴定 [J]. 中国食用菌，1995，14（6）：3-6.

［51］ 张玉彬 . 酱油生产中常见问题及解决办法 [J]. 中国调味品，2004 (5)：35-36.

［52］ 颜景宗，王建军，沙文革 . 当前食醋生产中值得注意的问题 [J]. 中国调味品，1997 (7)：16-19.

［53］ 杨立苹，赵青 . 防止甜面酱胀袋的措施探讨 [J]. 中国调味品，2002 (8)：22-24.

［54］ 綦翠华 . 方便汤料的改进及实现 [J]. 食品工业科技，2000，21(4)：72-73.

［55］ 史琦云，邵威平 . 八种食用菌营养成分的测定与分析 [J]. 甘肃农业大学学报，2003，38(3)：336-339.

［56］ 王维亮 . 香菇的烹饪应用 [J]. 中国烹饪研究，1996 (2)：37-39.

［57］ 邢增涛，郭倩，冯志勇，等 . 姬松茸中挥发性风味物质的 GC-MS 分析 [J]. 中药材，2003，26(11)：789-791.

［58］ 杨开，孙培龙，郑建永，等 . 香菇精的提取及成分分析 [J]. 中国调味品，2005(6)：24-28.

［59］ 杨铭铎，龙志芳，李健 . 香菇风味成分的研究 [J]. 食品科学，2006，27(5)：223-226.

［60］ 沈文凤，王文亮，崔文甲，等 . 食用菌调味料开发现状与发展趋势 [J]. 中国食物与营养，2016，22(10)：35-38.

［61］　石彦国．食品挤压与膨化技术 [M].北京：科学出版社，2011.

［62］　刘福胜，刘毅．膨化食品的安全性问题 [J].食品科技，2006，31（7）：143-146.

［63］　步显勇，曹尚军．挤压食品加工常见问题及其解决方法 [J].农产品加工·学刊，2007（5）：89-90,96.

［64］　王大为，张艳荣，李玉．发酵型香菇酒生产工艺的研究 [J].食品科学，2004，25(12)，82-87.

［65］　王大为，单玉玲，图力古尔．超临界 CO_2 萃取对蒙古口蘑多糖提取率的影响 [J].食品科学，2006，27(3)：107-110.

［66］　王大为，吴恩奇，图力古尔．蒙古口蘑保健饮品生产工艺及稳定性的研究 [J].食品科学，2006，27(10)：239-241.

［67］　王大为，刘婷婷，图力古尔．挤出处理对蒙古口蘑肽提取率影响的研究 [J].食品科学，2007，28(6)：150-152.

［68］　王大为，吴恩奇，图力古尔．蒙古口蘑(Tricholoma mongolicum)多肽制取技术的研究 [J].食品科学，2007，(28)9：245-249.

［69］　侯卓，张娜，王大为．蒙古口蘑多糖微波提取技术的研究 [J].食品科学，2008，29(3)：252-255.

［70］　王大为，张艳荣，祝威．焙烤食品工艺学 [M].长春：吉林科学技术出版社，2002.

［71］　张守文，杨铭铎．焙烤食品 [M].哈尔滨：黑龙江科学技术出版社，1987：45-52.

［72］　薛效贤．蛋糕加工技术及工艺配方 [M].北京：科学技术文献出版社，2000：20-24.

［73］　高福成．食品分离重组工程技术 [M].北京：中国轻工业出版社，1998：618-632.

［74］　刘程，江小梅．当代新型食品 [M].北京：北京工业大学出版社，1998：6-11.

［75］　刘婷婷，张飞俊，才源，等．响应面法优化玉米人参米生产工艺 [J].食品科学，2013，34(16)：67-71.

［76］　王大为，戴龙，徐旭，等．碾轧对香菇柄综合品质影响及工艺优化 [J].食品科学，2013，34(22)：33-39.

［77］　张艳荣，王大为，张雅媛，等．姬松茸低聚肽的制备及性质研究 [J].高等学校化学学报，2009，30(2)：293-296.

［78］　张艳荣，李玉，单玉玲，等．低糖香菇脯生产工艺的研究 [J].食品科学，2004，25(10)：155-157.

［79］　张艳荣，单玉玲，李玉．姬松茸 ω-6 多不饱和脂肪酸对高血脂鼠的降血脂作用 [J].吉林大学学报（医学版），2006，32(6)：960-963.

［80］　张艳荣，刘婷婷，李玉．姬松茸膳食纤维在面包生产中应用的研究 [J].食品科学，2007，28(5)：166-169.

［81］　张艳荣，单玉玲，刘婷婷，等．微波萃取技术在姬松茸多糖提取中的应用 [J].食品科学，2006，27(12)：267-270.

［82］　全国焙烤制品标准化技术委员会秘书处．焙烤食品常见问题分析与解决 [J].标准生活，2013 (1)：26-28.

［83］　王大为，张艳荣，郑鸿雁．冷饮食品工艺学 [M].长春：吉林科学技术出版社，2002.

［84］　武杰．新型保健冰淇淋加工工艺与配方 [M].北京：科学技术文献出版社，2000.

［85］　万国余，严纪宏，翁丽芳．冷饮生产工艺与配方 [M].北京：中国轻工业出版社，1998.

［86］　王沂，方瑞达．果脯蜜饯及其加工 [M]：北京：中国食品出版社，1987.

［87］　揭广川．方便与休闲食品生产技术 [M].北京：中国轻工业出版社，2001.

［88］　尚丽娟．灌肠生产常见问题及其质量控制 [J].农产品加工，2012（6）：14-15.

［89］　魏益民，张明晶，王锋，等．荞麦和玉米面条挤压生产工艺探讨 [J].中国粮油学报，2004，19（6）：39-42.

［90］ 于新，王少杰．饺子加工技术与配方 [M]．北京：中国纺织出版社，2013.

［91］ 孙庆杰．米粉加工原理与技术 [M]．北京：中国轻工业出版社，2006.

［92］ 郑建仙．现代新型谷物食品开发 [M]．北京：科学技术文献出版社，2003.

［93］ 吴卫国，李县光，苏华章，等．米粉生产中的问题及解决对策 [J]．食品科学，1998，19（9）：49-51.

［94］ 董银卯．化妆品 [M]．北京：中国石化出版社，2000.

［95］ 王培义．化妆品原理·配方·生产工艺 [M].3 版．北京：化学工业出版社，2014.

［96］ 董银卯．化妆品配方设计与生产工艺 [M]．北京：中国纺织出版社，2007.

［97］ 董银卯，孟宏，何聪芬，等．养生护肤品 [M]．北京：化学工业出版社，2010.

［98］ 唐冬雁，董银卯．化妆品——原料类型·配方组成·制备工艺 [M]．北京：化学工业出版社，2011.

［99］ 中国就业培训技术指导中心．化妆品配方师：基础知识 [M]．北京：中国劳动社会保障出版社，2013.

［100］ 李明阳．化妆品化学 [M]．北京：科学出版社，2002.

［101］ 章苏宁．化妆品工艺学 [M]．北京：中国轻工业出版社，2007.

［102］ 沈钟，赵振国，王果庭．胶体与表面化学 [M].3 版．北京：化学工业出版社，2012.

［103］ 李东光．实用化妆品配方手册 [M]．3 版．北京：化学工业出版社，2014.

［104］ 高洪岩，田宁．灵芝口服液的抗衰老作用研究 [J]．中华实用中西医杂志，2002，2(15)：894-895.

［105］ 顾欣，王芷源，刘耕陶．灵芝孢子粉的药理研究 2.对骨骼肌细胞膜脂质过氧化和超氧阴离子生成的影响 [J]．中药药理与临床，1993(3)：9-12.

［106］ 谢韶琼．灵芝多糖抗皮肤衰老及相关基因表达的研究 [D]．上海：第二军医大学，2007.

［107］ 任清，李守勉，李丽娜，等．银耳多糖的提取及其美容功效研究 [J]．日用化学工业，2008，38(2)：103-105，109.

［108］ 邓文龙，廖渝英．银耳多糖的免疫药理研究 [J]．中草药，1984，15(9)：23-26，22.

［109］ 刘卉，何蕾．银耳多糖与透明质酸的保湿性能比较 [J]．安徽农业科学，2012，40(26)：13093-13094.

［110］ 杜秀菊．金耳子实体多糖的分离纯化、结构鉴定、分子修饰和生物活性的研究 [D]．南京：南京农业大学，2009.

［111］ 姚利．药物化妆品的市场及其发展前景 [C]．第十二届东南亚地区医学美容学术大会论文汇编，2009：22-28.

［112］ 范群艳，吴向阳，仰榴青，等．地木耳的研究进展 [J]．常熟理工学院学报（自然科学版），2007，21(4)：55-59.

［113］ 苗影志，王维坚，田青，等．长白山地藻食品——全天然地耳营养保健饮料的研制 [J]．食品科学，1996，17(6)：44-46.

［114］ 黄晓波，索有瑞．地皮菜营养成分分析与评价 [J]．青海科技，1999，6(3)：7-8.

［115］ 马文杰，郭玉蓉，魏决．地木耳提取液对自由基清除能力的初探 [J]．食品工业科技，2009，30 (4)：113-115.

［116］ 李守勉，任清，李明，等．金针菇多糖的提取及其美容功效评价 [J]．食用菌，2009，31(5)：72-73.

［117］ 赵乐荣，刘志河，石丽花，等．青梅花提取物在护肤品中的应用研究 [J]．香料香精化妆品，2012(4)：33-36.

［118］ 周敬．黄柏的生物活性及其在化妆品中的应用 [J]．香料香精化妆品，2012(4)：37-41.

食用菌保鲜贮运和加工

［119］ 王文渊，蔡民，龙红萍，等. 竹叶黄酮在护肤品中防晒功效的初步评价 [J]. 香料香精化妆品，2012(1)：35-38.

［120］ 韦仕岩，吴圣进，汪茜，等. 草菇菌株的 ISSR 遗传差异分析 [J]. 热带作物学报，2013，34(11)：2209-2213.

［121］ 刘学铭，廖森泰，陈智毅. 草菇的化学特性与药理作用及保鲜与加工研究进展 [J]. 食品科学，2011，32 (1)：260-264.

［122］ 贾文君，何金银，徐步前. 臭氧处理对草菇保鲜效果的影响 [J]. 保鲜与加工，2006，6(6)：15-18.

［123］ 于荣利，秦旭升，宋凤菊. 金针菇研究概况 [J]. 食用菌学报，2004，11(4)：63-68.

［124］ 崔玉海，郝学志，李文春，等. 金针菇多糖抗炎及免疫试验研究 [J]. 基层中药杂志，1999，13(1)：17-18.

［125］ 胡尚勤，刘天贵. 松茸发酵物中活性成分的提取与作用的研究 [J]. 安徽农业大学学报，2006，33(4)：499-501.

［126］ 任冰如，吴菊兰，汪洪江，等. 测定 24 种植物的提取物对酪氨酸酶活性的影响 [J]. 中国美容医学，2004，13(3):287-289.

［127］ 殷蕾，李斌，蒋人俊，等. 美白添加剂美白效果的评价研究 [J]. 日用化学工业，1997(3)：41-44.

［128］ MAGA J A. Mushroom flavor[J].Journal of Agricultural and Food Chemisty，1981，29(1)：1-4.

［129］ DIAMANTOPOULOU P，PAPANIKOLAOU S，KATSAROU E，et al. Mushroom polysaccharides and lipids synthesized in liquid agitated and static cultures. Part II: study of *Volvariella volvacea*[J]. Applied Biochemistry and Biotechnology，2012，167(7): 1890-1906.

［130］ SILVA R F D，BARROS A C D A，PLETSCH M，et al. Study on the scavenging and anti-Staphylococcus aureus activities of the extracts，fractions and subfractions of two *Volvariella volvacea* strains[J]. World Journal of Microbiology and Biotechnology，2010，26(10): 1761-1767.

中国食用菌加工

PROCESS
OF EDIBLE
MUSHROOM
IN CHINA

PART IV
QUALITY
SAFETY CONTROL
AND EVALUATION
OF EDIBLE MUSHROOM
PROCESSING PRODUCTS

第四篇
食用菌
加工产品的
质量安全控制
与评价

中国食用菌加工

PROCESS OF EDIBLE MUSHROOM IN CHINA

第八章　食用菌产品质量安全控制

　　食用菌营养丰富，具备一定的保健功能，通过加工可以制成多种形式的产品。在加工过程中，如果存在操作不当、污染等各种问题，就会严重影响食用菌产品的质量和食用安全性能。

　　本章主要对食用菌产品原材料的质量、产品生产过程、加工和贮存等环节进行安全控制，对各个加工环节的关键危害因素进行系统的分析和描述，并提出相应的控制措施和解决办法，较全面和系统地介绍了食用菌产品的质量安全控制技术和控制要点。

第一节
食用菌面条质量安全控制

　　食用菌面条有很多种，本节以香菇面条为例，介绍如何进行食用菌面条质量安全控制。

一、原辅料质量安全控制

　　香菇干制品应具有产品应有的色泽、滋味和气味，同时还需具有产品应有的状态，无正常视力可见外来异物，无霉变，无虫蛀。香菇干制品的含水率不超过13%，干湿比（g/g）不小于1:4。一般杂质的含量不得超过0.3%，且有害杂质不得超标：砷（以As计）不得超过1.0 mg/kg；铅（以Pb计）不得超过2.0 mg/kg；镉（以Cd计）

不得超过 1.0 mg/kg；总汞（以 Hg 计）不得超过 0.2 mg/kg；亚硫酸盐（以 SO_2 计）不得超过 50 mg/kg；多菌灵不得超过 0.3 mg/kg；敌敌畏不得超过 0.5 mg/kg。

在面条生产过程中，营养强化剂的使用按 GB 14880—2012《食品营养强化剂使用标准》规定执行；食品添加剂的使用按 GB 2760—2014《食品添加剂使用标准》规定执行；水的使用按 GB 5749—2006《生活饮用水卫生标准》规定执行；面粉的使用必须符合相应的国家标准、行业标准及有关规定，不得使用陈化粮和非食用性原材料加工供人食用的面条；不得使用过期的、变质的、失效的、污秽不洁的、回收的、受污染的原材料或非食品用原材料。

二、香菇面条加工过程质量安全控制

（一）生产环境质量要求

面条生产加工场所的环境应符合《中华人民共和国食品安全法》的规定，满足以下几点：

①与有毒、有害场所以及其他污染源保持规定的距离。

②有足够空间放置设备、物料、产品，并满足安全要求（生、熟面分开，原料和成品分开），避免交叉污染。

③生产场所应该通风、清洁、干净，防止虫、菌滋生，杀虫、杀菌不要污染食物。

（二）面条加工设备要求

面条加工设备：加工过程使用的设备和工器具，尤其是接触食品的机械设备、操作台、输送带、管道等设备和篮筐、托盘、刀具等工器具的制作材料应符合 GB 4806.1—2016《食品安全国家标准 食品接触材料及制品通用安全要求》。食品加工设备和工器具的结构在设计上应便于日常清洗、消毒和检查、维护。

其主要生产设备包含搅拌机、压面机、通风机、烘干室、烘烤机、包装袋、封口机等。

（三）加工过程质量安全控制

1. 香菇面条产品特性描述及用途　见表 8-1。

表 8-1　香菇面条产品特性描述及用途

原料	香菇粉、小麦粉、杂粮、食用盐、调味料包、鸡蛋、新鲜蔬菜
辅料	营养强化剂、乳化剂、增稠剂、着色剂
终产品外观描述	色泽、杂质、气味、口感
产品特性	理化指标、卫生指标
加工工艺	原辅料、配料、配水、和面、熟化、压延、切条、挂杆、烘干、截段、计量包装等
贮存条件	常温、干燥、通风环境
标签及使用说明	注明生产日期、净含量、保质期、生产厂商、生产地址、SC 标志及编号、卫生许可证、执行标准、加工工艺、联系方式等，符合国标要求
保质期	半年到一年
销售方式	专柜、门店销售
销售要求	在常温条件下销售，有要求冷藏的需放冷藏柜；避免阳光直射

食用方法	打开包装后煮熟食用
预期用途	销售对象无特殊限制，适用于广大消费者

原辅料及包装材料描述：在生产过程中，营养强化剂、食品添加剂、水的使用应按相关标准规定执行。包装应整洁、无破损。包装材料和容器应符合相应的食品安全标准的规定

2. 香菇面条加工工艺流程

原辅料 → 配料 → 配水 → 和面

挂杆 ← 切条 ← 压延 ← 熟化

烘干 → 截段 → 计量包装

成品贮存

3. 香菇面条加工工艺说明

（1）原辅料　原辅料必须来自合格评定的供应商厂家，依照国家标准进行验收（验收方式可以采取索证、索证＋检验、检验），验收合格，办理入库手续。

（2）配料　严格按照配方配比进行配制，以保证每批次生产的面条品质一致。

（3）配水　严格按照配方表使用和面用水。

（4）和面　将配制好的各种原辅料，根据生产需要加入适量的水后放入和面机内进行混合搅拌，使之充分而均匀地混合，制成具有一定弹性、延展性和可塑性的面团，和面时间15~17 min；和好后面团颗粒松散、均匀，颜色一致。

（5）熟化　和好的面团在低速、低温的搅拌下完成熟化，使水分最大限度地渗透到面粉蛋白质粒子内部，形成面筋网络组织，熟化时间大于10 min，熟化后面团不结成大块，不升高温度。

（6）压延　熟化后的面团在复压压辊的碾压下，蛋白质分子之间的距离缩小，面筋蛋白由凌乱、无序状态转为有序状态，形成完善的面筋网络体，在连压辊的碾压下，面筋结构进一步紧密，逐渐形成具有一定韧性和强度的薄片。

（7）切条、挂杆　将压延后的薄片通过面刀纵向剪切成面条，根据面条生产线的速度，横向刀有频次地旋转截断面条，挂杆。

（8）烘干　湿面条在热源的作用下逐渐脱水干燥，除去多余的水分，固定面条的组织状态，保持良好的烹调性能，成为含水率在14.0%以下的干面条。如果干燥不当，很容易产生酥面，丧失正常的烹调性能（作为重点质量控制点进行控制）。

（9）截段　烘干的面条在滚刀切条机的作用下被截成标准长度的段以便于挂面计量包装。

（10）计量包装　包装人员根据要求进行计量包装。

（11）成品贮存　包装好产品的纸箱，操作人员用推车运进专用贮存库，按品种、规格分别打垛堆放，垛位上挂牌标识。

4. 危害分析工作表　香菇面条生产加工的HACCP以及GMP的关键控制点为：食品添加剂的最大限量；干燥工序过程中的温度、湿度、牵引机速度等参数的控制；晾晒、包装过程中的卫生安全。见表8-2。

表 8-2 香菇面条加工危害分析工作表

加工步骤	危害分析		属于引进、增加或控制	判断依据	信息来源	危害评估结果			控制措施选择
						频率	严重性	风险结果	
香菇干制品验收	生物	致病菌	引进	生产过程控制不当,产品不达标	GB 7096—2014	很少	严重	C	HACCP 计划—灭菌（CCP3）
	化学	农药残留、食品添加剂超标	引进	生产过程控制不当,产品不达标		很少	中度	C	HACCP 计划—原辅料验收（CCP1）
	物理	水分、杂质	引进	生产过程控制不当,产品不达标		很少	中度	C	HACCP 计划—原辅料验收（CCP1）
面粉验收	生物	致病菌	引进	面粉生产、仓贮或运输污染	基本常识	很少	严重	C	HACCP 计划—灭菌（CCP3）
	化学	重金属、农药残留、溴酸钾等超标	引进	小麦种植污染	GB/T 1355—1986	很少	中度	C	HACCP 计划—原辅料验收（CCP1）
	物理	包装线	增加	生产过程控制不当	基本常识	很少	中度	C	HACCP 计划—原辅料验收（CCP1）
酵母验收	生物	无							
	化学	无							
	物理	无							
鸡蛋验收	生物	致病菌	引进	蛋壳脏污处理不当	基本常识	很少	严重	C	HACCP 计划—灭菌（CCP3）
	化学	重金属、农药残留等超标	引进	鸡饲料污染	GB 2749—2015	很少	中度	C	HACCP 计划—原辅料验收（CCP1）
	物理	无							
水、盐的验收	生物	无							
	化学	重金属超标	引进	生产过程控制不当	基本常识	很少	严重	C	HACCP 计划—原辅料验收（CCP1）
	物理	无							

食用菌加工产品的质量安全控制与评价

加工步骤	危害分析		属于引进、增加或控制	判断依据	信息来源	危害评估结果			控制措施选择
						频率	严重性	风险结果	
食品添加剂验收	生物	无							
	化学	重金属超标	引进	生产过程控制不当	GB 1886.235—2016	很少	严重	C	HACCP计划—原辅料验收（CCP1）
	物理	无							
塑料包装袋	生物	无							
	化学	重金属、添加剂超标	引进	生产过程控制不当	GB 9683—1988	很少	严重	C	HACCP计划—原辅料验收（CCP1）
	物理	无							
仓贮	生物	致病菌、霉菌	增加	仓贮过程控制不当	基本常识	很少	严重	C	OPRPS控制+HACCP计划—灭菌（CCP3）
	化学	无							
	物理	无							
拆包	生物	无							
	化学	无							
	物理	无							
配料	生物	致病微生物污染	增加	人员污染或容器消毒不彻底	基本常识	很少	严重	C	OPRPS控制+HACCP计划—灭菌（CCP3）
	化学	添加剂超标	增加	计量不准确，操作不当	GB 2760—2014	很少	中度	C	HACCP计划—配料（CCP2）
	物理	无							
搅拌	生物	致病微生物污染	增加	容器消毒不彻底	基本常识	很少	严重	C	HACCP计划—灭菌（CCP3）
	化学	洗涤剂污染	增加	洗涤后清洗不彻底	基本常识	很少	中度	C	OPRPS控制
	物理	无							

IV

加工步骤	危害分析		属于引进、增加或控制	判断依据	信息来源	危害评估结果			控制措施选择
						频率	严重性	风险结果	
和面	生物	致病微生物污染	增加	容器消毒不彻底	基本常识	很少	严重	C	HACCP 计划—灭菌（CCP3）
	化学	洗涤剂污染	增加	容器洗涤后清洗不彻底	基本常识	很少	中度	C	OPRPS 控制
	物理	无							
熟化	生物	无							
	化学	无							
	物理	无							
压延	生物	致病微生物污染	增加	洗手消毒不彻底	基本常识	很少	严重	C	HACCP 计划—灭菌（CCP3）
	化学	无							
	物理	无							
切条	生物	致病微生物污染	增加	烤盘不洁，人员、工具、操作台污染	基本常识	很少	严重	C	HACCP 计划—灭菌（CCP3）+ OPRPS 控制
	化学	无							
	物理	无							
烘干	生物	致病微生物污染	控制	鸡蛋消毒不彻底	基本常识	很少	严重	C	HACCP 计划—灭菌（CCP3）
	化学	洗涤剂、消毒剂残留	增加	鸡蛋清洗消毒时残留	基本常识	很少	严重	C	OPRPS 控制
	物理	蛋壳	增加	打蛋时混入	基本常识	很少	中度	C	OPRPS 控制
截段	生物	致病微生物污染	增加	人员或工器具污染	基本常识	很少	严重	C	OPRPS 控制
	化学	无							
	物理	无							

食用菌加工产品的质量安全控制与评价

加工步骤	危害分析		属于引进、增加或控制	判断依据	信息来源	危害评估结果			控制措施选择
						频率	严重性	风险结果	
内包	生物	致病微生物、霉菌	控制	环境不洁造成微生物菌落；包装人员未按要求消毒污染成品	基本常识	偶尔	严重	B	OPRPS 控制
	化学	无							
	物理	无							

5. HACCP 计划表和原辅料验收（CCP1）分解表　见表 8-3、表 8-4。

表 8-3　HACCP 计划表

关键控制点	危害	关键限值（CL）	监控系统					纠正措施	记录	验证
			时机	装置	校准	频次	监控者			
原辅料验收（CCP1）	添加剂、重金属、农药残留超标	见表 8-4	每次供方评价时	—	—	每半年（供方提供型式检验报告）	IQC	拒收、供应商评价、退货	原物料进货检验记录、供方档案、检测报告	品保部审核各相关报表，化验室检测验证个别项目
配料（CCP2）	添加剂过量使用		配料时	天平	每年	每批	配料员	重新称量、配置	配料记录表、纠正记录表、检测报告	搅拌工每批搅拌前复核，现场品检抽检报表审核
灭菌（CCP3）	致病菌、霉菌超标	烘烤温度：150~230℃ 烘烤时间：10~45 min	烘烤时	温度计、计时器	每年	每一炉	烘烤操作工	如偏离，停止烘烤，调整温度和时间，半成品重新烘烤或成品进行隔离、评估；分析偏离的原因，防止再次发生	烘烤记录表、纠正记录表、检测报告	生产主管每日审核一次记录；品保每年校正温度计；由化验室每日对每批次成品进行一次微生物检验

表 8-4 原辅料验收（CCP1）分解表

序号	验收产品	安全危害	关键限值（CL）	CL 建立依据
1	面粉	重金属、农药残留、溴酸钾等	铅（Pb）（≤ 0.2 mg/kg）、砷（As）（≤ 0.1 mg/kg）、汞（Hg）（≤ 0.02 mg/kg）、六六六（≤ 0.05 mg/kg）、滴滴涕（≤ 0.05 mg/kg）、磷化物（≤ 0.05 mg/kg）、溴酸钾（不得检出）	NY/T 421—2012
2	植物油	酸价、过氧化值、重金属、溶剂	铅（Pb）（≤ 0.1 mg/kg）、砷（As）（≤ 0.1 mg/kg）、酸价（以脂肪计、KOH）（≤ 3 mg/g）、过氧化值（以脂肪计）（≤ 2.5 g/kg）、溶剂残留（不得检出）、黄曲霉毒素 B1（≤ 10 μg/kg）、苯并芘（≤ 10 μg/kg）	GB 2716—2018
3	香菇干制品	水分、干湿比、杂质、重金属含量、农药残留	水分（≤ 130 g/kg）、干湿比（g/g）（≥ 1:4）、一般杂质（≤ 0.3%）、有害杂质（不得检出）、砷（以 As 计）（≤ 1.0 mg/kg）、铅（以 Pb 计）（≤ 2.0 mg/kg）、镉（以 Cd 计）（≤ 1.0 mg/kg）、总汞（以 Hg 计）（≤ 0.2 mg/kg）、亚硫酸盐（以 SO$_2$ 计）（≤ 50 mg/kg）、多菌灵（≤ 0.3 mg/kg）、敌敌畏（≤ 0.5 mg/kg）	GB 7096—2014
4	酵母	铅、砷超标	砷（以 As 计）（≤ 0.5 mg/kg）、铅（Pb）（≤ 0.5 mg/kg）	GB/T 20886—2007
5	鸡蛋	重金属、农药残留	无机砷（≤ 0.5 mg/kg）、铅（Pb）（≤ 0.2 mg/kg）、镉（Cd）（≤ 0.05 mg/kg）、汞（Hg）（≤ 0.05 mg/kg）、六六六（≤ 0.1 mg/kg）、滴滴涕（≤ 0.1 mg/kg）	GB 2749—2015 GB 2763—2019
6	包装袋	重金属、添加剂超标	铅（Pb）（≤ 1 mg/kg）、高锰酸钾消耗量（水）（≤ 10 mg/L）、甲苯二胺（4% 乙酸）（≤ 0.004 mg/L）、正乙烷（常温，2h，≤ 30 mg/L）、65% 乙醇（常温，2h，≤ 10 mg/L）	GB/T 4456—2008
7	食盐	重金属	砷（As）（≤ 0.5 mg/kg）、铅（Pb）（≤ 1 mg/kg）	GB/T 5461—2016 GB 2721—2015

6. HACCP 的验证　HACCP 计划的宗旨是防止食品安全危害，验证的目的是通过严谨、科学、系统的方法确认 HACCP 计划是否有效（即 HACCP 计划中所采取的各项措施能否控制加工过程及产品中的潜在危害），是否被正确执行（因为有效的措施必须通过正确的实施过程才能发挥作用）。

利用验证程序不仅可以确定 HACCP 体系是否按预定计划运作，还可以确定 HACCP 计划是否需要修改和再确认。因此，验证是 HACCP 计划实施过程中最复杂的程序之一，也是必不可少的程序之一。验证程序的正确制定和执行是 HACCP 计划成功实施的基础。

验证程序包括：

（1）确认　确认是验证的必要内容，确认的目的是提供证明 HACCP 计划的所有要素（危害分析、CCP 确定、CL 建立、监控程序、纠正措施、记录等）都有科学依据的客观证明，从而有根据地证实只要有效实施 HACCP 计划，就可以控制能影响食品安全的潜在危害。

确认过程中必须根据科学原理，利用科学数据，听取专家意见等原则进行生产观察或检测。通常由 HACCP 小组或受过适当培训且经验丰富的人员确认 HACCP 计划。具体确认过程将涉及与 HACCP 计划中各个组成部分有关的基本原理，从

食用菌加工产品的质量安全控制与评价

科学和技术的角度对制订 HACCP 计划的全过程进行复查。

任何一项 HACCP 计划在开始实施之前都必须经过确认。HACCP 计划实施之后，如果发生原料改变，产品或加工过程发生变化，验证数据出现相反结果，重复出现某种偏差，对某种危害或控制手段有了新的认识，生产实践中发现问题，销售或消费者行为方式发生变化等情况，就需要再次采取确认行动。

（2）CCP 验证　CCP 验证是通过现场检查，对照危害分析记录，验证是否有新原料使用、新危害引入；通过现场检查，对照工艺流程，验证是否有生产工序的改动；通过现场检查和标签审核，验证产品特性、预期用途是否有变化。只有这样，才能保证所有控制措施的有效性以及 HACCP 计划的实际实施过程与 HACCP 计划的一致性。CCP 验证包括对 CCP 的校准、设备校准记录的复查、针对性地取样检测、CCP 记录的复查。

1）校准　校准是为了验证监控结果的准确性。所以，CCP 验证活动通常包括对监控设备的校准，以确保测量的准确度。CCP 监控设备的校准是成功实施 HACCP 计划的基础。如果监控设备没有经过校准，那么监控过程就不可靠。一旦发生这种情况，就意味着从记录中最后一次可接受的校准开始，CCP 便失去了控制。所以，在决定校准频率时，应充分考虑这种情况。另外校准频率也受设备灵敏度的影响。

2）设备校准记录的复查　设备校准记录的复查内容涉及校准日期、校准方法以及校准结果（如设备是否准确）。所以，校准记录应妥善保存以备复查。

3）针对性地取样检测　CCP 验证也包括针对性地取样检测。如果原料接收是 CCP，相应的控制限值是供应商证明，这时就需要监控供应商提供的证明材料。为了检查供应商是否言行一致，常通过针对性地取样检测来检查。

4）CCP 记录的复查　每一个 CCP 至少有两种记录：监控记录和纠正记录。监控记录为 CCP 始终处于控制之中，在安全参数范围内运行提供了证据；纠正记录为企业以安全、合适的方式处理发生的偏差提供了文字资料。因此，这两种记录都是十分有用的管理工具，但是，仅仅记录是毫无意义的，必须有管理人员定期复查它们，才能达到验证 HACCP 计划是否被有效实施的目的。

（3）HACCP 体系的验证　HACCP 体系的验证就是检查 HACCP 计划所规定的各种控制措施是否被有效贯彻实施。这种验证活动通常每年进行一次，或者当系统发生故障、产品及价格过程发生变化后进行。验证活动的频率常随时间的推移而变。如果历次检查发现生产始终在控制之中，能确保产品的安全性，就可以减少验证活动的频率；反之，就需要增加验证活动的频率。

审核是收集验证所需信息的一种有组织的过程，它对验证对象进行系统的评价，该评价过程包括现场观察和记录复查。审核通常由一位无偏见、不承担监控任务的人员来完成。

审核的频率以确保 HACCP 计划能够被持续有效执行为基准。该频率依赖若干条件，如工艺过程和产品的变化程度。

审核 HACCP 体系的验证活动应该包括下述内容：检查产品说明、生产工艺流程的准确性；检查是否按 HACCP 计划的要求监控 CCP；检查工艺过程是否在规定的关键限值内操作；检查是否按规定的时间间隔如实记录监控结果。

审核记录复查过程通常包括下述内容：监控活动是否在 HACCP 计划规定的位置上执行；监控活动是否按 HACCP 计划规定的频率执行；当监控结果表明 CCP 发生了偏离时，是否及时执行了纠正措施；设备是否按 HACCP 计划规定的频率进行校准。

（4）执法机构对 HACCP 体系的验证　执法机构主要验证 HACCP 计划是否有效以及是否得到有效实施。执法机构的验证包括：监控计划以及对 HACCP 计划所进行的任何修改；复查 CCP 监控记录，复查纠正记录；复查验证记录；现场检查 HACCP 计划的实施情况以及记录保存情况；随机抽样分析。

验证活动通常分成两类：内部验证，由企业内部的 HACCP 小组进行，可视为内审；外部验证，由政府检验机构或有资格的第三方进行，可视为外审。

（5）验证结果的评价 验证结束后，由品管部负责人负责填写结果，形成书面的"控制措施验证记录"，对验证结果做出评价，如有必要可提出改进体系的建议；对验证结果的评价，应做出控制措施是否对产品质量安全起到了应有的促进作用，以及是否需要实施改进等结论；各 HACCP 小组主要成员对"控制措施验证记录"签字确认；总经理签字批准"控制措施验证记录"及其结论，并由品管部负责督促改进措施的落实。

7. 记录保存 HACCP 需要建立有效的记录管理程序，以便使 HACCP 体系文件化。记录是采取措施的书面证据，包含 CCP 在监控、偏差、纠正措施等过程中发生的历史性信息，不但可以用来确证企业是按既定的 HACCP 计划执行的，而且可以利用这些信息建立产品流程档案，一旦发生问题，能够从中查询产生问题的实际生产过程。此外，记录还提供了一个有效的监控手段，使企业及时发现并调整加工过程中偏离 CCP 的趋势，防止生产过程失去控制。所以，企业拥有正确填写、准确记录、系统归档的最新记录是绝对必要的。

（1）HACCP 记录应该包含的信息 标题与文件控制号码；记录产生的日期；检查人员的签名；产品识别，如产品名称、批号、保质期；所用的材料和设备；关键限值；需采取的纠正措施及其负责人；记录审核人的签名。

（2）需要保存的记录 记录应有序地存放在安全、固定的场所，便于内审和外审取阅，并方便人们利用记录研讨问题和进行趋势分析。需要保存的记录有：HACCP 计划和支持性文件，包括 HACCP 计划的研究目的和范围；产品描述和识别；生产工艺流程；危害分析；HACCP 审核表；确定关键限值的依据；验证关键限值；监控记录，包括关键限值的偏离；纠正措施；验证活动的结果；校准记录；清洁记录；产品的标识和可追溯记录；培训记录；供应商认可记录；产品回收记录；审核记录；HACCP 体系的修改记录。

第二节
食用菌保健品质量安全控制

食用菌保健品有很多种，本节以灵芝破壁孢子粉为例，介绍如何进行食用菌保健品质量安全控制。

一、原辅料质量安全控制

（一）灵芝精粉

本品为成熟灵芝子实体经挑选、粗粉碎、提取、浓缩、喷雾干燥、粉碎干燥、过筛后得到的粉末。呈棕色，均匀、无结块、无正常视力可见外来异物，具有灵芝孢子粉固有的特殊苦味和气味，易吸潮。

鉴别：取样品 5 g 溶于 20 mL 水中，加热至 70℃搅拌，离心（3 000 r/min），取 1 mL 清液样品加入 5% β-萘酚乙醇溶液 2~3 滴摇匀，沿着试管壁缓缓加入 0.5 mL 浓硫酸，在液体面交界处很快形成紫红色液，呈阳性反应。

（二）灵芝孢子粉

本品为灵芝成熟时，从菌盖上弹射的孢子，经采集、纯化、低温物理破壁而成。呈深褐色，均匀、无结块、无正常视力可见外来异物，具有灵芝孢子粉固有的特殊苦味和气味。

食用菌加工产品的质量安全控制与评价

鉴别：取样品做生物镜片，在显微镜下未破壁孢子粉，孢子呈卵形或长卵形至椭圆形，顶端乳状突起，常常破损而呈平截状，双层壁，外壁无色透明，内壁浅黄褐色，具明显小刺或疣，（9.3~10.5）μm×（5~6.8）μm。

二、灵芝破壁孢子粉加工过程质量安全控制

（一）生产环境质量要求

生产场地应选择生态环境良好、无污染的地区，远离工矿区和公路、铁路干线，避开污染源。

应在食品加工区域和常规生产区域之间设置有效的缓冲带或物理屏障，以防止食品生产基地受到污染。

（二）加工设备要求

工器具和设备：加工过程使用的工器具和设备，尤其是接触食品的机械设备、操作台、输送带、管道等设备和篮筐、托盘、刀具等工器具的制作材料应符合 GB 4806.1—2016《食品安全国家标准 食品接触材料及制品通用安全要求》。食品加工设备和工器具的结构在设计上应便于日常清洗、消毒、检查和维护。

车间内加工设备的安装，一方面要符合整个生产工艺布局的要求，另一方面要便于生产过程的卫生管理，同时还要便于对设备进行日常维护和清洁。在安放较大型设备的时候，要在设备与墙壁、设备与顶面之间保留有一定的距离和空间，以便设备维护人员和清洁人员的出入。

（三）加工过程质量安全控制

1. 灵芝破壁孢子粉产品特性描述及用途 见表 8-5。

表 8-5 灵芝破壁孢子粉产品特性描述及用途

原料	灵芝孢子粉
辅料	无
终产品外观描述	形态、色泽、气味、口感等
产品特性	理化指标、卫生指标
加工工艺	灵芝孢子粉采收、原辅料验收、过筛、烘干、二次过筛、冷却、破壁、干燥、破壁率检验、粉碎过筛、定量包装、辐照灭菌、二次包装、贮存等
贮存条件	冷冻 -18℃、干燥、密闭环境
标签及使用说明	注明生产日期、净含量、保质期、生产厂商、生产地址、SC 标志及编号、卫生许可证、执行标准、加工工艺、联系方式等，符合国标要求
保质期	两年
销售方式	专柜、门店销售
销售要求	在冷冻条件下销售；避免阳光直射
食用方法	打开包装后温水冲服
预期用途	销售对象无特殊限制，适用于广大消费者
原辅料及包装材料描述：包括名称、特性、农药残留、微生物指标、国标	

2. 灵芝破壁孢子粉加工工艺流程

灵芝孢子粉采收 → 原辅料验收 → 过筛

破壁 ← 冷却 ← 二次过筛 ← 烘干

干燥 → 破壁率检验 → 粉碎过筛

贮存 ← 二次包装 ← 辐照灭菌 ← 计量包装

3. 灵芝破壁孢子粉加工工艺说明　灵芝孢子粉采收后，不能直接食用，原因在于灵芝孢子有一层极难被人体胃酸消化的几丁质构成的外壁，不破壁的孢子粉人体无法消化吸收，只有打开这层外壁，由外壁紧裹的有效成分才能最大限度地被人体吸收利用。

（1）灵芝孢子粉采收技术

1）采收时间判断方法　采收孢子粉的灵芝的子实体生长初期为白色，后变为淡黄色，经过15 d，就变成棕黄色或褐色，生长停止。种类不同，子实体的颜色也不同。

有大量褐色孢子弹射，菌盖表面色泽一致，边缘有卷边圈，菌盖不再增大转为增厚，菌盖下方色泽鲜黄一致时，即可采收（见图8-1）。

图8-1　灵芝孢子粉采收

2）采收方法　用小刀从柄中部切下，不使切口破裂。

采收过程中，应采取适当的措施，尽量避免杂质混入。采收时，种植灵芝的大棚应进行卫生清理，去除杂物。采收人员穿戴工作服和工作帽，脚穿工作鞋。采集用纸张、薄膜等盛装容器应符合国家食品容器、包装材料的卫生标准。采集用的毛刷等工具应经过消毒，并专用。

采收方法包括套袋采粉、风机吸附采粉和地膜覆盖采粉。

①套袋采粉。在灵芝盖边缘黄白色生长圈消失，即将弹射孢子粉时，地面铺设薄膜或无纺布，隔离泥土，并及时在灵芝菌柄基部套上薄膜或无纺布筒袋，下端以菌柄为中心，结扎成袋，袋口朝上，再围绕菌盖，在袋内插入白色纸板或无纺布，将纸板打小孔，增加透气性，并将纸板或无纺布上端连接成筒，筒口上盖一纸板或无纺布，防止孢子粉弹射。盖板与灵芝菌盖有5 cm的空隙，套袋采粉要十分注意通风，采粉时灵芝大棚另一头薄膜需敞开，保持空气相对湿度在75%~80%。

取下套筒，先采收筒内侧和灵芝盖上的孢子粉。再用手抓住扎袋上端向上边拉，形成口子。用勺子将扎袋内孢子粉采收，套上套筒，继续培育，一般15 d左右采收一次。

②风机吸附采粉。用风机加布袋组成孢子粉收集器。当灵芝孢子粉开始弹射释放时，将孢子粉收集器放置在出芝棚中间，距地面1 m左右高，开动风机，形成负压流，采收灵芝孢子粉。

③地膜覆盖采粉。在灵芝成熟后的每行灵芝中间排放双层条状地膜，接收弹射的灵芝孢子粉。在采收灵芝子实体时，用专用的软毛刷把菌盖表面的孢子粉刷入专用的容器中，然后再采收地膜上的孢子粉。采收时只采收上层膜粉，下层孢子粉弃之不用。

（2）过筛处理　采收后的灵芝孢子粉应及时选用100目左右的筛网进行过筛，去除较大杂质，如大块泥土、塑料碎片等。过筛后的灵芝孢子粉应粒度均匀，无可肉眼见杂质。

（3）烘干处理　灵芝孢子粉（见图8-2）在破壁前，需经过适当的干燥处理，使用带排风的烘干箱干燥20 h，使灵芝孢子粉的含水率≤12%。此处理有利于提高灵芝孢子粉的破壁效率。

食用菌加工产品的质量安全控制与评价

图 8-2　灵芝孢子粉

图 8-3　灵芝孢子粉破壁机械

（4）二次过筛　选用 200 目以上筛网进行二次过筛，去除细小杂质。

（5）干燥　将处理后的灵芝孢子粉进行干燥处理，温度控制在 55℃左右，烘干 3~4 h，烘干至含水率 < 9%。

（6）冷却处理　灵芝孢子粉烘干后，放置于洁净房间，洁净度应至少达到 GB 50073—2013《洁净厂房设计规范》规定的第九级。房间在放置孢子粉之前，要经过杀菌处理。待冷却至 10℃以下时，可进行破壁程序。

（7）灵芝孢子粉破壁　破壁后人体对灵芝孢子粉的吸收率可提高 75 倍之多。灵芝孢子粉破壁的技术有生物酶解法、化学法、超低温物理法等，超低温物理法是效果较好的不破坏孢子有效成分的破壁技术。灵芝孢子粉破壁机械可在 – 20 ~ – 10℃的条件下，利用物理震动的作用，实现灵芝孢子粉破壁（见图 8-3）。显微镜下观察灵芝孢子粉破壁率 98% 以上（见图 8-4 至图 8-6）。

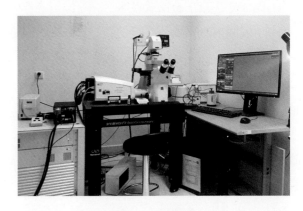

图 8-4　显微镜

（8）粉碎过筛　破壁完成后，由于采用物理挤压摩擦的方式进行，破壁后的灵芝孢子粉容易结块，需进行粉碎过筛处理，过 80 目筛网，待粉碎至均一程度时，可进行灵芝孢子粉单袋包装。

（9）灵芝孢子粉单袋包装　破壁完成后，可用包装机器（见图 8-7）进行包装。包装材料为铝箔锡纸包装袋，单袋孢子粉净重为 1.0g ± 0.1 g。在包装过程中，随时测定单袋重量，确保产品重量误差在允许范围内。

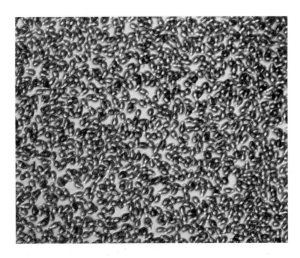

图 8-5　破壁前孢子粉观察

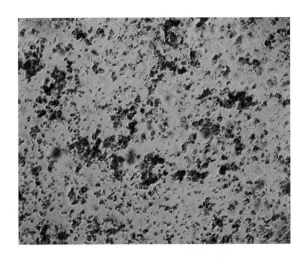

图 8-6　破壁后孢子粉观察

图 8-7　灵芝孢子粉单袋包装机器

（10）灵芝孢子粉灭菌处理　包装完成后，需进行辐射杀菌。辐射杀菌为物理杀菌的方式之一，是一种冷消毒法，对热敏药物常常是最佳的消毒方法，被处理孢子粉可以预先用不能穿透细菌的包装材料包装好，这样经辐射消毒后，有效避免了孢子粉在最终消费者使用之前的二次污染。

（11）成品检验　灭菌之后的灵芝孢子粉单袋包装，通过食品金属探测设备，利用红外辐射原理进行金属检测。

（12）微生物检验　参照 GB 4789.2—2016《食品微生物学检验》。

4. 灵芝孢子粉加工危害分析工作表　见表 8-6。

表 8-6　灵芝孢子粉加工危害分析工作表

加工步骤	危害分析		属于引进、增加或控制	判断依据	信息来源	危害评估结果			控制措施选择
						频率	严重性	风险结果	
灵芝孢子粉采收	生物	人畜共患肠道致病菌和致病性球菌、旋毛虫、弓形体、猪囊虫等致病性寄生虫	引进	生产环境控制不当，灵芝孢子粉中可能存在此类生物性危害，并对人体造成严重伤害	GB/T 29344—2012	很少	严重	C	HACCP计划—原辅料验收（CCP1）
	化学	农药、重金属残留、促生长剂等	引进	添加化学添加剂、促生长剂等，这些危害可造成食用者慢性积累性中毒，甚至致癌，或造成急性中毒		很少	中度	C	HACCP计划—原辅料验收（CCP1）

食用菌加工产品的质量安全控制与评价

加工步骤	危害分析		属于引进、增加或控制	判断依据	信息来源	危害评估结果			控制措施选择
						频率	严重性	风险结果	
灵芝孢子粉采收	物理	金属异物及其他杂物	引进	采收过程控制不当，对人体造成物理性伤害	GB/T 29344—2012	很少	严重	C	HACCP 计划—原辅料验收（CCP1）或后道产品金属探测可消除金属危害
灵芝孢子粉验收	生物	人畜共患肠道致病菌和致病性球菌、旋毛虫、猪囊虫等致病性寄生虫	引进	生产过程控制不当，产品不达标	GB/T 29344—2012	很少	严重	C	HACCP 计划—灭菌（CCP3）
	化学	农药、重金属残留、促生长剂等	引进	生产过程控制不当，产品不达标		很少	中度	C	HACCP 计划—原辅料验收（CCP1）
	物理	金属异物及其他杂物	引进	生产过程控制不当，产品不达标		很少	中度	C	HACCP 计划—原辅料验收（CCP1）或后道产品金属探测可消除金属危害
水	生物	无							
	化学	重金属等超过标准	引进	生产过程控制不当	GB/T 22000—2006	很少	严重	C	HACCP 计划—原辅料验收（CCP1）
	物理	无							
锡箔包装袋	生物	微生物菌落总数超标	引进	仓贮环境控制不当		很少	严重		HACCP 计划—原辅料验收（CCP1）
	化学	重金属、添加剂超标	引进	生产过程控制不当	GB 9683—1988	很少	严重	C	
	物理	破损		生产过程控制不当		很少			
仓贮	生物	致病菌、霉菌	增加	仓贮过程控制不当	基本常识	很少	严重	C	OPRPS 控制 + HACCP 计划 - 灭菌（CCP3）

加工步骤	危害分析		属于引进、增加或控制	判断依据	信息来源	危害评估结果			控制措施选择
						频率	严重性	风险结果	
仓贮	化学	无							
	物理	无							
过筛	生物	致病微生物污染	增加	容器消毒不彻底	基本常识	很少	严重	C	HACCP 计划—灭菌（CCP3）
	化学	洗涤剂污染	增加	洗涤后清洗不彻底	基本常识	很少	中度	C	OPRPS 控制
	物理	无							
烘干	生物	无							
	化学	无							
	物理	水分含量	增加	烘干温度、烘干时间	GB/T 29344—2012				
过筛	生物	致病微生物污染	增加	容器消毒不彻底，环境卫生不达标	基本常识	很少	严重	C	HACCP 计划—灭菌（CCP3）
	化学	洗涤剂污染	增加	洗涤后清洗不彻底	基本常识	很少	中度	C	OPRPS 控制
	物理	无							
冷却	生物	无							
	化学	无							
	物理	无							
破壁	生物	致病微生物污染	增加	烤盘不洁，人员、工具、操作台污染	基本常识	很少	严重	C	HACCP 计划—灭菌（CCP3）+OPRPS 控制
	化学	无							
	物理	金属杂质	增加	操作仪器损坏	基本常识	很少	严重	C	
破壁率检验	生物	无							
	化学	无							
	物理	无							

食用菌加工产品的质量安全控制与评价

加工步骤	危害分析		属于引进、增加或控制	判断依据	信息来源	危害评估结果			控制措施选择
						频率	严重性	风险结果	
灭菌	生物	致病微生物、霉菌	增加	杀菌温度、时间控制不当,工器具污染,可造成致病菌残存	基本常识	很少	严重	C	OPRPS 控制
	化学	无							
	物理	无							
内包	生物	致病微生物、霉菌	控制	环境不洁造成微生物菌落;包装人员未按要求消毒污染成品	基本常识	偶尔	严重	B	OPRPS 控制
	化学	无							
	物理	无							

5. HACCP 计划表和原辅料验收(CCP1)分解表　见表 8-7、表 8-8。

表 8-7　HACCP 计划表

关键控制点	危害	关键限值（CL）	监控系统					纠正措施	记录	验证
			时机	装置	校准	频次	监控者			
原辅料验收（CCP1）	添加剂、重金属、农药残留超标	见表 8-8	每次供方评价时	—	—	每半年（供方提供型式检验报告）	IQC	拒收;供应商评价;退货	原物料进货检验记录、供方档案、检测报告	品保部审核各相关报表,化验室检测验证个别项目
烘干、干燥（CCP2）	水分含量超标	烘干温度 55℃	烘干时	温度、时间控制面板	每年	每批次	烘干操作人员	如偏离,重新调整温度和时间,半成品重新烘干干燥或对半成品进行隔离、评估;分析偏离的原因,防止再次发生	烘干干燥记录;纠正记录;检测报告	生产主管每日审核一次记录;品保部门每年校正温度计;由化验室每日对每批次成品进行一次水分含量测定

关键控制点	危害	关键限值（CL）	监控系统					纠正措施	记录	验证
			时机	装置	校准	频次	监控者			
灭菌（CCP3）	致病菌超标、霉菌	高温温度：150~230℃ 灭菌时间：10~45 min	灭菌时	温度计、计时器	每年	每批次	灭菌操作人员	如偏离，停止灭菌，调整温度和时间，半成品重新灭菌或对半成品进行隔离、评估；分析偏离的原因，防止再次发生	灭菌记录表；纠正记录；检测报告	生产主管每日审核一次记录；品保部门每年校正温度计；由化验室每日对每批次成品进行一次微生物菌落总数检验及致病性大肠菌群检验

表 8-8　原辅料验收（CCP1）分解表

序号	验收产品	安全危害	关键限值（CL）	CL 建立依据
1	灵芝孢子粉	重金属、农药残留等	铅（Pb）（≤ 0.2 mg/kg）、砷（As）（≤ 0.1 mg/kg）、汞（Hg）（≤ 0.02 mg/kg）、六六六（≤ 0.05 mg/kg）、滴滴涕（≤ 0.05 mg/kg）、磷化物（≤ 0.05 mg/kg）、溴酸钾（不得检出）	GB/T 29344—2012
2	包装袋	重金属、添加剂超标	铅（Pb）（≤ 1 mg/kg）、高锰酸钾消耗量（水）（≤ 10 mg/L）、甲苯二胺（4% 乙酸）（≤ 0.004 mg/L）、正乙烷（常温，2h，≤ 30 mg/L）、65% 乙醇（常温，2h，≤ 10 mg/L）	GB/T 4456—2008

6. HACCP 的验证

（1）确认结果　HACCP 计划的宗旨是防止食品安全的危害。除了监控以外，验证用于评价 HACCP 安全控制体系具有科学性、可操作性，并在实施中被严格地执行。目的是提供可信的水平，确认 HACCP 计划的有效性，验证 CCP 的有效受控，验证 HACCP 的正常运行。

（2）CCP 点的验证　为监测 HACCP 计划初步运行情况，由 HACCP 小组成员对各个关键控制点进行验证。验证内容包括关键限值的控制、监控程序的实施（包括仪器、设备的校准）、记录复查，同时对监控人进行考核。验证之后分析，控制程序是否在正确的范围内操作，是否与 HACCP 计划一致。

（3）HACCP 体系的验证情况　为检查 HACCP 计划所规定的各种控制措施是否被有效地执行，HACCP 小组负责人进行了对现场的观察和记录的复查以及查看化验室对最终产品做的微生物检测结果，通过对现场观测和书面记录复查的评价以及"微生物检测结果报告"的显示，分析本HACCP 体系是否有效地运行。

7. 记录保存　见表 8-9 至表 8-12。

食用菌加工产品的质量安全控制与评价

表 8-9 CCP 点验证记录

CCP 点编号:		监控人:	
关键限值的控制	现场观测，并对员工能否对关键限值监控进行描述:		
监控的实施	监控人是否在岗		
	频率是否相符		
	监控工具是否正常使用		
	监控对象是否正确		
记录复查	记录是否正确		
	记录是否真实		
	复核人是否及时审核		
	是否被及时收集归档		
验证总结	验证结论: 验证人: 验证日期:		

表 8-10 HACCP 体系验证记录

验证目的	
验证方法	
验证日期	
验证人	
验证内容及情况记录	
生产流程是否与实际相符	
产品加工工艺描述的准确性	
监控程序是否正确运作	
现场观察中 CL 控制情况	
记录保持是否按计划要求进行	
监控器具是否被按要求校准并记录	
微生物检测结果报告	

IV

审核的事宜	本 HACCP 体系运行时间	
	运行期间是否发生过偏差,如果有,对纠偏行动记录当进行描述	
	与上次验证相隔时间	

验证结论:

表 8-11　确认记录

CCP 点编号:

确认项目	确认记录
危害分析与 CCP 点的确定	
建立 CL 的依据	
监控计划的制订	
纠偏措施制定的依据	
记录的真实性与合理性	

确认结论:

确认人签字:

确认日期:

表 8-12　不合格项报告

受审核部门		陪同人	
审核日期		审核依据	
不合格项描述			

审核员:

日期:

不合格项严重程度	□严重　　　　□一般

食用菌加工产品的质量安全控制与评价

不合格项确认	确认意见：
纠正措施及 完成期限	受审核部门负责人： 日期：
纠正措施 验证情况	
备注	

编制：　　　　审批：　　　　审批日期：

确认人员签名：

日期：

第三节
食用菌饮料质量安全控制

　　食用菌饮料有很多种，本节以速溶猴头菇粉为例，讲述如何进行食用菌饮料质量安全控制。

一、原辅料质量安全控制

　　1. 性状要求　黄褐色或棕褐色粉末，无明显可见杂质，味甘、微苦。

　　2. 鉴别　取本品 1 g，加水 10 mL，充分震摇，溶解、过滤，滤液做以下试验。

　　（1）加 α-萘酚乙醇　取滤液 1 mL，加 5% α-萘酚乙醇溶液 2~3 滴，摇匀，沿管壁缓缓加入浓硫酸 0.5 mL，在两液面交界处有紫色环出现。

　　（2）加茚三铜乙醇　取滤液 1 mL，加 2% 茚三酮乙醇溶液 0.5 mL，水浴加热显蓝紫色。

二、速溶猴头菇粉加工过程质量安全控制

　　（一）生产环境质量要求

　　1. 生产场地选择　生产场地应选择生态环境良好、无污染的地区，远离工矿区和公路、铁路干线，避开污染源。应在食品加工区域和常规生产区域间设置有效的缓冲带或物理屏障，以防止食品生产基地受到污染。

　　2. 厂区布局　食品生产企业必须有整洁的生产环境，生产区、行政区、生活区和辅助区的总体布局合理。

　　3. 生产厂房洁净区要求　生产厂房洁净区内表面应平整光滑，无裂缝，接口严密，无颗粒物脱落，并耐受清洗和消毒，墙壁与地面的交界处形成弧形，以减少灰尘聚合。生产厂房洁净区的空气必须经过净化，且工作人员的人数应严格控制，仅限于该区域生产操作人员，与非洁净区之间设置缓冲设施，人、物流走向合理。

4.生产区和贮存区要求　生产区和贮存区应有与生产规模形式相应的面积和空间以安装设备，或便于生产操作，存放物料、中间产品、待验品和成品，应最大限度减少交叉污染。

（二）加工设备要求

工器具、设备：加工过程使用的设备和工器具，尤其是接触食品的机械设备、操作台、输送带、管道等设备和篮筐、托盘、刀具等工器具的制作材料应符合 GB 4806.1—2016《食品安全国家标准 食品接触材料及制品通用安全要求》。食品加工设备和工器具的结构在设计上应便于日常清洗、消毒和检查、维护。

车间内加工设备的安装，一方面要符合整个生产工艺布局的要求，另一方面则要便于生产过程的卫生管理，同时还要便于对设备进行日常维护和清洁。在安放较大型设备的时候，要在设备与墙壁、设备与顶面之间保留一定的距离和空间，以便设备维护人员和清洁人员的出入。

（三）加工过程质量安全控制

1.速溶猴头菇粉产品特性描述及用途　即食猴头菇粉是一种方便冲调食品，不仅色泽好、口感细腻、富含营养，而且具有良好的冲调性和稳定性，加入热水（92~100℃）能迅速溶解并保持稳定，不出现分层现象，是一种方便食用的营养食品，见表 8-13。

即食猴头菇冲剂卫生要求：细菌总数（≤ 30 000 CFU/g），大肠菌群（≤ 70 MPN/100g），致病菌不得检出。

表 8-13　速溶猴头菇粉产品特性描述及用途

原料	猴头菇
辅料	β - 环状糊精，蔗糖脂肪酸酯、蒸馏单硬脂酸甘油酯、白砂糖
终产品外观描述	形态、色泽、气味、口感等
产品特性	理化指标、卫生指标
加工工艺	原料处理→复水→清洗→破碎→漂烫→打浆→浓缩→调配、混合→均质→喷雾干燥→过筛→成品包装→灭菌处理→成品检验→微生物检验→贮存等　↑ β - 环状糊精、单硬脂酸甘油酯、蔗糖脂肪酸脂、糖
贮存条件	常温、干燥、密闭环境
标签及使用说明	注明生产日期、净含量、保质期、生产厂商、生产地址、SC 标志及编号、卫生许可证、执行标准、加工工艺、联系方式等，符合国标要求
保质期	一年
销售方式	专柜、门店、超市等销售
销售要求	避免阳光直射
食用方法	打开包装后温水冲服
预期用途	销售对象无特殊限制，适用于广大消费者
原辅料及包装材料描述：包括名称、特性比，如农药残留、微生物指标、国标	

食用菌加工产品的质量安全控制与评价

2. 速溶猴头菇粉加工工艺流程

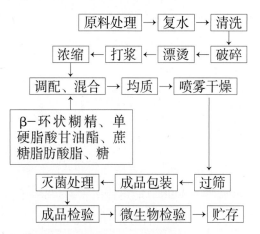

3. 速溶猴头菇粉加工工艺说明

（1）原料处理　将验收后的猴头菇干品，进行挑选，剔除霉变、软绵的次品。

（2）复水　将猴头菇置于 3 倍体积的温水中，浸没猴头菇且水温保持在 30℃±1℃，浸泡 30~40 min，待猴头菇复水至原有新鲜状态，手捏无硬块即可。

（3）清洗　采用鼓气方式进行冲洗，去除猴头菇表面污垢。

（4）破碎　沥干表面水分后，投入破碎机中，剪切至细小碎块。

（5）漂烫　猴头菇破碎后加入 3 倍水中，进行漂烫，此方法不仅可起到钝化酶活性、抑制酶促褐变和软化组织，还可提高猴头菇浆液量。

（6）打浆　漂烫后的猴头菇投入打浆机中打成细腻浆液。

（7）浓缩　采用低温加压浓缩，条件为 50~55℃，10~13 kPa，以浓缩后可溶性固形物含量达 70%~75% 为宜。为喷雾干燥减小运转负荷。

（8）调配、混合　在浓缩猴头菇汁中加入辅料，加入 0.3% β-环状糊精，以减少猴头菇冲剂苦味。加入 0.35% 蔗糖脂肪酸酯、0.40% 单硬脂酸甘油酯、5.0% 白砂糖，充分搅拌均匀。

（9）均质　调配混合后的浆液经过滤后，送入 JMS-50 变速胶体磨进行精磨，使猴头菇浆液组织细腻、均匀。

（10）喷雾干燥　喷雾干燥的热风温度为 160~170℃，排风温度为 35~40℃。

（11）过筛　将喷雾干燥后的复合猴头菇粉进行 80 目过筛，使猴头菇粉得到及时冷却且粒度分散均匀。

（12）成品包装　过筛后，含水率≤3%，灰度≤9%，即可进行成品包装。15 g 单袋包装，采用铝箔袋真空包装，设置抽气时间 20 s，加热温度 120℃，冷却时间 30 s。

（13）灭菌处理　包装完成后，需进行辐射杀菌。辐射杀菌为物理杀菌的方式之一，是一种冷消毒法。被处理的猴头菇粉用一种不能穿透细菌的包装材料包装好，这样经辐射杀菌后，可以有效地避免猴头菇粉在最终消费者使用之前的二次污染。

（14）成品检验　灭菌之后的猴头菇粉进行单袋包装，通过食品金属探测设备，利用红外辐射原理进行金属检测。

（15）微生物检验　参照 GB 4789.2—2016 《食品微生物学检验》。

4. 速溶猴头菇粉加工危害分析工作表　见表 8-14。

表 8-14　速溶猴头菇粉加工危害分析工作表

加工步骤	危害分析		属于引进、增加或控制	判断依据	信息来源	危害评估结果			控制措施选择
						频率	严重性	风险结果	
猴头菇采收	生物	人畜共患肠道致病菌和致病性球菌、旋毛虫、猪囊虫等致病性寄生虫	引进	生产环境控制不当，灵芝孢子粉中可能存在此类生物性危害，并对人体造成严重伤害	GB 7096—2014	很少	严重	C	HACCP 计划—原辅料验收（CCP1）

加工步骤	危害分析		属于引进、增加或控制	判断依据	信息来源	危害评估结果			控制措施选择
						频率	严重性	风险结果	
猴头菇采收	化学	农药、重金属残留、促生长剂等	引进	添加化学添加剂、促生长剂等，这些危害可造成食用者慢性积累性中毒，甚至致癌，或造成急性中毒		很少	中度	C	HACCP计划—原辅料验收（CCP1）
	物理	金属异物及其他杂物	引进	采收过程控制不当，对人体造成物理性伤害	GB 7096—2014	很少	严重	C	HACCP计划—原辅料验收（CCP1）或后道产品金属探测可消除金属危害
猴头菇验收	生物	人畜共患肠道致病菌和致病性球菌、旋毛虫、猪囊虫等致病性寄生虫	引进	生产过程控制不当，产品不达标		很少	严重	C	HACCP计划—灭菌（CCP3）
	化学	农药、重金属残留、促生长剂等	引进	生产过程控制不当，产品不达标	GB 7096—2014	很少	中度	C	HACCP计划—原辅料验收（CCP1）
	物理	金属异物及其他杂物	引进			很少	中度	C	HACCP计划—原辅料验收（CCP1）或后道产品金属探测可消除金属危害
水	生物	无							
	化学	重金属等超过标准	引进	生产过程控制不当	GB/T 22000—2006	很少	严重	C	HACCP计划—原辅料验收（CCP1）
	物理	无							
锡箔包装袋	生物	微生物菌落总数超标	引进	仓贮环境控制不当	GB 4789.2—2016	很少	严重	C	HACCP计划—原辅料验收（CCP1）
	化学	重金属、添加剂超标	引进	生产过程控制不当	GB/T 9683—1988	很少	严重	C	HACCP计划—原辅料验收（CCP1）

食用菌加工产品的质量安全控制与评价

加工步骤	危害分析		属于引进、增加或控制	判断依据	信息来源	危害评估结果			控制措施选择
						频率	严重性	风险结果	
锡箔包装袋	物理	破损		生产过程控制不当		很少			
仓贮	生物	致病菌、霉菌	增加	仓贮过程控制不当	基本常识	很少	严重	C	OPRPS控制 + HACCP计划 – 灭菌（CCP3）
	化学	无							
	物理	无							
原料处理	生物	致病微生物污染	增加	容器消毒不彻底	基本常识	很少	严重	C	HACCP计划—灭菌（CCP3）
	化学	洗涤剂污染	增加	洗涤后清洗不彻底	基本常识	很少	中度	C	OPRPS控制
	物理	无							
复水	生物	无							
	化学	无							
	物理	水分含量	增加	烘干温度、烘干时间	GB 7096—2014				
清洗	生物	致病微生物污染	增加	容器消毒不彻底，环境卫生不达标	基本常识	很少	严重	C	HACCP计划—灭菌（CCP3）
	化学	洗涤剂污染	增加	洗涤后清洗不彻底	基本常识	很少	中度	C	OPRPS控制
	物理	无							
破碎	生物	无							
	化学	无							
	物理	金属杂质	增加	操作仪器损坏	基本常识	很少	严重	C	
漂烫	生物	致病微生物污染	增加	烤盘不洁，人员、工具、操作台污染	基本常识	很少	严重	C	HACCP计划—灭菌（CCP3）+ OPRPS控制

加工步骤	危害分析		属于引进、增加或控制	判断依据	信息来源	危害评估结果			控制措施选择
						频率	严重性	风险结果	
漂烫	化学	无							
	物理	金属杂质	增加	操作仪器损坏	基本常识	很少	严重	C	
打浆	生物	致病微生物污染	增加	烤盘不洁，人员、工具、操作台污染	基本常识	很少	严重	C	HACCP 计划—灭菌（CCP3）+OPRPS 控制
	化学	无							
	物理	金属杂质	增加	操作仪器损坏	基本常识	很少	严重	C	
浓缩	生物	无							
	化学	无							
	物理	水分含量	增加	烘干温度、烘干时间	GB 7096—2014				
调配、混合	生物	致病微生物污染	增加	器具不洁，人员、工具、操作台污染	基本常识	很少	严重	C	HACCP 计划—灭菌（CCP3）+OPRPS 控制
	化学	无							
	物理	金属杂质	增加	搅拌器损坏	基本常识	很少	严重	C	
均质	生物	致病微生物污染	增加	器具不洁，人员、工具、操作台污染	基本常识	很少	严重	C	HACCP 计划—灭菌（CCP3）+OPRPS 控制
	化学	无							
	物理	金属杂质	增加	操作仪器损坏、磨损	基本常识	很少	严重	C	
喷雾干燥	生物	致病微生物污染	增加	器具不洁，人员、工具、操作台污染	基本常识	很少	严重	C	HACCP 计划—灭菌（CCP3）+OPRPS 控制
	化学	无							
	物理	金属杂质	增加	操作仪器损坏	基本常识	很少	严重	C	

食用菌加工产品的质量安全控制与评价

加工步骤	危害分析		属于引进、增加或控制	判断依据	信息来源	危害评估结果			控制措施选择
						频率	严重性	风险结果	
过筛	生物	致病微生物污染	增加	器具不洁，人员、工具、操作台污染	基本常识	很少	严重	C	HACCP计划—灭菌（CCP3）+OPRPS控制
	化学	无							
	物理	金属杂质	增加	操作仪器损坏、筛网破碎	基本常识	很少	严重	C	
包装	生物	致病微生物	增加	杀菌温度、时间控制不当，工器具污染，可造成致病菌残存	基本常识	很少	严重	C	OPRPS控制
	化学	无							
	物理	无							
灭菌	生物	致病微生物、霉菌	控制	环境不洁造成微生物菌落；包装人员未按要求消毒污染成品	基本常识	偶尔	严重	B	OPRPS控制
	化学	无							
	物理	无							

5. HACCP计划表和原辅料验收（CCP1）分解表　见表8-15、表8-16。

表8-15　HACCP计划表

关键控制点	危害	关键限值（CL）	监控系统					纠正措施	记录	验证
			时机	装置	校准	频次	监控者			
原辅料验收（CCP1）	添加剂、重金属、农药残留超标	见表8-16	每次供方评价时	—	—	每半年（供方提供型式检验报告）	IQC	拒收；供应商评价；退货	原物料进货检验记录、供方档案、检测报告	品保部审核各相关报表，化验室检测验证个别项目

关键控制点	危害	关键限值（CL）	监控系统					纠正措施	记录	验证
			时机	装置	校准	频次	监控者			
喷雾干燥（CCP2）	水分含量超标	选择热风温度在160~170℃，排风温度为35~40℃	干燥时	温度、时间控制面板	每年	每批次	干燥操作人员	如偏离，重新调整温度和时间，半成品重新喷雾干燥或对半成品进行隔离、评估；分析偏离的原因，防止再次发生	喷雾干燥记录表；纠正记录；检测报告	生产主管每日审核一次记录；品保部门每年校正温度计；由化验室每日对每批次成品进行一次水分含量测定
灭菌（CCP3）	致病菌超标、霉菌	高温温度：150~230℃灭菌时间：10 ~ 45 min	灭菌时	温度计、计时器	每年	每批次	灭菌操作工人员	如偏离，停止灭菌，调整温度和时间，半成品重新灭菌或对半成品进行隔离、评估；分析偏离的原因，防止再次发生	灭菌记录表；纠正记录；检测报告	生产主管每日审核一次记录；品保部门每年校正温度计；由化验室每日对每批次成品进行一次微生物菌落总数检验及致病性大肠菌群检验

表 8-16　原辅料验收（CCP1）分解表

序号	验收产品	安全危害	关键限值（CL）	CL 建立依据
1	猴头菇粉	重金属、农药残留等	铅（Pb）（≤ 0.2 mg/kg）、砷（As）（≤ 0.1 mg/kg）、汞（Hg）（≤ 0.02 mg/kg）、六六六（≤ 0.05 mg/kg）、滴滴涕（≤ 0.05 mg/kg）、磷化物（≤ 0.05 mg/kg）、溴酸钾（不得检出）	可参考 LY/T 2132—2013
2	包装袋	重金属、添加剂超标	铅（Pb）（≤ 1 mg/kg）、高锰酸钾消耗量（水）（≤ 10 mg/L）、甲苯二胺（4% 乙酸）（≤ 0.004 mg/L）	GB/T 4456—2008

6. HACCP 的验证

（1）确认结果　HACCP 计划的宗旨是防止食品安全的危害。除了监控以外，用于评价 HACCP 安全控制体系具有科学性、可操作性，并在实施中被严格的执行。目的是提供可信的水平，确认 HACCP 计划的有效性，验证 CCP 的有效受控，验证 HACCP 的正常运行。

（2）CCP 点的验证　为监测 HACCP 计划的初步运行情况，由 HACCP 小组成员对各个关键控制点进行验证，验证内容包括关键限值的控制、监控程序的实施（包括仪器、设备的校准）、记录复查，同时对监控人员进行了考核。验证之后认为，控制程序在正确的范围内操作，与 HACCP 计划一致。

食用菌加工产品的质量安全控制与评价

（3）HACCP体系的验证情况　为检查HACCP计划所规定的各种控制措施是否被有效地贯彻执行，HACCP小组负责人进行了对现场的观察和记录的复查以及查看化验室对最终产品做的微生物检测结果，通过对现场观测和书面记录复查的评价以及"微生物检测结果报告"的显示，本HACCP体系有效地运行。

7. 记录保存　见表8-17至表8-20。

表8-17　CCP点验证记录

CCP点编号：	监控人：	
关键限值的控制	现场观测，并对员工能否对关键限值监控进行描述：	
监控的实施	监控人是否在岗	
	频率是否相符	
	监控工具是否正常使用	
	监控对象是否正确	
记录复查	记录是否正确	
	记录是否真实	
	复核人是否及时审核	
	是否被及时收集归档	
验证总结	验证结论： 验证人： 验证日期：	

表8-18　HACCP体系验证记录

验证目的	
验证方法	
验证日期	
验证人	
验证内容及情况记录	
生产流程是否与实际相符	
产品加工工艺描述的准确性	
监控程序是否正确运作	
现场观察中CL控制情况	

记录保持是否按计划要求进行	
监控器具是否被按要求校准并记录	
微生物检测结果报告	
审核的事宜 本 HACCP 体系运行时间	
运行期间是否发生过偏差,如果有,对纠偏行动记录当进行描述	
与上次验证相隔时间	

验证结论:

表 8-19 确认记录

CCP 点编号:

确认项目	确认记录
危害分析与 CCP 点的确定	
建立 CL 的依据	
监控计划的制订	
纠偏措施制定的依据	
记录的真实性与合理性	

确认结论:

确认人签字:

确认日期:

食用菌加工产品的质量安全控制与评价

表 8-20　不合格项报告

受审核部门		陪同人	
审核日期		审核依据	
不合格项描述			

审核员：　　　　　　　日期：

不合格项严重程度	□严重　　　　□一般
不合格项确认	确认意见：
纠正措施及 完成期限	受审核部门负责人： 日期：
纠正措施 验证情况	
备注	

编制：　　　　　　审批：　　　　　审批日期：

确认人员签名：

日期：

第四节
食用菌饼干质量安全控制

食用菌饼干有很多种，本节以猴头菇饼干为例，介绍如何进行食用菌饼干质量安全控制。

一、原辅料质量安全控制

猴头菇饼干的原辅料主要为面粉、猴头菇粉、植物油、白砂糖、奶粉、鸡蛋、食品添加剂等，它们的品质直接影响产品的质量。造成危害的因素有面粉的成熟度、新鲜度、水分含量、脂肪酸值，植物油的 AV 值、POV 值，白砂糖、鸡蛋、奶粉等受到沙门菌、黄曲霉毒素、微生物、重金属等污染。在原辅料验收、运输、贮藏时必须严格按照要求操作，保障原辅料质量安全。

采购的原辅料必须符合国家有关的食品卫生标准或规定。必须采用国家允许使用的、定点厂生产的食用级食品添加剂。采购原辅料时，须向售方索取该批原辅料检验合格证书或化验单。必要时应对货源生产加工场地进行实地考察，全面了解卫生质量情况。

工厂应配备专用的原辅料运输车辆，定期冲洗，保持清洁。运输原辅料时为避免污染，应做到：防尘、防雨、轻装、轻卸、不散、不漏。

原辅料进库前必须严格检验，如果发现不合格或无检验合格证书又无化验单者，就应拒绝入库。原辅料库内必须通风良好，经常清扫，定期消毒，保持洁净；应有防潮、防鼠、防霉、防虫设施。贮藏固态原辅料应离地 20~25 cm、离墙 30 cm以上，分类、定位码放，并有明显标识。贮藏液态原料应使用密封罐，管道输送。易受污染的辅料（如果酱、馅等）应与其他原料分开存放，防止交叉污染。

二、猴头菇饼干加工过程质量安全控制

（一）生产环境质量要求

1. 厂区环境　工厂不得设置于易遭受污染的区域，否则应有严格的食品污染防治措施。厂区四周环境应容易随时保持清洁，地面不得有严重积水、泥泞、污秽等，以避免成为污染源。厂区的空地应铺设混凝土、柏油或绿化等，美化环境并可以防尘土飞扬。邻近及厂内道路，应铺设柏油等，以防灰尘造成污染。厂区内不得有足以发生不良气味、有害（毒）气体、煤烟或其他有碍卫生的设施。厂区内禁止饲养禽、畜及其他宠物，警戒用犬除外，但

应适当管理以避免污染食品。厂区应有适当的排水系统，排水管道应有适当的斜度，且不得有严重积水、渗漏、淤泥、污秽、破损或滋长有害动物而造成食品污染。厂区周界应有适当防范外来污染源侵入的设计与构筑。若有设置围墙，其距离地面至少30 cm 以下部分应采用密闭性材料构筑。厂区如有员工宿舍及附设的餐厅，应与制造、调配、加工、贮存食品或食品添加物的场所完全隔离。

2. 厂房及设施

（1）厂房配置与空间　厂房应依作业流程需要及卫生要求，有序而整齐地配置，以避免交叉污染。厂房应具有足够空间，以利设备安置、卫生设施、物料贮存及人员作息等，以确保食品的安全与卫生。食品器具等应有清洁卫生的贮放场所。制造作业场所内设备与设备之间或设备与墙壁之间，应有适当的通道或工作空间，其宽度应足以容许工作人员完成工作（包括清洗和消毒），且不致因衣服或身体的接触而污染食品、食品接触面或包装材料。厂房中应设置原材料仓库、秤料调配室、加工制造场、成品仓库、更衣室、检验室（应分设化验室及微生物检验室）、厕所、办公室，并予以标示。各作业场所应有足够的空间，并作适当的排列，以利作业。检验室应有足够的空间，以安置试验台、仪器设备等，并进行物理、化学、官能及（或）微生物等试验工作。微生物检验场所应与其他场所适当区隔，如未设置无菌操作箱者须有效隔离。

（2）厂房区隔　凡使用性质不同的场所（如原料仓库、材料仓库、原料处理场、加工调理场及包装室等）应个别设置或加以有效区隔。

凡清洁度区分不同（如清洁、准清洁及一般作业区）的场所，应加以有效隔离，见表8-21。

表 8-21　猴头菇饼干工厂各作业场所的清洁度区分表

厂房设施	清洁度区分
原料检收场及仓库 材料仓库 原料处理场	一般作业区
加工调理场 半成品仓库 内包装材料的准备室 缓冲室	准清洁作业区
易腐败即食性成品的最终半成品的冷却及贮存场所 内包装室	清洁作业区
外包装室 成品仓库	一般作业区
品管（检验）室 办公室（注） 更衣及洗手消毒室 厕所 其他	非食品处理区

（3）厂房结构　厂房的各项建筑物应坚固耐用、易于维修、保持干净，并应为能防止食品、食品接触面及内包装材料遭受污染（如有害动物的侵入、栖息、繁殖等）的结构。厂房的出入口应有防止有害动物进入设施，如空气帘、自动门、纱门、纱窗等。厂房以钢筋水泥结构的永久性建筑为佳。厂房应有防止有害动物栖息、繁殖的结构。

（4）安全设施　厂房内配电必须能防水。电源必须有接地线与漏电断电系统。高湿度作业场所的插座及电源开关宜采用具备防水功能的材料。不同电压的插座必须明显标示。厂房应依消防法令的规定安装火灾警报系统。在适当且明显的地点应设有急救器材和设备，必须加以严格管制，以防污染食品。

（5）地面与排水　地面应使用非吸收性、不透水、易清洗消毒、不藏污纳垢的材料铺设，且须平坦不滑，不得有侵蚀、裂缝及积水。制造作业场所于作业中有液体流至地面、作业环境经常潮湿或以水洗方式清洗作业的区域，其地面应有适当的排水斜度（应在 1/100 以上）及排水系统。废水应排

至适当的废水处理系统或经由其他适当方式予以处理。作业场所的排水系统应有适当的过滤或废弃物排除的装置。排水沟应保持顺畅，且沟内不得设置其他管路。排水沟的侧面和底面接合处应有适当的弧度（曲率半径应在 3 cm 以上）。排水出口应有防止有害动物侵入的装置。屋内排水沟的流向不得由低清洁区流向高清洁区，且应设置防止逆流的装置。

（6）屋顶及天花板　制造、包装、贮存等场所的室内屋顶应易于清扫，以防止灰尘蓄积，避免结露、长霉或成片剥落等情况发生。管制作业区及其他食品暴露场所（原料处理场除外）屋顶若为易藏污纳垢的结构，应加设平滑易清扫的天花板；若为钢筋混凝土结构，其室内屋顶应平坦无缝隙，而梁与梁及梁与屋顶接合处宜有适当的弧度。平顶式屋顶或天花板应使用白色或浅色防水材料构筑，若喷涂油漆应使用可防霉、不易剥落且易清洗的材料。蒸汽、水、电等配管不得设于食品暴露的直接上空，否则应有能防止尘埃及凝结水等掉落的装置或措施。空调风管等宜设于天花板的上方。楼梯或

横越生产线的跨道的设计构筑，应避免引起附近食品及食品接触面遭受污染，并应有安全设施。

（7）墙壁与门窗　管制作业区的壁面应采用非吸收性、平滑、易清洗、不透水的浅色材料构筑，且其墙脚及柱脚（必要时墙壁与墙壁间或墙壁与天花板间）应具有适当的弧度（曲率半径应在3 cm以上），以利清洗及避免藏污纳垢，干燥作业场所除外。作业中需要打开的窗户应装设易拆卸清洗且具有防护食品污染功能的不生锈纱网。但清洁作业区内在作业中不得打开窗户。管制作业区的室内窗台，台面深度如有2 cm以上，其台面与水平面的夹角应达45°以上，未满2 cm的应以不透水材料填补内面死角。管制作业区对外出入门户应装设能自动关闭的纱门（或空气帘），及清洗消毒鞋底的设备（需保持干燥的作业场所应设置换鞋设施）。门扉应以平滑、易清洗、不透水的坚固材料制作，并经常保持关闭。

（8）照明设施　厂内各处应装设适当的采光及（或）照明设施，照明设施以不安装在食品加工线有食品暴露的直接上空为原则，否则应有防止照明设备破裂或掉落而污染食品的措施。一般作业区域的作业面应保持110 m烛光以上，管制作业区的作业面应保持220 m烛光以上，检查作业台面则应保持540 m烛光以上的光度，而所使用的光源应不至于改变食品的颜色。

（9）通风设施　制造、包装及贮存等场所应保持通风良好，必要时应装设有效的通风换气设施，以防止室内温度过高、蒸汽凝结或异味等情况的发生，并保持室内空气新鲜。易腐败的即食性成品或低温运销成品的清洁作业区应装设空气调节设备。在有臭味及气体（包括蒸汽及有毒气体）或粉尘产生而有可能污染食品的地方，应有适当的排除、收集或控制装置。管制作业区的排气口应装设防止有害动物侵入的装置，而进气口应有空气过滤设备。两者都应易于拆卸清洗或换新。厂房内空气调节、进排气或使用风扇时，其空气不得由低清洁区流向高清洁区，以防止食品、食品接触面及内包

装材料遭受污染。

（10）供水设施　应能提供工厂各部所需的充足水量、适当压力及水质。必要时，应有贮水设备及提供适当温度的热水。贮水槽（塔、池）应以无毒，不致污染水质的材料构筑，并应有防护污染的措施。食品制造用水应符合饮用水水质标准，非使用自来水者，应设置净水或消毒设备。不与食品接触的非饮用水（如冷却水、污水或废水等）的管路系统与食品制造用水的管路系统，应以颜色明显区分，并以完全分离的管路输送，不得有逆流或相互交接的现象。地下水源应与污染源（化粪池、废弃物堆置场等）保持15 m以上的距离，以防污染。

（11）洗手设施　应在适当且方便的地点（如在管制作业区入口处、厕所及加工调理场等），设置足够数目的洗手及干手设备。必要时应提供适当温度的温水或热水及冷水并装设可调节冷热水的水龙头。在洗手设备附近应备有液体清洁剂。必要时，应设置手部消毒设备。洗手台应以不锈钢或磁材等不透水材料构筑，其设计和构造应不易藏污纳垢且易于清洗消毒。干手设备应采用烘手器或擦手纸巾。如使用纸巾者，使用后的纸巾应丢入易保持清洁的垃圾桶内（最好使用脚踏开盖式垃圾桶）。若采用烘手器，应定期清洗、消毒内部，避免污染。水龙头应采用脚踏式、肘动式或电眼式等开关方式，以防止已清洗或消毒的手部再度遭受污染。洗手设施的排水，应具有防止逆流、有害动物侵入及臭味产生的装置。应有简明易懂的洗手方法标示，且应张贴或悬挂在洗手设施邻近明显的位置。

（12）洗手消毒室　管制作业区的入口处宜设置独立隔间的洗手消毒室，易腐败的即食性成品工厂则必须设置。室内除应具备规定的设施外，并应有泡鞋池或同等功能的鞋底洁净设备，需保持干燥的作业场所应设置换鞋设施。设置泡鞋池时若使用氯化合物消毒剂，其有效游离余氯浓度应经常保持在200 mg/L以上。

（13）更衣室　应设于管制作业区附近适当而方便的地点，并独立隔间，男女更衣室应分开。

食用菌加工产品的质量安全控制与评价

室内应有适当的照明，且通风应良好。易腐败即食性成品加工厂的更衣室应与洗手消毒室相近。应有足够大的空间，以便员工更衣之用，并应备有可照全身的更衣镜、洁尘设备及数量足够的个人用衣物柜及鞋柜等。

（14）仓库　应依原料、材料、半成品及成品等性质的不同，区分贮存场所，必要时应设有冷（冻）藏库。原材料仓库及成品仓库应隔离或分别设置，同一仓库贮存性质不同物品时，亦应适当区隔。仓库的构造应能使贮存保管中的原料、半成品、成品的质量劣化减低至最小限度，并有防止污染的构造，且应以坚固的材料构筑，其大小应足够作业的顺畅进行并易于维持整洁，并应有防止有害动物侵入的装置。仓库应设置足够数量的栈板，并使贮藏物品距离墙壁、地面均在 5 cm 以上，以利空气流通及物品的搬运。贮存微生物易生长食品的冷（冻）藏库，应装设可正确指示库内温度的温度指示计、温度测定器或温度自动记录仪，并应装设自动控制器或可警示温度异常变动的自动警报器。冷（冻）藏库内应装设可与监控部门联系的警报器开关，以备作业人员因库门故障或误锁时，可以向外界联络并取得协助。仓库应有温度记录，必要时还应记录湿度。

（15）厕所　应设于适当而方便的地点，有足够大的空间，供员工使用。应采用冲水式，并采用不透水、易清洗、不积垢且其表面可供消毒的材料构筑。厕所内的洗手设施应符合国家相关规定，且宜设在出口附近。厕所的外门应能自动关闭，且不得正面开向制造作业场所，但如果有隔离设施及有效控制空气流向以防止污染者不在此限。厕所应排气良好并有适当的照明，门窗应设置不生锈的纱门及纱窗。

（二）加工设备要求

1.设计　所有食品加工用机器设备的设计和构造应能防止危害食品卫生，易于清洗消毒（尽可能易于拆卸），并易于检查。应有使用时可避免润滑油、金属碎屑、污水或其他可能引起污染的物质混入食品的构造。食品接触面应平滑、无凹陷或裂缝，以减少食品碎屑、污垢及有机物的聚积，使微生物的生长减至最低程度。设计应简单，且为易排水、易于保持干燥的构造。贮存、运送及制造系统（包括重力、气动、密闭及自动系统）的设计与制造，应使其能维持适当的卫生状况。在食品制造或处理区，不与食品接触的设备与用具，其构造亦应能易于保持清洁状态。

2.材质　所有用于食品处理区及可能接触食品的食品设备与器具，应由不会产生毒素、无臭味或异味、非吸收性、耐腐蚀且可承受重复清洗和消毒的材料制造，同时应避免使用会发生接触腐蚀的不当材料。食品接触面原则上不可使用木质材料，除非其可证明不会成为污染源者方可使用。调理桌面宜采用良好的不锈钢材、大理石、枫木案板或其他易清洗、不纳垢的材质制造。烤盘宜采用镀锡铁皮制作，并镀硅或铁弗龙离型剂以利脱盘，或铝合金烤盘。

3.加工设备　生产设备的排列应有秩序，且有足够的空间，使生产作业顺畅进行，并避免引起交叉污染，而各个设备的产能必须互相配合。用于测定、控制或记录的测量器或记录仪，应能适当发挥其功能且须准确，并定期校正。以机器导入食品或用于清洁食品接触面或设备的压缩空气或其他气体，应予适当处理，以防止间接污染。猴头菇饼干食品工厂视需要应具备下列基本设备：称量设备（磅秤或电子磅），搅拌、混合设备（附有温度控制为佳），分割、分量设备（依据重量或体积大小切割之装置），印模设备（辊印或辊切成型机），烘烤设备（附有温度、时间控制装置），冷却设备（具适当的冷却功能及清洁空气功能），包装设备（能保护产品及维持卫生美观），输送设备（宜采用自动输送以节省人力与时间；若用台车，其车轮宜使用耐油耐磨材质，如塑钢、尼龙轮等），金属检出设备（能有效检出金属）。

4.品管设备　工厂应具有足够的检验设备，供例行的品管检验及判定原料、半成品及成品的卫生质量。必要时，可委托具公信力的研究或检验机构代为检验厂内无法检测的项目。品管室应具备下列检验设备：分析天平（灵敏度 0.1 mg 以下）、糖度计、水分测定设备、微生物检验设备。

（三）加工过程质量安全控制

1. 猴头菇饼干产品特性描述及用途　见表 8-22。

表 8-22　猴头菇饼干产品特性描述及用途

原料	小麦粉、猴头菇粉
辅料	油脂、白砂糖、玉米淀粉、麦芽糖浆、全脂奶粉、食盐等
终产品外观描述	形态、色泽、气味、口感等
产品特性	理化指标、卫生指标
加工工艺	原辅料验收、原辅料贮存、配料、调制面团、辊印成形、烘烤、喷油、冷却输送、定量包装、入库等
贮存条件	常温、干燥、通风环境
标签及使用说明	注明生产日期、净含量、保质期、生产厂商、生产地址、SC 编号、执行标准、加工工艺、联系方式等，符合国标要求
保质期	半年到一年
销售方式	专柜、门店销售
销售要求	在常温条件下销售；避免阳光直射
食用方法	打开包装后即食
预期用途	销售对象无特殊限制，适用于广大消费者
原辅料及包装材料描述：包括名称、特性，如农药残留、微生物指标、国标	

2. 猴头菇饼干加工工艺流程

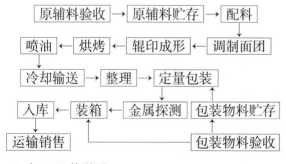

3. 加工工艺说明

（1）原辅料验收　原辅料必须来自合格评定的供应商厂家，依照国家标准进行验证（验证方式可以采取索证、索证+检验、检验），验证合格办理入库手续。

（2）原辅料贮存　原辅料进到公司后，应存放于原辅料专用贮存库（贮存的温度、湿度在受控范围内）。

（3）配料　严格按照配方配比进行配制，以保证每批次生产的饼干品质一致。

（4）调制面团　按所述原料配方称取各原料。将甜味剂与油脂混合得物料 A，将膨松剂、食盐、食用香精混合，并加水溶解得物料 B，将物料 A、物料 B、猴头菇粉、其他原料及水依次投入搅拌机中，搅拌至均匀，接着将面粉及上述物料混合，加水继续搅拌至均匀，备用。

（5）辊印成形　经成形机制作成各种形状的

食用菌加工产品的质量安全控制与评价

饼干生坯。

（6）烘烤 将饼干生坯送入烤箱烘烤，炉膛共分为四个区：1区设定面温220~235℃，底温200~220℃；2区设定面温220~235℃，底温220~235℃；3区设定面温220~235℃，底温220~235℃；4区设定面温220~235℃，底温220~235℃；整个烘烤时间4~8 min。

（7）喷油 饼干出炉后表面喷油。

（8）包装物料验收 包装物料必须来自合格评定的供应商厂家，依照国家标准进行验证（验证方式可以采取索证、索证＋检验、检验），验证合格办理入库手续。

（9）包装 将喷油后的饼干经整理包装后，即为成品。

（10）内包装材料验收 内包装材料购进时，需查验供应商的食品包装生产许可证和供应商出具的产品合格证明，证明该批包装材料适合于包装食品。同时检查内包装材料是否受污染。

（11）内包装材料贮存 内包装材料进公司后，存放于内包装材料专用贮存库（贮存的温度、湿度在受控范围内）。

（12）定量包装 包装人员根据要求进行计量包装。

（13）装箱 把包装好的产品装进纸箱。

（14）入库 操作人员用推车运进专用贮存库，按品种、规格分别打垛堆放，垛位上挂牌标识。

（15）运输销售 将库存的产品出库，运输销售。

4. 猴头菇饼干加工危害分析工作表 见表8-23。

表8-23 猴头菇饼干加工危害分析工作表

加工步骤	危害分析		属于引进、增加或控制	判断依据	信息来源	危害评估结果			控制措施选择
						频率	严重性	风险结果	
猴头菇粉验收	生物	致病菌	引进	生产过程控制不当，产品不达标	可以参考LY/T 2132—2013	很少	严重	C	HACCP计划—灭菌（CCP3）
	化学	酸价、过氧化值、铅、砷、防腐剂	引进	生产过程控制不当，产品不达标		很少	中度	C	HACCP计划—原辅料验收（CCP1）
	物理	无							
面粉验收	生物	致病菌	引进	面粉生产、仓贮或运输污染	基本常识	很少	严重	C	HACCP计划—灭菌（CCP3）
	化学	重金属、农药残留、溴酸钾等	引进	小麦种植污染或面粉加工时添加剂	GB/T 1355—1986	很少	中度	C	HACCP计划—原辅料验收（CCP1）
	物理	无							
鸡蛋验收	生物	致病菌	引进	蛋壳脏污处理不当	基本常识	很少	严重	C	HACCP计划—灭菌（CCP3）

加工步骤	危害分析		属于引进、增加或控制	判断依据	信息来源	危害评估结果			控制措施选择
						频率	严重性	风险结果	
鸡蛋验收	化学	重金属、农药残留等超标	引进	鸡饲料污染	GB 2749—2015	很少	中度	C	HACCP计划—原辅料验收（CCP1）
	物理	无							
水、盐的验收	生物	无							
	化学	重金属等超过标准	引进	生产过程控制不当	基本常识	很少	严重	C	HACCP计划—原辅料验收（CCP1）
	物理	无							
食品添加剂验收	生物	无							
	化学	重金属超标等	引进	生产过程控制不当	GB 1886.235—2016	很少	严重	C	HACCP计划—原辅料验收（CCP1）
	物理	无							
塑料包装袋验收	生物	无							
	化学	重金属、添加剂超标	引进	生产过程控制不当	GB 9683—1988	很少	严重	C	HACCP计划—原辅料验收（CCP1）
	物理	无							
贮存	生物	致病菌、霉菌	增加	仓贮过程控制不当	基本常识	很少	严重	C	OPRPS控制+HACCP计划—灭菌（CCP3）
	化学	无							
	物理	无							
配料	生物	致病微生物污染	增加	人员污染或容器消毒不彻底	基本常识	很少	严重	C	OPRPS控制+HACCP计划—灭菌（CCP3）
	化学	添加剂超标	增加	计量不准确，操作不当	GB 2760-2014	很少	中度	C	HACCP计划—配料（CCP2）

食用菌加工产品的质量安全控制与评价

加工步骤	危害分析		属于引进、增加或控制	判断依据	信息来源	危害评估结果			控制措施选择
						频率	严重性	风险结果	
配料	物理	无							
调制面团	生物	致病微生物污染	增加	容器消毒不彻底	基本常识	很少	严重	C	HACCP 计划—灭菌（CCP3）
	化学	洗涤剂污染	增加	容器洗涤后清洗不彻底	基本常识	很少	中度	C	OPRPS 控制
	物理	金属、线头等	增加	设备在搅拌时可能由于摩擦带来金属碎片	基本常识	很少	严重	C	HACCP 计划—金属探测（CCP4）
辊印成形	生物	无							
	化学	无							
	物理	金属碎片	增加	设备摩擦带来金属碎片	基本常识	很少	严重	C	HACCP 计划—金属探测（CCP4）
烘烤	生物	细菌、大肠杆菌、霉菌	控制	烘烤温度不够不足以杀灭一些致病菌	基本常识	很少	严重	C	HACCP 计划—灭菌（CCP3）
	化学	油脂过氧化	引进	油脂在高温中时间过长可能导致过氧化反应	GB 15196—2015	很少	严重	C	HACCP 计划—灭菌（CCP3）
	物理	无							
喷油	物理	无							
	化学	油脂过氧化	控制	油脂在高温中时间过长可能导致过氧化反应	基本常识	很少	严重	C	OPRPS 控制
	生物	无							
冷却输送	物理	无							
	化学	无							
	生物	无							
整理	物理	无							
	化学	无							
	生物	无							

加工步骤	危害分析		属于引进、增加或控制	判断依据	信息来源	危害评估结果			控制措施选择
						频率	严重性	风险结果	
称重定量包装	生物	致病微生物、霉菌	增加	环境不洁造成微生物菌落；包装人员未按要求消毒污染成品	基本常识	偶尔	严重	B	OPRPS控制
	化学	无							
	物理	无							
金属探测	生物	无							
	化学	无							
	物理	金属异物	控制	调制面团和辊印成形时可能带入金属异物	基本常识	很少	严重	C	HACCP计划—金属探测（CCP4）
装箱入库	生物	无							
	化学	无							
	物理	无							
运输销售	生物	无							
	化学	无							
	物理	无							

5. HACCP计划表和原辅料验收（CCP1）分解表　见表8-24、表8-25。

表8-24　HACCP计划表

关键控制点	危害	关键限值（CL）	监控系统					纠正措施	记录	验证
			时机	装置	校准	频次	监控者			
原辅料验收（CCP1）	添加剂、重金属、农药残留超标	见表8-25	每次供方评价时	—	—	每半年（供方提供型式检验报告）	IQC	拒收；供应商评价；退货	原物料进货检验记录、供方档案、检测报告	品保部审核各相关报表，化验室检测验证个别项目
配料（CCP2）	添加剂过量使用		配料时	天平	每年	每批	配料员	重新称量、配置	配料记录表；纠正记录；检测报告	搅拌工每批搅拌前复核，现场品检抽检报表审核

食用菌加工产品的质量安全控制与评价

关键控制点	危害	关键限值（CL）	时机	装置	校准	频次	监控者	纠正措施	记录	验证
灭菌（CCP3）	致病菌超标、霉菌	四个区：1区设定面温220～235℃，底温200～220℃；2区设定面温220～235℃，底温220～235℃；3区设定面温220～235℃，底温220～235℃；4区设定面温220～235℃，底温220～235℃；烘烤时间4～8 min	烘烤时	温度计、计时器	每年	每一炉	烘烤操作工	如偏离，停止烘烤，调整温度和时间，半成品重新烘烤或对半成品进行隔离、评估；分析偏离的原因，防止再次发生	烘烤记录表；纠正记录；检测报告	生产主管每日审核一次记录；品保每年校正温度计；由化验室每日对每批次成品进行一次微生物检验
金属探测（CCP4）	金属异物	<Φ2.0 mm（铁）<Φ3.0 mm（非铁）	包装后	金属检测仪	每年	每批	操作员	过标准块，假如不报警，则调整精度；报警，则不调整精度。如设备精度正常，则将异常品剔除；假如设备精度有误，则调整精度后将前60 min的产品全部重新检测，剔除异常品	审阅1周的所有金属检查记录；每天开始工作和结束工作时使用标准块验证仪器是否正常；操作人员每个小时验证一次其是否正常	金属探测仪运行记录表

表 8-25　原辅料验收（CCP1）分解表

序号	验收产品	安全危害	关键限值（CL）	CL 建立依据
1	小麦粉	重金属、农药残留、溴酸钾等	铅（Pb）（≤0.2 mg/kg）、砷（As）（≤0.1 mg/kg）、汞（Hg）（≤0.02 mg/kg）、六六六（≤0.05 mg/kg）、滴滴涕（≤0.05 mg/kg）、磷化物（≤0.05 mg/kg）、溴酸钾（不得检出）	GB/T 1355—1986
2	植物油	酸价、过氧化值、重金属、溶剂	铅（Pb）（≤0.1 mg/kg）、砷（As）（≤0.1 mg/kg）、酸价（以脂肪计、KOH）（≤3 mg/g）、过氧化值（以脂肪计）（≤2.5 g/kg）、溶剂残留（≤20mg/g）、黄曲霉毒素 B_1（≤10 µg/kg）、苯并芘（≤10 µg/kg）	GB 2716—2018

序号	验收产品	安全危害	关键限值（CL）	CL 建立依据
3	猴头菇粉	酸价、过氧化值、重金属、农药残留	灰分（≤ 1% mg/kg）、过氧化值（以脂肪计）（≤ 40 g/kg）、铝（干样品，以 Al 计）（≤ 100 mg/kg）、无机砷（以 As 计）（≤ 0.2 mg/kg）、铅（Pb）（≤ 0.5mg/kg）、黄曲霉毒素 B_1（≤ 5.0 μg/kg）、六六六（≤ 0.02 mg/kg）、滴滴涕（≤ 0.02 mg/kg）	NY/T 1884—2010
4	鸡蛋	重金属、农药残留等超标	无机砷（≤ 0.05 mg/kg）、铅（Pb）（≤ 0.2 mg/kg）、镉（Cd）（≤ 0.05 mg/kg）、汞（Hg）（≤ 0.05 mg/kg）、六六六（≤ 0.1 mg/kg）、滴滴涕（≤ 0.1 mg/kg）	GB 2749—2015
5	包装袋	重金属、添加剂超标	铅（Pb）（≤ 1 mg/kg）、高锰酸钾消耗量（水）（≤ 10 mg/L）、甲苯二胺（4% 乙酸）（≤ 0.004mg/L）、正乙烷（常温，2h ≤ 30mg/L）、65% 乙醇（常温，2h，≤ 10mg/L）	GB 2763—2019 GB/T 4456—2008
6	食盐	重金属	砷（As）（≤ 0.5 mg/kg）、铅（Pb）（≤ 1 mg/kg）	GB 2721—2015 GB/T 5461—2016
7	白砂糖	重金属	砷（As）（≤ 0.5 mg/kg）、铅（Pb）（≤ 0.5 mg/kg）	GB 13104—2014 GB/T 317—2018
8	食品添加剂	超标使用	相关添加剂允许添加量	GB 2760—2014

6.HACCP 的验证

（1）HACCP 计划的确认　HACCP 小组依据 CAC 准则和食品卫生通则中有关指令要求，对 HACCP 计划的所有要素进行分析：确立存在的显著危害并提出预防措施；确定关键控制点；建立关键限值；确立有效的监控程序，对关键控制点进行监控；当关键限值发生偏离时，要及时采取纠偏行动；对所有的行动进行有效的记录。分析结果提供客观依据，以证明 HACCP 计划的所有要素（危害分析、CCP 点确定、CL 建立、监控计划、纠偏行动、记录等）都有科学的基础。

（2）CCP 的验证　通过对各个 CCP 点的验证，确定每个 CCP 点是否都严格按照 HACCP 计划运作，它包括以下几个内容：CCP 记录审查、CCP 点监视、测量装置的校准、校准记录的复查、纠偏记录的审查、针对性的取样检测。审查 CCP 的监控记录，以验证 HACCP 计划是否得到有效控制，HACCP 计划是否制定得充分、有效。其方法是通过样本情况、设备能力，从危害分析到 CCP 验证进行科学复查。

（3）检测　最终产品微生物检测虽然不是日常监控的有效方法，但可以作为验证手段用于判断 HACCP 体系运行是否在控制的方法。公司检测项目为：细菌总数、大肠菌群等。HACCP 小组负责查看化验室出具的"最终产品微生物检验报告"，通过对书面记录复查的评价以及"最终产品微生物检验报告"的显示，验证 HACCP 体系是否在有效地运行。

7. 记录保存　对表 8-26 所示的 HACCP 验证记录表保存，备查。

食用菌加工产品的质量安全控制与评价

表 8-26　HACCP 计划验证记录表

验 证 项 目	单项验证结论
HACCP 计划名称：猴头菇饼干系列产品	
验证人员：　　　　　　验证日期：	
评价产品和生产过程	
原辅料和产品描述是否与实际相符	
产品预期用途的描述是否与实际相符	
工艺流程是否与实际相符	
实际操作是否与工艺描述相符	
加工设备是否改变？对食品安全有无影响	
工作人员是否变化？对食品安全有无影响	
产量是否改变？对食品安全有无影响	
评价产品安全历史	
是否存在过多的 CCP 偏离	
同类产品是否不止一次采取产品召回行动	
是否存在涉及产品安全的消费投诉	
评价 HACCP 计划的实施情况	
检查关键控制点是否按 HACCP 计划	
检查加工过程中是否按确定的关键限值操作？ CCP 的关键限值是否恰当	
检查记录是否准确按要求的时间来完成	
监控是否按 HACCP 计划规定的地点予以完成	
监控活动的频率是否符合 HACCP 计划的规定？监控方法和监控频率是否能够识别偏离	
当监控表明发生了关键限值的偏离时，是否采取了纠偏行动？纠偏措施应纠正偏离的原因，确保无不安全食品出售	
监控设备是否按 HACCP 计划规定的频率已予校准	
是否对 CCP 进行了验证（CCP 监视设备的校准、校准记录的审查、针对性地取样验证、CCP 记录的审查）	
是否对最终产品进行了微生物检测	
HACCP 计划记录表单（CCP 的监控记录、纠偏记录、验证记录、设备校准记录、HACCP 体系确认记录、支持文件相关记录）是否得到很好的保存	
最后结论： □ HACCP 计划的实施达到了预期效果 □没有严格执行 HACCP 计划 □其他	

IV

食用菌保健酒质量安全控制

食用菌保健酒有很多种，本节以灵芝酒为例，介绍如何进行食用菌保健酒质量安全控制。

一、原辅料质量安全控制

（一）米类原料

酿制灵芝保健酒的米类原料包括糯米、粳米和籼米，也有使用黍米、粟米和玉米的。对米类原料的要求是：淀粉含量高，蛋白质、脂肪含量低，以达到产酒多、酒气香、杂味少、酒质稳定的目的。胚乳结构疏松，吸水快而少，体积膨胀小。淀粉颗粒中支链淀粉含量高，易于蒸煮、糊化及糖化、发酵，使产酒多，糟粕少，酒液中含有的低聚糖较多，口味醇厚。酿酒原料要求新鲜无霉变和无杂质。

（二）水

酿制酒，水极为重要。水质的好坏，直接影响酒的风味和质量。在酿制过程中，水是其他物料和酶的溶剂，生化酶促反应都必须在水中进行。水中的金属元素和离子是微生物必需的养分和刺激剂，并对调节酒的 pH 及维持胶体稳定性起着重要的作用。酿酒用水可选择洁净的泉水、湖水和远离城镇的清洁水或者井水，自来水经除氯去铁后也可使用。酿酒用水直接参与糊化、糖化、发酵等酶促反应，首先，要符合饮用水标准。其次，要达到以下条件：

1. 水的感官要求　无色，无味，无臭，清亮透明，无异常。

2. pH　pH 中性，理想值为 6.8~7.2，极限值为 6.5~7.8。

3. 水的硬度　酿制用水应保持适量的 Ca^{2+}、Mg^{2+}，能提高酶的稳定性，加快生化反应速度，促进蛋白质变性沉淀。但是蛋白质含量过高有损酒的风味。

4. 铁含量　铁含量小于 0.5 mg/L。含铁过高会影响酒的色、香、味和胶体稳定性，如铁含量大于 1 mg/L 时，酒会有铁腥味，酒色加深，口味粗糙。亚铁离子氧化后，还会形成红褐色沉淀，并促使酒中的高、中分子的蛋白质形成氧化混浊。含铁过高不利于酵母的发酵，故使用铁质容器时应该有涂料保护层，以采用不锈钢容器为宜，避免加工材料与铁接触。

5. 锰含量　锰 < 0.1 mg/L。水中微量的锰有助于酵母的生长繁殖，但过量会使酒味粗糙带涩，并影响酒体的稳定。重金属对微生物和人体有毒，抑制酶反应，故酿酒用水应避免重金属超标。

6. 有机物含量　其含量的高低表示水被污染的轻重，常用高锰酸钾耗用量表示，高锰酸钾耗用量应 < 5 mg/L。氨态氮的存在表示该水不久前受到严重污染，有机物被水中微生物分解而形成氨态氮。NO_3^- 大多是由于动物性物质污染分解而来。NO_2^- 是致癌物质，能引起酵母功能损害。酿酒用水中要求检不出 NH_3、NO_2^-。

7. 硅酸盐含量　硅酸盐（以 SiO_3^{2-} 计） < 50 mg/L。如果水中硅酸盐含量较多，就易形成胶团，妨碍发酵和过滤，并使酒味粗糙，容易致酒液混浊。

8. 水中的微生物　要求不存在产酸细菌和大肠杆菌，尤其要防止病菌和病毒侵入，保证水质卫生安全。

（三）灵芝原料

灵芝是多孔菌科真菌灵芝的子实体。灵芝粉末浅棕色、棕褐色至紫褐色。菌丝散在或黏结成团，无色或淡棕色，细长，稍弯曲，有分枝，直径 2.5~6.5μm。孢子褐色，卵形，顶端平截，外壁无色，内壁有疣状突起，长 8~12μm，宽 5~8μm。见表 8-27。

表 8-27　灵芝原料产品性状描述

指标名称		标准
性状		洁净、无霉变、无污染
鉴别		鉴别方法见本书第八章第二节
检查	杂质	—
	含水率	不得超过 17.0%
	总灰分	不得超过 3.2%
	SO_2 残留量	不得超过 150 mg/kg
	浸出物	不得少于 3.0%
含量	多糖	以无水葡萄糖（$C_6H_{12}O_6$）计，不得少于 0.90%
	三萜及甾醇	以齐墩果酸（$C_{30}H_{48}O_3$）计，不得少于 0.50%
	腺苷	含腺苷（$C_{10}H_{13}N_5O_4$）不得少于 0.01%

二、灵芝酒加工过程质量安全控制

（一）生产环境质量要求

1. 选址　酒厂必须建在交通方便，水源充足，无有害气体、烟雾、灰沙和其他危及保健酒安全卫生的物质的地区。

2. 厂区和道路　厂区应绿化。厂区主要道路和进入厂区的道路应铺设适于车辆通行的坚硬路面（如混凝土或沥青路面）。路面应平坦，无积水。厂区应有足够的排水系统。

3. 厂房与设施　总图布置时应该将卫生要求相近的车间集中布置，将产生粉尘、有害气体的车间布置在厂区的下风向的边缘地带。因此就需要掌握全年主导风向和夏季风主导风向的资料。对可以夏季开窗生产的车间，常以夏季主导风向来考虑车间的相互位置关系等。但产品质量要求严格及防尘、防毒要求较高的产品，并且全年主导风向与夏季主导风向差别十分明显时，则应以全年主导风向来考虑。同时要注意建筑物的方位、形状，以保证车间有良好的采光和自然通风。

（1）微生物培养车间（室）

1）无菌室　设计与设施必须符合无菌操作的工艺技术要求。室内必须设有带缓冲间的小无菌室，并有完好的消毒设施。缓冲间的门与无菌室的门不应直接相对，至少呈 90°，避免外界空气直接进入无菌室。

2）曲种室、麸曲车间、液体曲车间、酒母车间　设计与设施必须符合培养纯种微生物生长、繁殖、活动的工艺技术要求；地面、墙壁应采用防渗材料，便于清洗、消毒、灭菌。

3）大曲、小曲车间　设计与设施必须符合培养酿酒微生物生长、繁殖、活动的工艺技术要求；门窗的结构应便于调节室内温度和空气相对湿度。

（2）原料粉碎车间　原料粉碎车间的设计与设施应能满足原料除杂（土杂物）、粉碎、防尘的工艺技术要求。车间内的除尘设施应使室内粉尘浓度达到国家有关规定；架空构件和设备的安装位置必须便于清理，防止和减少粉尘积聚。

（3）制酒车间 制酒车间的设计与设施应能满足配料、糊化、糖化发酵、蒸馏等的工艺技术要求。操作场所应有排气设施；场地坚硬、宽敞、平坦、排水良好。采用地锅蒸酒的工厂，地锅火门和贮煤场地必须设在车间外。发酵室应有通风和温控设施。发酵窖、池、缸应按特定技术要求制作。发酵室必须与其他工作室分开，并有良好的调温设施；地面、墙壁应采用防渗材料，便于清洗、消毒、灭菌。

（4）酒库 必须有防火、防爆、防尘设施。库内应阴凉干燥。室内酒精浓度必须符合GBZ 1—2010《工业企业设计卫生标准》。

（5）包装车间 包装车间必须远离锅炉房和原材料粉碎、制曲、贮曲等粉尘较多的场所。包装车间应能防尘、防虫、防蚊蝇、防鼠、防火、防爆，灌酒室应与洗瓶室、外包装室分开。

（6）成品库 成品库的容量应与生产能力相适应；库内应阴凉、干燥，并有防火设施。

4.卫生设施

（1）供水系统

1）生产用水 工厂应有足够的生产用水，如需配备贮水设施，应有防止污染的措施。水质必须符合GB 5749—2006《生活饮用水卫生标准》的规定。

2）蒸汽用水 直接用于蒸煮原材料、蒸馏酒的蒸汽用水不得含有影响人体健康和污染酒的物质。

3）非饮用水 不与酒接触的蒸汽用水、冷却用水、消防用水必须用单独的管道输送，绝不能与生产（饮用）水系统交叉连接，并应有明显的颜色区别。

（2）废水、废气处理系统 工厂必须设有废水、废气处理系统。该系统应经常检查、维修，保持良好的工作状态。

（3）更衣室 工厂必须设有与生产车间人数相适应并与生产车间相连接的更衣室。

（4）洗手消毒设施 无菌室内及进口处，纯种微生物培养车间（室）进口处必须设有方便的、不用手开关的冷、热水洗手设施和供洗手用的清洗剂、消毒剂。包装车间的适当位置应设有方便的洗手设施。洗手设施的下水管应经反水弯引入排水管，废水不得外溢，以防止污染环境。

（5）厕所、浴室 厂内必须设有与职工人数相适应的、灯光明亮、通风良好、清洁卫生、无气味的厕所及淋浴室；门窗不得直接开向生产车间。厕所内必须安装纱窗、纱门；地面平整，便于清洗、消毒。坑式厕所必须远离白酒生产车间25 m以上；须采用防渗材料建造。

（6）照明 工厂应有充足的自然照明和人工照明，厂房内照明灯具的光泽、亮度应能满足工作场所和操作人员正常工作的需要。酒库、包装车间、成品库应使用防爆灯具，并装有安全防护罩。

（7）酒糟存放设施 应设有便于销售、清理，避免霉烂的酒糟存放、销售设施。

（8）废弃物临时存放设施 应在远离生产车间的适当地点，设置废弃物临时存放设施，采用便于清洗消毒的材料制作，结构严密，能防止害虫侵入，避免废弃物污染成品、饮用水、设备、道路。

5.设备和工器具

（1）制作材料 所有接触或可能接触酒的设备、管道、工器具和容器等，必须用无铅、无毒、无异味、耐腐蚀、易清洗、不与酒起化学反应的材料制作，表面应光滑，无凹坑、裂缝。蒸馏冷却器必须用高纯锡、铝、不锈钢材料制作。

（2）安装位置 所有设备、管道、工器具和固定设备的安装位置，都应便于拆卸、清洗和消毒。

（3）配备仪表 各生产车间、酒库应根据工艺技术要求，配备温度计、湿度计、糖度计、酒度计、压力表等。

6.供汽 在蒸料、蒸煮、糖化、蒸酒、加热杀菌期间，应根据工艺技术要求，保证有足够的蒸汽供应。

食用菌加工产品的质量安全控制与评价

（二）加工设备要求

1. 生产设施　必须具备满足生产需要的生产设施，并要维护完好。生产设备和工艺装备的性能和精度应该满足生产合格产品的要求。

2. 设备管道的材质　设备管道的材质应不与生产材料起化学反应，与保健酒直接接触的表面应该光滑、平整，易清洗，耐腐蚀。设备和管道应该按照工艺流程布置得间距恰当，整齐美观，便于操作、清洗和维修。安装跨越不同清洁度房间的设备和管道，在穿越房间的连接处应采取可靠的密封隔断措施。有些共用管道等可安装在洁净室的技术夹层或室外走廊里。洁净室内设备和管道的保温层表面必须平整、光滑，不得使用石棉及其制品等保温材料，各色管道的色标应按照统一的规定要求。设备应有专人维修保养，保持设备的良好状态。

（三）加工过程质量安全控制

1. 灵芝酒产品特性描述及用途　见表8-28。

表8-28　灵芝酒产品特性描述及用途

原料	灵芝、白砂糖、酒曲
辅料	糖化酶、活性干酵母、果胶酶、纤维素酶、α-淀粉酶、食用色素、净化纯水
终产品外观描述	形态、色泽、气味、口感等
产品特性	理化指标、卫生指标
加工工艺	灵芝分选、粉碎、蒸熟、糖化、发酵、压榨、后发酵、陈酿、杀菌、装瓶等
贮存条件	密封，置于阴凉干燥处
标签及使用说明	注明生产日期、净含量、保质期、生产厂商、生产地址、SC标志及编号、卫生许可证、执行标准、加工工艺、联系方式等，符合国标要求
保质期	两年到三年
销售方式	专柜、门店销售
销售要求	在常温条件下销售；避免阳光直射
食用方法	直接饮用每日限量
预期用途	性味甘平，有补肝肾、益精血的功效，善治虚劳、咳嗽、气喘、失眠、消化不良等症。适用于易疲劳者、体质虚弱以及免疫力低下的人；未成年人、妊娠期妇女、心脑血管疾病患者、酒精过敏者慎服
原辅料及包装材料描述：包括名称、特性，如农兽药残留、微生物指标等	

2. 灵芝酒加工工艺流程

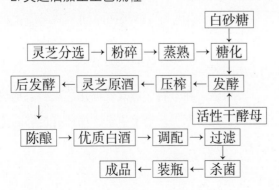

3. 加工工艺说明

（1）原料预处理　选择无虫害、无泥沙、无霉变的干灵芝，形状与大小不限，经切片、粉碎成粒度为120目的灵芝粉，再加入50%水浸泡，蒸熟后冷却至室温。

（2）糖化　因灵芝淀粉含量低，糖化时可加入适量蔗糖，配料比如下：灵芝粉熟料：白砂糖：水 = 2：3：5，加入糖化酶，糖化温度32~34℃，时间38~40 h，糖化结束灭酶。为防止杂菌污染可加入SO₂，SO₂加入量为80~90 mg/L。

（3）酵母复水活化　用5~10倍40℃温水，将安琪干酵母复水活化，15 min后加入发酵醪，加入量以0.2%~0.3%为宜。

（4）醪液发酵　将已活化的酵母液配入发酵液中进行主发酵。发酵8~10 h，要严格控制醪液温度在35~38℃，以后只要保证醪液温度不超过40℃即可。在发酵期间，隔日对醪液进行酸度、还原糖、总糖的测定，经常观察发酵情况，发酵8~10 d即可结束主发酵。

（5）压榨后发酵　发酵8~10 d，酒度可达9%~11%（v/v），采用压榨方法将酒液与酒渣分离，分离所得到的灵芝原酒再回流发酵罐进行2~3 d的后发酵。

（6）陈酿　新酿灵芝酒刺激味大，味道不够纯和，可用木质容器陈酿4~6个月。15~18℃，使灵芝酒中醇酸发生酯化反应，酒液澄清，风味柔和，陈酿后得到低度发酵酒。

（7）杀菌与装瓶　酒度调整后澄清过滤，在85℃温度下加热杀菌15 min，装瓶出厂。

4. 灵芝酒加工危害分析工作表　见表8-29。

表8-29　灵芝酒加工危害分析工作表

加工步骤	危害分析		属于引进、增加或控制	判断依据	信息来源	危害评估结果			控制措施选择
						频率	严重性	风险结果	
灵芝验收	生物	致病菌	引进	生产过程控制不当，产品不达标	GB/T 29344—2012 GB 7096—2014	很少	严重	C	HACCP计划—原辅料验收（CCP1）
	化学	添加剂，农药残留等污染	引进	生产过程控制不当，产品不达标		很少	中度	C	HACCP计划—原辅料验收（CCP1）
	物理	无							
酒基验收	生物	致病菌	引进	生产过程控制不当，产品不达标	基本常识	很少	严重	C	HACCP计划—灭菌（CCP3）
	化学	重金属，农药残留等	引进	生产过程控制不当，产品不达标	基本常识	很少	中度	C	OPRPS控制
	物理	无							
酵母的验收	生物	无							
	化学	无							
	物理	无		长期运作未出现					

食用菌加工产品的质量安全控制与评价

加工步骤	危害分析		属于引进、增加或控制	判断依据	信息来源	危害评估结果			控制措施选择
						频率	严重性	风险结果	
水的验收	生物	有害微生物	引进	由于末梢水中余氯量较低或管网受到污染，水中可能存在细菌等有害微生物	基本常识	很少	中度	C	可以通过SSOP中的生产用水的安全进行控制
	化学	铁、铜、锌等重金属等超过标准	引进	铁管腐蚀、老化等造成水中铁、铜、锌等重金属超标					
	物理	泥沙、碎屑等杂物，有异味，水硬度偏高，有机物超标	引进	水中存在泥沙和碎屑等物理性杂质，供水设备不清洁，水源带入					
食品添加剂验收	生物	无							HACCP计划—原辅料验收（CCP1）
	化学	重金属超标等	引进	生产过程控制不当	GB 2760—2014	很少	严重	C	
	物理	无							
玻璃酒瓶验收	生物	无							HACCP计划—原辅料验收（CCP1）+OPRPS计划
	化学	重金属、添加剂超标	引进	生产过程控制不当	GB/T 24694—2009	很少	严重	C	
	物理	无							
仓贮	生物	致病菌、霉菌	增加	仓贮过程控制不当	基本常识	很少	严重	C	OPRPS计划
	化学	无							
	物理	无							
拆包	生物	无							
	化学	无							
	物理	无							

加工步骤	危害分析		属于引进、增加或控制	判断依据	信息来源	危害评估结果			控制措施选择
						频率	严重性	风险结果	
配料	生物	致病微生物污染	增加	人员污染或容器消毒不彻底	基本常识	很少	严重	C	OPRPS 计划
	化学	添加剂超标	增加	计量不准确，操作不当	GB 2760—2014	很少	中度	C	HACCP 计划—配料（CCP2）
	物理	无							
原料预处理	生物	致病菌	增加	生产过程控制不当，产品不达标	GB 7096—2014	很少	严重	C	HACCP 计划—灭菌（CCP3）+OPRPS 计划
	化学	农药残留	增加	生产过程控制不当，产品不达标		很少	中度	C	OPRPS 控制
	物理	混入杂质	增加	生产过程控制不当，产品不达标	基本常识	很少	中度	C	OPRPS 控制
糖化	生物	致病微生物污染	增加	容器消毒不彻底	基本常识	很少	严重	C	HACCP 计划—灭菌（CCP3）+OPRPS 计划
	化学	洗涤剂污染	增加	容器洗涤后清洗不彻底	基本常识	很少	中度	C	OPRPS 控制
	物理	无							
酵母复水活化	生物	无							
	化学	无							
	物理	无							
醪液发酵	生物	致病微生物污染	增加	生产过程控制不当，产品不达标	基本常识	很少	严重	C	HACCP 计划—灭菌（CCP3）
	化学	无							
	物理	无							

食用菌加工产品的质量安全控制与评价

加工步骤	危害分析		属于引进、增加或控制	判断依据	信息来源	危害评估结果			控制措施选择
						频率	严重性	风险结果	
压榨与后发酵	生物	致病微生物污染	增加	机器、发酵罐不洁	基本常识	很少	严重	C	HACCP 计划—灭菌（CCP3）+ OPRPS 控制
	化学	无							
	物理	残渣	控制	生产过程控制不当，产品不达标	基本常识	很少	中度	C	
陈酿	生物	致病微生物污染	控制	生产过程控制不当，产品不达标	基本常识	很少	严重	C	HACCP 计划—灭菌（CCP3）
	化学	洗洁剂、消毒剂残留	增加	容器洗涤后清洗不彻底	基本常识	很少	严重	C	OPRPS 控制
	物理	无							
杀菌与装瓶	生物	致病微生物，霉菌	控制	环境不洁造成微生物菌落；包装人员未按要求消毒污染成品	基本常识	偶尔	严重	B	OPRPS 控制
	化学	重金属	增加	玻璃瓶不合格	GB/T 24694—2009	很少	严重	C	HACCP 计划—原辅料验收（CCP1）
	物理	无							

5. HACCP 计划表和原辅料验收（CCP1）分解表　见表 8-30、表 8-31。

表 8-30　HACCP 计划表

关键控制点	危害	关键限值（CL）	监控系统					纠正措施	记录	验证
			时机	装置	校准	频次	监控者			
原辅料验收（CCP1）	添加剂、重金属、农药残留、超标	见表 8-31	每次供方评价时	—	—	每半年（供方提供型式检验报告）	IQC	拒收；供应商评价；退货	原物料进货检验记录、供方档案、检测报告	品保部审核各相关报表，化验室检测验证个别项目

关键控制点	危害	关键限值（CL）	监控系统					纠正措施	记录	验证
			时机	装置	校准	频次	监控者			
配料（CCP2）	添加剂过量使用		配料时	天平	每年	每批	配料员	重新称量、配置	配料记录表；纠正记录；检测报告	搅拌工每批搅拌前复核，现场品检抽检报表审核
灭菌（CCP3）	致病菌超标、霉菌		烘烤时	温度计、计时器	每年	每一炉	烘烤操作工	如偏离，停止烘烤，调整温度和时间，半成品重新烘烤或对半成品进行隔离、评估；分析偏离的原因，防止再次发生	烘烤记录表；纠正记录；检测报告	生产主管每日审核一次记录；品保每年校正温度计；由化验室每日对每批次成品进行一次微生物检验

表 8-31　原辅料验收（CCP1）分解表

序号	验收产品	安全危害	关键限值（CL）	CL 建立依据
1	干灵芝	重金属、有机农药超标	水分（≤120 g/kg）、铅（以 Pb 计）（≤1.0 mg/kg）、镉（以 Cd 计）（≤0.5 mg/kg）、汞（以 Hg 计）（≤0.1 mg/kg）、砷（以 As 计）（≤0.5 mg/kg）、N-[N-（3,3-二甲基丁基）-L-a-天门冬氨酰-L-苯丙氨酸1-甲酯（又名钮甜）（≤0.033 g/kg）、β-胡萝卜素（1.0 g/kg）、三氯蔗糖（蔗糖素）（≤0.3 g/kg）、山梨酸及其钾盐（以山梨酸计）（≤0.5 g/kg）、阿斯巴甜（≤1.0 g/kg）、乙酰磺胺酸钾（又名安赛蜜）（≤0.3 g/kg）	GB 2760—2014
2	白砂糖	酵母菌、霉菌等微生物污染，SO_2	铅（以 Pb 计）（≤0.5 mg/kg），砷（以 As 计）（≤0.5 mg/kg），SO_2、焦亚硫酸钾、焦亚硫酸钠、亚硫酸钠、亚硫酸氢钠、低亚硫酸钠（以 SO_2 残留量计）（≤0.1 g/kg），硅酸钙（按生产需要适量使用），螨（不得检出）	GB 13104—2014 GB/T 317—2018
3	酵母	铅、砷超标	砷（以 As 计）（≤0.5 mg/kg）、铅（Pb）（≤0.5 mg/kg）、硅酸钙按生产需要适量使用	GB 31639—2016

6. HACCP 的验证　验证由用来确定整个 HACCP 体系是否在原计划内运行的方法、步骤和实验组成。验证应能证实所有的 CCPS 在制订 HACCP 体系方案时都已得到控制。在确立验证方法时，应遵循从已公认的微生物学判断标准。验证内容包括：

食用菌加工产品的质量安全控制与评价

（1）验证检查时间表的设定　验证是每年进行一次还是每月、每周一次。

（2）检测　运用公认的微生物检测方法对食用菌保健酒检测，并定期对有关设备进行校正（如温度、压力仪表的校正）。

（3）HACCP方案回顾　在回顾时要对HACCP记录、偏差程度、产品随机检样结果进行系统的分析。

（4）书写验证检查记录　验证完成后，应写出验证检查报告，验证检查报告应包括对HACCP体系方案的修订；对CCPS数据直接监控的管理负责人的任命；监测设备已被正确校正的说明书；对一些经常出现的偏差应采取的措施等。

7. 记录保存　见表8-32至表8-35。

表8-32　CCP点验证记录

CCP点编号：		监控人：	
关键限值（CL）的控制	现场观测，并对员工能否对关键限值监控进行描述：		
监控的实施	监控人是否在岗		
	频率是否相符		
	监控工具是否正常使用		
	监控对象是否正确		
记录复查	记录是否正确		
	记录是否真实		
	复核人是否及时审核		
	是否被及时收集归档		
验证总结	验证结论： 验证人： 验证日期：		

表8-33　HACCP体系验证记录

验证目的	
验证方法	
验证日期	
验证人	
验证内容及情况记录	
生产流程是否与实际相符	
产品加工工艺描述的准确性	

	监控程序是否正确运作	
	现场观察中 CL 控制情况	
	记录保持是否按计划要求进行	
	监控器具是否被按要求校准并记录	
	微生物检测结果报告	
审核的事宜	本 HACCP 体系运行时间	
	运行期间是否发生过偏差,如果有,对纠偏行动记录当进行描述	
	与上次验证相隔时间	
验证结论:		

表 8-34　确认记录

CCP 点编号:	
确认项目	确认记录
危害分析与 CCP 点的确定	
建立 CL 的依据	
监控计划的制订	
纠偏措施制定的依据	
记录的真实性与合理性	
确认结论:	

确认人签字:

确认日期:

表 8-35　不合格项报告

受审核部门		陪同人	
审核日期		审核依据	
不合格项描述			

审核员:　　　　　　日期:

食用菌加工产品的质量安全控制与评价

不合格项严重程度	□严重　　　　□一般
不合格项确认	确认意见：
纠正措施及 完成期限	受审核部门负责人： 日期：
纠正措施 验证情况	
备注	

编制：　　　　　　审批：　　　　　　审批日期：

确认人员签名：

日期：

第六节
食用菌腌制品质量安全控制

食用菌腌制食品有很多种，本节以金针菇泡菜和双孢蘑菇罐头为例，介绍如何进行食用菌腌制品质量安全控制。

一、金针菇泡菜质量安全控制

（一）原辅料质量安全控制

GB 7096—2014《食品安全国家标准　食品菌及其制品》对食用菌制品从原料要求、感官要求、理化指标、污染物限量、农药残留限量、微生物限量、食品添加剂等方面作了相应规定。金针菇原料应具有的感官要求如表8-36所示，污染物限量应符合 GB 2762—2017《食品安全国家标准　食品中污染物限量》的规定，农药残留限量应符合 GB 2763—2019《食品安全国家标准　食品中农药最大残留限量》的规定，微生物限量应符合 GB 29921—

2013《食品安全国家标准　食品中致病菌限量》的规定，食品添加剂应符合 GB 2760—2014《食品安全国家标准　食品添加剂使用标准》的规定，生产用水符合 GB 5749—2006《生活饮用水卫生标准》的规定。制作金针菇泡菜所用原辅料的特性、包装要求及贮存方式如表8-37所示。

除了金针菇外，制作金针菇泡菜重要的配料就是食盐。食盐品质的好坏对盐渍产品的质量具有重要影响。食用盐常不同程度地含有杂质，其中化学性质活泼的有钙、镁、铁的氯化物和硫酸盐等，化学性质不活泼的有水和不溶物。食盐中的不溶物主要是指泥沙等无机物及一些有机物，包括硫酸钙、碳酸钙等。在盐溶液中，当镁离子浓度达 0.15%~0.18% 时，即可觉察出苦味。钙离子会导致产品质地粗硬，甚至在菇体表面留下斑痕，损伤外观。普通食盐，特别是粗制食盐，微生物的污染极为严重，常常伴有嗜盐细菌、霉菌和酵母菌或含有沙粒。因此，在盐渍加工中，应使用精制盐。金针菇泡菜所需食用盐应符合 GB 2721—2015《食品安全国家标准　食用盐》的规定。

表 8-36　感官要求

项目	要求	检验方法
色泽	具有产品应有的色泽	取适量试样置于白色瓷盘中,在自然光下观察色泽和状态。闻其气味,用温开水漱口,品其滋味
滋味、气味	具有产品应有的滋味和气味	
状态	具有产品应有的状态,无正常视力可见外来异物,无霉变,无虫蛀	

表 8-37　金针菇泡菜的原料特性、包装要求及贮存方式

序号	原料名称	原料特性	包装要求	贮存方式
1	金针菇	清洁,无杂物;外观新鲜,色泽正常,无冻害和腐烂;无异味,无外来水分,无机械损伤;无虫害、无虫卵、无杂菌污染	包装袋	置于阴凉、干燥、通风无污染处贮存
2	食用盐	白色,味咸,无异味,无明显的与盐无关的外来异物	包装袋	置于阴凉、干燥、通风处贮存
3	味精	颗粒均匀,光泽度好,洁白无杂质,无异味异色	食品袋	置于阴凉、干燥、通风处贮存
4	香料	要求干燥、无虫蛀、无霉变、无异味、无杂质,具有该产品应有的色泽,天然芳香味或辛辣味	食品袋	置于阴凉、干燥、通风处贮存,并离地离墙,不得与有异味物品一起堆放
5	山梨酸钾	食品级,白色或微黄色结晶粉末(鳞片状或颗粒状)	包装袋	于干燥、通风处贮存,不得与有毒、有害、有异味、易挥发、易腐蚀的物品同处贮存

（二）金针菇泡菜加工过程质量安全控制

1. 生产环境质量要求　目前,我国尚无关于泡菜生产环境的国家标准。DB 51/T 1069—2010《四川泡菜生产规范》关于泡菜生产环境作了如下规范:

（1）厂区环境　厂区四周应无有害气体、烟尘、放射性物质及其他扩散性污染源;厂区应当清洁、地面平整、无积水,道路应用硬质材料铺成,无裸露的地面;生活区与生产区应当相互隔离;垃圾应有固定场所并密闭存放,远离生产区;排污沟渠密闭且畅通,不得有各种杂物堆放;禁止饲养禽、畜及其他宠物。

（2）盐渍发酵车间　盐渍发酵车间屋顶坚固、耐用,防雨、防晒,无脱落,车间地面清洁、平整、无积水,并应有防蝇、防虫、防鼠等安全措施。

（3）生产车间

1）生产车间地面　宜采用地砖、树脂或其他硬质材料等进行地面硬化处理。地面易排水,排水口应设置地漏。

2）生产车间门窗　生产中需要开启的窗户,应装设易拆卸清洗且具有防护产品免受污染的不生

食用菌加工产品的质量安全控制与评价

锈的纱网。配料拌和间、灌装间、品质检验间在作业时不得设置可开启的窗户。室内窗台的台面深度如有 2 cm 以上者，其台面与水平面的夹角应达到 45° 以上，未满 2 cm 者应以不透水材料填补其内面死角。门窗设置防蝇、防尘、防虫、防鼠等设施。

3）生产车间墙壁　应平整、光洁、无脱落。应采用无毒、不吸水、不渗水、防霉、平滑、易清洗的浅色材料构筑，车间墙面应贴不低于 1.5m 高的白色瓷砖墙裙。

4）生产车间屋顶　应平整、光洁、无脱落，防落尘。屋顶和天花板应选用不吸水、表面光洁、无毒、防霉、耐腐蚀、易清洁的浅色材料覆涂或装修，在结构上能起到减少结露滴水的效果。食品及食品接触面暴露的上方不应设有蒸汽、水、电气等辅助管道，以防止灰尘、冷凝水等落入。

2. 加工设备要求　应具备与生产加工相适应的加工设备和工具、设施。应定期对生产加工设备、工具进行清洗、消毒，使用的洗涤剂、消毒剂应符合 GB 14930.1—2015《食品安全国家标准　洗涤剂》、GB 14930.2—2012《食品安全国家标准　消毒剂》的规定。生产加工过程中重复使用的设施、工具应便于清洗、消毒。凡直接接触食品物料的设备和工具及设施，必须用无毒、无味、抗腐蚀、不吸水的材料制成。计量器具须经计量部门鉴定合格，在检定有效期内使用。陶坛内壁无釉，内外壁光滑，洁净，无砂眼，无裂纹，以防渗漏水现象。采用混凝土构筑的盐渍池，内壁需贴耐酸碱无釉瓷砖或涂无毒、无味清洁抗腐蚀涂料，以防腐、易清洗。不锈钢制造的盐渍发酵池，内壁不需处理。

3. 加工生产过程质量安全控制

（1）金针菇泡菜产品特性描述及用途　见表 8–38。

表 8–38　金针菇泡菜产品特性描述及用途

原料	金针菇、食用盐
辅料	调味料、防腐剂
终产品外观描述	形态、色泽、气味、口感等
加工工艺	原辅料、漂洗、漂烫、入坛、泡制、装袋、灭菌等
贮存条件	常温、干燥、通风环境
标签及使用说明	注明生产日期、净含量、保质期、生产厂商、生产地址、SC 标志及编号、卫生许可证、执行标准、加工工艺、联系方式等，符合国标要求
保质期	半年到一年
销售方式	超市或商店销售
销售要求	在常温条件下销售，避免阳光直射
食用方法	打开包装即可食用
预期用途	销售对象无特殊限制，适用于广大消费者
原辅料及包装材料描述 •感官指标：乳黄色，香气正常，酸而味鲜，咸味适宜，质地脆嫩，无异味，无杂质 •理化指标：食盐（以氯化钠计）（≤ 120 g/kg）、总酸（以乳酸计）（10~20 g/kg）、固形物含量 ≥ 95%、重金属指标符合 GB 2714—2015《食品安全国家标准　酱腌菜》规定，食品添加剂符合 GB 2760—2014《食品安全国家标准　食品添加剂使用标准》规定 •微生物指标：大肠菌群（≤ 300 MPN/g），致病菌（致病性肠道菌和球菌）不得检出	

（2）加工工艺流程

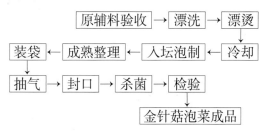

原辅料验收 → 漂洗 → 漂烫

装袋 ← 成熟整理 ← 入坛泡制 ← 冷却

抽气 → 封口 → 杀菌 → 检验

金针菇泡菜成品

（3）加工工艺说明

1）原辅料验收　应严把原料验收关，确保采购的金针菇符合卫生标准和农药等有害化学物质残留要求。原料应当是新鲜完整、肉厚质嫩、色泽正常、无污染、无虫蚊、无霉变。要根据菌体大小、菌盖直径、菌柄长短进行分级，必要时应适当切分。对于淡色调的食用菌，为防止原料氧化褐变，采收后到加工前还需要用维生素C、亚硫酸钠等抗氧化剂进行护色处理。

2）原料预处理　选择新鲜、幼嫩的菇（未开伞），用清水轻轻漂洗，切除菇脚，沥干水分后投入0.1%柠檬酸沸水液中漂烫数分钟，捞出冷却备用。

3）盐水配制　食盐8%~10%，砂糖1%~2%，白酒0.5%~1.0%，香辛料（花椒、红辣椒、茴香）适量，深井水或泉水充至100%。

4）入坛泡制　盐水配好后，盛入泡菜坛，再放入处理好的金针菇，盐水需淹没菇，并注意泡制期间的管理。金针菇泡菜成熟期，依气温、发酵状态及对成品的要求而定，一般7~15 d，含酸量达1%以上即可。

5）整理装袋　金针菇泡菜成熟后，应及时取出整理装袋。要注意长短、色泽以及金针菇的方向一致，摆放整齐，称量准确，装袋迅速。按各种包装规格在一定真空条件下对泡菜进行包装，尽可能减少在杀菌时和杀菌后导致泡菜质量下降的氧化反应，并且可减少杀菌过程中的胀袋。

6）抽气、封口、杀菌、冷却　采用真空抽气封口，真空度13.3 kPa以上。由于金针菇泡菜含酸量高，采用巴氏杀菌即可达到灭菌目的，一般在85~95℃下杀菌10~15 min，迅速冷却。

7）检验　杀菌完毕后的金针菇泡菜产品立即进行冷却，烘（风）干包装袋表面的水分，剔除杀菌不合格产品，进行装箱、贴标，同时送质检部门进行检验。产品经保温检查和理化、感官、卫生指标检验合格，即可装箱，打包入库或出厂。

（4）建立危害分析工作表　危害分析分两步进行：危害识别，即确定与产品有关的潜在危害；危害评估，结合金针菇泡菜的加工特性及工艺流程，对其加工过程进行生物、物理、化学危害分析，确定关键控制点。结果见表8-39。

表8-39　金针菇泡菜加工危害分析工作表

加工步骤	食品安全危害	显著性	判断依据	预防措施	是否关键控制点
原辅料验收	生物性：病原菌、真菌毒素及虫卵等	是	原料在贮藏、运输过程中杂菌污染；工厂检查记录	现场考察后选择产品质量稳定的供应商；建立对原材料供货商、生产厂家的产品质量评鉴和追溯制度	是
	化学性：农药残留等	是	文献报道；食品中农药残留限量标准 GB 2763—2019	选择无公害金针菇供应商；企业应制定原材料的品质规格、验收标准、抽样检验计划及检验检测方法，开展相关验收、检验检测活动。对每批原料进行抽样检验农药及重金属等化学物质残留	是
	物理性：泥土、石块和其他杂物	否	工厂检查记录	对原料进行目测，通过清洗等方式除去	否

食用菌加工产品的质量安全控制与评价

加工步骤	食品安全危害	显著性	判断依据	预防措施	是否关键控制点
漂烫	生物性：无				
	化学性：用水	否	水质不达标将会影响最终产品的品质	对水源采样，经有关部门鉴定合格后使用，加强水质处理工作，生产用水符合 GB 5749—2006 的规定，使用自备水源的，应有必要的净水或消毒措施	否
	物理性：温度和时间控制	是	不恰当的漂烫会影响产品的软硬等状态	掌握好漂烫时间和温度，这是防止产品褐变、软烂的一道关键步骤	是
盐水配制	生物性：杂菌污染	是	食盐浓度低，耐盐性细菌生长繁殖	为保持泡菜品质，采取低盐增酸的方法抑菌	否
	化学性：氟等无机元素超标	是	食盐质量不达标，一些无机元素超标造成中毒	使用符合相应标准的食品添加剂，使用的食盐符合 GB 2721—2015 的规定	否
	物理性：各种食品添加剂的用量	是	食品添加剂用量过多或过少	各种食品添加剂的用量控制在适宜范围	否
入坛泡制	生物性：有害微生物污染，泡制容器不卫生	是	泡制过程尽量避免污染	在泡制过程中要注意泡制容器清洁，环境卫生及泡制用盐和密封，定期换坛沿水，切忌将油脂弄入坛内，不可经常揭盖，以免生花、起漩、变软、变质	是
	化学性：氟等无机元素超标，食品添加剂	是	食盐质量不达标，一些无机元素超标造成中毒	使用符合相应标准的食品添加剂，使用的食盐符合 GB 2721—2015 的规定	否
	物理性：金属屑、泥沙等杂质	否	固体杂质随入坛加入	香辛料使用前过滤或过筛，用多道细小网布包裹后下料，使用的香辛料符合 GB/T 15691—2008 的规定	否
整理装袋	生物性：杂菌污染	否	装袋过程尽量避免杂菌污染	泡制完成从坛内取出样品，准备装袋，应控制操作人员的卫生状况，避免二次污染	否
	化学性：无				
	物理性：金属屑、泥沙等杂质	否	固体杂质随装袋加入	泡制完成从坛内取出样品后，装袋时避免固体杂质随装袋加入样品袋	否
抽气、封口、杀菌	生物性：有害微生物污染及繁殖	是	病原菌繁殖	抽气、封口过程应尽快完成，杀菌要充分，避免杂菌污染、繁殖；严格执行工艺标准；按正确的方法对设备进行清洗和消毒	是
	化学性：无				
	物理性：空气	是	抽气、封口不彻底	抽气过程应迅速完成，保证袋内气体被抽完；封口一定要密封，防止因封口不严而有空气渗入引起胀袋等	是

IV

加工步骤	食品安全危害	显著性	判断依据	预防措施	是否关键控制点
检验	生物性：有害微生物或芽孢残留	是	杀菌温度和时间不符合工艺标准造成细菌残留	定期取出样品，分析成品是否含有有害微生物	否
	化学性：无				
	物理性：气体残留	是	胀袋	观察产品的外观是否正常，是否有胀袋	否

（5）HACCP计划表　根据表8-39的危害分析，确定了4个关键控制点：原辅料验收（CCP1），漂烫（CCP2），入坛泡制（CCP3），抽气、封口、杀菌（CCP4）。对确定的CCP列出相应的显著危害，确定关键限值（CL）。建立适当的控制或观察体系，来保证CCP处于被控制状态。监控体系包括对象、方法、频率以及监控人员。

监控过程中一旦发现某一特点CCP偏离限值，就应该立即采取纠偏行动，纠正所产生的偏差，使CCP重新处于控制之下。确认有偏差的产品要隔离评估，做好纠偏过程的记录。利用各种方法、程序和实验来审核HACCP计划是否正常运转，确保计划的准确执行。认真、及时和精确地记录以及资料保存是必要的书面证据，以便于检查。各项记录在归档前要经严格审核，CCP监控记录、限值偏差与纠正记录、验证记录、卫生管理记录等所有记录内容，要在规定的时间内及时审核，如通过审核，审核员要在记录上签字并写上当时的时间。HACCP计划表见表8-40。

表8-40　HACCP计划表

监控项目		关键控制点			
		原辅料验收（CCP1）	漂烫（CCP2）	入坛泡制（CCP3）	抽气、封口、杀菌（CCP4）
显著性危害		生物性：病原菌、真菌毒素及虫卵等 化学性：农药残留等	物理性：温度和时间控制	生物性：有害微生物污染，泡制容器的卫生 化学性：氟等无机元素超标，食品添加剂	生物性：有害微生物污染及繁殖 物理性：空气
关键限值		原料来自合格供方	漂烫温度和时间适当	保持泡制容器清洁，环境卫生及密封性，定期换坛沿水；食品添加剂的使用必须符合GB 2760—2014《食品安全国家标准　食品添加剂使用标准》的规定	包装材料符合GB 9685—2016《食品安全国家标准　食品接触材料及制品用添加剂使用标准》的要求；待封产品等待时间≤30 min、真空度≥0.09 Mpa，封口平整、严密、不漏气
监控	内容	原料是否合格来自供方；重金属、农药残留检测；硝酸盐、亚硝酸盐检测	金针菇的熟化程度	泡制容器卫生程度，控制开盖频率；泡水的感官评价及盐度、酸度等理化指标评价；食盐质量；泡制时间	包装材料品质；待封产品等待时间、真空度，封口平整度

食用菌加工产品的质量安全控制与评价

监控项目		关键控制点			
		原辅料验收（CCP1）	漂烫（CCP2）	入坛泡制（CCP3）	抽气、封口、杀菌（CCP4）
监控	方法	按照 GB 4789.1—2016 中的相关标准检测各项微生物指标	漂烫程度适中	从泡水的闻香、色泽、滋味对泡水感官进行评价；理化检测食盐品质；定期检测有害微生物	检测包装袋品质，调节真空度，控制待封产品等待时间，观察封口平整度，有无漏气、漏封产品
	频率	每批	每批	每批	每批
	人员	原辅料验收技术人员	操作工、质检部门	工厂实验室人员，质检部门	操作工、品管员
纠偏措施		对原辅料进行抽检，拒收不合格原辅料并报采购部和质管部	长时间高温煮金针菇；时间越长，温度越高，金针菇熟化程度越高，呈软烂状态，易产生褐变。应适当缩短时间和降低温度。	泡制容器保持良好卫生，开盖频率不宜过高；不使用不合格食盐产品；根据检验结果进行纠偏，食盐浓度低则增食盐，食盐浓度高则添加菜品进行稀释，记录泡制时间	包装袋由质检部门送国家相关部门检验，拒绝使用不合格包装材料；按工序要求进行装料，调整真空度，将不符合包装要求产品装入回收筐中整理后重新包装
记录		供应商提供的相关卫生许可证明；原辅料接收检验记录；纠偏措施记录	漂烫检验记录纠偏措施记录	食盐采购记录，泡坛泡制食盐检测浓度记录单，泡菜品质感官检测记录单	包装材料送检记录；封口监控记录，纠偏记录
验证		质量管理部门定期审查供应商提供的相关证明；定期审查原辅料的接收检验记录和纠偏处理结果，每批抽样送官方部门进行一次农药残留、有害元素及亚硝酸盐检测	质检员对每天漂烫金针菇进行抽检；质管部每周抽查一次金针菇软硬程度并记录	质检部实验人员对每天的记录进行确认，并对纠偏处理产品进行处理结果检查	质检部负责人每批审核包装材料送检记录；品管员每天审核记录，每两天检查库存情况，质检员每周测大肠杆菌、细菌总数；每年检验真空表

（6）HACCP 的验证　HACCP 的验证就是检查 HACCP 计划所规定的各项控制措施是否被贯彻执行。验证的方式包括文件审核和现场审核：文件审核是对 HACCP 计划的确认和 CCP 的验证进行书面审核。现场审核是检查 CCP 点是否按 HACCP 计划的要求被监控，工艺过程是否在既定的关键限值内操作、产品描述、工艺流程是否与现场一致，记录是否准确、规范、及时，并对最终产品进行微生物（化学）检测等。

（7）记录保存　为了 HACCP 体系的有效实施，必须建立一系列记录，包括 HACCP 计划和用于制订计划的支持性文件、关键控制点监控记录、纠偏行动记录、验证记录等。此外，还有一些附加记录，如人员培训记录、化验记录、仪器设备校准记录等。

二、双孢蘑菇罐头质量安全控制

（一）原辅料质量安全控制

双孢蘑菇应具有如下要求：新鲜良好，无裂口，无培养根，无病虫害的菇体，符合 NY/T 1934—2010《双孢蘑菇、金针菇贮运技术规范》的要求。食盐：洁白干燥，符合 GB/T 5461—2016《食用盐》的要求。柠檬酸：干燥洁净，符合 GB 1886.235—2016《食品安全国家标准 食品添加剂柠檬酸》的要求，添加量符合 GB 2760—2014《食品安全国家标准 食品添加剂使用标准》的要求。焦亚硫酸钠：洁净干燥，符合国家标准 GB 1886.7—2015《食品添加剂 焦亚硫酸钠》的要求。饮用水：洁净，符合 GB 5749—2006《生活饮用水卫生标准》的要求。包装材料：7113/9114/9116 马口铁罐。

（二）双孢蘑菇罐头加工过程质量安全控制

1. 生产环境质量要求 GB/T 27303—2008《食品安全管理体系 罐头食品生产企业要求》对罐头食品的生产环境作了相应规定。企业的基础设施应满足 GB 8950—2016《食品安全国家标准 罐头食品生产卫生规范》的规定。出口罐头企业还应满足出口国和进口国的相关法规要求。

• 企业应建在无碍食品卫生的区域，厂区内不应兼营、生产、存放有碍食品卫生的其他产品和物品。

• 厂区路面应平整、无积水、易于清洗。

• 厂区应适当绿化，无泥土裸露地面。

• 生产区域应与生活区域隔离。

• 厂区内污水处理设施、锅炉房、贮煤场等应远离生产区域和主干道，并位于主风向的下风处。

• 废弃物暂存场地应远离生产车间，并及时清运出场。

• 配备防止在废弃物暂存和清运过程中污染厂区环境的设施，并定期清洗消毒。

• 应设有污水处理系统，污水排放应符合国家环境保护的规定。

车间内地面、墙壁、天花板的覆盖材料应使用浅色、无毒、耐用、平整、易清洗的材料；地面应有充足的坡度，不积水。墙角、地角、顶角应接缝良好，光滑易清洗。天花板和顶灯的建造和装饰应能尽量减少积尘、水珠凝结及碎物脱落，加工区域应通风良好。

2. 加工设备要求 双孢蘑菇罐头的加工设备要求应满足 GB/T 27303—2008《食品安全管理体系 罐头食品生产企业要求》的规定。车间内接触加工品的设备、工器具，应使用化学性质稳定，无毒，无味，耐腐蚀，不生锈，易清洗，消毒，表面光滑而且防吸附、坚固的材料制作，不应使用竹木器具。根据特定生产工艺需要，如果确需使用竹木器具，应有充足的理由，并采取防止产生危害的控制措施。

车间内应设置清洗生产场地、设备以及工器具用的移动水源，车间内移动水源的软质水管上的喷头或者水枪应保持正常工作状态，不得落地和入水。车间内不同用途的容器应有明显的标识，不得混用，废弃物容器应选用适合的材料制作，对于需加盖的废弃物容器，应配置非手动开启的盖。车间内应设有符合要求的非手动式洗手消毒设施。盛装半成品的食品容器，应放置在距地面有一定高度的架子上，不应随意摆放在地上。所有试管设备都应易于拆卸，便于清洗、消毒。所有容器、设备的焊接点应平整光滑，防止微生物滋生。

在车间入口处和车间内的适当位置应设置足够数量的洗手、消毒、清洗以及干手设施（必要时），配备清洁剂和消毒液，水龙头应为非手动开关并保证水温适宜。在生产区域的人员入口处应设有鞋靴消毒池。应有与生产能力要求的、符合卫生要求的原辅材料、化学物品、包装材料、成品的贮存等辅助设施。

3. 加工过程质量安全控制

（1）双孢蘑菇罐头产品特性描述及用途 见表 8-41。

食用菌加工产品的质量安全控制与评价

表 8-41 双孢蘑菇罐头产品特性描述及用途

原料	双孢蘑菇
辅料	食盐、柠檬酸、焦亚硫酸钠等
终产品外观描述	形态、色泽、气味、口感等
加工工艺	原辅料、护色、除杂、排气、封口、杀菌冷却等
贮存条件	常温、干燥、通风环境
标签及使用说明	注明生产日期、净含量、保质期、生产厂商、生产地址、SC 标志及编号、卫生许可证、执行标准、加工工艺、联系方式等
保质期	半年到一年
销售方式	超市或商店销售
销售要求	在常温条件下销售，避免阳光直射
食用方法	打开包装即可食用
预期用途	销售对象无特殊限制，适用于广大消费者

表 8-42 双孢蘑菇罐头感官要求

项目	鲜双孢蘑菇加工的罐头	盐渍双孢蘑菇加工的罐头
色泽	乳白色或淡黄色，汤汁清晰呈淡黄色	灰白色或浅灰色，汤汁清晰呈淡黄色
滋味	具鲜双孢蘑菇罐头的滋味和气味	具盐渍鲜双孢蘑菇罐头的滋味和气味
整菇	有弹性，完整，切柄均匀，浅白或淡黄色	具盐渍双孢蘑菇罐头的滋味和气味
整片菇	沿菌盖直径平行切片或沿菇柄纵轴切片，厚度均匀，长 6 cm 以上，厚 4 mm 以下	
碎片菇	长 5.9 cm 以下，厚 4 mm 以下	长 5.9 cm 以下，厚 4 mm 以下

双孢蘑菇罐头成品应符合 GB 7098—2015《食品安全国家标准 罐头食品》及 GB/T 14151—2006《蘑菇罐头》的相关规定。以鲜双孢蘑菇和盐渍双孢蘑菇为原料加工的双孢蘑菇罐头应符合表 8-42 的感官指标。

净含量和固形物含量符合表 8-43 的要求，每批产品净含量和固形物含量不得低于标明净含量

及固形物含量要求。氯化钠含量为 0.6%～1.3%。pH：以盐渍双孢蘑菇为原料的罐头为 5.0～5.6，以鲜双孢蘑菇为原料的罐头为 5.2～6.4。符合罐头产品商业无菌的要求。卫生指标符合 GB 7098—2015《食品安全国家标准 罐头食品》的规定，详情参照表 8-44。

表 8-43　双孢蘑菇罐头固形物含量及净含量要求

罐型	标明重量（g）	允许误差（%）	固形物含量（g）	允许误差（%）
7113	425	±5	225	±7
9114	800	±5	424	±7
9116	800	±5	424	±7

表 8-44　双孢蘑菇罐头卫生指标　　　　　　（单位：mg/kg）

项目	指标
锡	≤ 250
铅	≤ 1.0
总砷	≤ 1.5
总汞	≤ 0.1
六六六	≤ 0.1
滴滴涕	≤ 0.1

（2）双孢蘑菇罐头加工工艺流程

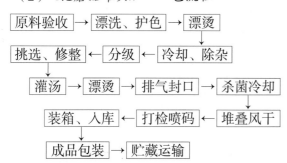

（3）双孢蘑菇罐头加工工艺说明

1）原料验收　双孢蘑菇原料按 GB/T 23190—2008《双孢蘑菇》进行验收：发现病虫害、异味、渗土、变色菇、渍水菇一律拒收。收购后的蘑菇严禁风吹、日晒、雨淋；蘑菇盛放在清洁、无毒的塑料筐内。原料收购到进厂投料时间不得超过 6 h，当天原料当天加工完毕。

2）漂洗、护色　蘑菇在漂洗池漂洗 1~3 次，用高压水喷淋洗去蘑菇表面的泥沙和杂质，用流动水经缓冲池送至漂烫机。

3）漂烫　使用连续漂烫机，漂烫温度 80℃，时间 5~6 min。

4）冷却、除杂　漂烫出来的蘑菇经 S 形冷却流槽中迅速冷却至 20℃以下，然后输送至分选机。

5）分级　采用滚筒式分级机分级，分级要求投料连续均匀，防止跳级、混级，按规格分别送至处理桌处理。大菇直接送至切片机。

6）挑选、修整　采用人工挑选，修整剔除泥根、斑点、不完整等不合格的蘑菇。

7）切片　用切片机将需切片蘑菇切成 3.5~5.0 mm 的菇片，切片后经震动筛筛去碎屑，之后上传送带通过金属探测器进行金属异物检测。

8）装罐流程

①空罐检验。每批进厂的空罐及罐盖经品管部按 SN/T 0400.4—2005《进出口罐头食品检验规程　第 4 部分：容器》进行抽样检验，合格方可入库；生产前选罐工人应对所用空罐逐个进行外观检查，把不合格空罐剔除。

②空罐消毒。空罐通过洗罐机经 82℃以上热水进行喷淋、清洗、消毒，通过中转框运送到装罐

台。

③装罐。整菇、扣菇、扣片、精片、碎片菇经挑选去除不合格菇，然后经清洗、沥干水分，采用手工装罐；品管员每15 min抽查一次装罐量，每次抽检3罐，并做好记录。

9）灌汤流程

①辅料进厂检验。每批进厂辅料经品管部质检员抽样检验合格后方可入库与投入使用。

②辅料配料调汁。按品管部生产计划单准确配制汤水，调汁时辅料先经溶解后加入汤水，配好的汤水煮沸并保持90℃以上备用。

③灌汤。汤水经管道送至灌汤线中（此时汤水要求温度保持在80℃以上），汤水经灌汤机灌注进已装罐的罐头里。

10）排气、封口　封口要求外观无缺口、假封、大嘴巴、牙齿、铁舌、跳封、卷边碎裂等严重缺陷，要求：OL%≥50%、JB%≥50%、TR%≥75%（15173#罐型）。封口验罐员每30 min检查卷边外观质量一次，品管部品管员每2 min对罐体结构解剖投影一次，并做好记录。

11）杀菌　将经封口线检验合格的罐头杀菌车吊入杀菌锅内，密闭后排净水和气，在规定的时间内升温到127℃，到达规定恒温杀菌时间时，应再次检查杀菌时间和杀菌温度是否符合规定。注意从封口到开始杀菌不能超过60 min；杀菌装置符合SN/T 0400.6—2005《进出口罐头食品检验规程　第6部分　热力杀菌》的规定；排气符合相关

规定的要求。

12）做好相关的记录　包括手工记录和自动记录，当天由杀菌车间负责人审核有关记录，翌日把记录送品管部备案。

13）冷却　杀菌结束后在杀菌锅内冷却，冷却至罐中心温度≤40℃出锅，冷却水中的余氯含量不低于0.5 mg/kg。

14）堆叠、风干　杀菌结束后将罐头送至擦罐机，罐头倾去埋头内的水，利用罐头余热蒸发掉表面水分，并用擦罐机吹干后自然冷却。

15）打检、喷码、贴标　按照批次将罐头产品分批摆放，每批产品由质检人员抽检合格之后方可进入包装喷印区进行贴标和喷印。

16）装箱、入库　待罐头自然风干与冷却后，按生产的先后顺序进行装箱，并按不同品种、不同规格分开堆叠于垫板上，然后入库并挂上罐头标识牌。

17）成品包装　经厂检、商检合格的产品按销售部的出货计划通知仓库安排包装。包装材料（纸箱、标签）须验收合格。

18）贮藏、运输　成品库要清洁、干燥，运输车辆清洁无污染。

（4）危害分析工作表　危害分析分两步进行：危害识别，即确定与产品有关的潜在危害；危害评估，结合双孢蘑菇罐头的加工特性及工艺流程，对其加工过程进行生物、物理、化学危害分析，确定关键控制点，结果见表8-45。

表8-45　双孢蘑菇罐头加工危害分析工作表

加工步骤	食品安全危害	显著性	判断依据	预防措施	是否关键控制点
原料采购	生物性：细菌性病原体污染	是	双孢蘑菇在培植、采摘、运输过程中可能被污染	高温、高压杀灭病原体	是
	化学性：无				
	物理性：采收过程混入玻璃、金属、塑料、石头等	否	SSOP控制	对原料进行目测，通过清洗、拣选等方式除去	否

加工步骤	食品安全危害	显著性	判断依据	预防措施	是否关键控制点
护色、漂洗	生物性：细菌性病原体污染	否	SSOP 控制	—	否
	化学性：消毒剂残留和化学物质引入	否	SSOP 控制	用高压水喷淋洗去蘑菇表面的泥沙和杂质	否
	物理性：无				
漂烫、冷却	生物性：细菌性病原体污染及生长	否	SSOP 控制，严格执行操作规程	通过温度和时间钝化酶的活性，残留杂质再冷却漂洗可清除	否
	化学性：无				
	物理性：无				
切片	生物性：细菌性病原体污染及生长	否	SSOP 控制	保证切片符合相应卫生清洁	否
	化学性：消毒剂残留	否	SSOP 控制	—	否
	物理性：金属屑等	否	SSOP 控制	利用金属探测器在传送带上进行金属异物检测	否
空管清洗、消毒	生物性：细菌性病原体污染	否	SSOP 控制	—	否
	化学性：无				
	物理性：无				
装罐	生物性：细菌性病原体污染及生长细菌性病原体残留	否	SSOP 控制，连续生产不可能发生固形物装罐量超过最大装罐量时，导致杀菌不足或胀罐	严格计量，控制最大装罐量，定期对装罐量进行抽查检验	是
	化学性：消毒剂残留	否	SSOP 控制	—	否
	物理性：无				
配汤、加汤	生物性：细菌性病原体污染	是	SSOP 控制	控制合适的灌汤温度及灌装顶隙度	是
	化学性：化学物质的引入	否	SSOP 控制	—	否
	物理性：无				

食用菌加工产品的质量安全控制与评价

加工步骤	食品安全危害	显著性	判断依据	预防措施	是否关键控制点
封口	生物性：细菌性病原体二次污染	是	罐头密封达不到要求导致罐头泄漏和杀菌后的二次污染	每批空罐购进严格验收，定期对封罐机每个机头进行封口目测和结构解剖严格检验控制各项指标，达不到指标停机调整	是
	化学性：无				
	物理性：无				
拾罐	生物性：杀菌篮内产品排列方式不正确，可能导致杀菌不足，致使细菌性病原体残留	否	严格执行操作规程	—	否
	化学性：无				
	物理性：无				
杀菌、冷却	生物性：细菌性病原体生长，细菌性病原体残留，细菌性病原体二次污染	是	封口至杀菌时间过长细菌性病原体大量生长繁殖，导致罐头杀菌前败坏或不能满足杀菌公式要求，排汽不当，杀菌温度和时间不够，导致杀菌不彻底。罐头杀菌冷却过程中可能吸入冷却水，冷却水达不到卫生要求，导致罐头杀菌后二次污染	严格控制封口至杀菌时间不超过 1h；严格按照杀菌排汽公式及杀菌公式操作；严格控制冷却水余氯含量	是
	化学性：无				
	物理性：无				
干罐	生物性：细菌性病原体二次污染	否	SSOP 控制	—	—
	化学性：无				
	物理性：无				

IV

（5）HACCP计划表　根据表8-45的危害分析，确定了5个关键控制点：原辅料验收（CCP1）、装罐（CCP2）、灌汤（CCP3）、封口（CCP4）、杀菌、冷却（CCP5）。对确定的CCP列出相应的显著危害，确定关键限值（CL）。建立适当的控制或观察体系，来保证CCP处于被控制状态。监控体系包括对象、方法、频率以及监控人员。监控时一旦发现某一关键控制点偏离限值，就应该立即采取纠偏行动，纠正所产生的偏差，使CCP重新处于控制之下，确认有偏差的产品要隔离评估，做好纠偏过程的记录。利用各种方法、程序和实验来审核HACCP计划是否正常运转，确保计划的准确执行。认真、及时和精确地记录和保存必要的书面证据，以便于检查。各项记录在归档前要经严格审核，CCP监控记录、限值偏差与纠正记录、验证记录、卫生管理记录等所有资料，要在规定的时间内及时审核，如通过审核，审核员要在记录上签字并写上当时的时间。HACCP计划表见表8-46。

（6）HACCP的验证　HACCP体系的验证就是检查HACCP计划所规定的各项控制措施是否被贯彻执行。验证的方式是通过文件审核和现场审核进行，其中文件审核是对HACCP计划的确认和CCP的验证进行书面审核。现场审核是检查CCP点是否按HACCP计划的要求被监控，工艺过程是否在既定的关键限值内操作，产品描述、工艺流程是否与现场一致，记录是否准确、规范、及时，并对最终产品进行微生物（化学）检测等。

表8-46　HACCP计划表

项目		关键控制点				
		原辅料验收（CCP1）	装罐（CCP2）	灌汤（CCP3）	封口（CCP4）	杀菌、冷却（CCP5）
显著性危害		生物性：细菌性病原体污染	生物性：细菌性病原体污染及生长细菌性病原体残留	生物性：致病性微生物污染	生物性：细菌性病原体二次污染	生物性：细菌性病原体生长，细菌性病原体残留，细菌性病原体二次污染
关键限值		原料必须采购自本厂种植基地或合格供应商处，并经过品管部检测合格方可通过验收	668#罐型：CL为133，OL为110~120 7116#罐型：CL为249，OL为215~235 9124#罐型：CL为500，OL为455~475 15173#罐型：CL为2128，OL为1950~2050	灌装温度≥80℃，顶隙度>0.8 cm	封口的卷边三率，其中OL%≥50%；JB%≥50%；15173#罐型TR%≥75%	从封口第一罐开始到开始杀菌不能超过60 min；冷却水余氯含量不低于0.5 mg/kg
监控	内容	原料是否来自合格供方，原料是否合格	最大装罐量	灌汤温度及灌装顶隙度	封底卷边和封口卷边的外观	封口至杀菌之间的时间间隔，冷却排放水余氯含量
	方法	按照GB/T 4789.1—2016中的相关标准检测各项微生物指标	对装罐量进行抽检	检查灌装顶隙度	检查封底卷边和封口卷边的外观	监测封口至杀菌之间的时间间隔及冷却水余氯含量

食用菌加工产品的质量安全控制与评价

项目		关键控制点				
		原辅料验收（CCP1）	装罐（CCP2）	灌汤（CCP3）	封口（CCP4）	杀菌、冷却（CCP5）
监控	频率	每批	每批	每批	每批	每批
	人员	采购部	质检部门	操作人员	工厂实验室人员，质检部门	操作工、质检部门
纠偏措施		对原辅料进行抽检，拒收不合格原辅料并报采购部和质管部	剔除不合格的空罐，装罐量超过限制的重新装罐	剔除顶隙度过大或过小的罐，重新灌汤	剔除封口不合格品	重新杀菌、冷却
记录		供应商提供的相关卫生许可证明；原辅料接收检验记录；纠偏措施记录	空罐检查记录，纠偏措施记录	灌装顶隙度检查记录，纠偏措施记录	封口卷边三率检查记录，纠偏措施记录	杀菌、冷却监测记录；纠偏措施记录
验证		质量管理部门定期审查供应商提供的相关证明；定期审查原辅料的接收检验记录和纠偏处理结果，每批抽样送官方部门进行一次检测	质检员每15 min抽查一次装罐量，每次抽检3罐，并做好记录	质检员每15 min抽查一次灌汤情况，每次抽检3罐，并做好记录	质管部实验人员对每天的记录进行确认，并对纠偏处理产品进行处理结果检查	质检部负责人每批审核杀菌、冷却监测记录

（7）记录保存 见表8-47至表8-50。

表8-47 CCP点验证记录

CCP点编号：	监控人：	
关键限值的控制	现场观测，并对员工能否对关键限值监控进行描述：	
监控的实施	监控人是否在岗	
	频率是否相符	
	监控工具是否正常使用	
	监控对象是否正确	
记录复查	记录是否正确	
	记录是否真实	

IV

记录复查	复核人是否及时审核	
	是否被及时收集归档	
验证总结	验证结论： 验证人： 验证日期：	

表 8-48　HACCP 体系验证记录

验证目的	
验证方法	
验证日期	
验证人	
验证内容及情况记录	
生产流程是否与实际相符	
产品加工工艺描述的准确性	
监控程序是否正确运作	
现场观察中 CL 控制情况	
记录保持是否按计划要求进行	
监控器具是否被按要求校准并记录	
微生物检测结果报告	
审核的事宜	本 HACCP 体系运行时间	
	运行期间是否发生过偏差，如果有，对纠偏行动记录当进行描述	
	与上次验证相隔时间	
验证结论：		

食用菌加工产品的质量安全控制与评价

表 8-49　确认记录

CCP 点编号:		
确认项目		确认记录
危害分析与 CCP 点的确定		
建立 CL 的依据		
监控计划的制订		
纠偏措施制定的依据		
记录的真实性与合理性		
确认结论: 确认人签字: 确认日期:		

表 8-50　不合格项报告

受审核部门		陪同人	
审核日期		审核依据	
不合格项描述			
审核员:　　　　　　日期:			
不合格项严重程度	□严重　　　　□一般		
不合格项确认	确认意见:		
纠正措施及 完成期限	受审核部门负责人: 日期:		
纠正措施 验证情况			
备注			

编制:　　　　　审批:　　　　审批日期:

确认人员签名:

日期:

食用菌蜜饯质量安全控制

食用菌蜜饯有很多种，本节以猴头菇、平菇、木耳、银耳蜜饯为例，介绍如何进行食用菌蜜饯质量安全控制。

一、原辅料质量安全控制

（一）食用菌

食用菌不仅味道鲜美、口感脆嫩，而且营养价值极高，因而越来越受到人们的喜爱，其销量一直呈稳定增长趋势。但是随着工业"三废"和城市污染物的大量排放，以及农药、化肥的不合理使用，食用菌的质量安全问题日益突出。引发食用菌质量安全问题的因素主要是重金属、农药、食品添加剂等有毒、有害物质的残留和污染。这些有毒、有害物质严重危害人体健康，食用含有大量有毒、有害物质的食用菌会导致急性中毒，长期摄入则引起慢性中毒，甚至引发癌症。它们的来源途径有：栽培基质与产地环境污染导致的重金属含量超标；病虫害防治导致的农药残留；食品添加剂、植物生长调节剂和其他化学药品使用不当引起的化学药剂污染以及微生物污染等。

（二）生产用水的要求

在新型蜜饯加工中，水是很重要的原料之一。蜜饯制作时所需要的水，可以分为加工用水和清洁用水。凡是与果品蔬菜原料直接接触的水，称为加工用水，如用于原料清洗、糖液配制、热烫、冷却和硬化等工序的水。凡是用于清洗容器、器具、设备和车间地面的用水，则为清洁用水。

1.水质 凡是制作蜜饯的加工用水，必须符合GB 5749—2006《生活饮用水卫生标准》的有关规定。蜜饯加工用水水质应该澄清透明，无色、无异味，无悬浮物，无致病菌，无耐热性微生物及寄生虫卵。水中所含的硫酸盐、氯化物、氰化物、硝酸盐、铜、铝、砷、铁、锌、镉、银、汞物质，必须符合国家标准。

2.水的硬度 水的硬度对于蜜饯加工制品的品质影响较大。水的硬度取决于水中钙盐和镁盐的含量。1 L 水中含有氧化钙 10 mg，水的硬度相当于1度。水的硬度在 8 度以下称为软水，8~16 度的水称为中等硬水，16 度以上称为硬水。硬水中的钙盐可使原料质地变硬，增进耐煮性，新型果脯蜜饯加工用水硬度以 12~16 度为宜。

二、食用菌蜜饯加工过程质量安全控制

（一）生产环境质量要求

1.厂区卫生管理

（1）厂区绿化

• 绿化对环境有很好的保护作用，为此要在组织上落实，成立专门机构，企业领导亲自检查、过问，另外要建立一整套制度，用以规范和约束某些行为，使得大家有章可循。

• 厂区内能够绿化的地方应全部种树、种草、养花，使厂区内绿草如茵，鲜花常开。

• 绿化园地要有专人负责，经常喷射杀虫剂，防止绿化地带成为蚊、蝇和其他昆虫的栖息场所，并定期施肥，浇水。

（2）厂区道路 不得乱堆杂物、货物，保持通畅，道路应有专人定期打扫，不得有积水、树叶、纸屑、烟蒂等，力求清洁干净。车辆进入厂时要慢速行驶，以免尘土飞扬，弄脏环境，若将地面弄脏，要随时清扫干净。

（3）垃圾处理 厂区应设置一定量的垃圾箱，以便于存放垃圾，每天必须有专人负责清除垃圾，并加以消毒处理。

（4）废料处理 在厂区内要设立专门的废料堆放场地，并与生产车间离开相当距离，避免污

染。

（5）其他要求 厂区内不应有臭水坑或其他散发臭味的沟渠。

2. 车间卫生管理

• 车间内应有专人负责卫生管理，并应提前 1 h 上班，做好全面消毒工作。

• 在生产车间工作场所内，一律不得存放个人物品，以免污染原料和产品。

• 严格消毒设施，车间内应设有消毒池及消毒盆，里面的消毒液应有专人负责，定期更换。

• 地面、墙壁、四周、地下明沟等要经常打扫，并用水冲洗干净，不允许有杂物及油污存在。

• 车间内外的阴沟和明沟，必须有专人负责清洁，保持排放畅通。

• 车间内墙面、地面最好用瓷砖铺设，并不使其受损，若有破损，要及时修复。

• 车间内不允许出现蚊、蝇和其他昆虫，一旦发现应立即捕杀。

• 工作完毕或交接班时，必须按照要求做好卫生工作，然后才能下班或交班。

• 接班时，接班人员应认真检查，如认为没达到卫生要求，可拒绝接班，并要求上一班人员重新打扫，直至合格后才接班。

（二）加工设备要求

1. 设计 加工设备应按照生产作业顺序排列并与生产能力相匹配。与果脯产品生产有关的机器设备，其设计应能防止危害食品卫生安全，易于清洗消毒，易于检查，并能避免机器润滑油、金属碎屑、污水或其他污染物混入食品。食品接触面应该光滑，无凹陷或者裂缝，减少食品碎屑、污垢及有机物的聚积，将微生物的生长降至最低限度。设计

应简单并易于排水，使机器设备保持干燥状态。

2. 材质 所有可能接触食品的机器设备应无毒、无臭、无味、不吸水和耐腐蚀。食品接触面原则上不可使用木质材料。

3. 质量管理设备 工厂必须设有与生产能力相适应的卫生质量检验室，应具备产品标准所规定的要求检验项目所需要的场所和仪器设备。未开展检测的项目，可委托具有法律效力的食品卫生检测机构进行检测。工厂应配备下列仪器设备：余氯测定器、pH 测定计、水分测定仪、分析天平、温度计、微生物简易测定设备、糖度计、盐度计或盐分测定仪器、SO_2 定向测定设备、一般化学分析用的玻璃仪器、虫体检查设备。生产过程中的质量管理设备都应该定期校正。

4. 机器设备卫生

• 各种机器设备及生产用具在生产前后应彻底清洗及消毒，并确保没有消毒剂残留。清洗和消毒过的机器设备及生产用具应保持清洁，保证再次生产时食品接触面不受污染。用于制造食品的机器设备和场所不得提供给非食品生产用。

• 生产蜜饯所使用的工具要堆放整齐，由使用者负责保管好。

• 车间内的生产设备，如糖煮锅、浸渍缸、分级机、切分机、刺孔机、划纹机等要有专人负责卫生工作，时刻保持其清洁卫生。

5. 包装材料 包装蜜饯所需要的包装材料，需要多少领多少，暂时不用的要妥善保存，严防污染。

（三）加工过程质量安全控制

1. 几种食用菌蜜饯类产品特性描述及用途 见表 8-51。

表 8-51 几种食用菌蜜饯类产品特性描述及用途

原料	平菇、猴头菇、木耳、银耳、白砂糖
辅料	焦亚硫酸钠、氯化钙、柠檬酸、苯甲酸钠
终产品外观描述	形态、色泽、气味、口感等

IV

产品特性	理化指标、卫生指标
加工方式	原料选择、护色、热烫、硬化、包装等
贮存条件	尽可能低温、干燥、通风环境
标签及使用说明	注明生产日期、净含量、保质期、生产厂商、生产地址、SC标志及编号、卫生许可证、执行标准、加工方式、联系方式等，符合国标要求
保质期	一年
销售方式	专柜、门店销售
销售要求	置于阴凉干燥处，避免阳光直射及高温
食用方法	打开包装后煮熟食用
预期用途	销售对象无特殊限制，适用于广大消费者

原辅料及包装材料描述：包括名称、特性，如农药残留、微生物指标、国标

2. 几种食用菌蜜饯加工工艺流程以及加工工艺流程说明

（1）猴头菇蜜饯

1）原辅料配比 猴头菇（50 kg）、蔗糖（35 kg）、食盐（适量）、焦亚硫酸钠（适量）、氯化钙（适量）、柠檬酸（适量）。

2）加工工艺流程

原料选择 → 休整 → 漂烫 → 切分

糖渍 ← 漂洗 ← 硬化 ← 护色

烘制 → 包装

3）加工工艺说明

①原料选择。选择菌伞较小、菇体充实饱满、大小均匀、八九成熟、色泽正常、无腐烂、无机械损伤、无病虫害的新鲜猴头菇为原料。

②休整。把猴头菇的根蒂、培养基及杂质去除干净，放入浓度为2%的盐水中浸泡备用。

③漂烫、切分。将猴头菇捞出，放入加有适量柠檬酸的沸水中，沸煮4~5 min立即捞入冷水中冷却，并剔除碎片，切分为菇块。

④护色、硬化和漂洗。将猴头菇放在浓度为0.1%的焦亚硫酸钠的溶液中（含适量氯化钙）浸泡5~7 h，捞出时用清水冲洗干净。

⑤糖渍。先用菇块质量45%的蔗糖糖渍24 h，然后沥干菇块上的糖液并将糖液加热至沸腾，使糖液浓度达55%，趁热入缸，倒入菇块，继续浸渍24 h左右，之后，将猴头菇和糖液一块煮沸，并添加适量蔗糖，加热浓缩至糖液浓度达60%以上，菇块成透明状为止，捞出，沥干糖液。

⑥烘制、包装。将沥干糖液后的菇块送入菇房，在55~65℃温度下烘制菇块含水量在18%左右，手摸不发黏时，即可进行包装。

4）质量要求 基本保持原有色泽，呈半透明状，清香甜美，润滑可口。菌落总数（≤ 750 CFU/g），大肠菌群（≤ 300 MPN/g），致病菌不得检出。

（2）低糖猴头菇蜜饯

1）原辅料配比 猴头菇（50 kg）、蔗糖（25 kg）、葡萄糖（25 kg）、食盐（适量）、焦亚硫酸钠（适量）、氯化钙（适量）、柠檬酸（适量）、苯甲酸钠（适量）

食用菌加工产品的质量安全控制与评价

2）加工工艺流程

原料选择 → 休整 → 漂烫 → 切分
糖渍 ← 漂洗 ← 硬化 ← 护色
脱涩 → 烘制 → 包装

3）加工工艺说明　从原料选择到漂洗的工序操作可参照"猴头菇蜜饯"进行。

① 糖渍。将蔗糖和葡萄糖按 1∶1 配制成浓度为 50% 的蔗糖溶液，向其中加入 0.5% 的柠檬酸和 0.05% 的苯甲酸钠（以糖液质量百分比计），用 4 层纱布过滤备用。将漂洗后的菇块沥干水分，倒入糖液中浸渍 24 h，再添加适量蔗糖，继续浸渍 24 h，菇块与糖液的比为 1∶2。将糖渍后的菇块与糖液一起倒入锅中加热煮沸，并加入适量蔗糖，保持文火煮沸，待糖液浓度达 55% 时即可停止，捞出，沥干糖液。

② 脱涩。将沥干糖液的菇块放入清水中回漂，以去除涩味。

③ 烘制。将脱涩后的菇块放入烘房，在 50~60℃ 的温度下烘烤干燥，除去菇块表面的水分，随后经整理即可包装。

4）质量要求　呈半透明状，组织饱满、细嫩，润滑可口，菌落总数（≤ 750 CFU/g）、大肠菌群（≤ 300 MPN/g），致病菌不得检出。

（3）木耳蜜饯

1）原辅料配比　黑木耳（10 kg）、蔗糖（7 kg）、柠檬酸（适量）。

2）加工工艺流程

原料选择 → 泡发 → 切分
包装 ← 拌糖粉 ← 糖渍

3）加工工艺说明

①原料选择。选择色正、无虫的优质干木耳为原料。

②泡发。将干木耳放入 40~50℃ 的温水中浸泡 15~20 min，待充分泡发后，剪去蒂部、冲洗干净。

③切分。将泡开的木耳切成 4 cm 的片状。

④糖渍。先配置浓度为 50% 的蔗糖溶液，加热至沸，将木耳放入其中沸煮 10~15 min，然后离火浸渍 5~10 h，捞出木耳，沥干糖液；将糖液继续加热，并添加适量蔗糖使糖液浓度达 60%，同时加入糖液质量 0.3% 的柠檬酸，大火煮沸，倒入木耳，不断搅拌，待糖液浓度为 65%~70% 时再煮 1 h，然后捞出木耳，沥干糖液。

⑤拌糖粉。将糖渍后的木耳冷却到 50~60℃ 时，将其与适量糖粉混合，搅拌均匀后即可进行包装。

4）质量要求　色泽黑亮，呈透明状，酸甜可口，有一定韧性，菌落总数（≤ 750 CFU/g）、大肠菌群（≤ 300 MPN/g），致病菌不得检出。

（4）银耳蜜饯

1）原辅料配比　干银耳（10 kg）、白砂糖（30 kg）、柠檬酸（30 g）、琼脂或卡拉胶（20 g）。

2）加工工艺流程

原料选择 → 泡发 → 切分 → 晾干
包装 ← 晾干 ← 糖渍

3）加工工艺说明

①原料选择。选择色泽洁白或淡黄、朵形大而蒂头小的晒制银耳为原料。

②泡发、切分和晾干。将银耳放入温水中浸泡 1 h 左右，泡至完全涨发，然后洗净、切成小朵形，并除去杂质及色深部分，之后晾 0.5 h 左右。

③糖渍、晾干和包装。将晾至稍干的银耳片和蔗糖一同入锅，文火加热，待蔗糖完全溶化后，加入柠檬酸和琼脂，待糖液温度达 109℃ 时端锅离火，浸渍 4 h 左右，捞出银耳晾干即可进行包装。

4）质量要求　色泽洁白透亮，甜而不腻，有一定韧性，菌落总数（≤ 750 CFU/g）、大肠菌群（≤ 300 MPN/g），致病菌不得检出。

（5）平菇蜜饯

1）原辅料配比　平菇（50 kg）、蔗糖（40 kg）、氯化钙（适量）、柠檬酸（适量）、焦亚硫酸钠（适量）。

2）加工工艺流程

原料选择 → 漂烫 → 硬化 → 回烫
包装 ← 烘制 ← 糖渍

3）加工工艺说明

①原料选择。选择组织充实饱满未开伞时的平菇采收，采收后立即放入浓度为 0.1% 的焦亚硫酸钠溶液中，最好将菌盖和菌柄分割后处理。

②漂烫。将平菇捞出，用清水冲洗干净，放入温水中漂烫 3 min。

③硬化。将漂烫后的平菇直接倒入浓度为 0.4%~0.5% 的氯化钙溶液中浸泡 10 h，然后用清水漂洗至无涩味。

④回烫。将硬化后的平菇放入 80℃左右的热水中，再烫 5 min 左右。

⑤糖渍。将平菇放入浓度为 40% 的蔗糖溶液中浸渍 5 h 左右，捞出后再放入浓度为 70% 的蔗糖溶液中，同时加入糖液质量 0.5% 的柠檬酸，加热至沸，文火煮 1 h，并不断搅拌，当糖液浓度达 72% 时即可捞出，沥干糖液。

⑥烘制、包装。将沥干糖液的平菇送入菇房，在 55℃温度下烘烤 4~8 h，至不黏手为止，随后即可进行包装。

4）质量要求　呈浅白色，半透明状，组织饱满，香甜柔软，不黏手，有韧性；含糖量 > 72%，含水率 18%~22%。菌落总数（≤ 750 CFU/g）、大肠菌群（≤ 300 MPN/g），致病菌不得检出。

3. 食用菌蜜饯类产品加工危害分析工作表　见表 8-52。

表 8-52　食用菌蜜饯类产品加工危害分析工作表

加工步骤	危害分析		属于引进、增加或控制	判断依据	信息来源	危害评估结果			控制措施选择
						频率	严重性	风险结果	
食用菌验收	生物	致病菌	引进	生产过程控制不当，产品不达标	NY/T 2798.5—2015	很少	严重	C	HACCP 计划—原辅料验收（CCP1）
	化学	添加剂，农药残留等污染	引进	生产过程控制不当，产品不达标		很少	中度	C	HACCP 计划—原辅料验收（CCP1）
	物理								
水、糖的验收	生物	致病菌	引进	生产过程控制不当	GB 13104—2014 GB/T 317—2018	很少	严重	C	HACCP 计划—原辅料验收（CCP1）
	化学	重金属等超过标准	引进	生产过程控制不当		很少	严重	C	HACCP 计划—原辅料验收（CCP1）
	物理	无							
食品添加剂验收	生物	无							
	化学	重金属超标等	引进	生产过程控制不当	GB 2760—2014	很少	严重	C	HACCP 计划—原辅料验收（CCP1）
	物理	无							

食用菌加工产品的质量安全控制与评价

加工步骤	危害分析		属于引进、增加或控制	判断依据	信息来源	危害评估结果			控制措施选择
						频率	严重性	风险结果	
塑料包装袋	生物	含有致病菌	引进	验收不合格	文献报道	很少	中度		HACCP计划—原辅料验收（CCP1）
	化学	重金属、添加剂超标	引进	生产过程控制不当	GB/T 30768—2014	很少	严重	C	HACCP计划—原辅料验收（CCP1）
	物理	无							
仓贮	生物	致病菌、霉菌	增加	仓贮过程控制不当	基本常识	很少	严重	C	OPRPS计划
	化学	无							
	物理	无							
拆包	生物	无							
	化学	无							
	物理	无							
配料	生物	致病微生物污染	增加	人员污染或容器消毒不彻底	基本常识	很少	严重	C	OPRPS计划
	化学	添加剂超标	增加	计量不准确，操作不当	GB 2760—2014	很少	中度	C	HACCP计划—配料（CCP2）
	物理	无							
漂洗，护色	生物	致病微生物污染	增加	食用菌本身存在细菌，容器消毒不彻底	基本常识	很少	严重	C	OPRPS计划
	化学	洗涤剂污染	增加	洗涤后清洗不彻底	基本常识	很少	中度	C	OPRPS计划
	物理	无							
热烫	生物	无							
	化学	添加剂超标	增加	计量不准确，操作不当	GB 2760—2014	很少	中度	C	
	物理	无							

IV

加工步骤	危害分析		属于引进、增加或控制	判断依据	信息来源	危害评估结果			控制措施选择
						频率	严重性	风险结果	
硬化	生物	无							
	化学	添加剂超标	增加	计量不准确，操作不当	GB 2760—2014	很少	中度	C	
	物理	无							
冷浸糖	生物	致病微生物污染	增加	水、冷糖液中混有杂菌	基本常识	很少	中度	C	
	化学	添加剂超标	增加	漂洗不彻底	GB 2760—2014	很少	中度	C	OPRPS 计划
	物理	无							
糖煮	生物	致病微生物污染	控制	糖水配置时间过长	基本常识	很少	严重	C	
	化学	添加剂超标	增加	计量不准确，操作不当	GB 2760—2014	很少	中度	C	
	物理	无							
烘烤	生物	致病微生物	增加	人工或器具污染	基本常识	很少	严重	C	OPRPS 计划
	化学	无							
	物理	无							
包装	生物	致病微生物，霉菌	控制	环境不洁造成微生物菌落；包装人员未按要求消毒污染成品	基本常识	偶尔	严重	B	OPRPS 计划
	化学								
	物理								

食用菌加工产品的质量安全控制与评价

4. HACCP 计划表和原辅料验收（CCP1）分解表　见表 8–53、表 8–54。

表 8–53　HACCP 计划表

关键控制点	危害	关键限值（CL）	监控系统					纠正措施	记录	验证
			时机	装置	校准	频次	监控者			
原辅料验收（CCP1）	寄生虫，致病微生物残留，药物残留，重金属超标等	表 7–54	每次供方评价时	—	—	每批	材料验收员，检验员	对检测不合格的原料进行无害化处理，拒收无证原料	原物料进货检验记录、供方档案、检测报告	每月一次报告和供应的合格证明	审查验供商提供的合格证明
配料（CCP2）	添加剂过量使用		配料时	天平	每年	每批	配料员	重新称量、配置	配料记录表；纠正记录；检测报告	搅拌工每批搅拌前复核，现场品检抽检报表审核
烘烤，包装（CCP3）	致病菌超标，霉菌污染		烘烤时	温度计、计时器	每年	每一炉	烘烤操作工，食品检验员	如偏离，停止烘烤，调整温度和时间，半成品重新烘烤或对半成品进行隔离评估；分析偏离的原因，防止再次发生。包装时使用一次性塑料手套	烘烤记录、纠正记录；检测报告	生产主管每日审核记录；品保每年校正温度计；化验室每日对每批成品进行一次微生物检验

表 8–54　原辅料验收（CCP1）分解表

序号	验收产品	安全危害	关键限值（CL）	CL 建立依据
1	食用菌	重金属，有机农药超标	铅（以 Pb 计）（≤ 1.0 mg/kg）、镉（以 Cd 计）（≤ 0.2 mg/kg）、汞（以 Hg 计）（≤ 0.1 mg/kg）、砷（以 As 计）（≤ 0.5 mg/kg）、2, 4 滴（≤ 0.1 mg/kg）、百菌清（≤ 5 mg/kg）、除虫脲（≤ 0.3 mg/kg）、代森锰锌（≤ 1 mg/kg）、氟氯氰菊酯和高效氟氯氰菊酯（≤ 0.3 mg/kg）、氟氯戊菊酯（≤ 0.2 mg/kg）、腐霉利（≤ 5 mg/kg）、氯氟氰菊酯和高效氯氟氰菊酯（≤ 0.5 mg/kg）、氯菊酯（≤ 0.1 mg/kg）、氯氰菊酯和高效氯氰菊酯（≤ 0.5 mg/kg）、马拉硫磷（≤ 0.5 mg/kg）、咪鲜胺和咪鲜胺锰盐（≤ 2 mg/kg）；氰戊菊酯和 S- 氰戊菊酯（≤ 0.2 mg/kg）、双甲脒（≤ 0.5 mg/kg）、五氯硝基苯（≤ 0.1 mg/kg）、辣椒油树脂（按生产需要适量添加）、柠檬酸亚锡二钠（≤ 0.3 g/kg）；乳酸链球菌素（≤ 0.2 g/kg）、阿斯巴甜（≤ 1.0 g/kg）	GB 7096—2014 GB 2763—2019 GB 2760—2014

IV

序号	验收产品	安全危害	关键限值（CL）	CL建立依据
2	白砂糖	酵母菌，霉菌等微生物污染，二氧化硫	铅（以Pb计）（≤0.5 mg/kg），砷（以As计）（≤0.5 mg/kg），SO_2、焦亚硫酸钾、焦亚硫酸钠、亚硫酸钠、亚硫酸氢钠、低亚硫酸钠（以SO_2残留量计）（≤0.1 g/kg），硅酸钙（按生产需要适量使用），β–胡萝卜素（≤0.2 g/kg），螨（不得检出）	GB 13104—2014 GB/T 317—2018 GB 2760—2014
3	焦亚硫酸钠	铁、砷以及重金属超标	铁（Fe）（≤0.003%）、砷（As）（≤0.0001%）、重金属（以Pb计）（≤0.0005%）	GB 2760—2014 HG/T 2826—2008
4	氯化钙	游离碱，重金属超标	游离碱[Ca（OH）$_2$]（≤0.25%）、镁及碱金属盐（≤5.0%）、重金属（以Pb计）（≤0.002%）、铅（Pb）（≤0.0005%）、砷（As）（≤0.0003%）、氟（F）（≤0.004%）	GB 2760—2014 GB/T 26520—2011
5	柠檬酸	重金属、砷盐超标	易炭化物（≤0.1%）、硫酸灰分（≤0.05%）、氯化物（≤0.005%）、硫酸盐（≤0.01%）、草酸盐（≤0.01%）、钙盐（≤0.02%）、铁（≤5 mg/kg）、砷盐（≤1 mg/kg）、重金属（以Pb计）（≤5 mg/kg）、水不溶物检测（滤膜基本不变色，目视可见杂色颗粒不超过3个）	GB 2760—2014 GB/T 8269—2006
6	包装袋	重金属、添加剂超标	铅（Pb）（≤1 mg/kg）、高锰酸钾消耗量（水）（≤10 mg/L）、甲苯二胺（4%乙酸）（≤0.004mg/L）、正乙烷（常温，2h，≤30mg/L）、65%乙醇（常温，2h，≤10mg/L）	GB/T 4456—2008

5. HACCP 的验证　HACCP 计划的宗旨是防止食品安全的危害，验证目的是提供置信水平，即 HACCP 计划是建立在严谨的、科学的原理基础上，它是用来控制产品和工艺工程中出现的危害，而且这种控制措施正被贯彻执行着，也就是验证 HACCP 计划的有效性和符合性。

食用菌蜜饯 HACCP 验证的要素：

（1）确认　未实施生产之前首先进行确认，确保食用菌蜜饯生产过程中的原料，产品配方和加工工艺是否发生改变，若发生变化，及时更新确认。

（2）食用菌蜜饯的 CCP 验证方法

• 对生产蜜饯的各种仪器设备进行校准，并且确保所采用测量方法的精确。

• 校准记录要进行审核，记录要加以保存和审核。

• 对所有产品分批次进行随机抽样，检验食用菌蜜饯的合格程度。

• 关键控制点记录的审核。

（3）食用菌蜜饯 HACCP 体系的验证方法

• 检查产品说明书和工艺流程的准确性。

• 检查 CCP 是否按 HACCP 的要求被监控；将有限的资源用于对食用菌蜜饯生产的重点风险评估和关键工序控制的监管，例如原辅料验收一定要确保合格再进行生产，使用添加剂一定要注意安全限量等。

• 检查监控点。

6. 记录保存　见表8-55至表8-58。

食用菌加工产品的质量安全控制与评价

表 8-55　CCP 点验证记录

CCP 点编号：	监控人：	
关键限值的控制	现场观测，并对员工能否对关键限值监控进行描述：	
监控的实施	监控人是否在岗	
	频率是否相符	
	监控工具是否正常使用	
	监控对象是否正确	
记录复查	记录是否正确	
	记录是否真实	
	复核人是否及时审核	
	是否被及时收集归档	
验证总结	验证结论： 验证人： 验证日期：	

表 8-56　HACCP 体系验证记录

验证目的	
验证方法	
验证日期	
验证人	
验证内容及情况记录	
生产流程是否与实际相符	
产品加工工艺描述的准确性	
监控程序是否正确运作	
现场观察中 CL 控制情况	
记录保持是否按计划要求进行	
监控器具是否被按要求校准并记录	
微生物检测结果报告	

IV

审核的事宜	本 HACCP 体系运行时间	
	运行期间是否发生过偏差,如果有,对纠偏行动记录当进行描述	
	与上次验证相隔时间	

验证结论:

表 8-57　确认记录

CCP 点编号:

确认项目	确认记录
危害分析与 CCP 点的确定	
建立 CL 的依据	
监控计划的制订	
纠偏措施制定的依据	
记录的真实性与合理性	

确认结论:

确认人签字:

确认日期:

表 8-58　不合格项报告

受审核部门		陪同人	
审核日期		审核依据	
不合格项描述			

审核员:　　　　　　日期:

不合格项严重程度	□严重　　　□一般
不合格项确认	确认意见:

食用菌加工产品的质量安全控制与评价

纠正措施及 完成期限	受审核部门负责人： 日期：
纠正措施 验证情况	
备注	

编制：　　　　　　审批：　　　　　　审批日期：

确认人员签名：

日期：

第八节
食用菌糖果质量安全控制

食用菌糖果品种多，本节以黑木耳糖果为例，介绍如何进行食用菌糖果质量安全控制。

一、原辅料质量安全控制

食用菌糖果是以甜味剂为主体，加入食用菌提取物、香料、油脂、蛋白、果仁制成的甜味固体食品。因所加辅料的不同，形成了品种繁多、风味各异、具有一定营养功能的食用菌糖果。

（一）原料质量要求

黑木耳的质量标准应符合 GB/T 6192—2019《黑木耳》的规定：黑褐色；耳片完整，不能通过直径 3 cm 的筛眼；虫蛀耳、霉烂耳不得含有；含水率≤14%，手握有清脆声；沙石、树皮、树叶等不得含有。

我国食用菌当前执行的国家标准、行业标准规定重金属及其他金属元素安全指标最高限量为：铅（1.0 mg/kg）、砷（0.5 mg/kg）、汞（0.1 mg/kg）、镉（0.5 mg/kg）。农药残留最高限量为：六六六（0.1 mg/kg）、滴滴涕（0.05 mg/kg）、敌敌畏（0.1 mg/kg）、多菌灵（1 mg/kg）、百菌清（1 mg/kg）、氯氰菊酯（0.01 mg/kg）、溴氰菊酯（0.05 mg/kg）等，其中滴滴涕和六六六为国家明令禁止使用的两种农药。

（二）食品添加剂使用要求

1. 甜味原料　甜味原料是糖果的主要成分，包括蔗糖和各种糖浆、糖醇等。各种糖类对产品的香气、色泽、形态和贮藏有着不同的作用。根据 GB 2760—2014 规定，甜味剂使用量为"按生产需要适量使用"。

2. 着色剂　硬糖的色泽一般是以添加着色剂来呈现，根据着色剂来源不同，可分为天然色素和人工合成色素。人工色素色彩鲜艳、性质稳定、成本低廉，在食品工业中得到了广泛的运用。油溶性的色素在人体不易排出，对人体有一定的危害。因此着色剂的使用要符合食品安全的要求，并严格控制添加量，按规定人工合成色素在糖果中的使用量一般不允许超过 0.01%。因此，为确保食品安全，应大力推广天然着色剂。

3. 香味剂　在糖果生产制作中，为了改善糖果制品的感官质量或显示其特点，有时需要添加少量的香精、香料，以提高制品的风味。

大部分硬糖是通过添加不同的香精来提高增香效果。由于香精的浓度极高，因此在香精的使用中，要注意合适的加入量，硬糖的香精加入量一般在0.1%~0.3%。为了考虑原味硬糖产品的物料组成和香味纯净度，通过试验和生产实践，求得最佳香料的添加量，同时要注意香精受热会挥发或变质。在糖果生产中，为了避免香精的挥发，可以在搅打后加入。

4. 酸味剂 酸味剂是指在食品中能产生过量氢离子以控制pH产生酸味的一种添加剂，主要用于提高酸度、改善食品风味。常用的酸味剂主要有柠檬酸、乳酸、醋酸、磷酸等。根据GB 2760—2014规定，柠檬酸、乳酸、醋酸可在食品中按生产需要适量使用；磷酸在糖果中的使用范围和最大使用量为5.0 g/kg。

5. 油脂 油脂可以提高糖果的营养价值，改善产品色泽、风味、质构、形态和保存性。油脂是油和脂的总称，天然油脂通常是由许多脂质组成的复杂混合物，在常温下呈液态的称为油，呈固体或半固体状态的称为脂。在糖果生产中应用的油脂主要有猪油、奶油、人造奶油、椰子油、氢化油、可可脂、代可可脂、类可可脂、磷脂等。油脂长期存放时易发生一系列的氧化作用和其他化学变化而变质。变质的结果不仅使油脂的酸价增高，而且由于氧化产物的积聚而呈现出色泽、口味、硬度以及其他一些变化，从而导致油脂的营养价值降低。因此，制定相关的卫生标准对油脂进行监督以保证食用安全是十分必要的。例如，食用猪油酸价（以KOH计）要小于1.5 mg/g，过氧化值小于44.8 g/kg，丙二醛小于0.25 mg/kg，折射率（40℃）1.458~1.462。

6. 其他食品添加剂 为了提高糖果的营养成分、延长其货架期等，还要根据其成分、加工工艺、保存方式和方法，添加防腐剂、抗氧化剂、保湿剂以及缓冲剂等。

（1）防腐剂 防腐剂是能抑制微生物活动，防止食品腐败变质的一类添加剂。糖果中允许使用的防腐剂包括苯甲酸、苯甲酸钠、山梨酸、山梨酸钾。根据GB 2760—2014规定，苯甲酸在糖果中的使用范围和最大使用量为0.8 g/kg；山梨酸在糖果中的使用范围和最大使用量为1.0 g/kg。

（2）抗氧化剂 抗氧化剂可以阻止或延迟食品的老化，提高食品的质量稳定性并延长贮存期。在糖果中允许使用的抗氧化剂为磷脂，磷脂的一般用量为0.06%~0.25%。

（3）保湿剂 糖果中加入保湿剂可以使其在制造过程及后期贮藏中保持应有的湿润，避免干燥、硬结或脆裂。常用的保湿剂有甘油、山梨醇、丙二醇。

（4）缓冲剂 为了使糖果的制造过程保持在较小的pH范围内进行，可在其加热过程中加入缓冲剂。常用的缓冲剂包括酒石酸氢钾（0.05%~0.25%）、柠檬酸钠与柠檬酸钾（≤1.0%）、柠檬酸钙（≤2.0%）。

（三）质量安全控制

造成原辅料存在质量问题的原因有微生物超标、食品添加剂超量使用、非法添加物、运输过程不当造成的污染等。可归结为生物危害、化学危害和物理危害三类。生物危害主要为原辅料、内包装材料在生产、贮存、运输过程中因操作或贮存不当导致微生物污染。菌落总数和大肠菌群是作为卫生质量状况的主要指标，GB 17399—2016《食品安全国家标准 糖果》规定，硬质糖果、抛光糖果，菌落总数（≤750 CFU/g），大肠菌群（≤30 MPN/100g）。化学危害主要为白砂糖原料可能存在SO_2超标，原辅料的重金属含量超标，内包装材料含有有毒、有害化学物质等。GB 2760—2014《食品添加剂使用标准》规定糖果制品中SO_2的最大使用量为0.1 g/kg。物理危害主要为在加工过程中有铁屑等杂物混入。

1. 原辅料管理 应建立食品原料和食品相关产品的采购、验收、运输和贮存管理制度，确保所使用的食品原料和相关产品符合国家有关要求。不得将任何危害人体健康和生命安全的物质添加到食品中。

采购的食品原料应当查验供货者的许可证和产品合格证明文件；对无法提供合格证明文件的食品原料，应当依照食品安全标准进行检验。食品原料必须经过验收合格后方可使用。经验收不合格的食品原料应在指定区域与合格品分开放置并明显标记，并应及时进行退、换货等处理。

加工前宜进行感官检验，必要时应进行实验室检验；检验发现涉及食品安全项目指标异常的，不得使用；只应使用确定适用的食品原料。

食品原料运输及贮存中应避免日光直射、备有防雨防尘设施；根据食品原料的特点和卫生需要，必要时还应具备保温、冷藏、保鲜等设施。食品原料运输工具和容器应保持清洁、维护良好，必要时应进行消毒。食品原料不得与有毒、有害物品同时装运，避免污染食品原料。盛装食品原料、直接接触食品的包装材料的包装或容器，其材质应稳定、无毒无害，不易受污染，符合卫生要求。食品原料、食品添加剂和食品包装材料等进入生产区域时应有一定的缓冲区域或外包装清洁措施，以降低污染风险。

食品原料仓库应设专人管理，建立管理制度，定期检查质量和卫生情况，及时清理变质或超过保质期的食品原料。仓库出货顺序应遵循先进先出的原则，必要时应根据不同食品原料的特性确定出货顺序。

2. 食品添加剂管理　采购食品添加剂应当查验供货者的许可证和产品合格证明文件。食品添加剂必须经过验收合格后方可使用。运输食品添加剂的工具和容器应保持清洁、维护良好，并能提供必要的保护，避免污染食品添加剂。食品添加剂的贮藏应有专人管理，定期检查质量和卫生情况，及时清理变质或超过保质期的食品添加剂。仓库出货顺序应遵循先进先出的原则，必要时应根据食品添加剂的特性确定出货顺序。

3. 生产过程的食品安全控制　应通过危害分析方法明确生产过程中的食品安全关键环节，并设立食品安全关键环节的控制措施。在关键环节所在区域，应配备相关的文件以落实控制措施，如配料（投料）表、岗位操作规程等。

鼓励采用危害分析与关键控制点体系（HACCP）对生产过程进行食品安全控制。

（1）生物污染的控制　应根据原料、产品和工艺的特点，针对生产设备和环境制定有效的清洁消毒制度，降低微生物污染的风险。

清洁消毒制度应包括以下内容：清洁消毒的区域、设备或器具名称；清洁消毒工作的职责；使用的洗涤、消毒剂；清洁消毒方法和频率；清洁消毒效果的验证及不符合的处理；清洁消毒工作及监控记录。同时应确保实施清洁消毒制度，如实记录；及时验证消毒效果，发现问题及时纠正。

根据产品特点确定关键控制环节进行微生物监控；必要时应建立食品加工过程的微生物监控程序，包括生产环境的微生物监控和过程产品的微生物监控。

食品加工过程的微生物监控程序应包括微生物监控指标、取样点、监控频率、取样和检测方法、评判原则和整改措施等。微生物监控应包括致病菌监控和指示菌监控，食品加工过程的微生物监控结果应能反映食品加工过程中对微生物污染的控制水平。

（2）化学污染的控制　应建立防止化学污染的管理制度，分析可能的污染源和污染途径，制定适当的控制计划和控制程序。应当建立食品添加剂和食品工业用加工助剂的使用制度，按照国家标准的要求使用食品添加剂。不得在食品中添加非食用化学物质和其他可能危害人体健康的物质。

生产设备上可能直接或间接接触食品的活动部件若需润滑，应当使用食用油脂或符合食品安全要求的其他油脂。

建立清洁剂、消毒剂等化学品的使用制度。除清洁消毒必需和工艺需要，不应在生产场所使用和存放可能污染食品的化学制剂。食品添加剂、清洁剂、消毒剂等均应采用适宜的容器妥善保存，且应明显标示、分类贮存；领用时应准确计量、做好使用记录。

应当关注食品在加工过程中可能产生有害物质的情况，鼓励采取有效措施降低其风险。

（3）物理污染的控制 应建立防止异物污染的管理制度，分析可能的污染源和污染途径，并制定相应的控制计划和控制程序。

应通过采取设备维护、卫生管理、现场管理、外来人员管理及加工过程监督等措施，最大限度地降低食品受到玻璃、金属、塑胶等异物污染的风险。

应采取设置筛网、捕集器、磁铁、金属检查器等有效措施降低金属或其他异物污染食品的风险。当进行现场维修、维护及施工等工作时，应采取适当措施避免异物、异味、碎屑等污染食品。

二、糖果加工过程质量安全控制

（一）生产环境质量要求

1.糖果生产加工场所的环境需要满足的条件

（1）选址 糖果的加工场所应设置在相对较高、气候相对干燥、交通方便、水源充足的地区，不应设置在受污染河流的下游；厂区周围不应有粉尘、有害气体、放射性物质或其他扩散性污染源，不应有昆虫滋生的潜在场所。

（2）布局 生产区域与职工生活区域应分开，做到合理布局。厂区周围环境应保持清洁和绿化；厂区周围应有防范外来污染源侵入的设施。

（3）给排水 生产用水应符合 GB 5749—2006《生活饮用水卫生标准》的规定。厂区给排水系统应能适应生产、生活需要，设施合理有效，避免雨季积水。污水排放应符合 GB 8978—1996《污水综合排放标准》的规定，污水处理设施应远离生产区域。

（4）厂区环境 厂区内应无不良气味，无有害气体、煤烟、粉尘等污染物。锅炉房不应位于生产区域主风向的上方；锅炉排放应符合相关国家标准的规定。加工后的废弃物及其他污物的存放处应远离生产区域，不应位于生产区域主风向的上方。生产区域不应饲养禽畜类等动物。

（5）厂房及车间布局 应设置与生产情况相匹配的设施，如原料仓库、包装材料仓库、配料区、溶糖区、熬煮区、精磨区、精炼区、冷却（干燥）和成形区、内包装区、外包装区、成品仓库、更衣室、洗手消毒区、品质管理室和试验室等。作业区域内设备之间或设备与墙壁之间，应有适当的宽度或工作空间，其宽度应足以使工作人员便于作业（包括清洗和消毒），且不致因衣服或身体的接触而污染食品、食品接触面或内包装材料。生产车间应按照作业流程需要及卫生要求合理布局；作业区按照糖果生产品种的需要，分为一般作业区、准清洁作业区和清洁作业区，各区之间应适当分隔。应设置更衣室、洗手消毒区等员工进入车间的过渡设施。

（6）天花板 加工、包装、贮藏等场所的天花板应易于清洁，防止灰尘积聚，避免结露、长霉或脱落。清洁区、准清洁作业区及其他半成品场所的天花板应平滑且易于清扫。蒸汽、水、电等配件管不应设于食品暴露的正上方，空调风管等宜设置于天花板的上方，否则应安装防止灰尘及凝结水掉落的设施。

（7）墙壁与门窗 生产车间的内壁应采用无毒、无异味、平滑、不透气、不吸水、易清洗的浅色防腐建筑材料建造。内壁若设有墙裙，墙裙至少应达到 1.5 m 以上。清洁作业区、准清洁作业区的墙角及柱脚应具有一定的弧度。门、窗、天窗应严密不易变形，设置的位置适当，易于清洁；非全年使用空调的车间与贮存场所，应设有易于拆下清洗和不生锈的纱窗、纱网；管制作业区对外出入门户应装设能关闭的纱门或空气帘；窗户不宜设置窗台。

（8）地面与排水 车间地面应使用无毒、无异味、不透水、不吸水的材料建造，并应平坦防滑，无裂缝，易于清洁消毒。作业环境潮湿，用水洗方式清洗作业或地面有排水的区域，地面应能耐酸、耐碱、耐腐蚀并有一定的排水坡度及排水系统。排水系统应保持通畅、便于清洗；如使用排水沟，排水沟的侧面和底面接合处应有一定的弧度；排水系统入口处应安装带水封的地漏，以防止固体废弃物流入及浊气逸出；排水系统内及下方不应有其他管路；排水出口处应设有防止污染源和鼠类、昆虫通过排水管道嵌入的有效措施；室内排水的流向应由清洁区流向准清洁区，并有防止废水逆流的设计。

（9）供水　应保证工厂各区域所用的水质、压力、水量等符合生产需要，凡与食品接触的用水，其水质应符合 GB 5749—2006《生活饮用水卫生标准》的有关规定。不与食品接触的用水（如冷却水、消防水、污水或废水等）的管道系统与食品生产用水的管道系统之间有明显区分，并以完全分离的管道输送，不应有逆流或相互交接。贮水池（塔、槽）、管道、器具等应采用无毒、无异味、耐腐蚀的材料构造；并应增设安全卫生设施，防止有害动物及其他有害物质进入。

（10）通风设施和温控装置　各作业区域的温度、湿度应满足工艺要求。排气口应装有易清洗、耐腐蚀的网罩，防止进水、进尘，防止有害动物侵入；进气口位置应远离污染源和排气口，应设有空气过滤设备；通风排气装置应易于拆卸清洗、维修或更换。产生粉尘等可能污染环境的区域，应设有适当的排除、收集或控制装置。

（11）洗手、消毒设施　生产区域应设置足量的洗手、消毒设施。清洁作业区及准清洁作业对外出入口应设置独立的洗手、消毒设施。洗手台应采用不锈钢或陶瓷等不透气材料，洗手设施应使用非手动性的一次性流动水，并备有无香型清洁用品，必要时设有热水；如使用浸泡式消毒池，消毒水应达到有效的浓度并定时更换；使用干手设备，应定期进行清洗、消毒；使用擦手纸巾还应配备非手动开盖式垃圾桶。

（12）仓库　应根据原辅料、包装材料、半成品、成品等性质不同分设贮存场所，必要时应设有冷藏库；同一仓库贮存性质不同物品时，应适当隔开；仓库应设置数量足够的垫仓板及物品存放架，贮存物品应离墙壁及地面 10 cm 以上，并根据每箱质量设定对应限度。应防止污染的结构，且应以无毒、坚固材料建成，其大小足以使作业顺畅进行并易于维持整洁，还应有防止有害动物侵入的装置。根据不同物品的存放要求，必要时应在仓库配备温湿度控制设施。仓库环境控制应有记录。

2. 卫生安全控制管理

（1）环境卫生管理　厂区及临近厂区的道路、庭院应保持清洁；厂区内草木要定期修剪，保持环境整洁。排水系统应保持畅通，不得有污泥蓄积，废弃物应做妥善处理，防止废弃物存放场所的不良气味或有害气体溢出，必要时进行清洗消毒。厂区内禁止堆放杂物及不必要的器具；生产场所不应贮存或放置有毒物质，不应堆放非即将使用的原辅料、内包装材料或其他无关物品。管制作业区应保持空气的相对整洁，应设置相应的空气净化装置或定期进行空气消毒。厂区内污物管理按 GB 14881—2013《食品生产通用卫生规范》有关规定执行。污物收集设施应带盖或密闭，每天清理，经常清洗、消毒，防止有害动物的聚集、滋生；原料、成品应与垃圾、废料等分开或分时运输，废弃物及垃圾存放场所应在 24 h 内及时清运；防止交叉污染。

（2）除虫、灭害管理　除虫、灭害管理按 GB 14881—2013《食品生产通用卫生规范》有关规定执行。厂房内若发现有害动物存在时，应追查和杜绝其来源。扑灭方法应以不污染食品、食品接触面及包装材料为原则；防治方法宜选择物理和机械方法，若采用化学方法防治则尽量避免使用杀虫剂，必要时可使用低毒生物杀虫剂。

（3）有毒、有害物管　生产场内，除维护卫生及试验室检验所必需使用的药剂外，不得存放有毒药剂。有毒、有害物管理按 GB 14881—2013

《食品生产通用卫生规范》有关规定执行。

（4）糖类加工管制

1）硬糖　煮糖参数、包装室温湿度、质量及数量等管制。

2）酥糖　煮糖参数、糖酥比例、包装室温湿度、质量及数量等管制。

3）凝胶糖果　煮糖参数、干燥条件、包装室温湿度、质量及数量等管制。

4）焦香糖果、奶糖、充气糖果　煮糖参数、干燥条件、包装室温湿度、质量及数量等管制。

5）胶基糖果　厚度、质量及数量等管制。

6）压片糖果　成形车间的温湿度、硬度、质量及数量等管制。

（二）加工设备要求

1. 主要加工设备　包括熬糖锅（真空连续熬糖锅、真空薄膜熬糖机）、溶糖锅、糖浆输送泵、糖浆贮存罐、定量泵、糖膏冷却机（水箱式、流淌式、喷射式、钢带式）、保温辊床、拉均条机、冲模成形机（28冲式、链式、轮盘式）、冷却震动筛或冷却隧道、糖粒输送装置、包装机等。

（1）熬糖设备　糖果企业常见的熬糖设备有真空熬糖锅、真空连续熬糖锅、真空薄膜/超薄膜熬糖机、旋转式熬煮器和双真空低温熬糖机等。

（2）成形设备：保温辊床、拉条机、链式冲压成形机、轮盘式对开模冲压成形机、硬糖挤出机。

2. 加工设备的危害　主要有生物危害、化学危害、物理危害三方面。

•生物危害主要为色素水溶解、调和、浇注成形、冷却、脱模和内包装时存在的致病菌污染。

•化学危害主要为调和工序色素过量使用及使用国家禁用色素。

•物理危害为生产过程中有金属等异物混入。

3. 加工设备的卫生设计要求　能够达到以下几个要求：所有机械设备应该容易检查、便于拆卸、清洗消毒、易于排水、易于保持清洁干燥，有利于保证食品卫生；与食品接触的表面应平滑，无凹陷

或裂痕，以避免机械润滑油、金属碎屑、污水或其他污染物混入食品。所有用于食品处理区及可能接触食品的设备与器具、管道，应由无毒、无味、不吸水、不变形、耐腐蚀且可承受重复清洗消毒的材料制造。工厂内所有物料贮存设备，如配料缸（桶、罐）、搅拌缸、贮存缸、保温缸等，均应装配顶盖。

4. 加工设备卫生管理　压力设备应具备温度、压力指示；其设计、安装、操作和保养应符合国家规定的压力容器安全标准，并应严格按设备要求进行操作。用于贮存、运送的机械化生产系统（包括重力、气动、密闭及自动系统）的设计与制造应易于使其维持良好的卫生状况。

根据产品检验需要配置相应的检测设备。检验仪器、设备应定期校准或检定；化学试剂、标准液等应确保使用期限的有效性。

计量设备应由专人负责，有条件的单位可设立计量室，负责计量设备的管理。生产中所有的计量器应定期校准，并做记录；原辅材料、包装材料及半成品、成品所用的检验设备和仪器应每年至少校准一次。

加工设备和管道的连接部位应根据产品的加工需要定期清洁或清洗消毒，用于加工、包装、贮存、运输等的设备及工器，应定期清洗、消毒，并用有效的方法保持清洁。生产中应有适当的原料和包装材料暂存区，暂存区物品在生产结束时应及时清理出厂，应配备指定存放备件的备品架（柜），以便各种工具使用后能迅速放回指定位置。

5. 加工设备的保养和维护　应严格执行正确的设备操作程序，出现故障应及时排除，并采取有效措施防止污染产品。加强设备日常维护和保养，包括设备的点检、定期维修等。应有使用、维护和保养记录。应配备足够的食品、工器具和设备的专用清洁设施，必要时应配备适宜的消毒设施。应采取措施避免清洁、消毒工器具带来的交叉污染。

采用物理、化学或生物制剂进行处理时，不应影响食品安全和食品应有的品质，不应污染食品

表 8-59　黑木耳糖产品特性描述及用途

原料	赤砂糖、黑木耳、水、食用熟油
辅料	香精
终产品外观描述	形状、色泽、气味、口感等
产品特性	理化指标、卫生指标
加工工艺	配料、化糖、熬糖、冷却、调配、成形、包装等
贮存条件	常温、干燥、通风环境，避免阳光直射
标签及使用说明	品名、配料、重量、生产企业名称与地址、批号、生产日期、保质期、产品标准代号、商标、SC 标志及编号、卫生许可证、执行标准、加工方式、联系方式等，符合国标要求
保质期	半年到一年
销售方式	专柜、门店销售
销售要求	在常温条件下销售，避免阳光直射
食用方法	打开包装即可食用
预期用途	销售对象无特殊限制，适用于广大消费者

黑木耳：砷（As）（≤ 1.0 mg/kg）、铅（Pb）（≤ 2.0 mg/kg）、汞（Hg）（≤ 0.2 mg/kg）、镉（Cd）（≤ 1.0 mg/kg）
香精：过氧化值（≤ 5 g/100kg）、砷（As）（≤ 3.0 mg/kg）、铅（Pb）（≤ 10 mg/kg）、甲醇含量（≤ 0.2%）、菌落总数（≤ 5 000 CFU/g）、大肠菌群（≤ 3.6 MPN/g）

接触表面、设备、工器具及包装材料。

（三）加工过程质量安全控制

1.黑木耳糖产品特性描述及用途　见表 8-59。

2.加工工艺流程

（1）黑木耳粉生产工艺

黑木耳 → 选料 → 去杂 → 干制
备用 ← 过筛 ← 研细

（2）黑木耳糖生产工艺

原辅料验收 → 去杂 → 入锅 → 加水
调匀压培 ← 香精 ← 加粉 ← 煎熬
切块 → 冷却 → 包装

3.加工工艺说明

（1）原辅料验收　原辅料（黑木耳、赤砂糖、食用油、香精）必须来自合格评定的供应商厂家，依照国家标准进行验证（验证方式可以采取索

证、索证＋检验、检验），验证合格办理入库手续。

（2）配料　严格按照配方配比进行配制，以保证每批次生产的糖品质一致。

（3）配水　严格按照配方表进行熬糖配水（水质符合 GB 5749—2006 要求）。

（4）赤砂糖处理　定量称取赤砂糖，放入干净的铝锅中，加水用文火煎熬。

（5）黑木耳制备　选择优质黑木耳，除去杂质浸泡，清洗干净，稍作干制处理即投入粉碎机磨粉，粉末筛后备用。

（6）拌料　糖熬至基本溶化，较稠厚时加入木耳细粉、香精，边加粉边搅拌，使之混匀，停火。

（7）模具涂油　将食用熟油涂抹在干净的大搪瓷盘表面，要求匀而厚。

（8）压坯　趁热将停火后的糖液倒入大搪瓷盘中，稍冷却，将糖压平，整坯。

（9）切块　趁热将压平的糖坯用刀将糖坯划切成长 4 cm、宽 3 cm、厚 2 cm 的条状块，冷却。

（10）内包装验收　内包装材料购进时，须查验供应商的食品包装生产许可证和供应商出具的产品合格证明，证明该批包装材料适合于包装食品，同时检查内包装材料是否受污染。

（11）内包装贮存　内包装材料进公司后，存放于内包装材料专用贮存库（贮存的温度、湿度在受控范围内）。

（12）计量包装　包装人员根据要求进行计量包装（净含量符合 GB 7718—2011 要求）。

（13）贮存　包装好产品的纸箱，操作人员用推车运进专用贮存库，按品种、规格分别堆放并挂牌标识。

4. 黑木耳糖加工危害分析工作表　见表 8-60。

表 8-60　黑木耳糖加工危害分析工作表

加工步骤	危害分析		属于引进、增加或控制	判断依据	信息来源	危害评估结果			控制措施选择
						频率	严重性	风险结果	
赤砂糖验收	生物	致病菌	引进	生产过程控制不当，产品不达标	GB 17399—2016	很少	严重	C	HACCP 计划—熬煮（CCP2）
	化学	铅、砷、防腐剂	引进	生产过程控制不当，产品不达标		很少	中度	C	HACCP 计划—原辅料验收（CCP1）
	物理	金属、非金属碎片	引进	生产过程控制不当	基本常识	很少	中度	C	HACCP 计划—探测（CCP3）
黑木耳验收	生物	致病菌	引进	生产、贮存、运输过程中操作不当	基本常识	很少	严重	C	HACCP 计划—熬煮（CCP2）
黑木耳验收	化学	重金属、农药残留等	引进	生产过程控制不当	GB/T 6192—2019	很少	中度	C	HACCP 计划—原辅料验收（CCP1）
	物理	金属、非金属碎片	引进	生产过程控制不当	基本常识	很少	中度	C	HACCP 计划—探测（CCP3）
食用油验收	生物	无							
	化学	酸价、过氧化值、重金属、农药残留等超标	引进	生产、贮存、运输过程中操作不当	GB 2716—2018	很少	严重	C	HACCP 计划—原辅料验收（CCP1）
	物理	无							

食用菌加工产品的质量安全控制与评价

加工步骤	危害分析		属于引进、增加或控制	判断依据	信息来源	危害评估结果			控制措施选择
						频率	严重性	风险结果	
香精验收	生物	致病菌	引进	生产、贮存、运输过程中操作不当	GB 30616—2020	很少	严重	C	HACCP 计划—熬煮（CCP2）
	化学	过氧化值、重金属、甲醇	引进	生产、贮存、运输过程中操作不当	GB 2749—2015	很少	严重	C	HACCP 计划—原辅料验收（CCP1）
	物理	无							
水的验收	生物	无							
	化学	重金属等超过标准	引进	生产过程控制不当	基本常识	很少	严重	C	HACCP 计划—原辅料验收（CCP1）
	物理	无							
熬糖	生物	致病微生物污染	增加	容器消毒不彻底	基本常识	很少	严重	C	HACCP 计划—熬煮（CCP2）
	化学	洗涤剂污染	增加	洗涤后清洗不彻底	基本常识	很少	中度	C	OPRPS 控制
	物理	无							
搅拌	生物	致病微生物污染	增加	容器消毒不彻底	基本常识	很少	严重	C	HACCP 计划—熬煮（CCP2）
	化学	洗涤剂污染	增加	洗涤后清洗不彻底	基本常识	很少	中度	C	OPRPS 控制
	物理	无							
压胚	生物	致病微生物污染	增加	洗手消毒不彻底	基本常识	很少	严重	C	HACCP 计划—熬煮（CCP2）
	化学	洗涤剂污染	增加	洗涤后清洗不彻底	基本常识	很少	中度	C	OPRPS 控制
	物理	无							

加工步骤	危害分析		属于引进、增加或控制	判断依据	信息来源	危害评估结果			控制措施选择
						频率	严重性	风险结果	
切块	生物	致病微生物污染	增加	烤盘不洁，人员、工具、操作台污染	基本常识	很少	严重	C	HACCP计划—熬煮（CCP2）+OPRPS控制
	化学	洗涤剂污染	增加	洗涤后清洗不彻底	基本常识	很少	中度	C	OPRPS控制
	物理	无							
冷却	生物	致病微生物污染	控制	环境不好	基本常识	很少	严重	C	OPRPS控制
	化学	无							
	物理	无							
塑料包装袋	生物	无							
	化学	重金属、添加剂超标	引进	生产过程控制不当	GB 9683—1988	很少	严重	C	HACCP计划—原辅料验收（CCP1）
	物理	无							
仓贮	生物	致病菌	增加	仓贮过程控制不当	基本常识	很少	严重	C	OPRPS控制+HACCP计划—熬煮（CCP2）
	化学	无							
	物理	无							
拆包	生物	无							
	化学	无							
	物理	无							

食用菌加工产品的质量安全控制与评价

5. HACCP 计划表和原辅料验收（CCP1）分解表　见表 8-61、表 8-62。

表 8-61　HACCP 计划表

关键控制点	危害	关键限值（CL）	监控系统					纠正措施	记录	验证
			时机	装置	校准	频次	监控者			
原辅料验收（CCP1）	重金属、农药残留超标	见表 8-62	每次供方评价时	—	—	每半年(供方提供型式检验报告)	原料验收人员	拒收；供应商评价；退货	原料进货检验记录；供方档案、检测报告	品保部审核各相关报表，化验室验证个别项目
熬煮（CCP2）	致病菌超标	熬糖温度：135~140℃ 蒸汽压力：0.55~0.6 MPa 时间：5 min	熬煮时	温度计、压力表、计时器	每年	每一锅	操作员	如偏离，停止熬煮，调整温度和时间，对半成品进行隔离、评估；分析偏离的原因，防止再次发生	熬糖记录表；纠正记录；检测报告	搅拌工搅拌每批前核现场品检报表审核
探测（CCP3）	金属或者非金属碎片混合	Fe：Φ ≤ 1.5 mm Sus：Φ ≤ 2.0 mm	成品时	金属探测仪	每年	每一锅	操作员	异常情况的产品隔离，倒包检查；发现并剔除金属异物后重新过金属探测仪；调查污染源；如探测器运行不正常或不灵敏，则应把检常次段时所的品重经验有的探测器新验证至时所过的产品重新验证	金属检测仪监控记录；纠正记录；检测报告	生产主管审核每日一次记录；品保每年校正温度计；由化验室每批次对成品进行微生物检验

表 8-62 原辅料验收（CCP1）分解表

序号	验收产品	安全危害	关键限值（CL）	CL 建立依据
1	赤砂糖	重金属、微生物超标	铅（Pb）（≤ 1.0 mg/kg）、砷（As）（≤ 0.5 mg/kg）、铜（Cu）（≤ 10 mg/kg）、菌落总数（≤ 750 CFU/g）、大肠菌群（≤ 30 MPN/100g）、致病菌（沙门菌、志贺菌、金黄色葡萄球菌）（不得检出）	GB 17399—2016
2	植物油	酸价、过氧化值、重金属、溶剂	铅（Pb）（≤ 0.1 mg/kg）、砷（As）（≤ 0.1 mg/kg）、酸价（KOH）（≤ 3.0 mg/g）、过氧化值（≤ 2.5 g/kg）、黄曲霉毒素 B_1（≤ 10 μg/kg）、苯并芘（≤ 10 μg/kg）	GB 2716—2018
3	黑木耳	重金属、农药残留等超标	砷（As）（≤ 1.0 mg/kg）、铅（Pb）（≤ 2.0 mg/kg）、汞（Hg）（≤ 0.2 mg/kg）、镉（Cd）（≤ 1.0 mg/kg）、六六六（≤ 0.2 mg/kg）、滴滴涕（≤ 0.1 mg/kg）	GB/T 6192—2019
4	香精	过氧化值、铅、砷、微生物超标	过氧化值（≤ 5 g/kg）、砷（As）（≤ 3.0 mg/kg）、铅（Pb）（≤ 10 mg/kg）、甲醇含量（≤ 0.2%）、菌落总数（≤ 5 000 CFU/g）、大肠菌群（≤ 3.6 MPN/g）	GB 30616—2020
5	包装袋	重金属、添加剂超标	铅（Pb）（≤ 1.0 mg/L）、高锰酸钾消耗量（水）（≤ 10 mg/L）、甲苯二胺（4% 乙酸）（≤ 0.004 mg/L）	GB/T 4456—2008

6. HACCP 的验证 HACCP 计划的宗旨是防止食品安全危害，验证的目的是通过严谨、科学、系统的方法确认 HACCP 计划是否有效（即 HACCP 计划中所采取的各项措施能否控制加工过程及产品中的潜在危害），是否被正确执行（因为有效的措施必须通过正确的实施过程才能发挥作用）。

利用验证程序不但能确定 HACCP 体系是否按预定计划运作，而且还可确定 HACCP 计划是否需要修改和再确认。因此，验证是 HACCP 计划实施过程中最复杂的程序之一，也是必不可少的程序之一。验证程序的正确制定和执行是 HACCP 计划成功实施的基础。

验证活动包括：

（1）确认 确认是验证的必要内容，确认的目的是提供证明 HACCP 计划的所有要素（危害分析、CCP 确定、CL 建立、监控程序、纠正措施、记录等）都有科学依据的客观证明，从而有根据地证实只要有效实施 HACCP 计划，就可以控制能影响食品安全的潜在危害。

确认过程必须根据科学原理，利用科学数据，听取专家意见，进行生产观察或检测等原则进行。通常由 HACCP 小组或受过适当培训且经验丰富的人员确认 HACCP 计划。具体确认过程将涉及与 HACCP 计划中各个组成部分有关的基本原理，从科学和技术的角度对制订 HACCP 计划的全过程进行复查。

任何一项 HACCP 计划在开始实施之前都必须经过确认。HACCP 计划实施之后，如果发生原料改变，产品或加工过程发生变化，验证数据出现相反结果，重复出现某种偏差，对某种危害或控制手段有了新的认识，生产实践中发现问题，销售或消费者行为方式发生变化等情况，就需要再次采取确认行动。

（2）CCP 验证 CCP 验证是通过现场检查，对照危害分析记录，验证是否有新原料使用、新危害引入；通过现场检查，对照工艺流程，验证是否有生产工序的改动；通过现场检查和标签审核，验证产品特性、预期用途是否有变化。只有这样，才

食用菌加工产品的质量安全控制与评价

能保证所有控制措施的有效性以及 HACCP 计划的实际实施过程与 HACCP 计划的一致性。CCP 验证包括对 CCP 的校准、校准记录的复查、针对性的取样检测、CCP 记录的复查。

1）校准 校准是为了验证监控结果的准确性。CCP 验证活动通常包括对监控设备的校准，以确保测量方法的准确度。CCP 监控设备的校准是成功实施 HACCP 计划的基础。如果监控设备没有经过校准，那么监控过程就不可靠。一旦发生这种情况，就意味着从记录中最后一次可接受的校准开始，CCP 便失去了控制。所以，在决定校准频率时，应充分考虑这种情况。另外校准频率也受设备灵敏度的影响。

2）校准记录的复查 设备校准记录的复查内容涉及校准日期、校准方法以及校准结果（如设备是否准确）。校准记录应妥善保存以备复查。

3）针对性的取样检测 CCP 验证也包括针对性的取样检测。如果原料接受是 CCP，相应的控制限值是供应商证明，这时就需要监控供应商提供的证明。为了检查供应商是否言行一致，常通过针对性的取样检测来检查。

4）CCP 记录的复查 每一个 CCP 至少有两种记录：监控记录和纠正记录。监控记录为 CCP 始终处于控制之中，在安全参数范围内运行提供了证据；纠正记录为企业以安全、合适的方式处理发生的偏差提供了文字资料。因此，这两种记录都是十分有用的管理工具，但是，仅仅记录是毫无意义的，必须有一位管理人员定期复查它们，才能达到验证 HACCP 计划是否被有效实施的目的。

（3）HACCP 体系的验证 HACCP 体系的验证就是检查 HACCP 计划所规定的各种控制措施是否被有效贯彻实施。这种验证活动通常每年进行一次，或者当系统发生故障、产品及价格发生变化后进行。验证活动的频率常随时间的推移而变。如果历次检查发现生产始终在控制之中，能确保产品的安全性，就可以降低验证频率；反之，就需要提高验证频率。

审核是收集验证所需信息的一种有组织的过程，它对验证对象进行系统的评价，该评价过程包括现场观察和记录复查。审核通常由一位无偏见、不承担监控任务的人员来完成。

审核的频率以确保 HACCP 计划能够被持续有效执行为基准。该频率依赖若干条件，例如，工艺过程和产品的变化程度。

1）审核 HACCP 体系的验证活动应该包括的内容 检查产品说明和生产流程的准确性；检查是否按 HACCP 计划的要求监控 CCP；检查工艺过程是否在规定的关键限值内操作；检查是否按规定的时间间隔如实记录监控结果。

2）审核记录复查过程通常包括的内容 监控活动是否在 HACCP 计划规定的位置上执行；监控活动是否按 HACCP 计划规定的频率执行；当监控结果表明 CCP 发生了偏离时，是否及时执行了纠正措施；设备是否按 HACCP 计划规定的频率进行校准。

（4）执法机构对 HACCP 体系的验证 执法机构主要验证 HACCP 计划是否有效以及是否得到有效实施。执法机构的验证包括：监控计划以及对 HACCP 计划所进行的任何修改；复查 CCP 监控记录，复查纠正记录；复查验证记录；现场检查 HACCP 计划的实施情况以及记录保存情况；随机抽样分析。

验证活动通常分成两类：一类是内部验证，由企业内部的 HACCP 小组进行，可视为内审；另一类是外部验证，由政府检验机构或有资格的第三方进行，可视为外审。

（5）验证结果的评价 验证结束后，由品管部负责人负责编写结果，形成书面的"控制措施验证记录"，对验证结果做出评价，如有必要可提出改进体系的建议；对验证结果的评价，应做出控制措施是否对产品质量安全起到了应有的促进作用，以及是否需要实施改进等结论；各 HACCP 小组主要成员对"控制措施验证记录"签字确认；总经理签字批准"控制措施验证记录"及其结论，并由品管部负责督促改进措施的落实。

7. 记录保存　HACCP 需要建立有效的记录管理程序，以便使 HACCP 体系文件化。记录是采取措施的书面证据，包含 CCP 在监控、偏差、纠正措施等过程中发生的历史性信息，不但可以用来确保企业是按既定的 HACCP 计划执行的，而且可以利用这些信息建立产品流程档案，一旦发生问题，能够从中查询产生问题的实际生产过程。此外，记录还提供了一个有效的监控手段，使企业及时发现并调整加工过程中偏离 CCP 的趋势，防止生产过程失去控制。所以，企业拥有正确填写、准确记录、系统归档的最新记录是绝对必要的。

（1）HACCP 记录应该包含的信息　标题与文件控制号码；记录产生的日期；检查人员的签名；产品识别，如产品名称、批号、保质期；所用的材料和设备；关键限值；需采取的纠正措施及其负责人；记录审核人签名处。

（2）需要保存的记录　记录应有序地存放在安全、固定的场所，便于内审和外审取阅，并方便人们利用记录研讨问题和进行趋势分析。需要保存的记录有：HACCP 计划和支持性文件，包括 HACCP 计划的研究目的和范围；产品描述和识别；生产流程；危害分析；HACCP 审核表；确定关键限值的依据；验证关键限值；监控记录，包括关键限值的偏离；纠正措施；验证活动的结果；校准记录；清洁记录；产品的标识和可追溯记录；害虫控制记录；培训记录；供应商认可记录；产品回收记录；审核记录；HACCP 体系的修改记录。

食用菌加工产品的质量安全控制与评价

参考文献

[1] 潘志民，邹文中，张小芳，等.HACCP 体系在香脆饼干生产中的应用 [J]. 价值工程，2014（18）：286-288.

[2] 吴素萍.HACCP 在饼干生产中的应用 [J]. 食品工业科技，2005，26（1）：170-171.

[3] 芦菲，李波，张永生，等.HACCP 在焙烤食品生产中的应用 [J]. 食品工业科技，2007，28（11）：209-211，214.

[4] 刘义刚，陈功，康建平，等."塑化剂"对四川白酒产业影响及应对措施研究 [J]. 食品与发酵科技，2014，50（6）：6-11.

[5] 邹东恢，梁敏.芦荟灵芝保健酒的加工工艺 [J]. 食品科技，2002（10）：52-53，45.

[6] 徐丽红，张永志，王钢军，等.浙江省食用菌质量安全现状调查研究 [J]. 农业环境科学学报，2007，26（增刊）：679-685.

[7] 熊召军，田云，张俊飚.我国食用菌出口遭遇贸易壁垒的现状与策略（一）[J]. 食药用菌，2011，19（5）：1-5.

[8] 赵玉卉，王秉峰，路等学，等.几种市售鲜食用菌重金属含量及评价 [J]. 中国食用菌，2010，29（4）：32-34.

[9] 胡清秀，宋金俤，谢艳丽.食用菌农药残留控制研究 [J]. 中国食用菌，2009，28（1）：55-57，64.

[10] 徐丽红，陈俏彪，叶长文，等.食用菌对培养基中有害重金属的吸收富集规律研究 [J]. 农业环境科学学报，2005，24（增刊）：42-47.

[11] 谢宝贵，刘洁玉.重金属在三种食用菌中的积累及对其生长的影响 [J]. 中国食用菌，2005，24（2）：35-38.

[12] 雷敬敫，杨德芬.食用菌的重金属含量及食用菌对重金属富集作用的研究 [J]. 中国食用菌，1990，9（6）：14-17.

[13] 寇向龙，徐美蓉.食用菌质量安全风险及其防范 [J]. 甘肃农业科技，2014（9）：55-56.

[14] 姜明华.发酵食品生产及管理 [M]. 北京：对外经济贸易大学出版社，2012.

[15] 赖登燡，王久明，余乾伟，等.白酒生产实用技术 [M]. 北京：化学工业出版社，2012.

[16] 李瑜.新型果脯蜜饯配方与工艺 [M]. 北京：化学工业出版社，2007.

[17] 熊书胜，涂改临.菌菇食材科学选购与加工 [M]. 北京：金盾出版社，2013.

[18] 于新，黄雪莲，胡林子，等.果脯蜜饯加工技术 [M]. 北京：化学工业出版社，2013.

IV

第九章　食用菌产品品质与安全评价

　　食用菌产品品质与安全需要供应链上的各个节点企业共同维护。食用菌质量安全风险的存在不只危害消费者的切身利益，也会阻挡我国食用菌产业的发展步伐。在食用菌的生产加工到销售的过程中，如何防范食用菌质量安全风险的发生，是保障食用菌质量安全的关键之处。

第一节
食用菌品质与安全检测方法

一、感官检测

　　根据农业行业标准 NY/T 749—2012《绿色食品　食用菌》，食用菌产品的感官检测参数主要包括色泽、形态、大小、气味、杂质、虫蛀菇、霉烂

菇等。由于食用菌品种间外观差异较大，因此针对不同的食用菌品种，我国制定了专门的产品等级标准。主要食用菌产品的感官指标、检测方法和等级分级标准如下：

　　（一）双孢蘑菇的感官指标、检测方法和等级分级标准

　　可参考推荐性国家标准 GB/T 23190—2008《双孢蘑菇》对双孢蘑菇的感官进行评价，进而分级。

　　1. 形态、色泽、气味　采用肉眼观察形态和色泽，鼻嗅判断气味。

食用菌加工产品的质量安全控制与评价

2. 菌盖直径、菌柄长度 随机取不少于 10 个双孢蘑菇，用精确度为 0.1 mm 的量具，分别量取每个双孢蘑菇菌盖最大直径和菌柄最大长度，分别计算出菌盖平均直径和菌柄平均长度。

3. 虫蛀菇、霉烂菇、杂质、脱柄菇比例 随机抽取样品 100 g（精确至 ±0.1 g），分别拣出虫蛀菇、霉烂菇、杂质、脱柄菇，用感量为 0.1 g 的天平称其质量，按公式（9-1）分别计算其占样品的百分率。

$$X = \frac{m_1}{m} \times 100\% \qquad (9-1)$$

式中：X——虫蛀菇、霉烂菇、杂质、脱柄菇比例的百分率，%；m_1——虫蛀菇、霉烂菇、杂质、脱柄菇的质量，单位为克（g）；m——样品的质量，单位为克（g）。

4. 酸度 用精密 pH 试纸比色测定。

5. 盐水浓度 用专门测定盐水浓度（咸度）的波美度测试比重计测定。

6. 双孢蘑菇等级分级标准 按照上述方法对双孢蘑菇鲜品、干品或盐渍品进行感官指标的测定，可参照表 9-1、表 9-2、表 9-3 分别对三类双孢蘑菇产品从感官角度进行等级分级。

（二）平菇的感官指标、检测方法和等级分级标准

可参考推荐性国家标准 GB/T 23189—2008《平菇》对平菇的感官进行评价，进而分级。

表 9-1 双孢蘑菇鲜品感官要求

项目	指标		
	一级	二级	三级
形态	菇形圆整，内菌膜紧包，无畸形，无薄皮，无机械损伤，无斑点；菌柄基部切削处理平整	菇形圆整，内菌膜紧包，无严重畸形，无机械损伤，无斑点；菌柄基部基本平整	内菌膜破，允许菌褶不发黑的脱柄菇存在，无严重斑点；菌柄基部切削欠平整
菌盖直径（cm）	2.0～2.2	2.0～5.0	≤6.0
菌柄长度（cm）	≤1.5	≤1.5	≤1.5
色泽	菇色正常均匀，有自然光泽	菇色正常均匀，有自然光泽	菇色正常均匀，有自然光泽
气味	具有双孢蘑菇应有的气味，无异味	具有双孢蘑菇应有的气味，无异味	具有双孢蘑菇应有的气味，无异味
虫蛀菇（%）	0	0	≤1.0
霉烂菇	不允许	不允许	不允许
杂质（%）	0	0	≤3

表 9-2 双孢蘑菇干品感官要求

项目	指标
形态	干片厚薄均匀
色泽	乳白色至浅黄色，有光泽
气味	具有双孢蘑菇应有的气味，无异味
虫蛀菇（%）	不允许
霉烂菇	不允许
杂质（%）	不允许

表 9-3　双孢蘑菇盐渍品感官要求

项目	指标			
	特级	一级	二级	三级
形态	菇形圆整，内菌膜紧包，有弹性，无畸形，切削平整	菇形圆整，内菌膜紧包，切削平整，允许稍有畸形	菇形基本完整，内菌膜未破，菌盖稍展，允许有少许畸形	菇形基本完整，内菌膜已破，允许有少量开伞、脱柄和畸形菇
菌盖直径（cm）	2.0～4.0	2.0～6.0	2.0～6.0	大小不等
菌柄长度（cm）	≤1.5			
脱柄菇比例（%）	≤10			
酸度（pH 值）	4.0～5.6			
盐水浓度（NaCl）（°Bé）	18～22，盐水清澈，不浑浊			
色泽	呈淡黄色或黄褐色，菇体光滑，有光泽，无白心，无斑点			
气味	具有盐渍蘑菇应有的滋味及气味，无异味和不良的酸味			
霉烂菇	不允许			
杂质（%）	不允许			

1.形态、色泽、气味　采用肉眼观察形态和色泽，鼻嗅判断气味。

2.菌盖直径　随机取不少于 10 片平菇，用精确度为 0.1 mm 的量具，分别量取每片平菇菌盖最大直径，分别计算出菌盖直径平均值。

3.干品碎片、虫蛀菇、霉烂菇、杂质比例　随机抽取样品 100 g（精确至 ±0.1 g），分别拣出干品碎片、虫蛀菇、霉烂菇、杂质，用感量为 0.1 g 的天平称其质量，按公式（9-1）分别计算其占样品的百分率。

4.平菇等级分级标准　按照上述方法对平菇鲜品和干品进行感官指标的测定，可分别参照表 9-4 和表 9-5 对产品从感官角度进行等级分级。

（三）香菇的感官指标、检测方法和等级分级标准

可参考农业行业标准 NY/T 1061—2006《香菇等级规格》对香菇的感官进行评价，进而分级。

1.色泽、性状、菌盖表面花纹、气味、开伞度　采用肉眼观察形态和色泽，鼻嗅判断气味。

2.菌盖厚度　随机取不少于 10 个香菇，用精确度为 0.1 mm 的量具，分别量取每个香菇菌盖最厚处的厚度，分别计算出菌盖平均厚度。

3.虫蛀菇、残缺菇、碎菇体比例　随机抽取样品 100 g（精确至 ±0.1 g），分别拣出虫蛀菇、残缺菇、碎菇体，用感量为 0.1 g 的天平称其质量，用双孢蘑菇虫蛀菇、霉烂菇、杂质、脱柄菇比例测量方法中的公式（9-1）分别计算其占样品的百分率。

4.香菇产品等级分级标准　香菇产品应符合下列基本要求，即无异种菇；干香菇的含水量在 10%～13%，鲜香菇无异常外来水分；无异味；无霉变、腐烂，无虫体、毛发、动物排泄物、泥、蜡、金属等异物。在基本要求的前提下，再按照上述方法对干花菇、干厚菇、干薄菇和鲜香菇进行感官指标的测定，可分别参照表 9-6、表 9-7、表 9-8 和表 9-9 对上述 4 种香菇产品从感官角度进行等级分级。按照表 9-10 对香菇鲜品和干品进行规格分级。

食用菌加工产品的质量安全控制与评价

表 9-4 平菇鲜品感官要求

项目	指标		
	一级	二级	三级
形态	菌盖肥厚、表面无萌生的菌丝，菌柄基部切削平整，干爽，无黏滑感	菌盖肥厚、表面无萌生的菌丝，菌柄基部切削良好，干爽，无黏滑感	菌盖、菌褶不发黑，菌柄基部切削允许有不规整存在
菌盖直径（cm）	3.0～5.0	5.0～10.0	≤3.0，≥10.0
色泽	具有平菇应有的色泽		
气味	具有平菇特有气味，无异味		
虫蛀菇（%）	不允许	不允许	≤1.0
霉烂菇	不允许	不允许	不允许
杂质（%）	不允许	≤5.0	≤5.0

表 9-5 平菇干品感官要求

项目	指标		
	一级	二级	三级
形态	菇体完整，无碎片	菇体较完整，允许碎片率5%～10%	菇体较完整，碎片率大于10%
色泽	具有平菇应有的色泽		
气味	具有平菇特有气味，无异味		
虫蛀菇（%）	不允许	≤1.0	≤1.0
霉烂菇	不允许	不允许	不允许
杂质（%）	不允许	≤5.0	≤5.0

（四）黑木耳干品的感官指标、检测方法和等级分级标准

可参考推荐性国家标准 GB/T 6192—2019《黑木耳》对黑木耳的感官进行评价，进而分级。

1. 色泽、形态大小、气味　采用肉眼观察和鼻嗅的方法进行感官检验。

2. 耳片厚度　随机取不少于 10 片黑木耳，用读数值为 0.05mm 的游标卡尺测量每片黑木耳中间的厚度，计算出平均值。

3. 杂质比例　测定前进行取样。在整批货物中，包装产品以同类货物的小包装袋（盒、箱等）为基数，散装产品以同类货物的质量（g）或件数为基数，从整批货物的不同位置按下列整批货物件数的基数进行随机取样：整批货物 100 件以下，抽样基数为 2 件；整批货物 101～500 件，抽样基数为 3 件；整批货物 501～1 000 件，抽样基数为 4 件；或整批货物小于 1000 件，每增加 100 件（不足 100 件者按 100 件计）增取 1 件。小包装质量不足检验所需质量时，应适当加大抽样量。散装产品以同类货物的质量（kg）为基数，从不同位置随机取样 5 份，每份 0.5～1kg。测定时，称取样品 500～1 000 g，先用分样筛筛分出肉眼不易发现

表 9-6 干花菇等级

项目	特级	一级	二级
菌褶颜色	米黄至淡黄色		淡黄色至暗黄
形状	扁半球形稍平展或伞形，菇形规整		扁半球形稍平展或伞形
菌盖厚度（cm）	>1.0	>0.5	>0.3
菌盖表面花纹	花纹明显，龟裂深	花纹较明显，龟裂较深	花纹较少，龟裂浅
开伞度（分）	<6	<7	<8
虫蛀菇、残缺菇、碎菇体（%）	无	<1.0	1.0～3.0

表 9-7 干厚菇等级

项目	特级	一级	二级
菌盖颜色	菌盖淡褐色至褐色，或黑褐色		
形状	扁半球形稍平展或伞形，菇形规整		扁半球形稍平展或伞形
菌褶颜色	淡黄色	黄色	暗黄色
菌盖厚度（cm）	>0.8	>0.5	>0.3
开伞度（分）	<6	<7	<8
虫蛀菇、残缺菇、碎菇体(%)	无	>2.0	2.0～5.0

表 9-8 干薄菇等级

项目	特级	一级	二级
菌盖颜色	菌盖淡褐色至褐色		
形状	扁半球形平展，菇形规整		扁半球形平展
菌褶颜色	淡黄色	黄色	暗黄色
菌盖厚度（cm）	>0.4	>0.3	>0.2
开伞度（分）	<7	<8	<9
残缺菇、碎菇体(%)	<1.5	1.5～3.0	3.0～5.0

表 9-9 鲜香菇等级

项目	特级	一级	二级
颜色	菌盖淡褐色至褐色，菌褶乳白略带浅黄色		
形状	扁半球形平展或伞形，花菇菌盖表面应有白色或茶色天然龟裂纹		
菌盖厚度（cm）	≥1.2		<1.2
菌膜连接状态	菌柄与菌盖边缘有完整或部分白色丝膜相连		无相连的丝膜
开伞度（分）	<5	<6	<7
残缺菇（%）	<1.0	1.0～2.0	2.0～3.0
畸形菇、开伞菇总量（%）	无	<2.0	2.0～3.0

食用菌加工产品的质量安全控制与评价

表 9-10　干、鲜香菇规格

类别	小（S）	中（M）	大（L）
干香菇直径（cm）	<4.0	4.0～6.0	>6.0
鲜香菇直径（cm）	<5.0	5.0～7.0	>7.0

的细小杂质，再用镊子拣出样品中大块杂质（包括非试验样品种的杂菌），并分离黏附在分样筛上的杂质。仔细收集上述所有杂质，放入表面皿中称量，精确到 0.001 g。按照公式（9-2）进行计算。

$$X = \frac{m_1 - m_2}{m} \times 100\%　　（9-2）$$

式中：X——样品中杂质含量，用百分数表示；m_1——表面皿和杂质的质量，单位为克（g）；m_2——表面皿的质量，单位为克（g）；m——样品质量，单位为克（g）。

同一样品取三个平行样测定，以测定结果的算术平均值作为测定结果。要求在重复条件下同时或相继进行两个平行样独立测定结果的绝对差值不大于算术平均值的 5%。

4. 等级分级标准　按照上述方法对黑木耳干品进行感官指标的测定，可参照表 9-11 对产品从感官角度进行等级分级。

（五）银耳的感官指标、检测方法和等级分级标准

可参考农业行业标准 NY/T 834—2004《银耳》对银耳的感官进行评价，进而分级。

1. 色泽、形状、气味　肉眼观察形状、色泽；鼻嗅判断气味。

2. 碎耳片、拳耳、虫蛀耳、霉变耳、一般杂质、有害杂质比例　随机抽取样品 500 g（精确至 ±0.1 g），分别拣出碎耳片（直径 ≤0.5 mm 的银耳碎片）、拳耳、虫蛀耳、霉变耳、一般杂质、有害杂质，用感量为 0.1 g 的天平称其质量，按双孢蘑菇虫蛀菇、霉烂菇、杂质、脱柄菇比例测量方法中的公式（9-1）分别计算其占样品的百分率。

3. 耳片长度、宽度、朵形直径　随机取不少于 10 个耳片，用精确度为 0.1 mm 的量具，量取每个耳片的最长处和最宽处，计算出耳片的平均长度和宽度。随机取不少于 5 个整朵银耳，用精确度为 0.1 mm 的量具，量取每朵银耳的最大和最小直

表 9-11　黑木耳干品产品等级标准感官要求

项目	要求		
	一级	二级	三级
色泽	耳正面纯黑褐色，有光泽，耳背面略呈灰白色，正背面分明	耳正面黑褐色，耳背面灰色	耳片灰色或浅棕色至褐色
形态大小	耳片完整，不能通过直径 3 cm 的筛眼	耳片基本完整，不能通过直径 2 cm 的筛眼	耳片小或呈碎片，不能通过直径 1 cm 的筛眼
最大直径（cm）	0.8～2.5	0.8～3.5	0.5～4.5
耳片厚度（mm）	≥1.0	≥0.7	—
杂质（%）	≤0.3	≤0.5	≤1
气味	具有黑木耳特有的气味，无异味		

径，计算出整朵银耳的平均直径。

4.银耳等级分级标准　按照上述方法对片状银耳、朵形银耳和干整银耳进行感官指标的测定，可参照表9-12和表9-13对上述三类银耳产品从感官角度进行等级分级。

（六）草菇的感官指标、检测方法和等级分级标准

可参考农业行业标准 NY/T 833—2004《草菇》对草菇的感官进行评价，进而分级。

1.形状、菌膜、颜色、切面颜色、松紧度、气味　肉眼观察形状、菌膜、颜色、切面颜色；手捏

表9-12　片状银耳和朵形银耳的感官要求

项目	片状银耳			朵形银耳		
	特级	一级	二级	特级	一级	二级
形状	单片或连片疏松状，带少许耳基			呈自然近圆朵形，耳片疏松，带有少许耳基		
色泽	耳片半透明有光泽			耳片半透明有光泽		
	白	较白	黄	白	较白	黄
气味	无异味或有微酸味			无异味或有微酸味		
碎耳片（%）	≤ 0.5	≤ 1.0	≤ 2.0	≤ 0.5	≤ 1.0	≤ 2.0
拳耳（%）	0	0	≤ 0.5	0	0	≤ 0.5
一般杂质（%）	0	0	≤ 0.5	0	0	≤ 0.5
虫蛀耳（%）	0	0	≤ 0.5	0	0	≤ 0.5
霉变耳（%）	0	0	0	0	0	0
有害杂质（%）	0	0	0	0	0	0

注：碎耳片指直径≤ 0.5mm 的银耳碎片（下同）

表9-13　干整银耳的感官要求

项目	要求		
	特级	一级	二级
形状	呈自然近圆朵形，耳片较密实，带有耳基		
色泽	耳片半透明，耳基呈橙黄色、橙色或白色		
	乳白色	浅黄色	黄色
气味	无异味或微酸味		
碎耳片（%）	≤ 1.0	≤ 2.0	≤ 4.0
一般杂质（%）	0	≤ 0.5	≤ 1.0
虫蛀耳（%）	0	0	≤ 0.5
霉变耳	无	无	无
有害杂质	无	无	无

食用菌加工产品的质量安全控制与评价

判断松紧度；鼻嗅判断气味。

2. 直径、长度　随机取不少于 10 个草菇，用精确度为 0.1 mm 的量具，量取每个菌柄的最大直径和最大长度，计算出平均直径和长度。当直径最大或长度最长的草菇与直径最小或长度最短的草菇之差≤ 2 mm，判定为均匀；当直径最大或长度最长的草菇与直径最小或长度最短的草菇之差≤ 4 mm，判定为较均匀；当直径最大或长度最长的草菇与直径最小或长度最短的草菇之差≤ 6 mm，判定为不很均匀。

3. 虫蛀菇、霉烂菇、一般杂质、有害杂质比例　随机抽取样品 500 g（精确至 ±0.1 g），分别拣出虫蛀菇、霉烂菇、一般杂质、有害杂质，用感量为 0.1 g 的天平称其质量，按双孢蘑菇虫蛀菇、霉烂菇、杂质、脱柄菇比例测量方法中的公式（9-1）分别计算其占样品的百分率。

4. 草菇等级分级标准　按照上述方法对鲜草菇和干草菇进行感官指标的测定，可分别参照表 9-14 和表 9-15 对上述两种草菇产品从感官角度进行等级分级。

（七）松茸的感官指标、检测方法和等级分级标准

可参考推荐性国家标准 GB/T 23188—2008《松茸》对松茸的感官进行评价，进而分级。松茸鲜品、松茸干品应在常温下进行感官检验，而松茸速冻品应在冻结状态下迅速进行感官检验。

1. 形态、色泽、气味　采用目测、手摸、鼻嗅的方法进行检测。

2. 子实体长度　随机抽取不少于 10 个松茸，用精确度为 0.1 mm 的量具，量取每个松茸从菌盖顶部到菌柄基部的长度，计算出平均值。

3. 松茸速冻品切片厚度　随机抽取不少于 10 个松茸速冻品切片，用读数值为 0.05 mm 的游标卡尺测量切片中间的厚度。

4. 松茸速冻品切块规格　随机抽取不少于 10 个松茸速冻品切块，用精确度为 0.1 mm 的量具测量切块正面和侧面中间的宽度。

5. 碎片、虫蛀菇、霉烂菇、杂质比例　随机抽取样品 500 g（精确至 ±0.1 g），分别拣出碎片、虫蛀菇、霉烂菇、杂质，用感量为 0.1 g 的天平称

表 9-14　鲜草菇的感官要求

项目	级别		
	特级	一级	二级
形状	菇形完整、饱满，荔枝形或卵圆形		菇形光整，长圆形
菌膜	未破裂		
松紧度	实	较实	松
直径（cm）	≥ 2.0，均匀	≥ 2.0，较均匀	≥ 2.0，不很均匀
长度（cm）	≥ 3.0，均匀	≥ 3.0，较均匀	≥ 3.0，不很均匀
颜色	灰黑色或灰褐色，灰白或黄白色（草菇的白色变种）		
气味	有草菇特有的香味，无异味		
虫蛀菇（%）	0	0	≤ 1
一般杂质（%）	0	0	≤ 0.5
有害杂质	无	无	无
霉烂菇	无	无	无

表 9-15　干草菇的感官要求

项目	级别		
	特级	一级	二级
形状	菇片完整，菇身肥厚		菇片较完整
菌膜	未破裂	未破裂	未破裂
直径（cm）	≥2.0，均匀	≥1.5，较均匀	≥1.0，不很均匀
长度（cm）	≥3.0，均匀	≥3.0，较均匀	≥3.0，不很均匀
切面颜色	白至淡黄色	深黄色	色暗
气味	有草菇特有的香味，无异味		
虫蛀菇（%）	0	0	≤1
一般杂质（%）	0	0	≤0.5
有害杂质	无	无	无
霉烂菇	无	无	无

其质量，按双孢蘑菇虫蛀菇、霉烂菇、杂质、脱柄菇比例测量方法中的公式（9-1）分别计算其占样品的百分率。

6. 松茸等级分级标准　按照上述方法对松茸鲜品、松茸速冻品和松茸干品进行感官指标的测定，可分别参照表 9-16、表 9-17 和表 9-18 对上述三种松茸产品从感官角度进行等级分级。

（八）牛肝菌的感官指标、检测方法和等级分级标准

可参考推荐性国家标准 GB/T 23191—2008《牛肝菌　美味牛肝菌》对牛肝菌的感官进行评价，进而分级。

1. 形态、色泽、气味　肉眼观察形态、色泽，鼻嗅判断气味。

2. 干片长度　随机抽取不少于 100 g 牛肝菌，用精确度为 0.1 mm 的量具，量取每个牛肝菌干片长度，计算出平均值。

3. 干片碎片、虫蛀菇、霉烂菇、杂质比例　随机抽取样品 100 g（精确至 ±0.1 g），分别拣出干片碎片、虫蛀菇、霉烂菇、杂质，用感量为 0.1 g 的天平称其质量，按双孢蘑菇虫蛀菇、霉烂菇、杂质、脱柄菇比例测量方法中的公式（9-1）分别计算其占样品的百分率。

4. 牛肝菌等级分级标准　按照上述方法对牛肝菌鲜品和干品进行感官指标的测定，可分别参照表 9-19 和表 9-20 对产品从感官角度进行等级分级。

表 9-16　松茸鲜品感官要求

项目	指标			
	一级	二级	三级	四级
形态	菌体完整，肉质饱满有弹性，菌盖未展开紧贴菌柄，内菌幕不外露，盖边缘向内卷	菌体完整，肉质饱满有弹性，菌盖略张开，内菌幕外露且未破裂	菌体完整，肉质饱满有弹性，菌盖开伞，内菌幕破裂、菌褶外露	菌体机械破损不完整或畸形

食用菌加工产品的质量安全控制与评价

项目	指标			
	一级	二级	三级	四级
色泽	具有松茸鲜品应有的色泽			
气味	具有松茸应有的气味，无异味			
虫蛀菇（%）	0	0	0	≤5.0
子实体长度(cm)	≥6	≥6	≥6	≥6
霉烂菇	不允许	不允许	不允许	不允许
杂质（%）	≤1.0	≤1.0	≤1.0	≤3.0

表9-17　松茸速冻品感官要求

项目	指标			
	整菇	切片	切块	碎片
形态	子实体完整，无损伤	片形完整，菌盖与菌柄相连，切片厚薄均匀，厚度为2～4mm	切块规格：1cm×1cm 2cm×2cm 3cm×3cm	子实体不完整，大小不一，厚薄不均匀
色泽	淡黄色至浅棕色正常色泽	灰白色	白色，略有黄色，属氧化后的正常色泽	
气味	具有松茸应有的气味，无异味			
虫蛀菇（%）	≤10.0			
霉烂菇	不允许			
杂质（%）	≤1.0	0	≤0.5	≤1.5

表9-18　松茸干品感官要求

项目	指标		
	一级	二级	三级
形态	片形完整，菌盖与菌柄相连，碎片率≤1.0%	片形完整，菌盖与菌柄相连，碎片率≤3.0%	片形不完整，碎片率≤4.0%
色泽	灰白色，边缘为浅棕色		灰白色
气味	具有松茸应有的气味，无异味		
虫蛀菇（%）	0	≤5.0	≤10.0
霉烂菇	不允许	不允许	不允许
杂质（%）	0	≤0.5	≤1.5

（九）竹荪的感官指标、检测方法和等级分级标准

可参考农业行业标准 NY/T 836—2004《竹荪》对竹荪的感官进行评价，进而分级。

1. 色泽、形状、气味　肉眼观察形状、色泽，鼻嗅判断气味。

2. 菌柄直径、菌柄长度　随机取不少于 10 个竹荪菌柄，用精确度为 0.1 mm 的量具，量取每个菌柄的最大直径和最大长度，计算出菌柄平均直径和长度。

3. 残缺菇、碎菇体、虫蛀菇、霉变菇、一般杂质、有害杂质比例　随机抽取样品 500 g（精确至 ±0.1 g），分别拣出残缺菇、碎菇体、虫蛀菇、霉变菇、一般杂质、有害杂质，用感量为 0.1 g 的天平称其质量，分别计算其占样品的百分率，以双孢蘑菇虫蛀菇、霉烂菇、杂质、脱柄菇比例测量方法中的公式（9-1）计算。

4. 竹荪等级分级标准　按照上述方法对竹荪进行感官指标的测定，可参照表 9-21 对产品从感官角度进行等级分级。

表 9-19　牛肝菌鲜品感官要求

项目	指标		
	一级	二级	三级
形态	菌体完整、饱满，菌管排列紧密、整齐	菌体完整，菌盖扩张，菌管排列松散	菌体机械破损、不完整、畸形
色泽	颜色正常，有光泽	颜色基本正常，略暗	—
气味	具有牛肝菌应有的气味，无异味		
霉烂菇	不允许	不允许	不允许
虫蛀菇（%）	≤ 1.0	≤ 3.0	≤ 5.0
杂质（%）	≤ 1.0	≤ 5.0	≤ 5.0

表 9-20　牛肝菌干品感官要求

项目	指标		
	一级	二级	三级
形态	为完整的菌盖与菌柄相连的菌片，碎片率 ≤ 3%	菌片包括帽片、柄片，碎片率 ≤ 4%	菌片包括帽片、柄片，碎片率 ≤ 4%
干片长度（cm）	≥ 2.0	≥ 2.0	≥ 2.0
色泽	灰白色，无黄、黑虫道	浅黑白色，无黄虫道	黑白色，无明显黑虫道
气味	具有牛肝菌应有的气味，无异味		
虫蛀菇（%）	≤ 1.0	≤ 3.0	≤ 5.0
霉烂菇	不允许	不允许	不允许
杂质（%）	≤ 1.0	≤ 1.0	≤ 3.0

食用菌加工产品的质量安全控制与评价

（十）其他食用菌的感官指标、检测方法和等级分级标准

其他食用菌产品的感官指标与上述 9 种食用菌有部分相似之处，基本的评价指标为外观形状、色泽、气味、杂质、破损菇、虫蛀菇、霉烂菇等，检测技术也可参考上述食用菌中相应指标的检测方法。当食用菌产品符合表 9-22 的要求时，可认为是绿色食品级。

表 9-21　竹荪的感官要求

项目	指标		
	特级	一级	二级
色泽	菌柄和菌裙洁白色、白色或乳白色		
形状	菌柄圆柱形或近圆柱形，菌裙呈网状		
气味	有竹荪特有的香味，无异味或微酸味		
菌柄直径（nm）	≥ 20	≥ 15	≥ 10
菌柄长度（nm）	≥ 200	≥ 150	≥ 100
残缺菇（%）	≤ 1.0	≤ 3.0	≤ 5.0
碎菇体（%）	≤ 0.5	≤ 2.0	≤ 4.0
虫蛀菇（%）	0	0	≤ 0.5
霉变菇	无	无	无
一般杂质（%）	≤ 1.0	≤ 1.5	≤ 2.0
有害杂质	无	无	无

表 9-22　其他食用菌产品符合绿色食品标准的感官要求

项目	要求			检测方法
	食用菌鲜品	食用菌干品	食用菌粉	
外观形状	菇形正常，饱满有弹性，大小一致	菇形正常，或菇片均匀，或菇颗粒粗细均匀，或压缩食用菌块状规整	呈疏松状，菌粉粗细均匀	目测法观察菇的形状和大小，手捏法判断弹性
色泽、气味	具有该食用菌的固有色泽和特有香味，无酸、臭、霉变、焦煳等异味			目测法和鼻嗅法
杂质（%）	无（野生菌≤1）	无（野生菌≤1）	无	可参考 GB/T 12533
破损菇（%）	≤ 5（野生菌≤10）	≤ 10（野生菌≤15）（压缩品残缺块≤8）	—	随机取样 500 g（精确至 ±0.1g），分别拣出破损菇、虫蛀菇、压缩品残缺块，用台秤称量，分别计算其质量百分比
虫蛀菇（%）	无虫蛀（野生菌≤1）	无虫蛀（野生菌≤1）	无虫蛀	
霉烂菇	无	无	—	

二、理化与营养检测

（一）食用菌产品的理化指标

国家标准 GB 7096—2014《食品安全国家标准 食用菌及其制品》对食用菌及其产品理化指标的规定包括水分和米酵菌酸（BA）两项指标。水分指标中，规定了香菇干制品中的水分需≤130 g/kg，银耳干制品≤150 g/kg，其他食用菌干制品≤120 g/kg。米酵菌酸指标仅对银耳及其制品进行了规定，为0.25 g/kg。此外，推荐性国家标准（GB/T）及农业行业标准（NY/T）还对多种食用菌水分、灰分、粗蛋白质、粗纤维等理化指标进行了定量规定（如表9-23至表9-30所示）。

表 9-23　主要食用菌中相关标准涉及的理化指标

食用菌	标准	包含的理化指标
双孢蘑菇	GB/T 23190—2008 双孢蘑菇	水分、灰分
平菇	GB/T 23189—2008 平菇	水分、灰分
黑木耳	GB/T 6192—2019 黑木耳	干湿比、水分、灰分、总糖、粗蛋白质、粗脂肪、粗纤维
银耳	NY/T 834—2004 银耳	干湿比、朵片大小（或直径）、水分、粗蛋白质、粗纤维、灰分
草菇	NY/T 833—2004 草菇	水分、粗蛋白质、粗纤维、灰分
松茸	GB/T 23188—2008 松茸	水分、灰分
牛肝菌	GB/T 23191—2008 牛肝菌 美味牛肝菌	水分、灰分
竹荪	NY/T 836—2004 竹荪	水分、粗蛋白质、粗纤维、灰分

表 9-24　双孢蘑菇的理化要求

项目	要求		
	鲜品	干品	盐渍品
水分（%）	≤ 92.0	≤ 12.0	—
灰分（以干重计）（%）	≤ 8.0	< 8.0	≤ 12.0

表 9-25　平菇的理化要求

项目	要求	
	鲜品	干品
水分（%）	≤ 92.0	≤ 12.0
灰分（以干重计）（%）	≤ 8.0	≤ 8.0

食用菌加工产品的质量安全控制与评价

表 9-26 银耳的理化要求

项目		指标		
		特级	一级	二级
片状银耳	干湿比	≤1∶8.5	≤1∶8.0	≤1∶7.0
	朵片大小，长（cm）×宽（cm）	≥3.5×1.5	≥3.0×1.2	≥2.0×1.0
朵形银耳	干湿比	≤1∶8.0	≤1∶7.5	≤1∶6.5
	直径（cm）	≥6.0	≥4.5	≥3.0
干整银耳	干湿比	≤1∶7.5	≤1∶7.0	≤1∶6.0
	直径（cm）	≥5.0	≥4.0	≥2.5
水分（%）		≤15		
粗蛋白质（%）		≥6.0		
粗纤维（%）		≤5.0		
灰分（%）		≤8.0		

表 9-27 草菇的理化要求

项目	指标	
	干草菇	鲜草菇
水分（%）	≤10.0	≤91.0
粗蛋白质（%）	≥18.0	≥2.0
粗纤维（%）	≤13.0	≤1.5
灰分（%）	≤10.0	≤1.2

表 9-28 松茸的理化要求

项目	指标		
	鲜品	速冻品	干品
水分（%）	≤92.0	≤92.0	≤12.0
灰分（以干重计）（%）	≤8.0	≤8.0	≤8.0

表 9-29　牛肝菌理化要求

项目	指标	
	鲜品	干品
水分（%）	≤ 92.0	≤ 12.0
灰分（以干重计）（%）	≤ 8.0	≤ 8.0

表 9-30　竹荪干品的理化要求

项目	指标
水分（%）	≤ 13.0
粗蛋白质（以干重计）（%）	≥ 14.0
粗纤维（以干重计）（%）	≤ 10.0
灰分（%）	≤ 8.0

（二）食用菌产品理化指标的检测技术

1. 食用菌水分的测定　可参考 GB 5009.3—2016《食品安全国家标准　食品中水分的测定》进行。可采用直接干燥法、减压干燥法、蒸馏法和卡尔·费休法共四种方法。

（1）直接干燥法

1）原理　直接干燥法利用食品中水分的物理性质，在 101.3 kPa（一个大气压），温度 101～105℃条件下，采用挥发方法测定样品中干燥减失的重量，包括吸湿水、部分结晶水和该条件下能挥发的物质，再通过干燥前后的称量数值计算出水分的含量。其适用于 101～105℃不含或含其他挥发性物质甚微的产品，如食用菌产品。不适用于水分含量小于 5 g/kg 的样品。

2）操作方法　对于固体试样，取洁净铝制或玻璃制的扁形称量瓶，置于 101～105 ℃干燥箱中，瓶盖斜支于瓶边，加热 1.0 h，取出盖好，置干燥器内冷却 0.5 h，称量，并重复干燥至前后两次质量差不超过 2 mg，即为恒重。将混合均匀的试样迅速磨细至颗粒小于 2 mm，不易研磨的样品应尽可能切碎，称取 2～10 g 试样（精确至 0.000 1 g），放入此称量瓶中，试样厚度不超过 5 mm，如为疏松试样，厚度不超过 10 mm，加盖，精密称量后，置 101～105℃干燥箱中，瓶盖斜支于瓶边，干燥 2～4 h 后，盖好取出，放入干燥器内冷却 0.5 h 后称量。然后再放入 101～105℃干燥箱中干燥 1 h 左右，取出，放入干燥器内冷却 0.5 h 后再称量。并重复以上操作至前后两次质量差不超过 2 mg，即为恒重。两次恒重值在最后计算中，取最后一次的称量值。对于半固体或液体试样，取洁净的称量瓶，内加 10 g 海沙及一根小玻棒，置于 101～105℃干燥箱中，干燥 1.0 h 后取出，放入干燥器内冷却 0.5 h 后称量，并重复干燥至恒重。然后称取 5～10 g 试样（精确至 0.000 1 g），置于蒸发皿中，用小玻棒搅匀，放在沸水浴上蒸干，并随时搅拌，擦去皿底的水滴，置 101～105℃干燥箱中干燥 4 h 后盖好取出，放入干燥器内冷却 0.5 h 后称量。然后再放入 101～105℃干燥箱中干燥 1 h 左右，取出，放入干燥器内冷却 0.5 h 后再称量。并重复以上操作至前后两次质量差不超过 2 mg，即为恒重。两次恒重值在最后计算中，取最后一次的称量值。

3）计算　试样中的水分的含量按公式（9-3）进行计算。

食用菌加工产品的质量安全控制与评价

$$X = \frac{m_1 - m_2}{m_1 - m_3} \times 100 \qquad (9-3)$$

式中：X——试样中水分的含量，单位为克每百克（g/100g）；m_1——称量瓶（加海沙、小玻棒）和试样的质量，单位为克（g）；m_2——称量瓶（加海沙、小玻棒）和试样干燥后的质量，单位为克（g）；m_3——称量瓶（加海沙、小玻棒）的质量，单位为克（g）。

水分含量≥1 g/100 g时，计算结果保留三位有效数字；水分含量<1 g/100 g时，结果保留两位有效数字。在重复性条件下获得的两次独立测定结果的绝对差值不得超过算术平均值5%。

（2）减压干燥法

1）原理 减压干燥法利用食品中水分的物理性质，在达到40～53 kPa压力后加热至60℃±5℃，采用减压烘干方法去除试样中的水分，再通过烘干前后的称量数值计算出水分的含量。该法适用于糖、味精等易分解的食品中水分的测定，不适用于添加了其他原料的糖果，如奶糖、软糖等试样测定，同时该法不适用于水分含量小于0.5 g/100 g的样品。减压干燥法不是食用菌产品水分测定的首选方法，因此在此仅简单介绍。

2）操作方法 测定前，粉末和结晶试样直接称取；较大块硬糖经研钵粉碎，混匀备用。测定时，取已恒重的称量瓶称2～10 g（精确至0.000 1 g）试样，放入真空干燥箱内，将真空干燥箱连接真空泵，抽出真空干燥箱内空气（所需压力一般为40～53 kPa），并同时加热至所需温度60℃±5℃。关闭真空泵上的活塞，停止抽气，使真空干燥箱内保持一定的温度和压力，经4 h后，打开活塞，使空气经干燥装置缓缓通入至真空干燥箱内，待压力恢复正常后再打开。取出称量瓶，放入干燥器中0.5 h后称量，并重复以上操作至前后两次质量差不超过2 mg，即为恒重。

3）计算 数据计算方法同直接干燥法。在重复性条件下获得的两次独立测定结果的绝对差值不得超过算术平均值的10%。

（3）蒸馏法

1）原理 蒸馏法利用食品中水分的物理化学性质，使用水分测定器将食品中的水分与甲苯或二甲苯共同蒸出，根据接收的水的体积计算出试样中水分的含量。本方法适用于含较多挥发性物质的食品样品中水分的测定，不适用于水分含量小于1 g/100 g的样品。

2）操作方法 准确称取适量试样（应使最终蒸出的水在2～5 mL，但最多取样量不得超过蒸馏瓶的2/3），放入250 mL锥形瓶中，加入新蒸馏的甲苯（或二甲苯）75 mL，连接冷凝管与水分接收管，从冷凝管顶端注入甲苯，装满水分接收管。加热慢慢蒸馏，使每秒的馏出液为两滴，待大部分水分蒸出后，加速蒸馏约每秒4滴，当水分全部蒸出后，接收管内的水分体积不再增加时，从冷凝管顶端加入甲苯冲洗。如冷凝管壁附有水滴，可用附有小橡皮头的铜丝擦下，再蒸馏片刻至接收管上部及冷凝管壁无水滴附着，接收管水平面保持10 min不变为蒸馏终点，读取接收管水层的容积。

3）计算 试样中水分的含量按式（9-4）进行计算。

$$X = \frac{V}{m} \times 100 \qquad (9-4)$$

式中：X——试样中水分的含量，单位为毫升每百克（mL/100 g）；V——接收管内水的体积，单位为毫升（mL）；m——试样的质量，单位为克（g）。

以重复性条件下获得的两次独立测定结果的算术平均值表示，结果保留三位有效数字。在重复性条件下获得的两次独立测定结果的绝对差值不得超过算术平均值的10%。

（4）卡尔·费休法

1）原理 碘能与水和二氧化硫发生化学反应，在有吡啶和甲醇共存时，1 mol碘与1 mol水作用，反应式为：$C_5H_5N \cdot I_2 + C_5H_5N \cdot SO_2 + C_5H_5N + H_2O + CH_3OH \rightarrow 2C_5H_5N \cdot HI + C_5H_6N[SO_4CH_3]$。该法又分为库仑法和容量法。库仑法测定的碘是通过

化学反应产生的，只要电解液中存在水，所产生的碘就会和水以 1 : 1 的关系按照化学反应式进行反应。当所有的水都参与了化学反应，过量的碘就会在电极的阳极区域形成，反应终止。其适用于水分含量大于 1.0×10^{-5} g/100 g 的食品中水分的测定。容量法测定的碘是作为滴定剂加入的，滴定剂中碘的浓度是已知的，根据消耗滴定剂的体积，计算消耗碘的量，从而计量出被测物质水的含量。它适用于水分含量大于 1.0×10^{-3} g/100 g 的样品。

2）容量法的卡尔·费休试剂的标定　在反应瓶中加一定体积（浸没铂电极）的甲醇，在搅拌下用卡尔·费休试剂滴定至终点。加入 10 mg 水（精确至 0.000 1 g），滴定至终点并记录卡尔·费休试剂的用量（V）。卡尔·费休试剂的滴定度按式（9-5）计算。

$$T = \frac{M}{V} \tag{9-5}$$

式中：T——卡尔·费休试剂的滴定度，单位为毫克每毫升（mg/mL）；M——水的质量，单位为毫克（mg）；V——滴定水消耗的卡尔·费休试剂的用量，单位为毫升（mL）。

3）操作方法　样品测定前进行试样前处理，可粉碎的固体试样要尽量粉碎，使之均匀。不易粉碎的试样可切碎。水分测定时，于反应瓶中加一定体积的甲醇或卡尔·费休测定仪中规定的溶剂浸没铂电极，在搅拌下用卡尔·费休试剂滴定至终点。迅速将易溶于上述溶剂的试样直接加入滴定杯中；对于不易溶解的试样，应采用对滴定杯进行加热或加入已测定水分的其他溶剂辅助溶解后用卡尔·费休试剂滴定至终点。建议采用库仑法测定试样中的含水量应大于 10 μg，容量法应大于 100 μg。对于某些需要较长时间滴定的试样，需要扣除其漂移量。在滴定杯中加入与测定样品一致的溶剂，并滴定至终点，放置不少于 10 min 后再滴定至终点，两次滴定之间的单位时间内的体积变化即为漂移量（D）。

4）计算　固体试样中水分的含量按式（9-6）进行计算，液体试样中水分的含量按式（9-7）进行计算。

$$X = (V_1 - D \times t) \frac{T}{M} \times 100 \tag{9-6}$$

式中：X——试样中水分的含量，单位为克每百克（g/100 g）；V_1——为滴定样品时卡尔·费休试剂体积，单位为毫升（mL）；T——卡尔·费休试剂的滴定度，单位为克每毫升（g/mL）；M——样品质量，单位为克（g）；D——漂移量，单位为毫升每分（mL/min）；t——滴定时所消耗的时间，单位为分（min）。

水分含量 ≥ 1 g/100 g 时，计算结果保留三位有效数字；水分含量 < 1 g/100 g 时，计算结果保留两位有效数字。在重复性条件下获得的两次独立测定结果的绝对差值不得超过算术平均值的 10%。

$$X = (V_1 - D \times t) \frac{T}{V_2 \rho} \times 100 \tag{9-7}$$

式中：X——试样中水分的含量，单位为克每百克（g/100 g）；V_1——为滴定样品时卡尔·费休试剂体积，单位为毫升（mL）；T——卡尔·费休试剂的滴定度，单位为克每毫升（g/mL）；V_2——液体样品体积，单位为毫升（mL）；D——漂移量，单位为毫升每分（mL/min）；t——滴定时所消耗的时间，单位为分（min）；ρ——液体样品的密度，单位为克每毫升（g/mL）。

水分含量 ≥ 1 g/100 g 时，计算结果保留三位有效数字；水分含量 < 1 g/100 g 时，计算结果保留两位有效数字。在重复性条件下获得的两次独立测定结果的绝对差值不得超过算术平均值的 10%。

2. 食用菌灰分的测定　可参考 GB/T 12532—2008《食用菌灰分测定》进行。

（1）原理　灰分是指试样经高温灼烧后得到的残留物。称其残留物质量得到样品灰分含量。试样经炭化后，在 525℃ ± 25℃ 温度条件下灼烧至恒重。

食用菌加工产品的质量安全控制与评价

（2）取样　测试前要进行取样。在整批货物中，包装产品以同类货物的小包装袋（盒、箱等）为基数，散装产品以同类货物的质量（kg）或件数为基数，从整批货物的不同位置按下列整批货物件数的基数进行随机取样：当整批货物在 50 件以下时，抽样基数为 2 件；当整批货物在 51～100 件时，抽样基数为 4 件；当整批货物在 101～200 件时，抽样基数为 5 件；当整批货物在 201 件以上时，以 6 件为最低限度，每增加 50 件加抽 1 件。小包装质量不足检验所需质量时，适当加大抽样量。样品量过大时，应缩减样品和试验样品。具体做法为：将样品混合，均匀平铺成方形，随机取样缩减。试验样品从缩减样品中获得，按照检验项目所需样品量的四倍取样，其中一份做检样，两份做复检样，一份做存样。

（3）检测　先将洗净的坩埚移入 525℃±25℃ 的高温电阻炉中灼烧 1 h，冷至 200℃ 以下取出，移入干燥器内冷却至室温，称重。重复灼烧、冷却、称重，直至前后两次称量质量差不超过 0.000 2 g，即获得坩埚的恒重。然后称取样品 4.0～25.0 g（精确至 0.000 1 g）于恒重的坩埚内，先以小火加热使试样充分炭化至无烟（鲜品样先在 105℃ 烘箱中烘干，液体样品先在沸水浴上蒸干）。将炭化完全的试样放入高温电阻炉中，于 525℃±25℃ 灼烧灰化 2～3 h，待炉温降至 200℃ 以下，将坩埚移入干燥器中，冷却至室温，称重。重复灼烧、冷却、称重，直至前后两次称量质量差不超过 0.000 2 g，即为恒重。

（4）计算　按公式（9-8）计算样品中的灰分含量。

$$X = \frac{m_2 - m_0}{m_1 - m_0} \times 100\% \tag{9-8}$$

式中：X——样品中总灰分的含量，用百分数表示；m_2——坩埚和总灰分的质量，单位为克（g）；m_0——坩埚的质量，单位为克（g）；m_1——样品和坩埚的质量，单位为克（g）。

同一样品取三个平行样测定，以测定结果的算术平均值作为测定结果，保留小数点后两位数字。在重复条件下同时或相继进行两个平行样独立测定结果的绝对差值不大于算术平均值的 5%。

3. 食用菌干湿比的测定　食用菌干湿比又称泡松率，主要作为香菇、黑木耳和银耳等有干品产品的食用菌的理化指标之一。可参考农业行业标准 NY/T 834—2004《银耳》对食用菌的干湿比进行测定。测定时，称取整朵干香菇、干黑木耳或朵形银耳、干整银耳 50.0 g（精确至 ±0.1 g）或片状银耳 20.0 g（精确至 ±0.1 g），将银耳样品放入 25℃ 水中浸泡 4 h 后，观察朵片完全伸展，直径明显增大，朵片边缘整齐、有弹性、无发黏、无软塌。取出用漏水容器沥尽余水后称重，按公式（9-9）计算干湿比，计算结果精确到小数点后一位。

$$Y = 1 : \frac{m_1}{m} \tag{9-9}$$

式中：Y——食用菌干湿比；m_1——食用菌样品湿重，单位为克（g）；m——食用菌样品干重，单位为克（g）。

4. 食用菌总糖的测定　可参考推荐性国家标准 GB/T 15672—2009《食用菌中总糖含量的测定》进行测定。

（1）原理　食用菌中水溶性糖和水不溶性多糖经盐酸溶液水解后转化成还原糖，水解物在硫酸的作用下，迅速脱水生成糖醛衍生物，并与苯酚反应生成橙黄色溶液，反应产物在 490 nm 处比色，采用外标法定量，即可获得食用菌总糖含量数值。

（2）取样　将样品混匀后平铺成方形，用四分法取样，干样取样量不应少于 200 g；鲜样取样量不应少于 1 000 g；子实体单个质量大于 200 g 的样品，取样个数不应少于 5 个。

（3）样品前处理　干样直接用剪刀剪成小块，在 80℃ 干燥箱中烘至发脆后置于干燥器内冷却，立即粉碎。鲜样用手撕或刀切成小块，50℃ 鼓风干燥 6 h 以上，待样品半干后再逐步提高温度至 80℃ 烘至发脆后在干燥器内冷却，立即粉碎。粉碎样品过孔径为 0.9 mm 的筛。未能过筛部分再次粉碎或经钵内研磨后再次过筛，直至全部样品过筛为止。过筛后的样品装入清洁的广口瓶内密封保存，备用。

（4）标准曲线　分别吸取0、0.2 mL、0.4 mL、0.6 mL、0.8 mL、1.0 mL的葡萄糖标准溶液至10 mL具塞试管中，用蒸馏水补至1.0 mL。向试液中加入1.0 mL 5%苯酚溶液，然后快速加入5.0 mL浓硫酸（与液面垂直加入，勿接触试管壁，以便于反应液充分混合），反应液静止放置10 min。使用涡旋振荡器使反应液混合，然后将试管放置于30℃水浴锅中反应20 min。取适量反应液在490 nm处测吸光度。以葡萄糖质量浓度为横坐标，吸光度值为纵坐标，绘制标准曲线。

（5）测定　样品测定时，称取约0.25 g试样，准确到0.001 g。取样的同时测定试样含水率。将试样小心倒入250 mL锥形瓶中，加50 mL水和15 mL浓盐酸。装上冷凝回流装置，置100℃水浴中水解3 h，冷却至室温后过滤，再用蒸馏水洗涤滤渣，合并滤液及洗液，用水定容至250 mL，此溶液为试样测试液。准确吸取试样测试液0.2 mL于10 mL具塞试管中，用蒸馏水补至1.0 mL，按绘制标准曲线的步骤操作，以空白溶液调零，测得吸光度，以标准曲线计算总糖含量。空白试验需与测定平行进行，用同样的方法和试剂，但不加试料。

（6）计算　样品中总糖含量以质量分数W计，数值以百分率（%）表示，按公式（9-10）计算。

$$W = \frac{m_1 \times V_1 \times 10^{-6}}{m_2 \times V_2 \times (1-\omega)} \times 100\% \qquad (9-10)$$

式中：W——总糖含量，用百分数表示；V_1——样品定容体积，单位为毫升（mL）；V_2——比色测定时所移取样品测定液的体积，单位为毫升（mL）；m_1——从标准曲线上查得样品测定液中的含糖量，单位为微克（μg）；m_2——样品质量，单位为克（g）；ω——样品含水量，用百分数表示。

计算结果以葡萄糖计，表示到小数点后一位。在重复性条件下获得的两次独立测试结果的绝对差值不大于这两个测定值的算术平均值的10%，以大于这两个测定值的算术平均值的10%的情况不超过5%为前提。

5. 食用菌蛋白质的测定　应按照国家标准GB 5009.5—2016《食品安全国家标准 食品中蛋白质的测定》进行分析。适用于食用菌产品检测的有凯氏定氮法和分光光度法两种方法。

（1）凯氏定氮法

1）原理　食品中的蛋白质在催化加热条件下被分解，产生的氨与硫酸结合生成硫酸铵。碱化蒸馏使氨游离，用硼酸吸收后以硫酸或盐酸标准滴定溶液滴定，根据酸的消耗量计算氮含量，再乘以换算系数，即为蛋白质的含量。

2）试样处理　取充分混匀的固体试样0.2～2 g、半固体试样2～5 g或液体试样10～25 g（相当于30～40 mg氮），精确至0.001 g，移入干燥的100 mL、250 mL或500 mL定氮瓶中，加入0.4 g硫酸铜、6 g硫酸钾及20 mL硫酸，轻摇后于瓶口放一小漏斗，将瓶以45°斜支于有小孔的石棉网上。小心加热，待内容物全部炭化，泡沫完全停止后，加强火力，并保持瓶内液体微沸，至液体呈蓝绿色并澄清透明后，再继续加热0.5～1 h。取下放冷，小心加入20 mL水，放冷后，移入100 mL容量瓶中，并用少量水洗定氮瓶，洗液并入容量瓶中，再加水至刻度，混匀备用。同时做试剂空白试验。

3）测定　装好定氮蒸馏装置，向水蒸气发生器内装水至2/3处，加入数粒玻璃珠，加甲基红乙醇溶液数滴及数毫升硫酸，以保持水呈酸性，加热煮沸水蒸气发生器内的水并保持沸腾。向接受瓶内加入10.0 mL硼酸溶液及1～2滴A混合指示剂（2份甲基红乙醇溶液与1份亚甲基蓝乙醇溶液临用时混合）或B混合指示剂（1份甲基红乙醇溶液与5份溴甲酚绿乙醇溶液临用时混合），并使冷凝管的下端插入液面下，根据试样中氮含量，准确吸取2.0～10.0mL试样处理液由小玻杯注入反应室，以10 mL水洗涤小玻杯并使之流入反应室内，随后塞紧棒状玻塞。将10.0 mL氢氧化钠溶液倒入小玻杯,提起玻塞使其缓缓流入反应室,立即将玻塞盖紧,并水封。夹紧螺旋夹,开始蒸馏。蒸馏 10 min 后移动蒸馏液接收瓶,液面离开冷凝管下端,再蒸馏 1 min。然后用少量水冲洗冷凝管下端外部,取下蒸馏液接收瓶。尽快以硫酸或盐酸标准滴定溶液滴定至终点,如用 A 混合指示液,终点颜色为灰蓝色;如用 B 混合指示液,终点颜色为浅灰红色。同时做试剂空白。

4)计算 试样中蛋白质的含量按公式(9-11)计算。在重复条件下获得的两次独立测定结果的绝对差值不得超过算术平均值的 10%。

$$W = \frac{(V_1 - V_2) \times c \times 0.014\ 0}{m \times V_3/100} \times F \times 100 \quad (9-11)$$

式中:W——试样中蛋白质的含量,单位为克每百克(g/100g);V_1——试液消耗硫酸或盐酸标准滴定液的体积,单位为毫升(mL);V_2——试剂空白消耗硫酸或盐酸标准滴定液的体积,单位为毫升(mL);c——硫酸或盐酸标准滴定溶液浓度,单位为摩尔每升(mol/L);0.014 0——1.0 mL 硫酸或盐酸标准滴定溶液相当的氮的质量,单位为克(g);m——试样的质量,单位为克(g);V_3——吸取消化液的体积,单位为毫升(mL);F——氮换算为蛋白质的系数,当只检测氮含量时,不需要乘蛋白质换算系数 F;100——换算系数。

蛋白质含量≥1 g/100g 时,结果保留三位有效数字;蛋白质含量<1 g/100g 时,结果保留两位有效数字。

(2)分光光度法

1)原理 食品中的蛋白质在催化加热条件下被分解,分解产生的氨与硫酸结合生成硫酸铵,在 pH 4.8 的乙酸钠-乙酸缓冲溶液中与乙酰丙酮和甲醛反应生成黄色的 3,5-二乙酰-2,6-二甲基-1,4-二氢化吡啶化合物。在波长 400nm 下测定吸光度值,与标准系列比较定量,结果乘以换算系数,即为蛋白质含量。

2)试样消解 称取充分混匀的固体试样 0.1～0.5 g(精确至 0.001 g)、半固体试样 0.2～1 g(精确至 0.001g)或液体试样 1～5 g(精确至 0.001 g),移入干燥的 100 mL 或 250 mL 定氮瓶中,加入 0.1 g 硫酸铜、1 g 硫酸钾及 5 mL 硫酸,摇匀后于瓶口放一小漏斗,将定氮瓶以 45° 斜支于有小孔的石棉网上。缓慢加热,待内容物全部炭化,泡沫完全停止后,加强火力,并保持瓶内液体微沸,至液体呈蓝绿色澄清透明后,再继续加热 0.5 h。取下放冷,慢慢加入 20 mL 水,放冷后移入 50 mL 或 100 mL 容量瓶中,并用少量水洗定氮瓶,洗液并入容量瓶中,再加水至刻度,混匀备用。按同一方法做试剂空白试验。

3)试样溶液的制备 吸取 2.00～5.00 mL 试样或试剂空白消化液于 50 mL 或 100 mL 容量瓶内,加 1～2 滴对硝基苯酚指示剂溶液,摇匀后滴加氢氧化钠溶液中和至黄色,再滴加乙酸溶液至溶液无色,用水稀释至刻度,混匀。

4)标准曲线的绘制 吸取 0、0.05 mL、0.10 mL、0.20 mL、0.40 mL、0.60 mL、0.80 mL 和 1.00 mL 氨氮标准使用溶液(相当于 0、5.00 μg、10.0 μg、20.0 μg、40.0 μg、60.0 μg、80.0 μg 和 100.0 μg 氮),分别置于 10 mL 比色管中。加 4.0 mL 乙酸钠-乙酸缓冲溶液及 4.0 mL 显色剂,加水稀释至刻度,混匀。置于 100℃水浴中加热 15 min。取出用水冷却至室温后,移入 1cm 比色杯内,以零管为参比,于波长 400 nm 处测量吸光度值,根据标准各点吸光度值绘制标准曲线或计算线性回归方程。

5)试样测定 吸取 0.50～2.00 mL(约相当于氮<100 μg)试样溶液和同量的试剂空白溶液,分别于 10 mL 比色管中。加 4.0 mL 乙酸钠-乙酸缓冲溶液及 4.0 mL 显色剂,加水稀释至刻度,混匀。置于 100℃水浴中加热 15 min。取出用水冷却至室温后,移入 1cm 比色杯内,以零管为参比,于波长 400 nm 处测量吸光度值,试样吸光度值与标准曲线比较定量或代入线性回归方程求出含量。

6)计算 试样中蛋白质的含量按式(9-12)计算。在重复性条件下获得的两次独立测定结果的绝对差值不得超过算术平均值的 10%。

$$W = \frac{(C - C_0) \times V_1 \times V_3}{m \times V_2 \times V_4 \times 1\,000 \times 1\,000} \times F \times 100 \qquad (9\text{-}12)$$

式中：W——试样中蛋白质的含量，单位为克每百克（g/100g）；C——试样测定液中氮的含量，单位为微克（μg）；C_0——试剂空白测定液中氮的含量，单位为微克（μg）；V_1——试样消化液定容体积，单位为毫升（mL）；V_3——试样溶液总体积，单位为毫升（mL）；m——试样质量，单位为克（g）；V_2——制备试样溶液的消化液体积，单位为毫升（mL）；V_4——测定用试样溶液体积，单位为毫升（mL）；1 000——换算系数；100——换算系数；F——氮换算为蛋白质的系数。

蛋白质含量 ≥ 1 g/100g 时，结果保留三位有效数字；蛋白质含量 <1 g/100g 时，结果保留两位有效数字。

6. 食用菌脂肪的测定　应按照国家标准 GB 5009.6—2016《食品安全国家标准 食品中脂肪的测定》进行分析。其中索氏抽提法适用于食用菌产品中游离态脂肪含量的测定，酸水解法适用于食用菌产品中游离态脂肪及结合态脂肪总量的测定。

（1）索氏抽提法

1）原理　脂肪易溶于有机溶剂，试样直接用无水乙醚或石油醚等溶剂抽提后，蒸发除去溶剂，干燥，得到游离态脂肪的含量。

2）试样处理　对于固体试样，称取充分混匀后的试样 2～5 g，准确至 0.001 g，全部移入滤纸筒内。对于液体或半固体试样，称取混匀后的试样 5～10 g，准确至 0.001 g，置于蒸发皿中，加入约 20 g 石英砂，于沸水浴上蒸干后，在电热鼓风干燥箱中于 100℃±5℃干燥 30 min 后，取出，研细，全部移入滤纸筒内。蒸发皿及沾有试样的玻璃棒，均用沾有乙醚的脱脂棉擦净，并将棉花放入滤纸筒内。

3）抽提　将滤纸筒放入索氏抽提器的抽提筒内，连接已干燥至恒重的接收瓶，由抽提器冷凝管上端加入无水乙醚或石油醚至瓶内容积的三分之二

处，于水浴上加热，使无水乙醚或石油醚不断回流抽提（6～8 次 /h），一般抽提 6～10 h。提取结束时，用磨砂玻璃棒接取 1 滴提取液，磨砂玻璃棒上无油斑表明提取完毕。

4）称量　取下接收瓶，回收无水乙醚或石油醚，待接收瓶内溶剂剩余 1～2 mL 时在水浴上蒸干，再于 100℃±5℃干燥 1 h，放干燥器内冷却 0.5 h 后称量。重复以上操作直至恒重（直至两次称量的差不超过 2 mg）。

5）计算　试样中脂肪的含量按公式（9-13）计算。计算结果表示到小数点后一位。在重复性条件下获得的两次独立测定结果的绝对差值不得超过算术平均值的 10%。

$$X = \frac{(m_1 - m_0)}{m_2} \times 100 \qquad (9\text{-}13)$$

式中：X——试样中脂肪的含量，单位为克每百克（g/100g）；m_1——恒重后接收瓶和脂肪的含量，单位为克（g）；m_0——接收瓶的质量，单位为克（g）；m_2——试样的质量，单位为克（g）；100——换算系数。

（2）酸水解法

1）原理　食品中的结合态脂肪必须用强酸使其游离出来，游离出的脂肪易溶于有机溶剂。试样经盐酸水解后用无水乙醚或石油醚提取，除去溶剂即得游离态和结合态脂肪的总含量。

2）试样酸水解　对于固体试样，称取 2～5 g，准确至 0.001 g，置于 50 mL 试管内，加入 8 mL 水，混匀后再加 10 mL 盐酸。将试管放入 70～80℃水浴中，每隔 5～10 min 用玻璃棒搅拌 1 次，至试样消化完全为止，40～50 min。对于液体试样，称取约 10 g，准确至 0.001 g，置于 50 mL 试管内，加 10 mL 盐酸。其余操作同固体试样。

3）抽提　取出试管，加入 10 mL 乙醇，混合。冷却后将混合物移入 100 mL 具塞量筒中，以 25 mL 无水乙醚分数次洗试管，一并倒入量筒中。待无水乙醚全部倒入量筒后，加塞振摇 1min，小心开塞，放出气体，再塞好，静置 12 min，小心

开塞，并用乙醚冲洗塞及量筒口附着的脂肪。静置10～20 min，待上部液体清晰，吸出上清液于已恒重的锥形瓶内，再加5 mL无水乙醚于具塞量筒内，振摇，静置后，仍将上层乙醚吸出，放入原锥形瓶内。

4）称量与计算　同索氏抽提法中的称量与计算步骤。

7. 食用菌粗纤维的测定　可参考推荐性国家标准GB/T 5009.10—2003《植物类食品中粗纤维的测定》进行测定。

（1）原理　在硫酸作用下，试样中的糖、淀粉、果胶质和半纤维素经水解去除后，再用碱处理，除去蛋白质及脂肪酸，剩余的残渣即为粗纤维。如其中含有不溶于碱的杂质，可灰化后除去。

（2）操作步骤　测量时，称取20～30 g捣碎的样品（或10 g干样），移入500 mL锥形瓶中，加入200 mL煮沸的1.25%硫酸，加热使微沸，保持体积恒定，维持30 min，每隔5 min摇动锥形瓶一次，以充分混合瓶内的物质。取下锥形瓶，立即用亚麻布过滤后，用沸水洗涤至洗液不呈酸性。再用200 mL煮沸的1.25%氢氧化钾溶液将亚麻布上的存留物洗入原锥形瓶内加热微沸30 min后，取下锥形瓶，立即以亚麻布过滤，以沸水洗涤2～3次后，移入已干燥称量的G2垂融坩埚或同型号的垂融漏斗中，抽滤，用热水充分洗涤后，抽干。再依次用乙醇和乙醚洗涤一次。将坩埚和内容物在105℃烘箱中烘干后称量，重复操作，直至恒量。如试样中含有较多的不溶性杂质，则可将试样移入石棉坩埚，烘干称量后再移入550℃高温炉中灰化，使含碳的物质全部灰化，置于干燥器内，冷却至室温称量，所损失的量即为粗纤维量。

（3）计算　结果按公式（9-14）进行计算。

$$X = \frac{G}{m} \times 100\% \qquad (9\text{-}14)$$

式中：X——试样中粗纤维的含量，单位为%；G——残余物的质量（或经高温炉损失的质量），单位为克（g）；m——样品的质量，单位为克（g）。

计算结果表示到小数点后一位。在重复性条件下获得的两次独立测定结果的绝对差值不得超过算术平均值的10%。

8. 食用菌膳食纤维的测定　应按照国家标准GB 5009.88—2014《食品安全国家标准　食品中膳食纤维的测定》进行分析。涉及的酶重量法可用于总的、可溶性和不溶性膳食纤维的测定，但不包括低聚果糖、低聚半乳糖、聚葡萄糖、抗性麦芽糊精、抗性淀粉等膳食纤维组分。

（1）原理　干燥试样经热稳定α-淀粉酶、蛋白酶和葡萄糖苷酶酶解消化去除蛋白质和淀粉后，经乙醇沉淀、抽滤，残渣用乙醇和丙酮洗涤，干燥称量，即为总膳食纤维残渣。另取试样同样酶解，直接抽滤并用热水洗涤，残渣干燥称量，即得不溶性膳食纤维残渣；滤液用4倍体积的乙醇沉淀、抽滤、干燥称量，得可溶性膳食纤维残渣。扣除各类膳食纤维残渣中相应的蛋白质、灰分和试剂空白含量，即可计算出试样中总的、不溶性和可溶性膳食纤维含量。本法测定的总膳食纤维为不能被α-淀粉酶、蛋白酶和葡萄糖苷酶酶解的碳水化合物聚合物，包括不溶性膳食纤维和能被乙醇沉淀的高分子质量可溶性膳食纤维，如纤维素、半纤维素、木质素、果胶、部分回生淀粉，及其他非淀粉多糖和美拉德反应产物等；不包括低分子质量（聚合度3～12）的可溶性膳食纤维，如低聚果糖、低聚半乳糖、聚葡萄糖、抗性麦芽糊精，以及抗性淀粉等。

（2）试样制备　试样处理根据水分含量、脂肪含量和糖含量进行适当的处理及干燥，并粉碎、混匀过筛。食用菌产品的脂肪含量<10%，当试样水分含量较低（<10%）时，取试样直接反复粉碎，至完全过筛，混匀，待用。当试样水分含量较高（≥10%）时，试样混匀后，称取适量试样（不少于50 g），置于70℃±1℃真空干燥箱内干燥至恒重。将干燥后试样转至干燥器中，待试样温度降到室温后称量。根据干燥前后试样质量，计算试样质量损失因子。干燥后试样反复粉碎至完全过

筛,置于干燥器中待用。若试样不宜加热,也可采取冷冻干燥法。部分食用菌产品的糖含量≥5%,此时,试样需经脱糖处理。称取适量试样(不少于50 g),置于漏斗中,按每克试样10 mL的比例用85%乙醇溶液冲洗,弃乙醇溶液,连续3次。脱糖后将试样置于40℃烘箱内干燥过夜,称量,记录脱糖、干燥后试样质量损失因子。干样反复粉碎至完全过筛,置于干燥器中待用。

(3)酶解 准确称取双份试样各约1 g(精确至0.1 mg),双份试样质量差≤0.005g。将试样转置于400~600 mL高脚烧杯中,加入0.05 mol/L MES-TRIS缓冲液40 mL,用磁力搅拌直至试样完全分散在缓冲液中。同时制备两个空白样液与试样液进行同步操作,用于校正试剂对测定的影响。向试样液中分别加入50 μL热稳定α-淀粉酶液缓慢搅拌,加盖铝箔,置于95~100℃恒温振荡水浴箱中持续振摇,当温度升至95℃开始计时,通常反应35 min。将烧杯取出,冷却至60℃,打开铝箔盖,用刮勺轻轻将附着于烧杯内壁的环状物以及烧杯底部的胶状物刮下,用10 mL水冲洗烧杯壁和刮勺,完成热稳定α-淀粉酶酶解。将试样液置于60℃±1℃水浴中,向每个烧杯加入100 μL蛋白酶溶液,盖上铝箔,开始计时,持续振摇,反应30 min。打开铝箔盖,边搅拌边加入5 mL 3 mol/L乙酸溶液,控制试样温度保持在60℃±1℃。用1 mol/L氢氧化钠溶液或1 mol/L盐酸溶液调节试样液pH4.5±0.2,完成蛋白酶酶解。边搅拌边加入100 μL淀粉葡萄糖苷酶液,盖上铝箔,继续于60℃±1℃水浴中持续振摇,反应30 min,完成淀粉葡萄糖苷酶酶解。

(4)总膳食纤维测定 向每份试样酶解液中,按乙醇与试样液体积比4:1的比例加入预热至60℃±1℃的95%乙醇(预热后体积约为225 mL),取出烧杯,盖上铝箔,于室温条件下沉淀1 h。然后取已加入硅藻土并干燥称量的坩埚,用15 mL 78%乙醇润湿硅藻土并展平,接上真空抽滤装置,抽去乙醇使坩埚中硅藻土平铺于滤板上。将试样乙

醇沉淀液转移入坩埚中抽滤,用刮勺和78%乙醇将高脚烧杯中所有残渣转至坩埚中。分别用78%乙醇15 mL洗涤残渣2次,用95%乙醇15 mL洗涤残渣2次,丙酮15 mL洗涤残渣2次,抽滤去除洗涤液后,将坩埚连同残渣在105℃烘干过夜。将坩埚置干燥器中冷却1 h,称量(包括处理后坩埚质量及残渣质量),精确至0.1 mg。减去处理后坩埚质量,计算试样残渣质量。最后测定蛋白质和灰分:取2份试样残渣中的1份按GB 5009.5—2006测定氮含量,以6.25为换算系数,计算蛋白质质量;另1份试样测定灰分,即在525℃灰化5 h,于干燥器中冷却,精确称量坩埚总质量(精确至0.1mg),减去处理后坩埚质量,计算灰分质量。

(5)不溶性膳食纤维测定 按上述方法称取试样并酶解,取已处理的坩埚,用3 mL水润湿硅藻土并展平,抽去水分使坩埚中的硅藻土平铺于滤板上。将试样酶解液全部转移至坩埚中抽滤,残渣用70℃热水10 mL洗涤2次,收集并合并滤液,转移至另一个600 mL高脚烧杯中,备测可溶性膳食纤维。残渣按总膳食纤维测定过程中的步骤进行洗涤、干燥、称量,记录残渣重量,并测定蛋白质和灰分质量。

(6)可溶性膳食纤维测定 收集不溶性膳食纤维抽滤产生的滤液,至已预先称量的600 mL高脚烧杯中,通过称量"烧杯+滤液"总质重,扣除烧杯质量的方法估算滤液体积。按滤液体积加入4倍量预热至60℃的95%乙醇,室温下沉淀1 h。再按总膳食纤维测定步骤进行操作。

(7)计算 按照公式(9-15)计算试剂空白质量。按照公式(9-16)、公式(9-17)和公式(9-18)计算膳食纤维含量。在重复性条件下获得的两次独立测定结果的绝对差值不得超过算术平均值的10%。

$$m_B = \overline{m}_{BR} - m_{BP} - m_{BA} \qquad (9-15)$$

式中:m_B——试剂空白质量,单位为克(g);

$\overline{m}_{BR}$——双份试剂空白残渣质量均值,单位为克

（g）；m_{BP}——试剂空白残渣中蛋白质质量，单位为克（g）；m_{BA}——试剂空白残渣中灰分质量，单位为克（g）。

$$m_R = m_{GR} - m_G \qquad (9-16)$$

式中：m_R——试样残渣质量，单位为克（g）；m_{GR}——处理后坩埚质量及残渣质量，单位为克（g）；m_G——处理后坩埚质量，单位为克（g）。

$$X = \frac{\overline{m}_R - m_P - m_A - m_B}{\overline{m} \times f} \times 100 \qquad (9-17)$$

式中：X——试样中膳食纤维的含量，单位为克每百克（g/100g）；$\overline{m}_R$——双份试样残渣质量均值，单位为克（g）；m_P——试样残渣中蛋白质质量，单位为克（g）；m_A——试样残渣中灰分质量，单位为克（g）；m_B——试剂空白质量，单位为克（g）；$\overline{m}$——双份试样取样质量均值，单位为克（g）；f——试样制备时因干燥、脱脂、脱糖导致质量变化的校正因子；100——换算稀释度。

$$f = \frac{m_C}{m_D} \qquad (9-18)$$

式中：f——试样制备时因干燥、脱脂、脱糖导致质量变化的校正因子；m_C——试样制备前质量，单位为克（g）；m_D——试样制备后质量，单位为克（g）。

9. 食用菌蘑菇氨酸的测定　可参考按照农业行业标准 NY/T 2280—2012《双孢蘑菇中蘑菇氨酸的测定 高效液相色谱法》测定食用菌产品中的蘑菇氨酸。该方法的检出限鲜品为 1.0 mg/kg，干品为 10.0 mg/kg；定量限鲜品为 3.0 mg/kg，干品为 30.0 mg/kg。

（1）原理　试样中蘑菇氨酸经甲醇提取后，高效液相色谱法测定，以保留时间定性，外标法定量。

（2）试样制备

1）鲜样　取具有代表性的食用菌样品 1 000 g，用干净纱布擦去表面附着物，采用对角线分割法，取对角部分，切碎，充分混匀后粉碎成匀浆，放入密闭容器中，-18℃保存备用。

2）干样　取具有代表性的食用菌样品 200 g，用样品粉碎机粉碎，过 425 μm 标准网筛，将样品装于密封容器中，0～20℃保存备用。

（3）提取　鲜样称取 5 g（精确至 0.01 g），干样称取 0.5 g（精确至 0.001 g），将粉碎均匀的样品置于 150 mL 具塞锥形瓶中，加 50 mL 甲醇，均质器 5 000 r/min 均质 2 min，取 20 mL 提取液转入 50 mL 离心管，4 000 r/min 离心 5 min，取 5 mL 上清液置于 10 mL 容量瓶中，加水定容至 10 mL，混匀后过 0.45 μm 微孔滤膜，滤液供 HPLC 分析。实验全过程注意避光。

（4）测定

1）参考色谱条件　色谱柱：C_{18} 柱，250 mm × 4.6 nm（i.d.），5 μm，或相当规格色谱柱。流动相：甲醇 + 磷酸二氢钠水溶液 =2 + 98。流速：1.0 mL/min。柱温：35℃。波长：237 nm。进样量：10 μL。

2）标准曲线　准确吸取适量标准溶液，用水稀释后配制成质量浓度为 1.00 mg/L、2.00 mg/L、5.00 mg/L、10.00 mg/L、20.00 mg/L 和 50.00 mg/L 的标准溶液，按参考的色谱条件测定，以蘑菇氨酸质量浓度为横坐标，相应的峰面积为纵坐标，回执标准曲线或计算线性回归方程。

3）测定　按照保留时间进行定性，样品与标准品保留时间的相对偏差不大于 2%，单点或多点校正外标法定量。待测样液中蘑菇氨酸的响应值应在标准曲线范围内，超过线性范围则应稀释后再进行分析。同时做空白试验。

（5）结果计算　按公式（9-19）计算试样中的蘑菇氨酸的质量。以两次平行测定值的算术平均值作为测定结果，计算结果保留三位有效数字。在重复性条件下获得的两次独立测试结果的绝对差值不大于这两个测定值的算术平均值的 5%；在再现性条件下获得的两次独立性测试结果的绝对差值不大于这两个测定值的算术平均值的 10%。

$$\omega = \frac{A \times \rho \times V}{A_s \times m} \times f \qquad (9-19)$$

式中：ω——试样中蘑菇氨酸的质量，单位为毫克每千克（mg/kg）；A——试样中蘑菇氨酸的峰面积；ρ——标准工作液中蘑菇氨酸的质量浓度，单位为毫克每升（mg/L）；V——试样液的最终定容体积，单位为毫升（mL）；A_s——标准工作液中蘑菇氨酸的峰面积；m——试料的质量，单位为克（g）；f——样品稀释倍数。

10. 灵芝孢子粉破壁率的测定　可参考农业行业标准 NY/T 1677—2008《破壁灵芝孢子粉破壁率的测定》进行测定。

（1）原理　破壁率是灵芝孢子粉产品的重要理化指标。其测定原理是通过血球计数板对未破壁灵芝孢子粉进行计数，建立灵芝孢子粉质量与孢子个数的标准曲线，利用此标准曲线确定同批次一定质量待测破壁孢子粉中未破壁孢子粉的孢子个数，获得破壁孢子粉的破壁率。测定过程中，先要清除未破壁孢子粉的杂质，再制作未破壁孢子粉的质量-孢子数标准曲线，最终对待测样品进行未破壁孢子计数，从而计算出待测产品的破壁率。

（2）清除杂质　未破壁孢子粉要对杂质进行清除。称取 0.10 g 与待测破壁孢子粉同批次的未破壁孢子粉，置于 0.2 mm 筛子上，用 100 mL 水冲洗，250 mL 锥形瓶收集孢子粉悬浮液，定性滤纸过滤悬浮液。如果滤液比较浑浊，用水冲洗，直至滤液变澄清，弃去滤液。洗净后的孢子粉 60℃烘干至恒重，置于干燥器中保存。同时，待测破壁孢子粉要进行预处理，具体做法是将样品在 60℃烘干至恒重，置于干燥器中保存，待测。

（3）标准曲线　分别称取未破壁孢子粉 0.01 g、0.03 g、0.04g、0.05 g（精确到 1 mg）于 25 mL 比色管中，加入 10 mL 悬浮计数用溶液，在涡旋混合器上涡旋振荡，使结块的孢子粉散开。将装有孢子粉悬浮液的比色管放入超声波仪中，超声处理 60 min。超声处理期间，每隔 15 min 手动振摇数次，使下沉的孢子悬浮起来，继续进行超声处理，最终使孢子分散均匀，定容至 25 mL。最后，将洁净的盖玻片盖于血球计数板上，吸取孢子粉悬浮液

8.0 μL，进样。进样时应缓慢匀速，确保盖玻片下无气泡。进样完成后静置约 30 s，等待孢子充分扩散、沉降。先光学显微镜 100 倍下粗调，确定视野后在 200 倍下进行计数，必要时可增大倍数。计数时，应对焦距进行微调，充分统计处于计数板上不同空间位置的孢子。部分孢子会处于中格边线上，计数时应仅统计位于中格四个边线的其中两个边线的孢子数。使用 16 个中格 ×25 个小格的计数板时，只计算四个角上的四个中格的孢子数目，即以 100 个小格为一个计数单位；当使用 25 个中格 ×16 个小格的计数板时，除计算四个角上的四个中格外，还需计算中央一个中格的孢子数目，即以 80 个小格为一个计数单位。每个样品观察计数时应去掉离群较大的值，有效观察计数不少于 6 次，取平均值。按上述计数步骤分别对上述预处理后的未破壁孢子粉悬浮液进行计数，然后以质量为横坐标，以每个计数单位的孢子平均数为纵坐标，制作标准曲线。

（4）测定及计算　称取待测样品约 0.04 g，精确到 1 mg，按标准曲线的绘制的操作步骤进行处理，计数。破壁率以质量分数 W 计，用百分数表示，按公式（9-20）计算。

$$W = \frac{N_1 - N_2}{N_1} \times 100\% \qquad (9\text{-}20)$$

式中：W——破壁率，用百分数表示（%）；N_1——从标准曲线查到的与待测样品相同质量的未破壁孢子的数目，单位为个；N_2——观察统计的一定质量破壁孢子粉样品中未破壁孢子的数目，单位为个。

当破壁率≤30%时，在重复性条件下获得的两次独立测试结果的绝对差值不大于 20%，以大于 20%的情况不超过 5%为前提；当破壁率＞30%时，在重复性条件下获得的两次独立测试结果的绝对差值不大于 10%，以大于 10%的情况不超过 5%为前提。

11. 银耳中米酵菌酸的测定　米酵菌酸即酵米面黄杆菌毒素，是由椰毒假单胞菌产生的一种可以

引起食物中毒的毒素。其测定可参考推荐性国家标准 GB/T 5009.189—2003《银耳中米酵菌酸的测定》进行，采用薄层色谱法和高效液相色谱法中的一种。

（1）薄层色谱法测定银耳中的米酵菌酸

1）原理　在采用薄层色谱法时，试样中的米酵菌酸经提取、净化和浓缩后，根据其在短波紫外光 GF254 硅胶薄层色谱上显示黑色点的最低检出量测定含量。

2）米酵菌酸的提取　干银耳样品经粉碎过 40 目筛后，称取 20 g，置于具塞锥形瓶中，加入甲醇 20 mL，于室温下避光浸泡 1 h，再加入 80 mL 三氯甲烷和 0.2 mL 850 g/L 磷酸；新鲜银耳样品则剪碎磨细均匀后称取 10 g，加入 16 mL 甲醇，于室温下避光浸泡 1 h，再加入 64 mL 三氯甲烷和 0.16 mL 850 g/L 磷酸。震荡 30 min，干银耳样品取滤液 50 mL，鲜银耳样品取滤液 40 mL。将滤液移入分液漏斗中，加入与滤液体积相同的碳酸氢钠水溶液后，震摇 2 min，静置分层，用带自动控制球吸管吸出上层转移到另一分液漏斗中，再用碳酸氢钠水溶液重复提取 2 次，每次 10 mL，轻轻摇动后静置，将三次碳酸氢钠水层合并，加入 25 mL 三氯甲烷，震摇 2 min，静置分层后弃去三氯甲烷层，于分液漏斗中慢慢滴入 6 mol/L 盐酸，调节溶液 pH 至 2～3，加入 50 mL（新鲜银耳样品为 40 mL）石油醚（沸程 20～60℃），震摇 3 min，静置分层，取出石油醚层于梨形瓶中，再重复用 30 mL 和 20 mL 石油醚各提取一次（新鲜银耳样品两次均为 20 mL），将石油醚层并入同一瓶中，于 40℃水浴中减压吹气浓缩至干，用甲醇转移至 1 mL 刻度试管中，40℃减压浓缩至 0.2 mL 以下，并用少许甲醇清洗管壁，继续浓缩至干，加 0.125 mL 甲醇将干物质溶解，混匀后作为样液以供薄层色谱测定用。

3）薄层色谱测定　以薄层板的短边为底边，距底边 3 cm 的基线上用微量注射器滴加 20 μg/mL 标准液 8 μL 与 10 μL 两个点，还有样液两个点，

每个点 10 μL（新鲜银耳样品滴加 20 μL），在样液的一个点上再滴加 20 μg/mL 标准液 10 μL。用展开剂展开 16 cm，在 254 nm 紫外灯下观察结果。标准点应出现黑色点；如果样液点在标准点相应位置上未出现黑色点，则认为样品中米酵菌酸的含量在测定方法灵敏度 0.25 μg/g 以下；如果在相应位置上有黑色点，而另一点中样液与标准点重叠，则为阳性，根据样液黑点的强度估计减少滴加体积微升数，或经稀释后再滴入不同微升数，直至样液与标准色点的强度与面积一致为止。米酵菌酸的比移值为 0.22。最后根据公式（9-21）进行结果计算。

$$X = 0.2 \times \frac{V_1}{V_2} \times D \times \frac{1}{m} \qquad (9\text{-}21)$$

式中：X——米酵菌酸含量，单位为微克每克（μg/g）；0.2——米酵菌酸的最低检出量，单位为微克每克（μg/g）；V_1——加入甲醇溶解的体积，单位为毫升（mL）；V_2——出现最低检出量时滴加样液的体积，单位为毫升（mL）；D——样液的总稀释倍数；m——甲醇溶解时相当试样的质量，单位为克（g）。

4）确证实验　对于含量较高的式样可以进一步做确证实验。将剩余的阳性样液与空白甲醇液分别经薄层分离后，刮下并收集与米酵菌酸标准相应的色谱带与空白处硅胶。各加入 4 mL 甲醇，室温浸泡 1～2 h，混匀并离心，吸出上清液，以空白硅胶甲醇洗脱液作对照，用紫外分光光度计测定，应在 267 nm 和 236 nm 处有米酵菌酸的两个最高吸收峰。

（2）高效液相色谱法测定银耳中的米酵菌酸

1）原理　样品中的米酵菌酸经提取、净化和浓缩后，根据其在高效液相色谱上的出峰面积测定含量。

2）提取　在米酵菌酸提取中，与薄层色谱法类似，但最后不用甲醇转移，而是直接于瓶内加入 0.5 mL 甲醇将干物质溶解，混匀后取出上清液经离心，获得作为高效液相色谱测定用样品，在小试管中保存。

3）测定和计算　高效液相色谱条件为流速 1.1 mL/min，纸速 0.5 cm/min，检测器灵敏度为将 10 μg/mL 标准液 20 μL 调至满刻度的 70%～90%。在做高效液相色谱时，首先用洗脱液平衡分析柱，从进样口装置分别进入不同浓度的标准液与样液各 20 μL。在米酵菌酸标准峰面积的直线范围内，将样液与标准的峰面积相比以求出试样中米酵菌酸的含量。米酵菌酸的保留时间为 17 min。最后根据公式（9-22）进行结果计算。如结果为阳性，则还需用薄层色谱法中样液与标准液重叠的方法确证。

$$X = c \times \frac{A_1}{A_2} \times V \times D \times \frac{1}{m} \qquad (9-22)$$

式中：X——米酵菌酸含量，单位为微克每克（μg/g）；c——米酵菌酸标准溶液的浓度，单位为微克每毫升（μg/mL）；A_1——样液的峰面积；A_2——米酵菌酸标准液的峰面积；V——加入甲醇溶解的体积，单位为毫升（mL）；D——样液的总稀释倍数；m——甲醇溶解时相当试样的质量，单位为克（g）。

（三）食用菌营养指标及检测技术

食用菌作为集营养与保健于一身的理想食品，日益受到人们的青睐。食用菌共同的营养特征是高蛋白、低脂肪、低热量、多维生素、丰富的无机盐，还含有较多的膳食纤维。其中，食用菌含有的多种维生素，如维生素 A 原（β-胡萝卜素）、维生素 B$_1$（硫胺素）、维生素 B$_2$（核黄素）、维生素 B$_3$（烟酸、尼克酸或维生素 PP）、维生素 B$_5$（泛酸）、维生素 B$_6$（吡哆醇、吡哆醛及吡哆胺）、维生素 B$_{12}$（钴胺素）、维生素 C（抗坏血酸）、维生素 E、维生素 H（生物素）、维生素 K（凝血维生素）等，可以补充其他食品中的不足。食用菌及产品中营养指标的定量分析是评价其营养价值的依据。除理化指标中涉及的营养元素外，本部分汇总了食用菌粗多糖、还原糖、有机酸、氨基酸、维生素的检测技术。

1. 食用菌粗多糖的测定　可参考 NY/T 1676—2008《食用菌中粗多糖含量的测定》进行测定。

（1）原理　食用菌粗多糖的测定基于多糖在硫酸作用下，先水解成单糖，并迅速脱水生成糖醛衍生物，与苯酚反应生成橙黄色溶液，在 490 nm 处有特征吸收，通过与标准系列比较进行定量。需要注意的是，该法不适于添加淀粉、糊精组分的食用菌产品，以及食用菌液体发酵或固体发酵产品。方法的检出限为 0.5 mg/kg。

（2）判断淀粉和糊精污染　正式测定粗多糖含量前，应判定样品中是否存在淀粉和糊精。称取 1.0 g 粉碎过 20 mm 孔径筛的样品，置于 20 mL 具塞离心管内，加入 25 mL 水后，使用涡旋振荡器使样品充分混合或溶解，于 4 000 r/min 离心 20 min。量取 10 mL 上清液至 20 mL 具塞玻璃试管内，加入 1 滴碘溶液，使用涡旋振荡仪混合几次，观察是否有淀粉或糊精与碘溶液反应后呈现的蓝色或红色。若出现呈色反应，则判定样品中含有淀粉和糊精，不应再用该法测定待测样品中的粗多糖；如未出现呈色反应，则进行下一个测定步骤。

（3）提取　称取 0.5～1.0 g 粉碎过 20 mm 孔径筛的样品（精确到 0.001 g），置于 50 mL 具塞离心管内。用 5 mL 水浸润样品，缓慢加入 20 mL 无水乙醇，同时使用涡旋振荡器振摇，使混合均匀，置超声提取器中超声提取 30 min。提取结束后，于 4 000 r/min 离心 10 min，弃去上清液。不溶物用 10 mL 乙醇溶液洗涤、离心。用水将上述不溶物转移入圆底烧瓶，加入 50 mL 蒸馏水，装上磨口空气冷凝管，于沸水浴中提取 2 h。冷却至室温，过滤，将上清液转移至 100 mL 容量瓶中，残渣洗涤 1～3 次，洗涤液转至容量瓶中，加水定容。此溶液为样品测定液。

（4）标准曲线　分别吸取 0、0.2 mL、0.4 mL、0.6 mL、0.8 mL、1.0 mL 的标准葡萄糖工作溶液置 20 mL 具塞玻璃试管中，用蒸馏水补至 1.0 mL。向试液中加入 1.0 mL 苯酚溶液，然后快速加入 5.0 mL 硫酸（与液面垂直加入，勿接触试管壁，以便与反应液充分混合），静置 10 min。使用涡旋振荡器使

食用菌加工产品的质量安全控制与评价

反应液充分混合，然后将试管放置于30℃水浴中反应20 min，490 nm测吸光度。以葡聚糖或葡萄糖质量浓度为横坐标，吸光度值为纵坐标，绘制标准曲线。

（5）测定和计算 对于待测样品，吸取1.00 mL样品溶液于20 mL具塞试管中，按绘制标准曲线的步骤操作，测定吸光度。同时做空白试验。最后按公式（9-23）计算样品中多糖含量。

$$\omega = c \times \frac{m_1 \times V_1}{m_2 \times V_2} \times 0.9 \times 10^{-4} \qquad (9-23)$$

式中：ω——样品中多糖含量质量分数，单位为克每百克（g/100g）；m_1——从标准曲线上查得样品测定液中含糖量，单位为微克（μg）；V_1——样品定容体积，单位为毫升（mL）；V_2——比色测定时所移取样品测定液的体积，单位为毫升（mL）；m_2——样品质量，单位为克（g）；0.9——葡萄糖换算成葡聚糖的校正系数。

在重复性条件下获得的两次独立测试结果的绝对差值不大于10%，以大于10%的情况不超过5%为前提。

2. 食用菌还原糖的测定 可参考推荐性国家标准GB/T 5009.7—2016《食品安全国家标准 食品中还原糖的测定》，采用直接滴定法和高锰酸钾滴定法中的一种。

（1）直接滴定法

1）原理 试样经除去蛋白质后，在加热条件下，以亚甲蓝做指示剂，在加热条件下滴定标定过的碱性酒石酸铜溶液（用还原糖标准溶液标定），根据样品液消耗体积计算还原糖含量。当称样为5g时，该法的定量限为2.5 g/kg。

2）样品前处理 对于一般性样品，称取粉碎后的固体试样2.5～5 g或混匀后的液体试样5～25 g（精确至0.001 g），置250 mL容量瓶中，加50 mL水，慢慢加入5 mL乙酸锌溶液及5 mL亚铁氰化钾溶液，加水至刻度，混匀，静置30 min，用干燥滤纸过滤，弃去初滤液，取续滤液备用。对于酒精性饮料，称取约100 g混匀后

的试样（精确至0.01 g），置于蒸发皿中，用40 g/L氢氧化钠溶液中和至中性，在水浴上蒸发至原体积的1/4后，移入250 mL容量瓶中，再同一般性样品一样，慢慢加入5 mL乙酸锌溶液及5 mL亚铁氰化钾溶液，并进行后续操作，直至获得滤液。对于含大量淀粉的食品，称取10～20 g粉碎后或混匀后的试样（精确至0.001 g），置250 mL容量瓶中，加200 mL水，在45℃水浴中加热1 h，并不停振摇。冷后加水至刻度，混匀，静置、沉淀。吸取200 mL上清液置另一个250 mL容量瓶中，慢慢加入5 mL乙酸锌溶液及5 mL亚铁氰化钾溶液，并进行后续操作，直至获得滤液。

3）标定碱性酒石酸铜溶液 吸取5.0 mL碱性酒石酸铜甲液及5.0 mL碱性酒石酸铜乙液，置于150 mL锥形瓶中，加水10 mL，加入玻璃珠两粒，从滴定管滴加约9 mL葡萄糖或其他还原糖标准溶液，控制在2 min内加热至沸。趁热以每2秒1滴的速度继续滴加葡萄糖或其他还原糖标准溶液，直至溶液蓝色刚好褪去为终点，记录消耗葡萄糖或其他还原糖标准溶液的总体积。同时平行操作三份，取其平均值，计算每10 mL（甲、乙液各5 mL）碱性酒石酸铜溶液相当于葡萄糖的质量或其他还原糖的质量（mg）。也可以按上述方法标定4～20 mL碱性酒石酸铜溶液（甲、乙液各半）来适应试样中还原糖的浓度变化。

4）试样溶液的预测 吸取5.0 mL碱性酒石酸铜甲液及5.0 mL碱性酒石酸铜乙液，置于150 mL锥形瓶中，加水10 mL，加入玻璃珠两粒，控制在2 min内加热至沸。保持沸腾以先快后慢的速度，从滴定管中滴加试样溶液，并保持溶液沸腾状态，待溶液颜色变浅时，以1滴/2 s的速度滴定，直至溶液蓝色刚好褪去为终点，记录样液消耗体积。当样液中还原糖浓度过高时，应适当稀释后再进行正式测定，使每次滴定消耗样液的体积控制在与标定碱性酒石酸铜溶液时所消耗的还原糖标准溶液的体积相近，约10 mL，结果按公式（9-24）计算。当浓度过低时则采取直接加入10 mL样品液，免去

加水 10 mL，再用还原糖标准溶液滴定至终点，记录消耗的体积与标定时消耗的还原糖标准溶液体积之差相当于 10 mL 样液中所含还原糖的量，结果按公式（9-25）计算。

5）试样溶液的正式测定　吸取 5.0 mL 碱性酒石酸铜甲液及 5.0 mL 碱性酒石酸铜乙液，置于 150 mL 锥形瓶中，加水 10 mL，加入玻璃珠两粒，从滴定管滴加比预测体积少 1 mL 的试样溶液至锥形瓶中，使在 2 min 内加热至沸，保持沸腾继续以 1 滴 /2 s 的速度滴定，直至蓝色刚好褪去为终点，记录样液消耗体积，同法平行操作三份，得出平均消耗体积。最后按照公式（9-24）计算还原糖的含量（以某种还原糖计）。

$$X = \frac{m_1}{m \times V/250 \times 1\,000} \times 100 \qquad (9\text{-}24)$$

式中：X——试样中还原糖的含量（以某种还原糖计），单位为克每百克（g/100 g）；m_1——碱性酒石酸铜溶液（甲、乙液各半）相当于某种还原糖的质量，单位为毫克（mg）；m——试样质量，单位为克（g）；V——测定时平均消耗试样溶液体积，单位为毫升（mL）。

$$X = \frac{m_2}{m \times 10/250 \times 1\,000} \times 100 \qquad (9\text{-}25)$$

式中：X——试样中还原糖的含量（以某种还原糖计），单位为克每百克（g/100g）；m_2——标定时体积与加入样品后消耗的还原糖标准溶液体积之差相当于某种还原糖的质量，单位为毫克（mg）；m——试样质量，单位为克（g）。

当还原糖含量 ≥ 10 g/100 g 时计算结果保留三位有效数字；还原糖含量 < 10 g/100 g 时，计算结果保留两位有效数字。

（2）高锰酸钾滴定法

1）原理　将样品除去蛋白质后，其中还原糖在碱性环境下把铜盐还原为氧化亚铜，加硫酸铁后，氧化亚铜被氧化为铜盐，以高锰酸钾溶液滴定氧化作用后生成的亚铁盐，根据高锰酸钾消耗量，计算氧化亚铜含量，再查表得还原糖量。该法的检出限为 5 g/kg。

2）样品前处理　对于一般性样品，称取粉碎后的固体试样 2.5～5 g 或混匀后的液体试样 25～50 g（精确至 0.001 g），置 250 mL 容量瓶中，加水 50 mL，摇匀后加 10 mL 碱性酒石酸铜甲液及 4 mL 的 40 g/L 氢氧化钠溶液，加水至刻度，混匀。静置 30 min，用干燥滤纸过滤，弃去初滤液，取续滤液备用。对于酒精性饮料，称取约 100 g 混匀后的试样（精确至 0.01 g）置于蒸发皿中，用 40 g/L 氢氧化钠溶液中和至中性，在水浴上蒸发至原体积的 1/4 后，移入 250 mL 容量瓶中，加 50 mL 水，混匀，再按一般性样品的处理操作，加 10 mL 碱性酒石酸铜甲液及 4 mL 的 40 g/L 氢氧化钠溶液直至获得滤液。对于含大量淀粉的食品，称取 10～20 g 粉碎或混匀后的试样（精确至 0.001 g），置 250 mL 容量瓶中，加 200 mL 水，在 45℃ 水浴中加热 1 h，并不停振摇。冷后加水至刻度，混匀，静置。吸取 200 mL 上清液置另一个 250 mL 容量瓶中再按一般性样品的处理操作，加 10 mL 碱性酒石酸铜甲液及 4 mL 的 40 g/L 氢氧化钠溶液直至获得滤液。

3）测定　吸取 50 mL 处理后的试样溶液，于 400 mL 烧杯内，加入 25 mL 碱性酒石酸铜甲液及 25 mL 乙液，于烧杯上盖一个表面皿，加热，控制在 4 min 内沸腾，再准确煮沸 2 min，趁热用铺好石棉的古氏坩埚或 G4 垂融坩埚抽滤，并用 60℃ 热水洗涤烧杯及沉淀，至洗液不呈碱性为止。将古氏坩埚或垂融坩埚放回原 400 mL 烧杯中，加 25 mL 硫酸铁溶液及 25 mL 水，用玻棒搅拌使氧化亚铜完全溶解，以高锰酸钾标准溶液滴定至微红色为终点。同时吸取 50 mL 水，加入与测定试样时相同量的碱性酒石酸铜甲液、乙液、硫酸铁溶液及水，按同一方法做空白试验。

4）计算　按照公式（9-26）计算所得氧化亚铜质量，查 GB/T 5009.7—2016《食品安全国家标准　食品中还原糖的测定》的表 1，再根据公式（9-27）计算试样中还原糖含量。

食用菌加工产品的质量安全控制与评价

$$X = (V - V_0) \times c \times 71.54 \qquad (9-26)$$

式中：X——试样中还原糖质量相当于氧化亚铜的质量，单位为毫克（mg）；V——测定用试样液消耗高锰酸钾标准溶液的体积，单位为毫升（mL）；V_0——试剂空白消耗高锰酸钾标准溶液的体积，单位为毫升（mL）；c——高锰酸钾标准溶液的实际浓度，单位为摩尔每升（mol/L）；71.54——1 mL 1 mol/L 高锰酸钾溶液相当于氧化亚铜的质量，单位为毫克（mg）。

$$X = \frac{m_3}{m_4 \times V/250 \times 1\,000} \times 100 \qquad (9-27)$$

式中：X——试样中还原糖的含量，单位为克每百克（g/100g）；m_3——查表的还原糖质量，质量为毫克（mg）；m_4——试样质量（体积），单位为克或毫升（g 或 mL）；V——测定用试样溶液的体积，单位为毫升（mL）；250——试样处理后的总体积，单位为毫升（mL）。

当还原糖含量 ≥ 10 g/100 g 时计算结果保留三位有效数字；当还原糖含量 < 10 g/100 g 时，计算结果保留两位有效数字。在重复性条件下获得的两次独立测定结果的绝对差值不得超过算术平均值的 10%。

3. 食用菌有机酸的测定　应按照国家标准 GB 5009.157—2016《食品安全国家标准 食品有机酸的测定》进行分析。该方法对饮料和罐头中各种有机酸的检出限和定量限分别为：酒石酸 250 mg/kg、苹果酸 500 mg/kg、乳酸 250 mg/kg、柠檬酸 250 mg/kg、丁二酸 1 250 mg/kg、富马酸 1.25 mg/kg、己二酸 25 mg/kg。对于黏稠样品和饼干等样品，各种有机酸的检出限和定量限分别为：酒石酸 500 mg/kg、苹果酸 1 000 mg/kg、乳酸 500 mg/kg、柠檬酸 500 mg/kg、丁二酸 2 500 mg/kg、富马酸 2.5 mg/kg、己二酸 50 mg/kg。对于固体饮料，各种有机酸的检出限和定量限分别为：酒石酸 50 mg/kg、苹果酸 100 mg/kg、乳酸 50 mg/kg、柠檬酸 50 mg/kg、丁二酸 250 mg/kg、富马酸 0.25 mg/kg、己二酸 5 mg/kg。

（1）原理　试样直接用水稀释或用水提取后，经强阴离子交换固相萃取柱净化，经反相色谱柱分离，以保留时间定性，外标法定量。

（2）试样制备及保存

1）饮料等液体样品　摇匀分装，密闭常温或冷藏保存。

2）罐头等半固态样品　取可食部分匀浆后，搅拌均匀，分装，密闭冷藏或冷冻保存。

3）饼干等低含水量的固体样品　经高速粉碎机粉碎、分装，于室温下避光密闭保存；对于固体饮料等呈均匀状的粉状样品，可直接分装，于室温下避光密闭保存。

4）特殊样品　对于黏度较大的特殊样品，将样品用剪刀铰成约 2 mm×2 mm 大小的碎块，放入陶瓷研钵中，再缓慢倒入液氮，样品迅速冷冻后研磨，将均匀的样品分装后密闭冷冻保存。

（3）试样处理

1）液体样品　称取 5 g（精确至 0.01 g）均匀试样（若试样中含二氧化碳应先加热除去），放入 25 mL 容量瓶中，加水至刻度，经 0.45 μm 水相滤膜过滤，注入高效液相色谱仪分析。

2）半固态样品　称取 10 g（精确至 0.01 g）均匀试样，放入 50 mL 塑料离心管中，向其中加入 20 mL 水后在 15 000 r/min 的转速下均质提取 2 min，4 000 r/min 离心 5 min，取上层提取液至 50 mL 容量瓶中，残留物再用 20 mL 水重复提取一次，合并提取液于同一容量瓶中，并用水定容至刻度，经 0.45 μm 水相滤膜过滤，注入高效液相色谱仪分析。

3）黏度较大的特殊样品　称取 1 g（精确至 0.01 g）均匀试样，放入 50 mL 具塞塑料离心管中，加入 20 mL 水后在旋混仪上震荡提取 5 min，在 4 000 r/min 下离心 3 min 后，将上清液转移至 100 mL 容量瓶中，向残渣加入 20 mL 水重复提取 1 次，合并提取液于同一容量瓶中，用无水乙醇定容摇匀。准确移取上清液 10 mL 于 100 mL 鸡心瓶中，向鸡心瓶中加入 10 mL 无水乙醇，在 80℃ ± 2℃下旋转浓缩至近干时，再加入 5 mL 无水乙醇继续浓缩至彻底干燥后，用 1 mL×1 mL 水洗涤鸡心瓶 2 次。将待净化液全部转移至经过预活化的 SAX 固相萃取柱中，控制流速为 1～2 mL/min，弃去流出液。用 5 mL 水淋洗净化柱，再用 5 mL 磷酸-甲醇溶液洗脱，控制流速为 1～2 mL/min，收集洗脱液于 50 mL 鸡心瓶中，洗脱液在 45℃下旋转蒸发近干后，再加入 5 mL 无水乙醇继续浓缩至彻底干燥后，用 1.0 mL 磷酸溶液振荡溶解残渣后过 0.45 μm 滤膜后，注入高效液相色谱仪分析。

4）固体饮料　称取 5 g（精确至 0.01 g）均匀试样，放入 50 mL 烧杯中，加入 40 mL 水溶解并转移至 100 mL 容量瓶中，用无水乙醇定容至刻度，摇匀，静置 10 min。准确移取上清液 20 mL 于 100 mL 鸡心瓶中，向鸡心瓶中加入 10 mL 无水乙醇，在 80℃±2℃下旋转浓缩至近干时，再加入 5 mL 无水乙醇继续浓缩至彻底干燥后，用 1 mL×1 mL 水洗涤鸡心瓶 2 次。将待净化液全部转移至经过预活化的 SAX 固相萃取柱中，控制流速为 1～2 mL/min，弃去流出液。用 5 mL 水淋洗净化柱，再用 5 mL 磷酸-甲醇溶液洗脱，控制流速为 1～2 mL/min，收集洗脱液于 50 mL 鸡心瓶中，洗脱液在 45℃下旋转蒸发近干后，再加入 5 mL 无水乙醇继续浓缩至彻底干燥后，用 1.0 mL 磷酸溶液振荡溶解残渣后过 0.45 μm 滤膜后，注入高效液相色谱仪分析。

5）饼干等固体制品　称取 5 g（精确至 0.01 g）均匀试样，放入 50 mL 塑料离心管中，向其中加入 20 mL 水后在 15 000 r/min 均质提取 2 min，在 4 000 r/min 下离心 3 min 后，将上清液转移至 100 mL 容量瓶中，向残渣加入 20 mL 水重复提取 1 次，合并提取液于同一容量瓶中，用无水乙醇定容，摇匀。准确移取上清液 10 mL 于 100 mL 鸡心瓶中，向鸡心瓶中加入 10 mL 无水乙醇，在 80℃±2℃下旋转浓缩至近干时，再加入 5 mL 无水乙醇继续浓缩至彻底干燥后，用 1 mL×1 mL 水洗涤鸡心瓶 2 次。将待净化液全部转移至经过预活化的 SAX 固相萃取柱中，控制流速为 1～2 mL/min，

弃去流出液。用 5 mL 水淋洗净化柱，再用 5 mL 磷酸-甲醇溶液洗脱，控制流速为 1～2 mL/min，收集洗脱液于 50 mL 鸡心瓶中，洗脱液在 45℃下旋转蒸发近干后，用 5.0 mL 磷酸溶液振荡溶解残渣后过 0.45 μm 滤膜后，注入高效液相色谱仪分析。

（4）仪器参考条件

1）酒石酸、苹果酸、乳酸、柠檬酸、丁二酸和富马酸的测定　色谱柱：CAPECELL PAK MG S5 C_{18} 柱，4.6 mm×250 mm，5 μm，或同等性能的色谱柱。流动相：用 0.1% 磷酸溶液 + 甲醇 =97.5+2.5（体积比）比例的流动相等度洗脱 10 min，然后用较短的时间梯度让甲醇相达到 100% 并平衡 5 min，再将流动相调整为 0.1% 磷酸溶液 + 甲醇 =97.5+2.5（体积比）的比例，平衡 5 min。柱温为 40℃，进样量为 20 μL，检测波长为 210 nm。

2）己二酸的测定　色谱柱：CAPECELL PAK MG S5 C_{18} 柱，4.6 mm×250 mm，5 μm，或同等性能的色谱柱。流动相：0.1% 磷酸溶液 + 甲醇 =75+25（体积比）等度洗脱 10 min。柱温为 40℃，进样量为 20 μL，检测波长为 210 nm。

（5）标准曲线的制作　将标准系列工作液分别注入高效液相色谱仪中，测定相应的峰高或峰面积。以标准工作液的浓度为横坐标，以色谱峰高或峰面积为纵坐标，绘制标准曲线。

（6）试样溶液的测定　将试样溶液注入高效液相色谱仪中，得到峰高或峰面积，根据标准曲线得到待测液中有机酸的浓度。

（7）计算　试样中有机酸的含量按公式（9-28）计算。计算结果以重复性条件下获得的两次独立测定结果的算术平均值表示，结果保留两位有效数字。在重复性条件下获得的两次独立测定结果的绝对差值不得超过算术平均值的 10%。

$$X = \frac{C \times V \times 1\,000}{m \times 1\,000 \times 1\,000} \times 100 \qquad (9\text{-}28)$$

式中：X——试样中有机酸的含量，单位为克

食用菌加工产品的质量安全控制与评价

每千克（g/kg）；C——由标准曲线求得试样溶液中某有机酸的浓度，单位为微克每毫升（μg/mL）；V——样品溶液定容体积，单位为毫升（mL）；m——最终样液代表的试样质量，单位为克（g）；1 000——换算系数。

4. 食用菌氨基酸的测定

（1）食用菌中 17 种氨基酸的测定　参考推荐性国家标准 GB 5009.124—2016《食品安全国家标准　食品中氨基酸的测定》进行测定，该法能测定食用菌中除色氨酸以外的 16 种氨基酸，即丙氨酸、缬氨酸、亮氨酸、异亮氨酸、脯氨酸、苯丙氨酸、蛋氨酸、甘氨酸、丝氨酸、苏氨酸、酪氨酸、赖氨酸、精氨酸、组氨酸、天冬氨酸和谷氨酸。

1）原理　食用菌中的蛋白质经盐酸水解成为游离氨基酸，经氨基酸分析仪的离子交换柱分离后，与茚三酮溶液产生颜色反应，再经过分光光度计比色测定氨基酸的含量。

2）操作步骤　准确称取适量均匀样品（相当于 10～30 mg 蛋白质，食用菌干粉 0.1～0.2 g，食用菌匀浆鲜样 1～2 g）于水解管中，精确至 0.000 1 g。注意一定要确保样品均匀，尤其是鲜样一定要充分匀浆，不能有水样分离，否则影响结果的准确性。在水解管内加 6 mol/L 盐酸溶液 10～15 mL（视试样的蛋白质含量而定），鲜样则先加入等体积的浓盐酸，再加入 6 mol/L 盐酸溶液 10 mL，将水解管连接到抽真空的装置上抽真空（接近 0 Pa），然后充入高纯氮气，再抽真空充氮气，重复两次，在充氮气状态下拧紧螺丝盖，将已封口的水解管放在 110℃±1℃的恒温干燥箱中水解 22 h 后，取出冷却至室温。打开水解管，将水解液用快速滤纸过滤至 100 mL 容量瓶中，并用去离子水少量多次冲洗水解管一并过滤至容量瓶中，用去离子水定容。反复颠倒混匀后吸取 1 mL 于 10 mL 玻璃试管中，氮气保护下 55～65℃水浴吹干，残留物用 1 mL 0.2 mol/L 盐酸水溶液溶解，超声 2～3 min 促溶解，涡旋混匀后过 0.22 μm 水相滤膜于进样小瓶中供上机分析。根据标准品的出峰时间和峰面

积以及样品的稀释倍数可计算出样品中相应氨基酸的含量。

（2）食用菌中色氨酸的测定　参考 GB/T 18246—2000《饲料中氨基酸的测定》方法中的碱水解法进行测定。

1）原理　食用菌中的蛋白在碱性条件下水解出色氨酸，经氨基酸分析仪的离子交换柱分离后，与茚三酮溶液产生颜色反应，再经过分光光度计比色测定色氨酸含量。

2）操作步骤　准确称取适量均匀样品（约相当于 10～30 mg 蛋白质，食用菌干粉 0.1～0.2 g，食用菌匀浆鲜样 1～2 g）于水解管中，精确至 0.000 1 g。注意一定要确保样品均匀，尤其是鲜样一定要充分匀浆，不能有水样分离，否则影响结果的准确性。在水解管内加 4 mol/L 氢氧化锂溶液 5～10 mL（视试样的蛋白质含量而定），将水解管连接到抽真空的装置上抽真空（接近 0 Pa），然后充入高纯氮气，再抽真空充氮气，重复两次，在充氮气状态下拧紧螺丝盖，将已封口的水解管放在 110℃±1℃的恒温干燥箱中水解 22 h 后，取出冷却至室温。打开水解管，将水解液用快速滤纸过滤至 50 mL 容量瓶中，并用去离子水少量多次冲洗水解管一并过滤至容量瓶中，加入等摩尔数的 6 mol/L 的盐酸溶液中和碱，并用去离子水定容。反复颠倒混匀后吸取 1 mL 于 10 mL 玻璃试管中，氮气保护下 55～65℃水浴吹干，残留物用 1 mL 0.2 mol/L 盐酸水溶液溶解，超声 2～3 min 促溶解，涡旋混匀后过 0.22 μm 水相滤膜于进样小瓶中供上机分析，根据标准品的出峰时间和峰面积以及样品的稀释倍数可计算出样品中相应氨基酸的含量。

5. 食用菌中维生素的测定

（1）β-胡萝卜素　可参考国家标准 GB 5009.83-2016《食品安全国家标准　食品中胡萝卜素的测定》中描述的方法进行测定。

1）原理　样品经皂化后，使 β-胡萝卜素完全转变成游离态。用石油醚萃取后，采用反相色谱法

分离，外标法定量。

2）操作步骤　称取混合均匀的固体试样1～5 g（均精确至0.000 1 g），置于250 mL圆底烧瓶中，加入1.0 g抗坏血酸，加入75mL无水乙醇溶液，于60℃±1℃水浴振荡30min，混合均匀后加入现用现配的50%氢氧化钾溶液25 mL，盖上瓶盖，置于53℃±2℃恒温振荡水浴箱皂化30 min，取出圆底烧瓶静置冷却至室温。将皂化液转入500 mL分液漏斗中，加入100 mL石油醚，轻轻摇动，排气，盖好瓶塞，置于振摇器上充分提取10 min，静置分层，将水相转入另一只分液漏斗中，按上述方法进行第二次提取，合并两次提取的有机相，用200 mL双蒸水分四次洗涤（水相层洗至中性）。将有机相通过无水硫酸钠过滤脱水，收集至250 mL烧瓶中，于旋转蒸发器上在40℃±2℃的充氮条件下蒸至近干（绝不允许蒸干），用2～5 mL丙酮溶解残渣，超声2～3 min促溶解，涡旋混匀后过0.22 μm有机相滤膜于进样小瓶中供上机分析，外标法定量。根据标准品的出峰时间和峰面积以及样品的稀释倍数可计算出样品中胡萝卜素的含量。

（2）维生素K　可参考国家标准GB 5009.158—2016《食品安全国家标准 食品中维生素K₁的测定》方法进行测定。包括高效液相色谱-荧光检测法和液相色谱-串联质谱法两种方法。

1）高效液相色谱-荧光检测法　其原理是低脂性植物样品用异丙醇和正己烷提取其中的维生素K₁，经中性氧化铝柱净化，去除叶绿素等干扰物质。用C₁₈液相色谱柱将维生素K₁与其他杂质分离，锌柱柱后还原，荧光检测器检测，外标法定量。

操作如下：食用菌取可食部分，水洗干净，用纱布擦去表面水分，经匀浆器匀浆，储存于样品瓶中备用；片状、颗粒状食用菌产品样品经样本粉碎机磨成粉，储存于样品袋中备用；液态食用菌样品摇匀后，直接取样。制样后，需尽快测定。准确称取1～5 g（精确到0.01 g，维生素K₁含量不低于

0.05 μg）经均质匀浆的样品于50 mL离心管中，加入5 mL异丙醇，涡旋1 min，超声5 min，再加入10 mL正己烷，涡旋振荡提取3 min，6 000 r/min离心5 min，移取上清液于25 mL棕色容量瓶中，向下层溶液中加入10 mL正己烷，重复提取1次，合并上清液于上述容量瓶中，正己烷定容至刻度，用移液管准确分取上清液1～5 mL至10 mL试管中，氮气轻吹至干，加入1 mL正己烷溶解，待净化。将上述1 mL提取液用少量正己烷转移至预先用5 mL正己烷活化的中性氧化铝柱中，待提取液流至近干时，5 mL正己烷淋洗，6 mL正己烷-乙酸乙酯混合液洗脱至10 mL试管中，氮气吹干后，用甲醇定容至5 mL，过0.22 μm滤膜，滤液供分析测定。不加试样，按同一操作方法做空白试验。色谱参考条件为色谱柱：C₁₈柱，柱长250 mm，内径4.6 mm，粒径5 μm，或具同等性能的色谱柱。锌还原柱：柱长50 mm，内径4.6 mm。流动相流速：1 mL/min。检测波长：激发波长为243 nm，发射波长为430 nm。进样量10 μL。采用外标标准曲线法进行定量：将维生素K₁标准系列工作液分别注入高效液相色谱仪中，测定相应的峰面积，以峰面积为纵坐标，以标准系列工作液浓度为横坐标绘制标准曲线，计算线性回归方程。最后，在相同色谱条件下，将制备的空白溶液和试样溶液分别进样，进行高效液相色谱分析。以保留时间定性，峰面积外标法定量，根据线性回归方程计算出试样溶液中维生素K₁的浓度。

2）液相色谱-串联质谱法　其原理是低脂性植物样品用异丙醇和正己烷提取其中的维生素K₁，经中性氧化铝柱净化，去除叶绿素等干扰物质。用C₁₈液相色谱柱将维生素K₁与其他杂质分离，串联质谱检测，同位素内标法定量。

其操作步骤包括：提取环节与均质样品同时加入1 μg/mL同位素内标使用液0.25 mL，其他步骤同高效液相色谱-荧光检测法。净化步骤也与高效液相色谱-荧光检测法类似，不同点仅在氮气吹干后甲醇的加入量为1 mL。色谱参考条件为

色谱柱：C_{18}柱，柱长 50 mm，内径 2.1 mm，粒径 1.8 μm，或具同等性能的色谱柱。流动相：甲醇（含 0.025% 甲酸和 2.5 mmol/L 甲酸铵），流速 0.3 mL/min。柱温为 30℃，进样量为 5 μL。质谱参考条件为电离方式：ESI；鞘气温度为 375℃，流速为 12 L/min；喷嘴电压为 500 V；雾化器压力为 172 kPa；毛细管电压为 4500V；干燥气温度为 325℃；干燥气流速为 10 L/min；多反应监测（MRM）模式。将标准系列工作溶液按浓度由低到高注入液相色谱-质谱仪进行测定，测得相应色谱峰的峰面积，以标准系列工作溶液中维生素 K_1 的浓度为横坐标，维生素 K_1 的色谱峰的峰面积与同位素内标色谱峰的峰面积的比值为纵坐标，绘制标准曲线。最后，将试样溶液注入液相色谱-质谱仪进行测定，测得相应色谱峰的峰面积，根据标准曲线得到试样溶液中维生素 K_1 的浓度。试样中目标化合物色谱峰的保留时间与标准色谱峰的保留时间相比较，变化范围应在 ±2.5% 之内。待测化合物定性离子色谱峰的信噪比应 ≥ 3，定量离子色谱峰的信噪比应 ≥ 10。

（3）维生素 C　可参考推荐性国家标准 GB/T 9695.29—2008《肉制品 维生素 C 含量测定》方法进行测定。

1）原理　试样中的维生素 C 用偏磷酸提取后，经 2，6-二氯靛酚氧化成脱氢维生素 C，与邻苯二胺反应，生成具有紫蓝色荧光的喹噁啉衍生物。在激发波长 350 nm、发射波长 430 nm 处测定其荧光强度，标准曲线法定量。脱氢维生素 C 与硼酸可形成复合物而不与邻苯二胺反应，以此排除试样中荧光杂质产生的干扰。

2）操作步骤　称取试样 2～5 g（精确至 0.001 g）置于烧杯中，加入 20 mL 偏磷酸溶液充分搅拌后，全部移入 100 mL 棕色容量瓶中，用偏磷酸溶液定容，混匀后过滤，滤液备用。试样应尽快进行分析，均质化后最迟不超过 24 h。分别吸取滤液 1.00 mL 加入两支试管中，分别标为"试样空白"和"试样"。然后吸取抗坏血酸标准工作液

1.00 mL 于试管中，不同浓度的标准工作液各取两份，同浓度的标准工作液分别标为"标准"和"标准空白"。向上述"试样空白""试样""标准"和"标准空白"中加入 2，6-二氯靛酚溶液 0.10 mL，充分混匀，此时溶液呈微红色。再加入硫脲溶液 0.10 mL 摇匀，使过量的 2，6-二氯靛酚还原（粉红色刚刚褪去）。向"试样空白"管和"标准空白"管中加硼酸-乙酸钠溶液 1.00 mL；向"试样"管和"标准"管中加入乙酸钠溶液 1.00 mL。将各试管混合摇匀，在室温下放置 15 min，完成氧化步骤。在暗室迅速向"试样空白""试样""标准"和"标准空白"各管中加入 5 mL 盐酸邻苯二胺溶液，震荡缓和，在室温下反应 35 min，完成荧光反应步骤。用荧光分光光度计于激发波长 350 nm、发射波长 430 nm 处测定各管溶液的荧光强度。按上述处理步骤，对同一试样进行平行试验测定。最后以扣除了空白的标准工作液的荧光强度为纵坐标、相应的抗坏血酸的浓度为横坐标，绘制标准曲线，并计算样品中维生素 C 的含量。

（4）维生素 B_1　应按照国家标准 GB 5009.84—2016《食品安全国家标准 食品中维生素 B_1 的测定》方法进行测定，包括高效液相色谱法和荧光分光光度法。

1）高效液相色谱法　其原理是样品在稀盐酸介质中恒温水解、中和，再酶解，水解液用碱性铁氰化钾溶液衍生，正丁醇萃取后，经 C_{18} 反相色谱柱分离，用高效液相色谱-荧光检测器检测，外标法定量。

操作步骤如下：对于液体或固体粉末样品，将样品混合均匀后，立即测定或于冰箱中冷藏；对于新鲜食用菌样品，取 500 g 左右样品用匀浆机或者粉碎机将样品均质后，制得均匀性一致的匀浆，立即测定或者于冰箱中冷冻保存；对于其他含水量较低的固体样品，取 100 g 左右样品，用粉碎机将样品粉碎后，制得均匀性一致的粉末，立即测定或者于冰箱中冷藏保存。称取 3～5 g（精确至 0.01g）固体试样或者 10～20 g 液体试样于

100 mL 锥形瓶中，加 60 mL 0.1 mol/L 盐酸溶液，充分摇匀，塞上软质塞子，高压灭菌锅中 121℃ 保持 30 min。水解结束待冷却至 40℃ 以下取出，轻摇数次，用 pH 计指示，用 2.0 mol/L 乙酸钠溶液调节 pH 至 4.0 左右，加入 2.0 mL 混合酶溶液，摇匀后置于培养箱中 37℃ 过夜（约 16 h）；将酶解液全部转移至 100 mL 容量瓶中，用水定容至刻度，摇匀，离心或者过滤，取上清液备用。准确移取上述上清液或者滤液 2.0 mL 于 10 mL 试管中，加入 1.0 mL 碱性铁氰化钾溶液，涡旋混匀后准确加入 2.0 mL 正丁醇，再次涡旋混匀 1.5 min 后静置约 10 min 或者离心，待充分分层后，吸取上层正丁醇相经 0.45 μm 有机微孔滤膜过滤，取滤液于 2 mL 棕色进样瓶中，供分析用。仪器参考条件为色谱柱：C_{18} 反相色谱柱（粒径 5 μm，250 mm×4.6 mm）或相当者；流动相为 0.05 mol/L 乙酸钠溶液-甲醇（65+35）；流速为 0.8 mL/min；检测波长为激发波长 375 nm，发射波长 435 nm；进样量为 20 μL。将标准系列工作液衍生物注入高效液相色谱仪中，测定相应的维生素 B_1 峰面积，以标准工作液的浓度（μg/mL）为横坐标，以峰面积为纵坐标绘制标准曲线。最后将试样衍生物溶液注入高效液相色谱仪中，得到维生素 B_1 的峰面积，根据标准曲线计算得到待测液中维生素 B_1 的浓度。

2）荧光分光光度法　其原理是食用菌中的硫胺素在碱性铁氰化钾溶液中被氧化成噻嘧色素，在紫外线照射下噻嘧色素会发出荧光。在给定条件下，且没有其他荧光物质干扰时，此荧光强度与噻嘧色素量成正比，亦即与溶液中硫胺素的含量成正比。如果试样中杂质过多，应经过离子交换剂处理，使硫胺素与杂质分离，然后再以净化后的溶液进行测定。

操作步骤如下：准确称取 2～10 g 新鲜食用菌匀浆样品（维生素 B_1 含量为 10～30 μg）置于 100 mL 三角瓶中，加入 50 mL 0.1 mol/L 或 0.3 mol/L 盐酸水溶液使其溶解，放入高压锅中加热水解，

121℃ 维持 30 min。取出放置至室温后用 2 mol/L 乙酸钠调节 pH 为 4.5（以 0.4 g/L 溴甲酚绿为指示剂），然后按每克样品加入 20 mg 淀粉酶和 40 mg 蛋白酶的比例加入这两种酶，于 45～50℃ 恒温箱中保温过夜（约 16 h）。取出后凉至室温，转移至 100 mL 容量瓶中，用双蒸水定容至刻度，混匀后过滤即为提取液。取适量提取液（20～60 mL）经离子交换柱净化后获得试样净化液，将硫胺素标准使用液同样净化获得标准净化液。取 5 mL 试样净化液分别加入 A、B 两个反应瓶。然后在避光条件下在反应瓶 A 中加入 3 mL 150 g/L 氢氧化钠溶液，反应瓶 B 中加入 3 mL 碱性铁氰化钾溶液（临用时将 4 mL 10 g/L 铁氰化钾溶液用 150 g/L 氢氧化钠溶液稀释至 60 mL 即得）。用标准净化液重复上述过程，待静置分层后，吸取下层碱性溶液，加入 2～3 g 无水硫酸钠使溶液脱水。然后依次测定试样空白荧光强度（试样反应瓶 A）、标准空白荧光强度（标准反应瓶 A）、试样荧光强度（试样反应瓶 B）和标准荧光强度（标准反应瓶 B）。荧光测定条件为：激发波长 365 nm，发射波长 435 nm，激发波狭缝 5 nm，发射波狭缝 5 nm。根据样品及标准品的荧光强度扣除空白荧光强度以及标品的浓度、稀释倍数以及样品称样量可计算出样品中维生素 B_1 的含量。

（5）维生素 B_2　应按照国家标准 GB 5009.85—2016《食品安全国家标准　食品中维生素 B_2 的测定》中的高效液相色谱法进行测定。

1）原理　试样用稀酸经 121～123℃ 高压釜处理，提取维生素 B_2，过滤后，用高效液相色谱仪测定，以保留时间定性，外标法定量。

2）操作步骤　准确称取适量均匀样品（食用菌干粉 0.2～0.5 g，食用菌匀浆鲜样 2～5 g）于 250 mL 具塞锥形瓶中，精确至 0.001 g。加入 0.1 mol/L 盐酸水溶液 10 mL，盖好瓶塞，用力振摇。然后用 0.1 mol/L 盐酸水溶液冲洗内壁，使得总体积约为 60 mL。然后将锥形瓶放入 121～123℃ 高压釜中加热 30 min，取出冷却

至室温。用 1 mol/L 氢氧化钠水溶液调节 pH 为 4.0～4.5，使蛋白质沉淀后，转移至 200 mL 棕色容量瓶中，用双蒸水定容并混匀，取适量过滤或 10 000 r/min 离心 3 min 后过 0.22 μm 水相滤膜于棕色进样小瓶中供上机分析。根据标准品的出峰时间和峰面积以及样品的稀释倍数可计算出样品中维生素 B_2 的含量。

（6）烟酸　应按照国家标准 GB 5009.89—2016《食品安全国家标准　食品中烟酸和烟酰胺的测定》进行测定。

1）原理　阿拉伯乳酸杆菌的生长需要烟酸，培养基中若缺乏这种维生素该细菌便不能生长。在一定条件下，该细菌生长的情况以及它的代谢物乳酸的浓度与培养基中烟酸的含量成正比，因此可以用酸度或浑浊度的测定法来测定食品中的烟酸含量。

2）操作步骤　提前准备好储备菌种和种子培养液，于使用前一天将 L.A. 菌种由储备菌种管移种于已消毒的种子培养液中。在 37℃±0.5℃恒温箱中保温 16～24 h，取出 3 000 r/min 条件下离心 10 min，倾去上部液体，用灭菌生理盐水淋洗 2 次，再加入 10 mL 灭菌生理盐水，将液体置于涡旋仪上，使菌种成混悬体，将此液体倒入已灭菌的注射器中，立即使用。称取均匀试样 0.200～10.000 g（精确到 0.001 g，含烟酸 5～50 μg），置于 100 mL 三角瓶中，加入 50 mL 0.5 mol/L 硫酸溶液，混匀，于 10.3×10⁴ Pa 压力下水解 30 min，取出冷却至室温，用 10 mol/L 氢氧化钠溶液调节 pH 至 4.5，以溴甲酚绿为外指示剂。将水解液转移至 100 mL 容量瓶中，定容，过滤。此试样水解液可在 4℃冰箱中保存数周。取适量水解液于 25 mL 具塞刻度试管中，用 0.1 mol/L 氢氧化钠溶液调节 pH 至 6.8，以溴麝香草酚蓝作为外指示剂，用水稀释至刻度，使此试液溶液中烟酸含量约为 50 ng/mL。每支试管中分别加入 1.0 mL、2.0 mL、3.0 mL、4.0 mL 试样试液，需做两组。每管加水稀释至 5 mL，再加入 5 mL 培养基储备液即为试液管培

养基。标准管培养基则为每支试管中分别加入烟酸标准使用液 0、0.5 mL、1.0 mL、1.5 mL、2.0 mL、2.5 mL、3.0 mL，需做三组，每管加水稀释至 5 mL，再加入基本培养基储备液。然后将试样管和标准管均用棉塞塞好，于 6.9×10⁴ Pa 压力下灭菌 15 min。待试管冷却至室温后，每管接种一滴种子液，于 37℃±0.5℃恒温培养箱中培养 72 h。将试管中培养液倒入 50 mL 三角瓶中，用 5 mL 0.04 g/L 溴麝香草酚蓝溶液分两次淋洗试管，洗液倒入三角瓶中，用 0.1 mol/L 氢氧化钠溶液滴定，呈绿色 15 s 不褪色为滴定终点，其 pH 约为 6.8。试样管中烟酸的含量可通过标准管建立的标准曲线而查得，进而折算出样品中烟酸的含量。

（7）维生素 B_6　应按照国家标准 GB 5009.154—2016《食品安全国家标准　食品中维生素 B_6 的测定》中的微生物法进行测定。

1）原理　卡尔斯伯酵母菌的生长需要维生素 B_6 的存在，在一定条件下维生素 B_6 的量与其生长呈正相关。用比浊法测定该菌在试样液中生长的浑浊度，与标准曲线相比较便可得出试样中维生素 B_6 的含量。

2）操作步骤　注意全程操作需避光。使用前一天将卡尔斯伯酵母菌种由储备菌种管移种于已消毒的培养液中，可同时制备两根管。在 30℃±0.5℃恒温箱中保温 18～20 h，取出后在 3 000 r/min 条件下离心 10 min，倾去上部液体，用灭菌生理盐水淋洗 2 次，再加入 10 mL 灭菌生理盐水，将液体置于涡旋仪上，使菌种成混悬体，将此液体倒入已灭菌的注射器中，立即使用。称取试样 0.5～10.0 g（维生素 B_6 的含量不超过 10 ng）放入 100 mL 三角瓶中，加入约 70 mL 0.22 mol/L 硫酸溶液，放入高压锅中 121℃下水解处理 5 h，取出冷却。用 10 mol/L 氢氧化钠溶液和 0.5 mol/L 硫酸溶液调节 pH 为 4.5。将三角瓶内的溶液转移至 100 mL 棕色容量瓶中，用双蒸水定容至刻度，滤纸过滤，该滤液即为试样液，保存于冰箱中备用（保存期不超过 36 h）。取两组管分别加入 0.05 mL、

0.10 mL、0.20 mL 试样液，再加入 5.00 mL 吡哆醇Y 培养基，混匀加棉塞；取三组管分别加入浓度为 50 ng/mL 的标准工作液 0、0.02 mL、0.04 mL、0.08 mL、0.12 mL 和 0.16 mL，再加入 5.00 mL 吡哆醇Y 培养基，混匀加棉塞。将准备好的试样测定管和标准曲线管放入高压锅中 121℃下高压灭菌 10 min，冷却至室温备用。每管接种一滴接种液，于 30℃±0.5℃恒温培养箱中培养 18～22 h。将培养后的标准管和试样管从恒温培养箱中取出后，用分光光度计于 550 nm 波长下，以标准管的零管调零，测定各管的吸光度值。以标准管维生素 B_6 所含的浓度为横坐标，吸光度值为纵坐标，绘制维生素 B_6 标准工作曲线，用试样管得到的吸光度值在标准曲线上查到试样管中维生素 B_6 的含量，根据称样量和稀释倍数即可折算出样品中维生素 B_6 的含量。

（四）食用菌风味物质及检测技术

1. 风味物质的概念　风味这一概念是由 Hall 在 1986 年提出的，是指摄入口腔的食物使人的感觉器官，包括味觉、嗅觉、痛觉、触觉和温觉等所产生的感觉印象，即食物客观性使人产生的感觉印象。食品的风味是一种食品区别于另一种食品的质量特征，是由食品中某些化合物体现出来的，这些能体现食品风味的化合物称为食品风味物质。风味物质具有如下特点：成分繁多且互相影响，各组分之间可能会相互产生拮抗作用或协同作用；含量甚微，除某些成分（如糖分）在食物中含量较多外，大多是痕量物质，常以 $10^{-12}\sim10^{-6}$ g/L 计，但对食品香气贡献极大。一种食品的风味物质往往很多，但除了少数食品由于风味物均匀分布而表现出某种缓慢风味之外，大多数食品在形成风味时，都会有几种化合物起着主导作用。若能以一个或几个化合物来代表其特定食品的某种风味时，这几个化合物便称为该食品的特征化合物或关键化合物，如香菇的特征风味物质为 1，2，3，5，6-五硫杂环庚烷。

（1）食用菌中的风味物质　食用菌的美味主要来源于丰富多样的风味物质，主要有挥发性及非挥发性两大类。香菇、牛樟芝、紫丁香蘑、灰蘑等常见食用菌挥发性风味成分主要是小分子醛类、酮类、醇类及呋喃、萜烯类杂环物质。非挥发性风味物质主要是一些可溶性单糖及糖醇、游离氨基酸、5'-核苷酸及有机酸等。

（2）食用菌风味物质分析方法　对食用菌风味物质的分析鉴定，首先要将待分析的样品捣碎或均质粉碎以获得充分均匀的样品，从样品中提取、分离风味物质，经初步分级分离后，再对风味物质进一步分离出各组分，然后对全组分进行鉴定。风味物质浓缩提取方法主要包括蒸馏法（常压蒸馏、减压蒸馏、真空蒸馏、分子蒸馏）、顶空分析方法（静态顶空、动态顶空）、萃取法（溶剂萃取、同时蒸馏萃取法、固相微萃取法和超临界流体萃取法）等，现在还没有一种单一的"完美"的方法可以很好地提取各种风味物质。对于分离浓缩得到的风味物质进行定性、定量测定，常用的方法有容量法、分光光度法、气相色谱法、液相色谱法、色（气、液）谱-质谱联用测定法、核磁共振及红外光谱法等。其中，色（气、液）谱-质谱联用测定法是目前分析鉴定中应用最广泛、最准确的分析仪器之一。由于目前还没有任何一种仪器能准确地测定各个食品风味物质的类型和质量，因此风味物质的鉴定还必须配合感官评定，包括香气质、香气量的评价。食用菌是蛋白质、脂质、碳水化合物和水等组成的一个复杂的混合体，不同类型和状态的样品，必须根据其生物学特征、物理化学特性以及检测的目的和要求，需要采用不同的准备、分析方法。

2. 挥发性风味物质的提取分离与富集浓缩方法　食品风味前体物质大部分以水溶性的形式存在于天然原材料中，其中一小部分分布在食品的脂质成分中。风味物质的提取和浓缩所采用的任何一种方法都不应使风味物质遭到破坏，不应产生异味，所采用的萃取溶剂，也不能与风味物质发生反应。因此，选择适当的提取分离技术，尽可能地从食品材料中分离出所有的风味物质，才能较全面地反映出食品本身具有的风味特征。基本原则是根据食品风味物质的挥发性、极性和稳定性来选择提取方式、提取剂和加热方式或减压方式。

（1）蒸馏　蒸馏主要有水蒸气蒸馏和分子蒸馏两种方式。水蒸气蒸馏有常压蒸馏、减压蒸馏、真空蒸馏等，这些都是传统的蒸馏方法。分子蒸馏是一种在高真空度下进行的液液分离操作的连续蒸馏过程，其运用不同物质分子运动平均自由程存在差别而实现物质的分离。该方法是将食品中的挥发物直接转移到冷凝器中，一个分子到达冷凝器表面必须走过的距离一定要比该分子的平均自由程短，这就要求冷凝器和食品样品之间的距离很短。由于轻分子的平均自由程大，重分子的平均自由程小，若在离液面小于轻分子的平均自由程而大于重分子的平均自由程处设置一个捕集器，那么就会使得轻分子不断被捕集，从而破坏了轻分子的动态平衡而使混合液中的轻分子不断逸出，而重分子由于到不了捕集器而很快趋于动态平衡，不再从混合液逸出，这样液体混合物便达到了分离的目的。该方法的优点是蒸馏温度低、受热时间短、没有沸腾鼓泡现象，适合于高沸点、热敏性物料的分离，且分子蒸馏是不可逆的。

（2）萃取　溶剂萃取法是利用风味物质在某些有机溶剂中具有良好的溶解性，由于化合物在不同溶剂中分配系数的不同把风味物质从食品中有效地提取分离出来的方法。常用的萃取方法有液-液、液-固、微胶囊-双水相萃取和超临界流体萃取及连续的同时蒸馏萃取。

1）CO₂超临界流体萃取　CO$_2$超临界流体萃取是近些年发展起来的新技术。该法是利用流体在临界点附近某一区域内，与待分离混合物中的溶质异常相平衡行为和传递性能，且对溶质溶解能力随压力和温度改变而在相当大的范围内变动，这一特性达到分离的一项技术。CO_2的临界温度低（31℃），与室温相近，在超临界状态下CO_2具有很强的溶解能力，且无溶剂残留、对环境无污染。

当其通过样品时，带走样品中的挥发性化合物，形成超临界"溶液"。在减压后，CO_2与挥发性化合物分离，如此反复，可得到浓缩的芳香物质。该法既可避免热敏性萃取物的降解，又可防止风味成分的氧化，可较大程度地保留香味物质的特性。

2）蒸馏萃取　蒸馏萃取是集蒸馏与萃取于一体的香气物质提取法，只需要少量的溶剂就可提取大量的样品。若加上真空系统和用干冰冷却，则可减少水蒸气的早期冷凝及最大限度地降低溶剂损失。这种方法对大多数风味化合物都有较高的回收率，是食品风味物质研究中常用的分离提取法。

（3）顶空分析法　该法将一定量食品密封在一个容器中，通过加热使食品的风味成分聚集到容器顶部空间，然后通过进样器收集风味物质，再注入分析系统中，从而完成对风味组分的分析。顶空取样避免了直接在液体或固体中取样时将样品的基体成分一起带入分析系统的可能性，在一定程度上消除了基体成分的带入对风味成分分析的影响。一般情况下可有两种类型：一是静态顶空捕集（static headspace extraction，SHE）；二是动态顶空分析或吹扫捕集（dynamic headspace extraction or purge and trap extraction，DHE）。

1）静态顶空捕集　静态顶空捕集是直接用密封注射器于顶空部分取样注入分析系统，这种捕集方法简便快速，无溶剂污染，且因捕集条件温和对风味物质的性质保存较好。但是容器的体积是有限的，这样就限制了顶空部分风味物质的浓度。若样品中风味物质的含量较高，只需少量气体进入分析系统即可，则静态顶空捕集法是适用的，否则必须要增大样品的进样量，且会因进入分析系统的气体量过大从而影响色谱的分离效能。

2）动态顶空分析或吹扫捕集　基本的动态顶空法原理是将处于密封溶剂中的食品加热，用流动的惰性气体将挥发性物质从样品中吹扫出来，随后挥发性物质随气流进入捕集器，与捕集器中的吸附剂结合，最后对捕集物进行脱附和分析。具体的操作方法有多种，并且在不断改善，但整体来讲就是

IV

吸附剂与顶空技术的结合。动态顶空分析所用的吸附剂有活性炭、Porapak Q、XAD 系列等，这些吸附剂均能有效地吸附食品中的风味物质，并能减少水分及水蒸气的影响，使得更简单方便、准确，并对较难挥发及浓度较低的物质同样有效，是未来风味成分分析的发展方向。但吸附剂的处理和净化比较复杂，易引入外来物质，目前动态顶空分析应用得并不多。

（4）固相微萃取（solid phase microextraction，SPME）　该技术是通过利用微纤维表面少量的吸附剂从样品中分离和浓缩分析物。SPME 方法包括吸附和解吸附两步。与样品接触后，分析物被固相纤维吸收或吸附直到系统达到平衡。吸附过程中待测物在样品及石英纤维萃取头外涂渍的固定相液膜中进行分配平衡，并遵循相似相溶原理。这一步主要是物理吸附过程，可快速达到平衡。萃取后，纤维通过手柄装置被转移到分析仪器中，于进样口处解析后对目标分析物进行分离和定量分析。此方法集取样、萃取及富集于一体，操作简便，而且具有萃取速度快、无溶剂以及便于实现自动化等优点。

1）SPME 相关材料　固相微萃取由手柄（Holder）和萃取头（Fiber）两部分构成，萃取头是一根涂有不同色谱固定相或吸附剂的熔融石英纤维，接不锈钢丝，外套细的不锈钢针管（保护石英纤维不被折断及用于进样），萃取头可在针管内伸缩，手柄用于安装萃取头，可永久使用。分析结果同萃取头的选择有很大的关系。涂层是萃取头的"心脏"，源于气相色谱固定液，后来发展到各种吸附材料，目前已商品化的涂层有聚二甲基硅氧烷（PDMS）、聚丙烯酸酯（PA）、聚二甲基硅氧烷 / 二乙烯基苯（PDMS/DVB）、聚二甲基硅氧烷 / 羧乙基（PDMS/CAR）、二乙烯基苯 / 羧乙基（DVB/CAR）、聚乙二醇 / 二乙烯基苯（CW/DVB）、聚乙二醇 / 模板树脂（CW/TPR）、二乙烯基苯 / 羧乙基 / 聚二甲基硅氧烷（DVB/CAR/PDMS）等。

2）SPME 操作方式　一种为顶空萃取方式，另一种为浸入萃取方式，一般针对食用菌风味物质

的分析通常选择顶空萃取方式。SPME 一般通过与色谱技术相结合来实现对风味组分的分析检测。在仪器检测中，由于气相色谱（GC）具备对低沸点组分良好的分离性能，结合质谱（MS）对于未知化合物强大的定性能力，使得气质联用（GC/MS）成为香气成分分析的首选。

3. 挥发性风味物质的检测分析方法

（1）色谱法

1）气相色谱法　该法比较适合易挥发的有机化合物的测定，是目前挥发性香味物质研究中应用最广的分析方法之一。气相色谱的流动向为惰性气体，气-固色谱法中以表面积大且具有一定活性的吸附剂作为固定相。当多组分的混合样品进入色谱柱后，由于吸附剂对每个组分的吸附力不同，经过一定时间后，各组分在色谱柱中的运行速度也就不同。吸附力弱的组分容易被解吸下来，最先离开色谱柱进入检测器，而吸附力最强的组分最不容易被解吸下来，因此最后离开色谱柱。如此，各组分得以在色谱柱中彼此分离，按顺序进入检测器中被检测、记录下来。在食品风味物质的研究领域中，毛细管气相色谱用得最多。毛细管气相色谱中的分离柱最长可以超过 50 m、内径在零点几毫米，其柱效高，分离效果好，可以分离数百种组分。

2）液相色谱法（HPLC）　HPLC 是 20 世纪70 年代发展起来的一项高效、快速的分离分析技术，液相色谱法的原理同气相色谱相同，只是流动相是液体，它是在气相色谱原理的基础之上发展起来的。试样溶于流动相后，在色谱柱内经过分界面进入固定相中，由于试样组分在固定相和流动相之间的相对溶解度存在差异，因而溶质在两相间进行分配，从而达到分离的目的。在食品风味物质分析中它适合挥发性较低的化合物，如有机酸、羰基化合物、氨基酸、碳水化合物、核苷酸等。该方法最大的特点是物质在低温情况下可进行分离，在处理对热不稳定的物质时尤为重要，待测物不被破坏，可进行收集，利用待测物的不同性质，可用荧光、紫外、示差等检测器进行检测。

3）离子交换色谱法（IC）　该法基于离子交换树脂上可解离的离子与流动相中具有相同电荷的溶质离子进行可逆交换，根据离子对交换剂具有不同的亲和力而将它们分离。IC 是 HPLC 的分支之一，主要用于检测离子型及亲水性小分子有机化合物。该方法简便、快速，不需要待测样品进行复杂的前处理（如衍生等），且能同时检测多种离子。在食用菌风味分析中主要用于可溶性单糖及糖醇的检测。

4）氨基酸自动分析仪检测法　设备的基本结构与 HPLC 类似，只是针对氨基酸检测有部分细节改动。氨基酸自动分析仪通过阳离子交换色谱将已提取的氨基酸分离后通过茚三酮柱后衍生实现对氨基酸的分析检测，此方法较柱前衍生法方便、快捷，且重复性更好。测定原理是利用样品各种氨基酸组分的结构不同、酸碱性、极性及分子大小不同，在阳离子交换柱上将它们分离，采用不同 pH 离子浓度的缓冲液将各氨基酸组分依次洗脱下来，再逐个与另一流路的茚三酮试剂混合，然后共同流至螺旋反应管中，于一定温度下（通常为 $115\sim 120℃$）进行显色反应，形成在 570 nm 有最大吸收的蓝紫色产物。其中的羟脯氨酸与茚三酮反应生成黄色产物，其最大吸收在 440 nm。

（2）色谱-质谱联用方法　质谱分析是一种测量离子荷质比（电荷-质量比）的分析方法，其基本原理是使试样中各组分在离子源中发生电离，生成不同荷质比的离子，经加速电场的作用，形成离子束，进入质量分析器。在质量分析器中，再利用电场和磁场发生相反的速度色散，将它们分别聚焦而得到质谱图，从而确定待测物质的质量。由于色谱-质谱仪联用技术的出现，有效发挥了气相色谱法能分离复杂混合物和质谱鉴定化合物的高分辨能力，提高了质谱分析的工作效率，扩大了应用领域。目前，色谱-质谱主要有气相色谱-质谱（GC-MS）和液相色谱-质谱（LC-MS）。

1）气相色谱-质谱　由 GC 和高分辨质谱仪直接连接而成，能把从气相色谱仪中依次溶出的各种

成分的裂解离子精密测定到 1/10 000 质量单位。与气相色谱法相比，GC-MS 法除具有高效分离能力和准确的定性鉴定能力外，还能够检测尚未分离的色谱峰，且其灵敏度更高，数据更可靠，因此，这种方法在食品风味物质的分离鉴定中应用广泛，上海农业科学院质量标准与检测技术研究所利用该技术开发了香菇特征风味物质，香菇素的质量分析方法。

2）液相色谱-质谱（LC-MS）联用　该技术自 Homing 于 20 世纪 70 年代进行开创性研究工作以来，经过几十年的发展后已趋向成熟，各种商品化仪器相继问世，而且应用日益广泛。它集液相色谱的高分离效能与质谱的强鉴定能力于一体，对研究对象不仅有足够的灵敏度、选择性，同时还能够给出一定的结构信息，分析快速而且方便。LC-MS 在定量研究方面多采用选择反应监测（SIM），因为它具有高灵敏度、高选择性、分析快速、适用于热不稳定化合物的分析等特点。LC-MS 是色谱-质谱联用的一个新动向，这种联用比起 GC-MS 对样品的适用范围要更广些，特别是对难气化、易分解的大分子的试样更具优越性。利用高效液相色谱和质谱联用分析技术进行食品风味物质的研究，目前得到较为广泛的开展，它主要用于绘制风味物质的指纹图谱，从而为产品的质量控制和标准制定提供理论依据和指导。

（3）气相色谱-嗅闻（GC-O）检测技术　食用菌挥发性香味成分最常用的分析鉴定方法是气相色谱-质谱联用法。但是，食品中产生的大量挥发性化合物中，只有小部分对风味有贡献，且它们的含量和阈值都很低。对于静态顶空分析而言，其顶空的挥发物浓度一般在 $10^{-11}\sim 10^{-4}$ g/L，但只当挥发物浓度 $\geq 10^{-5}$ g/L 时才能被 MS 检测到，也就是说 MS 只能检测出含量丰富的挥发性物质。而且，GC-MS 是一种间接的测量方法，它无法确定单个的风味活性物质对整体风味贡献的大小。而气相色谱-嗅闻（GC-O）检测技术却能解决上述问题。因为人的鼻子通常比任何物理检测器更敏感，

人类鼻子所能感知到的食品基质中挥发物的强弱与挥发性化合物释放的程度及其本身的性质有关。因此，GC-O检测技术可以用于食品中气味化合物的鉴定和重要性排序，从某一食品基质的所有挥发性化合物中区分出风味活性物质（或关键风味物质）。

1）仪器　GC-O检测技术涉及的仪器主要有两部分：气相色谱和嗅探器。当样品进入气相色谱，经由毛细管柱分离后，流出组分被分流成两路：一路进入化学检测器，如氢火焰离子检测器（FID）或质谱（MS）；另一路通过专用的传输线进入嗅探口，用鼻子作为检测器，来判断具有香气活性的挥发性成分，同时描述其感官特征。

2）检测技术　为了更好地收集和处理GC-O数据，评价单个风味物质对样品整体风味的贡献大小，使结果更具重复性和可靠性，研究人员在过去的几十年间，开发了很多先进的检测技术对香味进行强度分析。GC-O的这些强度分析方法又被称为嗅探技术，通常有四类，包括稀释法、频率检测法（DF，detection frequency）、峰后强度法以及时间强度法（TIM，time-intencity method）；也可以分为频率检测法、阈值稀释法以及直接强度法三类。其中最常用的方法是稀释闻香法，具有代表性的是香气萃取稀释法（AEDA），该方法是将萃取样品逐级稀释，稀释因子R=2、3、5或10、20，每一个稀释度样品都进行闻香分析（GC-O），直到闻不到香气为止，稀释因子（FD值）是指香气成分能被闻到的最大稀释度。频率检测法最早是采用一组评价员（通常需要6～12个评价员组成一个评价小组）同时记录一种气味化合物，并用能够感知这种气味的所有评价员数目（检测频率）来表示此种气味的强度。此方法对评价员的要求不高，能快速简便地找出香味活性化合物。峰后强度法就是出峰后一定时间内记录气味强度变化的方法。它将感觉到的气味强度在标度上进行评估，常见的有5～9点标度法。此方法对于感官评价员来说属于中等难度，在使用标度时会有很大的差异。时间强度法是基于气味强度的数量估测，评估人员记录气味强度和持续时间并描述该气味，相较频率检测法具有更好的精确性，但是要求评估人员经过特殊训练。

（4）电子鼻

1）电子鼻简介　电子鼻又称气味扫描仪，是20世纪90年代发展起来的一种用来对食品中的复杂嗅味和很多挥发性成分进行分析、识别和检测的仪器。通常情况下，人们判定食品气味和香味主要靠嗅觉，但是这种方法主观性强，重复性差，存在较大的个体差异，没有统一的标准，同时人的嗅觉对气味具有适应性，容易出现疲劳而影响分析结果。目前，人们用常规的气体分析设备，如GC-MS来分析食品中气味的成分和浓度，它的测定需要制备和处理样品，选择合适的萃取剂，以及合适的色谱分析条件，虽然这种方法能精确测定气味的组成和浓度，但是该操作比较烦琐、耗时久、分析费用高，而且无法建立它们与嗅觉效果之间的关系。电子鼻则不同，得到的不是被测样品中某种或某几种成分的定性或定量的结果，而是通过模拟人的嗅觉，以与人和动物的鼻子一样的原理"闻到"的是目标物的总体气息，也称"指纹信息"。代表性电子鼻产品如法国Alpha-MOS的桌面型FOX、美国加利福尼亚Cyranosciences公司的Cyranose、中国台湾的Smdll Ween、日本的Frage等。

2）仪器　电子鼻由气体传感器、信号处理系统和模式识别系统等功能器件组成。其中，气体传感器是基础部件，它相当于人的嗅觉神经元，单个气体传感器对气体的响应可用强度表示。当由多个气体传感器组成传感器阵列同时测量某一多种成分组成的气味时，就会在多维空间中形成响应模式。在建立数据库的基础上，对每个样品进行数据计算和识别，可得到样品的"气味指纹图"，从而达到对挥发性气体的分析和检测。电子鼻的工作原理就是模拟人的嗅觉器官对气味进行感知、分析和判断，即其工作原理与嗅觉形成相似，过程大致可分为以下三个部分：首先，通过采样系统将气味输送

食用菌加工产品的质量安全控制与评价

到传感器所在的测试腔，此时气味与传感器的活性材料反应，传感器把化学输入转换为电信号；其次，计算机通过电路部分采集到这些电信号，采用模式识别对这些电信号进行处理，来分析和识别所测的气体；最后，由模式识别子系统对信号处理的结果做判断。

3）软件　目前，对气体传感器形成的多变量数据处理软件有：主成分分析（PCA）、人工神经网络（ANN）、偏最小二乘（PLS）、单类成分判别分析法（SMICA）等。其中，人工神经网络是一种模仿动物神经网络行为特征，进行分布式并行信息处理的算法数学模型。人工神经网络具有特有的非线性适应性信息处理能力，以及对系统自学习和自适应的能力，被认为是最有前景的电子鼻分析方法；同时，这些分析技术的不同组合应用，展现出良好的效果，逐渐成为一种趋势。

4）电子鼻的检测技术　电子鼻技术响应时间短、检测速度快、重复性好，这使电子鼻可以很好地应用于在线检测。普通化学分析方法只能测量样品中某种或某几种成分的定性或定量结果，而电子鼻能捕捉到样品中挥发性成分的整体信息、香气的总体轮廓。但电子鼻对某一气体成分的分析精确度不如化学分析仪器高，往往不提供一个样本香气成分和浓度的数据。因此，两种分析方法结合使用，能在风味分析中发挥更大的作用。电子鼻技术不需要对样品预处理，因此操作快速简便。但亦有实验表明，如果对样品进行恰当的预处理和选择对样品合适的检测方法，可以提高电子鼻的检测精度。气体传感器对湿度敏感，所以电子鼻检测数据受水汽影响较大，这是在使用电子鼻技术时所应注意的。

4. 液体滋味检测技术——电子舌

（1）电子舌简介　电子舌是一种利用低选择性、非特异性，交互敏感的多传感阵列检测液体样品的整体特征响应信号，通过信号模式识别处理或合适的多元统计分析方法，对样品进行分析的一类新型现代化分析仪器。通过模仿生物味觉系统，能快速分辨甜、酸、苦、咸、鲜等存在于液体内的滋

味。电子舌是通过模拟人的味觉感受机制对食品进行分析检测的，味觉物质使其味觉传感器的类脂膜的电位发生变化，输出电信号，此电信号是味觉物质味道的性质和强度而非数量。产生不同味觉特征的物质响应模式不同，因此可以很容易地区分每一种味道。另外，味觉传感器具有与同一味觉组相似的响应模式。电子舌所检测的不是溶液中某个具体化合物浓度的强度信号，而是与几个组分浓度相关的总体强度信号；电子舌重点并不在于测出检测对象的化学组成及各个组分的浓度多少，以及检测限的高低，而是在于反映检测对象之间的整体特征差异性，而且能够进行辨识，或是在特定条件下求出内部组分浓度，提取出被测对象的某些属性信息。

（2）味觉传感器　根据味觉响应原理的不同，味觉传感器可简单分为电位型和伏安型两类，其中电位型传感器运用较多。现在，国外主要有 Toko 和 Beullens 等对电位型电子舌、Winquist 等对伏安型电子舌、Riul 等对阻抗谱型电子舌、Sehra 等对声波型电子舌的研究，近年还出现了新型电子舌如光寻址型电子舌和多频脉冲电子舌等。目前较典型的电子舌系统有法国 Alpha-MOS 系统和日本的 Kiyoshi Toko 系统。当前在电子舌系统方面市场化最成功的是法国的 Alpha-MOS 公司，其生产的电子舌系统占有全世界 99% 以上的电子舌市场，在食品、医药、环境、化工等领域都有很好的应用。

（3）电子舌的设备结构　由电子舌的定义及原理可以将其结构分成 3 个主要部分：一是交互感应传感器阵列（相当于生物系统的舌头）；二是自学习专家数据库（模仿生物体的记忆系统）；三是智能模式识别系统（如同生物体的大脑运算方式）。模式识别主要有最初的神经网络模式识别，最新发展的是混沌识别。混沌是一种遵循一定非线性规律的随机运动，它对初始条件敏感，混沌识别具有很高的灵敏度，因此得到越来越多的应用。

（4）电子舌的检测优点　电子舌的检测优点是不需要对食品进行预处理，检测过程快速、简单

且准确性及重复性均较好，特别适合食品品质快速检测方面的应用。其可以克服感官评定法依赖经过长期训练、拥有特殊味觉判别能力的品评专家来判断的缺陷，还可以完成一些特殊食品如含有毒物质食品等的感官评定。

（5）电子舌和电子鼻的复合应用　对于食品的感官分析，人们往往运用眼、耳、口、鼻多方面的感官才能很好地把握食品的特性。同样，单一使用电子舌在有些时候并不能很好地区分食品特性，需要和多种感官仿生技术，如电子鼻与计算机视觉处理技术结合起来，选择好数据的处理方法，才能将结果进行较好的区分。

三、卫生学检测

（一）食用菌产品微生物检测

1. 食用菌产品中致病微生物的限量标准　食用菌在栽培和加工过程中，因环境污染或操作过程失控等原因，有可能造成病原微生物污染。食用菌食品中的微生物限量应符合国家标准 GB 29921—2013《食品安全国家标准 食品中致病菌限量》。食用菌食品相关的致病菌限量如表 9-31 所示。

表 9-31　食用菌食品致病微生物限量

食品	采样方案及限量					
类别	致病菌指标	n	c	m	M	备注
即食果蔬制品（含酱腌菜类）	沙门菌	5	0	0	—	—
	金黄色葡萄球菌	5	1	100 CFU/g（mL）	1 000 CFU/g（mL）	—
	大肠埃希菌 O157:H7	5	0	0	0	仅适用于生食果蔬制品
饮料	沙门菌	5	0	0	—	—
	金黄色葡萄球菌	5	1	100 CFU/g（mL）	1 000 CFU/g（mL）	
即食调味品	沙门菌	5	0	0	—	
	金黄色葡萄球菌	5	2	100 CFU/g（mL）	10 000 CFU/g（mL）	
无相应类属食品	菌落总数 A	5		10^3 CFU/g（mL）		—
	菌落总数 B	5		3×10^4 CFU/g（mL）		—
	大肠菌群 A	5		0.43 MPN/g（mL）		—
	大肠菌群 B	5		0.92 MPN/g（mL）		—
	霉菌和酵母	5		50 CFU/g（mL）		—
	金黄色葡萄球菌	5		0		
	沙门菌	5		0		

注：1. 若非指定，均以 /25 g 或 /25 mL 表示。
2. n 为同一批次产品应采集的样品件数；c 为最大可允许超出 m 值的样品数；m 为致病菌指标可接受水平的限量值；M 为致病菌指标的最高安全限量值。
3. A 为液态产品。B 为固态或半固态产品。

食用菌加工产品的质量安全控制与评价

2. 沙门菌检测方法　应按照国家标准 GB 4789.4—2016《食品安全国家标准 食品微生物学检验 沙门氏菌检验》进行检测。主要包括前增菌、增菌、分离、生化试验、血清学鉴定等步骤。

（1）前增菌　称取 25 g（或 25mL）样品放入盛有 225 mL 缓冲蛋白胨水（BPW）的无菌均质杯中，以 8 000～10 000 r/min 均质 1～2 min，或置于盛有 225 mL BPW 的无菌均质袋中，用拍击式均质器拍打 1～2 min。将样品均质后在 36℃下培养 8～18 h。

（2）增菌　轻轻摇动培养过的样品混合物，将 1 mL 培养物在四硫磺酸钠煌绿（TTB）增菌液中于 42℃±1℃培养 18～24 h，另取 1 mL 在亚硒酸盐胱氨酸（SC）增菌液中培养 18～24 h。

（3）分离　分别用接种环取增菌液 1 环，划线接种于一个亚硫酸铋（BS）琼脂平板和一个木糖赖氨酸脱氧胆盐（XLD）琼脂平板（或 HE 琼脂平板或沙门菌属显色培养基平板），在 36℃±1℃培养 40～48 h（BS 琼脂平板）或 18～24 h（XLD 琼脂平板、HE 琼脂平板、沙门菌属显色培养基平板），根据菌落形态初步判断典型或可疑菌落。在 BS 琼脂上，沙门菌菌落呈黑色有金属光泽、棕褐色或灰色（菌落周围培养基呈黑色或棕色，有些菌株形成灰绿色菌落，周围培养基不变）；在 HE 琼脂上，沙门菌菌落呈蓝绿色或蓝色，多数菌落中心黑色或几乎全黑色（有些菌株为黄色，中心黑色或几乎全黑色）；在 XLD 琼脂上，菌落呈粉红色，有些菌株可呈现大的带光泽的黑色中心，或呈现全部黑色的菌落（有些菌株为黄色菌落）；而用沙门菌属显色培养基时，则按照说明书进行判定。

（4）生化实验　从选择性琼脂平板上分别挑取 2 个以上典型或可疑菌落，接种三糖铁（TSI）琼脂，先在斜面划线，再于底层穿刺，接种针不灭菌，直接接种赖氨酸脱羧酶试验培养基和营养琼脂平板，于 36℃±1℃培养 18～24 h，通过 TSI 琼脂和赖氨酸脱羧酶试验的反应结果进行鉴定。当斜面产碱且底层产酸时，初步判断为可疑沙门菌属；当斜面和底层都产酸且赖氨酸脱羧酶试验培养基呈阳性时，也可初步判断为可疑沙门菌属。接种 TSI 琼脂和赖氨酸脱羧酶试验培养基的同时，可直接接种蛋白胨水、尿素琼脂、氰化钾（KCN）琼脂培养基，也可在初步判断结果后从营养琼脂平板上挑取可疑菌落接种，于 36℃±1℃培养 18～24 h。当硫化氢和赖氨酸脱羧酶呈阳性且靛基质、尿素和KCN 呈阴性时，判定为沙门菌属。

（5）血清学鉴定　首先准备抗原，一般采用 1.2%～1.5% 琼脂培养物作为玻片凝集试验用的抗原。O 血清不凝集时，将菌株接种在琼脂含量较高的（如 2%～3%）的培养基上再检查。而如果是由于 Vi 抗原的存在而阻止了 O 凝集反应时，可挑取菌苔于 1 mL 生理盐水中做成浓菌液，于酒精灯火焰上煮沸后再检查。多价鞭毛抗原（H）发育不良时，将菌株接种在 0.55%～0.65% 半固体琼脂平板的中央，待菌落蔓延生长时，在其边缘部分取菌检查；或将菌株通过装有 0.3%～0.4% 半固体琼脂的小玻管 1～2 次，自远端取菌培养后再检查。多价菌体抗原（O）和多价鞭毛抗原（H）鉴定中，在玻片上划出两个约 1 cm×2 cm 的区域，挑取 1 环待测菌，各放 1/2 环于玻片上的每一区域上部，在其中一个区域下部加 1 滴多价菌体抗原（O）/多价鞭毛抗原（H）抗血清，在另一区域下部加入 1 滴生理盐水作为对照。再用无菌的接种环分别将两个区域内的菌落研成乳状液。将玻片倾斜摇动混合 1 min，并对黑暗背景进行观察，任何程度的凝集现象均为阳性反应。

3. 单核细胞增生李斯特菌检测方法　应按照国家标准 GB 4789.30—2016《食品安全国家标准 食品微生物学检验 单核细胞增生李斯特菌检验》进行检测。检测方法主要包括增菌培养、分离、鉴定、血清学鉴定等步骤。

（1）增菌培养　样品应在 4℃下处理、存放和运送，如果是冷冻样品，则在检验前要保持冷冻状态。取 25 mL 液体或 25 g 半固体或固体样品放入含有 225 mL 无选择性试剂增菌肉汤（EB）的均质杯中进行均质，然后转入三角瓶中，30℃培养4 h，加入选择性试剂吖啶黄素、萘啶酮酸和放线菌酮，继续培养20 h和44 h。

（2）分离　共培养24 h和48 h后，取EB培养物分别在牛津琼脂（OXA）平板、LPM琼脂或加七叶苷/Fe^{3+}的LPM琼脂平板上划线。PALCAM琼脂可替代LPM琼脂。将OXA和PALCAM琼脂平板置于35℃培养24～48 h，LPM琼脂平板在30℃培养24～48 h。然后把LPM琼脂平板放于解剖镜载物台上，以45角入射光从平板下面照射平板，通过目镜垂直向下观察寻找可疑菌落。李斯特菌在LPM琼脂平板上呈有光泽的蓝色或灰色。用已知阳性菌和阴性菌划线的平板作对照。加入七叶苷/Fe^{3+}的LPM琼脂平板不用斜射光系统，选择可疑菌落的方法与在OXA上选择可疑菌落的方法相同。在OXA琼脂平板上李斯特菌菌落周围有一个黑色环，其他菌也可形成黑色环，但形成时间要在两天以上。李斯特菌在PALCAM和OXA琼脂平板上的菌落特征相似。在PALCAM、OXA或LPM琼脂平板上挑取5个或更多的典型菌落，分别划线于TSAYE平板上以得到更纯、更典型的单个菌落。挑取5个典型菌落的原因是一个样品中可能分离到一种以上的李斯特菌。30℃时在TSAYE平板培养24～48 h，如果不用于动力观察，也可在35℃培养。

（3）鉴定　通过斜射光观察TSAYE平板，寻找呈蓝灰至蓝色菌落。在TSAYE上用已知菌作对照。从30℃或更低温度下培养的TSAYE平板上挑取典型菌落做成湿玻片在油镜下观察。湿玻片用0.85%生理盐水菌悬液制成。如果菌量太少，菌体黏附于载玻片上而呈现非运动性。李斯特菌是细短杆菌，可见轻微的旋转及翻滚。挑取典型菌落进行过氧化氢酶实验，李斯特菌呈过氧化氢酶阳性反应。取16～24 h的培养物进行革兰染色，李斯特菌呈革兰阳性杆菌。挑取典型菌落接种于TSBYE肉汤管中，35℃培养24 h用做糖类发酵和其他生化项目实验。在TSAYE平板上挑取典型菌

落刺种到5%的绵羊血或马血琼脂平板上，刺种时避免触到平板底部和使琼脂破裂，同时设阳性对照（单核细胞增生李斯特菌和绵羊李斯特菌）和阴性对照（英诺克李斯特菌），35℃培养48 h。单核细胞增生李斯特菌呈窄小的β-溶血环。在明亮的光照下，观察经穿刺的血琼脂平板，单核细胞增生李斯特菌和西尔李斯特菌围绕穿刺点产生较清晰的β-溶血环，英诺克李斯特菌不产生溶血现象，而绵羊李斯特菌产生界限明显的较大溶血环，在此不要试图进行种间的区分，但要记录下溶血反应的特征，CAMP试验可区分它们之间的溶血反应。将TSBYE培养物穿刺到SIM和MTM试管中，室温培养7 d，每日观察，李斯特菌呈典型伞状生长。在MTM中伞状生长更典型。同时，30℃的TSBYE培养物在油镜下可见细菌做翻转运动。将TSAYE肉汤培养物分别接种于0.5%（W/V）葡萄糖、麦芽糖、七叶苷、甘露醇、鼠李糖、木糖发酵管内（可选用倒立发酵管），35℃培养7 d，呈阳性反应的李斯特菌产酸不产气。所有李斯特菌对葡萄糖、七叶苷、麦芽糖均能发酵，除格氏李斯特菌均不能发酵甘露醇。如果在OXA、PALCAM或加七叶苷/Fe^{3+}的LPM分离平板上菌落色素很明显，则七叶苷试验可免做。

（4）血清学鉴定　将TSBYE肉汤培养物接种到3 mL TSBYE肉汤中，35℃培养24 h，接种2支TSAYE琼脂斜面，35℃培养24 h。用3 mL 0.01 mol/L磷酸盐缓冲液将斜面菌苔洗下，菌悬液于80℃水浴中加热1 h，以2 500 r/min离心30 s，弃去2 mL上清液，将剩余液与沉淀混匀制成菌悬液，进行血清学玻片凝集试验。

4. 金黄色葡萄球菌检测方法　国家标准GB 4789.10—2016《食品安全国家标准 食品微生物学检验 金黄色葡萄球菌检验》、描述了食品中金黄色葡萄球菌的检测技术。标准中包括了三个方法：第一个方法适用于食品中金黄色葡萄球菌的定性检验；第二个方法适用于金黄色葡萄球菌含量较高的食品中金黄色葡萄球菌的计数；第三个方法适用于

食用菌加工产品的质量安全控制与评价

金黄色葡萄球菌含量较低而杂菌含量较高的食品中金黄色葡萄球菌的计数。

（1）第一个方法：金黄色葡萄球菌定性检验

1）样品的处理　称取 25 g 样品至盛有 225 mL 7.5%氯化钠肉汤或 10%氯化钠胰酪胨大豆肉汤的无菌均质杯内，8 000～10 000 r/min 均质 1～2 min，或放入盛有 225 mL 7.5%氯化钠肉汤或 10%氯化钠胰酪胨大豆肉汤的无菌均质袋中，用拍击式均质器拍打 1～2 min。若样品为液态，吸取 25 mL 样品至盛有 225 mL 7.5%氯化钠肉汤或 10%氯化钠胰酪胨大豆肉汤的无菌锥形瓶（瓶内可预置适当数量的无菌玻璃珠）中，振荡混匀。

2）增菌和分离培养　将上述样品匀液于 36℃±1℃培养 18～24 h。金黄色葡萄球菌在 7.5%氯化钠肉汤中呈混浊生长，污染严重时在 10%氯化钠胰酪胨大豆肉汤内呈混浊生长；将上述培养物分别划线接种到 Baird-Parker 平板和血平板上，分别在 36℃±1℃培养 18～24 h 或 45～48 h，在 36℃±1℃培养 18～24 h。金黄色葡萄球菌在 Baird-Parker 平板上生长时，菌落直径为 2～3 mm，颜色呈灰色到黑色，边缘为淡色，周围为一混浊带，在其外层有一透明圈。用接种针接触菌落有似奶油至树胶样的硬度，偶然会遇到非脂肪溶解的类似菌落，但无混浊带及透明圈。长期保存的冷冻或干燥食品中所分离的菌落比典型菌落所产生的黑色较淡些，外观可能粗糙并干燥。在血平板上，形成菌落较大、圆形、光滑凸起、湿润、金黄色（有时为白色），菌落周围可见完全透明溶血圈。挑取上述菌落进行革兰染色镜检及血浆凝固酶试验。

3）鉴定　可用染色镜检或血浆凝固酶试验进行鉴定。染色镜检中，金黄色葡萄球菌为革兰阳性球菌，排列呈葡萄球状，无芽孢，无荚膜，直径为 0.5～1 μm。血浆凝固酶试验中，挑取 Baird-Parker 平板或血平板上可疑菌落 1 个或 1 个以上，分别接种到 5 mL 脑心浸液肉汤（BHI）琼脂和营养琼脂小斜面，36℃±1℃培养 18～24 h。取新鲜配制兔血浆 0.5 mL，放入小试管中，再加入 BHI 培养物 0.2～0.3 mL，振荡摇匀，置 36℃±1℃温箱或水浴箱内，每半小时观察一次，观察 6 h，如呈现凝固（即将试管倾斜或倒置时呈现凝块）或凝固体积大于原体积的一半，被判定为阳性结果。同时以血浆凝固酶试验阳性和阴性葡萄球菌菌株的肉汤培养物作为对照。也可用商品化的试剂，按说明书操作，进行血浆凝固酶试验。结果如可疑，挑取营养琼脂小斜面的菌落到 5 mL BHI，36℃±1℃培养 18～48 h，重复试验。

（2）第二个方法：金黄色葡萄球菌 Baird-Parker 平板计数

1）样品的稀释　对于固体和半固体样品，称取 25 g 样品置盛有 225 mL 磷酸盐缓冲液或生理盐水的无菌均质杯内，8 000～10 000 r/min 均质 1～2 min，或置盛有 225 mL 稀释液的无菌均质袋中，用拍击式均质器拍打 1～2 min，制成 1：10 的样品匀液。对于液体样品，以无菌吸管吸取 25 mL 样品置盛有 225 mL 磷酸盐缓冲液或生理盐水的无菌锥形瓶（瓶内预置适当数量的无菌玻璃珠）中，充分混匀，制成 1：10 的样品匀液。用 1 mL 无菌吸管或微量移液器吸取 1：10 样品匀液 1 mL，沿管壁缓慢注于盛有 9 mL 稀释液的无菌试管中（注意吸管或吸头尖端不要触及稀释液面），振摇试管或换用 1 支 1 mL 无菌吸管反复吹打使其混合均匀，制成 1：100 的样品匀液。按上述操作程序，制备 10 倍系列稀释样品匀液。每递增稀释一次，换用 1 次 1 mL 无菌吸管或吸头。

2）样品的接种　根据对样品污染状况的估计，选择 2～3 个适宜稀释度的样品匀液（液体样品可包括原液），在进行 10 倍递增稀释时，每个稀释度分别吸取 1 mL 样品匀液以 0.3 mL、0.3 mL、0.4 mL 接种量分别加入三块 Baird-Parker 平板中，然后用无菌 L 棒涂布整个平板，注意不要触及平板边缘。使用前，如 Baird-Parker 平板表面有水珠，可放在 25～50℃的培养箱里干燥，直到平板表面的水珠消失。

3）培养　在通常情况下，涂布后，将平板静置 10 min，如样液不易吸收，可将平板放在培养箱 36℃±1℃培养 1 h，等样品匀液吸收后翻转平皿，倒置于培养箱，36℃±1℃培养 45～48 h。

4）典型菌落计数和确认　金黄色葡萄球菌在 Baird-Parker 平板上生长时，菌落直径为 2～3 mm，颜色呈灰色到黑色，边缘为淡色，周围为一混浊带，在其外层有一透明圈。用接种针接触菌落有似奶油至树胶样的硬度，偶然会遇到非脂肪溶解的类似菌落，但无混浊带及透明圈。长期保存的冷冻或干燥食品中所分离的菌落比典型菌落所产生的黑色较淡些，外观可能粗糙并干燥。选择有典型的金黄色葡萄球菌菌落的，且同一稀释度 3 个平板所有菌落数合计在 20～200 菌落形成单位（CFU）的平板，计数典型菌落数。如果：a）只有一个稀释度平板的菌落数在 20～200 CFU 且有典型菌落，计数该稀释度平板上的典型菌落；b）最低稀释度平板的菌落数小于 20 CFU 且有典型菌落，计数该稀释度平板上的典型菌落；c）某一稀释度平板的菌落数大于 200 CFU 且有典型菌落，但下一稀释度平板上没有典型菌落，应计数该稀释度平板上的典型菌落；d）某一稀释度平板的菌落数大于 200 CFU 且有典型菌落，且下一稀释度平板上有典型菌落，但其平板上的菌落数不在 20～200 CFU，应计数该稀释度平板上的典型菌落，以上计数后按公式（9-29）计算每克（或毫升）样品中金黄色葡萄球菌数；e）2 个连续稀释度的平板菌落数均在 20～200 CFU，按公式（9-30）计算。

$$T = \frac{AB}{Cd} \qquad (9-29)$$

式中：T——样品中金黄色葡萄球菌菌落数，单位为 CFU/g（或 mL）；A——某一稀释度典型菌落的总数；B——某一稀释度血浆凝固酶阳性的菌落数；C——某一稀释度用于血浆凝固酶试验的菌落数；d——稀释因子。

$$T = \frac{A_1B_1/C_1 + A_2B_2/C_2}{1.1d} \qquad (9-30)$$

式中：T——样品中金黄色葡萄球菌菌落数，单位为 CFU/g（或 mL）；A_1——第一稀释度（低稀释倍数）典型菌落的总数；A_2——第二稀释度（高稀释倍数）典型菌落的总数；B_1——第一稀释度（低稀释倍数）血浆凝固酶阳性的菌落数；B_2——第二稀释度（高稀释倍数）血浆凝固酶阳性的菌落数；C_1——第一稀释度（低稀释倍数）用于血浆凝固酶试验的菌落数；C_2——第二稀释度（高稀释倍数）用于血浆凝固酶试验的菌落数；1.1——计算系数；d——稀释因子（第一稀释度）。

（3）第三个方法：金黄色葡萄球菌 MPN 计数

1）接种和培养　同第二个方法一样进行样品稀释后，再接种和培养。根据对样品污染状况的估计，选择 3 个适宜稀释度的样品匀液（液体样品可包括原液），在进行 10 倍递增稀释时，每个稀释度分别吸取 1 mL 样品匀液接种到 10% 氯化钠胰酪胨大豆肉汤管，每个稀释度接种 3 管，将上述接种物于 36℃±1℃培养 45～48 h。用接种环从有细菌生长的各管中移取 1 环，分别接种到 Baird-Parker 平板上，36℃±1℃培养 45～48 h。

2）典型菌落确认　从典型菌落中至少挑取 1 个菌落接种到 BHI 肉汤和营养琼脂斜面，在 36℃±1℃培养 18～24 h，进行血浆凝固酶试验。最后计算血浆凝固酶试验阳性菌落对应的管数，查 MPN 检索表，报告每克（或毫升）样品中金黄色葡萄球菌的最可能数。

5. 大肠埃希菌 O157:H7/NM 检测方法　应按照国家标准 GB 4789.36—2016《食品安全国家标准 食品微生物学检验 大肠埃希氏菌 O157:H7/NM 检验》中的常规培养法、免疫磁珠捕获法、全自动酶联荧光免疫分析仪筛选法和全自动病原菌检测系统筛选法进行检测。

（1）常规培养法

1）增菌　样品采集后应尽快检测，如不能及时检测，在 2～4℃下最多可保存 18 h。以无菌操作取样 25 g（mL）加到含有 225 mL mEC+n

食用菌加工产品的质量安全控制与评价

肉汤的均质袋中，在拍击式均质器上连续均质1～2 min；或放入盛有225 mL mEC+n肉汤的均质杯中，以8 000～10 000 r/min均质1～2 min，于36℃±1℃培养18～24 h。同时做阳性及阴性对照。

2）分离　取增菌后的mEC+n肉汤，划线或取0.1 mL涂布接种于CT-SMAC平板和大肠埃希菌O157显色琼脂平板上，于36℃±1℃培养18～24 h，观察菌落形态。在CT-SMAC平板上，典型菌落为不发酵山梨醇的圆形、光滑、较小的无色菌落，中心呈现较暗的灰褐色，而发酵山梨醇的菌落为红色；在改良显色琼脂平板上，菌落形态为圆形、较小的菌落，中心呈淡紫色至紫红色，边缘无色或浅灰色。

3）初步生化试验　在CT-SMAC平板和显色琼脂平板上挑取5～10个典型或可疑菌落，分别接种三糖铁（TSI）琼脂和MUG-LST肉汤培养基中，于36℃±1℃培养18～24 h。在TSI琼脂中，典型菌株为斜面与底层均呈阳性反应呈黄色，不产生硫化氢；置MUG-LST肉汤管于长波紫外灯下观察，无荧光产生者为阳性结果，有荧光产生者为阴性结果。对于分解乳糖且无荧光的菌株，在营养琼脂平板上分纯，于36℃±1℃培养18～24 h，并进行鉴定。

4）鉴定　血清学试验中，在营养琼脂平板上挑取分纯的菌落，用O157：H7标准血清或O157乳胶凝集试剂做玻片凝集试验。对于H7因子血清不凝集者，应穿刺接种半固体琼脂，检查动力，经连续传代3次，动力试验阴性且H7因子血清凝集阴性者，确定为无动力株。生化试验鉴定时，用API20E生化鉴定试剂盒或VITEK-GNI检测卡。大肠埃希菌O157：H7/NM的生化反应特征为：在三铁糖琼脂底层及斜面呈黄色，硫化氢阴性；山梨醇试验阴性或迟缓发酵；靛基质阳性；MR-VP试验中MR阳性、VP阴性；氧化镁、西蒙氏柠檬酸盐、纤维二糖发酵、棉籽糖发酵和MUG试验均为阴性；赖氨酸脱羧酶和鸟氨酸脱羧酶试验均为阳性

（紫色）。

（2）免疫磁珠捕获法

1）原理　通过对目的细菌进行选择性增菌，利用免疫磁珠进行选择性捕获，捕获的目的细菌被结合到由抗体包被的磁性颗粒上，收集后再将磁性颗粒涂布到选择性琼脂平板上进行分离。在CT-SMAC平板上生长的可疑大肠埃希菌O157因为不分解山梨醇，或在E. coli O157显色琼脂平板上产生特定的酶促反应呈现颜色变化而与其他细菌相区别。免疫磁珠的应用，在样品含有大量杂菌时，对样品中含有少量的大肠埃希菌O157:H7/NM的检出提供了更大的可能性。

2）操作步骤　按照常规培养法进行增菌后，根据生产商提供的使用说明进行免疫磁珠的捕获与分离，再按常规培养法进行菌落识别和鉴定。

（3）全自动酶联荧光免疫分析仪筛选法　该法利用梅里埃全自动免疫分析仪mini VIDAS或VIDAS大肠埃希菌O157（ECO）进行双抗体夹心酶联免疫（ELFA）分析，包括前增菌、增菌与处理、上机操作三个步骤。固相容器（SPR）用抗大肠埃希氏菌O157抗体包被，各种试剂均封闭在试剂条内。煮沸过的增菌肉汤加入试剂条后，在特定时间内样本中的O157抗原与被包被在SPR内部的O157抗体结合，未结合的其他成分通过洗涤步骤清除。标记有碱性磷酸酶的抗体与固定在SPR壁上的O157抗原结合，最后洗去未结合的抗体标记物。SPR中所用荧光底物为磷酸4-甲基伞形物。结合在SPR壁上的酶将催化底物转变成具有荧光的产物，即4-甲基伞形酮。VIDAS光扫描器在波长450 nm处检测该荧光强度。试验完成后由VIDAS自动分析结果，得出检测值。

（4）全自动病原菌检测系统筛选法　该法在BAX全自动病原微生物快速检测系统中，利用多聚酶链式反应（PCR）来扩增被检测细菌DNA中特异片段，以判断目标菌是否存在。反应所需的引物、DNA聚合酶和核苷酸等被合并成为一个稳定、干燥的片剂，并装入PCR管中，检测系统

运用荧光检测来分析 PCR 产物。每个 PCR 试剂片中都包含有荧光染料，该染料能结合双链 DNA，并且受光激发后发出荧光信号。在检测过程中，BAX 系统通过测量荧光信号的变化，分析测量数据，从而判定结果呈阳性或阴性。该法在增菌后即可进行上机操作。

6. 溶血性链球菌检测方法　应按照国家标准 GB 4789.11—2014《食品安全国家标准 食品微生物学检验 β 型溶血性链球菌检验》进行检测，包括样品处理、培养、形态与染色、链激酶试验、杆菌肽敏感试验等步骤。

（1）样品处理　无菌操作称取样品 25 g（mL），加入 225 mL 灭菌生理盐水，研成匀浆，制成混悬液。

（2）培养　吸取上述混悬液 5 mL，接种于 50 mL 葡萄糖肉浸液肉汤，或直接划线接种于血平板。如果样品污染严重，可同时按上述量接种匹克氏肉汤，于 36℃ ± 1℃培养 24 h，挑起 β 型溶血圆形突起的细小菌落，在血平板上分纯，然后观察溶血情况及革兰染色，并进行链激酶试验及杆菌肽敏感试验。

（3）形态、染色、培养特性　溶血性链球菌呈球形或卵圆形，直径 0.5～1 μm，链状排列，链长短不一，短的由 4～8 个细胞组成，长的由 20～30 个细胞组成。链的长短常与细菌的种类及生长环境有关，液体培养中易呈长链，固体培养基中常呈短链，不形成芽孢，无鞭毛，不能运动。溶血性链球菌对营养要求较高，在普通培养基上生长不良，在加有血液、血清培养基中生长较好，在血清肉汤中生长时管底呈絮状或颗粒状沉淀，血平板上菌落为灰白色，半透明或不透明，表面光滑，有乳光，直径 0.5～0.75 mm，为圆形突起的细小菌落，乙型溶血链球菌周围有 2～4 mm 界限分明、无色透明的溶血圈。

（4）链激酶试验　致病性 β 型溶血性链球菌能产生链激酶，即溶纤维蛋白酶，能激活正常人体血液中的血浆蛋白酶原，生成血浆蛋白酶，从而溶解纤维蛋白。在本试验中，吸取草酸钾血浆 0.2 mL，加入 0.8 mL 灭菌生理盐水，混匀后再加入经 18～24 h、36℃ ± 1℃培养的链球菌培养物 0.5 mL，以及 0.25％氯化钙溶液 0.25 mL，震荡摇匀，置于 36℃ ± 1℃水浴中培养 10 min，血浆混合物自行凝固，然后观察凝固块重新完全溶解的时间，完全溶解则为阳性，如 24 h 后还不溶解则为阴性。

（5）杆菌肽敏感试验　挑取 β 型溶血性链球菌液，涂布于血平板上，用灭菌镊子夹取每片含有 0.04 单位的杆菌肽纸片，放入平板上，于 36℃ ± 1℃培养 18～24 h。如果有抑菌带出现，则为阳性。同时用已知阳性菌株作为对照。

7. 志贺菌检测方法　应按照国家标准 GB 4789.5—2012《食品安全国家标准 食品微生物学检验 志贺菌检验》进行检测，分为增菌、分离、初步生化试验、生化试验及附加生化试验、血清学鉴定等步骤。

（1）增菌　以无菌操作取样 25 g（mL），加入装有灭菌 225 mL 志贺菌增菌肉汤的均质杯，用旋转刀片式均质器以 8 000～10 000 r/min 均质；或加入装有 225 mL 志贺菌增菌肉汤的均质袋中，用拍击式均质器连续均质 1～2 min，液体样品振荡混匀即可。于 41.5℃ ± 1℃厌氧培养 16～20 h。

（2）分离　取增菌后的志贺增菌液分别划线接种于木糖赖氨酸脱氧胆酸盐（XLD）琼脂平板和麦康凯（MAC）琼脂平板或志贺菌显色培养基平板上，于 36℃ ± 1℃培养 20～24 h，观察各个平板上生长的菌落形态。志贺菌在 MAC 琼脂上呈无色至浅粉红色，半透明、光滑、湿润、圆形、边缘整齐或不齐；在 XLD 琼脂上呈粉红色至无色，半透明、光滑、湿润、圆形、边缘整齐或不齐。宋内志贺菌的单个菌落直径大于其他志贺菌。若出现的菌落不典型或菌落较小不易观察，则继续培养至 48 h 再进行观察。

（3）初步生化试验　自选择性琼脂平板上分别挑取 2 个以上典型或可疑菌落，分别接种 TSI、半固体和营养琼脂斜面各一管，置36℃±1℃培养20～24 h，分别观察结果。凡是三糖铁琼脂中斜面产碱、底层产酸（发酵葡萄糖，不发酵乳糖、蔗糖）、不产气（福氏志贺菌6型可产生少量气体）、不产硫化氢、半固体管中无动力的菌株，挑取其已培养的营养琼脂斜面上生长的菌苔，进行生化试验和血清学分型。

（4）生化试验及附加生化试验　用已培养的营养琼脂斜面上生长的菌苔，进行生化试验，即β-半乳糖苷酶、尿素、赖氨酸脱羧酶、鸟氨酸脱羧酶以及水杨苷和七叶苷的分解试验。由于福氏志贺菌6型的生化特性和痢疾志贺菌或鲍氏志贺菌相似，必要时还需加做靛基质、甘露醇、棉子糖、甘油试验，也可做革兰染色检查和氧化酶试验，应为氧化酶阴性的革兰阴性杆菌。生化反应不符合的菌株，即使能与某种志贺菌分型血清发生凝集，仍不得判定为志贺菌属。由于某些不活泼的大肠埃希菌、Alkalescens-D isparbiotypes碱性-异型菌的部分生化特征与志贺菌相似，并能与某种志贺菌分型血清发生凝集，因此前面生化实验符合志贺菌属生化特性的培养物还需另加葡萄糖胺、西蒙氏柠檬酸盐、黏液酸盐试验（36℃培养24～48 h）。

（5）血清学鉴定

1）抗原的准备　志贺菌属主要有菌体O抗原，一般采用1.2%～1.5%琼脂培养物作为玻片凝集试验用的抗原。

2）凝集反应　在玻片上划出两个约1 cm×2 cm的区域，挑取一环待测菌，各放1/2环于玻片上的每一区域上部，在其中一个区域下部加1滴抗血清，在另一区域下部加入1滴生理盐水作为对照。再用无菌的接种环或针分别将两个区域内的菌落研成乳状液。将玻片倾斜摇动混合1 min，并对着黑色背景进行观察，如果抗血清中出现凝结成块的颗粒，而且生理盐水中没有发生自凝现象，那么凝集反应为阳性。如果生理盐水中出现凝集，视作自凝。这时，应挑取同一培养基上的其他菌落继续进行试验。

8. 菌落总数检测方法　应按照国家标准GB 4789.2—2016《食品安全国家标准 食品微生物学检验 菌落总数测定》进行检测，包括样品的稀释、培养、菌落计数、计算与报告等步骤。

（1）样品的稀释　对于固体和半固体样品，称取25 g样品置盛有225 mL磷酸盐缓冲液或生理盐水的无菌均质杯内，8 000～10 000 r/min均质1～2 min，或放入盛有225 mL稀释液的无菌均质袋中，用拍击式均质器拍打1～2 min，制成1:10的样品匀液。对于液体样品，以无菌吸管吸取25 mL样品置盛有225 mL磷酸盐缓冲液或生理盐水的无菌锥形瓶（瓶内预置适当数量的无菌玻璃珠）中，充分混匀，制成1:10的样品匀液。用1 mL无菌吸管或微量移液器吸取1:10样品匀液1 mL，沿管壁缓慢注于盛有9 mL稀释液的无菌试管中（注意吸管或吸头尖端不要触及稀释液面），振摇试管或换用1支无菌吸管反复吹打使其混合均匀，制成1:100的样品匀液。然后按同样的方法制备10倍系列稀释样品匀液。每递增稀释1次，换用1次1 mL无菌吸管或吸头。根据对样品污染状况的估计，选取2～3个适宜稀释度的样品匀液（液体样品可包括原液），在进行10倍递增稀释时，吸取1 mL样品匀液于无菌平皿内，每个稀释度做两个平皿。同时，分别吸取1 mL空白稀释液加入两个无菌平皿内作空白对照。及时将15～20 mL冷却至46℃的平板计数琼脂培养基（可放置于46℃±1℃恒温水浴箱中保温）倾注平皿，并转动平皿使其混合均匀。

（2）培养　待琼脂凝固后，将平板翻转，36℃±1℃培养48 h±2 h。如果样品中可能含有在琼脂培养基表面弥漫生长的菌落，可在凝固后的琼脂表面覆盖一薄层琼脂培养基（约4 mL），凝固后翻转平板，按同样的条件进行培养。

（3）菌落计数　可用肉眼观察，必要时用放大镜或菌落计数器，记录稀释倍数和相应的菌落数量。菌落计数以菌落形成单位CFU表示。选取菌落数在30～300 CFU、无蔓延菌落生长的平板计数菌落总数。低于 30 CFU 的平板记录具体菌落数，大于 300 CFU 的可记录为多不可计。每个稀释度的菌落数应采用两个平板的平均数。其中一个平板有较大片状菌落生长时，则不宜采用，而应以无片状菌落生长的平板作为该稀释度的菌落数；若片状菌落不到平板的一半，而其余一半中菌落分布又很均匀，即可计算半个平板后乘以 2，代表一个平板菌落数。当平板上出现菌落间无明显界线的链状生长时，则将每条单链作为一个菌落计数。

（4）计算　若只有一个稀释度平板上的菌落数在适宜计数范围内，则计算两个平板菌落数的平均值，再将平均值乘以相应稀释倍数，作为每克（或毫升）样品中菌落总数结果。若有两个连续稀释度的平板菌落数在适宜计数范围内时，则按公式（9-31）计算。

$$N = \frac{\sum C}{(n_1 + 0.1 n_2) \, d} \qquad (9\text{-}31)$$

式中：N——样品中菌落数；$\sum C$——平板（含适宜范围菌落数的平板）菌落数之和；n_1——第一稀释度（低稀释倍数）平板个数；n_2——第二稀释度（高稀释倍数）平板个数；d——稀释因子（第一稀释度）。

（5）报告　若所有稀释度的平板上菌落数均大于 300 CFU，则对稀释度最高的平板进行计数，其他平板可记录为多不可计，结果按平均菌落数乘以最高稀释倍数计算。若所有稀释度的平板菌落数均小于 30 CFU，则应按稀释度最低的平均菌落数乘以稀释倍数计算。若所有稀释度（包括液体样品原液）平板均无菌落生长，则以小于 1 乘以最低稀释倍数计算。若所有稀释度的平板菌落数均不在 30～300 CFU，其中一部分小于 30 CFU 或大于 300 CFU 时，则以最接近 30 CFU 或 300 CFU 的平均菌落数乘以稀释倍数计算。菌落数小于 100 CFU 时，按"四舍五入"原则修约，以整数报告。菌落数 ≥ 100 CFU 时，第 3 位数字采用"四舍五入"原则修约后，取前 2 位数字，后面用 0 代替位数；也可用 10 的指数形式来表示，按"四舍五入"原

则修约后，采用 2 位有效数字。若所有平板上为蔓延菌落而无法计数，则报告菌落蔓延。若空白对照上有菌落生长，则此次检测结果无效。称重取样以 CFU/g 为单位报告，体积取样以 CFU/mL 为单位报告。

9. 大肠菌群检测方法　应按照国家标准 GB 4789.3—2016《食品安全国家标准 食品微生物学检验 大肠菌群计数》进行检测，采用大肠菌群的 MPN（最可能数）计数法或大肠菌群平板计数法中的一种。

（1）大肠菌群的 MPN 计数法　该法是基于泊松分布的一种间接计数方法。操作步骤包括样品的稀释、初发酵试验、复发酵试验等。

1）样品的稀释　对于固体和半固体样品，称取 25 g 样品，放入盛有 225 mL 磷酸盐缓冲液或生理盐水的无菌均质杯内，8 000～10 000 r/min 均质 1～2 min，或放入盛有 225 mL 磷酸盐缓冲液或生理盐水的无菌均质袋中，用拍击式均质器拍打 1～2 min，制成 1：10 的样品匀液。对于液体样品，以无菌吸管吸取 25 mL 样品置盛有 225 mL 磷酸盐缓冲液或生理盐水的无菌锥形瓶（瓶内预置适当数量的无菌玻璃珠）中，充分混匀，制成 1：10 的样品匀液。样品匀液的 pH 应为 6.5～7.5，必要时分别用 1 mol/L NaOH 或 1 mol/L HCl 调节。用 1 mL 无菌吸管或微量移液器吸取 1：10 样品匀液 1 mL，沿管壁缓缓注入 9 mL 磷酸盐缓冲液或生理盐水的无菌试管中（注意吸管或吸头尖端不要触及稀释液面），振摇试管或换用 1 支 1 mL 无菌吸管反复吹打，使其混合均匀，制成 1：100 的样品匀液。根据对样品污染状况的估计，按上述操作，依次制成 10 倍递增系列稀释样品匀液。每递增稀释 1 次，换用 1 支 1 mL 无菌吸管或吸头。从制备样品匀液至样品接种完毕，全过程不得超过 15 min。

2）初发酵试验　每个样品，选择 3 个适宜的连续稀释度的样品匀液（液体样品可以选择原液），每个稀释度接种 3 管月桂基硫酸盐胰蛋白胨（LST）肉汤，每管接种 1mL（如接种量超过

食用菌加工产品的质量安全控制与评价

1 mL，则用双料 LST 肉汤），36 ℃±1 ℃培养 24 h±2 h，观察管内是否有气泡产生，24 h±2 h 产气者进行复发酵试验。如未产气，则继续培养至 48 h±2 h，产气者进行复发酵试验。未产气者为大肠菌群阴性。

3）复发酵试验　用接种环从产气的 LST 肉汤管中分别取培养物 1 环，移种于煌绿乳糖胆盐（BGLB）管中，36 ℃±1 ℃培养 48 h±2 h，观察产气情况。产气者，计为大肠菌群阳性管。根据确证的大肠菌群 LST 阳性管数，检索 MPN 表，报告每克（或毫升）样品中大肠菌群的 MPN 值。

（2）大肠菌群平板计数法　大肠菌群平板计数法的操作步骤包括样品的稀释、平板计数、平板菌落数的选择和证实试验等。

1）样品的稀释　与大肠菌群的 MPN 法操作相同。

2）平板计数　样品均质稀释后，选取 2～3 个适宜的连续稀释度，每个稀释度接种 2 个无菌平皿，每皿 1 mL。同时取 1mL 生理盐水加入无菌平皿作空白对照。及时将 15～20 mL 冷至 46℃的结晶紫中性红胆盐琼脂（VRBA）倾注于每个平皿中，待琼脂凝固后，再加 3～4 mL VRBA 覆盖平板表层。翻转平板，于 36℃培养 18～24 h。

3）平板菌落数的选择　选取菌落数在 15～150 CFU 的平板，分别计数平板上出现的典型和可疑大肠菌群菌落。典型菌落为紫红色，菌落周围有红色的胆盐沉淀环，菌落直径为 0.5 mm 或更大。

4）证实试验　从 VRBA 平板上挑取 10 个不同类型的典型和可疑菌落，分别移种于 BGLB 肉汤管内，36℃培养 24～48 h，观察产气情况。凡 BGLB 肉汤管产气，即可报告为大肠菌群阳性。经最后证实为大肠菌群阳性的试管比例乘以"平板菌落数的选择"步骤中计数的平板菌落数，再乘以稀释倍数，即为每克（或毫升）样品中大肠菌群数。

10. 霉菌和酵母检测方法　应按照国家标准

《GB 4789.15—2016 食品安全国家标准 食品微生物学检验 霉菌和酵母计数》进行检测，包括样品的稀释、培养、菌落计数与计算等步骤。

1）样品的稀释　对于固体和半固体样品，称取 25 g 样品至盛有 225 mL 灭菌蒸馏水的锥形瓶中，充分振摇，即为 1∶10 稀释液。或放入盛有 225 mL 无菌蒸馏水的均质袋中，用拍击式均质器拍打 2 min，制成 1∶10 的样品匀液。对于液体样品，以无菌吸管吸取 25 mL 样品至盛有 225 mL 无菌蒸馏水的锥形瓶（可在瓶内预置适当数量的无菌玻璃珠）中，充分混匀，制成 1∶10 的样品匀液。取 1 mL 1∶10 稀释液注入含有 9 mL 无菌水的试管中，另换一支 1 mL 无菌吸管反复吹吸，此液为 1∶100 稀释液。如此操作，制备 10 倍系列稀释样品匀液。每递增稀释一次，换用一次 1 mL 无菌吸管。根据对样品污染状况的估计，选择 2～3 个适宜稀释度的样品匀液（液体样品可包括原液），在进行 10 倍递增稀释的同时，每个稀释度分别吸取 1 mL 样品匀液于 2 个无菌平皿内。同时分别取 1 mL 样品稀释液加入 2 个无菌平皿作空白对照。及时将 15～20 mL 冷却至 46℃的马铃薯-葡萄糖-琼脂或孟加拉红培养基（可放置于 46℃±1℃恒温水浴箱中保温）倾注平皿，并转动平皿使其混合均匀。

（2）培养　待琼脂凝固后，将平板倒置，28℃±1℃培养 5 d，观察并记录。

（3）菌落计数与计算　肉眼观察，必要时可用放大镜，记录各稀释倍数和相应的霉菌和酵母数。以菌落形成单位 CFU 表示。选取菌落数在 10～150 CFU 的平板，根据菌落形态分别计数霉菌数和酵母数。霉菌蔓延生长覆盖整个平板的可记录为"多不可计"。菌落数应采用两个平板的平均数。计算两个平板菌落数的平均值，再将平均值乘以相应稀释倍数计算。若所有平板上菌落数均大于 150 CFU，则对稀释度最高的平板进行计数，其他平板可记录为多不可计，结果按平均菌落数乘以最高稀释倍数计算。若所有平板上菌落数均小于 10

CFU，则应按稀释度最低的平均菌落数乘以稀释倍数计算。若所有稀释度平板均无菌落生长，则以小于1乘以最低稀释倍数计算；如为原液，则以小于1计数。菌落数在100 CFU以内时，按"四舍五入"原则修约，采用两位有效数字报告。菌落数≥100 CFU时，前3位数字采用"四舍五入"原则修约后，取前2位数字，后面用0代替位数来表示结果；也可用10的指数形式来表示，此时也按"四舍五入"原则修约，采用2位有效数字。称重取样以CFU/g为单位报告，体积取样以CFU/mL为单位报告，报告或分别报告霉菌数和（或）酵母数。

（二）食用菌产品重金属检测

食用菌对重金属的吸收主要通过主动或被动吸收来实现，而在吸收前阶段培养基质中重金属的形态转化和可吸附态重金属的解吸附，以及吸收后重金属通过各种作用在食用菌菌体内的迁移转化都是积累的重要过程。一般来说，子实体的生长周期比较短，通过子实体表面来吸收周围的重金属比较有限，食用菌对重金属的吸收主要是通过菌丝从培养基中吸收。食用菌中重金属的检测技术包括原子吸收光谱法、原子荧光光谱法、电感耦合等离子体质谱法、紫外–可见分光光度法、X射线荧光光谱法和电化学分析方法等。

1. 食用菌产品中重金属检测的前处理技术　在样品中，重金属一般以化合态形式存在。为了去除干扰因素，保留完整的被测组分，或使被测组分浓缩，同时使重金属以离子状态提取到被测液体中，在检测前需要对样品进行前处理。传统的重金属检测前处理方法主要有干法灰化和湿法消解。目前，微波消解技术作为样品前处理的新技术，具有消化样品能力强、速度快、化学试剂消耗量少、金属元素不易挥发损失、污染小及空白值低等诸多优势，已经获得广泛应用。

（1）干法灰化　使用该法时，样品先炭化再高温灼烧后使有机物氧化分解，将剩余的灰分用稀酸溶解作为样品待测溶液。

1）方法特征　该法的优点是所需设备简单、操作简便、节约试剂、对环境污染小，并且可以一次处理大批量样品。缺点为：①高温下挥发性元素易损失，回收率低，准确性也较低。在高温炉灰化过程中，气化损失因元素在试样中存在形式（是否为挥发性）、元素性质、灰化温度、样品基体成分、样品量与表面积之比而异。在灰化过程中，待测元素也可以与其周围的无机物反应而转变为易挥发性化合物，如锌、铅与氯化铵共热时，会生成易挥发的氯化物而损失；再如镉在灰化中被炭化的有机物还原而挥发。此外，待测元素被残留于容器壁上不能浸提，以及有些样品可以与坩埚和器皿反应，生成难以用酸溶解的物质，如玻璃或耐熔物质，也是造成灰化损失的原因。针对灰化时待测元素的挥发与被滞留现象，可以加入一定的化学品以改变试样基体组分，加以改善。②实验过程比较长。样品炭化时间需要1 h左右，灰化时间为4～6 h，中途如果灰化效果不好还需要加入助灰化剂。例如测定铅元素时需加入过硫酸铵以防止发生滞留作用，同时增加氧化能力，加速样品彻底灰化。某些特殊干法灰化时注意事项：含油脂成分较高的样品，炭化时非常容易爆沸，同时易燃，因此不建议采用干法灰化。含糖、蛋白质、淀粉较多的样品炭化时会迅速发泡溢出，可加几滴辛醇再进行炭化，以防止炭粒被包裹、灰化不完全；含磷较多的样品，在灰化过程中的磷酸盐会包裹沉淀，可加几滴硝酸或双氧水，加速炭粒氧化，蒸干后再继续灰化。

2）灰化助剂　为加速有机物分解或增进待测物回收加入的化学品称为"灰化助剂"。目前最常用的灰化助剂有硝酸、硝酸镁、硝酸铝、硝酸钙等硝酸盐，磷酸、硼酸、硫酸、硫酸钾及氧化镁、醋酸镁等。按其作用，灰化助剂可分为以下几类：

辅助氧化剂。可加速对有机物氧化，硝酸是这类的代表。在灰化快结束时使用，可加速除去尚残留的微量碳分。但如加入过早，即尚有较多的有机物时，往往在再次灰化时可导致残渣燃烧和丢失。注意，测定铬、镉等元素时不可使用该类灰化

食用菌加工产品的质量安全控制与评价

助剂，因为会促成挥发损失。

稀释剂。当有机物逐渐被分解为可挥发的简单的氧化物时，器皿和灰分中待测组分的接触和反应的概率也随之增加。为减少这种接触，在试样中加惰性化学品，如氧化镁以稀释灰分，可以减少它们被器皿的滞留和提高回收率，故这类灰化助剂适用于灰分少的样品。

既是氧辅助剂又是稀释剂。例如硝酸镁、硝酸铝等轻金属的硝酸盐，这类硝酸盐在高温下是不稳定的，可以分解为轻金属的氧化物和 NO_2、O_2。前者是惰性氧化物，起惰性稀释剂的作用；后者则有助于有机物的氧化分解，适用于糖分多的样品和测定 As、Sb 等样品。

改变待测元素化合物形态的试剂。例如硫酸、硫酸钾、硼酸、氢氧化钠等。最简单的例子是向样品加入硫酸，使易挥发的氯化铅转变成难挥发的硫酸铅，或将氯离子转变为氯化氢而赶走。

（2）湿法消解　该法是在适量的食品样品中，加入氧化性强酸，加热破坏有机物，使待测的无机成分释放出来，形成不挥发的无机化合物，以便进行分析测定。

1）优点　首先，前处理所用的试剂（即酸）都可以找到高纯度的，同时基体成分都比较简单（偶尔也会产生部分硫酸盐）。其次，在实验过程中，只要控制好消化温度，大部分元素一般很少或几乎没有损失。例如，在测定酱油中的砷含量时采用湿法消化加入了硝酸高氯酸混合酸和硫酸，加标回收率为95%以上。即便像汞等极易挥发的元素，只要正确掌握消化温度，也不会有损失。

2）缺点　首先，由于该反应是氧化反应，样品氧化时间较长，需要 1 h 左右的时间（随样品的成分而定）。其次，样品消化时常使用的试剂硝酸、高氯酸、过氧化氢和硫酸都是具有腐蚀性且比较危险的。在用硝酸和高氯酸时产生的酸雾和烟，对通风橱的腐蚀性也很大。特别需要注意的是，用高氯酸消解样品时，应严格遵守操作规程，烧杯中液体不能烧干，并且要保证温度达到200℃时只有

少量的有机成分存在，否则高氯酸的氧化电位在此温度下会迅速升高，导致剧烈的爆炸。因此建议在使用高氯酸时，最好先用硝酸氧化部分的有机物，或者是先加入硝酸与高氯酸的混合液浸泡一夜，同时实验要在通风橱内进行。消化液不能蒸干，以防部分元素，如硒、铅的损失。还有，由于氧化反应过程中加入了浓酸，这些酸可能会对仪器产生损害进而影响试验结果，因此消解结束后需要排酸。例如，用原子荧光测定总砷，测定时硝酸的存在会妨碍砷化氢的产生，对测定有干扰，消解完全后应尽可能地加热驱除硝酸。国标实验中采用硝酸-硫酸消解样品，由于硫酸的沸点比硝酸要高，所以最后消化液里基本上没有硝酸。但是需要注意的是，采用硝酸-硫酸消解样品时应避免发生炭化，消解过程发生炭化时会使砷严重损失，所以在消解过程中注意若消化液色泽变深，则应适当补加硝酸。值得注意的是，做标准曲线也要保证和样品消解液中相同的酸浓度，即要基体匹配。

3）湿法消解的酸解体系　常用的酸解体系有硝酸—硫酸、硝酸—高氯酸、硝酸—盐酸、氢氟酸、过氧化氢等，它们可将待测物中的有机物和还原性物质全部破坏。目前的湿法消解方法很多，可以根据不同样品选择不同的消解设备，拟定不同的消解方法，获取一个准确、高效、快速的检验结果。所有的消解都应本着四个方面进行：一是避免待测组分遭受损失；二是不得引进干扰物质；三要安全、快速，不给后续操作步骤带来困难；四是消解后得到的溶液一定要便于检测。这样就可以根据实验要求，选择上述不同的消解设备和方法。湿法消解是目前做元素分析最直接、最有效、最经济的一种样品前处理手段。随着实验室设备的技术创新和发展，针对不同样品选择酸体系也不一样。比如，盐酸适合 80℃ 以下的消解体系，硝酸适合 80～120℃ 的消解体系，硫酸适合 340℃ 左右的消解体系，盐酸—硝酸的混酸适合 95～110℃ 的消解体系，硝酸—高氯酸的混酸适合 140～200℃ 的消解体系，硝酸—硫酸的混酸适合 120～200℃ 的消

解体系，硝酸—过氧化氢适合 95～130℃ 的消解体系。选择合适的酸体系对加快破坏有机物是非常重要的，同时要进行准确的温度控制，才能够达到理想的消解效果。

（3）微波消解法　利用微波的穿透性和激活反应能力，使样品温度升高，同时采用密封装置，再加入一定量的酸溶液，达到使样品中有机物质分解的目的。

1）优点　第一，消化时间短。微波加热是一种直接的体加热的方式，微波可以穿入试液的内部，在试样的不同深度，微波所到之处同时产生热效应，这不仅使加热更快速，而且更均匀，大大缩短了加热的时间，比传统的加热方式既快速又效率高。采用微波消解系统制样，消化时间只需数十分钟，大大提高了反应速率，缩短样品制备的时间，与此同时，微波消解还可以控制反应条件，使制样精度更高。第二，由于微波在使样品发生内加热时，还引起酸与样品之间较大的热对流，使酸与样品充分接触，最大限度发挥酸的作用。第三，消化中因消化罐完全密闭，不会产生尾气泄漏，且不需有毒催化剂及升温剂，减少了对环境的污染，改善了试验人员的工作环境。第四，微波消化是在密闭容器内进行，易挥发元素损失少，回收率高，耗酸量减少（3～5 mL），空白值大为降低，从而提高了结果的准确性。

2）缺点　样品取样量很小，一般固体样品小于 1 g，液体样品小于 2 mL。另外，样品消解前必须进行预处理（放置过夜或低温处理等），处理完的消解液须赶除液体中的剩余酸和氮氧化物等，这和湿法解法的缺陷一样。

2. 食用菌产品重金属检测技术

（1）原子吸收分光光度计法（AAS）　包括火焰原子吸收光谱法、石墨炉原子吸收光谱法、氢化物原子吸收光谱法、冷原子吸收光谱法。原子吸收分光光度法的特征：第一，选择性高。因各原子均有自己的固有能级，每个元素的气态基态原子只对某些具有特定波长的光有吸收。所以，原子吸收分光光度法的选择性很高，在无机分析中，不必经任何分离即可进行测定。第二，灵敏度高。火焰原子吸收法，其绝对灵敏度可达 10^{-10} g，而近年来发展的非火焰原子吸收法使绝对灵敏度达到了 10^{-14} g，原子发射法的灵敏度通常在 10^{-10} g 左右。第三，准确度高。由于原子吸收分光光度法的干扰较小，通常相对误差在 2% 左右。第四，操作方便，仪器简单。

1）火焰原子吸收光谱法　将含待测元素的样品溶液喷射成雾状进入火焰，从光源辐射出具有待测元素特征谱线的光，通过试样蒸气时被蒸气中待测元素基态原子所吸收，由辐射特征谱线光被减弱的程度来测定试样中待测元素的含量。该法重现性比较好、容易操作，但试液的原子化效率较低（一般低于 30%），灵敏度较低。

2）石墨炉原子吸收光谱法　是利用石墨材料制成管、杯等形状的原子化器，用电流加热原子化进行原子吸收分析的方法。该方法避免了原子浓度在火焰气体中的稀释，分析灵敏度得到了显著提高，适用于测定痕量金属元素、少量样品的分析和固体样品直接分析，快速、高效，精密度高。但该方法有强的背景吸收，且测定精密度不如火焰原子吸收光谱法。

3）氢化物原子吸收光谱法　是将分析物质在酸性溶液中与氢反应转化成气态氢化物，在吸收池中被加热分解形成基态原子的方法。该方法比石墨炉原子吸收光谱法有更好的检测限，干扰低、快速、准确，但可检测的元素比较少，可用于砷、锗、铅、镉、硒、锡、锑等元素的测定。

4）冷原子吸收光谱法　专门测定汞，是将样品溶液中的汞离子还原成汞蒸气，再由载气导入石英原子吸收池进行测定。具有高灵敏度、选择性好、操作迅速、污染小等优点，但样品消解条件比较难控制。

（2）原子荧光光度法（AFS）　通过检测待测元素的原子蒸气在辐射能激发下所产生的荧光强度，来确定样品中金属元素含量。该法虽是一种发射光谱法,但它和原子吸收光谱法密切相关,兼有原子发射和原子吸收两种分析方法的优点,又克服了两种方法的不足。该法具有发射谱线简单、灵敏度较高、检出限低于原子吸收法、线性范围宽等优点,检测重金属元素的种类为汞、砷、锑、铋、硒、碲、铅、锡、锗、镉、锌等11种元素,砷和汞的检出限分别可达0.01 μg/L和0.001 μg/L。但也存在荧光淬灭效应、散射光的干扰、用于复杂基体的样品测定比较困难等问题,不如原子发射光谱法和原子吸收光谱法用得广泛,目前主要用于环境监测、医药、地质、农业、饮用水等领域。在国标中,食品中砷、汞等元素的测定标准已将原子荧光光谱法定为第一法。相关检测设备方面,现已研制出可对多元素同时测定的原子荧光光谱仪。它以多个高强度空心阴极灯为光源,以具有很高温度的电感耦合等离子体(ICP)作为原子化器,可使多种元素同时实现原子化。多元素分析系统以ICP原子化器为中心,在周围安装多个检测单元,与空心阴极灯一一呈直角对应,产生的荧光用光电倍增管检测。光电转换后的电信号经放大后,由计算机处理就获得各元素分析结果。

(3)电感耦合等离子体原子发射光谱法(ICP-AES) 该法用高频感应电流所产生的高温将反应气加热、电离,利用待测元素发出的特征谱线进行检测,特征谱线强度与金属元素含量成正比。样品由载气(氩气)引入雾化系统进行雾化后,以气溶胶形式进入等离子体的轴向通道,在高温和惰性气体中被充分蒸发、原子化、电离和激发,发射出所含元素的特征谱线。根据特征谱线的存在与否,鉴别样品中是否含有某种元素;根据特征谱线强度确定样品中相应元素的含量。其具有灵敏度高、干扰小、线性范围广、可同时检测多种重金属元素等优点。但其灵敏度比电感耦合等离子体质谱法略低,有对高温金属元素进行快速分析的特点。可用于除镉、汞等以外的绝大多数金属元素的测定。

(4)电感耦合等离子体质谱法(ICP-MS) 该法将电感耦合等离子体与质谱联用,利用电感耦合等离子体使样品中金属元素离子化,再用离子质谱器检测产生的离子。测定时样品由载气(氩气)引入雾化系统进行雾化后,以气溶胶形式进入等离子体中心区,在高温和惰性气体中被去溶剂化、汽化解离和电离,转化成带正电荷的正离子,经离子采集系统进入质谱仪,质谱仪根据质荷比进行分离,根据元素质谱峰强度测定样品中相应元素的含量。

1)特征 ICP-MS可通过离子荷质比进行无机元素的定性分析、半定量分析和定量分析,同时进行多种元素及同位素的测定,并可与激光采样、氢化物发生、低压色谱、高效液相色谱、气相色谱、毛细管电泳等进样或分离技术联用,具有比原子吸收法更低的检测限,可达万亿分之一级,是痕量元素分析领域中最先进的方法。但其价格昂贵、易受污染,可用于除汞以外的绝大多数重金属的测定。该方法灵敏度高、速度快,可在几分钟内完成几十个元素的定量测定;谱线简单,干扰相对于光谱技术要少;既可用于元素分析,还可进行同位素组成的快速测定。

2)电离源 ICP-MS所用电离源是感应耦合等离子体(ICP),其主体是一个由三层石英套管组成的炬管,炬管上端绕有负载线圈,三层管从里到外分别通载气、辅助气和冷却气,负载线圈由高频电源耦合供电,产生垂直于线圈平面的磁场。如果通过高频装置使氩气电离,则氩离子和电子在电磁场作用下又会与其他氩原子碰撞产生更多的离子和电子,形成涡流。强大的电流产生高温,瞬间使氩气形成温度可达10 000 K的等离子焰炬。被分析样品通常以水溶液的气溶胶形式引入氩气流中,然后进入由射频能量激发的处于大气压下的氩等离子体中心区,等离子体的高温使样品去溶剂化,汽化解离和电离。部分等离子体经过不同的压力区进入真空系统,在真空系统内,正离子被拉出并按照其质荷比分离。在负载线圈上面约10 mm处,焰炬温度大约为8 000 K,在这么高的温度下,电离能低于 7 eV 的元素完全电离,电离能低于 10.5 eV 的元素电离度大于 20%。由于大部分重要的元素电离能都低于 10.5 eV,因此都有很高的灵敏度,少数电离能较高的元素,如 C、O、Cl、Br 等也能检测,只是灵敏度较低。

(5)紫外-可见分光光度法(UV-Vis) 该法通过重金属与显色剂发生络合反应生成有色分子团,然后在紫外光的特定波长下进行光度测定,溶液颜色深浅与样品中重金属的浓度成正比。其优点是设备简单、操作简便,缺点是检出限高、灵敏度与选择性不好、干扰较为严重。分光光度分析有两种:一种是利用物质本身对紫外及可见光的吸收进行测定;另一种是生成有色化合物,即"显色",然后测定。虽然不少无机离子在紫外和可见光区有吸收,但因一般强度较弱,所以直接用于定量分析的较少。加入显色剂使待测物质转化为在紫外和可见光区有吸收的化合物来进行光度测定,这是目前应用最广泛的测试手段。显色剂分为无机显色剂和有机显色剂,其中又以有机显色剂使用较多。大多数有机显色剂本身为有色化合物,与金属离子反应生成的化合物一般是稳定的螯合物。显色反应的选择性和灵敏度都较高。有些有色螯合物易溶于有机溶剂,可进行萃取浸提后比色检测。近年来形成的多元配合物的显色体系受到关注。多元配合物是指三个或三个以上组分形成的配合物。利用多元配合物的形成可提高分光光度测定的灵敏度,改善分析特性。显色剂在前处理萃取和检测比色方面的选择和使用是近年来分光光度法的重要研究课题。

(6)高效液相色谱法(HPLC) 该法利用痕量金属离子与有机试剂可以形成稳定的有色络合物这一特点,用 HPLC 分离后再用紫外-可见检测器进行检测,可实现多种元素的同时检测。HPLC 以液体为流动相,采用高压输液系统,将具有不同极性的单一溶剂或不同比例的混合溶剂、缓冲液等流动相泵入装有固定相的色谱柱,在柱内各成分被分离后,进入检测器进行检测,从而实现对试样的分析。其具有应用范围广、色谱柱可反复使用、样品不被破坏、易回收等优点。络合试剂卟啉类试剂具有灵敏度高、能和多种金属元素生成稳定的络合物等优势,目前已广泛用作 HPLC 测定金属离子的衍生试剂。但络合试剂的选择有限,以及"柱外效应"等,因此,给 HPLC 的应用带来了局限性。另外,高效液相色谱还可以与电感耦合等离子体质谱或原子荧光光度计联用对重金属进行测定。

(7)X 射线荧光光谱法 该法是利用样品对 X 射线的吸收随样品中的成分及含量而变化来定性或定量测定样品中成分的一种方法。利用原级 X 射线光子或其他微观粒子激发待测物质中的原子,使之产生次级的特征 X 射线而进行物质成分分析和化学态的研究。它具有分析迅速、样品前处理简单、可分析元素范围广、谱线简单、光谱干扰少、试样形态多样性及测定时的非破坏性等特点,不仅用于常量元素的定性和定量分析,而且也可进行微量元素的测定,其检出限多数可达 10^{-6},而与分离、富集等手段相结合时,检出限可达 10^{-8}。测量的元素范围包括周期表中从 F ~U 的所有元素。多道分析仪,在几分钟之内可同时测定 20 多种元素的含量。X 射线荧光法不仅可以分析块状样品,还可对多层镀膜的各层镀膜分别进行成分和膜厚的分析。当试样受到 X 射线、高能粒子束、紫外光等照射时,由于高能粒子或光子与试样原子碰撞,将原子内层电子逐出形成空穴,使原子处于激发态,这种激发态离子寿命很短,当外层电子向内层空穴跃迁时,多余的能量即以 X 射线的形式放出,并在外层产生新的空穴和产生新的 X 射线发射,这样便产生一系列的特征 X 射线。特征 X 射线是各种元素固有的,它与元素的原子系数有关。所以只要测出了特征 X 射线的波长 λ,就可以求出产生该波长的元素,即可做定性分析。在样品组成均匀、表面光滑平整、元素间无相互激发的条件下,当用 X 射线(一次 X 射线)做激发原照射试样,使试样中元素产生特征 X 射线(荧光 X 射线)时,若元素和实验条件一样,荧光 X 射线强度与分析元素含量之间存在线性关系,根据谱线的强度可以进

食用菌加工产品的质量安全控制与评价

行定量分析。

（8）电化学分析法　该法在重金属检测方面的应用主要为阳极溶出伏安法和示波极谱法。电化学分析法的检测限较低，测试灵敏度较高，值得推广应用。

1）阳极溶出伏安法　该法是在一定的电位下，使待测金属离子部分地还原成金属并溶入微电极或析出于电极的表面，然后向电极施加反向电压，使微电极上的金属氧化而产生氧化电流，根据氧化过程的电流－电压曲线进行分析的伏安法。其主要特点是能够区别溶液中的各种痕量金属的不同的化学形态，且可同时测定 10^{-9} 级水平的多种金属，价格低廉、操作简便。阳极溶出伏安法测定分两个步骤：第一步为"电析"，即在一个恒电位下，将被测离子电解沉积，富集在工作电极上与电极上的汞生成汞齐。对给定的金属离子来说，如果搅拌速度恒定，预电解时间固定，则 $m=Kc$，即电极的金属量与被测金属离子的浓度成正比。第二步为"溶出"，即在富集结束后，一般静止 30 s 或 60 s 后，在工作电极上施加一个反向电压，由负向正扫描，将汞齐中金属重新氧化为离子回归溶液中，产生氧化电流，记录电压－电流曲线，即伏安曲线。曲线呈峰形，峰值电流与溶液中被测离子的浓度成正比，可作为定量分析的依据。

2）示波极谱法　又称"单扫描极谱分析法"，是一种快速加入电解电压的极谱分析新方法。常在滴汞电极的每一汞滴成长后期，在电解池的两极上，迅速加入一锯齿形脉冲电压，在几秒钟内得出一次极谱图。为了快速记录极谱图，通常用示波管的荧光屏做显示工具，因此称为示波极谱法。其优点是快速、灵敏。

（9）比色法　比色法是比较传统的一种检测方法，不需要复杂的仪器，操作也较简单，主要方法包括砷斑法、银盐比色法、硫代乙酰胺法、二硫腙比色法、硼氢化物还原比色法等。该法主要用于总砷、总汞和重金属总量的测定，但是容易受到其他金属的干扰，准确度和选择性相对较差。

3. 目前食用菌主要重金属元素检测方法

（1）食用菌中铅的检测方法　应按照国家标准 GB 5009.12—2017《食品安全国家标准 食品中铅的测定》进行检测。标准中规定了 5 种检测方法，分别为石墨炉原子吸收光谱法、氢化物原子荧光光谱法、火焰原子吸收光谱法、二硫腙比色法和单扫描极谱法，可根据样品特性选择其中一种方法进行检测。

1）石墨炉原子吸收光谱法　原理：试样经灰化或酸消解后，注入原子吸收分光光度计石墨炉中，电热原子化后吸收 283.3 nm 共振线，在一定浓度范围，其吸收值与铅含量成正比，与标准系列比较定量。其检出限为 0.005 mg/kg。

样品消解：可根据实验室条件选用压力消解罐消解法、干法灰化法、湿法消解法中的任一种消解。如采用压力消解罐消解法，则称取 1～2 g 试样于聚四氟乙烯内罐，加硝酸 2～4 mL 浸泡过夜。再加过氧化氢 2～3 mL（总量不能超过罐容积的 1/3），盖好内盖，旋紧不锈钢外套，放入恒温干燥箱，120～140℃保持 3～4 h，在箱内自然冷却至室温，用滴管将消化液洗入或过滤入 10～25 mL 容量瓶中，用水少量多次洗涤罐，洗液合并于容量瓶中并定容至刻度，混匀备用；同时做试剂空白试验。如采用干法灰化，则称取 1～5 g 试样于瓷坩埚中，先小火在可调式电热板上碳化至无烟，移入马弗炉 500℃ ± 25℃灰化 6～8 h，冷却。若个别试样灰化不彻底，则加 1 mL 混合酸在可调式电炉上小火加热，反复多次直到消化完全，放冷，用硝酸将灰分溶解，用滴管将试样消化液洗入或过滤入 10～25 mL 容量瓶中，用水少量多次洗涤瓷坩埚，洗液合并于容量瓶中并定容至刻度，混匀备用；同时做试剂空白试验。如采用过硫酸铵灰化法，则称取 1～5 g 试样于瓷坩埚中，加 2～4 mL 硝酸浸泡 1 h 以上，先小火炭化，冷却后加 2.00～3.00 g 过硫酸铵盖于上面，继续炭化至不冒烟，转入马弗炉，500℃ ± 25℃恒温 2 h，再升至 800℃，保持 20 min，冷却，加 2～3 mL 硝酸，用滴管将试样消化液洗入或过滤入 10～25 mL 容量瓶中，用水少量多次洗涤瓷坩埚，洗液合并于容量瓶中并定容至刻度，混匀备用；同时做试剂空白试验。如采用湿法消解法，则称取试样 1～5 g 于锥形瓶或高脚烧杯中，放数粒玻璃珠，加 10 mL 混合酸，加盖浸泡过夜，加一小漏斗于电炉上消解，若变棕黑色，再加混合酸，直至冒白烟，消化液呈无色透明或略带黄色，放冷，用滴管将试样消化液洗入或过滤入 10～25 mL 容量瓶中，用水少量多次洗涤锥形瓶或高脚烧杯，洗液合并于容量瓶中并定容至刻度，混匀备用；同时做试剂空白试验。

测定的仪器参考条件：波长 283.3 nm，狭缝 0.2～1.0 nm，灯电流 5～7 mA，干燥温度 120℃，持续 20 s；灰化温度为 450℃，持续 15～20 s，原子化温度为 1 700～2 300℃，持续 4～5 s，背景校正为氘灯或塞曼效应。

试样测定：吸取样液和试剂空白液各 10 μL，注入石墨炉，测得其吸光值，代入标准系列的一元线性回归方程中求得样液中铅含量。对有干扰的试样，则注入适量的基体改进剂磷酸二氢铵溶液（一般为 5 μL 或与试样同量）消除干扰。绘制铅标准曲线时也要加入与试样测定时等量的基体改进剂磷酸二氢铵溶液。

2）氢化物原子荧光光谱法　原理：试样经酸热消化后，在酸性介质中，试样中的铅与硼氢化钠（NaBH₄）或硼氢化钾（KBH₄）反应生成挥发性铅的氢化物（PbH₄），以氩气为载气，将氢化物导入电热石英原子化器中原子化，在特制铅空心阴极灯照射下，基态铅原子被激发至高能态；在去活化回到基态时，发射出特征波长的荧光，其荧光强度与铅含量成正比，根据标准系列进行定量。该法的检出限为 0.005 mg/kg（固体）、0.001 mg/kg（液体）。

样品消解：该法采用湿法消解法进行样品前处理。

测定仪器参考条件。负高压：323 V。铅空心阴极灯电流：75 mA。原子化器：炉温 750～800℃，炉高 8 mm。氩气流速：载气 800 mL/min。屏蔽

气：1 000 mL/min。加还原剂时间：7.0 s。读数时间：15.0 s。延迟时间：0.0 s。测量方式：标准曲线法。读数方式：峰面积；进样体积：2.0 mL。

测样品定：逐步将炉温升至所需温度，稳定 10～20 min 后开始测量，连续用标准系列的零管进样，待读数稳定之后，转入标准系列的测量，绘制标准曲线，转入试样测量，分别测定。

3）火焰原子吸收光谱法　原理：试样经处理后，铅离子在一定 pH 条件下与二乙基二硫代氨基甲酸钠（DDTC）形成络合物，经 4-甲基-2-戊酮萃取分离，导入原子吸收光谱仪中，火焰原子化后，吸收 283.3 nm 共振线，其吸收量与铅含量成正比，与标准系列比较定量。该法的检出限为 0.1 mg/kg，检出限稍高、精密度差（20%）、萃取分离步骤较为复杂、线性范围小，但样品预处理易于掌握。

萃取分离：称取粉碎混匀后的食用菌产品 10～20 g 于瓷坩埚中，加入 1 mL 磷酸溶液小火炭化，在马弗炉中 500℃下灰化 16 h，放冷后再加少量混合酸小火加热，如此反复直至残渣中无炭粒，用 10 mL 盐酸溶解残渣并反复用水洗涤坩埚，洗涤液转入容量瓶定容备用；视试样情况，吸取 25.0～50.0 mL 上述制备的样液及试剂空白液，分别置于 125 mL 分液漏斗中，补加水至 60 mL。加 2 mL 柠檬酸铵溶液，溴百里酚蓝水溶液 3～5 滴，用氨水调 pH 至溶液由黄变蓝，加硫酸铵溶液 10 mL 和 DDTC 溶液 10 mL，摇匀。放置 5 min 左右，加入 10 mL 甲基异丁基酮（MIBK），剧烈振摇提取 1 min，静置分层后，弃去水层，将 MIBK 层放入 10 mL 带塞刻度管中，备用。分别吸取铅标准使用液 0、0.25 mL、0.50 mL、1.00 mL、1.50 mL、2.00 mL（相当于 0、2.5 μg、5.0 μg、10.0 μg、15.0 μg，20.0 μg 铅）于 125 mL 分液漏斗中，与试样相同方法萃取。萃取液进样时，可适当减小乙炔气的流量。

仪器参考条件：空心阴极灯电流 8 mA；共振线 283.3 nm；狭缝 0.4 nm；空气流量 8 L/min；燃

食用菌加工产品的质量安全控制与评价

烧器高度 6 mm。

4）二硫腙比色法　原理：试样经消化后，在 pH 8.5～9.0 时，铅离子与二硫腙生成红色络合物，溶于三氯甲烷，在 510 nm 处测吸光度；向其中加入柠檬酸铵、氰化钾和盐酸羟胺等，防止铁、铜、锌等离子的干扰，与标准系列比较即可定量。该法的检出限为 0.25 mg/kg。需要注意的是，该法与火焰原子吸收光谱法的检测特点类似，会使用剧毒品氰化钾，应注意安全防护。

样品前处理：该法采用硝酸-硫酸消解法或干灰化法进行样品前处理。

样品测定：吸取 10.0 mL 消化后的定容溶液和同量的试剂空白液，分别置于 125 mL 分液漏斗中，各加水至 20 mL。吸取 0、0.10 mL、0.20 mL、0.30 mL、0.40 mL 和 0.50 mL 铅标准使用液（相当于 0、1.0 μg、2.0 μg、3.0 μg、4.0 μg 和 5.0 μg 铅），分别置于 125 mL 分液漏斗中，各加硝酸（1+99）至 20 mL。于试样消化液、试剂空白液和铅标准液中各加 2.0 mL 200 g/L 柠檬酸铵溶液，1.0 mL 200 g/L 盐酸羟胺溶液和 2 滴酚红指示液，用氨水（1+1）调至红色，再各加 2.0 mL 100 g/L 氰化钾溶液，混匀。各加 5.0 mL 二硫腙使用液，剧烈振摇 1 min，静置分层后，三氯甲烷层经脱脂棉滤入 1 cm 比色杯中，以三氯甲烷调节零点于波长 510 nm 处测吸光度，各点减去零管吸收值后，绘制标准曲线或计算一元回归方程，试样与曲线比较。

5）单扫描极谱法　原理：试样经消解后，铅以离子形式存在，在酸性介质中，Pb^{2+} 与 I^- 形成的 PbI_4^{2-} 络离子具有电活性，在滴汞电极上产生还原电流，峰电流与铅含量呈线性关系，以标准系列比较可进行定量。该法的检出限较低，为 0.085 mg/kg，精密度好（5%）、测量过程较为简单，且样品前处理易于掌握，但线性范围较小。

样品前处理：食用菌去杂物后磨碎过 20 目筛，称取 1～2 g 试样（精确至 0.1 g）于 50 mL 三角瓶中，加入 10～20 mL 混合酸，加盖浸泡过夜。

然后置于带电子调节器万用电炉上的低挡位加热。若消解液颜色逐渐加深，呈现棕黑色时，移开万用电炉，冷却，补加适量硝酸，继续加热消解。待溶液颜色不再加深，呈无色透明或略带黄色并冒白烟时，可高挡位驱赶剩余酸液，至近干，在低挡位加热得白色残渣，待测。同时做试剂空白试验。

样品测定：测定谱分析参考条件为选择起始电位为 -350 mV，终止电位 -850 mV，扫描速度 300 mV/s，三电极，二次导数，静止时间 5 s 及适当量程。与峰电位（Ep）-470 mV 处，记录铅的峰电流。标准曲线的绘制中，准确吸取铅标准使用溶液 0、0.05 mL、0.10 mL、0.20 mL、0.30 mL 和 0.40 mL（相当于含 0、0.5 μg、1.0 μg、2.0 μg、3.0 μg 和 4.0 μg 铅）于 10 mL 比色管中，加底液至 10.0 mL，混匀。将各管溶液依次移入电解池，置于三电极系统。按上述极谱分析参考条件测定，分别记录铅的峰电流。以含量为横坐标，其对应的峰电流为纵坐标，绘制标准曲线。

（2）食用菌中镉的检测方法　应按照国家标准 GB 5009.15—2014《食品安全国家标准 食品中镉的测定》进行测定。标准中规定了石墨炉原子化法，其方法检出限为 0.001 mg/kg，定量限为 0.003 mg/kg。

1）原理　试样经灰化或酸消解后，注入一定量样品消化液于原子吸收分光光度计石墨炉中，电热原子化后吸收 228.8 nm 共振线，在一定浓度范围内，其吸光度值与镉含量成正比，采用标准曲线法定量。

2）测定步骤　测定时，根据所用仪器型号将仪器调至最佳状态。原子吸收分光光度计（附石墨炉及镉空心阴极灯）测定参考条件如下：波长 228.8 nm，狭缝 0.2～1.0 nm，灯电流 2～10 mA，干燥温度 105℃，干燥时间 20 s；灰化温度 400～700℃，灰化时间 20～40 s；原子化温度 1 300～2 300℃，原子化时间 3～5 s；背景校正为氘灯或塞曼效应。

3）标准曲线　将标准曲线工作液按浓度由低

IV

到高的顺序各取 20 μL 注入石墨炉，测其吸光度值，以标准曲线工作液的浓度为横坐标，相应的吸光度值为纵坐标，绘制标准曲线并求出吸光度值与浓度关系的一元线性回归方程。标准系列溶液应不少于 5 个点的不同浓度的镉标准溶液，相关系数不应小于 0.995。如果有自动进样装置，也可用程序稀释来配制标准系列。于测定标准曲线工作液相同的实验条件下，吸取样品消化液 20 μL（可根据使用仪器选择最佳进样量），注入石墨炉，测其吸光度值，最后代入标准系列的一元线性回归方程中求样品消化液中镉的含量。平行测定次数不少于 2 次。若测定结果超出标准曲线范围，用硝酸溶液（1%）稀释后再行测定。

4）干扰样品的处理　对有干扰的试样，和样品消化液一起注入石墨炉 5 μg 基体改进剂磷酸二氢铵溶液（10 g/L），绘制标准曲线时也要加入与试样测定时等量的基体改进剂。

（3）食用菌中汞的检测方法　应按照国家标准 GB 5009.17—2014《食品安全国家标准 食品中总汞及有机汞的测定》进行测定。总汞的测定包括原子荧光光谱法、冷原子吸收光谱法和比色法三种方法；甲基汞的测定采用液相色谱–原子荧光光谱联用法。

1）原子荧光光谱法　原理：试样经酸加热消解后，在酸性介质中，试样中的汞被氢化钾或硼氢化钠还原成原子态汞，以氩气带入原子化器中，在特制汞空心阴极灯照射下，基态汞原子被激发至高能态，在去活化回到基态时，发射出特征波长的荧光，其荧光强度与汞含量成正比，与标准系列比较定量。该法的检出限为 0.15 μg/kg。

试样消解：可采用高压消解法和微波消解法。使用高压消解法处理食用菌干样时，称取经粉碎混匀过 40 目筛的样品 0.20～1.00 g，放置于聚四氟乙烯塑料内罐中，加入 5 mL 硝酸，混匀后放置过夜。再加入 7 mL 过氧化氢，盖上内盖放入不锈钢外套中，旋紧密封，然后将消解器放入普通干燥箱或烘箱中加热升温至 120℃后保持恒温

2～3 h 至消解完全，自然冷至室温。将消解液用硝酸溶液（1+9）定量转移并定容至 25 mL，摇匀，同时做试剂空白试验，待测。使用高压消解法处理食用菌鲜样时，鲜样用捣碎机打成匀浆，称取匀浆 1.00～5.00 g，放置于聚四氟乙烯塑料内罐中，加盖留缝放置于 65℃鼓风干燥烤箱或一般烤箱中烘至近干，再按干样处理法中相关步骤操作。微波消解法中，样品采用微波消解法，称取 0.10～0.50 g 试样于消解罐中加入 1～5 mL 硝酸，1～2 mL 过氧化氢，盖好安全阀后，将消解罐放入微波炉消解系统中，根据不同种类的试样设置微波炉消解系统的最佳分析条件，至消解完全，冷却后用硝酸溶液（1+9）定量转移并定容至 25 mL（低含量试样可定容至 10 mL），混匀待测。

试样测定。仪器参考条件为光电倍增管负高压：240 V。汞空心阴极灯电流：30 mA。原子化器温度：300℃。原子化器高度：8.0 mm。氩气流速：载气 500 mL/min。屏蔽气：1000 mL/min。需要注意的是，原子荧光仪品牌较多，仪器分析条件应设置成仪器所提示的分析条件，仪器稳定后，测标准系列，至标准曲线的相关系数 r > 0.999 后测试样。设定好仪器最佳条件，连续用硝酸溶液（1+9）进样，待读数稳定之后，转入标准系列测量，绘制标准曲线。转入试样测量，先用硝酸溶液（1+9）进样，使读数基本回零，再分别测定试样空白和试样消化液，每次测不同的试样前都应清洗进样器。

2）冷原子吸收光谱法　原理：汞蒸气对波长 253.7 nm 的共振线具有强烈的吸收作用，试样经过酸消解或催化酸消解使汞转为离子状态，在强酸性介质中以氯化亚锡还原成元素汞，以氮气或干燥空气作为载体，将元素汞吹入汞测定仪，进行冷原子吸收测定，在一定浓度范围其吸收值与汞含量成正比，外标法定量。本法前处理方法若为压力消解法，则检出限为 0.4 μg/kg。

样品前处理：采用压力罐消解法，称取 1.00～3.00 g 试样（干样的试样 < 1.00 g，鲜样 < 3.00 g，

或按压力消解罐使用说明书称取试样于聚四氟乙烯内罐），加硝酸2～4 mL浸泡过夜。再加30%过氧化氢2～3 mL（总量不能超过罐容积的1/3）。盖好内盖，旋紧不锈钢外套，放入恒温干燥箱，120～140℃保持3～4 h，在箱内自然冷却至室温，用滴管将消化液洗入或过滤入（视消化后试样的盐分而定）10.0 mL容量瓶中，用水少量多次洗涤罐，洗液合并于容量瓶中并定容至刻度，混匀备用；同时做试剂空白试验。

试样测定：测定仪器参考条件为打开测汞仪，预热1～2 h，并将仪器性能调至最佳状态。制作标准曲线时，吸取上面配制的2.0 ng/mL、4.0 ng/mL、6.0 ng/mL、8.0 ng/mL、10.0 ng/mL汞标准使用液各5.0 mL（相当于10.0 ng、20.0 ng、30.0 ng、40.0 ng、50.0 ng），置于测汞仪的汞蒸气发生器的还原瓶中，分别加入1.0 mL还原剂氯化亚锡（100 g/L），迅速盖紧瓶塞，随后有气泡产生，从仪器读数显示的最高点测得其吸收值，然后打开吸收瓶上的三通阀将产生的汞蒸气吸收于高锰酸钾溶液（50 g/L）中，待测汞仪上的读数达到零点时进行下一次测定。最后求出吸光值与汞质量关系的一元线性回归方程。试样溶液的测定中，分别吸取样液和试剂空白液各5.0 mL置于测汞仪的汞蒸气发生器的还原瓶中，以下按照标准液测定相关步骤操作。将所测得其吸收值，代入标准系列的一元线性回归方程中，求得样液中汞含量。

3）甲基汞的测定（液相色谱-原子荧光光谱联用法） 原理：有机汞经5 mol/L HCl超声提取后，使用C_{18}反相色谱柱分离，色谱流出液进入在线紫外消解系统，在紫外光照射下与强氧化剂过硫酸钾（$K_2S_2O_8$）反应，有机汞转变为无机汞。酸性环境下，无机汞与硼氢化钾（KBH_4）在线反应生成汞蒸气，由原子荧光光谱仪测定。由保留时间定性，外标法峰面积定量。

试样制备：干样经高速粉碎机粉碎；湿样经匀浆器匀浆；含水量大的试样需用冷冻干燥机干燥。称取干重样品0.2～0.5 g（精确到0.001 g），

或湿重样品0.5～2.0 g（精确到0.001 g），置于15 mL离心管中，加入10 mL的5 mol/L HCl提取试剂，密闭放置过夜。于室温下超声水浴提取60 min，其间振摇数次，于4℃下以8 000 rpm转速离心15 min。移取2 mL上清液至15 mL离心管中，缓慢逐滴加入1.5 mL的6 mol/L NaOH，加入0.2 mL的10 g/L半胱氨酸溶液，定容至5.0 mL，于4℃下以8 000 rpm转速离心15 min，取上清液过0.45 μm有机系滤膜，滤液进液相色谱-原子荧光光谱联用仪进行分析。同时做空白对照。需要注意的是，滴加6 mol/L NaOH时应缓慢逐滴加入，以免酸碱中和放热来不及扩散，使温度很快升高，导致汞化合物挥发，造成测定值偏低。

试样测定。液相色谱参考条件为色谱柱：Agela Technologies Venusil MP C_{18}分析柱（150 mm×4.6 mm，5 μm），Agela Technologies Venusil MP C_{18}预柱（10 mm×4.6 mm，5 μm）。流动相组成：5.0%（V/V）乙腈-0.05 mol/L乙酸铵-0.1%（m/V）L-半胱胺酸。流速：0.8 mL/min；进样体积：100 μL。原子荧光光谱仪负高压：300 V。汞灯电流：30 mA。原子化方式：冷原子。载液：10%（V/V）HCl溶液，流速4.0 mL/min。还原剂：2 g/L硼氢化钾溶液，流速4.0 mL/min。氧化剂：2 g/L过硫酸钾溶液，流速1.6 mL/min。载气流速：500 mL/min。辅助气流速：600 mL/min。取5支10 mL容量瓶，分别准确加入1.000 μg/mL混合标准使用液0.010 mL、0.050 mL、0.100 mL、0.200 mL和0.500 mL，用流动相稀释至刻度。此标准系列溶液的浓度分别为1.00 μg/L、5.00 μg/L、10.00 μg/L、20.00 μg/L和50.00 μg/L。进样前经0.45 μm有机系滤膜过滤。吸取标准系列溶液100 μL进样，以标准系列溶液中目标化合物的浓度为横坐标，以色谱峰面积为纵坐标，绘制标准曲线。试样溶液测定时，将试样溶液100 μL注入液相色谱-原子荧光光谱联用仪中，得到色谱图，以保留时间定性。以外标法峰面积定量，平行测定次数不少于2次。

（4）食用菌中砷的检测方法　应按照国家标准 GB 5009.11—2014《食品安全国家标准 食品中总砷及无机砷的测定》进行检测。该标准中推荐了4种检测方法，包括氢化物原子荧光法、盐银法、砷斑法和硼氢化物还原比色法。可根据样品特性选择其中一种方法进行检测。

1）氢化物原子荧光法　原理：试样经湿消解或干灰化后，加入硫脲使五价砷预还原为三价砷，再加入硼氢化钠或硼氢化钾使还原生成砷化氢，由氩气载入石英原子化器中分解为原子态砷，在特制砷空心阴极灯的发射光激发下产生原子荧光，其荧光强度在固定条件下与被测液中的砷浓度成正比，与标准系列比较定量。该法的检出限是 0.01 mg/kg。其优点是检出限低、精密度好（10%）、测量过程简单、线性范围大、样品前处理易于掌握。

测定仪器参考条件。光电倍增管负高压：400 V。汞空心阴极灯电流：35 mA。原子化器温度：820～850℃。原子化器高度：7.0 mm。氩气流速：载气 600 mL/min。测量方式：荧光强度或浓度直读。读数方式：峰面积。读数延迟时间：1 s。读数时间：15 s。硼氢化钠溶液加入时间：5 s。标液或样品加入体积：2 mL。

2）盐银法　其原理是试样经硝酸-高氯酸-硫酸法、硝酸-硫酸法或灰化法消化后，以碘化钾、氯化亚锡将高价砷还原为三价砷，然后与锌粒和酸产生的新生态氢生成砷化氢，经银盐溶液吸收后，形成红色胶态物，与标准系列比较定量。该法的检出限为 0.2 mg/kg。该法检出限偏高，测量过程相对复杂，样品前处理比荧光法复杂，但精密度好（10%）。

3）砷斑法　原理：与盐银法类似，试样中的砷生成砷化氢后，与溴化汞试纸生成黄色至橙色的色斑，与标准砷斑比较后可定量。该法检出限高，为 0.25 mg/kg，精密度差（20%），样品前处理比荧光法复杂，但测量过程比银盐法简单。

分析步骤：吸取一定试样消化后定容的溶液及同量的试剂空白液分别置于测砷瓶中，加 5 mL

碘化钾、5 滴酸性氯化亚锡溶液及 5 mL 盐酸，再加适量水至 35 mL。于盛试样消化液、试剂空白液及砷标准溶液的测砷瓶中各加 3 g 锌粒，立即塞上预先装有乙酸铅棉花及溴化汞试纸的测砷管，在 5℃放置 1 h，取出试样及试剂空白的溴化汞试纸与标准砷斑进行比较。

4）硼氢化物还原比色法　其原理是试样经消化后，砷以五价形式存在，当溶液氢离子浓度大于 1.0 mol/L 时，加入碘化钾-硫脲并加热，将五价砷还原为三价砷，在酸性条件下硼氢化钾再将三价砷还原为负三价，形成砷化氢气体，导入吸收液中呈黄色，颜色的深浅与溶液中砷含量成正比，通过与标准系列比较即可定量。该法检出限较低，为 0.05 mg/kg，精密度较好（15%），线性范围大，样品前处理易于掌握，但测量过程复杂。

（5）食用菌中铬的检测方法　应按照国家标准 GB 5009.123—2014《食品安全国家标准 食品中铬的测定》进行测定。该方法中推荐了石墨炉原子吸收光谱法，方法检出限为 0.01 mg/kg，定量限为 0.03 mg/kg。

1）原理　试样经消解处理后，采用石墨炉原子吸收光谱法，在 357.9 nm 处测定吸收值，在一定浓度范围内其吸收值与标准系列溶液比较定量。样品消解可选择微波消解、湿法消解、高压消解、干法灰化法之一。

2）试样测定　根据各自仪器性能调至最佳状态，测定参考条件可以为：波长 357.9 nm，狭缝 0.2 nm，灯电流 5～7 mA，干燥温度 85～120℃，干燥时间 40～50 s；灰化温度 900℃，灰化时间 20～30 s；原子化温度 2 700℃，原子化时间 4～5 s；背景校正为氘灯或塞曼效应。在与测定标准溶液相同的实验条件下，将空白溶液和样品溶液分别取 10 μL（可根据使用仪器选择最佳进样量），注入石墨管，原子化后测其吸光度值，与标准系列溶液比较定量。对有干扰的试样应注入 5 μL 的磷酸二氢铵溶液（20.0 g/L），可根据使用仪器选择最佳进样量。

食用菌加工产品的质量安全控制与评价

3）其他方法　在我国行业标准 SN/T 2210—2008《保健食品中六价铬的测定 离子色谱-电感耦合等离子体质谱法》中规定了六价铬的检测方法，食用菌中六价铬的检测可以参照。

原理：根据在碱性条件下三价铬和六价铬不易相互转化这一特点，试样采用氢氧化钠和碳酸钠碱性溶液提取，用液相色谱-等离子体电感耦合质谱进行测定，依据外标法定量。

操作方法：称取干样 0.5 g/ 鲜样 1.0 g（精确至 0.001g）于 50 mL 离心管中，加入 0.5 mL 磷酸缓冲溶液（将 8.71 g 磷酸氢二钾和 6.80 g 磷酸二氢钾溶解在水中，定容至 100 mL）、0.4 g 六水合氯化镁，加入提取液（0.5 mol/L 氢氧化钠和 0.28 mol/L 碳酸钠混合溶液）2.5 mL，加水至 25 mL，在涡旋混合器上混匀。在振荡器上震荡 60 min，然后在转速 6 500 r/min、4℃条件下离心 6 min。如果离心后仍浑浊，可吸取 5 mL 溶液至 10 mL 离心管中，在转速 10 000 r/min、4℃条件下离心 5 min。标准曲线溶液的配制时移取定量的三价铬、六价铬标准储备溶液，用流动相配成浓度为 0、0.4 μg/L、1 μg/L、2 μg/L、4 μg/L、10 μg/L、20 μg/L 的三价铬、六价铬标准溶液系列。该标准系列临用现配。液相色谱条件为色谱柱 Agilent BIO WAX Column，5 μm，Non-Porous，4.6mm×50 mm。柱温：室温。流速：0.6 mL/min。进样量：100 μL。质谱条件为测量质量数：52。采集模式：He 模式，3 mL/min。RF 功率、采样深度、雾化器流量、辅助器流量、等离子体气、脉冲电压应优化至最佳灵敏度，参见表 9-32。测定时吸取 0.5 mL 离心后上清液到塑料管中，加入 0.5 mL 流动相（0.075 mol/L HNO$_3$，氨水调至 pH=7.0），加入 4 mL 仪器缓冲液（0.6 mmol/L EDTA），50℃加热 1 h 后过 0.45 μm 微孔滤膜，待上机测定；同时做试剂空白试验。定量测定：开机后优化仪器操作条件，使灵敏度、氧化物和双电荷化合物达到测定要求，然后依次将标准曲线、试剂空白、样品溶液依次引入仪器测定，用外标法定量。

（6）食用菌中铜的检测方法　应按照国家标准 GB 5009.13—2017《食品安全国家标准 食品中铜的测定》进行测定。该标准推荐了 3 种检测方法，包括火焰原子吸收光谱法、石墨炉原子吸收光谱法和比色法，可根据样品特性选择其中一种方法进行检测。

1）火焰原子吸收光谱法　原理：试样经消解处理后导入原子吸收分光光度计中，原子化后，吸收 324.8 nm 共振线，其吸收值与铜含量成正比，在一定浓度范围内其吸收值与标准系列溶液比较定量。该法的检出限为 1.0 mg/kg。

操作方法：火焰原子吸收仪器参考条件为灯电流 3～6 mA，波长 324.8 nm，光谱通带 0.5 nm，空气流量 9 L/min，乙炔流量 2 L/min，灯头高度 6 mm，氘灯背景校正。以铜标准溶液含量和对应吸光度，绘制标准曲线或计算直线回归方程，试样吸收值与曲线比较或代入方程求得含量。

表 9-32　电感耦合等离子体质谱仪操作参考条件

仪器参数	数　值	仪器参数	数　值
射频功率	1 500 W	雾化器 / 雾化室	高盐雾化器 / 同心雾化器
等离子体气流量	15.00 L/min	采样锥 / 截取锥	镍锥
载气流量	0.95 L/min	采样深度	8 mm
辅助气流量	0.25 L/min	采集模式	跳峰（Spectrum）
雾化室温度	2℃	每峰测定点数	3
样品提升速率	0.3 r/s	重复次数	3

2）石墨炉原子吸收光谱法　原理：采用石墨炉使石墨管升至 2 000℃以上，让管内试样中待测元素分解成气态的基态原子，由于气态的基态原子吸收其共振线，且吸收强度与含量成正比关系，从而进行定量分析。该法的检出限为 0.1 mg/kg。

操作方法：石墨炉原子化器参考条件为灯电流 3～6 mA，波长 324.8 nm，光谱通带 0.5 nm，保护气体 1.5 L/min（原子化阶段停气）。操作参数：干燥 90℃，20 s，灰化，20 s；升到 800℃，20 s；原子化 2 300℃，4 s。空气流量 9 L/min，乙炔流量 2 L/min，灯头高度 6 mm，氘灯背景校正。以铜标准溶液含量和对应吸光度（系列浓度较低），绘制标准曲线或计算直线回归方程，试样吸收值与曲线比较或代入方程求得含量。氯化钠或其他物质干扰时，可在进样前用硝酸铵（1mg/mL）或磷酸二氢铵稀释或进样后（石墨炉）再加入与试样等量上述物质作为基体改进剂。

3）比色法　原理：试样经消化后，在碱性溶液中铜离子与二乙基二硫代氨基甲酸钠生成棕黄色络合物，溶于四氯化碳，与标准系列比较定量。该法的检出限为 2.5 mg/kg。

操作方法：在试样消化液、试剂空白液和铜标准溶液中，各加 5 mL 柠檬酸铵，乙二胺四乙酸二钠溶液和 3 滴酚红指示剂，混匀，用氨水（1+1）调至红色。各加 2 mL 铜试剂溶液和 10.0 mL 四氯化碳，剧烈振摇 2 min，静置分层后，四氯化碳层经脱脂棉滤入 2 cm 比色杯中，以四氯化碳调节零点，于波长 440 nm 处测吸光度，各吸光值减去零管吸光值后，绘制标准曲线或计算直线回归方程，试样吸光值与曲线比较，或代入方程求得含量。

（7）食用菌中锌的检测方法　应按照国家标准 GB 5009.14—2017《食品安全国家标准 食品中锌的测定》进行测定。该标准中推荐了 2 种检测方法，分别为原子吸收光谱法和二硫腙比色法。可根据样品特性选择其中一种方法进行检测。

1）原子吸收光谱法　原理：试样经消解处理后，导入原子吸收分光光度计中，原子化后，吸收 213.8 nm 共振线，其吸收值与锌含量成正比，在一定浓度范围内其吸收值与标准系列溶液比较定量。该法的检出限为 0.4 mg/kg。

操作方法：火焰原子化器参考条件为灯电流 6 mA，波长 213.8 nm，狭缝 0.38 nm，空气流量 10 L/min，乙炔流量 2.3 L/min，灯头高度 3 mm，氘灯背景校正。以锌标准溶液含量和对应吸光度，绘制标准曲线或计算直线回归方程，试样吸收值与曲线比较或代入方程求得含量。

2）二硫腙比色法　原理：样品经消化后，在 pH 4.0～4.5 时，锌离子与二硫腙生成紫红色配合物，溶于四氯化碳，与标准系列相比较进行定量。该法的检出限为 2.5 mg/kg。

操作方法：样品的消化与"砷的测定"中硝酸-高氯酸-硫酸法或硝酸-硫酸法相同。标准曲线的绘制中，吸取 0、1.0 mL、2.0 mL、3.0 mL、4.0 mL、5.0 mL 锌标准使用液，分别置于 125 mL 分液漏斗中，各加入 0.02 mol/L 盐酸至 20 mL。然后分别加入 10 mL 乙酸-乙酸盐缓冲液、1 mL 25% 硫代硫酸钠溶液，摇匀，再各加入 10.0 mL 二硫腙使用液，剧烈振摇 2 min。静置分层后，四氯化碳层经脱脂棉滤入 1 cm 比色杯中，以零管调节零点，于波长 530 nm 处测定吸光度、绘制标准曲线或求出回归方程。测定时，吸取 5.0～10.0 mL 消化后定容的样品溶液和相同量的试剂空白液，分别置于 125 mL 分液漏斗中，加 5 mL 水、0.5 mL 20% 盐酸羟胺溶液，摇匀，再加 2 滴酚红指示剂，用 1∶1 氨水调至红色，再多加 2 滴。再加 5 mL 0.01% 二硫腙-四氯化碳溶液，剧烈振摇 2 min，静置分层。将四氯化碳层移入另一分液漏斗中，水层用少量二硫腙-四氯化碳溶液振摇提取，每次 2～3 mL，直至二硫腙-四氯化碳溶液绿色不变为止。合并提取液，用 5 mL 水洗涤，四氯化碳层用 0.02 mol/L 盐酸提取 2 次，每次 10 mL，提取时剧烈振摇 2 min，合并 0.02 mol/L 盐酸提取液，并用少量四氯化碳洗去残留的二硫腙。以下按标准曲线绘制操作方法相关步骤进行操作。根据测得吸光度从标准曲线上查得相当于锌的含

食用菌加工产品的质量安全控制与评价

量，或将吸光度代入回归方程求得锌的含量。

（8）食用菌中硒的检测方法 可参考国家标准《GB 5009.93—2017 食品安全国家标准 食品中硒的测定》进行测定。该标准中推荐了2种检测方法：氢化物原子荧光光谱法和荧光法。可根据样品特性选择其中一种方法进行检测。

1）氢化物原子荧光光谱法 原理：试样经酸加热消化后，在 6 mol/L 盐酸介质中，将试样中的六价硒还原成四价硒，用硼氢化钠或硼氢化钾作还原剂，将四价硒在盐酸介质中还原成硒化氢（H_2Se），由载气（氩气）带入原子化器中进行原子化，在硒空心阴极灯照射下，基态硒原子被激发至高能态，在去活化回到基态时，发射出特征波长的荧光，其荧光强度与硒含量成正比，与标准系列比较即可定量。

操作方法。仪器参考条件为负高压：340 V。灯电流：100 mA。原子化温度：800℃。炉高：8 mm。载气流速：500 mL/min。屏蔽气流速：1 000 mL/min。测量方式：标准曲线法。读数方式：峰面积。延迟时间：1 s。读数时间：15 s。加液时间：8 s。进样体积：2 mL。设定好仪器最佳条件，逐步将炉温升至所需温度后，稳定 10～20 min 后开始测量。连续用标准系列的零管进样，待读数稳定之后，转入标准系列测量，绘制标准曲线。转入试样测量，分别测定试样空白和试样消化液，每次测不同的试样前都应清洗进样器。

2）荧光法 原理：将试样用混合酸消化，使硒化合物氧化为无机硒 Se^{4+}，在酸性条件下 Se^{4+} 与 2，3-二氨基萘（2，3-Diaminonaphthalene，缩写为 DAN）反应生成 4，5-苯并苯硒脑（4，5-Benzo piaselenol），然后用环己烷萃取，在激发光波长为 376 nm、发射光波长为 520 nm 条件下测定荧光强度，从而计算出试样中硒的含量。

操作方法：将消化后的试样溶液加入 20.0 mL 0.2 mol/L EDTA 混合液，用氨水（1+1）及盐酸调至淡红橙色（pH 1.5～2.0）。然后在暗室操作以下步骤：加 DAN 试剂（1.0 g/L）3.0 mL，混匀后，

置沸水浴中加热 5 min，取出冷却后，加环己烷 3.0 mL，振摇 4 min，将全部溶液移入分液漏斗，待分层后弃去水层，小心将环己烷层由分液漏斗上口倾入带盖试管中，勿使环己烷中混入水滴，于荧光分光光度计上用激发光波长 376 nm、发射光波长 520 nm 测定 4，5-苯并苯硒脑的荧光强度。

（三）食用菌产品农药残留检测

1. 食用菌中农药污染现状

（1）食用菌栽培中可能使用的农药 食用菌栽培过程中常有褐腐病、绿霉病、菇蝇、菌螨、蛞蝓、线虫、螨虫等病虫害发生，需要防治。国内已登记的食用菌使用农药有噻菌灵（特克多）、咪鲜胺锰盐（施保功）、美帕曲星及氟虫腈（锐劲特）、阿维菌素、高氟氯氰·甲阿维（菇净）等，国外也有在食用菌栽培中使用苯并咪唑（Benzimidazoles）、噻苯达唑（Thiabendazole）、百菌清（Chlorothalonil）、咪鲜胺锰盐（Prochloraz）、多菌灵（Carbendazim）等农药的报道。此外，功夫菊酯、来福灵、敌杀死、灭扫利等也可用于防治食用菌害虫。

（2）食用菌中的农药残留来源 食用菌子实体一般有三种途径可能产生农药残留：一是喷雾的药液直接在食用菌表面上进而被吸收；二是土壤或培养料中的农药通过菌丝内吸，再转移到子实体各个部位；三是空气中的农药颗粒会沉积在菇体表面，继而被吸收进入菇体内。

（3）我国食用菌产品农药残留标准 我国目前尚没有建立起完善的食用菌生产和质量标准，2006 年年底，我国使用的食用菌生产或质量标准只有 30 个（不含地方标准）。2008 年颁布实施的香菇国家标准 GB/T 19087—2008《地理标志产品庆元香菇》中仅对滴滴涕和六六六进行了残留限量的规定，且浓度值均为 0.1 mg/kg，分别高于欧盟 0.05 mg/kg 和日本 0.01 mg/kg 的"一律标准"。目前，我国在食用菌产品方面农药残留限量的规定项目较少，仅规定了十多种农药最大限量残留标准如表 9-33 所示。

表 9-33　中国蘑菇类（鲜品）中农药残留限量标准

农药名称	MRLs（mg/kg）	检测方法标准号
2，4-滴	0.1	GB/T 5009.175
百菌清	5	GB/T 5009.105
代森锰锌	5	参照 SN 0157
氟氯氰菊酯和高效氟氯氰菊酯	0.3	GB 23200.8、GB 23200.113、GB/T5009.146、NY/T 761
氟氰戊菊酯	0.2	GB 23200.113，NY/T 761
腐霉利	5	GB 23200.8、GB 23200.9、NY/T 761
甲氨基阿维菌素苯甲酸盐	0.05	GB /T 20769
氯氟氰菊酯和高效氯氟氰菊酯	0.5	GB 23200.9、GB 23200.113、GB/T 5009.146、NY/T 761
氯氰菊酯和高效氯氟氰菊酯	0.5	GB 23200.8、GB 23200.113、GB/T 5009.146、NY/T 761
马拉硫磷	0.5	GB 23200.8，GB 23200.113、GB/T 20769、NY/T 761
咪鲜胺和咪鲜胺锰盐	2	NY/T 1456
氰戊菊酯和 S-氰戊菊酯	0.2	GB 23200.113
噻菌灵	5	GB/T 20769、NY/T 1453、NY/T 1680
双甲脒	0.5	GB/T 5009.143
五氯硝基苯	0.1	GB 23200.113
苯菌酮	0.5（临时限量）	—
除虫脲	0.3	GB/T 5009.147、NY/T 1720
福美双	5	SN 0157
灭蝇胺	7，1（平菇）	GB/T 20769
氯菊酯	0.1	GB 23200.113
溴氰菊酯	0.2	GB 23200.113、NY/T 761

（4）国外食用菌产品农药残留限量标准　欧盟和日本等通过"贸易壁垒"提高了进口我国食用菌的"门槛"，欧盟对输入的食用菌制定了多达 326 项农药限量标准，日本制定限量指标从原来的 32 项增加到 272 项，再加上不得检出物质，农残项目达到 287 项，基本上涵盖了生产上常用的有机磷、有机氯、氨基甲酸酯、拟除虫菊酯等各类杀虫剂、杀菌剂及除草剂类农药。

（5）食用菌栽培中的农药登记　截至 2019 年年底，在中国农药信息网上可查询到我国食用菌在生产方面有 10 种类型的农药登记品种，尚未过期，有使用依据，这些药剂均为低毒剂型，食用菌登记农药如表 9-34 所示。

2.农药残留分析技术　由于农药的品种增多，使用量增加，食品及环境所造成的污染愈演愈烈。为了确保食品及农产品的安全性，每个国家都制定

食用菌加工产品的质量安全控制与评价

表 9-34　食用菌登记农药

登记证号	农药名称	农药类别	登记菇种	防治对象	毒性	使用方法与用量
PD 386—2003	咪鲜胺锰盐	杀菌剂	蘑菇	白腐病、褐腐病	低毒	拌于覆盖土或喷淋菇床，0.8～1.2g/m²
PD 20160913	二氯异氰尿酸钠	杀菌剂	平菇	木霉菌	低毒	拌料，40～80g/100kg 干料
PD 20151437	咪鲜胺锰盐	杀菌剂	蘑菇	褐腐病	低毒	拌于覆盖土或喷淋菇床，0.8～1.2g/m²
PD 20130483	二氯异氰尿酸钠	杀菌剂	平菇	木霉菌	低毒	拌料，1:（833～1 000）（药种比）
PD 20090008	二氯异氰尿酸钠	杀菌剂	平菇	木霉菌	低毒	拌料，40～48g/100kg 干料
PD 20070614	咪鲜胺锰盐	杀菌剂	蘑菇	褐腐病	低毒	喷雾或拌土，1.6～2.4g/m²
PD 20070522	咪鲜胺锰盐	杀菌剂	蘑菇	湿泡病	低毒	喷雾，0.8～1.2g/m²
PD 20070316	噻菌灵	杀菌剂	蘑菇	褐腐病	低毒	1）拌料，1:（1 250～2 500）（药料比）；2）喷雾，0.5～0.75g/m²
PD 20050096	噻菌灵	杀菌剂	蘑菇	褐腐病	低毒	菇床喷雾，0.8～1g/m²
PD 20120886	氯氟·甲维盐	杀虫剂	食用菌	菌蛆、螨	低毒	喷雾，3～5g/100m²

了相当严格的农药残留限量标准，对农药残留超标的食品及农产品严格把关。如欧盟对中国茶叶中农药的残留检测种类从 6 种增加到 56 种。因此控制农药残留，对避免出现国家间有关贸易争端问题具有重大的意义。目前，有关食品等基质样品中农药的提取净化方法的报道较多，例如固相萃取（Solid Phase Extraction，SPE）技术、QuEChERS（Quick，Easy，Cheap，Effective，Rugged and Safe）提取法、微波辅助萃取（Microwave-assisted Extraction，MAE）技术、加速溶剂萃取（Accelerated Solvent Extraction，ASE）技术等。

（1）固相萃取技术　该技术根据液相色谱的原理进行分离和纯化。其优点是吸附剂是高效高选择性的，处理过程简单，溶剂用量减少，对自然环境污染和所需费用相对有所减少。吸附剂的选择也是根据农药种类多、性质差异大而选择的。固相萃取与色谱技术联用，已经在食品、农产品等分析中得到广泛应用。

（2）QuEChERS 法　该法是 2003 年美国

Lehotay 和 Anastassiada 研究的一种快速、简便、安全、高效地对农药进行多残留分析的方法。与传统方法相比其优点是精准率和回收率高，分析时间较短，操作及所需装置简单，使用溶剂、玻璃仪器少，所需空间小，费用较低。已有报道采用 QuEChERS 方法对样品进行前处理，并建立了蔬菜、水果样品中苯甲酰胺类、拟除虫菊酯类等 29 种农药多残留的液相色谱-串联质谱分析检测方法。该方法中 29 种农药检出限在 0.000 352 mg/kg 附近。

（3）微波辅助萃取技术　该技术是将微波和萃取两项技术相结合，利用极性分子可以迅速吸收微波能量来加热具有极性的溶剂，从而萃取目标化合物并能分离杂质。由于非极性溶剂无法吸收微波能量，所以正己烷等非极性溶剂必须与极性溶剂相结合来进行萃取。

（4）加速溶剂萃取技术　该方法是在较高温度（50～200℃）和压力条件（10.3～20.6 MPa）下，用有机溶剂进行萃取。其优点是操作简单、所用时间短、所需有机溶剂少和回收率高。

（5）其他技术　此外，前处理技术还有超临界流体萃取技术、固相膜萃取技术、免疫亲和色谱技术、基体分散固相萃取技术等。而我国食用菌中农药残留分析方法较少，并且在提取和净化的方法上仍然采用传统的溶剂萃取、液液分配和柱层析等形式，在多残留的快速分析方面得不到广泛应用。

4. 食用菌农药残留检测方法标准　我国现有的残留分析国家标准方法中还没有专门针对食用菌而制定的，现有食用菌质量标准对马拉硫磷、多菌灵等Ⅱ类农药残留进行了限量规定，并规定了检测依据，包括 NY/T 761—2008《蔬菜和水果中有机磷、有机氯、拟除虫菊酯和氨基甲酸酯类农药多残留的测定》和 GB/T 20769—2008《水果和蔬菜中450种农药及相关化学品残留量的测定　液相色谱-串联质谱法》。

5. 食用菌农药残留检测方法实例　为满足政府对食用菌产品质量监管和风险评估的需求，各地的农业农村部农产品质量安全风险评估实验室开发确定了同时定量分析食用菌产品中几十种农药残留的检测技术。主要包括液相色谱-串联质谱仪检测法和气相色谱-串联质谱仪检测法2种。

（1）液相色谱-串联质谱仪检测法　克百威（包括3-羟基克百威）、涕灭威（包括涕灭威砜和涕灭威亚砜）、丁硫克百威、抗蚜威、噻嗪酮、苯线磷、虫螨腈、噻虫嗪、吡虫啉、啶虫脒、多菌灵、阿维菌素、烯酰吗啉、咪鲜胺、蝇毒磷、二甲戊灵、灭多威、双甲脒、氯虫苯甲酰胺、甲胺磷、氧乐果、虫酰肼等22种农药参数可用液相色谱串联质谱仪检测法进行定量分析。

1）样品前处理方法　准确称取25.0 g试样放入匀浆机中，加入50.0 mL乙腈，在匀浆机中高速匀浆2 min后用滤纸过滤，滤液收集到装有5～7 g氯化钠的100 mL具塞量筒中，收集滤液40～50 mL，盖上塞子，剧烈震荡1 min，在室温下静置30 min，使乙腈相和水相分层。取上层乙腈提取液0.5 mL，加入0.5mL甲醇＋水（1+1）混合溶液，混匀，过0.22 μm有机微孔滤膜，LC/MS/MS检测。

2）仪器参考条件　色谱柱：C_{18}柱，100 mm×2.1 mm，1.7 m。流动相：A为水，B为甲醇，梯度洗脱程序见表9-35。流速：0.3 mL/min。进样体积：10 μL。柱温箱：45℃。参考离子对如表9-36所示。

（2）气相色谱-串联质谱仪检测法　对硫磷、久效磷、水胺硫磷、灭线磷、甲基异柳磷、甲拌磷、甲基立枯磷、百治磷、治螟磷、三唑磷、杀扑磷、噻唑磷、喹硫磷、硫线磷、丙溴磷、甲基嘧啶磷、甲基毒死蜱、毒死蜱、甲基对硫磷、磷胺、氟氯氰菊酯、溴螨酯、甲霜灵、腐霉利、氟虫腈、苯醚甲环唑、三唑酮、三氯杀螨砜、五氯硝基苯、马拉硫磷、地虫硫磷、稻瘟灵、乐果和敌敌畏等34种农药参数可用气相色谱-串联质谱仪检测法进行定量分析。

1）样品前处理方法　称取25.0 g样品匀浆于

表9-35　梯度洗脱程序（VA+VB）

时间（min）	水（VA）	甲醇（VB）
0	10	90
0.25	10	90
7.75	95	5
11	95	5
11.2	10	90
12.5	10	90

食用菌加工产品的质量安全控制与评价

表 9-36　液相色谱-串联质谱仪检测农药残留的参考离子对

序号	电离方式	农药名称	离子对
1	+	克百威	222/164.9；222/122.9
2	+	3-羟基克百威	238.1/162.9；238.1/180.9
3	+	涕灭威	212.9/89；212.9/98
4	+	涕灭威砜	223/148；223/86
5	+	涕灭威亚砜	229/166；229/109
6	+	吡虫啉	256.1/175.1；256.1/209.1
7	+	啶虫脒	223/90；223/125.9
8	+	多菌灵	192/132.1；192/160.1
9	+	虫酰肼	353.3/133.1；353.3/297.2
10	+	噻嗪酮	306.4/116.1；306.4/201.1
11	+	抗蚜威	239.1/182；239.1/72.2
12	+	双甲脒	294.45/122.2；294.45/163.1
13	+	阿维菌素	895.6/449.2；895.6/751.3
14	+	苯线磷	304.29/201.9；304.29/216.9
15	+	蝇毒磷	363.27/227；363.27/307
16	-	虫螨腈	346.9/79.1；346.9/130.9
17	+	苯醚甲环唑	406/251.1；406/111.1
18	+	二甲戊灵	282.31/212.05；282.31/194.2
19	+	扑草净	242.32/158.1；242.32/200.1
20	+	噻虫嗪	292/211.2；292/181
21	+	虫酰肼	369.1/149.1；369.1/313.2
22	+	甲胺磷	142/94；142/125
23	+	氧乐果	214.1/183；214.1/155
24	+	烯酰吗啉	388.1/165；388.1/300.9
25	+	咪鲜胺	376.1/307.9；376.1/265.9

150 mL 烧杯中，加入 50 mL 乙腈，用 15 000 r/min 转速均质 1 min，将均质后的样品溶液过滤 100 mL 具塞量筒或抽滤至 100 mL 具塞比色管中，加入 7～10 g 氯化钠剧烈振荡 1 min 进行盐析。静置 1 h（或高速离心）后，吸取 10 mL 上清液于 150 mL 茄形瓶中，40℃水浴旋转蒸发至近干，待净化。

2）样品净化步骤　先用 5 mL 淋洗液（乙酸乙酯＋乙醇 =90+10）预淋洗石墨氨基串接柱（300 mg+500 mg），待淋洗液液面到达小柱滤片时，用 1.5 mL 淋洗液洗涤茄形瓶后迅速转移至净化柱上，此步骤重复 3 次（每次待上一次的淋洗液液面到达小柱滤片时才能转移新的淋洗液）。将剩下的淋洗液一次性倒入茄形瓶中，逐步转移至净化柱内。淋洗液总体积为 30 mL。等净化完毕后收集所有流出物于另一茄形瓶中，40℃水浴旋转蒸发至近干。用丙酮定容至 2 mL，备用。

3）仪器参考条件　色谱柱（5MS，30 m×0.25 mm×0.25 mm）。载气：氦气（纯度 99.999%）。

进样口温度：250℃，不分流进样。柱温程序：初始温度 50℃，保持 1 min，以 25℃/min 升温至 125℃，再以 10℃/min 升温至 300℃，保持 5 min。流速：1 mL/min。进样量：1 μL。参考离子对如

表 9-37　气相色谱串联质谱仪检测农药残留的参考离子对

农药名称	定量离子	碰撞电压（V）	定性离子	碰撞电压（V）
敌敌畏	185.0>93.0	14	185.0>109.0	14
灭线磷	200.0>158.0	6	200.0>114.0	14
百治磷	127.1>109.0	12	127.1>95.0	18
久效磷	127.1>109.0	12	127.1>95.0	16
治螟磷	322.0>202.0	10	322.0>294.0	4
硫线磷	158.9>130.9	8	158.9>97.0	18
甲拌磷	260.0>75.0	8	260.0>231.0	4
乐果	125.0>79.0	8	125.0>47.0	14
五氯硝基苯	294.8>236.8	16	294.8>264.8	12
地虫硫磷	246.0>109.1	18	246.0>137.1	6
磷胺	264.1>127.1	14	264.1>193.1	8
甲基毒死蜱	285.9>93.0	22	285.9>270.9	14
甲基对硫磷	263.0>109.0	14	263.0>136.0	8
甲基立枯磷	264.9>249.9	14	264.9>93.0	24
甲霜灵	249.2>190.1	8	249.2>146.1	22
甲基嘧啶磷	305.1>180.1	8	305.1>290.1	12
马拉硫磷	173.1>99.0	14	173.1>127.0	6
毒死蜱	313.9>257.9	14	313.9>285.9	8
对硫磷	291.1>109.0	14	291.1>137.0	6
三唑酮	208.1>181.0	10	208.1>127.0	14
水胺硫磷	289.1>136.0	14	289.1>113.0	6
噻唑膦	283.0>195.0	8	283.0>103.0	18
甲基异柳磷	199.0>121.0	14	241.1>121.1	22
氟虫腈	366.9>212.9	30	366.9>254.9	22
喹硫磷	157.1>129.0	14	157.1>93.0	10

食用菌加工产品的质量安全控制与评价

农药名称	定量离子	碰撞电压（V）	定性离子	碰撞电压（V）
腐霉利	283.0>96.0	10	283.0>255.0	12
杀扑磷	145.0>85.0	8	145.0>58.0	14
稻瘟灵	290.1>118.0	14	290.1>204.1	6
丙溴磷	336.9>266.9	14	336.9>308.9	6
三唑磷	257.0>162.0	8	257.0>134.0	22
溴螨酯	340.9>182.9	18	340.9>184.9	20
三氯杀螨砜	355.9>228.9	12	355.9>159.0	18
氟氯氰菊酯	226.1>206.1	14	226.1>199.1	6
苯醚甲环唑	323.0>265.0	14	323.0>202.0	28

表9-37所示。

（四）食用菌产品放射性检测

1.放射性物质的来源　在我们生活的自然界存在的和人工生产的元素中，有少量可发生衰变，并放射出肉眼看不见的射线，这些元素统称为放射性元素（核素）或放射性物质。放射性核素按来源可分为天然放射性核素和人工放射性核素两大类。天然放射性核素指天然存在的放射性核素，主要包括宇宙射线、宇生放射性核素和原生放射性核素发射的辐射。人工放射性核素指人工制造的放射性核素，主要包括裂变产物、中子活化产物和超铀放射性核素，放射性物质按辐射类型可分为α、β和γ放射性核素三类。在自然状态下，来自宇宙的射线和地球环境本身的放射性元素一般不会给生物带来危害。但近代以来，随着核技术快速发展和广泛应用，核武器试验和核事故等人类的活动使得人工辐射和人工放射性物质大大增加，环境中的射线强度随之增强，从而产生了放射性污染，危及生物的生存。人类活动带来的环境放射性污染主要有以下几个方面：一是原子能工业排放的放射性废物，包括放射性废弃物的产生和废水、废气的排放。虽然"三废"排放受到严格控制，对环境的污染并不十分严重，但是，当原子能工厂发生意外事故，其污染是相当严重的。国外就有因原子能工厂发生故障而被迫全厂封闭的实例。二是核武器试验的沉降物，在进行大气层、地面或地下核试验时，排入大气中的放射性物质与大气中的飘尘相结合，由于重力作用或雨雪的冲刷而沉降于地球表面，这些放射性沉降物播散的范围很大，往往可以沉降到整个地球表面，而且沉降得很慢，一般需要几个月甚至几年才能落到大气对流层或地面，衰变则需上百年甚至上万年。三是医疗、科研排出的含有放射性物质的废水、废气、废渣等。食品中的放射性物质有来自地壳中的放射性物质，称为天然本底；也有来自核武器试验或和平利用放射能所产生的放射性物质，即人为的放射性污染。由于生物体及其所处的外环境之间固有的物质交换过程，环境中的放射性核素可通过食物链向食品中转移（向水生生物、植物及动物中转移），在绝大多数动植物性食品中都不同程度的含有天然放射性物质，亦即食品的放射性本底。天然食品中微量的放射性物质一般情况下对人是无害或影响很微小的，但在特殊环境下，放射性元素可能通过动物或植物富集而污染食品，加之人为放射性污染如核爆炸、核废物排放和核工业意外事故等，造成污染环境、空气、土壤、水而间接污染食品。2011年日本福岛县所种的温室原木香菇，首次检验出放射性铯超标，茨城县的鉾田市、小美玉市和土浦市的原木香菇此前也曾被检出铯超标。专家表示，虽然瓶装和袋装栽培食用菌是在室内种植的，但是污染的空气会从通风设备处流入室内，对香菇生长过程极具威胁。2014年挪威奥斯陆发布的一项研究结果显示，该国驯鹿体内的放射性物质达到了近几年的新高，而导致这一结果的罪魁祸首竟是驯鹿所食用的蘑菇。研究称，蘑菇中的放射性物质很可能是近30年前乌克兰切尔诺贝利核电站发生核泄漏灾难的残留物。食品（包括食用菌）放射性污染对人类危害严重，对人体的危害主要是由于摄入污染食品后放射性物质对人体内各种组织、器官和细胞产生的低剂量长期内照射效应。主要表现为对免疫系统、生殖系统的损伤和致癌、致畸、致突变作用。虽然放射性污染目前对人类影响较小，但随着人们核开发的增加，特别是半衰期长的放射性核素，可能会给人类带来更大的危害，因此放射性污染问题应引起人们的高度重视。

2. 放射性核素检测技术

（1）样品的采集

1）取样原则　采样到分析前的全过程，必须在严格的质量控制措施下进行；采集的样品必须有代表性；制订详细的采样方案，包括采样项目、容器、器具、方法、采样量（应当预留充足的复验样）；采样过程确保不引入新的放射性污染；特别是在低水平测量中，样品的采集过程应特别严防交叉污染，如容器、工具、试剂加入等形成的交叉污染。

2）采样量　采样量的大小直接影响取样代表性的好坏。对采样量的要求，是随采样目的、样品种类、分析测量内容、样品制备方法以及分析测量方法的灵敏度不同而不同的，不能一概而论。取样量越大，灵敏度越好，代表性也越好，但受到了实际可行性和采样代价的限制。

3）采样其他需注意事项　于收获季节在田地里布设的采样点位采集样品、混合；样品采集后，去掉非食用部分，洗净，将表面水分晾干，称鲜重。然后切碎置于蒸发皿中，加热让其炭化，转入马弗炉中于400～500℃灰化，冷却后称重，供测量使用。

（2）放射性样品的前处理

1）目的　浓集对象核素、去除干扰核素、将样品的物理形态转换成易于进行放射性检测的形态。

2）前处理的方法　有蜕变法、有机溶剂溶解法、灰化法、萃取法、离子交换法、共沉淀法和电化学法等。其中，鲜样处理时，采集的样品去除泥土，取可食用部分用水冲洗，晾干或擦干表面洗涤水，称鲜重。样品灰化处理时，一般不需添加试剂，不会增加试剂空白和引入干扰物，适用于数量较大、对设备腐蚀作用小的生物样品前处理。通过干灰化处理，样品体积或质量可减少10倍以上，但灰化过程中易挥发组分损失较多。样品在低于着火临界温度下炭化至无烟，转入马弗炉中，灰化至灰分呈疏松的白色或灰白色为止。灰化温度，植物样品为400～450℃。样品经一定时间灰化后如仍存在炭粒，可用适量HNO_3、NH_4NO_3或H_2O_2浸润后再进行灰化。

（3）α/β 总活度测量

1）总活度测量的主要目的　在日常监测中对大量分析样品进行分类或筛选时，初步判断有无放射性污染，以筛选出需进一步仔细测量的样品；在核应急等情况下，在已知样品中核素大致组成时，利用总α/β测定结果，推算样品的污染水平，以在短时间内获得较大范围内的数据；比较同类样品、同类方法获得的总放射测量数据，判断样品放射性是否升高或污染的可能，供决策参考；测量样品中的 α/β 活度比，作为事件识别的补充判断依据。

2）活度测量的分类　可分为绝对测量和相对测量。绝对测量又称直接测量，利用测量装置直接测量放射性核素的衰变率，不必依赖与其他测量标准的比较。相对测量又称间接测量，借助其他测量标准校准测量装置，再利用已校准的测量装置测量放射性核素的衰变率。通常的测量仪器多是相对测量。

3）影响活度测量的几个因素　几何因素（探测器 D、样品 Y 及探测器与样品的相对关系）；探测器的本征探测效率；吸收因素（样品自吸收、探测器死层吸收、Y-C 间介质吸收）；散射因素（空气、测量盘、支架、铅室的正向散射和反向散射）；分辨时间；本底计数。

（4）实验室放射性物质分析仪器与方法　放射性探测器是利用放射性辐射在气体、液体或固体中引起的电离、激发效应及或其他物理、化学变化进行辐射探测的器件。放射性检测仪器种类繁多，需根据监测目的、试样形态、射线类型、强度及能量等因素进行选择。放射性测量仪器检测放射性的基本原理是基于射线与物质间相互作用所产生的各种效应，包括电离、发光、热效应、化学效应和能产生次级粒子的核反应等。按监测目的分为粒子强度仪（总 α、总 β、总 γ、中子，仅与粒子数相关，与能量无关）、剂量仪（主要指贯穿辐射、γ、x 和中子，不仅与粒子数相关，也与能量有关，但无法区分是哪种核素）和谱仪（α、β、γ、x、中子，区分各种不同的放射性核素，并可以与内置数据库和正确的刻度方法结合确定各种核素的强度及剂量）。放射性检测器按测量对象性质分为 α 测量仪（带电粒子测量仪）、β 测量仪（带电粒子测量仪）、γ 测量仪 和 n 测量仪，由于不同粒子与物质作用的机理不同，因此对不同粒子采用不同的传感器，最常用的三类放射性检测器包括电离检测器、闪烁检测器和半导体检测器。

1）电离探测器　电离探测器通过收集射线在气体中产生的电离电荷进行放射性测量。常用的有电流电离室、正比计数管和盖革计数管。

电流电离室。这种检测器用来研究由带电粒子所引起的总电离效应，也就是测量辐射强度及其随时间的变化。由于这种检测器对任何电离都有响应，所以不能用于辨别射线类型。

正比计数管。该种计数管普遍用于 α、β 粒子计数，具有性能稳定、本底响应低等优点。因为给出的脉冲幅度正比于初级致电离粒子在管中所消耗的能量，所以还可用于能谱测定，但要求的条件是初级粒子必须将它的全部能量损耗在计数管的气体之内。

盖革（GM）计数管。盖革计数管是目前应用最广泛的放射性检测器，普遍用于检测 β 射线和 γ 射线。这种计数器对进入灵敏区域的粒子有效计数率接近 100%。但它对不同射线都给出大小相同的脉冲，因此，不能用于区别不同的射线。常见盖革计数管是在一密闭玻璃管中间固定一条细丝作为阳极，管内壁涂一层导电物质或另放进一金属圆筒作为阴极，内充约 1/5 大气压的惰性气体和少量猝灭气体（如乙醇、二乙醚、溴等）。猝灭气体的作用是防止计数管在一次放电后发生连续放电。为了减少本底计数和达到防护目的，一般将计数管放在铅或生铁制成的屏蔽室中，其他部件装配在一个仪器外壳内，合称定标器。

2）闪烁探测器　该设备利用射线照射在某些闪烁体上而使它发生闪光的原理，然后用光电倍增管将闪光讯号放大来进行测量。闪烁检测器以其高灵敏度和高计数率的优点而被用于测量 α、β、γ 辐射强度。由于它对不同能量的射线具有很高的分辨率，所以可做谱仪使用，通过测量能谱的方法鉴别放射性核素。这种仪器还可以测量照射量和吸收剂量。

3）半导体检测器　半导体探测器是近年来迅速发展的一类新型核辐射探测仪器，该检测器是将辐射吸收在固态半导体中，通过测量辐射与半导体晶体相互作用而产生电子-空穴对时能量的变化来进行放射性测量。由于产生电子-空穴对的能量较低，所以该种探测器具有能量分辨率高且线性范围宽等优点。用硅制作的探测器可用于 α 计数及 α、β 的能谱测定；用锗制作的半导体探器可用于 γ 能谱的测量。

γ 射线能谱法。该法测量放射性活度的原理是通过γ射线与半导体探测器相互作用产生幅度正比于沉积在锗晶体有效体积内的能量的电脉冲，这些脉冲经放大、成形，在多道脉冲幅度分析器内按照脉冲高度存储，形成γ射线能谱。在γ射线能谱中，全能峰的道址和入射γ射线的能量成正比，这是γ射线能谱定性应用的基础；全能峰下的净峰面积和与探测器相互作用的该能量的γ射线数成正比，这是γ射线能谱定量应用的基础。即被测核素放出的特征γ射线的能量与γ谱中全能峰的峰位相对应，核素活度与γ射线全能峰净面积计数率成正比。γ射线能谱法测量放射性核素的活度，是利用γ射线能谱仪，通过测量一定时间内放射性核素衰变过程中发射出的某一特征γ射线的全能峰净面积，根据该γ射线的发射概率和全能峰探测效率来计算出该核素活度值的方法，具有能量分辨率高、探测效率高、干扰少的特点，能够有效地减少误差，目前已在放射性检测领域广泛应用。γ射线能谱法由于存在着探测效率修正、干扰、自吸收修正、符合相加修正等问题。对不同样品、不同核素的测量方法需要进行方法研究，才能取得准确的结果。

4）其他　自然界的放射性物质无处不在，伴随着现代经济社会的发展进步，愈来愈多行业进入需要进行低剂量放射性检测的时代，基于传统基本电子元器件（主要为电容、晶体管结构）制作的放射性辐射探测仪受自身所含放射性物质的限制，已经很难满足低剂量放射性检测需求，人类对低剂量检测所需的放射性探测器需求将是未来科学研究的重点。近年来有报道称，欧盟联合研究中心（JRC）的科技人员，在地下深层实验平台（主要为避免宇宙射线的干扰），利用目前最先进的γ射线探测仪，筛选所谓高纯度的"近零辐射"（Radiopure）材料获得成功。科技人员在利用基于这些材料的电子元器件"近零辐射电容"（Radiopure Capacitors）制作设计的、在地下实验平台运行的γ射线探测仪，可在原有基础上，如铀（Uranium）和钍（Thorium），降低自身放射性至少100倍，填补了测量低剂量放射性物质所需仪器设备的空白。

这一自行研制设计的新型低剂量放射性辐射探测仪，已通过欧盟委员会同行专家组的评审验收，可广泛应用于从追踪世界各地来自日本福岛的放射性核素和探测跟踪非法核活动，到开发食品放射性监控参照材料等，开辟了追踪自然界或工业活动放射性物质的新路径。

3. 主要污染放射性核素概况及检测方法　食品吸附或吸收了外来的（人为的）放射性核素，使其放射性高于自然放射性本底，称为食品的放射性污染。由于核试验及核工业等人为生产活动造成的食品放射性污染问题近年来不断发生，其所带来的危害十分严峻，核爆炸所产生的放射性核素大多是产量大、半衰期较长、摄入量较高、能在体内长期储留的放射性核素，如锶-89、锶-90、铯-137、碘-131等。历史上的核试验至今仍然是全球放射性污染的主要来源，尚未衰变完的放射性核素大部分尚存在于土壤及动植物组织中。核工业意外事故造成的泄漏主要引起局部性污染，但可使食品中含有较大量放射性核素。1957年有名的英国温茨盖尔原子反应堆事故向大气排出放射性物质约相当于 11.1×10^{14} Bq，其中碘-131 7.4×10^{14} Bq，铯-137 22.2×10^{12} Bq，锶-89、锂-89、锶-90 33.3×10^{10} Bq。由于附近牧草受到污染，牛奶中也有较大量放射性核素，该地区居民甲状腺中放射性核素剂量成人达到 4×10^{-2} Gy，儿童达到 16×10^{-2} Gy。另外核裂变动力生产等活动，包括整个核动力生产的采矿、燃料制造、浓缩及反应堆动力生产和核燃料再处理等过程，以及其他工农业生产、医学应用、科学研究等方面的放射性核素均可通过三废排放污染环境从而污染食品。特别是对水域的污染更加突出，海域中鱼、贝、牡蛎及附近农作物及牛奶中均有较高浓度的铯-137也是人为食品放射性污染的最直接的证据。食品中放射性核素有天然存在的也有人为放射性污染的，天然存在的即天然本底对食品污染危害不大，主要危害性污染来源于人为放射性污染的核素，研究表明在食品中具有卫生学意义的（人为的）放射性核素主要有以下几种：

（1）碘-131　碘－131是核爆炸中早期出现的最突出裂变产物，它可通过污染牧草进入动物体内使奶源污染。碘－131半衰期仅6～8 d，对食品长期污染意义不大，但对蔬菜的污染具有较大意义，人可通过吃进新鲜蔬菜摄入较大量的碘－131。以奶为主要膳食成分的地区，牛奶是碘－131的主要来源。碘－131通过母乳可对婴儿产生潜在影响。

（2）锶-89和锶-90　核爆炸过程中产生量最大的放射性核素为锶，为全球性沉降灰，锶－89产生量比锶－90高，核爆炸新产生的碎片其锶－89/锶－90比率可高达180。锶－89半衰期仅51 d，消失较快，而锶－90半衰期长达28年，锶－90广泛存在于土壤中，是食品放射性污染的重要来源。污染区的牛奶、羊奶中含有较大量的放射性锶。

（3）铯-137　铯－137广泛存在于食品内，其含量与沉降率有关，半衰期为30年。铯－137可通过地衣—驯鹿—人体的特殊食物链进入人体。驯鹿体内铯－137含量可达177.6×10^7 Bq/kg，经常食用该类肉品的人体负荷量可达$(481 \sim 4\ 921) \times 10^7$ Bq。

4.放射性检测方法

（1）放射性核素氢-3的测定　应按照国家标准 GB 14883.2—2016《食品安全国家标准 食品中放射性物质氢-3的测定》进行测定。

1）原理　鲜样经燃烧氧化，使游离水和有机物中氢全部转化成水。收集的水纯化后以电解法浓集氚，用液体闪烁计数器测量氚的放射性。

2）采样　样品采样和可食部分采集按 GB 14883.1—2016《食品安全国家标准 食品中放射性物质检验 总则》进行。

3）样品的燃烧氧化　称取1.00 kg洗净、晾干的食用菌鲜样，装入燃烧室内，将燃烧-氧化装置连接好。先通氧气，流速控制在0.5～0.7 L/min，赶尽装置内空气。然后接通两个高温炉电源，使氧化室的温度升至700℃，再加热燃烧室，当温度

升至100℃时，就有水分流入接收瓶。保持这个温度，直到水分流出速度变慢时再缓慢升温。当温度升到200～300℃时，升温要尽可能慢，并仔细观察通氧情况。一般燃烧室温度升至500℃以上就无馏分流出。控制在600℃，继续燃烧一段时间，使食品样品完全氧化，然后切断电源，停止加热和通气。燃烧室中产生的气体经氧化室时被氧化，水蒸气通过冷凝管收集于接收瓶。

4）水样纯化　测量过所收集的水量总体积后转入500 mL蒸馏瓶，加入20～30 g过硫酸钾，氧化回流约2 h，若溶液仍带色，可再加10 g左右过硫酸钾后回流2 h。重复氧化回流操作直至完全褪色。将蒸馏瓶接入蒸馏装置蒸馏，所得的水密封在磨口烧瓶内。

5）电解浓集　记录电解前纯化过的水样体积并配成1%过氧化钠溶液作为电解液。电解前镍电极应事先浸泡在热稀磷酸溶液中数分钟，取出后用水冲洗烘干，然后装入电解池。电解时电流密度为65 mA/cm²，用自来水冷却。每次电解样品水的同时，在电解池的对称位置电解两个加有标准3H水与样品等体积的水样，以测定电解过程3H的回收率。电解直到电解液体积缩小到原来的十分之一左右结束，记录电解后体积。电解完毕后，直接蒸馏样品三次，把浓集了3H的水从电解液中分离出来。

6）测量　准确吸取浓集后水样2.00 mL于聚四氟乙烯测量瓶内，与8.00 mL闪烁液混匀，放入液体闪烁计数器的样品室内避光数小时（一般是当天制的样品放入样品室，于第二天测量）。按样品-本底-样品的顺序在相同条件下进行放射性测量、计算。

（2）锶-90测定方法——发烟硝酸法　应按照国家标准 GB 14883.3—2016《食品安全国家标准 食品中放射性物质锶－89和锶－90的测定》进行测定。

1）原理　王水浸取食样品灰分，发烟硝酸沉淀法分离锶，经硝酸洗涤、铬酸钡和氢氧化铁沉淀纯化后，放置14 d，以低本底β测量仪测量钇-90

的放射性，从而计算锶-90放射性浓度。

2）标准源校正监督源　锶-90—钇-90监督源的制备：在内面光滑洁净的不锈钢测量盘上一直径与样品源相同的圆面积内，均匀滴入 0.1 mL 胰岛素溶液，铺匀晾干，再滴入锶-90—钇-90标准溶液，铺匀晾干，然后滴上 1 滴 1% 火棉胶溶液覆盖表面，晾干备用。源的强度约为 2×10^2 衰变 1 min。使用活性区直径与样品源相同的平板标准源更好。钇-90标准源的制备：移取 2.00 mL 钇载体溶液、2.00 m 锶-90—钇-90标准溶液和 2.00 mL 锶载体溶液。用钇-90标准源校正锶-90—钇-90监督源：制得的钇-90标准源（草酸钇）稍干后在低本 β 测量仪上测量，再测量锶-90—钇-90监督源。计算监督源强度 A_1。

3）测定　采样、预处理按 GB 14883.1—2016《食品安全国家标准　食品中放射性物质检验　总则》规定进行。然后称取 1～10 g（精确至 0.001g）食用菌灰于蒸发皿，加 2.00 mL 锶载体溶液和少量水润湿灰，慢慢滴入 40 mL 王水，在沸水浴上蒸干，在电炉上低温加热到无烟后，于高温炉中 450℃ 灼烧 0.5 h，冷却，用 30～50 mL 6 mol/L 盐酸溶液浸煮并趁热离心，保留上清液。再用热的 2 mol/L 盐酸溶液和水 20 mL 交替洗涤残渣 2 次。重复前述浸煮一次，弃去残渣，上清液与洗液合并。上清液中加入足量固体草酸（加入量视样品含钙量而定，分析 10 g 灰时一般为 4～6 g），加水至 150 mL，溶解后用 50% 氢氧化钠溶液调节溶液 pH 至 4，冷至室温。用饱和草酸溶液检查草酸盐沉淀是否完全。转入离心管中离心，沉淀每次用 20 mL 水洗 1～2 次（上清液与洗涤液合并，可供铯-137测定用）。沉淀中缓缓加入 40 mL 发烟硝酸（若沉淀全被溶解或沉淀很少，可再加 1～2 倍量发烟硝酸），放离心管在冰浴中冷却 5 min，并不时搅拌，离心倾去上清液，用 100～120 mL 硝酸分 3～4 次洗涤转化成的硝酸锶沉淀和管壁，充分搅碎沉淀，放置 5 min 后离心，弃去上清液。本步骤应连续操作完成。向硝酸锶沉淀中加入 30 mL 水、

1 mL 钡载体溶液和几滴甲基橙指示剂。用 6 mol/L 氢氧化铵溶液或 6 mol/L 盐酸溶液调节溶液至刚呈黄色。加入 1 mL 6 mol/L 乙酸溶液和 2 mL 3 mol/L 乙酸铵溶液，加热至沸，搅拌下逐滴加入 1 mL 1.5 mol/L 铬酸钠溶液。继续加热 3 min，冷至室温后过滤，用少量水洗沉淀。弃去铬酸钡沉淀。用氨水调节溶液 pH 至 8，加入 10 mL 饱和碳酸铵溶液，加热近沸冷却，离心，弃去上清液。滴加 2 mol/L 硝酸溶液使碳酸锶沉淀溶解，用水稀释至 30 mL，加入 1 mL 铁载体溶液和 3～5 滴过氧化氢，煮沸片刻，用无二氧化碳氨水调节溶液 pH 至 8～9，趁热过滤或离心，用 10 mL 热水洗沉淀 2 次合并滤液和洗涤液，弃去氢氧化铁沉淀。记录除铁时间，作为钇-90生长的起点。向合并液中加入 10 mL 饱和碳酸铵溶液，加热至近沸，冷却，抽滤于可拆卸漏斗内已恒量的滤纸上，用水、无水乙醇每次各 10 mL 依次洗涤 2 次，110℃ 干燥 30 min，冷却，称重。用 2 mol/L 硝酸溶液将碳酸锶沉淀溶解，加入 2.00 mL 钇载体溶液和 20 mL 水，盖上表面皿，放置 14 d 以上。煮沸溶液 2～5 min 以去除二氧化碳。用无二氧化碳氨水调溶液至碱性，离心，弃去上清液。记录锶、钇分离时间。用 2 mol/L 硝酸溶液将氢氧化钇沉淀溶解，加几滴锶载体溶液，用水稀释至 30 mL，加热片刻，用无二氧化碳氨水调溶液至碱性。离心，弃去上清液。用 2 mol/L 硝酸溶液将氢氧化钇沉淀溶解，用水稀释至 30 mL，加入 2 mL 饱和草酸溶液，用 2 mol/L 硝酸溶液或 6 mol/L 氢氧化铵溶液调节溶液 pH 至 1.5。加热凝聚沉淀，冷却，将沉淀抽滤于可拆卸漏斗内已恒量的滤纸上，用 10 mL 水和 5 mL 无水乙醇依次洗涤沉淀。在低本底测量仪上测量草酸钇的钇-90放射性，记录测量时间。接着测量锶-90—钇-90监督源。测量后的草酸钇置于 45～50℃ 下干燥，称至恒量，同样按 $Y_2(C_2O_4)_3 \cdot 9H_2O$ 组成计算钇化学回收率。若本方法用于稳定银含量较高的样品分析，必要时应测食品灰的稳定银含量，用于校正锶化学回收率。

食用菌加工产品的质量安全控制与评价

（3）锶-89测定方法——钇-90扣除法 应按照国家标准 GB 14883.3—2016《食品安全国家标准 食品中放射性物质锶-89和锶-90的测定》进行测定。

1）原理 锶-89的分离纯化步骤与钇-90完全相同，其衰变率通过将总锶的放射性计数率减去锶-89计数率（用草酸钇样品源测得的钇-90计数率来换算）除以锶-89的计数效率而获得。

2）计数效率的标定 锶-89计数效率—质量曲线绘制时，取4个100 mL烧杯，准确加入锶载体溶液0.40mL、0.35mL、0.30mL、0.25mL，各加入1 mL已知强度的锶-89—钇-90标准溶液和1 mL钇载体溶液，用0.1 mol/L盐酸稀释至30 mL左右。煮沸片刻，加入无二氧化碳氨水调节溶液呈碱性，过滤，并用热水洗一次沉淀，沉淀可保留做钇-90计数效率的标定。收集滤液于100 mL烧杯中，滤液用盐酸酸化后，再加入1 mL钇载体溶液，煮沸片刻，用无二氧化碳氨水调节溶液呈碱性，再次进行锶、钇分离。收集锶溶液于烧杯中，弃去氢氧化钇沉淀。向锶溶液中加入5 mL饱和碳酸铵溶液，加热使沉淀凝聚后，冷至室温，然后将沉淀抽滤于可拆卸漏斗已恒量的滤纸上，用水、无水乙醇依次洗涤，干燥后计数（整个操作过程须在2 h内完成）。105℃干燥至恒量。将各质量的样品源在选定测量条件下测量，将计数率换算成计数率，绘制计数效率-质量图。

3）锶-89计数效率-质量曲线的绘制 取4个100 mL烧杯，准确加入锶载体溶液0.40mL、0.35mL、0.30mL、0.25 mL，各加入1 mL已知强度的锶-89标准溶液，用0.1 mol/L盐酸稀释到30 mL左右。煮沸片刻，用氨水调节溶液至碱性。操作绘制出锶-89计数效率-质量图。如没有锶-89标准溶液，可用研磨至60目的氯化钾粉末100～200 mg范围内制4～5个不同厚度的源。制源时可与少量丙酮混合，抽滤于可拆卸漏斗已称量滤纸上。样品源用几滴1%火棉胶溶液湿润，空气中干燥，通过铝吸收片测量并绘制计数效率-质量图。氯化钾的钾-40比活度按880衰变/（min·g）计算。

4）钇-90计数效率的标定 准确吸取1.00 mL已知强度的锶-89—钇-90标准溶液于100 mL烧杯内，并准确地加入锶、钇载体溶液各2.00 mL，用2 mol/L硝酸将总体积稀释到30 mL左右。用无二氧化碳氨水调节溶液呈碱性，离心，弃去上清液，并用热水洗一次沉淀，记录锶、钇分离时间。

5）测定 采样、预处理按GB 14883.1—2016《食品安全国家标准 食品中放射性物质检验 总则》的规定进行。称取1～10 g（精确至0.001 g）食品灰于蒸发皿，加0.4 mL银载体溶液和少量水润湿灰，慢慢滴入40 mL王水，在沸水浴上蒸干，在电炉上低温加热到无烟后，于高温炉中450℃灼烧0.5 h，冷却，用30～50 mL 6 mol/L盐酸溶液浸煮并趁热离心，保留上清液。然后用热的2 mol/L盐酸溶液和水20 mL交替洗涤残渣2次。重复前述浸煮一次，弃去残渣，上清液与洗液合并。上清液中加入足量固体草酸（加入量视样品含钙量而定，分析10 g灰时一般为4～6 g），加水至150 mL，溶解后用50%氢氧化钠溶液调节溶液pH至4，晾至室温。用饱和草酸溶液检查草酸盐沉淀是否完全。转入离心管中离心，沉淀每次用20 mL水洗1～2次（上清液与洗涤液合并，可供铯-137测定用）。沉淀中缓缓加入40 mL发烟硝酸（若沉淀全被溶解或沉淀很少，可再加1～2倍量的发烟硝酸），放离心管在冰浴中冷却5 min，并不时搅拌，离心倾去上清液，用100～120 mL硝酸分3～4次洗涤转化成的硝酸锶沉淀和管壁，充分搅碎沉淀，放置5 min后离心，弃去上清液。本步骤应连续操作完成。向硝酸锶沉淀中加入30 mL水、1 mL钡载体溶液和几滴甲基橙指示剂。用6 mol/L氢氧化铵溶液或6 mol/L盐酸溶液调节溶液至刚呈黄色。加入1 mL 6 mol/L乙酸溶液和2 mL 3 mol/L乙酸铵溶液，加热至沸，搅拌下逐滴加入1 mL 1.5 mol/L铬酸钠溶液。继续加热3 min，冷至室温后过滤，用少量水洗沉淀。弃去铬酸钡沉淀。用氨水调节溶液

pH 至 8，加入 10 mL 饱和碳酸铵溶液，加热近沸冷却，离心，弃去上清液。滴加 2 mol/L 硝酸溶液使碳酸锶沉淀溶解，用水稀释至 30 mL，加入 1 mL 铁载体溶液和 3～5 滴过氧化氢，煮沸片刻，用无二氧化碳氨水调节溶液 pH 至 8～9，趁热过滤或离心，用 10 mL 热水洗沉淀 2 次合并滤液和洗涤液，弃去氢氧化铁沉淀。记录除铁时间，作为钇-90 生长的起点。向合并液中加入 10 mL 饱和碳酸铵溶液，加热至近沸，冷却，抽滤于可拆卸漏斗已恒量的滤纸上，用水、无水乙醇每次各 10 mL 依次洗涤 2 次后在干燥箱内 105℃干燥 0.5 h，在标定过计数效率的测量仪器上测量总锶放射性。从除去氢氧化铁到总锶放射性测量相隔不超过 2 h，以防钇-90 干扰。随后测量监督源，以校正测量效率变动。样品在 105℃干燥至恒量，以求得锶的回收率。

（4）镭-226 的测定　应按照国家标准 GB 14883.6—2016《食品安全国家标准 食品中放射性物质镭-226 和镭-228 的测定》进行测定。

1）原理　食品灰经碱熔融、用盐酸溶解水浸取后的不溶物，以铅、钡为载体，钡-133 作为示踪剂，硫酸盐沉淀浓集镭，沉淀用乙二胺四乙酸二钠（EDTA-2Na）碱性溶液溶解后封存于扩散器，以射气法测量子体氡-222，计算镭-226 放射性浓度。

2）仪器调试　测定前先进行仪器调试。氡钍分析仪和 γ 放射性测量装置事先均应选择工作电压和甄别阈。前者使用氡射气源，后者可使用钡-133 示踪剂做放射源进行调试。工作电压从测出的坪曲线上，通常在 1/3 至 1/2 区间内结合本底计数率来选定；在选定的工作电压下，甄别阈从测出的本底计数率-甄别阈关系曲线上选出最佳值。

3）闪烁室换算系数 k 值的测定　换算系数 k 表示每单位净计数率代表镭-226，其测定方法如下：把预先抽成真空的闪烁室连接好。扩散器内盛有已知量镭-226（1～10 Bq）标准溶液，通气驱氡 10 min 后封存一定时间。先开右侧三个夹子，然后缓缓松开闪烁室和干燥管间的螺旋夹，控制扩

散器气泡为可数的。利用闪烁室负压徐徐吸入除氡空气，以使扩散器中氡气转入闪烁室，直到无气泡为止。闪烁室放置 3 h 后在氡钍分析仪上测量。转入氡之前闪烁室应先抽真空测量本底。样品测量后闪烁室应立即用真空泵抽气，以尽量降低闪烁室本底，防止污染。要求准确测定时应使用各闪烁室本身的 k 值，一般在实际监测中也可使用数个闪烁室测出的平均 k 值来计算。

4）测定　采样、预处理按 GB 14883.1—2016《食品安全国家标准 食品中放射性物质检验 总则》的规定进行。然后称取 1～4 g（精确至 0.001 g）食品灰于铁坩埚中，加铅、钡载体溶液各 2.00 mL（测回收率样品灰中还加入 1.00 mL 钡-133 示踪剂）。使灰分全部润湿后在红外灯下烘干。用玻璃棒捣碎后分别加入 2 g 无水碳酸钠、5 g 氢氧化钠和 8 g 过氧化钠。搅匀后在表面再覆盖 2 g 过氧化钠，放入已升温到 650～700℃的高温炉中熔融 7～10 min，使其呈暗红色均匀熔体状。取出坩埚稍冷后，使坩埚外壁浸泡在冷水中骤冷。取出坩埚，放于盛有 200 mL 热水的 600 mL 烧杯中，小口放倒，加热水至浸没坩埚，加热。待反应完毕，熔块脱出后取出坩埚，用水洗涤坩埚，再用少量稀盐酸溶液及水将坩埚内外壁擦洗干净。洗涤液合并于烧杯中，搅匀。过滤，以 50 mL 热的 1% 碳酸钠溶液分数次洗涤沉淀，弃去滤液和洗涤液。用 30 mL 1：1 盐酸溶解沉淀，过滤滤液于 300 mL 烧杯中，用水冲洗滤纸至白色。加水至 250 mL 左右，电炉上加热至沸。搅拌下滴加 5 mL 1：1 硫酸，冷却。放置 4 h 以上。倾弃上清液，将沉淀全部转入 50 mL 离心管进行离心，弃去清液。用 10 mL 硝酸、40 mL 水各洗沉淀一次，弃去洗出液。加 15 mL 0.2 mol/L EDTA-2Na 溶液入离心管，水浴中加热，不时搅拌至溶解。溶液转入扩散器中。少量水洗离心管，合并洗出液于扩散器，控制溶液体积为扩散器体积的 1/3～1/2。扩散器用通过了活性炭管的空气通气 10 min 以驱除残存氡气。封存并记录时间，最好封存 12 d 以上。闪烁室抽真空、测量本底

后，转移扩散器样品中氡气入闪烁室，放置 3 h 后测定样品放射性。将加有钡-133 示踪剂的样品溶液全部转入 40 mL 刻度小烧杯中，用水稀释到刻度。用盛有同体积的水、含 1 mL 钡-133 示踪剂的同样的刻度小烧杯在 γ 放射性测量装置上测定化学回收率。对所用试剂应进行试剂本底的测定。

（5）镭-228 的测定　应按照国家标准 GB 14883.6—2016《食品安全国家标准 食品中放射性物质镭-226 和镭-228 的测定》进行测定。

1）原理　食品灰经碱熔融、水浸取后过滤，沉淀用盐酸溶解。以钡、铅双载体硫酸盐共沉淀浓集镭。放置 2 d 后，用二-（2-乙基己基）磷酸-庚烷萃取镭-228 的子体锕-228，通过测量锕-228 的 β 放射性来计算镭-228 含量。

2）锕-228 计数效率及自吸收总校正因子的测定　用镭-228 标准溶液实验测定，即在盛有 100 mL 0.5 mol/L 盐酸溶液的 300 mL 烧杯中加入已知准确量的镭-228 标准溶液，加入各 2 mL 铅和钡载体溶液及 1 mL 钡-133 示踪剂。加水至 200 mL 左右，电炉上煮沸，搅拌下滴加 5 mL 1：1 硫酸，冷却，放置 4 h 以上，以下按样品测定步骤进行分析、测量。

3）测定　采样、预处理　按 GB 14883.1—2016《食品安全国家标准　食品中放射性物质检验　总则》规定。然后称取 4 g（精确至 0.001g）样品灰于铁坩埚，加铅、钡载体溶液各 2 mL（测镭回收率的样品中还加入 1.00 mL 钡-133 示踪剂），使灰分全润湿后在红外灯下烘干。用玻棒捣碎后分别加入 2 g 过氧化钠、5 g 氢氧化钠和 8 g 过氧化钠，搅匀后在表面均匀盖上 2 g 过氧化钠，放入已升温到 650～700℃高温炉中熔融 7～10 min，使其呈暗红色均匀流体状。取出后坩埚在冷水骤冷后小心放入盛有 20 mL 水的 600mL 烧杯中。加热至反应完毕，熔块脱出后先以少量稀盐酸，后用水洗坩埚，洗涤液并入烧杯。将溶液煮沸，放置稍澄清后，趁热过滤，每次用 20 mL 1% 碳酸钠溶液洗涤 3 次。在滤纸上用 30 mL 热的 1：1 盐酸溶解沉淀，收集滤液于洁净的 300 mL 烧杯中，用水冲洗滤纸至白色。加水至 300 mL 左右，电炉上加热搅拌下滴加 5 mL 1：1 硫酸，冷却，放置 4 h 以上。倾弃上清液，将沉淀全部转入 50 mL 离心管中，离心，弃去清液。用 10 mL 硝酸、10 mL 1：1 硫酸、40 mL 水依次洗沉淀一次，弃去洗出液。加 15 mL 0.2 mol/L EDTA-2Na 溶液入离心管中，水浴中加热，待沉淀溶解后加入 2 mL 冰乙酸以重新析出硫酸盐沉淀，记下时间 t_1（锕-228 生长起点）。继续加热 5 min，冷却后离心，弃去清液，水洗沉淀一次。加数滴水，放置 2 d，以使锕-228 与镭-228 达到放射性平衡。两天后，加 15 mL 0.17 mol/L DTPA 溶液入离心管，搅拌，在热水浴上加热使沉淀完全溶解。加入 2 mL 1 mol/L 硫酸钠溶液，搅拌下滴加 1 mL 冰乙酸，使重新析出沉淀，记下时间 t_2（锕-228，衰变起点）。继续加热 5 min，冷却后离心。将上清液转入 60 mL 分液漏斗。用 10 mL 水洗涤沉淀一次，离心。上清液合并入分液漏斗。往分液漏斗中加 5 mL 一氯乙酸溶液、10 mL 15% DEHPA-庚烷溶液，萃取 2 min，弃去水相。用 10 mL DTPA 洗涤液洗有机相一次，弃去水相。用 10 mL 0.5 mol/L 硝酸反萃取 2 min。收集水相于 50 mL 烧杯中，弃去有机相。加 1 mL 铈载体溶液和 2.5 mL 60% 乙酸钠溶液入盛有水相的烧杯，搅拌下滴加 5 mL 0.2 mol/L 草酸铵溶液，低温加热凝集沉淀。冷却后在可拆卸漏斗的滤纸上抽滤制样，用少许无水乙醇洗涤一次，铺样后在红外灯下烘至刚干。用低本底 β 测量仪测量 β 放射性。测量时记下时间 t_3（以测量时间的终点作为锕-228 衰变截止时间）。随后用锶-89—钇-90 平衡监督源监督仪器测量效率波动情况，必要时可在计算中校正。用 20 mL 0.2 mol/L EDTA-2Na 溶液溶解沉淀，可接着转入扩散器射气闪烁法测定镭-226。加有钡-133 示踪剂的样品沉淀溶解后完全转入 40 mL 刻度烧杯后，稀释到刻度。在 γ 放射性测定装置上与加入量钡-133 示踪剂在同样条件下相对测定镭化学回收率（如测定镭-226 时也代表镭-226 化学回收率）。对所用的试剂应进行试剂本底的测定。

（6）天然钍-232测定方法——PMBP萃取—分光光度法　应按照国家标准GB 14883.7—2016《食品安全国家标准 食品中放射性物质天然钍和铀的测定》进行测定。

1）原理　食用菌灰以王水浸取，草酸盐沉淀，1-苯基-3-甲基-4-苯甲酰基吡唑酮-5（简称PMBP）萃取分离后，在6 mol/L盐酸介质中，以铀试剂Ⅲ显色进行分光光度测定。

2）工作曲线的绘制　分别吸取相当于0、0.3 μg、0.5 μg、0.7 μg、1.0 μg、3.0 μg、5.0 μg、7.0 μg、9.0 μg、10.0 μg钍的钍标准溶液于10个250 mL烧杯中，加20 mL 6 mol/L盐酸溶液、2 mL钙载体溶液，加水至250 mL。绘制吸光度值对于钍含量的工作曲线。

3）测定　采样、预处理按GB 14883.1—2016《食品安全国家标准 食品中放射性物质检验 总则》的规定进行。称取0.5～2 g（精确至0.001 g）灰样于蒸发皿，用少量水将灰润湿，慢慢加入5 mL王水，盖上表面皿，在电炉上缓缓蒸干，再放入高温炉中，于450℃灼烧0.5 h，取出冷却。加入约20 mL 6 mol/L盐酸溶液，加热至沸，使样品溶解。稍冷，以中速定性滤纸过滤，以热酸性水洗涤蒸发皿，再洗残渣至滤液无色。控制滤液体积在250 mL左右。往滤液中加入2 g草酸，微热使溶。以1∶1氨水调节pH至1左右，使生成草酸盐沉淀。若未出现白色沉淀，则在搅拌下逐滴加入2 mL钙载体溶液，加热，以促使生成白色沉淀。加热陈化，冷却0.5 h以上，离心，弃去上清液。用250 mL 1%草酸溶液洗沉淀，离心，弃去上清液。沉淀以高氯酸和硝酸各5～10 mL溶解并转移至小烧杯中，小火蒸干。蒸干物冷却后，加10 mL水、5mL 14%磺基水杨酸溶液、约0.1 g固体抗坏血酸，用1∶1氨水调节pH至1左右，倒入分液漏斗，用少许水洗烧杯并倒入同一漏斗。加15 mL 0.03% PMBP-二甲苯溶液，萃取2～3 min，分层清晰后弃去水相。用10 mL 0.1 mol/L

盐酸溶液萃洗有机相，弃去水相。用15 mL 6 mol/L盐酸溶液反萃取2～3 min，静置分层清晰后，将水相放入25 mL容量瓶中，再用2 mL 6 mol/L，盐酸溶液反萃取有机相一次，合并反萃取液。于上述容量瓶中依次加入约0.1 g抗坏血酸，1 mL 10%草酸溶液，1 mL 10%酒石酸溶液和2.00 mL 0.05%铀试剂Ⅲ溶液，以6 mol/L盐酸溶液稀释至刻度。摇匀，放置15 min后，以17 mL 6 mol/L盐酸溶液代替样品液加显色剂作为零值，在665 nm波长下测定钍的吸光度。从工作曲线上查出相应的钍含量。

4）化学回收率测定　在分析样品等量灰样中加入标准溶液200 mL，按测定程序操作，测定吸光度，计算回收率。试剂空白值测定：不用样品灰按以上测定程序，以17 mL 6mol/L盐酸溶液加入显色剂后作为零值，在同样条件下测出吸光度作为试剂空白，应在结果计算中进行校正。

（7）天然铀测定方法——激光荧光法　应按照国家标准GB 14883.7—2016《食品安全国家标准 食品中放射性物质天然钍和铀的测定》进行测定。

1）原理　食品灰用过硫酸钠处理，在一定酸度下，加入荧光增强剂，使之与样品溶液中铀酰离子生成络合物。在波长337 nm的激光辐射激发下产生荧光，采用标准加入法定量测定铀。

2）测定　采样、预处理按GB 14883.1—2016《食品安全国家标准 食品中放射性物质检验 总则》的规定进行。称取样品灰50.0 mg，放入50 mL三角烧杯内。加入20 mL水和2.0 g过硫酸钠，盖上表面皿，沙浴上加热并不时搅拌，直至停止冒气泡后蒸干。若在蒸干时仍有气泡可再加入约20 mL水，盖上表面皿，在电炉上加热直至无气泡后蒸干。固体物熔融后，加入10 mL水溶解，稍微加热后转入离心管离心或过滤。再向离心管或三角烧杯中加入10 mL蒸馏水和3～5滴硝酸，稍加热后离心或过滤。上清液或滤液合并于25 mL容量瓶，用10 mol/L氢氧化钠或硝酸调节溶液pH至3～4，用水稀释至刻度。取4.50 mL样品溶液于石英杯中，测量荧光强度，仪器计数为N_0；向

食用菌加工产品的质量安全控制与评价

样品内加入 0.5 mL 荧光增强剂，充分混匀，测量荧光强度仪器计数为 N_1；向样品内加入 5.0 μL 的 1.00 μgU/mL 的标准溶液，充分混匀，测量荧光强度，仪器计数为 N_2。不加食品灰，按以上测定程序测定试剂空白值，在结果计算中应予校正。另外称取 50.0 mg 样品灰于 50 mL 三角烧杯内，加入 5.0 μL 的 1.00 μgU/mL 的标准溶液，测定铀量，并计算化学回收率。

（8）放射性核素碘-131 的测定　应按照国家标准 GB 14883.9—2016《食品安全国家标准 食品中放射性物质碘-131 的测定》进行测定。

1）原理　食品鲜样在碳酸钾溶液浸泡后炭化、灰化，水浸取液用四氯化碳萃取分离、碘化银形式制源，以低本底 β 测量仪测量碘-131 的 β 放射性浓度。

2）绘制计数效率—质量曲线　准确配制一系列含不同量碘载体的溶液，各加入等量的碘-131 标准溶液（约 1×10^3 衰变/min）。以实得碘化银沉淀质量为横坐标，以测得的放射性活度（I）除以加入碘-131 标准溶液活度（I_0）为纵坐标，在普通坐标纸上作图，即得有效计数效率-样品质量曲线，可根据样品源的质量查得相应的有效计数效率。用监督源测定标定时监督源计数效率。

3）测定　样品采样按 GB 14883.1—2016《食品安全国家标准　食品中放射性物质检验　总则》的规定进行。样品预处理环节，蔬菜等固体食品（包括食用菌）按饮食习惯采取样品中的可食部分洗涤、晾干、切碎，称取 200 g 于 300 mL 蒸发皿中，加入 1.00 mL 碘载体溶液和 10 mL 2.5 mol/L 碳酸钾溶液，加入少量水并充分地拌匀，放置 0.5 h 后，在干燥箱内烤干，置于电炉上炭化至无烟。加 1 g 亚硝酸钠，拌匀后在高温炉 450～500℃灰化至白色。注意，灰化温度不大于 500℃，温度过高会导致碘挥发损失。

4）分离纯化　将灰化好的样品灰用水加热浸取，过滤入 250 mL 分液漏斗中，并多次用水洗蒸发皿，洗液过滤，总体积控制在 60 mL 左右，弃去残渣。加入分液漏斗 30 mL 四氯化碳、2 mL 次氯酸钠溶液，振摇 2 min，然后加入 6 mL l mol/L 盐酸羟胺溶液，振摇 2 min。再加入 0.5 g 亚硝酸钠，振摇溶解后逐滴加入硝酸至反应完全，同时不断振摇，萃取至有机相紫色不再加深（注意放气），静置分层后将有机相移入另一分液漏斗。注意：碘在酸性介质中易挥发损失，在加入硝酸后应立即加盖振摇萃取。最后，加 15 mL 四氯化碳入盛水相分液漏斗，再萃取一次，合并有机相，弃去水相。有机相用 30 mL 水洗一次，振摇 2 min 后弃去水相。向盛有四氯化碳的分液漏斗中加入 20 mL 水和数滴 0.1 mol/L 亚硫酸氢钠溶液，振摇至有机相无色，静置分层，将有机相转入另一分液漏斗，水相放入 100 mL 烧杯，再用 5 mL 水洗有机相一次，振摇后弃去四氯化碳（或回收），合并水相。向烧杯内加入 3 滴铁载体溶液，用 2 mol/L 氢氧化钠溶液调至碱性，加热，趁热过滤溶液于 100 mL 烧杯中，用少量弱碱性水洗沉淀，弃去沉淀。如果无明显稀土元素污染时，可忽略这一步骤。加热煮沸清液，冷却，加入 2 mol/L 硝酸 5 mL 后立即在搅拌下加入 1% 硝酸银溶液 3 mL，加热凝聚沉淀。冷却后将沉淀用可拆卸漏斗抽滤在已恒量的滤纸上，用 1% 硝酸溶液洗沉淀数次，无水乙醇洗涤后，110℃烘干。将制得的样品源和监督源在低本底 β 测量仪上测量放射性。

（9）放射性核素铯-137 的测定　应按照国家标准 GB 14883.10—2016《食品安全国家标准 食品中放射性物质铯-137 的测定》进行测定，采用磷钼酸铵法。

1）原理　王水浸取食品灰，经磷钼酸铵吸附分离，在柠檬酸掩蔽下以碘铋酸盐沉淀纯化铯后，用低本底 β 射线测量仪测量铯-137 放射性。

2）标准源校正监督源及计数效率-质量曲线的绘制　铯-137 标准源校正铯-137 监督源：将内面光滑的不锈钢测量盘洗净烘干，用铅笔画上与测量样品相同直径的圆，滴入 0.1 mL 胰岛素溶液（20 万单位/L），使其在圆内均匀分布，烘干。往胰岛素圆面上准确加入铯-137标准溶液（$10^2 \sim 10^3$ 衰变/min），仔细均匀铺开后烘干。再滴上 1 滴 1% 火棉胶溶液，均匀地覆盖于源上，晾干后即得铯-137 监督源（使用活性区直径与样品相同的铯-137 平板标准源更好）。准确移取 2.00 mL 铯载体和 1.00 mL 铯-137 标准溶液于 50 mL 烧杯中，得铯-137 标准源。连续在测量样品的低本底 β 测量仪上测量以上两种源，计算出校正后的监督源强度。计数效率-质量曲线的绘制中，准确配制一系列含铯量不同的溶液，各加入等量的铯-137 标准溶液，以实得碘铋酸铯质量为横坐标，测得的放射性强度 I 为纵坐标，在半对数坐标纸上作图，得一直线。将直线延长与纵坐标相交得 I_0，以实得碘铋酸铯质量为横坐标，I/I_0 为纵坐标，在普通坐标纸上绘制出计数效率-质量曲线。

3）测定　采样、预处理按 GB 14883.1—2016《食品安全国家标准　食品中放射性物质检验　总则》的规定进行。称取 $1 \sim 10$ g（精确至 0.001 g）灰样于 250 mL 蒸发皿，加入 2.00 mL 铯载体溶液和少量水润湿灰，慢慢滴入 40 mL 王水，在沸水浴上蒸干，再在电炉上低温加热到无烟后，于高温炉中 450℃灼烧 0.5 h。冷却，用 $30 \sim 50$ mL 6 mol/L 硝酸溶液浸煮并趁热离心，保留上清液。然后用热的 2 mol/L 硝酸溶液和水 20 mL 交替洗涤残渣 2 次。重复前述浸煮和洗涤一次，弃去残渣，合并上清液与洗出液于 250 mL 烧杯。用浓氨水调浸出液 pH 至 1 左右，加水稀释至 200 mL 左右。加入 1 g 磷钼酸铵，搅拌 30 min，放置，让沉淀沉降完全。用虹吸法吸去大部分清液，剩余部分转入离心管离心，弃去上清液。用 1%（V/V）硝酸和水各 15 mL 分别洗沉淀一次，离心。弃去上清液。然后加入 10 mL 2 mol/L 氢氧化钠溶液，搅拌使沉淀溶解。加 5 mL 30%柠檬酸溶液，小心加热，如有不溶物应趁热在定量滤纸上过滤，用 10 mL 水依次洗涤烧杯和滤纸，合并滤液和洗涤液入 50 mL 烧杯中，在电炉上缓缓蒸发至 $5 \sim 8$ mL。将烧杯放在冰浴中冷却，加入 2 mL 冰乙酸和 2.5 mL 碘铋酸钠溶液，

用玻璃棒擦壁搅拌 3 min 左右。碘铋酸铯沉淀在冰浴放置 15 min 左右。将溶液和沉淀转入 10 mL 离心管中离心，弃去上清液。用 10 mL 冰乙酸洗涤烧杯后转入离心管，搅起沉淀进行洗涤，离心，弃去上清液。用 10 mL 冰乙酸溶液将全部沉淀均匀地转移至装有已恒量滤纸的可拆卸漏斗中，抽滤。用冰乙酸洗到滤出液无色为止。最后用 10 mL 无水乙醇洗 1 次。然后将碘铋酸铯沉淀在 110℃下烘干，称至恒量。在低本底 β 测量仪上测量铯-137 放射性，接着在同样条件下测量铯-137 监督源。

（五）食用菌产品中真菌毒素的检测

1. 真菌毒素限量标准　真菌毒素是由真菌产生的有毒次级代谢产物。目前已发现的真菌毒素达 300 多种。其中，最常见毒素为黄曲霉毒素类、赭曲霉毒素 A、伏马毒素类、玉米赤霉烯酮及单端孢霉烯族类等。这些污染物对人和动物具有致畸、致癌、肾毒性、肝毒性、神经毒性及生殖毒性等作用。研究表明，同时摄入多种毒素具有协同或加合的毒性作用。另外，植物通过体内转换酶作用可将真菌毒素与糖基等极性物质结合，形成隐蔽型真菌毒素。由于其潜在健康风险，真菌毒素正在引起人们广泛关注。目前，食用菌中真菌毒素的污染发生情况仅有少量报道。因此，各个国家尚未建立食用菌中真菌毒素的相关限量标准。据联合国粮食及农业组织（FAO）调查结果显示，全球约 25% 的粮食受到真菌侵染和毒素污染。鉴于此，许多国家包括我国都针对食品和饲料制定了真菌毒素的限量标准。

（1）我国真菌毒素限量标准　目前，中国颁布了标准 GB 2761—2017《食品安全国家标准 食品中真菌毒素限量》，对食品和饲料中黄曲霉毒素 B_1、黄曲霉毒素 M_1、脱氧雪腐镰刀菌烯醇、展青霉素、赭曲霉毒素 A 及玉米赤霉烯酮提出了限量标准（见表 9-38）。针对食用菌产品，还未提出真菌毒素的限量标准。

（2）国际真菌毒素限量标准　国际食品法典委员会（CAC）是由联合国粮农组织和世界卫生组

食用菌加工产品的质量安全控制与评价

织共同建立的旨在制定国际食品标准的政府间国际组织。该机构制定的标准是国际公认的仲裁依据。

CAC 于 1995 年颁布了《CODEX STAN 193—1995 Codex General Standard for Contaminants and Toxins

表 9-38　中国对食品中真菌毒素的限量规定

毒素种类	食品种类	限量（μg/kg）
黄曲霉毒素 B₁	玉米、玉米面及玉米制品	20
	稻谷、糙米、大米	10
	小麦、大麦、其他谷物	5.0
	小麦粉、麦片、其他去壳谷物	5.0
	发酵豆制品	5.0
	花生及其制品	20
	其他熟制坚果及籽类	5.0
	植物油脂（花生、玉米油除外）	10
	花生油、玉米油	20
	酱油等调味品（粮食为主要原料）	5.0
	婴幼儿食品	0.5
黄曲霉毒素 M₁	乳及乳制品	0.5
	婴儿食品	0.5
脱氧雪腐镰刀菌烯醇	玉米、玉米面（渣、片）	1 000
	大麦、小麦、麦片、小麦粉	1 000
展青霉素	水果制品（果丹皮除外）	50
	果蔬汁类	50
	酒类	50
赭曲霉毒素 A	谷物、谷物碾磨加工品	5.0
	豆类	5.0
	酒类	2.0
	坚果及籽类	5.0
	研磨咖啡（烘焙咖啡）	5.0
	速溶咖啡	10.0
玉米赤霉烯酮	谷物及其制品	60

IV

in Food and Feed》，并于1997～2010年间进行6次修改。欧洲联盟（EU）也对食品及饲用农产品和饲料中真菌毒素的含量制定了严格的限量或建议限量值。例如，欧盟委员会《（EC）No 1881/2006设定食品中某些污染物的最高含量》规定了谷物和谷类制品、酒类中黄曲霉毒素、赭曲霉毒素A、展青霉素及镰刀菌毒素的限量标准；欧盟委员会2002/32/EC条例制定了饲料中黄曲霉毒素B_1的限量标准，欧盟委员会2006/576/EC条例对呕吐毒素、玉米赤霉烯酮、赭曲霉毒素A和伏马毒素建

立了建议限量值（见表9-39和表9-40）。食用菌作为人们喜爱的消费品，其全球范围内消费量正逐年增加，因此，食用菌中真菌毒素的污染种类及污染水平应该引起政府监管部门的重视，进而制定相关真菌毒素限量标准，切实保证人们的饮食安全。

2. 食用菌中真菌毒素检测方法 目前，针对食用菌中真菌毒素的检测方法仅有少量报道。然而，针对食品和饲料中真菌毒素的检测方法已有较多报道。这些方法普遍包括样品前处理和定量/定性分析两部分，对于食用菌中真菌毒素分析方法的开发

表9-39 欧盟对食品中真菌毒素建议限量及限量标准

真菌毒素	食品种类	限量（μg/kg）
黄曲霉毒素B_1	需处理开心果、杏仁	12.0
	需处理花生及其他油籽；需处理榛子、巴西坚果；直接食用开心果、杏仁	8.0
	直接食用榛子、巴西坚果；玉米、大米；香料	5.0
	直接食用花生及油籽；谷物食品及其所有制品	2.0
	婴儿食品	0.1
黄曲霉毒素M_1	牛奶及杀菌牛乳	0.05
	婴儿食品	0.025
呕吐毒素	未加工硬粒小麦和燕麦；未加工玉米	1 750
	未加工谷物	1 250
	直接食用谷物；面食；直接食用玉米研磨品	750
	面包、饼干及谷类小吃	500
	婴儿食用谷物加工品	200
玉米赤霉烯酮	精制玉米油	400
	未加工玉米	350
	未加工谷物，不含玉米；直接食用玉米	100
	直接食用的谷物	75
	面包、糕饼、饼干	50
	加工谷物食品及婴儿食品	20

食用菌加工产品的质量安全控制与评价

真菌毒素	食品种类	限量（μg/kg）
赭曲霉毒素 A	果脯；速溶咖啡	10
	未加工谷物	5.0
	未加工谷物制成的产品	3.0
	葡萄酒	2.0
	婴儿食品	0.5
伏马菌素	未加工玉米	4 000
	直接食用的玉米及制品	1 000
	玉米早餐谷物及点心	800
	婴儿食品	200

表 9-40　欧盟对饲料及饲用农产品中真菌毒素建议限量及限量标准

真菌毒素	产品种类	限量 / 建议限量（μg/kg）
黄曲霉毒素 B_1	所有饲料原料；猪、禽配合饲料；猪、禽补充饲料；牛、羊补充饲料	20
	小牛、羊配合饲料；其他配合饲料	10
	奶用动物配合饲料；其他补充饲料	5
呕吐毒素	玉米	12 000
	其他配合饲料	5 000
	小牛、小羊配合饲料	2 000
	其他饲料原料	8 000
	猪配合饲料	900
玉米赤霉烯酮	玉米副产品	3 000
	奶牛、犊牛、羊复合饲料	500
	母猪、育肥猪配合饲料	250
	仔猪配合饲料	100
赭曲霉毒素 A	饲料原料	250
	家禽配合饲料	100
	猪配合饲料	50

伏马毒素	玉米及玉米副产品	60 000
	成年反刍动物	50 000
	家禽、小牛、羊饲料	20 000
	鱼饲料	10 000
	猪配合饲料；马、兔及宠物饲料	5 000

提供了有效借鉴。

（1）样品前处理方法　样品中真菌毒素的提取方法包括常规提取法、加速溶剂萃取法、QuEChERS 提取法、微波辅助萃取法、超临界流体萃取法（Supercritical fluid extraction，SFE）等。

1）常规提取法　真菌毒素提取溶剂一般为水和有机溶剂混合液。提取溶剂选择原则是最大限度回收待测物，同时尽可能减少干扰物提取。甲醇和乙腈是最常用有机溶剂，大多数真菌毒素易溶于这两种溶剂。研究表明，对于某些含有羧基基团的毒素，如伏马毒素、霉酚酸等，在提取溶剂中加入甲酸或乙酸有利于这些毒素提取。对于动物源性样本，乙腈提取效果和净化效果优于甲醇和丙酮。对于不同真菌毒素选择不同比例的有机溶剂/水溶液。例如对于食品和饲料中伏马毒素的提取，建议使用 50/50 乙腈/水溶液进行提取；呕吐毒素易溶于水溶液中，提取溶剂既可使用纯水，也可使用不同比例的有机溶剂水溶液。选择最优提取溶剂后，样品与提取溶剂进行充分混合，最常用方式为匀质、振荡及超声提取等机械法。

2）加速溶剂萃取法　该法是由 Richter 等在 1995 年首次报道，并且用该方法提取土壤中有机污染物。其原理是在提高温度和压力条件下用提取溶剂萃取固体或半固体中目标化合物的一种样品前处理方法。提高温度有利于减少待测物与基质成分结合力，促进物质溶解度和溶剂扩散效率，进而提高萃取效率。ASE 法已被美国环保局收录为处理固体样品的标准方法之一。

3）QuEChERS 提取法　针对样品前处理普遍存在的处理烦琐、消耗大量有机溶剂、费用高等问题，在 2003 年，Anastassiades 等首次开发了 QuEChERS 提取法。它是基于分散固相萃取建立起来的一种农药多残留快速（Quick）、简单（Easy）、便宜（Cheap）、高效（Effective）、耐用（Rugged）及安全（Safe）的方法。基本流程为：用乙腈/水（50/50，V/V）提取样本中目标物，然后加入 NaCl 和无水 $MgSO_4$ 盐析分层，目标物被萃取至乙腈层。该方法已得到广泛认可和应用，美国分析化学家协会（AOAC）和欧盟先后发布了基于 QuEChERS 的方法标准。该方法已推广到兽药、真菌毒素等分析领域。

4）微波萃取法　又称微波辅助萃取，是利用极性分子可迅速吸收微波能量来加热某些极性溶剂，如乙醇、甲醇、丙酮或水等。非极性溶剂不吸收微波能量，因此在微波萃取中不能用 100% 非极性溶剂作为萃取溶剂。微波萃取在密闭容器中进行，该方法可缩短萃取时间，减少溶剂消耗量。

5）超临界流体萃取　利用超临界条件下的流体作为萃取剂，从液体或固体中萃取出目标成分，以达到某种分离目的。超临界流体具有较低黏度和较高扩散系数，可比液体溶剂更易穿过多孔性基体，因而提高了萃取效率。二氧化碳（CO_2）是最常用超临界流体。由于 CO_2 极性太小，因而只适合非极性或弱极性化合物的萃取。为提高对极性化合物萃取效率，可加入有机改性剂来增加溶剂极性，如甲醇、乙醇、乙腈及丙酮等。该方法主要缺点是：仪器昂贵，样品处理成本较高；样品基质对萃取效率影响大，每个种类样品分析均需重新优化萃取条件；高压下萃取，相平衡较复杂，物性数据缺乏。

食用菌加工产品的质量安全控制与评价

（2）纯化方法 净化可采用液液萃取法（Liquid-liquid extraction，LLE）、固相萃取法（Solid phase extraction，SPE）、基质分散固相萃取法（Matrix solid-phase dispersion，MSPD）、凝胶渗透色谱法（Gel permeation chromatography，GPC）等。

1）液液萃取法 利用目标物在不同溶剂中溶解度不同，从而达到分离和提取的目的。由于常规 LLE 法需消耗大量有毒有机试剂。因此，研究者开发了多种 LLE 法来克服这个缺点，如分散液液微萃取（DLLME）、悬滴微萃取（SDME）和中空纤维液相微萃取（HF-HPME）。DLLME 是近年来出现的一种新型样品前处理技术，它由 Rezaee 等在 2006 年首次提出。该方法利用微量注射器将萃取剂快速注入萃取体系中，在分散剂-水相内可迅速形成萃取剂微珠，悬浮于样液内，扩展了萃取微珠和水样间接触面，从而使目标化合物在短时间内完成萃取过程。该方法不仅节省了有机溶剂消耗量，提高了萃取速度，而且提高了萃取效率和富集倍数，是一种很有发展潜力的样品前处理技术。

2）固相萃取法 该法是一种样品预处理技术，由液固萃取和液相色谱技术相结合发展而来，主要用于样品分离、净化和富集。该技术已广泛用于真菌毒素检测方法开发。根据填料的不同，SPE 柱可分为正相柱、反相柱、离子交换柱、高分子聚合物柱、多功能净化柱和免疫亲和柱。正相柱和反相柱区别在于固定相与流动相之间极性不同。若固定相极性大于流动相，为正相柱；反之，则为反相柱。正相柱包括硅胶柱和其他具有极性官能团的材料，如氨基和氰基团的键合相材料。一般来讲，正相柱适用于分离强极性化合物。反相柱主要包括 C_{18}、C_8、C_4、C_2 及苯基柱，一般用于分离中等、弱极性或非极性化合物。免疫亲和柱是利用抗原抗体特异性，从复杂待测样品中提取目标化合物的一种净化柱。它由特异性抗体与适当固定相结合填柱而成，然后提取液通过亲和柱，非目标物不结合直接流出，目标物保留在柱内，最后通过洗脱液将目

标物从净化柱上洗脱下来。这类净化柱具有高特异性、净化效果好。不过，免疫亲和柱成本高，且不适宜进行多毒素同时检测，因此限制了其在多残留方法开发中的应用。另外，硅藻土、弗罗里硅土、中性氧化铝、酸性氧化铝及碱性氧化铝也已用于真菌毒素的净化。

3）基质分散固相萃取法 该法由 Barker 等在 1989 年首次报道。其原理是将吸附剂材料与样品一起进行研磨，混合成均相后将其装入 SPE 空管，然后用不同溶剂分别进行淋洗和洗脱，最终收集洗脱液进行目标物分析测定。在大多数 MSPD 中，典型用量是 2 g 吸附剂对应 0.5 g 样品。它是一种简单高效的前处理技术，可减少有机试剂消耗量、提高分析检测速度。

4）凝胶渗透色谱法 又称分子筛凝胶色谱，是一种新兴样品前处理技术，它具有自动化程度高、净化效果好和适合多残留检测等优点。其原理是以多孔凝胶（葡萄糖、琼脂糖、硅胶和聚丙烯酰胺等）作为固定相，根据溶质分子量大小不同从而达到分离目的。当样品液通过 GPC 时，小分子物质嵌入到固定相孔隙内，而大分子物质在固定相孔隙之间，流动相通过 GPC 时，大分子物质先洗脱出，小分子物质后洗脱出。GPC 已广泛用于从高分子化合物（蛋白、脂肪）中分离小分子化合物，最常用于检测高脂肪、复杂基质中农药残留。目前仅少量研究报道用 GPC 进行真菌毒素的检测分析。

（3）真菌毒素的定量/定性分析

1）薄层层析法（Thin layer chromatography，TLC） 该法属于固-液吸附色谱，是一种微量、快速且简单的定性定量检测方法。采用该方法对真菌毒素定量分析已得到广泛应用。中国食品安全国家标准 GB/T 8381-1987《饲料中黄曲霉素 B_1 的测定方法》将 TLC 法作为检测食品和饲料中黄曲霉毒素的标准方法。另外，美国药典和 WTO 关于"中草药中污染物、残留安全和质量评价指南"中均采用该法对黄曲霉毒素进行检测。TLC 法虽然简单、经济，但是灵敏度差，操作过程复杂、结果

可重复性和再现性差，故采用 TLC 法进行真菌毒素定量的方法正逐渐被先进仪器所取代。

2）酶联免疫法（Enzyme-linked immunosorbent assay，ELISA） 该法是采用抗原与抗体特异反应将待测物与酶连接，然后通过酶与底物产生颜色反应，用于定量分析。该方法操作简单、样品前处理无须专门净化、样品通量高等优点，已广泛用于真菌毒素快速定量筛查。然而，该方法有如下缺点：仅能同时检测一种或一类毒素，并不适用于同时定量多种毒素；定量结果仅在有限检测范围内准确；易导致假阳性结果。免疫胶体金是近年发展起来的一种新型快速检测技术，其原理是将特异性真菌毒素抗原以条带状固定于膜上，然后胶体金标记特异性抗体吸附在结合垫上，当样品滴加至试纸条时与结合垫上胶体金标记试剂发生反应，通过毛细作用共同向前移动，当移至毒素抗原区域时，待测物与金标试剂的结合物产生特异性结合而被截留在检测带上呈现出颜色。近年，荧光免疫分析法（Fluorescence immuno assay，FIA）作为免疫分析法家族中的一员得到了迅速发展。该技术主要包括荧光偏振免疫分析（FPIA）和时间分辨荧光免疫分析（TRFIA）。随着新型纳米材料量子点的出现，将量子点作为荧光物质用于 FIA 中也得到广泛应用。另外，免疫传感器、免疫芯片及新型生物材料的应用得到了研究者广泛关注，将来还会开发出更多基于免疫分析的检测方法。

3）色谱分析法 该法利用色谱法测定毒素含量，是目前公认的定量分析方法。最常见色谱法包括：毛细管电泳法（CE）、气相色谱法（GC）、气相色谱串联质谱法（GC/MS）、液相色谱法（HPLC）及液相色谱串联质谱法（HPLC-MS/MS）。CE 是一类以石英毛细管为分离通道，以高压直流电场为驱动力，依据各组分之间淌度和分配行为的差异而实现分离的电泳分离分析方法。该方法分析迅速、经济、所需样品量少、自动化程度高。它的应用从生物大分子、小分子及离子均有大量报道。GC 是检测真菌毒素常用方法之一。一般

来讲，易挥发性化合物可用 GC 进行分析，不挥发或难挥发性化合物不易用 GC。大多数真菌毒素无挥发性，因此在用 GC 前需进行衍生化处理。硅烷化是最常用衍生化方法。另外，GC 系统常用检测器是电子捕获检测器、火焰光度检测器和傅里叶变换红外光谱。在 GC 分析时，由于样品基质复杂，提取和净化过程中未完全去除基质干扰成分，色谱图就会出现很多杂质峰，造成无法准确积分目标峰。GC/MS 一定程度上可克服这个问题。因质谱可对目标离子进行特异性选择，干扰离子不能进入检测器中。相对于一级质谱，GC/MS/MS 有更大优势，因它可提供化合物二级质谱信息，从而可提高定性定量准确度。HPLC 是最常用检测真菌毒素的分析法。HPLC 的原理是利用不同物质在两相中（固相和液相）的分配系数、吸附能力等亲和力的不同通过色谱柱来进行分离，然后通过检测器测定化合物的信号响应值，进而进行定量。反相 C_{18} 柱是最经常使用的真菌毒素色谱柱。另外，HPLC 常用检测器包括紫外检测器（UV）和荧光检测器（FLD）。有些毒素有较强紫外吸收，可使用 UV 检测器进行测定，如，DON 和展青霉素（PAT）；有些毒素有荧光特性，可直接用荧光检测器进行检测，如 OTA、ZEN 和 CIT 等；有些毒素无荧光基团，需进行衍生化后检测，如伏马毒素、黄曲霉毒素。近年来，HPLC-MS/MS 已广泛用于食品和饲料中真菌毒素多残留检测。它的原理是通过 HPLC 将各组分分离后注入质谱仪，在质谱仪离子源部位目标组分的分子被电离，带电离子通过离子传输毛细管聚焦加速进入质量分析器，根据质荷比（m/z）不同将各组分进行分离，分离后带电离子进入碰撞室，在碰撞气碰撞作用下产生二级产物离子，通过分析物二级产物离子进行定量定性分析。HPLC-MS/MS 结合 HPLC 的强大分离分析能力和 MS 灵敏的鉴定及结构解析能力，提供可靠精准的结构信息，同时具有高选择性和灵敏度。另外，HPLC-MS/MS 可减少烦琐的样品前处理步骤，节省分析时间。因此，它在食品科学和分析化学领域

发挥着更加重要的作用。越来越多的真菌毒素多残留检测方法通过 HPLC-MS/MS 得以实现。HPLC-QTOF/MS 也是一种常用的色谱分析仪器。它的原理是通过 HPLC 分离及离子源离子化后，电离离子以脉冲方式进入飞行区，在动能和电场下继续飞行，质荷比较小的离子飞行时间短，质荷比较大的离子飞行时间长，从而使不同质荷比的离子达到分离。该仪器具有较高分辨率，可准确定性待测分析物，已有真菌毒素多残留分析的研究报道。

（六）食用菌产品其他（异物）检测

1. 食用菌及产品中二氧化硫的检测　盐渍食用菌、干制食用菌、食用菌饼干、食用菌半固体复合调味料、食用菌饮料等食用菌产品加工过程中，以及食用菌鲜品贮运过程中，可能会使用漂白剂亚硫酸盐类，其产生的二氧化硫会破坏或抑制食品中的发色因素，使其褪色或避免褐变，同时起到抑菌、抗氧化的作用。我国 GB2760—2014《食品安全国家标准 食品添加剂使用标准》中规定，二氧化硫在各种食品中的限量标准分别为食用菌 50 mg/kg，饼干 100 mg/kg，干制蔬菜 200 mg/kg。食用菌及产品中二氧化硫的检测可参考农业行业标准 NY/T 1435—2007《水果、蔬菜及其制品中二氧化硫总量的测定》进行。

（1）原理　将试料酸化、加热，然后通入氮气流将释放出来的二氧化硫夹带出并通过中性的过氧化氢溶液，二氧化硫被过氧化氢吸收并氧化生成硫酸，用氢氧化钠标准溶液滴定。往滴定后的溶液加入氯化钡，形成硫酸钡沉淀，然后根据二氧化硫含量采用硫酸钡重量测定或浊度测定验证上述测定。

（2）检测样品的处理　取可食部分用组织捣碎机制成匀浆（或粉末状），冷冻的或深度冷冻的制品应在一密闭的容器内进行融化，把融化时间形成的液体加入制品中，然后用组织捣碎机制成匀浆。根据估计的二氧化硫含量称取 10～100 g 试样（准确到 0.01 g），使试料的二氧化硫含量不超过 10 mg。将试料移入夹带装置的烧瓶 A 中。每个起泡器均加入 3 mL 过氧化氢和 0.1 mL 指示剂溶液，滴加氢氧化钠标准溶液使过氧化氢溶液呈中性，将滴液漏斗 C、回流冷凝器 B、起泡器与烧瓶 A 连接，通入氮气流将烧瓶 A 和整套仪器内的空气驱出。将 100 mL 水和 5 mL 盐酸溶液加入滴液漏斗 C，将滴液漏斗 C 中的盐酸溶液放入烧瓶 A 中。将烧瓶的内盛物慢慢煮沸，并保持沸腾约 30 min，控制氮气的流速为每秒产生一个或两个气泡。

（3）滴定　将第二个起泡器的溶液倒入第一个起泡器内，根据估计的二氧化硫含量用 0.01 mol/L 或 0.1 mol/L 的氢氧化钠标准溶液滴定生成的硫酸。如果滴定耗用的 0.01 mol/L 氢氧化钠标准溶液的体积超过 10 mL（或所需的 0.1 mol/L 氢氧化钠标准溶液的体积超过 1 mL），则按重量法进行验证；如果滴定耗用的 0.01 mol/L 氢氧化钠标准溶液的体积少于 10 mL，则按浊度法进行验证。

（4）计算　按公式（9-32）计算二氧化硫含量。

$$W = \frac{cV}{m} \times 32 \times 10^3 \qquad (9-32)$$

式中：W——二氧化硫含量，单位为毫克每千克（mg/kg）；c——氢氧化钠标准溶液数值，单位摩尔每升（mol/L）；V——滴定耗用的氢氧化钠标准溶液体积数值，单位为毫升（mL）；m——样品的质量数值，单位为克（g）；32——每摩尔氢氧化钠相当于二氧化硫的质量数值，单位为克每摩尔（g/mol）；10^3——由克（g）换算成千克（kg）的换算系数。

在重复条件下获得的两次独立测试结果的绝对差值不大于这两个测定值的算术平均值的 5%，以大于这两个测定值的算术平均值的百分数情况不超过 5% 为前提。

（5）验证方法一——重量法　滴定后，将起泡器 E 的溶液与洗涤用的水都转移到锥形烧瓶中，其总体积约为 25 mL，加入盐酸溶液 1 mL 并加热至沸腾。逐滴加入 2 mL 氯化钡溶液，搅拌，冷却放置 12 h。把生成的沉淀物定量地收集在预先用沸水蘸湿过的无灰滤纸上，用 20 mL 微温的蒸馏水将沉淀物洗涤 1 次，再用微温的洗涤液洗涤 5 次，每次用 20 mL。沥水干燥后，将滤纸连同沉淀物放入预先经过干燥和称重精确到 1 mg 的坩埚中，再将坩埚放入温度控制在 800℃±25℃的马弗炉中煅烧 2 h。把坩埚及其内盛物从马弗炉中取出后，在干燥器中冷却称重。最终用差量法测定所得的硫酸钡的质量。

（6）验证方法二——浊度法　在 6 个 50 mL 容量瓶中分别加入 0、2 mL、4 mL、8 mL、12 mL、16 mL 硫酸标准溶液和 20 mL 水、0.1 mL 指示剂溶液、1 mL 盐酸溶液、5 mL 氯化钡和聚乙烯吡咯烷酮混合液，加水定容并摇匀。系列溶液中的二氧化硫质量分别相当于 0、0.2 mg、0.4 mg、0.8 mg、1.2 mg 和 1.6 mg。在上述溶液中加入氯化钡和聚乙烯吡咯烷酮的混合液后 15～20 min，用分光光度计在波长 650 nm 处测定每个溶液的吸光度，同时以水代替标准液做试剂的空白试验，绘制二氧化硫质量（mg）—吸光度标准曲线。当前述滴定耗用的氢氧化钠标准溶液（0.01 mol/L）体积少于 5 mL 时，滴定后将起泡器 E 的溶液与洗涤用的水都转移到 50 mL 容量瓶中，加入 1 mL 盐酸溶液和 5 mL 氯化钡和聚乙烯吡咯烷酮的混合液，加水定容，摇匀，同时以水替代样品做试剂空白试验；当前述滴定耗用的氢氧化钠标准溶液（0.01 mol/L）体积为 5～10 mL 时，滴定后将起泡器 E 的溶液与洗涤用的水都转移到 50 mL 容量瓶中，加水定容摇匀，并从此容量液中取出 25 mL 转移到另一个 50 mL 容量瓶中，加入 1 mL 盐酸溶液和 5 mL 氯化钡和聚乙烯吡咯烷酮的混合液，加水定容，摇匀，同时以水替代样品做试剂空白试验。15～20 min 后，用分光光度计在波长 650 nm 处测定每个溶液的吸光度，通过标准曲线计算样品中的二氧化硫含量。

2. 食用菌及产品中硫酸镁的检测　硫酸镁的检测原理是基于镁离子与碱反应生成白色的氢氧化镁沉淀，该沉淀在氯化铵中能够溶解。而硫酸根离子的检测基于硫酸根离子和钡离子反应生成不溶于任何强酸的白色沉淀；氯离子用硝酸银进行鉴别。

3. 食用菌及产品中亚硝酸盐和硝酸盐的检测应按照国家标准 GB 5009.33—2016《食品安全国家标准 食品中亚硝酸盐与硝酸盐的测定》进行测定，主要包括离子色谱法和分光光度法。

（1）离子色谱法

1）原理　用离子色谱法测定食用菌及产品中的亚硝酸盐和硝酸盐时，样品经沉淀蛋白质、除去脂肪后，采用相应的方法提取和净化，以氢氧化钾溶液为淋洗液，阴离子交换柱分离，电导检测器检测，以保留时间定性，外标法定量。

2）新鲜样品预处理　用去离子水洗净晾干后，取可食部切碎混匀。将切碎的样品用四分法取适量，用食物粉碎机制成匀浆备用。如需加水应记录加水量。称取试样匀浆 5 g（精确至 0.01 g，可适当调整试样的取样量），以 80 mL 水洗入 100 mL 容量瓶中，超声提取 30 min，每隔 5 min 振摇 1 次，保持固相完全分散。于 75℃水浴中放置 5 min，取出放置至室温，加水稀释至刻度。溶液经滤纸过滤后，取部分溶液于 10 000 rpm 离心 15 min，取上清液约 15 mL，通过 0.22 μm 水性滤膜针头滤器、C_{18} 柱，弃去前面 3 mL（如果氯离子大于 100 mg/L，则需要依次通过针头滤器、C_{18} 柱、Ag 柱和 Na 柱，弃去前面 7 mL），收集后面洗脱液待测。

3）固相萃取柱的使用　使用前需进行活化，如使用 OnGuard II RP 柱（1.0 mL）、OnGuard II Ag 柱（1.0 mL）和 OnGuard II Na 柱（1.0 mL）。其活化过程为：OnGuard II RP 柱（1.0 mL）使用前依次用 10 mL 甲醇、15 mL 水通过，静置活化 30 min。OnGuard II Ag 柱（1.0 mL）和 OnGuard II Na 柱（1.0 mL）用 10 mL 水通过，静置活化 30 min。参考色谱条件为：选用氢氧化物选择性、可兼容梯度洗脱的高容量阴离子交换柱为色谱柱，如 Dionex IonPac AS11-HC 4 mm×250 mm（带 IonPac AG11-HC 型保护柱 4 mm×50 mm），或性能相当的离子色谱柱；以 6～70 mmol/L 氢氧化钾溶液为淋

洗液，洗脱梯度为 6 mmol/L 30 min，70 mmol/L 5 min，6 mmol/L 5 min；流速为 1.0 mL/min；以连续自动再生膜阴离子抑制器或等效抑制装置为抑制器。采用电导检测器（检测池温度为 35℃）；进样体积为 50 μL（可根据试样中被测离子含量进行调整）。

4）绘制标准曲线　移取亚硝酸盐和硝酸盐混合标准使用液，加水稀释，制成系列标准溶液，含亚硝酸根离子浓度为 0、0.02 mg/L、0.04 mg/L、0.06 mg/L、0.08 mg/L、0.10 mg/L、0.15 mg/L、0.20 mg/L；硝酸根离子浓度为 0、0.2 mg/L、0.4 mg/L、0.6 mg/L、0.8 mg/L、1.0 mg/L、1.5 mg/L、2.0 mg/L 的混合标准溶液，从低到高浓度依次进样。以亚硝酸根离子或硝酸根离子的浓度（mg/L）为横坐标，以峰高（μS）或峰面积为纵坐标，绘制标准曲线或计算线性回归方程。

5）样品测定　分别吸取空白和试样溶液 50 μL，在相同工作条件下，依次注入离子色谱仪中，记录色谱图。根据保留时间定性，分别测量空白和样品的峰高（μS）或峰面积。样品中亚硝酸盐（以 NO_2^- 计）或硝酸盐（以 NO_3^- 计）含量公式（9-33）计算。试样中测得的亚硝酸根离子含量乘以换算系数 1.5，即得亚硝酸盐（按亚硝酸钠计）含量；试样中测得的硝酸根离子含量乘以换算系数 1.37，即得硝酸盐（按硝酸钠计）含量。以重复性条件下获得的两次独立测定结果的算术平均值表示，结果保留两位有效数字。在重复性条件下获得的两次独立测定结果的绝对值差不得超过算术平均值的 10%。

$$X = \frac{(c - c_0) \times V \times f \times 1\,000}{m \times 1\,000} \tag{9-33}$$

式中：X——样品中亚硝酸根离子或硝酸根离子的含量，单位为毫克每千克（mg/kg）；c——测定用试样溶液中的亚硝酸根离子或硝酸根离子浓度，单位为毫克每升（mg/L）；c_0——试剂空白液中亚硝酸根离子或硝酸根离子的浓度，单位为毫克每升（mg/L）；V——试样溶液体积，单位为毫升（mL）；f——试样溶液稀释倍数；m——试样取

样量，单位为克（g）。

（2）分光光度法

1）原理　分光光度法中，亚硝酸盐采用盐酸萘乙二胺法测定，硝酸盐采用镉柱还原法测定。样品经沉淀蛋白质、除去脂肪后，在弱酸条件下亚硝酸盐与对氨基苯磺酸重氮化后，再与盐酸萘乙二胺偶合形成紫红色染料，外标法测得亚硝酸盐含量。采用镉柱将硝酸盐还原成亚硝酸盐，测得亚硝酸盐总量，由此总量减去亚硝酸盐含量，即得试样中硝酸盐含量。

2）镉柱中海绵状镉的制备　投入足够的锌皮或锌棒于 500 mL 200 g/L 硫酸镉溶液中，经过 3～4 h，当其中的镉全部被锌置换后，用玻璃棒轻轻刮下，取出残余锌棒，使镉沉底，倾去上层清液，以水用倾泻法多次洗涤，然后移入组织捣碎机中，加 500 mL 水，捣碎约 2 s，用水将金属细粒洗至标准筛上，取 20～40 目的部分。装填时，用水装满镉柱玻璃管，并装入 2 cm 高的玻璃棉做垫，将玻璃棉压向柱底时，应将其中所包含的空气全部排出，在轻轻敲击下加入海绵状镉至 8～10 cm 高，上面用 1 cm 高的玻璃棉覆盖，上置一贮液漏斗，末端要穿过橡皮塞与镉柱玻璃管紧密连接。如无上述镉柱玻璃管时，可以 25 mL 酸式滴定管代用，但过柱时要注意始终保持液面在镉层之上。当镉柱填装好后，先用 25 mL 0.1 mol/L 盐酸洗涤，再以水洗 2 次，每次 25 mL，镉柱不用时用水封盖，随时都要保持水平面在镉层之上，不得使镉层夹有气泡。镉柱每次使用完毕后，应先以 25 mL 0.1 mol/L 的盐酸洗涤，再以水洗 2 次，每次 25 mL，最后用水覆盖镉柱。测定镉柱还原效率时，吸取 20 mL 硝酸钠标准使用液，加入 5 mL 氨缓冲液的稀释液，混匀后注入贮液漏斗，使流经镉柱还原，以原烧杯收集流出液，当贮液漏斗中的样液流完后，再加 5 mL 水置换柱内留存的样液。取 10.0 mL 还原后的溶液（相当于 10 μg 亚硝酸钠）于 50 mL 比色管中，根据标准曲线计算测得结果，与加入量一致，还原效率应大于 98% 为符合要求。

3）样品处理　将试样用去离子水洗净，晾干后，取可食部切碎混匀。将切碎的样品用四分法取适量，用食物粉碎机制成匀浆备用。如需加水应记录加水量。称取 5 g（精确至 0.01 g）制成匀浆的试样（如制备过程中加水，应按加水量折算）于 50 mL 烧杯中，加 12.5 mL 饱和硼砂溶液，搅拌均匀，以 70℃左右的水约 300 mL 将试样洗入 500 mL 容量瓶中，于沸水浴中加热 15 min，取出置冷水浴中冷却，并放置至室温。

4）测定　亚硝酸盐测定时，先以 25 mL 稀氨缓冲液冲洗镉柱，流速控制在 3～5 mL/min（以滴定管代替的可控制流速为 2～3 mL/min）。吸取 20 mL 滤液于 50 mL 烧杯中，加 5 mL 氨缓冲溶液，混合后注入贮液漏斗，使流经镉柱还原，以原烧杯收集流出液，当贮液漏斗中的样液流尽后，再加 5 mL 水置换柱内留存的样液。将全部收集液如前再经镉柱还原一次，第二次流出液收集于 100 mL 容量瓶中，继以水流经镉柱洗涤 3 次，每次 20 mL，洗液一并收集于同一容量瓶中，加水至刻度，混匀。吸取 10～20 mL 还原后的样液于 50 mL 比色管中进行测定。

5）计算　根据公式（9-34）计算亚硝酸盐（以亚硝酸钠计）的含量。以重复性条件下获得的两次独立测定结果的算术平均值表示，结果保留两位有效数字。硝酸盐（以硝酸钠计）的含量按公式（9-35）计算，以重复性条件下获得的两次独立测定结果的算术平均值表示，结果保留两位有效数字。在重复性条件下获得的两次独立测定结果的绝对差值不得超过算术平均值的 10%。

$$X_1 = \frac{A_1 \times 1\,000}{m \times \frac{v_1}{v_0} \times 1\,000} \tag{9-34}$$

式中：X_1——试样中亚硝酸钠的含量，单位为毫克每千克（mg/kg）；A_1——测定用样液中亚硝酸钠的质量，单位为微克（μg）；m——试样质量，单位为克（g）；V_1——测定用样液体积，单位为毫升（mL）；V_0——试样处理液总体积，单位为毫升（mL）。

$$X_2 = \left\{ \frac{A_2 \times 1\,000}{m \times \frac{V_1}{V_0} \times \frac{V_4}{V_3} \times 1\,000} - X_1 \right\} \times 1.232 \tag{9-35}$$

式中：X_2——试样中硝酸钠的含量，单位为毫克每千克（mg/kg）；A_2——经镉粉还原后测得总亚硝酸钠的质量，单位为微克（μg）；m——试样的质量，单位为克（g）；1.232——亚硝酸钠换算成硝酸钠的系数；V_2——测总亚硝酸钠的测定用样液体积，单位为毫升（mL）；V_0——试样处理液总体积，单位为毫升（mL）；V_3——经镉柱还原后样液总体积，单位为毫升（mL）；V_4——经镉柱还原后样液的测定用体积，单位为毫升（mL）；X_1——由公式（9-33）计算出的试样中亚硝酸钠的含量，单位为毫克每千克（mg/kg）。

4. 食用菌及产品中甲醛的检测　目前，乙酰丙酮分光光度法是测定甲醛较为理想的分析方法之一。针对食用菌产品，现有的唯一一部标准，即 NY/T 1283—2007《香菇中甲醛含量的测定》，也采用了乙酰丙酮分光光度法。但在长期的食用菌甲醛含量分析工作中发现，该法适用性有限，不适用于银耳、木耳等多糖、胶质含量高的食用菌，原因是样品蒸馏提取过程中，沉在蒸馏瓶瓶底的银耳或木耳会因蒸馏瓶底部过热而发生焦煳现象，样品容易粘在瓶底，不但影响甲醛提取，而且影响蒸馏瓶的再次使用。此外，这种直接加热法操作较为烦琐，提取时间长达 1h，不适于大批量样品的检测。目前已建立了基于水蒸气蒸馏提取食用菌甲醛的提取技术，用凯氏定氮仪蒸馏单元对处理后的食用菌样品进行水蒸气蒸馏，替代了直接蒸馏法，扩大了该检测方法的适用性，提高了检测效率。

（1）绘制标准曲线　水蒸气蒸馏提取食用菌甲醛时，先绘制甲醛测定标准曲线。分别吸取甲醛标准使用液 0、0.02 mL、0.04 mL、0.10 mL、0.20 mL、0.40 mL、0.60 mL、1.00 mL、2.00 mL，相当于 0、0.10 μg、0.20 μg、0.50 μg、1.00 μg、2.00 μg、3.00 μg、5.00 μg、10.0 μg，补充蒸馏水至 10.0 mL，加乙酰丙酮溶液 1.0 mL，混匀。置

食用菌加工产品的质量安全控制与评价

于沸水浴中 10 min，取出冷却，以空白为参比，于波长 412 nm 处，以 1 cm 比色杯进行比色，记录吸光度，通过计算机绘制标准曲线。

（2）样品测定　先视甲醛含量的高低称取适量搅碎样品（食用菌干样 1.0 g、食用菌鲜样 10.0 g），置于蒸馏瓶中，加入蒸馏水 10 mL，然后加 10% 磷酸溶液 10 mL，立即通水蒸气蒸馏，冷凝管下口应先插入盛有 10 mL 蒸馏水且置于冰浴的容器中，控制冷凝水的水温 ≤ 10℃，准确收集蒸馏液至 250 mL。根据样品蒸馏液中甲醛含量的高低，吸取样品蒸馏液 1～10.00 mL，定容至 10 mL，加入乙酰丙酮 1 mL 混匀，置沸水浴中 10 min，取出冷却。以空白为参比，于波长 412 nm 处，以 1 cm 比色杯进行比色，记录吸光度，根据标准曲线和公式（9-36）计算结果。在重复条件下，获得的两次独立测定结果的绝对差值不超过算术平均值的 10%。

$$X = \frac{C \times V_2}{m \times V_1} \qquad (9\text{-}36)$$

式中：X——试样中的甲醛含量，单位为毫克每千克（mg/kg）；C——从标准曲线上查出的甲醛含量，单位为微克（μg）；m——样品质量，单位为克（g）；V_1——样品测定取蒸馏液的体积，单位为毫升（mL）；V_2——蒸馏液总体积，单位为毫升（mL）。

5. 食用菌及产品中二氧化钛的检测　二氧化钛为白色粉末，俗称钛白粉。由于其粒度均匀，具有良好的分散性，无絮凝沉淀现象，所以是一种着色效果良好的食用增白剂。但增白剂被人体过量吸收，会成为潜在的致癌因素。食品中的二氧化钛测定应按照国家标准 GB 5009.246—2016《食品安全国家标准 食品中二氧化钛的测定》进行测定，主要使用电感辐合等离子体-原子发射光谱法（ICP-AES）法和二安替比林甲烷比色法。

（1）电感辐合等离子体—原子发射光谱法

1）原理　试样经酸消解后，用电感耦合等离子体-原子发射光谱仪进行分析，采用标准曲线法定量。

2）试样处理　有两种方法，分别是普通湿法消解和微波消解，可根据实验室条件选用其中一种进行消解。普通湿法消解时，称取试样约 5 g（精确至 0.001 g）于锥形瓶或高型烧杯中，放数粒玻璃珠，加入 5～10 mL 混合酸，盖上表面皿，在电炉上缓慢消解，至溶液澄清，继续加热至溶液剩余 2～3 mL，冷却。加入 1 g 硫酸铵和 5 mL 浓硫酸，煮沸至澄清，继续煮至高氯酸白烟被赶尽。取下冷却，转移至 100 mL 容量瓶中，用水稀释至刻度，混匀，备用。按上述操作进行试剂空白试验。注意，在消解过程中若出现炭化后的黑色，在盖着表面皿的情况下小心滴加浓硝酸，直至溶液澄清为止。微波消解时，称取 0.5～1.0 g（精确至 0.000 1 g）试样于微波消解罐内，加入 2.5 mL 浓硝酸和 2.5 mL 浓硫酸。设定合适的微波消解条件进行消解。消解结束后，消解罐自然冷却至室温。将消解液转移至 50 mL 容量瓶，用水少量多次洗涤消解罐，洗液合并于容量瓶中，用水定容至刻度，混匀。同时也需按上述操作进行试剂空白试验。

3）绘制标准曲线　准确移取 0、0.5 mL、5 mL、10 mL、20 mL 钛标准使用液，分别置于一组 100 mL 容量瓶中，用 5% 硫酸稀释至刻度，配制成浓度为 0、0.05 μg/mL、0.5 μg/mL、1 μg/mL、2 μg/mL 的钛标准工作系列。将电感耦合等离子体-原子发射光谱仪调至最佳条件，测定钛标准工作液的发射光强度。以钛浓度为横坐标、发射光强度为纵坐标绘制标准曲线。

4）样品测定和计算　将电感耦合等离子体-原子发射光谱仪调至最佳条件，测定试样溶液和空白溶液的发射光强度。若试样溶液中的浓度过高，可进行适当稀释。由标准曲线和试样溶液的发射光强度求得试样溶液中钛的浓度。最后按公式（9-37）计算试样中二氧化钛的含量。在重复性条件下获得的两次独立测定结果的绝对差值不得超过算术平均值的 10%。

$$X = \frac{(C_1 - C_0) V \times f \times 1\,000}{m \times 1\,000} \times 1.668\,1 \quad (9\text{-}37)$$

式中：X——试样中二氧化钛的含量，单位为毫克每千克（mg/kg）；C_1——由标准曲线得到的试样溶液中钛的浓度，单位为微克每毫升（μg/mL）；C_0——由标准曲线得到的空白溶液中钛的浓度，单位为微克每毫升（μg/mL）；V——试样溶液的定容体积，单位为毫升（mL）；f——试样溶液的稀释倍数；m——试样质量，单位为克（g）；1.668 1——1 g 的钛相当于 1.668 1 g 二氧化钛。

（2）二安替比林甲烷比色法

1）原理　样品经酸消解后，在强酸性介质中铁与二安替比林甲烷形成黄色络合物，于分光光度计波长 420 nm 处测量其吸光度，采用标准曲线法定量。加入抗坏血酸消除三价铁的干扰。

2）绘制标准曲线　准确吸取 0、0.5 mL、2.5 mL、5 mL、10 mL 二氧化钛标准使用液，分别置于一组 20 mL 容量瓶中，加入 5 mL 2%抗坏血酸溶液，摇匀，再依次加入 14 mL（1+1）盐酸、6 mL 5%二安替比林甲烷溶液，用水稀释至刻度，摇匀（此标准工作液系列中二氧化钛的浓度依次为 0、0.1 μg/mL、0.5 μg/mL、1 μg/mL、2 μg/mL），放置 40 min，待测。以显色后的空白溶液为参比，用 1 cm 比色皿于波长 420 nm 处用分光光度计测量显色后的标准工作液的吸光度，以标准工作液浓度为横坐标、相应的吸光度为纵坐标，绘制标准曲线。

3）样品测定和计算　与 ICP-AES 法类似，可根据实验室条件选用普通湿法消解或微波消解中的一种进行消解后，移取适量定容后的溶液于 50 mL 容量瓶中，加入 5 mL 2%抗坏血酸溶液，摇匀，再依次加入 14 mL（1+1）盐酸、6 mL 5%二安替比林甲烷溶液，用水稀释至刻度，摇匀，放置 40 min。以显色后的空白溶液为参比，用 1 cm 比色皿于波长 420 nm 处用分光光度计测量显色后的样品溶液的吸光度，由标准曲线和试样需液的吸光度求得试样溶液中二氧化钛的浓度，再按公式（9-38）计算试样中二氧化钛的含量。在重复性条

件下获得的两次独立测定结果的绝对差值不得超过算术平均值的 10%。

$$X = \frac{C \times V_1 \times 50 \times 1\,000}{m \times V_2 \times 1\,000} \times 1.668\,1 \quad (9\text{-}38)$$

式中：X——试样中二氧化钛的含量，单位为毫克每千克（mg/kg）；C——由标准曲线得到的显色后试样溶液中钛的浓度，单位为毫升（mL）；V_1——试样消解后初次定容的体积，单位为微克每毫升（μg/mL）；50——显色后试样溶液的定容体积，单位为毫升（mL）；m——试样质量，单位为克（g）；V_2——显色时移取试样溶液的体积，单位为毫升（mL）；1.668 1——1 g 的钛相当于 1.668 1 g 二氧化钛。

6. 食用菌及产品中荧光物质的检测　可参考农业行业标准 NY/T 1257—2006《食用菌中荧光物质的检测》进行测定。

（1）原理　相关物质在 254 nm 和 365 nm 的紫外光照射下会因吸收紫外光能量而发射出一定强度的可见蓝紫荧光。该法操作简单，结果判定直观。

（2）检测操作　随机抽取食用菌鲜品 2.0 kg 或干品 1.0 kg，除去外包装，并用不含荧光物质的包装材料盛装样品，置于清洁培养皿中，摆放在铺有深色绒布的紫外分析仪台面上。将数码照相机固定在三脚架上，关闭闪光灯，在正常光照下取景、手动对焦，使样品处于最佳成像位置，使用自拍方式拍照，记录正常光照下样品照片。在避光条件下，打开 254 nm 和 365 nm 的紫外灯，观察样品表面是否有可见蓝光荧光，并使用拍摄方法，记录紫外灯下样品照片。照片应真实反映样品在紫外灯下的影像，避免样品标签灯含有荧光物质的材料对拍摄效果的影响。不应该对原始照片进行任何技术处理和加工。在 254 nm 和 365 nm 的紫外灯下，样品表面可见蓝紫色荧光，则判定该样品含有荧光物质，检测结果述为"阳性"，反之为"阴性"。此外，如果样品表面发现荧光物质，则需将样品从不同角度切开，以确证荧光增白剂是包装污染还是自

食用菌加工产品的质量安全控制与评价

身携带。

7. 食用菌及产品中游离棉酚的检测　应按照GB 5009.148—2014《食品安全国家标准 植物性食品中游离棉酚的测定》进行。

（1）原理　油溶性样品中的游离棉酚经无水乙醇提取，利用高效液相色谱法检测，色谱峰保留时间定性，外标法定量；水溶性液体样品中的游离棉酚经无水乙醚提取，浓缩至干，再加入乙醇溶解，利用高效液相色谱法检测，色谱峰保留时间定性，外标法定量。

（2）试样制备　针对油溶性样品，称取样品1 g（精确至0.01g）于离心试管中，加入5 mL无水乙醇，剧烈振摇2 min，静置分层（或冰箱过夜），取上清液滤纸过滤，4 000 r/min离心10 min，上清液过0.45 μm滤膜，即为试样液；对于水溶性样品，称取样品10 g（精确至0.01g）于离心试管中，加入10 mL无水乙醇，振摇2 min，静置5 min，取上层乙醚层5 mL，用氮气吹干，用1.0 mL无水乙醇定容，过0.45 μm滤膜，即为试样液。

（3）色谱条件　色谱柱为C_{18}柱（250 mm×4.6 mm，5 μm，或具同等性能的色谱柱）；流动相为甲醇：磷酸溶液=85：15；流速为1.0 mL/min；柱温为40℃±1℃；测定波长为235 nm；进样体积为10 μL。

（4）绘制标准曲线　分别将棉酚标准工作液注入高效液相色谱仪中，记录峰高或峰面积。以峰高或者峰面积为纵坐标，以棉酚标准工作液浓度为横坐标绘制标准曲线。

（5）试样测定　将试样液注入高效色谱仪中，记录峰高或者峰面积，根据标准曲线计算的待测液中棉酚的浓度。油溶性式样按公式（9-39）进行计算，水溶性样品按公式（9-40）进行计算。在重复性条件下获得的两次独立测定结果的绝对差值不得超过算术平均值的10%。

$$X = \frac{5 \times c}{m} \qquad (9-39)$$

式中：X——试样中棉酚的含量，单位为毫克

每千克（mg/kg）；m——试样的质量，单位为克（g）；c——测定试样液中棉酚的含量，单位为微克每毫升（μg/mL）；5——折合所用无水乙醇的体积，单位为毫升（mL）。

$$X = \frac{2 \times c}{m} \qquad (9-40)$$

式中：X——试样中棉酚的含量，单位为毫克每千克（mg/kg）；m——试样的质量，单位为克（g）；c——测定试样液中棉酚的含量，单位为微克每毫升（μg/mL）；2——折合所用无水乙醇的体积，单位为毫升（mL）。

8. 食用菌及产品中塑化剂的检测　目前国内已有塑化剂检测标准只局限于加工食品中，对于蔬菜、食用菌中塑化剂的检测并没有标准。国内外对塑化剂分析测试方法报道得较多，早期的方法有比色法、滴定法和分光光度法等，但这些方法的灵敏度低、选择性差，而且仅能测定塑化剂的总量。随着仪器和分析手段的进步，近年来气相色谱法（GC）、气相色谱-质谱联用法（GC-MS）、液相色谱法（LC）、红外光谱法（IR）、核磁共振法（MR）和薄层色谱法（TLC）已经被广泛地用来分析塑化剂。

（1）分光光度法　塑化剂在紫外区220～230 nm范围内有224 nm的最大吸收峰，在270～280 nm内有275 nm最大吸收峰。因此分光光度法一般选择224 nm或275 nm作为工作波长，其灵敏度和重现性都较好。

（2）气相色谱法　该法具有较高的灵敏度，尤其是使用带有高分辨毛细管柱的气相色谱来分析酞酸酯类物质是最为有效的手段之一。常用的检测器有电子捕获检测器（ECD）和氢火焰离子化检测器（FID）。由于ECD良好的选择性和灵敏度，使用更为普遍。塑化剂类物质的分离有多种色谱柱可选择，早期主要使用各种填充柱。但检测器易受其他有机污染物的污染，因而灵敏度变动较大，对样品的前处理要求较高。早期报道的主要是用玻璃填充柱测定塑化剂类物质，常见的有10% OV-

101/Chromosorb WHP（80～100 目）玻璃填充柱、10% SE-30/Chromosorb WHP 填充柱、2% OV 17/Chromosorb WHP 填充柱。随着石英毛细管柱的快速发展，近几年来主要是使用 HP-5 或 DB-17HT 熔融弹性石英毛细管柱，较填充柱的分离度和灵敏度都有很大提高，对大多数的塑化剂化合物有较好的分离，能够达到分析的要求。气相色谱-质谱联用因其结合了定性和定量的双重功能近年来得到了广泛的应用，尤其是采用选择离子方式（SIM）更是提高了灵敏度，降低了检出限。

（3）高效液相色谱法　该法是 20 世纪 70 年代发展起来的一项高效、快速的以液体为流动相的柱色谱分离、分析方法。高效液相色谱法分离和分析塑化剂类物质具有灵敏度高，选择性好的优点。用 HPLC 分析塑化剂类化合物可以使用反相液相色谱 C_8 或 C_{18} 柱，用乙腈-水或甲醇-水做流动相进行梯度洗脱；也可以使用正相液相色谱，腈基柱或氨基柱，用正己烷和二氯甲烷作为流动相均可。

9. 食用菌中尼古丁的测定　2008 年 9 月，欧盟曾在云南出口的美味牛肝菌中检出尼古丁，发现其市场上 99% 的野生菌样品中尼古丁含量均超出其法定最高限量 0.01 mg/kg。因此，欧盟食品安全委员会对食用菌鲜品和干品（不含牛肝菌）中尼古丁的限量做出紧急修订，分别定为 0.036 mg/kg 和 1.17 mg/kg，将牛肝菌中的最高限量定为 2.3 mg/kg，但对尼古丁的检测方法并未提供。近年来，我国科研人员开发了基于毛细管电泳或基于快速、简单的样品前处理的气相色谱-质谱联用检测方法用于食用菌中尼古丁的定量分析。

（1）毛细管电泳法

1）样品前处理条件　对于食用菌鲜样，高速匀质 2min；对于食用菌干样，用超声技术在 60℃下提取 20min。然后将食用菌干样、鲜样提取液置于高速离心机上 3 000 r/min 离心 10 min。移取上清液，经水系滤膜过滤后上机分析。

2）色谱条件　采用毛细管电泳仪，石英毛细管参数为 50 μm × 60 cm，有效长度 45 cm；缓冲溶液为 pH 3.2、浓度为 350 mmol/L 的酒石酸缓冲溶液；进样时间为 10 s；分析电压为 12 kV；检测器为紫外检测器；检测波长为 254 nm。

（2）气相色谱-质谱联用法

1）样品前处理　称取 5 g 新鲜样品（0.5 g 干样加入 2 mL 水混匀）于 50 mL 离心管中，加入 2 g NaCl、6g Na_2SO_4 和 1 mL 氨水，再加入 5 mL 苯，离心 5min。吸取 2 mL 有机相，加入 40 mg 异丙基氨基和 200 mg 无水 Na_2SO_4，离心 1 min。取 1 μL 进样，测定峰面积，按外标法定量。

2）色谱条件　色谱柱：低极性的 DB-1 ms 和 DB-5 ms。选择三个离子作为定性离子（m/z133，强度 40；m/z161，强度 20；m/z162，强度 20），选择一个离子作为定量离子（m/z84，强度 100）。

第二节
食用菌功能食品的评价方法

食用菌营养丰富，大量研究证明其具有抗肿瘤、调节免疫、健胃、助消化、抗菌、抗病毒、保肝解毒等功能，对心血管系统也具有一定的保护作用，因此，近年来食用菌功能食品的开发成为热点，灵芝、香菇等食药用菌原料已成为我国保健食品申报中常见的原料。据国家食品药品监督管理总局统计，到 2014 年，我国批准注册的食用菌保健食品至少有 1 900 个，约占批准注册的功能类保健食品的 18%。食用菌保功能食品涉及众多食用菌原料，含有不同功效成分（标志性成分），因此具有不同的保健功能，有必要进一步规范其评价方法，从而促进产业的规范、持续发展。

食用菌加工产品的质量安全控制与评价

一、卫生学试验方法

保健食品是声称并具有特定保健功能或者以补充维生素、矿物质为目的的食品，即适用于特定人群食用，具有调节机体功能，不以治疗疾病为目的，并且对人体不产生任何急性、亚急性或慢性危害的食品。以食用菌为原材料开发的保健产品的卫生学检验指标应依据保健食品和各类食品的国家标准和行业标准，根据产品的详细配方、原料组成、主要工艺、剂型及其他相关资料进行确定。重要依据之一是2015年5月24日正式实施的国家标准GB16740—2014《食品安全国家标准　保健食品》。该标准对保健食品的原料和辅料、感官要求、理化指标、污染物限量、真菌毒素限量、微生物限量、食品添加剂和营养强化剂等方面的要求做出了规定。2016年7月1日起开始施行的《保健食品注册与备案管理办法》（国家食品药品监督管理局令第22号），对保健食品的注册与备案等管理规则做了规范。2018年2月，食药监总局发布了《关于规范保健食品功能声称标识的公告（2018年第23号）》，明确了"未经人群食用评价的保健食品，其标签说明书载明的保健功能声称前增加'本品经动物试验评价'的字样"，"经过人群食用评价的保健食品，具体评价技术要求及标识另行规定"。

（一）保健食品的感官要求及检测方法

食用菌功能食品的感官要求应符合表9-41的规定。

（二）理化指标及检测方法

食用菌功能食品的常测理化指标包括水分、灰分、pH、可溶性固形物等，需要检测的样品类型和检测技术汇总于表9-42中。

（三）污染物限量及检测方法

污染物指的是食品在生产、加工、包装、贮存、运输、销售、使用等过程中产生的或由环境污染带入的、非有意加入的化学性危害物质。卫生学范畴内污染物是指除农药残留、兽药残留、生物毒

表9-41　保健食品感官要求

项目	要求	检验方法
色泽	内容物、包衣或囊皮具有该产品应有的色泽	取适量试样置于50 mL烧杯或白色瓷盘中，在自然光下观察色泽和状态，嗅其气味，用温开水漱口，品其滋味
滋味、气味	具有产品应有的滋味和气味，无异味	
状态	内容物具有产品应有的状态，无正常视力可见外来异物	

表9-42　食用菌功能食品理化指标及检测方法

检测指标	样品类型	可参考的检测方法	检测方法要点描述
水分	硬胶囊、颗粒剂、片剂、袋装茶剂等	GB 5009.3	卡尔·费休容量法适用于水分含量 > 1.0×10^{-3} g/100g的样品，卡尔·费休库伦法适用于水分含量 > 1.0×10^{-5} g/100g的样品
灰分	硬/软胶囊、颗粒剂、片剂、袋装茶剂等	GB 5009.4	食品样品经灼烧后所残留的无机物质称为灰分，灰分数值是在马弗炉中于550℃下灼烧4 h、称重后计算得出
pH	口服液、饮料等	GB 8538	可用玻璃电极法和比色法测定，前者较准确

检测指标	样品类型	可参考的检测方法	检测方法要点描述
可溶性固形物	口服液、饮料等	GB 8538	可用 105℃ 干燥—重量法或 180℃ 干燥—重量法（当样品存在永久硬度时采用此法）
崩解时限	硬胶囊、软胶囊、片剂等	中国药典	采用崩解仪进行
食品添加剂	各类样品	根据配方确定	—
脱乙酰度	壳聚糖类	保健食品检验与评价技术规范（2003 版）	样品与盐酸标准液混合，用甲基橙作指示剂，用氢氧化钠标准溶液滴定，滴定使试液由红色变为橘黄色为止。用公式计算氨基含量和脱乙酰度

素和放射性物质以外的污染物。污染物的限量应符合国家标准 GB 2762《食品安全国家标准 食品中污染物限量》中相应类属食品的规定。同时，保健食品一般只需测铅、砷和汞三种污染物。

二、毒理学试验方法

（一）保健食品毒理学试验的原则

以普通食品和我国规定的药食同源物质以及允许用作保健食品的物质以外的原料生产的保健食品，应对原料和用该原料生产的保健食品分别进行安全性评价（见表 9-43）。

（二）对受试物和受试物处理的要求

1.对受试物的要求　以单一已知化学成分为原料的受试物，应提供受试物（必要时包括其杂质）的物理、化学性质（包括化学结构、纯度、稳定性等）。含有多种原料的配方产品，应提供受试物的配方，必要时应提供受试物各组成成分，特别是功效成分或代表性成分的物理、化学性质（包括化学名称、结构、纯度、稳定性、溶解度等）及检测报告等有关资料。

提供原料来源、生产工艺、推荐人体摄入量、使用说明书等有关资料。

受试物应是符合既定配方和生产工艺的规格化产品，其组成成分、比例及纯度应与实际产品相同。

2.对受试物处理的要求　对受试物进行不同的试验时应针对试验的特点和受试物的理化性质进行相应的样品处理。

（1）介质的选择　介质是帮助受试物进入试验系统或动物体内的重要媒介。应选择适合于受试物的溶剂、乳化剂或助悬剂。所选溶剂、乳化剂或助悬剂本身应不产生毒性作用，与受试物各成分之间不发生化学反应，且保持其稳定性。一般可选用蒸馏水、食用植物油、淀粉、明胶、羧甲基纤维素等。

（2）人体推荐量较大的受试物的处理　如受试物推荐量较大，在按其推荐量设计试验剂量时，往往会超过动物的最大灌胃剂量或超过掺入饲料中的规定限量（10%重量），此时可允许去除既无功效作用又无安全问题的辅料部分（如淀粉、糊精等）后进行试验。

（3）袋泡茶类受试物的处理　可用该受试物的水提取物进行试验，提取方法应与产品推荐饮用的方法相同。如产品无特殊推荐饮用方法，可采用以下提取条件进行：常压、温度 80～90℃，浸泡时间 30 min，水量为受试物重量的 10 倍或以上，提取 2 次，将提取液合并浓缩至所需浓度，并标明该浓缩液与原料的比例关系。

（4）膨胀系数较高的受试物处理　应考虑受试物的膨胀系数对受试物给予剂量的影响，依此来选择合适的受试物给予方法（灌胃或掺入饲料）。

食用菌加工产品的质量安全控制与评价

表 9-43 不同保健食品毒性学试验的基本原则

试验对象	情况描述	毒性试验原则
原料	国内外均无食用历史	对原料或成分进行四个阶段的毒性试验
	仅在国内局部地区或国外少数国家有食用历史，根据已有文献未发现有毒或毒性甚微不至构成健康损害	先对该物质进行第一、第二阶段的毒性试验，初步评价后决定是否进行下一阶段毒性试验
	仅在国内局部地区或国外少数国家有食用历史，且为已知的化学物质，国际组织已进行过系统的毒理学安全性评价	先对该物质进行第一、第二阶段的毒性试验，若试验结果与国外产品结果一致，一般不要求进行下一阶段毒性试验，否则应进行第三阶段毒性试验
	在国外多个国家广泛食用，且能提供安全性评价资料	进行第一、第二阶段的毒性试验，根据试验结果决定是否进行下一阶段毒性试验
	已列入营养强化剂或营养补充剂名单的营养素，且原料来源、生产工艺和产品质量符合国家要求	一般不要求进行毒性试验
保健食品	以国家规定允许用于保健食品的动植物或提取物或微生物为原料	应进行记性毒性试验、三项致突变试验和 30 d 喂养试验，必要时进行传统致畸试验和第三阶段毒性试验
	以普通食品和国家规定的药食同源物质为原料，以传统工艺生产且食用方式与传统食用方式相同	一般不要求进行毒性试验
	以普通食品和国家规定的药食同源物质为原料，用水提物配制生产	如服用量为原料的常规用量，且有关资料未提示其具有不安全性，一般不要求进行毒性试验；如服用大于常规用量，需进行急毒性试验、三项致突变试验和 30 d 喂养试验，必要时进行传统致畸试验
	以普通食品和国家规定的药食同源物质为原料，用水提以外的常用工艺生产	如服用量为原料的常规用量，应进行急毒性试验、三项致突变试验；如服用大于常规用量，增加 30 d 喂养试验，必要时进行传统致畸试验和第三阶段毒性试验
	针对不同食用人群或具不同功能	必要时应针对性地增加敏感指标和敏感试验

（5）液体保健食品 需要进行浓缩处理时，应采用不破坏其中有效成分的方法。可使用温度 60～70℃减压或常压蒸发浓缩、冷冻干燥等方法。

（6）含乙醇的保健食品的处理 推荐量较大的含乙醇的保健食品，在按其推荐量设计试验剂量时，如超过动物最大灌胃容量时，可以进行浓缩。乙醇浓度低于 15%（V/V）的受试物，浓缩后的乙醇应恢复至受试物定型产品原来的浓度。乙醇浓度高于 15% 的受试物，浓缩后应将乙醇浓度调整至 15%，并将各剂量组的乙醇浓度调整一致。不需要浓缩的受试物乙醇浓度 >15% 时，应将各剂量组的乙醇浓度调整至 15%。当进行 Ames 试验和果蝇试验时应将乙醇去除。在调整受试物的乙醇浓度时，原则上应使用该保健食品的酒基。

（7）含有毒性较大的人体必需营养素（如维生素 A、硒等）的保健食品的处理 如产品配方中含有某一毒性较大的人体必需营养素，在按其推荐量设计试验剂量时，如该物质的剂量达到已知的毒作用剂量，在原有剂量设计的基础上，则应考虑增加去除该物质或降低该物质剂量（如降至最大未观察到有害作用剂量，NOAEL）的受试物剂量组，以便对保健食品中其他成分的毒性作用及该物质与其他成分的联合毒性作用作出评价。

（8）益生菌等微生物类保健食品处理 益生菌类或其他微生物类等保健食品在进行 Ames 试验或体外细胞试验时，应将微生物灭活后进行。

（三）保健食品的安全性毒理学评价试验的四个阶段

1. 第一阶段——急性毒性试验 急性毒性试验包括经口急性毒性、LD_{50}（半数致死量）、联合急性毒性和一次最大耐受量试验。其目的是通过测定 LD_{50}，了解受试物的毒性强度、性质和可能的靶器官，为进一步进行毒性试验的剂量和毒性观察指标的选择提供依据，并根据 LD_{50} 进行毒性分级。在急性毒性试验阶段，如果 LD_{50} 小于人的可能摄入量的 100 倍，则该受试物不适合用于保健食品的开发。如 LD_{50} 大于或等于 100 倍者，则可考虑进入下一阶段毒理学试验；如动物未出现死亡的剂量大于或等于 10 g/kg BW（涵盖人体推荐量的 100 倍），则可进入下一阶段毒理学试验；对人体推荐量较大和其他一些特殊原料的保健食品，按最大耐受量法最大给予剂量动物未出现死亡，也可进入下一阶段毒理学试验。

2. 第二阶段——遗传毒性试验、30 d 喂养试验和传统致畸试验

（1）遗传毒性试验 该试验的目的是对受试物的遗传毒性以及是否具有潜在致癌作用进行筛选，其组合应该考虑原核细胞与真核细胞、体内试验与体外试验相结合的原则，从鼠伤寒沙门菌/哺乳动物微粒体酶试验（Ames 试验）或体外哺乳类细胞（V79/HGPRT）基因突变试验、骨髓细胞微核试验或哺乳动物骨髓细胞染色体畸变试验、TK 基因突变试验或小鼠精子畸形分析/睾丸染色体畸变

分析试验中分别各选一项。其他备选遗传毒性试验包括显性致死试验、果蝇伴性隐性致死试验、非程序性 DNA 合成试验。遗传毒性试验中，如三项试验（Ames 试验或 V79/HGPRT 基因突变试验，骨髓细胞微核试验或哺乳动物骨髓细胞染色体畸变试验及 TK 基因突变试验或小鼠精子畸形分析或睾丸染色体畸变分析中的任一项）中，体外或体内有一项或以上试验阳性，一般应放弃该受试物用于保健食品。如三项试验均为阴性，则可继续进行下一步的毒性试验。

（2）30 d 喂养试验 该试验只对需进行第一、第二阶段毒性试验的受试物，在急性毒性试验的基础上，通过 30 d 喂养试验，进一步了解其毒性，观察对生长发育的影响，并可初步估计最大未观察到有害作用的剂量。传统致畸试验是为了了解受试物是否具有致畸作用。对只要求进行第一、第二阶段毒理学试验的受试物，若 30 d 喂养试验的最大未观察到有害作用剂量大于或等于人的可能摄入量的 100 倍，综合其他各项试验结果可初步作出安全性评价。对于人的可能摄入量较大的保健食品，在最大灌胃剂量组或在饲料中的最大掺入量剂量组未发现有毒性作用，综合其他各项试验结果和受试物的配方、接触人群范围及功能等有关资料可初步作出安全性评价。若最小观察到有害作用剂量小于人的可能摄入量的 100 倍，或观察到毒性反应的最小剂量组其受试物在饲料中的比例小于或等于 10%，且剂量又小于人的可能摄入量的 100 倍，原则上应放弃该受试物用于保健食品。但对某些特殊原料和功能的保健食品，在小于人的可能摄入量的 100 倍剂量组，如果个别指标试验组与对照组出现差异，要对其各项试验结果和受试物的配方、理化性质及功能和接触人群范围等因素综合分析，以判断是否为毒性反应后，再决定该受试物可否用于保健食品或进入下一阶段毒性试验。

（3）传统致畸试验 以 LD_{50} 或 30 d 喂养试验的最大未观察到有害作用剂量设计的受试物各剂

食用菌加工产品的质量安全控制与评价

量组，如果在任何一个剂量组观察到受试物的致畸作用，则应放弃该受试物用于保健食品，如果观察到有胚胎毒性作用，则应进行进一步的繁殖试验。

3. 第三阶段——亚慢性毒性试验 包括 90 d 喂养试验、繁殖试验和代谢试验。在 90 d 喂养试验和繁殖试验中观察受试物以不同剂量水平经较长期喂养后对动物的毒作用性质和靶器官，了解受试物对动物繁殖及子代的发育毒性，观察对其生长发育的影响，并初步确定最大未观察到有害作用剂量，为慢性毒性和致癌试验的剂量选择提供依据。代谢试验的目的是了解受试物在体内的吸收、分布和排泄速度以及蓄积性，寻找可能的靶器官；为选择慢性毒性试验的合适动物种（species）、系（strain）提供依据；了解代谢产物的形成情况。国外少数国家或国内局部地区有食用历史的原料或成分，如最大未观察到有害作用剂量大于人的可能摄入量的 100 倍，可进行安全性评价。若最小观察到有害作用剂量小于或等于人的可能摄入量的 100 倍，或最小观察到有害作用剂量组其受试物在饲料中的比例小于或等于 10%，且剂量又小于或等于人的可能摄入量的 100 倍，原则上应放弃该受试物用于保健食品。国内外均无食用历史的原料或成分，根据这两项试验中的最敏感指标所得最大未观察到有害作用剂量进行评价的原则是：①最大未观察到有害作用剂量小于或等于人的可能摄入量的 100 倍者表示毒性较强，应放弃该受试物用于保健食品。②最大未观察到有害作用剂量大于 100 倍而小于 300 倍者，应进行慢性毒性试验。③大于或等于 300 倍者则不必进行慢性毒性试验，可进行安全性评价。

4. 第四阶段——慢性毒性试验（包括致癌试验） 该阶段的试验能了解经长期接触受试物后出现的毒性作用以及致癌作用，最后确定最大未观察到有害作用计量和致癌的可能性，为受试物是否应用于保健食品的最终评价提供依据。若受试物掺入饲料的最大加入量（超过 5% 时应补充蛋白质到与对照组相当的含量，添加的受试物原则上最高不超

过饲料的 10%）或液体受试物经浓缩后仍达不到最大未观察到有害作用剂量为人的可能摄入量的规定倍数时，综合其他的毒性试验结果和实际食用或饮用量进行安全性评价。

（1）慢性毒性试验所得的最大未观察到有害作用剂量进行评价的原则 原则一：最大未观察到有害作用剂量小于或等于人的可能摄入量的 50 倍者，表示毒性较强，应放弃该受试物用于保健食品。原则二：未观察到有害作用剂量大于 50 倍而小于 100 倍者，经安全性评价后，决定该受试物是否可用于保健食品。原则三：最大未观察到有害作用剂量大于或等于 100 倍者，则可考虑允许用于保健食品。

（2）根据致癌试验所得的肿瘤发生率、潜伏期和多发性等进行致癌试验判定的原则 若存在剂量反应关系，则判断阳性更可靠。肿瘤只发生在试验组动物，对照组中无肿瘤发生；试验组与对照组动物均发生肿瘤，但试验组发生率高；试验组动物中多发性肿瘤明显，对照组中无多发性肿瘤，或只是少数动物有多发性肿瘤；试验组与对照组动物肿瘤发生率虽无明显差异，但试验组中发生时间较早。上述情况经统计学处理有显著性差异者，可认为致癌试验结果阳性。

（四）保健食品安全性毒理学评价试验方法

1. 急毒性试验

（1）原理 经口一次性给予或 24 h 内多次给予受试物后，在短时间内观察动物所产生的毒性反应，包括致死的和非致死的指标参数，致死剂量通常用半数致死剂量 LD_{50} 来表示。

（2）试验动物 该试验一般分别用两种性别的成年小鼠或 / 和大鼠。小鼠体重为 18～22 g，大鼠体重为 180～220 g。如对受试物的毒性已有所了解，还应选择对其敏感的动物进行试验，如对黄曲霉素选择雏鸭，对氰化物选择鸟类。动物购买后适应环境 3～5 d。

（3）操作方法 常用急性毒性试验方法有霍恩（Hom）氏法、寇氏（Korbor）法、概率单位-对

数图解法、最大耐受量试验和急性联合毒性试验等。根据 LD_{50} 数值，判定受试物的毒性分级（表9-44）。由中毒表现初步提示毒作用特征。如果 $LD_{50}<$ 人的可能摄入量的 100 倍，则放弃该受试物用于保健食品。反之，如果 $LD_{50}\geqslant$ 人的可能摄入量的 100 倍，则可考虑进入下一阶段毒理学试验。如果动物未出现死亡的剂量 $\geqslant$ 10 g/kg BW（涵盖人体推荐量的 100 倍），则可进入下一阶段毒理学试验。对人的可能摄入量较大和其他一些特殊原料的保健食品，按最大耐受量法给予最大剂量动物未出现死亡，也可进入下一阶段毒理学试验。

1）霍恩氏法 可根据受试物的性质和已知资料，采用 0.1 g/kg BW、1.0 g/kg BW 和 10.0 g/kg BW 的剂量，各以 2～3 只动物预试。根据 24 h 内死亡情况，估计 LD_{50} 的可能范围，确定正式试验的剂量组。也可简单地采用一个剂量，如 215 mg/kg BW，用 5 只动物预试。观察 2 h 内动物的中毒表现（见表 9-45）。如症状严重，估计多数动物可能死亡，即可采用低于 215 mg/kg BW 的剂量系列，反之症状较轻，则可采用高于此剂量的剂量系列。如有相应的文献资料时可不进行预试。然后用 5 只动物进行正式试验。将动物在试验动物房饲养观察 3～5 d，使其适应环境，证明其确系健康动物后，进行随机分组。给予受试物后一般观察 7 d 或 14 d，若给予受试物后的第 4 天继续有死亡时，需观察 14 d，必要时延长到 28 d。记录死亡数，查表求得 LD_{50}，并记录死亡时间及中毒表现等。该方法的优点是简单易行，节省动物；缺点是所得 LD_{50} 的可信限范围较大，不够精确。但经多年来的实际应用与验证，同一受试物与寇氏法所得结果极为相近。因此对其测定的结果应认为是可信与有效的。

2）寇氏法 除另有要求外，一般应在预试中求得动物全死亡或 90% 以上死亡的剂量和动物不死亡或 10% 以下死亡的剂量，分别作为正式试验的最高与最低剂量，作为预试验。在正式试验中，除另有要求外，一般设 5～10 个剂量组，每组 6～10 只动物，将由预试验得出的最高、最低剂量换算为常用对数，然后将最高、最低剂量的对数差，按所需要的组数，分为几个对数等距（或不等距）的剂量组。收集各组剂量、剂量对数、动物数、动物死亡数、动物死亡百分比以及统计公式中要求的其他计算数据项目，根据试验条件及试验结果，选用合适的公式，求出 $logLD_{50}$，再查其自然数，即 LD_{50}（mg/kg BW，g/kg BW）。此法易于了解，计算简便，可信限不大，结果可靠，特别是在试验前对受试物的急性毒性程度了解不多时，尤为适用。

表 9-44　急性毒性（LD_{50}）剂量分级表

级别	大鼠口服 LD_{50}（mg/kg）	相当于人的致死量	
		mg/kg	g/人
极毒	<1	稍尝	0.05
剧毒	1~50	500~4 000	0.5
中等毒	51~500	4 000~30 000	5
低毒	501~5 000	30 000~250 000	50
实际无毒	5 001~15 000	250 000~500 000	500
无毒	>15 000	>500 000	2 500

食用菌加工产品的质量安全控制与评价

表 9-45　啮齿动物中毒表现观察项目

器官系统	观察及检查项目	中毒后一般表现
中枢神经系统及躯体运动	行为	改变姿势，叫声异常，不安或呆滞
	动作	震颤，运动失调，麻痹，惊厥，强制性动作
	各种刺激的反应	易兴奋，知觉过敏或缺乏知觉
	大脑及脊髓反射	减弱或消失
	肌肉张力	强直，弛缓
自主神经系统	瞳孔大小	缩小或放大
	分泌	流涎，流泪
呼吸系统	鼻孔	流鼻涕
	呼吸性质和速率	徐缓，困难，潮式呼吸
心血管系统	心区触诊	心动过缓，心律不齐，心跳过强或过弱
胃肠系统	腹形	气胀或收缩，腹泻或便秘
	粪便硬度和颜色	粪便不成形，黑色或灰色
生殖泌尿系统	阴户，乳腺	膨胀
	阴茎	脱垂
	会阴部	污秽
皮肤和毛皮	颜色，张力	发红，皱折，松弛，皮疹
	完整性	竖毛
黏膜	黏膜	流黏液，充血，出血性紫绀，苍白
	口腔	溃疡
眼	眼睑	上睑下垂
	眼球	眼球突出或震颤
	透明度	混浊
其他	直肠或皮肤温度	降低或升高
	一般情况	姿势不正常，消瘦

IV

3）概率单位—对数图解法 以每组2～3只动物找出全死和全不死的剂量作为预试验。在正式试验中，一般每组不少于10只试验动物，各组动物数量不一定要求相等。在预试得到的两个剂量组之间拟出等比的6个剂量组或更多的组。将各组按剂量及死亡百分率，在对数概率纸上作图。画出直线，以透明尺目测，并照顾概率。相当于LD_{84}及LD_{16}的剂量均可从所作直线上找到。也可用普通方格纸作图，查表将剂量换算成对数值，将死亡率换算成概率单位，方格纸横坐标为剂量对数，纵坐标为概率单位，根据剂量对数及概率单位作点连成线，由概率单位5处作一水平线与直线相交，由相交点向横坐标作一垂直线，在横坐标上的相交点即为剂量对数值，求半数致死量（LD_{50}）值。

4）最大耐受量试验 该法适用于有关资料显示毒性极小的或未显示毒性的受试物，给予动物最大使用浓度和最大灌胃容量的受试物时，仍不出现死亡的情况。选择至少雌、雄各10只动物。观察3～5 d，给予最大使用浓度和最大灌胃容量的受试物（一日内1次或多次给予，一日内最多不超过3次），连续观察7～14 d，动物不出现死亡，则认为受试物对某种动物的经口急性毒性剂量（MTD）大于某一数值（g/kg BW）。最大灌胃容量小鼠为0.4 mL/20 g BW，大鼠为4.0 mL/200 g BW。

5）急性联合毒性试验 其原理是两种或两种以上的受试物同时存在时，可能发生作用之间的拮抗、相加或协同三种不同的联合方式，可以根据一定的公式计算和判定标准来确定这三种不同的作用。试验时，分别测定单个受试物的LD_{50}，按各受试物的LD_{50}值的比例配制等毒性的混合受试物。测定混合物的LD_{50}，用其他LD_{50}测定方法时，可以按各个受试物的LD_{50}值的二分之一之和作为中组，然后按等比级数向上、下推算几组，与单个受试物LD_{50}测定的设计相同，如估计是相加作用，可向上、下各推算两组；如可能为协同作用，则可向下多设几组；如可能为拮抗作用，则可向上多设几组。混合物中各个受试物是以等毒比例混合的，因此求出的LD_{50}乘以各受试物的比例，即可求得各受试物的剂量。判定受试物联合作用方式的比值采用Smith. H. F的规定，即小于0.4为拮抗作用，0.4～2.7为有相加作用，大于2.7为有协同作用。给予受试物后，即应观察并记录试验动物的中毒表现和死亡情况。观察记录应尽量准确、具体、完整，包括出现的程度与时间。对死亡动物可做大体解剖。

2. 鼠伤寒沙门菌／哺乳动物微粒体酶（Ames）试验

（1）原理 该法用于评价保健食品的致突变作用。其原理是鼠伤寒沙门菌的突变型，也就是组氨酸缺陷型菌株，在有组氨酸的培养基上可以正常生长，在无组氨酸的培养基上不能生长。但是在无组氨酸的培养基中有致突变物存在时，沙门菌突变型可回复变为野生型，进而在无组氨酸的培养基上也能正常生长，所以根据菌落形成数量可检查受试物是否为致突变物。某些致突变物需要代谢活化后才能使沙门菌突变型产生回复突变，代谢活化系统可以用多氯联苯（PCB）诱导的大鼠肝匀浆（S-9）制备的S-9混合液。

（2）菌株鉴定与保藏 在试验前，先进行菌株鉴定与保存。试验菌株为4株鼠伤寒沙门菌突变型菌株：TA97、TA98、TA100、TA102。TA97和TA98可以检测各种移码型诱变剂；TA100可检测引起碱基对置换的诱变剂；TA102能检测出其他测试菌株不能检出或极少检出的某些诱变剂，如甲醛、各种过氧化氢化合物和丝裂霉素C等交联剂。一般用来测试受试物诱变性时，必须通过其中4个菌株的检测。必要时可增加TA1535、TA1537或TA104任一菌株。菌株特性应与Ames试验标准相符。突变型菌的某些特性易丢失或变异，遇到下列情况应鉴定菌株的基因型：①在收到培养菌株后；②当制备一套新的冷冻保存株或冰冻干燥菌株时；③当每皿自发回变数不在正常范围时；④当对标准诱变剂丧失敏感性时；⑤使用主平板传代时；⑥投入使用前。鉴定合格的菌种应保存在深低温（如

食用菌加工产品的质量安全控制与评价

−80℃），或加入9％光谱级 DMSO 作为冷冻保护剂，保存在液氮条件下（−196℃），或者冰冻干燥制成干粉，4℃保存。除液氮条件外，保存期一般不超过2年，主平板贮存在4℃，超过2个月后应丢弃，TA102 主平板保存2周后应该丢弃。

（3）最高剂量的确定　决定试验中受试物最高剂量的原则是受试物对试验菌株的毒性和受试物的溶解度。对于纯的化学物质，一般最低剂量为每平皿 0.2 μg，最高剂量为 5 mg，或溶解度允许，或饱和浓度，或对细菌产生最小毒性浓度。对于毒性很低、摄入量很大的定型产品，可根据其溶解度和对细菌的毒性采用可能的最大剂量。每种受试物在允许最高剂量下设4个（含4个）以上剂量，每剂量间隔不超过5倍，每个剂量应做3个平皿。溶剂可选用水、二甲基亚砜（每皿不超过 0.4 mL），或其他溶剂（毒性剂量以下）。无论选用什么溶剂均应无诱变性。试验应同时设有阳性物对照组、溶剂对照组和未处理对照，均包括加 S−9 和不加 S−9 两种情况。阳性对照物应根据菌株的类型选择。正式试验可采用平板掺入法、预培养平板掺入法和点试法等。

1）平板掺入法　其操作步骤：取营养肉汤培养基 5 mL，加入无菌小三角瓶或无菌试管中，将主平板或冷冻保存的菌株培养物接种于营养肉汤培养基内，37℃振荡（100 次 /min）培养 10 h 至对数增长期，每毫升不少于 1×10^9 个活菌数（培养瓶可用黑纸包裹，以防光线照射细菌），完成增菌培养。融化顶层培养基分装于无菌小试管，每管 2 mL，在45℃水浴中保温。在保温的顶层培养基中依次加入测试菌株新鲜增菌液 0.1 mL，混匀；加受试物 0.05~0.2 mL（一般加入 0.1 mL。需活化时另加入 10% S−9 混合液 0.5 mL），再混匀，迅速倾入底层培养基上，转动平皿使顶层培养基均匀分布在底层上，平放固化，37℃培养 48 h 观察结果。另做一阳性对照、溶剂对照和未处理对照。阳性对照不加受试物，只加标准诱变剂；溶剂对照加除受试物和标准诱变剂以外的所有试剂，如溶剂二

甲基亚砜等（光谱纯或分析纯）；未处理对照只在培养基上加菌液；其他方法同上。

结果判定以直接计数培养基上长出回变菌落数的多少而定，如在背景生长良好条件下，受试物组回变菌落数增加一倍以上（即回变菌落数等于或大于2乘以未处理对照数），并有剂量反应关系或至少某一测试点有可重复的并有统计学意义的阳性反应，即可认为该受试物诱变试验阳性。

2）预培养平板掺入法　预培养对于某些受试物可取得较好效果。因此可根据情况确定是否进行预培养。在加入顶层琼脂前，先进行预培养步骤，包括在试验中，将受试物（需活化时另加入 10% S−9 混合液）和菌液在 37℃中培养 20 min，或在 30℃中培养 30 min，然后再加 2 mL 顶层琼脂，其他同上述平板掺入法。

3）点试法　在掺入法的前期操作后，在水浴中保温的顶层培养基中依次加入测试菌株增菌液 0.1 mL（需要时加 10% S−9 混合液 0.5 mL），混匀，迅速倾入底层培养基上，转动平皿，使顶层培养基在底层上均匀分布。平放固化后取无菌滤纸圆片（直径为 6 mm），小心放在已固化的顶层培养基的适当位置上，用移液器取适量受试物（如 10 μL），点在纸片上，或将少量固体受试物结晶加到纸片或琼脂表面，37℃培养 48 h 观察结果。另做阳性对照、溶剂对照和未处理对照。将加受试物改为加标准致突变物或溶剂（如二甲基亚砜），其他步骤同上。结果判定时，如在受试物点样纸片周围长出较多密集的回变菌落，与未处理对照相比有明显区别者，可初步判定该受试物诱变试验阳性，但应该用掺入法试验来确证。

3. 体外哺乳类细胞（V79/HGPRT）基因突变试验

（1）原理　V79/HGPRT 基因突变试验适用于评价保健食品的遗传毒性。其原理是细胞在正常培养条件下，对 6-TG 的毒性作用敏感，不能生存，在致癌物和 / 或致突变物作用下，某些细胞 X 染色体上控制次黄嘌呤鸟嘌呤磷酸核糖转移

酶（HGPRT）的结构基因发生突变，不能再产生 HGPRT，从而使突变细胞对 6-TG 具有抗性作用。这些突变细胞在含有 6-TG 的选择性培养液中能继续分裂并形成集落。根据突变集落形成数，计算突变率以判定受试物的致突变性。

（2）操作步骤　先将 5×10^5 个细胞接种于直径为 100 mm 平皿中，于 37℃、5% 二氧化碳培养箱中放置 24 h，准备好细胞。再将细胞与受试物接触，吸去培养液，PBS 洗两次，加入无血清培养液及一定浓度的受试物（需代谢活化者同时加入大鼠肝匀浆 S-9 混合物），置于培养箱中 2 h，结束后吸去含受试物的培养液，用 PBS 洗细胞两次，换入含 10% 血清的培养液，继续培养 19～22 h。接触受试物的细胞继续培养 19～22 h 后用胰酶-EDTA 消化，待细胞脱落后，加入含 10% 血清培养液终止消化，混匀，放入离心管以 800～1 000 rpm 的速度离心 5～7 min，弃去上清液，制成细胞悬液，计数，以 5×10^5 个细胞接种于直径为 100 mm 的平皿，3 d 后分传 1 次，仍接种 5×10^5 个细胞培养 3 d。将上述首次消化计数后的细胞每皿接种 200 个，每组 5 个皿，37℃、5% 二氧化碳条件下培养 7 d，固定，Giemsa 染色，计数每皿集落数，以相对于溶剂对照组的集落形成率表示细胞毒性。即以溶剂对照的集落形成率为 100%（1.00），求出各检品试验组的相对值。表达结束后，消化细胞，分种，每组 5 个皿，每皿种 2×10^5 个细胞，待细胞贴壁后加入 6-TG，终浓度为 5 g/mg，放入培养箱培养 8～10 d 后固定，Giemsa 染色，统计每皿集落数，并计算突变率。同时另做集落形成率测定。每皿接种 200 个细胞，不加 6-TG，每组 5 个皿，7 d 后固定染色，计算集落形成率。

（3）结果判定　若阴性对照中，集落形成率低于 50%，结果应不采用。各实验室选用的阳性对照突变率有一定范围，若受试物的结果为阴性或弱阳性时，阳性对照的诱变率应达正常值的下线以上，否则结果不能成立。当突变率为自发突变率的 3 倍或 3 倍以上，或至少在 3 个浓度范围内突变率有随浓度递增而升高的剂量反应关系时，可判为阳性。

4. 哺乳动物骨髓细胞染色体畸变试验

（1）原理　该法适用于评价保健食品对骨髓细胞的遗传毒性。染色体是细胞核中具有特殊结构和遗传功能的小体，当化学物质作用于细胞周期 G1 期和 S 期时，诱发染色体畸变，而作用于 G2 期时则诱发染色体单体畸变。给试验的大、小鼠腹腔注入秋水仙素，抑制细胞分裂时纺锤体的形成，以便增加中期分裂相细胞的比例，并使染色体丝缩短、分散，轮廓清晰。在显微镜下观察染色体数目和形态。

（2）试验动物和分组　常用健康年轻的成年大鼠或小鼠。每组用两种性别的动物至少各 5 只。动物购买后适应环境至少 3 d。受试物应设三个剂量组，最高剂量组原则上为动物出现严重中毒表现和 / 或个别动物出现死亡的剂量，一般可取 $1/2\ LD_{50}$，低剂量组应不表现出毒性，分别取 1/4 和 $1/8\ LD_{50}$ 作为中、低剂量。急性毒性试验给予受试物最大剂量（最大使用浓度和最大灌胃容量）动物无死亡而求不出 LD_{50} 时，高剂量组则以 10 g/kg BW → 人的可能摄入量的 100 倍 → 一次最大灌胃剂量进行设计，再下设中、低剂量组。另设溶剂对照组和阳性对照组，阳性物可用丝裂霉素 C（1.5～2.0 mg/kg BW）或环磷酰胺（40 mg/kg BW）经口或腹腔注射（首选经口）给予。一般用蒸馏水作溶剂配制受试物，如受试物不溶于水，可用食用油、医用淀粉、羧甲基纤维素等配成乳浊液或悬浊液。受试物应于灌胃前新鲜配制，除非有资料表明以溶液（或悬浊液、乳浊液等）保存具有稳定性。

（3）试验动物的处理　经口给予受试物 2～4 次，每次间隔 24 h，在末次给受试物后 18～24 h 取材。必要时可先用一个剂量的 3 只动物，于给试物后 6h、24h、48 h 分别处死动物取材，以选择处死动物的最适时间。在一次给受试物时也可每个剂量组用 15 只动物，于 6 h、24 h、48 h 后分别各处死 5 只动物取材。处死动物前 2～4 h，按 4 mg/kg 体重腹腔注入秋水仙素。大鼠断头处死、小鼠颈椎脱臼。

（4）标本制备　对试验动物取股骨，去附着的肌肉，剪去两端骨骺，用带针头的注射器吸取 2～4 mL 2.2% 柠檬酸钠溶液，将骨髓洗入 10 mL 离心管中，反复冲洗数次直至股骨断面由红色变粉色，然后以 1 000～1 500 r/min 离心 10 min，弃去上清液。离心后的沉淀物加入 4 mL 0.075 mol/L 氯化钾溶液，混匀后在 37℃ 水浴或恒温箱中放置 10～20 min，再以 1 000～1 500 r/min 离心，弃去上清液。将新配制的甲醇-冰乙酸固定液 4 mL 沿管壁加入受试物中，10～15 min 后，用吸管将细胞团块打碎继续固定 10～15 r/min，以 1 000 r/min 离心 10 min 弃去上清液，再加固定液 4 mL 静置 20 min 后离心，弃去上清液，用吸管混匀制成 0.5～1.0 mL 细胞悬液。先将洗净的载玻片保存于水中备用。自水中取出载玻片，倾斜 30℃ 放置，立即吸取细胞悬液在玻片的 1/3 处滴 3 滴，轻吹细胞悬液扩散平铺于玻片上。每个标本制 2～3 张玻片，空气中自然干燥。临用时取 Giemsa 储备液 1 mL 磷酸盐缓冲液 10 mL，置染色缸中，将涂片浸于染液中染色 15 min 左右，取出玻片用水冲洗，空气中自然干燥。

（5）观察　阅片前在低倍镜下检查制片质量，制片应为全部染色体较集中，而各个染色体分散、互不重叠、长短收缩适中、两条单体分开、清楚地显示出着丝点位置、染色体呈红紫色。用油镜进行细胞中期染色体分析。每只动物分析 100 个中期相细胞，每个剂量组不少于 1 000 个中期相细胞。观察染色体数目的改变（非整倍体、多倍体、内复制）和染色体结构（断裂、微小体、有着丝点环、无着丝点环、单体互换、双微小体、裂隙和非特定性型变化等）的改变等项目。

（6）数据处理　用 x^2 检验进行数据的统计学处理。但试验组与对照组相比，试验结果染色体畸

变率有明显的剂量反应关系并有统计学意义时，即可确认为阳性结果。若统计学上差异有显著性，但无剂量反应关系时，则须进行重复试验。结果能重复者可确定为阳性。

5. 骨髓细胞微核试验

（1）原理　微核是在细胞的有丝分裂后期染色体有规律地进入子细胞形成细胞核时，仍然留在细胞质中的染色单体或染色体的无着丝粒断片或环。它在末期以后，单独形成一个或几个规则的次核，被包含在细胞的胞质内，由于比核小得多故称微核。这种情况的出现往往是受到染色体断裂剂作用的结果。另外，也可能在受到纺锤体毒物的作用时，主核没有能够形成，代之以一组小核。此时小核往往比一般典型的微核稍大。微核试验是用于染色体损伤和干扰细胞有丝分裂的化学毒物的快速检测方法。操作中需要解剖器械、生物显微镜等仪器，以及小牛血清（也可用大、小鼠血清代替）、Giemsa 染液、Giemsa 应用液、1/15 mol/L 磷酸缓冲液（pH 6.8）和甲醇等试剂。

（2）试验动物和分组　小鼠是微核试验的常规动物，也可选用大鼠。通常用 7～12 周龄、体重 25～30 g 的小鼠或体重 150～200 g 的大鼠。每组用两种性别的动物至少各 5 只。动物购买后适应环境至少 3 d。受试物应设 3 个剂量组，最高剂量组原则上为动物出现严重中毒表现和/或个别动物出现死亡的剂量，一般可取 1/2 LD$_{50}$，低剂量组应不表现出毒性，分别取 1/4 和 1/8 LD$_{50}$ 作为中、低剂量。急性毒性试验给予受试物最大剂量（最大使用浓度和最大灌胃容量）动物无死亡而求不出 LD$_{50}$ 时，高剂量组则以 10 g/kg BW → 人的可能摄入量的 100 倍 → 一次最大灌胃剂量进行设计，再下设中、低剂量组。另设溶剂对照组和阳性对照组。阳性对照物可用环磷酰胺 40 mg/kg BW 经口或腹腔注射（首选经口）给予。

（3）操作步骤　在试验中，一般用蒸馏水作溶剂配制受试物，如受试物不溶于水，可用食用

油、医用淀粉、羧甲基纤维素等配成乳化液或悬浮液。受试物应于灌胃前新鲜配制，除非有资料表明以溶液（或悬浊液、乳浊液等）保存具有稳定性。根据细胞周期和不同物质的作用特点，可先做经口灌胃的预试，确定取材时间。常用 30 h 给受试物法，即两次给受试物间隔 24 h，第二次给受试物后 6 h，颈椎脱臼处死动物。取胸骨或股骨，用止血钳挤出骨髓液与载玻片一端的小牛血清混匀，常规涂片，或用小牛血清冲洗股骨骨髓腔制成细胞悬液涂片，涂片自然干燥后放入甲醇中固定 5～10 min。当日固定后保存。将固定好的涂片放入 Giemsa 应用液中，染色 10～15 min。立即用 pH 6.8 的磷酸盐缓冲液或蒸馏水冲洗、晾干，阴凉干燥处保存，完成标本的制备。最后，选择细胞完整、分散均匀、着色适当的区域，在油镜下观察阅片。以有核细胞形态完好与否作为判断制片优劣的标准。本法系观察嗜多染红细胞的微核。用 Giemsa 染色法，嗜多染红细胞呈灰蓝色，成熟红细胞呈粉红色。典型的微核多为单个的、圆形、边缘光滑整齐，嗜色性与核质一致，呈紫红色或蓝紫色，直径通常为红细胞的 1/20～1/5。用双盲法阅片。每只动物计数 1 000 个嗜多染红细胞，观察含有微核的嗜多染红细胞数，微核率以千分率表示。观察嗜多染红细胞与成熟红细胞（PCE/RBC），可作为细胞毒性指标之一。一般计数 200 个嗜多染红细胞。受试物组未成熟红细胞占红细胞总数的比例不应少于对照组的 20%。

（4）数据处理　在数据处理时，一般采用卡方检验、泊松分布或双侧 t 检验等统计方法进行数据处理，并按动物性别分别统计。试验组与对照组相比，试验结果微核率有明显的剂量反应关系并有统计学意义时，即可确认为阳性结果。若统计学上差异有显著性，但无剂量反应关系时，则须进行重复试验。结果能重复者可确定为阳性。一般阴性对照组的微核率 < 0.5%，供参考。但应有本实验室所用试验动物的自发微核率作参考。

6. 胸苷激酶（thymidine kinase，TK）基因突变试验

（1）原理　TK 基因突变试验适用于评价保健食品的遗传毒性。人类的 TK 基因定位于 17 号染色体长臂远端，小鼠的则定位于 11 号染色体，故 TK 基因的突变属于常染色体基因突变。TK 基因的产物胸苷激酶在体内催化从脱氧胸苷（TdR）生成胸苷酸（TMP）的反应。在正常情况下，此反应并非生命所必需，原因是体内的 TMP 主要来自脱氧尿嘧啶核苷酸（dUMP），即由胸苷酸合成酶催化的 dUMP 甲基化反应生成 TMP。但如在细胞培养物中加入胸苷类似物（如三氟胸苷，即 TFT，trifluorothymidine），则 TFT 在胸苷激酶的催化下可生成三氟胸苷酸，进而掺入 DNA，造成致死性突变，故细胞不能存活。若 TK 基因发生突变，导致胸苷激酶缺陷，则 TFT 不能磷酸化，亦不能掺入 DNA，故细胞在含有 TFT 的培养基中能够生长，即表现出对 TFT 的抗性。根据突变集落形成数，计算突变频率，以判定受试物的致突变性。

（2）预试验　一般应进行细胞毒性预试验，根据预试验结果，在相对存活率（relative survival，RS）为阴性对照组的 20%～80% 范围内设 3～4 个剂量（浓度）水平。每次试验均需设阴性（双蒸水）对照，通常亦需设阳性对照。阳性对照通常使用 MMS、EMS、MMC、CP（环磷酰胺）等。如使用非水溶剂，则亦需设溶剂对照。

（3）正式试验　正式试验中，培养液和培养条件为含 10% 马血清和适量抗生素的 RPMI 1 640 培养液（96 孔板培养时使用含 20% 马血清的 RPMI 1 640 培养液），5%CO_2、37℃、饱和湿度条件下做常规悬浮培养。取生长良好的细胞，调整密度为 5×10^5/mL，按 1% 体积加入受试物，37℃震摇处理 3 h。离心，弃上清液，用 PBS 或不含血清的培养基洗涤细胞 2 遍，重新悬浮细胞于含 10% 马血清的 RPMI 1640 培养液中，并调整细胞密度为 2×10^5/mL。取适量细胞悬液，做梯度稀释至 8 个细胞/mL，接种 96 孔板（每孔加 0.2 mL，即平均 1.6 个细胞/孔），每个剂量做 1～2 块板，37℃、

食用菌加工产品的质量安全控制与评价

5% CO_2、饱和湿度条件下培养 12 d，计数每块平板有集落生长的孔数，获得 PE0（0 d 的平板接种效率）。细胞悬液做 2 d 表达培养，每天计数细胞密度并保持密度在 10^6/mL 以下。计算相对悬浮生长（Relative Suspension Growth，RSG）。2 d 表达培养结束后，取适量细胞悬液，作梯度稀释并接种 96 孔板，培养 12 d 后计数每块平板有集落生长的孔数，获得 PE2（第二天的平板接种效率）。2 d 表达培养结束后，取适量细胞悬液，调整细胞密度为 1×10^4/mL，加入 TFT（三氟胸苷，终浓度为 3 g/mL），混匀，接种 96 孔板（每孔加 0.2 mL，即平均 2 000 个细胞/孔），每个剂量做 2～4 块板，37℃、5% CO_2、饱和湿度条件下培养 12 d，计数有突变集落生长的孔数。突变集落按大集落（LC：直径 ≥ 1/4 孔径，密度低）和小集落（SC：直径 < 1/4 孔径，密度高）分别计数，极小集落可再继续培养 3 d 后计数，最终获得 TFT 抗性突变频率（tk-MF）。

（4）结果判定 当阴性对照和溶剂对照的 PE0=60% ～140%，PE2=70% ～130%，T-MF< 本实验室历史记录的 2 倍（或 <240×10^{-6}），SCM=30%～60%，阳性对照的 T-MF 与阴性/溶剂对照有显著差异，或比阴性/溶剂对照高 100×10^{-6} 以上时，试验成立。在此基础上，可判定受试物阳性和阴性结果：受试物一个以上浓度组的 T-MF 与阴性/溶剂对照有显著差异，或比阴性/溶剂对照高 100×10^{-6} 以上，并有剂量反应关系，则可判定为阳性。但如仅在 RS 达-20% 的高剂量情况下出现阳性，则结果判为"可疑"。阴性结果的判定需在 RS 达-20% 的情况下未见突变频率增加方可作出。

7. 小鼠精子畸形试验

（1）原理 该方法适用于评价保健食品对雄性生殖细胞的遗传毒性。小鼠精子畸形受基因控制，具有高度遗传性，许多常染色体及 X、Y 性染色体基因直接或间接地决定精子形态。精子的畸形主要是指形态的异常，已知精子的畸形是决定精子

形成的基因发生突变的结果。因此形态的改变提示有关基因及其蛋白质产物的改变。小鼠精子畸形试验可检测环境因子对精子生成、发育的影响，而且对已知的生殖细胞致突变物有高度敏感性，故本试验可用作检测环境因子在体内对生殖细胞的致突变作用。

（2）试验动物 该试验中使用的动物为成年雄性小鼠，6～8 周龄、体重 25～35 g，动物购买后适应环境 3～5 d。受试物应设三个剂量组，最高剂量组原则上为动物出现严重中毒表现和/或个别动物出现死亡的剂量，一般可取 1/2 LD$_{50}$，低剂量组应不表现出毒性，分别取 1/4 和 1/8 LD$_{50}$ 作为中、低剂量。急性毒性试验给予受试物最大剂量（最大使用浓度和最大灌胃容量）动物无死亡而求不出 LD$_{50}$ 时，高剂量组则以 10 g/kg BW → 人的可能摄入量的 100 倍 → 一次最大灌胃剂量进行设计，再下设中、低剂量组。另设溶剂对照组和阳性对照组。每组至少有 5 只存活动物。阳性物可采用环磷酰胺 40～60 mg/kg BW、甲基磺酸甲酯（MMS）50 mg/kg BW 或丝裂霉素 C（MMC）1.0～1.5 mg/kg BW 经口或腹腔注射（首选经口）给予。

（3）受试物的配制 一般用蒸馏水作溶剂配制受试物，如受试物不溶于水，可用食用油、医用淀粉、羧甲基纤维素等配成乳化液或悬浮液。受试物应于灌胃前新鲜配制，除非有资料表明以溶液（或悬浊液、乳浊液等）保存具有稳定性。

（4）试验动物的处理 连续 5 d 经口给予。各种致突变物作用于精子的不同发育阶段，可在接触某种致突变物后不同时间出现精子畸形，故有条件时，可于给受试物后第 1 周、4 周、10 周处死动物，检查精子形态。因为大部分化学致突变物对精原细胞后期或初级精母细胞早期的生殖细胞较为敏感，故一般均是于首次给受试物后的第 35 天用颈椎脱臼法处死。取出两侧附睾，放入有适量生理盐水（约 1 mL）的小烧杯中或放入盛有 2 mL 生理盐水的平皿中。用眼科剪将附睾纵向剪 1～2 刀，静

置 3～5 min，轻轻摇动。用四层擦镜纸或合成纤维血网袋过滤，吸滤液涂片。空气干燥后，用甲醇固定 5 min 以上干燥，用 1%～2% 伊红染色 1 h，用水轻冲，干燥。

（5）阅片　在低倍镜下（用绿色滤光片）找到背景清晰、精子重叠较少的部位，用高倍镜顺序检查精子形态，计数结构完整精子。精子有头无尾（轮廓不清）或头部与其他精子或碎片重叠，或明显是人为剪碎者，均不计算，每只动物至少检查 1 000 个精子。精子畸形，主要表现在头部，其次为尾部。畸形类型可分为无钩、香蕉形、胖头、无定形、尾折叠、双头、双尾等。异常精子均应记录显微镜的坐标数，以备复查。并分别记录异常类型，以便统计精子畸形率及精子畸形类型的构成比。判断双头、双尾畸形时，要注意与二条精子的部分重叠相鉴别，判断无定形时要与人为剪碎及折叠相鉴别。

（6）结果判断　每个剂量组应分别与相应的阴性对照组进行比较，如用 Wilcoson 秩和检验法评价精子，畸形阳性的标准是畸形率至少为阴性对照组的倍量或经统计有显著意义，并有剂量反应关系。一般阴性对照组的精子异常率为 0.8%～3.0%（供参考）。但应有本实验室所用试验动物的自发畸形率作参考。

8. 小鼠睾丸染色体畸变（Chromosome aberration in testicle cells）分析试验

（1）原理　小鼠睾丸染色体畸变分析试验适用于评价保健食品对整体哺乳动物睾丸生殖细胞染色体的损伤。睾丸染色体畸变是指睾丸染色体细胞数目和结构异常，包括裂隙、断片、易位、微小体、常染色体单价体、性染色体单价体。不同周期的雄性生殖细胞对化学物质的敏感性不同，多数情况下化学诱变剂诱发染色体畸变必须经过 DNA 复制期，故在前细线期处理。12～14 d 采样，以观察作用于前细线期引起的精母细胞染色体畸变效应。

（2）试验动物　该方法选用健康成年雄性小鼠，体重 20～30 g，每组至少 5 只。动物购买后于试验前适应环境 3～5 d。受试物应设三个剂量组，最高剂量组原则上为动物出现严重中毒表现和/或个别动物出现死亡的剂量，一般可取 1/2 LD$_{50}$，低剂量组应不表现出毒性，分别取 1/4 和 1/8 LD$_{50}$ 作为中、低剂量。急性毒性试验给予受试物最大剂量（最大使用浓度和最大灌胃容量）动物无死亡而求不出 LD$_{50}$ 时，高剂量组则以 10 g/kg BW → 人的可能摄入量的 100 倍 → 一次最大灌胃剂量进行设计，再下设中、低剂量组。同时另设溶剂对照组和阳性对照组。每组至少 5 只存活动物。所选用的阳性物在体内应能引起精细胞染色体结构畸变。可采用不同于受试物的给予途径一次给予阳性物。可采用丝裂毒素 C（1.5～2 mg/kg，腹腔注射，一次）或环磷酰胺（40 mg/kg，腹腔注射，每天一次，连续 5 d）。阴性对照组应给予溶剂或介质，方式与受试物组相同。如果有资料表明所使用的溶剂或介质无致突变作用，可不做未处理对照，否则应另设未处理对照。

（3）受试物的配制　一般用蒸馏水作溶剂配制受试物，如受试物不溶于水，可用食用油、医用淀粉、羧甲基纤维素等配成乳浊液或悬浊液。受试物应于灌胃前新鲜配制，除非有资料表明以溶液（或悬浊液、乳浊液等）保存具有稳定性。

（4）试验动物的处理　采用灌胃给予受试物，每天一次，连续 5 d。各组均于第一次给予受试物后的 12～14 d 将受试动物处死制片。动物处死前 6 h 腹腔注射秋水仙素 4～6 mg/kg BW（注射体积：0.1～0.2 mL/10 g BW）。秋水仙素宜当天新鲜配制。用颈椎脱臼法处死小鼠，制备标本。取出两侧睾丸，去净脂肪，于低渗液中洗去毛和血污，放入盛有适量 1% 柠檬酸三钠或 0.4% 氯化钾溶液的小平皿中，经过低渗（以眼科镊撕开被膜，轻轻地分离曲细精管，室温下低渗，低渗时间视具体条件而定）、固定（仔细吸尽低渗液，加甲醇：冰乙酸＝3:1 固定液 10 mL 固定。第一次不超过 15 min，倒掉固定液后，再加入新的固定液固定

20 min 以上）、离心（吸尽固定液，加 60％冰乙酸 1～2 mL，待大部分曲细精管软化完后，立即加入倍量的固定液，打匀、移入离心管，以 1 000 rpm 离心 10 min）、滴片（弃去大部分上清液，留下 0.5～1.0 mL，充分打匀制成细胞混悬液，将细胞混悬液均匀地滴于冰水玻片上。每个样本制得 2～3 张。空气干燥或微热烘干）和染色（用 pH 6.8 的 1：10 Giemsa 液染色 20～40 min）等步骤进行制片。

（5）观察　在低倍镜下按顺序寻找背景清晰、分散良好、染色体收缩适中的中期分裂相，然后在油镜下进行分析。观察项目包括裂隙、断片、微小体等。此外，还要分析相互易位、X-Y 和常染色体的单价体。相互易位涉及非同源染色体间末端断片的交换，需要二次断裂和修复。有常染色体间的易位和性染色体与常染色体间的易位。常染色体易位时能产生环状的多价体或链状多价体。如一次易位可形成环状四价体、链状四价体、三价体加上一个单价体（c Ⅲ＋Ⅰ）；若二次、三次或四次易位，则可观察到六价体、八价体或十价体。性染色体的易位，可以有 X 染色体或 Y 染色体与常染色体易位。在对照成年动物中自发易位率极低，低于 0.01％。老年动物可稍有增加。X-Y 和常染色体的单价体亦称早熟分离。对照动物 X-Y 单价体较常见，有 0～10％。因 X 和 Y 染色体是长臂的远端，非同源的片段相接。X、Y 的分离常可引起不育。常染色体的单价体是由于不联会（同源片段间配对合子的缺失）或联会消失（由于交叉失败而分离）而造成，它们在对照组动物中较少见，因为交叉在双线期形成，正常配对的联会一直到中期 Ⅰ 末。常发生于最小一对常染色体中。

（6）结果判断　试验组与阴性对照组的断片、易位、畸变细胞率、常染色体单价体、性染色体单价体等分别按 Kastenbaum 和 Bowman 所述方法进行统计处理，如 $P<0.05$ 则可以认为有显著意义。如果上述三项致突变试验中，体内或体外至少有一项试验阳性，一般放弃该受试物用于保健食品。如果三项试验均为阴性，则可继续进入下一阶段毒理学试验。

9. 显性致死试验

（1）原理　显性致死试验适用于评价保健食品的致突变作用和对人体可能产生的危害（检测染色体结构和数量的损伤，但不能检测基因突变和毒性作用）。其原理是致突变物可引起哺乳动物生殖细胞染色体畸变，以致不能与异性生殖细胞结合或导致受精卵在着床前死亡，或导致胚胎早期死亡。

（2）试验动物和分组　选用健康动物，符合试验规格，且有合格证号。经生殖能力预试，受孕率应在 70％以上者。雄性成年小鼠（性成熟、体重 30 g 以上）或大鼠（性成熟，体重 200 g 以上），预先接触受试物，再进行交配。交配用的成年雌鼠，不接触受试物。雌性鼠为雄性鼠的 5～6 倍量。每组雄鼠一般不少于 15 只，雄鼠与雌鼠交配，使每组产生至少 30 只受孕雌鼠。试验至少设 3 个受试物剂量组。高剂量组应引起动物生育力轻度下降。各组受试物剂量可在 1/10～1/3 LD$_{50}$。急性毒性试验给予受试物最大剂量（最大使用浓度和最大灌胃容量），求不出 LD$_{50}$ 时，则以 10 g/kg BW、人的可能摄入量的 100 倍或受试物最大给予剂量为最高剂量，再下设 2 个剂量组，另设溶剂对照组和阳性对照组。阳性对照物可用环磷酰胺（40 mg/kg 体重）。雌性动物每组不少于 30 只受孕鼠。一般应同时做阳性和阴性对照组。

（3）操作步骤　采用灌胃法，或用喂饲法给予受试物。灌胃法一般一日一次，或一日两次，连续 6 d 或 3 个月。给予雄鼠受试物后，按雌雄鼠 2：1 比例同笼交配 6 d 后，取出雌鼠另行饲养。雄鼠则于 1 d 后，再以同样数量的另一批雌鼠同笼交配，如此共进行 5～6 批。以雌雄鼠同笼日算起 15～17 d，采用颈椎脱臼法处死雌鼠后，立即剖腹取出子宫，仔细检查、计数，分别记录每一雌鼠的活胎（完整成形、颜色鲜红、有自然运动，机械刺激后有运动反应）数、早期死亡胚胎（胚胎形体较小、外形不完整、胎盘较小或不明显。最早期死亡胚胎会在子宫内膜上隆起如一小瘤。如已完全被吸收,仅在子宫内膜上留一个隆起暗褐色点状物)数与晚期死亡胚胎(成形、色泽暗淡、无自然运动,机械刺激后无运动反应)数。

（4）计算　计算受孕率、总着床数、平均着床数、早期胚胎死亡率、平均早期胚胎死亡数等指标。其中受孕率为孕鼠数与交配雌鼠数的比值;总着床数为活胎数、早期胚胎死亡数和晚期胚胎死亡数的和;平均着床数为总着床数与受孕雌鼠数的比;早期胚胎死亡率为早期胚胎死亡数与总着床数的比;平均早期胚胎死亡数为早期胚胎死亡数与受孕雌鼠数的比。按试验组与对照组动物的上述指标分别用 x 检验、单因素方差分析或秩和检验法,进行统计分析,以评定受试物的致突变性。

（5）结果判断　根据以上计算出的受孕率、总着床数、早期和晚期胚胎死亡率予以评价。试验组与对照组相比,受孕率或总着床数明显低于对照组;早期或晚期胚胎死亡率明显高于对照组,有明显的剂量反应关系并有统计学意义时,即可确认为阳性结果。若统计学上差异有显著性,但无剂量反应关系时,则须进行重复试验,结果能重复者可确定为阳性。

10. 非程序性 DNA 合成(Unscheduled DNA Synthesis, UDS)试验

（1）原理　当 DNA 受损伤时,损伤修复的 DNA 合成主要在 S 期以外的其他细胞周期,称非程序性 DNA 合成。非程序性 DNA 合成试验适用于评价保健食品的诱变性和/或致癌性。用这种短期筛选方法可以检测出一些短期体外试验法所不能检出的诱变剂和/或致癌剂。正常情况下,于细胞有丝分裂周期中,仅 S 期是 DNA 合成期。当 DNA 受损伤时,损伤修复的 DNA 合成主要在其他细胞周期,称程序外 DNA 合成,即 UDS,因此发现 UDS 增高,即表明 DNA 发生过损伤。在体外培养细胞中,用 UDS 的测量来显示 DNA 修复合成的主要关键在于如何鉴别很高水平的半保留 DNA 复制和水平较低(充其量只有半保留 DNA 复

制的 5%)的 UDS。这可以用同步培养将细胞阻断于 G1 期并用药物(常用羟基脲)抑制残留的半保留 DNA 复制后显示。同步培养可用缺乏必需氨基酸精氨酸的培养基(ADM)使 DNA 合成的始动受阻而使细胞同步于 G1 期。在这些半保留 DNA 合成明显抑制和阻断了的细胞中,UDS 即可用 3H-胸腺嘧啶核苷的掺入增加显示。它可用放射自显影或液体闪烁计数法进行测量。

（2）试验器材的准备　该法在准备试验器材时,应用一次性细胞培养用器皿及微孔滤膜,可避免烦琐的洗涤工作,并可提高试验质量。玻璃类器材在自来水中将污物冲净,在肥皂或洗衣粉溶液中煮沸 5 min,稍冷后在热肥皂水内反复洗刷,用自来水冲洗干净。干后浸于清洁液内过夜。取出后用自来水反复冲洗。再用蒸馏水冲洗 2 次,于蒸馏水浸泡 24 h。取出后烘干。所用玻瓶用纸包扎瓶口,移液管及滴管在近端管内塞入棉花栓后用纸包裹。对不带橡皮塞的玻具及金属用具可用干热灭菌,温度升至 140℃后,保持 2 h。橡皮类器材用自来水冲洗干净后,在肥皂水内煮沸,若为新购置的,则用 4% 氢氧化钠煮沸 10 min,再用 4% 盐酸煮沸 10 min。自来水流水冲洗 2 h 以上。再于蒸馏水中煮沸 2 次,用蒸馏水冲洗后,浸泡于蒸馏水中 24 h,干燥后,用玻璃纸包装,置于容器内。橡皮类及带橡皮塞的玻具应用高压灭菌(120℃,30 min)。溶液除不耐热的应用抽滤除菌外,耐热的可用高压灭菌,一般 115℃维持 10 min。

（3）细胞的传代、维持和贮存　用于化学致癌物在体外培养细胞中诱发 UDS 的试验研究的哺乳类细胞的种类很多。人类细胞的 UDS 反应大于啮齿类细胞。在化学致癌性检测试验中很多人使用人类细胞。这有一个可取的优点,即评价某一化学物质对人类危害时,可减轻因种属差异而导致推论错误的风险。使用最多的人类细胞为成纤维细胞、外周血淋巴细胞、单核细胞和 Hela 细胞等。使用的人羊膜细胞 FL 株,是一种上皮细胞系,且

食用菌加工产品的质量安全控制与评价

该羊膜细胞富含有可诱导的药物代谢酶系。生长成单层的细胞，除去培养基。用 Hanks 平衡盐液（HBSS）洗涤后，用 0.02% EDTA 或 0.1% 胰酶溶液（于无 Ca^{2+}、Mg^{2+} 的磷酸盐缓冲液中）在 37℃下处理数分钟使细胞退缩，细胞间隙增加。再用 HBSS 洗涤 1 次，加入适量培养基，反复吹吸，使细胞自玻面上脱下并分散于培养基中。取细胞悬液一滴，加于血球计数池中，计数四大格中的细胞数，计算出悬液中的细胞浓度（四大格的细胞数/4×10^4 即为每毫升所含细胞数）。将细胞悬液生长培养基稀释至（0.5×10^5）～（1×10^5）个/mL。将上述细胞悬液接种于培养瓶中（30 mL 培养瓶可接种 3 mL，100 mL 的可接种 10 mL）。每次接种 3 份，长成融合单层后取其中一瓶再按以上方法传代接种 3 瓶。另两瓶在证明传代成功后弃去或供试验所用，这样可保证细胞在试验中延续保持。有条件可按下法将细胞贮存于液氮中。若较长时间不用，不必在实验室中维持。在需要时取出经增殖后供试验所用。将细胞增殖至所需数量后，按上法制成细胞悬液（于生长用培养基中）。细胞浓度为（1×10^6）～（1.5×10^6）个/mL。在冰浴中，逐渐加入为细胞悬液总量 10% 的灭菌二甲基亚砜。然后将细胞悬液分装于洁净干燥的灭菌安瓿或细胞冻存专用塑料小管中，每份 1 mL。封口后，置于 4℃中 2～3 h，然后移至普通冰箱冰室内 4～5 h，再移入 -30～-20℃ 低温冰箱内过夜。次日晨将安瓿移入生物用液氮储存器内。需用时，将安瓿或小塑料管锯（打）开，除去含有二甲基亚砜的培养基，加入适量生长用培养基，并调整细胞浓度至（10×10^4）～（15×10^4）个/mL。分种于细胞培养瓶中，37℃培养 1 h 后，换培养基一次，将无活力的细胞除去，待长成融合单层后分传增殖维持于实验室中。

（4）UDS 的放射自显影显示法　将细胞增殖至所需数量后，按上述方法制成单细胞悬液，细胞悬于生长用培养基（EMEM 小牛血清）中。浓度为（0.5×10^5）～（1×10^5）个/mL。将上述细胞悬液接种于有小盖片（18 mm×6 mm）的培养瓶中，37℃培养 1～3 d，使细胞在盖片上生长至适当密度。培养瓶接种数目根据检品的数目、所选剂量级别而定。每一剂量做 2～3 个样片，并另备 4～6 个样本供溶剂对照和已知致癌物的阳性对照用。细胞在增殖培养后，按以同步培养用培养基（ADM 补以 1% 小牛血清）做同步培养 3～4 d。在试验前一日下午，加入溶于 ADM 的羟基脲（HU）溶液，使 HU 在培养基中的终浓度为 10 mmol/L。继续在 37℃下孵育 16 h，然后将上述长有细胞的盖片置于含有不同浓度的检品、HU（浓度为 10 mmol/L）及 3H-胸腺嘧啶核苷 5～10 Ci/mL（30 Ci/mmoL）的同步用培养基中。37℃中孵育 5 h。以溶剂及已知致癌物为对照。检品及已知致癌物溶液在试验时新鲜配制。先将它们溶于适当的溶剂（蒸馏水、二甲亚砜、丙酮等）中，配成最高测试浓度 100 倍的贮液。再依次以溶剂按 10 倍稀释，做成不同浓度的检品溶液。将各种浓度的检品溶液加于培养基中，使溶剂的最终浓度为 1%。应同时设有阳性对照组和阴性对照组，包括加 S-9 和不加 S-9 两种情况。孵育结束后，用 HBSS 充分洗涤，用 1% 柠檬酸钠溶液处理 10 min。随后用乙醇-冰乙酸（3∶1）固定（4℃）过夜，空气中干燥后，用少量中性树胶将盖片粘固于载玻片上，长有细胞的一面朝上，45℃烘烤 24 h。在暗室中，将适量的核-4 乳胶移入浸渍用的玻璃器皿中，置于 40℃的水浴中令其融化，同时取等量的蒸馏水于一量筒中，也置于该水浴中加热，待乳胶融化后，将热蒸馏水倾于乳胶液中，继续在水浴中加温，并用玻璃棒轻轻搅拌，等待 10～20 min，使气泡逸出。在以上准备过程中，将准备做自显影处理的玻片置于水浴平台上预热。准备就绪后，将玻片垂直浸渍于 1∶1 稀释的乳胶液中约 5 s，徐徐提出玻片，并将玻片背面的乳胶用纱布或擦镜纸拭去。将已涂有乳胶的玻片移入温度为 29℃及一定湿度的温箱中（4 h）待乳胶干涸。然后置于内置适量干燥剂（变色硅胶）袋的曝光盒中。曝光盒外包为黑色避光纸及塑料纸，置于 4℃

冰箱中曝光 10 d。曝光结束后，将玻片移入有机玻璃制成的玻片架上，在液温为 19℃ 的 D-170 或 D-196 显影液中显影 5 min，在停显液中漂洗 2 min，在 F-5 定影液中定影 6～10 min，再用水漂洗数小时。细胞可在乳胶涂片前用地衣红（2%）冰乙酸溶液或在显影后用 H.E 或 Giemsa 染液染色。将玻片脱水透明后，用盖片封固。在油渍镜下，计数各样本细胞核上的显影银粒数，同时计数相当面积的本底银粒数，并自核上的银粒数减去。每张玻片至少计数 50 个细胞核，计出对照样本、各种浓度检品处理的样本及阳性致癌物对照样本中银粒数 / 核的均值及其统计量。

（5）UDS 的液体闪烁计数显示法　将试验用细胞悬于生长用培养基中，细胞浓度为 0.5×10^5 个 /mL，将细胞接种于液体闪烁计数瓶中，每瓶 1 mL，并加入 ^{14}C-胸腺嘧啶核苷终浓度为 0.01 Ci/mL（50 mCi/mmoL）。37℃ 中培养 48 h，使细胞增殖并预标记，去培养基并用 HBSS 洗涤后，换以含 ^{14}C-胸腺嘧啶核苷（0.01 Ci/mL）的同步用培养基，在 37℃ 中进行同步培养 2～4 d，同步培养结束后，于试验前一日下午去培养基，用 HBSS 充分洗涤后，加入含有浓度为 10 mmol/L 羟基脲（HU）的同步用培养基，37℃ 中孵育 16 h，UDS 的诱发同放射自显影显示法。细胞在含有 HU 及 3H-胸腺嘧啶核苷（5 Ci/mL，30Ci/mmoL）的同步用培养基中与不同浓度的检品接触 5 h，孵育结束后，去培养基及检品。以冷盐水洗涤 2 次，随后用冰冷的 0.25 mol/L 过氯酸溶液处理 2 次，每次 2 min，以固定细胞并除去酸可溶性成分，再用乙醇处理 10 min 以除去脂溶性成分及未掺入的标记物，干后以 0.5～1 mol/L 过氯酸 0.5 mL 于 75～80℃ 的恒温箱中水解 40 min，使掺入的标记物释出。冷却后加入乙二醇乙醚 3.5 mL 及闪烁液 [2，5-二苯基恶唑 PPO 0.5%、1，4-双-（5-苯基恶唑基）-苯 POPOP 0.03%，以甲苯为溶剂] 5 mL，振摇后使呈匀相，以液体闪烁计数器测定各样本中的 ^{14}C 及 ^{3}H 的放射活性。每组（包括对

照组）至少做 6 个培养瓶。标本中的 ^{3}H 放射活性即反映 UDS 中 ^{3}H 和 ^{14}C 比值作为 100%（1.00），可计算出各个样本中对于对照变化量，并计算各种检品测试浓度的样本中的有关统计量。

（6）酶性代谢活化的引入　建株细胞中药物代谢活化酶系的活性一般都很低，因此对一些需经酶性代谢活化才显示其 DNA 损伤作用的化学物质，可在试验体系中加入以大鼠肝微粒体酶系及辅助因子组成的体外活化系统（S-9 混合液），在检品接触时所用的培养基中，另溶入或加入氯化镁、磷酸氢二钠、磷酸二氢钾、6-磷酸葡萄糖（G-6-P）、NADP（Co II）及大鼠肝 S-9 组分，S-9 组分所占比例视检品的亲脂性而变；亲脂性强的可用低百分数的 S-9，反之，则所用 S-9 组分在活化系中的比例可高些。并加入 HEPES（10 mol/mL），用碳酸钠溶液将 pH 调至 7.2～7.4。

（7）结果判断　可用 t 检验各检品接触与溶剂对照间差异有无显著性而作出判断。试验组处理的细胞 ^{3}H-TdR 掺入数随剂量增加而增加，且有统计学意义，或者最小剂量组反应阳性，与对照组比较具有统计学意义，均可判定为该试验阳性。受试物组处理的细胞 ^{3}H-TdR 掺入数不随剂量增加而增加，任何一个剂量组与对照组无统计学上的差异，则认为受试物在该试验系统不引起 UDS。判定结果时，应综合考虑生物学意义和统计学意义。

11. 果蝇伴性隐性致死试验

（1）原理　果蝇伴性隐性致死试验适用于评价保健食品的遗传毒性。其原理是隐性基因在伴性遗传中的交叉遗传性，即雄蝇的 X 染色体传给 F_1 代雌蝇，又通过 F_1 代传给 F_2 代雄蝇。位于 X 染色体上的隐性基因能在半合型情况下于雄蝇中表现出来。据此，利用眼色性状由 X 染色体上的基因决定，并与 X 染色体的遗传相关联的特征来作为观察在 X 染色体上基因突变的标记，故以野生型雄蝇（红色圆眼，正常蝇）染毒，与 Basc（Muller-5）雌蝇（淡杏色棒眼，在两个 X 染色体上各带一个倒位以防止 F_1 代把处理过的父系 X 染色体和母系 X

染色体互换）交配，如雄蝇经受试物处理后，在 X 染色体上的基因发生隐性致死，则可通过上述两点遗传规则于 F₂ 代的雄蝇中表现出来，并借眼色性状为标记来判断试验的结果。即根据孟德尔分类反应产生四种不同表型的 F₂ 代，有隐性致死时在 F₂ 代中没有红色圆眼的雄蝇。

（2）试验动物　该试验的试验动物为果蝇。雄蝇用 3～4 日龄的野生型黑腹果蝇（Drosophila melanogaster），雌蝇用 Basc（Muller-5）品系 3～5 日龄的处女蝇。按常规方法求出 LC₅₀ 或 LD₅₀ 值。然后按 1/2 LC₅₀ 或 LD₅₀ 为大剂量，1/10～1/5 LD₅₀ 为小剂量，另设阴性（或溶剂）及阳性（2 mmol/LMMS）对照组。如果受试物毒性较小，受试物加入饲料的最大剂量可占饲料的 5%。阳性对照物可用甲基磺酸乙酯、甲基磺酸甲酯、N-亚硝基二甲胺。

（3）受试物的配制和处女蝇的收集　操作前进行受试物的配制和处女蝇的收集。一般受试物应溶解在水中进行配制，如受试物不溶于水，可用食用油、医用淀粉、羧甲基纤维素配成乳化液或悬浮液，然后再在给样前用水或生理盐水稀释。避免用二甲基亚砜作为介质。受试物应于灌胃前新鲜配制，除非有资料表明以溶液（或悬浊液、乳浊液等）保存具有稳定性。果蝇开始羽化后，清除管内所有成蝇，然后在 6～12 h 内收集的雌蝇即为处女蝇。将处女蝇放入新试管，一只管中不超过 25 只，以免过分拥挤。

（4）受试物接触方法　常用溶液饲养。受试物溶解后用 1%～5% 的蔗糖水稀释成不同浓度，试管内放入一团手纸，加入 1 mL 受试液使纸充分湿透，放入经饥饿 4 h 的雄蝇进行喂饲，新配制的培养基冷却到 55℃ 时，倒入受试物，快速磁搅拌 2 min，接触受试物时间 1～3 d。为检测受试物对哪一期生殖细胞最敏感，将雄蝇在接触受试物后按 2-3-3 d 间隔（分别表示对精子、精细胞和精母细胞的效应）与处女蝇交配。即每一试管以 1 只经处理过的雄蝇按上述程序顺次与 2 只处女蝇交配，再以所产 F₁ 代按雌与雄（1∶1 或 1∶2）进行 F₁-F₂

交配。12～14 d 后观察 F₂ 代，孵育温度为 25℃。每一个试验组至少应有 3 000 个样本数。

（5）结果统计与判断　根据受试染色体数（即 F₁ 代交配的雌蝇数减去不育数和废管数）与致死阳性管数求出致死率，以试验组与对照组的致死率按 Kastenbaum and Bowman 方法进行统计。对 F₂ 代结果的判断标准为：每一试管在多于 20 子代（雌及雄）中没有红色圆眼的野生型雄蝇为阳性，属致死突变。如有 2 只以上的红色圆眼的野生型雄蝇者为阴性。每一试管如确少于 20 个子代或只有一只野生型雄蝇的可疑管，需进行 F₃ 代的观察。不育：仅存雄、雌亲本而无子蝇者。

12. 30 d 和 90 d 喂养试验

（1）原理　通过 30 d 喂养试验，可确定较长期喂饲不同计量的受试物对动物引起有害效应的剂量、毒作用性质和靶器官，并估计亚慢性摄入的危害性。与 30 d 喂养试验类似，90 d 喂养试验可确定更长期喂饲不同计量的受试物对动物引起有害效应的剂量、毒作用性质和靶器官，并估计亚慢性摄入的危害性。当评价某受试物的毒作用特点时，在了解受试物的纯度、溶解特性、稳定性等理化性质和有关毒性的初步资料之后，可进行 30 d 或 90 d 喂养试验，以提出较长期喂饲不同剂量的受试物对动物引起有害效应的剂量、毒作用性质和靶器官，估计亚慢性摄入的危害性。90 d 喂养试验所确定的最大未观察到有害作用剂量可为慢性试验的剂量选择和观察指标提供依据。当最大未观察到有害作用剂量达到人的可能摄入量的一定倍数时，则可以此为依据外推到人，为确定人食用的安全剂量提供依据。

（2）试验动物　30 d 和 90 d 喂养试验需选择急性毒性试验已证明为对受试物敏感的动物种属和品系，一般选用啮齿类动物大鼠。为了观察受试物对生长发育的影响，使用雌、雄两种性别的离乳大鼠（出生后 4 周）。对于某些特殊的保健食品，可根据其适宜人群情况，选用年轻的成年大鼠（不大于出生后 9 周），进行 30 d 喂养试验。试验开始时动物体重的差异应不超过平均体重的 ±20%。

（3）实验分组　试验至少应设三个剂量组和一个对照组。每个剂量组至少 20 只动物，雌、雄各 10 只。原则上高剂量组的动物在喂饲受试物期间应当出现明显中毒表现但不造成死亡或严重损害，低剂量组不引起毒性作用，估计或确定出最大未观察到有害作用剂量。在此二剂量间再设一至几个剂量组，以期获得比较明确的剂量-反应关系。90 d 喂养试验根据 30 d 喂养试验结果确定剂量；或者以人的可能摄入量的 100～300 倍作为最大未观察到有害作用剂量，然后在此剂量以上设几个剂量组，必要时亦可在此剂量以下增设剂量组。剂量的设计原则包括：

1）能求出 LD_{50} 的受试物　以 LD_{50} 的10%～25%作为 30 d 或 90 d 喂养试验的最高剂量组，此 LD_{50} 百分比的选择主要参考 LD_{50} 剂量反应曲线的斜率。然后在此剂量下设几个剂量组，最低剂量组至少是人的可能摄入量的 3 倍。

2）对于求不出 LD_{50} 的受试物　30 d 喂养试验应尽可能涵盖人的可能摄入量 100 倍的剂量组。对于人体摄入量较大的受试物，高剂量可以按最大灌胃剂量或在饲料中的最大掺入量进行设计。

（4）给予受试物的方式　首选将受试物掺入饲料中喂养（应注意受试物在饲料中的稳定性）。如有困难，也可加入饮水中或灌胃。动物单笼饲养。当受试物掺入饲料时，需将受试物剂量按每100 g 体重的摄入量折算为饲料的量（mg/kg），30 d 喂养试验按体重的 10%折算，90 d 喂养试验按体重的 8%折算。灌胃时，体积一般不超过1 mL/100 g BW。各剂量组的灌胃体积应一致。每天灌胃的时间点应相似。因受试物及研究目的有差异，观察指标一般可包括一般情况观察（每天观察并记录动物的一般表现、行为、中毒表现和死亡情况。每周称 1 次体重和 2 次食物摄入量，计算每周及总的食物利用率。均为必须观察和测定的项目）、血液学指标（测定血红蛋白、红细胞计数、白细胞计数及分类，依受试物情况，必要时测定血

小板数和网格红细胞数等。30 d 喂养一般于试验结束时测定 1 次，90 d 喂养一般于试验中期和结束时各测定 1 次）、血液生化学指标（谷丙转氨酶 ALT 或 SGPT、谷草转氨酶 AST 或 SGOT、尿素氮 BUN、肌酐 Cr、血糖 Glu、人血白蛋白 Alb、总蛋白 TP、总胆固醇 TCH 和甘油三酯 TG 均为必测指标）、病理检查指标（大体解剖、脏器称量、组织病理学检查）和其他指标（必要时，根据受试物的性质及所观察的毒性反应，增加其他敏感指标）。

（5）结果统计　所有观察到的结果，无论计数资料和计量资料，都应以适当的统计学方法给予评价。试验设计时即应选好所采用的统计方法。计量资料采用方差分析或 t 检验，计数资料采用 x^2 检验、泊松分布等。对于只要求进行第一、二阶段毒理学试验的受试物，如果 30 d 喂养试验的最大未观察到有害作用剂量小于等于人的可能摄入量的100 倍，综合其他各项试验结果可初步作出安全性评价。对于人的可能摄入量较大的保健食品，在最大灌胃剂量组或在饲料中的最大掺入量剂量组未发现有毒性作用，综合其他各项试验结果及受试物的配方、接触人群范围及功能等有关资料可初步作出安全性评价。若最小观察到有害作用剂量小于等于人的可能摄入量的 100 倍，或观察到毒性反应的最小剂量组受受试物在饲料中的比例≤10%，且剂量又小于等于人的可能摄入量的 100 倍，原则上应放弃该受试物用于保健食品，但对于某些特殊原料和功能的保健食品，在小于等于人的可能摄入量的100 倍剂量组，如果个别指标试验组与对照组出现生物学意义的差异，要对其各项试验结果和受试物的配方、理化性质及功能和接触人群范围等因素综合分析后，决定该受试物是否可用于保健食品或进入下一阶段毒性试验。

13. 传统致畸试验

（1）原理　某些物质可以穿透胎盘的屏障作用，在母体孕期影响胚胎的器官分化与发育，最终导致结构和技能的缺陷，出现胎仔畸形情况。因此在受孕动物的胚胎着床后并已开始进入细胞及器

官分化期时喂饲受试物，可检测受试物对胎仔的致畸作用。传统致畸试验适用于评价保健食品的致畸作用。

（2）试验动物　常用试验动物为大鼠。选用健康性成熟（90～100 d）大鼠，雌性未交配过的大鼠80～90只，雄性减半。至少设3个试验组。高剂量原则上应使部分孕鼠（和/或胎鼠）出现毒性作用，如体重减轻等，低剂量组不应引起明显的毒性作用，各剂量组可采用1/4、1/16、1/64 LD$_{50}$；急性毒性试验给予受试物最大剂量（最大使用浓度和最大灌胃容量）动物无死亡时，以30 d喂养试验的最大未观察到有害作用剂量为高剂量组，以下设2个剂量组。另设阴性对照组，对某种新的动物，初次试验可设一阳性对照组。每组至少12只孕鼠。常用阳性对照物有敌枯双（0.5～1.0 mg/kg BW）、五氯酚钠（30 mg/kg BW）、阿司匹林（250～300 mg/kg BW）及维生素当量7 500～13 000 g/kg BW等。

（3）操作步骤　试验中，性成熟雌、雄大鼠按1∶1（或2∶1）同笼后，每日早晨观察阴栓（或阴道涂片），查出阴栓（或精子），认为该鼠已交配，当日作为"受孕"零天。如果5 d内未交配，应更换雄鼠。检出的"孕鼠"随机分到各组，并称重和编号，在受孕的7～16 d，每天经口给予受试物（按0.5～1.0 mL/100 g BW计）。受孕的0 d、7 d、12 d、16 d、20 d称体重，并计算给受试物的量。动物交配期室温以20～25℃为宜，环境安静，必要时增加麦芽、蛋糕等营养物质。大鼠妊娠20 d时，直接断头处死，进行孕鼠处死和检查。剖腹取出子宫称重，记录并检查吸收胎、早死胎、晚死胎及活胎数。对于活胎鼠，逐一记录胎仔性别、体重、体长，检查胎鼠外观有无异常。致畸试验胎鼠体表检查项目包括头部、躯干部和四肢。头部畸形症状包括无脑症、脑膨出、头盖裂、脑积水、小头症、颜面裂、小眼症、眼球突出、无耳症、小耳症、耳低位、无颚症、小颚症、下颚裂、口唇裂等；躯干部畸形症状包括胸骨裂、胸部裂、

脊椎裂、脊椎侧弯、脊椎后弯、脐疝、尿道下裂、无肛门、短尾、卷尾、无尾和腹裂等；四肢畸形症状包括多肢、无肢、短肢、半肢、多指、无指、合指、短指和缺指等。

（4）胎鼠骨标本的制作与检查　将每窝1/2的活胎（奇数或偶数）放入95%（V/V）乙醇中固定2～3周，取出胎仔，流水冲洗数分钟后放入10～20 g/L的氢氧化钾溶液内（至少5倍于胎仔体积）8～72 h，透明后放入茜素红溶液中染色6～48 h，并轻摇1～2次/d，至头骨染红为宜。再放入透明液A中1～2 d，放入透明液B中2～3 d，待骨骼染红而软组织基本褪色，将标本放入小平皿中，用透射光源，在体视显微镜下作整体观察，然后逐步检查骨骼。测量头顶间骨及后头骨缺损情况，然后检查胸骨的数目，缺失或融合（胸骨为6个，骨化不全时首先缺第5胸骨、次为缺第2胸骨）肋骨通常12～13对，常见畸形有融合肋、分叉肋、波状肋、短肋、多肋、缺肋、肋骨中断。脊柱发育和椎体数目（颈椎7个，胸椎12～13个，腰椎5～6个，底椎4个，尾椎3～5个）有无融合、纵裂等。最后检查四肢骨。将胎鼠去皮、去内脏及脂肪后，放入茜素红溶液染色，当天摇动玻璃瓶2～3次，待骨骼染成红色时止。将胎鼠换入透明液A中1～2 d，换入透明液B中2～3 d。待胎鼠骨骼已染红，而软组织的紫红色基本褪去，可换置甘油中。

（5）内脏检查　胎鼠还需进行内脏检查。每窝的1/2活胎鼠放入Bouins液中固定2周，做内脏检查。先用自来水冲去固定液，将鼠仰放在石蜡板上，剪去四肢和尾，用刀片在头部横切或纵切共5刀，再剖开胸腔和腹腔。按不同部位的断面观察器官的大小、形状和相对位置。经口从舌与两口角向枕部横切，可观察大脑、间脑、正脑、舌及腭裂；在眼前面做垂直纵切，可见鼻部；从头部垂直通过眼球中央做纵切；沿头部最大横位处穿过脑做切面。以上切面的目的可观察舌裂、双叉舌、颚裂、眼球、鼻畸形、脑和脑室异常；沿下颚水平通

过颈部中部做横切面，可观察气管、食管和延脑或脊髓。以后自腹中线剪开胸、腹腔，依次检查心、肺、横膈膜、肝、胃、肠等脏器的大小、位置，查毕将其摘除，再检查肾脏、输尿管、膀胱、子宫或睾丸位置及发育情况。然后将肾脏切开，观察有无肾盂积水与扩大。致畸试验胎鼠内脏检查项目包括头部（脊髓）检查、胸部检查、腹部检查。头部畸形症状包括嗅球发育不全、侧脑室扩张、第三脑室扩张、无脑症、无眼球症、小眼球症、角膜缺损和单眼球等；胸部畸形症状包括右位心、房中隔缺损、室间隔缺损、主动脉弓、食管闭锁、气管狭窄、无肺症、多肺症、肺叶融合、膈疝、气管食管瘘和内脏异位等；腹部畸形症状包括肝分叶异常、肾上腺缺失、多囊肾、马蹄肾、膀胱缺失、睾丸缺失、卵巢缺失、卵巢异位、子宫缺失、子宫发育不全、肾积水、肾缺失和输卵管积水等。

（6）数据处理　各种比率的统计用 x^2 检验，孕鼠增重用方差分析或非参数统计，胎鼠身长、体重、窝平均活胎数、子宫连胎重量用 t 检验。胎鼠的数据以窝为单位进行统计。结果应能得出受试物是否有母体毒性和胚胎毒性、致畸性，最好能得出最小致畸剂量。为比较不同有害物质的致畸强度，可计算致畸指数。以致畸指数 10 以下为不致畸，10～100 为致畸，100 以上为强致畸。为表示有害物质在食品中存在时人体受害概率，可计算致畸危害指数，如指数大于 300 说明该物对人危害小，100～300 对人危害为中等，小于 100 对人危害为大。

14. 繁殖试验

（1）原理　繁殖试验适用于评价保健食品对受试动物生殖机能的影响。其原理是，凡受试物能引起生殖机能障碍，干扰配子的形成或使生殖细胞受损，其结果除可影响受精卵或孕卵的着床而导致不孕外，尚可影响胚胎的发生及胎仔的发育，如胚胎死亡导致自然流产、胎仔发育迟缓以及胎仔畸形。如果对母体造成不良影响会出现妊娠、分娩和乳汁分泌的异常，亦可出现胎仔出生后发育异常。

（2）试验动物　一般选用 5～9 周龄大鼠，试验开始时动物体重的差异应不超过平均体重的 ±20%。购买后至少应适应 3 d。每组应有足够的雌鼠和雄鼠配对，产生约 20 只受孕雌鼠。为此，一般在试验开始时两种性别每组各需要 30 只；在继续的试验中用来交配的动物每种性别每组需要 25 只（至少每窝雌雄各取 1 只、最多每窝雌雄各取 2 只）。选用的亲代雌鼠应为非经产鼠、非孕鼠。

（3）剂量及分组　至少设 3 个剂量的受试物组和一个对照组。健康的动物随机分为处理组和对照组，试验开始时动物体重的差异应不超过平均体重的 ±20%。某些受试物的高剂量组设计应考虑其对营养素平衡的影响，对于非营养成分受试物剂量不应超过饲料的 5%。其剂量设计可选最大耐受剂量或有胚胎毒性的剂量作为高剂量，低剂量组对亲代动物应不产生全身毒性或繁殖毒性（可按最大未观察到有害作用剂量的 1/30 或可能摄入量的 100 倍）。同时设对照组，对照组的饲养和处理方式与受试物组相同，根据情况，对照组可以是未处理对照、假处理对照，如果给予受试物时使用某种介质，则应设介质对照。如果受试物通过加入饲料的方式给予并引起食物摄入量和利用率的降低，需要考虑使用配对饲养的对照组。

（4）受试物配制　一般用蒸馏水作溶剂，如受试物不溶于水，可用食用油、医用淀粉、羧甲基纤维素等配成乳化液或悬浮液。受试物应于灌胃前新鲜配制，除非有资料表明以溶液（或悬浊液、乳浊液等）保存具有稳定性。同时应考虑使用的介质可能对受试物的吸收、分布、代谢或潴留的影响；对理化性质的影响及由此而引起的毒性特征的影响；对摄食量或饮水量或动物营养状况的影响。

（5）给予受试物　试验中，受试物的给予方式为经口给予，可加入饲料、饮水中或灌胃。如果受试物是灌胃给予，应每周称体重 2 次，根据体重计算给予受试物的体积。亲代和子代接受的受试物剂量（按动物体重给予，mg/kg BW 或 g/kg BW）、饲料和饮水相同。F_1 代的雌鼠和雄鼠在断乳后每

食用菌加工产品的质量安全控制与评价

日给予。两种性别的大鼠（亲代和 F_1 代）在交配前应每日给予受试物至少连续 10 周，并继续给予受试物至试验结束。试验期间，所有动物应采用相同的方式给予受试物；连续给予受试物，每周 7d。

（6）试验动物的交配方法　每次交配时，每只雌鼠应与从同一剂量组随机选择的单个雄鼠同笼（1：1 交配），直到检测到阴栓，或者经过 3 个发情期或两周。查到阴栓后应尽快将雌、雄鼠分开，如果经过 3 个发情期或两周还未进行交配，也应将雌雄鼠分开，不再继续同笼。配对同笼的雌雄鼠应做标记。所有雌鼠在交配期应每天检查精子或阴栓，直到证明已交配为止。查到阴栓的当天为受孕 0d。预计已怀孕的雌鼠应分开放入繁殖笼中，孕鼠临产时应提供筑巢的垫料。要注意，每窝仔鼠数量需标准化。将每窝仔鼠于出生后第 4 天调整至相同数量（一般每窝 8～10 只，不应少于 8 只），尽量做到每窝内雌、雄数量相等，也可以窝内雌、雄数量不等，但各窝之间两性别的鼠数应分别相同。原窝中多余的鼠应随机抽出，而不应按体重选择。

（7）观察参数

1）观察代数　试验中，观察代数随受检目的而异，可作一代、二代、三代或多代观察。如果在两代繁殖试验中观察到受试物对子代有明显的生殖、形态或毒性作用，则需要进行第 3 代繁殖试验，确定受试物的蓄积作用。可根据情况繁殖两窝以上。

2）观察指标　包括一般情况观察、称体重、食物消耗量、精子质量、器官称重和病理检查等。一般情况观察是指做全面的临床检查，记录一般健康状况、受试物的所有的毒性和功效作用所产生的症状、相关的行为改变、分娩困难或延迟的迹象、所有的毒性指征及死亡率，通过每日检查（F_0、F_1 代雌鼠）阴栓估计性周期长短和正常状态。称体重环节，亲代动物（P、F_1 代和 F_2 代，根据繁殖的代数确定）在给予受试物的第 1 天称重，以后每周称重，母鼠应在受孕的 0d、7d、14d 和 21d 称重，在哺乳期应同时称仔鼠的窝重。在交配前及受孕

期，至少每周称一次食物消耗量，如受试物掺在饮水中喂养，则至少每周量一次饮水消耗量。试验结束时，所有亲代（F_0）和 F_1 代（F_2 代、F_3 代，根据繁殖的代数确定）雄鼠均应对附睾的精子进行检查，对精子的活动性、形状及数量进行评价。精子的活动性可在镜下观察；精子形状可只检查对照组和高剂量组的亲代和子代雄鼠，每个动物至少检查 200 个精子。试验结束时所有 P、F_1 代亲本动物称重：子宫（包括输卵管和子宫颈）、卵巢；睾丸、附睾（两侧总重量）；脑、肝、肾、脾和已知的靶组织。试验结束时和试验期间死亡的所有亲代动物均应做大体解剖并在显微镜下检查，观察各种形态结构异常及病理改变，特别注意生殖器官。如果每窝仔鼠的数量足够，F_1 代、F_2 代（和 F_3 代）每窝每种性别至少取 3 只进行同样检查。应检查的器官及组织有：子宫、卵巢；睾丸、附睾；靶器官（如果已知其靶器官）；大体观察异常的组织。

3）子代观察指标　包括在分娩后（哺乳 0d）应尽快检查每窝仔鼠的数量、性别、死产数、活产数及肉眼可见的异常，在出生当天死亡的，应尽可能检查其缺陷和死亡原因。记录活产数量、性别，并在出生时（或尽快）对单个活产仔鼠称重，以后至少在哺乳期的第 4 天、7 天、14 天和 21 天，阴道开放或龟头包皮分开，以及试验结束时称重。用来进行交配的 F_1 代断乳鼠应记录其阴道开放或包皮分开的年龄，观察性别比例及性成熟情况。

（8）结果计算　根据记录结果计算受孕率（%，= 怀孕动物数 / 交配雌性动物数 ×100）、妊娠率（%，= 分娩有活体幼仔的窝数 / 怀孕动物数 ×100）、出生活仔率（%，= 出生时活的仔鼠数 / 出生时仔鼠总数 ×100）、出生存活率（%，= 产后 4d 仔鼠存活数 / 出生时活仔数 ×100）、哺乳存活率（%，=21d 断乳时仔鼠存活数 / 出生 4d 后仔鼠存活数 ×100）和性别比（= 仔鼠成熟时雄鼠数 / 雌鼠数）。

15. 代谢试验

（1）原理　代谢试验适用于评价我国用于保

健食品创新的化学物质，或需要进行三个阶段毒性试验包括已知化学物质或与已知化学物质结构基本相同的衍生物在体内的代谢转化途径及转归。其原理是受试物在体内可发生一系列复杂的生化变化。受试物经胃肠道吸收后通过血液转运到全身各组织器官，再经过生物转化，由各种途径排出体外。因此，受试物原形物在逐渐被代谢降解，而其代谢产物不断生成。测定灌胃后不同时间内受试物原形物或其代谢物在血液、组织或排泄物中的含量，以了解该受试物在动物体内的毒代动力学特征，包括吸收、分布、消除的特点，组织蓄积及可能作用的靶器官等，根据数学模型，求出各项毒代动力学参数。同时采用分离纯化方法确定主要代谢产物的化学结构，测试其毒性并推测受试物在体内的具体代谢途径。通过本试验的观察，对受试物在体内的过程可作出正确评价，为阐明该受试物的毒作用性质与程度提供科学依据。

（2）试验动物　原则上应尽量使用与人具有相同代谢途径的动物种系。一般选用两种性别、体重为22～28 g成年小鼠或170～200 g大鼠。试验开始时动物体重的差异应不超过平均体重的±20%。

（3）处理剂量　选用低于最大未观察到有害作用剂量，需要时可用高、低两种剂量。可单次或多次给予受试物。如采用标记化合物，除确定化学剂量外，放射性剂量一般小鼠为10～20 μCi/只（0.4～0.8 MBq/只）、大鼠100～250 μCi/kg（4～9 MBq/只）。

（4）受试物配制　一般用蒸馏水作溶剂，如受试物不溶于水，可用食用油、医用淀粉、羧甲基纤维素配成乳化液或悬浮液。受试物应于灌胃前新鲜配制，除非有资料表明以溶液（或悬浊液、乳浊液等）保存具有稳定性。给受试物途径以灌胃为主，灌胃前动物禁食16～18 h，自由饮水。进行毒代动力学分析时，最好同时采用灌胃和静脉注射。

（5）受试物含量的分析/跟踪方法　进行代谢试验前，需建立测定生物样品中受试物含量的微

量化学分析方法或标记受试物的同位素示踪方法。应测定血浆中受试物含量或放射性水平、估计胃肠道吸收速率，并测定受试物在主要器官和组织中的分布。测定血浆中受试物含量或放射性水平时，于动物灌胃后6～10个不同的时相采血，每个时相的动物数不应少于3只。结果以每毫升血浆中受试物含量或放射性强度为纵坐标，时间为横坐标，在半对数纸上作药-时曲线。如以化学分析方法测定受试物含量，用已编制的药代动力学计算机程序进行曲线拟合，按房室模型求出毒代动力学方程及各项代谢动力学参数。如用同位素示踪法测定血浆总放射性水平，做代谢动力学分析时应谨慎。估计胃肠道吸收速率时，于灌胃后不同时间处死动物，取出胃肠道及其内容物（包括粪）做成匀浆，测定受试物含量或放射性水平，以灌胃后即刻处死动物的胃肠道回收量为100%，分别观察不同时相的各组动物中受试物或放射性自胃肠道消失的情况。以上述不同时相回收量的百分数为纵坐标，时间为横坐标，在半对数纸上作图，求得受试物或放射性在胃肠道的消失速率。为确定受试物在胃肠道的消失速率是否能反映在体内的吸收情况，需进行离体胃肠道温孵试验，即将受试物注入离体胃肠道后结扎两端，于37℃ Kreb's液中振荡温孵1 h，测定受试物的回收率，以观察受试物在胃肠道内有无受到破坏，由此估计受试物在胃肠道的吸收速率。测定受试物在主要器官和组织中的分布时，于灌胃后取2～3个不同时相处死动物，对肝、肾、脑等器官和组织进行受试物含量或放射性测定，以找出受试物含量最高的组织和时间。

（6）操作步骤　给动物灌胃受试物后放入有机玻璃代谢笼内，于3～7 d内按规定时间收集尿和粪。如发现尿粪互混，则把标本弃去再另收集。做代谢产物结构分析时应把收尿容器放在冰浴中并注意避光。轻度乙醚麻醉下给动物施行胆道插管，待动物清醒后以受试物灌胃，收集不同时间的胆汁（不少于24 h），评价胆汁排泄。从不同时间收集的尿、粪、胆汁标本中的受试物含量或放射性

食用菌加工产品的质量安全控制与评价

强度，分别计算其累积排出量（占灌胃剂量的百分数）。最后，按受试物的化学结构和文献资料，估计可能产生的代谢产物，评价生物转化。给动物以受试物后，收集尿、胆汁等标本，或在体外代谢条件下采用肝微粒体、酶活性系统和受试物于37℃振荡培养，以提取、纯化后进行代谢物的结构鉴定。分析手段包括薄层色谱、气相色谱、液相色谱、质谱、红外光谱等。要有预测的代谢物纯品作标准。如采用标记化合物，样品经薄层色谱分离后用放射性薄层扫描仪或分段刮下硅胶测定放射性，由 Rf 值判定并测量受试物的量及可能的代谢产物，再作进一步分析。从代谢物的分离与鉴定，对受试物在体内的可能代谢途径作出推断。

（7）同位素方法 该法是毒物代谢试验中不可缺少的手段之一，常列为首选的试验方法，它具有灵敏度高、样品制备较简单、不易受生物材料中杂质的干扰、可以示踪观察受试物进入体内后的归宿等优点，结合化学分析法，如薄层色谱、液相色谱法，可把原形物和代谢物分开以初步确定代谢物的可能存在形式。用放射自显影法可定位观察受试物和代谢产物在整体动物或某些组织中的分布定位。选择标记化合物一般由试验目的、受试物分子结构、半衰期、经费等因素而定。常用 ^{3}H、^{14}C、^{35}S 等。关于标记位置，应标记在受试物结构中具有生物活性的基团上，即定位标记。如生物活性基团不清楚，可采用均匀标记或全标记。标记位置在化学结构上应是稳定的。按不同研究目的，可单标记、双标记或多标记。标记物应保证高度的放化纯度（至少90%），必要时用薄层色谱法进行纯化。放射性比度随受试物毒性大小而定：毒性大的受试物，要求高放射性比度的标记物；用非标记受试物稀释配制成试验所要求的化学剂量。代谢试验常用的标记放射性核素大都属软 β 射线，测量食品主要为液体闪烁计数仪。

（8）结果分析 根据吸收速率、组织分布以及排泄情况，估计受试物在体内的代谢速率和蓄积性。根据主要代谢物的结构及性质，推断受试物在体内的

可能代谢途径以及有无毒性代谢物的生成情况。

16. 慢性毒性和致癌试验

（1）原理 本方法适用于评价保健食品的慢性毒性和/或致癌作用。必要时两者可以结合进行。在动物的大部分生命期间，经过反复给予受试物后观察其呈现的慢性毒性作用及其剂量-反应关系，尤其是进行性的不可逆毒性作用及肿瘤疾患。并确定受试物的未观察到有害作用剂量（NOAEL），作为最终评定受试物能否应用于保健食品的依据。

（2）最大未观察到有害作用剂量（No observed adverse effect level，NOAEL） 该参数是指通过动物试验，以现有的技术手段和检测指标未观察到与受试物有关的毒性作用的最大剂量；靶器官（Target organ）是指试验动物出现由受试物引起的明显毒性作用的任何器官；致癌性（Carcinogenicity）是指试验动物每日重复暴露于受试物导致肿瘤的发生；慢性毒性（Chronic toxicity）是指试验动物长期每日重复暴露于受试物出现的有害作用。

（3）试验动物 关于试验动物的种类，原则上，宜选用接近人体代谢特点的试验动物，因为目前已掌握大、小鼠各品系的特点及诱发肿瘤的敏感性，可优先用于慢性毒性和致癌试验；慢性毒性试验啮齿类动物用大鼠，致癌试验大小鼠均可。对活性不明的受试物，则宜用两种性别的啮齿类和非啮齿类动物。一般用雌、雄两种性别的断乳大鼠或小鼠。动物个体体重的变动范围不应超出各性别平均体重的20%。试验动物的自然肿瘤发生率原则是控制到越低越好，但试验结束评价时主要是以在相同条件下观察对照组与各剂量组的肿瘤发生率及其剂量-反应关系作为依据。每组至少50只，雌雄各半，雌鼠应为非经产鼠、非孕鼠。非啮齿类动物每组每一性别至少4只，如计划在试验期间定期剖杀时，动物数要作相应增加。当慢性毒性和致癌试验结合在一起进行时，每组动物雌雄均以50只以上为宜，如计划在试验期间定期剖杀，动物数要作

相应增加。除对照组外，一般试验组可分为3～5组，最高剂量应引起一些毒性表现或损害作用，但不影响其正常生长、发育和寿命，高剂量组的设计根据90 d喂养试验确定，低剂量组不引起任何毒性作用。对照组除了不给予受试物外，其他各方面都应与试验组相同，如果受试物使用了某种毒性不明的介质，则应同时设未处理对照和介质对照。试验组的剂量可按几何级数或其他规律划分。

（4）给予受试物　试验中，受试物的给予方式为经口给予，可加入饲料、饮水中或灌胃。如果受试物是灌胃给予，应每周称体重2次，根据体重计算给予受试物的体积。受试物一般用蒸馏水作溶剂，如受试物不溶于水，可用食用植物油、医用淀粉、羧甲基纤维素等配成乳化液或悬浮液。受试物应于灌胃前新鲜配制，除非有资料表明以溶液（或悬浊液、乳浊液等）保存具有稳定性。同时应考虑使用的介质可能对受试物的吸收、分布、代谢或潴留的影响；对理化性质的影响及由此而引起的毒性特征的影响；对摄食量或饮水量或动物营养状况的影响。非营养性受试物加入饲料中的量不能大于饲料量的5%；营养成分受试物应尽可能采用高剂量，应保证试验动物的营养平衡或采用对饲方法。受试物制备或存放时，要求不影响饲料的营养成分含量和性质。饲料中加入受试物的量很少时，宜先将受试物加入少量饲料中充分混匀后，再加入一定量饲料后再混匀，如此反复3～4次。试验用饲料应满足以下条件：饲料中营养成分应能满足该试验动物的营养需要；饲料的污染物如残余杀虫剂、多环芳烃化合物、雌激素、重金属、亚硝胺类化合物等的含量要控制；不饱和脂肪酸与硒的含量要限制，均应使其不影响受试物的试验结果。试验动物饲养中，除食品毒理试验中试验动物和饲料要求外，尚需做到：同一间动物房中不得放置两种试验动物，也不能同时进行两种受试物的毒性试验；不得使用消毒剂和杀虫剂等药物；动物饲料罐中的饲料每周至少要更换两次。一般情况下，致癌试验试验期小鼠定为18个月，大鼠为24个月；个别生命

期较长和自发性肿瘤率较低的动物可适当延长。试验期中，当最低剂量组或对照组存活的动物数仅为开始时的25%时，可及时中止试验；但因明显的受试物毒性作用造成高剂量组动物过早死亡，则应继续进行试验；如因管理不善所造成的动物死亡大于10%及小鼠在试验期为18个月或大鼠为24个月时，各组存活率均小于50%也应终止进行。

（5）观察和记录　试验中，对试验动物的一般健康状况每天至少有一次认真的观察和记录。对死亡动物要及时剖检；对有病或濒死的动物需分开放置或处死，并检测各项指标。动物出现异常，需详细记录肉眼所见、病变性质、时间、部位、大小、外形和发展等情况，对濒死动物要详细描述。试验期的前12周即前3个月，每周要对全部动物分别称量体重，以后每4周1次，每周要检查和记录1次每只动物的饲料食用量。如以后健康状况或体重无异常改变，可以每3个月检查1次。除了上述一般观察，还需进行血液学检查、血液生化检测和病理检查。于试验的第3、第6个月及以后每半年常规检查1次血红蛋白、血细胞压积、红细胞计数、白细胞计数及分类、血小板及血凝试验等，即血液学检查。大、小鼠每组每一性别检查10只，且每次检查尽可能安排为同一动物。非啮齿类动物则全部检查。当发现动物健康状况有变化表现时，必须对有关动物血液进行红细胞、白细胞计数，当需要进一步探讨时，尚需做白细胞分类检查；至于各剂量组只有在高剂量组和对照组动物间有较大差异时，方进行红细胞、白细胞计数检查，濒死的动物应做白细胞分类检查。血液生化检测指标有：谷丙转氨酶、谷草转氨酶、尿素氮、肌酐、血糖、人血白蛋白、总蛋白、总胆固醇和甘油三酯等均为必测指标。此外还可考虑测定碱性磷酸酶、乳酸脱氢酶、胆酸等。病理检查包括大体检查（所有试验动物，包括试验过程中死亡或濒死而处死的动物及试验期满处死的动物都应进行解剖和全面系统的肉眼观察，观察到的可疑病变和肿瘤部位均应留样，进一步做组织学检查）、重要脏器的绝对重量和脏

食用菌加工产品的质量安全控制与评价

体比值（至少包括肝、肾、肾上腺、脾、睾丸、附睾、卵巢、子宫、脑、心等脏器）。必要时还应选择其他脏器和生物显微镜检查。生物显微镜检查是慢性毒性试验的主要必检项目，凡在试验过程中濒死处理的动物及试验期满处死的动物均应进行。应保存以便需要时做进一步检测的器官和组织有：消化系统（食管、胃、十二指肠、空肠、回肠、盲肠、结肠、直肠、胰腺、肝）、神经系统（脑、脑垂体、周围神经、脊髓、眼）、腺体（肾上腺、甲状腺及甲状旁腺、胸腺）、呼吸系统（气管、肺、咽、喉、鼻子）、心血管系统及造血系统（主动脉、心、骨髓、淋巴结、脾）、泌尿及生殖系统（肾、膀胱、前列腺、睾丸、附睾、精囊、子宫、卵巢、雌鼠的乳腺）及其他（所有大体观察有损害的组织、肿块、皮肤）。除此以外，有条件和需要时还可酌情进行电镜检查。

（6）结果分析　按各阶段的试验资料、数据汇总后进行统计分析和数据整理；完整、准确地描述对照组与各剂量组动物间各项指标的差异，以展示其毒性作用。按相关的统计学方法进行。

17.致突变物、致畸物和致癌物的处理方法

对于大多数类型的致突变物、致畸物和致癌物，可以利用能使该类物质破坏的化学反应来处理，如对易氧化的化合物（如肼、芳香胺或含有分离的碳＝碳双键化合物），可以用饱和的高锰酸钾丙酮（15 g 高锰酸钾溶于 1 000 mL 丙酮）溶液处理。烷化物在原则上可以与合适的亲和剂，如水、氢氧离子、氨、亚硫酸盐、硫代硫酸盐等起反应而被破坏。但各种烷化物的反应率差异范围很大，一种类型的化合物的处理方法对另一类型的化合物可能是无效的，甚至会产生第二级具有强烈致突变性和 / 或致癌性的产物，因此很难制定出适合于各种情况的规则方法。适用于在实验室条件下，常用作致突变、致畸和致癌性试验阳性对照化合物的具体处理方法如表 9-46 所示。

表 9-46　几种致突变物和致癌物的处理方法

致突变、致癌物	处理用试剂	室温下处理时间
甲基甲烷磺酸酯（MMS）	10％硫代硫酸钠水溶液	1 h
乙基甲烷磺酸酯（EMS）	10％硫代硫酸钠水溶液	20 h
乙撑亚胺（Ethyleneimine）	10％硫代硫酸钠 0.5％乙酸盐缓冲液（pH 5）	1 h
Trenimone	1 mol/L 盐酸	<1 h
不育津（Triethylenemelamine）	1 mol/L 盐酸	<1 min
甲基硝基亚硝基胍（MNNG）	2％硫代硫酸钠磷酸盐缓冲液	<1 h
N-亚硝基甲基脲（NMU）	2％硫代硫酸钠磷酸盐缓冲液	<1 h
环磷酰胺（CP）	0.2mol/L 氢氧化钾甲醇液	<1 h
ICR—170	0.2mol/L 氢氧化钾甲醇液	<1 h
丝裂霉素 C（MMC）	1％高锰酸钾水溶液	100℃，0.5 h
二甲基亚硝胺（DMN）	重铬酸盐—硫酸	<1 d
苯并（α）芘（BaP）	重铬酸盐—硫酸	1~2 d

致突变、致癌剂	处理用试剂	室温下处理时间
苯蒽，甲基胆蒽（BA，MC）	重铬酸盐—硫酸	1~2 d
黄曲霉毒素 B1（AFB1）	2.5%~5%次氯酸钠	即刻
2-乙酰氨基芴（2-AAF）	1.5%高锰酸钾丙酮饱和液	1 d
2，7-二氨基芴（2，7-AF）	1.5%高锰酸钾丙酮饱和液	1 d
β-萘胺，联苯胺	1.5%高锰酸钾丙酮饱和液	1 d
赭曲霉素 A（OA）	2.5%~5%次氯酸钠	即刻

（五）保健食品毒理学安全性评价时应考虑的问题

1. 试验指标的统计学意义和生物学意义　在分析试验组与对照组指标统计学上差异的显著性时，应根据其有无剂量反应关系、同类指标横向比较及与本实验室的历史性对照值范围比较的原则等来综合考虑指标差异有无生物学意义。此外如在受试物组发现某种肿瘤发生率增高，即使在统计学上与对照组比较差异无显著性，仍要给以关注。

2. 生理作用与毒性作用　对试验中某些指标的异常改变，在结果分析评价时要注意区分是生理学表现还是受试物的毒性作用。

3. 时间-毒性效应关系　对由受试物引起的毒性效应进行分析评价时，要考虑在同一剂量水平下毒性效应随时间的变化情况。

4. 特殊人群和敏感人群　对孕妇、乳母或儿童食用的保健食品，应特别注意其胚胎毒性或生殖发育毒性、神经毒性和免疫毒性。

5. 推荐摄入量较大的保健食品　应考虑给予受试物量过大时，可能影响营养素摄入量及其生物利用率，从而导致某些毒理学表现，而非受试物的毒性作用所致。

6. 含乙醇的保健食品　对试验中出现的某些指标的异常改变，在结果分析评价时应注意区分是乙醇本身还是其他成分的作用。

7. 动物年龄对试验结果的影响　对某些功能类型的保健食品进行安全性评价时，对试验中出现的某些指标的异常改变，要考虑是否因为动物年龄选择不当所致而非受试物的毒性作用，因为幼年动物和老年动物可能对受试物更为敏感。

8. 安全系数　将动物毒性试验结果外推到人时，鉴于动物、人的种属和个体之间的生物学差异，安全系数通常为 100，但可根据受试物的原料来源、理化性质、毒性大小、代谢特点、蓄积性、接触的人群范围、食品中的使用量和人的可能摄入量、使用范围及功能等因素来综合考虑其安全系数的大小。

9. 人体资料　由于存在着动物与人之间的种属差异，在评价保健食品的安全性时，应尽可能收集人群食用受试物后反应的资料；必要时在确保安全的前提下，可遵照有关规定进行人体试食试验。

10. 综合评价　在对保健食品进行最后评价时，必须综合考虑受试物的原料来源、理化性质、毒性大小、代谢特点、蓄积性、接触的人群范围、食品中的使用量与使用范围、人的可能摄入量及保健功能等因素，确保其对人体健康的安全性。对于已在食品中应用了相当长时间的物质，对接触人群进行流行病学调查具有重大意义，但往往难以获得剂量-反应关系方面的可靠资料；对于新的受试物质，则只能依靠动物试验和其他试验研究资料。然而，即使有了完整和详尽的动物试验资料和一部分人类接触者的流行病学研究资料，由于人类的种族

食用菌加工产品的质量安全控制与评价

和个体差异，也很难做出保证每个人都安全的评价。即绝对的安全实际上是不存在的。根据试验资料，进行最终评价时，应全面权衡做出结论。

11. 保健食品安全性的重新评价　安全性评价的依据不仅是科学试验的结果，与当时的科学水平、技术条件以及社会因素均密切相关。因此，随着时间的推移，很可能结论也不同。随着情况的不断改变，科学技术的进步和研究的不断进展，有必要对已通过评价的受试物进行重新评价，做出新的科学结论。

三、功能学试验方法

2003 年 5 月 1 日，由我国原卫生部发布的《保健食品功能学评价程序与检验方法新规范》，即《保健食品检验与评价技术规范》（2003 年版）正式执行，明确了受理的保健功能分为 27 项，分别为：增强免疫力功能、辅助降血脂功能、辅助降血糖功能、抗氧化功能、辅助改善记忆功能、缓解视疲劳功能、促进排铅功能、清咽功能、辅助降血压功能、改善睡眠功能、促进泌乳功能、缓解体力疲劳功能、提高缺氧耐受力功能、对辐射危害有辅助保护功能、减肥功能、改善生长发育功能、增加骨密度功能、改善营养性贫血功能、对化学性肝损伤有辅助保护功能、祛痤疮功能、祛黄褐斑功能、改善皮肤水分功能、改善皮肤油分功能、调节肠道菌群功能、促进消化功能、通便功能和对胃黏膜损伤有辅助保护功能。2016 年年底，食品药品监督总局对缓解视疲劳、增强免疫力、抗氧化等 3 个保健功能的名称及释义进行征求修改意见和建议，将"缓解视疲劳"功能修订为"有助于缓解视疲劳"，将"增强免疫力"功能修订为"有助于维持正常的免疫功能"。

研究表明，食用菌中的功能因子具有有助于维持正常的免疫功能、降血脂、降血糖、降血压、抗氧化、改善记忆力、改善睡眠、抗疲劳、抗辐射、保护肝损伤、调节胃肠道菌群、促进消化、通便、保护胃黏膜损伤、减肥等 15 项功能。在此以食用菌产品可能具有的保健功能为例，介绍保健食品的功能学评价程序和检验方法。

（一）功能学试验的基本原则

进行功能学试验的保健食品样品，必须已经过食品安全性毒理学评价并被确认为安全的食品。除非安全性毒理学评价和功能学评价试验的周期超过被评价样品的保质期，否则进行功能学评价的保健品与安全性毒理学评价和卫生学检验的样品必须为同一批次。

动物试验中，动物的种类、性别、年龄需根据试验需要进行选择。动物应符合国家对试验动物的有关规定，常用动物为大鼠和小鼠，推荐使用近交系动物。数量上，小鼠为 10～15 只（单一性别）/组，大鼠为 8～12 只（单一性别）/组。每个动物试验应至少设置 3 个剂量组和 1 个阴性对照组。在 3 个剂量组中，其中 1 个剂量应相当于人体推荐摄入量（折算为每千克体重的剂量）的 5 倍（大鼠）或 10 倍（小鼠），除特殊情况外，最高剂量不得超过人体推荐摄入量的 30 倍，且在毒理学评价确定的安全剂量范围内。试验时间一般为 30 d，必要时可延长至 45 d。

对于必须经口的试验，首选灌胃，其次选择加入饮用水中或掺入饲料中再计算样品的给予量。被检测样品推荐用量较大且超过试验动物的灌胃量或掺入饲料的承受量时，可适当减少样品中的非功效成分含量，或在不破坏其功效成分的基础上进行液体浓缩。

如需进行人体试食试验，则被检测的样品必须已经经过动物试验证实其具有需验证的某种特定的保健功能，即在动物功能学试验有效的前提下进行人体试食试验，且在进行前应对受试样品的食用安全性做进一步的观察，必须经过动物毒理学安全性评价。试食试验中，根据被测样品的性质等选择一定数量的、具有可靠病史的受试者，试食组和对照组的有效人数不少于 50 人，且试验的脱离率（在进行临床试验中，入组后的病例有部分病例不能按方案规定的时间完成试验，因各种原因提前退出的病例）一般不得超过 20%。

（二）功能评价的基本要求

1. 对受试样品的要求　应提供受试样品的原料组成或百分比，尽可能提供受试样品的物理、化学性质（包括化学结构、纯度、稳定性等）有关资料。

受试样品必须是规格化的定型产品，即符合既定的配方、生产工艺及质量标准。

提供受试样品的安全性毒理学评价的资料以及卫生学检验报告，受试样品必须是已经过食品安全性毒理学评价确认为安全的食品。功能学评价的样品与安全性毒理学评价、卫生学检验的样品必须为同一批次（安全性毒理学评价和功能学评价实验周期超过受试样品保质期的除外）。应提供功效成分或特征成分、营养成分的名称及含量。

如需提供受试样品违禁药物检测报告时，应提交与功能学评价同一批次样品的违禁药物检测报告。

2. 对试验动物的要求　根据各项试验的具体要求，合理选择试验动物。常用大鼠和小鼠，品系不限，推荐使用近交系动物。

动物的性别、年龄依试验需要进行选择。试验动物的数量要求为小鼠每组 10～15 只（单一性别），大鼠每组 8～12 只（单一性别）。应符合国家对试验动物的有关规定。

3. 对受试样品剂量及时间的要求　各种动物试验至少应设 3 个剂量组，另设阴性对照组，必要时可设阳性对照组或空白对照组。剂量选择应合理，尽可能找出最低有效剂量。在 3 个剂量组中，其中一个剂量应相当于人体推荐摄入量（折算为每千克体重的剂量）的 5 倍（大鼠）或 10 倍（小鼠），且最高剂量不得超过人体推荐摄入量的 30 倍（特殊情况除外），受试样品的功能试验剂量必须在毒理学评价确定的安全剂量范围之内。

给受试样品的时间应根据具体试验而定，一般为 30 d。当给予受试样品的时间已达 30 d 而试验结果仍为阴性时，则可终止试验。

4. 对受试样品处理的要求　受试样品推荐量较大，超过试验动物的灌胃量、掺入饲料的承受量等情况时，可适当减少受试样品中的非功效成分的含量。

对于含乙醇的受试样品，原则上应使用其定型的产品进行功能试验，其三个剂量组的乙醇含量与定型产品相同。如受试样品的推荐量较大，超过动物最大灌胃量时，允许将其进行浓缩，但最终的浓缩液体应恢复原乙醇含量。如乙醇含量超过 15%，允许将其含量降至 15%。调整受试样品乙醇含量应使用原产品的酒基。

液体受试样品需要浓缩时，应尽可能选择不破坏其功效成分的方法。一般可选择 60～70℃减压进行浓缩。浓缩的倍数依具体试验要求而定。

对于以冲泡形式饮用的受试样品（如袋泡剂），可使用该受试样品的水提取物进行功能试验，提取的方式应与产品推荐饮用的方式相同。如产品无特殊推荐饮用方式，则采用下述提取的条件：常压，温度 80～90℃，时间 60 min，水量为受试样品体积的 10 倍以上，提取 2 次，将其合并浓缩至所需浓度。

5. 对给受试样品方式的要求　必须经口给予受试样品，首选灌胃。如无法灌胃则加入饮水或掺入饲料中，计算受试样品的给予量。

6. 对合理设置对照组的要求　以载体和功效成分（或原料）组成的受试样品，当载体本身可能具有相同功能时，应将该载体作为对照。

（三）与食用菌保健食品相关的功能评价试验项目、试验原则及结果判定

1. 有助于维持正常的免疫功能

（1）试验项目　体重、脏器/体重比值测定（胸腺/体重比值，脾脏/体重比值）、细胞免疫功能测定（小鼠脾淋巴细胞转化试验，迟发型变态反应试验）、体液免疫功能测定（抗体生成细胞检测，血清溶血素测定）、单核-巨噬细胞功能测定（小鼠碳廓清试验，小鼠腹腔巨噬细胞吞噬鸡红细胞试验）和 NK 细胞活性测定。

食用菌加工产品的质量安全控制与评价

（2）试验原则

1）动物试验　采用正常动物，进行细胞免疫功能、体液免疫功能、单核-巨噬细胞功能、NK细胞活性等免疫学指标测定；所测定的指标与免疫学的基础理论相一致，涵盖机体免疫功能的主要机制；所选择的指标在国内外广泛应用，在有关功效评价中的可行性也得到普遍认可。

2）人体试验　现行评价方法中尚无人体试食试验方法。

（3）结果判定　增强免疫力功能判定原则是在细胞免疫功能、体液免疫功能、单核-巨噬细胞功能、NK细胞活性四个方面任意两个方面结果阳性，可判定该受试样品具有增强免疫力功能作用。其中细胞免疫功能测定项目中的两个试验结果均为阳性，或任一个试验的两个剂量组结果阳性，可判定细胞免疫功能测定结果阳性。体液免疫功能测定项目中的两个试验结果均为阳性，或任一个试验的两个剂量组结果阳性，可判定体液免疫功能测定结果阳性。单核-巨噬细胞功能测定项目中的两个试验结果均为阳性，或任一个试验的两个剂量组结果阳性，可判定单核-巨噬细胞功能结果阳性。NK细胞活性测定试验的一个以上剂量组阳性，可判定NK细胞活性结果阳性。

2. 辅助降血脂功能

（1）试验项目

1）动物试验　包括体重、血清总胆固醇、甘油三酯、高密度脂蛋白胆固醇。

2）人体试食试验　包括血清总胆固醇、甘油三酯和高密度脂蛋白胆固醇。

（2）试验原则　动物试验和人体试食试验所列指标均为必测项目；动物试验选用脂代谢紊乱模型法，预防性或治疗性任选一种；在进行人体试食试验时，应对受试样品的食用安全性作进一步的观察。

（3）结果判定

1）动物试验　辅助降血脂功能结果判定依据为在血清总胆固醇、甘油三酯、高密度脂蛋白胆固醇三项指标检测中血清总胆固醇和甘油三酯两项指标阳性，可判定该受试样品辅助降血脂功能动物试验结果阳性。辅助降低甘油三酯结果判定依据是：①甘油三酯2个剂量组结果阳性；②甘油三酯一个剂量组结果阳性，同时高密度脂蛋白胆固醇结果阳性，可判定该受试样品辅助降低甘油三酯动物试验结果阳性。辅助降低血清总胆固醇结果判定依据是：①血清总胆固醇2个剂量组结果阳性；②血清总胆固醇一个剂量组结果阳性，同时高密度脂蛋白胆固醇结果阳性，可判定该受试样品辅助降低血清总胆固醇动物试验结果阳性。

2）人体试食试验　血清总胆固醇、甘油三酯两项指标阳性，高密度脂蛋白胆固醇不显著低于对照组，可判定该受试样品具有辅助降血脂功能的作用；血清总胆固醇、甘油三酯两项指标中一项指标阳性，高密度脂蛋白胆固醇不显著低于对照组，可判定该受试样品具有辅助降低血清总胆固醇或辅助降低甘油三酯作用。

3. 辅助降血糖功能

（1）试验项目

1）动物试验　包括体重、空腹血糖、糖耐量。

2）人体试食试验　包括空腹血糖、餐后2小时血糖、尿糖。

（2）试验原则

1）动物试验和人体试食试验　所列指标均为必做项目；除对高血糖模型动物进行所列指标的检测外，应进行受试样品对正常动物空腹血糖影响的观察。

2）人体试食试验　应在临床治疗的基础上进行；应对临床症状和体征进行观察；在进行人体试食试验时，应对受试样品的食用安全性作进一步的观察。

（3）结果判定

1）动物试验　空腹血糖和糖耐量两项指标中一项指标阳性，且对正常动物空腹血糖无影响，即可判定该受试样品辅助降血糖功能动物试验结果阳性。

2）人体试食试验　空腹血糖、餐后2个小时血糖两项指标中一项指标阳性，可判定该受试样品具有辅助降血糖功能的作用。

4.辅助降血压功能

（1）试验项目

1）动物试验　包括体重、血压、心率。

2）人体试食试验　包括临床症状与体征、血压、心率。

（2）试验原则　动物试验和人体试食试验所列指标均为必做项目；动物试验应选择高血压模型动物和正常动物进行所列指标的观察；人体试食试验应在临床治疗的基础上进行；在进行人体试食试验时，应对受试样品的食用安全性作进一步的观察。

（3）结果判定

1）动物试验　试验组动物血压明显低于对照组，且对试验组动物心率和正常动物血压及心率无影响，可判定该受试样品辅助降血压功能动物试验结果阳性。

2）人体试食试验　舒张压或收缩压两项指标中任一指标结果阳性，可判定该受试样品具有辅助降血压功能的作用。

5.抗氧化功能

（1）试验项目

1）动物试验　包括体重、脂质氧化产物（丙二醛或血清8-表氢氧异前列腺素）、蛋白质氧化产物（蛋白质羰基）、抗氧化酶活性（超氧化物歧化酶和谷胱甘肽过氧化物酶）、抗氧化物质（还原型谷胱甘肽）。

2）人体试食试验　功效性指标包括脂质氧化产物（丙二醛或血清8-表氢氧异前列腺素）、超氧化物歧化酶、谷胱甘肽过氧化物酶；安全性指标包括一般状况，包括精神、睡眠、饮食、大小便和血压等，血、尿、便常规检查，肝、肾功能检查，胸透、心电图、腹部B超检查。

（2）试验原则

1）动物试验　选用氧化损伤模型动物或老龄动物，进行脂质氧化产物、抗氧化酶、蛋白质氧化产物、抗氧化物质等指标测定；所选指标与氧化损伤造成的健康影响主流观点一致；所选择的模型和指标在国内外广泛应用，在有关功效评价中的可行性也得到普遍认可。

2）人体试食试验　选身体健康状况良好的成年人，无明显脑、心、肝、肺、肾、血液疾患，无长期服药史，采用随机对照的方法，对照采用安慰剂或空白对照，观察脂质过氧化产物和抗氧化酶指标，同时进行安全性指标观察；所选指标与氧化损伤造成的健康影响主流观点相一致；所选择的模型和指标在国内外广泛应用，在有关功效评价中的可行性也得到普遍认可。

（3）结果判定

1）动物试验　脂质氧化产物、蛋白质氧化产物、抗氧化酶、抗氧化物质四项指标中三项阳性，可判定该受试样品抗氧化功能动物试验结果阳性。

2）人体试食试验　脂质氧化产物、超氧化物歧化酶、谷胱甘肽过氧化物酶三项实验中任两项试验结果阳性，且对机体健康无影响，可判定该受试样品具有抗氧化功能的作用。

6.辅助改善记忆功能

（1）试验项目

1）动物试验　包括体重、跳台试验、避暗试验、穿梭箱试验、水迷宫试验。

2）人体试食试验　包括指向记忆、联想学习、图像自由回忆、无意义图形再认、人像特点联系回忆、记忆商。

（2）试验原则　动物试验和人体试食试验为必做项目；跳台试验、避暗试验、穿梭箱试验、水迷宫试验四项动物试验中至少应选三项，以保证试验结果的可靠性；正常动物与记忆障碍模型动物任选其一；动物试验应重复一次（重新饲养动物，重复所做试验）；人体试食试验统一使用临床记忆量表；在进行人体试食试验时，应对受试样品的食用安全性作进一步的观察。

（3）结果判定

1）动物试验　跳台试验、避暗试验、穿梭箱试验、水迷宫试验四项实验中任两项试验结果且重复试验结果一致（所重复的同一项试验两次结果均为阳性），可以判定该受试样品辅助改善记忆功能动物试验结果阳性。

2）人体试食试验　记忆商结果阳性，可判定该受试样品具有辅助改善记忆功能的作用。

7. 改善睡眠功能

（1）试验项目　体重、延长戊巴比妥钠睡眠时间试验、戊巴比妥钠（或巴比妥钠）阈下剂量催眠试验、巴比妥钠睡眠潜伏期试验。

（2）试验原则　所列指标均为必做项目；需观察受试样品对动物直接睡眠的作用。

（3）结果判定　延长戊巴比妥钠睡眠时间试验、戊巴比妥钠（或巴比妥钠）阈下剂量催眠试验、巴比妥钠睡眠潜伏期试验三项实验中任两项阳性，且无明显直接睡眠作用，可判定该受试样品具有改善睡眠功能的作用。

8. 缓解体力疲劳功能

（1）试验项目　动物体重、负重游泳试验、血乳酸、血清尿素、肝糖原或肌糖原。

（2）试验原则　动物试验所列指标均为必做项目；试验前必须对同批受试样品进行违禁药物的检测；运动试验与生化指标检测相结合。

（3）结果判定　负重游泳实验结果阳性，血乳酸、血清尿素、肝糖原/肌糖原三项生化指标中任两项指标阳性，可判定该受试样品具有缓解体力疲劳功能的作用。

9. 对辐射危害有辅助保护功能

（1）试验项目　体重、外周血白细胞计数、骨髓细胞DNA含量或骨髓有核细胞数、小鼠骨髓细胞微核试验、血/组织中超氧化物歧化酶活性试验、血清溶血素含量试验。

（2）试验原则　外周血白细胞计数、骨髓细胞DNA含量或骨髓有核细胞数、小鼠骨髓细胞微

核试验、血/组织中超氧化物歧化酶活性试验、血清溶血素含量试验中任选择三项进行试验。

（3）结果判定　在外周血白细胞计数、骨髓细胞DNA含量或骨髓有核细胞数、小鼠骨髓细胞微核、血/组织中超氧化物歧化酶活性、血清溶血素含量五项试验中任何两项试验结果阳性，可判定该受试样品具有对辐射危害有辅助保护功能的作用。

10. 对化学性肝损伤有辅助保护功能

（1）试验项目　动物试验分为方案一（四氯化碳肝损伤模型）和方案二（酒精肝损伤模型）两种。方案一（四氯化碳肝损伤模型）包括体重、谷丙转氨酶（ALT）、谷草转氨酶（AST）、肝组织病理学检查；方案二（酒精肝损伤模型）包括体重、2丙二醛（MDA）、还原型谷胱甘肽（GSH）、甘油三酯（TC）、肝组织病理学检查。

（2）试验原则　所列指标均为必做项目；根据受试样品作用原理的不同，方案一和方案二任选其一进行动物试验。

（3）结果判定

1）方案一（四氯化碳肝损伤模型）　病理结果阳性，谷丙转氨酶和谷草转氨酶两指标中任一项指标阳性，可判定该受试样品具有对化学性肝损伤有辅助保护功能作用。

2）方案二（酒精肝损伤模型）　肝脏MDA、GSH、TC三项指标结果阳性，可判定该受试样品对乙醇引起的肝损伤有辅助保护功能；肝脏MDA、GSH、TC三指标中任两项指标阳性，且肝脏病理结果阳性，可判定该受试样品具有对乙醇引起的肝损伤有辅助保护功能作用。

11. 调节肠道菌群功能

（1）试验项目

1）动物试验　包括体重、双歧杆菌、乳杆菌、肠球菌、肠杆菌、产气荚膜梭菌。

2）人体试食试验　包括双歧杆菌、乳杆菌、肠球菌、肠杆菌、拟杆菌、产气荚膜梭菌。

（2）试验原则　动物试验和人体试食试验所

IV

列指标均为必做项目；正常动物或肠道菌群紊乱模型动物任选其一；受试样品中含双歧杆菌、乳杆菌以外的其他益生菌时，应在动物和人体试验中加测该益生菌；在进行人体试食试验时，应对受试样品的食用安全性作进一步的观察。

（3）结果判定

1）动物试验　符合以下任一项，可判定该受试样品调节肠道菌群功能动物试验结果阳性。双歧杆菌和/或乳杆菌（或其他益生菌）明显增加，梭菌减少或无明显变化，肠球菌、肠杆菌无明显变化；双歧杆菌和/或乳杆菌（或其他益生菌）明显增加，梭菌减少或无明显变化、肠球菌和/或肠杆菌明显增加，但增加的幅度低于双歧杆菌、乳杆菌（或其他益生菌）增加的幅度。

2）人体试食试验　符合以下任一项，可判定该受试样品具有调节肠道菌群功能的作用。双歧杆菌和/或乳杆菌（或其他益生菌）明显增加，梭菌减少或无明显变化，肠球菌、肠杆菌、拟杆菌无明显变化；双歧杆菌和/或乳杆菌（或其他益生菌）明显增加，梭菌减少或无明显变化，肠球菌和/或肠杆菌、拟杆菌明显增加，但增加的幅度低于双歧杆菌、乳杆菌（或其他益生菌）增加的幅度。

12. 促进消化功能

（1）试验项目

1）动物试验　包括体重、体重增重、摄食量和食物利用率、小肠运动试验、消化酶测定。

2）人体试食试验　分儿童方案和成人方案，其中儿童方案包括食欲、食量、偏食状况、体重、血红蛋白含量，而成人方案包括临床症状观察、胃/肠运动试验。

（2）试验原则　动物试验和人体试食试验所列指标均为必做项目；根据受试样品的适用人群特点在人体试食试验方案中任选其一；在进行人体试食试验时，应对受试样品的食用安全性作进一步的观察。

（3）结果判定

1）动物试验　动物体重、体重增重、摄食量、食物利用率，小肠运动试验和消化酶测定三方面中任两方面实验结果阳性，可判定该受试样品促进消化功能动物试验结果阳性。

2）人体试食试验　针对改善儿童消化功能的，食欲、进食量、偏食改善结果阳性，体重和血红蛋白两项指标中任一项指标结果阳性，可判定该受试样品具有促进消化功能的作用。针对改善成人消化功能的，临床症状明显改善，胃/肠运动试验结果阳性，可判定该受试样品具有促进消化功能的作用。

13. 通便功能

（1）试验项目

1）动物试验　包括体重、小肠运动试验、排便时间、粪便重量、粪便粒数、粪便性状。

2）人体试食试验　包括症状体征、粪便性状、排便次数、排便状况。

（2）试验原则　动物试验和人体试食试验所列指标均为必做项目；除对便秘模型动物各项必测指标进行观察外，还应对正常动物进行观察，不得引起动物明显腹泻；排便次数的观察时间试验前后应保持一致；在进行人体试食试验时，应对受试样品的食用安全性作进一步的观察。

（3）结果判定

1）动物试验　排粪便重量和粪便粒数一项结果阳性，同时小肠运动实验和排便时间一项结果阳性，可判定该受试样品通便功能动物试验结果阳性。

2）人体试食试验　排便次数明显增加，同时粪便性状和排便状况一项结果明显改善，可判定该受试样品具有有助于通便功能的作用。

14. 对胃黏膜损伤有辅助保护功能

（1）试验项目

1）动物试验　包括体重、胃黏膜损伤状况。

2）人体试食试验　包括临床症状和胃镜观察和体征。

（2）试验原则　动物试验和人体试食试验所列指标均为必测项目；无水乙醇、冰醋酸、吲哚美辛引起的胃黏膜损伤模型动物中任选其一进行动物试验；在进行人体试食试验时，应对受试样品的食用安全性作进一步的观察。

（3）结果判定

1）动物试验　胃黏膜损伤明显改善，可判定该受试样品对胃黏膜损伤有辅助保护功能动物试验结果阳性。

2）人体试食试验　临床症状、体征积分明显减少，胃镜复查结果有改善或不加重，可判定该受试样品对胃黏膜损伤有辅助保护功能的作用。

15. 减肥功能

（1）试验项目

1）动物试验　包括体重、摄食量、体内脂肪重量（睾丸及肾周围脂肪垫）、脂体比。

2）人体试食试验　包括体重、腰围、臀围、体内脂肪含量。

（2）试验原则　动物试验和人体试食试验所列指标均为必做项目；动物试验中大鼠肥胖模型法和预防大鼠肥胖模型法任选其一；减少体内多余脂肪，不单纯以减轻体重为目标；引起腹泻或抑制食欲的受试样品不能作为减肥功能食品；每日营养素摄入量应基本保证机体正常生命活动的需要；对机体健康无明显损害；实验前应对同批受试样品进行违禁药物的检测；以各种营养素为主要成分替代主食的减肥功能食品可以不进行动物试验，仅进行人体试食试验；不替代主食的减肥功能食品，试食时应对试食前后的膳食状况进行观察；应对试食前后的运动情况进行观察；在进行人体试食试验时，应对受试样品的食用安全性做进一步的观察。

（3）结果判定

1）动物试验　实验组的体重和体内脂肪重量，或体重和脂体比低于模型对照组，差异有显著性，摄食量不显著低于模型对照组，可判定该受试样品动物减肥功能实验结果阳性。

2）人体试食试验　对于不替代主食的减肥功能食品，体内脂肪重量减少，皮下脂肪四个点中任两个点减少，腰围与臀围之一减少，且差异有显著

性，运动耐力不下降，对肌体健康无明显损害，并排除膳食及运动对减肥功能作用的影响，可判定该受试样品具有减肥功能的作用；对于替代主食的减肥功能食品，体内脂肪重量减少，皮下脂肪四个点中任两个点减少，腰围与臀围之一减少，且差异有显著性，运动耐力不下降，且对肌体健康无明显损害，并排除运动对减肥功能作用的影响，可判定该受试样品具有减肥功能的作用。

（四）人体试食试验规程

1. 对保健食品的要求　受试样品必须符合本程序对受试样品的要求，并就其来源、组成、加工工艺和卫生条件等提供详细说明。提供与试食试验同批次受试样品的卫生学检测报告，其检测结果应符合有关卫生标准的要求。受试样品必须已经过动物试验证实，确定其具有需验证的某种特定的保健功能。对照物品可以用安慰剂，也可以用具有验证保健功能作用的阳性物。原则上人体试食试验应在动物功能学实验有效的前提下进行。人体试食试验受试样品必须经过动物毒理学安全性评价，并确认为安全的食品。

2. 试验前的准备　拟订计划方案及进度，组织有关专家进行论证，并经本单位伦理委员会批准。根据试食试验设计要求、受试样品的性质、期限等，选择一定数量的受试者。试食试验报告中试食组和对照组的有效例数不少于50人，且试验的脱离率一般不得超过20%。开始试用前要根据受试样品性质，估计试用后可能产生的反应，并提出相应的处理措施。

3. 对受试者的要求　选择受试者必须严格遵照自愿的原则，根据所需判定功能的要求进行选择。确定受试对象后要进行谈话，使受试者充分了解试食试验的目的、内容、安排及有关事项，解答受试者提出的与试验有关的问题，消除可能产生的疑虑。受试者必须有可靠的病史，以排除可能干扰试验目的的各种因素。受试者应填写参加试验的知情同意书，并接受知情同意书上确定的陈述："我已获得有关试食试验食物的功能及安全性等有关资

料，并了解了试验目的、要求和安排，自愿参加试验，遵守试验的要求和纪律，积极主动配合，如实反映试验过程中的反应，逐日记录活动和生理的重要事件，接受规定的检查。"受试者和主要研究者在知情同意书上签字。志愿者填写知情同意书后应经试食试验负责单位批准。试食试验期限原则上不得少于 30d（特殊情况除外），必要时可以适当延长。

4. 对试验实施者的要求　以人道主义态度对待志愿受试者，以保障受试者的健康为前提。进行人体试食试验的单位应是国家卫生健康委员会认定的保健食品功能学检验机构。如需进行与医院共同实施的人体试食试验，功能学检验机构必须选择三级甲等医院共同进行。与试验负责人取得密切联系，指导受试者的日常活动，监督检查受试者遵守试验有关规定。在受试者身上采集各种生物样品应详细记录采集样品的种类、数量、次数、采集方法和采集日期。负责人体试食试验的主要研究者应具有副高级职称。

5. 试验观察指标的确定　根据受试样品的性质和作用确定观察的指标，一般应包括：在被确定为受试者之前应进行系统的常规体检（进行心电图、胸透和腹部 B 超检查），试验结束后根据情况决定是否重复心电图、胸透和腹部 B 超检查。在受试期间应取得下列资料：主观感觉（体力和精神的）；进食状况；生理指标（血压、心率等），症状和体征；常规的血液学指标（血红蛋白、红细胞和白细胞计数，必要时做白细胞分类），生化指标（转氨酶、血清总蛋白、白蛋白，尿素、肌酐、血脂、血糖等）；功效性指标，即与保健功能有关的指标，如抗氧化功能、减肥功能等方面的指标。

6. 给受试者以适当的物质奖励或经济补偿。

（五）评价保健食品功能时需要考虑的因素

1. 人的可能摄入量　除一般人群的摄入量外，还应考虑特殊的和敏感的人群（如儿童、孕妇及高摄入量人群）。

2. 人体资料　由于存在着动物与人之间的种属差异，在将动物试验结果外推到人时，应尽可能收集人群服用受试样品后的效应资料，若体外或体内动物试验未观察到或不易观察到食品的保健作用或观察到不同效应，而有大量资料提示对人有保健作用时，在保证安全的前提下，应进行必要的人体试食试验。

3. 结果的应用　在将本程序所列试验的阳性结果用于评价食品的保健作用时，应考虑结果的重复性和剂量反应关系，并由此找出其最小有作用剂量。

4. 检测及评价　食品保健作用的检测及评价应由国家卫生健康委员会认定的保健食品功能学检验机构承担。

（六）有助于维持正常的免疫功能的评价程序和检验方法

1. 试验动物　推荐用近交系小鼠，18～22 g，单一性别，每组 10～15 只。

2. 剂量分组及受试样品给予时间　试验设 3 个剂量组和 1 个阴性对照组，以人体推荐量的 10 倍为其中的 1 个剂量组，另设 2 个剂量组，必要时设阳性对照组。受试样品给予时间 30 d，必要时可延长至 45 d。免疫模型动物试验时间可适当延长。

3. 试验方法—ConA 诱导的小鼠脾淋巴细胞转化试验（MTT 法）　ConA 诱导的小鼠脾淋巴细胞转化实验可任选 MTT 法和同位素掺入法之一。

（1）原理　当 T 淋巴细胞受 ConA 刺激后发生母细胞增殖反应，活细胞特别是增殖细胞中的线粒体水解酶可将 MTT（一种淡黄色的唑氮盐）分解为蓝紫色结晶，其光密度值能反映细胞的增殖情况。

（2）制备脾细胞悬液　无菌取脾，置于盛有适量无菌 Hank's 液平皿中，用镊子轻轻将脾磨碎，制成单个细胞悬液。经 200 目筛网过滤，或用 4 层纱布将脾磨碎，用 Hank's 液洗 2 次，每次离心 10 min（1 000 rpm）。然后将细胞悬浮于 1 mL 的完全培养液中，用台酚蓝染色计数活细胞数（应在 95% 以上），调整细胞浓度为 3×10^6 个 /mL。

食用菌加工产品的质量安全控制与评价

（3）淋巴细胞增殖反应　将每一份脾细胞悬液分两孔加入24孔培养板中，每孔1 mL，一孔加75 μL ConA液（相当于7.5 μg/mL），另一孔作为对照，置5%CO₂，37℃的CO₂培养箱中培养72 h。培养结束前4 h，每孔轻轻吸去上清液0.7 mL，加入0.7 mL不含小牛血清的RPMI1640培养液，同时加入5 mg/mL MTT，50 μL/孔，继续培养4 h。培养结束后，每孔加入1 mL酸性异丙醇，吹打混匀，使紫色结晶完全溶解。然后分装到96孔培养板中，每个孔做3个平行孔，用酶标仪，以570 nm波长测定光密度值。也可将溶解液直接移入2 mL比色杯中，721分光光度计上在波长570 nm测定OD值。

（4）数据处理及结果判定　一般采用方差分析，但需按方差分析的程序先进行方差齐性检验，方差齐，计算F值，F值 $<F_{0.05}$，结论为各组均数间差异无显著性；F值 $\geq F_{0.05}$，$P \leq 0.05$，用多个试验组和一个对照组间均数的两两比较方法进行统计；对非正态或方差不齐的数据进行适当的变量转换，待满足正态或方差齐要求后，用转换后的数据进行统计；若变量转换后仍未达到正态或方差齐的目的，改用秩和检验进行统计。用加ConA孔的光密度值减去不加ConA孔的光密度值代表淋巴细胞的增殖能力，受试样品组的光密度差值显著高于对照组的光密度差值，可判定该项实验结果阳性。

（5）注意事项　MTT法在检测时应注意，ConA的浓度很重要，过低不能刺激足够的细胞增殖，过高会抑制细胞增殖，不同批号的ConA在试验前要进行预试，以找到最佳浓度。

4. 试验方法—ConA诱导的小鼠脾淋巴细胞转化试验（同位素掺入法）

（1）原理　T淋巴细胞在有丝分裂原PHA、ConA等的刺激下，产生增殖反应，DNA和RNA合成明显增加，如在培养液中加入3H-胸腺嘧啶核苷（3H-TdR），则可被转化中的细胞摄入。测定标记淋巴细胞的放射强度可反映淋巴细胞增殖的程度。

（2）制备脾细胞悬液　无菌取脾，置于盛有适量无菌Hank's液的小平皿中，用镊子轻轻将脾撕碎，制成单细胞悬液。经200目筛网过滤，用Hank's液洗3次，每次离心10 min（1 000 rpm）。然后将细胞悬浮于2 mL的完全培养液中，用台酚蓝染色计数活细胞数（应在95%以上），最后用RPMI1640完全培养液将细胞数调成5×10⁶个/mL。

（3）淋巴细胞增殖反应　将脾细胞悬液加入96孔培养板中，200 μL/孔，每一份脾细胞悬液分装6个孔，3孔加ConA（5 μg/mL），另3个孔不加ConA作为对照。置5%CO₂，37℃的CO₂培养箱中培养72 h，培养结束前6 h，每孔加入3H-TdR 20 μL，使其终浓度为（3.7～18.5）×10⁴ Bq/mL。用多头细胞收集器将细胞取集于玻璃纤维滤纸上。滤纸片充分干燥后置测量瓶中，加入7 mL闪烁液，用液闪仪测定每分钟脉冲数（cpm）。

（4）数据处理及结果判定　一般采用方差分析，但需按方差分析的程序先进行方差齐性检验，方差齐，计算F值，F值 $<F_{0.05}$，结论为各组均数间差异无显著性；F值 $\geq F_{0.05}$，$P \leq 0.05$，用多个试验组和一个对照组间均数的两两比较方法进行统计；对非正态或方差不齐的数据进行适当的变量转换，待满足正态或方差齐要求后，用转换后的数据进行统计；若变量转换后仍未达到正态或方差齐的目的，改用秩和检验进行统计。以每分钟脉冲数（cpm）表示增殖程度，用刺激指数（SI）来表示，SI=实验孔cpm/对照孔cmp，受试样品组的SI值显著高于对照组的SI值，即可判定该项试验结果阳性。

5. 试验方法——迟发型变态反应（DTH）（耳肿胀法）　DTH可任选二硝基氟苯诱导小鼠DTH（耳肿胀法）和足跖增厚法之一。

（1）原理　二硝基氟苯（DNFB）稀释液可与腹壁皮肤蛋白结合成完全抗原，由此刺激T淋巴细胞增殖成致敏淋巴细胞。4～7d后再将其涂抹于耳部进行抗原攻击，使局部肿胀，一般在抗原攻击后24～48 h达高峰，其肿胀程度可以反映迟发型变态反应程度。

（2）致敏操作　每鼠腹部皮肤用硫化钡脱毛，范围约 3 cm × 3 cm，用 DNFB 溶液 50 μL 均匀涂抹致敏。5 d 后，测定 DTH 的产生：用 DNFB 溶液 10 μL 均匀涂抹于小鼠右耳（两面）进行攻击。攻击后 24 h 颈椎脱臼处死小鼠，剪下左右耳壳。用打孔器取下直径 8 mm 的耳片，称重。

（3）数据处理与结果判定　一般采用方差分析，但需按方差分析的程序先进行方差齐性检验，方差齐，计算 F 值，F 值 < $F_{0.05}$，结论为各组均数间差异无显著性；F 值 ≥ $F_{0.05}$，P ≤ 0.05，用多个试验组和一个对照组间均数的两两比较方法进行统计；对非正态或方差不齐的数据进行适当的变量转换，待满足正态或方差齐要求后，用转换后的数据进行统计；若变量转换后仍未达到正态或方差齐的目的，改用秩和检验进行统计。用左右耳重量之差表示 DTH 的程度。受试样品组的重量差值显著高于与对照组的重量差值，可判定该项实验结果阳性。

（4）注意事项　耳肿胀法操作时需注意，操作时应避免 DNFB 与皮肤接触。

6. 试验方法——迟发型变态反应（DTH）（足跖增厚法）

（1）原理　绵羊红细胞（SRBC）可刺激 T 淋巴细胞增殖成致敏淋巴细胞，4 d 后，当再以 SRBC 攻击时，攻击部位出现肿胀，其肿胀程度可反映迟发型变态反应程度。

（2）操作步骤　小鼠用 2%（V/V）SRBC 腹腔或静脉免疫，每只鼠注射 0.2 mL（约 1 × 10^8 个 SRBC）进行致敏。免疫后 4 d 测定 DTH 的产生，测量左后足跖部厚度，然后在测量部位皮下注射 20%（V/V）SRBC，每只鼠 20 μL（约 1 × 10^8 个 SRBC），注射后于 24 h 测量左后足跖部厚度，同一部位测量 3 次，取平均值。

（3）数据处理和结果判定　一般采用方差分析，但需按方差分析的程序先进行方差齐性检验，方差齐，计算 F 值，F 值 < $F_{0.05}$，结论为各组均数

间差异无显著性；F 值 ≥ $F_{0.05}$，P ≤ 0.05，用多个试验组和一个对照组间均数的两两比较方法进行统计；对非正态或方差不齐的数据进行适当的变量转换，待满足正态或方差齐要求后，用转换后的数据进行统计；若变量转换后仍未达到正态或方差齐的目的，改用秩和检验进行统计。以攻击前后足跖厚度的差值来表示 DTH 的程度。受试样品组的差值显著高于对照组的差值，可判定该项试验结果阳性。

（4）注意事项　测量足跖厚度时，最好由专人来进行。卡尺紧贴足跖部，但不要加压，否则会影响测量结果。攻击时所用的 SRBC 要新鲜（4℃ 保存期不超过 1 周）。

7. 试验方法——抗体生成细胞检测（Jerne 改良玻片法）

（1）原理　经过绵羊红细胞（SRBC）免疫的小鼠脾细胞悬液与一定量的 SRBC 混合，在补体参与下，使分泌抗体的脾细胞周围的 SRBC 溶解，形成肉眼可见的空斑。溶血空斑数可反映抗体生成细胞数。

（2）操作步骤　SRBC 绵羊颈静脉取血，将羊血放入有玻璃珠的灭菌锥形瓶中，朝一个方向摇动，以脱纤维，放入 4℃ 冰箱保存备用，可保存 2 周。制备补体时，采集豚鼠血，分离出血清（至少 5 只豚鼠的混合血清），将 1 mL 压积 SRBC 加入 5 mL 豚鼠血清中，4℃ 冰箱放置 30 min，经常振荡，离心取上清，分装，-70℃ 保存。用时以 SA 缓冲液按 1 : 8 ~ 1 : 15 稀释。玻片涂膜时在清洁玻片上刷上一薄层琼脂糖（0.5 g 琼脂糖加双蒸水至 100 mL，加热溶解），干后可长期保存备用。取脱纤维的羊血，用生理盐水洗涤 3 次，每次离心 10 min，2 000 r/min，计数细胞，每只鼠经腹腔或静脉注射 SRBC（5 × 10^7）~（2 × 10^8）个。也可将压积 SRBC 用生理盐水配成 2%（V/V）的细胞悬液，每只鼠腹腔注射 0.2 mL。制备脾细胞悬液时，将 SRBC 免疫 4 ~ 5d 后的小鼠颈椎脱臼处死，取出脾脏，放在盛有 Hank's 液的小平皿

食用菌加工产品的质量安全控制与评价

内，轻轻磨碎脾脏，制成细胞悬液，经200目筛网过滤，或用4层纱布将脾磨碎，离心10 min，2 000 r/min，用Hank's液洗2遍，最后将细胞悬浮在5 mL RPML 1 640培养液中，计数细胞，并将细胞浓度调整为5×10^6个/mL。也可将细胞悬浮在8 mL Hank's液。测定空斑时，将表层培养基（1 g琼脂糖加双蒸水至100 mL）加热溶解后，放45～50℃水浴保温，与等量pH 7.2～7.4、2倍浓度的Hank's液混合，分装小试管，每管0.5 mL。再向管内加50 μL 10%SRBC（V/V，用SA缓冲液配制），20 μL脾细胞悬液（5×10^6个/mL）或25 μL脾细胞悬液，迅速混匀，倾倒于已刷琼脂糖薄层的玻片上，做平行片。待琼脂凝固后，将玻片水平扣放在片架上，放入CO_2培养箱中孵育1～1.5 h，然后用SA缓冲液稀释的补体（1：8）加入玻片架凹槽内，继续温育1～1.5 h后，计数溶血空斑数。

（3）数据处理及结果判定　一般采用方差分析，但需按方差分析的程序先进行方差齐性检验，方差齐，计算F值，F值<$F_{0.05}$，结论为各组均数间差异无显著性；F值≥$F_{0.05}$，P≤0.05，用多个试验组和一个对照组间均数的两两比较方法进行统计；对非正态或方差不齐的数据进行适当的变量转换，待满足正态或方差齐要求后，用转换后的数据进行统计；若变量转换后仍未达到正态或方差齐的目的，改用秩和检验进行统计。用空斑数/10^6脾细胞或空斑数/全脾细胞来表示，受试样品组的空斑数显著高于对照组的空斑数，可判定该项实验结果阳性。

8. 试验方法——血清溶血素的测定（血凝法）　血清溶血素的测定可任选血凝法和半数溶血值之一。

（1）原理　用SRBC免疫动物后，产生抗SRBC抗体（溶血素），利用其凝集SRBC的程度来检测溶血的水平。

（2）分离免疫动物及血清　取羊血，用生理盐水洗涤3次，每次离心10 min，2 000 r/min。将压积SRBC用生理盐水配成2%（V/V）的细胞悬液，每只鼠腹腔注射0.2 mL进行免疫。4～5 d后，摘除眼球取血于离心管内，放置约1 h，将凝固血与管壁剥离，使血清充分析出，离心10 min，2 000 r/min，收集血清。凝集反应中，用生理盐水将血清倍比稀释，将不同稀释度的血清分别置于微量血凝试验板内，每孔100 μL，再加入100 μL 0.5%（V/V）的SRBC悬液，混匀，装入湿润的平盘内加盖，于37℃温箱孵育3 h，观察血球凝集程度。

（3）数据处理及结果判定　一般采用方差分析，但需按方差分析的程序先进行方差齐性检验，方差齐，计算F值，F值<$F_{0.05}$，结论为各组均数间差异无显著性；F值≥$F_{0.05}$，P≤0.05，用多个试验组和一个对照组间均数的两两比较方法进行统计；对非正态或方差不齐的数据进行适当的变量转换，待满足正态或方差齐要求后，用转换后的数据进行统计；若变量转换后仍未达到正态或方差齐的目的，改用秩和检验进行统计。

（4）血清凝集程度分级　一般分为5级（0～IV）记录，按下式计算抗体积数，受试样品组的抗体积数显著高于对照组的抗体水平，可判定该项实验结果阳性。抗体水平=（$S_1+2S_2+3S_3+\cdots\cdots+nS_n$），其中1、2、3……n代表对倍稀释的指数，S代表凝集程度的级别，抗体积数越大，表示血清抗体越高。

0级：红细胞全部下沉，集中在孔底部形成致密的圆点状，四周液体清晰。

I级：红细胞大部分沉积在孔底呈圆点状，四周有少量凝集的红细胞。

II级：凝集的红细胞在孔底形成薄层，中心可以明显见到一个疏松的红点。

III级：凝集的红细胞均匀地铺散在孔底成一薄层，中心隐约可见一个小红点。

IV级：凝集的红细胞均匀地铺散在孔底成一薄层，凝块有时呈卷折状。

血凝法操作时应注意，血清稀释时要充分混

匀。最后一个稀释度应不出现凝集现象。

9. 试验方法——血清溶血素的测定（半数溶血值的测定）

（1）原理 用 SRBC 免疫动物后，血清中出现 SRBC 抗体（溶血素），在补体参与下，与 SRBC 一起孵育，可发生溶血反应，释放血红蛋白，通过测定血红蛋白含量反映动物血清中溶血素的含量。

（2）制备补体 采集豚鼠血，分离出血清（至少 5 只豚鼠的混合血清），将 1 mL 压积 SRBC 加入 5 mL 豚鼠血清中，放 4℃冰箱 30 min，经常振荡，离心取上清，分装，−70℃保存。用时以 SA 液按 1∶8 稀释。分离免疫动物及血清时，取羊血，用生理盐水洗涤 3 次，每次离心 10 min，2 000 r/min。将压积 SRBC 用生理盐水配成 2%（V/V）的细胞悬液，每只鼠腹腔注射 0.2 mL 进行免疫。4～5 d 后，摘除眼球取血于离心管内，放置约 1 h，使血清充分析出，离心 10 min，2 000 r/min，或离心 4 min，6 000 r/min，收集血清。溶血反应中，取血清用 SA（缓冲液稀释，一般为 200～500 倍）。将稀释后的血清 1 mL 置试管内，依次加入 10%（V/V）SRBC 0.5 mL，补体 1 mL（用 SA 液按 1∶8 稀释）。另设不加血清的对照管（以 SA 缓冲液代替）。置 37℃恒温水浴中保温 10～30 min 后，冰浴终止反应。离心 10 min，2000 r/min。取上清液 1 mL，加都氏试剂 3 mL，同时取 10%（V/V）SRBC 0.25 mL。加都氏试剂至 4 mL，充分混匀，放置 10 min 后，于 540 nm 处以对照管作空白，分别测定各管光密度值。

（3）数据处理及结果判定 一般采用方差分析，但需按方差分析的程序先进行方差齐性检验，方差齐，计算 F 值，F 值 < $F_{0.05}$，结论为各组均数间差异无显著性；F 值 ≥ $F_{0.05}$，P < 0.05，用多个试验组和一个对照组间均数的两两比较方法进行统计；对非正态或方差不齐的数据进行适当的变量转换，待满足正态或方差齐要求后，用转换后的数据进行统计；若变量转换后仍未达到正态或方差齐的目的，改用秩和检验进行统计。溶血素的量以半数

溶血值（HC_{50}）表示，HC_{50}= 样品光密度值 × 稀释倍数 /SRBC 半数溶血时的光密度值，当受试样品组的 HC_{50} 显著高于对照组的 HC_{50}，可判定该项试验结果阳性。

10. 实验方法——小鼠碳廓清试验

（1）原理 在一定范围内，体内碳颗粒被清除速率与血碳浓度呈指函数关系。以血碳浓度对数值为纵坐标，时间为横坐标，两者呈直线关系。此直线斜率（k）可表示吞噬速率。动物肝、脾重量影响吞噬速率，一般以校正吞噬指数 a 表示。

（2）操作步骤 按体重从小鼠静脉注入稀释的印度墨汁（100 mL/kg），待墨汁进入后立即计时。2～10 min 后，分别从内眦静脉丛取血 20 μL，并立即将其加到 2 mL 0.1% Na_2CO_3 溶液中。用 721 分光光度计在 600 nm 波长处测光密度值（OD），以 Na_2CO_3 溶液作空白对照。将小鼠处死，取肝脏和脾脏，用滤纸吸干脏器表面血污，分别称重。以吞噬指数表示小鼠碳廓清的能力，计算吞噬指数 a。受试样品组的吞噬指数显著高于对照组的吞噬指数，可判定该项实验结果阳性。

（3）数据处理及结果判定 一般采用方差分析，但需按方差分析的程序先进行方差齐性检验，方差齐，计算 F 值，F 值 < $F_{0.05}$，结论为各组均数间差异无显著性；F 值 ≥ $F_{0.05}$，P ≤ 0.05，用多个试验组和一个对照组间均数的两两比较方法进行统计；对非正态或方差不齐的数据进行适当的变量转换，待满足正态或方差齐要求后，用转换后的数据进行统计；若变量转换后仍未达到正态或方差齐的目的，改用秩和检验进行统计。

（4）注意事项 半数溶血值的测定中需注意，静脉注入碳粒的量、取血时间、取血量一定要准确。墨汁放置中，碳粒可沉于瓶底，临用前应摇匀。使用新的墨汁时，应在实验前摸索一个最适墨汁注入量，即正常小鼠在 20 min 内不易廓清，而激活的小鼠可明显廓清。

11. 试验方法——小鼠腹腔巨噬细胞吞噬鸡红细胞试验（滴片法） 小鼠腹腔巨噬细胞吞噬鸡红

食用菌加工产品的质量安全控制与评价

细胞试验可任选滴片法和半体内法之一。

（1）原理　利用巨噬细胞对光滑表面（如玻璃表面）具有黏附的特性，将含有巨噬细胞的腹腔液滴于载玻片上，加入鸡红细胞，孵育一定时间后，冲洗掉未黏附的细胞，固定染色，在显微镜下计数吞噬鸡红细胞的巨噬细胞的吞噬率和吞噬指数，据此判定巨噬细胞的吞噬能力。

（2）玻片处理　重复使用的载玻片要经洗液浸泡、洗净晾干后，经酒精浸泡过夜。用前以纱布拭干或晾干，否则会影响巨噬细胞黏附和镜检。在玻片上标号，用3%琼脂在每个玻片上划两个圆圈（圆圈必须全封闭，否则液体会流出），晾干备用。

（3）激活小鼠巨噬细胞　试验前4 d给每只小鼠腹腔注射2%压积羊血红细胞0.2 mL。用颈椎脱臼法处死小鼠，腹腔注射加小牛血清的Hank's液4 mL/只，轻轻按揉腹部20次，以充分洗出腹腔巨噬细胞，然后将腹壁剪开一个小口，用胶头吸管吸取腹腔洗液2 mL于试管内（或用注射器）。用1 mL加样器吸取腹腔洗液0.5 mL加入盛有0.5 mL 1%鸡血红细胞悬液的试管内，混匀。用注射器（装大针头）吸取0.5 mL混合液，加入玻片的琼脂圈内。放置孵箱内37℃孵育15～20 min。孵育结束后迅速用生理盐水将未贴壁细胞冲掉，于甲醇液中固定1 min，Giemsa液染色15 min。用蒸馏水冲洗干净，晾干，用40×显微镜计数吞噬率和吞噬指数。吞噬率为每100个巨噬细胞中，吞噬鸡红细胞的巨噬细胞所占的百分率；吞噬指数为平均每个巨噬细胞吞噬鸡红细胞的个数。

（4）数据处理及结果判定　以吞噬百分率或吞噬指数表示小鼠巨噬细胞的吞噬能力。吞噬百分率需进行数据转换，$X=\mathrm{Sin}^{-1}\sqrt{p}$，式中$p$为吞噬百分率，用小数表示。在进行方差分析时，需按方差分析的程序先进行方差齐性检验，方差齐，计算F值，F值＜$F_{0.05}$，结论为各组均数间差异无显著性；F值≥$F_{0.05}$，$P≤0.05$，用多个试验组和一个对照组间均数的两两比较方法进行统计；对非正态

或方差不齐的数据进行适当的变量转换，待满足正态或方差齐要求后，用转换后的数据进行统计；若变量转换后仍未达到正态或方差齐的目的，改用秩和检验进行统计。受试样品组的吞噬百分率或吞噬指数与对照组比较，差异均有显著性，方可判定该项试验结果阳性。

（5）注意事项　颈椎脱臼处死小鼠勿用力过大，防止腹腔内血管和内脏破裂出血影响试验结果。放滴片的搪瓷盘内应保持一定的湿度，以防液体干燥。孵育后的标本冲洗次数的差别不宜太大，更不要直接冲在有细胞的部分。试验操作过程中应严格掌握时间。在镜下计数细胞时要数完一个视野后再换另一个视野。

12. 试验方法——小鼠腹腔巨噬细胞吞噬鸡红细胞试验（半体内法）

（1）原理　在体内腹腔巨噬细胞能吞噬鸡红细胞，据此判断巨噬细胞的吞噬功能。

（2）制备鸡红细胞悬液　取鸡血置于有玻璃珠的锥形瓶中，朝一个方向充分摇动，以脱纤维。用生理盐水洗涤2～3次，离心10 min，2 000 r/min，去上清，用生理盐水配成20%（V/V）的鸡红细胞悬液。测定吞噬功能时，每鼠腹腔注射20%鸡红细胞悬液1 mL。间隔30 min，颈椎脱臼处死动物，将其仰位固定于鼠板上，正中剪开腹壁皮肤，经腹腔注入生理盐水2 mL，转动鼠板1 min。然后吸出腹腔洗液1 mL，平均分滴于2片载玻片上，放入垫有湿纱布的搪瓷盒内，移置37℃孵箱温育30 min。孵毕，于生理盐水中漂洗，以除去未贴片细胞。晾干，以1:1丙酮甲醇溶液固定，4%（V/V）Giemsa-磷酸缓冲液染色3 min，再用蒸馏水漂洗晾干。油镜下计数巨噬细胞，每张片计数100个，计算吞噬百分率和吞噬指数。

（3）计数　应同时观察鸡红细胞被消化的程度。借以判定巨噬细胞吞噬与消化功能，通常分为4级：

1）Ⅰ级：未消化。被吞噬的鸡红细胞完整，胞质浅红或浅黄带绿色，胞核浅紫色。

2）Ⅱ级：轻度消化。胞质浅黄绿色、胞核固缩呈紫蓝色。

3）Ⅲ级：重度消化。胞质淡染，胞核浅灰色。

4）Ⅳ级：完全消化。巨噬细胞内仅见形态类似鸡红细胞大小的空泡，边缘整齐，胞核隐约可见。

（4）数据处理及结果判定　以吞噬百分率或吞噬指数表示小鼠巨噬细胞的吞噬能力。吞噬百分率需进行数据转换，$X=\text{Sin}^{-1}\sqrt{p}$，式中 p 为吞噬百分率，用小数表示。在进行方差分析时，需按方差分析的程序先进行方差齐性检验，方差齐，计算 F 值，F 值 $< F_{0.05}$，结论为各组均数间差异无显著性；F 值 $\geqslant F_{0.05}$，$P \leqslant 0.05$，用多个试验组和一个对照组间均数的两两比较方法进行统计；对非正态或方差不齐的数据进行适当的变量转换，待满足正态或方差齐要求后，用转换后的数据进行统计；若变量转换后仍未达到正态或方差齐的目的，改用秩和检验进行统计。受试样品组的吞噬百分率或吞噬指数与对照组比较，差异均有显著性，方可判定该项试验结果阳性。

13. 实验方法——NK 细胞活性测定（乳酸脱氢酶测定法）　NK 细胞活性测定可任选乳酸脱氢酶（LDH）测定法和同位素 ^{3}H-TdR 测定法之一。

（1）原理　正常情况下，活细胞胞浆内的含有 LDH 不能透过细胞膜，当细胞受到 NK 细胞的杀伤后，LDH 释放到细胞外。LDH 可使乳酸锂脱氢，进而使 NAD 还原成 NADH，后者再经递氢体吩嗪二甲酯硫酸盐（PMS）还原碘硝基氯化四氮唑（INT），INT 接受 H^+ 被还原成紫红色甲臜类化合物。在酶标仪上用 490 nm 比色测定。

（2）操作步骤　靶细胞的传代（YAC-1 细胞）：试验前 24 h 将靶细胞进行传代培养。用前以 Hank's 液洗 3 次，用 RPMI 1 640 完全培养液调整细胞浓度为 4×10^5 个 /mL。脾细胞悬液的制备（效应细胞）中，无菌取脾，置于盛有适量无菌 Hank's 液的小平皿中，用镊子轻轻将脾磨碎，制成单细

胞悬液。经 200 目筛网过滤，或用 4 层纱布将脾磨碎，或用 Hank's 液洗 2 次，每次离心 10 min，1 000 r/min。弃上清将细胞浆弹起，加入 0.5 mL 灭菌水 20 s，裂解红细胞后再加入 0.5 mL 2 倍 Hank's 液及 8 mL Hank's 液，离心 10 min，1 000 r/min，用 1 mL 含 10% 小牛血清的 RPMI 1640 完全培养液重悬，用 1% 冰醋酸稀释后计数（活细胞数应在 95% 以上），用台酚蓝染色计数活细胞数（应在 95% 以上），最后用 RPMI 1640 完全培养液调整细胞浓度为 2×10^7 个 /mL。NK 细胞活性检测中，取靶细胞和效应细胞各 100 μL（效靶比 50∶1），加入 U 形 96 孔培养板中；靶细胞自然释放孔加靶细胞和培养液各 100 μL，靶细胞最大释放孔加靶细胞和 1%NP40 或 2.5%Triton 各 100 μL；上述各项均设 3 个平行孔，于 37℃、5%CO$_2$ 培养箱中培养 4 h，然后将 96 孔培养板离心 5 min，1500r/min，每孔吸取上清 100 μL 置平底 96 孔培养板中，同时加入 LDH 基质液 100 μL，根据室温不同反应 3～10 min，每孔加入 1 mol/L 的 HCl 30 μL，在酶标仪 490 nm 处测定光密度值（OD）。计算 NK 细胞活性，受试样品组的 NK 细胞活性显著高于对照组的 NK 细胞活性，即可判定该项实验结果阳性。

（3）数据处理及结果判定　NK 细胞活性需进行数据转换，$X=\text{Sin}^{-1}\sqrt{p}$，式中 p 为 NK 细胞活性，用小数表示，然后再进行方差分析，需按方差分析的程序先进行方差齐性检验，方差齐，计算 F 值，F 值 $< F_{0.05}$，结论为各组均数间差异无显著性；F 值 $\geqslant F_{0.05}$，$P \leqslant 0.05$，用多个试验组和一个对照组间均数的两两比较方法进行统计；对非正态或方差不齐的数据进行适当的变量转换，待满足正态或方差齐要求后，用转换后的数据进行统计；若变量转换后仍未达到正态或方差齐的目的，改用秩和检验进行统计。受试样品组的 NK 细胞活性显著高于对照组的 NK 细胞活性，可判定该项试验结果阳性。

（4）注意事项　靶细胞和效应细胞必须新鲜，细胞存活率应大于 95%。反应时环境温度应

食用菌加工产品的质量安全控制与评价

保持恒定。LDH 基质液应临用前配制。在一定范围内，NK 细胞活性与效靶比值成正比。一般效靶比值不应超过 100。

14. 试验方法——NK 细胞活性测定（同位素 ^{3}H—TdR 测定法）

（1）原理　将用同位素 ^{3}H-TdR 标记的靶细胞与淋巴细胞共同培养时，靶细胞可被 NK 细胞杀伤。同位素便从被杀伤的靶细胞中释放出来，其释放的量与 NK 细胞活性成正比。

（2）操作步骤　标记靶细胞时，取传代后 24 h 生长良好的 YAC-1 细胞（存活率 >95%）按 $1×10^6$ 个 /mL YAC-1 细胞悬液加 ^{3}H-TdR 10uGi 进行标记，于 37℃、5%CO_2 培养箱中培养 2 h，每 30 min 振荡 1 次。标记后的细胞用培养液洗涤 3 次，重悬于培养液中，使细胞浓度为 $1×10^5$ 个 /mL。制备脾细胞悬液（效应细胞）时，无菌取脾，置于盛有适量无菌 Hank's 液的小平皿中，用镊子轻轻将脾撕碎，制成单细胞悬液。经 200 目筛网过滤，用 Hank's 液洗 3 次，每次离心 10 min，1 000 r/min。然后将细胞悬浮于 2 mL 的完全培养液中，用台酚蓝染色计数活细胞数（应在 95% 以上），最后用 RPMI 1640 完全培养液调整细胞浓度为 $1×10^7$ 个 / mL。NK 细胞活性测定时，在 96 孔培养板中每孔加 100 μL 标记的靶细胞，实验孔加 100 μL 效应细胞，空白对照孔加 100 μL 培养液，最大释放孔加 100 μL 2.5% TritionX-100。每个样品设 3 个复孔，置 5%CO_2、37℃培养箱内温育 4 h，用多头细胞收集器将细胞收集在玻璃纤维滤纸上，用液体闪烁仪进行测量。最后计算 NK 细胞活性。

（3）数据处理及结果判定　NK 细胞活性需进计数据转换，$X=Sin^{-1}\sqrt{p}$，式中 p 为 NK 细胞活性，用小数表示。在进行方差分析时，需按方差分析的程序先进行方差齐性检验，方差齐，计算 F 值，F 值 < $F_{0.05}$，结论为各组均数间差异无显著性；F 值 ≥ $F_{0.05}$，$P ≤ 0.05$，用多个试验组和一个对照组间均数的两两比较方法进行统计；对非正态或方差不齐的数据进行适当的变量转换，待满足正态或方差齐要求后，用转换后的数据进行统计；若变量转换后仍未达到正态或方差齐的目的，改用秩和检验进行统计。受试样品组的 NK 细胞活性显著高于对照组的 NK 细胞活性，可判定该项试验结果阳性。

15. 增强免疫力功能结果判定　增强免疫力功能判定：在细胞免疫功能、体液免疫功能、单核-巨噬细胞功能、NK 细胞活性四个方面任意两个方面结果阳性，可判定该受试样品具有增强免疫力功能作用。其中细胞免疫功能测定项目中的两个试验结果均为阳性，或任一个试验的两个剂量组结果阳性，可判定细胞免疫功能测定结果阳性。体液免疫功能测定项目中的两个试验结果均为阳性，或任一个试验的两个剂量组结果阳性，可判定体液免疫功能测定结果阳性。单核-巨噬细胞功能测定项目中的两个试验结果均为阳性，或任一个试验的两个剂量组结果阳性，可判定单核-巨噬细胞功能结果阳性。NK 细胞活性测定试验的一个以上剂量组结果阳性，可判定 NK 细胞活性结果阳性。

（七）辅助降血脂功能的评价程序和检验方法

1. 动物试验

（1）原理　用高胆固醇和脂类饲料喂养动物可形成脂代谢紊乱动物模型，再给予动物受试样品或同时给予受试样品，可检测受试样品对高脂血症的影响，并可判定受试样品对脂质的吸收、脂蛋白的形成、脂质的降解或排泄产生的影响。

（2）试验动物　应选用健康成年雄性大鼠（150～200 g），推荐用 Wistar 或 SD 种大鼠，每组 8～12 只。高脂饲料的组成为 78.8% 基础饲料、1% 胆固醇、10% 蛋黄粉和 10% 猪油、0.2% 胆盐。实验设 3 个剂量组和 1 个高脂对照组，以人体推荐量的 5 倍为其中的 1 个剂量组，另设 2 个剂量组，必要时设阳性对照组。预防性给受试样品时间 30 d，必要时可延长至 45 d；治疗性给受试样品时间 30 d，必要时可延长至 120 d。

（3）脂代谢紊乱模型法（预防性）　预防性给受试样品时，在试验环境下大鼠喂饲基础饲料观察 5～10 d，然后取尾血，测定血清总胆固醇（TC）、甘油三酯（TG）、高密度脂蛋白胆固醇（HDL-C）水平。根据血清总胆固醇水平，进行随机分组，在给予高脂饲料的同时给予不同剂量的受试样品，定期称量体重，于试验结束禁食 16 h，测血清 TC、TG、HDL-C 水平。

（4）脂代谢紊乱模型法（治疗性）　治疗性给受试样品时，在试验环境下大鼠喂饲基础饲料观察 5～10 d，然后取尾血，测定血清总胆固醇、甘油三酯、高密度脂蛋白胆固醇水平。自正式试验开始各组动物换用高脂饲料喂饲 7～10 d，取尾血，在测定血清 TC、TG、HDL-C 水平，与喂饲高脂饲料前比以确定是否已形成高脂血症模型。再根据 TC 水平，进行随机分组，受试样品经口灌胃，高脂对照组给同体积的溶剂，继续给予高脂饲料，并定期称量体重，于试验结束禁食 16 h，测定血清 TC、TG、HDL-C 水平。

（5）观察指标　试验中观察血清总胆固醇、甘油三酯、高密度脂蛋白胆固醇三项。

（6）数据处理和结果判定　一般采用方差分析，但需按方差分析的程序先进行方差齐性检验，方差齐，计算 F 值，F 值 $< F_{0.05}$ 结论为各组均数间差异无显著性；F 值 $\geqslant F_{0.05}$，$P \leqslant 0.05$，用多个试验组和一个对照组间均数的两两比较方法进行统计；对非正态或方差不齐的数据进行适当的变量转换，待满足正态或方差齐要求后，用转换后的数据进行统计；若变量转换后仍未达到正态或方差齐的目的，改用秩和检验进行统计。

（7）动物试验结果判定

1）辅助降血脂功能结果判定　在血清总胆固醇、甘油三酯、高密度脂蛋白胆固醇三项指标检测中血清总胆固醇和甘油三酯两项指标阳性，可判定该受试样品辅助降血脂功能动物试验结果阳性。

2）辅助降低甘油三酯结果判定　甘油三酯两个剂量组结果阳性；甘油三酯一个剂量组结果阳性，同时高密度脂蛋白胆固醇显著高于对照组，可判定该受试样品辅助降低甘油三酯动物试验结果阳性。

性。

3）辅助降低血清总胆固醇结果判定　血清总胆固醇两个剂量组结果阳性；血清总胆固醇一个剂量组结果阳性，同时高密度脂蛋白胆固醇显著高于对照组，可判定该受试样品辅助降低血清总胆固醇动物试验结果阳性。

（8）注意事项　在建立动物模型中，可因动物品系、饲养管理而影响模型的建立。保证基础饲料的各种营养成分，必要时最好自配饲料。

2. 人体试食试验

（1）受试者纳入标准　单纯血脂异常的人群，保持平常饮食，半年内采血 2 次，如两次血清总胆固醇 TC 均为 $\geqslant 5.2$ mmol/L 或血清甘油三酯 TG $\geqslant 1.65$ mmol/L，均可作为备选对象，在参考动物试验结果基础上，选择相应指标异常者为受试对象。受试者最好为非住院的高血脂症患者，自愿参加试验。受试期间保持平日的生活和饮食习惯，空腹取血测定各项指标。排除受试者标准如下：年龄在 18 岁以下或 65 岁以上者；妊娠或哺乳期妇女，对保健食品过敏者；合并有心、肝、肾和造血系统等严重疾病，精神病患者；短期内服用与受试功能有关的物品，影响到对结果的判断者；不符合纳入标准，未按规定食用受试样品，无法判定功效或资料不全影响功效或安全性判断者。

（2）受试样品的剂量和使用方法　根据受试样品推荐量和推荐方法确定。

（3）试验设计及分组要求　采用自身和组间两种对照设计。根据随机盲法的要求进行分组。按受试者血脂水平随机分为试食组和对照组，尽可能考虑影响结果的主要因素，如年龄、性别、饮食等，进行均衡性检验，以保证组间的可比性。每组受试者不少于 50 例。试食组服用受试样品，对照组可服用安慰剂或采用空白对照。受试样品给予时间 30 d，必要时可延长至 45 d。

（4）观察指标　包括安全性指标四项：精神、睡眠、饮食、大小便、血压等一般状况；血、尿、便常规检查；肝、肾功能检查；胸透、心电

食用菌加工产品的质量安全控制与评价

图、腹部 B 超检查（仅在试验开始前进行）。功效性指标血清总胆固醇水平及降低百分率、甘油三酯水平及降低百分率、高密度脂蛋白胆固醇水平及上升幅度。功效判定标准中，有效为血清总胆固醇 TC 降低 >10%；TG 降低 >15%；高密度脂蛋白胆固醇上升 >0.104 mmol/L；无效为未达到有效标准者。观察血清总胆固醇有效率、甘油三酯有效率、高密度脂蛋白胆固醇有效率及总有效率。

（5）数据处理和结果判定　凡自身对照资料可以采用配对 t 检验，两组均数比较采用成组 t 检验，后者需进行方差齐性检验，对非正态分布或方差不齐的数据进行适当的变量转换，待满足正态方差齐后，用转换的数据进行 t 检验；若转换数据仍不能满足正态方差齐要求，改用 t' 检验或秩和检验；方差齐方但变异系数太大（如 $CV>50\%$）的资料应用秩和检验。有效率及总有效率采用 x^2 检验进行检验。四格表总例数小于 40，或总例数等于或大于 40 但出现理论数等于或小于 1 时，应改用确切概率法。比较试食后血清总胆固醇、甘油三酯、高密度脂蛋白胆固醇变化情况，试食组自身比较及试食组与对照组组间比较，差异有显著性，并达到有效判定标准，可判定血清总胆固醇、甘油三酯、高密度脂蛋白胆固醇结果阳性。人体试食试验结果判定：血清总胆固醇、甘油三酯两项指标阳性，高密度脂蛋白胆固醇不显著低于对照组，可判定该受试样品具有辅助降血脂功能作用；血清总胆固醇、甘油三酯两项指标中一项指标阳性，高密度脂蛋白胆固醇不显著低于对照组，可判定该受试样品具有辅助降低血清总胆固醇或辅助降低甘油三酯作用。

（八）辅助降血糖功能的评价程序和检验方法

1. 动物试验

（1）试验动物　应选用成年动物，选用小鼠（26 g±2 g）或大鼠（180 g±20 g），单一性别，大鼠每组 8～12 只、小鼠每组 10～15 只。

（2）剂量分组及受试样品给予时间　实验设 3 个剂量组和 1 个模型对照组，以人体推荐量的 10 倍为其中的 1 个剂量组，另设 2 个剂量组，必要时设阳性对照组。同时设给予受试样品高剂量的正常动物组。受试样品给予时间 30 d，必要时可延长至 45 d。

（3）降低空腹血糖试验　高血糖模型动物试验的原理是四氧嘧啶（或链脲霉素）是一种 β 细胞毒剂，可选择性地损伤多种动物的胰岛 β 细胞，造成胰岛素分泌低下，引起实验性糖尿病。动物禁食 24 h 后，给予四氧嘧啶造型，5～7 d 后禁食 3～5 h，测血糖，血糖值 10～25 mmol/L 为高血糖模型成功动物。选高血糖模型动物按禁食 3～5 h 的血糖水平分组，随机选 1 个模型对照组和 3 个剂量组（组间差不大于 1.1 mmol/L）。剂量组给予不同浓度受试样品，模型对照组给予溶剂，连续 30 d，测空腹血糖值（禁食同试验前），比较各组动物血糖值及血糖下降百分率。血糖下降百分率 =（试验前血糖值-试验后血糖值）/ 试验前血糖值 ×100%。正常动物组，选健康成年动物按禁食 3～5 h 的血糖水平分组，随机选 1 个对照组和 1 个受试样品组（高剂量）。余操作同高血糖模型动物。

（4）糖耐量试验　高血糖模型动物禁食 3～5 h，剂量组给予不同浓度受试样品，模型对照组给予同体积溶剂，15～20 min 后经口给予葡萄糖 2 g/kg 或医用淀粉 3～5 g/kg，测定给葡萄糖后 0、0.5 h、2 h 的血糖值或给医用淀粉后 0、1 h、2 h 的血糖值，观察模型对照组与受试样品组给葡萄糖或医用淀粉后各时间点血糖曲线下面积的变化。

（5）数据处理及结果判定　一般采用方差分析，但需按方差分析的程序先进行方差齐性检验，方差齐，计算 F 值，F 值 $< F_{0.05}$，结论为各组均数间差异无显著性；F 值 $\geq F_{0.05}$，$P \leq 0.05$，用多个试验组和一个对照组间均数的两两比较方法进行统计；对非正态或方差不齐的数据进行适当的变量转换，待满足正态或方差齐要求后，用转换后的数据进行统计；若变量转换后仍未达到正态或方差齐的目的，改用秩和检验进行统计。空腹血糖试验：在

模型成立的前提下，受试样品剂量组与对照组比较，空腹血糖实测值降低或血糖下降百分率有统计学意义，可判定该受试样品降空腹血糖实验结果阳性。糖耐量试验：在模型成立的前提下，受试样品剂量组与对照组比较，在给葡萄糖或医用淀粉后0、0.5h、2h血糖曲线下面积降低有统计学意义，可判定该受试样品糖耐量试验结果阳性。

（6）注意事项　为了使试验动物糖代谢功能状态尽量保持一致，也为了准确地按体重计算受试样品的用量，试验前动物应严格禁食（不禁水），试验前后禁食条件应一致，鼠类在禁食的同时应更换衬垫物。血糖测定用试纸或试剂盒，按说明书操作。如用血清样品进行测定，应于取血后 30 min 内分离血清，分离后血清的含糖量在 6 h 内不变。用血清制备的无蛋白血滤液可保存 48 h 以上。高浓度的还原性物质，如维生素 C 亦能与色素原竞争游离氧，干扰反应，使结果偏低。血红蛋白能使过氧化氢过早分解，亦干扰反应，致使测得血糖值偏低。故对已溶血的全血或血清必须制备无蛋白滤液后，再进行测定。

（7）血糖测定方法　其原理是葡萄糖氧化酶是一种需氧脱氢酶，能催化葡萄糖生成葡萄糖酸和过氧化氢，后者在过氧化物酶作用下放出氧，使4-氨基安替比林与酚氧化缩合，生成红色醌类化合物，可在波长 505 nm 比色测定。

2. 人体试食试验

（1）受试者要求　人体试食试验采用随机分组，组间和自身两种对照设计。受试产品必须是具有定型包装、标明服用方法和服用量的定型产品；安慰剂除功效成分外，在剂型、口感、外观和包装上与受试产品保持一致。受试者的纳入标准为选择经饮食控制或口服降糖药治疗后病情较稳定，不需要更换药物品种及剂量，仅服用维持量的成年 Ⅱ 型糖尿病病人，空腹血糖 ≥ 7.8 mmol/L（140 mg/L）或餐后 2 h 血糖 ≥ 11.1mmol/L（200 mg/L）；也可选择 7.8 mmol/L ≥ 空腹血糖 ≥ 6.7 mmol/L（120 mg/L）或 11.1 mmol/L ≥ 餐后 2 h 血糖 ≥ 7.8 mmol/L 的高

血糖人群。排除标准则包括：Ⅰ 型糖尿病病人；年龄在 18 岁以下或 65 岁以上，妊娠或哺乳期妇女，对受试样品过敏者；有心、肝、肾等主要脏器并发症，或合并有其他严重疾病、精神病患者，服用糖皮质激素或其他影响血糖药物者；不能配合饮食控制而影响观察结果者；近 3 个月内有糖尿病酮症、酸中毒以及感染者；短期内服用与受试功能有关的物品，影响到对结果的判断者；凡不符合纳入标准，未按规定服用受试样品，或资料不全影响观察结果者。

（2）分组　受试者分组采用自身和组间两种对照设计。根据随机盲法的要求进行分组。接受试者的血糖水平随机分为试食组和对照组，尽可能考虑影响结果的主要因素如病程、服药种类（磺脲类、双胍类）等，进行均衡性检验，以保证组间的可比性。每组受试者不少于 50 例。试验前对每一位受试者按性别、年龄、不同劳动强度、理想体重参照原来生活习惯规定相应的饮食，试食期间坚持饮食控制，治疗糖尿病的药物种类和剂量不变。试食组在服药的基础上，按推荐服用方法服用量每日服用受试样品，对照组在服药的基础上可服用安慰剂或采用空白对照。受试样品给予时间 30 d，必要时可延长至 45 d。

（3）观察指标　包括安全性指标四项［包括精神、睡眠、饮食、大小便、血压等在内的一般状况体征；血、尿、便常规检查；肝、肾功能检查；胸透、心电图、腹部 B 超检查（仅试验前检查 1 次）］和功效指标 5 项（症状观察，空腹血糖，餐后 2 h 血糖，尿糖和血脂）。其中，症状观察中，详细询问病史，了解患者饮食情况，用药情况，活动量，观察口渴多饮、多食易饥、倦怠乏力、多尿等主要临床症状，按症状轻重积分，于试食前后统计积分值（见表 9-47），并就其主要症状改善（改善 1 为有效），观察临床症状改善率。空腹血糖就是观察试食前后空腹血糖值及血糖下降的百分率。餐后 2 h 血糖即观察试食前后食用 100 g 精粉馒头

食用菌加工产品的质量安全控制与评价

表 9-47　临床症状积分表

	无症状（积 0 分）	轻症（积 1 分）	中症（积 2 分）	重症（积 3 分）
口渴多饮	无	有口渴感，饮水量 < 1 000 mL/ 日	口渴感明显，饮水量 1 000~2 000 mL/ 日	口渴显著，饮水量 > 2 000mL/ 日
多食易饥	无	餐前有轻度饥饿感	餐前有明显饥饿感	昼夜均有饥饿感
倦怠乏力	无	精神不振，可坚持体力劳动	精神疲乏，勉强坚持日常工作	精神极度疲乏，不能坚持日常活动
多尿	症状消失，尿量 <1 800 mL/ 日	尿量 1 800~2 500 mL/ 日	尿量 2 500~3 000 mL/ 日	尿量 >3 000 mL/ 日

后 2 h 血糖值及血糖下降的百分率。尿糖则用空腹晨尿定性，按 −、±、+、++、+++、++++ 分别积 0、0.5 分、1 分、2 分、3 分、4 分，于试食前后统计积分值。血脂即观察试食前后血清总胆固醇、血清甘油三酯、高密度脂蛋白胆固醇水平。

（4）数据处理和结果判定　凡是自身对照资料可以采用配对 t 检验，两组均数比较采用成组 t 检验，后者需进行方差齐性检验，对非正态分布或方差不齐的数据进行适当的变量转换，待满足正态方差齐后，用转换的数据进行 t 检验；若转换数据仍不能满足正态方差齐要求，改用 t' 检验或秩和检验；方差齐但变异系数太大（如 $CV>50\%$）的资料应用秩和检验。

（5）结果判定

1）空腹血糖结果判定　空腹血糖试验前后自身比较，差异有显著性，且试验后平均血糖下降 ≥10%；试验后试食组血糖值或血糖下降百分率与对照组比较，差异有显著性。满足上述两个条件，可判定该受试样品空腹血糖指标结果阳性。

2）餐后 2 h 血糖结果判定　餐后 2 h 血糖试验前后自身比较，差异有显著性，且试验后平均血糖下降 ≥10%；试验后试食组血糖值或血糖下降百分率与对照组比较，差异有显著性。满足上述两个条件，可判定该受试样品餐后 2 h 血糖指标结

果阳性。

（九）辅助降血压功能的评价程序和检验方法

1. 动物试验

（1）原理　以受试样品给予遗传型高血压动物或通过试验方法造成的高血压动物模型，观察受试样品对高血压动物模型的血压、心率等指标的影响，评价受试样品的降血压作用。血压、心率的测定采用间接测压法，仪器的测压原理一般为尾脉搏法。

（2）试验动物　辅助降血压功能的动物试验中，推荐用大鼠，首选自发高血压大鼠（SHR），SHR 宜选用 10～12 周龄，体重 180～220 g，雌雄可以兼用。其次为肾血管型高血压大鼠。每组 8～10 只。正常动物选择 Wistar、SD 大鼠等。试验设 3 个剂量组和 1 个阴性对照组，以人体推荐量的 5 倍为其中的一个剂量组，另设 2 个剂量组，同时设给予受试样品高剂量的正常动物组。必要时设阳性对照组。受试样品给予时间 30d，必要时可延长至 45 d。

（3）制备肾血管型高血压大鼠模型　常用两肾一夹型。术中选用内径为 0.20～0.25 mm 的银夹，放置于左肾动脉尽量靠近主动脉处。30d 后，选用血压 ≥21.3 kPa（160 mmHg）且较稳定者，也可根据情况选用血压较术前升高 4 kPa 者。试验中一般情况观察体重和生长状况，测定血压和心

率。试验前一周对受试动物进行多次血压测量，使其适应测压环境。依据测压仪器的要求进行动物清醒、安静状态下的血压、心率的测定。试验开始后每周测压 1～2 次。停止给予受试样品之后，一般继续观察直至血压恢复至对照组水平或继续观察 7～14d。同时，选健康成年动物测定血压、心率。

（4）注意事项　测定动物血压时室温应保持在 25℃。以尾动脉间接测压法测定大鼠血压时需要保温大鼠，应注明恒温盒温度及保温时间。各次血压测定过程中温度条件保持一致。操作应轻柔，减少动物的应激反应，大鼠放入固定笼中待大鼠安静后才可进行测量，大鼠如在测定中出现烦躁、啃咬等应激反应，应重新测量。鼠尾套袖应放置于鼠尾的根部，选用松紧适当的套袖。套袖以 20～30 mmHg/s 的速度充气加压至脉搏波消失之后约 20 mmHg 处。每次测量间隔一定时间，记录心率变化 ≤ 10 次 / 分、血压变化 ≤ 6 mmHg 的连续 3 次读数，取其均数。动物的饲养环境保持安静，排除环境因素对血压的影响。

（5）数据处理　血压测定为计量资料，采用方差分析，但需按方差分析的程序先进行方差齐性检验，方差齐，计算 F 值，F 值 $< F_{0.05}$，结论为各组均数间差异无显著性；F 值 $\geq F_{0.05}$，$P \leq 0.05$，用多个试验组和一个对照组间均数的两两比较方法进行统计；对非正态或方差不齐的数据进行适当的变量转换，待满足正态或方差齐要求后，用转换后的数据进行统计；若变量转换后仍未达到正态或方差齐的目的，改用秩和检验进行统计。

（6）结果判定　试验组动物血压明显低于对照组，差异具有显著性，且对试验组动物心率和正常动物的血压及心率无影响，可判定辅助降血压功能动物试验结果阳性。

2. 人体试食试验

（1）受试对象纳入标准　原发性高血压患者，无论服用降压药物与否，收缩压 ≥ 140 mmHg，舒张压 ≥ 90 mmHg，满足两者任一项即可纳入。采用自身和组间两种对照设计。按受试者的血压水平随机分为试食组和对照组，尽可能考虑影响结果的主要因素，如病程、病情、服药种类、年龄、性别等，进行均衡性检验，以保证组间的可比性。每组受试者不少于 50 例。以下人群应排除在本人体试食试验中：年龄在 18 岁以下或 65 岁以上、妊娠或哺乳妇女、对受试样品过敏者；合并有肝、肾和造血系统等严重全身性疾病患者；短期内服用与受试功能有关的物品，影响到对结果的判断者；未按照规定服用受试样品，无法判断功效或因资料不全等影响功效判断者。

（2）受试样品的剂量和使用方法　受试者在试食观察期间不改变原有抗高血压药物治疗方案，试食组按推荐服用方法、服用量服用受试产品，对照组可服用安慰剂或采用空白对照。受试样品给予时间 30 d，必要时可延长至 45 d。各项指标于试验开始及结束时各测定 1 次，其中血压每周测量 1 次。

（3）评价指标　包括安全性指标和功效性指标。

1）安全性指标　包括一般状况（精神、睡眠、饮食、大小便等）；血、尿、便常规检查；肝、肾功能检查；胸透、心电图、腹部 B 超检查（各项指标在试验前测定 1 次）。

2）功效性指标　包括一般情况（详细询问病史，了解受试者饮食情况、活动量。观察主要症状：头痛、眩晕、心悸、耳鸣、失眠、烦躁、腰膝酸软等）；血压、心率测量（每周定时定人测量血压、心率 1 次，测量前受试者休息 15～20 min）。

（4）辅助降血压功能功效判定标准　达到以下任何一项，则可判定为有效：舒张压下降 ≥ 10 mmHg 或降至正常；收缩压下降 ≥ 10 mmHg 或降至正常。未达到以上标准者则判定为无效。按症状轻重（重症 3 分、中症 2 分、轻症 1 分）统计试食前后积分值和计算改善率（症状改善 1 分及 1 分以上为有效）。血压测定数据为计量资料，可用 t 检验进行分析。凡自身对照资料可以采用配对 t 检验，两组均数比较采用成组 t 检验，后者需进行方差齐性检验，对非正态分布或方差不齐的数据进行适当的变量转换，待满足正态方差齐后，用转换的数据进行 t 检验；若转换数据仍不能满足正态方差齐要求，改用 t' 检验或秩和检验；但变异系数太大（如 $CV > 50\%$）的资料应用秩和检验。在试验前组间比较差异无显著性的前提下，可进行试验后组间比较。改善率为计数资料，用 x^2 检验。四格表总例数小于 40，或总例数等于或大于 40 但出现理论数等于或小于 1 时，应改用确切概率法。结果判定时，试食前后试食组自身比较，舒张压或收缩压测定值明显下降，差异有显著性，且舒张压下降 ≥ 10 mmHg 或收缩压下降 ≥ 20 mmHg，试食后试食组与对照组组间比较，舒张压或收缩压测定值或其下降百分率差异有显著性，可判定该受试样品具有辅助降血压功能的作用。

（十）抗氧化功能的评价程序和检验方法

1.动物试验

（1）试验动物　氧化功能的评价试验应选用 12 月龄以上老龄大鼠或 8～12 月龄老龄小鼠，也可用成年小鼠造模。测定 GSH、GSD 指标时，可以选用正常成年动物。单一性别，小鼠每组 10～15 只，大鼠 8～12 只。

（2）试验分组　试验设 3 个剂量组和 1 个模型对照组，以人体推荐量的 5 倍为其中的 1 个剂量组，另设 2 个剂量组，必要时设阳性对照组、空白对照组。受试样品给予时间 30 d，必要时可延长至 60 d。老龄动物应选用 12 月龄大鼠或 8～12 月龄小鼠，按血中 MDA 水平分组，随机分为 1 个老龄对照组和 3 个受试样品剂量组。3 个剂量组给予不同浓度受试样品，对照组给予同体积溶剂，试验结束时处死动物测过氧化脂质含量、抗氧化酶活力。

（3）过氧化损伤模型　包括 D-半乳糖模型、辐照模型和溴代苯模型。

（1）D-半乳糖模型　原理：D-半乳糖供给过量，超常产生活性氧，打破了受控于遗传模式的活性氧产生与消除的平衡状态，引起过氧化效应。

造模方法：选 25～30 g 健康成年小鼠，除空白对照组外，其余动物用 D-半乳糖 40 mg～1.2 g/kg BW 颈背部皮下注射或腹腔注射造模，注射量为 0.1 mL/10 g，每日 1 次，连续造模 6 周，取血测 MDA，按 MDA 水平分组。随机分为 1 个模型对照组和 3 个受试样品剂量组，3 个剂量组经口给予不同浓度受试样品，模型对照组给予同体积溶剂，在给受试样品的同时，模型对照组和各剂量组继续给予相同剂量 D-半乳糖颈背部皮下或腹腔注射，试验结束处死动物测过氧化脂质含量和抗氧化酶活力。

2）辐照模型　原理：电离辐射通过直接破坏生物膜中不饱和脂肪酸和间接通过水辐解产生自由基，引发脂类过氧化。

造模方法：选 18～22 g 健康成年小鼠，随机分 5 个组，1 个空白对照组，1 个模型对照组和 3 个受试样品剂量组，3 个剂量组给予不同浓度受试样品，对照组给予同体积溶剂，30 d 后，取血测抗氧化酶活力，此后，除空白对照组外，各组给予 5～8 Gy ^{60}Coγ 射线全身一次性照射，照射后第 3、第 4 天处死各组动物，取肝组织（或第 9、第 10 天处死动物，取睾丸组织）测过氧化脂质含量和抗氧化酶活力。

3）溴代苯模型　原理是溴代苯导致小鼠肝中毒，引起肝脂质过氧化。

造模方法：选 18～22 g 健康成年小鼠，随机分 5 个组，1 个空白对照组，1 个模型对照组和 3 个受试样品剂量组，3 个剂量组给予不同浓度受试样品，对照组给予同体积溶剂，30 d 后，取血测抗氧化酶活力，此后动物饥饿过夜，给受试样品 0.5～1 h 后，除空白对照组外，各组灌胃 0.16～0.47 mg/kg BW 溴代苯油，灌胃量 0.2 mL/20 g，18～22 h 后处死动物，取肝组织测过氧化脂质含量和抗氧化酶活力。

（4）丙二醛（MDA）含量的测定　脂质过氧化可以形成丙二醛、乙烷、共轭二烯、荧光产物及能产生化学发光的物质。如果这些过氧化脂质（LPO）在体液和组织中的含量增多，则表明体内脂质过氧化反应增强。血中过氧化脂质降解产物丙二醛含量可采用荧光法和比色法测定，方法任选其一。

1）荧光法　原理：MDA 是细胞膜脂质过氧化的终产物之一，测其含量可间接估计脂质过氧化的程度。1 个丙二醛分子与 2 个硫代巴比妥酸（TBA）分子在酸性条件下共热，形成粉红色复合物。以波长 536 nm 为激发光，在 550 nm 有最强荧光强度。该法可应用于微量测定。

试验操作：将 10 nmol/mL 四乙氧基丙烷，用双蒸水稀释成 0、0.25 nmol/mL、0.5 nmol/mL、1.0 nmol/mL、1.5 nmol/mL、2 nmol/mL、3 nmol/mL、5 nmol/mL、10 nmol/mL，分别取 0.1 mL 加入酸水解液 2 mL、TBA 工作液 0.5 mL，混匀，避光、沸水浴 60 min，流水冷却至室温。用 3 mL 正丁醇振荡抽提 1 min，离心 5 min，3000 r/min，取上清液（正丁醇层）测荧光强度（入射狭缝 1.5 nm，出射狭缝 5 nm，激发波长 536 nm，发射波长 550 nm）。以四乙氧基丙烷浓度为横坐标，荧光强度为纵坐标作图，获得标准曲线。在样品制备时，取血 50 μL 加入 0.5 mL 生理盐水，离心 10 min，2000 r/min，获得全血上清液待测。对于血清样品，取血 0.5 mL 室温静置 10 min，离心 10 min，2 000 r/min，取上清液待测。测定时，取血清 0.1 mL（或全血上清液 0.5 mL），加入酸水解液 2 mL、TBA 工作液 0.5 mL，混匀，避光、沸水浴放置 60 min 后用流水冷却至室温。取 3 mL 正丁醇振荡抽提 1 min，离心 5 min，3 000 r/min，取上清液（正丁醇层）测荧光强度（入射狭缝 1.5 nm，出射狭缝 5 nm，激发波长 536 nm，发射波长 550 nm），计算过氧化脂质含量（nmol/mL 血液）。

结果判定：一般采用方差分析，但需按方差分析的程序先进行方差齐性检验，方差齐，计算 F 值，F 值 < $F_{0.05}$，结论为各组均数间差异无显著性；F 值 ≥ $F_{0.05}$，P ≤ 0.05，用多个试验组和一个对照组间均数的两两比较方法进行统计；对非正态或方差不齐的数据进行适当的变量转换，待满足正态或方差齐要求后，用转换后的数据进行统计；若变量转换后仍未达到正态或方差齐的目的，改用秩和检验进行统计。受试样品组与模型（或老龄）对照组比较，过氧化脂质含量降低有统计学意义，判定该受试样品有降低脂质过氧化作用，试验结果阳性。

2）比色法　原理：MDA 是细胞膜脂质过氧化的终产物之一，测其含量可间接估计脂质过氧化的程度。1 个丙二醛分子与 2 个硫代巴比妥酸分子在酸性条件下共热，形成粉红色复合物。该物质在波长 532 nm 处有极大吸收峰。可用分光光度法进行测定。

表 9-48　比色法测定中试剂添加方法

试剂	空白管	样品管	标准管
2% 溶血液	—	0.2 mL	—
40 nmol/mL 四乙氧基丙烷	—	—	0.2 mL
8.1% SDS	0.2 mL	0.2 mL	0.2 mL
0.2 M 乙酸盐缓冲液	1.5 mL	1.5 mL	1.5 mL
0.8% TBA	1.5 mL	1.5 mL	1.5 mL
水	0.8 mL	0.6 mL	0.6 mL
合计	4 mL	4 mL	4 mL

食用菌加工产品的质量安全控制与评价

实验操作：取血 20 μL 加入 0.98 mL 蒸馏水制成 2% 溶血液样品。按表 9-48 在空白管、样品管和标准管中添加各种试剂，混匀，避光沸水浴 60 min，流水冷却，于 532 nm 比色，并计算过氧化脂质含量（nmol/mL 2% 溶血液）。

结果判定：一般采用方差分析，但需按方差分析的程序先进行方差齐性检验，方差齐，计算 F 值，F 值 $< F_{0.05}$，结论：各组均数间差异无显著性；F 值 $\geqslant F_{0.05}$，$P \leqslant 0.05$，用多个试验组和一个对照组间均数的两两比较方法进行统计；对非正态或方差不齐的数据进行适当的变量转换，待满足正态或方差齐要求后，用转换后的数据进行统计；若变量转换后仍未达到正态或方差齐的目的，改用秩和检验进行统计。受试样品组与模型（或老龄）对照组比较，过氧化脂质含量降低有统计学意义，判定该受试样品有降低脂质过氧化作用，试验结果阳性。

（5）组织中 MDA 含量的测定　试验操作：取一定量的所需脏器，生理盐水冲洗、拭干、称重、剪碎，置匀浆器中，加入 0.2 M 磷酸盐缓冲液，以 20 000 r/min 匀浆 10 s，间歇 30 s，反复进行 3 次，制成 10% 组织匀浆（W/V），3 000 r/min 离心 5~10 min，取上清液制成组织匀浆样品，与前述 MDA 测定方法类似，计算过氧化脂质含量（nmol/mg 组织）。

结果判定：一般采用方差分析，但需按方差分析的程序先进行方差齐性检验，方差齐，计算 F 值，F 值 $< F_{0.05}$，结论：各组均数间差异无显著性；F 值 $\geqslant F_{0.05}$，$P \leqslant 0.05$，用多个试验组和一个对照组间均数的两两比较方法进行统计；对非正态或方差不齐的数据进行适当的变量转换，待满足正态或方差齐要求后，用转换后的数据进行统计；若变量转换后仍未达到正态或方差齐的目的，改用秩和检验进行统计。受试样品组与模型（或老龄）对照组比较，过氧化脂质含量降低有统计学意义，判定该受试样品有降低脂质过氧化作用，试验结果阳性。

（6）组织中脂褐质含量测定

1）原理　脂褐质是丙二醛与游离氨基的物质（如磷脂酰乙醇胺、蛋白质及核酸）交联而生成的具有荧光的化合物，即 Schill 碱，可以用氯仿与甲醇的混合液作萃取剂，将其从组织中提取出来进行测定，测定 Schill 碱的含量，可知道细胞被自由基损伤的程度，间接反映体内脂质过氧化水平。

2）操作步骤　取组织 200 mg，加入 2：1（V/V）氯仿甲醇混合液 4 mL（W/V=1：20），用匀浆器在 45℃ 水浴中 2 500 r/min 匀化 1 min，制成以氯仿甲醇混合液为介质的 5% 匀浆。随后加入 4 mL 蒸馏水，以 2 000 r/min（匀浆器）充分混合 1 min，除去黄素干扰物，3 000 r/min 离心 10 min 后样品分为 3 层，上层为水相，中层为组织，下层为氯仿甲醇相。小心吸去水层，沿管壁穿过中层，将下层氯仿甲醇液取出，不可将水混入提取液中，若水混入提取液中，应再离心去除水。向氯仿甲醇提取液中加入甲醇 0.2 mL，轻轻振荡混匀，使之清澈透明，置紫外灯下照射 30 s，倒入石英杯中，测定荧光强度。以硫酸奎宁（0.1 μg/mL 0.1 mol/L 硫酸）为标准对照，狭缝 4.4，灵敏度 3.6，激发波长 360 nm，发射波长 450 nm，其荧光强度为 55~60 U，在该条件下测定样品荧光强度。氯仿甲醇混合液为空白对照。需要注意的是，吸取氯仿层时要非常小心，以免带入组织颗粒和水，影响荧光测定；荧光化合物的全部化学性质与特点不清楚，有些正常生化物质，如视黄醛和黄素类化合物也具有类似荧光产物的荧光光谱，黄素类物质是水溶性物质，水洗氯仿甲醇混合液，便可除去；视黄醛是脂溶性的，在氯仿中经紫外线照射后迅速降解，其他一些共轭多烯化合物，用紫外线照射也可除去；丙二醛与自由氨基的交联反应较为缓慢，Schill 碱的形成是一个长时间的过程，不能立即反映自由基损伤反应的变化。因此，给予受试样品的时间要长，一般 2~3 个月，长者可达 6 个月以上。最后计算脂褐质含量（μg/g 组织）。

3）数据分析　一般采用方差分析，但需按方差分析的程序先进行方差齐性检验，方差齐，计算 F 值，F 值 $< F_{0.05}$，结论：各组均数间差异无显著性；F 值 $\geqslant F_{0.05}$，$P \leqslant 0.05$，用多个试验组和一个对照组间均数的两两比较方法进行统计；对非正态或方差不齐的数据进行适当的变量转换，待满足正态或方差齐要求后，用转换后的数据进行统计；若变量转换后仍未达到正态或方差齐的目的，改用秩和检验进行统计。受试样品组与模型（或老龄）对照组比较，脂褐质含量降低有统计学意义，判定该受试样品有降低脂质过氧化作用，试验结果阳性。

（7）超氧化物歧化酶 SOD 的测定

1）原理　SOD 催化超氧阴离子自由基生成过氧化氢，再由其他抗氧化酶，如谷胱甘肽过氧化物酶（GSH-Px）和过氧化氢作用生成水。这样可以清除超氧阴离子自由基对细胞的毒害作用。SOD、GSH-Px 在动物某些器官和人体血红细胞中的含量均有明显的增龄变化，酶活性与生物年龄的增长成反比。消除自由基的能力与酶活性成正比。血 / 组织中超氧化物歧化酶（SOD）活力测定的原理是超氧阴离子自由基氧化羟基的最终产物为亚硝酸盐，后者在对氨基苯磺胺及甲萘胺作用下呈现紫红色，在波长 530 nm 处有极大吸收峰，可用分光光度法进行测定，当 SOD 消除超氧阴离子自由基后形成的亚硝酸盐减少。

2）SOD 标准抑制曲线　将 SOD 标准品用磷酸盐缓冲液配制成 750 U/mL 的溶液，再稀释到 50 倍，即 SOD 量为 15 U/mL（1.5 μg/mL），用本法测定不同量的 SOD 标准液的百分抑制率，以百分抑制率为纵坐标，以 SOD 活力单位 U/mL 为横坐标绘制标准曲线。

3）制备红细胞抽提液　10 μL 全血冲入 0.5 mL 生理盐水，2 000 r/min 离心 3 min，弃上清，加冰冷的双蒸水 0.2 mL 混匀，加入 95% 乙醇 0.1 mL，振荡 30 s，加入三氯甲烷 0.1 mL，置快速混合器抽提 1 min，4 000 r/min 离心 3 min，分层，上层为 SOD 抽提液，中层为血红蛋白沉淀物，下层为三氯甲烷，记录上清液体积待测。

4）制备组织匀浆　剪取一定量的所需脏器，生理盐水冲洗、拭干、称重、剪碎，至玻璃匀浆器中加入冷生理盐水 20 000 r/min 匀浆 10 min，间歇 30 s，反复进行 3 次，制成 1% 组织匀浆，最好用超声波发生器处理 30 s，使线粒体震破，以中性红—詹钠氏绿 B 染色证明线粒体已震碎。以 4 000 r/min 离心 5 min，取上清液 20 μL 待测。

5）测定　在测定管中加入 1.0 mL 1/15mol/L 磷酸盐缓冲液（pH 7.8）、0.1 mL 10 mmol/L 盐酸羟胺、0.2 mL 7.5 mmol/L 黄嘌呤、0.2 mL 0.2 mg/mL 黄嘌呤氧化酶、0.49 mL 双蒸水，以及样品（红细胞抽提液 10 μL，或血清（或血浆）20～30 μL，或 1% 组织匀浆 10～40 μL）；在对照管中加入除样品外的所有试剂，混匀 15 min 后，倒入 1 cm 光径比色杯，以蒸馏水调零，在 530 nm 处比色测定 OD 值。

6）数据分析　一般采用方差分析，但需按方差分析的程序先进行方差齐性检验，方差齐，计算 F 值，F 值 $< F_{0.05}$，结论：各组均数间差异无显著性；F 值 $\geqslant F_{0.05}$，$P \leqslant 0.05$，用多个试验组和一个对照组间均数的两两比较方法进行统计；对非正态或方差不齐的数据进行适当的变量转换，待满足正态或方差齐要求后，用转换后的数据进行统计；若变量转换后仍未达到正态或方差齐的目的，改用秩和检验进行统计。受试样品组与模型（或老龄 / 正常）对照组比较，SOD 活力升高有统计学意义，判定该受试样品有升高 SOD 作用，实验结果阳性。

（8）血 / 组织中谷胱甘肽过氧化物酶（GSH-Px）活力测定

1）原理　GSH-Px 是体内存在的一种含硒清除自由基和抑制自由基反应的系统，对防止体内自由基引起膜脂质过氧化特别重要，其活力以催化 GSH 氧化的反应速度，及单位时间内 GSH 减少的量来表示。GSH 和 5,5'-二硫对硝基苯甲酸（DTNB）反应在 GSH-Px 催化下可生成黄色的 5-硫代 2-硝基苯甲酸阴离子，于 423 nm 波长有最大吸收峰，测定该离子浓度，即可计算出 GSH 减少的量，由于 GSH 能进行非酶反应氧化，所以最后计算酶活力时，必须扣除非酶反应所引起的 GSH 减少。

2）样品制备　对于溶血液，取鼠血 10 μL 加入 1 mL 双蒸水中，充分振摇，使之全部溶血 1∶100 待测，4 h 内测定酶活力，若当天来不及测定，将肝素抗凝全血置 -20℃ 冻存，3 d 内测定，若 4℃ 存放，28 h 内必须测完；测前取出样品室温自然解冻；对于组织上清液，动物禁食过夜，处死后，立即取出所需脏器，放入冷生理盐水中洗去浮血，剔除脂肪及结缔组织，滤纸吸干后，在冰浴上剪成碎块，称取适量组织，加冷 0.2 M 磷酸缓冲液，以 20 000 r/min 匀浆 10 s，间歇 30 s，反复 3 次制成 5% 组织匀浆，操作在冰浴中进行，匀浆以 12 500 g 离心 10 min（低温高速离心机），以

沉淀为破碎的细胞、细胞碎片、细胞核及线粒体，上清液用以测胞液中的酶活力，最好当天测，否则加 20%（V/V）甘油分装于塑料管，-80～-20℃ 放置，可保存数周，而酶活力不减。

3）GSH 标准曲线的制作　取 1.0 mmol/L GSH 溶液 0、0.2 mL、0.4 mL、0.6 mL、0.8 mL、1.0 mL，分别置于 10 mL 小容器瓶中，各加入偏磷酸沉淀剂 8 mL，用双蒸水稀释至 10 mL 刻度，即得到浓度为 0、20 μmol/L、40 μmol/L、60 μmol/L、80 μmol/L、100 μmol/L 的 GSH 标准液。取上述不同浓度标准液各 2 mL，放入试管中，加入 0.32 mol/L Na_2HPO_4，比色前加入 DTNB 显色液 0.5 mL 用 1 cm 光径比色杯，5 min 内在可见光 423 nm 波长测 OD 值，以双蒸水调零点。以 GSH 含量（μmol/L）为横坐标，OD_{423} 值为纵坐标，绘制标准曲线。

表 9-49　血 / 组织中谷胱甘肽过氧化物酶（GSH-Px）活力测定操作步骤

单位：mL

试剂	样品管	非酶管	空白管
1.0 mmol/L GSH	0.4	0.4	0
样品	0.4	0	0
双蒸水	0	0.4	0
37℃ 水浴预温 5min			
H_2O_2（37℃ 预热）	0.2	0.2	0
37℃ 水浴准确反应 3 min（严格控制时间）			
偏磷酸沉淀液	4	4	0
3 000 r/min 离心 10 min			
离心上清液	2	2	0
双蒸水	0	0	0.4
偏磷酸沉淀液	0	0	1.6
0.32 mol/L Na_2HPO_4	2.5	2.5	2.5
NTNB 显色液	0.5	0.5	0.5

4）样品测定 按表9-49的方法进行。显色反应1 min后于423nm波长（1cm 光径）读OD值，5min之内读数准确。鼠全血GSH-Px活力单位规定每1 mL全血，每分钟，扣除非酶反应的log[GSH]降低后，使log[GSH]降低为一个酶活力单位。

5）数据分析 一般采用方差分析，但需按方差分析的程序先进行方差齐性检验，方差齐，计算F值，F值<$F_{0.05}$结论：各组均数间差异无显著性；F值≥$F_{0.05}$，P≤0.05，用多个试验组和一个对照组间均数的两两比较方法进行统计；对非正态或方差不齐的数据进行适当的变量转换，待满足正态或方差齐要求后，用转换后的数据进行统计；若变量转换后仍未达到正态或方差齐的目的，改用秩和检验进行统计。受试样品组与模型（或老龄/正常）对照组比较，GSH-Px活力升高有统计学意义，判定该受试样品有升高GSH-Px作用，试验结果阳性。

6）注意事项 由于H_2O_2易分解导致浓度改变，临用时取贮备液用分光光度计测其浓度，取贮备液3 mL，测定1 cm光径的240 nm处OD值。5-硫代2-硝基苯甲酸阴离子的显色不仅与整个反应体系中氢离子浓度有关，还受反应时间限制。加入显色剂后，反应体系pH为6.5时，11 min开始显色，此时比色5 min内读数准确。一般采用方差分析，但需按方差分析的程序先进行方差齐性检验，方差齐，计算F值，F值<$F_{0.05}$，结论：各组均数间差异无显著性；F值≥$F_{0.05}$，P≤0.05，用多个试验组和一个对照组间均数的两两比较方法进行统计；对非正态或方差不齐的数据进行适当的变量转换，待满足正态或方差齐要求后，用转换后的数据进行统计；若变量转换后仍未达到正态或方差齐的目的，改用秩和检验进行统计。受试样品组与模型（或老龄）对照组比较，过氧化脂质含量降低有统计学意义，判定该受试样品有降低脂质过氧化作用，试验结果阳性。受试样品组与模型（或老龄/正常）对照组比较，抗氧化酶活力升高有统计学意

义，判定该受试样品有升高抗氧化酶活力作用，试验结果阳性。过氧化脂质含量中任一指标和抗氧化功能酶活性中任一指标均为阳性，可判定该受试样品抗氧化动物试验结果阳性。

2.人体试食试验

（1）受试人群 人体试食试验中，受试者纳入标准为选年龄在45～65岁，身体健康状况良好，无明显脑、心、肝、肺、肾、血液疾患，无长期服药史，志愿受试保证配合的人群。以下受试者不适合参与本项试食试验：妊娠或哺乳期妇女，对保健食品过敏者；合并有心、肝、肾和造血系统等严重疾病患者；短期内服用与受试功能有关的物品，影响到对结果的判断者；不符合纳入标准，未按规定食用受试样品，无法判定功效或资料不全影响功效或安全性判断者。

（2）受试者分组 对受试者按MDA、SOD、GSH-Px水平随机分为试食组和对照组，尽可能考虑影响结果的主要因素，如年龄、性别、生活饮食习惯等，进行均衡性检验，以保证组间的可比性。每组受试者不少于50例。试验时，采用自身和组间两种对照设计。试验组按推荐服用方法、服用量每日服用受试产品，对照组可服用安慰剂或采用阴性对照。受试样品给予时间3个月，必要时可延长至6个月。试验期间对照组和试食组原生活、饮食不变。各项指标在试验开始及结束时各检测1次。观察指标包括安全性指标和功效指标。安全性指标又包括一般状况（精神、睡眠、饮食、大小便、血压等）；血、尿、便常规检查；肝、肾功能检查；胸透、心电图、腹部B超检查。功效指标又包括过氧化脂质含量（观察试验前后MDA的变化及MDA下降百分率）、超氧化物歧化酶（观察试验前后SOD的变化及SOD升高百分率）和谷胱甘肽过氧化物酶（观察试验前后GSH-Px的变化及GSH-Px升高百分率）。

（3）数据处理和结果判定 凡自身对照资料可以采用配对t检验，两组均数比较采用成组t检验，后者需进行方差齐性检验，对非正态分布或方

食用菌加工产品的质量安全控制与评价

差不齐的数据进行适当的变量转换，待满足正态方差齐后，用转换的数据进行 t 检验；若转换数据仍不能满足正态方差齐要求，改用 t' 检验或秩和检验；但变异系数太大（如 $CV>50\%$）的资料应用秩和检验。在试验前组间比较差异无显著性的前提下，可进行试验后组间比较。各功效观察指标试验前后自身比较和试食后组间比较均有统计学意义，方可判定该指标阳性。过氧化脂质含量、超氧化物歧化酶、谷胱甘肽过氧化物酶 3 项试验中任一项试验结果阳性，可判定该受试样品具有抗氧化功能作用。

（4）谷胱甘肽过氧化物酶（GSH-Px）活性测定

1）原理　GSH-Px 是体内存在的一种含硒清除自由基和抑制自由基反应的系统，对防止体内自由基引起膜脂质过氧化特别重要，其活力以催化 GSH 氧化的反应速度，及单位时间内 GSH 减少的量来表示，GSH 和 5，5'- 二硫对硝基苯甲酸（DTNB）反应在 GSH-Px 催化下可生成黄色的 5-硫代 2-硝基苯甲酸阴离子，于 423 nm 波长有最大吸收峰，测定该离子浓度，即可计算出 GSH 减少的量，由于 GSH 能进行非酶反应氧化，所以最后计算酶活力时，必须扣除非酶反应所引起的 GSH 减少。

2）GSH 标准曲线　取 1.0 mmol/L GSH 溶液 0、0.2 mL、0.4 mL、0.6 mL、0.8 mL、1.0 mL，分别置于 10 mL 小容器瓶中，各加入偏磷酸沉淀剂 8 mL，用双蒸水稀释至 10 mL 刻度，即得到浓度为 0、20 μmol/L、40 μmol/L、60 μmol/L、80 μmol/L、100 μmol/L 的 GSH 标准液。取上述不同浓度标准液各 2 mL，放入试管中，加入 0.32 mol/L Na₂HPO₄ 2.5 mL，比色前加入 DTNB 显色液 0.5 mL 用 1 cm 光径杯，5 min 内在可见光 423 nm 波长测 OD 值，以双蒸水调零点。以 GSH 含量（μmol/L）为横坐标，OD₄₂₃ 值为纵坐标，绘制标准曲线。

3）溶血液样品测定　取血 20 μL 加入到 1 mL 双蒸水中，充分振摇，使之全部溶血 1：100 待

测，4 h 内测定酶活力。若当天来不及测定，将肝素抗凝全血置-20℃冻存，3 d 内测定；若 4℃存放，28 h 内必须测完。测前取出样品室温自然解冻。设定样品管和非酶管，显色反应 1min 后于 423 nm 波长（1 cm 光径），读 OD 值，5min 之内读数准确。计算全血 GSH-Px 活力单位规定每 8 μL 全血，在 37℃反应 5 min，扣除非酶反应后，使 GSH 浓度降低 1 μmol/L 浓度为一个酶活力单位。

4）注意事项　由于 H₂O₂ 易分解导致浓度改变，临用时取贮备液用分光光度计测其浓度，取贮备液 3 mL，测定 1 cm 光径的 240 nm 处 OD 值。若 OD 值为 0.45，则表明 H₂O₂ 浓度为 12.5 mmol/L。5-硫代 2-硝基苯甲酸阴离子的显色不仅与整个反应体系中氢离子浓度有关，还受反应时间限制。加入显色剂后，反应体系 pH 为 6.5 时，11 min 开始显色，此时比色 5 min 内读数准确。

（十一）辅助改善记忆功能的评价程序和检验方法

要评价保健食品是否具有辅助改善记忆功能，必须进行动物试验和人体试食试验。其中，动物试验包括体重、跳台试验、避暗试验、穿梭箱试验和水迷宫试验，后 4 项应至少选择 3 项，且应重复一次；人体试食试验包括指向记忆、联想学习、图像自由回忆、无意义图形再认、人像特点联系回忆和记忆商共 6 项试验，统一使用临床记忆量表。在动物试验中，当任两项试验的结果为阳性，且重塑试验结果一致，则可判定该受试样品辅助改善记忆功能动物试验结果阳性；在人体试食试验中，记忆商结果呈阳性时即可判断受试样品具有辅助改善记忆功能。

1. 跳台试验和避暗试验　两个试验均测试动物的被动回避情况。推荐使用近交系小鼠，断乳鼠或成年鼠。用于改善老年人记忆的产品必须采用成年鼠。两个试验均应包括 3 个剂量组和 1 个阴性对照组，以人体推荐量的 10 倍为其中的一个剂量组。需考察受试样品对正常小鼠和记忆障碍模型小鼠记

忆的影响,其中记忆获得障碍模型的制造可用训练前注射樟柳碱或环己酰亚胺,以及灌胃乙醇等方式。使用跳台仪或避暗仪,分别记录 5 min 内各鼠跳下平台或进入暗室的错误次数和潜伏期,作为学习成绩。24 h 或 48 h 后进行重测,记录各鼠潜伏期、3 min 内电击次数和受电击的动物总数、5 min 内电击次数,计算出现错误反应的动物的百分率和 5 min 内进入暗室(错误反应)的动物百分率。停止训练 5 d 后进行记忆消退试验。若受试样品与对照组相比较潜伏期明显延长,错误次数或跳下平台的动物数明显减少。3 项指标中任一项指标阳性,均可判定该项试验结果呈阳性。

2. 穿梭箱试验 穿梭箱试验分为单向回避试验和双向回避试验,分别以达标所需的训练次数和回避时间及回避率为指标。模型制造方法与跳台试验和避暗试验类似。试验操作中,记录动物反应次数、被动回避(大鼠在箱的一侧遭电击后跑到对侧中断电击)时间、主动回避(电击前给予条件刺激,反复强化后大鼠在接受条件刺激后就会跑到对侧)时间和主动回避率。当主动或被动回避时间明显短于对照组时,判定该项试验结果阳性。

3. 水迷宫试验 该试验的评价指标为小鼠达到安全台的时间和达标所需的训练次数,以及出现错误反应的小鼠的百分率。

4. 辅助改善记忆功能检验的人体试食试验 试验原则包括设置平行对照、对照组服用安慰剂且主试者在施测时对分组给药情况并不知情,以确保双盲带来的客观可靠、随机等。

(十二)改善睡眠功能的评价程序和检验方法

1. 试验动物和剂量分组 改善睡眠功能的试验动物推荐用成年小鼠,单一性别,体重 18～22 g,每组 10～15 只。试验设 3 个剂量组和 1 个阴性对照组,以人体推荐量的 10 倍为其中的 1 个剂量组,另设 2 个剂量组,必要时设阳性对照组。受试样品给予时间 30 d,必要时可延长至 45 d。

2. 直接睡眠试验 观察受试组动物给予 3 个剂量的受试样品,对照组给予同体积溶剂后,是否出现睡眠现象。睡眠以翻正反射消失为指标。当小鼠置于背卧位时,能立即翻正身位。如超过 60 s 不能翻正者,即认为翻正反射消失,进入睡眠。翻正反射恢复即为动物觉醒,翻正反射消失至恢复这段时间为动物睡眠时间,记录空白对照组与受试样品组入睡动物数及睡眠时间。睡眠时间为计量资料,采用方差分析,但需按方差分析的程序先进行方差齐性检验,方差与一个对照组间均数的两两比较方法进行统计;对非正态或方差不齐的数据进行适当的变量转换,待满足正态或方差齐要求后,用转换后的数据进行统计;若变量转换后仍未达到正态或方差齐的目的,改用秩和检验进行统计。入睡动物数为计数资料,用 x^2 检验,四格表总例数小于 40 时,应改用确切概率法。比较对照组与试验组入睡动物数及睡眠时间之间的差异,若入睡动物数或睡眠时间增加有显著性,则试验结果阳性。

3. 延长戊巴比妥钠睡眠时间试验

(1)原理 是在戊巴比妥钠催眠的基础上,观察受试物是否能延长睡眠时间,若睡眠时间延长,则说明受试物与戊巴比妥钠有协同作用。

(2)操作步骤 做正式试验前先进行预试验,确定使动物 100% 入睡,但又不使睡眠时间过长的戊巴比妥钠剂量(30～60 mg/kg),用此剂量正式试验。动物末次给予溶剂及不同浓度受试样品后,出现峰作用前 10～15 min,给各组动物腹腔注射戊巴比妥钠,注射量为 0.2 mL/20 g,以翻正反射消失为指标,观察受试样品能否延长戊巴比妥钠睡眠时间。

(3)数据分析 一般采用方差分析,但需按方差分析的程序先进行方差齐性检验,方差齐,计算 F 值,F 值 $< F_{0.05}$,结论:各组均数间差异无显著性;F 值 $\geq F_{0.05}$,$P \leq 0.05$,用多个试验组和一个对照组间均数的两两比较方法进行统计;对非正态或方差不齐的数据进行适当的变量转换,待满足正态或方差齐要求后,用转换后的数据进行统计;若变量转换后仍未达到正态或方差齐的目的,改用秩和检验进行统计。比较试验组与对照组睡眠时间

延长之间的差异，睡眠时间延长有显著性，则试验结果阳性。

4. 戊巴比妥钠（或巴比妥钠）阈下剂量催眠试验

（1）原理　观察受试物与戊巴比妥钠（或巴比妥钠）的协同作用。由于戊巴比妥钠通过肝酶代谢，而对该酶有抑制作用的药物，也能延长戊巴比妥钠睡眠时间，所以为排除这种影响，应进行阈下剂量试验。

（2）预试验　正式试验前先进行预试验，确定戊巴比妥钠（或巴比妥钠）阈下催眠剂量（戊巴比妥钠 $16\sim30$ mg/kg BW 或巴比妥钠 $100\sim150$ mg/kg BW），即 $80\%\sim90\%$，小鼠翻正反射不消失的戊巴比妥钠最大阈下剂量。动物末次给予溶剂及不同浓度受试样品后，出现峰作用前 $10\sim15$ min，各组动物腹腔注射戊巴比妥钠最大阈下催眠剂量，记录 30 min 内入睡动物数（翻正反射消失达 1 min 以上者）。实验宜在 $24\sim25℃$ 安静环境下进行。

（3）数据分析　入睡动物数为计数资料用 x^2 检验，四格表总例数小于 40，或总例数等于或大于 40 但出现理论数等于或小于 1 时，应改用确切概率法。比较对照组与试验组入睡动物数之间的差异，入睡动物发生率增加有显著性，则试验结果阳性。

5. 巴比妥钠睡眠潜伏期试验　在巴比妥钠催眠的基础上，观察受试物是否能缩短入睡潜伏期，若睡眠潜伏期缩短，则说明受试物与巴比妥钠有协同作用。

（1）预试验　做正式试验前先进行预试验，确定使动物 100% 入睡，但又不使睡眠时间过长的巴比妥钠的剂量（$200\sim300$ mg/kg），用此剂量正式试验。动物末次给予溶剂及不同浓度受试样品 $10\sim20$ min 后，给各组动物腹腔注射巴比妥钠，注射量为 0.2 mL/20 g，以翻正反射消失为指标，观察受试样品对巴比妥钠睡眠潜伏期的影响。

（2）数据分析　一般采用方差分析，但需按方差分析的程序先进行方差齐性检验，方差齐，计算 F 值，F 值 $< F_{0.05}$，结论：各组均数间差异无显著性；F 值 $\geq F_{0.05}$，$P \leq 0.05$，用多个试验组和一个对照组间均数的两两比较方法进行统计；对非正态或方差不齐的数据进行适当的变量转换，待满足正态或方差齐要求后，用转换后的数据进行统计；若变量转换后仍未达到正态或方差齐的目的，改用秩和检验进行统计。比较试验组与对照组睡眠潜伏期之间的差异，睡眠潜伏期缩短有显著性，则试验结果阳性。

6. 结果判定　延长戊巴比妥钠睡眠时间试验、戊巴比妥钠（或巴比妥钠）阈下剂量催眠试验、巴比妥钠睡眠潜伏期试验 3 项试验中 2 项阳性，且无明显直接睡眠作用，可判定该受试样品具有改善睡眠功能作用。

7. 注意事项　实验室环境必须安静、恒温、恒湿，以确保条件的恒定；由于动物自身固有的生物学特征和习性，对受试样品的反应存在着种属、性别、年龄等方面的差异。一般来说鼠类活动在夜间比白天活跃，雌性比雄性更明显，年龄大的动物中枢神经反应不敏感。这类试验应尽量安排在夜间同一时间进行，室温 $24\sim25℃$ 为宜；试验时应使动物在测定室适应数分钟后再进行正式测试，试验组与对照组交叉进行测试。

（十三）缓解体力疲劳功能的评价程序和检验方法

1. 动物负重游泳试验

（1）原理　运动耐力的提高是抗疲劳能力加强最直接的表现，游泳时间的长短可以反映动物运动疲劳的程度。

（2）试验方法　试验动物推荐使用纯系小鼠，成年小鼠，体重 $18\sim22$ g。剂量分组及受试样品给予时间试验设 3 个剂量组和 1 个阴性对照组，以人体推荐量的 10 倍为其中的 1 个剂量组，另设 2 个剂量组，必要时设阳性对照组。受试样品给予时间 30 d，必要时可延长至 45 d。

（3）试验步骤　末次给予受试样品 30 min 后（酒类样品测试当天可以不灌胃），将尾根部负荷 5% 体重铅皮的小鼠置于游泳箱中游泳。水深不少于 30 cm，水温 25℃±1.0℃，记录小鼠自游泳开始至死亡的时间，即小鼠负重游泳时间。

（4）数据处理及结果判定　游泳时间为计量资料，采用方差分析，但需按方差分析的程序先进行方差齐性检验，方差齐，计算 F 值，F 值 $< F_{0.05}$，结论：各组均数间差异无显著性；F 值 $\geqslant F_{0.05}$，$P \leqslant 0.05$，用多个试验组和一个对照组间均数的两两比较方法进行统计；对非正态或方差不齐的数据进行适当的变量转换，待满足正态或方差齐要求后，用转换后的数据进行统计；若变量转换后仍未达到正态或方差齐的目的，改用秩和检验进行统计。若受试样品组负重游泳时间明显长于对照组，且差异有显著性，可判定该试验结果阳性。

（5）注意事项　每一游泳箱一次放入的小鼠不宜太多，否则互相挤靠，影响试验结果；水温对小鼠的游泳时间有明显的影响，因此要求各组水温控制一致，每一批小鼠下水之前都应测量水温，水温以 25℃为宜，如果过低可能引起小鼠痉挛，影响试验结果，过高（30℃）则游泳时间太长不便于操作；铅皮缠绕松紧应适宜；观察者应在整个试验过程中使每只小鼠四肢保持运动。如果小鼠漂浮在水面四肢不动，可用木棒在其附近搅动；不同批的小鼠因饲养环境、季节等原因的变化体质上会出现差异，因此受试样品组和对照组应采用同一批动物同时进行试验。

2. 血清尿素测定　可在全自动生化仪测定和二乙酰一肟法任选一种。如选择全自动生化仪测定，则按有关仪器说明书和试剂盒操作即可。

（1）原理　样品中尿素在氯化高铁-磷酸溶液中与二乙酰一肟和硫氨脲共煮，形成一种红色的化合物 Diazine，其颜色的深浅与尿素含量成正比。与同样处理的尿素标准管比较，可求出尿素的含量。测定中需要 721 分光光度计、10 mL 带塞试管、1 mL（或 1.5 mL）塑料离心管、电炉、锅、灌胃针头等仪器设备，以及尿素试剂盒（二乙酰一肟法）等试剂。若无试剂盒，可自行配制试剂。

（2）试验动物　选成年小鼠或大鼠，小鼠体重 18～20 g，Wisrar 或 SD 大鼠体重 160～200 g。推荐使用雄性小鼠。大鼠以人体推荐量的 5 倍为基本剂量。

（3）高尿素模型的建立及标本制备　末次给受试样品 30 min 后，在温度为 30℃的水中不负重游泳 90 min，休息 60 min 后采血。大鼠采尾血，小鼠拔眼球采全血约 0.5 mL（不加抗凝剂）置 4℃冰箱约 3 h，血凝固后 2 000 r/min 离心 15 min，取血清备用。血清中的尿素在室温下可稳定 24 h，在 4～6℃可稳定 7 d 以上。用二乙酰一肟法测定。

（4）数据处理及结果判定　尿素数据为计量资料，可用方差分析，但需按方差分析的程序先进行方差齐性检验，方差齐，计算 F 值，F 值 $< F_{0.05}$，结论为各组均数间差异无显著性；F 值 $\geqslant F_{0.05}$，$P \leqslant 0.05$，用多个试验组和一个对照组间均数的两两比较方法进行统计；对非正态或方差不齐的数据进行适当的变量转换，待满足正态或方差齐要求后，用转换后的数据进行统计；若变量转换后仍未达到正态或方差齐的目的，改用秩和检验进行统计。若受试样品组血清尿素低于对照组，差异有显著性，可判定该试验结果阳性。

（5）注意事项　为避免色度转移，应在标本加入后 30 min 内读出吸光度值；一般标本测定管反应后应澄清，严重脂血可制备血滤液重新测定；煮沸时间应准确。

3. 肝糖原测定——蒽酮法

（1）原理　蒽酮可与游离糖或多糖起反应，反应后溶液呈蓝绿色，于 620 nm 处有最大吸收，测定其光密度，可以确定糖原的含量。

（2）试剂　5% 三氯醋酸（用蒸馏水配）（TCA）、葡萄糖标准液、浓硫酸（AR）、蒽酮试剂（溶液中含 0.05% 的蒽酮、1% 的硫脲，用 72% 的 H_2SO_4 配制）。

（3）试验方法　大鼠剂量以人体推荐食用量扩大 5 倍作为基本剂量。末次给样后 30 min 处死动物，取肝脏经生理盐水漂洗后用滤纸吸干，精确称取肝脏 100 mg，加入 8 mL TCA，每管匀浆 1 min，将匀浆液倒入离心管，以 3 000 r/min 离心 15 min，将上清液转移至另一试管内。取 1 mL 上清液放入 10 mL 离心管中（每样品可做两平行管以保证获得可靠结果），每管加入 95% 的乙醇 4 mL，充分混匀至两种液体间不留有界面。用干净塞子塞上，室温下竖立放置过夜（也可选用将试管放在 37～40℃ 水浴 3 h）。完全沉淀后，将试管于 3 000 r/min 离心 15 min。小心倒掉上清液并使试管倒立放置 10 min。用 2 mL 蒸馏水溶解糖原，加水时将管壁的糖原洗下。如管底的糖原不立即溶解，振荡管子直到完全溶解。试剂空白即吸 2 mL 蒸馏水到干净离心管。而标准管为吸 0.5 mL 葡萄糖标准液（含 100 mg/mL 葡萄糖）和 1.5 mL 蒸馏水放入同样的管子。此时将 10 mL 蒽酮试剂用力加入各管，液流（蒽酮试剂）直接进入管子中央，保证充分混合好。从管子中注入蒽酮试剂时起，将管子放在冷水龙头下冲凉。在所有管子都达到凉水温度后，将其浸于沸水浴（水浴深度略高于管子液面）15 min，然后移到冷水浴。将管内液体移入比色管，在 620 nm 波长下，用试剂空白管调零后测定吸光度。根据所称取的肝脏重量换算成肝糖原含量（以 mg/g 肝表示），并进行统计分析。

（4）数据处理及结果判定　肝糖原数据为计量资料，采用方差分析，但需按方差分析的程序先进行方差齐性检验，方差齐，计算 F 值，F 值 < $F_{0.05}$，结论为各组均数间差异无显著性；F 值 ≥ $F_{0.05}$，$P ≤ 0.05$，用多个试验组和一个对照组间均数的两两比较方法进行统计；对非正态或方差不齐的数据进行适当的变量转换，待满足正态或方差齐要求后，用转换后的数据进行统计；若变量转换后仍未达到正态或方差齐的目的，改用秩和检验进行统计。若受试样品组肝糖原含量明显高于对照组，且差异有显著性，可判定该试验结果阳性。

（5）注意事项　测定的试验方法均为定量要求，因此所有取样加试剂均需准确；糖原测定中冷却、加热时间与氧化还原作用有关，因此时间要控制准确；蒽酮显色剂不稳定，以临用时配制为宜，注意避免采用绒布或被污染的糖类进入蒽酮反应。

4. 血乳酸测定

（1）自配试剂测定方法的原理　在铜离子催化下，乳酸与浓硫酸在沸水中反应，乳酸转化为乙醛，乙醛与对羟基联苯反应产生紫色化合物，在波长 560 nm 处有强烈的光吸收，故可进行定量测定。

（2）乳酸盐测定仪测定方法的原理　检测探头上装有一片三层的膜，其中间层为固定的乳酸盐氧化酶。表面被膜覆盖的探头位于充满缓冲液的样品室内，当样品被注入样品室后，部分底物会渗进膜中；当它们接触到固定酶（乳酸盐氧化酶）时便迅速被氧化，产生过氧化氢。过氧化氢（H_2O_2）继而在铂阳极上被氧化产生电子。当过氧化氢生成率和离开固定膜层的速率达到稳定时，便可得到一个动态平衡状态，可用稳态响应表示。电子流与稳态过氧化氢浓度成线性比例，因此与乳酸盐浓度成正比。

（3）试验方法　大鼠以人体每日每千克体重推荐量的 5 倍为基本剂量。在高血乳酸模型的制作及血标本制备中，末次给样 30 min 后采血，然后不负重在温度为 30℃ 的水中游泳 10 min 后停止。乳酸仪测定方法：在游泳前各采血 20 μL 加入 40 μL 破膜液中，立即充分振荡破碎细胞；游泳后立即采血 20 μL 加入 40 μL 破膜液中振荡；休息 20 min 后再各采血 20 μL 加入 40 μL 破膜液中振荡，用乳酸仪测定。自配试剂测定方法同样在上述三个时间点各采血 20 μL 按以下步骤操作。大鼠采尾血，小鼠用毛细管从内眦采血。

（4）测定步骤　自配试剂测定时，于 5 mL 试管中加入 0.48 mL 1%NaF 溶液，准确吸取全血 20 μL 加入试管底部。用试管上清液清洗微量吸管数次，再加入 1.5 mL 蛋白沉淀剂，振荡混匀，于 3 000 rpm 离心 10 min，取上清液。标准管、测定管和对照管中均加入 0.1 mL 4%$CuSO_4$ 和 3 mL 浓硫酸，空白管中加入 0.5 mL 沉淀剂-NaF 混合液，标准管中加入 0.5 mL 乳酸标准应用液，测定管中加入 0.5 mL 上清液，充分混匀，置沸水浴加热 5 min，取出后放入冰水浴冷却 10 min，然后每种管子中均加入 0.1 mL 对羟基联苯，摇匀，置 30℃ 水浴 30 min（每隔 10 min 振摇一次）。取出后放入沸水浴中加热 90 s，取出冷却至室温，在波长 560 nm 处用 5 mm 光径比色皿比色，空白管调零。

（5）数据处理及结果判定　乳酸测定数据为计量资料，采用方差分析，但需按方差分析的程序先进行方差齐性检验，方差齐，计算 F 值，F 值 < $F_{0.05}$，结论为各组均数间差异无显著性；F 值 ≥ $F_{0.05}$，$P ≤ 0.05$，用多个试验组和一个对照组间均数的两两比较方法进行统计；对非正态或方差不齐的数据进行适当的变量转换，待满足正态或方差齐要求后，用转换后的数据进行统计；若变量转换后仍未达到正态或方差齐的目的，改用秩和检验进行统计。

（6）试验结果判定　以三个时间点血乳酸曲线下面积来判断。任一试验组的面积小于对照组，且差异有显著性，可判定该试验结果阳性。负重游泳试验结果阳性，且血乳酸、血清尿素、肝糖原/肌糖原三项生化指标中任二项指标阳性，可判定该受试样品具有缓解体力疲劳功能的作用。

（十四）对辐射危害有辅助保护功能的评价程序和检验方法

要评价保健食品是否对辐射危害有辅助保护功能，需在外周血白细胞计数、骨髓细胞 DNA 含量或骨髓有核细胞数、小鼠骨髓细胞微核试验、血/组织中超氧化物歧化酶活性试验和血清溶血素含量试验等五项试验中任选三项进行试验。当任两项试验结果为阳性，则可判定受试样品具有对辐射危害有辅助保护功能。

1. 外周血白细胞计数试验

（1）原理　外周血白细胞数减少是一次性全身 γ 射线照射引起辐射损伤的表现之一，在一定范围内，照射剂量与外周血中白细胞数成反比，恢复时间与外周血中白细胞数成正比，外周血中白细胞数可代表血液系统受损的状况。

（2）试验方法　采用 18～22 g、单一性别的小鼠为试验动物，每组 10～15 只。试验设 3 个剂量组和 1 个辐射模型对照组，以人体推荐量的 10 倍为其中的 1 个剂量组，另设 2 个剂量组，必要时设阳性对照组。受试样品于照射前给予 14～30 d，照射后仍然给予受试物，必要时可延长至 45 d。

（3）试验步骤　受试样品组于照射前后经口连续给予受试样品，剂量组与辐射模型对照组均以同一剂量 γ 射线全身照射一次，照射剂量宜选择 3～5 Gy。分别于照射前、照射后第 3 天、照射后第 14 天三次采末梢血 20 μL，加入 0.38 mL 1% 盐酸中，混匀后，加入血球计数板中，计算计数池中 4 个大方格中白细胞总数。

（4）数据处理及结果判定　白细胞数为计量资料，采用方差分析，但需按方差分析的程序先进行方差齐性检验，方差齐，计算 F 值，F 值 < $F_{0.05}$，结论为各组均数间差异无显著性；F 值 ≥ $F_{0.05}$，$P ≤ 0.05$，用多个试验组和一个对照组间均数的两两比较方法进行统计；对非正态或方差不齐的数据进行适当的变量转换，待满足正态或方差齐要求后，用转换后的数据进行统计；若变量转换后仍未达到正态或方差齐的目的，改用秩和检验进行统计。照射前的外周血白细胞计数，用于各组间白细胞数目的均衡性检验，剂量组与辐射模型对照组比较，差异无显著性，再进行照射及后续试验。照射后 3 d 辐射模型对照组的白细胞数分别与照射前进行自身比较，差异有显著性，则判定辐射损伤模型成立；任一时间点、任一剂量组与辐射模型对照组比较，白细胞总数增多，差异有显著性，则可判定该试验阳性。

2. 骨髓细胞 DNA 含量或骨髓有核细胞数试验

（1）原理　骨髓细胞 DNA 含量或骨髓有核细胞数降低是一次性全身 γ 射线照射引起辐射损伤的表现之一，在一定范围内，照射剂量与骨髓细胞 DNA 含量或骨髓有核细胞数成反比，恢复时间与骨髓细胞 DNA 含量或骨髓有核细胞数成正比,骨髓细胞 DNA 含量或骨髓有核细胞数可代表造血系统受损的状况。

(2)试验方法　采用 18~22 g、单一性别的小鼠为试验动物,每组 10~15 只。试验设 3 个剂量组和 1 个辐射模型对照组,以人体推荐量的 10 倍为其中的 1 个剂量组,另设 2 个剂量组,必要时设阳性对照组。受试样品于照射前给予 14~30 d,照射后仍然给予受试物,必要时可适当延长至 45 d。

(3)试验步骤　受试样品组于照射前后经口连续给予受试样品,剂量组与辐射模型对照组均以同一剂量 γ 射线全身照射 1 次,照射剂量宜选择 3~5 Gy。于照射后第 3 天,颈椎脱臼杀死小白鼠,剥离出股骨,用 1 mL 注射器(6.5 号针头)吸取一定体积的 Hank's 液,冲出股骨中的全部骨髓细胞;最后,让细胞悬液通过 4 号针头的注射器,使细胞在悬液中充分分散。镜下计数。计算每毫升骨髓细胞悬液中的有核细胞数,或用紫外分光光度计 260 nm 处测定 DNA 含量。

(4)数据处理及结果判定　骨髓有核细胞数或骨髓细胞 DNA 含量为计量资料,采用方差分析,但需按方差分析的程序先进行方差齐性检验,方差齐,计算 F 值,F 值 $< F_{0.05}$,结论为各组均数间差异无显著性;F 值 $\geq F_{0.05}$,$P \leq 0.05$,用多个试验组和一个对照组间均数的两两比较方法进行统计;对非正态或方差不齐的数据进行适当的变量转换,待满足正态或方差齐要求后,用转换后的数据进行统计;若变量转换后仍未达到正态或方差齐的目的,改用秩和检验进行统计。任一剂量组与辐射模型对照组比较,骨髓有核细胞数或骨髓细胞 DNA 含量增多,差异有显著性,则可判定该试验阳性。

3.小鼠骨髓细胞微核试验

(1)原理　骨髓细胞微核数增高是一次性全身 γ 射线照射引起辐射损伤的表现之一,在一定范围内,照射剂量与骨髓细胞微核率成正比,恢复时间与骨髓细胞微核率成反比,骨髓细胞微核数可代表机体染色体受损的状况。

(2)试验方法　采用 18~22 g、单一性别的小鼠为试验动物,每组 10~15 只。试验设 3 个剂量组和 1 个辐射模型对照组,以人体推荐量的 10 倍为其中的 1 个剂量组,另设 2 个剂量组,必要时设阳性对照组。受试样品于照射前给予 14~30 d,照射后仍然给予受试物,必要时可适当延长至 45 d。

(3)试验步骤　受试样品组于照射前后经口连续给予受试样品,剂量组与辐射模型对照组均以同一剂量 γ 射线全身照射一次,照射剂量宜选择 3~5 Gy。于照射后第 3 天颈椎脱臼处死动物,取胸骨或股骨,用止血钳挤出骨髓液与玻片一端的小牛血清混匀,常规涂片。或用小牛血清冲洗股骨骨髓腔制成细胞悬液涂片,涂片自然干燥后,放入甲醇中固定 5~10 min,再放入 Giemsa 应用液中,染色 10~15 min,立即用磷酸盐缓冲液或蒸馏水冲洗,晾干。镜检,每只动物计数 1 000 个嗜多染红细胞中微核细胞数,微核率以千分率表示。

(4)数据处理和结果判定　采用卡方检验、泊松分布或方差分析等统计方法进行数据处理。任一剂量组微核率低于辐射模型对照组微核率,差异有显著性,可判定该试验结果阳性。

4.血/组织中超氧化物歧化酶(SOD)活性试验

(1)原理　血/组织中超氧化物歧化酶活性降低是一次性全身 γ 射线照射引起辐射损伤的表现之一,在一定范围内,照射剂量与血/组织中超氧化物歧化酶活性成反比,恢复时间与血/组织中超氧化物歧化酶活性成正比,血/组织中超氧化物歧化酶活性可代表机体氧化还原反应系统受损的状况。O^{2-} 氧化羟基的最终产物为亚硝酸盐,后者在对氨基苯磺酸及甲萘胺作用下呈现紫红色,在波长 530 nm 处有最大吸收峰,可用分光光度法进行测定,当 SOD 消除 O^{2-} 后形成的亚硝酸盐减少。

(2)试验方法　采用 18~22 g、单一性别的小鼠为试验动物,每组 10~15 只。试验设 3 个剂量组和 1 个辐射模型对照组,以人体推荐量的 10 倍为其中的 1 个剂量组,另设 2 个剂量组,必要时设阳性对照组。受试样品于照射前给予 14~30 d,照射后仍然给予受试物,必要时可适当延长至 45 d。

（3）试验步骤　受试样品组于照射前后经口连续给予受试样品,剂量组与辐射模型对照组均以同一剂量射线全身照射一次,照射剂量宜选择 6~8 Gy。于照射后第 7 天进行试验。红细胞抽提液制备中,10 μL 全血冲入 0.5 mL 生理盐水,2 000 r/min 离心 3 min,弃上清,加冰冷的双蒸水 0.2 mL 混匀,加入 95% 乙醇 0.1 mL,振荡 30 s,加入三氯甲烷 0.1 mL,置快速混合器抽提 1 min,4 000 r/min 离心 3 min,分层,上层为 SOD 抽提液,中层为血红蛋白沉淀物,下层为三氯甲烷,记录上清液体积待测。组织匀浆的制备时,剪取一定量的所需脏器,生理盐水冲洗、拭干、称重、剪碎,至玻璃匀浆器中加入冷生理盐水 20 000 r/min 匀浆,10 s,间歇 30 s,反复进行 3 次,制成 1% 织匀浆（最好用超声波发生器处理 30 s）,使线粒体震破,以中性红—詹钠氏绿 B 染色证明线粒体已震碎。以 4 000 r/min 离心 5 min,取上清液 20 μL 待测。绘制 SOD 标准抑制曲线时,将 SOD 标准品用磷酸盐缓冲液配制成 750 U/mL 的溶液,再稀释到 50 倍,即 SOD 量为 15 U/mL（1.5 μg/mL）,用本法测定不同量的 SOD 标准液的百分抑制率,以百分抑制率为纵坐标,以 SOD 活力单位 U/mL 为横坐标绘制标准曲线。

（4）样品测定步骤　在测定管和对照管都加入 1.0 mL 1/15 mol/L 磷酸盐缓冲液（pH 7.8）、0.1 mL 10 mmol/L 盐酸羟胺、0.2 mL 7.5mmol/L 黄嘌呤、0.2 mL 0.2mg/mL 黄嘌呤氧化酶、0.49 mL 双蒸水,测定管中再加入样品［10 μL 红细胞抽提液、20~30 μL 血清（或血浆）或 10~40 μL 1% 组织匀浆］。混匀后 25℃ 恒温水浴 20 min,再在测定管和对照管中分别加入 2 mL 0.33% 对氨基苯磺酸和 2 mL 0.1% 甲萘胺,混匀 15 min 后,倒入 1 cm

光径比色杯,以蒸馏水调零,530 nm 处比色测定 OD 值。

（5）数据处理及结果判定　SOD 活性值为计量资料,采用方差分析,但需按方差分析的程序先进行方差齐性检验,方差齐,计算 F 值,F 值 $< F_{0.05}$,结论:各组均数间差异无显著性;F 值 $\geqslant F_{0.05}$,$P \leqslant 0.05$,用多个试验组和一个对照组间均数的两两比较方法进行统计;对非正态或方差不齐的数据进行适当的变量转换,待满足正态或方差齐要求后,用转换后的数据进行统计;若变量转换后仍未达到正态或方差齐的目的,改用秩和检验进行统计。任一剂量组与辐射模型对照组比较,血/组织中 SOD 活性增强,差异有显著性,则可判定该实验阳性。

5. 血清溶血素试验

（1）原理　免疫系统是机体辐射损伤较敏感的组织之一,血清溶血素值可代表体液免疫系统的状况。在一定范围内,照射剂量与血清中溶血素水平成反比,恢复时间与血清中溶血素水平成正比,血清中溶血素可代表机体体液免疫系统受损的状况。

（2）试验方法　采用 18~22 g、单一性别的小鼠为试验动物,每组 10~15 只。试验设 3 个剂量组和 1 个辐射模型对照组,以人体推荐量的 10 倍为其中的 1 个剂量组,另设 2 个剂量组,必要时设阳性对照组。受试样品于照射前给予 14~30 d,照射后仍然给予受试物,必要时可适当延长至 45 d。

（3）试验步骤　受试样品组于照射前后经口连续给予受试样品,剂量组与辐射模型对照组均以同一剂量 γ 射线全身照射一次,照射剂量宜选择 1~3 Gy。于照射后 2 d 内,进行血清溶血素的测定（可任选血凝法或半数溶血值测定）。

1）血凝法

原理:用 SRBC 免疫动物后,产生抗 SRBC 抗体（溶血素）,利用其凝集 SRBC 的程度来检测溶血素的水平。

实验操作：制备 SRBC 时，绵羊颈静脉取血，将羊血放入有玻璃珠的灭菌锥形瓶中，朝一个方向摇动，以脱纤维，放入 4℃ 冰箱保存备用，可保存 2 周。免疫动物及血清分离中，取羊血，用生理盐水洗涤 3 次，每次离心（2 000 r/min）10 min。将压积 SRBC 用生理盐水配成 2%（V/V）的细胞悬液，每只鼠腹腔注射 0.2 mL 进行免疫。4～5 d 后，摘除眼球取血于离心管内，放置约 1 h，将凝固血与管壁剥离，使血清充分析出，2 000 r/min 离心 10 min，收集血清。凝集反应中，用生理盐水将血清倍比稀释，将不同稀释度的血清分别置于微量血凝试验板内，每孔 100 μL，再加入 100 μL 0.5%（V/V）的 SRBC 悬液，混匀，装入湿润的平盘内加盖，于 37℃ 温箱孵育 3 h，观察血球凝集程度。血清凝集程度一般分为 5 级（0～IV）记录，0 级为红细胞全部下沉，集中在孔底部形成致密的圆点状，四周液体清晰；I 级为红细胞大部分沉积在孔底成圆点状，四周有少量凝集的红细胞；II 级为凝集的红细胞在孔底形成薄层，中心可以明显见到一个疏松的红点；III 级为凝集的红细胞均匀地铺散在孔底成一薄层，中心隐约可见一个小红点；IV 级为凝集的红细胞均匀地铺散在孔底成一薄层，凝块有时呈卷折状。

数据分析：抗体积数为计量资料，采用方差分析，但需按方差分析的程序先进行方差齐性检验，方差齐，计算 F 值，F 值 $< F_{0.05}$，结论为各组均数间差异无显著性；F 值 $\geq F_{0.05}$，$P \leq 0.05$，用多个试验组和一个对照组间均数的两两比较方法进行统计；对非正态或方差不齐的数据进行适当的变量转换，待满足正态或方差齐要求后，用转换后的数据进行统计；若变量转换后仍未达到正态或方差齐的目的，改用秩和检验进行统计。受试样品组的抗体积数显著高于模型对照组的抗体水平，可判定该项试验结果阳性。试验中需注意：血清稀释时要充分混匀；最后一个稀释度应不出现凝集现象。

2）半数溶血值（HC50）的测定

原理：用 SRBC 免疫动物后，产生抗 SRBC

抗体（溶血素），与 SRBC 一起孵育，在补体参与下，可发生溶血反应，释放血红蛋白，通过测定血红蛋白含量反映动物血清中溶血素的含量。

试验操作：SRBC 绵羊颈静脉取血，将羊血放入有玻璃珠的灭菌锥形瓶中朝一个方向摇动，以脱纤维，放入 4℃ 冰箱保存备用，可保存 2 周。制备补体时，采集豚鼠血，分离出血清（至少 5 只豚鼠的混合血清），将 1 mL 压积 SRBC 加入 5 mL 豚鼠血清中，放 4℃ 冰箱 30 min，经常振荡，离心取上清，分装，-70℃ 保存。用时以 SA 液按 1：8 稀释。免疫动物及血清分离中，取羊血，用生理盐水洗涤 3 次，每次离心（2 000 r/min）10 min。将压积 SRBC 用生理盐水配成 2%（V/V）的细胞悬液，每只鼠腹腔注射 0.2 mL 进行免疫。4～5 d 后，摘除眼球取血于离心管内，放置约 1 h，使血清充分析出，2 000 r/min 离心 10 min，或 6 000 r/min，4 min，收集血清。溶血反应中，取血清用 SA 缓冲液稀释（一般为 200～500 倍）。将稀释后的血清 1 mL 置试管内，依次加入 10%（V/V）SRBC 0.5 mL、补体 1 mL（用 SA 液按 1：8 稀释）。另设不加血清的对照管（以 SA 液代替）。置 37℃ 恒温水浴中保温 15～30 min 后，冰浴终止反应。2 000 r/min 离心 10 min。取上清液 1 mL，加都氏试剂 3 mL，同时取 10%（V/V）SRBC 0.25 mL 加都氏试剂至 4 mL，充分混匀，放置 10 min 后，于 540 nm 处以对照管作空白，分别测定各管光密度值。

数据分析：血清溶血素含量为计量资料，采用方差分析，但需按方差分析的程序先进行方差齐性检验，方差齐，计算 F 值，F 值 $< F_{0.05}$，结论：各组均数间差异无显著性；F 值 $\geq F_{0.05}$，$P \leq 0.05$，用多个试验组和一个对照组间均数的两两比较方法进行统计；对非正态或方差不齐的数据进行适当的变量转换，待满足正态或方差齐要求后，用转换后的数据进行统计；若变量转换后仍未达到正态或方差齐的目的，改用秩和检验进行统计。任一剂量组与辐射模型对照组比较，血清半数

溶血值增多，差异有显著性，则可判定该试验阳性。

（十五）对化学性肝损伤有辅助保护功能的评价程序和检验方法

要评价保健食品是否对化学性肝损伤有辅助保护功能，可在两种动物试验方案中任选其一。方案一基于四氯化碳肝损伤模型，包括体重、谷丙转氨酶（ALT）和谷草转氨酶（AST）的测试以及肝组织病理学检查；方案二基于酒精肝损伤模型，包括体重、丙二醛（MDA）、还原型谷胱甘肽（GSH）和甘油三酯（TG）的测定以及肝组织病理学检查。

1. 方案一：四氯化碳肝损伤模型

（1）原理 四氯化碳（CCl_4）受到肝微粒体酶活化成为三氯甲烷自由基（$CHCl_3$）与蛋白质共价结合导致蛋白合成障碍、脂质分解代谢紊乱，引起肝细胞内甘油三酯（TG）蓄积。$CHCl_3$ 也能迅速与 O_2 结合转化为过氧化三氯甲烷自由基导致脂质过氧化，从而引起细胞膜的变性损伤，致使酶渗漏以及各种类型的细胞病变，甚至坏死。

（2）试验动物、剂量分组及受试样品给予时间
成年大鼠或小鼠，单一性别，大鼠（180～220 g）每组 8～12 只，小鼠（18～22 g）每组 10～15 只。试验设 3 个剂量组和 1 个空白对照组和 1 个模型对照组，以人体推荐量的 10 倍（小鼠）或 5 倍（大鼠）为其中的 1 个剂量组，另设 2 个剂量组。用 CCl_4（分析纯）造成肝损伤模型，造模方式以灌胃或腹腔注射。小鼠 CCl_4 灌胃浓度为 1%，以食用植物油稀释，灌胃量 5 mL/kg BW（合折 CCl_4 的剂量为 80 mg/kg BW），大鼠 CCl_4 灌胃浓度为 2%～3%，灌胃量 5 mL/kg BW（折合 CCl_4 的剂量为 160～240 mg/kg BW）。必要时设阳性对照组和溶剂对照组。受试样品给予时间 30 d，必要时可延长至 45 d。

（3）给予受试样品的途径 经口灌胃给予受试样品，无法灌胃时将受试样品掺入饲料或饮水亦可，并记录每只动物的饲料摄入量或饮水量。

（4）试验步骤 受试组每日经口灌胃给予受试样品，空白对照组和模型对照组给予蒸馏水。将动物每周称重两次，以调整受试样品剂量。于试验第 30 天将各组动物隔夜禁食 16 h，模型组及各样品组一次灌胃给予 CCl_4，空白对照组给植物油，受试组继续给予受试样品至试验结束（与 CCl_4 灌胃间隔 4 h 以上）。给予 CCl_4 后，根据实际情况于 24h 或 48 h 处死动物，取血分离血清，测定血清谷丙转氨酶（ALT）、谷草转氨酶（AST），并取肝脏进行病理组织学检测。

（5）检测指标 ALT、AST、肝脏病理组织检查。ALT 和 AST 的测定可选用全自动生化分析仪或赖氏法（试剂盒）测定。

（6）数据处理和结果判定 采用方差分析，但需按方差分析的程序先进行方差齐性检验，方差齐，计算 F 值，F 值 $< F_{0.05}$，结论：各组均数间差异无显著性；F 值 $\geqslant F_{0.05}$，$P \leqslant 0.05$，用多个试验组和一个对照组间均数的两两比较方法进行统计；对非正态或方差不齐的数据进行适当的变量转换，待满足正态或方差齐要求后，用转换后的数据进行统计；若变量转换后仍未达到正态或方差齐的目的，改用秩和检验进行统计。受试样品组的 ATL、AST 与模型对照组比较，差异有显著性，可分别判定 ATL、AST 结果阳性。

（7）肝脏病理组织学变化、诊断标准和结果判定 取大鼠肝脏左叶用 10% 福尔马林固定，从肝左叶中部做横切面取材，常规病理制片（石蜡包埋，H.E 染色）。从肝脏的一端视野开始记录细胞的病理变化，用 40 倍物镜连续观察整个组织切片进行镜检。可见小叶中心性肝细胞的退行性病变和少数细胞坏死。主要病变类型有肝细胞气球样变、脂肪变性、胞浆凝聚、肝细胞水样变性和细胞坏死等。

（8）评分标准 分别记录每个视野中的各种病变所占视野的面积，并累计所观察视野的病变总分。

1）肝细胞气球样变（细胞肿大，胞浆残留少

许）大致正常为0分；气球样变的肝细胞占整个视野的1/4为1分；气球样变的肝细胞占整个视野的2/4为2分；气球样变的肝细胞占整个视野的3/4为3分；气球样变的肝细胞占整个视野的全部为4分。

2）肝细胞脂肪变性（肝细胞胞浆出现界限清晰的脂滴空泡）　大致正常为0分；脂肪变性的肝细胞占整个视野的1/4为1分；脂肪变性的肝细胞占整个视野的1/2为2分；脂肪变性的肝细胞占整个视野的3/4为3分；脂肪变性的肝细胞占整个视野为4分。

3）胞浆凝聚（胞浆嗜伊红增强）　大致正常为0分；胞浆凝聚的肝细胞占整个视野的1/4为1分；胞浆凝聚的肝细胞占整个视野的1/2为2分；胞浆凝聚的肝细胞占整个视野的3/4为3分；胞浆凝聚的肝细胞占整个视野为4分。

4）水样变性　未见水样变性的肝细胞为0分；水样变性的肝细胞占整个视野的1/4为1分；水样变性的肝细胞占整个视野的1/2为2分；水样变性的肝细胞占整个视野的3/4为3分；水样变性的肝细胞弥漫性存在整个视野为4分。

5）肝细胞坏死（胞浆嗜伊红变，凝固性坏死）　未见坏死细胞为0分；散在个别细胞占整个视野的1/4为1分；坏死细胞占整个视野的1/2为2分；坏死细胞占整个视野的3/4为3分；坏死细胞弥漫性存在整个视野为4分。

（9）数据处理和病理结果判定　采用方差分析，但需按方差分析的程序先进行方差齐性检验，方差齐，计算 F 值，F 值 $< F_{0.05}$，结论为各组均数间差异无显著性；F 值 $\geqslant F_{0.05}$，$P \leqslant 0.05$，用多个试验组和一个对照组间均数的两两比较方法进行统计；对非正态或方差不齐的数据进行适当的变量转换，待满足正态或方差齐要求后，用转换后的数据进行统计；若变量转换后仍未达到正态或方差齐的目的，改用秩和检验进行统计。受试样品任何一个剂量组与模型对照组之间，气球样变、脂肪变性、胞浆凝聚、水样变性或肝细胞坏死等肝细胞病变

中，肝细胞坏死程度减轻，差异有显著性，而其他病变类型与模型对照组比较明显减轻或无明显差异，可判断动物试验病理结果阳性。受试样品任何一个剂量组与模型对照组之间，气球样变、脂肪变性、胞浆凝聚、水样变性这4种肝细胞病变类型加重和减轻同时存在，差异有显著性，且肝细胞坏死程度减轻，差异有显著性，则可将其各种病理变化的得分相加，肝细胞坏死评分2倍计入，以总分进行统计分析，若差异有显著性，可判断动物试验病理结果阳性。

在模型成立的前提下，ALT和AST两项血液生化指标中任何一项和病理结果为阳性，可判定受试样品对化学性肝损伤有辅助保护作用。

2.方案二：酒精肝损伤模型

（1）原理　机体大量摄入乙醇后，在乙醇脱氢酶的催化下大量脱氢氧化，使三羧酸循环和脂肪酸氧化减弱而影响脂肪代谢，致使脂肪在肝细胞内沉积。同时乙醇能激活氧分子，产生氧自由基导致肝细胞膜的脂质过氧化及体内还原型谷胱甘肽的耗竭。

（2）试验动物　成年小鼠或大鼠，单一性别，大鼠（180～220 g）每组8～12只，小鼠（18～22 g）每组10～15只。

（3）剂量分组及受试样品给予时间　试验设3个剂量组和1个空白对照组和1个模型对照组，以人体推荐量的10倍（小鼠）或5倍（大鼠）为其中的1个剂量组，另设2个剂量组，必要时设阳性对照组。用无水乙醇（分析纯）造成肝损伤模型，无水乙醇浓度为50%（以蒸馏水稀释），小鼠灌胃量12～14 mL/kg BW（折合乙醇的剂量为6 000～7 000 mg/kg BW），受试样品给予时间30 d，必要时可延长至45 d。

（4）给予受试样品的途径　经口灌胃给予受试样品，无法灌胃时将受试样品掺入饲料或饮水亦可，并记录每只动物的饲料摄入量或饮水量。

（5）试验步骤　每日经口灌胃给予受试样品，空白对照组和模型对照组给予蒸馏水。动物每

周称重两次，按体重调整受试样品剂量。给予受试样品结束时将模型对照组及各样品组一次灌胃给予50%乙醇 12 mL/kg BW，空白对照组给蒸馏水，禁食 16 h 后处死动物，进行各项指标的检测及病理组织学检查。

（6）检测指标 肝组织中丙二醛（MDA）、甘油三酯（TG）的含量、还原型谷胱甘肽（GSH）。

（7）肝匀浆中过氧化脂质降解产物丙二醛（MDA）测定方法

1）原理 MDA 是细胞膜脂质过氧化的终产物之一，检测其含量可间接估计脂质过氧化的程度。MDA 与硫代巴比妥酸在酸性条件下共热，形成粉红色复合物，吸收峰在 535 nm，由此可测得 MDA 的含量。

2）样品制备 对于组织匀浆样品，取一定量所需脏器，生理盐水冲洗、拭干、称重、剪碎，置匀浆机中加入 0.2 M 磷酸盐缓冲液，以 20 000 r/min 匀浆 10 s 间歇 30 s，反复进行 3 次，制成 5%组织匀浆（W/V）。3 000 r/min 离心 5～10 min，取上清液待测。样品测定时，空白管、样品管和标准管中均加入 0.2 mL 8.1%SDS、1.5 mL 0.2 M 乙酸盐缓冲液、1.5 mL 0.8%TBA 和 0.8 mL H$_2$O，样品管中再加入 0.1 mL 5%组织匀浆，标准管中加入 0.1 mL 40 nmol/mL 四乙氧基苯烷。混匀，避光沸水浴 60 min，流水冷却，于 532 nm 比色。

3）数据处理及结果判定 数据采用方差分析，但需按方差分析的程序先进行方差齐性检验，方差齐，计算 F 值，F 值 $< F_{0.05}$，结论为各组均数间差异无显著性；F 值 $\geqslant F_{0.05}$，$P \leqslant 0.05$，用多个试验组和一个对照组间均数的两两比较方法进行统计；对非正态或方差不齐的数据进行适当的变量转换，待满足正态或方差齐要求后，用转换后的数据进行统计；若变量转换后仍未达到正态或方差齐的目的，改用秩和检验进行统计。

4）结果判定 在模型成立的前提下，受试样

品组的含量与模型对照组比较，差异有显著性，判定该指标结果阳性。

3. 肝匀浆还原型谷胱甘肽（GSH）测定方法

（1）原理 GSH 和 5，5-二硫对硝基甲酸（DTNB）反应在 GSH-Px 催化下可生成黄色的 5-硫代 2-硝基甲酸阴离子，于 423 nm 波长有最大吸收峰，测定该离子浓度，即可计算 GSH 的含量。测定中需使用 0.9%生理盐水、4%磺基水杨酸溶液、0.1 mol/L PBS 溶液（pH 8.0）、0.004%DNTB 溶液、叠氮钠缓冲液等试剂。

（2）方法 取肝脏 0.5 g 加生理盐水 5 mL 充分研磨成细浆（10%肝匀浆），混匀后取浆液 0.5 mL 加 4%磺基水杨酸 0.5 mL 混匀，室温下 3 000 r/min 离心 10 min，取上清液即为样品。测定管中加入 0.5 mL 样品和 4.5 mL DTNB，空白管中加入 0.5 mL 4%磺基水杨酸和 4.5mL DTNB，混匀，室温置放 10 min 后，412 nm 处测定吸光度。

（3）数据处理 数据采用方差分析，但需要按方差分析的程序先进行方差齐性检验，方差齐，计算 F 值，F 值 $< F_{0.05}$，结论为各组均数间差异无显著性；F 值 $\geqslant F_{0.05}$，$P \leqslant 0.05$，用多个试验组和一个对照组间均数的两两比较方法进行统计；对非正态或方差不齐的数据进行适当的变量转换，待满足正态或方差齐要求后，用转换后的数据进行统计；若变量转换后仍未达到正态或方差齐的目的，改用秩和检验进行统计。

（4）结果判定 在模型成立的前提下，受试样品组的还原型 GSH 含量与模型对照组比较，差异有显著性，判定该指标结果阳性。

4. 肝匀浆中甘油三酯（TG）测定方法

（1）原理 采用甘油三酯测定试剂盒（甘油磷酸氧化酶过氧化物酶法）测定 10%肝匀浆中的甘油三酯含量。与血清甘油三酯测定方法相同，以等量肝匀浆替代血清按操作说明书进行操作，测定结果以 nmol/g 肝重表示。

（2）数据处理 数据采用方差分析，但需按方差分析的程序先进行方差齐性检验，方差齐，计

食用菌加工产品的质量安全控制与评价

算 F 值，F 值 $< F_{0.05}$，结论为各组均数间差异无显著性；F 值 $\geqslant F_{0.05}$；$P \leqslant 0.05$，用多个试验组和一个对照组间均数的两两比较方法进行统计；对非正态或方差不齐的数据进行适当的变量转换，待满足正态或方差齐要求后，用转换后的数据进行统计；若变量转换后仍未达到正态或方差齐的目的，改用秩和检验进行统计。

（3）结果判定　在模型成立的前提下，受试样品组的 TG 与模型对照组比较，差异有显著性，判定该指标结果阳性。

5. 肝脏病理组织学变化、诊断标准和结果判定

（1）试验材料　从肝左叶中部做横切面取材，冰冻切片，苏丹红染色。

（2）镜检　从肝脏的一端视野开始记录细胞的病理变化，用 40 倍物镜连续观察整个组织切片。主要观察脂滴在肝脏的分布、范围和面积。

（3）评分标准　肝细胞内脂滴散在，稀少为 0 分；含脂滴的肝细胞不超过 1/4 为 1 分；含脂滴的肝细胞不超过 1/2 为 2 分；含脂滴的肝细胞不超过 3/4 为 3 分；肝组织几乎被脂滴代替为 4 分。

（4）数据处理和结果判定　采用方差分析，但需按方差分析的程序先进行方差齐性检验，方差齐，计算 F 值，F 值 $< F_{0.05}$，结论为各组均数间差异无显著性；F 值 $\geqslant F_{0.05}$，$P \leqslant 0.05$，用多个试验组和一个对照组间均数的两两比较方法进行统计；对非正态或方差不齐的数据进行适当的变量转换，待满足正态或方差齐要求后，用转换后的数据进行统计；若变量转换后仍未达到正态或方差齐的目的，改用秩和检验进行统计。

在模型成立的前提下，模型对照组与受试样品任何一个剂量组之间，脂肪变性减轻，有统计学上的差异，可判断为阳性结果。

满足以下任一条件，可判定受试样品具有对酒精性肝损伤有辅助保护作用：肝脏 MDA、还原型 GSH 和 TG 三项检测指标结果阳性；肝脏 MDA、还原型 GSH 和 TG 三项指标中任两项指标阳性和病理组织学检查结果阳性。

（十六）调节肠道菌群功能的评价程序和检验方法

要评价保健食品是否具有调节肠道菌群功能，必须进行动物试验和人体试食试验。

1. 动物试验

（1）试验动物　推荐用近交系小鼠，18～22 g，单一性别，每组 10～15 只。剂量分组及受试样品给予时间：实验设 3 个剂量组和 1 个阴性对照组，以人体推荐量的 10 倍为其中的 1 个剂量组，另设 2 个剂量组，必要时设阳性对照组。受试样品给予时间 14 d，必要时可以延长至 30 d。

（2）试验步骤　在给予受试样品之前，无菌采取小鼠粪便 0.1 g，10 倍系列稀释，选择合适的稀释度分别接种在各培养基上。培养后，以菌落形态、革兰氏染色镜检、生化反应等鉴定计数菌落，计算出每克湿便中的菌数，取对数后进行统计处理。最后一次给予受试样品之后 24 h，与试验前同样方式取直肠粪便，检测肠道菌群，方法同上。

（3）观察指标　体重、双歧杆菌、乳杆菌、肠球菌、肠杆菌、产气荚膜梭菌。几种肠道菌的检测方法总结于表 9-50 中。

（4）数据处理和结果判定　资料可用方差分析，但需按方差分析的程序先进行方差齐性检验，方差齐，计算 F 值，F 值 $< F_{0.05}$，结论为各组均数间差异无显著性；F 值 $\geqslant F_{0.05}$，$P \leqslant 0.05$，用多个试验组和一个对照组间均数的两两比较方法进行统计；对非正态或方差不齐的数据进行适当的变量转换，待满足正态或方差齐要求后，用转换后的数据进行统计；若变量转换后仍未达到正态或方差齐的目的，改用秩和检验进行统计。比较试验前后自身及组间双歧杆菌、乳杆菌、肠球菌、肠杆菌、产气荚膜梭菌的变化情况，试验组试验前后自身比较差异有显著性，或试验后试验组与对照组组间比较差异有显著性，且试验组试验前后自身比较差异有显著性，符合以下任一项，可以判定该受试样品动物试验结果阳性：粪便中双歧杆菌和 / 或乳杆菌明显增加，产气荚膜梭菌减少或不增加，肠杆菌、肠球

表 9-50　保健食品调节肠道菌群功能评价中肠道菌群检验方法

肠道菌	培养基	培养条件	鉴定方法
双歧杆菌	BBL 琼脂	36℃±1℃，48 h，厌氧	参照 GB 4789.34—2016《食品安全国家标准 食品微生物学检验 双歧杆菌的鉴定》
乳杆菌	LBS 琼脂	36℃±1℃，48 h	G+ 无芽孢杆菌，过氧化氢酶阴性，APH CH50 鉴定
肠球菌	叠氮钠—结晶紫—七叶苷琼脂	36℃±1℃，48 h	计数有明显褐色圈、染色镜检为 G+ 球菌的所有菌落
肠杆菌	伊红美蓝琼脂	36℃±1℃，24 h	计数发酵乳糖、染色镜检为 G- 杆菌的所有菌落
产气荚膜梭菌	TSC 琼脂	36℃±1℃，24 h，厌氧	计数所有在紫外光下有荧光的黑色菌落
拟杆菌	改良 GAM 琼脂	36℃±1℃，48 h，厌氧	G- 无芽孢杆菌，API 20A 鉴定

菌无明显变化；粪便中双歧杆菌和/或乳杆菌明显增加，产气荚膜梭菌减少或不增加，肠杆菌和/或肠球菌明显增加，但增加的幅度低于双歧杆菌/乳杆菌增加的幅度。

2. 人体试食试验

（1）受试者纳入标准　一个月内未患过胃肠疾病者；一个月内未服用过抗生素者。

（2）受试者排除标准　年龄在 65 岁以上者，妊娠或哺乳期妇女，过敏体质及对本保健食品过敏者；合并有心血管、脑血管、肝、肾和造血系统等严重疾病及内分泌疾病，精神病患者；停服受试样品或中途加服其他药物，无法判断功效或资料不全者；短期内服用与受试功能有关的物品，影响到对结果的判断者。

（3）试验设计及分组要求　采用自身和组间两种对照设计。按受试者的菌群状况随机分为试食和对照组，尽可能考虑影响结果的主要因素，如年龄、性别、饮食因素等，进行均衡性检验，以保证组间的可比性。每组受试者不少于 50 例。

（4）受试样品的剂量和使用方法　试食组按推荐服用方法、服用量服用受试产品，对照组可服用安慰剂或采用空白对照。受试样品给予时间

14 d，必要时可以延长至 30 d。试验期间不改变原来的饮食习惯，正常饮食。

（5）观察指标　包括安全指标和功效性指标。安全性指标包括一般状况（精神、睡眠、饮食、大小便、血压等），血、尿、便常规检查，肝、肾功能检查（仅在试验开始前检查一次），胸透、心电图、腹部 B 超检查（仅在试验开始前检查一次）。功效性指标包括双歧杆菌、乳杆菌、肠球菌、肠杆菌、拟杆菌、产气荚膜梭菌。

（6）试验步骤　在给予受试样品之前，无菌采取受试者粪便 1.0 g，10 倍系列稀释，选择合适的稀释度分别接种在各培养基上。培养后，以菌落形态、革兰氏染色镜检、生化反应等鉴定计数菌落，计算出每克湿便中的菌数，取对数后进行统计处理。最后一次给予受试样品之后 24 h，再次检测，方法同上。

（7）数据处理和结果判定　试验数据为计量资料，可用 t 检验进行分析。凡自身对照资料可以采用配对 t 检验，两组均数比较采用成组 t 检验，后者需进行方差齐性检验，对非正态分布或方差不齐的数据进行适当的变量转换，待满足正态方差齐后，用转换的数据进行 t 检验；若转换数据仍不能

食用菌加工产品的质量安全控制与评价

满足正态方差齐要求,改用 t' 检验或秩和检验;但变异系数太大(如 $CV > 50\%$)的资料应用秩和检验。符合以下任一项,且试验组试食前后自身比较及试食后试食组与对照组比较,差异均有显著性,可以判定该受试样品具有调节肠道菌群功能的作用:粪便中双歧杆菌和 / 或乳杆菌明显增加,产气荚膜梭菌减少或不增加,肠杆菌、肠球菌、拟杆菌无明显变化;粪便中双歧杆菌和 / 或乳杆菌明显增加,产气荚膜梭菌减少或不增加,肠杆菌和 / 或肠球菌、拟杆菌明显增加,但增加的幅度低于双歧杆菌 / 乳杆菌增加的幅度。

(十七)促进消化功能的评价程序和检验方法

要评价保健食品是否具有促进消化的功能,必须进行动物试验和人体试食试验。

1.动物试验

(1)原理　胃肠道是营养物质的摄取、消化与吸收的器官,对食物的消化作用主要是依靠其运动、消化酶的分泌来完成的。如果某一保健食品能对这一环节或几环节有调节作用,那它就有可能有促进消化功能的作用。

(2)试验项目　促进消化功能动物试验包括大鼠体重、体重增重、摄食量和食物利用率试验,小肠运动试验,消化酶的测定等三部分。

(3)试验动物　根据试验项目可选用单一性别成年小鼠或大鼠。小鼠 18～22 g,每组 10～15 只,大鼠 120～150 g,每组 8～12 只。

(4)剂量分组及受试样品给予时间　实验设 3 个剂量组和 1 个阴性对照组,以人体推荐量的 10 倍(小鼠)或 5 倍(大鼠)为其中的 1 个剂量组,另设 2 个剂量组,必要时设阳性对照组和模型对照组。受试样品给予时间 30 d(小肠运动试验受试样品给予时间 15～30 d),必要时可延长至 45 d。

(5)试验内容　在体重、体重增重、摄食量和食物利用率试验中,选用同一性别的大鼠。试验开始时鼠体重的差异应不超过平均体重的 10%。分不同剂量试验组和阴性对照组,经口给予受试样品,每周测 2 次体重和食物摄入量。试验结束时计算体重、体重增重、摄食量和食物利用率。在小肠运动试验中,选用同一性别的小鼠,分不同剂量试验组、空白对照组和模型对照组,模型对照组用复方地芬诺酯造模。可用墨汁或炭末加阿拉伯树胶作为指示剂,经口给予受试样品。试验结束前禁食不禁水 16 h,于测定当天各试验组和空白及模型对照组再给予一次受试样品或蒸馏水,30 min 后各试验组和模型对照组给予复方地芬诺酯(0.025%～0.05%),空白对照组给予蒸馏水,30 min 后各组再给予指示剂,25 min 后断颈处死鼠,计算墨汁推进率。在消化酶的测定中,选用同一性别的大鼠。分不同剂量试验组和阴性对照组,试验开始时鼠体重的差异应不超过平均体重的 10%。经口给予受试样品。试验结束前各组鼠禁食不禁水 24 h,采用乙醚麻醉大鼠幽门结扎法收集一定时间内排出的胃液,测定单位时间内胃液量。取胃液 1 mL 放入 50 mL 的三角烧瓶中,加入 0.05 mol/L 盐酸溶液 15 mL 摇匀,放入新鲜制作的蛋白管两根。塞好瓶口,在 37℃ 恒温箱中孵育 24 h,取出蛋白管,用尺测量蛋白管两端透明部分的长度(mm),以四端之值求其平均值。计算胃蛋白酶活性和胃蛋白酶排出量。

(6)数据处理和结果判断　计量资料可用方差分析,但需按方差分析的程序先进行方差齐性检验,方差齐,计算 F 值,F 值 $< F_{0.05}$,结论为各组均数间差异无显著性;F 值 $\geqslant F_{0.05}$,$P \leqslant 0.05$,用多个试验组和一个对照组间均数的两两比较方法进行统计;对非正态或方差不齐的数据进行适当的变量转换,待满足正态或方差齐要求后,用转换后的数据进行统计;若变量转换后仍未达到正态或方差齐的目的,改用秩和检验进行统计。食物利用率和墨汁推进率资料需进行数据转换,$X=\sin^{-1}\sqrt{p}$,式中 p 为食物利用率和墨汁推进率,用小数表示,然后再进行方差分析。体重、体重增重、摄食量和食物利用率试验中,试验组与阴性对照组比较,体重、体重增重、摄食量三项指标中任一指标增加,经统计处理差异有显著性,且食物利用率与阴性对照组比较不明显降低,可判定该试验结果阳性。小肠运动

试验中，在模型成立的前提下，试验组与模型对照组比较，墨汁推进率增加，经统计处理差异有显著性，可判定该试验结果阳性。消化酶的测定中，试验组与阴性对照组比较，胃液量、胃蛋白酶活性、胃蛋白酶排出量3项指标中任一指标增加，经统计处理差异有显著性，可判定该试验结果阳性。

动物体重、体重增重、摄食量、食物利用率，小肠运动试验和消化酶测定三方面中任两方面实验结果阳性，可判定该受试样品动物试验结果阳性。

2. 人体试食试验——儿童方案　根据不同受试样品适应人群的区别，促进消化功能人体试食试验建立两套试食试验方案，即针对适应人群主要为儿童的儿童方案和适应人群主要为成人的成人方案。

（1）儿童方案的受试者纳入标准　受试者选择由单纯饮食不佳造成的体重在同龄平均正常体重值小于1个标准差以内，伴有食欲低下、食量减少、偏食等消化不良表现的4～10岁儿童。

（2）受试者排除标准　急、慢性腹泻者；粪便常规检查虫卵阳性者；合并有心血管、肝、肾和造血系统等全身性疾病者；短期内服用与受试功能有关的物品，影响到对结果判断者；未坚持服用受试样品者。

（3）试验设计及分组　采用自身和组间两种对照设计。接受试者体重、血红蛋白、进食量等随机分为试食组和对照组，尽可能考虑影响结果的主要因素，如年龄、性别、家庭经济水平等，进行均衡性检验，以证组间的可比性。每组受试者有效例数不少于50例。

（4）受试样品的剂量和使用方法　试食组按推荐服用方法、服用量服用受试产品，对照组可服用安慰剂或具有同样作用的阳性物。受试样品给予时间30 d，必要时可延长至45 d。按盲法进行试食试验。试验期间不改变原来的饮食习惯，正常饮食。

（5）观察指标　包括安全性指标和功效性指标。

1）安全性指标　包括一般体格检查（试验前应询问和查阅受试儿童健康卡片，了解受试儿童

的睡眠、精神情况。对所有儿童进行常规体格检查），血常规（红细胞计数、白细胞计数）、尿常规（比重、pH、白细胞）和粪便常规（虫卵检查，试食开始前检查一次）。

2）功效性指标　包括食欲（分为食欲佳、食欲可、食欲差三级），进食量（采用3 d膳食调查法，记录试食开始前和试食结束前3 d各受试儿童的总进食量，包括主食、副食、蔬菜和水果，以连续3 d观察计算出1 d平均的进食量），偏食（分为无偏食、中等偏食、偏食三级）和体重测量、血红蛋白含量的测定（测定试食前后的体重和血红蛋白变化）。

（6）数据处理和结果判定　试验数据为计量资料，可用t检验进行分析。凡自身对照资料可以采用配对t检验，两组均数比较采用成组t检验，后者需进行方差齐性检验，对非正态分布或方差不齐的数据进行适当的变量转换，待满足正态方差齐后，用转换的数据进行t检验；若转换数据仍不能满足正态方差齐要求，改用t'检验或秩和检验；但变异系数太大（如$CV > 50\%$）的资料应用秩和检验。食欲改善试验中，食欲评价分为食欲佳（进餐时有食欲，喜欢吃饭，3分），食欲可（进餐时能吃饭但比同龄儿童少，2分），食欲差（进餐时不愿吃饭，比同龄儿童明显减少，1分）三级。试食前后试食组自身比较，食欲评分明显增加，试食后试食组与对照组比较，食欲评分或其试验前后的差值增加，经统计处理差异有显著性，可判定该指标阳性。进食量改善中，试食前后试食组自身比较进食量明显增加，试食后试食组与对照组比较，进食量或其试验前后的差值增加，经统计处理差异有显著性，可判定该指标阳性。偏食改善中，偏食评价分为无偏食（进餐时不挑食，3分），中等偏食（进餐时挑食但在劝说下能进食，2分），偏食（进餐时挑食严重，在劝说下仍不进食，1分）三级。试食前后试食组自身比较，偏食评分明显增加，试食后试食组与对照组比较，偏食评分或其试验前后的差值增加，经统计处理差异有显著性，可判定该

食用菌加工产品的质量安全控制与评价

指标阳性。体重测量和血红蛋白含量的测定中，试食前后试食组自身比较，体重或血红蛋白明显增加，试食后试食组与对照组比较，体重或血红蛋白明显增加，经统计处理差异有显著性，可判定体重或血红蛋白指标阳性。

3. 人体试食试验——成人方案

（1）受试者纳入标准　选择功能性消化不良，伴有长期胃肠不适，主诉食欲不振、早饱、气多，胃肠胀满，呕吐，不明原因慢性腹泻或大便秘结等自愿受试者。受试者排除标准：急性腹泻者；严重器质性病变引起的消化不良者；体质虚弱无法接受试验者；合并有心血管、肝、肾和造血系统等严重全身性疾病患者；短期内服用与受试功能有关的物品，影响到对结果的判断者；未按要求服用受试样品，无法判断试食结果者。

（2）试验设计及分组要求　采用自身和组间两种对照设计。接受试者的消化症状轻重随机分为试食组和对照组，尽可能考虑影响结果的主要因素，如年龄、性别、病程等，进行均衡性检验，以保证组间的可比性。每组受试者有效例数不少于50例。

（3）受试样品的剂量和使用方法　试食组按推荐服用方法、服用量服用受试产品，对照组用安慰剂或空白对照，也可用具有同样作用的阳性物。

受试样品给予时间30 d，必要时可延长至45 d。试验期间不改变原来的饮食习惯，正常饮食。

（4）观察指标　包括安全性指标和功效性指标。安全性指标包括一般状况（精神、睡眠、饮食、大小便、血压等），血、尿便常规检查，肝、肾功能检查和胸透、心电图、腹部B超检查（在试验开始前检查一次）。功效性指标包括临床症状观察（准确记录受试者试验前后的临床症状，按表9-51给予量化评分，比较试验前后症状积分的变化），胃/肠运动试验（所有受试者在试验前、试验结束时均进行胃/肠运动检查，推荐用钡条透视法，在进食的条件下检查）。

（5）数据处理　试验数据为计量资料，可用t检验进行分析。凡自身对照资料可以采用配对t检验，两组均数比较采用成组t检验，后者需进行方差齐性检验，对非正态分布或方差不齐的数据进行适当的变量转换，持满足正态方差齐后，用转换的数据进行t检验；若转换数据仍不能满足正态方差齐要求，改用t'检验或秩和检验；但变异系数太大（如$CV > 50\%$）的资料应用秩和检验。临床症状结果判定中，试食前后试食组自身比较及试食后试食组与对照组组间比较，临床症状积分明显减少，经统计处理差异有显著性，可判定该指标阳性。胃/肠运动试验结果中，试食前后试食组自身

表9-51　促进消化功能的评价成人试食试验临床观察评分表

症状	轻（1分）	中（2分）	重（3分）
腹痛	持续时间短，不需服药	疼痛时间较长，每日超4 h，尚能忍受	疼痛较重，持续，需服药才能减轻
嗳气	间有发作	经常发作，引起两胁不适	频繁发作，引起两胁疼痛
泛酸	偶有吐酸	饮食不适即吐酸	频繁吐酸
腹胀	腹胀在短时间内较甚	腹胀较甚，在较长时间内不缓解	整日腹胀
食欲	食欲较差，饭量减少1/2以内	食欲差，饭量减少1/3~1/2	无食欲，饭量减少2/3以上
腹泻或便秘	偶有腹泻或便秘	饮食不适即腹泻或便秘	频繁腹泻或便秘

比较及试食后试食组与对照组组间比较，胃/肠运动试验指标明显改善，经统计处理差异有显著性，可判定该指标阳性。

（6）结果判定　针对改善儿童消化功能的，食欲、进食量、偏食改善结果阳性，体重和血红蛋白两项指标中一项指标结果阳性，可判定该受试样品具有促进消化功能的作用。针对改善成人消化功能的，临床症状明显改善，胃/肠运动试验结果阳性，可判定该受试样品具有促进消化功能的作用。

（十八）通便功能的评价程序和检验方法

要评价保健食品是否具有通便功能，必须进行动物试验和人体试食试验。

1.动物试验——小肠运动

（1）原理　经口灌胃给予造模药物复方地芬诺酯，建立小鼠小肠蠕动抑制模型，计算一定时间内小肠的墨汁推进率，来判断模型小鼠胃肠蠕动功能。

（2）试验动物　选用成年雄性小鼠，体重18～22 g，每组10～15只。

（3）剂量分组及受试样品给予时间　实验设3个剂量组，1个空白对照组和1个模型对照组。以人体推荐量的10倍为其中的1个剂量组，另设2个剂量组，必要时设阳性对照组。空白对照组和模型对照组同样途径给蒸馏水。受试样品给予时间7 d，必要时可延长至15 d。

（4）模型的建立　给受试样品7 d后，各组小鼠禁食不禁水16 h。模型对照组和3个剂量组灌胃给予复方地芬诺酯（5 mg/kg BW），空白对照组给蒸馏水。

（5）指标测定的方法　给复方地芬诺酯后0.5 h后，剂量组分别给予含相应受试样品的墨汁（含5%的活性炭粉、10%阿拉伯树胶），阴性和模型对照组给墨汁灌胃。25 min后立即脱颈椎处死，打开腹腔分离肠系膜，剪取上端自幽门、下端至回盲部的肠管，置于托盘上，轻轻将小肠拉成直线，测量肠管长度为"小肠总长度"，从幽门至墨汁前沿为"墨汁推进长度"，计算墨汁推进率。

（6）数据处理及结果判定　墨汁推进率需进行数据转换，$X=\sin^{-1}\sqrt{P}$，式中P为墨汁推进率，用小数表示。在进行方差分析时，需按方差分析的程序先进行方差齐性检验，方差齐，计算F值，F值$< F_{0.05}$，结论为各组均数间差异无显著性；F值$\geq F_{0.05}$，$P \leq 0.05$，用多个试验组和一个对照组间均数的两两比较方法进行统计；对非正态或方差不齐的数据进行适当的变量转换，待满足正态或方差齐要求后，用转换后的数据进行统计；若变量转换后仍未达到正态或方差齐的目的，改用秩和检验进行统计。在模型成立的前提下，受试样品组小鼠的墨汁推进率显著高于模型对照组的墨汁推进率时，可判定该项试验结果阳性。

2.动物试验——排便时间、粪便粒数和粪便重量的测定

（1）原理　经口灌胃给予造模药物复方地芬诺酯，建立小鼠便秘模型，测定小鼠的首粒排黑便排便时间、5 h或6 h内排便粒数和排便重量，来反映模型小鼠的排便情况。

（2）试验动物　选用成年雄性小鼠，体重18～22 g，每组10～15只。

（3）剂量分组及受试样品给予时间　试验设3个剂量组，1个阴性对照组和1个模型对照组。以人体推荐量的10倍为其中的1个剂量组，另设2个剂量组，必要时设阳性对照组。阴性对照组和模型对照组同样途径给蒸馏水。受试样品给予时间7 d，必要时可适当延长至15 d。

（4）模型的建立　给受试样品7 d后，各组小鼠禁食不禁水16 h。阴性对照组给蒸馏水，模型对照组和3个剂量组灌胃给予复方地芬诺酯（10 mg/kg BW）。

（5）指标测定的具体方法　给复方地芬诺酯0.5 h后，阴性对照组和模型对照组小鼠用墨汁灌胃，剂量组给予含受试样品的墨汁，动物均单笼饲养，正常饮水进食。从灌墨汁开始，记录每只动物首粒排黑便时间、5 h或6 h内排黑便粒数及重量。

（6）注意事项　试验中应将复方地芬诺酯悬

液不断振荡，以保持其浓度均一；墨汁配制时待阿拉伯胶加热透明后再加入炭末；应去除小鼠排出第一粒黑便前的粪便。

（7）数据处理及结果判定　资料可用方差分析，需按方差分析的程序先进行方差齐性检验，方差齐，计算 F 值，F 值 $< F_{0.05}$，结论：各组均数间差异无显著性；F 值 $\geqslant F_{0.05}$，$P \leqslant 0.05$，用多个试验组和一个对照组间均数的两两比较方法进行统计；对非正态或方差不齐的数据进行适当的变量转换，待满足正态或方差要求后，用转换后的数据进行统计；若变量转换后仍未达到正态或方差齐的目的，改用秩和检验进行统计。

（8）结果判定　在小肠便秘模型成立的前提下，受试样品组小鼠的首粒排黑便时间明显短于模型对照组，即可判定该项指标结果阳性。5 h 或 6 h 内排黑便粒数明显高于模型对照组，可判定该项指标结果阳性。5 h 或 6 h 内排黑便重量明显高于模型对照组，可判定该项指标结果阳性。5 h 或 6 h 内排粪便重量和粪便粒数任一项结果阳性，同时小肠运动试验和排便时间任一项结果阳性，可判定该项试验结果阳性。

3. 人体试食试验

（1）纳入受试者标准　排便次数减少和粪便硬度增加者，大便一周少于 3 次者，无器质性便秘者，习惯性便秘者。

（2）受试者排除标准　不能经口进食者或不能按规定服用受试样品者；主诉不清者；体质虚弱无法进行试验者；30 d 内进行过外科手术引起便秘症状发生者；因严重器质病变引起的近期排便困难者（结肠癌，严重的肠炎、肠梗阻，炎症性肠病等）；便秘困难并伴有疼痛者；30 d 内发生过急性胃肠道疾病者；孕期及经期妇女；合并有心血管、肝、肾和造血系统等严重全身疾病患者；有其他伴随疾病正在治疗者；短期内服用与受试功能有关的物品，影响到对结果的判断者。

（3）试验设计及分组要求　采用自身和组间对照两种试验设计。接受试者的便秘症状（排便次数、粪便性状、症状持续时间等）随机分为试食组和对照组，尽可能考虑到影响结果的主要因素，如年龄、性别、日常饮食、便秘原因等，进行均衡性检验，以保证组间的可比性。每组受试者不少于50 例。

（4）受试样品的剂量和使用方法　试食组按推荐服用方法、服用量服用受试产品，对照组可服用安慰剂或采用空白对照，也可服用具有同样作用的阳性物。按盲法进行试食试验。受试样品给予时间 7 d，必要时可以延长至 15 d。试验期间不改变原来的饮食习惯，正常饮食。

（5）观察指标　包括安全性指标和功效性指标。

1）安全性指标　包括一般状况（精神、睡眠、饮食、大小便、血压等），血、尿、便常规检查，肝、肾功能检查，胸透、心电图、腹部 B 超（在试验开始前检查一次）。

2）功效性指标　包括每日对受试者进行询问并记录，同时记录受试者服用受试样品前 6 d 及试验时的情况，每日排便次数（记录受试者试食前后排便次数的变化），排便状况（根据排便困难程度，腹痛或肛门烧灼感、下坠感、不适感，有否便频等症状分为 I 至 IV 级，统计积分值。I 级（0分）：排便正常。II 级（1分）：仅有下坠感、不适感。III 级（2分）：下坠感、不适感明显，或有便频但排便困难而量少，较少出现腹痛或肛门烧灼感。IV 级（3分）：经常出现腹痛或肛门烧灼感，影响排便。粪便性状（根据布里斯托粪便性状分类法将粪便性状分为 I 至 III 级。I 级（0分）：像香肠或蛇，平滑而且软；像香肠，但表面有裂痕；软的团块，有明显的边缘（容易排出）。II 级（1分）：香肠形状，但有团块；松散的块状，边缘粗糙，像泥浆状的粪便。III 级（2分）：分离的硬团，像果核（不易排出）。日常饮食情况（纤维素类食物的比例），记录有无不良反应（恶心、胀气、腹泻、腹痛及粪便异常等）。

（6）数据处理和结果判定　试验数据为计量

资料，可用 t 检验进行分析。凡自身对照资料可以采用配对 t 检验，两组均数比较采用成组 t 检验，后者需进行方差齐性检验，对非正态分布或方差不齐的数据进行适当的变量转换，待满足正态方差齐后，用转换的数据进行 t' 检验；若转换数据仍不能满足正态方差齐要求，改用 t' 检验或秩和检验；但变异系数太大（如 $CV > 50\%$）的资料应用秩和检验。试食前后试食组自身比较排便次数明显增加，排便状况和粪便性状两项指标中一项指标积分明显下降，差异有显著性，试食后试食组与对照组比较，排便次数、排便状况和粪便性状任一项明显改善，差异有显著性，可判定该受试样品具有通便功能的作用。

（十九）对胃黏膜损伤有辅助保护功能的评价程序和检验方法

要评价保健食品是否对胃黏膜损伤有辅助保护功能，必须进行动物试验和人体试食试验。

1. 动物试验

（1）原理　在一定时间内给予一定量的受试样品，用对胃黏膜有损伤作用的物质造成急性胃黏膜损伤模型，观察各剂量组胃黏膜的损伤程度；或用对胃黏膜有损伤作用的物质造成慢性胃溃疡模型，在一定时间内给予一定量的受试样品，观察各剂量组胃溃疡的面积和体积，反映受试样品对胃黏膜的保护作用

（2）试验动物　选用 Wistar 或 SD 健康大鼠，单一性别，160～180 g，每组 8～12 只。

（3）剂量分组及受试样品给予时间　试验设3 个剂量组，1 个阴性对照组。以人体推荐量的 5倍为其中的 1 个剂量组，另设 2 个剂量组，必要时设阳性对照组。慢性溃疡模型应先造模，手术次日再分组。受试样品给予时间一般为 14～30 d，必要时可以延长至 45 d。

（4）胃黏膜损伤模型　包括急性胃黏膜损伤模型、慢性胃溃疡模型和吲哚美辛模型。

1）急性胃黏膜损伤模型　试验动物选用Wistar 或 SD 健康大鼠。试验中需使用解剖器械、游标卡尺、酒精等试验器材及试剂。急性胃黏膜损伤模型采用急性酒精损伤模型。动物灌胃受试物30 d，解剖前动物禁食不禁水 24 h。试验结束当天灌胃受试物 1 h 后再灌胃无水乙醇 1.0 mL/ 只，1 h后处死动物，取胃于 10% 甲醛溶液中固定 20 min后，于立体显微镜下观察胃黏膜的损伤情况或用游标卡尺测定胃黏膜损伤的程度。在游标卡尺测定胃黏膜损伤的程度时，将固定后的胃沿胃大弯剪开，洗净胃内容物，将胃黏膜展开，胃黏膜损伤表现为腺胃区黏膜的条状充血或弥漫性出血，用游标卡尺测量出充血或弥漫性出血条带的面积（精确到0.01 mm），以充血带和弥漫性出血的总面积作为损伤程度的评价指标。

2）慢性胃溃疡模型　试验动物选用 Wistar 或SD 健康大鼠。试验中需使用带标尺的解剖镜、微量注射器，冰醋酸、半胱氨酸等试验器材及试剂。可以用冰醋酸浸渍法、冰醋酸注射法等制备损伤模型。冰醋酸浸渍法是将禁食不禁水 24 h 后的动物用乙醚麻醉，施行剖腹手术，将内径 5 mm、长 30mm 的玻璃管垂直放置于胃体部黏膜面上，向管腔内加入冰醋酸 0.2 mL，1.5 min 后用棉签吸出冰醋酸，缝合手术切口，术后正常饮食、饮水。第二天开始给受试物，连续给受试样品一段时间后，解剖取出胃，并用甲醛固定，测量溃疡面积，以溃疡面积作为评价损伤指标。而胃壁冰醋酸注射法是大鼠禁食 40 h 后用 1% 的巴比妥钠麻醉，消毒腹部，于剑突下切开腹腔，将胃拉出腹腔外，用微量注射器于胃幽门处浆膜下注射 30% 的冰醋酸 20 μL/ 鼠，缝合切口。给予受试物 14 d 实验结束当天，禁食24 h 后处死，取出整个胃浸泡于 10% 的甲醛内，浸泡 20 min 后沿胃大弯剪开，洗净胃内容物，取腺胃区展开平铺于玻璃板上，用纸吸干溃疡内的水分，测量其面积和体积。溃疡的面积和体积测量法：于带标尺的立体显微镜下计数溃疡所占的方格数，换算成面积。然后用微量注射器将蓝墨水注入溃疡内，将溃疡填满至与周边平齐，读取微量注射器上所用墨水的刻度即为溃疡的体积。

食用菌加工产品的质量安全控制与评价

3）吲哚美辛模型　选用 Wistar 或 SD 健康大鼠为试验动物。操作中需使用解剖器械或游标卡尺、吲哚美辛等试验器材及试剂。灌胃受试样品一段时间后，禁食 24 h 后，给予吲哚美辛 5 mg/kg BW（配成溶液 0.5 mg/mL，灌胃），制作吲哚美辛胃黏膜损伤模型。给予吲哚美辛 5 h 后处死大鼠，结扎幽门及贲门，向胃内注射生理盐水 6 mL，取胃置于 10% 甲醛液中浸泡 20 min，沿胃大弯剪开胃，用游标卡尺测量溃疡面直径，据此确定胃黏膜损失程度，分为 1 分、2 分、3 分、4 分、5 分、10 分、15 分。4 个以下的小溃疡或溃疡面直径小于 0.5 mm 为 1 分；4～8 个小溃疡或溃疡面直径 0.5～1.0 mm 为 2 分；9～16 个小溃疡或溃疡面直径 1.0～2.0 mm 为 3 分；16 个以上小溃疡或溃疡面直径 2.0～4.0 mm 为 4 分；溃疡面直径大于 4.0～10.0mm 为 5 分；溃疡面直径 10.0～20.0 mm 为 10 分；溃疡面直径大于 20.0 mm 为 15 分。

（5）数据处理和结果判定　数据可用方差分析，但需按方差分析的程序先进行方差齐性检验，方差齐，计算 F 值，F 值 $< F_{0.05}$，结论为各组均数间差异无显著性；F 值 $\geqslant F_{0.05}$，$P \leqslant 0.05$，用多个试验组和一个对照组间均数的两两比较方法进行统计；对非正态或方差不齐的数据进行适当的变量转换，待满足正态或方差齐要求后，用转换后的数据进行统计；若变量转换后仍未达到正态或方差齐的目的，改用秩和检验进行统计。试验组与阴性对照组进行比较，胃黏膜损伤面积或胃溃疡面积、体积或溃疡评分明显小于对照组，且统计学处理差异有显著性，则可判定该受试样品对胃黏膜损伤有辅助保护功能动物试验结果阳性。

（6）注重事项　动物禁食应完全，应严格控制动物禁食期间食入粪便、皮毛、垫料等。

2. 人体试食试验

（1）受试者的选择标准　纳入受试者标准为符合慢性浅表性胃炎诊断标准且经胃镜筛选确诊为浅表性胃炎的自愿受试者。慢性浅表性胃炎诊断标准：病程迁延，有不同程度的消化不良、上腹痛、烧心、嗳气、泛酸、腹胀等临床症状，可有上腹部轻度压痛。符合慢性浅表性胃炎纤维胃镜诊断标准及活体组织检查诊断标准，排除胃溃疡患者。

（2）排除受试者标准　年龄在 18 岁以下或 65 岁以上，妊娠或哺乳期妇女，过敏体质及对本样品过敏者；继发性慢性胃炎患者；合并有心血管、脑血管、肝、肾和造血系统严重全身性疾病者；症状、体征分级为重症者；经常用药、嗜酒、大量吸烟者；有消化系统溃疡的病人；正在服用其他治疗药物或接受其他治疗者；短期内服用与受试功能有关的物品，影响到对结果的判断者；未按规定服用样品，无法判断功效，或资料不全等影响功效或安全性判断者。

（3）试验设计及服样期限　采用自身和组间两种对照设计。按受试者的症状轻重随机分为试食组和对照组，尽可能考虑影响结果的主要因素，如年龄、性别、病程等，进行均衡性检验，以保证组间的可比性。每组受试者不少 50 例。

（4）受试样品的剂量和使用方法　试食组按推荐服用方法、服用量服用受试产品，在试验期间停用其他用于慢性胃病的物品，对照组服用安慰剂或采用空白对照，也可用具有同样作用的阳性物。按盲法进行试食试验。受试样品给予时间 30 天，必要时可以延长至 45 d。试验期间不改变原来的饮食习惯，正常饮食。

（5）观察指标　包括安全性指标和功效性指标。

1）安全性指标　包括一般状况（精神、睡眠、饮食、大小便、血压等），血、尿、便常规检查，肝、肾功能检查，胸透、心电图、腹部 B 超检查（在试验开始前检查一次）。

2）功效性指标　包括症状观察（胃痛、嗳气、泛酸、腹胀、食欲不振、少食等临床症状。按症状轻重统计积分，重度 3 分，中度 2 分，轻度 1 分）和胃镜复查及体征观察（试食组和对照组各 15 例受试者进行胃镜复查，比较试食试验前后的改变。剑突下压痛程度检查，根据疼痛程度分为轻度1分，即用力时才出现疼痛，压痛轻微；中度2分，即用力即出现疼痛，但疼痛尚能忍受，压痛明；重度3分，即稍微用力即出现疼痛，疼痛不能忍受，压痛剧烈）。

（6）数据处理　统计症状和体征积分值。试验数据为计量资料，可用 t 检验进行分析。凡自身对照资料可以采用配对 t 检验，两组均数比较采用成组 t 检验，后者需进行方差齐性检验，对非正态分布或方差不齐的数据进行适当的变量转换，待满足正态方差齐后，用转换的数据进行 t 检验；若转换数据仍不能满足正态方差齐要求，改用 t' 检验或秩和检验；但变异系数太大（如 $CV > 50\%$）的资料应用秩和检验。

（7）结果判定　试食前后试食组自身比较及试食后试食组与对照组组间比较，临床症状、体征积分明显减少，胃镜复查结果有改善或不加重，可判定该受试样品对胃黏膜损伤有辅助保护功能。

（二十）减肥功能的评价程序和检验方法

1.动物试验

（1）原理　本方法是以高热量食物诱发动物肥胖，再给予受试样品（肥胖模型），或在给予高热量食物同时给予受试样品（预防肥胖模型），观察动物体重、体内脂肪含量的变化。

（2）试验动物、剂量分组及受试样品给予时间　选用雄性大鼠，体重 $100\sim180$ g，每组 $8\sim12$ 只。实验设3个剂量组和1个模型对照组，以人体推荐量的5倍为其中的1个剂量组，另设2个剂量组，必要时设阳性对照组空白对照组。受试样品给予时间30 d，必要时可延长至45 d。营养饲料配方：基础饲料80%、猪油10%、蛋黄粉10%。

（3）肥胖模型法　用营养饲料喂大鼠45 d后，其体重增重比普通饲料喂养的同龄大鼠增加，差异有显著性，则肥胖模型建立。大鼠肥胖模型建立以后，将动物随机分为模型对照组及3个受试样品实验组，试验组给予不同剂量的受试样品，模型对照组给予相应溶剂。试验期间记录每只动物的给

食量、剩食量及撒食量，定期称体重（每周称体重2次），试验结束时称体重，剖腹取体脂（睾丸及肾周脂肪垫）并称重，计算脂体比。

（4）预防肥胖模型法　将动物随机分为空白对照组、模型对照组及3个受试样品试验组，自试验开始，模型对照组、试验组每只动物每日给予等量的营养饲料（饲料给予量以多数动物吃完为原则），空白对照组以相同方式给予基础饲料，饲料给予量与营养饲料相同。试验组给不同剂量的受试样品，对照组给予相应溶剂。试验期间记录每只动物的给食量、剩食量及撒食量，定期称体重（每周称体重2次），试验结束时称体重，剖腹取体脂（睾丸及肾周脂肪垫）并称重，计算脂体比。

（5）观察指标　体重、摄食量、食物利用率、体内脂肪重量（睾丸及肾周围脂肪垫）、脂体比。

（6）数据处理和结果判定　一般采用方差分析，但需按方差分析的程序先进行方差齐性检验，方差齐，计算 F 值，F 值 $< F_{0.05}$，结论为各组均数间差异无显著性；F 值 $\geqslant F_{0.05}$，$P \leqslant 0.05$，用多个试验组和一个对照组间均数的两两比较方法进行统计；对非正态或方差不齐的数据进行适当的变量转换，待满足正态或方差齐要求后，用转换后的数据进行统计；若变量转换后仍未达到正态或方差齐的目的，改用秩和检验进行统计。采用方差分析加Q检验进行统计。试验组的体重和体内脂肪重量，或体重和脂体比低于模型对照组，差异有显著性，摄食量不显著低于模型对照组，可判定该受试样品动物减肥功能试验结果阳性。

2.人体试食试验

（1）原理　单纯性肥胖受试者食用受试样品，观察体重、体内脂肪含量的变化及对机体健康有无损害。

（2）受试者纳入标准　受试对象为单纯性肥胖人群，成人体质指数（BMI）$\geqslant 30$，或总脂肪百分率达到男 $> 25\%$、女 $> 30\%$ 的自愿受试者。儿童及青少年实测体重超过标准体重的 20%。受试

食用菌加工产品的质量安全控制与评价

者排除标准：合并有心、肝、肾和造血系统等严重疾病，精神病患者；短期内服用与受试样品功能有关的物品，影响到对结果的判断者；未按规定食用受试样品，无法判定功效或资料不全影响功效或安全性判断者。

（3）试验设计及分组要求　不替代主食的减肥功能试验采用自身对照及组间对照试验设计。按受试者的体重、体脂重量随机分为试食组和对照组，尽可能考虑影响结果的主要因素，如年龄、性别、饮食、运动状况等，进行均衡性检验，以保证组间的可比性。每组受试者不少于50例。替代主食的减肥功能试验只设单一试食组。

（4）受试样品的剂量和使用方法　对于不替代主食的减肥功能食品，试食组按推荐服用方法、服用量服用受试产品，对照组可服用安慰剂或采用空白对照。按盲法进行试食试验。受试样品给予时间35 d，必要时可以延长至60 d；对于替代主食的减肥功能食品，受试者按推荐方法和推荐剂量服用受试样品，受试样品给予时间35 d，必要时可以延长至60 d。

（5）观察指标　包括安全性指标、膳食因素及运动情况观察和功效性指标。

1）安全性指标　包括一般状况（精神、睡眠、饮食、大小便、血压等），血、尿、便常规检查，肝、肾功能检查（儿童受试者不测定此项），胸透、心电图、腹部B超检查（各项指标于试验前检查一次，儿童受试者不测定此项），血尿酸、尿酮体（运动耐力测试：运动耐力测试方法为功率自行车试验。试食前后受试者以相同的运动方案做功率自行车试验，记录心率，并应用 Astrand 和 Ryhming 的列线图法间接测定每个受试者的最大摄氧量，即 L/min），其他不良反应观察，如厌食、腹泻等。

2）膳食因素及运动情况观察　为不替代主食的受试样品需对受试者试验开始前、结束前进行3 d的询问法膳食调查，为排除饮食因素对试验结果的影响，要求尽可能与日常饮食一致。对试验期间受试者的运动状况进行询问观察，要求与日常运动情况一致。

3）功效性指标　包括体重、身高、腰围（脐周）、臀围，并计算体质指数（BMI）、标准体重、超重度、体内脂肪含量。

（6）数据处理　试验数据为计量资料，可用 t 检验进行分析。凡自身对照资料可以采用配对 t 检验，两组均数比较采用成组 t 检验，后者需进行方差齐性检验，对非正态分布或方差不齐的数据进行适当的变量转换，待满足正态方差齐后，用转换的数据进行 t 检验；若转换数据仍不能满足正态方差齐要求，改用 t' 检验或秩和检验；但变异系数太大（如 $CV > 50\%$）的资料应用秩和检验。

（7）结果判定　食用菌产品是不替代主食的减肥功能样品，对于这样的产品，试食组自身比较及试食后试食组与对照组比较，其体内脂肪重量减少，皮下脂肪四个点中至少有两个点减少，腰围与臀围之一减少，且差异有显著性（$P < 0.05$），运动耐力不下降，且对机体健康无不良影响，并排除膳食及运动对减肥功能作用的影响，可判定该受试样品具有减肥功能作用。

四、功效成分检测方法

保健食品应当对人体具有某种特定的功效，而功效的来源依赖于原材料中的功效成分。保健食品的各项检测试验应选用国家标准检验方法。对于暂时还没有国家标准方法的项目，应由提供样品的单位提供方法，检测机构对提供的方法进行审核验证后才能进行产品检测和出具报告。对于新的检测技术的开发，需要研究反应时间、反应温度、化学干扰物及环境等因素对试验结果的影响，还要考察仪器条件的适用性、新旧方法的比对等，最终必须进行方法精密度和准确度试验，确保新的检测方法的适用性和稳定性。

食用菌及相关产品的功效成分主要有食用菌多糖、食用菌寡糖、三萜、腺苷和黄酮等。这些功效成分的检测技术已经广泛展开，在多种食用菌产品中得到了应用。

（一）食用菌多糖检测技术

1. 食用菌多糖的提取 食用菌多糖的提取是多糖类保健品加工生产的基础，也是相关产品中多糖含量定量分析的前提。食用菌多糖提取主要有水提醇沉法、酸碱浸提法、酶解法、超声波法、微波法和超临界流体萃取法等。

（1）水提醇沉法 多糖溶于水而不溶于有机溶剂。用热水进行提取，主要是借助于热力作用使食用菌细胞发生质壁分离，水作为溶剂渗入细胞壁和细胞质中，溶解液泡中的物质，使其穿过细胞壁，扩散到外部溶剂中。大致步骤为食用菌子实体及其产品经粉碎后，经脱脂肪步骤，浸提获得多糖，再经过滤（离心分离）和合并滤液，沉淀获得多糖，最后除去蛋白质并脱色，使得多糖组分得到分离纯化。对于不同的食用菌产品，需要优化料液比、提取温度、提取时间、浸提次数等参数。水提醇沉法的优点为试验设备简单，操作容易，准确度高，成本低廉，一次性投入较小，适用于大规模工业生产。其缺点是提取效率低、费时、产品纯化困难且活性损失较大。随着工业技术的发展，一些现代高新技术被应用于食用菌多糖的提取。

（2）酸碱浸提法 原理是通过酸碱液的充分作用，使食用菌细胞、细胞壁充分吸水胀膨而破裂，从而使食用菌多糖充分游离出来，提高得率。酸碱介质能够明显提高多糖的提取率，但以酸作为介质时对糖苷键具有一定破坏作用，降低多糖的得率，还会对容器造成腐蚀，除弱酸外一般不宜采用。采用稀碱液浸提既能节省时间，又能减少原材料及试剂的消耗，且提取的多糖含量高，但碱提后的溶液黏度增大，造成过滤困难。

（3）酶解法 食用菌组成成分复杂，蛋白质、纤维素、半纤维素和果胶等物质会影响多糖的浸提。因此在多糖提取过程中加入酶制剂（如水解纤维素酶、果胶酶等）有利于多糖的浸出。酶解法的关键步骤是在合适温度和pH下酶解一定时间然后升温灭酶。

（4）超声波法 该法利用超声波的高频振荡、空化效应和机械剪切效应，通过强化固体微粒向液体的传质，促进提取剂向固液界面扩散。此外，空化作用产生的冲击波和射流可破坏植物细胞壁和细胞膜结构，除去部分妨碍酶与底物接触的物质，从而增加细胞内容物通过细胞膜的穿透能力。固体微粒和结合水分子也被粉碎，变成微小的质团，从而提高有效成分溶出的速度。

（5）微波法 微波是频率介于300 MHz和300 GHz的电磁波，因频率很高而能够透入物体的深处，微波转化成分子的动能而发热，连续的高温使细胞内部压力超过其空间膨胀的能力，从而导致细胞破裂，胞内有效成分流出。

（6）超临界流体萃取法 超临界CO_2流体萃取（SFE）分离过程是通过调节体系的压力和温度，来控制溶解度和蒸汽压两个参数进行分离，所以超临界流体萃取综合了溶剂萃取和蒸馏的两种功能和特点。在特定条件下超临界流体选择性地把对应极性、沸点、摩尔质量的成分提取出来。在收集过程中，通过减压、升温等方式使超临界状态的CO_2变成气体状态，目标提取物被释放析出，从而达到分离提纯的目的。此法适用于热敏物质，且因其黏度小、扩散系数大，因此提取速度较快。

2. 食用菌粗多糖的定量分析 多糖的定量分析利用了多糖在硫酸作用下，先水解成单糖，并迅速脱水生成糖醛衍生物，与苯酚反应生成橙黄色溶液，在490 nm处有特征吸收峰，与标准系列比较即可定量。在测定前，先定性判定样品中是否含有淀粉和糊精。当确定样品中不含淀粉和糊精时进行后续分析。样品粉碎后过筛，称取约1.0 g用水浸润并加入乙醇，同时用涡旋振荡器振摇，超声提取30 min。提取结束后离心去上清，不溶物用乙醇洗涤再离心。沸水浴提取2 h后冷却过滤，残渣洗涤2~3次，合并洗涤液并定容。取1 mL测定液并加入1 mL苯酚溶液，然后快速加入5 mL硫酸，静置10 min。使用涡旋振荡器使反应液充分混合，然后将试管放置于30℃水浴中反应20 min，490 nm测定吸光度，从绘制的葡萄糖标准曲线中计算出多糖含量。

（二）食用菌寡糖检测技术

目前，针对某种单糖或寡糖的检测方法已有开发报道，如比色法、固相萃取高效液相色谱内标法、毛细管电泳法、容量法和分光光度法等。针对食用菌产品寡糖检测的农业行业标准NY/T 2279—2012《食用菌中岩藻糖、阿糖醇、海藻糖、甘露醇、甘露糖、葡萄糖、半乳糖、核糖的测定 离子色谱法》采用了高效阴离子色谱（HPAEC）与脉冲安培检测器（PAD）联用的方法。与其他糖类分析方法相比，该法简单灵敏，无须衍生反应，已被用于多种样品中单糖、寡糖、多糖和糖类衍生物的分析，在食用菌双糖和糖醇的分析和多糖的单糖组成分析中也得到了初步应用。在这项检测技术中，食用菌鲜样的寡糖采用高速均质2 min的方法提取，而食用菌干样的寡糖用60℃超声60 min进行提取。离子色谱检测条件为：CarboPac MA1色谱柱，流动相为去离子水：600 mM NaOH溶液=20：80（体积比）。

（三）食用菌三萜检测技术

三萜类成分是灵芝中一类特有的成分，依据结构、官能团不同，可分为灵芝酸、灵芝酸甲酯、灵芝孢子酸、赤芝孢子内酯、赤灵酸、灵赤酸等。近年来，研究灵芝酸类成分的主要方法包括高效液相色谱法、薄层色谱法和紫外分光光度法，多数为定性研究。三萜总量的定量分析往往使用紫外分光光度法。

1. 原理　灵芝中三萜类化合物在酸性条件下与香草醛反应生成蓝紫色产物，在550 nm波长下有最大吸收，吸光度值与总三萜含量成正比。

2. 样品制备　取不少于200 g具代表性样品，用样品粉碎机粉碎，过0.425 mm标准网筛，将样品装于密封容器中，0～20℃保存备用。

3. 样品提取　称取样品0.5 g（精确至0.000 1 g）至250 mL具塞锥形瓶中，准确加入无水乙醇

50 mL，盖紧塞子，摇匀，置于超声波提取仪中超声提取1 h，其间经常摇动，提取后混合均匀，取适当体积于8 000 r/min的离心机中离心10 min，取上清液作为样品提取液备用。

4. 绘制标准曲线　准确移取齐墩果酸标准储备溶液0、0.1 mL、0.2 mL、0.3 mL、0.4 mL和0.5 mL，置于10 mL试管中，标准品质量分别为0、20 μg、40 μg、60 μg、80 μg、100 μg。将试管置于温度为90～100℃的水浴锅中挥干溶剂，加入5%的香草醛-冰醋酸溶液0.1 mL，高氯酸0.8 mL，混匀后于60℃水浴中保温显色20 min。取出后迅速置于冰水浴中冷却3～5 min，终止显色反应，再加入5.0 mL冰醋酸，混匀后，室温放置10 min，立即用1 cm比色皿，以0管调节零点，于波长550 nm处测定吸光度。以齐墩果酸标准品的质量为纵坐标，相应的吸光度为横坐标，绘制标准曲线。

5. 样品中三萜的测定　准确移取适量体积样品提取液于10 mL试管中，置于温度为90～100℃的水浴锅中挥干溶剂，以下操作步骤同标准曲线绘制过程，同时做试剂空白，并根据样品提取液的吸光度计算总三萜含量。若样品中总三萜含量测定值超出标准曲线范围，应适当稀释或增加移取体积后再次测定。

（四）食用菌腺苷检测技术

腺苷类似物虫草素是蛹虫草中主要活性成分，有良好的临床应用前景，在药物化学、抗衰老、美容、保健品领域中极其活跃。目前虫草素的提取方法主要有热水浸提法、含水乙醇和甲醇的有机溶剂提取法以及超临界萃取法3种。虫草素的测定可用薄层色谱扫描法（TLCS），与高效液相色谱法（HPLC）相比，TLCS灵敏度虽不及HPLC，却具有展开时间短、显色方便、检测成本低的特点。近年来，人们开始采用HPLC-ESI（电喷雾离子化）-MS法、毛细管区带电泳分离法等方法测定虫草中虫草素等核苷类物质的含量。《保健食品检验与评价技术规范（2003版）》中规定了以冬虫夏草为主要原料的保健食品中腺苷测定的高效液相色

谱紫外检测器定性定量检测技术。

1. 原理 将粉碎的胶囊、片剂试样使用乙醇-水进行提取，根据高效液相色谱紫外检测器定性定量检测。

2. 试剂和设备 测试中需使用分析纯磷酸二氢钾、优级纯无水乙醇、优级纯甲醇、提取液（乙醇：水 =3：2）和腺苷标准溶液（准确称量腺苷标准品 0.010 0 g，加入水溶解并定容至 25 mL，此溶液每毫升含 0.4 mg 腺苷）等试剂，以及附有紫外检测器的高效液相色谱仪、超声波清洗器和离心机等设备。

3. 分析步骤

（1）试样处理 取 20 粒以上片剂或胶囊试样进行粉碎混匀，准确称取适量试样（精确至 0.001 g）于 25 mL 容量瓶中，加入约 20 mL 提取液，超声提取 10 min。取出后加入提取液定容至刻度，混匀后以 3 000 r/min 离心 3 min，经 0.45 μm 滤膜过滤后供液相色谱分析用。

（2）液相色谱参考条件 色谱柱 C_{18} 柱（4.6mm×150 mm，5 μm），柱温为室温，紫外检测器的检测波长是 254 nm，流动相为甲醇：0.01 mol/L 磷酸二氢钾溶液 =10：90，流速为 1.0 mL/min，进样量 10 μL。

（3）色谱分析 取 10 μL 标准溶液及试样溶液注入色谱仪中，以保留时间定性，以试样峰或峰面积与标准曲线比较定量。

（4）标准曲线 分别配制浓度为 0.400 μg/mL、2.00 μg/mL、4.00 μg/mL、20.0 μg/mL、60.0 μg/mL 腺苷标准溶液，在给定的仪器条件下进行液相色谱分析，以峰高或峰面积对浓度作标准曲线。

（五）食用菌黄酮检测技术

《保健食品检验与评价技术规范（2003 版）》中规定了保健食品中总黄酮的紫外分光光度法。检测时，称取一定量的试样，加乙醇定容并超声提取 20 min，上清液加聚酰胺粉吸附，挥去乙醇后转入层析柱。先用苯洗后用甲醇洗脱黄酮，定容后在波长 360 nm 上测定吸收值，以芦丁标品绘制标准曲线，计算试样中总黄酮含量。

五、稳定性试验方法

保健食品稳定性试验是指保健食品通过一定程序和方法的试验，考察样品在不同环境条件下（如温度、相对湿度等）的感官、化学、物理及生物学随时间增加其变化程度和规律，从而判断样品包装、贮存条件和保质期内的稳定性。保健食品的稳定性试验、设计和执行，应根据原国家食品药品监督管理总局制定的《保健食品稳定性试验指导原则》（2014 年 1 月 1 日起施行）展开。

（一）试验方式

根据样品特性不同，稳定性试验可采取短期试验、长期试验或加速试验。当样品保质期在 6 个月以内（含 6 个月）时，选择短期试验，在常温或说明书规定的贮存条件下考察其稳定性；当样品保质期在 6 个月以上时，选择长期试验，在说明书规定的条件下考察样品稳定性；当样品保质期为 2 年时，为缩短考察时间，可在加速条件下进行稳定性试验，在加速条件下考察样品的感官、化学、物理及生物学方面的变化。

（二）试验要求

1. 样品分类 样品分为普通样品和特殊样品。普通样品是指对贮存条件没有特殊要求的样品，可在常温条件下贮存，如固体类样品（片剂、胶囊剂、颗粒剂、粉剂等）；液体类样品（口服液、饮料、酒剂等）。特殊样品是指对贮存条件有特殊要求的样品，如益生菌类等。

2. 样品批次、取样和用量 应符合现行法规，满足稳定性试验的要求。

3. 样品包装及试验放置条件 稳定性试验的样品所用包装材料、规格和封装条件应与产品质量标准、说明书中的要求一致。普通样品的加速试验应置于温度 37℃ ± 2℃、相对湿度 RH 75% ± 5%、避免光线直射的条件下贮存 3 个月；短期试验、长期试验应在说明书规定的贮存条件下贮存，贮存时

食用菌加工产品的质量安全控制与评价

间根据产品质量标准及说明书声称的保质期而定。特殊样品在说明书规定的贮存条件下贮存。

4. 试验时间 稳定性试验中应设置多个考察时间点，其考察时间点应根据对样品的感官、理化、生物学等性质了解及其变化的趋势设定。

（1）普通样品 长期试验一般考察时间应与样品保质期一致，如保质期定为2年的样品，则应对0、3、6、9、12、18、24个月样品进行检验，0月数据可以使用同批次样品卫生学试验结果；加速试验一般考察时间为3个月，即对放置0、1、2、3个月样品进行考察，0月数据可以使用同批次样品卫生学试验结果。

（2）特殊样品 在说明书规定的贮存条件下进行考察，保质期在3个月之内的，应在贮存0、终月（天）进行检测，保质期大于3个月的，应按每3个月检测一次（包括贮存0、终月）的原则进行考察。

5. 考察指标 应按照产品质量标准规定的方法，对样品的卫生学及其与产品质量有关的指标在保质期内的变化情况进行检测。稳定性试验的指标应包括功效或标志性成分、微生物指标、在稳定性试验中易发生变化的指标（包括卫生学指标和认为添加但不作为功效成分的某些营养素，如水分、酸价、过氧化值、pH、崩解时限、维生素等）等。卫生学已检测、稳定性试验不必再检测的指标包括六六六、滴滴涕、黄曲霉毒素、食品添加剂等。

（1）保健食品的功效成分 应作为稳定性试验的必检指标，因为保健食品之所以具有保健作用，是由于它含有的功效成分所起的作用。检验功效成分含量的变化情况，是制定保质期的主要依据。在保质期内的功效成分不应发生较大幅度的变化，符合产品的标准要求。而一部分保健食品不能通过稳定性试验的主要原因可能有四点：

第一，生产工艺技术不过关使功效成分发生大的变化。以"加入"形式构成的保健食品，如果不能混匀，则在检验中很容易变化。

第二，对功效成分的理化及生物学特点不了

解，采取措施不当。比如双歧杆菌是一种有调节胃肠道菌群作用的厌氧菌，加入这种菌构成的保健食品，如不是真空包装，就会影响试验结果。

第三，检验技术和方法的问题，由于对很多功效成分尚无规范性的检验方法，对检验所用方法缺少深入的研究，可能会影响结果。

第四，产品的包装类型和密封程度影响结果的准确性。

（2）有卫生学意义指标 是稳定性试验的内容之一。卫生指标在产品的保质期内绝对不能超出所制定的卫生标准。稳定性试验的卫生指标应包括菌落总数、大肠菌群、致病菌、霉菌、酵母菌及与产品类型有关的指标，如含脂类多的应检测酸价、过氧化值等。

（3）与产品质量相关的指标 与产品质量相关的指标作为试验的内容也应关注。主要包括对产品外部的感官检验和产品质量标准中规定指标的检验，如水分、酸度等。

6. 检测方法 应按产品质量标准规定的检验方法进行稳定性试验考察指标的检测。

（三）结果评价

保健食品稳定性试验结果评价是对试验结果进行系统分析和判断，检测结果应符合产品质量标准规定。

1. 贮存条件的确定 应参照稳定性试验研究结果，并结合保健食品在生产、流通过程中可能遇到的情况，同时参考同类已上市产品的贮存条件，进行综合分析，确定适宜的产品贮存条件。

2. 直接接触保健食品的包装材料、容器等的确定 一般应根据保健食品具体情况，结合稳定性研究结果，确定适宜的包装材料。

3. 保质期的确定 保健食品保质期应根据产品具体情况和稳定性考察结果综合确定。采用短期试验或长期试验考察产品质量稳定性的样品，总体考察时间应涵盖所预期的保质期，应以与0月数据相比无明显改变的最长时间点为参考，根据试验结果及产品具体情况，综合确定保质期；采用加速试验考察产品质量稳定性的样品，根据加速试验结果，保质期一般定为2年；同时进行了加速试验和长期试验的样品，其保质期一般主要参考长期试验结果确定。

六、食用菌产品功能评价实例

食用菌功能食品含有不同的营养因子，需对主要的营养因子进行关键功能的评价。在此以猴菇健胃胶囊和灵芝孢子粉碱提多糖为例，介绍食用菌产品功能评价的主要方法。

（一）猴菇健胃胶囊对慢性浅表性胃炎的疗效评价

1.评价背景　猴菇健胃胶囊（HGSC）[卫食健字（2001）第0217号]由上海市农业科学院食用菌研究所研制，以猴头菌为主要原料制备而成，其主要有效成分为猴头多糖。先前已经动物试验证实有保护胃黏膜的作用。为进一步验证猴菇健胃胶囊对人胃病的疗效，用该胶囊供经胃镜诊断为慢性浅表性胃炎的60例患者服用，气滞胃痛冲剂为阳性对照品（对浅表性胃炎有肯定疗效）供对照组服用，做了人体试食观察试验。

2.评价方法

（1）受试病例　受试的60例均是经胃镜诊断的慢性浅表性胃炎患者，年龄18～65岁，符合新药临床研究的技术要求。随机分为试食组和对照组，每组30例。采用自身对照及组间对照。

（2）服用方法　试食组给予猴菇健胃胶囊，每日3次，每次2粒，连续服用30 d。阳性对照组服用气滞胃痛冲剂，每日3次，每次1包。连续服用30 d。观察期间，停用其他治疗胃病的药物或保护胃黏膜的保健食品。

（3）功效性观察

1）一般症状观察　详细询问试食者病史、病程及上腹痛、泛酸、胃灼热、腹胀、口干苦、便溏、便干结等临床症状。按症状轻重计分（重度3分，中度2分，轻度1分），在试食前后统计积分值，计算症状改善率。

2）体征观察　按剑突下压疼程度计分（重度3分，中度2分，轻度1分），在试食前后统计积分值。

3）胃镜检查　在对照组与试食组中随机各取11例，做胃镜检查，观察胃黏膜炎症的改善情况。胃黏膜炎症分级标准为轻度：炎性细胞浸润于胃小凹底部以上。中度：炎性细胞浸润深达腺体固有层。重度：炎性细胞浸润深达黏膜肌层，病理性淋巴滤泡体积较大，其内有生化中心，周围有大量炎性细胞浸润；出现在黏膜肌层之外，周围有腺体破坏或消失。

（4）安全性观察

1）血液常规检查　包括红细胞计数（光电比浊法）、血红蛋白（光电比色法）、白细胞计数（试管法）。

2）生化指标测定　包括人血白蛋白（溴甲酚绿法）、总蛋白（双缩脲反应法）和肝肾功能：谷草转氨酶（酶动力学法）、谷丙转氨酶（酶动力学法）、血尿素氮（脲酶法）、肌酐（苦味酸法）。

（5）功效判定标准

1）显效　症状体征均改善2级以上（症状体征由重症到轻度），胃镜显示急性炎症基本消失，慢性炎症程度好转1度（由重度到中度或由中度到轻度）。

2）有效　症状体征均改善1级以上，胃镜显示黏膜病变面积缩小1/2以上，炎症程度减轻1度。

3）无效　达不到有效标准或反而恶化者。

3.评价结果　人体试食试验观察结果表明，猴菇健胃胶囊能使症状积分值显著下降，较好地改善胃脘痛、腹胀、泛酸、食欲不振等症状，缓解剑突下压痛体征，总有效率达70%，说明猴菇健胃胶囊对胃黏膜有保护作用。在两组受试患者中，随机抽11例做胃镜复查，发现猴菇健胃胶囊和气滞胃痛冲剂对胃黏膜的病变均有修复作用，但对血管透视率的改善作用不明显。试食猴菇健胃胶囊前后，血红蛋白、红细胞、白细胞、血清总蛋白、白蛋白、谷丙转氨酶、谷草转氨酶、血尿素氮、肌酐、总胆固醇、甘油三酯、高密度脂蛋白胆固醇等血液及血生化指标均在正常范围内。说明本品对受试者无不良影响。同时，猴菇健胃胶囊在试食过程中未观察到过敏及其他不良反应。猴菇健胃胶囊与对胃病有肯定疗效的阳性对照气滞胃痛冲剂相比，疗效相当，且对泛酸、嗳气等症状改善较明显，治疗的总有效率要高于对照组。

（二）灵芝孢子粉碱提多糖对小鼠巨噬细胞的免疫调节作用的评价

1. 评价背景

已有的药理研究发现：灵芝孢子粉能明显促进小鼠脾细胞的转化与增殖，增强巨噬细胞的吞噬作用；灵芝孢子的内脂质对小鼠肝癌组织的端粒酶具有明显的抑制作用。其中起作用的成分及免疫调剂机制需要研究。为此，上海市农业科学院食用菌研究所从灵芝孢子粉中提取了碱提多糖成分，研究了该成分对巨噬细胞的免疫调节作用，以进一步阐明其抗癌的作用机制。

2. 评价方法

（1）灵芝孢子粉碱提多糖的提取　将灵芝孢子粉用 950 mL/L 乙醇回流提取 3 次，弃去乙醇部分，取残渣再用热水提取 3 次。弃去水提部分，残渣在 4℃ 用 0.1 mol/L 的 NaOH 提取 24 h。弃去残渣，将碱提液用 HCl 中和、浓缩脱盐后，即为灵芝孢子粉碱提多糖（LZSBS）。

（2）小鼠巨噬细胞的制备　选择 8~10 周龄、体重为（28±1）g 的小鼠，处死后抽取小鼠大腿、小腿骨中的骨髓，分散后培养于含 L929 细胞培养上清（即 L929 细胞株培养 3 d 后，去除细胞的培养上清）的完全 DMEM 培养基中。3 d 后，去除贴壁细胞，将非贴壁细胞置于添加 L929 细胞培养上清的完全 DMEM 培养基中。继续培养 3 d，再次去除非贴壁的细胞，收集贴壁细胞，即为小鼠骨髓来源的巨噬细胞。

（3）小鼠巨噬细胞激活率的测定　取 180 μL $1×10^8$ 个 /L 细胞的悬液，转移至 96 孔板中，同时加入 20 μL 的不同浓度的 LZSBS、PBS 和 1 mg/L 的 LPS，于 37℃、50 mL/L CO_2 条件下培养 3 d 后，加入 20 μL 阿尔玛蓝显色剂。再培养 6~8 h 后，用 ELISA 自动读板仪测定波长 570 nm 和 600 nm 的吸光值，计算 LZSBS 对小鼠巨噬细胞的激活率。

（4）肿瘤坏死因子 TNF-α 和细胞在应答感染时产生的白细胞介素 IL-1β 含量的测定　采用酶联免疫试剂盒，按检测试剂盒中的说明书进行测定。

（5）NO 的测定　采用 Griess 法测定培养上清中的 NO_2^-/ NO_3^- 作为衡量 NO 水平的指标。将小鼠巨噬细胞稀释至 $1×10^9$ 个 /L，培养于 96 孔板中，每孔加入 180 μL 的细胞悬液和 20 μL 的 500 mg/L LZSBS 或 20 μL 的 PBS。分别于 24 h、48 h、72 h 和 96 h 吸取培养上清用于 NO 的测定。于 100 μL 的培养上清液中，加入 5 0 μL 的 Griess 试剂，显色 10 min 后，于波长 543 nm 处测定吸光值。

（6）小鼠巨噬细胞吞噬率的测定　将小鼠巨噬细胞稀释至 $2×10^8$ 个 /L 培养于 96 孔板中，每孔 100 μL。将乳胶颗粒用 PBS 洗 3 次，再以培养基稀释至 $1×10^{10}$ 个 /L，于每孔加入 80 μL 的乳胶颗粒和 20 μL 的 500 mg/L LZSBS 和 20 μL PBS，培养 24 h 后用 PBS 洗涤 3 次，在显微镜下计数 100 个吞噬细胞中吞噬乳胶颗粒的巨噬细胞。

3. 评价结果

经灵芝孢子粉碱提多糖刺激后，小鼠巨噬细胞变大，颜色加深，且处理显著刺激了巨噬细胞分泌活性物质 TNF-α 和 IL-1β，同时产生大量的 NO（NO 对肿瘤细胞和微生物有很强的杀伤作用）。小鼠巨噬细胞对乳胶颗粒的吞噬功能也明显地增强。因此，灵芝孢子粉碱提多糖对小鼠巨噬细胞具有明显的激活作用，可能是其增强机体免疫力和抗肿瘤的重要机制之一。

参考文献

［1］ 中华人民共和国农业部 . 绿色食品：食用菌：NY/T 749-2018[S]. 北京：中国标准出版社，2018.

［2］ 冯涛，田怀香，陈福玉 . 食品风味化学 [M]. 北京：中国标准出版社，中国质检出版社，2013.

［3］ 夏延斌 . 食品风味化学 [M]. 北京：化学工业出版社，2008.

［4］ 段振华 . 高级食品化学 [M]. 北京：中国轻工业出版社，2012.

［5］ 中华人民共和国卫生部 . 食品安全国家标准 食品中致病菌限量：GB 29921-2013[S]. 北京：中国标准出版社，2013.

［6］ 黄擎，李维，郭相，等 . 重金属在食用菌中的富集研究进展 [J]. 中国食用菌，2014，33（2）：4-6.

［7］ 陈冠宁，宋志峰，魏春雁 . 重金属检测技术研究进展及其在农产品检测中的应用 [J]. 吉林农业科学，2012，37（6）：61-64，71.

［8］ 季伟 . 重金属元素检测方法的研究进展 [J]. 广州化工，2014，42（17）：35-37.

［9］ 孙博思，赵丽娇，任婷，等 . 水环境中重金属检测方法研究进展 [J]. 环境科学与技术，2012，35（7）：157-162.

［10］ 孔涛，郝雪琴，赵振升，等 . 重金属残留分析技术研究进展 [J]. 中国畜牧兽医，2011，38（11）：109-112.

［11］ 吕彩云 . 重金属检测方法研究综述 [J]. 资源开发与市场，2008，24（10）：887-890，898.

［12］ 刘燕德，万常澜，孙旭东，等 . X 射线荧光光谱技术在重金属检测中的应用 [J]. 激光与红外，2011，41（6）：605-611.

［13］ 刘成伦 . 电分析化学技术测试食品中的重金属元素 [J]. 食品研究与开发，2010，31（2）：55.

［14］ 万鲁长，张万峰 . 食用菌病虫害的防治与质量安全控制 [J]. 中国农村科技，2006（6）：17-18.

［15］ 解洪泉，田新平 . 食用菌栽培常用农药简介 [J]. 新疆农业科技，1999（2）：23-24.

［16］ 杨慧，赵志辉，王瑞霞，等 . 食用菌中农药残留安全及风险预测 [J]. 食用菌学报，2011，18（3）：105-110.

［17］ 王龙，张铎，王生荣，等 . 杨树菇培养料中农药消解动态分析 [J]. 中国蔬菜，2011（16）：86-90.

［18］ 中华人民共和国国家卫生和计划生育委员会，中华人民共和国农业部 . 食品安全国家标准 食品中农药最大残留限量 [S]. GB 2763-2016.

［19］ 吴华强 . 日本肯定列表制度对我国出口食用菌的影响和对策 [J]. 中国食用菌，2006,25（5）：6-8.

［20］ 宋金俤，华秀红 . 主要食用菌病虫表现与综合控制 [J]. 中国食用菌，2005，24（5）：68-70.

［21］ 叶岚 . 食用菌常见的虫害及防治技术 [J]. 陕西农业科学，2013,59（1）：262-263.

［22］ 冀宏，韩韬，霍红 . 食用菌虫害的发生和防治 [J]. 食用菌，2005,27（6）：45-47.

［23］ 杨钰鸿 . 食用菌病虫害的综合防治技术 [J]. 北京农业，2011（6）：107.

［24］ 陈德荣 . 夏季栽培食用菌如何防治病虫害 [J]. 食用菌，2007,29（3）：62-63.

［25］ 刘婷婷，王素方，张守杰，等 . 茶叶中 6 种农药多残留气相色谱测定方法 [J]. 食品科技，2008，34（3）：271-274.

［26］ 苏建峰，胡朝阳，陈劲星，等 . 气相色谱-质谱联用快速检测毛豆中 103 种农药多残留 [J]. 分析试验室，2009,28（6）：84-89.

［27］ 高倩，花日茂，汤锋，等 . 气相色谱法测定白芍中 31 种农药的多残留分析方法 [J]. 农药，2010,49（6）：439-442.

食用菌加工产品的质量安全控制与评价

［28］ 吕晓玲，邵华，金茂俊，等 . QuEChERS 液相色谱串联质谱法快速检测果蔬中的农药多残留 [J]. 分析试验室，2010, 29（12）：50-54.

［29］ 胡璇，沈国清，陆贻通，等 . 西兰花中吡蚜酮残留量的高效液相色谱检测与条件优化研究 [J]. 环境污染与防治，2008, 30（9）：40-42，80.

［30］ 任克维，刘蕊，王鸣华 . 农药多残留免疫分析研究进展 [J]. 农药，2010, 49（8）：555-559.

［31］ 白靖文，叶非 . 超临界流体农药残留分析技术的应用进展 [J]. 新农药，2005（3）：13-16.

［32］ 史贤明 . 食品安全与卫生学 [M]. 北京：中国农业出版社，2009.

［33］ 凌强 . 食品营养与卫生安全 [M]. 2 版 . 北京：旅游教育出版社，2009.

［34］ 中华人民共和国国家卫生和计划生育委员会 . 食品安全国家标准 食品中放射性物质检验 总则 [S]. GB 14883.1.

［35］ 杨振宇，王智，柴长虹，等 . 放射性检测仪器原理及应用 [J]. 检验检疫学刊，2010, 20（4）：70-73.

［36］ 程渤，庹先国，周建斌，等 . 一种新的 γ 能谱型放射性检测仪 [J]. 核电子学与探测技术，2002, 22（6）：557-558.

［37］ 刁立军，孟军，陈细林，等 . 环境水平样品放射性活度 γ 能谱法测量分析比对 [J]. 中国原子能科学研究院年报，2011：141-142.

［38］ 张妍，姜淑荣 . 食品卫生与安全 [M]. 北京：化学工业出版社，2010.

［39］ 杨新兴，李世莲，尉鹏，等 . 环境中的放射性污染及其危害 [J]. 前沿科学，2015, 9（1）：4-15.

［40］ 涂洁莹，孟明宝 . 高压液相色谱法测定水中多环芳烃 [J]，中国环境检测，1987, 3（1）：132-139.

［41］ 周素娟，张晓娜 . 食用菌保健功能及保健食品应用与开发 [J]. 中国食用菌，2015, 34（1）：4-6.

［42］ 杨焱，周昌艳，白韵琴，等 . "猴菇健胃胶囊"对慢性浅表性胃炎的疗效 [J]. 食用菌学报，2003, 10（3）：17-21.

［43］ 唐庆九，张劲松，潘迎捷，等 . 灵芝孢子粉碱提多糖小鼠巨噬细胞的免疫调节作用 [J]. 细胞与分子免疫学杂志，2004, 20（2）：142-144.

［44］ CLIFT A D,TERRAS M A. Effects of pesticides on the yield and production patterns of three standard and six hybrid strains of cultivated mushrooms in New South Wales[J]. Australian Journal of Experimental Agriculture， 1991，31（3）:427-430.

［45］ PARDO A,GEA F J, PARDO J, et al. Organophosphorous insecticide residues in the cultivated mushroom，*Agaricus bisporus*（Lange）Imbach[J]. Mushroom Science，1995，14（2）:515-524.

［46］ BHATT N, SINGH R P. Chemical control of mycoparasites of button mushroom[J].Journal Of Mycology and Plant Pathology，2002, 32（1）:38-45.

［47］ GROGAN H M,JUKES A A. Persistence of the fungicides thiabendazole， carbendazim and prochloraz-Mn in mushroom casing soil[J]. Pest Management Science，2003,59（11）:1225-1231.

［48］ ABOSRIWIL S O,CLANCY K J.A mini-bag technique for evaluation of fungicide effects on *Trichoderma* spp in mushroom compost[J]. Pest Management Science，2003. 60（4）:350-358.

［49］ ANASTASSIADES M， LEHOTAY S J,ŠTAJNBAHER D, et al. Fast and easy multiresidue method employing acetonitrile extraction/partitioning and "dispersive solid-phase extraction" for the determination of pesticide residues in produce[J]. Journal of AOAC International,2003,86（2）:412-431.

IV

［50］ DEGELMANN P,EGGER S,JÜRLINGH， et al. Determination of sulfonylurea herbicides in water and food samples using sol-gel glass-based immunoaffinity extraction and liquid chromatography–ultraviolet/diode array detection or liquid chromatography-tandem mass spectrometry[J]. Journal of Agricultural and Food Chemistry, 2006, 54（6）: 2003–2011.

［51］ LEHOTAY S J,MAŠTOVSKÁ K,LIGHTFIELD A R. Use of buffering and other means to improve results of problematic pesticides in a fast and easy method for residue analysis of fruits and vegetables[J]. Journal of AOAC International， 2005,88（2）: 615–629.

［52］ LEHOTAY S J,KOK A D ,HIEMSTRA M， et al. Validation of a fast and easy method for the determination of residues from 229 pesticides in fruits and vegetables using gas and liquid chromatography and mass spectrometric detection[J]. Journal of AOAC International, 2005,88（2）: 595–614.

［53］ SCHENCK F J,HOBBS J E. Evaluation of the quick， easy， cheap， effective， rugged， and safe（QuEChERS）approach to pesticide residue analysis[J]. Bulletin of Enrironmental Contamination and Toxicology,2004,73（1）: 24–30.

［54］ LÓPEZ-BLANCO M C, REBOREDA-RODRÍGUEZ B, CANCHO–GRANDE B,et al. Optmization of solid-phase extraction and solid-phase microextraction for the determination of α–and β–endosulfan in water by gas chromatography-electron-capture detection [J]. Journal of Chromatograph A, 2002, 976（1–2）: 293–299.

［55］ BELTRANY J, PERUGA A, PITARCH E， et al. Application of solid-phase microextraction for the determination of pyrethroid residues in vegetable samples by GC-MS[J]. Analytical Chemistry, 2003, 376（4）: 502–511.

［56］ CHO G Y, JANG H S,KIM J S,et al. Herbicide composition containing cyhalofop and metamifop as effective ingredient and method of controlling grassy weeds using same: KR 2003071215[P]. 2003–09–03.

［57］ KIM DW， CHANG HS， KOYK， et al. Preparation of herbicidal benzoxazolyloxy phenoX-Y propionamides: WO 2000005956[P]. 2000–02–10.

［58］ YOGENDRARAJAH P， POUCKE C V, MEULENAER B D, et al. Development and validation of a QuEChERS based liquid chromatography tandem mass spectrometry method for the determination of multiple mycotoxins in spices [J]. Journal of Chromatography A, 2013,1297（13）: 1–11.

［59］ LEHOTAY S J, MAŠTOVSKÁ K, YUN S J. Evaluation of two fast and easy methods for pesticide residue analysis in fatty food matrixes [J]. Journal of AOAC International, 2005,88（2）: 630–638.

［60］ RICHTER B E, EZZELL J L, FELIXD, et al. An accelerated solvent extraction system for the rapid preparation of environmental organic compounds in soil [J]. American Laboratory,1995,27（4）: 24–28.

［61］ REZAEE M, ASSADI Y, HOSSEINI M M, et al. Determination of organic compounds in water using dispersive liquid-liquid microextraction [J]. Journal of Chromatography A, 2006, 1116（1–2）: 1–9.

［62］ BARKER S A. Applications of matrix solid-phase dispersion in food analysis [J]. Journal of Chromatography A， 2000, 880（1–2）: 63–68.

［63］ WEZEL A P V,VLAARDINGEN P V, POSTHUMU R et al. Environmental risk limits for two phthalates， with special emphasis on endocrine disruptive properties[J]. Ecotoxicology and Environmental Safety, 2000, 46（3）: 305–321.

食用菌加工产品的质量安全控制与评价

PART V

APPLICATION
OF INTERNET
OF THINGS TECHNOLOGY

第五篇
物联网技术的
应用

第十章　物联网技术及其在食用菌保鲜与贮运上的应用

　　随着电子与信息技术的发展，农业生产与管理方式也正向电子信息化转型。农业生产与管理的电子信息化适合农业生产现代化管理体系的需要。发展以物联网为基础的智慧农业，可为现代农业生产与管理的安全高效提供有效途径。在食用菌生产管理与流通领域，也可充分利用物联网所提供的电子信息与智能技术，打造集生产、加工、流通等环节为一体的产业链管理体系，服务于食用菌产业的安全高效发展。

一、物联网技术概述

（一）物联网的概念

　　物联网（Internet of Things，IoT）是指将信息传感及电子标识设备，按约定的通信协议实现人与人、人与物、物与物之间的网络联结，实时地获取所联物理实体的相关物理参数，以监控物理实体的物理状态。具体地说，就是通过无线射频标识技术（RFID）及无线传感网（WSN）技术，在相关物体里嵌入智能芯片、传感器和通信模块，将世界万物与互联网相联结，更好地实现物理世界信息的实时感知与获取、传输与使用；这是一种将物理世界数据化与网络化的技术手段，也是大数据时代实时获取数据的重要平台。借助物联网的实时感知与传输功能，可对那些状态随时间发生变化的对象进行实时动态监测和分析控制。物联网是继互联网之后，以 WSN 和 RFID 为主要核心支撑技术，以泛在计算为理论基础的新一波信息化革命浪潮，它的出现与发展，将给人类带来全新的生活工作方式与体验，由它催生的新兴高技术产业亦将形成新的产业集群与价值链，成为新的经济增长点，带动新一轮的经济增长，从而创造出新的经济价值和社会价值。因此，世界多国都对此积极投入并深入研究和推广应用。我国的《国家中长期科学与技术发展规划（2006—2020年）》和"新一代宽带移动无线通信网"重大专项中均将与物联网有关的传感网列入重点研究领域。2010年物联网首次被写进政府工作报告，标志着物联网的发展进入了国家战略层面，2013年国务院发布《关于推进物联网有序健康发展的指导意见》，指出"物联网是新一代信息技术的高度集成和综合运用，具有渗透性强、带动作用大、综合效益好的特点，推进物联网的应用和发展，有利于促进生产生活和社会管理方式向智能化、精细化、网络化方向转变，对于提高国民经济和社会生活信息化水平，提升社会管理和公共服务水平，带动相关学科发展和技术创新能力增强，推动产业结构调整和发展方式转变具有重要意义，我国已将物联网作为战略性新兴产业的一项重要组成内容。目前，在全球范围内物联网正处于起步发展阶段，物联网技术发展和产业应用具有广阔的前景和难得的机遇。"为贯彻实施该指导意见，2016年国家工信部等相关主管部门提出了工信部《物联网发展规划（2016—2020年）》，为我国物联网技术与产业的发展规划了具体的目标和路线图。

（二）物联网技术的发展历程

物联网的概念最早由Auto-ID中心（2003年更名为Auto-ID实验室）于2000年左右提出。该中心于1999年在美国麻省理工学院成立，以RFID技术在物流领域的应用为主要研究对象。物联网概念最早提出时主要基于RFID技术和互联网技术；RFID技术是一种基于无线射频技术的电子标识技术，通过RFID标签与物体相连，可获取该物体的身份信息和有限的空间位置信息，该技术提供该物体是"谁""何时"和在"哪里"的解析，但无法提供"怎样"的信息。RFID标签本身相互间也不具

备网络化组网通信的能力，它通过标签阅读器首先实现点对点联结，再通过网关与互联网相连，实现物与互联网联结。这种只能提供"谁""何时"和在"哪里"，无法提供"怎样"的信息，也不能自组织网络的局限性。随着无线传感网技术的出现，使得人们可通过智能传感与自组织网络技术，在获取物体"何时"和"在哪里"的同时，实时获取"怎样"的信息成为可能。因此，物联网的支撑技术除RFID技术外，还包括了无线传感网络技术。无线传感网络技术集计算技术、传感器技术和无线通信技术于一体，以无线网络联结与自组织的方式，将具有感知，信息处理及无线通信功能的各节点按约定的无线通信协议组成网络系统，该网络可获取物理实体是"谁""何时"和在"哪里"及"怎样"的信息，并通过网关与互联网、移动通信网等网络进行信息的传送与交互，从而实现实时的对物理世界的感知与控制，实现智能化的决策和控制，实现人与人、人与物、物与物全面互联互通的网络联结。因此，RFID技术及无线传感网技术构成了物联网的主要支撑技术，无线传感网技术的出现与发展，使得物联网所期望达到的人与人、人与物、物与物互联互通有了完整坚实的技术基础。由于无线传感网技术可以解决获取物理实体是"谁""何时"和在"哪里"及"怎样"的信息，兼有RFID的技术功能，也有人将无线传感器网络与物联网等同。无线传感网技术的发展，在很大程度上决定着物联网未来的发展。

物联网概念的提出及其技术体系形成，是计算技术泛在化（ubiquitous）的结果。早在1988年，美国Xerox公司研发中心的Mark Wiser博士在展望21世纪的计算技术时就指出，计算技术发展和成熟的标志是，计算机的体积将由大变得越来越小，数量越来越多，形成众多的微型化嵌入式计算机并以智能器件的形式广泛地嵌入人们日常生活的各个方面，形成泛在化的计算机，以人们不可见的存在方式，实现对周围环境的智能感知与互动，实现无所不在的智能泛在化，并由此产生泛在

技术、泛在社会与生活。这种泛在化的技术实现人与人、人与物、物与物互联及环境感知。因此有观点认为，物联网是建立在泛在计算的基础之上的应用。美国 Berkeley 加州大学 KristPister 教授于1992 年首先提出的智能尘（Smart）正是这样一种微型化的泛在计算机；而由该校的 David Culler 教授团队所研发的 Tiny OS 操作系统，则是世上第一个用于这样一种微型化泛在计算机的系统软件，它通过与"智能尘"这类微型化泛在计算机的结合，形成无线传感网络技术，实现人与人、人与物、物与物互联及环境感知。

美国权威咨询机构 Forester 预测，到 2020年，世界上物与物互联的业务，跟人与人通信的业务相比，将达到 30：1，因此，物联网被称为是下一个万亿级的产业。物联网将会在工业、农业、健康医疗、交通和食品安全等领域获得广泛的应用。例如美国 IBM 公司基于物联网应用提出的"智慧地球"计划，旨在通过物联网技术，利用任何可以随时随地感知、测量、捕获和传递信息的设备、系统或流程，更透彻地感知环境；通过应用先进的网络技术与系统，按新的方式协同工作，更全面地互联互通；利用先进技术对物理世界获取更智能的洞察并付诸实践，进而创造新的价值。由此，人们以一种更智慧的方法，通过利用新一代信息技术来改变政府、公司和人们相互交互的方式，以便提高交互的明确性、效率性、灵活性和响应速度。可见物联网是继互联网之后，对 21 世纪人类生活与工作方式产生重大影响的技术之一。

（三）物联网的基本特征

物联网由部署在监测区域内大量的智能微型传感器节点组网而成，通过无线通信方式组成的一个多跳的、自组织的网络系统，其目的是协同感知、采集和处理网络覆盖区域中被感知对象的信息，并通过网络发送到相关平台。其结构特点是节点数目多，对网络的可扩展性要求高，但在能量、存储容量、计算资源等方面有较大限制，其网络体系结构以及各层协议设计要对这些限制给予考虑。

物联网的基本特征是节点微型化、网络自组织化和具有对物理世界的感知能力，主要有以下基本特点：

1. 网络规模大，分布广　为了获取精确信息，在监测区域通常部署大量物联网节点，其数量可能成千上万。节点不仅分布在很广泛的区域，而且部署密集。这一特点使得系统的维护十分困难，因此物联网的软硬件设施必须具有较高的鲁棒性和容错性，以满足网络的功能要求。

2. 动态自组织性　物联网节点通常通过随机布撒的方式被部署在没有基础网络设施的地方，其位置无法预先设定，节点之间的相对位置预先也不知道。这就要求节点具有自组织能力，能够自动进行管理和配置，并根据网络协议和拓扑控制机制自动形成多跳的无线网络系统。节点可能由于各种原因发生故障，以及系统中新节点的加入，或是网络中的传感器、感知对象和观察者位置移动，这就要求传感器网络必须具有较强的动态适应性，以适应网络拓扑结构的动态变化。

3. 以数据为中心的任务型网络　由于物联网节点是随机部署的，用户使用物联网进行事件查询时，直接将所关心的事件通告给网络，网络在获得指定事件的信息后汇报给用户。这种以数据本身作为查询或传输线索的思想更接近于自然语言交流的习惯。

4. 节点的电源能量、计算资源、存储容量等方面受限　物联网节点成本低廉，体积微小，携带的能量有限。由于节点分布区域广，数目庞大，部署环境复杂，有些区域甚至人员无法到达，所以节点的能源很难通过人力补充。如何在使用过程中降低能耗并延长网络的生命周期，是物联网面临的重要挑战。另外，物联网节点是一种微型嵌入式设备，它的存储和计算能力有限，无法进行较复杂的数据处理。因此，为推广其应用，需要设计对计算、通信和存储能力均要求较低的网络通信协议及算法。

5. 节点的通信能力有限且故障率高　物联网受

无线通信协议的限制，通信带宽窄；受能量限制，通信覆盖范围一般只有几十到几百米。为降低能耗，节点的通信模块经常在工作和睡眠状态之间切换，网络通信断接频繁。节点通常部署在野外，易受各种环境因素，如山谷、建筑物、障碍物以及风雨雷电天气等影响而产生故障，可能会长时间脱离网络甚至受到损坏。因此，网络的自恢复性、抗毁性也是应解决的重点问题。

综上所述，不同于传统无线网络的高服务质量和高效的带宽利用的设计要求，低能耗和稳定性是物联网设计的首要考虑因素。

（四）物联网的分层结构

物联网应用需要根据用户的需求设计适应自身特点的网络体系结构，为算法和通信协议的标准化提供统一的技术规范。物联网体系结构是二维结构，如图 10-1 所示，包括横向的通信协议层和纵向的网络管理平台。通信协议层与传统的 TCP/IP 协议结构类似，由物理层、数据链路层、网络层、传输层和应用层组成。而网络管理平台则可以划分为移动管理平台、能量管理平台以及任务管理平台。各类管理平台的主要任务是协调不同层次的功能，使物联网节点能够高效可靠地协同工作，并支持多任务和资源共享，以求在移动管理、能量管理和任务管理方面获得最优设计。

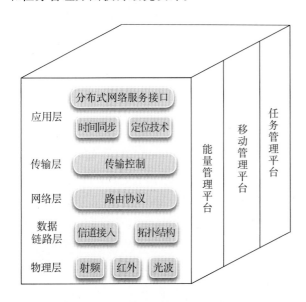

图 10-1　物联网网络协议体系结构

各层协议和平台的功能如下：

（1）物理层　提供简单强健的信号调制和无线收发技术。

（2）数据链路层　负责数据成帧、帧检测、媒介接入和差错控制。

（3）网络层　主要负责路由生成与路由选择。

（4）传输层　负责数据流的传输控制，是保证通信服务质量的重要部分。

（5）应用层　包括一系列基于监测任务的应用软件，为用户提供各种应用支撑，包括时间同步、节点定位，以及协调应用服务接口。

（6）能量管理平台　管理节点的能耗，在各个协议层都进行低功耗设计。

（7）移动管理平台　检测并记录物联网节点的移动，维护到汇聚节点的路由，使得节点能够动态跟踪邻居的位置。

（8）任务管理平台　在一个给定的区域内平衡和调度监测任务。

从应用的角度来看，考虑到物联网的特点，其架构可分为三层，感知层、网络层和应用层，由其组成物联网三层架构体系，如图 10-2 所示，分述如下：

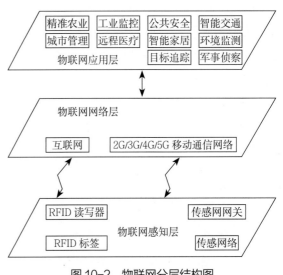

图 10-2　物联网分层结构图

（1）感知层　相当于物理接触层，主要包括各种传感器，二维码标签和识读器、RFID 标签和

物联网技术的应用

读写器、摄像头、GPS等，感知范围可以是单独存在的物体，一个特定区域的物体，或是某行业划分下特定的一类物品及一个物体不同位置等，主要作用是识别物体，感知采集物体的相关信息。

（2）网络层　感知层的信息经由网关转化为网络能够识别的信息后传到网络层，网络层进行信息的传递与处理。信息经由任何一种网络或几种网络组合的形式进行传输。

（3）应用层　在物联网的感知层和网络层的支撑下，该层可以实现多种物联网应用，典型的应用有：智能交通、绿色农业、工业监控、动物标识、远程医疗、智能家居、环境监测、公共安全、食品溯源、城市管理、智能物流等。这些应用涉及的内容可以是跨行业的，也可以是某行业内部的；用户可能是普通公众或政府机构、企业组织等。

（五）物联网关键技术

物联网在应用层面上，有一系列和信息感知、处理与传输相关联的关键核心技术问题需要解决，这些核心技术如图10-3所示，主要包括节点技术、数据可靠性传输技术、技术标准，能量获取与低功耗技术、系统易用性技术，它们是物联网应用和产业化过程中最具挑战性的技术问题。

在物联网技术中，系统节点技术主要解决节点的问题。节点是组成物联网的基础单元，包括硬件与软件系统两大部分。在RFID技术中，节点指RFID电子标签，分为有源和无源两种。大多数RFID标签硬件系统至少包含两个部分：主要用于存储和处理信息、调制解调无线电频率（RF）信号的集成电路部分，接收和传输信号用的天线部分。有源RFID标签包含一个电池，可以自主地传输信号；无源RFID标签没有电池，需要一个外部激励信号传输。在无线传感网络里，节点硬件系统由微处理器、存储器、无线射频通信模块、接口电路、传感器、电源组成，所有各部件的工作由在微处理器上运行的程序协调处理；为了有效地管理和应用节点资源，节点微处理器上可运行轻量级操作系统，该操作系统用于系统资源管理和分配；

节点技术的关键挑战在于节点低成本、低能耗、高集成度、体积微型化的约束；微型化的节点系统尺寸，降低了传感节点的基本能耗，为此，片上系统与封装型系统是微型化的节点系统发展方向。美国Berkeley加州大学Krist Pister教授于1992年提出的智能尘（Smart）概念是节点领域研发人员为之努力的一个重要方向。智能尘是其几何大小在毫米量级的高集成度的无线传感网络节点，目前仍处于研发阶段，它的进展很大程度上依赖于微机电系统（MEMS）技术和纳米技术的发展。目前广泛用于物联网节点的片上系统主要有美国德州仪器公司（TI）生产的CC系列芯片产品。这些系列产品已被广泛地用于物联网节点中并取得较好的效果。

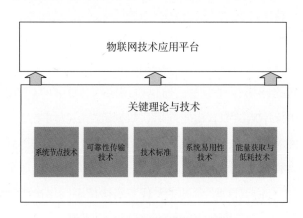

图10-3　物联网关键理论与技术

可靠性传输技术涉及物联网组网与数据的可靠性传输。由无线传感网节点组成的物联网要求具有自组织、自修复和相互间运行与工作上的协同性与实时性。同时，由于能量受限，对于数据传输采用多跳方式，要求组网具有高可靠传输性，尽可能降低传输的丢包率和延时性，因此，在无线传感网中，任何完成组网与数据传输任务的协议必须与低能耗、有限内存和小计算量的要求相一致，并能支持多种网络拓扑结构，完成数据的可靠性传输。另外，在物联网中，系统可靠性的要求需要网络通过优化节点覆盖，能在第一时间检测出所感测的物理量的变化。物联网数据可靠性传输理论与技术主要针对特殊及复杂无线传输环境下数据传输的可靠性及低能耗传输的限制，研发相关的组网理论与技术；技术标准涉及物联网的产业化和规模化推广应用的相关组网协议，目前有相关的行业协议标准可以应用，也有很多处于研究制定之中。例如主要用于智慧居家的 ZigBee 协议，Z-Wave 协议及用于工业自动化控制的 Wireless HART 协议等。ZigBee 协议适应低成本、低功耗、高容错性等的要求，其基础是 IEEE 802.15.4b 标准，该标准仅处理 MAC 层和物理层协议，ZigBee 联盟扩展了 IEEE 802.15.4b，对网络层协议和 API 进行了标准化，是一种新的短距离、低速率的无线网络技术，主要用于近距离无线连接，它有自己的协议标准，在数千个微小的传感网节点之间相互协调实现通信。这些节点只需要很少的能量，以接力的方式通过无线电波将数据从一个传感节点传到另一个传感节点，它们的通信效率非常高。ZigBee 可以看作是一个由可多到 65 000 个无线数传模块组成的无线数字传输网络平台，十分类似现有的移动通信 CDMA 网或 GSM 网。每一个 ZigBee 网络数传模块类似移动网络的一个基站，在整个网络范围内，它们之间可以进行相互通信；每个网络节点间的距离可以从标准的 75 米，到扩展后的几百米，甚至几千米；另外整个 ZigBee 网络还可以与现有的其他各种网络连接。通常，符合如下条件之一的应用，就可以考虑采用 ZigBee 技术：需要数据采集或监控的网点多，传输的数据量不大，要求设备成本低，数据传输可靠性高，安全性高，设备体积很小，不便放置较大的充电电池或者电源模块；电池供电；地形复杂，监测点多，需要较大的网络覆盖；移动网络的覆盖盲区，使用移动网络进行低数据量传输的遥测遥控系统。

除 ZigBee 协议外，Wireless HART 是一个开放式的可互操作无线通信标准，用于满足工业界对于工厂实时应用中可靠、稳定和安全的无线通信的需求。Wireless HART 通信标准建立在已有国际标准上，包括 HART 协议（IEC 61158）、EDDL（IEC 61804-3）、IEEE 802.15.4 无线电和跳频、扩频和网状网络技术。Wireless HART 主要用于过程自动

化无线网状网络通信协议。除了保持现有 HART 设备、命令和工具的能力外，它增加了 HART 协议的无线能力。每个 Wireless HART 网络包括三个主要组成部分：

第一，连接到过程控制或工厂设备的无线现场通信设备。

第二，使这些设备与连接到主机应用程序或其他现有厂级通信网络能通信的网关。

第三，负责配置网络、调度设备间通信、管理报文路由和监视网络健康的网管软件。网管软件能和网关、主机应用程序或过程自动化控制器集成到一起。

该网络使用兼容运行在 2.4GHz 工业、科学和医药（ISM）频段上的无线电 IEEE 802.15.4 标准。无线通信采用直接序列扩频（DSSS）、通信安全与可靠的信道跳频、时分多址（TDMA）同步、网络上设备间延控通信（latency-controlled communications）技术。

在国内，相关科研院所和大学的团队也开展了这方面的研发，例如中国科学院大学的易卫东教授团队主要针对特殊复杂无线传输环境下无线传感网络的数据传输的可靠性及低能耗传输的限制，研发了具有自主知识产权的物联网通信协议 C-Mesh，该协议除可用于智慧家居及工业控制外，更适合应用于智慧农业及其相关产业。C-Mesh 吸纳 Wireless HART，ZigBee 等主流协议的优点，通过应用自主研发的轻量级全局时间同步技术和动静态时隙分配方法，给节点分配不同的发送和接收时隙，并使节点在非活动时隙进入低功耗模式，以避免冲突碰撞和降低占空比，从而大大降低了节点能耗。同时，通过周期性的信标帧实现了传感网自组织和自修复的要求。可实现完全避免碰撞的 TDMA，这对于 TDMA 协议在实际传感网中的应用和推广有很重要的意义。C-Mesh 协议栈由四层协议组成：物理层、MAC 层、网络层以及应用层，另外还有一个跨层管理模块。其中物理层包括时间同步、跨越计数模式和信标处理等模块，

物联网技术的应用

MAC 层包括 TDMA、时隙调度、ACK 和跳频（可选）等模块，网络层包括路由算法、拓扑维护、邻居节点表和子节点表的维护、初始化、时频分配等模块。应用层相对比较简单，主要负责周期性地产生数据包、sink 节点打印输出收到的所有数据包、数据包丢包数目的统计以及初始化阶段 MAC 协议的切换（CSMA 到 TDMA）等功能。跨层管理模块负责全局变量和全局结构体的管理、跨层接口函数的定义与实现、节点地址表的存储等功能。测试结果表明，该协议可达到：①超低功耗。C-TDMA 平均占空比低于 0.7%，叶子节点占空比低于 0.3%，平均工作电流低于 200μA（平均功耗低于 0.6mW），能保证两节 5 号电池工作 2 年；改进后的 RI-TDMA 平均占空比低于 0.08%，叶子节点占空比低于 0.045%，平均工作电流低于 70μA（平均功耗低于 0.21mW），能保证两节 5 号电池工作 5 年。②高可靠性。平均丢包率低于（0.4%），最差链路的节点丢包不超过 1%。③快速自组网、自修复。C-TDMA 的新节点平均入网时延小于 6s，链路断开后重新入网的自修复时延小于 6s。（低开销、高精度时间同步：同步开销低，一次同步仅需一个 beacon；同步精度高，两个父子节点之间的同步误差 <96μs）④可接受的传输时延。C-TDMA 的平均时延为 1s/1 跳。⑤完全避免碰撞。动态时隙调度算法可实现碰撞的完全避免。⑥鲁棒性。节点能实现在动态拓扑的情况下，快速地实现自组织、自修复功能。⑦可扩展性。动态时隙调度算法能保证在节点密度不超过 50 节点 /1 跳范围的情况下，网络规模可以向外扩展。该协议可在自主研发的 GUCAS 系列节点平台上运行组网，由于上述优异性能，可用于基于物联网的智慧家庭、工业控制、环境监测、精准农业等各种实际应用，是物联网技术实用化及产业化的关键核心技术之一，在国内行业内具有领先地位，在树形拓扑组网的情形下，重要性能指标，如能耗、可靠性、可扩展性、时间同步性均优于 Zig Bee、Wireless HART 等物联网组网协议，具有广阔的应用前景，是我国发展物联网作为国家新兴战略产业不可或缺的核心关键技术之一。

系统易用性技术作为物联网应用的关键核心技术之一，提供应用开发者更为方便快捷的应用开发工具。由于物联网具有资源受限及硬件和应用多样性等特性，使得其应用开发困难，如果通过一种适当抽象层的中间件，隐藏网络协议、节点操作系统和硬件的技术细节，可使得开发人员在一个相对统一的高层应用环境下进行应用开发变得简单易行。作为系统易用性技术之一，中国科学院大学的易卫东教授团队研发并实现了一种支持多异场景传感网应用的中间件平台研发的仿真器，以方便帮助开发人员在一个相对统一的应用环境下进行物联网应用开发。仿真器服务于物联网中间件单元的仿真，可支持各类中间件服务和算法的加入验证，不同的算法可以通过模组化的方式添加并进行测试。仿真系统可模拟真实物联网运行，与网关实现对接。仿真系统采用模块化设计思想，内置组件采用可配置的模块，可在仿真中根据需要调整各种仿真配置，后续根据物联网的发展调整或添加新的模块，满足新的仿真需求。这一仿真器的研发与应用，对于面向传感应用多样性、面向三层架构的物联网和多网互联与融合的传感网中间件平台及标准，形成完整的传感网络软件系统架构，是不可或缺的关键性一环，是朝着下一代协同感知物联网演进的重要软件基础。

能量获取和优化管理技术也是物联网与无线传感网应用的关键核心技术之一。从工作环境中获取能源，高效转化为节点工作电能，是物联网应用的关键核心技术之一。由于节点电池能够提供的能量有限，研究人员提出了不同种类的能源采集技术，这些能量源包括太阳能、风能、热能、机械振动能、声能和电磁能等。其中，太阳能供电光能是地球上最丰富和最容易获得的能量，能量密度比其他能量源高，太阳能电池的普及应用，使得光能供电的成本比其他方式低很多。光能在很多物联网应用中是能量供给的主要来源。德国 EnOcean 公司的物联网节点 STM100［图 10-4（a）］，使用了一块多晶硅太阳能电池供应节点工作，太阳能电池产生的富余能量充入一颗 0.1F 的超级电容器储能，以保证节点阴天、晚间等弱光线条件下使用。Helimote 节点是以 Mica2 节点为平台，2 片单晶硅太阳能电池安放在节点外盖上，充分利用了节点体积［图 10-4（b）］，该节点储能单元为镍氢电池。Prometheus 节点是以 TelosB 为平台的太阳能自供电节点［图 10-4（c）］。该节点使用超级电容 + 充电电池的双层储能结构。利用超级电容近乎无穷充电次数的特性，减少了充电电池的充放电次数，有利于延长电池的寿命。

Everlast 节点［图 10-4（d）］内只装载了超级电容，没有使用电池，整个节点的能源管理单元与数据采集、处理和发送是集成一体化的。除如何从外在工作环境中获取能量外，如何高效地将其转化为电能为节点所用，也是物联网应用的关键核心技术之一。为此，人们对物联网能量管理策略进行了优化，以降低节点网络的能耗，有利于延长网络的生存时间。

（a）EnOcean　　　（b）Helimote 节点
　STM100 节点

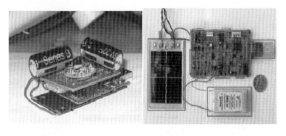

（c）Prometheus 节点　（d）Everlast 节点

图 10-4　光供电节点

无线射频标识技术（RFID）作为物联网核心关键技术之一，可用于非接触式的目标对象自动识别。系统的基本结构如图 10-5 所示，将 RFID 标签安装在被识别物体上（粘贴、插放、挂佩、植入等），当被标识物体进入无线射频识别系统读写器的阅读范围时，标签和阅读器之间进行非接触式信息通信，标签向阅读器发送自身信息如 ID 号等，读写器接收这些信息并进行解码，传输给后台处理计算机或微控制器，完成整个信息处理过程。它通过射频信号获取目标对象的识别数据，识别工作无须人工干预，可工作于各种恶劣环境，同时识别多个物体。除可识别静态物体外，也可识别高速运动物体，操作快捷方便。RFID 技术的基本工作原理是：接收解读器发出的射频电磁波，当标签进入由接收解读器产生的电磁场后，凭借电磁场在标签的换能元件感应出电流所获得的能量发送出存储在芯片中的产品信息（Passive Tag，无源标签或被动标签），或者主动发送某一频率的信号（Active Tag，有源标签或主动标签）；解读器读取信息并解码后，送至中央信息系统进行有关数据处理。

图 10-5　RFID 系统的基本结构图

在实际应用中，可进一步通过 Ethernet 或 WLAN 等网络技术，实现对物体识别信息的远程传送等管理功能。射频标识技术在物流和供应链管理，食品安全溯源，生产制造和装配，航空行李处理，邮件、快运包裹处理，文档追踪，图书馆管理，动物身份标识，运动计时，门禁控制，电子门票，道路自动收费等领域获得了广泛的应用。

（六）发展现状

物联网的研究起步于 20 世纪 90 年代，由于计算机技术、传感器技术、微电子技术和无线通信技术的进步，推动了物联网的产生与发展，市场看好物联网蕴藏的巨大应用潜力和商业价值。美国《MIT 技术评论》将物联网技术列为 21 世纪改变

物联网技术的应用

未来世界新兴技术之首。《商业周刊》预测物联网技术的应用会导致一场新的产业革命。为此，欧美发达国家相继启动了相关的研究计划。比如，美国军方的 C4KISR 计划和欧洲的 EYES 研究项目，美国加州大学洛杉矶分校的 WINS 网络研究项目，涵盖了从信号处理到网络协议的研究；麻省理工学院致力于基于知识的信号处理技术；哈佛大学研究传感网中通信理论基础；加州大学伯克利分校研制的无线传感节点 Mica、Mica2、Micaz 已被广泛地用于低功耗无线传感器网络的研究和开发。美国 Crossbow 公司是国际上进行物联网应用产业化的先驱之一，旗下的无线传感器网络硬件产品众多（包括 IRIS、MicaZ、Imote2、TelosB、Cricket等），为全球超过 2 000 所高校以及上千家大型公司提供无线传感器解决方案。此外德州仪器、微处理器制造商英特尔、Atmel、Freescale 公司，软件巨头微软、传感器设备制造商 Honeywell 等产业巨头也都在物联网领域投入极大的资金和科研力量，为物联网产业化发展和应用定了坚实的基础。在其他国家和地区，如德国、日本、英国、意大利、巴西等国家也都纷纷展开相关领域的研究工作，比较有代表性和影响力的研究计划与项目包括 Smart Dust、Sensor webs、Seaweb 等项目。

我国的物联网研究始于 1999 年中国科学院《知识创新工程试点领域方向研究》的"信息与自动化领域研究报告"中的无线传感网研究。2004年，我国国家自然科学基金委员会将面向传感器网络的分布自治系统关键技术及协调控制理论列为重点研究项目；2006 年，国家发改委下一代互联网（CNGI）示范工程中，部署了相关的课题。"十一五"期间，依据《国家中长期科学和技术发展规划纲要》《国家"十一五"科学技术发展规划》和《863 计划"十一五"发展纲要》，"863 计划"将其核心技术列入自组织网络与通信技术专题方面开展前沿探索研究，力争突破若干可与发达国家竞争的前沿技术。近十几年来，在国家的鼓励和支持下，国内高校和科研院所，如清华大学、中国科学院大学、中国科学院计算所、哈尔滨工业大学、南京邮电大学、香港科技大学等积极开展了物联网核心技术的相关研究，相关成果相继获得了实际应用，华为公司所研发的 NB-IoT 技术利用移动通信网络实现物联网的信息传输取得了较好的实际应用和示范效果。

2009 年 8 月国务院指示要大力推进以传感网核心技术为主的物联网技术应用的研发，并从国家科技与未来产业发展的高度做出战略部署和政策宣示。在《让科技引领中国可持续发展》中更是着重指出要"创造出'感知中国'，在传感世界中拥有中国人自己的一席之地"，"要着力突破传感网、物联网的关键技术，及早部署后 PC 时代相关技术研发，使信息网络产业成为推动产业升级、迈向信息社会的'发动机'"。2010 年中央政府政府工作报告强调，要促进物联网技术的应用开发。物联网首次被写进政府工作报告，这标志着物联网的发展进入了国家战略层面。为此，国家相关部门成立了物联网产业发展与应用的基地，各地也纷纷成立以应用和产业化为导向的研发中心，积极推进以传感网和 RFID 为技术核心的物联网产业在中国的发展。

2013 年国务院发布《国务院关于推进物联网有序健康发展的指导意见》（国发〔2013〕7 号），要求各级政府及其主管部门围绕社会经济发展的实际需求，以市场为导向，以企业为主体，以突破关键技术为核心，以推动需求应用为抓手，以培育产业为重点，以保障安全为前提，营造发展环境，创新服务模式，强化标准规范，合理规划布局，加强资源共享，深化军民融合，打造具有国际竞争力的物联网产业体系，有序推进物联网持续健康发展，为促进经济社会可持续发展作出积极贡献。实现物联网在经济社会各领域的广泛应用，掌握物联网关键核心技术，基本形成安全可控、具有国际竞争力的物联网产业体系，成为推动经济社会智能化和可持续发展的重要力量。为贯彻实施该指导意见，2016 年国家工信部等相关主管部门提出了工信部

《物联网发展规划（2016—2020年）》，为我国物联网技术与产业的发展规划了具体的目标和路线图。对国家而言，物联网技术可以推动产业向21世纪领先经济的转型，是政、产、学、研、用合作的绝好机遇，通过相互协作，共同创建一个可以更透彻地感知、拥有更全面的互联互通和实现更深入的智能化的生态系统。可以预计，物联网的发展和广泛应用将对人们的社会生活和产业变革带来极大的影响和推动。物联网未来发展的趋势可从图10-6看出一斑。

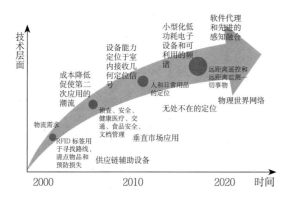

图10-6　物联网发展趋势图（引自《社会责任投资商业智能咨询》）

由于物联网有着广泛的应用领域，存在潜在的巨大市场和与之相应的产业链，对经济的发展、生产效率与品质的提升、人类生活方式的改变与品质的提升、各类相关资源的合理优化配置，都将产生革命性的影响。因此，包括中国、美国、日本及欧盟在内的一些国家政府及IBM、Cisco等世界知名企业，基于对物联网技术的认知和未来应用的规划，提出相应的规划或行动方案，如中国政府的"感知中国"计划，日本的U-Japan计划、欧盟物联网行动计划，IBM的"智慧地球"方案（Smart Plant）、惠普（HP）公司的地球中枢神经计划（CeNSE），这些项目的核心是用物联网技术以更智慧的方法改变政府、公司及物理世界和人们相互联系的方式，以便提高交互的明确性、效率、灵活性和响应速度。通过信息基础架构与高度整合的基础设施的更好结合，使得政府、企业和市民可

以做出更明智的决策。从技术上说，就是利用传感技术以达到对物理世界更透彻、更全面、更及时的感知，应用现代的网络通信技术对所感知到的物理世界更广泛地互联互通，使用现代的嵌入式智能技术对感知到的物理世界更为深入的智能化认知。未来的"智慧地球"应用包括建立智慧能源系统、智慧金融和保险系统、智慧交通系统、智慧医疗系统等。应用这些系统，人类可以以更加科学、精细和动态的方式管理国防、生产和生活，达到"智慧"状态，极大提高资源利用率和生产力水平，应对战争、经济危机、能源危机、环境恶化，从而打造一个"智慧地球"。

（七）应用

物联网有着广泛的应用领域，RFID技术用于解决物体身份的无接触识别；传感器技术用于感测物理世界的相关参数；有实时监控和追踪需求的相关领域都是最佳的应用领域，在可能的应用领域，不同监控或追踪对象状态的物理量通过传感器的换能转换及模数转换，形成数字量并通过嵌入式微计算机处理和无线射频模块的传输与通信协议，实现网络的相联和信息的传输。人们通过物联网，可以实时地获取与掌握被监控或追踪对象的状态特征，从而能有效地控制监测或追踪对象，及时地采取相应的决策。主要应用包括：

1.现代军事　具有可快速部署、可自组织、隐蔽性强和高容错等特点，因此非常适合应用于恶劣危险的作战环境，即使某些节点损坏也不会影响系统的整体性能。可以实现对敌军兵力和装备的监控、战场的实时监视、目标的定位、战场评估、核攻击和生物化学攻击的监测和搜索等功能。例如，可以通过分析物联网采集到的数据，得到十分准确的目标定位，从而为火控和制导系统提供准确的制导目标。利用生物和化学传感器，可以准确地探测到生化武器的成分，及时提供情报信息，有助于正确防范和实施有效的反击，因此物联网已经成为美军C4ISRT系统必不可少的一部分。

2.环境科学及其环保监管　社会经济不断发展

进步，人们对环境质量要求越来越高，环境科学所涉及的范围越来越广泛。通过传统方式采集原始数据是一个困难的工作。物联网的出现为野外随机性的研究数据获取提供了方便，并且还可以避免传统数据收集方式给环境带来的侵入式破坏，如大面积的地表监测、气象和地理研究、洪水监测等。还可应用物联网实现对环境污染实时监控，确定污染源的性质和位置，追踪污染源的扩散与演化等。

3. 医疗健康　在医疗及护理领域，利用物联网将各种医疗及健康监测传感器（如血压和心率监测设备）所测量的数据联通，高效实时传递必要的信息，从而进行远程医疗和健康管理，可用于健康管理和监测病人的病情，尤其对于心血管病患者和易发病患者，可实时监测及时发现病情进行救护；也可用于特殊的病理检查。例如将一个可以成像的特殊图像传感器与超低功率无线技术结合，实现用于一个胃肠道诊断的微型吞服摄像胶囊。患者吞下维C片大小的成像胶囊后，胶囊经过食道、胃和小肠时就可将图像传播出来，从而协助医生进行医疗诊断。

4. 空间探索　借助于航天器在外星体撒播的传感网节点，可以对星球表面进行长时间监测。成本低、节点体积小，相互之间可以进行通信，也可以和地面站进行通信。例如美国 NASA JPL（Jet Propulsion Laboratory）实验室研制的 Sensor Webs 就是为将来的火星探测进行技术准备。

5. 现代农业　精准农业和物联网技术的结合是现代农业的发展趋势，也是食用菌人工栽培产业的未来发展趋势之一。精准农业将遥感、地理信息系统、全球定位系统、计算机技术、通信和网络技术、自动化技术等高新技术与地理学、农学、生态学、植物生理学、土壤学等基础学科有机地结合起来，以实现对农作物生长、发育状况、病虫害、水肥状况以及相应的环境的实时监测与信息获取，生成动态空间信息系统，对农业生产中的现象、过程进行模拟和分析，达到合理利用农业资源，降低生产成本，改善生态环境，提高农作物产品质量的目

的。为此，物联网技术是其核心；在基于物联网的精准农业技术中，用于土壤墒情监测的土壤水分传感器与用于可靠无线传输监测数据的通信协议是核心关键；基于物联网的精准农业技术是我国现代农业及其未来发展的技术支柱，有巨大的市场需求。这方面国内的研发相对分散与薄弱，相关产品大量依赖国外进口，成本高，难以推广，严重制约了精准农业技术在我国的推广应用，大大影响了我国农业的现代化进程，以至于农业生产与我国的现代化建设的发展步伐不相适应。

为了改变这种状况，中国科学院大学、中国农业科学院等研究机构，在国家科技部相关科技支撑计划、863 项目、重大专项及中国科学院百人计划、知识创新工程支持下，多年来致力于物联网相关核心技术的研发及其在精准农业方面的应用，示范工程的建设与成果转化，研发并生产应用于基于物联网技术的精准农业领域的核心产品，包括土壤水分含量传感器与可靠无线传输其监测数据的通信协议模块和相关系统节点。经过多年的探索与实验，研发了基于轻量级全局时间同步和动静态时隙分配技术的超低功耗、高可靠物联网组网通信技术 C-Mesh 协议，实现农田墒情监测的无线陆基农田参数传感网系统研制和示范应用。

6. 智能交通　通过遍布交通路网的交通状况摄像头和检测传感器，并经网络化联结到交管中心，形成城市交通监控物联网。目前系统功能比较简单，基本上是纠察违章行为，可以称为"交通监测传感网"。在此基础上，补充信息处理的软硬件，充分利用获得的信息，进行交通流量实时分析、预测，建立一种向车辆反馈指挥的体系，诱导、分流车辆，预判和防止交通事故，将会大大改善现有城市交通状况，在一个更加智能的交通环境中行车。这就是物联网在"智能交通"中的应用。

7. 智能物流　智能物流能够实现车辆定位、货物跟踪等基本功能，并且能够实现运行统计、电子围栏、短信通知、系统集成等扩展功能，可以降低物流运营成本，提高车辆调度管理与在途监控水

平，增强物流企业综合竞争能力。

在这种应用中，移动终端涉及数据采集，数据处理和上传等。由于业务的实现主体是物品，通过物联网实现物体标识及追踪、无线定位等整合物流的核心业务流程，有效实现物流的智能调度管理，加强物流管理的合理化，降低物流消耗，减少流通费用、增加利润。据中国物流权威机构推算结果，我国物流成本占GDP的比重每降低百分之一，则可以在货物运输、仓储方面节能降耗1 000亿元以上，带来1 300亿元左右的社会效益。

8.智能家庭　智能化家庭应用系统由家庭网关，智能化安全防护系统，智能化家庭生活设备，如空调、冰箱、洗衣机、电视、电脑等组成。它具有安全防护、家庭电器设备自动管理、家庭娱乐、家庭通信等智能化功能。智能家庭的功能实现主要分为两部分：家庭内部的家庭网关和控制系统，局端业务使能平台和业务控制平台。终端设备和户内系统能够与3G、4G移动通信以及安全报警服务中心、医院服务中心等互联，具有良好的可扩展性。通过电视机/机顶盒、手机、平板、笔记本电脑等终端设备随时随地进行业务控制。嵌入家具和家电中的传感器与执行机构组成的物联网与互联网无缝联结在一起，为我们提供更加舒适、方便和具有人性化的智能家居环境。

9.其他应用　物联网还被广泛应用于危险的工业环境的安全监控，如井矿、核电厂等，工作人员可以通过它来实施设备的安全监测，也可以用于建筑物健康状态监控、工业自动化生产线的监控等诸多领域。

二、物联网技术在食用菌产业中的应用

（一）概述

物联网技术在食用菌产业中有广阔的应用前景。整个食用菌产业链包括了从种植、收获、仓储到加工，产品保鲜、物流配送各个环节。该产业链的每一环节，均可通过物联网技术的引入与应用，

提高生产效率和改进产品品质，提升产业的自身与附加价值，从行业管理和运营的层面来看，通过物联网技术的应用，可实现食用菌产业种植管理与运营，从静态到动态的转变与飞跃。

作为食用菌产业链的下游，食用菌产品保鲜、物流配送的标准化和优质化，直接影响到产品的质量与市场规模。由于食用菌采后具有独特的生理生化特性，采摘后仍然进行着强烈的代谢活动和呼吸作用，这些生理活动会急剧消耗食用菌子实体内的营养物质，在无法获取外来营养物质的条件下，为了能够维持这些生理代谢的进行，只能消耗菌体自身的营养物质甚至是消化自身的组织。因此，食用菌保鲜配送标准化和优质化的关键在对食用菌采摘、仓储加工、物流配送和管理过程及其运输环境的全程实时监测。食用菌生产者可以根据监测所得到的数据，对于食用菌的采摘、仓储加工、物流配送和管理环境进行适时的自动干预与调配，以期保证食用菌采摘、仓储加工、物流配送在最优的环境中进行。

在生产过程中，影响食用菌的外环境因素主要有：营养物质、酸碱度、温度、压力、水分、氧和二氧化碳、光照以及生物因素。虽然食用菌在菌丝生长阶段并不严格要求潮湿条件，但在出菇或出耳时，环境中的空气相对湿度则需在85%以上，并与适合的温度、通风和光照优化匹配，如香菇、金针菇、滑菇、松口蘑等适合在温度较低的春、秋季或在低温地带（15℃左右）出菇；草菇、木耳、凤尾菇等则适合在夏季或热带、亚热带地区的高温条件下结实。应用物联网技术并结合自动化技术，可以在种植场所将食用菌出菇或出耳时的环境严控在这样的理想条件下。基于物联网的食用菌生长环境优化监测系统由若干个具有无线传感功能的物联网节点组成，每个节点配置了能测定水分含量、氮、磷、钾等培养养分理化特征的传感器，将这些节点置于适当的位置，节点之间按照物联网相关的组网协议，自适配与自组织成相关的网络。这些节点所组成的网络可以实时精准地获取所监测区域内

食用菌栽培环境的相关参数，将这些信息采集、管理和分析，从而为食用菌生产管理提供准确、及时、全面的数据，并结合决策控制执行系统，提高食用菌工厂化的规模与质量水平。例如中国农业大学开发的食用菌工厂化实验系统，如图10-7所示，各种传感器实时采集每间菇房的温度、湿度、氧气浓度、二氧化碳浓度、光照强度以及外围设备的工作状态等参数，通过物联网传输到用户手机或者监控中心的电脑上，系统可根据食用菌的生长规律结合专家管理系统，自动控制风机、加湿器、照明等环境调节设备，保证最佳生产环境。该系统所具有的功能包括：

1. 环境信息采集、记录与分析 通过各种传感器实时采集菇房环境信息，并通过采集节点、汇聚节点和无线网关，传输到监控中心和服务器。这些环境信息一方面形成报表和曲线，供技术人员和专家分析和决策，另一方面作为食用菌的生产信息记录存档，可供质量安全追溯使用。

2. 环境智能控制 根据食用菌生长阶段对环境参数的要求，用户可以通过自动 / 集中控制 / 手动 / 远程等不同控制方式，开闭制冷（或加热）、加湿、换气、照明等环境调节设备，以保证食用菌处于最佳生长环境。

3. 报警功能系统 可以根据用户设定的阈值和设备状态，进行异常报警，以避免环境因素和设备故障带来的损失。

4. 远程监控 用户可以通过手机、平板电脑、PC 等终端，随时随地掌握菇房内的环境信息和设备信息，并可以远程控制各种设备。

利用该系统可有效提高食用菌生产工厂化、标准化、智能化水平，降低生产成本、劳动强度和风险，切实增加效益。

（二）物联网在食用菌仓储中的应用

传统食用菌产品加工仓储管理效率低，其操作过程往往透明度不高，应用物联网技术对食用菌仓储过程进行全程监测可有效解决这个问题。其做法是在食用菌产品进入仓储过程前应用 RFID 技术对其进行电子标记编码，并记录仓储环境参数和建立相关数据库，这样，生产部门能根据相关记录回溯问题，确定事故的责任归属，及时进行事故处

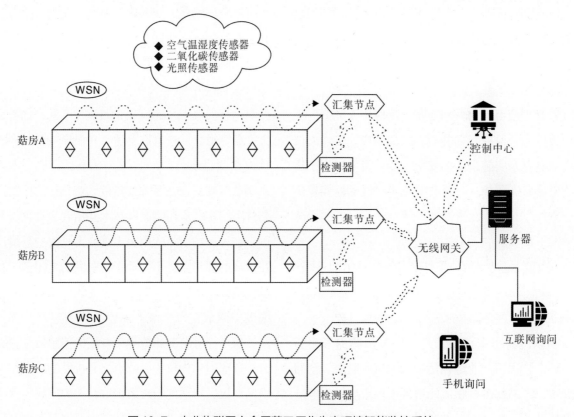

图10-7 农业物联网之食用菌工厂化生产环境智能监控系统

理。系统在仓储中应用 RFID 技术的另一个主要好处在于，可以实现对各种产品实现非接触识别、一次识别多个物品，便于产品仓储的一次性批量处理，以提高管理的效率。主要优点包括：

1. 产品入库验收时间短、效率高　在仓库入库门口处装上 RFID 阅读器，在需要验收入库的生鲜食用菌产品的托盘和包装箱上贴上 RFID 标签，统一放在一个托盘上，当载有此物品托盘的叉车经过入库门口，入库门口上 RFID 阅读器就能对每个入库的物品进行无线识别，并把采集到的数据实时通过网络传到管理系统，并显示出此托盘上的所有物品，并与管理系统的预入库单进行对比，得出验收详细的差异状态表，若没有差异则叉车不用停留，直接把物品运进仓库并放到指定的位置，这样入库验收工作即告完成，工作效率可提高 30 倍左右。

2. 库存产品盘点准确快捷　RFID 技术运用在仓储盘点方面非常方便，只要配一个手持式 RFID 阅读器并辅以无线传输网络系统即可。仓管员拿着手持式 RFID 阅读器到需要盘点的地方靠近物品即可采集到仓库相应物品的信息，此信息会通过 RFID 阅读器经无线传输网络传至管理系统，与系统内现有的数据做对比后即可得知现有实物库存数量与系统内所显示的数量之差，由此达到盘点的目的，过去往往需要一整天时间才能完成的工作，现在只需要 1～2 个小时即可。

3. 仓储产品查找更方便迅速　使用 RFID 技术解决了生鲜食用菌产品查找难的问题。因为每个产品都贴有 RFID 射频标签，当产品从一个地方运往另一个地方时，由阅读器识别并告知管理系统它被放在哪个位置上，这样仓管员就可以很快找到这个产品，并查看其所处的状态和保管的状态，仓库管理控制中心能实时地了解到该产品的出入库情况。

4. 仓库拣货效率提高　在仓储操作过程中使用 RFID 技术可解决拣货出库时间长、物品先进先出等问题。把 RFID 射频标签贴在包装材料上，RFID 阅读器就能读出此包装里产品类别、数量、配送位置等信息，采用 RFID 技术并结合输送机可以非常迅速地将目标产品拣取出来。原来需要重新确认出库物品是否与客户要求相一致工作，现在非常容易就能做到这一点。

5. 产品存放更安全　贴有 RFID 射频标签的产品出仓库门时都会被预先装在门口的阅读器识读到，阅读器会把识读到的产品信息传送到系统里，如果此产品没有正常的订单，则系统就会通过声光提示报警，这样盗窃者就会当场被抓到。

除此之外，应用基于传感网的物联网技术能提高食用菌产品的仓储品质。在冷库内设置库储状态感应节点，对在储生鲜食用菌产品的数量及环境参数实现动态监测，以获得冷库内生食用菌数量及存储状态的变化，为合理地控制库存环境创造条件。物联网技术还可以提高生鲜品仓储安全系数，通过物联网红外感应等技术手段，感知人员的进出及其他异物等的入侵，从而实现冷库的安全管理。总之，物联网使仓储过程可实时监控化，最大限度提高保管质量，实现仓储安全，并能实现仓储条件的自动调节，提高仓储作业管理效率。

基于 RFID 技术应用于食用菌仓储管理的物联网仓储管理系统主要包括：

主控系统：包括主控计算机、网络控制器、出 / 入库门的 RFID 识读器及相应的识别天线、无线网络连接器、货位导航指示器等。主控计算机连接网络控制器，通过数据线与无线网络连接器、出 / 入库门的 RFID 识读器及识别天线和货位导航指示器进行连接。

可移动巡检单元：包括车载控制计算机、显示器、无线网络连接器、RFID 识读器及识别天线、加装电子标签的标准托盘、写有货车识别电子码的车载电子标签等。车载单元通过无线网络连接器与主控系统进行连接。

手持单元：包括集成移动手持设备、写有手持设备识别电子码的手持电子标签。手持单元通过无线网络访问主控计算机。

仓库设施：仓库内将被划分为具有相应识别电子码的不同货位，其中包括所处仓库、货区、货架及每个独立货品存放区。管理人员将货位电子码写入货位识别电子标签，并将货位识别电子标签封装在相对应的货位的导航指示器中。整个仓库内及各库门附近都将被无线局域网覆盖，以实现信息共享。

（三）物联网在食用菌物流运输中的应用

食用菌产品运输属于农产品冷链物流的一种。冷链是一种控制温度的供应链，"冷链物流"（Cold Chain Logistics）泛指冷藏冷冻类食品在生产加工、储藏、运输、销售、零售直到消费前的各个环节中始终处于规定的低温环境下，以保证食品质量，减少食品损耗，防止产品污染，延长产品的保质期的一项系统工程。其适用范围包括：初级农产品如蔬菜、水果、肉、禽、蛋、水产品、花卉产品；加工食品如速冻食品、禽、肉、水产等包装熟食，冰淇淋和奶制品，快餐原料；特殊商品如药品等。鲜品食用菌可视为适用于冷链物流的初级农产品。

冷链物流是以冷冻工艺为基础、制冷技术为手段的低温物流过程。冷链配送运输是冷链物流过程的主要职能之一，也是其他各项业务的核心。冷藏运输环境的好坏直接影响到整个冷链物流的成败。为了在运输过程中能够实时掌握在途冷藏车的温度变化并对其进行有效控制，保证货物到达收货点时新鲜安全，供应商可采用 RFID 温度标签取代传统的条码，这种标签称为主动式标签，内部装有天线、RFID 芯片、温度传感器及超薄电池，电池能够持续使用 3 年以上，标签可以重复使用。

相对于普通的冷藏车，运送带有 RFID 温度感知标签货物的冷藏车在运输过程中要能够对温度实时的监测，需要为冷藏车安装 RFID 读写器和无线通信设备。读写器在运输过程中定时地读取 RFID 标签采集的温度信息，并通过无线移动通信网络（如 GPRS、3G、4G、WLAN 等）将数据信息传送给管理后台进行数据处理。通过处理，系统可以及时发现异常情况并将信息通知相关人员和部门，以便及时处理并降低运输损失。

冷藏车到达供应商配送中心后，需要先验货，验货合格后才能进入加工生产过程。传统验货方法需要工作人员对货物进行逐一清点，并且需要检查货物在运输过程中是否发生了变质。采用物联网技术以后，货物从冷藏车中卸载下来，置放到托盘上并由叉车运送到指定的冷藏库房中，在冷藏库的门口，安装有 RFID 读写器天线，当叉车经过库房门口时，读写器天线在无须人工干预的情况下会自动扫描到叉车上的 RFID 标签，并将扫描到的信息传递给后台，从而完成对货物的清点工作。管理人员只需要通过计算机就能够了解到货物详细信息，如数量、品种等。与此同时，通过车载读写器传回的温度信息，管理员可以详细了解到在货物的整个运输过程中，是否有温度超标的情况，从而可以及时判断产品的品质，防止质量问题的发生。

在冷藏库内部，可安装多个 RFID 读写器并保证其天线发射的信号能覆盖整个冷藏库，以便对冷藏库中的温度情况进行实时监测。当叉车将货物运送到冷藏库后，RFID 读写器根据天线安装的位置，读取标签的信号强度及相关信息，计算出货物当前所在的位置，判断是否为正确的存放地点。如果货物不在正确的位置，系统能够及时通知管理员，调整货物的位置，以免造成货物质量损失。

在鲜品食用菌产品加工企业，按照生产加工的需求要将食用菌原材料从冷藏库中运送到加工车间。在运送原材料时，管理员无须对运送的原材料进行逐一的核对，在冷藏库门口安装的读写器天线可以将所有出库行为进行记录，自动与出库任务进行校对，这样既节省时间，又提高了效率。

食用菌原材料被送到加工传送带上后，传送带最前端的读写器会读取该单元的 RFID 编码信息，获取该单元在本次之前冷藏运送中所保存的唯一的代码编号，以方便与加工好的产品相关联。待读写器提示已经扫描完成后，将原材料放在传送带上进行加工生产。加工之后的成品，同样以定制的单元存放，该制定单元的 RFID 编号可以通过系统与运输原材料的关联，从而保证产品完整的可追溯性。将加工后的成品运送到冷藏库进行储藏等待销售，当供应商接收到零售商发送的订货信息后，就要按照订货单上的信息（商品名称、数量）拣货出库。

供应商接收到零售商的订货信息，准备出货。与入库操作相似，应用 RFID 技术后，核对信息（看商品名称、数量等和零售商的订单信息是否一致）和出库也是一步完成的。总之，在整个入库到出库的过程中，采用了 RFID 技术后，从装货到上货架的操作、验货和出库的操作都可以一步完成，大大减少了工作量，节省了时间，提高了效率和储存安全性。

配送是供应商的工作流程的末端，货物出库后，装上专业的冷藏车配送至零售商指定的交货点，当供应商把货送到交货点，零售商验货合格后，供应商在整个冷链物流中的任务就结束了。

在销售阶段，商家可利用物联网产品质量追溯系统了解购入商品的状况，帮助商家对产品实行产品准入管理。通过采用 RFID 技术，不需要人工查看进货的条码，商家可节省劳动力成本并可改进库存管理，实现适时补货，有效跟踪运输与库存，提高效率，减少差错。同时，可对时效性强的商品有效期限进行监控；如果在产品包装中嵌入 RFID 标签，通过物联网的读卡与信息传输设备，带射频标签的商品物流运输与被顾客选购的信息，能实时传到中央数据库，当零售点的商品数量低于安全存货量时，系统能自动向供应商发出补货请求，库存补给可以智能化地触发；当产品即将达到或超过有效期时，系统能自动向零售商发出促销或撤下货架的要求。这样，可以大大提高分销商的进销存管理水平和资金周转率，同时也能更好地保证食用菌产品的销售质量。RFID 标签在供应链终端的销售环节，特别是在超市中免除了跟踪过程中的人工干预，并能够生成准确的业务数据，有助于解决零售业两个最大的难题：商品断货和损耗（因盗窃和供应链被搅乱而损失的产品）。研究机构估计，RFID 技术能够把失窃和货物滞压降低 25％。

食用菌鲜品经速冻工艺加工并在冷链条件下进入销售的预包装及物流运输过程已有相关的行业规范和国家标准。在食用菌产品冷链运输过程中，除了应用 RFID 技术外，还可以在运输车厢中安置装有检测相关参数传感器的物联网节点，这些节点通过组网协议组成一个在运输车厢中的监测网，可对车厢内的食用菌在运输过程中产品状态全程实时动态监控，及时获得运输过程中食用菌产品温度、湿度及其二氧化碳浓度的变化，动态监控在途食用菌产品的质量与安全，由此可对食用菌产品运输车辆及时、准确调度，从而保证行业标准和国家规范的实施，提高运输效率和保障产品的运输质量，尽量避免无效运输和产品在运输过程中变质腐烂。信息共享是食用菌冷链物流管理的目标，一旦信息在整个冷链中同步，冷链上的参与者都能跟上顾客需求的变动，进而形成同步运作。通过物联网技术对食用菌产品冷链中流动的物品跟踪，同时向所有参与者实时传送数据，可减少信息失真的现象，如果仓储与物流信息系统有机相联，并接入食品信息溯源系统，消费者和管理部门则可以更全面地掌握食用菌食品质量与安全信息。

（四）物联网在食用菌食品安全可追溯体系中的应用

食品安全溯源体系源于 1997 年欧盟为应对疯牛病问题而逐步建立并完善的食品安全管理制度。该制度由政府推动，覆盖食品生产基地、加工企业、终端销售等整个食品产业链条的上下游，通过专用信息系统，对食品生产产业链各环节的信息进行采集、收集与处理整合，服务于最终消费者。一旦食品质量在消费者端出现问题，通过食品标签上的溯源码进行联网查询，可获得该食品的生产企业、产地、农户等全部流通信息，明确事故方相应的法律责任。此项制度与方法对食品安全与行业自我约束具有重要的意义。食用菌产业是食品行业的一个重要组成部分，建立食用菌食品安全可追溯体系，对于该产业的下游管理和保护消费者，具有重要性和必要性。

物联网技术的应用

食用菌食品安全可追溯系统架构设计主要基于农产品质量安全追溯源系统。国际标准化组织（ISO）与国际食品法典委员会（CAC）将产品可追溯性的概念定义成"通过登记的识别码，对商品或行为的历史和使用或位置予以追踪的能力"。欧盟委员会关于食品可追溯性的定义是指"在生产、加工及销售的各个环节中，对食品、饲料、食用性禽畜及有可能成为食品或饲料组成成分的所有物质的追溯或追踪能力"。技术上，采用 RFID 标签、身份卡、溯源电子秤等物联网核心技术和设备感知农产品的信息，通过各种形式的网络将信息传送至溯源数据中心，对溯源数据进行高性能处理，为管理部门和用户提供溯源信息，实现农产品或食品生产链中的各个环节的监管。图 10-8 是农产品质量安全追溯功能结构图。

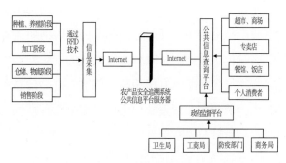

图 10-8　农产品质量安全追溯功能结构

图 10-8 左半部分分别实现生产环节、加工环节和流通环节溯源信息的采集。生产环节主要记录、读取和传送相关的生产信息，加工环节实现生产信息的继承，并增加加工的相关信息，增加卫生和防疫等信息；流通环节也需要继承加工环节的信息，并增加配送信息、超市信息、转卖点信息、定点食堂和单位信息，以及消费者信息。图中的线条表示信息流。溯源信息将农产品关键质量点控制的数据通过网络实时上传至统一的监管数据库中。监督检疫部门包括建立养殖基地信息库、加工车间信息库、分割车间信息库、销售部门信息库、物流部门信息库等。监督检疫部门将信息传至信息中心平台，消费者通过信息中心平台查得所用农产品的一切信息，并将使用的情况反馈到信息中心平台，该

平台再将反馈信息传送至检疫部门，通过溯源系统对各部门出现的情况作出及时的调整。

图 10-8 右边是溯源信息查询平台，采用高科技方法给予农产品完整身份证明，然后在终端消费市场将其全部转换为二维码凭证给消费者，进而满足其充分的知情权，提供反向便捷的自下而上的追溯依据。最终个体零售商、中小型经营商以及消费者可以通过互联网扫描查询机、短信息等手段查询相关信息。只要在溯源查询系统上输入追溯号就可以快速地看到产品的各种信息。

图 10-8 右下是指工商、质监、卫生、商务、食品安全办公室等多部门可以通过此平台实现协同监管。

食用菌食品安全可追溯解决方案主要依靠各个环节中的智能信息节点收集信息，使用二维码/RFID 标签技术、GPS 定位技术、互联网技术、无线传感技术和数据库技术，采用智能交易器，将各个节点有机地结合在一起，通过无线传感网络、移动通信网络、有线宽带网络与中央数据库相连接，对生产、加工、运输、仓储、包装、检测和卫生等各个环节的数据进行搜集整理，利用二维码编码技术生成二维码，通过手机扫描完成食用菌产品信息的追溯。产品溯源平台为企业用户提供统一接入服务，在新添加企业用户时，向数据库存储企业的身份标识信息。同时平台还为消费者提供统一的查询验证通道。

食用菌产品溯源平台为企业用户提供数据采集、绿色履历管理、溯源数据存储、系统管理、基础数据管理等功能服务，也为企业用户提供本企业专用的查询验证门户，为消费者提供自有产品的查询验证服务。系统包括：①食品安监部门系统管理监控，对食品行业的生产监管负责。②食品原材料的提供者，在本系统中无操作。③厂家系统中食品流通数据录入，负责将原材料加工为商品销售。④分销商食品流通中厂家与商场的纽带，负责商品的中转。⑤商场食品销售到消费者手中，在本系统中无操作。⑥消费者即食品的使用者，本系统中负责

溯源查询及商品真伪查询。⑦通信运营商系统平台管理者，负责系统网络架设（包括 WEB 服务器、数据采集设备、消费者手机上网）。

对于不同的使用者，按功能进行分析，功能需求分别为：①食品安监部门管理员设置、信息审核、日志查看、综合查询。②厂家注册信息、厂家系统管理、生产管理、分销商管理、综合查询。③分销商收货查询、出货查询。④消费者溯源查询、防伪查询。

系统总体设计原则：①实用性原则，采用成熟可靠的技术和设备，达到实用、经济和有效的目的。②开放性原则，有利于未来网络系统扩充和在需要时与外部网络互通。③高可靠性原则，尽可能降低平均故障率。④安全性原则，确保网络系统和数据的安全运行。⑤先进性原则，采用先进而成熟的技术和设备，符合网络未来发展的潮流。⑥易用性原则，整个系统必须易于管理、安装和使用，在满足现有网络应用的同时，为以后的应用升级奠定基础。⑦可扩展性原则，在规模和性能两方面具有良好的可扩展性。

除了作为食用菌食品安全追溯之外，为了更好地保障食用菌食品的储运品质，增加建立食用菌食品安全追溯预警系统有其必要性。作为食用菌食品安全追溯系统的一个子系统，食用菌食品安全追溯预警系统与其他的子系统不同在于，它不只是信息管理，更重要在于发现和分析食用菌食品安全异常情况，并提供有效解决方法。根据食用菌食品追溯系统的特点和我国食品安全管理现状，以及国际先进的科学预警管理模式，食用菌食品安全追溯预警系统架构如图 10-9 所示，基本功能模块有信息源系统、预警分析系统、反应系统、快速反馈系统。

1. 信息源系统　以食品追溯系统的信息数据库为中心，是预警分析系统的数据基础，能够持续、可靠地保障数据自动采集和供给，及时进行信息和数据的补充和更新，满足与食用菌食品可追溯系统相配套的食品安全追溯预警系统对数据和信息的需求，支撑食用菌食品追溯预警系统的信息产出和加工需求。因此信息源系统主要提取反映食用菌食品安全品质的关键检测数据及建立评价指标体系。评价指标体系中指标和阈值的设置由食用菌食品检测相关标准确定。

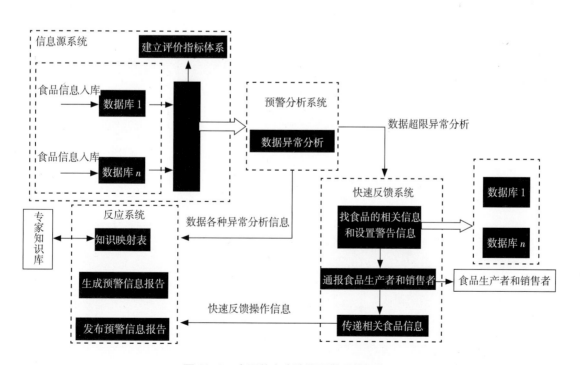

图 10-9　食用菌安全追溯预警系统架构

物联网技术的应用

2. 预警分析系统　主要是对评价指标体系中各个数据异常的定义和分析。根据食用菌食品质量安全控制的实际情况（如图10-10所示），可以整理出反映食品安全状况数据的四大类异常，包括检测数据的不规范异常、超限异常、分布异常和趋势异常。不规范异常是指未按照标准方法或对标准方法存在一定偏离情况下取得的检测结果数据，包括应用标准不当、操作过程偏离、数据及其单位表示不准确等情况。对照标准数据库，逐一扫描检测结果数据，如果某个检测结果所使用的方法不同于标准方法数据库中对应的内容，说明该检测结果是用非标准方法获得的，属于非规范数据检测的超限异常。超限异常是指对于某一个具体指标数据，或者对于数个具体指标数据的集合，具有影响食品安全状况的评价结果。检测数据的超限异常处理，从根本上来说是个非线性模式识别问题。一般来说，当评价指标体系中存在指标数目多、数据量相对较大，指标数据间耦合程度比较大时，对其进行预警监测的过程较为复杂，用一般的数据处理方法难以适应其运算需求。检测历史数据库记录的每次数据超限异常信息，可以通过对数据库中的数据超限异常在地域分布方面的统计分析，发现食品安全问题在不同地域已经存在或潜在的问题。检测数据的历史异常于历史时间段检测数据的集合，包含着关于被检测食品中被检测数据的变化规律的信息。借助统计方法，可以从总结现有的变化规律获得趋势信息，以此推测检测数据的变化规律，对于可能出现

的不符合情况预先发出警报。

3. 快速反馈系统与反应系统　对各种数据异常的处理需要通过快速反馈系统和反应系统来实现。快速反馈系统的输入端是数据异常情况的预警分析结果，该系统是对数据超限异常情况的紧急应对处理，是反应系统的一种特殊形式，它将与食用菌食品追溯系统的强大追溯能力结合起来并做到：①对所属超限异常情况的检测数据的同一批次食用菌食品进行警告标识。②通过食用菌食品追溯系统可以快速查找同一批次食品的现所在地。③通报该食用菌食品生产者数据异常情况的分析结果。这样就可以快速地通告食用菌食品生产者防止这批食品进入市场或能对已进入市场的这批食品立即收回。反应系统的主要功能是按预警分析结果和快速反馈系统操作的结果进行预警应对。根据警情信息的不同，通过知识映射表从专家知识库中给出各种数据异常信息相应的食用菌食品质量与安全问题的警示和调控手段，然后整理其他各类信息，最后按照质检局、工商局等有关政府部门的要求生成和发布预警信息报告。

食用菌溯源系统贯穿产品安全生产全流程各个环节（采摘、运输、加工、包装、贮藏、运输、销售、消费等）的数据采集和统一管理，显著增强了流通产品质量安全检验检测的及时性、准确性，提高了相关数据分析的质量，在实际中具有较好的推广使用价值。

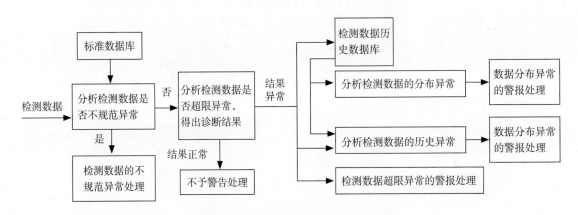

图10-10　预警分析系统的结构及流程

参考文献

［1］ 游战清，李苏剑，张益强，等 . 无线射频识别技术（RFID）理论与应用 [M]. 北京：电子工业出版社，2004.

［2］ 中国电信智慧农业研究组 . 智慧农业：信息通信技术引领绿色发展 [M]. 北京：电子工业出版社，2013.

［3］ 韩清瑞 . 国外农业技术发展现状及启示 [M]. 北京：中国农业科学技术出版社，2014.

［4］ 唐晓纯 . 食品安全预警体系评价指标设计 [J]. 食品工业科技，2005，26（11）：152-155.

［5］ 李聪，黄逸民，田壮 . 进出口食品安全预警方法研究 [J]. 检验检疫科学，2004，14（2）：51-53.

［6］ DARGIE W, POELLABAUER C. Fundamentals of wireless sensor networks:theory and practice[M]. New York:Wiley Publishing, 2010.